■ 2017年11月，国务院南水北调办党组书记、主任鄂竟平带队对南水北调中线工程唐县管理处、定州管理处闸控预警系统、融冰系统运行管理情况进行检查。

（国务院南水北调办监督司　供稿）

■ 2017年4月，中央纪委驻水利部纪检组组长田野，赴河南省检查调研南水北调中线建管局河南分局全面从严治党和党风廉政建设工作。

（张存有　摄）

■ 2017年9月，国务院南水北调办副主任张野带队检查南水北调中线丹江口大坝及渠首大坝至方城段工程运行管理情况。（宋云涛 摄）

■ 2017年12月，国务院南水北调办副主任蒋旭光带队检查南水北调中线一期工程邯石段部分管理处冰期输水情况。（国务院南水北调办监督司 供稿）

■ 2017年7月，山东省省委副书记王文涛到南水北调东线一期工程长沟泵站视察工作。

（齐士国　摄）

■ 2017年9月，江苏省省长吴政隆检查南水北调东线源头江都水利枢纽。　（张　斌　摄）

■ 2017年5月，国务院南水北调工程建设委员会专家委员会检查南水北调东线一期工程（邓楼泵站）运行管理情况。 （冯晓波 摄）

■ 2017年6月，全国人大常委、教科文卫委员会副主任，致公党中央副主席严以新率领调研组到国务院南水北调办调研并召开座谈会。 （南水北调网站 供稿）

2017年7月，国家档案局副局长付华一行到南水北调中线一期工程团城湖现场调研。

（南水北调网站　供稿）

2017年1月，国务院南水北调办首次举行新任干部宪法宣誓仪式。

（王乃卉　摄）

■ 2017年1月，2017年南水北调工作会议在北京召开，会上表彰了南水北调东、中线一期工程建成通水先进集体、先进工作者和劳动模范。

（国务院南水北调办综合司　供稿）

■ 2017年1月，南水北调系统2017年党风廉政建设工作会议在北京召开。

（国务院南水北调办综合司　供稿）

■ 2017年1月，南水北调抗洪抢险先进事迹报告会在国务院南水北调办隆重举行。

（王乃卉　摄）

■ 2017年5月，国务院南水北调办机关团委会同机关工会、妇工委举办纪念共青团建团95周年表彰暨"传承•创新•担当•奉献"五四青年朗诵会，并对优秀团员、优秀团干部和优秀团支部进行了表彰。

（国务院南水北调办机关团委　供稿）

■ 2017年9月，国务院南水北调办成功举办"南水北调一生情"南水北调工程建设者代表回访考察活动。

（朱文君　摄）

■ 2017年10月，中央国家机关“喜迎十九大•传承好家风”家庭助廉活动成果巡展在国务院南水北调办举办。

（李　萌　摄）

■ 2017年10月，南水北调中线干线北京市境内部分项目运行管理委托合同签约会在北京举行。

（许云里　摄）

■ 2017年10月，国务院南水北调办定点扶贫工作成果展在国务院南水北调办机关举办。

（国务院南水北调办征移司　供稿）

■ 2017年9~12月，南水北调工程参加中共中央宣传部、国家发展改革委等共同举办的“砥砺奋进的五年”大型成就展。

（王乃卉　摄）

■ 2017年12月，国务院南水北调办召开干部大会，党组书记、主任鄂竟平谈学习贯彻党的十九大精神心得体会，暨为国务院南水北调办第一期处级以上领导干部学习贯彻党的十九大精神专题培训班作专题辅导报告。（国务院南水北调办机关党委　供稿）

■ 2017年4月，山东干线公司组织到聊城文轩中学开展南水北调安全教育大讲堂活动。

（张　健　摄）

■ 2017年11月，河南省南水北调中线工程突发水污染事件应急演练在郑州举行。

（余培松　摄）

■ 2017年12月，南水北调中线工程受水水厂郑州航空港区二水厂。

（余培松　摄）

中国南水北调工程建设年鉴

2018

《中国南水北调工程建设年鉴》编纂委员会

中国电力出版社
CHINA ELECTRIC POWER PRESS

图书在版编目(CIP)数据

中国南水北调工程建设年鉴. 2018/《中国南水北调工程建设年鉴》编纂委员会主编. —北京：中国电力出版社，2018. 9
ISBN 978-7-5198-2460-0

Ⅰ. ①中… Ⅱ. ①中… Ⅲ. ①南水北调-水利工程-中国-2018-年鉴 Ⅳ. ①TV68-54

中国版本图书馆 CIP 数据核字（2018）第 221927 号

出版发行：中国电力出版社
地　　址：北京市东城区北京站西街 19 号（邮政编码 100005）
网　　址：http://www.cepp.sgcc.com.cn
责任编辑：姜　萍　安小丹　孙建英
责任校对：黄　蓓　闫秀英　朱丽芳
装帧设计：张俊霞　赵姗姗
责任印制：吴　迪

印　　刷：北京盛通印刷股份有限公司
版　　次：2018 年 12 月第一版
印　　次：2018 年 12 月北京第一次印刷
开　　本：787 毫米×1092 毫米　16 开本
印　　张：36.5
字　　数：860 千字　6 插页
印　　数：0001—2000 册
定　　价：**300.00** 元

《中国南水北调工程建设年鉴》
编纂委员会

《中国南水北调工程建设年鉴》编纂委员会办公室

编　辑　部

编 辑 说 明

一、《中国南水北调工程建设年鉴》是由原国务院南水北调工程建设委员会办公室主办的专业年鉴，是逐年集中反映南水北调工程建设、运行管理、治污环保及征地移民等过程中的重要事件、技术资料、统计报表的资料性工具书，自 2005 年起每年编印一卷。

二、《中国南水北调工程建设年鉴 2018》记载 2017 年的重要事件，重点反映工程建设、运行管理、质量安全、征地移民、治污环保和重大技术攻关等方面的工作情况。共设 15 个篇目，包括南水北调工程效益、重要会议、重要讲话、重要事件、重要文件、考察调研、文章与专访、综合管理、东线工程、中线工程、西线工程、配套工程、队伍建设、统计资料、大事记。另有重要活动剪影和英文目录。

三、本年鉴所载内容实行文责自负。年鉴内容、技术数据及是否涉密等均经撰稿人所在单位把关审定。

四、本年鉴一律使用法定计量单位。技术术语、专业名词、标点符号等使用力求符合规范要求或约定俗成。

五、本年鉴力求内容全面、资料准确、整体规范、文字简练，并注重实用性、可读性和连续性。

《中国南水北调工程建设年鉴》编辑部

2018 年 9 月

篇　　目

目　录

特辑　南水北调工程效益

壹　重要会议

贰 重要讲话

叁 重要事件

肆　重要文件

伍　考察调研

陆 文章与专访

柒 综合管理

东线工程

玖 中线工程

拾 西线工程

拾壹 配套工程

拾贰 队伍建设

拾叁 统计资料

拾肆 大事记

特辑 | 南水北调工程效益

东、中线一期工程全面通水以来，工程安全平稳运行，输水水质全线达标，在保障受水区居民生活用水、修复和改善生态环境、促进库区和沿线治污环保、应急抗旱排涝等方面，取得了实实在在的社会、经济、生态等综合效益。工程沿线受益人口超过一亿，工程基础性、战略性地位与作用日益显现。

一、供水保障有力　用水前景广阔

● 南水北调中线一期工程惠南庄泵站

水是生命之源、生态之基、生产之要。

东、中线一期工程通水以后，连通长江、淮河、黄河、海河，构建起东西互济、南北调配的中华大水网，践行了创新、协调、绿色、开放、共享的发展理念。南水北调受水区覆盖北京、天津 2 个直辖市，及河北、河南、山东、江苏等省的 33 个地级市，为受水区开辟了新的水源，提高了城市工业供水保证率。

截至 2017 年底，中线已累计调水 116.93 亿 m^3，东线已累计调入山东水量 22.48 亿 m^3。

东线工程沿线省市累计受水量（单位：亿 m^3）

年度	2013 ～ 2014	2014 ～ 2015	2015 ～ 2016	2016 ～ 2017	2017 ～ 2018（截至 2017 年底）	累计
抽江水量	61.06	12.3	49.65	30.55	0	153.57
调入山东水量	1.7	3.28	6.02	8.89	2.59	22.48

东线一期工程建成以来，调入山东水量 22.48 亿 m^3，有效缓解了山东省缺水局面，尤其是保证了 2017 年胶东大旱期间供水需求，确保了青岛、烟台等城市的用水安全，维持了济南泉水的持续喷涌。山东省受益人口超过 4000 万，极大缓解了胶东半岛等地水资源短缺状况。

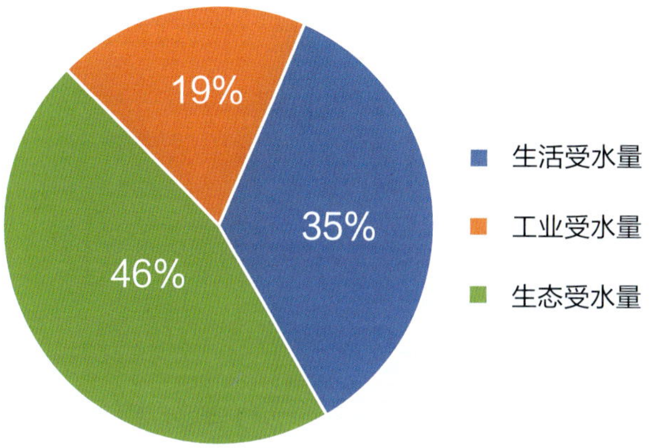

山东省受水分配比例

山东省受水城市			
1	济南市	7	济宁市
2	青岛市	8	威海市
3	淄博市	9	德州市
4	枣庄市	10	聊城市
5	烟台市	11	滨州市
6	潍坊市		

2017 年，江苏省南水北调工程按照新建南水北调工程和现有江水北调工程统一调度、联合运行的原则，圆满完成了 2016 ~ 2017 调水年度调水出省 8.89 亿 m^3 任务，调水量达上一年度的 1.5 倍。

东线工程完善了江苏省原有江水北调工程体系，增强了受水区的供水保障能力，提高了扬州、淮安、徐州等市 50 个区县共计 4500 多万亩农田的灌溉保证率。江苏省通过东线工程向骆马湖补水，为保障苏北地区生产生活、航运和生态环境发挥了重要作用。

江苏省受水城市			
1	徐州市	4	盐城市
2	连云港市	5	扬州市
3	淮安市	6	宿迁市

中线一期工程通水，使得沿线受水区北京市、天津市、石家庄市、郑州市、新乡市、保定市等18座大中城市的供水保障能力得到有效改善，惠及北京市、天津市、河北省、河南省四省市达5320万人。

截至2017年底，中线工程不间断通水，安全供水1116天，累计调入干渠116.93亿m^3，累计分水量110.42亿m^3。其中，北京市分水30.34亿m^3，受益人口1100万人。天津市分水23.83亿m^3，受益人口910万人；河北省分水14.94亿m^3，受水县区37个；河南省分水41.31亿m^3，受水县区36个；湖北省通过引江济汉工程向下游河道补水54.4亿m^3。

中线工程各供水年度调水总量（单位：亿m^3）

年度	2014~2015	2015~2016	2016~2017	2017~2018（截至2017年底）
入渠水量	20.20	38.43	48.48	9.82
净供水量	18.66	37.19	45.16	9.42

中线工程沿线省市累计受水量（单位：亿m^3）

年度	2014~2015	2015~2016	2016~2017	2017~2018（截至2017年底）	累计
北京市	7.11	11.05	10.32	1.87	30.34
天津市	3.34	9.12	10.41	0.96	23.83
河北省	0.83	3.57	7.32	3.22	14.94
河南省	7.38	13.45	17.11	3.37	41.31

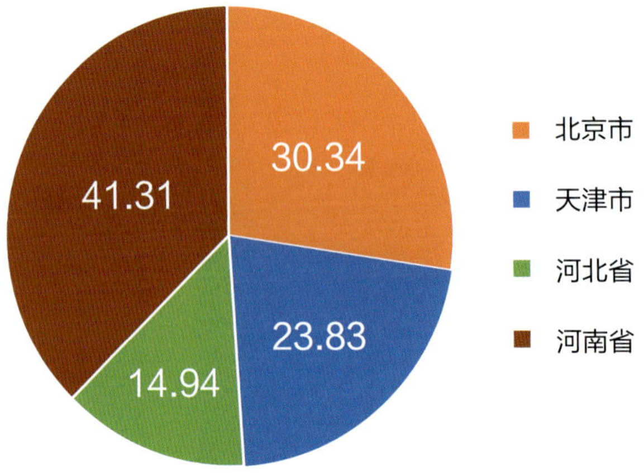

中线工程沿线省市累计受水量饼状图（单位：亿m^3）

2017年，丹江口水库累计入中线总干渠水量52.76亿m^3，全线累计分水量49.19亿m^3。其中，向北京市分水10.77亿m^3，向天津市分水10.13亿m^3，向河北省分水9.64亿m^3，向河南省分水18.64亿m^3。总干渠沿线累计启用分水102处，其中，北京市3处，天津市2处，河北省48处，河南省49处。

北京市属于资源性缺水的特大城市。工程通水以来，“南水”已占北京城区日供水量七成以上，全市人均水资源量由原来的100m^3提升至150m^3，供水范围基本覆盖中心城区以及大兴、门头沟、昌平、通州等部分区域。中心城区供水安全系数由1.0提升至1.2，不仅为生产生活提供了必要的水源，也为城市副中心、首都新机场等关系到北京市可持续发展的重大项目提供了水资源保障，极大提升了城市水资源承载能力。

2017年，北京市连续三年超额完成国家下达的调水计划。研究确立了“节、喝、存、补”用水原则，输水过程中全程计量、跟踪监测、精细调度，科学制定用水计划，优先使用外调水，优先保障居民生活用水，充分利用好珍贵的南水北调来水。2017年8月，全部取用南水北调水源的通州水厂一期工程正式投入运行，日供水量5万m^3，供水面积20km^2，受益人口近30万人，有效缓解了通州城区长期供水紧张的局面，将极大提升北京城市副中心的供水安全保障能力。北京市接纳“南水”的水厂增至8座，日供水能力达360万m^3。同时，“南水”替代密云水库向自来水厂供水和城市河湖补水，每年减少出库水量超过5亿m^3，并通过密云水库调蓄工程累计向水库输送“南水”3.79亿m^3，再加上近两年的汛期降雨、上游来水，共同保证了密云水库蓄水量稳步增加，水面扩大50km^2。2017年11月19日，密云水库蓄水量自2000年以来首次突破20亿m^3。密云水库蓄水量的持续增加，将有力推进北部生态涵养区保护与绿色发展，还可为下游潮白河、北运河的清水长流创造条件，助力城市副中心实现“蓝绿交织、清新明亮、水城共融”的生态环境目标。

北京市受水区域			
1	东城区	6	石景山区
2	西城区	7	大兴区
3	朝阳区	8	门头沟区
4	海淀区	9	昌平区
5	丰台区	10	通州区

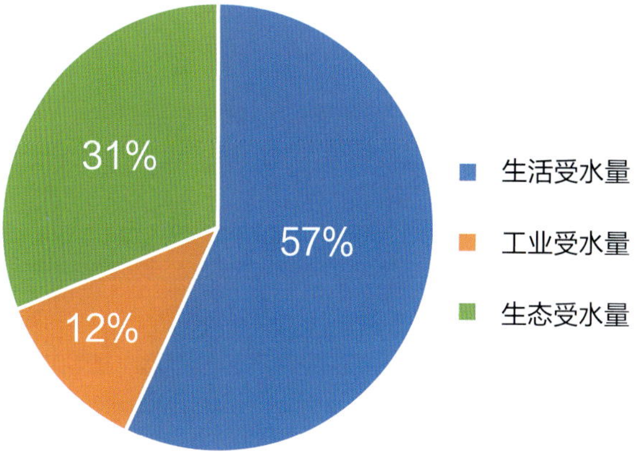

● 北京市受水分配比例

天津市 14 个行政区市民用上了南水，形成了一横一纵、引江引滦双水源保障的新供水格局。南水北调工程通水前，作为一个特大城市，天津市城市生产生活主要依靠引滦单一水源，农业和生态环境用水要靠天吃饭，有很大的风险性。南水北调工程通水后，天津市在引滦工程的基础上，又拥有了一个充足、稳定的外调水源，中心城区、滨海新区等经济发展核心区实现了引江引滦双水源保障，形成了引江引滦相互连接、联合调度、互为补充、统筹运用的城市供水体系，为天津市经济社会的可持续发展和人民生活水平的提高提供了强有力的水资源保障。

天津市受水区域			
1	和平区	8	东丽区
2	河东区	9	西青区
3	河西区	10	津南区
4	南开区	11	北辰区
5	河北区	12	宝坻区
6	红桥区	13	静海区
7	滨海新区	14	武清区

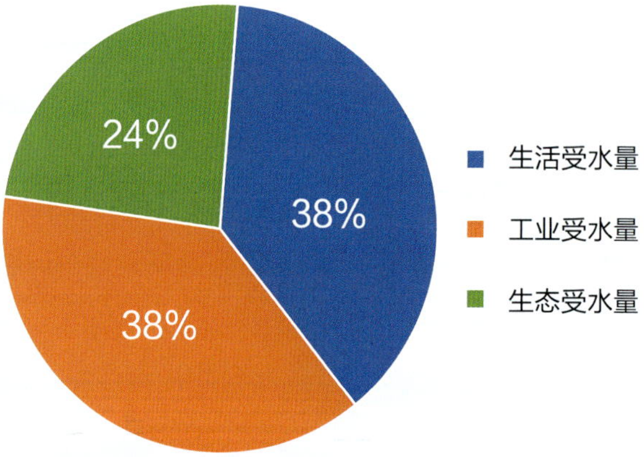

● 天津市受水分配比例

河北省石家庄、廊坊、保定、沧州等 7 个设区市已用上南水。河北省水文部门提供的资料表明，2017 年汛期，太行山上游地区降水量偏少，向石家庄、保定、邯郸市供水的岗南、黄壁庄、西大洋、岳城等水库蓄水比常年同期偏少 2 ～ 4 成，南水北调工程为沿线大中城市提供了稳定可靠的水源保证。河北省配套工程廊涿、保沧、石津、邢清四条大型输水干渠已全部建成通水。

南水北调中线工程为河北省城乡居民提供的优质水源，提高了沿线城镇供水保证率，南水已占石家庄市区供水比例的 73%，成为居民用水的主力水源。南水北调有望彻底改变黑龙港地区 1390 万城乡居民长期饮用高氟水、苦咸水和其他有害物质地下水的现状。

南水北调中线工程贯穿京津冀全境，为京津冀协同发展构筑了水的命脉。工程建成通水，形成了京津冀三地水系互联、互通、共济的供水新格局。

河北省受水城市			
1	邯郸市	5	廊坊市
2	邢台市	6	衡水市
3	石家庄市	7	沧州市
4	保定市		

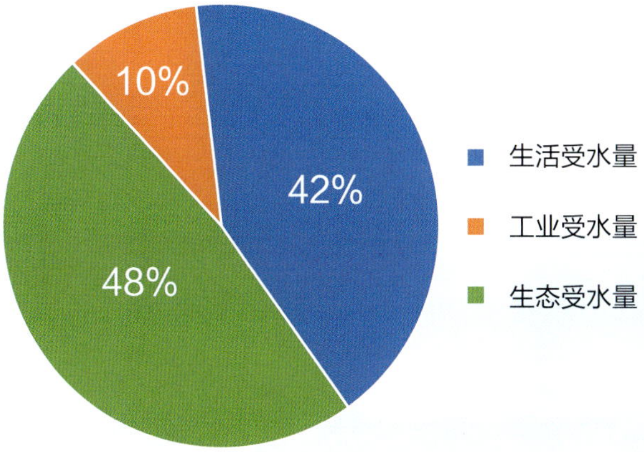

河北省受水分配比例

南水北调工程规划中的河南省受水区南阳、漯河、平顶山、许昌、郑州、新乡、焦作、鹤壁、濮阳、安阳、周口等11个省辖市及邓州市、滑县2个省直管县（市）全部通水。河南省累计有31个口门及3个退水闸开闸分送南水，向引丹灌区、55个水厂、禹州市颍河、3个水库充水，农业有效灌溉面积115.4万亩，供水效益逐步扩大。

河南省受水城市			
1	南阳市	7	焦作市
2	漯河市	8	新乡市
3	周口市	9	鹤壁市
4	平顶山市	10	濮阳市
5	许昌市	11	安阳市
6	郑州市		

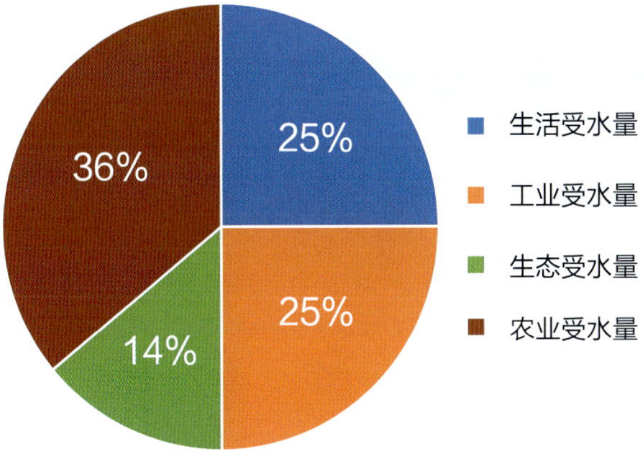

河南省受水分配比例

原本不是南水北调规划受水区的地方政府也在积极争取用上南来之水。河南省水权转让试点工作启动以来，已完成三宗跨流域跨地区水量交易，累计交易水量1.2亿m^3，为解决新密、新郑、登封三市用水紧缺问题创造了有利条件。河南开封市已经正式向国家提出调水申请，增加南水北调用水指标。

二、供水水质优良　群众交口称赞

南水北调中线一期工程焦作市区段工程

南水北调成败在水质。东线一期工程在加强工程建设的同时，大力加强水污染治理和生态环境建设。经过山东、江苏两省地方政府十几年不懈努力，在水利、环保、城建、交通等多部门的协同配合下，提前实现了输水干线水质全部达标，并稳定达到了地表水Ⅲ类标准，沿线生态环境显著改善。

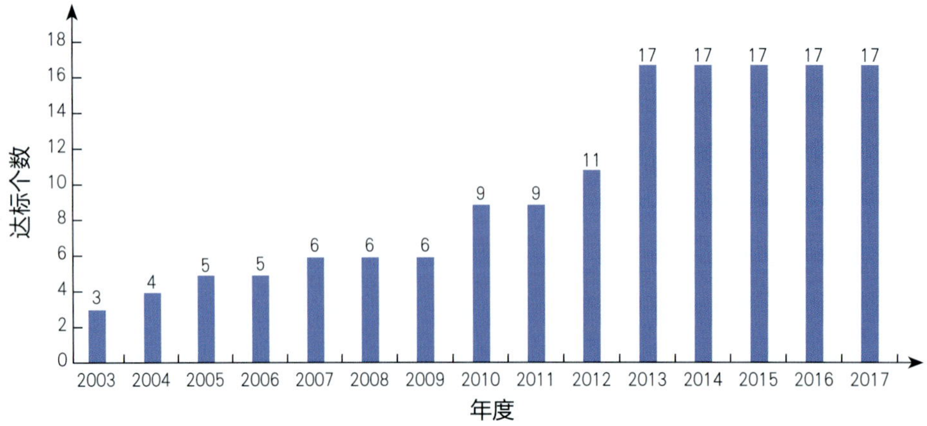

南水北调东线输水干线17个断面水质达标情况

东线南四湖主要入湖 53 条河流，过去几乎全是劣Ⅴ类水。要让鱼虾绝迹的“死湖”变清，被称为“流域治污第一难”。连业内专家也不看好，对此忧心忡忡。

有专家坦言，南水北调东线工程的开工建设，使山东省沿线治污提前了 15 年。山东、江苏两省探索出了一条适合南水北调东线实际的治污道路，为经济快速发展过程中解决治污难题提供了样本。

东线工程治污的成功，还辐射带动了国家重点流域的水污染防治工作。近年来，国家发展改革委牵头中线工程水源区水资源防治和水土保持联席会议制度，环保部会同有关部门加大治污环保督查力度，水利部贯彻实施最严格的水资源管理制度，住房城乡建设部强化城镇污水垃圾处理监管，国务院南水北调办组织开展相关考核工作，共同为确保一渠清水永续北送创造条件。此外，南水北调系统认真做好南水与当地水的水源融合调配，帮助各地顺利实现了水源平稳切换。

中线水源区及沿线地区采取强有力的治污环保措施，中线一期工程通水之后，水质保持稳定。特别是丹江口水库，水质一直保持在Ⅱ类及以上。

北京市自来水集团的监测显示，使用南水后自来水硬度由原来的 380mg/L 降至 120 ~ 130mg/L。在媒体实地走访时，市民普遍表示自来水水质明显改善，水碱减少、口感变甜。

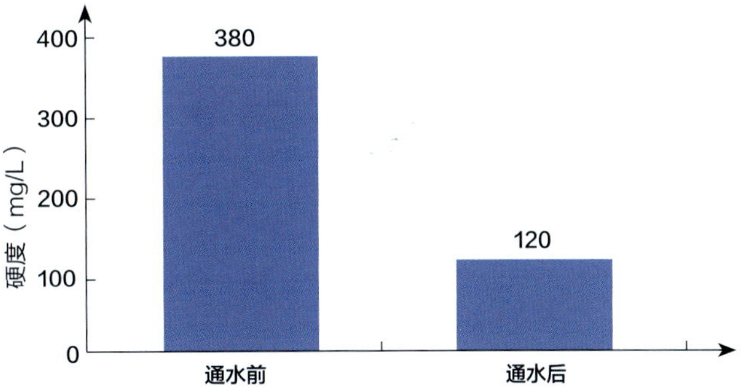

● 北京部分区域水硬度变化

天津中心城区的两次水质变化给老居民带来了深刻感受：一次是 20 世纪 80 年代引滦入津后由又苦又咸的海河水变成滦河水；再一次就是喝上甘甜的“南水”。平时喜欢喝茶的人们更能真切体会到饮用水口感的变化。

河北省供水逐步切换为南水北调水源，沧州、衡水、邢台、邯郸等市即将彻底告别祖祖辈辈饮用苦咸水、高氟水的历史。随着水厂的建成，更多的县市将逐步实现水源切换，预计到 2020 年将有 3000 多万人喝上优质的“南水”。2017 年 6 月 30 日，廊坊市大城县城区用上“南水”，县城城区居民告别高氟水。2017 年 7 月 24 日，沧州市 400 多万居民告别高氟水，喝上了“南水”，南水北调中线工程每年将为沧州输送“南水”4.83 亿 m^3。

河南省受水区城市不少家庭净水器具下岗，家里养殖对水质要求较高的观赏鱼时也不再使用桶装水，直接使用自来水。

三、工程平稳运行　形象焕然一新

● 南水北调中线一期工程滹沱河倒虹吸

国务院南水北调办不断加强协调、督导、监管，通过定制度、建机制、强监管、严追责，推进工程运行的规范化，指导项目法人制定颁布了运行管理工作方案、安全检测技术标准、运行管理与维修养护实施办法、水质监测方案等一系列管理制度。健全突发事件应急管理体系，强化内部监管和人员培训，出台了工程运行管理问题责任追究办法和重点建筑物监管要求。强化运行监管，在沿线设立1535块运行管理举报公告牌，组织“飞检”，严查问题，严督整改，严肃追责。划定了中线工程总干渠两侧一级保护区和二级保护区，严格水源保护区新上项目审批。沿中线干线工程两侧开展生态带建设，在华北地区形成两条千里绿色长廊。

工程管理制度体系逐步形成，规范化水平大幅提升，工程形象和员工面貌焕然一新。通水以来，未发生断水事故，保障了工程安全平稳运行和足量供水，为沿线经济社会发展提供了强有力的水资源支撑。

四、生态效益显现　助推美丽中国

南水北调工程沿线污水处理厂

水是维系经济社会发展和良好生态系统的基础和命脉，建设生态文明、提高生态安全离不开水资源的保障。南水北调工程通过调水和治污工程的实施，在生态文明建设和保障生态安全中发挥了重要作用。

工程全面通水三年来，受水区 6 省市加快了“南水”对当地地下水水源的置换，已压减地下水开采量逾 8 亿 m^3。北京市、河南省许昌市城区及山东省平原地区等超采区的地下水位已经开始回升。

山东省为应对东平湖、南四湖生态危机，通过东线工程向东平湖、南四湖上级湖分别生态调水 0.55 亿 m^3、1.45 亿 m^3，极大地改善了“两湖”的生产、生活和生态环境。东线工程累计为济南市小清河补水 2.4 亿 m^3，改善了小清河上游济南市区段水质和生态环境。2015 年 2 月起，利用南水北调工程向济南市保泉补源 0.58 亿 m^3，让已经“视觉停喷”的泉城济南重现百泉齐涌的美丽景观。

山东省地下水开采得到有效遏制，局部地区地下水位上升，大部分地区地下水位下降速率减缓。根据水资源公报统计，山东省地下水的开发利用量逐年下降，由2010年的91.3亿m^3下降至2016年的82.3亿m^3，2017年1月1日，山东省平原区地下水平均埋深为6.34m，地下水位较上年同期上升0.18m，南水北调受水区9市地下水埋深较上年同期全部上升，最大回升0.68m。山东省平原区地下水主要漏斗面积为14100 km^2，较上年同期减少270 km^2。

江苏南水北调工程建成并投入运行以来，不仅输水干线成为了水质达标的清水廊道，工程沿线的城乡水环境也得到极大的改善，工程还改变了沿线河网流态和湖泊蓄水情况，扩大了水域面积，在有效改善区域小气候的同时，复苏了趋于衰退或基本消失的生态湿地，改善了区域内动植物的生存环境。

江苏省通过东线工程向骆马湖补水，运行期间骆马湖水位由21.87m上升至23.10m，为保障地区生产生活、航运和生态环境发挥了重要作用。徐州市大运河和废黄河、淮安市里运河、扬州市“七河八岛”、宿迁市中运河等南水北调输水干线、支线河道，被打造成了城市景观河道，成为人水和谐的新亮点。淮安市获得“国家环保模范城市”称号，原来以脏乱差闻名的“煤都”徐州，也依托碧湖、绿地、清水打造成为宜居的绿色之城。

北京市利用南水每天向城市河湖补水17万～26万m^3，水面面积大幅度增加，城市河湖水质明显改善。随着“南水”进京，多年来超采严重的密云、怀柔、顺义水源地，地下水水位下降趋势得到遏制。通过“南水”试验性回补北京市密怀顺水源地，补水效果显著，应急水源地水位最大升幅达17.13m。用“南水”置换自备井取水、压采地下水，地下水位不再急剧下降，呈现小幅稳步回升态势，截至2017年10月底地下水埋深同比回升0.25m。“南水”替代密云水库向城市河湖补充清水，与现有再生水联合调度，增强了水体的稀释自净能力，河湖水质接近地表水Ⅲ类。

密云水库近年需水量和出库量（单位：亿m^3）

年份	2006	2007	2008	2009	2010	2011	2012	2013	2014	2015	2016
出库量	3.12	3.14	3.13	2.68	2.67	3.75	3.19	2.87	6.41	1.22	0.71
需水量	10.92	9.76	11.29	10.4	10.66	11	10.87	12.41	8.39	10.33	16.45

2017 年 11 月 19 日，密云水库蓄水量突破 20 亿 m^3，这是自 2000 年 3 月 23 日以来的首次突破。自“南水”进京以来，逐渐成为北京的主力水源，替代了密云水库向城区供水，每年减少密云水库的出库水量超过 5 亿 m^3，累计存入密云水库 3.79 亿 m^3 作为战略储备水资源。

天津市在通水后加快了滨海新区、环城四区地下水水源转换工作，地下水位累计回升 0.17m。利用“南水”置换出的引滦水和本地水向河道实施补水，有效增加了农业和生态环境用水。随着应急补水变为常态化补水，水系循环范围扩大，促进了水生态环境的改善。

2017 年，天津实施了“南水”向海河、北运河等中心城区河道补水，截至 8 月 18 日，中线工程累计向海河生态补水 1.37 亿 m^3。“南水”补水后，天津的地表水质得到了明显好转，中心城区 4 条一级河道 8 个监测断面全部达到或优于 V 类水。

河北省利用南水北调工程先后多次向滹沱河、七里河生态补水，使该区域缺水状况得到有效缓解，河道重现生机。通水以来，累计向滹沱河、七里河、滏阳河等河流生态补水 2.56 亿 m^3，有效涵养了水源，补充了地下水，使这些区域河流重现生机，提升了城镇居民生活品味和城乡生态景观效果。

河南省利用南水北调工程向郑州西流湖和鹤壁淇河进行生态补水。郑州等 14 座城市地下水水源得到涵养，地下水位得到不同程度的回升。许昌市借助南水实施水源置换，开展生态补水，实施水系连通工程和水生态文明建设，中心城区和郊区浅层地下水位较 2014 年回升约 2.6m。2017 年华西秋汛，丹江口库区水位大涨，南水北调中线工程先后开启多个闸门，利用水库弃水向沿线补水，累计补水 2.95 亿 m^3。

湖北省引江济汉工程正式通水后，除向汉江补水外，还分别向荆州城区与长湖补水，截至 2017 年 11 月 3 日，工程经港南分水闸向荆州市城区补水 1.6167 亿 m^3，通过活水的不断注入，荆州护城河水质和城区环境得到了极大改善。

五、促进结构调整　经济环保双赢

南水北调中线一期工程邓州段工程

东、中线一期工程通水后，由于沿线省市增加了水资源的供给，直接给城市供水，并兼顾重点区域的工农业供水。经测算，每年将增加工农业产值近千亿元。

南水北调受水区是我国重要的工业经济发展聚集区、能源基地和粮食主产区，南水北调工程通水以后，一方面，使北京、天津、石家庄、济南等北方大中城市基本摆脱了缺水的制约，为经济结构调整包括产业结构、地区经济结构调整创造机会和空间。另一方面，进一步促进受水区节水工作的开展，在受水区带动发展高效节水行业，淘汰限制高耗水、高污染行业的发展。各地大力推广工农业节水技术，逐步限制、淘汰高耗水、高污染的建设项目，实行区域内用水总量控制，加强用水定额管理，提高了用水效率和效益。此外，南水北调工程实行成本核算，促进水价机制改革，通过价格杠杆的作用进一步促进节水型农业、工业、服务业发展。

在工程建设期间，南水北调对水源区和沿线地区加大治污环保力度，投资数百亿元进行水污染治理和生态环境建设。沿线地区在加大水污染防治的同时，加快产业结构调整步伐，关停并转了数千家污染严重的企业，严格环境准入，积极调整产业结构，培育发展了一批新型生态环保产业。

在东线治污之初，山东省内造纸厂有700多家，排污量占了全省排污量的70%。治污工作开展以来，通过实行严格的排放标准，对治污不达标的企业坚决关停，投巨资加快清洁生产，700多家企业最后只剩下10家，到2010年造纸行业COD排放量比2002年减少了62%，而产业规模却是原来的3.5倍，利税是原来的4倍，实现了经济与环保的双赢。

从2002年南水北调东线一期江苏段工程开工以来，江苏省为保证南水北调输水水质，组织实施了两阶段治污工程，总投资约133亿元。2017年，江苏省政府通过建立水污染防治联席会议制度，将南水北调断面水质达标纳入地方政府治污目标责任书，明确沿线地方政府主要领导为第一责任人，编制实施《南水北调东线水源地国家级生态保护区功能规划》和《江淮生态大走廊规划》，提高南水北调沿线地区环保准入门槛，淘汰一批产业层次低、资源消耗高、环境污染重、安全风险大的劣质企业，全面完成畜禽养殖禁养区划定和关闭禁养区内畜禽养殖场，制定实施《江苏省水环境区域补偿实施办法》，实施上下游区域双向补偿，建立区域联防联控机制等措施，大力推进南水北调沿线环境保护，进一步改善南水北调输水干线水质。江苏省环保部门的监测数据表明，2017年度江苏省南水北调输水干线调水水质持续稳定达到地表水Ⅲ类标准，部分区段达到Ⅱ类标准。

南水北调中线工程提供的稳定可靠水源保证了河北省邯郸钢铁、马头电厂、长城哈弗、定州华电等数十家骨干工业企业用水，促进了生产力合理布局，助推了供给侧结构性改革，为传统工业企业调结构、转方式、促转型创造了机会和空间。江水切换后，通过置换城镇、工业长期挤占的农业用水，改善了受水区农业生产条件，保证了下游灌区农业抗旱用水需要。

在中线水源区，对矿物采选和冶炼、黄姜皂素生产、汽车电镀等重点水污染行业加大治理力度，坚决关闭治理不达标企业，积极推进工业清洁生产，同时做强做大优势装备制造业，加快发展中药材和绿色食品加工业，积极发展以旅游业为主的服务业。例如，中线渠首所在的淅川县九重镇针对生态建设需要和移民土地大量减少实际，大力发展施用农药、化肥少，经济效益好的金银花产业，通过建基地示范带动全镇发展金银花面积1.35万亩，年综合产值近亿元，成为当地涵养水源、保养水质、快速致富的黄金产业。

六、移民整体稳定　身安心安业安

● 南水北调中线工程移民新村

水库移民，是世界公认的社会难题。从一定意义上说，南水北调工程也是一项伟大的民生工程，让南水北调丹江口水库移民实现"搬得出、稳得住、能发展、可致富"，考验着中国共产党的执政魄力与执政智慧。

党中央、国务院高度重视南水北调移民工作，库区河南、湖北两省圆满完成了 34.5 万移民搬迁任务，实现了"四年任务、两年完成"工作目标。移民安置区地理位置优越，住房、学校、医院、水利、电力、交通等基础设施和公共服务水平升级换代，移民生产生活条件得到很大程度改善，移民身安、心安、业安，成为当地社会主义新农村样板。

移民搬迁前人均耕地不到 0.9 亩，搬迁后达到 1.05 ～ 1.5 亩；人均住房面积不到 24m^2，且大多都是土木房、砖木房，搬迁后人均住房面积近 40 m^2，均为砖混结构等级以上房屋。移民搬迁完成后，国家和地方不断加大后续帮扶力度，提高移民就业增收水平，创新移民村社会治理，确保移民群众安居乐业。

抽样统计显示，移民年人均收入从搬迁前的约 3000 元，提高到 2017 年的 10000 元以上，增长超过 200%。

库区河南、湖北两省整合移民政策资金，推进移民帮扶发展，累计投入 40 多亿元，实施"强村富民"战略，建设美丽移民村。

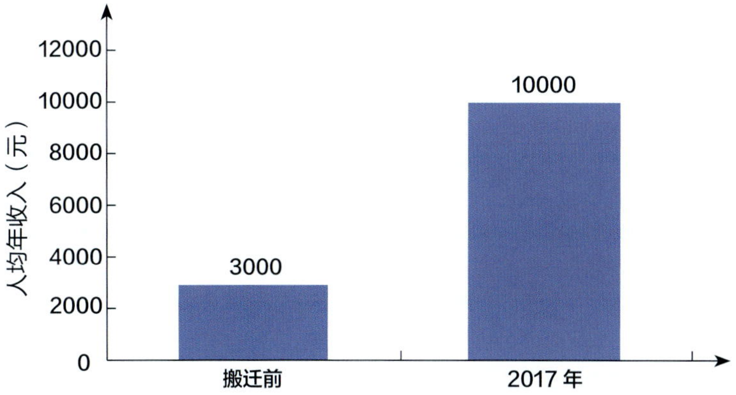

● 抽样统计显示，移民人均年收入增长

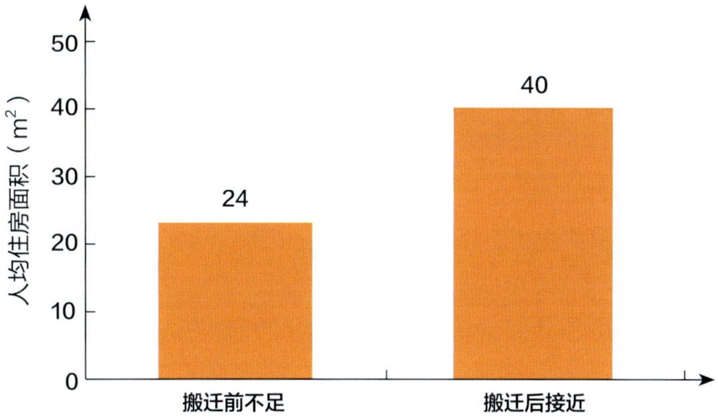

● 移民人均住房面积增长

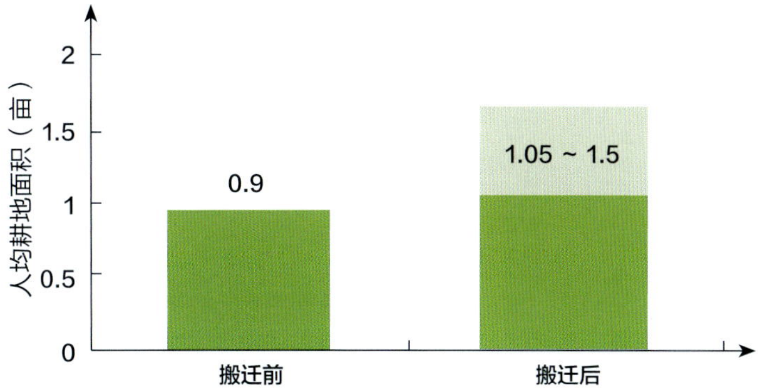

● 移民人均耕地面积增长

七、防汛抗旱兼顾　发挥多重效益

南水北调东线工程泵站

我国水资源时空分配不均，干旱缺水已经成为每时每刻都悬在头上的“达摩克利斯之剑”。保障包括特大城市在内的居民生活用水，保证农业生产用水，保持社会稳定和经济发展，是南水北调工程基础性、战略性作用的重要体现。

进入2017年6月，青岛本地水源严重不足，6座水库低于死水位，7座水库干库，主要河道干涸或处于断流状态。烟台、威海、潍坊面临同样旱情。东线工程在2017年6月30日完成年度调水计划8.89亿m^3任务后，启动应急调水，确保了胶东青岛、烟台、潍坊、威海四市的城市供水需求。

江苏省境内刘山站、解台站、金湖站、淮安三站、淮安四站投入抗旱排涝运行，累计抽水5.8亿m^3，为缓解淮北地区旱情和宝应湖周边排涝发挥了积极作用。

引江济汉工程在湖北省防汛抗旱中也发挥了重要作用，累计向长湖、东荆河补水约5.3亿m^3，有效解决东荆河区域灌溉及80万人饮水水源问题，并多次向沿线河湖补水，满足了204万亩农田灌溉用水及水产养殖需求。

2017年7月，为满足汉江中下游及引江济汉工程沿线地区的旱情，引江济汉工程开启进口段闸门，仅7、8两个月就引水14. 6亿m^3，约500万亩农田从中受益。引江济汉工程建成通水三年来，已累计调水99.07亿m^3，与中线工程向北方输水量基本相当。

（本篇内容是根据孙永平、王志文、张栋、朱文君、张存有、胡敏锐、许安强、李萌、宋滢、闫智凯、武娇、王乃卉、赵柱军、史光建、郑福寿等的供稿材料整理编辑而成）

壹 重要会议

IMPORTANT MEETING

国务院南水北调工程建设委员会第八次全体会议在北京召开

2017年11月2日，国务院南水北调工程建设委员会第八次全体会议在北京市召开，国务院副总理、国务院南水北调工程建设委员会主任张高丽主持会议并讲话。中共中央政治局常委、国务院副总理、国务院南水北调工程建设委员会副主任汪洋出席会议。

张高丽强调，要贯彻落实党的十九大精神，认真学习领会习近平新时代中国特色社会主义思想，进一步把思想认识行动统一到以习近平同志为核心的党中央重大决策部署上来，勇于担当、奋发有为，推动南水北调工程发挥更大效益。

张高丽指出，南水北调工程是事关国计民生的重大战略性基础设施。经过各方面共同努力，南水北调工程各项工作取得了显著成效，工程运行平稳，综合效益明显，水质总体良好，移民稳定发展，资金使用规范，管理有序有效，关键技术实现突破。

张高丽强调，要突出关键环节和重点任务，继续扎实做好南水北调工程各项工作。要加强安全管理，深入推进规范化管理和运行监管，保证工程平稳运行。要强化监测保护，把“三先三后”原则落实到位，确保调水水质稳定达标。要做好移民帮扶，把该给的政策给足、该办的事情办好，促进移民和当地群众同步实现小康。要建立良好的节水、调水和用水机制，优化水量省际配置和调度，服务京津冀协同发展、长江经济带发展等重大战略，保障好雄安新区建设发展用水需求，推动工程充分发挥效益。要深入研究论证，有序推进后续工程建设准备工作。各地区各部门各单位要牢固树立“四个意识”，按照“三严三实”要求，强化协调配合，完善管理体制，落实支持政策，把南水北调工作抓实抓细抓到位。

汪洋指出，南水北调工程建成运营并取得巨大成效，再次验证了我国的政治优势和制度优势。要认真总结工程建设和运营积累的好经验、好做法，加快建立适应新时代要求的管理体制和运行机制，把南水北调工程打造成“清水走廊”“绿色走廊”，让工程长期造福人民、造福社会。要加大对库区移民的帮扶力度，确保他们在全面建成小康社会中不掉队。

国务院南水北调办党组书记、主任鄂竟平在会上汇报了南水北调工程建设和运行管理工作有关情况。国务院南水北调工程建设委员会各成员单位负责人参加了会议。

（摘自中国政府网，略有删改）

国务院南水北调办召开会议，传达学习党的十九大精神

2017年10月27日上午，国务院南水北调办召开会议，传达学习党的十九大会议精神。国务院南水北调办党组书记、主任鄂竟平主持会议并讲话，要求南水北调系统各单位把学习宣传贯彻党的十九大精神作为当前及今后一个时期首要政治任务，把习近平新时代中国特色社会主义思想作为一切工作的行动指南，紧密团结在以习近平同志为核心的党中央周围，增强“四个意识”，坚定“四个自信”，不忘初心，牢记使命，锐意进取，埋头苦干，奋力开创南水北调工作的新局面。办党组成员、副主任张野、蒋旭光出席会议。

会议集中学习了国家机关党工委关于中国共产党第十九次全国代表大会精神传达提纲，大家一致认为，党的十九大高举中国特色社会主义伟大旗帜，以马克思列宁主义、毛泽东思想、邓小平理论、“三个代表”重要思想、科学发展观、习近平新时代中国特色社会主义思想为指导，回顾和总结了过去五

年的伟大成就和历史性变革，作出了中国特色社会主义进入了新时代、我国社会主要矛盾已经转化为人民日益增长的美好生活需要和不平衡不充分的发展之间的矛盾等重大政治论断，深刻阐述了新时代中国共产党的历史使命，确立了习近平新时代中国特色社会主义思想的历史地位，提出了新时代坚持和发展中国特色社会主义的基本方略，确定了决胜全面建成小康社会、开启全面建设社会主义现代化国家新征程的目标，对新时代推进中国特色社会主义伟大事业和党的建设新的伟大工程作出了全面部署，进一步指明了党和国家事业的前进方向。

鄂竟平谈了自己的学习体会。他说，党的十九大报告一是要点突出。报告指出了党的十八大以来这五年取得的历史性成就，发生的历史性变革，解决了许多长期想解决而没有解决的难题、办成了许多过去想办而没有办成的大事；报告明确了中国特色社会主义新时代的新矛盾、新使命、新思想、新方略；报告指明了分两步走全面建成社会主义现代化国家新征程的目标及任务。二是特点鲜明。“新”，提出了中国特色社会主义进入新时代的新论断，彰显了以习近平同志为核心的党中央在指导思想上的与时俱进，体现了习近平总书记高超的政治智慧和驾驭复杂局面的卓越能力。“情”，情系人民，报告内容特别关注民生问题，时刻不忘广大人民群众的利益，处处体现了习近平总书记和党中央心中有人民的伟大情怀。“严”，强调重点强化政治纪律和组织纪律，强调作风建设永远在路上，夺取反腐败斗争压倒性胜利，坚持无禁区、全覆盖、零容忍，坚持受贿行贿一起查，加大整治群众身边腐败问题力度，体现了我们党强化全面从严治党的决心和勇气。三是亮点纷呈。最大的亮点是确立了习近平新时代中国特色社会主义思想，从理论和实践结合上，系统回答了新时代坚持和发展什么样的中国特色社会主义、怎样坚持和发展中国特色社会主义，其内涵十分深刻，意义非常重大，关乎国家的前途和命运，具有划时代的里程碑意义。

鄂竟平特别指出，党的十八大以来的建设成就是习近平新时代中国特色社会主义思想实践的具体体现。以生态文明建设为例，这五年来，习近平总书记对生态文明建设提出了“绿水青山就是金山银山”“尊重自然，顺应自然，山水林草田湖生命共同体”等新理念、新观点、新政策、新措施，这些新思想是习近平新时代中国特色社会主义思想的重要组成部分。在新思想的指导下，我国的生态文明建设发生了历史性的变化，取得了前所未有的新成就。南水北调工程建设运行也在这一历史性进程中发挥了应有作用。工程建设质量可靠，运行平稳安全，特别是确保了一渠清水北送，为受水区提供了优质水源，保证了京津等城市供水安全，同时为我国生态文明建设作出了重要贡献，有效遏制了工程沿线城市地下水下降的趋势，改善了水生态、水环境，发挥了巨大的社会、经济、生态效益。今后，我们将在习近平新时代中国特色社会主义思想的指引下，更加奋发有为地做好南水北调各项工作。

鄂竟平要求，南水北调办全体党员干部要认真研读党的十九大报告，把学习好、宣传好、贯彻好、落实好党的十九大精神，作为当前和今后一个时期首要政治任务和头等大事，结合南水北调工作实际，不断学、反复学、深入学，一定要学懂弄通。各部门、各单位要高度重视，周密安排部署，迅速掀起学习宣传贯彻党的十九大精神的热潮，着力营造学习贯彻党的十九大精神的浓厚氛围。要重点开展五个方面的专题学习：一是党的十九大的重要意义；二是党的十八大以来取得的历史成就、发生的历史性变革、解决的过去想解决而没解决的难题、办成的过去想办成而没办成的大事；三是新时代、新矛盾的内涵；四是新使命、新思想、新方略的内涵；五是分两步走全面建设社会主义现代化国家新目标新征程。

鄂竟平最后强调，要以习近平新时代中国特色社会主义思想为指导，深入思考、精心谋划2020~2035年、2035~2050年南水北调事业的建设目标，清醒认识南水北调工程在全面建成小康社会、基本实现社会主义现代化、建设社会主义现代化强国中承担的光荣使命，把南水北调事业的发展摆到中国特色社会主义伟大事业的全局中去谋划、去推动、去落实、去担当，不断促进南水北调事业取得新发展，为全面建成小康社会、夺取新时代中国特色社会主义伟大胜利、实现中华民族伟大复兴的中国梦做出新的更大的贡献。

国务院南水北调办机关各司、各直属单位负责同志，办机关全体公务员、直属单位全体职工参加会议。

（摘自南水北调网，略有删改）

2017年南水北调工作会议在北京召开

2017年1月12~13日，2017年南水北调工作会议在北京市召开，表彰南水北调东中线一期工程建成通水先进集体与先进个人，总结东中线一期工程全面通水运行以来各项工作，客观分析新阶段南水北调工作面临的形势和任务，进一步统一思想，明确任务，推动南水北调事业稳中求好，创新发展。国务院南水北调办党组书记、主任鄂竟平做工作报告。国家公务员局副局长张义全出席会议并宣布表彰决定。

会上，张义全宣读经党中央、国务院批准，由人力和资源社会保障部、国务院南水北调办联合印发的表彰决定，对在南水北调东中线一期工程建成通水工作中做出突出贡献的80个先进集体、60名先进工作者、20名劳动模范进行表彰，并颁发奖牌、证书。

鄂竟平在讲话中指出，这次表彰既是对南水北调工程建设成果和全体建设者辛勤奉献的充分肯定和高度褒奖，也是对做好下一步南水北调工作的鼓舞和鞭策。受到表彰的先进集体和先进个人，涵盖了南水北调工程勘测设计、施工、建设管理、征地移民、治污环保等各个方面，是南水北调工程全体参与者的优秀代表。大家在各自工作岗位上用智慧、汗水甚至生命，为东中线一期工程如期建成通水做出了突出贡献，集中展示了“负责、务实、求精、创新”的南水北调精神。鄂竟平号召大家向先进集体和先进个人看齐，坚定理想信念，立足本职，勇于担当，努力在南水北调岗位上建新功、立新业。

鄂竟平指出，2016年是“十三五”规划的开局之年。南水北调系统认真贯彻党中央战略决策，按照年初确定“稳中求好，创新发展”的工作思路，把从严治党两个责任扛在肩上，全力做好南水北调各项工作。

鄂竟平强调，与建设期一年一个变化不同，运行期间的南水北调事业进入相对平稳的时期。2017年南水北调工作思路依然是“稳中求好，创新发展”。要以问题为导向，咬定青山不放松，一步一个脚印，在“稳”的基础上，推动各项工作取得新的进展。工程沿线各省（直辖市）南水北调办事机构、移民机构、环保机构和项目法人负责同志分别进行交流发言，并分组进行讨论，就有关工作提出了建议。

中央组织部、国家公务员局等有关负责同志出席会议。国务院南水北调办总工程师，机关全体公务员、各直属单位班子成员参加会议。

（摘自南水北调网，略有删改）

南水北调系统2017年党风廉政会议在北京召开

2017年1月20日，南水北调系统党风廉政建设工作会议在北京市召开，学习贯彻党的十八届六中全会精神和十八届中央纪委七次全会精神，分析南水北调党风廉政建设和反腐败工作形势，部署下阶段工作。国务院南水北调办党组书记、主任鄂竟平，中央纪委派驻纪检组组长田野出席会议并作讲话，国务院南水北调办党组成员、副主任张野、蒋旭光，总经济师，沿线地方省市南水北调机构纪检工作负责人，机关各司各直属单位党员干部参加会议。

会议传达学习了习近平总书记在十八届中央纪委七次全会重要讲话精神以及王岐山同志所作的工作报告。鄂竟平指出，习近平总书记的重要讲话，站在时代发展和战略全局的高度，充分肯定全面从严治党取得的显著成效，明确提出今后工作的总体要求和主要任务，既直面问题，又充满自信，蕴含着质朴真挚的为民情怀、许党许国的担当精神。学习贯彻习近平总书记重要讲话精神是当前和今后一个时期的重要政治任务，国务院南水北调办广大党员干部要认真学习，深刻理解，把握要义，领会精髓，学深悟透，融会贯通。

鄂竟平指出，2016 年，国务院南水北调办认真贯彻党中央、国务院关于党风廉政建设和反腐败工作部署，着力落实全面从严治党主体责任和党风廉政建设监督责任，深化巡视整改工作，积极配合派驻纪检组工作，深入开展“两学一做”学习教育，狠抓“两个责任”不放松，加强廉政宣传教育，深入开展“四风”问题专项整治，强化监督执纪问责，党风廉政建设取得了新的成绩，为南水北调工程安全平稳运行提供了有力的纪律和作风保证。鄂竟平强调，在充分肯定成效的同时必须清醒认识到问题：工程运行管理中还有廉政风险，日常管理还存在一定的漏洞，思想认识还有待提高，个别党员干部自身在作风建设方面还有不足。这些薄弱环节必须高度重视，认真研究解决。

鄂竟平要求，2017 年，国务院南水北调办要全面贯彻党的十八届六中全会和十八届中央纪委七次全会精神，深入学习贯彻习近平总书记系列重要讲话精神，坚决维护以习近平同志为核心的党中央权威，强化监督执纪问责，深入推进党风廉政建设，推动南水北调系统全面从严治党向纵深发展。

田野在讲话中指出，要把学习贯彻中央纪委七次全会精神作为重要政治任务，学思践悟、悟懂通透；要正确认识当前南水北调系统全面从严治党形势，坚定信心做好纪律检查工作；要全面贯彻中央纪委七次全会部署，忠诚履行党章赋予的神圣职责。田野要求，2017 年要进一步加强南水北调系统纪律检查工作，一是深入贯彻十八届六中全会精神，严肃党内政治生活，强化党内监督。要加强对六中全会精神贯彻落实情况的监督检查；要抓好领导干部这个“关键少数”；要把好政治关和廉洁关。二是驰而不息纠正“四风”，持续打造作风建设亮丽名片。对执纪审查对象存在“四风”问题的，要先于其他问题查处和通报曝光。同时，要以制度建设促进改进作风的常态化、长效化。三是坚持有案必查、有腐必惩，越往后执纪越严，持续巩固反腐败斗争压倒性态势。要把握“四种形态”以改变政治生态，既见树木，又见森林；要突出政治问责，以强有力的问责压实全面从严治党责任。四是按照管行业必须管行风的要求，着力加强南水北调基层党风廉政建设。要把管党治党责任压力传导到基层；要严肃查处基层违纪违法问题。五是职责所在使命所系，必须敢于担当履责。要坚决同破坏党的领导、损害党的肌体的行为作斗争，该“得罪”的人就要“得罪”；要严格落实监督执纪工作规则，自觉接受组织和群众的监督。田野最后强调，要拿出恒心和韧劲，坚持不懈做好全面从严治党各项工作，为营造风清气正的政治生态，护航南水北调改革发展，迎接党的十九大召开，交上优秀答卷。

（摘自南水北调网，略有删改）

南水北调工程运行监管工作会议在郑州召开

2017年2月23日，国务院南水北调办在郑州市召开南水北调工程运行监管工作会议，总结2016年运行监管工作，部署安排2017年运行监管任务。国务院南水北调办副主任蒋旭光出席会议并讲话。

蒋旭光强调，按照国务院南水北调办党组确定的“稳中求好，创新发展”的思路和要求，确保工程安全是当前南水北调系统内最重要的工作，是发挥工程效益的基础和根本。为了确保工程运行安全，必须切实加强运行监管工作。2017年的运行监管工作要研究从建设期转入运行期以后的新形势，分析运行中遇到的新问题，拿出有针对性的、适应解决工程问题迫切需要的监管手段、监管方式，增强有效性和针对性。

蒋旭光强调，2017年工程运行监管工作要遵循“创新驱动、高压从严、问题导向、系统监管”原则，重点做好六个方面工作：一是深入开展规范化监管。找出规范化进展与预期存在差距的原因，深入思考规范化的总体目标和阶段性目标等关键命题，盯住工程巡查、问题整改、自动化、应急能力建设等系统问题的解决和监督落实。二是将全面监督检查进行到底。把检查重点和覆盖全面结合起来，把各种检查手段结合好，提高检查质量和效能。三是切实突出监管重点。对可能危及通水安全、影响功能发挥、管理容易松懈、问题易发多发的重点项目、关键部位和管理行为，加强运行监管，防范运行风险。四是大力强化举报核查。进一步总结和梳理举报受理工作的程序和环节，加强统筹，调查和处理要切实做到规范、有序、合理、有效，切实把工程运行安全隐患消灭在萌芽状态。五是推动问题精准整改。要进一步提高问题整改率，对系统性问题，拿出进度时间表，对于具备条件但应改未改的问题从重实施责任追究。六是务实加强能力建设。在加强业务工作的同时加强队伍建设，培养一批党性强、素质高、业务精、热情高的人才队伍，加强党建工作，发挥以党建统领、保障业务的作用。

蒋旭光对2017年运行监管工作提出四点要求：一是严谨。加强领导和统筹，严谨务实地开展运行监督和管理，切实提高运行监管的效率和效果。二是担当。各有关方面要勇于担当，主动作为，不回避矛盾，不推诿、不扯皮。三是协同。各单位要协调配合，团结合作，形成监管合力。四是督办。要建立运行监管重点工作督办机制，切实保证各项工作目标和成果的实现。

会上，国务院南水北调办监督司报告了2016年运行监管工作情况和2017年运行监管工作方案，建管司对运行管理工作提出要求，监管中心、稽察大队分别通报了运行监管工作情况。与会代表就工程运行监管工作做了交流发言。

国务院南水北调办建管司、监督司、监管中心、稽察大队和沿线省（直辖市）南水北调办（局）、各工程管理单位代表参加会议。

（摘自南水北调网，略有删改）

南水北调工程安全管理暨防汛工作会议在枣庄召开

2017年3月21～22日，国务院南水北调办在山东省枣庄市召开南水北调工程安全管理暨防汛工作会。会议主要任务是贯彻党中央、国务院关于加强安全生产和防汛工作的一系列决策部署，落实全国安全生产电视电话会议和南水北调系统工作会议精神，总结交流南水北调工程运行安全管理工作经验，分析运行安全管理面临的新形势，研究部署2017年运行安全管理工作和防洪度汛工作。

国务院南水北调办副主任张野、山东省政府副秘书长张积军出席会议并讲话。

张野指出，2016 年南水北调工程安全管理工作坚持“安全第一，预防为主，综合治理”的工作方针，全面贯彻落实国家安全生产法律法规和安全管理各项要求，紧紧围绕确保运行安全管理工作目标，周密部署，强化责任，狠抓落实，扎实开展安全管理各项工作，全年未发生重特大安全事故和断水事件，确保了南水北调东中线工程安全、度汛安全、供水安全和沿线人民群众生命安全。

会议分析了南水北调工程安全生产工作面临的形势，明确了 2017 年安全生产管理工作的总体思路和目标任务。张野强调，南水北调工程为长距离调水工程，建成运行才两三年，运行管理以及安全管理在经验和机制体制等诸多方面，仍面临着很多棘手问题，仍需不断努力。各有关单位要充分认识当前运行安全管理初级阶段的艰巨性、复杂性，要时刻保持清醒头脑，高度警觉、深刻认识、落实责任、扎实工作，增强责任感、使命感和紧迫感，采取切实有效措施，全面落实运行安全管理责任，消除安全隐患，杜绝重特大安全事故发生，保持工程安全平稳运行。

对 2017 年南水北调工程安全管理工作，张野要求重点抓好以下几方面的工作：一是严格落实安全管理主体责任；二是突出重点工程部位和风险点安全管理；三是深入推进安全管理标准化建设；四是全力做好防汛抗洪抢险工作；五是开展安全隐患排查治理；六是加强应急保障能力建设。

会议还进行了分组讨论，对进一步加强安全管理，做好防汛抗洪抢险工作，提出了积极的具有建设性的意见和建议。

国务院南水北调工程安全生产领导小组成员，各省（直辖市）南水北调办（建管局）、各项目法人、运行管理单位等有关负责同志参加了会议。

（摘自南水北调网，略有删改）

2017 年南水北调宣传工作会议在武汉召开

2017 年 4 月 6 日，国务院南水北调办在湖北省武汉市召开南水北调宣传工作会议，总结交流宣传工作经验和体会，共同研究探讨做好南水北调工程通水运行、创新发展新形势下宣传工作的新思路、新方法，明确下一阶段宣传工作任务。国务院南水北调办党组成员、副主任蒋旭光出席会议并讲话。

蒋旭光强调，2016 年，南水北调系统内各单位围绕工程通水运行大局，紧密结合实际，扎实开展南水北调宣传各项工作，为南水北调工程平稳运行、创新发展营造了良好的氛围，扩大了南水北调工程的社会影响，赢得了社会各界的广泛支持，为南水北调各项工作任务的完成提供了服务和保障。在强化新闻宣传、抓好社会宣传、做好文化宣传、妥善应对舆情、加强信息报送等方面取得显著成效。同时，也锻炼了宣传队伍，培养了宣传人才。

蒋旭光指出，当前，随着南水北调工程受益范围不断扩大，受益人口不断增多，受水区经济社会发展和人民生产生活对南水北调工程的依赖程度越来越高，南水北调工程基础性、战略性地位更加突出。同时，新闻传播的手段日新月异，对宣传工作提出了新的挑战和要求。各部门、各单位要认真贯彻落实办党组关于宣传工作的总部署，按照“稳中求进，创新发展”的总要求，进一步提高认识，增强使命感和责任感，紧跟时代发展步伐，充分利用新的宣传形式、宣传手段，看准宣传方向，主动服务南水北调中心工作，开创宣传工作新局面。

蒋旭光强调，2017 年是推动南水北调事业继续稳中向好、创新发展的关键之年。宣传工作是南水北调工作的重要组成部分，南水北调宣传工作服务和促进中心工作责任重大。当前宣传工作的总目标是：围绕南水北调事业发展大局，提升宣传格调，拓展宣传手段，丰富宣传载体，全方位、多层次加强宣传工作，全面展示工程效益，巩固拓展良好形象，为十九大召开营造良好舆论氛围。当前要抓住九项重点宣传内容：一是全面宣传党中央、国务院对南水北调工程的正确决策和坚强领导；二是大力宣传工程在优化水资源配置，缓解北方地区水资源短缺局面，保障国家重大战略实施和经济社会可持续发展，促进生态文明建设和实现“美丽中国”的重要作用；三是突出宣传东中线一期工程通水后取得的经济、社会、生态等综合效益；四是深入宣传南水北调运行管理取得的成绩和经验；五是做好沿线省市配套工程和供水管网建设成果的宣传；六是及时宣传移民群众发展致富、安居乐业等典型事迹；七是展现水源区和沿线各地在水污染治理、生态建设、产业结构调整等方面的经验成果；八是大力宣传“三先三后”原则及其落实情况；九是加强南水北调精神研讨和宣传。

蒋旭光指出，面临新的宣传形势和任务，南水北调系统各级各单位要努力强化以下措施：一要确立格局，把宣传工作摆到南水北调工作更加重要的地位；二要创新先导，下气力推动新媒体平台有序发展，争取年内全部开通“两微一端”；三要提升境界，注重各个宣传要素的统筹与结合，提升宣传的品质；四要开阔视野，加强内外联动，形成合力；五要夯实基础，充实宣传力量，培养人才，增加投入；六要动态掌控，妥善应对社会舆情。

国务院南水北调办机关各司、各直属单位，各省（直辖市）南水北调办（建管局），移民、环保机构，各项目法人分管宣传工作的负责同志和宣传部门负责人参加会议。

（摘自南水北调网，略有删改）

国务院南水北调办党组召开“两学一做”学习教育常态化制度化推进会

2017年5月10日，国务院南水北调办党组召开“两学一做”推进会，部署推进“两学一做”学习教育常态化制度化工作。国务院南水北调办党组书记、主任鄂竟平出席并讲专题党课，国务院南水北调办党组成员、副主任张野、蒋旭光出席传达中央关于“两学一做”学习教育常态化制度化有关指示精神。

会议传达了中共中央《关于推进“两学一做”学习教育常态化制度化的意见》和刘云山同志在推进“两学一做”学习教育常态化制度化工作座谈会上的讲话精神。会议指出，推进国务院南水北调办“两学一做”学习教育常态化制度化要把握三方面内容：一要把握常态化制度化的含义。常态化要求全体党员干部，要将“两学”和“一做”永续的经常性的进行下去，并不能有例外党员；制度化要求除全体党员主动、自觉地去学去做之外，各级党组织还要制定和执行相应的制度来保障学和做。二要把握常态化制度化的重要意义。推进“两学一做”学习教育常态化制度化是坚定维护以习近平同志为核心的党中央权威和集中统一领导的必然要求；是坚持思想建党、组织建党、制度建党紧密结合、深化全面从严治党的重要举措；是凝心聚力，促进改革发展稳定大局的内在需要。三要把握我们下一步贯彻落实。要坚持以问题为导向贯穿“两学一做”学习教育的全过程，要带着问题学，找到自身的差距和不足；要针对问题整改，做到即知即改，真改实改，彻底改；要迎着问题上，在南水北调事业中体现担当精神；要以解决问题的实效来检验我们学和做的结果。

国务院南水北调办党组书记、主任鄂竟平同志结合南水北调工程实际和自己的学习体会，以“坚持以问题为导向——学习习近平总书记系列重要讲话心得”为题讲了一堂专题党课。

派驻纪检组有关负责同志、国务院南水北调办总工程师、机关及直属单位全体党员干部参加会议。

（摘自南水北调网，略有删改）

调水工程建设与运行管理交流会在北京召开

2017 年 5 月 25 ~ 27 日，国务院南水北调办政策及技术研究中心、南水北调中线干线工程建设管理局、南水北调东线总公司在北京市共同组织召开了调水工程建设与运行管理交流会。国务院南水北调建委会专家委员会主任、中国工程院院士陈厚群，中国工程院院士王浩，国务院南水北调建委会专家委员会副主任汪易森，长江委长江勘测规划设计研究院副院长谢向荣出席会议。国内主要调水工程单位、有关高校和科研设计单位及南水北调系统单位负责同志和代表共约 120 余人参加了会议。

调水工程作为民生工程和战略工程，改善了水资源格局，缓解了部分地区的水资源短缺压力，在保障人民饮水安全，支撑国家重大战略实施，促进经济社会和生态环境的可持续发展方面都发挥了不可替代的作用。建好、管好、用好调水工程，关乎国家粮食安全、能源安全、生态安全，意义重大。

南水北调工程通水以来，在保障北方水安全，生态恢复，改善水质等方面都发挥了重要作用，为京津冀协同发展战略实施，受水区经济社会发展和转型升级，社会和谐稳定提供了重要的水资源支撑，得到人民群众和沿线地方政府的一致称赞和肯定。受水覆盖面不断扩大，提供了沿线 30 多座城市的供水保障率，直接受益人口达 9300 万；工程供用水量连年上升，2015 ~ 2016 调水年度，中线工程实际供水约为上个调水年度的 2 倍，东线工程现已完成 2016 ~ 2017 调水年度的调水任务，调水量约为上个调水年度的 1.5 倍，为第一个调水年的 11 倍；生态效益愈发凸显，受水区调入水逐步置换超采的地下水和被挤占的生态用水，多地地下水位开始回升，生态环境大为改观；受水区水质明显改善，自来水硬度明显下降，伴随饮用水质改善，群众支持爱护南水北调工程的意识日益提高。

为保障国家水安全，调水工程需要发挥更大的作为。各调水工程单位要充分利用交流平台，围绕工程运行安全、改革创新、水质保障等议题展开充分交流和研讨，互相取长补短，共同推进国家调水工程健康发展。

交流会上，王浩院士作了题为《京津冀水资源安全形势及其应对》的报告，汪易森结合国务院南水北调建委会专家委员会工作作了题为《南水北调工程技术决策咨询管理经验》的报告，谢向荣作了题为《南水北调中线工程风险管控与应急抢险关键技术》的报告。

广东粤港供水有限公司、安徽引江济淮工程有限公司等 11 家调水工程单位，以及南水北调系统单位代表分别作了发言。与会代表认为，此次交流会收获颇多，各调水单位交流的经验和做法很有参考价值，在以后的工作中，应加强沟通交流，总结经验教训，共同提升调水工程建设和运行管理的水平。

会后，代表们还调研了北京城市副中心行政办公区和通州水厂的建设情况。

国务院南水北调办机关各司、各直属单位，以及沿线各省市南水北调办、各项目法人单位的负责同志和代表参加了会议。

（摘自南水北调网，略有删改）

国务院南水北调办防汛指挥部召开全体成员工作会议

2017年6月26日，国务院南水北调办防汛指挥部组织召开全体成员工作会议。国务院南水北调办副主任、防汛指挥部总指挥张野主持会议并讲话，防汛指挥部各成员单位参加会议。

会议传达学习了中央领导关于防汛工作的重要指示批示精神和国家防汛抗旱总指挥部2017年第二次全体会议精神，并结合南水北调工作实际，对防汛工作进行了讨论研究。

会上，张野深入解读了中央领导关于防汛工作的重要指示批示精神和国家防汛抗旱总指挥部2017年第二次全体会议精神，并综合分析了南水北调工程当前面临的形势。他指出，党中央、国务院高度重视防汛工作，习近平总书记就防汛工作多次作出重要指示，提出明确要求。李克强总理也多次批示，要求切实加强各类灾害防范和安全生产管理工作，保证人民群众生命财产安全。南水北调工程承担着为沿线多个省、市、县供水的重要任务，做好防汛工作任务特殊、意义重大。各单位务必要时刻保持高度警惕，坚决克服麻痹大意思想，杜绝侥幸松懈心理，全面做好防洪度汛的应急应对工作，确保工程安全、度汛安全、供水安全和沿线人民群众生命安全。

张野强调，切实做好防汛工作，重在落实。各单位要高度重视防汛工作，切实把思想和行动统一到中央的要求上来，立足防大汛、抗大洪、抢大险、救大灾，扎实做好各项防汛准备工作；要强化天气预测预警，密切监视雨情水情汛情工情，坚持以防为主，防抗救相结合，保证工程运行安全；要强化防汛抗洪抢险措施落实，增强责任担当意识，盯紧盯牢关键环节，再检查、再部署、再落实，确保防汛各项工作落到实处；要总结以往防汛工作经验，强化隐患整改，将隐患排查进一步制度化、精细化、规范化，做到汛前检查、汛中排查、汛后复查，切实做到早计划、早部署、早安排；要加强防汛物资、队伍、信息等资源共享，强化部门和军地合作，互联互通，联防联动，全力做好防汛抗洪抢险救灾各项工作。

（摘自南水北调网，略有删改）

南水北调工程干线征迁商促会在郑州召开

2017年7月6日，国务院南水北调办在河南省郑州市召开2017年南水北调工程干线征迁商促会，总结交流东、中线一期工程干线征迁工作情况，协调有关工作，推进解决有关事项，研究部署新形势下干线征迁重点工作。国务院南水北调办党组成员、副主任蒋旭光出席会议并讲话。

蒋旭光在讲话中充分肯定了近年来南水北调干线征迁工作取得的成效，强调指出，南水北调工程通水以来，发挥效益巨大，沿线各省市征迁工作保持了高度的责任感和使命感，积极主动，负责担当，在依规依法的前提下，因地制宜，精准施策，计划周到，解决重点问题，实现了沿线总体稳定，为工程平稳运行提供了良好的外部环境。当前南水北调工程进入收尾阶段，遗留的有些是难点、焦点问题，同时群众诉求变化、国家信访政策调整都需要随之作出工作安排。

蒋旭光对下一步干线征迁工作作出部署。要求南水北调系统各单位都要以确保十九大胜利召开为重点，千方百计做好征迁和维稳工作，负起政治责任。一是做好征迁信访稳定工作。各单位要高度重视，妥善处置，在过去工作的基础上，再做一次全面梳理，推动解决问题。二是处理征迁遗留问题。各省和项目法人要切实负责、密切配合，积极主动，勇于担当，对遗留问题分类施策，依法依规、实事求是地解决。三是精准做好验收工作。要根据工程总体验收进度合理安排节点、做好方案，同时加强交流，有序推进。四是切实加强移民征迁资金的管理。要严格程序、从严监管，确保资金安全。五是认真总结南水北调征迁工作的宝贵经验，做好总结宣传。

蒋旭光特别强调指出，一是把握大局，要把当前的政治大局、社会大局、南水北调形象大局和保证群众合法权益的大局统筹起来；二是严格管理，征迁各项工作都要公开透明，依法合规，加强监管；三是在验收中、对遗留问题处理等要反复磋商沟通，分门别类，精准施策；四是加强协调，形成合力，把南水北调工程效益发挥到最好。

国务院南水北调办综合司、投资计划司、经济与财务司、征地移民司以及各省（直辖市）南水北调办（建管局）、移民机构，各项目法人有关负责同志参加会议。

（摘自南水北调网，略有删改）

南水北调系统信访工作培训暨信访工作部署会在南京举行

2017 年 8 月 3 ~4 日，南水北调系统信访工作培训暨信访工作部署会在南京市举行，国务院南水北调办副主任蒋旭光出席会议并讲话。

会议传达了第八次全国信访工作会议精神，并部署下半年南水北调系统的信访工作。蒋旭光在会上指出，南水北调系统信访总体形势是好的，但当前及今后一段时期的信访工作任务会很繁重，各有关单位要高度重视，认真梳理排查隐患，建立台账，进一步加强信访维稳工作，为下半年党的十九大胜利召开营造和谐稳定的社会环境。

国务院南水北调办综合司司长耿六成主持会议，国家信访局来访接待司专家方绍飞就信访有关政策、信访接待等进行了授课培训，各单位代表就各自信访工作情况作了发言。工程沿线各省（直辖市）南水北调办（建管局），河南省移民办、湖北省移民局，各项目法人，国务院南水北调办机关各司及直属企业分管信访工作领导，各单位综合部门负责信访工作同志及信访工作人员参加了会议。

（摘自南水北调网，略有删改）

国务院南水北调办召开专题会议，贯彻落实防汛专题会议和安全生产电视电话会议精神

2017 年 8 月 7 日，国务院南水北调办副主任张野主持召开专题办公会，贯彻落实防汛专题会议和安全生产电视电话会议精神。

会议学习了汪洋副总理在国家防汛抗旱总指挥部专题会议上和马凯副总理在全国安全生产电视电话会议上重要讲话的文件，结合南水北调工程运行安全管理和防汛关键期实际，进行了深入研讨，针对贯彻落实会议精神提出了具体要求。

张野指出，目前，已经进入“七下八上”的防汛最关键时期，从最近水文、气象等部门介绍的情况看，我国中部地区气候条件复杂，集中强降雨时有发生，防汛形势依然严峻。党中央、国务院高度重视防汛抗洪抢险救灾工作，习近平总书记和李克强总理对抢险救援作出重要指示批示，要求加强主汛期灾害防范工作，强调要继续保持高度警觉，针对突出问题和薄弱环节，强化措施，落实责任，确保人民群众生命财产安全，最大限度减少灾害损失。今年是党的十九大召开之年，南水北调工程是关系国计民生的重大工程，社会关注度高，做好南水北调工程安全、防汛工作任务特殊、意义重大。各部门、各单位要保持高度警惕，坚决克服麻痹大意思想，杜绝侥幸松懈心理，切实把思想和行动统一到中央要求上来，立足防大汛、抗大洪、

抢大险、救大灾。结合当地天气情况和上下游水情，及时分析研判雨情、汛情，防汛队伍和物资设备雨前到场，主动出击，全力防范，扎实做好防汛抗洪抢险的应急应对工作，确保工程安全、度汛安全、供水安全和沿线人民群众生命安全。

张野要求，各部门、各单位要高度重视防汛和运行安全管理工作，按照防汛专题会议和安全生产电视电话会议的要求，切实把思想和行动统一起来，抓牢抓实安全防范和应急应对工作。要建立健全安全管理责任体系和安全防范体系，落实主体责任，严格履行监管责任，扎实开展以防汛为重点的安全飞检、专项检查和稽察工作，严格安全责任考核和责任追究。要制定详细运行安全和防汛突出问题排查方案，及时组织突出问题排查，将工程运行、设备设施维护当中的突出问题系统整改到位，彻底消除运行安全风险隐患。要在汛后及时总结安全防范和应急应对工作经验教训，针对性地制定安全防范和防汛抢险的培训措施，提高全员应急抢险能力。运行管理单位要采取切实有效的安全防范措施，严格做好职工自身安全、周边人身安全和设备设施运行维护管理，减少人员伤亡和运行设备设施损坏，确保工程安全、供水安全和沿线人民群众生命安全，树立良好社会形象。

国务院南水北调办安全生产领导小组及防汛指挥部各成员单位负责同志参加会议。建管司、监督司、监管中心、中线建管局、东线公司结合运行安全管理和防汛工作情况，作了代表性发言。

（摘自南水北调网，略有删改）

南水北调工程丹江口库区移民商促会在湖北召开

2017 年 8 月 9 ~ 10 日，国务院南水北调办在湖北省召开 2017 年南水北调工程库区移民商促会，总结交流上半年库区移民工作情况，会商库区移民稳定工作，部署下阶段工作任务。国务院南水北调办党组成员、副主任蒋旭光出席会议并讲话。

蒋旭光在讲话中充分肯定了南水北调移民工作取得的成效，他强调，2017 年以来，河南、湖北两省等有关方面按照“稳中求好，创新发展”总基调，克难攻坚，实现了“三个稳”：“移民整体稳定、生产稳步发展、验收平稳推进”，取得了显著成效。同时分析了当前南水北调移民工作面临的形势，指出了工作中存在的问题和需要加强的方面。

针对下一步工作，蒋旭光强调，南水北调移民工作要全面落实党中央的决策部署，自觉把工作融入到“五位一体”总体布局和“四个全面”战略布局中去，融入到党中央对全国信访稳定整体布局中去，按照稳中求好、创新发展的思路，以问题为导向，精准施策，狠抓落实，推动各项工作取得新进展。一是要高度重视信访稳定工作，时刻紧绷稳定这根弦。建立和完善维稳工作联动机制、信息联络机制，制定风险防控措施和应急预案，维护稳定大局。二是要加大移民帮扶力度，继续加强后续规划协调，共同推动规划相关工作。三是按照国务院南水北调办总体验收的安排，加强整改落实，及时处理制约验收进度的主要因素，确保满足移民验收目标，并以验收为抓手，积极处理好遗留问题。四是要加快美丽移民村建设，充分挖掘移民村历史、文化等特色资源，展现移民村“一村一景、一村一韵”的别样风格，打造南水北调美丽移民村品牌。五是要加强移民资金管理，确保资金安全。六是认真总结宣传南水北调移民工作成功经验。尽快完成库区移民实施总结编撰出版工作，为南水北调后续工作提供重要的参考借鉴。蒋旭光要求，在当前的移民工作中，要切实提高政治站位，扛起政治责任，落实政治担当，迅速把思想和行动统一到党中央国务院有关信访稳定工作部署上来，以更强有力的措施维护移民稳定大局，以实际行动迎接党的十九大胜利召开；要着眼发展稳定大局，千方百计为群众排忧解难，及时就地解决群众合理诉求；要对移民工作任务再梳理、再部署、再落实。各单位要积极主动，敢于担当，按照今年的工作目标，做到思想认识到位、工作措施到位、工作状态到位、任务完成到位。

会议期间，与会代表现场考察了陆水水库移民安置、生产发展、美丽移民村及库区移民生态建设等情况。

国务院南水北调办综合司、投资计划司、征地移民司、湖北省移民局、河南省移民办、中线水源公司、长江委设计院等有关单位负责同志参加会议。

（摘自南水北调网，略有删改）

“南水北调一生情”南水北调工程建设者代表回访考察座谈会在北京召开

2017 年 9 月 11 ~ 15 日，国务院南水北调办成功举办“南水北调一生情”南水北调工程建设者代表回访考察活动。国务院南水北调办党组书记、主任鄂竟平 15 日出席考察座谈会并讲话。南水北调建设者代表、中央和地方媒体记者等 50 余人参加了活动。

活动期间，南水北调建设者代表、新闻媒体记者深入南水北调东、中线工程现场，先后考察了中线穿黄工程、南水北调生态廊道示范段，郑州中原西路 23 号泵站、柿园水厂，济南卧虎山水库、文山泵站、玉清湖水库、小清河枢纽工程，北京大宁调压池、大宁调蓄水库、郭公庄水厂、密云调蓄工程溪翁庄泵站、密云水库、团城湖明渠、团城湖调节池工程。并与受水区北京、天津、山东省市企业和居民进行了亲切交流。

北京、天津、山东的受水企业和居民纷纷表示，南水北调东中线一期工程的建成通水，为受水城市提供了安全、可靠的优质水源，改善了人民群众的生活水平和健康水准；“吃水不忘打井人”，受水区人民饮水思源，永远铭记为了保护生命之水而付出牺牲的水源区人民，始终牢记为南水北调工程付出心血甚至生命的广大建设者；感谢党中央、国务院对北方缺水地区人民的关心和爱护，感谢沿线各级党委、政府和人民群众的深情厚谊。大家还反映，南水北调工程如期建成通水，是党的十八大以来取得的重大建设成就，是国家的大事、好事、喜事，体现了社会主义制度集中力量办大事的优越性，进一步增强了对理论自信、道路自信、制度自信和文化自信的深刻理解。

在考察座谈会上，建设者代表畅谈了切身感受，曾经投身建设南水北调工程的自豪感溢于言表，并对南水北调工程运行管理等提出了意见建议。建设者代表反映，国务院南水北调办在工程通水后邀请建设者代表回访活动，让参建单位和广大建设者倍感温暖，体现了认真负责的工作态度和以人为本的亲情关怀；亲眼目睹南水北调工程通水后惠及受水区群众的巨大效益，感受到了党的伟大，国家的强大，以及党中央、国务院决策建设南水北调工程的正确和英明，进一步增强了从事南水北调工作的成就感、荣誉感和责任感，对做好今后相关工作有着重要的激励作用。

“以前在南水北调施工，历尽了千难万险。这次回访，看到工程已经成为沿线大中城市人民群众的生活依赖，当年的辛苦付出终于开花结果，心里非常自豪!”全国劳动模范、河南省水利第一工程局项目经理陈建国表示。

鄂竟平在座谈会上讲话指出，为了一渠清水北送，数十万建设者夏斗酷暑，冬战严寒，夜以继日，用汗水、泪水甚至血水铸就了这一功在当代、利在千秋的民生工程。工程通水后，东线工程已经完成四个调水年度的通水任务，中线工程连续两年多不间断地供水，经受住了各种工况的考验，充分证明了工程质量是可靠的，运行是安全的，建设者队伍是值得信任的。

鄂竟平指出，此次建设者回访考察活动，目的是让建设者们再次走进南水北调工程，亲身感受工程的巨大效益，回馈大家在工程建设中付出的心血和努力。南水北调工程意义深远，综合效益远超预期。工程建成通水后，已有近1亿人喝上了长江水，改善了我国水资源配置格局，为受水区开辟了新的水源，提高了沿线城市的供水保证率，在保障居民生活和城市工业用水、修复和改善生态环境、应急抗旱排涝等方面，取得了实实在在的社会、经济和生态等综合效益，为保障国家重大战略实施和经济社会可持续发展发挥了重大作用。按照规划，南水北调是北京、天津等市的补充水源，现在却成了主力水源，成为京津等华北地区赖以生存的新“母亲河”。河南省37个市县全部通水。河北省80个市县用上南水北调水。东线一期工程已完成4个供水年度的调水任务。东、中线水质持续稳定达标，受水区水质改善明显。北京、天津等受水区6省市加快南水北调水与当地地下水水源的置换，补水区域地下水位均不同程度上升，地下水生态恶化状况得到有效缓解。受水区生态环境开始大为改观，河道重现生机。很多地区渠道两侧的绿化带建设，已成为当地亮丽的风景线，南水北调工程的生态效益不断显现。他强调，南水北调工程是缓解我国北方水资源严重短缺局面的重大战略性基础设施，战略地位越发突出。

鄂竟平表示，南水北调工程建设成就来之不易，几十万建设者是功臣。他提到4个“忘不了”。一是忘不了建设者镌刻在砂石上的负责精神。工程规划论证阶段，几代勘察设计者本着科学严谨的工作态度，完善规划思路和论证方案。工程开工建设以来，广大建设者牢固树立责任重于泰山的意识，不论设计、施工、监理，还是建管人员，对工程质量、进度等各种问题都紧紧盯住毫不放松。二是忘不了建设者体现在言行里的务实精神。建设者紧紧围绕通水目标，找准工作难点，突出工作重点，抓住主要矛盾，主攻薄弱环节，使工程建设全方位提速，确保各阶段工程建设目标的实现。三是忘不了建设者细致到分毫中的求精精神。在制订工作计划时，周密安排，把部署各项建设目标任务细化落实，把进度细化到月、周、天。在工程建设管理中注重细节，将精细管理作为一项基础性、经常性的工作来抓。四是忘不了建设者贯穿到全过程的创新精神。面对膨胀土、高填方、穿黄隧洞、大型渡槽、丹江口大坝加高等一系列工程设计和施工中遇到的重大技术难题，南水北调人技术上努力攻坚，全面提升了我国在水利工程设计、施工、装备、管理等多方面的技术水平。

鄂竟平强调，要深入贯彻落实习近平总书记、李克强总理、张高丽副总理的重要指示和批示精神，牢固树立“四个意识”，管好用好工程，造福子孙后代。一是促进通水达效。严格遵守党中央、国务院确定的先节水后调水、先治污后通水、先环保后用水的原则，推动各地节约水资源，大力压采地下水，充分使用南水北调水，推动南水北调工程效益最大化。二是提高管理水平。运管单位要进一步提升运行管理规范化、现代化水平，保障工程运行安全、高效。三是加强水质保护。在巩固已有成果基础上，科学谋划，积极推进，协调地方完成好《丹江口库区及上游水污染防治和水土保持“十三五”规划》的目标任务。四是继续大力促进移民发展致富，尽快实施后扶规划，努力增加移民收入。五是推动后续工程。要进一步加快推动东线二期应急供水工程、西线工程等后续工程论证建设，早日编织好中国大水网，为河北、天津、北京等地和西部省市提供更多的水源。

六是讲好南水北调故事，向全社会介绍工程重大意义，充分展示工程成果及效益。

国务院南水北调办综合司、投计司、经财司、建管司、环保司、征移司、监督司以及中线建管局、东线总公司有关负责人参加座谈会。中央媒体记者参加座谈会。

（摘自南水北调网，略有删改）

国外调水工程运行管理学术报告会在北京召开

为借鉴国外调水工程运行管理先进技术和管理经验，进一步提高南水北调工程运行管理工作水平，2017 年 9 月 19 日，由国务院南水北调办综合司主办，国务院南水北调办政策及技术研究中心、南水北调中线干线工程建设管理局、南水北调东线总公司共同承办的国外调水工程运行管理学术报告会在北京市召开。国务院南水北调办总工程师张忠义出席会议，综合司负责同志在报告会上致辞。

报告会邀请原英国环境食品及农村事务部副司长马丁·格里菲斯教授和苏格兰水行业委员会首席执行官艾伦·萨瑟兰德教授就“英国水务行业改革发展”“苏格兰水行业资本有效配置、水价制定及调控”“英国泰晤士集团管理体制”等方面作了专题报告。

英国是世界上最早对水务行业进行改革的国家之一，开创了独树一帜的水务行业发展模式。改革以立法为基础，将社会资本引入水务行业，发挥了市场在资源配置中的积极作用。同时，为发挥政府调控作用，明确界定了监管机构的职责权限、监管内容、监管目标和监管程序，通过多年实践逐步形成由立法、执法和社会监督组成的“三位一体”管制框架。英国还建立并完善了一整套与市场化机制相适应的水价形成机制，将价格调整与激励企业改进生产效率有机地结合起来，既解决了建设资金来源问题，也保证了供水水质安全，得到世界各国的广泛关注和学习。

报告会上，马丁·格里菲斯教授介绍了英国水务行业改革历程、英国水利政策演变及重要水政策、英国水利管理最新发展、英国水务市场及公司化运作及水资源水生态保护。艾伦·萨瑟兰德教授详细介绍了苏格兰水务行业水价核算方法、水价制定程序、水价调整周期等。两位专家还就泰晤士公司和苏格兰水务公司的运行管理体制、水价制定等方面做了典型案例分析。

两位专家内容翔实、生动精彩的报告吸引了与会代表。在交流发言阶段，南水北调系统有关部门和单位代表，以及广东粤港供水有限公司等国内其他调水工程单位代表结合各自工作的实际，分别就英国水务管理体制改革中的经验教训、改革尚需解决的问题和未来发展方向、英国水质保护、英国水价形成程序等问题，与专家进行了交流探讨。

与会代表认为，这次国际学术报告会，大家共同交流探讨调水工程运行管理方面的有益经验和做法，报告紧密联系实际，针对性强，对于我们进一步做好南水北调工程运行管理工作，确保供水安全、工程综合效益发挥、企业良性经营等工作，全面实现办党组提出的“稳中求好、创新发展”总体目标，具有重要的参考借鉴作用。

国务院南水北调办机关、各直属单位、各省南水北调办、各项目法人和国内有关调水工程单位的负责同志和代表共 100 余人参加了报告会。

（摘自南水北调网，略有删改）

南水北调工程征地移民维护稳定工作会在天津召开

2017 年 9 月 21 日，国务院南水北调办在天津市召开南水北调工程征地移民维护稳定工作会，围绕迎接党的十九大胜利召开确保社会稳定，对征地移民信访稳定工作进行再加压、再部署。国务院南水北调办副主任蒋旭光出席会议并讲话。

会议传达了全国信访工作专题会议精神。蒋旭光对各单位信访稳定工作取得的成效给予充分肯定。2017年1～8月，各单位认真贯彻落实"稳中求好，创新发展"工作部署，加强领导协调，坚持和完善工作体制机制，排查化解矛盾纠纷，保持征地移民稳定，为国家重大政治活动和南水北调工程平稳运行提供了有力保障。

蒋旭光全面分析了当前征地移民信访稳定形势，围绕迎接党的十九大胜利召开稳定工作，明确了当前征地移民稳定工作的目标、任务和要求，强调确保党的十九大胜利召开做好移民稳定工作是高度政治责任，要更加高度重视，将其作为压倒一切的政治任务来抓，以高度的政治责任和政治担当，进一步加强组织领导，全面落实党中央的决策部署，压实地方各级政府的主体责任，确保社会稳定。

蒋旭光要求，全面贯彻落实国务院南水北调办办务扩大会精神，在原有移民稳定措施基础再上加固措施，提高安全系数，坚决消除负面影响。一抓责任落实，进一步压实地方主体责任，将目标、任务落实到市、县、乡、村各级部门和基层组织，一旦出现不稳定苗头和问题，能够及时、就地做好稳控工作，确保矛盾问题消化在基层。二抓信息沟通，利用已经建立的从国家到省、从省到移民村的维稳信息联络工作机制，加强基层信息员业务培训，落实信息员工作职责，实行"一天一报告"制度，做到"信息畅通、快速反应、上下联动、合力稳控"。三抓研判和预案，对近期可能存在的风险隐患问题进行再排查、再分析、再严措施，制定一套风险防控措施表，编织一张信访稳定安全网，不留死角、不漏盲点。四抓督查巡查，国务院南水北调办将组织对库区两省及北京周边的省市开展稳定工作督查，做到"一周一督查"，对出现重大不稳定事件的地方，要实行督查问责，严肃追究有关方面的责任。五抓协防维稳，各单位要提高警惕，严阵以待，齐抓共管，加强联动，共同完成稳定工作。

国务院南水北调办综合司、投计司、征移司、监督司，东中线一期工程沿线各省（直辖市）南水北调办（局）、移民办（局），项目法人、东线公司负责同志参加会议。

（摘自南水北调网，略有删改）

南水北调工程运行监管专项工作会议在扬州召开

2017年9月28日，国务院南水北调办在江苏省扬州市召开南水北调工程运行监管专项工作会议，安排部署迎接党的十九大确保工程运行安全加固措施和第四季度运行监管重点工作。国务院南水北调办副主任蒋旭光出席会议并讲话。

蒋旭光指出，党的十九大是党和国家政治生活中的一件大事，南水北调工程作为向首都和沿线地区供水的生命线，效益显著。加强监管、确保在党的十九大前和大会期间的运行安全是当前南水北调系统最为重大的政治责任。各部门、各单位要做好全面加固措施：一是进一步加固提升认识，将专业运行工作上升到政治高度，牢固树立"四个意识"，切实发扬担当精神，克服麻痹心理、侥幸心理和自满认识。二是加固责任体系，严肃责任追究，在原有建立的工程运行监管整套责任体系基础上，进一步分解细化量化责任，做到守土有责，分兵把口，人人肩上扛起责任。三是加固人力、物力、财力投入，在有需求的情况下不惜代价，对特殊事情采取特殊处理。四是加固提升重点防控，对原有已发现的风险点、隐患点进行再分析，再梳理，再排查，提升运行管理水平。五是加固细节管理，细节决定成败，要在细节管理上管控到位，实现调度运行管理中零差错的目标。六是加固应急管控系统，各单位的应急预案要从严从实，避免空洞和流于形式，建立严密的预测、预警、预防体系。七是加固督查力度，上级领导要下沉一线，充分利用督查平台，加强监督检查频次，奖优罚劣，奖罚分明。

蒋旭光强调，第四季度运行监管工作要分析前一阶段运行监管工作得失，加强工作部署，逐步提升监管水平，重点做好五方面工作：一要坚持高压严管，落实监督责任；二要加强规范化监管，提升管理水平；三要坚持问题导向，强化监督检查；四要坚持举一反三，加强问题整改；五要坚持从严执规，强化责任追究。

蒋旭光强调，有奖举报是南水北调工程建设期以来国务院南水北调办党组为加强工程质量监管推行的一项重要举措，拓宽了监管渠道，消除质量安全隐患，弥补监管力量的不足。根据运行期新形势，为进一步做好举报受理工作，国务院南水北调办完善了举报受理工作体系，编制《南水北调工程运行管理举报受理管理办法》，并在此基础上，细化制定《运行管理举报受理工作手册》，明确工作标准，优化工作流程，提高工作效率，形成举报受理工作以问题线索为导向、统筹部署、上下联动的局面。下一步工作中，举报受理中心要做好内部流程控制，有报必受、受理必查、查实必究，加大核查和处理力度，发挥好社会监督作用。

会上，监督司传达了加强南水北调工程运行监管通知精神，通报了工程举报受理典型案例，与会代表还就运行监管工作进行交流。

国务院南水北调办综合司、建管司、环保司、征移司、监督司，各省（直辖市）南水北调办（建管局）、河南省移民办、湖北省移民局，各工程管理单位代表60余人参加会议。

（摘自南水北调网，略有删改）

国务院南水北调办召开主任办公会议，研究贯彻建委会第八次全体会议精神

2017年11月3日，国务院南水北调办召开主任办公会议，研究贯彻南水北调工程建设委员会第八次全体会议精神。国务院南水北调办党组书记、主任鄂竟平主持会议并讲话。党组成员、副主任张野、蒋旭光出席会议。

鄂竟平指出，国务院南水北调建委会第八次全体会议是南水北调系统的一件大事、喜事，这是一次承前启后、继往开来的重要会议。会议对南水北调过去的工作、取得的成绩和工程发挥的效益给予了高度赞扬和充分肯定，张高丽副总理代表党中央、国务院向全体南水北调建设者、运管人员和移民群众表示慰问和感谢，这是对我们工作的巨大鼓舞、激励和鞭策。会议不仅原则通过了提请审议的东、中线一期工程竣工验收方案和应急管理、安全监管工作方案，而且就工程运行、水质保护、移民帮扶、水量调度、后续工程、体制机制、政策落实等多个方面均提出了明确要求和目标任务，在一些矛盾问题突出的关键问题上也有了开局和破题，明确了工作方向，对南水北调事业的长远发展、开创新局面等具有十分重大而深远的意义，为今后一个时期的工作指明了方向。

鄂竟平强调，要以高度的政治责任感、使命感和担当精神，认真贯彻落实好建委会第八次全会精神，要把贯彻落实建委会第八次全体会议精神与学习贯彻党的十九大精神紧密结合起来，把思想和认识统一到以习近平同志为核心的党中央重大决策部署上来，以习近平新时代中国特色社会主义思想为指引，不忘初心，牢记使命，扎实工作，不断开创南水北调事业新局面，推动南水北调工

程发挥更大效益，使之不断造福民族、造福人民。

鄂竟平要求，要认真梳理建委会第八次全体会议提出的各项要求，按照职能分工明确责任部门，按照轻重缓急实行挂牌督办，确保会议成果落地生根。要通过贯彻落实会议精神，把南水北调各项工作抓实抓细抓到位，按照“稳中求好，创新发展”的南水北调工作总基调，坚定不移抓好“稳”，力争在“好”“创新”“发展”方面有新的突破、新的建树，为决胜全面建成小康社会、夺取新时代中国特色社会主义伟大胜利、实现中华民族伟大复兴的中国梦做出新贡献。

国务院南水北调办各司、各直属单位负责人参加会议，并就做好下一步工作进行了汇报。

（摘自南水北调网，略有删改）

国务院南水北调办系统务虚会在北京召开

2017 年 11 月 10 日，国务院南水北调办召开全系统务虚会。国务院南水北调办党组书记、主任鄂竟平主持会议并讲话，国务院南水北调办副主任张野、蒋旭光出席会议。

鄂竟平强调，南水北调系统各单位要认真贯彻落实党的十九大精神和国务院南水北调建委会第八次全体会议要求，推进南水北调事业稳定、规范、科学发展，充分发挥工程效益，努力开拓南水北调工作新局面。

鄂竟平指出，南水北调工程全面通水三年以来，工程运行平稳，质量安全可靠，水质稳定达标，移民整体稳定，工程经济、社会、生态效益同步发挥，社会反响良好。实现“两个一百年”奋斗目标和中华民族伟大复兴中国梦，需要充分发挥南水北调工程的效益。当前，南水北调事业已经步入新时期，进入新阶段。在今后一段时间，要把以问题为导向作为贯彻落实十九大精神和建委会第八次全体会议精神以及谋划明年和今后工作的出发点和切入点，坚决打好防范和管控重大风险的攻坚战。

鄂竟平指出，目前，南水北调工作中不可控因素依然很多，各种风险并存，也面临着新问题、新挑战，在工程运行、水质保护、移民稳定发展、水费收缴、规范化管理、提升用水量、管理体制等方面，存在若干具体问题。这些问题是工程能否充分发挥效益的症结所在，应引起高度重视。集中精力盯紧问题，并采取切实有效措施解决问题，是非常必要的，也是十分迫切的。

关于下一步工作，鄂竟平强调，要以问题为导向，找准问题，分析问题，解决问题，以此来推动南水北调各项工作。从党和国家全局的高度出发，去研究谋划南水北调各项工作，突出重点、抓住关键，运用先进的理念、科学的态度、专业的方法，进一步筹划好明年和今后的工作，促进南水北调事业健康发展。严格落实安全生产责任，狠抓风险的预防、排查、整改、落实。他希望各单位以十九大精神为指导，齐心协力、上下同心，形成共识、协同联动，确保工程安全平稳运行，充分发挥工程综合效益，造福沿线人民，造福中华民族。

会上，各省（直辖市）南水北调办（建管局）、移民机构分别汇报了今年的工作情况和 2018 年的工作安排，分析了存在的问题，并就加强有关工作提出了意见和建议。

国务院南水北调办总经济师、总工程师，机关各司、直属单位，工程沿线各省（直辖市）南水北调办（建管局）、移民机构及各项目法人负责同志参加了会议。

（摘自南水北调网，略有删改）

南水北调“三先三后”工作会在北京召开

2017 年 11 月 17 日，国务院南水北调办在北京市召开"三先三后"工作会，学习贯彻党的十九大精神，传达国务院南水北调工程建设委员会第八次全体会议精神，总结交流南水北调工程受水区落实"三先三后"原则工作经验，研究部署工作。

刚刚胜利闭幕的党的十九大确立了习近平新时代中国特色社会主义新思想，闪耀着辩证法的光辉，是我们工作的行动指南。建委会第八次全体会议强调"要强化监测保护，把'三先三后'原则落实到位，确保调水水质稳定达标"，这为南水北调工程深化环境保护，助力生态文明建设工作指明了方向。多年来受水区6省（直辖市）围绕落实"三先三后"原则做了大量的工作，成效显著。沿线城市用水效率、节水水平稳步提升；治污成效显著，水环境得到改善；应急措施到位，有效保障水质安全；工程受水区地下水水位得到回升，水生态质量逐步好转，为下一步工作打下坚实基础。

南水北调工程受水区是我国水资源最为短缺的地区之一，南来之水已成为京津等大中城市城区的主要水源，给水质保障和风险防控提出了更高要求。工程沿线点源污染仍有欠账，东、中线干线水质风险仍然存在，治污环保工作协调难度较大，节水管理制度仍需进一步完善，地下水压采还需加快等，需要我们继续深入落实"三先三后"原则。加强南水北调工程治污环保工作。要以十九大精神为指导，认真贯彻落实建委会第八次全体会议各项部署和要求；要深入开展政策研究，将南水北调的事情谋划好、安排好；要积极主动做好协调工作，扎实推进节水、治污环保工作再深化；要强化应急管理，协调联动，确保风险受控；要加大宣传力度，积极挖掘并宣传本地区"三先三后"工作成绩亮点，践行绿色发展、生态文明建设先进经验。

国务院南水北调办总工程师，有关司、直属单位负责人参加会议。会上，工程受水区各省市南水北调办（建管局），江苏、山东两省环境保护厅，中线建管局、东线总公司相关负责同志汇报了"三先三后"原则落实情况，交流了工作经验。

（摘自南水北调网，略有删改）

南水北调工程运行管理工作会在郑州召开

2017年11月23～24日，国务院南水北调办在郑州市召开南水北调工程运行管理工作会，组织交流运行管理规范化建设经验和做法，互相交流学习促进，不断提高工程运行管理水平。国务院南水北调办副主任张野出席会议并讲话。

与会代表先后观摩了中线焦作段工程标准化渠道、闫河倒虹吸标准化闸站、焦作管理处标准化中控室，穿黄工程安全风险及防范措施，荥阳段工程水生态试验、技术革新等规范化管理情况，听取了各工程管理单位、省市南水北调办（建管局）工作情况汇报，交流了运行管理规范化建设的好经验、好做法。

张野指出，南水北调系统各单位坚持"稳中求好，创新发展"的工作思路，深化规范化管理，坚持以问题为导向，健全组织体系，优化制度体系，先行试点、全面推开，广大干部职工思想认识不断深入，运行管理制度体系不断完善，日常管理水平和突发事件处置能力不断提高，"常见病""多发病"得到了有效控制。同时，通过加强调度管理，强化安全管理，严格运行监管，加固安保措施，全面排查安全运行风险，坚持"飞检"制度，扩大社会监督，层层传导压力，层层落实责任，全系统众志成城、勠力同心，超额完成了年度调水任务，实现了工程安全、水质安全、供水安全和社会安全，以优异的成绩迎接了党的十九大的胜利召开。

张野强调，南水北调工程运行管理任务复杂艰巨，对于规范化管理，目前大家还存在认识上不完全统一、顶层设计有待加强、过程控制不严格、规范化运行管理水平有待提高等不足。下一步，一是要高度重视规范化运行管理。主要负责同志要思想认识到位，将规范化管理作为年度工作重要内容，下大力气亲自抓，持续推进。二是要完善规范化运行管理顶层设计。要健全领导机构和组织机构，进一步加强规范化管理顶层设计，将国际、国内行业先进通行的管理模式与自己的实际相结合，从制度、体系、源头做好系统规划；做好规范化管理的流程设计，强化制度化管理和过程控制；建立自我纠错、持续改进机制，持续提高规范化管理水平。三是强化应急管理和安全监管。要针对工程安全、水质安全、供水安全、社会安全等风险，建立健全应急管理和安全监管体制机制；依据法律法规，明确应急管理和安全监管的责任，制定运行安全应急预案；要以问题为导向，落实主体责任，建立健全运行安全监管工作、责任和制度体系，充分发挥查、认、罚“三位一体”监管机制作用，规范管理行为，严格追究责任。四是要加强冰期输水管理。高度重视冰期输水风险，克服麻痹思想、侥幸心理，加强冰期输水安全；提高安全意识，注意防火、防爆、防冻、防滑塌、防坠落，确保冬季安全生产；加强丹江口大坝、陶岔枢纽大坝变形、渗漏、应力应变、新老坝体结合部的监测，发现问题及时处理，确保安全。五是加快配套工程建设和足量用水。各省市南水北调办（建管局）要按照国务院明确的配套工程建设目标，严格加强督促协调，加快配套工程建设进度，千方百计足量用水，充分发挥南水北调工程综合效益。

国务院南水北调办有关司、直属单位，各省市南水北调办（建管局），各工程管理单位代表参加了会议。

（摘自南水北调网，略有删改）

南水北调工程验收管理工作会在武汉召开

2017 年 12 月 8 日，国务院南水北调办在湖北省武汉市召开南水北调工程验收管理工作会，贯彻落实建委会第八次全体会议精神，总结工程验收工作，领会新精神，分析新形势，明确新目标，部署新任务。国务院南水北调办副主任张野出席会议并讲话。

会上，南水北调各项目法人、验收主持单位汇报了验收工作开展情况，国务院南水北调办总工程师张忠义、验收领导小组成员作了发言。对前一阶段验收工作进行了总结，分析了面临的形势和存在的问题，提出了加强验收工作的措施建议。

张野指出，南水北调东、中线一期工程全面通水以来，运行平稳、质量可靠、效益显著，已经成为我国北方地区经济社会可持续发展的重要保障和支撑。建委会第八次全体会议审议并原则通过了东、中线一期工程总体竣工验收工作方案，为做好工程验收工作明确了目标和要求。

张野强调，工程验收是对建设成果的评价和检验，对于工程的运行管理和工程档案追溯等具有十分重要的意义。南水北调工程的验收任务十分艰巨，东、中线一期主体工程在竣工验收前还有 363 个专项验收、125 个设计单元工程完工验收需要完成，数量之多、强度之大，前所未有。

张野要求，各单位要进一步提高认识，全面完成好工程验收各项工作任务，以实际行动和工作成效贯彻落实十九大精神，贯彻落实建委会第八次会议决策部署。一是领导要高度重视。各单位一把手一定要高度重视验收工作，坚决落实建委会第八次会议精神，统一思想，提高认识，不折不扣、保质保量地完成工程验收任务。二是要加强组织措施技术措施，保证验收工作正常开展。各单位要加强组织措施，健全验收领导机构，配足人员，落实责任，制订计划、措施，保障经费。项目法人要认真学习专项验收新政策、新要求，适应新形势，加强技术措施，补充技术资料，保障验收工作正常开展。三是要严格把好验收质量关。严格执行验收管理有关规定、标准，严把验收条件、质量关，成熟一个验收一个。各单位要依据完工验收导则等有关规定，认真准备验收资料。项目法人要组织专家等技术力量，精心编制建管报告等文件，认真审查设计、监理、施工等工作报告，确保验收资料经得起历史的推敲。四是要抓紧处理验收遗留问题。各有关单位要组织专门队伍，明确目标，制定方案，保障经费，落实责任，以钉钉子精神，抓紧处理验收遗留问题。五是要加强验收工作考核奖惩。完善验收工作考核督导制度，健全奖励处罚机制，强化验收工作考核奖惩，做到年初有计划、年终有结果。

国务院南水北调办总工程师，验收领导小组成员，各省市南水北调办（建管局），河南、湖北移民办（局），各项目法人代表参加了会议。

（摘自南水北调网，略有删改）

南水北调工程运行管理规范化监管工作会在郑州召开

2017 年 12 月 8 日，国务院南水北调办在郑州市召开南水北调工程运行管理规范化监管工作会。会议总结研究了 2017 年中线工程运行管理规范化监管试点工作，分析飞检、稽察、巡查所发现的问题，研究部署下一步运行管理规范化监管相关工作。国务院南水北调办副主任蒋旭光出席会议并讲话。

蒋旭光指出，南水北调工程全面通水三年，取得了巨大的社会效益。实施运行管理规范化监管是确保工程安全的需要，也是在南水北调系统落实从严治党、促进工程运行管理水平提升的重要途径。规范化监管是促进规范化管理的重要手段和措施。三年来，运行管理规范化监管工作，通过建章立制、完善标准，试点示范，在稽察、巡查、强化整改等方面，取得了积极进展，为下阶段规范化监管工作的开展奠定了良好的基础。

蒋旭光强调，要以十九大精神来指导南水北调各项工作，在运行监管工作中落实，从严要求。认真贯彻八次建委会的决策，以确保安全为核心，切实加强规范化监管工作。要深入领会办党组关于规范化管理的工作要求，切实找准目标，明确措施，狠抓落实，补齐短板，通过严格监管促进规范化管理再上新台阶。

针对下一步工作，他要求，运行管理单位一要加强顶层设计，理清运行管理规范化思路、制定实施下一阶段规范运行管理工作方案，组织开展检查、考核，突出重点，以点带面，逐步实现全覆盖；二要系统梳理专项查找，动态加强，重点监管，集中开展更加深入细致全面的专项稽察、专项巡查、专项督查等，盯住重点专项，加大对重点工程的运行监管，深入发现系统性的问题，通过专项研判促进问题整改，提高监管的效率和效果；三要在整改问题上下工夫，举一反三，切实做好自查工作，通过排查不同工程关键环节，不同专业普遍、突出问题，有针对性地制定整改措施，确保系统性地整改，防止问题反复发生，对不具备整改条件的问题要列出清单，分清性质，判别其中有无安全隐患，创造整改条件；四要继续深化规范化监管试点工作，进一步加强工程运行管理规范化建设，推进运管单位建立规范化运行管理组织体系和安全生产、输水调度、维护管理等主要业务板块体系建设；五要建立统一信息平台，推进各系统有效对接，推进各专业门类有效融合，实现信息资源互联共通，综合集成；六要加强专业人才队伍建设，提高业务技能水平，下功夫培养实用型专业人才，探索建立必要的自有管理队伍，提高规范化管理质量和效能。

国务院南水北调办建管司、监督司、监管中心、稽察大队、中线建管局负责同志，中线建管局各分局负责同志、各现地管理处负责人参加会议。

（摘自南水北调网，略有删改）

国务院南水北调办东中线一期工程全面通水三周年新闻发布会在北京召开

2017年12月12日，国务院南水北调办在北京市召开东中线一期工程全面通水三周年新闻发布会，回顾工程建设历程，总结工程运行三年来取得的社会、经济、生态等综合效益。人民日报、新华社、光明日报、经济日报、中央人民广播电台、中央电视台、国际广播电台、中国新闻社、工人日报、中国水利报、中国环境报、瞭望周刊等新闻媒体记者参加了新闻发布会。

国务院南水北调办综合司司长、新闻发言人耿六成主持新闻发布会，并重点介绍了南水北调东中线一期工程全面通水三年来，在运行管理、水质保护、移民发展、投资控制、后续工程等方面取得的成绩，详细通报了南水北调工程在保障受水区居民生活用水、修复和改善生态环境、促进库区和沿线治污环保、应急抗旱排涝等方面发挥的重要作用，指出南水北调工程的基础性、战略性地位与作用日益显现。

东中线水质总体情况保持在什么水平？在保护水质特别是中线水源地水质方面都采取了哪些措施？水质保护还存在哪些问题，将采取什么措施解决？东中线工程水价制定及水费征收情况如何……在记者提问环节，国务院南水北调办投资计划司、经济财务司、建设管理司、环境保护司、征地移民司以及中线建管局和东线总公司负责同志分别回答了记者提出的相关问题。

答问过程中提供的翔实数据和丰富内容，为记者了解南水北调工程运行管理，客观报道南水北调工程效益，广泛宣传南水北调工程提供了重要参考。

（摘自南水北调网，略有删改）

国务院南水北调办举办援疆事迹报告会

2017年12月13日上午，国务院南水北调办举办援疆事迹报告会。国务院南水北调办党组书记、主任鄂竟平，党组成员、副主任张野、蒋旭光出席报告会，并在会前亲切接见了额河局的领导、张玉山同志和其他援疆干部。

报告会上，张玉山同志以“不忘初心，忠诚担当”为题，讲述了他援疆六年、特别是在南疆住村的工作经历和这期间的心路历程；额尔齐斯河流域开发工程建设管理局党委副书记、副局长赵杰同志以“业务精湛，敢于担当，为人真诚的好干部”为题，张玉山在额河局工作的同事沈雷同志以“身体力行，负责务实，创新的好领导”为题，讲述了额河局领导和同事眼中的张玉山。

从2011年8月起，按照中组部统一安排，受国务院南水北调办委派，张玉山同志作为中央第七批、八批援疆干部，在新疆工作了整整六年。张玉山同志牢记国务院南水北调办党组的嘱托，始终以饱满的工作热情、脚踏实地的作风、勇于担当的精神投入工作。因业绩突出，张玉山同志两次获新疆维吾尔自治区党委、政府授予的“中央国家机关、中央企业优秀援疆干部人才”称号并记二等功；一次被中组部、统战部、国家发展改革委、人社部联合授予“全国对口支援新疆先进个人”荣誉称号。

鄂竟平对报告会给予充分肯定。他说，

援疆既是中央的号召，也是国务院南水北调办义不容辞的义务。张玉山同志牢记国务院南水北调办党组的嘱托，始终以饱满的工作热情、脚踏实地的作风、勇于担当的精神投入援疆建设，取得了优异的成绩，得到新疆维吾尔自治区党委、政府和国家的表彰，充分展现了南水北调人积极向上、敢于负责的精神面貌，我们都要向他学习。国务院南水北调办全体党员干部要深入学习贯彻党的十九大精神，不断增强“四个意识”，紧密联系工作实际，立足本职工作，更加奋发有为地做好南水北调各项工作。

国务院南水北调办党组成员、副主任，直属机关党委书记蒋旭光在报告会后讲话。他指出，国务院南水北调办党组对这场报告会十分重视，鄂竟平主任亲自倡议，并亲自部署相关工作。张玉山同志和额河局同志的报告，真实再现了援疆干部和援疆工作生动难忘的感人场景，情感真挚，感人至深，使聆听报告的同志都深受教育，深受感动。从他们的报告中，我们看到一个援疆干部的坚守与担当。正如赵杰同志在报告中所讲，张玉山同志“以对党忠诚、无私无畏、勇于担当的家国情怀，将六年青春年华奉献给了新疆大地；以勤奋敬业、求真务实的工作作风，将辛勤汗水、学识才智贡献给了额河水利事业；用优良作风精彩书写了援疆干部的华丽篇章”。从沈雷同志读的张玉山到南疆住村前，留下的一封信中“除了作为妈妈的儿子、妻子的丈夫、儿子的爸爸外，我还是一个具有20年党龄的共产党员”这句话里，我们也听到了一名共产党员的信念与追求，看出了认真践行“负责、务实、求真、创新”的核心价值理念的南水北调人的情怀。

蒋旭光强调指出，国务院南水北调办党组一直倡导和要求，国务院南水北调办的党员干部，应始终牢固树立政治意识，大局意识，核心意识，看齐意识；南水北调的一切工作，紧紧围绕、服从服务于党和国家大局，以高度的政治自觉，积极贯彻落实党中央路线方针政策。不论是在工程建设的“高峰期、关键期”，还是运行管理的转型期，党组积极派出干部参加援疆、驻村第一书记、对口扶贫挂职、西部地区老工业基地和革命老区挂职。我们到一线挂职的干部，始终牢记党组嘱托，认真负责担当，把个人成长融入党和国家事业，在平凡的岗位上，作出了不平凡的业绩。国务院南水北调办援疆干部在援疆工作中作出成绩和贡献，与新疆维吾尔自治区各级党委、政府以及额河局等有关单位对他们在政治上关心、工作上支持、生活上照顾密不可分。

国务院南水北调办机关、直属单位全体在京干部职工，第九批援疆干部、驻村第一书记、对口扶贫挂职干部、西老革地区挂职干部参加报告会。

（摘自南水北调网，略有删改）

CHINA SOUTH-TO-NORTH WATER DIVERSION PROJECT CONSTRUCTION YEARBOOK

贰 重要讲话

IMPORTANT SPEECHES

国务院南水北调办党组书记、主任鄂竟平在国务院南水北调建设委员会第八次全体会议上的汇报

（2017 年 11 月 2 日）

根据会议安排，我代表南水北调办向建委会作工作汇报。

一、关于工程建设及运行情况

历经 12 年艰苦奋战，南水北调东、中线一期工程先后于 2013 年 11 月 15 日、2014 年 12 月 12 日通水，如期实现了党中央、国务院确定的建设目标，习近平总书记多次作出重要指示，李克强总理作出批示，张高丽副总理、汪洋副总理提出明确工作要求。全线通水后持续供水至今，两线运行平稳、质量可靠，输水水质稳定达标，库区移民和征迁群众整体稳定，工程经济、社会、生态效益同步发挥，基础性、战略性地位与作用日益显现，社会反响良好，充分彰显了党中央、国务院高瞻远瞩、审时度势兴建南水北调工程的英明决策。

新一届建委会成立以来，我们全面贯彻党中央、国务院决策部署，按照建委会第七次全体会议、南阳座谈会部署和张高丽副总理、汪洋副总理的指示要求，客观分析工程建设“高峰期、关键期”的难题和风险，采取一系列行之有效的措施强力推进各项工作。

进度方面，紧紧围绕通水目标，抓要害、抓关键。每年与项目法人签订目标责任书，狠抓责任落实，死盯重点项目，盯死关键节点和责任单位，实行风险项目挂牌督导，关键事项驻地督办。强化协调推进，建立重点项目半月会商、全线进度季度协调、跨渠桥梁专题协调、铁路交叉部办联席会议等工作机制。严格奖惩措施，简化审批流程，强化资金保障，组织科技攻关，优化施工方案，营造良好环境，减少施工扰民，综合施策、多措并举、全力攻坚，确保了按期通水。

质量方面，针对工程点多线长面广、建筑物类型多、技术难度大、施工环境复杂、个别施工单位片面逐利违规等不利条件，探索实施了具有南水北调特色的“查、认、罚”三位一体监管新机制；建立了住房城乡建设部、国资委等部门参与的工程质量监管联席会议制度；综合采取质量问题驻地监督、专项稽察、巡回检查、监理整顿、有奖举报、集中整治等多种手段，特别是持之以恒地开展专业队伍质量飞检、办领导带头飞检，这一系列质量监管组合拳稳准狠，责任全覆盖，问题零容忍，确保了质量安全可靠。

移民征迁方面，认真贯彻落实“建委会统一领导，省级人民政府负责，县为基础，项目法人参与”的移民征迁管理体制，创新实行“移民任务与资金双包干”，采取大分散小集中、整建制的有土安置方式，确保了 34.5 万移民搬迁“四年任务、两年完成”和“不漏、不伤、不亡一人”的双目标。

治污环保方面，积极协调有关部门和地方，严格落实各项规划和措施，努力实现东、中两线治污环保目标。尤其是在东线沿线经济发达地区，强力治污攻坚，突出执法监管，严格环保准入，重点挂牌督办，“一河一策”精准治污，建设截污导流工程，实施船舶污染防治，推进退渔还湖，打击河道非法采砂，有效治理了沿线水域污染，使昔日的“酱油河”逐步变清，达到了输水水质要求，同时倒逼沿线产业结构调整和转型升级，开创了重点流域治污工作新模式。

通水后，特别是南阳座谈会以来，各成员单位认真贯彻习近平总书记重要指示、李克强总理批示、张高丽副总理和汪洋副总理关于通水运行的工作部署，落实《南水北调工程供用水管理条例》，密切配合，协调推动工程供用水各项工作。南水北调系统迅速适应从建设管理向运行管理转型需求，对内着

力建机制、定规矩、强监管，对外注重摸情况、提建议、多沟通，不断克服新的困难和挑战。各项工作稳中向好，取得新的成绩。

一是工程运行平稳。为了确保供水安全，我办开展运行管理集中整治活动，重点解决现场管理不规范问题，逐步建立科学的运行管理制度体系；全面排查安全运行风险，制定安全监管方案和应急预案，开展应急演练，确保运行安全；制定工程运行监管办法，继续坚持建设期行之有效的办领导和专业队伍并行飞检制度；扩大社会监督，在工程沿线设立了运行监督有奖举报公示牌。根据建委会第七次全体会议要求，我办2014年10月组建了东线总公司。法制办牵头，会同水利部等部门推动《南水北调工程供用水管理条例》及时出台，使工程运行管理有法可依。交通运输部大力协助支持，基本完成了中线跨渠桥梁管理移交，干渠工程实现全线封闭管理。能源局为工程正常运行提供了稳定可靠的电力保障。发展改革委大力支持，各地积极配合，水费收缴渐入正轨并连年大幅增加。发展改革委、水利部和我办共同协调推进中线左岸防洪影响处理工程建设，每年汛前我办和国家防办对沿线进行防汛检查，全方位做好安全度汛工作。公安部会同我办，部署加强工程治安保卫和维护施工现场及周边治安秩序等工作，工程沿线有关地方公安机关建立了警务室，守护工程安全。在科技部大力支持下，穿黄工程和大型渡槽设计施工、膨胀土和高填方渠段处理、丹江口大坝加高新老混凝土结合等科技攻关取得一批重大成果，在工程建设和运行中发挥了重要科技支撑作用。

工程运行几年来，经受了冰期输水、汛期暴雨洪水等自然灾害的多次考验，未发生断水事故。实践证明，工程质量可靠，设备运转顺畅，管理调度有序，供水安全稳定。

二是水质稳定达标。在发展改革委、财政部、环境保护部、住房城乡建设部、水利部、农业部的大力支持下，东线苏鲁两省、中线鄂豫陕等地认真落实“三先三后”原则，强力推动实施丹江口库区及上游水污染防治和水土保持“十二五”规划、东线治污规划补充项目、重点区域污染防治、干渠沿线生态带建设等。林业局大力支持，有关省（市）加快干渠沿线生态林建设，初步形成工程沿线生态走廊。京津两市加强和鄂豫陕三省的对口协作，“十二五”期间共安排项目431个，使用资金14.3亿元。几年来，水利部建立中线工程水源区水资源保护与水污染防治联席会议制度，推进联防联控。我办会同有关部门加大治污环保督查力度，加强相关工作考核，严格做好水质监测和分析，确保水源区和输水干渠水质。与此同时，我办协助发展改革委编制完成丹江口库区及上游水污染防治和水土保持“十三五”规划，为确保一渠清水永续北送创造条件。此外，南水北调系统认真做好南水北调水与当地水的水源融合调配，帮助各地顺利实现了水源平稳切换。

监测和考核结果显示，通水以来，中线水源区水质总体向好，中线干线供水水质稳定在Ⅱ类标准及以上，东线工程水质稳定在规划的Ⅲ类标准。尤其是中线水源切换后，城市居民饮用水水质改善明显，受水区群众获得感很强。

三是移民整体稳定。34.5万丹江口库区移民搬迁后，豫鄂两省扎实开展技能培训，整合多项支农惠农政策资金，实施“强村富民”战略，移民收入持续增加，移民村在自我管理、自我发展的路上迈出新步伐。有关各方认真落实张高丽副总理对桦栎扒移民村发展试点指示精神，河南省及时组织编制试点方案，发展改革委、财政部和我办到该移民村现场调研指导，试点工作稳步推进。经过几年努力，丹江口库区移民生活水平持续提高，逐步融入了当地社会。目前，豫鄂两省已编制丹江口库区移民遗留问题处理及后续发展帮扶规划。在国土资源部的大力支持下，解决了工程耕地占补平衡问题，主体工程用地均已经国务院批准，临时用地复垦退还基本完成。因工程施工发掘的数十万件文物，均得到文物部门的有效保护。

目前，丹江口库区移民和干线征迁群众生活水平总体高于搬迁前，与安置地居民差距进一步缩小，初步实现了身安、心安、业安。

四是投资总体可控。工程开工以来，财政部、人民银行、保监会、开发银行提供了稳定的资金保障。我们始终把严格投资监管、节约建设成本、控制工程投资作为重要任务，制定并实施了加强投资控制的一系列管理制度，建立了行之有效的严管资金工作机制，通过严格审查变更索赔、及时跟进审计稽察、鼓励一线问题举报、严格干部监督管理等措施，严防资金浪费和违规使用。截至2017年10月底，南水北调工程已累计完成投资2861亿元，投资使用情况经受住了发展改革委历次稽察、审计署2012年全面审计、2017年审计和中央巡视组2015年巡视检验。

从目前情况看，东、中线一期工程投资可以控制在批复的3082亿元规模内。主体工程开工15年来，南水北调办没有一个干部因资金贪腐问题被查处，实现了工程、资金、干部“三个安全”。

五是调水效益显著。通水以来，水利部会同我办，组织有关部门和地区精心制定水量调度计划，建立健全水量调度协调机制，加强调度运行管理，推动工程稳步达效。东线连续第四个年度圆满完成调水任务，累计抽江水129亿 m^3，调水到山东20亿 m^3；中线连续安全运行1056天，累计向京津冀豫四省（市）调水107亿 m^3，特别是根据工程输水能力和各地用水实际，经水利部充分协调一致，用水计划向京津倾斜，进一步缓解两市水资源紧缺矛盾，实现资源配置效益最大化。工程从根本上改变了受水区供水格局，改善了城市用水水质，提高了沿线40多座城市的供水保证率，直接受益人口超过1亿人。北京市中心城区自来水七成以上为南水北调水，天津市14个区全部使用南水北调水，郑州市中心城区自来水八成以上为南水北调水。南水北调水逐步置换受水区超采的地下水和被挤占的生态用水，累计压采地下水8.22亿 m^3，生态环境恶化态势大为改观。北京市城市河湖水面净增 $550hm^2$，平原区地下水位2016年平均回升0.52m；天津市地下水位平均累计回升0.17m；河南省14座城市地下水位回升，其中许昌市回升约2.6m；山东省平原区地下水位2016年上升0.19m。工程防灾减灾效果明显，在苏鲁豫鄂等省防汛抗旱中发挥了积极作用，2016年“7·19”特大暴雨后，石家庄、邯郸等市当地水源供应受到影响，中线工程紧急供水，确保了城市供水安全。

南水北调东、中两线全面通水以来，效益超过预期。工程由原规划的补充水源变为城市供水不可或缺的重要水源，“替补”跃升为“主力”；注重水源区建设、注重消除不利影响、注重对口协作与补偿，体现了新发展理念，实现了“南北互利双赢”；在节水治污环保、调整产业结构、促进经济转型、实现扶贫脱困、抗旱排涝航运等方面发挥多重效益，彰显了南水北调工程“功在当代、利在千秋”战略性基础设施作用。随着时间的推移，效益会更好发挥，作用会愈发凸显，南水北调工程将越来越成为京津等华北地区城市供水安全、国家经济社会发展稳定的重要保障和支撑。

六是后续工作有序开展。发展改革委2017年度安排投资支持有关方面组织开展东线二期工程规划、引江补汉工程规划、西线工程规划方案比选论证。我办稳步推进东、中线一期工程尾工建设，开展遗留问题处理。按计划扎实开展设计单元工程完工验收。立足京津冀区域协同发展大局，在东线二期工程未实施前，开展东线一期工程北延应急供水线路方案研究论证。为确保供水安全，组织开展中线断水应急工程前期论证研究，协助推动应急工程纳入地方或行业规划。结合“一带一路”、区域协调发展国家战略，就国民经济、社会发展、产业调整等与南水北调西线工程的关系开展深入研究。

目前，尾工建设基本完成，验收工作正按计划有序推进，后续工程特别是东线一期工程北延应急供水工程和中线断水应急工程可行性研究取得初步成果。

南水北调东、中线一期工程如期通水、平稳运行、发挥效益，基础性、战略性作用充分体现，关键在于以习近平同志为核心的党中央坚强领导，得益于国务院南水北调工程建设委员会的直接指挥，得益于国办和建委会各成员单位的协调配合，得益于沿线各级党委政府和广大人民群众的大力支持。对此，我代表南水北调办表示诚挚的感谢和深深的敬意。今天，张高丽副总理、汪洋副总理召开建委会第八次全体会议，研究部署工作，充分体现了党中央、国务院对南水北调事业的重视与关心，也是对南水北调人的鼓舞与鞭策，必将进一步推动工程更好发挥效益、更好造福人民。

二、关于下一阶段工作的意见和建议

南水北调工程进入运行期后，面临新的挑战。一是管理体制还未理顺。东线管理模式还在与苏鲁两省协商，中线未实现统一调度。二是工程安全运行还有隐患。突发水污染等意外事件难以预测，工程管理范围和保护范围尚未完全划定，中线全线未设断水应急工程，中线干线左岸防洪影响处理工程仍未完工，东线对船舶安全和航运影响较大等，这些都可能对工程安全运行构成威胁。三是水质长期稳定达标的基础还不牢固，需要继续强化各项保障措施。中线水源区及沿线部分治污环保设施处理能力有待加强，农业面源污染突出，东线在保障当地经济社会发展的前提下，继续保持水质稳定达标压力依然较大。四是存在库区产业发展受限、留置人口生产生活条件较差、地质灾害隐患较多等遗留问题，库区移民与安置地居民生产生活水平仍有差距，加上积蓄少、底子薄，存在不稳定因素，需进一步探索实施长期帮扶措施。五是用水量仍有待提高。受配套工程仍未完全建成、部分地下水压采不到位和近年受水区水情雨情影响，2016～2017 调水年度东、中线调水量分别只有当年设计达效调水量的 68.6%、75.1%。六是水费欠缴严重。截至目前，除北京市外，受水区其他 5 省（市）均不同程度拖欠水费，总计拖欠 92 亿元，直接影响贷款偿还和工程良性运行。

下一步，我们将全面贯彻党的十九大精神，以习近平新时代中国特色社会主义思想为指导，牢固树立“四个意识”，继续保持奋进状态，全面落实党中央、国务院和建委会各项决策部署，主动担当，积极作为，管好用好工程，为国家战略实施和受水区经济社会发展提供可靠的水资源保障。一是进一步规范运行管理，保障工程运行高效、安全、可靠。创新监管机制和措施，强化安全监管和应急管理，落实应急预案，提升规范化管理、应急管理的能力和水平。二是按照年度水量调度计划，及时足量供水。督促各地加快配套工程建设，增加用水量。落实水价政策，严格执行供用水合同，督促各地及时足额计缴水费。三是督促协调有关方面加快实施“十三五”治污规划，落实分区治理责任和分类治理目标，完善水质监测体系，确保调水水质稳定达标并持续向好。继续推进干线生态带建设，落实节水和地下水压采工作。四是进一步梳理工程遗留问题，加快工程收尾，按计划推进工程验收。积极稳妥地推进工程完工财务决算，加强对资金的监管和审计。五是协调有关方面落实移民后扶工作，协调地方解决好移民群众信访反映的突出问题，保证移民安置区大局稳定。六是开展东线后续及西线工程研究。七是学习贯彻党的十九大精神，深入推进“两学一做”学习教育，持续推动党风廉政建设和反腐败斗争，确保工程、资金和干部“三个安全”。

同时，特别提请中央各有关部门和沿线各省（市）继续加大支持配合力度，共同推动相关工作开展。

对中央有关部门的建议：一是请发展改革委等部门加大中央预算内投资和中央财政专项资金对丹江口库区及上游水污染防治和水土保持“十三五”规划实施的支持力度。二是请发展改革委、财政部、水利部指导和支持有关地方编制实施丹江口水库移民后续帮扶发展规划。三是请发展改革委、水利部加快东、中线二期工程规划和西线工程前期论证工作，力争“十三五”期间开工建设。四是请财政部继续完善对东、中线水源区和影响区的生态保护补偿转移支付政策，建立长效机制，加大水质保护力度。五是请环境保护部会同水利部加大污染治理力度，继续加强水质监测和评价。六是请林业局继续支持中线干线和丹江口水库库周生态带建设。七是请有关部门研究利用中线主体工程向受水区进行生态补水事宜。

对宣传、治安等方面的工作，也请有关成员单位继续给予支持。

对沿线有关省（市）的建议：一是加快配套工程建设，推动断水应急工程规划建设，统筹配置南水北调水和当地水资源，进一步提高南水北调用水量，充分发挥工程效益。二是落实国家水价政策和水费收缴工作机制，及时足额缴纳水费。三是加强社会管理，落实安全防范措施，加大安全宣传教育力度，加强跨渠桥梁管理，加快实施防洪影响处理工程，保障沿线人民群众生命财产安全，维护良好的工程运行环境。四是处理好水质保护与经济发展的关系，继续加大水质保护和生态带建设力度。五是根据当地实际情况，将政策资金向丹江口库区移民倾斜，促进移民发展致富。

三、提请建委会审议的问题

提请建委会审议2个问题。

（一）关于南水北调东、中线一期工程总体竣工验收工作方案。（略）

（二）关于南水北调东、中线一期工程应急管理和安全监管工作方案。（略）

今年是南水北调工程深入转型、创新发展的关键之年。我们将全面贯彻党的十九大精神，以习近平新时代中国特色社会主义思想为指导，继续推进“两学一做”学习教育并不断巩固成果，认真贯彻建委会的各项决议，主动作为，攻坚克难，推动工程发挥更大效益，为全面建成小康社会、夺取新时代中国特色社会主义伟大胜利、实现中华民族伟大复兴的中国梦做出应有的贡献。

国务院南水北调办党组书记、主任鄂竟平在2017年南水北调工作会议上的讲话

（2017年1月12日）

同志们：

这次会议是在东中线一期工程全面通水两周年，南水北调工作创新发展的关键时期召开的。会议的主要任务是：深入贯彻落实党的十八大及十八届三中、四中、五中、六中全会精神，表彰南水北调东中线一期工程建设先进集体与先进个人，认真总结东中线一期工程全面通水运行以来各项工作，客观分析新阶段南水北调工作面临的形势和任务，进一步统一思想，明确任务，推动南水北调事业在又稳又好的基础上继续创新发展。

今天，我们表彰了南水北调东中线一期工程建成通水先进集体和先进个人。这次表彰规格很高，是经党中央、国务院批准，由人力资源社会保障部和国调办联合表彰的，既是对南水北调工程建设成果和全体建设者

辛勤奉献的充分肯定和高度褒奖，也是对做好下一步南水北调工作的鼓舞和鞭策。在此，我代表国调办，向受到表彰的先进集体和先进个人致以崇高的敬意和热烈的祝贺！受到表彰的先进集体和先进个人，涵盖了南水北调工程勘测设计、施工、建设管理、征地移民、治污环保等各个方面，是南水北调工程全体参与者的优秀代表，大家在各自工作岗位上用智慧、汗水甚至生命，为南水北调东中线一期工程如期建成通水做出了突出贡献。虽然岗位、经历不同，但你们身上所集中展示的“负责、务实、求精、创新”的南水北调精神是一样的，要认真总结，大力弘扬。南水北调工程运行管理任务繁重，未来发展任重道远，我们要向先进集体和先进个人看齐，坚定理想信念，立足本职，勇于担当，努力在南水北调岗位上建新功、立新业。也希望受到表彰的先进集体和个人珍惜荣誉，戒骄戒躁，再接再厉，在各自的岗位上一如既往地发挥模范带头作用，努力为南水北调事业发展、为国家经济社会发展做出新的更大贡献。

下面，我讲三点意见。

一、去年工作总结

2016年是“十三五”规划的开局之年，在党中央、国务院的坚强领导下，在中央有关部门、沿线各省（市）党委政府的大力支持配合下，南水北调系统认真贯彻党中央战略决策，深入落实习近平总书记、李克强总理、张高丽副总理、汪洋副总理等中央领导同志关于南水北调工作的重要指示批示和建委会工作部署，按照年初确定的“稳中求好　创新发展”工作思路，把从严治党两个责任扛在肩上，全力做好南水北调各项工作，下面就“稳”“好”“发展”和“创新”四个方面对2016年的工作进行回顾。

（一）合力推进，实现了“三个稳”

一年来，系统上下齐心协力、稳扎稳打，守住了工程平稳运行、水质持续达标、移民总体稳定这三个“稳”的底线。

第一“稳”，工程平稳运行。

中线成功应对了沿线暴雨洪水考验，化解了极寒天气下冰冻威胁，实践证明，膨胀土边坡总体稳定，工程质量可靠，加上运行管理和安全生产措施不断强化，东中线一期工程都经受了初期运行的考验，没有发生工程质量事故或供水安全事故，积累了管理经验，增强了信心。

安全生产常抓不懈。国调办年初召开安全生产领导小组会议、南水北调系统安全生产工作会议，加强特殊时期和重要时间节点安全生产管理，督促做好“两会”及节假日期间南水北调工程安全生产。各运管单位进一步完善安全生产管理组织、责任、制度体系，狠抓责任落实，为工程运行安全和供水安全提供了可靠保障。

应急管理全面深化。各运管单位及时建立健全相关预案，全面深化应急管理工作。面对2016年汛期5轮强降雨的严峻汛情，有力、有序、有效地做好防汛工作，确保了工程安全和供水安全。科学应对中线工程冰期输水复杂情况，及时排除风险，保障了北方城市冬季供水安全。中线建设了南阳、新郑、石家庄等10个水污染应急物资储备库。北京、天津、河北、河南四省（市）都将中线工程应急管理纳入地方应急体系，中线应急能力日趋完善。

安保工作不断强化。北京市南水北调办加强工程设施的监测、检查、巡查、维修和养护，确保安全。山东干线公司专门成立安全生产办公室并配备了5名专职人员。中线建管局密切与地方联系，建立安全保护工作协调机制，联合设立警务室，对危害工程安全行为进行及时有效处置。

验收工作稳步推进。国调办组织召开了南水北调系统验收工作会议，分析面临的形势和存在的问题，对下一步验收工作进行安排并提出要求。各单位进一步健全了验收机构，制定了完工验收保障方案，完成了4个设计单元工程完工验收，核准了20个设计单元工程完工财务决算，跨渠桥梁验收移交工作进入收尾阶段。

建委会专家委去年11月组织专家对中线干线工程运行管理情况进行了全面核查，认为：中线干线工程全线通水两年来，运行安全情况良好，供水效益显著，运行管理规范化已见成效，调度体系日臻完善，安全工作基本满足要求，全线渠道和建筑物运行总体正常。

第二“稳”，水质持续达标。

在国家发展改革委、环境保护部等部门积极支持下，水源区及沿线地方政府将南水北调水质保护当作政治任务，高度重视、抓实抓细，水质不断向好，风险防范体系逐步建立，中线水源区达到或优于Ⅱ类，东线通水期间保持在Ⅲ类。

不断夯实治污基础。中线《丹江口库区及上游水污染防治和水土保持“十二五”规划》、纳入《淮河流域水污染防治“十三五”规划》的东线治污规划补充项目全面收官落地，水源区及沿线水质持续改善。规划实施情况表明，山东、江苏、河南、湖北、陕西5省的规划完成率和水质达标率均在全国重点流域处于领先水平。“十三五”水污染防治专项规划已编制完成。

建立健全水质安全保障体系。协调环境保护部组织调水沿线国控断面的水质监测和信息发布，开展中线干线饮用水水源保护区的划定和完善。指导工程运管单位建立水质监测和预警体系，开展藻类监测预警、地下水监测预警等工作。筹划布置藻类防控，组织专家调查并研究提出对策措施，通过对流量流速科学调度化解藻类风险。会同交通运输部联合印发文件，指导地方和运管单位加强管理，防控跨渠桥梁突发性水污染事故。

第三“稳”，移民整体稳定。

河南、湖北两省不懈努力，移民安置区产业逐步发展，移民就业更加充分，收入稳步提高。

多措并举保稳定、促发展。整合多项支农惠农政策资金，实施“强村富民”战略，建设“一村一品、一村一业”，提高移民就业增收水平。加强移民技能培训和社会治理创新，创建“移民创业之星”“和谐移民新村”，促进移民村经济社会协调发展。国调办会同河南、湖北两省，开展了矛盾纠纷排查化解专项活动。2016年库区及沿线社会大局稳定。

以人为本帮扶受灾移民。2016年湖北多地遭受大暴雨侵袭，5.2万丹江口水库移民受灾，国调办积极筹措补助资金，协调国家发展改革委，帮助湖北省开展移民灾后安置和生产生活恢复工作。湖北省加强组织领导，第一时间安全转移安置受灾移民，妥善安排灾后重建工作，受灾移民整体稳定。

用地手续稳步推进。积极协调有关部门和省（市），加快用地组卷报批。目前，湖北、河南两省库区淹没用地已获国土资源部批复；河南、河北干线征迁用地组卷已经国土资源部正式批复。这一困扰我们多年的难题终于在2016年取得重大突破。此外，东中线临时用地累计返还99.93%。

对口扶贫有新举措。国调办认真贯彻落实中央定点扶贫工作的方针政策和决策部署，高度重视定点扶贫县湖北省十堰市郧阳区的脱贫工作，向郧阳区选派挂职干部和驻村第一书记，协调相关规划衔接，加强对口协作协调，统筹行业资源，在湖北省南水北调局和湖北省移民局的大力支持下，从郧阳区招录200余名贫困群众作为中线干线工程安保人员，助力贫困户精准脱贫。

（二）全力推动，“好”的态势初步形成

2016年国调办强推运行管理规范化，沿线省（市）不断加大生态带建设力度，运管单位开展运行环境专项整治，国家发展改革委等部门联合推动水费收缴，用水量和工程效益不断提升，各项工作呈现出良好态势。

第一，工程效益越来越好。

工程通水以来，受益范围不断扩大，在保障供水、生态恢复、改善水质等方面效益越来越好，得到受水区地方政府和人民一致称赞和肯定。

受益覆盖面不断扩大。东中线一期工程通水以来，北京、天津两市和河北、河南、山东和江苏 4 省的 33 个地级市 8900 万人受益。中线北京、天津、石家庄、保定、郑州、新乡等 18 座大中城市的供水保障能力有效改善。江苏省扬州、淮安、徐州等 7 市 50 个区（县）共 4500 多万亩农田的灌溉保证率得到提高。

供用水量连年上升。2015 ~ 2016 供水年度，东线向山东净供水 4.42 亿 m^3（跨省 6.02 亿 m^3），圆满完成年度水量调度计划，约为上个调水年度供水量的 2 倍，为第一个供水年度的 6 倍。中线实际供水量 37.19 亿 m^3，约为上个调水年度的 2 倍；超出主管部门年度下达计划 33.23 亿 m^3 的 12%；超出年度各省（市）申请用水计划（按每月实际需求计算）36.24 亿 m^3 的 3%。其中向北京、天津供水已超过规划分配水量。

生态效益愈发凸显。受水区多地地下水位开始回升，北京全市地下水平均埋深同比上升 0.53m，天津市地下水位累计回升 0.17m，山东省平原区地下水位较 2015 年同比上升 0.19m。河北省利用南水先后向滹沱河、七里河生态补水 0.7 亿 m^3，河道重现生机；河南省境内主体工程以及渠道两侧的绿化带建设，形成一道亮丽的风景线，极大改善了周边生态环境；湖北十堰五条河恢复了水清草美的景象。

受水区水质明显改善。南水给北方人民带来了实实在在的好处，北京市自来水集团监测显示，使用南水后自来水硬度由原来的每升 380mg 降至现在的每升 120 ~ 130mg。天津市民明显感受到自来水口感变甜。

第二，推动受水区绿色发展。

系统上下扎实贯彻绿色发展，以足额稳定优质供水促进受水区节水和地下水压采工作，推动受水区自然资本增值，受水区水更清、环境更优美，良好生态环境成为提高受水区人民生活水平的增长点，受水区走向生态文明新时代。

受水区节水工作成效明显。召开受水区各省（市）参加的“三先三后”工作会，跟踪督促受水区“三先三后”落实情况，持续推动受水区节水等相关工作。目前受水区万元 GDP 用水量、灌溉水有效利用系数、万元工业增加值用水量等节水指标全国领先。

地下水压采有实质性进展。国调办与国务院有关部门于 2016 年 6 月启动了受水区地下水压采工作评估考核。此次评估考核，是 2013 年国务院批复地下水压采方案以来的第一次，有利于推动地方落实责任，加大南水使用量。多地地下水位明显回升、水环境明显改善，南水大大促进了绿色发展。

生态带建设快速推进。北京、天津、河南境内工程管理范围两侧的生态带建设基本完成，累计建成绿化带长度约 700km、面积 20 万亩，达到总体建设任务的 60%。中线建管局积极研究引进市场化模式进行干渠管理范围的生态建设，纳入全面整治计划并开展绿化试点 31km，取得了良好效果，同时二期绿化工程也已做好建设准备。

第三，管理水平有新提高。

2016 年，系统上下加强运行管理规范化建设，国调办持续保持运行监管高压态势，全年共组织飞检 157 组次（其中办领导带队飞检 35 次），组织专项稽察 10 次，及时发现问题。充分发挥社会监督作用，继续做好运行管理举报调查处理工作。经过一年努力，运行管理制度体系逐步形成，突出问题得到集中解决，人员素质得到较大提高，工程环境形象面貌大为改观，管理水平明显提升。

强化规范化管理。国调办制定了运行管

理规范化监管工作方案，组织制定运行管理考核办法，完善运行监管机制和制度。组织召开了规范运行管理现场会，对中线工程进行现场检查、应急实操。成立规范化监管工作组，开展试点建设，并对试点管理处开展定向监管，促进规范化进程。

完善制度标准。重点解决现场管理“不标准”问题，中线建管局修订或制定现场运行管理工作手册（作业指导书）84项，初步建立了输水调度等核心业务以及与之相关工作（专业）的标准体系。天津市南水北调办共制定11项管理办法、2项应急预案、2个技术手册和100余项内部制度。

狠抓行为规范化。中线现地管理处针对工作岗位编制《岗位工作手册》，做到“五明确”。实施岗前培训见习、考试上岗、持证上岗、岗中考试及考核等制度，促进岗位人员不断提升技能。山东干线公司不断强化泵站操作规范化，2016年选派20名选手参加山东省水利行业职业技能大赛全部获奖，几乎囊括了泵站运行工种全部奖项。

优化组织机构设置。中线建管局按照“一级做精、二级做强、三级做实”的总体思路，健全现地管理处科室设置，配齐相应人员，加快绩效管理体系和薪酬体系建设，现地管理处编制内人员到位率95%。东线公司优化内部机构设置，新增了水质管理中心和政策及技术研究室。

重点突破上水平。中线规范化管理活动7月份进入强推阶段，确定了以调度值班等为重点的第一批强推项目，随后又推出了以闸门启闭演练等为重点的第二批强推项目，目前已启动以应急演练等为重点的第三、四批强推项目。东线开展了运行管理标准化试点工作，目前已完成试点标识标牌、上墙制度建设清单等第一阶段工作。

第四，水费收入大幅提升。

在国家发展改革委、财政部、水利部等部门及沿线省（市）政府的支持配合下，国调办会同省（市）南水北调办事机构，多管齐下力促水费收缴。截至12月底，2016年中线建管局共收取水费47.89亿元，较2015年增长88.4%；东线公司共收取水费14.46亿元，较2015年增长125.2%。北京、天津均明确了水费收缴机制。山东省2016年水费已足额缴纳，正在研究制定水费收缴管理办法，建立长效收缴机制。

（三）主动出击，“发展”难中有进

系统各单位齐心协力，大力推动后续工程前期工作，大力促进中线应急调蓄工程建设，大力协调体制机制，转型发展难中有进，取得一定成绩。

第一，大力推动东线应急工程和西线工程前期工作。

东中线一期工程通水后，京津冀地区用水结构出现了新变化，用水需求和保障出现了新情况。从了解情况看，东线二三期工程在“十三五”内开工建设有一定难度。为确保“十三五”时期京津冀协同发展和区域生态文明建设、京津冀三地生产生活用水需求，南水北调系统勇于担当，主动作为，依据东线一期工程总体可研内容，大力推动实施一期工程北延应急供水工程。

国调办组织开展了现场调研，北京、天津、河北、江苏、山东五省（市）南水北调办（局）及东线总公司、江苏水源公司、山东干线公司积极配合，摸清了应急调水线路有关问题，形成了东线一期向北延伸应急通水研究报告，并向国家发展改革委报告了研究成果。国家发展改革委基本认同该应急供水工程必要和可行的结论。按照研究结果，工程实施后，具备向河北和天津自流输水条件，并为向北京供水提供了基础条件。

与此同时，大力推动西线工程前期工作，委托国家发展改革委宏观院能源所、产业经济研究所，中科院寒地与旱地研究所，中国水科院，黄委院等科研机构开展了相关课题研究，多次进行调研，进一步摸底西线工程相关省份的用水需求。在有关单位召开的一些会议上充分表达了对西线工程的态度和意见。国务院明确要求继续加强西线工程前期论证。

第二，大力推动中线应急调蓄工程建设。

中线一期工程通水以来，承担的供水保障任务越来越重，扮演的角色越来越重要，但全线无调蓄工程，是保障供水安全的一大隐患。国调办从2015年提出建设中线应急调蓄工程，并加快推进相关工作。

2016年，国调办充分考虑地方的实际需求，以结合抽水蓄能工程为突破口，协调推动加快项目进度。组织召开南水北调中线工程抽水蓄能专家研讨会，邀请有关专家对有关抽水蓄能调蓄工程选址出谋划策。多次赴河南省和河北省相关地市，现场调研中线调蓄工程选址，进行座谈，协调地方推动应急调蓄工程立项。多次与国务院相关部门沟通协调，阐明应急调蓄工程建设的必要性，了解有关支持政策及行业规划，协助地方推动调蓄工程项目纳入地方或行业规划。

目前，河南省南水北调办已将“建设大型引水工程调蓄水库及连通工程”有关任务纳入河南省委“十三五”发展规划建议及省政府“十三五”发展规划纲要中，并组织勘测设计单位，提出了《新乡调蓄工程抽水蓄能电站选址报告》。许昌、新乡已组建了专门机构，筹备相关项目前期工作。

第三，大力协调管理体制机制问题。

一年来，我们继续协调推进东中线一期工程运行管理体制；着眼于工程长远建设，结合中央有关国企改革的思路，开展南水北调集团公司组建方案研究。

推动东线工程体制和运行管理模式落实。国调办和山东省政府就南水北调东线一期山东干线工程运行管理模式达成一致意见；多次与江苏省有关方面沟通协调，2016年12月初江苏省政府分管领导带队到国调办就管理模式事宜座谈并交换意见，形成初步共识。

开展中线工程运行管理体制机制协调。会同国家发展改革委开展中线工程运行管理体制调研，充分表达南水北调系统的意见。组织开展中线运行管理机构组建中的管理模式研究。多次与国务院有关部门沟通协调中线工程水量调度与应急管理协调机制，并书面提出国调办意见建议。

组织开展南水北调管理大体制研究。组织相关科研机构开展南水北调管理大体制问题研究，提出南水北调集团公司组建方案初步考虑。就南水北调管理大体制问题专门赴国资委，同企业改革局进行交流，听取意见建议。

（四）积极探索，“创新”迈出新步伐

全系统认真学习习近平同志关于创新的讲话精神，充分认识到创新是引领发展的第一动力，创新是应对南水北调工作环境变化、增强前进动力、把握工作主动权的根本之策，并在创新方面进行了大胆尝试和有益探索。

第一，管理创新。

国调办面对中线左岸防洪影响处理工程迟迟未建、保护和管理范围未划定等造成的安全隐患，加强防汛工作组织领导，于2016年汛前果断决策成立防汛指挥部，成功应对了中线沿线地区5轮强降雨威胁。政研中心、中线建管局、东线公司联合举办了国内调水工程建设与运行管理交流会，以会议为契机建立起国内调水单位联系机制，组织了赴东深供水等4次专题调研。举办了国外调水工程运行管理学术报告会，收到很好效果。湖北省创新推进碾盘山枢纽建设，2016年底临时工程已开工。山东干线公司全面推广岗位创新实践活动，形成岗位创新成果200多项，提高了运行管理工作水平。各省（市）南水北调办、机关各司、各直属单位编制了各自业务领域五年发展（2016～2020年）工作规划，立足当前、谋划长远。

第二，技术创新。

工程建设期的新技术新工艺新应用，特

别是膨胀土换填、PCCP 管道、大型泵站群、闸阀系统及联合调度等，经过长时间运行考验，进一步增强了我们技术创新的信心。但我们并未满足，印发了《关于做好南水北调工程建设中采用新技术新工艺项目运行安全管理工作的通知》，加强对新技术运用的跟踪研究。江苏水源公司研究试点泵站远程控制和故障诊断系统，推动“智慧泵站”研发，提高了调度运行信息化和科技化水平。

第三，体制创新。

江苏水源公司选定试点直管泵站，实行经费包干制和所长派驻制，推进工程管养分离，探索了泵站管理新体制。中线水源公司加强与汉江集团、中线建管局、陶岔建管局的协调，建立了供水调度联系机制，确保陶岔渠首枢纽供水调度指令畅通。湖北省南水北调管理局多渠道、多方式引入管理人员参与工程运行管理，充分发挥和运用了系统外专业队伍的技术特长和管理经验，促进了运行管理整体水平的提升。

第四，经营创新。

江苏水源公司在抓好供水主业务的同时，推进公司由单一管理型向多元竞争型企业转化。以项目代建为突破口，加快进入大规模水利建设市场；推动企业合作与资本并购，成立水利设计、咨询企业；深度介入水务投资市场和资本市场，在水利工程、水污染处理等多领域参与并获得多项业务。中线建管局针对利用南水北调工程发展太阳能光伏发电问题，进行了专题研究，形成报告，初步摸清了情况。还开展了西黑山电站、土地开发利用、旅游景点开发等前期工作。

（五）从严从实，党建工作迈上新台阶

2016 年伊始，中央巡视组向国调办党组反馈了巡视意见，国调办党组认真落实中央巡视整改工作要求，深入学习贯彻习近平同志关于机关党建重要论述，在派驻纪检组的监督和指导帮助下，进一步落实中央全面从严治党要求，扎实推进“两学一做”学习教育，全面推进思想、组织、作风、反腐倡廉和制度建设，党的建设再上新台阶。

第一，加强思想政治教育。

国调办党组、党组中心组（扩大）及时传达学习庆祝中国共产党成立 95 周年、纪念红军长征胜利 80 周年大会、十八届六中全会、中央经济工作会等中央有关会议精神，布置贯彻落实工作。党组带头开展“两学一做”学习教育，以尊崇党章、遵守党规为基本要求，用习近平同志系列重要讲话精神武装思想，领导干部带头讲党课；以党支部为基本单位，用好日常教育途径和教育方式，以“三会一课”为基本形式组织好日常学习；各级党组织开展专题学习研讨，教育引导党员干部进一步增强“四个意识”和“四个自信”。

第二，严格落实两个责任。

落实中央关于全面从严治党的要求和十八届六中全会精神，健全了党组书记负总责、分管领导分工负责、机关党委推进落实、司局长“一岗双责”的党建工作格局。完善管党治党的工作机制，将党建工作与南水北调业务工作同部署、同推进、同落实、同检查、同考核，开展党建工作三级联述联评联考。修订了《南水北调办贯彻落实全面从严治党要求实施意见》，建立了党建工作和纪检工作联席会议制度，完善议事协调机制。国调办党组与派驻纪检组联合印发《中央纪委驻水利部纪检组与国务院南水北调办加强有关工作机制建设的意见（试行）》，并在日常工作中严格执行。开展党员组织关系集中排查、党费收缴专项检查等基层党建重点工作。强化各级党组织建设，东线公司成立了党委，中线建管局基层管理处都成立了党支部。派驻纪检组严格履行监督职责，按时派员参加国调办党组会议，对国调办落实中央巡视整改和信访举报查处等工作给予指导。调研南水北调系统基层党风廉政建设和反腐败工作情况，及时提供有关政策咨询，为国调办党建工作水平整体提升提供了大力帮助和指导。

第三，落实党风廉政建设责任制。

国调办党组高度重视党风廉政建设责任落实，召开了廉政工作会议，派驻纪检组到会指导，会议深入学习贯彻十八届中央纪委六次全会精神和国务院第四次廉政工作会议精神，分析南水北调办的党风廉政建设和反腐败工作形势，部署2016年工作。签署了党风廉政建设责任书。国调办党组高度重视、大力支持纪检工作，坚持把纪律挺在前头，严格监督执纪问责，去年查处违纪党员干部2人，达到“处分一个、教育一片”的效果。抓常、抓细、抓长，直属机关党委经常性开展党风廉政教育，组织到北京市西城区检察院开展预防职务犯罪警示教育，及时组织学习中央国家机关工委有关案情通报，重要节假日发送廉政短信提醒，对纪检组转来的信件全部认真处理。严格执行中央八项规定精神，深入开展“四风”整治。对直属单位接待费、会议费进行了专项财务检查。日常工作中，制作了举报方式告示牌，加强“四风”问题的群众监督。严格执行个人有关事项报告制度、领导干部述职述廉制度、干部任前谈话和诫勉谈话制度，依法依纪依规处理来信来访，加强监督，切实把纪律和规矩挺在前面。

第四，持续推进作风建设。

在“两学一做”学习教育中，组织党员干部集中开展“突出四个意识、落实担当精神”专题大讨论，查找了问题，振奋了精神。组织开好党员领导干部专题民主生活会和组织生活会，做好民主评议党员工作，坚持“三会一课”、主题党日、主题联学等制度。通过深入开展“四风”整治，进一步营造风清气正的干事环境，各级党组织的凝聚力、战斗力不断增强，“负责、务实、求精、创新”的南水北调精神得到进一步弘扬，党员干部始终保持昂扬向上、奋发有为的精神状态，涌现出一批先进基层党组织、优秀共产党员和优秀党务工作者，为南水北调工程建设和运行管理做出了积极贡献。

回顾2016年的工作，收获很大，成绩明显，这是上下一心，协同推动的结果。党中央、国务院对南水北调工作高度重视，习近平总书记、李克强总理、张高丽副总理作出重要指示批示，为南水北调工作指明了方向，注入了动力；受水区各级党委、政府和沿线干部群众高度重视、积极配合，在运行环境维护、配套工程建设、移民稳定发展、水质保护、扩大供水覆盖面等方面付出了艰辛努力；广大移民在安置地创业发展，实现了持续安稳，为工程顺利平稳运行提供了和谐稳定的外部环境；中央各有关部门和中央各大媒体及沿线地方媒体一如既往地关心支持南水北调工程。过去的一年里，南水北调系统各级领导和广大干部职工倾注了深厚感情，付出了巨大心血，国调办党组不会忘记“7·19”峪河暗渠抢险现场同志们一身泥水的模样，不会忘记洪水围困后移民群众的坚强与自救，不会忘记烈日下、寒风中沿渠巡查员工的坚守与担当，不会忘记夜深人静仍在办公室伏案工作的身影，这一幕幕场景、一个个镜头，浓缩了南水北调全体干部职工的奉献和担当，正是大家的默默付出，我们才取得了一项项成绩，移民群众才慢慢从稳到富，受水范围才不断扩大，受水区人民群众生产生活才有了可靠的水资源保障。在此，我代表国调办党组对大家长期以来的大力支持、辛勤付出和无私奉献表示衷心的感谢！

二、当前形势分析

党的十八大召开后，新一届党中央领导集体任职伊始，就提出了“两个一百年”的奋斗目标和实现中华民族伟大复兴的中国梦，这是时代的最强音，是对全体人民的庄严承诺，是引领中国走向未来的精神旗帜，“四个全面”则是实现中国梦的战略指引。在实现中国梦的伟大征途中，我们南水北调人也肩负着沉甸甸的责任和使命，在这样的大背景下，南水北调工作的环境、条件、任务、要求发生了并在不断发生新的变化，我们必须深刻理解和准确把握。

（一）中央的方针政策为南水北调工程未来发展明确了方向

十八届中央委员会召开的六次全体会议中，有四次主题与“四个全面”有关，分别是三中全会的“全面深化改革”、四中全会的“全面依法治国”、五中全会部署“全面建成小康社会”、六中全会的“全面从严治党”。这四次全会都服务于全面建成小康社会，都对南水北调工程未来的发展明确了方向。

全面深化改革各项任务中，一项重要任务是生态文明建设的改革，全国上下正在加快建立生态文明制度，健全资源节约利用、生态环境保护的体制机制。水作为生态之基，对于推进生态文明建设、建设美丽中国的作用无可替代。南水北调工程是实现我国水资源优化配置、促进经济社会可持续发展、保障和改善民生的重大战略性基础设施，受水区是我国经济社会发展重要核心区，南水北调工程对促进受水区水资源节约利用、加快生态文明建设的作用和贡献无可替代。

加快建设社会主义法治国家，必须全面坚持依法治国、依法执政、依法行政共同推进。作为国字号的重大工程，南水北调人干事创业创新要知法守法，尤其是在实施工程管理、开展水污染防治和水质保护、推动工程保护和管理范围划定等工作中，各级领导干部要带头依法办事，带头遵守法律，不滥用权力，不随意干预事情，要用国字号工程人的良好法律素养，为法治中国建设贡献力量。

围绕全面建成小康社会这一奋斗目标，“十三五”规划做出了精准部署，涉及各行业方方面面的工作。其中与南水北调密切相关的内容不少，如深化投融资体制改革、引导国有资本更多投向关系国民经济命脉的重要行业和关键领域等，为南水北调工程创新谋划投资来源提供了政策基础；如加快完善水利等基础设施网络、支持西部地区改善基础设施、推动京津冀协同发展并扩大环境容量和生态空间等，为加快推进南水北调后续工程提供了现实需求；如明确加大对重点生态功能区的转移支付力度及强化激励性补偿，为加大对南水北调水源区相关投入提供了政策依据，等等。

中央的大政方针为南水北调未来发展明确了方向，方向意味着可能性和可行性，但最后落实还得靠人。怎么更好管人用人，党中央制定了《关于新形势下党内政治生活的若干准则》，修订了《中国共产党党内监督条例》，从整体布局，步步推进，把治党管党一抓到底。对我们来说，水通到哪里，管理队伍到哪里，全面从严治党就抓到哪里，用更好更强的南水北调队伍，为全面建成小康社会贡献南水北调力量。

（二）南水北调工程重要基础性作用无可替代

近几年，我国经济社会发展进入新的阶段，党中央作出经济发展进入新常态的重大判断，形成以五大发展理念为指导、以供给侧结构性改革为主线的政策体系，引导经济朝着更高质量、更有效率、更加公平、更可持续的方向发展。南水北调工程受水区作为我国经济社会发展发达地区，转型升级任务更重、经济发展新旧动能转换难度更大、人民群众对提高生活质量的需求更高更迫切，南水北调工程作为水资源配置的重大战略工程，在其中扮演的角色举足轻重。

工程受益范围不断扩大，受益人口不断增多，受水区经济社会发展和人民生产生活对南水北调工程的依赖性越来越大，南水北调工程的重要基础性作用已无可替代。中线一期工程通水仅两年，北京、天津两个特大城市用水量就已超过规划年度供水目标。在天津，从2015年起引滦水因为污染严重，无法继续作为生活饮用水源，南水成了天津市的主要水源，成了天津市的“生命线”。在河北，2016年“7·19”特大暴雨，导致石家庄市区、邯郸市区地表饮用水源水体浊度增高，超出水厂处理能力，南水北调中线工程紧急向石家庄、邯郸市调增供水，成为这些城市的“救命水”。东线工程起初供水范围不包括北京，现在北京也提出要东线水，天津、河北都对二期工程呼声很高。

（三）南水北调工程战略性作用越发凸显

前不久，中央召开了经济工作会议，对2017年经济工作做出具体部署，核心任务是推进供给侧结构性改革。这项改革最终目的是满足需求，在解放和发展社会生产力中更好满足人民日益增长的物质文化需要。在满足人民需求方面，南水北调工程的战略性作用越发凸显。

南水北调工程不断促进生态环境明显改善。在水源区，工程为地区经济结构转型升级增添了动力。中线通过对口协作，北京、天津企业不断到水源区投资创业，支持水源区生态特色产业发展、深化技术交流合作、改善基础设施条件、发展社会公益事业等，帮助水源区淘汰了矿物采选和冶炼等高污染高耗能企业，关闭治理不达标企业，推进工业清洁生产，加快发展中药材和绿色食品加工业，增强了水源区的自我发展能力，提升了水源区人民群众的生产生活水平，形成了水源区与受水区互利双赢的局面。在受水区，北京、天津、山东平原区、河南部分地市的地下水位已经不同程度回升；东线治污之初，山东省内造纸厂有700多家，如今剩下10家，污染物排放量大大下降，效益不降反增；江苏省受益于南水北调东线水环境治理，淮安市获得“国家环保模范城市”称号，“煤都”徐州如今以碧湖、绿地、清水成为宜居之城。

2016年，东线工程向胶东半岛供水2亿m^3，及时缓解了半岛多地的水资源紧张局面；安徽省内项目发挥了积极的排涝、灌溉和生态环境效益，得到当地政府和群众的赞扬；中线工程向河北衡水紧急调水5000万m^3，减轻了衡水市的旱情；引江济汉工程为缓解湖北长湖防汛压力，撇洪1亿m^3。

去年国调办组织了“同饮一江水”活动，中线水源豫鄂陕三省群众和媒体记者考察中线工程，水源区和受水区群众在加深沟通了解的同时，一致赞誉南水北调工程带给人民群众实实在在的福祉。去年开展了通水两周年集中宣传活动，中央各大媒体代表均高度肯定了南水北调东中线一期工程的显著效益，以及对经济社会发展的战略性支撑作用。

肯定成绩不是为了炫耀，而是为了更加清醒客观认识我们的事业，更好促进我们的发展。我们还要认识到，受水区对供水有着更优更稳的需求，移民群众致富奔小康的愿望十分强烈，对此我们还面临不少困难，存在不少问题，主要有：

一是管理体制还未理顺。东线运行管理模式仍未落实，山东需水不足、江苏供水合同仍未签订。中线管理体制尚未明确，制约工程管理正常开展和工程效益的充分发挥。中线因渠首、水源、干线多头管理，影响调度效率，存在供水安全隐患。

二是中线工程规范化管理还不到位。规范化管理活动开展的还不够理想，有待深化，“干什么、怎么干、谁来干、干好干坏怎么办”的问题刚刚破题，运行管理的顶层设计还不完善，制度、规定与运管实际还有出入，“管养分离”体制机制还需深化，自有人员应急响应能力不足，部分基础工作存在等靠现象等。就南水北调系统来说，当前最大的风险在中线的运行上，而中线能不能有效地控制风险，关键在规范化管理工作能不能尽早真正的到位。尤其是随着地方配套工程的完工投运，调水量逐步增大，分水口门逐步增多，调度难度和风险也将增加，加上自然灾害、突发水污染等意外事件无法预测，规范化管理怎么重视都不为过。

三是水费收缴不顺利，欠费严重。目前，北京市缴纳水费情况最好，已连续两年按照供用水合同及时足额缴纳，其他省（市）均有不同程度拖欠。截至目前，中线天津、河北、河南三省（市）累计拖欠水费44.05亿元，占水费总额近37.5%，东线山东欠缴15.92亿元，占水费总额近43.3%。江苏段工程目前独立运行，水费由江苏省内统筹使用。水费拖欠，将影响按合同约定偿还贷款本息，制约工程良性运行，造成还贷风险，甚至影响工程供水安全。

四是水质保障任务艰巨。2017年，随着南水北调工程受水范围和人口大幅增加，供水量持续增大，工程在全社会的影响进一步扩大，对工程水质、水量保障提出了更高要求。与此同时，全国生态文明建设和绿色发展深入推进，环境保护、生态建设新政策不断出台，要求更高更严。东线沿线水质保护压力依然较大，中线水源区部分治污环保设施尚未有效运行，农业面源污染问题日益凸显，突发水污染事件隐患仍在，保障水质安全的任务依然十分艰巨。

五是移民发展后劲不足。库区移民目前实现了“搬得出、稳得住”，但他们搬迁后生产生活方式发生了根本性变化，需要一个长期适应过程，加上之前积蓄少、底子薄，库区水质保护对当地产业结构调整提出了更高要求，新经济增长点的形成还需要一个过程，虽然两省开展了一系列帮扶工作，但措施和力度与实际需求还有差距，如不采取更有力的帮扶措施，实现“能发展、可致富、奔小康”的目标难度不小。

六是干部队伍还存在廉政风险。作风建设永远在路上。廉政警钟需常常敲打。突出的例子是，近两年来河北省南水北调配套工程六个地市的南水北调办负责人接连落马。事实教育我们，廉政风险无时不在、无处不在，在利益和诱惑面前，少数党员干部没能经受住考验，失了心、丢了魂。我们要引以为戒、及早防范。要不断加强制度建设，扎牢制度笼子，切实运用好监督执纪“四种形态”，经常咬耳扯袖、红脸出汗。

三、今年工作安排

南水北调工作要全面落实党的十八大及十八届三中、四中、五中、六中全会精神，自觉把工作融入到“五位一体”总体布局和“四个全面”战略布局中去，牢固树立和贯彻落实创新、协调、绿色、开放、共享的发展理念，找准位、定住神。与建设期一年一个变化不同，运行期间的南水北调事业进入相对平稳的时期，更需要谋定而后动。今年南水北调工作思路依然是“稳中求好，创新发展”，要以问题为导向，咬定青山不放松，一步一个脚印，在“稳”的基础上，推动各项工作取得新的进展。

（一）以“稳”为主基调，确保实现安全有序

没有安全，就谈不上稳定，更谈不上发展。整体看，目前南水北调事业面临的基本矛盾，还是平稳运行和风险隐患之间的矛盾，风险既有工程安全的风险，也有水质的风险，还有移民的风险。南水北调系统上下要在心中时刻牢记“稳”字，从四个方面把安全抓实、抓细、抓好。

第一，工程运行平稳。从补充水源变为主力水源，则要求南水北调供水万无一失，而供水量不断上升使工程全线调度运行难度不断加大，新形势新任务使工程保“稳”面临的挑战、压力和难度只增不减，要确保圆满完成今年东线8.89亿m^3、中线39.25亿m^3的年度调水目标。一是要认真总结东中线工程通水以来的经验教训，进一步提升运行管理规范化、现代化水平。二是强化安全生产运行，落实安全生产责任制；强化重点项目、重要部位、关键环节的巡视、监测和维修、养护。三是紧盯中线工程左岸防洪影响处理工程建设、工程管理和保护范围划定工作，跟踪协调相关工作及早完成。四是不断完善各类应急预案，落实预案、队伍、物资，提高应急处置能力，做好突发事件应对工作。

第二，水质确保达标。目前，东中两线水质都能达标，但水质安全没有完成时，永远都是进行时，东线还有不少让人不放心的风险点，中线丹江口库区五条河治理等还未完成，要继续努力，不断夯实水质达标的基础。一是开展重特大水污染事故应急演练，以演练代培训，提高应急处置能力。二是完善受水区"三先三后"年度工作信息报送机制，汇总、分析工作情况，做好交流沟通。三是细化水质保护具体工作。协调开展国控断面水质监测，指导监测能力建设，防控藻类风险，协调开展中线干渠两侧风险源排查整治。四是东线健全水质管理组织机构，稳步推进南四湖水资源监测中心建设，中线加强水质监测能力建设，并开展中线总干渠沿线地下水监测。

第三，移民保持稳定。移民工作难，难在面对千家万户，尤其是丹江口水库移民多次搬迁、稳定难度更大，加上部分移民群众去年又遭受洪灾，稳定的困难更大。要继续保持爱民之情，一如既往做好工作。一是落实工作责任，加强重点难点问题督办，确保库区移民及工程征迁群众稳定。二是加快遗留问题处理，促进征地移民验收，在完成库区移民省级验收的基础上，适时启动库区移民终验，按计划开展干线征迁安置专项验收，满足工程验收需要。三是高度重视湖北省受灾移民群体稳定形势，重点做好受灾移民灾后重建、生产生活恢复及维护稳定工作。

第四，验收稳步推进。"编筐编篓，重在收口"，要坚持严要求、高标准做好建设扫尾，集中精力、实事求是地统筹好验收各项工作。一是项目法人要认真负责地搞清楚影响和制约工程按时验收的各种因素，分析影响症结，提出切实管用的措施，开展督办检查，尽快解决制约验收的突出问题。二是统筹协调推动水土保持、环境保护、征迁安置、工程档案、消防设施等专项验收。对以往检查中提出的问题要雷厉风行，加强整改，不留尾巴。三是抓好投资收口和完工财务决算工作，加快变更索赔处理，尽快完成预结算资金扣回工作。规范有序开展设计单元工程完工验收工作。

（二）以"好"为当前目标，尽力实现全面进步

贯彻"稳"的工作总基调，不是无所作为，不是裹足不前，而是要奋发有为，在"稳"的基础上实现"好"。

第一，管理再上水平。运行管理规范化已初见成效，但要更加重视，尤其运管单位要以更高标准要求自己，切实采取措施，继续强推，向规范运行要安全、要效益。一是运管单位要加强顶层设计，要知道自己想要什么。进一步理清运行管理规范化管理思路，制定实施下一阶段规范运行管理工作方案。组织开展运行管理工作检查和考核，突出重点，以点带面，逐步实现全覆盖。二是进一步加强南水北调工程运行管理规范化建设，推进运管单位建立规范化运行管理组织体系和安全生产、输水调度、维护管理等主要业务板块体系建设，进一步规范工作流程、标准和方法。逐步推动建立运行管理规范化体系。三是突出高压严管和警示约谈措施，监督检查和专项稽察力度不减、强度不降，进一步完善监管工作体系和机制，突出重点项目监管，加大运管举报问题查处力度，强化处罚追责措施。监督检查既要指出存在的问题，又要对检查中发现的共性问题组织研究提出解决思路，为党组决策提供参考依据。

第二，水质持续向好。通水期间，东线输水干线一直达到地表水Ⅲ类水质；中线水源和干线水质为Ⅱ类或优于Ⅱ类，在地表水24项常规监测指标中，大部分指标符合Ⅰ类水要求，通过努力，让符合Ⅰ类水的指标稳定在20项，逐步增加达到Ⅰ类的监测指标项和断面数量。保水质重在保长远，要适应国

家环保政策的新形势、新要求，谋划好水源、干线的生态环保工作。一是启动实施《丹江口库区及上游水污染防治和水土保持“十三五”规划》，召开部际联席会议部署规划实施工作，配合环境保护部启动实施《重点流域水污染防治“十三五”规划》（东线沿线），继续巩固东中线水质保护基础。二是开展南水北调中线总氮来源和处置对策研究，为“十三五”期间对总氮的精准施治奠定基础。三是河北、河南两省要加快推动饮用水水源保护区的划定和完善工作。四是启动北京、天津两市和河南、湖北、陕西三省“十三五”期间对口协作，推动对口协作进一步上层次上水平。

第三，移民发展致富。移民帮扶发展要立足当前、着眼长远。丹江口水库移民经历多次搬迁，移民底子薄，发展无后劲，据河南、湖北两省调查，丹江口水库移民2015年人均收入达到或超过了搬迁前同期水平，但与安置地居民平均生活水平相比，仍有差距。实现“能发展、可致富”的目标，还有很多工作要做。一是加大帮扶力度，促进移民产业发展，河南、湖北两省要继续加大对南水北调移民帮扶力度，促进移民村产业发展，进一步提高移民就业增收水平。河南省要加快九重镇移民产业试点进度。二是打造南水北调“美丽移民村”品牌，开展移民村“三抓三保”活动，即：抓村容村貌、保文明整洁；抓文化建设、保优秀传承；抓社会治理、保和谐稳定。三是完善后续帮扶规划，推动规划相关工作，推进国家层面的规划立项研究等工作。

第四，供水提量增效。用水量提升不仅关乎南水北调工程效益的发挥，也是沿线广大群众的期盼，有水才能办更多的事。配套工程建设进度直接关系用水量，南水北调系统要上下一心，克服困难，消除障碍。一是抓好水量调度，制定并细化水量调度方案，不断提高自动化调度水平，确保科学、有序调度。二是跟踪水行政主管部门地下水压采考核办法编制情况。协调各省（市）报送年度地下水压采计划，督促完成年度任务。三是推动水价政策落实。各省（市）要严格执行国务院批准的两部制水价政策。工程运管单位继续依法推动与用水方签订供水合同，各省（市）要按照约定及时足额缴纳水费。对欠缴行为，要多措并举全力催缴。四是会同国家发展改革委等有关部门，制定南水北调配套工程建设进度督导工作方案，分解建设任务，明确阶段目标，开展季度、年度考核。北京、天津要按要求于2017年完成配套工程建设任务，河北、河南、山东配套工程建设要在2017年大头落地，2018年完成。

第五，形象越来越好。形象是无形资产，是行业核心竞争力的重要组成部分，也是增强队伍凝聚力和员工自豪感的重要基础。南水北调的形象包括两个方面，一个是内在精神，主要是“负责、务实、求精、创新”的南水北调精神；另一个是外在形象，包括我们的社会形象、工程面貌等，东中线一期工程全面平稳运行两年，给了我们巨大的自信和决心，要把南水北调的形象塑造得越来越好。一是把弘扬南水北调精神融入运行管理的各项工作，作为塑造形象的重要环节，把创造优良业绩作为塑造形象的根本。二是不断提升工程形象面貌。以规范化管理为契机，不断强化工程风格一致和标识统一，进一步加快工程沿线绿化美化，通过创新机制提升防护绿化和景观效果，打造美观大方的形象。三是讲好南水北调故事。要主动宣传、深度宣传，全方位、多层次加强宣传，向全社会介绍南水北调工程的重大意义，充分展示南水北调工程成果及效益。四是主动传播南水北调正面声音。对公众关注的热点问题主动发声、释疑解惑，对不实信息、错误舆论及时澄清，对恶意诋毁抹黑行为要依法维权。五是丰富宣传手段和载体。要创新传播方式，适应传统媒体和新媒体深度融合的趋势，发挥微博微信微视等新媒体作用，不断提升引导舆论的针对性和时效性。

（三）以“发展”为长远目标，争取实现重点突破

要自觉把南水北调工程放在全面建成小康社会、实现“两个一百年”奋斗目标的大局中去认识，找准南水北调和五大发展理念的契合点，矢志不渝推动发展。

我国水资源方面最突出的问题有两个，一是水资源时空分布与经济社会布局不相适应，二是水资源配置与经济社会发展需求不相适应，南水北调工程的建设为解决这两大问题提供了现实基础。东中线一期工程全面运行两周年，解决了局部地区的问题，但多数地区这两个问题依然存在。南水北调工程总体规划通过修建东、中、西三条线，连通长江、淮河、黄河、海河这四条江河，形成我国“四横三纵”新的大水网，实现水资源南北调配、东西互济的格局，支撑 15 个省（市、区）经济社会发展，这是全局性的大事。但是目前，只完成了“三线八期”工程的“两线两期”，距离规划目标相去甚远。同时，经济社会还要发展，用水量将只增不减，有关水的两大问题仍将存在，仍会困扰和制约经济社会可持续发展。

我们必须站在我国经济社会发展的全局，全力推进南水北调东中线后续工程和西线工作取得新进展，这是南水北调事业的长远发展目标。

第一，要取得东线后续工程前期工作突破。东线后续工程是发挥东线工程整体效益的“最后一公里”，京津冀等受水区对此有迫切需求，东线一期工程应急工程又是总体可研报告明确的任务，要全力推进，力争突破。一是抓紧提出《东线一期工程北延向北应急供水方案》，2017 年 6 月底提交有关成果。二是继续与国家发展改革委、水利部及有关省（市）等加强沟通联系，共同做好东线一期工程应急向北供水相关工作。三是积极协调，关注并加快推进东线后续工程前期工作。

第二，推动中线应急调蓄项目实施。中线工程已成为北京、天津、郑州、石家庄等几十座大中城市的主力水源，一旦遇突发灾害和超预期汛情破坏将无法保障短时间恢复供水，预测今年丹江口水库来水又不足，中线应急调蓄项目是最有效的保安全供水措施，要抓紧推动实施。一是继续协调推动地方将有关应急调蓄项目纳入相关规划。二是协调促进具备条件的应急调蓄工程及早立项。三是加强对地方采用 PPP 模式建设中线应急调蓄工程的指导，协调争取国家发展改革委在相关政策上给予优惠。

第三，全力促进西线前期工作。西部地区生态环境脆弱，是我国全面建成小康社会的重点难点，也是提升全国平均发展水平的巨大潜力所在，在增强可持续发展支撑能力方面，水资源仍然是瓶颈制约，国务院已讨论通过西部大开发“十三五”规划，强调加强重大引调水工程建设，南水北调西线工程迎来重大机遇，要全力促进。一是继续深入研究“一带一路”建设、西部大开发“十三五”规划与西线工程的关系，形成有说服力、有影响力的研究成果。二是继续加强与西线相关省（市）沟通联系，通过共同开展课题研究、联合调研等方式，充分听取不同意见，凝聚各方共识，协调推动西线前期工作的科学论证。三是密切关注、及时沟通了解国家相关主管部门西线前期工作的进展。

第四，推动南水北调集团公司组建相关工作。实现我们的长远目标，要有相应的体制准备和机构支撑。目前，东线和中线各自独立运营，东、中线均需进一步落实统一管理，不适应长远目标发展需要。要围绕增强南水北调合力、提高国有资本效率，深入做好组建南水北调集团公司相关方案研究，推进相关工作。

（四）以“创新”为动力，加快实现又稳又好发展

前面提了关于“稳”、“好”和“发展”

的很多要求，最终怎么来实现？归结一点，都要靠创新驱动来实现。创新不是高深莫测的事，科学家取得尖端科研成果是创新，我们具体工作突破原有的工作思路、工作方法也是创新。能否创新，关键在人，要充分调动人的因素，激发人的活力，大力创新。

第一，体制创新。东中两线现行管理体制不能满足工程平稳运行需求，甚至存在安全隐患。要着眼供水安全这个大局，继续推动体制创新。一是继续推动东线管理模式落地，尽早实现东线工程的统一管理调度。二是继续大力协调推进中线渠首和干线统一管理、统一调度。积极努力争取中线水源公司和干线统一管理、统一运行。

第二，机制创新。在现行管理体制下，要确保运行安全和供水安全，需要我们立足自身、内部挖潜，不断创新工作机制，以弥补体制先天不足带来的问题和隐患。一是大力完善与沿线各地各层次的协商机制，通过协商及时研判并化解安全隐患。二是继续健全应急机制，妥善应对紧急情况。三是运管单位要不断优化业务流程，明晰工作责任，不断完善内部管理考核机制，不断加强员工队伍建设，解决机构设置不当、职责划分不清等问题。

第三，经营创新。要按照“主辅业分明、保主促辅、积极开拓”的思路，适应市场机制和运行管理的双重需求，找准自身定位，建立现代企业制度，开展多种经营创新。一是东线要依托沿线历史、人文、技术等资源，开展有关经营项目，开创具有东线特色多渠道发展的运营体系。二是中线继续推动光伏发电、旅游开发等计划，不断尝试拓展多种经营、确保国有资产保值增值。

第四，方法创新。毛主席曾说过：“我们不但要提出任务，而且要解决完成任务的方法问题。不解决方法问题，任务也只是瞎说一顿。”完成一项任务，解决每一个问题，总要选择适当的、正确的方法才能达到目的，老方法不行了，就要创新运用新方法，目的就是顺利完成任务。一是在管理模式问题上，充分借助咨询机构等外部力量，提出加强和完善东中两线管理体制的思路和办法。二是调整角色、主动换位，站在需求侧看东中线二期后续工程和西线工程，提出有针对性的供给方案，凝聚各方力量创新推动前期工作。三是继续开展多渠道融资和建设模式研究，探索推进东中线二期后续工程和西线工程前期工作的新思路、新途径。四是深入研究“河长制”与南水北调工程的关系。

第五，技术创新。南水北调工程在建设期进行了大量技术和应用创新，取得了辉煌成就，创新的好传统要继续传承发扬。技术创新不仅是落实中央创新驱动要求，也是提升工程管理水平和行业竞争力的关键，要坚持不懈地开展。一是要对工程运行管理基础性、重大关键技术进行研究，积极争取财政资金支持。二是要充分发挥企业创新主体地位和主导作用，明确创新方向，安排创新专用资金，吸纳高层次人才。三是要善于学习借鉴一切可利用的创新成果，结合南水北调实际进行转化应用。四是推进信息管理系统建设，开展南水北调工程数据中心建设方案研究。

（五）树立“四个意识”，全面加强党的建设

党的十八届六中全会在新的历史起点上，对推进全面从严治党作出重大战略部署，明确习近平同志的党中央核心地位，具有里程碑意义。南水北调系统各级党组织要按照国调办党组、派驻纪检组和地方党委要求，进一步增强“四个意识”，认真学习贯彻落实会议精神，扎实履行好全面从严治党主体责任和监督责任，坚持两手抓两手硬。要充分认识到党的建设永远没有完成时，南水北调事业发展到什么阶段，党的建设就要推进到什么阶段，要以党建工作成果保障南水北调各项工作始终朝着正确的方向前进。

第一，各级党组织要担负起全面从严治党主体责任。各级党组织要牢固树立不管党治党就是严重失职的观念，在工作的方方面面体现党的领导。

一是不断完善党建工作责任制，落实《中央国家机关贯彻落实全面从严治党要求实施方案》，修订和完善办公室全面从严治党实施意见，层层传导压力、分解责任，推动责任落实，落实好行政负责人“一岗双责”，深入探索党建工作与业务工作深度融合的途径，以党建工作成果保证南水北调事业的顺利发展。

二是深化“两学一做”学习教育，持续深入学习贯彻党的十八大和十八届三中、四中、五中、六中全会精神，学习习近平同志系列重要讲话精神，加强学习型党组织建设，强化理想信念教育，提升队伍能力和素质。深入开展好“突出四个意识、落实担当精神”专题讨论，以问题为导向推动南水北调各项工作稳中求好、创新发展。

三是认真开展党的十九大代表选举工作，营造迎接党的十九大胜利召开的氛围。

四是强化基层党的组织建设，严格党内政治生活，加强党内民主，坚持“三会一课”制度，推进基层服务型党组织创建，深入开展创先争优活动和主题党日活动。

五是加强反腐倡廉和党员干部作风建设，强化纪律和规矩意识，坚持把纪律挺在前面；加强警示教育，提高拒腐防变的意识和能力；加强对党员干部的教育监督管理，严格执行领导干部述职述廉、民主评议、报告个人重大事项制度，不断提高遵纪守法的自觉性；深入学习贯彻《中国共产党问责条例》、《中国共产党纪律处分条例》和《中国共产党党内监督条例》，强化监督执纪问责，加强对工程建设和运行管理重要环节和重点岗位人员的监督；认真查处党员领导干部违纪违法问题，落实“一案双查”，严格执行责任追究制度，形成高压震慑。抓好十八届中央纪委第七次全体会议和国务院廉政工作会议精神的学习贯彻，认真筹备好南水北调办党风廉政建设工作会议。

六是充分发挥工青妇等群众组织的作用，贯彻落实中央党的群团工作会议精神，广泛开展干部职工喜闻乐见、有益身心健康的文体活动，开展青年文明号、巾帼建功等创先争优活动，为干部职工多办好事实事，深入推进机关精神文明创建，营造和谐氛围，激发正能量。

第二，干部职工特别是领导干部要不断自觉锤炼作风。作风问题本质上是党性问题。作风建设永远在路上。各级领导干部和广大职工要上下联动，巩固和发展以上率下改作风的良好局面，持续推进作风建设。

一是不断增强“四个意识”。这是贯彻落实党中央治国理政新理念新思想新战略的重要保证。每名南水北调系统的领导干部和广大职工必须自觉增强政治意识，把好政治方向、站稳政治立场，对党、人民和南水北调事业忠诚；增强大局意识，自觉贯彻落实党中央的决策部署和办党组的工作安排；增强核心意识，自觉服从党的领导、维护以习近平同志为核心的党中央权威；增强看齐意识，在思想上政治上行动上同党中央保持高度一致，自觉主动向上级党组织看齐，自觉主动为上级党组织分忧，把南水北调稳中求好的各项措施细化落实到每名干部职工，把南水北调创新发展的压力层层传导到各个责任终端，使党中央治国理政新理念新思想新战略在南水北调系统落地生根、开花结果。

二是不断强化责任担当。谋求南水北调事业更大发展，更需要强化责任担当。目前工作中，有些同志讲道理头头是道，但面对实际工作、复杂问题，要么回避矛盾，不敢担当；要么束手无策，不会担当；更有甚者，弄虚作假，忽悠上级、糊弄下级。不担当，不可能成就事业，习近平同志指出，“干部就要有担当，有多大担当才有多大的事业，尽多大责任才会有多大的成就。不能只想升官不想干事，只想揽权不想担责，只想出彩不想出力”。当前南水北调创新发展面临一些困难和问题，有了担当精神，都会克服和解决。要在担当中前进，在担当中谋求南水北调事业更加光明的未来。

三是廉洁做事干净做人。南水北调事业以往取得的辉煌成绩，和我们各位勤勉廉洁密不可分。取得成绩后，一些同志放松对自己的要求，甚至可能动了捞一把的歪心思，河北省部分地市南水北调办干部落马的教训是深刻的，大家一定要引以为戒，增强思想自觉和行动自觉，继续弘扬“负责、务实、求精、创新”的南水北调精神，做政治上的明白人、作风上的干净人、行动上的老实人、思想上的健康人。尤其是各级领导干部，要秉公用权、廉洁用权，做遵纪守法的模范；坚持正确用人导向，把好干部选出来、用起来，促进能者上、庸者下、劣者汰，推动南水北调事业健康发展。

四是不断提高工作本领。南水北调事业是干出来的，搞建设、抓运行要不断提高自身的本领。要坚持“学习为先”，尤其是对新手段、新方法、新技术的学习运用，让自己真正成为所从事方面的行家里手。要勤于思考，对自己负责的工作多问为什么，多想怎么办，抓住重点问题，深入基层、眼睛向下，真调查、真研究，真正解决问题、推动工作，拿出一批高质量的调研成果，使自己成为其专业内“有几把刷子”的行家里手。要用心工作，不懈怠、争一流，以好的状态、优的作风，为打造南水北调丰碑添砖加瓦。

同志们，今年南水北调工作任务已经明确，号令已经发出，让我们紧密团结在以习近平同志为核心的党中央周围，鼓足干劲，拼搏进取，推动南水北调工程运管再上新水平，推动南水北调事业不断创新发展，为受水区经济社会发展作出新的更大贡献！以优异成绩迎接党的十九大胜利召开！

国务院南水北调办党组书记、主任鄂竟平在国务院南水北调办2017年党风廉政工作会上的讲话

（2017年1月20日）

同志们：

今天，我们召开2017年南水北调系统党风廉政建设工作会议，主要任务是深入学习贯彻党的十八届六中全会精神和十八届中央纪委七次全会精神，分析南水北调党风廉政建设和反腐败工作形势，部署下阶段工作。出席今天会议的有派驻纪检组田野组长，办党组成员张野副主任、蒋旭光副主任，派驻纪检组有关同志。机关各司、各直属单位的党员干部，沿线地方省市南水北调机构负责纪检工作的同志参加会议。

我今天主要讲三个问题：学深悟透习近平总书记在十八届中央纪委七次全会上的讲话精神；正确把握南水北调党风廉政建设的形势；深入推进南水北调系统党风廉政建设工作。

一、学深悟透习近平总书记在十八届中央纪委七次全会上的讲话精神

1月6～8日，十八届中央纪委七次全会在京举行，习近平总书记出席会议并发表重要讲话。习近平总书记的重要讲话，站在时代发展和战略全局的高度，充分肯定全面从严治党取得的显著成效，明确提出今后工作的总体要求和主要任务，强调要冷静清醒判断形势，着眼实现“两个一百年”奋斗目标和中华民族伟大复兴的历史使命，凝聚党心民心，坚定不移推进全面从严治党。讲话既直面问题，又充满自信，蕴含着质朴真挚的为民情怀、许党许国的担当精神。学习贯彻习近平总书记重要讲话精神是当前和今后一个时期的重要政治任务，我们要认真学习，

深刻理解，把握要义，领会精髓，学深悟透，融会贯通。

（一）准确理解习近平总书记对党风廉政建设和反腐败工作新形势的判断

党的十八大以来，党中央狠抓党风廉政建设和反腐败斗争，中央相继出台八项规定、《中国共产党廉洁自律准则》《中国共产党纪律处分条例》《中国共产党问责条例》《关于新形势下党内政治生活的若干准则》《中国共产党党内监督条例》等党内法规，以“四风”问题为切入点，严肃查处违纪违规党员，一大批腐败分子受到了严惩。着力发挥巡视利剑作用，使管党治党从宽松软走向严紧硬。习近平总书记指出，经过全党4年多的努力，党的各级组织管党治党主体责任明显增强，中央八项规定精神得到坚决落实，党的纪律建设全面加强，腐败蔓延势头得到有效遏制，反腐败斗争压倒性态势已经形成，不敢腐的目标初步实现，不能腐的制度日益完善，不想腐的堤坝正在构筑，党内政治生活呈现新的气象。请大家注意，2013年中纪委二次全会，总书记讲“把权力关进制度的笼子里，形成不敢腐的惩戒机制，不能腐的防范机制，不易腐的保障机制”；2015年中纪委五次全会，总书记讲“反腐败斗争形势依然严峻复杂，在不敢腐、不能腐、不想腐上，还没有取得压倒性胜利”；2016年中纪委六次全会，习近平总书记讲“不敢腐的震慑作用充分发挥，不能腐、不想腐的效应初步显现，反腐败斗争压倒性态势正在形成”；今年中纪委七次全会总书记讲“反腐败斗争压倒性态势已经形成”。这说明我们党在全面从严治党的路上取得了巨大成绩。但是，综观一年来中纪委查处的大案要案，违纪违规行为、贪污腐败现象、“四风”问题仍频频出现，一些问题尽管在面上有所收敛，但并没有绝迹，有的问题改头换面，花样翻新，出现了各种变异。这些问题，性质恶劣，危害巨大，令人震惊，教训深刻，不仅恶化政治生态，也严重损害党心民心。所以，党风廉政建设形势依然严峻复杂，任务仍然艰巨繁重！习近平总书记强调，党的十八大以来，全面从严治党取得显著成效，但仍然任重道远。落实中央八项规定精神是一项攻坚战、持久战，要坚定不移做好工作。要做到惩治腐败力度决不减弱、零容忍态度决不改变，坚决打赢反腐败这场正义之战。我们一定要把思想统一到党中央对当前形势的判断上来，坚定信念，树立必胜的信心和决心，增强做好反腐倡廉工作的历史责任感和忧患使命感。

（二）深刻领会习近平总书记重要讲话精神的核心要义

习近平总书记指出了党风廉政建设和反腐败斗争的四点重要启示：坚持高标准和守底线相统一，坚持抓惩治和抓责任相统一，坚持查找问题和深化改革相统一，坚持选人用人和严格管理相统一。总书记的重要讲话还有以下要点：一是强调党的十八大以来，全面从严治党取得显著成效，但仍然任重道远。二是指出标本兼治是我们党管党治党的一贯要求。三是强调要坚持共产党人价值观，不断坚定和提高政治觉悟。四是指出要依靠文化自信坚定理想信念。五是强调党的高级干部要做严肃党内政治生活的表率，始终把握正确政治方向，坚持政治立场和政治原则，遵守政治纪律和政治规矩，坚守正道、弘扬正气，坚持原则、敢抓敢管。六是指出强化党内监督，重在日常、贵在有恒。结合当前反腐倡廉工作新形势，我们学习习总书记重要讲话还必须提高以下几个方面的认识：一是必须向以习近平同志为核心的党中央看齐。明确“以习近平同志为核心的党中央”，是六中全会的历史性贡献，是坚持党的领导的根本所在，是坚持和发展中国特色社会主义的根本保证。南水北调办党员干部一定要增强政治意识、大局意识、核心意识、看齐意识，尤其是要增强核心意识和看齐意识，不断提高政治觉悟，做维护党中央权威的忠诚卫士。

二是必须深刻理解全面从严治党永远在路上。从作风建设永远在路上，到党风廉政建设和反腐败斗争永远在路上，再到全面从严治党永远在路上，体现了我们党对管党治党规律认识的不断深化。全面从严治党是形势任务使然，党的建设必须全面从严，要在坚持中深化，在深化中坚持。南水北调办各级党组织及其负责人都是责任主体，要认真落实《南水北调办贯彻落实全面从严治党要求实施意见》，把管党治党责任承担好、落实好，把抓好党建作为首要职责，在工作的方方面面体现党的领导。三是必须抓住严肃党内政治生活这个根本。保持党的先进性和纯洁性必须从党内政治生活抓起，要尊崇党章、遵守党章和党纪党规，把贯彻党内政治生活准则和党内监督条例，同执行廉洁自律准则、纪律处分条例、巡视工作条例、问责条例等党内法规贯通起来，严明党的政治纪律和政治规矩，不断增强自我净化、自我完善、自我革新、自我提高能力。四是必须深刻理解信任不能代替监督。信任是党员干部干事创业的必要前提，监督又是党员干部正常履职尽责的重要保证，两者相辅相成，并行不悖。基于监督的信任才是真正可靠的信任，基于信任的监督才是真正的关心爱护。南水北调办各级党组织要把信任激励同严格监督有机结合起来，既做到政治上激励、思想上关心、工作上支持干部，又保持执纪必严、违纪必究的严肃态度。党员干部要增强主动接受监督的意识和依法依规保护监督的意识，自觉把自己置于党和人民事业所要求的各种监督之下。

（三）联系实际，把习近平总书记重要讲话精神内化于心

学习贯彻习近平总书记重要讲话精神是全党的政治任务，也是南水北调系统的政治任务。要同深入贯彻系列重要讲话精神结合起来，密切联系实际，全面、科学、系统、准确地学习领会，学思践悟、融会贯通，提高政治站位，坚定政治方向。只有学习时真正内化于心，才能工作时外化于行，指导南水北调工程建设和运行管理的实践。南水北调东、中线一期工程通水后，中央领导同志的重要指示批示对我们提出了新的要求；当前，全面通水已两周年有余，南水北调工程处于运行管理新阶段和创新发展关键期，更加容易出现各种利益诉求和现实的碰撞，风险和困难增多，机遇与挑战并存，我们所肩负的任务更加艰巨。所以，我们更要深刻学习领会习近平总书记的重要讲话精神，结合实际加深理解，带着问题学习，把思想和行动统一到党中央国务院的决策部署上来，统一到习近平总书记重要讲话精神上来。只有这样，才能按照习总书记的要求，按照办党组确立的“稳中求好，创新发展”总基调，进一步强化监督执纪问责，深入推进党风廉政建设，推动全面从严治党在南水北调系统向纵深延伸，打造一支忠诚、干净、担当的南水北调队伍，坚定不移地做到“政治上跟党走、经济上不伸手、生活上不丢丑”，确保南水北调事业始终沿着正确的方向发展和前进。

二、正确把握南水北调党风廉政建设的形势

2016年，南水北调办认真贯彻党中央、国务院关于党风廉政建设和反腐败工作部署，着力落实全面从严治党主体责任和党风廉政建设监督责任，深化巡视整改工作，积极配合派驻纪检组工作，党风廉政建设取得了新的成绩，为南水北调工程安全平稳运行提供了有力的纪律和作风保证。主要做了六方面工作：一是将巡视整改工作落到实处。2015年末，中央巡视组对国调办进行了专项巡视，办党组始终认为，这体现了中央对南水北调工作的重视支持和对南水北调党员干部的关心爱护。我们积极配合、全力协助中央巡视工作，自觉接受监督，服从巡视工作安排，实事求是地汇报情况，客观公正地评价干部。对巡视意见指出的管党治党、监督执纪方面存在的问题，办党组进行深刻反思，对暴露

出的个别党员干部违规违纪问题，进行了严肃处理。办党组按照中央巡视组反馈意见认真整改，能立即整改的，立行立改，即知即改，严肃处理违纪党员干部，填补管理漏洞；对于长期事项，在日常工作中加强体制机制建设，注意持续加力。通过落实巡视整改，我们深入查找了执行党的纪律和自身建设方面存在的差距，也更加坚定了以更严的标准、更实的作风推动从严治党各项要求在南水北调工作中全面深入落实的信心和决心。二是深入开展“两学一做”学习教育。以尊崇党章、遵守党规为基本要求，以用习近平总书记系列重要讲话精神武装党员干部为根本任务，用科学理论武装头脑。通过举办党支部书记专题培训班、党组同志带头讲党课、组织开展“突出四个意识，落实担当精神”专题学习研讨、开展主题党日活动、党员干部讲党课写感言、主题联学联做等措施，引导党员干部牢固树立“四个意识”，自觉按照“四讲四有”合格党员标准规范言行，广大党员干部在思想、作风、党性上进行了“补钙加油”。通过把党支部建设抓在日常、严在经常，推动党内教育从关键少数向广大党员拓展、从集中性教育向经常性教育延伸，推进思想政治建设常态化制度化，推动管党治党工作向基层党支部延伸，进一步巩固拓展了党的群众路线教育实践活动和“三严三实”专题教育成果。三是狠抓“两个责任”不放松。办党组制定了《南水北调办贯彻落实全面从严治党要求实施意见》，以党建工作三级联述联评联考为抓手，构建了党组书记负总责、党组成员分工负责、机关党委推进落实、司局长“一岗双责”、党员干部人人有责的党建工作格局；同时，要求基层党组织换届选举必须设立纪检委员，从党组到机关党委机关纪委，再到各司各直属单位党组织，层层传导压力，分解责任，推动责任落实。办党组制定了《南水北调办党建工作联席会议制度》和《南水北调办纪检工作联席会议制度》，作为加强党建纪检工作的平台，形成各方面齐抓共管党建纪检工作的合力，2016年度召开了4次联席会议，研究党建纪检工作计划、“两学一做”学习教育和巡视整改等事宜。办领导与各司各直属单位负责同志签署了《党风廉政建设责任书》，以军令状的形式把“一岗双责”要求落实到部门负责人身上。四是加强廉政宣传教育。我们始终重视咬耳朵扯袖子，逢会必讲，警钟长鸣。加强理论武装和宣传教育，办党组坚持把党风廉政建设、反腐倡廉理论作为中心组学习的内容，2016年对《中国共产党问责条例》《中国共产党党内监督条例》、中央有关八项规定的文件、中央对辽宁拉票贿选案查处情况及其教训警示的通报等内容进行了专题学习讨论。组织党员干部观看《清风廉韵》专题教育片，到北京市西城区人民检察院进行预防职务犯罪警示教育，及时通报警示案例，组织系列党日活动强化宗旨意识，节前编辑发送廉政提醒短信，开展家风家训家规故事征集活动，助力廉政教育，引导党员干部明底线知敬畏。五是深入开展“四风”问题专项整治。认真贯彻落实中央八项规定精神，印发了《关于强化落实全面从严治党主体责任　持之以恒整治“四风”的通知》，要求各级党组织自查自纠，领导干部带头回头看。严格执行办公用房标准，进行了专门改造调整。机关纪委联合财务部门对直属单位会议费、接待费等费用开支情况进行专项审计并及时反馈意见。机关纪委建立了网上纪检监察举报平台，制作了举报方式告示牌悬挂各单位会议室。中线建管局采用飞检形式，在全局开展了整治“四风”问题回头看检查，到基层管理处检查有关文件材料、财务记录单据、办公用房面积等，现场点评并提出整改意见。六是强化监督执纪问责。业务监督不放松，把廉政工作融入到业务工作中同部署同落实同检查同考核，对重大决策、重要干部任免、重大项目安排和大额度资金使用实行集体研究决策，加强对工程重点领域和关键环节的监督，进行廉政风险分析，开展廉政风险防控手册编制试点工作。日常监督管理得到加强，强化对关键岗位、领导班子、领导干部特别是一把手的监督，严格执行重大事项报告制度，实行领导干部述职述廉考核考廉、干部任前谈话和诫勉谈话，及时发现问题，快速整改问题，抓早抓小抓苗头。信访案件处理工作得到强化，严格按要求及时查处群众来信来访、举报调查、上级转办的重要案件，及时对举报线索进行调查核实并做出处理。

总体来讲，过去的一年，在各级党组织的高度重视和广大党员干部的共同努力下，南水北调党风廉政建设取得了显著成效，党员干部经受住了精神和物质的严格考验，干线工程巨额工程建设资金得到安全有效使用，历次审计没有发现重大贪腐问题，确保了南水北调东、中线一期工程安全平稳运行。这说明我们这么多年强调纪律、强调作风、严查严管是有效的；这说明南水北调系统各单位的负责同志能较好地履职尽责，落实好管党治党责任，切实担负了一把手的“一岗双责”；这说明我们绝大多数的党员干部思想政治是合格的。

当然，在充分肯定党风廉政建设和反腐败工作取得成效的同时，也必须冷静清醒地看到问题，我们的工作离中央的要求还有差距。中央第十五巡视组指出的我办“部分领导干部全面从严治党意识不强，‘两个责任’落实不到位，执纪问责不严，违反中央八项规定精神问题时有发生”等问题，我们要时刻牢记在心，警钟长鸣。2016 年以来，我们接到的信访举报件也不少，纪检组转来 35 件，自收 5 件，这个数量说明，我们党风廉政建设隐患依然存在。我认为，至少还有这么几个问题不容忽视：一是工程运行管理中还有很多廉政风险。比如，在南水北调工程建设扫尾和整治中，还有许多需要花钱的地方，个别地方存在资金使用不规范的风险；再比如，南水北调合同索赔处理未完成，涉及金额还非常大；还有突出的例子是，近两年来河北省南水北调配套工程六个地市的南水北调办负责人接连落马，栽倒在贪腐问题上。事实教育我们，廉政风险无时不在、无处不在，在利益和诱惑面前，少数党员干部没能经受住考验，失了心、丢了魂。二是日常管理还存在一定的漏洞。今年，机关纪委联合财务部门对直属单位会议费、接待费等费用开支情况进行了专项审计，就发现个别单位这些费用的使用和管理还存在不规范、不严格的地方，需要进一步改进。这说明严格执行好中央八项规定精神、持之以恒整治“四风”、防止“四风”问题反弹回潮的任务依然艰巨。三是思想认识还有待提高。问题出在表面，根源生在思想，真正的危险是思想麻痹和骄傲自满。个别基层党组织、党员干部对全面从严治党责任认识不清晰，落实不到位；对党风廉政建设工作新形势新任务把握不准确，理解不深刻；对“四风”问题还存在模糊认识，贯彻落实中央八项规定精神从思想上还不够重视，尚未形成自觉自愿意识。四是我们党员干部个人身上也还存在这样那样的作风问题。通过上级部门、纪检组转交的案件线索和群众来信来访，我们发现工程管理方面还存在一定程度的不规范问题、个别同志仍有违规违纪问题。同时，个别党员干部在工作中推诿扯皮、偷奸耍滑、不思进取的现象还时有发生；个别干部职工仍存在不认真履责、不敢担当、作风漂浮、脱离实际等方面的问题；个别人仍存在侥幸或试探心理；等等。

这些薄弱环节都需要引起我们高度重视，认真研究解决。这两年，办党组严肃处理了一些违规违纪的党员干部，大家要引以为戒。作风建设永远在路上，廉政警钟需要常敲打。我曾代表办党组在多个会议上反复强调，要树立问题意识，坚持问题导向。通过查找廉政风险和问题，我们也应该更加充分地认识到加强南水北调系统党风廉政建设所肩负的责任重大，更加坚定了以更严的标准、更实的作风推动全面从严治党要求在南水北调工作中落地生根的信心和决心。

三、深入推进南水北调系统党风廉政建设工作

2017年，南水北调办党风廉政建设工作的总体要求是：全面贯彻党的十八届六中全会和十八届中央纪委七次全会精神，深入学习贯彻习近平总书记系列重要讲话精神，坚决维护以习近平同志为核心的党中央权威，持之以恒落实中央八项规定精神，驰而不息纠正“四风”，深化中央巡视中长期事项的整改，积极支持配合派驻纪检组工作，严肃党内政治生活，加强党内监督，强化监督执纪问责，深入推进党风廉政建设，推动南水北调系统全面从严治党向纵深发展，为南水北调事业健康发展提供有力的政治纪律保证，以优异的成绩迎接党的十九大胜利召开。

（一）不断深化“两学一做”学习教育，牢固树立“四个意识”

今年，我们要继续按照中央要求进一步深入开展“两学一做”学习教育，加强思想武装，提高党性修养。一要强化“学”这个基础。把学习党章党规放在首要位置，深刻领会尊崇党章维护党章的根本要求，坚持高标准与守底线相结合，使管党治党更严更紧更硬。不断深化习近平总书记系列重要讲话精神的学习，紧紧把握总书记重要论述中体现的立场观点方法，密切联系思想、工作和生活实际，学深悟透、融会贯通，内化于心、外化于行；当前，还要深入学习贯彻党的十八届六中全会精神，增强遵守党的政治纪律和政治规矩的自觉性，更加紧密地团结在以习近平同志为核心的党中央周围，更加扎实地把党中央关于南水北调工作的各项决策部署落到实处。二要注重“做”这个关键。深入学习党章党规，学习习近平总书记系列重要讲话，根本目的在于增强党性。党性是每个党员和党员领导干部对党章政治思想认同的自觉和实践行动的自律，是党的性质和宗旨在每名党员身上具体化。各级党员干部要争做讲政治、有信念，讲规矩、有纪律，讲道德、有品行，讲奉献、有作为的合格党员。三要深化“突出四个意识，落实担当精神”专题学习讨论。要对学习讨论情况进行回头看，检查是否深刻查摆了问题和不足，是否真正触及了思想和灵魂，是否有效促进了南水北调业务工作。回头看发现了不足要及时补课，进一步引导党员干部在南水北调工作中忠诚履职、尽心尽责、勇于担责，以敢于担当、勇于担当、积极担当的心态干事创业。

（二）层层传导压力，夯实“两个责任”

落实“两个责任”是做好党风廉政建设工作的关键，缺一不可，必须全力落实到位。一要用好党建和纪检工作平台，探索治党管党新的机制，通过联席会议继续整合发挥多方力量，形成各部门各单位齐抓共管、综合施策的局面，为强化“两个责任”落实提供新思路新方法。二要牵住全面从严治党主体责任这个牛鼻子。南水北调系统各级党组织书记是第一责任人，要手不松、力不减，多措并举，把主体责任牢牢扛在肩上、时时记在心里、紧紧抓在手中，层层传导压力，逐级抓好落实；班子成员要切实肩负起分管领域管党治党责任。2016年，南水北调工程沿线基层单位、基层管理处基本都成立了党支部，建立了党员活动室；2017年，要在支部全覆盖的基础上再上台阶，把党建工作做深做实，提高科学化规范化水平。三要深化监督责任落实，2017年要强化监督全覆盖。进一步加强南水北调系统纪检监察组织机构建设，实现“转职能、转方式、转作风”三转，今年要做到南水北调沿线基层党支部纪检委员设置全到位。机关纪委、各单位纪委和党支部纪检委员，要强化监督执纪问责的意识和能力，对监督责任层层分解，传导压力，科学运用监督执纪“四种形态”，让监督和被监督成为党员干部工作生活中的常态。各级党组织要对纪检监察机构履行职责给予更多指导，旗帜鲜明地支持纪检监察部门开展工作。

（三）强化理想信念和警示教育，筑牢思想道德防线

采取多种形式加强党风廉政宣传教育，建设廉政文化，形成廉洁从政、风清气正、干事创业的良好氛围。一要加强干部队伍思想道德教育。强化党性党风党纪教育，用好“党员先锋岗”“党员示范责任区”等载体，引导党员干部培养高尚道德情操，把牢思想和行动的总开关，保持先进性和纯洁性，认真践行“负责、务实、求精、创新”的南水北调核心价值理念。二要强化警示教育。常做咬耳朵扯袖子的工作，发挥违纪案件的警醒震慑作用，以反面典型为镜鉴，用身边案警示身边人，警钟长鸣。及时提醒，抓早抓小抓苗头，把问题发现和解决在萌芽状态，让党员干部知敬畏存戒惧，切实增强底线意识，践行忠诚干净担当。三要重视家风建设。习近平总书记在去年12月召开的全国文明家庭表彰大会上指出：“家风好，就能家道兴盛、和顺美满；家风差，难免殃及子孙、贻害社会”。党员干部要正家风重家教，继承和弘扬革命前辈的红色家风，廉洁修身，廉洁齐家；领导干部尤其要注意管好子女亲属和身边工作人员，教育他们遵纪守法、艰苦朴素、自食其力，带头做家风建设的表率。

（四）深入落实中央八项规定精神，持之以恒整治“四风”

要把落实中央八项规定精神和整治“四风”作为重大政治任务，持续发力加压，推动作风建设不断深化。一要切实把纪律挺在前面。坚持纪严于法、纪在法前，严守党的政治纪律和政治规矩，以政治纪律、组织纪律、廉洁纪律、群众纪律、工作纪律、生活纪律“六大纪律”为准绳，政治上讲忠诚，组织上讲服从，行动上讲纪律，对违反纪律的行为敢于较真、敢于斗争，使纪律真正成为带电的高压线。二要始终保持反“四风”的高压态势。认真贯彻执行中央八项规定精神、国务院“约法三章”和中央纪委一系列禁令，在抓常、抓细、抓长上狠下工夫。继续改进调查研究和新闻报道、规范公务接待和出国活动、精简会议文件、严格公务用车、厉行勤俭节约，抓好办公用房、公务用车、因公出国（境）等日常审核把关，加强对业务招待、会议、车辆使用等经费的管理控制，看住年节假期等“四风”问题易发多发重要节点。采取定期检查和不定期抽查等方式，对各部门各单位落实中央八项规定精神情况进行检查。三要加大对违反中央八项规定精神的惩治力度。以钉钉子精神揪住“四风”问题不放，用铁的纪律整治有令不行、有禁不止和顶风违纪行为，发现一起，处理一起，严肃追责，决不姑息。要点名曝光，对违反中央八项规定精神的典型案例一律点名道姓通报，让我行我素、心存侥幸的人付出代价，警示党员干部引以为戒。

（五）持之以恒地做好廉政风险防控，强化监督执纪问责

充分认清加强党风廉政建设的重要环节，进一步精准发狠发力，创新监督办法和措施，防范好各种廉政风险。一要强化业务监督。认真分析南水北调工程建设和运行管理业务工作中的廉政风险点，积极研究对策措施，廉政风险防控手册编制要在试点的基础上全面铺开，针对不同部门不同岗位的业务特点，分析不同时段不同节点存在的廉政风险，列出风险清单。要加大对“三重一大”执行情况监督的力度，加强对工程结算、财务会计、管护工程招投标、设备物资采购等关键环节、重点岗位和关键权力的制约和监督，规范权力运行。二要严格党内监督。认真落实《关于新形势下党内政治生活的若干准则》和《中国共产党党内监督条例》，执行好民主集中制、民主生活会、双重组织生活会、“三会

一课”、民主评议党员等基本制度，充分发扬党内民主，坚持党内重大事项集体研究，保障党员主体地位，落实党员知情权、参与权、选举权和监督权，不断增强党内政治生活的政治性、时代性、原则性和战斗性。三要把好日常监督。严格执行《党政领导干部选拔任用工作条例》，严格个人有关事项报告、一报告两评议、谈心谈话、干部问责等制度，通过专项检查、专项审计、调查走访、巡视、处理线索案件等多种形式严格监督检查。四要调动群众监督。不仅要上级对下级监督，还要把同级之间以及下级对上级的监督积极性充分调动起来；同时，要畅通监督渠道，创新监督方式，完善监督网络，充分发挥群众监督的作用。五要抓好执纪问责。逐步健全问题线索管理机制，准确把握运用监督执纪的“四种形态”，做好问题线索处置工作，对问题属实的以零容忍态度严肃依纪依规处理，问题不实的及时给予了结。尤其是对在南水北调工作中有制度不执行或执行制度打折扣的行为，对侵害群众切身利益、甚至是与民争利的行为，更要坚决处理，绝不姑息，切实让规矩发力、禁令生威，形成反腐倡廉高压态势和有效震慑。

（六）适应形势要求，不断加强纪检机构和纪检队伍建设

党风廉政建设工作责任重大，使命光荣，我们要适应新形势新任务，不断提高监督执纪问责的能力。一要加强纪检监察组织机构建设。办党组很重视党风廉政建设，2016 年，在办公室编制非常紧张的情况下，我们想方设法配备了一名专职纪检干部，在这方面作出了积极努力。机关纪委和各单位纪委要加强自身能力建设，切实把监督责任落实到位，积极开动脑筋想办法，鼓足劲头干工作，充分发挥机关纪委委员和专兼职纪检干部的作用。我再强调一下，今年要做到南水北调沿线基层党支部纪检委员设置全部到位。二要加强纪检队伍建设，确保作风过硬、能力过硬。专兼职纪检监察干部要做带头作严守纪律、改进作风、拒腐防变的表率，对自身要求更严格、监督更严格，防止“灯下黑”；同时，要努力提高自身业务素质和能力水平，聚焦中心任务，转变工作作风，提高履职能力，尽心竭力干好岗位工作，切实担负起纪检工作这一神圣职责和光荣使命。

最后，我再强调一下，2017 年，纪检监察工作要突出抓好三件事：一要编制好南水北调廉政风险防控手册。二要研究制定警示教育办法，及时咬耳朵扯袖子、抓早抓小抓苗头。三要研究制定监督办法，把南水北调业务监督、党内监督、日常监督、群众监督等内容制度化规范化。

同志们，加强党风廉政建设任重道远。春节将至，南水北调系统各级党组织和党员干部要严格执行中央八项规定精神，坚决防止出现各种不正之风和奢侈浪费行为，坚决纠正各种违规违纪现象，过一个风清气正、廉洁祥和的节日。让我们在以习近平同志为核心的党中央的坚强领导下，深入学习贯彻十八届中央纪委七次全会精神，坚持管党治党不放松、正风肃纪不停步、反腐惩恶不手软，推动南水北调系统党风廉政建设和反腐败斗争不断取得新成效，夺取南水北调事业的新胜利，以优异的成绩迎接党的十九大胜利召开！

CHINA SOUTH-TO-NORTH WATER DIVERSION PROJECT CONSTRUCTION YEARBOOK

叁 重要事件

IMPORTANT EVENTS

南水北调东线山东段工程永久用地确权发证工作全面完成

2017年1月7日，南水北调东线山东段工程永久用地确权发证工作顺利通过完成验收，标志着山东省成为全国南水北调系统首个全面完成确权发证工作的省份。南水北调东线一期山东干线工程永久征地范围涉及10市30县（市、区），自2002年底山东段工程开工以来，历时十四年，在山东省南水北调局和各级南水北调办事机构的共同努力下，共办理国有土地使用权证546本，地役权证10本，总计发证面积7.92万亩，为工程建设节省了大量资金成本，为工程运行管理和安全保障提供了坚实基础。

（山东省南水北调局）

南水北调工程建设领域三项技术荣获国家科学技术奖励

2017年1月9日，2016年度国家科学技术奖揭晓，应用于南水北调工程建设领域的三项水利技术成果荣获国家科学技术奖励。

由中国水利水电科学研究院教授级高级工程师贾金生主持完成的“高混凝土坝结构安全关键技术研究与实践”和教授级高级工程师刘之平主持完成的“长距离输水工程水力控制理论与关键技术”荣获国家科技进步二等奖。由南京水利科学研究院教授级高级工程师胡少伟主持完成的“复杂水工混凝土结构服役性态诊断技术与实践”荣获国家技术发明奖二等奖。

“高混凝土坝结构安全关键技术研究与实践”项目围绕高混凝土坝结构安全核心问题，研发了混凝土坝真实性态仿真平台，形成了安全优质高效建设成套技术，解决了高混凝土坝施工期开裂、运行期高压水劈裂和性态预测误差大等难题，这项成果为南水北调工程丹江口大坝的加高提供了重要技术支撑。

“长距离输水工程水力控制理论与关键技术”项目建立了长距离输水系统水力仿真与控制理论方法，揭示了复杂流动水力瞬变机理和演变规律，提出了长距离管道输水系统水力控制新技术、明渠系统“前馈—反馈—解耦”集散控制技术，以及冰害防治与冰期运行控制技术。该成果已应用于引黄济青、引黄济津、南水北调中线工程京石段等工程，为我国长距离输水系统安全、稳定、高效运行提供了重要技术支撑。

“复杂水工混凝土结构服役性态诊断技术与实践”实现了水利行业国家技术发明奖的新突破。该项目研制了复杂水工混凝土成型期核心性能测试装置，开发了复杂水工混凝土成型后结构受力性态精确模拟装置与系统，发明了成型后损伤断裂全过程精细化测试技术，研发了结构服役期复合受力破坏评定技术，提出了结构病害修复工艺和方法，发明了复杂水工混凝土结构全寿命周期服役性态监测系列装置和性态转异诊断方法，建立了结构服役过程安全评定集成平台。该成果应用于南水北调、锦屏一级、溪洛渡等112个重大水利水电工程，取得明显成效。

（摘自中国南水北调报，略有删改）

“国务院南水北调办公室”获“最佳内容政务网易号”

2017年3月30日，以“政·能量”为主题的政务网易号大会在北京召开。网易新闻客户端“国务院南水北调办公室”网易号获得“最佳内容政务网易号”殊荣。

“国务院南水北调办公室”网易号开通于2017年1月，已成为发布南水北调资讯、回应社会关切、传播南水北调好声音、传递南水北调正能量的重要平台。

（摘自国务院南水北调办网站，略有删改）

北京市市长蔡奇与国务院南水北调办党组书记、主任鄂竟平座谈

2017年4月6日，北京市市长蔡奇与国务院南水北调办主任鄂竟平进行座谈，共商贯彻落实习近平总书记视察北京重要讲话精神、南水北调助推京津冀协同发展、保障首都供水安全相关事宜。国务院南水北调办副主任张野，北京市政府党组成员夏占义参加。

北京市南水北调办汇报了北京市南水北调工作情况。南水北调中线北京段工程2008年9月通水，从河北应急调水16亿m^3，2014年12月中线全线正式通水后调江水进京21亿m^3，累计调水37亿m^3，水质优于地表水Ⅱ类，直接受益人口超过1100万。南水进京取得了显著的综合效益：一是提升城市供水保障，为落实首都城市战略定位提供水资源支撑；二是增强水资源战略储备，显著提高首都城市安全运行的水资源条件；三是有效促进生态文明建设，明显改善城市水生态环境；四是推动“三先三后”落实，有效遏制地下水下降趋势，地下水位止降回升。

鄂竟平指出，北京多年来的调水工作成效显著，工程提前达效，但北京水资源形势依然严峻，南水北调下一步工作任重道远，要进一步挖掘中线工程潜力，加快推进东线工程北延进京相关工作，充分利用南水北调水，助推北京非首都功能疏解和京津冀协同发展。

蔡奇感谢国务院南水北调办长期以来对北京南水北调工作的关心支持。蔡奇指出，南水北调中线一期工程通水后北京市实现了本地水与外调水“双水源”保障的历史性突破，为缓解首都水资源严重短缺矛盾起到至关重要的作用，但北京市面临的人口资源环境矛盾依然突出，解决水资源问题十分迫切，建设国际一流的和谐宜居之都、推进城市副中心建设对水环境提出了更高要求。蔡奇表示，北京市将抓紧做好东线工程北延进京的前期工作，加快实施南水北调配套工程后续规划建设，按照“先节水、后调水，先治污、后通水，先环保、后用水”的原则，全力做好节水和治污工作。

国务院南水北调办有关部门主要负责同志，北京市政府办公厅、北京市南水北调办、北京市海淀区政府主要负责同志参加座谈。

（北京市南水北调办综合处）

南水北调中线工程首次与地方政府联合开展水污染应急演练

2017年5月26日，国务院南水北调办与河北省政府在河北省赞皇县联合开展中线工程水污染事件应急演练，模拟一起由突发交通事故引起危化品泄漏入渠的水质污染事件，并展开应急响应与处置，这是南水北调工程运管单位首次与地方政府开展联防联控处置突发事件演练。

南水北调中线工程全长1432km，工程共建有跨渠桥梁1238座，交通事故造成危化品及其他污染物入渠成为南水北调中线水质保护面临的最大风险源。该次演练旨在提高南水北调工程运行管理单位及沿线群众的风险意识，检验各项应急预案，促进南水北调中线建管局与地方政府建立联防联控机制，协同防范，全面提高南水北调中线工程应急处置能力。

（摘自新华网，略有删改）

北京市市委常委会研究并讨论北京市南水北调配套工程后续规划

2017年5月31日下午，北京市市委常委

会召开会议，研究北京市南水北调配套工程后续规划等事项。北京市市委书记蔡奇主持会议。会议听取了《北京市南水北调配套工程后续规划》编制进展情况汇报，要求，认真贯彻落实习近平总书记重要指示，做好后续工程规划。要坚持首善标准，坚持节水优先，建设节水模范城市。同时，通过做足节水、用足中水、立足客水补充，增加城市水资源，确保饮用水质标准不下降。

（北京市南水北调办计划处）

致公党中央副主席严以新一行到国务院南水北调办调研

2017年6月7日，全国人大常委、教科文卫委员会副主任，致公党中央副主席严以新率领调研组到国务院南水北调办调研并召开座谈会。国务院南水北调办党组成员、副主任张野出席座谈会。

座谈会上，双方就南水北调工程调水量、水质、水价，南水北调东线工程的社会效益、通航效益，以及东线后续工程、黄河以北京杭大运河沿线水资源配置等情况进行了交流。

（摘自国务院南水北调办网站，略有删改）

南水北调东中线一期工程调水达100亿m^3

2017年6月9日，南水北调东、中线一期工程累计调水量达100亿m^3。东、中线一期工程全面通水以来，工程质量良好，安全平稳运行，输水水质全线达标，在保障受水区居民生活用水、修复和改善生态环境、应急抗旱排涝等方面，取得了实实在在的社会、经济、生态等综合效益。截至6月9日，南水北调东、中线一期工程累计调水量超过100亿m^3。中线一期工程累计调入干渠80.1亿m^3，累计分水量76亿m^3，惠及北京、天津、河北、河南4省市。其中，北京市分水23.2亿m^3，天津市分水17.5亿m^3，河南省分水27.7亿m^3，受水市县37个，河北省分水7.6亿m^3，受水市县80个。东线一期工程累计调水入山东省19.9亿m^3。东线工程建成完善了江苏省原有江水北调工程体系，增强了受水区的供水保障能力，提高了扬州、淮安、徐州等7市50个区县共计4500多万亩农田的灌溉保证率。通过东线工程向骆马湖补水，有效保障了苏北地区生产生活用水，改善了航运条件和生态环境。

东、中线一期工程建成通水以来，顺利平安，圆满完成了各年度调水任务。受水区覆盖北京、天津及河北、河南、山东、江苏等省的33个地级市，直接受益人口超过1亿人。工程为受水区开辟了新的水源，改变了我国水资源配置格局，提高了受水区城市供水保证率，对保障国家重大战略实施和经济社会可持续发展发挥了重大作用。南水北调工程直接向城市和工业供水，并兼顾重点区域农业和环境用水，加上严格执行“三先三后”原则，节水治污环保优先，从而产生了巨大的经济、社会和生态环境等综合效益。

（摘自中国日报，略有删改）

国务院南水北调办助力郧阳脱贫，北控集团与湖北省十堰市郧阳区签订战略合作协议

经国务院南水北调办协调促成，2017年6月12日，北京控股集团有限公司（以下简称北控集团）与湖北省十堰市郧阳区人民政府签订了战略合作框架协议。国务院南水北调办党组书记、主任鄂竟平出席会议并讲话，国务院南水北调办副主任蒋旭光主持签约仪式。北控集团董事长王东、总经理侯子波，

郧阳区区委书记孙道军、区长胡先平出席会议。

鄂竟平在讲话中指出，北控集团与郧阳区人民政府战略合作框架协议的签订，标志着郧阳区和北控集团进入了实质性合作新阶段，受水区与水源区的对口协作工作有了新发展，南水北调对口帮扶工作又迈上了新台阶，同时这也是以水结缘、以南水北调为纽带探索合作双赢的新尝试。对下一步工作，鄂竟平希望，双方要真诚帮扶、坦诚合作、竭诚共事，全力推进项目对接，加快成熟项目落地，实现合作共赢。

王东、侯子波认为，签订战略合作框架协议，对北控集团来说，是一种责任、一种担当，作为受水区企业，有义务、有责任为水源区转型发展尽一份力。下一步，将整合北控的资源，发挥北控在业态上的优势、资本市场的优势、体制机制的优势，推动城市基础设施建设运营、环境综合治理、清洁能源开发利用、食品饮料产业等方面的合作，为郧阳区精准扶贫、转型发展、水质保护工作贡献力量。

孙道军说，国务院南水北调办和北控集团对63万库区人民“真扶贫、扶真贫”，郧阳区将以此为契机，把关爱化作努力工作的动力，化作为贫困山区百姓脱贫致富奔小康的务实举动。

国务院南水北调办综合司、环境保护司、征地移民司，北京市南水北调办、中线建管局、东线总公司负责人，北控集团有关领导、郧阳区有关负责人出席签约仪式。

（摘自国务院南水北调办网站，略有删改）

南水北调中线工程在河南省开展防汛抢险应急演练

2017年6月16日上午，国务院南水北调办组织河南省水利厅、河南省南水北调办、平顶山市人民政府、南水北调中线建管局和武警平顶山支队在平顶山市宝丰县联合举办南水北调中线工程防汛抢险应急演练。

国务院南水北调办副主任张野担任防汛抢险应急演练总指挥部总指挥。河南省水利厅厅长李柳身、河南省南水北调办主任刘正才、平顶山市市长周斌、南水北调中线建管局局长于合群分别担任副总指挥。国务院南水北调办有关司局负责人、省防办主要负责人、南水北调中线工程沿线各省辖市、直管县（市）水利局、南水北调办、防办主要负责人，南水北调中线河南分局、渠首分局主要负责人，省南水北调建管局各项目建管处主要负责人以及南水北调干线三级运管处主要负责人观摩此次应急演练。

上午9时整，南水北调中线工程防汛抢险应急演练正式在北汝河倒虹吸工程拉开序幕。演练模拟宝丰县北汝河上游普降暴雨，造成北汝河水位猛涨，与南水北调中线工程建筑物交汇处的水位超过警戒水位，北汝河倒虹吸裹头出现险情，部分堤段相继发生坍岸险情，威胁南水北调中线工程建筑物安全和周边群众的生命财产安全。

险情发生后，防汛抢险工作随即启动。现场先期抢险队伍迅速到达现场组织设置警戒线，布置岗哨，拆除抢险区域隔离网。防汛抢险队伍立即调运制作铅丝笼、柳石枕等抢险物资、机械设备加固南水北调工程倒虹吸裹头，武警官兵防汛抢险队协调配合对北汝河滑塌的河堤进行抢险。同时，地方政府紧急组织周边村民撤离，村干部用高音喇叭通知群众，并逐户排查群众撤离情况，最终周边群众全部安全撤离至安全区域。

（摘自国务院南水北调办网站，略有删改）

山东省举行南水北调工程2016～2017年调水情况发布会

2017年6月22日，山东省政府新闻办召开新闻发布会，介绍南水北调山东段调水情况。南水北调山东段已成功实施了工程试通水、试运行、正式运行，并实施了2013～2017年四个年度的调水任务，调水量分别为1.7亿m^3、3.28亿m^3、6.02亿m^3、8.89亿m^3，调水水量逐年增加，累计调入山东水量19.9亿m^3，泵站累计运行10.7万台时。

2016年3月10日，调引长江水到达山东最东端的威海市，标志着山东省的南水北调一期工程13个设区市的规划供水范围目标全部实现。2017年5月18日16时，完成2016～2017年度省界调江水量8.89亿m^3。2017年度，胶东干线已按设计流量$50m^3/s$运行，山东境内7级泵站均实现设计流量联合运行，鲁北干线最大引水流量$30m^3/s$。南水北调山东段工程自建成通水以来，整体工程处于安全稳定状态，输水干线水质稳定达到地表水Ⅲ类标准。

2016年10月1日～2017年6月21日，山东通过南水北调工程实现向济南、青岛、烟台、威海、潍坊、滨州、淄博、聊城、德州、济宁、枣庄等11个受水市调配供应长江水、黄河水等各类水资源共计6.54亿m^3。2017年5月18日，顺利完成省界调水计划8.89亿m^3；计划到6月30日，全部完成本年度省内调水、分水、配水等各项任务。

（摘自中国山东网、齐鲁网，略有删改）

南水北调中线天津干线工程（天津市境内）土地产权证移交法人

2017年7月27日，南水北调中线天津干线工程（天津市境内）土地产权证移交仪式在南水北调中线建管局天津分局举行。国务院南水北调办副主任蒋旭光、天津市副市长李树起出席仪式并讲话。

仪式上，天津市南水北调办向中线建管局移交了土地产权证。中线建管局局长于合群、天津市南水北调办专职副主任张文波分别在仪式上讲话，副局长刘宪亮出席仪式。

蒋旭光在讲话中指出，南水北调中线工程第一批土地产权证顺利移交，标志着南水北调工程项目法人进入了依法持有、管理和经营不动产的新阶段，为南水北调中线其他段工程的土地证办理和移交工作起到了重要的示范和引领作用。

蒋旭光强调，在中央大力推进全面依法治国的新形势下，依法用地是项目法人依法运行管理工程的基础，是实现企业运营标准化的基础。土地产权证是国有资产的凭证，是清晰划分责、权、利的依据，是维护企业合法权益的依据。天津市率先将土地产权证移交给项目法人，充分体现了服务国家重点工程建设、积极主动担当的责任意识，充分体现了高度的政治意识和大局观念，充分体现了依法行政的法治意识。中线建管局接收土地产权证，意味着新工作的起点，要切实把土地管好、用好，实现国有资产的保值增值，充分发挥南水北调工程的社会效益、生态效益和经济效益，造福沿线广大人民群众。

李树起在讲话中感谢国务院南水北调办多年来对天津市的支持，指出南水北调中线工程通水两年多来，累计向天津市安全输送长江水19.2亿m^3，基本上实现了天津市全覆盖，约900万市民从中受益，使天津市水资源保障能力实现了战略性的突破，南水北调中线工程已真正成为天津市民饮水的“生命线”，为确保天津供水安全发挥了重要作用，为天津经济社会发展作出了巨大贡献。天津段工程土地产权证移交仪式的举行，标志着该段工程征迁工作画上了圆满的句号。

于合群在讲话中指出，天津市境内工程土地产权证的移交，标志着南水北调天津境内征迁工作的圆满完成，并代表中线建管局向天津市政府、天津市南水北调办表示衷心的感谢。他指出，天津干线工程自开工建设以来，历经五年的艰苦努力，积极协调地方关系，维护了良好的建设环境，克服了重重困难，顺利完成了专项设施迁建，为工程及时提供了建设用地，保证了工程建设的顺利进行和南水北调工程的如期通水。截至目前，中线工程已累计向河南、河北、天津、北京4省市调水81亿m^3，惠及沿线5000多万人口。其中向天津调水19亿m^3，天津市城区千万居民用上引江水，为城市水环境的改善，为“美丽天津”建设提供了有力支撑。

张文波在讲话中对天津干线工程征迁工作情况做了简要介绍，并向关心和支持工程建设的各级领导和为工程建设付出辛勤劳动的广大干部职工表示衷心的感谢。南水北调中线工程的建成通水，有效缓解了天津市水资源短缺问题，是继引滦入津工程之后，保证天津市城乡供水安全和天津市经济社会发展的又一条输水“生命线”。他指出，天津干线工程土地产权证交接仪式意义深远，天津市南水北调办与中线局必将在今后南水北调工程运行管理工作中更加默契的协作和配合。

南水北调中线一期工程天津干线天津市境内工程长约24km，分为天津市1段和天津市2段，涉及永久征地16处。

国务院南水北调办征地移民司、天津市南水北调办、中线建管局负责同志参加仪式。

（摘自国务院南水北调办网站，略有删改）

山东干线公司韩庄泵站管理处获“山东省创新型班组”荣誉称号

2017年7月下旬，山东省总工会联合财政厅、人力资源和社会保障厅等八家单位发布通报表彰。山东干线公司韩庄泵站管理处运行班被授予“山东省创新型班组”荣誉称号。通报指出，本次表彰的集体和个人在推动企业技术进步、产业转型升级和实施创新驱动发展等方面做出了积极贡献，获奖的先进集体和个人要再接再厉，为推动创新型企业建设，推动国家创新驱动发展战略的实施作出新贡献、创造新业绩。

（南水北调东线山东干线有限责任公司）

全国最大漏斗区深层地下水埋深回升0.74m

截至2017年2月，全国最大漏斗区的河北省景县留智庙镇八里庄一带，深层地下水埋深从连年下降转为回升，从2016年2月的99.2m回升到2017年2月的98.46m。

河北是典型的资源型缺水省份，是全国最大的地下水漏斗区。20世纪80年代以来，河北省年均超采50多亿立方米，形成了7个大型地下水漏斗区。2014年，河北省全面开展地下水超采综合治理试点工作。三年累计形成地下水压采能力38.7亿m^3。试点区浅层地下水埋深下降速率明显减缓，深层地下水埋深实现止跌回升。

通过南水北调中线工程水源置换，新增地表水灌溉水量5.11亿m^3。三年累计实现地表水置换地下水灌溉面积537万亩。

（摘自新华网，略有删改）

《南水北调中线一期工程总干渠河北段饮用水水源保护区划定和完善方案》颁布实施

经河北省政府同意，2017年8月17日河北省南水北调办公室与河北省环境保护厅联合印发了《南水北调中线一期工程总干渠河北段饮用水水源保护区划定和完善方案》，这是防范南水北调水质污染风险，确保南水北调输水水质安全的一项重要举措。

南水北调中线一期工程总干渠河北段担负着向北京、天津及河北省中南部地区城镇生活供水的重要任务，是京津和河北省的重要饮用水源，科学划定饮用水水源保护区非常重要。

河北省南水北调中线总干渠饮用水水源保护区范围实行“静态控制、动态管理”。根据这次划定成果，河北省南水北调中线一期工程总干渠饮用水水源保护区面积 $222km^2$，其中一级水源保护区面积 $112km^2$，二级水源保护区面积 $110km^2$。

（史光建）

南水北调工程建设者代表回访考察活动启动

南水北调东线一期工程建设者和中线一期工程建设者回访考察活动2017年9月12日分别在山东省济南市和河南省郑州市启动。此次活动为期四天，沿线参观考察穿黄工程、济南小清河枢纽工程、北京大宁调压池、密云水库等工程，感受亲身建设工程的宏伟壮观，体验工程通水以来发挥的巨大效益，共同见证南水北调事业为沿线人民带来的实惠。

此次活动邀请来自东中线一期工程建设中的设计、施工、监理等单位的代表，他们当中不乏攻克规划设计难关的技术骨干，还有破解施工难题的项目带头人，更有质量监管不徇私情的铁面监理。他们在南水北调工程规划、勘探、设计、建设中时间最长的达30多年，最短的也有10多年。正是有像他们这样的10多万名建设者，经历十余年的努力，建成2908km的东中线一期工程，完成土石方近16亿 m^3，如果按 $1m^3$ 断面筑堤，大约可绕地球40圈。

（摘自千龙网·北京首都网，略有删改）

纪录片《辉煌中国》介绍南水北调工程

2017年9月，由中共中央宣传部、中央电视台联合制作的六集电视纪录片《辉煌中国》在中央电视台播出。全片以创新、协调、绿色、开放、共享的新发展理念为脉络，全面反映党的十八大以来中国经济社会发展取得的巨大成就。

纪录片第一集《圆梦工程》透过南水北调等一个个超级工程，领略五年来，一张张中国基础建设的大网，如何编织起人民走向幸福、美好的希望版图，托举起中华民族伟大复兴的中国梦。

（摘自国务院南水北调办网站、央视网，略有删改）

南水北调工程参加“砥砺奋进的五年”大型成就展

2017年9～12月，中共中央宣传部、国家发展改革委等共同举办“砥砺奋进的五年”大型成就展。南水北调工程展区位于序厅右侧第一个展区，制作播放《国家超级工程——南水北调》宣传片，安装LED显示屏及工程沙盘，全面展现工程建设成就及发挥的综合效益。社会各界群众超过200万人次参观。

南水北调模型直观展现了东中西三条调水线路。东线13级泵站依次跃然在模型前方，随着小红灯的逐级闪亮，人们的视线从东线江都水利枢纽一路向北，可以看到长江水沿大运河以及与其平行的河道，逐步提升到洪泽湖、骆马湖、南四湖和东平湖调蓄，然后分兵两路输水，一路向北，过黄河后到山东德州大屯水库，直抵河北和天津，另一路向东，到东湖和双王城水库，并与现有引黄济青输水渠道相接，实现向山东半岛供水。

中线工程大型输水建筑物，格外醒目。丹江口水库、陶岔渠首、沙河渡槽、穿黄工程、滹沱河倒虹吸、漕河渡槽、西黑山工程、团城湖依次排列。让人们清晰领略南水是怎么从源头丹江口水库引水，沿京广铁路西侧一路北上，最后到达北京、天津的。

（摘自中国南水北调报、河北省南水北调办网站，略有删改）

纪录片《超级工程Ⅲ纵横中国》介绍南水北调工程

2017年10月，纪录片《超级工程Ⅲ纵横中国》在中央电视台播出。在第五集《城市24小时》中，讲述了南水北调这一史无前例的超级工程默默维系着城市的供水安全。

纪录片《超级工程Ⅲ纵横中国》由中央电视台制作，从民生的角度出发，关注衣食住行这些最基本的需求背后那些不为人知的超级工程，展望未来，寻找让生活变得更好、更加和谐的行为方式。

（摘自国务院南水北调办网站、央视网，略有删改）

中央国家机关定点扶贫工作成果展，展示国务院南水北调办扶贫成果

2017年10月10日，由中央国家机关工委主办，中国农业发展银行协办，以“坚决打赢脱贫攻坚战，迎接党的十九大胜利召开”为主题的中央国家机关定点扶贫工作成果展在北京开幕。

成果展通过大量的图片、表格、数据，集中展示了中央国家机关各部门各单位自开展定点扶贫工作以来的扶贫历史、工作做法、典型人物风采等，全面系统总结了30多年来，特别是党的十八大以来中央国家机关各部门各单位定点扶贫的亮点工作和突出成效。

按照中央部署，国务院南水北调办于2012年开展了对口湖北省十堰市郧阳区的定点扶贫工作。郧阳区是南水北调中线工程丹江口水库淹没区和水源区，核定贫困村341个、建档立卡贫困人口4.97万户16.42万人。截至2016年底，郧阳区已实现脱贫1.68万户5.7万人，计划到2019年全面实现脱贫目标。多年来，国务院南水北调办始终把定点扶贫工作作为贯彻落实中央扶贫开发战略部署的一项重要政治任务。办领导多次深入一线开展精准扶贫现场调研，发挥南水北调品牌优势，整合各项扶贫资源，通过实施库区移民生产发展、水保环保、生态建设、对口协作、就业培训以及干部挂职等帮扶措施，不断推进定点扶贫工作，做到“扶真贫、真扶贫”，助力郧阳区完成脱贫攻坚任务。

（摘自新华网、国务院南水北调办网站，略有删改）

国务院南水北调办召开东中线一期工程全面通水三周年新闻发布会

2017年12月12日，国务院南水北调办召开东中线一期工程全面通水三周年新闻发布会，介绍南水北调东中线一期工程全面通水三周年相关情况，并答记者问。

国务院南水北调办综合司司长、新闻发言人耿六成主持新闻发布会，并重点介绍了南水北调东中线一期工程全面通水三年来，在运行管理、水质保护、移民发展、投资控制、后续工程等方面取得的成绩，详细通报了南水北调工程在保障受水区居民生活用水、修复和改善生态环境、促进库区和沿线治污环保、应急抗旱排涝等方面发挥的重要作用，指出南水北调工程的基础性、战略性地位与作用日益显现。

人民日报、新华社、光明日报、经济日报、中央人民广播电台、中央电视台、国际广播电台、中国新闻社、工人日报、中国水利报、中国环境报、瞭望周刊等新闻媒体记

者参加了新闻发布会。

（摘自国务院南水北调办网站，略有删改）

《中国南水北调工程　文明创建卷》正式出版发行

2017年12月，“十二五”“十三五”国家重点图书出版规划项目《中国南水北调工程》丛书的“文明创建卷”正式出版发行，这是本套丛书的首卷，其他八卷将陆续出版发行。

《中国南水北调工程》丛书以南水北调工程建设、技术、管理资料为依据，进行收集、整理、加工和提炼，补充完善相关的理论依据和实践成果，形成南水北调工程总结性全书，全面展现了南水北调工程相关经验和成果，将为跨流域调水工程乃至其他战略性基础设施提供经验借鉴与参考，被列为国家“十二五”“十三五”国家重点图书出版规划项目。丛书共九卷，分别是前期工作卷、经济财务卷、建设管理卷、工程技术卷、质量监督卷、征地移民卷、治污环保卷、文物保护卷、文明创建卷。

《中国南水北调工程　文明创建卷》为该丛书的第九卷，全书约90万字，包括绪论、人才队伍建设、文明工地创建、新闻和文化宣传、党建与精神文明建设、群众工作、精神与人文风貌、南水北调核心价值理念培育等八个部分，全面记录了南水北调工程行业文明、机关文化、队伍建设、党群建设等工作，系统回顾、总结、思考文明创建工作的经验、做法，展示特有的南水北调工程核心价值理念、典型的文明工地创建经验、昂扬的人文精神风貌和强大的新闻宣传力度，为社会公众了解南水北调文明创建工作提供了全面、准确、翔实的资料参考和经验借鉴。

（摘自国务院南水北调办网站，略有删改）

肆 重要文件

IMPORTANT FILES

有关部委重要文件一览表

序号	文件名称	文号	发布时间
1	国家发展改革委关于调整南水北调东中线一期工程投资计划的通知	发改投资〔2017〕1775号	2017年9月30日
2	财政部关于降低国家重大水利工程建设基金和大中型水库移民后期扶持基金征收标准的通知	财税〔2017〕51号	2017年6月14日
3	水利部关于印发《南水北调东线一期工程2017～2018年度水量调度计划》的通知	水资源函〔2017〕177号	2017年9月26日
4	水利部关于印发《南水北调中线一期工程2017～2018年度水量调度计划》的通知	水资源函〔2017〕193号	2017年10月30日
5	国家防汛抗旱总指挥部关于全国大江大河、大型及防洪重点中型水库、主要蓄滞洪区、重点防洪城市、南水北调东线及中线工程沿线防汛行政责任人和抗旱行政责任人名单的通知	国汛〔2017〕4号	2017年3月22日
6	关于汉江洪水与水量调度方案的批复	国汛〔2017〕9号	2017年6月28日
7	国家统计局关于批准执行南水北调工程统计报表制度的函	国统制〔2017〕25号	2017年3月15日

国务院南水北调办重要文件一览表

序号	文件名称	文号	发布时间
1	关于印发《国务院南水北调办公室重要事项督办办法（试行）》的通知	国调办综〔2017〕30号	2017年3月8日
2	关于印发《2017年南水北调宣传工作实施方案》的通知	国调办综〔2017〕32号	2017年3月8日
3	关于同意湖北省建设南水北调博物馆的复函	国调办综函〔2017〕36号	2017年8月11日
4	关于印发《2017～2022年南水北调工程宣传工作规划》的通知	国调办综〔2017〕37号	2017年3月20日
5	关于印发《贯彻落实2017年南水北调工作会议精神重点工作分工意见》的通知	国调办综〔2017〕41号	2017年3月24日
6	关于印发2017年南水北调普法依法治理工作要点的通知	国调办综〔2017〕69号	2017年5月27日
7	关于印发《国务院南水北调办例行新闻发布制度》的通知	国调办综〔2017〕102号	2017年7月18日
8	国务院南水北调办关于印发《2017年度办管企业经营业绩考核指标》的通知	国调办综〔2017〕146号	2017年9月12日

续表

序号	文件名称	文号	发布时间
9	关于印发《国务院南水北调办网络安全管理办法》的通知	国调办综〔2017〕166号	2017年10月13日
10	关于印发《国务院南水北调工程建设委员会办公室定密管理暂行规定》的通知	国调办综〔2017〕196号	2017年11月29日
11	关于印发《南水北调办办管干部年度考核办法》的通知	国调办综〔2017〕200号	2017年12月6日
12	关于印发《南水北调办办管企业领导班子和领导人员综合考核评价暂行办法》《南水北调办办管企业负责人经营业绩考核暂行办法》的通知	国调办综〔2017〕201号	2017年12月6日
13	关于南水北调东线一期工程韩庄运河段水资源控制工程魏家沟橡胶坝工程迁建设计变更报告的批复	国调办投计〔2017〕3号	2017年1月10日
14	关于南水北调中线干线北拒马河暗渠工程退水渠改造工程实施方案的批复	国调办投计〔2017〕4号	2017年1月10日
15	关于丹江口大坝加高工程施工期电量损失初步设计报告的批复	国调办投计〔2017〕8号	2017年1月17日
16	关于印发《南水北调中线工程跨区域水量转让运行管理规定（试行）》的通知	国调办投计〔2017〕21号	2017年3月6日
17	关于印发《南水北调工程统计报表制度（2017～2018年）》的通知	国调办投计〔2017〕53号	2017年4月19日
18	关于印发《南水北调东中线一期工程暂剩余投资使用管理办法》的通知	国调办投计〔2017〕54号	2017年4月19日
19	关于南水北调中线干线淅川县段等7个设计单元工程2014年价差报告的批复	国调办投计〔2017〕103号	2017年7月19日
20	关于南水北调中线干线漳河北至古运河南段12个设计单元工程2014年价差报告的批复	国调办投计〔2017〕125号	2017年8月7日
21	关于南水北调中线干线陶岔渠首至沙河南段方城段等5个设计单元工程2014年价差报告的批复	国调办投计〔2017〕159号	2017年9月29日
22	关于南水北调中线干线黄河北至漳河南段10个设计单元工程2014年价差报告的批复	国调办投计〔2017〕165号	2017年10月9日
23	关于南水北调中线干线沙河南至黄河南段10个设计单元工程2014年价差报告的批复	国调办投计〔2017〕169号	2017年10月24日
24	关于丹江口库区地质灾害防治工程紧急项目的批复	国调办投计〔2017〕191号	2017年11月27日
25	关于规范南水北调工程供水水费收入使用管理的通知	国调办经财〔2017〕96号	2017年7月14日

续表

序号	文 件 名 称	文号	发布时间
26	关于南水北调工程投资控制节余奖励资金财务处理相关规定的通知	国调办经财〔2017〕73 号	2017 年 6 月 8 日
27	关于规范企业经营财务管理有关事项的通知	国调办经财〔2017〕192 号	2017 年 11 月 28 日
28	关于南水北调中线干线防洪防护应急工程分标方案的批复	国调办建管〔2017〕11 号	2017 年 1 月 22 日
29	关于山东省南水北调工程调度运行管理系统和安全防护体系工程新增项目分标方案的批复	国调办建管〔2017〕44 号	2017 年 4 月 11 日
30	关于南水北调中线干线北拒马河暗渠工程退水渠改造工程分标方案的批复	国调办建管〔2017〕66 号	2017 年 5 月 18 日
31	关于南水北调中线干线工程自动化调度与运行管理决策支持系统协同办公系统分标方案的批复	国调办建管〔2017〕70 号	2017 年 5 月 31 日
32	关于南水北调工程项目招标投标活动全部进入公共资源交易平台交易的通知	国调办建管〔2017〕87 号	2017 年 6 月 29 日
33	关于印发《南水北调配套工程建设督导工作方案》的通知	国调办建管〔2017〕131 号	2017 年 8 月 14 日
34	关于南水北调东线一期长江至骆马湖段其他工程洪泽湖抬高蓄水位影响处理工程（安徽省境内）完工验收有关事项的批复	国调办建管〔2017〕153 号	2017 年 9 月 25 日
35	关于印发《南水北调工程信息安全加固项目设计方案审查意见》的通知	国调办建管〔2017〕202 号	2017 年 12 月 6 日
36	关于做好农民工工资支付有关工作的通知	国调办建管〔2017〕204 号	2017 年 12 月 18 日
37	关于印发《南水北调中线工程干线投放危险物质举报处置管理办法（试行）》的通知	国调办环保〔2017〕180 号	2017 年 11 月 3 日
38	关于南水北调中线陶岔渠首枢纽工程完工阶段征迁安置省级验收申请的批复	国调办征移〔2017〕88 号	2017 年 6 月 29 日
39	关于开展南水北调东线一期工程长沟泵站等 8 个设计单元工程完工阶段征迁安置验收的批复	国调办征移〔2017〕164 号	2017 年 10 月 9 日
40	关于南水北调东线一期洪泽湖抬高蓄水位影响处理工程（安徽省境内）征迁安置完工验收的批复	国调办征移〔2017〕177 号	2017 年 10 月 30 日
41	关于南水北调中线一期汉江中下游局部航道整治工程完工阶段征迁安置验收的批复	国调办征移〔2017〕184 号	2017 年 11 月 6 日
42	关于对南水北调中线干线工程运行管理问题实施责任追究的通知	国调办监督〔2017〕100 号	2017 年 7 月 18 日
43	关于印发《南水北调工程运行管理特定飞检工作规定（试行）》的通知	国调办监督〔2017〕181 号	2017 年 11 月 3 日
44	关于印发《南水北调东线一期洪泽湖抬高蓄水位影响处理（安徽省境内）计单元工程档案专项验收意见》的通知	综综合函〔2017〕8 号	2017 年 1 月 13 日
45	关于印发《南水北调中线一期工程温博段设计单元工程档案专项验收意见》的通知	综综合函〔2017〕9 号	2017 年 1 月 13 日

续表

序号	文 件 名 称	文号	发布时间
46	关于印发《南水北调中线一期工程总干渠穿漳河交叉建筑物设计单元工程档案专项验收意见》的通知	综综合函〔2017〕10号	2017年1月13日
47	关于印发《南水北调中线一期工程天津干线西黑山进口闸至有压箱涵段设计单元工程档案专项验收意见》的通知	综综合函〔2017〕11号	2017年1月13日
48	关于印发《南水北调中线一期工程天津干线保定市2段设计单元工程档案专项验收意见》的通知	综综合函〔2017〕12号	2017年1月13日
49	关于印发《南水北调中线一期工程鲁山北段设计单元工程档案专项验收意见》的通知	综综合函〔2017〕46号	2017年3月1日
50	关于印发《南水北调中线干线工程建设期运行档案技术规定（试行）专家审查意见》的通知	综综合〔2017〕73号	2017年11月15日
51	关于《印发南水北调中线一期工程天津干线廊坊市段设计单元工程档案专项验收意见》的通知	综综合函〔2017〕111号	2017年4月15日
52	关于印发《南水北调中线一期工程安阳段设计单元工程档案专项验收意见》的通知	综综合函〔2017〕129号	2017年5月8日
53	关于印发《南水北调东线一期工程里下河水源调整设计单元工程档案专项验收意见》的通知	综综合函〔2017〕205号	2017年7月6日
54	关于落实国家档案局对南水北调工程档案管理有关要求的会议纪要	综综合函〔2017〕232号	2017年8月4日
55	关于印发《南水北调中线一期工程南沙河倒虹吸设计单元工程档案专项验收意见》的通知	综综合函〔2017〕243号	2017年8月21日
56	关于印发《南水北调中线一期工程镇平县段设计单元工程档案专项验收意见》的通知	综综合函〔2017〕245号	2017年8月21日
57	关于印发《南水北调中线一期工程穿黄工程管理专题设计单元工程档案专项验收意见》的通知	综综合函〔2017〕261号	2017年9月4日
58	关于印发《南水北调中线一期工程汉江中下游局部航道整治设计单元工程档案专项验收意见》的通知	综综合函〔2017〕285号	2017年9月21日
59	关于印发《南水北调中线一期工程荥阳段设计单元工程档案专项验收意见》的通知	综综合函〔2017〕299号	2017年10月9日
60	关于印发《南水北调中线一期工程淅川县段设计单元工程档案专项验收意见》的通知	综综合函〔2017〕321号	2017年10月25日
61	关于印发《南水北调中线一期工程鲁山南1段设计单元工程档案专项验收意见》的通知	综综合函〔2017〕356号	2017年11月15日
62	关于印发《南水北调中线一期工程鲁山南2段设计单元工程档案专项验收意见》的通知	综综合函〔2017〕357号	2017年11月15日
63	关于印发《南水北调中线一期工程澧河渡槽设计单元工程档案专项验收意见》的通知	综综合函〔2017〕370号	2017年11月29日

续表

序号	文件名称	文号	发布时间
64	关于印发《南水北调中线一期工程叶县段设计单元工程档案专项验收意见》的通知	综综合函〔2017〕371号	2017年11月29日
65	关于印发《南水北调中线一期工程邢台市段设计单元工程档案专项验收意见》的通知	综综合函〔2017〕372号	2017年11月29日
66	关于印发《南水北调中线一期工程洺河渡槽设计单元工程档案专项验收意见》的通知	综综合函〔2017〕373号	2017年11月29日
67	关于印发《南水北调中线一期工程石家庄市区段设计单元工程档案专项验收意见》的通知	综综合函〔2017〕374号	2017年11月29日
68	关于印发《南水北调中线一期工程鹿泉市段设计单元工程档案专项验收意见》的通知	综综合函〔2017〕375号	2017年11月29日
69	关于印发《南水北调中线一期工程磁县段设计单元工程档案专项验收意见》的通知	综综合函〔2017〕376号	2017年11月29日
70	关于印发《南水北调中线一期工程新郑南段设计单元工程档案专项验收意见》的通知	综综合函〔2017〕390号	2017年12月6日
71	关于印发《国务院南水北调办2017年政务公开工作方案》的通知	综政宣〔2017〕30号	2017年5月5日
72	关于南水北调东线一期济南—引黄济青段明渠输水工程滨州市博兴县新增分水口门有关事宜的复函	综投计函〔2017〕1号	2017年1月4日
73	关于南水北调开封供水工程取水方案的复函	综投计函〔2017〕65号	2017年3月15日
74	关于南水北调东线一期工程向北延伸应急供水实施方案设计任务书的复函	综投计函〔2017〕123号	2017年4月27日
75	关于南水北调中线一期引江济汉工程膨胀土高边坡渠段加固方案事宜的复函	综投计函〔2017〕240号	2017年8月18日
76	关于南水北调中线一期兴隆水利枢纽蓄水影响整治工程方案事宜的复函	综投计函〔2017〕241号	2017年8月18日
77	关于南水北调东线一期潘庄引河闸工程有关事宜的复函	综投计函〔2017〕264号	2017年9月7日
78	关于南水北调东线一期邓楼泵站工程邓楼节制闸改建事宜的复函	综投计函〔2017〕288号	2017年9月25日
79	关于印发《国务院南水北调办机关固定资产管理办法》的通知	综经财〔2017〕2号	2017年1月4日
80	关于印发《国务院南水北调办项目预算评审核办法（试行)》的通知	综经财〔2017〕21号	2017年4月27日
81	关于印发《国务院南水北调办机关政府采购活动内部控制管理规定》的通知	综经财〔2017〕22号	2017年4月27日

续表

序号	文件名称	文号	发布时间
82	关于增加南水北调中线进京水量有关事宜的复函	综建管函〔2017〕68号	2017年3月17日
83	关于南水北调东线省际工程管理范围和保护范围划定方案有关情况的复函	综建管函〔2017〕169号	2017年5月31日
84	关于南水北调中线干线工程运行管理状况报告有关事宜的复函	综建管函〔2017〕294号	2017年9月30日
85	关于印发《南水北调东线一期洪泽湖抬高蓄水位影响处理工程（安徽省境内）完工验收调研报告》的通知	综建管函〔2017〕354号	2017年11月14日
86	关于南水北调中线一期工程2016~2017年度水量调度工作总结报告有关事宜的复函	综建管函〔2017〕359号	2017年11月17日
87	关于南水北调东线和中线一期工程水量调度应急预案有关意见的复函	综建管函〔2017〕396号	2017年12月11日
88	关于对南水北调中线一期工程（陶岔渠首—古运河以南段）弃渣场稳定性评估工作的复函	综环保函〔2017〕150号	2017年5月18日
89	关于对南水北调中线工程河南、湖北省丹江口水库移民遗留问题处理及后续帮扶规划意见的复函	综征移函〔2017〕20号	2017年2月24日
90	关于大中型水库移民后期扶持政策十年实施情况意见的复函	综征移函〔2017〕64号	2017年3月13日
91	关于南水北调丹江口水库移民剩余价差投资审批意见的函	综征移函〔2017〕339号	2017年11月3日
92	关于印发《南水北调中线干线工程自动化系统第一批次专项稽察报告》的通知	综监督〔2017〕50号	2017年7月24日
93	关于印发《南水北调中线干线工程自动化系统第二批次专项稽察报告》的通知	综监督〔2017〕63号	2017年9月22日
94	关于印发《南水北调中线干线工程2017年冰期输水运行管理飞检报告》的通知	综监督〔2017〕83号	2017年12月26日

沿线各省（直辖市）重要文件一览表

序号	文 件 名 称	文号	发布时间
1	江苏省南水北调办关于下达2017年度南水北调工作目标任务的通知	苏调办〔2017〕8号	2017年2月17日
2	江苏省南水北调办关于印发《南水北调东线一期工程徐洪河影响处理设计单元工程完工验收鉴定书》的通知	苏调办〔2017〕17号	2017年3月24日
3	江苏省南水北调办关于印发《江苏省南水北调工程运行管理监督办法（试行）》的通知	苏调办〔2017〕44号	2017年11月28日
4	山东省南水北调建管局关于印发《南水北调干线影响工程（山东段）实施管理办法（试行）》的通知	鲁调水局征字〔2017〕11号	2017年4月22日
5	山东省南水北调建管局关于印发《山东省南水北调工程运行管理举报受理管理办法（试行）》的通知	鲁调水局稽字〔2017〕3号	2017年2月20日
6	山东省南水北调建管局关于印发《中共山东省南水北调工程建设管理局委员会问责实施办法（试行）》的通知	鲁调水党字〔2017〕27号	2017年6月5日

项目法人单位重要文件一览表

序号	文 件 名 称	文号	发布时间
1	东线总公司关于进一步加强南水北调东线工程运行安全监管工作的通知	东线工函〔2017〕106号	2017年9月25日
2	山东干线公司关于印发《南水北调东线山东干线有限责任公司工程建设期运行管理项目招标投标管理办法（试行）》和《南水北调东线山东干线有限责任公司非招标采购方式管理办法（试行）》的通知	鲁调水企发〔2017〕1号	2017年4月18日
3	山东干线公司关于印发《南水北调东线山东干线有限责任公司项目合同管理办法（试行）》的通知	鲁调水企发〔2017〕3号	2017年4月26日
4	山东干线公司关于印发《南水北调东线山东干线有限责任公司资金管理办法（试行）》的通知	鲁调水企发〔2017〕7号	2017年5月8日
5	中线水源公司关于印发《南水北调中线水源公司合同项目立项管理办法（修订版）》的通知	中水源计〔2017〕100号	2017年9月4日
6	中线水源公司关于印发《南水北调中线水源公司非招标项目实施管理办法》的通知	中水源计〔2017〕131号	2017年11月16日
7	中线水源公司关于印发《南水北调中线水源有限责任公司工程运行安全生产管理办法（试行）》的通知	中水源工〔2017〕148号	2017年12月22日

伍 考察调研

VISIT AND INSPECTION

国务院南水北调办党组书记、主任鄂竟平到北京市通州区调研南水北调保障北京城市副中心供水安全情况

2017 年 2 月 22 日，国务院南水北调办党组书记、主任鄂竟平到北京市通州区调研南水北调保障北京城市副中心供水安全情况，北京市政府党组成员夏占义参加调研。

鄂竟平首先实地考察了北京城市副中心行政办公区施工现场，听取了城市副中心规划建设情况。随后，前往北京市南水北调配套工程通州水厂，听取了水厂建设及试运行情况。

鄂竟平充分肯定了城市副中心建设者们付出的艰苦努力，肯定了北京市水务、市南水北调办等部门在保障副中心供水安全方面所做的工作。

鄂竟平强调，作为重大战略性基础设施，南水北调工程要主动服务服从于首都新的功能定位和战略布局，全力助推北京城市副中心建设。全面落实好习近平总书记 2014 年 2 月视察北京工作时的重要讲话精神，做好城市副中心的供水保障、水质保障，南水北调责任重大，必须为群众调好水、让群众用好水。打造水城共融、集约紧凑式生态城市，南水北调同样责任重大，必须研究做好水环境改善保障相关工作。一方面，大力支持北京市争取南水北调东线工程北延进京，进一步提高京津冀地区供水安全保障系数；另一方面，积极研究南水北调向北京多调水，保障城市副中心显著增长的生活和生态用水需求，进一步提高地区水资源承载力。

国务院南水北调办综合司、投计司、建管司、环保司和中线建管局主要负责同志参加调研。

国务院南水北调办党组书记、主任鄂竟平检查中线河南段部分工程输水运行情况

2017 年 2 月 22 ~ 23 日，国务院南水北调办党组书记、主任鄂竟平带队检查中线干线工程部分项目运行管理情况。国务院南水北调办建管司、稽察大队和中线建管局主要负责同志参加检查。

鄂竟平一行先后对双洎河支渡槽、双洎河渡槽、梅河倒虹吸进行了检查，察看了新郑管理处和航空港区管理处等，沿途检查了强排泵站和 35kV 中心开关站，并对飞检发现的未整改问题进行了现场核查。

在工程现场，鄂竟平查看了闸门控制系统运行状态，详细核对仪器仪表数据有否异常，抽查电缆沟各种线路的分类、布设和标识，检查启闭机和固定卷扬机等设备的保养维护，检查降压站消防系统的布防和安全运行情况等，现场考核操作人员对设备运行状态的研判、处理和解决问题的能力。他要求基层运管单位要加强人员专业素质的培训，提升精细化管理水平，增强问题精准整改的力度。

在现地管理处，鄂竟平详细检查运行调度稳定性情况，检查电力系统接地保护情况，抽查消防系统报警情况等。他要求各级管理单位必须紧绷安全运行这根弦，仔细研究自动化后台监控技术，防范运行风险。

检查中，鄂竟平专门抽出时间检查基层单位党建工作开展情况，以及“两学一做”学习教育实施情况，他要求基层党组织一定要坚持两手抓、两手硬，要通过抓党建促进业务工作的开展和提高。

针对检查中遇到的一些技术难题和管理上的阻碍，鄂竟平责成中线建管局要专题分析，认真研究，尽早解决，避免出现被动局

面。他强调，在保证安全运行前提下，各级管理单位要统一思想，相互支持，简化行政程序，优化工作流程，为保证“稳中求好，创新发展”做好基础工作。

国务院南水北调办党组书记、主任鄂竟平检查中线河南段工程防汛工作

2017年3月29～31日，国务院南水北调办党组书记、主任鄂竟平率队检查南水北调中线河南段工程防汛工作。国家防汛抗旱总指挥部办公室防汛抗旱督察专员王磊参加检查。检查期间，鄂竟平会见了河南省省长陈润儿，就进一步做好南水北调中线河南段工程建设运行管理工作进行了交流。

鄂竟平一行冒雨先后检查了陶岔渠首工程、淅川膨胀土深挖方渠段、王家西沟左岸排水渡槽、湍河渡槽、沙河渡槽、禹州采空区段等防汛重点项目。每到一处，鄂竟平都认真查看工程现场，仔细询问工程项目存在的防汛风险，详细了解防汛预案编制、防汛物资储备、应急队伍建设、值班值守、设备运行、应急抢险等工作落实情况。他再三叮嘱现场运行管理单位，一定要高度重视防汛工作，要加强对设施设备的维修养护，保证设施设备运行正常；要加强对防汛风险点的安全监测，确保摸清工程防汛隐患情况底数；要加快水毁工程修复，确保现场备料充足，保证抢险道路通畅；要加强与地方有关部门的协调配合，明确责任，落实措施，齐心协力做好防汛工作，确保工程安全、度汛安全和沿线群众生命财产安全。

3月31日，鄂竟平在郑州召开防汛检查座谈会，听取了各有关单位关于防汛工作情况的汇报，深入分析了工程面临的防汛形势，研究部署了下一步工作。

鄂竟平指出，河南省各级政府、防汛部门和有关单位对南水北调工程防汛工作高度重视，为保证工程度汛安全做了大量扎实有效的工作，他对此表示衷心地感谢。

鄂竟平指出，南水北调工程作为国家重大战略性基础设施，社会关注度高，中线工程承担着为沿线4省市、数千万群众供水的重要任务，一旦发生洪水灾害，造成断水，将直接影响受水区经济发展和人民群众生产生活。做好防汛工作，保证工程运行安全，对于支撑工程沿线经济社会可持续发展、保障沿线群众生产生活有着十分重要的意义。据气象部门预测，今年我国气候状况总体偏差，极端气象水文事件仍呈现高发重发的态势，部分流域发生较大洪水的可能性较大。南水北调中线工程防汛工作从硬件、软件两个方面来看，影响工程运行安全的风险因素较多，存在防洪影响处理工程尚未实施到位，深挖方、高填方、膨胀土等防汛重点难点多，采砂、违法占压、堆土等外部环境威胁问题突出，防汛预案未经实践检验，应急队伍抗洪抢险经验少，应急抢险技术水平不高等实际情况，防汛形势严峻，确保工程度汛安全任务艰巨。各有关单位一定要高度重视今年的防汛工作，要坚决克服麻痹思想，时刻紧绷度汛安全这根弦，立足防大汛、抢大险，认真做好今年的防洪度汛各项工作。

对于下一步工作，鄂竟平强调，各有关单位要认真领会年初南水北调系统确定的“稳中求好，创新发展”工作总思路的深刻内涵，紧紧把握“稳”字当头的重要意义，全力做好今年的防汛工作。一是要加强汛前对防汛隐患风险的处理。要加强沟通协调，密切与地方防洪影响处理工程实施单位的联系，全力推进防洪影响处理工程建设，努力消除防洪隐患。要积极排查隐患风险，根据梳理排查出的风险隐患，逐一落实工作措施，提出有针对性的工作方案，切实做到心中有数，主动防范。对于采砂、违法占压、堆土等外

部环境威胁问题，要明确各方责任，加快处理，并针对不同风险，落实应急措施，保证运行安全。二是要针对不足，补齐短板。各有关单位要结合工作实际，以问题为导向，以左排、高填方、深挖方、膨胀土等为重点，进一步细化防汛应急预案，切实提高预案的针对性、可操作性。要认真做好防汛物资储备工作，确保险情发生时，防汛物资能拿得出、用得上。要加强防汛应急队伍建设，加强人员应急培训，努力提高防汛应急管理水平。要加强应急抢险技术、设备的研究，积极做好应急抢险技术储备。要加快推进水毁工程修复工作，保证工程按时完成，为防汛工作顺利开展提供有力保障。三是要认真做好应急演练工作。要杜绝纸上谈兵，切实针对薄弱环节确定演练科目，细化演练内容，扎实开展好防汛应急演练工作，不断总结演练经验，努力提高实战应对能力。四是要加强与地方防汛部门的联动和配合。要全面加强与地方政府、武警部队、跨渠河流河长等单位之间的防汛抗洪抢险工作联系，厘清工作责任，齐心协力做好防汛工作，确保各方力量在工程防汛抗洪抢险工作中有序有力有效发挥作用。

国务院南水北调办建管司、监督司、监管中心、防办，河南省南水北调办，中线建管局，淮委建管局，有关地方政府负责同志参加检查。

国务院南水北调办党组书记、主任鄂竟平带队赴定点扶贫县湖北省十堰市郧阳区调研扶贫工作

2017年5月17～19日，国务院南水北调办党组书记、主任鄂竟平带队赴定点扶贫县湖北省十堰市郧阳区调研扶贫工作。期间，还察看了引江济汉进口段工程，湖北省委常委、常务副省长黄楚平陪同察看。

在郧阳区调研期间，鄂竟平一行深入青山镇周家河村、万家坪村，看望了南水北调护水安保人员陈刚、贫困户吴远飞等，仔细询问安保人员收入、在外生活和家庭情况等，详细了解当前困难和今后的打算，察看了周家河村村庄建设和电子商务便民服务大厅。在青山镇万家小学、界山小学，在教室里、操场上，了解情况，看望寄宿学生，勉励孩子们勤奋学习。鄂竟平一行还现场察看了郧阳区扶贫产业示范园、华林杭萧钢构产业基地、天圣制药二期项目、大运汽车总装车间、茶店镇樱桃沟生态文明示范村、柳陂月亮湖生态扶贫产业示范基地、子胥湖新区等，详细了解了村镇环境管理站垃圾分类和处理情况。考察途中，鄂竟平不时与当地干部交谈，强调要妥善处理好发展与生态环境保护的关系，切实把丹江口水库水质保护好，守护绿水青山，保持库区山清水秀。

在郧阳区召开的定点扶贫工作座谈会上，听取郧阳区、十堰市、湖北省有关部门汇报和北京北控集团负责同志介绍情况后，鄂竟平动情地说，这两天的实地察看，感受深刻，感悟颇多。与2016年4月7日相比，这里变化非常大，特别是带动当地发展经济的项目初具规模、呈现良好发展态势，干部群众展现出干事创业、积极向上的精神面貌，一年来，郧阳区扶贫工作取得巨大成就。这次调研收获很大，对扶贫工作有了新的认识，进一步增强了做好下一阶段扶贫工作的信心。

就进一步做好脱贫攻坚工作，鄂竟平要求南水北调相关单位，要紧紧围绕“真扶贫、扶真贫”，与地方党委政府一道深入学习贯彻习近平总书记关于扶贫开发的战略思想，全面落实党中央、国务院关于精准扶贫、精准脱贫的决策部署，真正提高认识；充分利用职责，与职能结合起来帮扶，继续在对口协作、干部挂职、农业技术培训、移民和环保业务倾斜、安保人员招录等方面，做好相关

工作；利用优势，千方百计，协调各方面力量，切实做到“真扶贫”，尽全力、下真功。他指出，最近国务院南水北调办党组围绕扶贫工作，专门学习、讨论，重点研究了如何协调各方面力量帮扶郧阳区脱贫，与北京市东城区、北控集团等加强了沟通联系，这次专门邀请了北控集团负责同志一同调研、实地察看，下一步还要加强和着重做好这方面工作。他强调，“真扶贫”要害是发展经济，下一步要在这方面加力。希望郧阳区与有关部门和企业加强沟通，保持密切联系，合力推进脱贫攻坚。

在座谈会上，北控集团党委常委、副董事长李永成专门介绍了北控集团的基本情况，并结合考察情况和集团业务专长，畅谈了初步合作意向和下一步工作建议。

国务院南水北调办总工，北京北控集团党委常委、副董事长，综合司、征地移民司、中线建管局负责同志等随同调研，湖北省南水北调办、湖北省移民局、十堰市负责同志等参加调研。

国务院南水北调办党组书记、主任鄂竟平带队赴河南省社会科学院调研

2017 年 6 月 22 日，国务院南水北调办党组书记、主任鄂竟平一行赴河南省社会科学院调研。

鄂竟平一行听取了河南省社会科学院有关负责同志对南水北调精神课题研究情况的介绍和南阳市有关负责同志对南水北调精神教育基地基本情况和运行情况的介绍。

鄂竟平在座谈会上指出，南水北调工程在给国家带来物质方面贡献的同时，也带来巨大的精神财富，在南水北调工程建设中孕育诞生的南水北调精神值得总结、凝练和提升。河南省在南水北调精神研究方面已走在前列，取得了初步成果。在此基础上，再广泛征求意见，凝聚共识，把南水北调精神总结好、宣传好，使之升华为新时期国家精神、民族精神，为中华民族的伟大复兴提供强大的精神动力。

鄂竟平要求，国务院南水北调办有关部门要继续重视南水北调精神课题研究，在河南省研究成果基础上，进一步总结、凝练和提升，以期早日形成能够涵盖南水北调东、中线工程，为社会各界共同认可的南水北调精神。通过对南水北调精神的深入研究和广泛宣传，推动南水北调后续工作又好又快的发展，确保工程安全平稳运行，确保输水水质稳定达标，惠及更多人民群众。

国务院南水北调办综合司、投计司、直属机关党委、直属机关纪委、中线建管局主要负责同志陪同调研。河南省政府副秘书长胡向阳，河南省南水北调办主任刘正才，河南省社会科学院院长张占仓，南阳市市委常委、组织部长杨韫及有关负责同志参加调研和座谈。

国务院南水北调办党组书记、主任鄂竟平检查丹江口大坝、渠首及中线陶岔至邓州段工程运行管理情况

2017 年 11 月 13 ~ 14 日，国务院南水北调办党组书记、主任鄂竟平带队对丹江口大坝、丹江口库区、渠首大坝，以及中线陶岔渠首至邓州段渠道工程运行管理情况进行了检查。

在丹江口大坝，鄂竟平检查了大坝右坝段、深孔集控室和地下廊道等，详细询问了 2017 年汛期闸门启闭情况、水库水位情况及安全监测情况等。鄂竟平主任对丹江口大坝加高工程在 2017 年汛期经受住考验和目前较高水位安全运行给予了充分肯定。鄂竟平

乘船检查了丹江口库区，与汉江集团、中线水源公司负责人座谈，了解库区蓄水情况和水量调度情况，查看了水质、水质保护及库区消落区的保护情况，讨论了提高蓄水、分水利用的方式方法，并充分肯定各级组织为保一库清水北送所作出的贡献。鄂竟平还检查了陶岔渠首工程，对相关问题提出整改要求。

离开丹江口水库，鄂竟平从陶岔渠首开始沿渠道检查。在南水北调第一座水质自动监测站，鄂竟平查看了水质监测频次、重要水质参数等，详细了解每一个自动检测仪器的功能、工作原理、运行维护情况。他强调，水质是南水北调的生命，要深入分析水质参数的变化，预判水质情况变化，确保水质达标，确保让南水北调沿线人民群众喝上放心水。

在邓州膨胀土加固渠段，鄂竟平听取了管理人员对膨胀土加固措施的介绍，了解了施工方式和保证膨胀土边坡稳定的工程原理。

他强调，膨胀土渠段的高边坡稳定是世界性工程难题，目前的处理方案还要在运行实践中检验，施工单位一定要注重质量，控制好每一个工作环节，管理单位要重视对安全监测数据的分析，并通过分析数据的变化来验证渠道加固措施的效果。

在渠道检查过程中，鄂竟平偶遇工程巡查人员，对巡查人员的工作内容、巡查频次、记录表的填写、发现问题的处置程序等进行了考核，并查看了刚刚试用的工程巡查 APP 系统，充分肯定中线工程创新管理的好做法。

检查中，鄂竟平强调，沿线各单位要全面学习、深入贯彻落实党的十九大精神和南建委第八次全体会议精神，狠抓运行安全不放松，居安思危，积极创新，为新时代的发展贡献我们南水北调人的智慧。

国务院南水北调办有关司负责同志参加检查，沿线检查项目负责人分段参加并介绍情况。

中央纪委驻水利部纪检组组长田野检查调研中线建管局河南分局全面从严治党和党风廉政建设工作

2017 年 4 月 7 日，中央纪委驻水利部纪检组组长田野赴河南，检查调研南水北调中线建管局河南分局全面从严治党和党风廉政建设工作。他强调，国有企业必须坚持和改善党的领导，全面落实企业党建工作责任制，真正把党的纪律严起来，推动全面从严治党向纵深发展，为南水北调改革发展提供坚强政治保障。

田野一行深入河南分局穿黄管理处慰问一线干部职工，实地考察了中线穿黄工程建设和运行情况，参观了党员活动室，并与部分干部座谈。中线建管局、河南分局、穿黄管理处相关负责同志分别就推进全面从严治党和党风廉政建设情况作了汇报。

在听取汇报后，田野指出，南水北调工程功在当代，利在千秋。几年来，中线建管局及下属单位认真贯彻中央和办党组工作部署，攻坚克难、负重奋进，一渠清水送北方，为华北地区特别是京津冀协同发展作出了重大贡献。同时，各级党组织坚持党建工作与业务工作相互融合，落实全面从严治党责任，党建各方面工作取得了很好的成效。下一步，要继续坚持发展和党建“两手抓、两手硬”，推动全面从严治党再上新台阶。

田野强调，坚持党的领导、加强党的建设，是我国国有企业的光荣传统和独特优势。一段时间以来，国有企业出现的种种问题，根本原因就在于党的领导弱化、主体责任缺失、全面从严治党不力，症结在于企业党组织发挥作用不够。南水北调的国有企业要旗帜鲜明讲政治，真正把加强党的领导作为头等大事，贯穿企业改革发展全过程，着力在落实落细上下功夫，掌稳把牢企业发展的政治方向。当前，就是要全面落实好国有企业党建工作责任制。河南分局党总支要切实担负起主体责任，特别是书记作为第一责任人，要带头履责，把抓好党建作为最大的政绩，定盘子、理路子、开方子。班子成员要要按照责任分工抓好分管范围内的党建工作，履行好“一岗双责”。相关职能部门要密切配合，协助党组织推进党建工作，确保责任不落空、工作不空转。中线建管局党组要履行好领导和督导责任，加强对下属单位党建工作的领导，强化监督检查，并落实好检查考核、考核评价和责任落实情况报告制度。企业纪检组织要履行好监督责任，对本单位出现的问题，要早提醒、早打招呼，多与党组织书记沟通情况。遇有特殊问题，要及时向上级请示报告。

田野强调，全面从严治党，关键是要把纪律严起来。要把严明政治纪律放在首位，贯彻执行好党内政治生活若干准则和党内监督条例，进一步加强和规范政治生活，烧旺党内政治生活“这炉火”，充分释放党内监督条例的制度优势。要抓住领导干部这个“关键少数”，通过领导抓、抓领导，一级抓一级，形成带动效应，引领大多数，净化政治生态。要把握运用好“四种形态”，依纪依规抓好形态间的适用与转化，既要体现全面从严、动辄则咎的思想，又要体现惩前毖后、治病救人的方针。要驰而不息纠正“四风”，要坚持抓铁有痕、踏石留印，越往后执纪越严，对典型问题一律公开曝光。要积极推进廉政风险防控机制建设，在健全规章制度、强化内部管控上下功夫，把权力关在制度的笼子里。要强化问责追责工作，综合运用约谈、诫勉和纪律处分等多种方式实施问责，以问责常态化推动全面从严治党责任落实。

田野要求，中线建管局要以落实企业党建工作责任制为契机，统筹考虑纪检机构设置和纪检干部配备问题，进一步强化纪检干部的责任担当，提高工作能力，严格监督管理，打造一支政治过硬、能力过硬、作风过硬的纪检干部队伍。

中央纪委驻水利部纪检组和水利部直属机关纪委、流域机构纪检组有关同志参加调研。

国务院南水北调办副主任张野赴河北调研中线工程保护范围划定、防洪防护应急工程和配套工程建设情况

2017年2月6~7日，国务院南水北调办副主任张野赴河北调研南水北调中线工程保护范围划定、防洪防护应急工程建设和配套工程建设情况。

张野一行先后来到邯郸市林村北沟排水倒虹吸、西小屯沟排水倒虹吸和邓上沟排水倒虹吸防洪防护应急工程现场，听取工程情况汇报，仔细查看防洪重点部位，详细了解防洪防护应急工程推进程度和工作难点，并现场办公，研究协调有关问题。之后，调研了石家庄市东北水厂建设情况，并在石家庄市主持召开座谈会，与有关单位就中线工程保护范围划定、防洪防护应急工程建设和配套工程建设等工作进行了座谈。

张野指出，中线工程承担着向北京、天津、河北供水的重任，防洪防护应急工程建设、保护范围划定是今年重点工作，配套工程建设到了关键阶段，都要全力以赴抓好。他要求，关于防汛防护应急工程，各级工程管理单位、地方有关部门要加强协调，密切配合，梳理确定节点目标，列入督办任务来抓，千方百计加快实施，确保满足度汛要求；关于工程保护范围划定，各级工程管理单位、地方有关部门要制定翔实的实施方案，建立有效的协调机制，分解任务，明确重点，落实责任，周密组

织实施，全力做好保护范围划定和保护工作；关于配套工程，河北省要再接再厉抓好配套工程建设、调试与运行管理工作，加快水源切换，用好用足南水，为河北经济社会发展、生态文明建设提供水资源支撑。

国务院南水北调办投计司、建管司，监管中心，河北省南水北调办，中线建管局主要负责同志参加调研。

国务院南水北调办副主任张野调研中线河南段防洪防护应急工程和安防系统建设情况

2017年2月14～16日，国务院南水北调办副主任张野调研南水北调中线河南段防洪防护应急工程和安防系统建设情况。河南省政府党组成员、省委农村工作领导小组副组长赵顷霖陪同调研。

张野一行先后调研了中线工程辉县峪河暗渠、杨庄沟左排渡槽，卫辉山庄河渠道倒虹吸、十里河渠道倒虹吸、金灯寺左排倒虹吸，郑州郜庄沟排水倒虹吸、水泉沟排水渡槽等防洪防护应急工程建设情况。每到一处，张野都认真听取工程情况汇报，详细了解工程方案、资金落实、施工准备、进度安排、建设进展、实施难点、周边环境等方面情况，并现场办公，研究解决有关问题。期间，张野一行还实地考察了郑州段安防系统建设情况，观摩了电子围栏及视频监控系统联动报警演练，并察看了工程保护范围指示牌、界碑试制样品。

张野强调，防洪防护应急工程、安防系统事关工程度汛安全、供水安全和周边群众生命安全，各有关单位要以高度的责任感和紧迫感，全力以赴推进工程建设，保证工程平稳安全运行。对于下一步工作，他要求，一是关于防洪防护应急工程，工程管理单位要对建设管理各项工作早谋划、早安排、早准备，全面梳理影响工程建设的环节和因素，细化任务、明确重点、落实措施和责任、加快推进；地方政府及有关部门要做好施工环境保障，继续发扬建设期好的做法和传统，为工程建设创造良好环境。二是关于安防系统建设，工程管理单位要加大工程安全方面人力、物力投入力度，加快安防系统联调联试，尽快投入使用。三是关于贯彻落实河长制，工程管理单位要深入学习贯彻中央关于全面推行河长制的意见，与工程沿线各级河长建立密切联系，及时报告工程防洪度汛和安全运行有关情况，确保工程周边违规采砂、占压、排污等安全问题早发现、早报告、早治理。四是关于保护范围划定，工程管理单位要按照《南水北调工程供用水管理条例》有关规定，积极配合当地政府和有关部门，做好工程保护范围划定及界碑、界牌设置工作，保障安全，树立工程良好形象。

赵顷霖表示，有关单位要认真贯彻落实张野副主任调研要求，加强协作、密切配合，切实做好征地拆迁、三通一平、施工环境保障以及工程保护范围划定等工作，保证总干渠度汛安全、供水安全和沿线群众生命安全。

国务院南水北调办投计司、建管司，监管中心，河南省南水北调办，中线建管局，工程沿线地方政府有关负责同志参加调研。

国务院南水北调办副主任张野检查东线江苏段工程防汛工作

2017年4月11～14日，国务院南水北调办副主任张野率队检查东线江苏段工程防汛工作，并在徐州召开防汛座谈会。国家防汛抗旱总指挥部办公室副巡视员李兴学参加检查。

张野一行先后对江苏段江都站、宝应站、淮安四站、洪泽站、泗洪站、皂河二站、邳州站等泵站工程进行了检查。每到一处，他都认真听取防汛准备情况汇报，详细询问工程度汛风险和预防情况，仔细检查防汛预案编制、防汛物资储备、应急队伍建设、防汛措施落实等工作，抽查了防汛物资完好情况，现场考核工程管理人员防汛应急知识，并与现场负责同志深入交流，对做好今年防汛工作提出具体要求。

4 月 14 日，检查组在徐州召开防汛座谈会，听取了各有关单位关于防汛工作情况的汇报，深入分析了面临的防汛形势，研究部署了下一步工作。

张野指出，江苏省各级政府、防汛部门和工程管理单位对南水北调工程防汛工作高度重视，为保证工程度汛安全做了大量扎实有效的工作。

张野强调，今年是党的十九大召开之年，是实施“十三五”规划的重要一年，是供给侧结构性改革的深化之年，要站在政治高度，深刻认识防汛工作肩负的重大使命；要立足发展大局，深刻认识防汛工作发挥的保障作用；要分析灾害风险，深刻认识防汛工作面临的复杂考验；要聚焦基础短板，深刻认识防汛工作存在的艰巨挑战。

张野要求，各单位要认真贯彻落实国家防汛抗旱总指挥部 2017 年第一次全体会议精神，严格落实防汛主体责任，全力做好今年的防汛工作。一是要提高认识，高度重视防汛工作。江苏段工程处于淮河下游，河流水系错综复杂，泄洪排涝矛盾交织，在汛期与梅雨季节、台风飓风综合作用下，历来是我国防汛抗洪的主战场之一，必须全面提高做好防汛工作的思想认识，坚决克服麻痹思想和侥幸心理，进一步增强责任感、紧迫感，切实做好今年的防汛工作。二是要对防汛任务和责任落实再落实。各级地方政府和工程管理单位要根据辖区内防汛特点，严格落实防汛任务和责任，做好防汛应急队伍、物资物料、应急抢险技术等准备，针对薄弱环节开展应急防汛实战演练。三是要敢于担当。领导干部要敢于担当，关键时刻冲在第一线，及时发现、果断处置险情，确保今年度汛安全。

国务院南水北调办总经济师、建管司、环保司、设管中心、防办，江苏省南水北调办，东线总公司，有关地方政府负责同志参加检查。

国务院南水北调办副主任张野检查中线冰期输水准备工作

2017 年 12 月 19 ~ 20 日，国务院南水北调办副主任张野一行检查了中线工程冰期输水各项准备工作。

张野一行先后查看了穿漳倒虹吸工程、牤牛河渡槽工程、沛河倒虹吸、洨河倒虹吸、漕河渡槽、岗头隧洞、西黑山进口闸、北拒进口闸等冰期输水关键工程部位，对融冰设备设施运行情况及应急预案和抢险设备准备情况进行了检查，并要求各级单位要扎实做好冰期输水工作。

在检查冰期输水关键工程部位过程中，张野现场查看融冰设备、曝气扰冰装置、拦冰索、排冰闸等运行情况，对设备操作人员熟练程度和电热、油热融冰设备设施演示情况进行了点评，结合应急预案编制情况，认真询问了现场抢险设备及抢险队伍落实情况。他指出，今年各级单位冰期输水准备较为充分，融冰、扰冰等设备运行有序，人员设备演示操作熟练，为冰期安全输水奠定了基础。他再三叮嘱现场管理人员要多动脑筋，多想办法，主动作为，进一步把握融冰设备仪表温度与弧形闸门槽处温度及室外温度之间的关系，掌握各种设备设施运行规律，最大程度发挥其融冰、防冰、排冰作用，加强严寒天气预报预警，做好冰期输水科学调度，确保冰期输水安全。

检查中，张野要求各级各单位要加强冬季防火检查，提前部署元旦春节两节期间安全工作，加强工程巡视巡查和值班值守，发现问题及早处置，确保冬季运行安全管理各项工作落到实处。

国务院南水北调办投计司、建管司、中线建管局负责同志参加检查。

国务院南水北调办副主任蒋旭光调研湖北省南水北调丹江口水库移民工作

2017年6月6~9日，国务院南水北调办副主任蒋旭光赴湖北省调研南水北调丹江口水库移民发展稳定及定点扶贫工作情况，看望慰问移民干部群众和扶贫挂职干部。

蒋旭光一行前往十堰、荆门、仙桃、黄冈、武汉等地，顶烈日、冒大雨，深入田间地头，走村入户，与当地干部和移民群众亲切交谈，详细了解定点扶贫、移民生产生活、移民村产业发展、灾后重建、社会稳定等情况。调研中，现场考察了郧阳区有关贫困村帮扶产业发展及农副产品电商物流项目、郧西县观音镇“美丽移民村”建设、丹江口市浪河镇移民技能培训基地、武当山特区遇真宫文物复建；察看了团风县黄湖新村、汉南区汉江村、郧阳村、屈家岭管理区潘台村等移民灾后重建项目，检查移民安置区防洪排涝、房屋维修、村容修缮、产业重建、社会治理创新，了解移民生产生活水平恢复及移民思想稳定情况等。

蒋旭光对湖北省积极探索多种帮扶发展模式、加大脱贫攻坚力度、拓宽移民就业增收渠道、维护移民社会稳定的做法和措施给予充分肯定，尤其对去年汛后加大移民村灾后重建、强化受灾移民村帮扶工作的做法和成效予以表扬。他说，南水北调丹江口水库移民的发展与稳定是一项长期性和艰巨性的工作，任何时候都要牢记以人为本宗旨，把维护移民群众的根本利益作为工作的出发点和落脚点，矢志不渝，常抓不懈，依法依规加大工作力度，努力实现移民“搬得出、稳得住、能发展、可致富”目标。

就当前及下一步工作，蒋旭光要求：一是进一步整合移民帮扶政策和资金，加大移民帮扶力度，加强移民技能培训，拓宽移民就业增收渠道。尤其要做好去年受灾的外迁移民生产恢复发展工作，补强产业发展基础，使移民收入水平得到尽快恢复和提高。二是围绕“真扶贫、扶真贫”，认真落实党中央、国务院关于脱贫攻坚工作的决策部署，持续把扶贫工作做细、做实、做好，力争早日脱贫。三是借鉴其他先进省份移民帮扶成功经验，拓宽工作思路，统筹移民后续帮扶规划，促进移民后续帮扶工作再上新水平。四是加强水库移民防汛工作，认真落实主体责任，聚焦基础短板，强化工作措施，加快灾后重建项目进度，确保重建项目施工质量，确保移民群众度汛安全和社会稳定。五是高度重视移民信访稳定工作，切实履行工作责任，巩固和深化移民信访稳定工作体制机制，认真开展矛盾纠纷排查化解专项活动，强化工作措施，确保移民大局稳定，以优异成绩迎接党的十九大胜利召开。

国务院南水北调办综合司、建设管理司、征地移民司和中线水源公司负责同志随同调研。湖北省政府、移民局、南水北调办以及十堰、荆门、仙桃、黄冈、武汉市等有关负责同志参加调研。

国务院南水北调办副主任蒋旭光带队调研中线局河南分局党建工作并检查防汛

2017年7月7日，国务院南水北调办副

主任蒋旭光带队调研了南水北调中线建管局河南分局党建工作，并现场检查了防汛工作。直属机关党委、中线建管局、河南省南水北调办等单位负责同志参加。

蒋旭光一行先后检查了叶县管理处、禹州管理处部分防洪防护工程受损情况、现场处理措施、防汛物资准备、防汛值班情况等，查看叶县管理处、河南分局党建活动室，查阅了“两学一做”学习教育、“三会一课”“一账一册一法”等相关资料，并与河南分局党总支及机关各支部书记进行了座谈。

蒋旭光在座谈时指出，河南分局党建和党风廉政建设不断加强，工作开展扎实，富有成效，在基层党建中起到表率和带头作用，有力促进和保障了业务工作开展。他强调，要围绕中心，建设队伍，按照全面从严治党要求，加强基层党建体系建设，把握党建工作基本规律和方法，不断抓好党的建设，促进党建工作和业务工作深度融合，更好地促进和保障南水北调工程运行管理中心工作。

针对下步党建工作，蒋旭光强调抓好以下重点任务：一是做好迎接党的十九大胜利召开各项工作。要始终与党中央保持高度一致，维护中央权威，牢记“四个意识”，扎实做好安全稳定工作，为十九大胜利召开创造良好环境，并及时做好十九大精神学习宣贯工作。二是切实推进“两学一做”常态化制度化。党员领导干部要率先垂范，学原文、读原著、悟原理，进一步夯实基层“两学一做”学习教育基础，提高党员干部思想政治素质和觉悟。坚持以问题为导向，把解决实际问题作为重要抓手，促进学与做深度融合，引导党员干部在运行管理和防汛工作中发挥作用。三是进一步加强组织体系建设。按照程序加快推进各分局成立党委纪委工作。加强基层支部建设，发挥好基层组织战斗堡垒作用。四是加强作风建设。严格执行中央“八项规定”，持续反对“四风”，强化担当精神和务实作风。五是加强党风廉政建设。严格落实党风廉政建设两个责任，始终把纪律和规矩挺在前面。加强纪检体系建设，运用好监督执纪“四种形态”。六是加强企业文化建设。积极培养和弘扬企业文化，加强宣传阵地培育和新媒体建设，弘扬正能量。七是围绕服务中心，创新开展党建工作。积极拓展党建工作思路，创新工作方法，充分开展好党员先锋岗、红旗支部创建等特色活动，激发基层党组织活力。

会上，蒋旭光还为河南分局获得全国2017年“最美家庭”职工和国务院南水北调办“优秀工会组织”单位颁发了奖杯和证书。

国务院南水北调办副主任蒋旭光调研中线焦作城区段工程和绿化带征迁工作并检查辉县段工程防汛项目进展情况

2017年7月26～27日，国务院南水北调办副主任蒋旭光一行赴河南省调研中线焦作市区段工程和绿化带征迁工作，并检查辉县段工程防汛项目进展情况。

在渠道两侧绿化带征迁现场，蒋旭光听取了焦作市关于绿化带征迁安置、规划设计、综合改造提升区、防洪排污等有关情况汇报。蒋旭光对焦作市为南水北调工程建设做出的贡献和辛勤工作给予了充分肯定。他指出，南水北调工程功在当代、利在千秋，事关国计民生、百姓福祉，焦作市委市政府领导各级各部门和广大征迁干部坚持以人为本、和谐征迁、依法征迁，维护群众合法权益，工作中勇于担当，积极主动，精心组织，精细部署，精准操作，圆满完成了征迁任务，赢得了老百姓的信任和支持，维护了党在群众中的良好形象。反映出为民办实事、为国家重点工程服务的意识和作风。

蒋旭光强调，绿化带征迁工作虽然已经完成，但仍要继续做好征迁的后续工作，巩固成果，加快安置工作进度，解决好征迁群众的生产生活问题，保证主体工程平稳运行和社会稳定。在南水北调绿化带规划设计中，要注重与南水北调工程协调一致，突显焦作的历史文化和特色，打造城市建设新亮点；要注意保护水质、防洪排涝、休闲旅游等功能，进一步改善城市生态环境，造福焦作百姓。

7月27日，蒋旭光先后检查了南水北调中线辉县段峪河暗渠防护工程、韭山路公路桥上游渠道衬砌修复工程。在两个施工现场，蒋旭光副主任首先听取了运管单位关于施工进展情况、施工准备情况的汇报，详细询问了防护工程和修复工程的施工方案、具体设计参数、计划完工时间等，了解了近期雨情、水情。他指出，要尽早划定河道内工程保护范围，抓紧时间保质保量处理好剩余工程，工程处理方案一定要保证有效，要调配有经验、有技术的专业人员进行技术指导。

蒋旭光强调，对于防汛工作一定要提高警惕，把困难和风险想得细一些，准备要更加充分、扎实，决不能心存侥幸，依赖老天照顾；要充分论证处理方案，不要因加固施工给工程增加新的风险；监理单位一定要负起责任，做好监督工作，保证工程质量；运管单位要加强管理力量，确保防护、修复工程顺利完工。当前要采取一切措施，全力以赴，确保今年度汛安全，为党的十九大胜利召开创造良好环境。

国务院南水北调办综合司、征地移民司、监督司、监管中心、中线局，河南省南水北调办、移民办，焦作市委市政府等负责同志参加调研检查。

国务院南水北调办副主任蒋旭光调研中线湖北境内工程运行管理工作

2017年9月13～15日，国务院南水北调办副主任蒋旭光带队调研了南水北调中线湖北境内工程运行管理工作。

调研组一行先后检查了引江济汉工程防洪闸、进口泵站节制闸、拾桥河枢纽、西荆河枢纽、高石碑出水闸，以及兴隆水利枢纽等重要建筑物运行管理情况，并与湖北省南水北调办（局）负责同志及下属有关部门负责同志进行座谈。

蒋旭光指出，南水北调中线湖北境内工程是一个系统工程，工程建成后，在防汛抗旱、交通航运、旅游经济等方面发挥了综合效益，很好地服务社会；运行至今，工程管理水平不断提升，职工责任心、敬业态度、技能水平不断提高。今年新出台的《湖北省南水北调工程保护办法》，为工程管理奠定了良好的法制基础；运行管理实施"规范化、科学化、精细化"，不断提高规范化水平，以管理规范性保运行安全性。对下一步工作，蒋旭光副主任提出以下几点意见：一是以迎接和确保十九大顺利召开为中心目标，全力以赴做好工程安全运行和稳定工作。要在前一阶段工作的基础上，再检查、再梳理、再加压，强化责任，层层传导压力，细查安全和稳定隐患，解决存在问题，消除风险。要加强值班值守，做好应急预案，确保运行稳定；同时要认真做好信访稳定工作，确保不出问题。二是要按照国调办的统一部署和管理局既有安排，不断提高工程运行管理"三化"水平。操作规程规范要进一步细化完善，并严格执行到位；对发现的问题要建立台账，逐一整改到位，并要举一反三、触类旁通，进行全面系统性梳理。

要加强监督，严格监管，规范管理，有序运行。三要发挥优势，挖掘潜力，不断提升经济效益。要充分运用现有工程资源，多措并举，不断发挥工程的社会、生态和经济效益，为社会和人民群众服务，扩大社会影响力，树立良好形象；同时增强自身经济实力，为工程更好地运行管理提供支撑。四要进一步加强机构能力和专业能力建设，加强人员培训，不断提升人员素质。尤其要强化专业技能工作，不断健全专业支撑和保障体系。培养专业技术人才，完善适应工程运行管理需要的水工、金结机电、自动化等各专业门类的专业技术队伍，不断提高运行管理专业水平。

国务院南水北调办监督司、监管中心、稽察大队负责同志参加调研。

CHINA SOUTH-TO-NORTH WATER DIVERSION PROJECT CONSTRUCTION YEARBOOK

陆 文章与专访

ARTICLE AND INTERVIEW

以新理念为指导进一步提高中线工程综合效益——《中国南水北调报》专访长江勘测规划设计研究院院长、中国工程院院士钮新强

在南水北调中线工程通水两周年之际，长江勘测规划设计研究院院长、中国工程院院士钮新强，就南水北调工程的作用、调度与管理、水质保护、工程效益，以及后续工程建设等有关问题接受了记者采访。

记者：南水北调中线工程已建成通水两周年，请您谈一谈中线一期工程的定位，以及从规划到实施以来，大家一直比较关注的北调水量问题。

钮新强：南水北调工程的兴建对华北的经济环境、生态环境以及社会环境都将带来巨大的改善，并带动全国经济和社会的持续发展与稳定。

南水北调中线工程以沿线100多个城市生活和工业用水为主要供水目标，兼顾农业及生态用水，建成以后经济效益和社会效益巨大。

——定位及意义与作用。首先，将较大地改善北方地区的生态和环境特别是水资源条件，增加水资源承载能力，提高资源的配置效率，促进经济结构的战略性调整，实现经济社会环境的可持续发展，具有重要的战略意义。

其次，通过建立南水北调工程新型的运行机制，促进受水地区加大节水、治污的力度，逐步改善黄淮海地区的生态环境状况，使京津及华北地区逐步成为水资源配置合理、水环境良好的节水、防污型社会，实现可持续发展。

第三，中线一期工程实施后可有效地缓解京津及华北地区的缺水矛盾，满足城市生活、工业用水要求，改善受水区饮用水水质，改善农业生产条件，改善生态环境，控制地下水超采，使地下水成为可靠的战略储备。

——规划水量。中线一期工程在水资源合理配置的基础上确定调水规模。中线工程供水目标主要是城市的生活和工业用水，兼顾农业和生态用水。解决农业缺水主要依靠发展节水灌溉、调整种植结构等措施，提高农业用水的效率，同时，将城市挤占的农业用水份额退还给农业，将城市污水处理达标后的水量部分供给农业。在充分考虑节水、治污和挖潜的基础上，本着适度偏紧的精神，合理配置受水区的生活、生产、生态用水，并考虑水源区发展要求和水资源状况，根据汉江流域的不同水资源条件，实施多水多调、少水少调。经综合论证确定，中线一期工程多年平均北调水量为95亿m^3。

——通水两年来已实施的调水量。中线一期工程于2014年12月12日正式通水，总的来说，运行安全平稳，水质稳定达标，受水区很多城市都用上了北调水，由于水质好，受到了城市居民的认可和欢迎。根据统计，2014～2015年度实际的北调水量为21.67亿m^3；2015～2016年度实际北调水量为38.42亿m^3。

——未来调水量计划。目前，水利部已经批复了南水北调中线一期工程2016～2017年度的水量调度计划，在预测丹江口水库来水的情况下，结合受水区的需求，确定的陶岔年度供水量为44.35亿m^3。

由于中线一期工程受水区范围广，涉及面多，受水区的配套工程尚未全面达效，目前部分城市的水厂还不具备接纳北调水的条件。随着受水区配套工程的进一步达效，中线工程的供水量将逐步过渡到设计调水规模。

记者：中线工程通水以后，对缓解北方用水紧张发挥了较好的作用，请您全面介绍一下中线工程的综合效益。

钮新强：南水北调中线工程，不仅可以

缓解受水区的用水压力，提高受水区城市用水保障率，促进社会经济发展，还可以改善受水区生活用水水质，减小受水区的地下水开采，改善受水区生态环境。同时，中线工程的实施，也促进了水源区汉江流域上游地区生态修复，改善了汉江中下游地区防洪形势，提高了枯水期径流、降低了水华风险，同时，通过汉江中下游的航道整治，也提升了汉江中下游的通航能力。

——中线北调水是受水区水源的重要保障。南水北调中线工程自通水以来，丹江口水库已累计向受水区调水 60.12 亿 m^3，供水覆盖京津冀豫四省十余个大中城市，受益人口达到4000 万人。通水的第二年，北京、天津的供水量分别达 11.05 亿 m^3 和 9.12 亿 m^3，已超过了中线一期工程规划给北京、天津的多年平均供水量。

中线北调水正逐渐成为中线沿线受水区的重要补充水源，以北京为例，北京市日供水量中南水北调水占比 60% 以上，城区占比甚至超过了 70%。通水前北京市人均水资源量仅为 100m^3，通水后，北京市人均水资源量提升至 150m^3，南水北调中线供水已成为北京城市用水的重要水源。

——受水区城市供水保证程度高。值得一提的是，今年南水北调中线工程与密云水库、怀柔水库、十三陵水库和大宁调蓄水库联合调度，已有超过 2 亿 m^3 的南水北调水储存至这些水库中。截至 2016 年 11 月，密云水库蓄水量达到 16 亿 m^3，这是自 2000 年 11 月以来的最大蓄水量。这些预存的南水北调水通过合理的水资源统一调配，丰枯互济，可在一定程度上扩大南水北调中线供水的范围和供水能力，亦即在保持今年中线工程的供水条件下，北京市明年可用水量将超过今年。由此可以看出南水北调中线工程供水效益显著，供水前景良好。

——受水区生活用水水质改善显著。南水北调中线通水两年来，丹江口水库的水质各项指标均稳定达到或优于地表水Ⅱ类指标，极大改善了受水区生活用水水质。据北京市相关部门介绍，通水之前，自来水硬度每升达到 380mg，而现在已降为 120 至 130mg/L。

——减少地下水开采，地下水位下降速率得以控制。中线工程通水前，地下水是京津及华北地区生活和工农业生产的重要水源，因缺水被迫大量超采地下水，造成地下水源得不到有效回补，地下水位持续下降，形成大面积地下水位下降漏斗区。随着中线工程一江清水北上，受水区越来越多地使用北调水，地下水开采量逐步减少，受水区地下水位下降速度明显放缓。据统计，2016 年 7 月，北京市地下水位平均埋深比去年同期回升了 62cm。

——改善受水区生态环境。京津及华北地区工业化和城市化进程加快，用水量急剧增加，使河流入海、入湖水量急剧减少，恶化了水环境。区域内众多河流，多已成为季节性河流，除汛期外基本处于断流干涸状态，入海水量大幅度减少。由于河流干涸，水体减少，致使河道稀释能力降低，加剧了水体污染。南水北调中线工程通水两年来，先后相继向河南省郑州西流湖和淇河生态补水超过 2700 万 m^3，向河北省石家庄市滹沱河、邢台市七里河生态补水 7000 万 m^3，对当地生态小环境改善起到显著作用，提升了生态景观效果。

——促进水源区生态修复。为了保证南水北调中线工程的供水水质，丹江口水库上游地区开展了大规模的环境保护和生态修复措施。这些强有力的生态环境保护与循环发展措施不仅有利于水源涵养，更有效保障了中线工程水源区水质，推进了水源区生态文明建设。

——提高了汉江中下游地区防洪能力。丹江口水库按最终规模水库正常蓄水位由 157m 提高至 170m，原防洪库容为 55 亿 ~ 77 亿 m^3，加高后防洪库容可达 81 亿 ~ 110 亿

m^3，当汉江发生1935年特大型洪水时，通过水库蓄洪，辅以杜家台分洪区和东荆河分洪，汉江中下游仅需个别民垸少量蓄洪便可保证干堤安全，大大提高了汉江流域防洪能力，大大提高了汉江中下游防洪能力，而且又能调水缓解京津华北地区用水的紧张局面。此外，引江济汉工程作为南水北调中线工程的后续工程，前后两次帮助长湖向汉江累计撇洪1亿m^3，有效缓解了长湖防汛压力。

——降低了汉江中下游水华风险。丹江口水库大坝加高，水库调蓄能力增强，将汛期多余水量蓄存至枯期，并通过引江济汉工程加强长江干流和汉江中下游地区水系连通，在一定程度上提高了枯期径流量，改善了汉江中下游地区水质状况，可有效降低水华风险。

——提升了汉江中下游地区的航运能力。为减少或消除调水后对汉江中下游航运的不利影响，南水北调中线工程规划实施了汉江中下游局部航道整治工程，同时结合汉江中下游地区梯级开发，将大大提高汉江中下游地区的航运能力。此外，引江济汉工程则直接加强了汉江和长江干流的航运沟通。

记者：习近平总书记提出“节水优先、空间均衡、系统治理、两手发力”的16字治水方针，2015年中央又提出五大发展理念，请您谈一下，如何以新理念为指导，研究水源区、受水区水资源开发利用。

钮新强：水是生命之源，也是人类生产生活之依托，而对于诸多市区及集镇来说，水更是其赖以良性运行及健康发展的福祉所在。北调水给中原城镇向更高目标、更高水准发展带来了底气。

——新理念指导下的水资源开发利用方向。一是要加快转变水源区发展思路。围绕“一库清水永续北送”的重大任务，牢固树立五大发展理念，坚持生态优先、绿色发展的战略定位，把保护和改善库区水生态环境摆在首要位置，优化水资源开发利用模式，加快实现从粗放用水向节水减排转变，从局部治理向系统治理转变，统筹解决流域水安全、水生态、水环境问题，促进人水和谐相处。

二是要全面落实水源区和受水区最严格的水资源管理制度。实行水资源消耗总量和强度双控行动，强化水资源开发利用控制、用水效率控制、水功能区限制纳污“三条红线”的先导作用和刚性约束，加快建立水资源水环境承载能力监测预警机制，大力推进流域农业、工业和城市节水。

三是要优化受水区水资源配置格局。坚持并落实节水优先方针，以水定产、以水定城，加强重大规划和建设项目水资源论证，引导受水区合理安排产业布局，促进区域经济社会发展与水资源水环境承载能力相协调，推动实现绿色发展、循环发展、低碳发展。

以北京市为例，北京市提出的以水定城、以水定地、以水定人、以水定产的治水之道，是习总书记提出的“节水优先、空间均衡、系统治理、两手发力”治水思路的进一步延伸，是实现治水管水思路的战略性转变；是在深刻理解和把握水安全、生态安全对北京发展的极端重要性的基础上，认真落实北京城市战略定位，疏解和调整非首都核心功能，控制人口规模，搞好生态环境建设，从生态文明建设的高度审视人口、经济与资源环境的关系。

四是落实“两手发力”。南水北调工程具有战略性、基础性的特点，单纯依靠市场手段，难以充分发挥优化水资源配置、保护改善水生态环境的作用。因此需要政府和市场两手发力，协同发挥作用，既使市场在水资源配置中发挥好作用，也更好发挥政府在保障水安全方面的统筹规划、政策引导、制度保障作用。

——中线工程对于水生态文明的贡献。水生态文明是指人类遵循人水和谐理念，以实现水资源可持续利用，支撑经济社会和谐发展，保障生态系统良性循环为主体的人水和谐文化伦理形态，是生态文明的重要部分和基础内容。因此，水生态文明的核心是“和谐”，包括人与自然、人与人、人与社会等方方面面的和谐。

南水北调中线一期工程供水目标以北京、天津、河北、河南等主要城市生活、工业供水为主，兼顾生态和农业用水，助推了华北地区朝着更高目标更高水准发展，取得自然与人文平衡、物态与心态融会、人际关系和谐等更大的综合效益。

来自丹江口水库的江水从中原这些城镇地区穿梭而行，不仅大力改善了它们的自然生态，也使诸多市区及集镇空气变得湿润而清新，而且潜移默化地改变城镇社会人文生态，其中包括健全城镇居民的社会心态。

记者：水价是保证中线工程正常运行的重要手段，请您谈一下当前中线工程水价形成机制，以及对于受水区生态补水的价格补偿机制的建议？

钮新强：中线工程采用两部制水价机制，这一机制的基本依据来自于国家发展和改革委员会、水利部在2003年7月3日发布《水利工程供水价格管理办法》（第4号部长令）：水利工程供水应逐步推行基本水价和计量水价相结合的两部制水价。

“两部制水价”是指水利工程供水中的基本水价和计量水价。基本水价是按补偿供水直接工资、管理费用和50%的折旧费、修理费的原则制定。基本水价确定之后，收取基本水费按多年平均用水量乘以基本水价而得到，它反映的是水利工程单位向用水户应收取的最低费用，用来维持水利工程单位最基本的正常运转。计量水价按补偿基本水价以外的水资源费、材料费等其他成本、费用以及计入规定利润和税金的原则核定。计量水费按实际供水量乘以计量水价而得到。它反映的是实际供水量的货币形式，实行的是多用水多交钱、少用水少交钱的基本原则，有利于用水户节约用水。

国家发展改革委下发的《关于南水北调中线一期主体工程运行初期供水价格政策的通知》，明确了南水北调中线工程运行初期分6区段实行成本水价，并按规定计征营业税及其附加，其中河南、河北两省暂实行运行还贷水价，以后分步到位。考虑基本水价和计量水价后，南水北调中线水源工程综合水价为每立方米0.13元（含税，下同），干线工程河南省南阳段、河南省黄河南段（除南阳外）、河南省黄河北段、河北省、天津市、北京市各口门综合水价，分别为每立方米0.18元、0.34元、0.58元、0.97元、2.16元、2.33元。这种根据调水成本测算得到的“成本水价”随着距离的增加而增高。但中线工程这种初期水价并非居民用水价格，而是中线工程运行机构与受水区签订合同时的用水价格。国家发展改革委要求，各供用水单位要严格执行国家规定的供水价格。供水管理单位要加强成本约束，规范水费支出管理，提高水费收入使用效率。受水区价格主管部门要加强对供水价格执行情况的监督检查。

南水北调水价仅采用成本水价，受水区签订的用水价格都是通过多方严谨论证得出的，是符合我国国情和受水区水资源利用现状和发展前景的。如果没有水价和水费限制，受水区可能会不根据实际用水情况而“漫天要水”，如果没有水价和水费的限制，受水区可能会不合理配置这种优质长江水，造成水资源的严重浪费。因此，中线工程目前采用两部制水价机制，一方面是实现南水北调水资源的最优配置和可持续利用的重要举措，另一方面是推进受水区生态文明建设、节水型社会建设的重要举措。

目前关于生态效益核算还没有通行的办法。良好的生态环境是人类生存、发展的前提和基础。但生态系统复杂庞大，生态资源种类繁多，单讲补充河道生态水量，直接效益就包括补充枯季水量、净化水质等效益，还有很多看不见的间接效益，如河道内水生植物、鱼类、河道两岸鸟类的恢复等，以及湿地恢复带来的生态效益。这些具有外部性、间接性和累积性的生态效益难以量化，导致受水区生态补水的成本难以核算。我国目前非常重视水生态文明建设，对受水区生态补水的价格补偿机制也会逐渐引起人们的重视。完善的、良性的、有效的中线工程生态补偿机制涉及政府、市场、企业、公众等多个方面，可以从建立生态环境保护法律法规，通过国家扶持、市场化运行等经济手段对生态效益进行适当的经济补偿，加强中线工程融资机制等方面，使受水区生态效益的外部性内部化、间接性直接化。这对于提高中线工程在生态补水方面的积极性和效益具有一定的促进作用。同时从更广的层面来说，中线工程的生态补偿机制还应包括对因保护水源区生态环境而失去发展机会的水源区进行资金、技术、物资上的补偿和政策上的优惠。

记者：丹江口库区面积达 1050km^2，中线总干渠总长 1432km，中线工程的水质保护任务艰巨。在中线工程水质保护方面，您有哪些建议？

钮新强：目前，南水北调办公室正在组织开展《丹江口库区及上游水污染防治和水土保持“十三五”规划》，这些规划如果顺利实施将对库区环境保护起到关键作用。但是，就目前情况来看，南水北调中线工程水源区环境保护等方面确实还有很多工作要做。

——水源区水质保护。首先，建设生态清洁型小流域，开展小流域面源污染防控工作，从源头削减入库污染负荷。

以小流域为单元的面源污染输出是丹江口库区水体营养负荷的重要来源。小流域范围内的农村生活污水、村庄径流以及农田径流汇集到水廊道系统，水廊道的阻截、过滤、吸收和净化能力成为农业面源负荷削减的关键，迫切需要攻关生态清洁型小流域构建的成套技术。具体需求包括针对小流域水网萎缩、水源枯竭的现状，建立河渠水网联通工程；针对农业面源汇流特征，通过河渠岸边带、天然塘、生物田埂、护地坝、生态农业等综合措施，对面源进行阻截和过滤；针对已进入水廊道系的污染物，研究沟渠污染物吸收、水质净化关键技术。

其次，实施入库支流生态修复工作，提升入库支流的污染缓冲和自净能力，从传输途径削减流域入库污染。

由于人类活动干扰强度大，丹江口水库部分入库支流生态系统退化严重，部分河段生态功能丧失殆尽，对丹江口水库水质安全构成隐患。受污染河流水质改善和水生态系统修复技术是确保入库河流营养盐稳定达标，库区水质有效保障的重点，也是从入库河流传输过程控制水体污染的第二道生态防线。丹江口水库上游山区段河道冲刷严重，难以形成有效的底栖生境；中游城市段河道顺直平整，渠化程度高，同样不利于水生生物生存。河道生境缺失导致水质净化能力弱，河道生态功能丧失，亟需研究河流水质改善和生态恢复技术，通过工程措施加速河道生境形成，提高河道生境质量，完善河流生态系统的水质净化功能。

第三，实施库滨带生态恢复，建设生态型库岸带，有效阻控库周面源污染输入。

构建具有良好的植被系统和污染阻滞净化功能的生态型库岸带是拦截库周坡面面源污染，控制内源释放，确保水源地水质安全的有效途径，也是从库岸带阻滞过程控制水体污染的第三道生态防线。丹江口水库原有消落带经过近 40 年自然竞争与更新演替，形成了独特的植被类型和稳定的群落系统，植物根系吸收和拦截了坡面汇集而来的营养物质，而丹江口水库 170m 正常蓄水位运行后，原有消落带将消失，而新的消落带生态恢复必须进行人工干预，库岸带生态系统也需要定向恢复来提升其缓冲和净化功能。因此，迫切需要针对不同类型消落带和库岸带筛选适宜的种质资源，突破植物群落构建与配置模式优化技术，构建具备高效截污和高效吸收净化功能的植被功能带。

第四，开展库湾营养盐控制和消减工作，从末端控制水体富营养化问题的产生。

库湾水动力条件较差，营养盐易于累积，富营养化风险较高，库湾富营养化防治的技术需求包括富营养化风险的监测评估技术和水体营养盐削减技术。富营养化风险的监测评估要结合库湾地形和水动力条件，以及库湾的营养盐通量过程，重点明确营养指标的阈值浓度和浮游生物指标的响应过程。解决丹江口水库库湾富营养化问题的关键在于改变库湾水体水动力学条件和促使水质净化。结合库湾地形，突破库湾水力调控关键技术，研发基于库湾水循环的库岸带净化过滤系统，是缓解库湾富营养化的突破口。

——中线总干渠水质保护。对于中线工程总干渠，在设计之初，就已充分考虑到外界污染源对总干渠内水源可能会造成的影响问题。因此，中线工程总干渠通过渡槽、倒虹吸、左岸排水等形式，与外界河流立体交叉，互补影响，降低了外界污染源对总干渠的威胁。对于中线干线总干渠沿途省份及地区，要优化受水区水资源配置格局，坚持并落实节水优先方针，以水定产、以水定城，加强重大规划和建设项目水资源论证，引导受水区合理安排产业布局，促进区域经济社会发展与水资源水环境承载能力相协调，推动实现绿色发展、循环发展、低碳发展。具体措施包括：调整水环境功能区划，明晰总干渠沿线水质保护区和开发利用区，控制污染物排放总量；实施产业结构调整，一级保护区禁止新建、扩建与供水设施和保护水源无关的建设项目，二级保护区禁止新建、扩建污染严重的建设项目；加快落实沿线城市污水处理设施及配套管网建设；强化监控手段，建立中线工程水质在线监控网络；加强突发性水质污染事件的应急对策措施研究，建立中线工程突发水污染事件应急措施体系。

（来源：中国南水北调报　2017 年 1 月 1 日　记者：闫智凯）

南水北调东中线一期工程实现生态保护与经济发展共赢，三年超一亿人喝上了“南水”

南水北调工程从 2002 年 12 月 27 日开工，历经 12 年艰苦奋战，东、中线一期工程先后于 2013 年 11 月 15 日、2014 年 12 月 12 日通水，如期实现了党中央、国务院确定的建设目标。南水北调工程从根本上改变了受水区供水格局，提高了沿线 40 多座城市的供水保证率。工程通水以来，水质总体向好，东线工程水质稳定在规划的Ⅲ类标准，中线工程水质稳定在Ⅱ类标准及以上。北京、天津、河北、河南等中线受水区水质明显改善。

南水北调成败在水质。为了强化水质保护，国务院南水北调办积极协调有关部门和地方，严格落实各项规划和措施，如期实现东、中两线治污环保目标。“十一五”“十二五”时期，国家通过实施丹江口库区及上游水污染防治和水土保持规划，投资 180 多亿元用于丹江口工业点源面源污染治理、城镇环境基础设施建设等项目；开展北京、天津与水源区的对口协作，北京对口湖北、河南，天津对口陕西，截至 2017 年底，北京、天津共支持水源区 30 多亿元 600 多个项目，形成南北共建、互利共赢的合作模式；中央建立了中线水源区生态补偿长效机制，加大中央财政转移支付力度；国家制定了丹江口库区及上游经济社会发展规划，明确了库区的功能定位，进一步促进水源区产业结构调整，发展特色产业，特别是绿色产业发展取得了明显效果。

南水北调工程通过实施调水和治污工程，在生态文明建设和保障生态安全中发挥了重要作用。据监测分析，2015～2016年北京市平原区地下水位回升0.5m，实现了16年来首次回升。南来之水还为受水区水环境保障贡献力量。中线工程为北京市补充清水，保证了卢沟桥、颐和园和城区等重点区域的水质安全。

记者在南水北调中线工程水源区采访时了解到，随着河南南阳、湖北十堰和陕西安康等地相继建立起一些治理水源污染的长效机制，“绿水青山就是金山银山”的理念在水源保护区已深入人心。目前，中线水源区生态环境得到了改善，经济社会发展呈现上升势头，“十二五”时期，水源区年均GDP增长10.2%，实现了中线生态环境改善、水源保护与经济社会协调同步发展。

南水北调工程倒逼沿线产业结构调整和转型升级，开创了重点流域治污工作新模式。在工程建设期间，南水北调水源区和沿线地区加大治污环保力度，投资数百亿元进行水污染治理和生态环境建设，沿线地区在加大水污染治理的同时，加快产业结构调整步伐，关停并转了数千家污染严重的企业，严格环境准入，积极调整产业结构，培育发展了一批新型生态环保产业。

例如，在南水北调东线治污之初，山东省内造纸厂有700多家，排污量占了全省排污量的70%。治污工作开展以来，通过实行严格的排放标准，对治污不达标企业坚决关停，投巨资加快清洁生产，700多家企业最后只剩下10家，到2010年造纸行业COD排放量比2002年减少了62%，而产业规模却是原来的3.5倍，利税是原来的4倍，实现了经济与环保的双赢。

南水北调工程还促进了受水区产业结构转型升级。南水北调受水区是我国重要的工业经济发展聚集区、能源基地和粮食主产区，工程通水后，一方面，北京、天津、石家庄、济南等北方大中城市缓解了水资源紧缺的局面，为经济结构调整包括产业结构、地区结构调整创造机会和空间。经测算，每年将增加工农业产值近千亿元；另一方面，北京、天津、河北等受水区为了提高用水效率和效益，大力发展高效节水行业，淘汰限制高耗水、高污染行业的发展，促进节水型农业、工业、服务业发展。

（来源：经济日报　2017年12月13日　记者：刘　慧）

石漠化荒山绿起来

从河南省淅川县大石桥乡沿丹江口水库一路向北，只见碧波荡漾、青山逶迤，一株株松柏铺排至山顶，在黑石缝中挺拔屹立，绿意盎然。而在以前，这里曾是荒山一片，石漠化严重。

“石漠化荒坡土地退化、贮水能力差、岩层漏水性强，由此引起缺水干旱，水土流失严重，陷入山穷、水枯、林衰、土瘦的恶性循环。”淅川县林业局局长武建宏说，淅川石漠化土地面积达125万亩，其中，55万亩为重度石漠化区域。

如何让石漠化荒山绿起来？在石头山上栽树，咋栽？能活吗？

“能！关键要有土、有水。”大石桥乡护林员石俊侠说，从2013年起，他和5位同事开始在这片石头山上造林。没有土，他们组织群众肩挑人抬，一袋土一袋土往山上搬运；没有水，他们在山上用石头围堰，铺上塑料布，分级提灌……

石漠化荒山水源涵养能力差，为了增加土壤的储水能力，石俊侠发明了“酒瓶滴灌”浇水法，即为每一棵树浇透后，把一个装满水的酒瓶倒插在树根旁的土壤里，让水慢慢渗入地下。“一来保墒抗旱，二来通过瓶内水位就能判断树苗是否渴了。”石俊侠说。4年来，他承包了5000亩石漠化荒山，绿化了6个山头。

淅川县是南水北调中线工程渠首所在地和核心水源区，担负着一库清水永续北送的历史重任。“丹江水清不清，关键看淅川的山绿不绿。”淅川县委书记卢捍卫说，为了绿化荒山，涵养水源，该县创新造林机制，采取市场化运作、合同化造林模式，与企业和造林大户签订造林合同，按成活率兑付造林资金，大大提高了造林成活率。统计数据显示，近年来，淅川实行合同化造林治理荒山53.2万亩，封山育林21万亩，森林覆盖率由八年前的32.8%增加到现在的45.3%。

“三分栽种，七分管护。”护林员翁建民说，他每天都要巡山，看看有没有盗树的、砍柴的，有没有火情隐患。

造一片、护一片，林子才能活一片、绿一片，丹江水才能清一点、甜一点。在淅川，像翁建民一样的400多名专业护林员深知这个道理。毛堂乡护林员总队长靳建成一年中有300多天都在山上和林中度过；马蹬镇山南片护林队长胡道法已经64岁，一年四季都在林区巡逻，一干就是40年；荆紫关林场护林员李学绪和同伴们用十年时间，硬是把一个濒临报废的林场变得郁郁葱葱，保住了丹江口水库边4万余亩、绵延150km的林带。

造林专业队和护林员们的带动激发了当地百姓植绿、爱绿、护绿热情，越来越多的人主动投入到植树播绿的行列，染绿了渠首，改善了水质。丹江口水库水质最新检测评价结果显示，库区水体均达到Ⅱ类水质及以上标准，完全符合调水要求。

（来源：经济日报　2017年11月13日
记者：夏先清）

十余年治污攻坚　南水北调东线水质达标率从3%到100%

南水北调东线，长江水出扬州一路北上，润苏北、济胶东，2017年年度调水工作启动。通水4年来，100多亿m^3“南水北调水”成了生活的保障水、抗旱的救命水、河湖的生态水。谁曾想到，汩汩清流背后的不易。

东线调水，成败在治污。15年前，这是曾被质疑的目标：让一条条“酱油河”变清，劣Ⅴ类水变成Ⅲ类，COD（化学需氧量）浓度要降到20mg/L。治理类似的水问题，一些发达国家花了几十年、上百年，南水北调用十年能实现吗？

治污攻坚，东线成了流域治理的范例：2003～2013年，COD平均浓度下降85%以上，氨氮平均浓度下降92%，水质达标率从3%到了100%。水清了，岸绿了，促进沿线各地经济发展和生态保护迈向双赢。

一、治污看决心：铁腕关停，绝不让污水进干线

东线治污有多难？调水必经的南四湖颇具代表性。

“这里承接苏鲁豫皖4省32个县的来水，主要入湖河流53条，水系交叉，哪条河治不好，都会影响湖区水质。”山东省环保厅巡视员葛为砚说，20世纪90年代，流域有水皆污，入湖河水基本是劣Ⅴ类，南四湖成了鱼虾绝迹的“死湖”。

这样的水问题，正是现阶段集中凸显的发展难题。东线沿线，经历多年快速工业化、城镇化，水生态亮起红灯，水环境难以承载。有人担心，南水北调会不会成污水北调？

“治污关键看决心，必须要有壮士断腕的精神。党中央、国务院对此非常重视，明确提出南水北调‘三先三后’原则，先节水后调水，先治污后通水，先环保后用水，绝不让污水北上。”国务院南水北调办主要负责同志说。

顶层设计。东线工程治污规划和补充规划相继实施，通过结构调整、污水处理、截污导流、生态修复等项目，建立一体化治污体系，保证一渠清水永续北送。

“确保Ⅲ类水质”，成了各地政府的硬杠杠。江苏、山东沿线铁腕扼污，打响治污攻

坚战。

“一家传统造纸厂，就能染黑一条河。”山东省济宁市环保局副局长刘云廷说，十多年前，全省有造纸厂700多家，排污量占到总量的70%以上。对高污染造纸企业说“不”，山东制定了全国第一个流域性排污标准，其中COD排放标准严于国标6倍，氨氮排放严于国标7倍，取消行业排污“特权”，倒逼产业转型。

造纸业只是一个缩影。在济宁，68家企业被列为重点治理对象。山东沿线9市共拒批和缓批高耗能、高污染企业510多家，涉及投资近190亿元。省政府挂牌督办的378个污水直排口全部整治完成。

在江苏，大力实施清污分流、节水减排，一批深化治污项目落地。推行环保问责、一票否决，沿线仅化工企业累计关停800多家。治理面源污染，设立水产品养殖禁养区、限养区和集中区。东线江苏水源公司总经理助理李松柏说：“水质达标，这是必须守住的底线。”

一手截污，一手给污水找“出路”。调水沿线实现每县至少一座污水处理厂、一座垃圾处理厂。“十二五”以来，山东沿线新建污水处理厂107座，年处理能力15.5亿t。

东线治污持续推进，排污总量大幅下降，一条条河流涅槃重生。黑臭的南四湖“起死回生”，恢复到20世纪80年代初期水平，跻身全国水质优良湖泊行列。家住微山湖边的蒋集河南村村民崔修宝感触：“现在小时候的河回来了，绝迹多年的小银鱼、毛刀鱼又出现了。”

二、治污看机制：压力层层传递，科学治污见实效

东线治污，不是权宜之计。水质稳定达标，要有长效机制保障。

谁来治污？2003年，国务院南水北调办与苏鲁两省签订责任书，沿线14地市与两省政府再签军令状，明确责任主体，压力层层传递。

在调水沿线，“河长制”“断面长制”率先推行。河长上岗，守水尽责。江苏徐州变督企业为督政府，实现“党政同责、一岗双责、失职追责”，铜山区张集镇镇长许东坦言：“有压力也有动力，‘九龙’拧成一股绳，就能保护好母亲河。”在山东，治污目标与干部考核直接挂钩，南四湖、东平湖等重点湖库，省级领导担任河长，高位推动。

怎么治污？创新生态治理模式。山东提出“治用保”策略，各环节深度挖潜。“治”就是采取结构调整、清洁生产、末端治理等全过程污染防治；“用”就是再生水循环利用，全省年再生水利用量达8亿t，相当于8个大型水库的水量；“保”就是生态保护和修复，构建沿河沿湖大生态带。

南四湖通过退耕还湿、退渔还湖，人工湿地达到23万亩，日净水能力50万t。山东省南水北调建管局副局长罗辉说，湿地就像天然污水处理厂，企业达标排放的尾水，再经过湿地净化，污染物含量再削减一半，入湖水质达到Ⅲ类要求。

洪泽湖，75万亩湿地绿意盎然，珍稀鸟类翩翩起舞。李松柏说：“渔民进一尺，湿地退一步，过度养殖曾一度危及生态。多年退圩还湖、生态修复，才换来今天的人水和谐局面。”

探索生态补偿机制。2010年起，江苏省在南水北调沿线实施区域补偿，“污染者付费，损害者补偿”，补偿资金专项用于水污染治理、生态修复和水环境监测能力建设。政府市场两手发力，山东探索以电养水、排污收费，引入了第三方治理，通过政府购买服务，获得最大效益。

机制保障，东线治污从工程治理转向综合治理，发挥出更大效益。2013年南四湖湖底干裂，濒临危机，关键时刻，东线泵站开足马力，长江水飞奔800里，让久旱的湖泊再现生机。应对2009年苏北旱情，从江都到旱区，抗旱调水53亿m^3，水量超过一个洪泽湖，4500多万亩农田有了灌溉保证。

三、治污看理念：主动转型，绿色发展入人心

东线治污，会不会影响发展？

实践证明，保护生态环境也是保护生产力。坚持绿色发展理念，打造强劲的绿色引擎，可以实现经济发展与生态改善的双赢。

以水定城，加快转型。老工业基地徐州，五年来，对1800余家企业开展环保信用评价，对“黑色”企业差别水价，产业结构由重变轻，层次由低变高，打响“一城青山半城湖”的金名片。煤城济宁，走新型工业化道路，先进制造业超过煤电产业，高新技术产业占工业比重达33%以上。

高门槛没有“卡”死企业。经历阵痛，山东造纸业实现绿色转身，企业数量减少65%，产能却是原来的3.5倍，在国内处于领先水平。泉林纸业公司，不仅拿下了180多项国内国际专利，还把草浆造纸变成了高科技产业，依靠先进的减排技术，在美国建起了分厂。

壮士断腕，腾出环境容量，换来发展空间。沿线各地抢抓机遇，率先转型，电子信息、新能源、新材料等一批新兴产业迅速崛起。初步统计，沿线经济增长年均增速14.02%，工业增加值年均20.55%，高于全省平均水平。

靠山吃山，靠水吃水。水质变好了，微山湖边的崔修宝吃起了生态饭。“现在什么鱼都有，开个渔家乐，每天都能赚一两百元。”他说，周边村子的村民搞起生态种养、生态旅游，年人均收入两万元以上。

“南水北调不只调来了水，更盘活了区域水资源。”罗辉说，长江水、黄河水、当地水汇到一起，在齐鲁大地编出“T”形大水网，实现了水资源优化配置，把原来长期的生态欠账补上，把占用的农业用水还回去，逐步恢复区域水生态。在济平干渠，通过水资源调度，让污水横流的小清河碧波重现，济南河边居民感叹：“小黑河终于变回了小清河！”

南水北调东线，不仅成为优化水资源配置的输水线，也成了践行生态文明的发展线。

（来源：人民日报　2017年11月5日
记者：赵永平）

南水北调重构我国水资源格局

如果说水是维持工业、农业生产和人民生活的血液，那么，水系就是大地上导引水流的脉络。南水北调工程重构我国水系，把长江水引向黄淮海等严重缺水的华北地区，解决了我国南方水多、北方水少的问题，让北方1.1亿居民喝上甘甜的长江水，长期超采的地下水水位也缓慢回升。沿南水北调东线、中线工程形成的两条绿色生态长廊把长江和黄河连接起来，在中华大地上形成一道壮美的景观，书写了生态文明建设的华丽篇章。

一、改善水资源配置格局

密云水库是北京最大的水库，南水北调通水三年来，北京以长江水置换密云水库水，向水库总计输水3.2亿m^3，2000年以来水库蓄水量首次突破19亿m^3，水位达到144m，距离1994年9月16日最高水位153.98m不到10m。

北京地处南水北调中线工程末端，是南水北调中线工程沿线最早建成、最早发挥效益的城市。早在2008年9月，冀水抵京，南水北调成为北京安全供水新的生命线。2014年中线工程正式通水以来，长江水成了北京的主力水源，占北京城区日供水量的73%。天津是另一个受益南水北调的城市，中心城区、环城四区以及滨海新区等14个行政区市民用上了长江水。河南37个市县与河北80个市县也都用上了长江水。

南水北调工程是缓解我国北方水资源严重短缺局面的重大战略性基础设施。我国南北水资源分布严重不均衡，南方水多，北方水少。黄淮海流域是我国水资源承载能力与经济发展矛盾最为突出的地区。南水北调工程作为世界上覆盖区域最广、调水量最大、工程实施难度最高的调水工程，被规划为东、中、西三线，分别从长江上游、中游、下游向北方地区调水，构筑起“南北调配、东西互济”的大水网格局，改善了我国水资源配置格局，为受水区开辟了新的水源。东线工程已于2013年11月15日通水，中线工程于2014年12月12日通水。截至2017年9月13日，中线工程已累计向华北地区输水96亿m^3，惠及北京、天津、河北、河南4省市5310万人。

现在，长江已经成为京津冀等华北地区赖以生存的新的“母亲河”。南水北调工程通水以来，北京、天津等受水区6省市地下水水位均不同程度上升，地下水生态恶化状况得到有效缓解。北京多年来超采严重的密云、怀柔、顺义水源地地下水水位下降趋势得到遏制，2017年4月，平原区地下水埋深比2016年同期回升0.36m。天津市加快了滨海新区、环城四区地下水水源转换工作，使地下水位累计回升0.17m。河南、河北等地地下水水位也不同程度有所回升。

二、综合效益逐步显现

在南水北调中线终点北京团城湖，一江清水经水闸缓缓进入湖中。团城湖水渠两侧树木葱茏，与颐和园等景区遥相呼应，相得益彰。

南水北调工程不仅是一项伟大的水利工程，而且是一项大范围的生态环境治理工程。从陶岔渠首到京津大地远距离调水，成败在水质。南水北调中线干线全长1432km，基本都是明渠。为确保一渠清水永续北送，各地加强干渠两侧生态环境建设，目前已累计完成防护林建设长度634km。据了解，北京正在加强南水北调工程绿色廊道建设，在不远的将来，将建成一条从中心城六里桥至房山云居寺近130km的绿色骑行通道，并将青龙湖、长沟湿地、碧水公园、云居寺等多个旅游景点串联整合起来，形成一个大的景观区。

国务院南水北调办主任鄂竟平指出，南水北调工程建成通水后，在保障居民生活和城市工业用水、修复和改善生态环境、应急抗旱排涝等方面，取得了实实在在的社会、经济和生态等综合效益，为保障国家重大战略实施和经济社会可持续发展发挥了重大作用。

山东济南是国家首个水生态文明市创建试点市，也是闻名遐迩的泉城。然而，济南却曾经是典型的资源型缺水城市，生态用水与生活、生产用水和保持泉水喷涌的矛盾尤为突出。南水北调东线工程通水以来，为济南市每年新增1亿m^3优质长江水，从根本上解决了这一缺水问题。“南水北调工程为济南的现代水网建设和水生态文明建设提供了源头保障。”山东济南市清源水务集团有限公司副总经理隗刚说。

作为南水北调中线工程的一部分，湖北兴隆水利枢纽工程的社会、经济和生态效益凸显。兴隆水利枢纽建成后，渠化汉江航道78km，达到Ⅲ级（1000t级）航道规划标准，改善了汉江下游通航条件，船舶运行效率提高，成本降低。库区灌溉面积从196万亩增加到328万亩，灌溉水源保证率在90%以上，水位保证率达到100%。

三、管好用好北调之水

南来之水不易，点滴都要珍惜。管好用好南水北调水，让千里迢迢北上的长江水发挥更大的作用，是受水区南水北调工程管理者和维护者需要共同努力的方向。

北京丰台区市民武庆玲如今已经形成节水的好习惯，每天收拾完厨房，她都要再仔细检查一遍水龙头是否关好。“现在北京市民切切实实把爱水、护水更要惜水、节水的观念固化到了日常生活和行为习惯中，南水北调已经成为科学用水、文明用水、节约用水的有效促进手段。”北京市南水北调办副主任何凤慈说。

长江水进京后，北京市人均水资源量由 $100m^3$ 增至 $150m^3$ 左右，中心城区供水安全系数由1.0提升至1.2，但仍不能从根本上改变缺水的局面。何凤慈说，北京必须始终坚持节水优先，按照“生活用新水适度增长，环境用新水控制增长，工业用新水零增长，农业用新水负增长”的水资源配置原则，调整产业结构，实行最严格水资源管理制度，努力提高用水效率，努力把好水用在刀刃上，全面建设节水型社会。截至2016年底，北京万元GDP用水量已下降到 $15.8m^3$，家庭节水器具普及率超过98%，农业节水灌溉率达到100%。

鄂竟平表示，南水北调工程建设成就来之不易，是几十万建设者的心血之作，必须管好用好工程，造福子孙后代。

江苏水利勘察设计研究院有限公司专家委员会副主任王玉是一名南水北调东线工程的建设者。她认为南水北调为北方缺水地区开辟了一条新的供水渠道，但除了开源还需要节流，今后应该加强水资源调配，加大全民节水力度，采用计量监测技术加强节水管理。优化保护生活用水，对农业用水、工业用水要实行专线送水。

严格遵守先节水后调水、先治污后通水、先环保后用水的原则，推动各地节约水资源，大力压采地下水，充分使用南水北调水，推动南水北调工程效益最大化。运管单位要进一步提升运行管理规范化、现代化水平，保障工程运行安全、高效。加强水质保护，推动后续工程建设。

（来源：经济日报　2017年10月10日
记者：刘　慧）

南水北调千里奔流润中华
（中国跨度）

这是中华民族在锦绣大地上绘就的壮观图景，纵贯长江流域和黄淮海平原；这是中华民族在人类水利发展史上书写的壮丽诗篇，彰显中国人的勤劳与智慧。它就是中国战略性工程之一“南水北调”。

历时50年论证、十多年建设，2013年5月30日，南水北调东线一期工程江苏段成功试通水。2014年12月12日，中线一期工程全面通水。国务院南水北调办主任鄂竟平近日表示，南水北调工程综合效益远超预期，工程建成通水后，沿线已有近1亿人喝上了长江水。

一、四横三纵：水资源合理调配

中国水资源总量丰富，约为2.8万亿 m^3，居世界第六，但分布不均衡，人均拥有量少，仅有 $2200m^3$，是世界平均水平的1/4，是全世界13个贫水国之一。南水北调工程旨在解决中国北方地区，尤其是黄淮海流域的水资源短缺问题，规划区人口4亿多。工程共有东线、中线和西线3条调水线路，通过3条调水线路与长江、黄河、淮河和海河四大江河的联系，构成以“四横三纵”为主体的总体布局。

东线工程从长江下游扬州抽引长江水，利用京杭大运河及与其平行的河道逐级提水北送，并连接起调蓄作用的洪泽湖、骆马湖、南四湖、东平湖。出东平湖后分两路输水：一路向北，在位山附近经隧洞穿过黄河；另一路向东，通过胶东地区输水干线，经济南输水到烟台、威海。2002年12月27日，南水北调工程正式开工。江苏段三潼宝工程和山东段济平干渠工程成为南水北调东线首批开工工程。2013年11月15日，东线一期工程正式通水运行。

中线水源主要从汉江流域汇聚至丹江口

水库，由丹江口大坝加高后扩容的丹江口水库调水，从河南南阳的淅川陶岔渠首闸出水。沿豫西南唐白河流域西侧过长江流域与淮河流域的分水岭方城垭口，后经黄淮海平原西部边缘，在郑州以西孤柏嘴处穿过黄河，继续沿京广铁路西侧北上，可基本自流到终点北京。2003 年 12 月 30 日，南水北调中线京石段应急供水工程动工，标志着南水北调中线一期工程正式启动。2005 年 9 月 26 日，南水北调中线标志性工程——中线水源地丹江口水库大坝加高工程正式动工，标志着南水北调中线工程进入全面实施阶段。2014 年 12 月 12 日，中线一期工程正式通水运行。

南水北调纵横大半个中国，穿越数个地形地貌大相径庭的省区市，保障一江清流北上，涉及的工程技术和环境保护难度可想而知。据国务院南水北调办公室主任鄂竟平介绍，在工程施工过程中，工程技术人员破解了膨胀土、穿黄隧洞、大型渡槽、丹江口大坝加高等一系列工程设计等重大技术难题，全面提升了中国在水利工程设计、施工、装备、管理等多方面的技术水平。

在施工过程所遇到的诸多工程技术难题中，以中线工程穿越黄河为最。该段长度虽然只有不到20km，但是开创了中国水利史上数个第一。比如，第一次采用大直径隧洞穿越黄河底部，第一次在我国水利史上采用泥水平衡加压式盾构进行隧洞施工，第一次应用双层衬砌的结构。

这些“第一次”似乎注定了“穿黄”工程经历一些波折。据介绍，“穿黄”工程的隧洞施工可以比喻为“牙膏里打洞”，这是因为施工地段为非饱和性土壤，没有结构性。工程技术人员因地制宜，采用了简易盾构法和高压注浆法，也就是以镶嵌式方法先建立支撑结构和固化结构，再通过注浆让土壤变硬，使得隧洞施工变得可能。即便如此，施工过程中也遭遇了一些险情。有一次，盾构机进洞施工时发生少量漏水，如果不能及时处置，盾构机就会被重创。危急情况下，工程技术人员在泥浆里施工，抢在第一时间把漏水点补上，避免了灾难性后果。还有一次，盾构机在掘进过程中刀具因磨损而停机，国内外专家一起进行技术论证，中方专家坚持自己的检修方案，即带压进舱更换刀具和修复刀盘，最终按此方案进行，既达到了目标，又节省了时间，确保掘进进度。经过工程技术人员和施工人员的携手努力，“穿黄”工程终于高效完成，为全线通水赢得了时间。

二、移民搬迁：迈向新生活

移民搬迁是南水北调工程必须啃下的一块“硬骨头”。丹江口水库库区是南水北调中线工程的水源地，因工程需要，丹江口大坝坝顶必须由原来的 162m 增加到 176.6m，正常蓄水位由157m 抬高至170m，风浪线172m，这就意味水库面积由 745km^{2}增加到 1050km^2。而居住在水库扩容区的居民不仅面临异地搬迁的现实，而且其中一些还要在工作方式和生活方式上进行转变，据统计，丹江口水库库区涉及的移民超过 34 万人。在相关移民搬迁优惠政策的扶持下，这些库区移民顺利建立新的家园，很多以搬迁为契机走出新的生活道路，生活水平大幅改善。

南水北调之所以被称为民心工程、民生工程是因为它首先解决的是百姓饮水安全问题。事实正是如此，跨越千里浩浩汤汤而来的南水在很多地方成为当地主力水源，极大地缓解了北方之渴。南水北调来水现在已经成了华北核心城市北京、天津的主力水源。可以说，南水已经成为支撑中原和华北地密集人口的重要水资源。据统计，目前，河南省受水区郑州、新乡、焦作、安阳、周口等 11 个省辖市全部通南来水，日供水量 600 多万 m^3。河北省新（改）建的 112 座配套地表水厂全部建成，石家庄、邯郸、廊坊、保定、沧州、衡水等 7 个设区市已用上南水北调水。就北京而言，目前，南水北调水已占北京城区日供水量的73%，南水供水范围已基本覆盖北京中心城区、丰台河西地区和大兴、门头沟等新城以及昌平、通州部分地区，全市人均水资源量由原来的100m^3提升至150m^3，中心城区供水安全系数由1.0提升至1.2。天津中心城区、环城四区以及滨海新区等14个行政区市民用上了南水北调水，形成了引滦引江双水源保障的新供水格局。

三、生态环境：呈现向好势头

与饮水安全相比，南水对北方生态环境的改善可能来得不那么直观，但同样重要。河北省利用南水北调工程向滹沱河、七里河生态补水0.7亿m^3，使该区域缺水状况得到有效缓解，干涸的河道重现生机。天津市利用南水加快了滨海新区、环城区域地下水水源转换工作，使地下水位累计回升0.17m。城市水源置换后，有更多的引滦水和本地水改向农业和河道补水，有效改善了农业生产条件和生态环境。

首都北京地区充分利用南水，大幅提高其在城市供水中的比重，从根本上遏制了对地下水的开采，促使地下水水位初步呈现回升势头。根据有关部门的调查，2017年4月，北京平原区地下水埋深比2016年同期回升0.36m。同时，随着南水向北京水源地试验性补水0.84亿m^3，补水区域地下水位明显上升，局地最大升幅达8.08m。

干渴的中原大地得到了南水滋养，生态环境呈现向好势头。河南省利用南水北调工程向郑州市西流湖和鹤壁市淇河进行生态补水。许昌市借助南水北调水实施水源置换，开展生态补水，进行水系连通工程和水生态文明建设，中心城区和郊区浅层地下水位较2014年回升约2.6m。

“君住长江头，我住长江尾。日日思君不见君，共饮长江水。”宋代词人李之仪以一曲《卜算子》道出了痛彻心扉的相思，把分居长江上下游的情侣之间同饮一江水而不得相见的思念之情，刻画得淋漓尽致。

斗转星移，千年后的今天，滔滔的长江依然滚滚东入海，但一股股奔腾的水流从丹江口水库向北进发，穿越中原大地，直抵燕山脚下；一股股奔腾的水流从扬州出发，沿着古老的京杭大运河，一路向北直抵海河流域和山东半岛，不仅创造了人类的奇迹，而且滋养着孕育中华文明的土地，而“共饮长江水”也昭示我们，在中华民族伟大复兴的征程中，我们这块土地上生活的各族人民是休戚与共的命运共同体。

（来源：人民日报海外版　2017年9月30日）

华夏大地多了两道千里绿色廊道

2017年9月12日，南水北调工程建设者代表来到河南郑州市中原西路南水北调生态廊道示范段回访。这里已建成两侧各200m宽的生态文化公园，乔木、灌木、花草错落有致，满目葱茏、景致怡人。这是中线工程河南段南水北调干渠生态带建设的一个缩影。随着中线工程绿色走廊的建设全面铺开，南水北调将为我国华夏大地新添两道绵延千里的清水长廊、绿色长廊、生态长廊。

根据《南水北调中线一期工程干线生态带建设规划》和《河南林业生态省建设提升工程规划（2013～2017年）》要求，河南全省要完成南水北调总干渠两侧各100m生态绿化带建设任务，绿化长度约640 km，总面积19万亩。

经过河南省近三年的建设，已绿化干渠580km，面积约17.5万亩，占总任务量的90%以上。中线工程河南段绿化带成果已经开始呈现，清流汤汤、万木森郁的美景在千里干渠上随处可见。南阳方城县干渠两侧的生态林带枝繁叶茂、生机勃勃，全县的森林覆盖率因此提升了近一个百分点。在新乡市凤泉区，干渠旁原来的一片300亩荒山，如今已变成花木繁盛、林水相映的美丽游园。

在南水北调郑州市区段，两侧各200m的生态文化公园鲜花盛开。禹州市干渠旁的一片渣土堆放场，已被改建成植被丰富、风光秀丽的“城市阳台”。

在南水北调中线工程穿越的城市中，郑州和焦作设计理念尤为先进。围绕南水北调渠道，郑州市南水北调生态公园规划建设长度61.7km，总面积近25km^2，相当于82个郑州人民公园。公园里不仅有自行车道、慢行步道，还设置了不同宽度的等级道路，形成独特的交通网络。目前，高新区段已经全部建成，中原区、二七区、管城区计划年底前建成开放。

焦作市以总干渠绿化带建设为突破口，将打造一批地标式建筑和城市建设新亮点，进一步改善城市生态环境，盘活城市资源。最终确定了“以绿为基，以水为魂，以文为脉，以南水北调精神为主题的开放式带状生态公园”，重点建设南水北调纪念馆、南水北调主题文化园、水袖艺术长廊和南水北调第一楼，使市民更加亲近自然，并为骑车、慢跑、散步等休闲活动提供场所，使市民可亲水见水，进一步提高焦作城市的生态品质。

从陶岔渠首到京津大地远距离调水，成败在水质。南水北调中线干线全长1432km，基本都是露天明渠。为确保一渠清水永续北送，干渠两侧需要建设生态带，在红线范围内竖起绿色保护网。2014年2月，国务院南水北调办正式批复了南水北调中线干线工程防护林及绿化一期工程。南水北调中线干线工程建设管理局主要承担中线干线防护林及绿化工程，一期工程共划为11个施工标段。目前，11个施工合同已于2017年7月履行结束。累计完成防护林建设长度约197km，累计完成绿化面积636hm^2，实际栽植苗木近百万株。

作为受水城市的北京，也加大了对南水北调绿色廊道的建设。从2017年3月末召开的北京市环京绿道工作吹风会上了解到，北京将大力推进南水北调绿道建设，形成一条从中心城六里桥至房山云居寺近130km的绿色骑行通道。北京的城市绿道是以绿色生态空间为基础，拓展绿地功能，沿着河流水系、交通通道，串连城市绿地、公园，建设人行步道和自行车道，满足市民慢跑、骑行等不同层次的休闲健身活动需求。绿道建设能够有效巩固提升现有生态建设成果，让群众走进绿色空间；串联起历史文化遗迹，展现北京的古都文化魅力；促进城乡互联互通，构筑城乡绿色纽带，推动一体化发展。

2017年，北京将进一步完善城市副中心绿道系统，打通中心城区到郊区的绿道连接，重点推进京密引水渠绿道和南水北调绿道，并结合永定河综合治理工程，加快推动永定河绿道建设。京密引水渠绿道是全市规划最长的滨水绿道，该项目沿京密引水渠沿线建设，横跨海淀、顺义、怀柔、密云五个区，总长度约134km。南水北调绿道起点为房山青龙湖镇大苑村，与丰台园博园绿道相连，沿南水北调巡线路、泉水河、拒马河向十渡景区延伸，终点为云居寺，全长60km，计划2018年建成。绿道建成后，将对青龙湖、长沟湿地、碧水公园、云居寺等多个旅游景点串联整合，形成一条从中心城六里桥至房山云居寺近130km的绿色骑行通道，对北京市南水北调工程运行安全起到重要的保护作用。

南水北调中线生态带建设，以南水北调中线一期工程为依托，以两侧水源保护区为载体，以保护总干渠水质为中心，遵循自然规律和经济规律，紧紧围绕植树造林、农业种植结构调整和水源污染防治、城镇园林绿地等重点问题统一规划，将有效防范总干渠水质污染风险，充分发挥工程生态效益、经济效益和社会效益。目前，中线工程河北段正在启动建设规划，随着中线工程绿色走廊建设的全面铺开，南水北调必将为我国华夏大地新添两道绵延千里的清水长廊、绿色长廊、生态长廊。

（来源：中工网 2017 年 9 月 14 日
记者：蒋 菡）

北京城市副中心“喝上”南水北调来水

记者 2017 年 8 月 30 日从北京市南水北调办获悉，南水北调配套工程通州水厂一期工程于近日投入运行。这座水厂全部取用南水北调水源，目前日供水量为 5 万 m^3，23 万当地居民因此受益“南水”，通州城区供水紧张局面得到了有效缓解。

通州水厂主要与现有水厂联合为通州新城供水，规划供水服务面积 155km^2，服务人口 120 万人。

北京市南水北调办介绍，通州水厂于 7 月 24 日开始试通水运行，按照分阶段、分区域逐步增量的调度原则，日供水量由 3 万 m^3 增至 5 万 m^3。经持续监测，供水水质安全稳定，水厂于近日正式投入运行。

通州新城是北京东部发展的重要节点，然而长期以来该区水资源短缺，供水能力不足，难以满足经济社会发展需要。

随着通州支线、通州水厂的投入使用，“南水”将成为北京城市副中心的稳定水源。下一步北京将加速推动当地的地下水压采、自备井置换等工作，促进区域地下水资源的涵养和恢复，避免地质次生灾害。

（来源：新华社 2017 年 8 月 30 日
记者：魏梦佳）

CHINA SOUTH-TO-NORTH WATER DIVERSION PROJECT CONSTRUCTION YEARBOOK

柒 综合管理

GENERAL MANAGEMENT

综 述

总 体 进 展

概 述

2017年，南水北调系统认真贯彻党中央战略决策，深入落实习近平总书记、李克强总理、张高丽副总理、汪洋副总理等中央领导同志关于南水北调工作的重要指示批示和建委会工作部署，按照“稳中求好、创新发展”的工作总思路，在南水北调东、中线一期工程运行平稳，质量可靠，水质稳定达标，库区移民和征迁群众整体稳定，后续工程有序推进，工程经济、社会、生态效益同步发挥，基础性、战略性地位与作用日益显现，社会反响良好的基础上，取得了“稳的态势进一步巩固，好的形势基本形成，创新发展取得实质性进展”的好成绩。工程由原规划的补充水源变为京津等城市供水不可或缺的重要水源，“替补”跃升为“主力”；注重水源区建设、注重消除不利影响、注重对口协作与补偿，体现了新发展理念，实现了“南北互利共赢”；在节水治污环保、调整产业结构、促进经济转型、实现扶贫脱困、抗旱排涝航运等方面发挥多重效益，彰显了南水北调工程“功在当代、利在千秋”战略性基础设施作用。

（杨　益）

工 程 运 行 管 理

南水北调系统紧紧围绕防风险保安全这一主题，坚持“稳”字当头，稳扎稳打，守住了工程平稳运行。成功应对了沿线暴雨洪水考验，化解了极寒天气下冰冻威胁，及时妥善处置了中线金灯寺涌水险情，没有发生工程质量事故和供水安全事故。实践证明，工程质量可靠，运行安全平稳。

南水北调系统长抓安全生产不松懈。严格落实安全生产责任制，全面梳理确定防汛重点部位和风险点，明确责任人，强化风险源管理，开展多轮多批次督查，排查安全隐患。国务院南水北调办领导带队对73个重点项目全覆盖检查。完善应急预案，开展实战演练。完善安保反恐体制机制，东、中线67个警务室挂牌执法，中线43个管理处完成安保接管。

国务院南水北调办始终保持监管高压态势。延续“三位一体”监管机制和“三查一举”监管方式，通过飞检、专项稽察、重点项目巡查、专项督查、举报受理、月度会商、责任追究等措施，严查问题，紧盯整改，严肃追责，消除隐患。全年常规飞检120组次、专项飞检16组次、专项稽察18组次，办领导特定飞检45次，设立举报公告牌1535块，受理举报事项70余项。

国务院南水北调办积极协调消除安全隐患。协调推进中线左岸防洪影响处理工程建设，批复的250项工程已基本完工130项。运管单位积极配合开展保护范围划定，中线已基本完成，东线方案已报水利部。基本完成中线跨渠桥梁管理移交，不断加强超限超载治理。京津冀豫四省（市）将中线应急管理纳入地方应急体系，应急能力日趋完善。

南水北调系统上下开拓进取，在“稳”的基础上，各项工作再上新台阶，工程效益显著发挥，“好”的形势基本形成。管理水平明显提高。运管单位组织开展运行管理标准化建设，试点单位扩大到30家，一批有代表性的标准化渠段、闸站、泵站初步形成。中线建管局积极推进管理流程规范化、清单化专题试点，江苏水源公司扎实推进“规范化、标准化、精细化、信息化”建设，山东干线公司组织开展ISO 9000体系认证。国务院南水北调办组织开展现地管理处规范化建设和监管试点。

国务院南水北调办会同省（市）南水北调办，多管齐下力促水费收缴。各地积极创新建立水费收缴机制，北京市成立水费收缴中心，授权签订水费收缴协议，山东省将南水北调基本水费纳入市县两级财政预算。截至目前，东、中两线共收取水费168.63亿元（中线131.88亿元、东线36.75亿元），水费收取额逐年增长。2017年共收取水费74.43亿元（中线58.56亿元、东线15.87亿元），较2016年增长19.4%。

（杨　益）

工程综合效益

2017年，国务院南水北调办强推运行管理规范化，沿线省（市）不断加大生态带建设力度，运管单位开展运行环境专项整治。用水量和工程效益不断提升，工程通水以来，受益范围不断扩大，在保障供水、生态恢复、改善水质等方面效益越来越好，得到受水区地方政府和人民一致称赞和肯定。

（1）供水量逐年增加。2016～2017年度，东线向山东调水8.89亿m^3，是2015～2016年度的1.5倍；中线净供水45.16亿m^3，是2015～2016年度的1.2倍。在原调水计划的基础上，又分别向京津两市调增1亿m^3、1.05亿m^3，保障了北京“一带一路”峰会和天津全运会用水；利用汉江秋汛为沿线补充生态水约3亿m^3。截至2017年底，东线已累计抽江水153.57亿m^3，调水到山东22.48亿m^3；中线累计向京津冀豫四省（市）调水116.97亿m^3。工程从根本上改变了受水区供水格局，南水已成为不少北方城市的“主力”水源，直接受益人口超过1亿人，比2016年增加了1000多万人。

（2）供水效益越来越好。2017年，南水北调工程对保障京津冀协同发展等国家重大战略实施、支撑经济社会发展、促进生态文明建设发挥了十分重要的作用。社会、经济效益十分显著。北京城区南水占到自来水供水量的73%，密云水库蓄水量自2000年以来首次突破20亿m^3，增强了北京市的水资源储备，提高了首都供水保障程度，中心城区供水安全系数由1.0提升到1.2，自来水硬度由过去的380 mg/L降低至120mg/L；天津14个区居民全部喝上南水，南水北调已成为天津供水的“生命线”；河南受水区37个市县全部通水，郑州中心城区自来水八成以上为南水；河北80个市县用上南水，在黑龙港流域9县开展城乡一体化供水试点，沧州地区400多万人告别了长期饮用高氟水、苦咸水的历史；江苏50个区县共4500多万亩农田的灌溉保证率得到提高；山东胶东半岛实现南水全覆盖。汉江中下游四项治理工程效益持续发挥，兴隆枢纽抬高水位为300余万亩农田提供了稳定的灌溉水源，电站累计发电8.5亿kW·h；引江济汉工程累计向汉江下游补水约99亿m^3。生态效益逐步显现。随着南水用量的增长，多地地下水位长期不断下降的趋势得到有效遏制并开始回升，受水区生态环境得到较大改善。北京城区新增水面550hm^2，应急水源地地下水位最大升幅达18.2m，平原区地下水位平均上升近0.8m。天津海河水生态得到明显改善，地下水位保持稳定或小幅回升。河北省利用南水先后向滹沱河、七里河生态补水0.8亿m^3，试点区浅层地下水位回升0.58m。河南省平顶山、郑州、焦作等城市水环境明显改善，受水区浅层地下水位平均升幅达1.1m。湖北省十堰五条河恢复了水清草美的景象。江苏省以东线输水干线为主轴努力打造江淮生态大走廊。山东省累计向南四湖、东平湖生态补水近3亿m^3。

（3）工程形象面貌更好。通水以来，南水北调工程在保障供水、生态恢复、改善水质等方面效益显著，得到受水区人民群众一致称赞，工程社会形象明显提升。南水北调工程通过规范化建设，工程风格一致、标识统一，沿线进一步提升绿化景观效果，打造美观大方的工程形象。国调办通过全方位、多层次宣传工程重大意义，充分展示工程成果及效益，将南水北调建设成就纳入中宣部十九大宣传计划，配合央媒拍摄播出纪录片《辉煌中国》《超级工程》，参加“砥砺奋进的五年”大型成就展，在全社会引起强烈反响。

（4）干部职工素质明显提高。通过深入推进全面从严治党，南水北调系统各级党组织的凝聚力、战斗力不断增强，“负责、务实、求精、创新”的南水北调精神得到进一步弘扬，广大党员干部呈现出昂扬向上、奋发有为的精神状态。基层党组织的战斗堡垒作用、领导干部的表率垂范作用、党员的先锋模范作用得以充分发挥，涌现出一大批优秀党员、先进工作者和劳动模范，为南水北调事业健康发展提供了坚强保障。

（杨　益）

水 质 安 全

在国家发展改革委、环境保护部等部门积极支持下，国务院南水北调办积极推进，水源区及沿线地方政府扎实推动实施规划治污项目，运管单位积极建立健全水质安全风险防范体系，确保了中线水质稳定达到或优于Ⅱ类，东线水质保持Ⅲ类。

（1）严格落实水质保护责任。国务院南水北调办与中线豫鄂陕三省签订水源保护目标责任书，明确水质“只能更好，不能变坏”的目标要求。水源区和沿线各地层层压实责任，将水质达标纳入地方政府治污目标责任书，把治污工作纳入综合考核指标体系。

（2）夯实治污环保基础。中线豫鄂陕三省积极落实丹江口库区及上游水污染防治和水土保持“十二五”规划，全面启动实施“十三五”规划，东线苏鲁两省全面落实“水十条”。国务院南水北调办积极协调将东线深化治污项目纳入《重点流域水污染防治规划（2016～2020年）》，将南水北调水源区及沿线作为优先整治区域纳入《“十三五”生态环境保护规划》。针对湖北十堰五条严重污染河流，制定“一河一策”补充治污规划，因河施策。对东线水污染防治、中线水源区生态建设等进行专项督查。

（3）健全水质安全保障体系。国务院南水北调办协调出台水质监测方案，开展国控断面加密监测和逐月监测。构建“信息互通、衔接配合、多层次、可对比”监测体系，做好藻类防控，加强汛期水质保障，采取措施防范跨渠桥梁桥面排水污染，会同地方全面排查整治干渠两侧污染源。

各地不断深化治污措施，加强生态保护，东线水质总氮浓度有所降低，中线干线Ⅰ类水质断面比例由2016年38.6%增至84.9%，藻密度明显低于2016年同期。国务院南水北调办发布实施中线投放危险物举报处置管理办法，与冀豫两省联合组织开展突发水污染事件应急演练。运管单位建立应急队伍，完善物资储备。中线丹江口水库饮用水水源地规范化建设稳步推进，沿线水源保护区划定工作取得突破性进展。各地加快干渠沿线生态带建设，中线京津豫境内生态带建设基本完成，累计建成近700km、20万亩。

（杨　益）

移 民 安 置

2017年，各地严格落实责任，开展矛盾

纠纷排查化解，创新移民村社会治理，建立维稳应急预案，加固维稳措施，确保了移民和社会大局稳定，同时，移民帮扶工作取得新进展。

（1）深抓移民维稳。各地组织开展矛盾纠纷排查化解，“两会”和十九大期间，研究采取加固措施，逐村逐户全面排查，建立省到村的维稳信息员网络，上下联动，确保了征地移民群众和社会稳定。河南省充分发挥移民村民事调解委员会作用，把矛盾化解在基层，对重点信访案件实行挂牌督办和领导包案。湖北省组织矛盾分类，逐一化解，对信访疑难积案和缠访个案运用行政、法律等手段，集中“会诊”。

（2）以人为本帮扶受灾移民。国务院南水北调办积极筹措补助资金，协调帮助湖北省开展移民灾后安置和生产生活恢复工作。湖北省加强组织领导，第一时间安全转移安置受灾移民，妥善安排灾后重建工作。

（3）高度重视丹江口水库地质灾害防治问题，国务院南水北调办积极协调国土资源部赴库区开展调研并联合发文，落实地灾应急处置项目资金，明确豫鄂两省组织编制地灾防治专项规划有关工作。

（4）加强移民后扶。各地积极推动移民后扶规划，研究协调筹资渠道。豫鄂两省加大帮扶力度，确保移民群众安居乐业，库区和移民安置区长治久安。河南省实施“强村富民”战略，确立“一村一品”、普惠制帮扶和壮大村集体经济思路，整合各类资金以集体资产形式投向生产项目，移民村经济发展势头强劲；落实“五美”标准，“宜居、宜业、秀美”的美丽移民村建设取得新进展。湖北省坚持政府主导、企业带动、移民主体、产业支撑的发展思路，大力发展移民村特色产业，壮大集体经济，促进移民致富。移民生产生活条件得到较大改善，初步实现身安、心安、业安。

（5）打赢脱贫攻坚战。国务院南水北调办协调有关部委支持郧阳区项目资金1300万元，协调郧阳区地灾紧急防治项目资金5300万元，推动北控集团与郧阳区签署战略合作协议。湖北省移民局、南水北调办及北京市东城区提供帮扶资金2400万元；中线建管局新录100多名安保人员，并安排贫困劳动力参与工程维护；东线总公司帮助开展农业技术培训；山东建管局联系青岛啤酒公司与郧阳区开展业务洽谈；挂职干部和驻村第一书记积极帮助地方脱贫。2017年郧阳区脱贫4.6万人，出列重点贫困村31个，圆满完成年度脱贫目标。

（朱东恺　盛　晴　潘书峰）

收尾及配套工程

2017年，南水北调东、中线一期工程尾工建设稳步推进，配套工程加快推进。

国务院南水北调办严把投资收口，建立系统内部审计约束机制，规范资金监管，查找问题，落实整改，审减投资，消除隐患，开展概算专项核查，严控新增项目。加快建设扫尾。中线纳入督办的变更新增项目全部完成。东线管理设施工程建设按计划有序推进。按计划开展验收工作。编制完成东、中线一期工程总体竣工验收工作方案，国务院南水北调工程建设委员会第八次全会原则通过。累计核准56个设计单元完工财务决算，占全部155个设计单元的36%。用地手续办理取得突破，天津市率先将土地证移交中线建管局。2017年计划的14个设计单元完工验收全部完成，累计完成56个。充分利用丹江口水库来水较多的有利条件，顺利完成167m高程蓄水试验，中线首次实现入渠流量达到设计规模350m^3/s。

各地配套工程大头落地，京津两市已具备接纳规划水量的能力。河北水厂以上输水管线工程全部建成，128座水厂中124座已基本实现江水切换。河南水厂以上输水管线工程基本建成，89座水厂中61座已实现江水切换。山东水厂以上输水管线37个供水单元36个基本建成。江苏批复了配套工程实施方案。

（杨　益）

后续工程

南水北调系统各单位齐心协力，有序推进后续工程前期工作，取得一定成绩。

国务院南水北调办积极协调有关方面开展东线二期工程规划、西线工程规划方案比选论证、“引江补汉”工程规划，其中东线后续前期规划工作时限从2018年8月底提前到4月底。

国务院南水北调办立足京津冀区域协同发展大局，开展东线一期工程北延应急供水线路方案研究论证并上报国务院，国务院领导已作出重要批示，有关部门和省（市）正在开展相关工作。

国务院南水北调办组织开展中线断水应急工程前期论证研究，河南观音寺调蓄工程和洪洲湖抽水蓄能调蓄工程已经列入当地“十三五”规划。河北省研究开展向廊坊市北三县延伸供水工程前期工作。向雄安新区供水的调蓄池建设项目得到国务院领导批示和各方积极响应，已被纳入正在编制的雄安新区规划中。

国务院南水北调办结合国家区域协调发展战略，就国民经济、社会发展、产业调整等与西线工程关系开展了深入研究。

（杨　益）

南水北调东中线一期工程水量调度

（1）制定南水北调东线一期工程2017～2018年度水量调度计划。2017年8月3日，水利部办公厅发文要求有关单位开展南水北调东线一期工程2017～2018年度水量调度计划编制工作。8月22日，东线总公司报送了东线一期工程2016～2017年度工程运行状况的报告；8月28日、9月5日，江苏省、山东省水利厅分别报送了本省南水北调东线一期工程2017～2018年度水量调度计划建议。9月12日，淮河水利委员会依据东线总公司报送的东线一期工程运行管理状况、苏鲁两省报送的年度用水计划建议和《南水北调东线一期工程水量调度方案（试行）》，编制完成《南水北调东线一期工程2017～2018年度水量调度计划（送审稿）》。9月17日，水利部调水局组织专家对年度水量调度计划进行了审查。会后会同水资源司及淮河水利委员会，根据专家意见修改完善了年度水量调度计划，并于9月19日将审查意见和修改后的年度调度计划报水利部。水利部于9月29日批复下达了东线一期工程2017～2018年度水量调度计划。

（2）制定南水北调中线一期工程2017～2018年度水量调度计划。2017年9月8日，水利部办公厅发文要求有关单位开展南水北调中线一期工程2017～2018年度水量调度计划编制工作。9月30日，湖北省水利厅报送了湖北省用水计划建议；10月9日，长江水利委员会报送了中线一期工程2017～2018年度可调水量。9月19日，南水北调中线干线工程建设管理局报送了中线一期总干渠工程运行管理状况报告；10月12日，汉江水利水电（集团）有限责任公司和南水北调中线水源有限责任公司报送了丹江口水库运行管理状况的报告。10月11日、17日、18日，北京、天津、河南三省（市）水利（水务）厅（局）分别报送了本省（市）2017～2018年度用水计划建议。河北省水利厅则于10月12和16日两次报送了2017～2018年度用水计划建议。10月18日，长江水利委员会依据相关各省（市）报送的用水计划建议、丹江口水库可调水量、中线一期总干渠工程运行管理情况、丹江口水库运行管理情况和《南水北调中线一期工程水量调度方案（试行）》，编制完成《南水北调中线一期工程2017～2018年度水量调度计划（送审稿）》。10月20日，水利部调水局组织专家对年度水量调度计划进行了审查。会后会同水资源司及长江水利委员会，根据专家意见修改完善了年度水量调度计划，并于10月27日将审查意见和修改后的年度调度计划报水利部。水利部于10月30日批复下达了中线一期工程2017～2018年度水量调度计划。

（3）南水北调中线一期工程2016～2017年度水量调度计划方案调整。为保障重大政治活动环境用水，2017年3月29日，北京市水务局提出南水北调中线一期工程2016～2017年度增加向北京市供水1亿 m^3 的请求。5月3日，水利部同意2016～2017年度增加北京市供水量1亿 m^3。受引滦水质恶化影响，2017年5月24日，天津市水务局提出南水北调中线一期工程2016～2017年度增加向天津市供水0.55亿 m^3 的请求。5月27日，水利部同意2016～2017年度增加天津市供水量0.55亿 m^3。为确保第十三届全运会顺利进行，8月16日，天津市水务局再次提出南水北调中线一期工程2016～2017年度增加向天津市供水0.5亿 m^3 的请求。8月24日，水利部同意2016～2017年度增加天津市供水量0.5亿 m^3。

（4）南水北调东线一期工程2016～2017年度水量调度计划执行情况。南水北调东线一期工程向山东省调水工作于2016年12月16日启动，2017年5月18日结束。南水北调东线一期工程2016～2017年度水量调度计划抽江65.11亿 m^3（其中江苏省抽江水量45亿 m^3），入山东省8.89亿 m^3，向山东省净供水5.3亿 m^3，调水时间为2016年11月～2017年6月。实际东线一期工程2016～2017年度抽江2.29亿 m^3（不含江苏省抽江水量），调入山东省8.89亿 m^3，入南四湖下级湖9.09亿 m^3，入南四湖上级湖8.74亿 m^3，入东平湖7.64亿 m^3，向胶东干线调水7.42亿 m^3（含2016年10月利用东平湖蓄水应急供水0.89亿 m^3），向鲁北供水1.04亿 m^3。年度累计向山东各受水市供水5.7亿 m^3，其中枣庄3500万 m^3、济宁1000万 m^3、聊城3407万 m^3、德州2144万 m^3、济南2045万 m^3、滨州1203万 m^3、淄博262万 m^3、潍坊10 790万 m^3、青岛22 527万 m^3、烟台6047万 m^3、威海4074万 m^3。

（5）南水北调中线一期工程2016～2017年度水量调度计划执行情况。南水北调中线一期工程2016～2017年度水量调度计划陶岔渠首枢纽供水量为44.35亿 m^3，向受水区各省（市）供水39.25亿 m^3，其中北京市9.11亿 m^3、天津市9.04亿 m^3、河北省6.48亿 m^3、河南省14.62亿 m^3。执行过程中，北京市、天津市供水量进行了调整，调整后的年度计划为陶岔渠首枢纽供水量46.73亿 m^3，向受水区各省（市）供水41.3亿 m^3，其中北京市10.11亿 m^3、天津市10.09亿 m^3、河北省6.48亿 m^3、河南省14.62亿 m^3。实际中线一期工程2016～2017年度陶岔入渠水量48.48亿 m^3。向受水区各省（市）供水量45.16亿 m^3，其中北京10.32亿 m^3、天津10.41亿 m^3、河北7.32亿 m^3、河南17.11亿 m^3。

（6）年度水量调度计划执行情况调研及监督检查。2017年，水资源司、调水局会同有关单位于1月17～18日、2月27～28日、3月26～31日和4月5～7日，5月17～19日、5月31日～6月2日、7月24～27日先后6次对东、中线一期工程2016～2017年度水量调度计划执行情况进行了监督检查，重点检查了东、中线年度水量调度计划执行情况，工程运行情况，中线一期工程水量水质监测信息实时传输情况，河北、河南两省消纳中线一期工程水量能力等。监督检查期间与有关单位进行了座谈并交换意见。

（罗　琳）

南水北调东中线一期工程受水区地下水压采评估考核

根据《国务院关于南水北调东中线一期工程受水区地下水压采总体方案的批复》(国函〔2013〕49号)要求，水利部会同发展改革委、财政部、国土资源部、南水北调办等部门，于2017年4月下旬组织30余位专家对北京、天津、河北、山东、河南5省市2016年度地下水压采成效进行了技术评估。

根据评估情况，受水区5省市2016年度实际压减地下水量5.44亿m^3，年度压采目标完成率111%。其中：北京7100万m^3、完成率100%，天津3253万m^3、完成率139%，河北25 800万m^3、完成率104%，山东6000万m^3、完成率75%，河南12 293万m^3、完成率180%；年度实际封填井4472眼、年度目标完成率90%，其中：北京103眼、完成率100%，天津93眼、完成率100%，河北1573眼、完成率63%，山东763眼、完成率160%，河南1940眼、完成率108%。截至2016年底，受水区已累计完成地下水压采量8.22亿m^3，完成总体方案近期目标（到2020年压减地下水开采量22亿m^3）的37.4%。

在评估基础上，考核评估工作组编写完成了《关于2016年度南水北调东中线一期工程受水区地下水压采情况的报告》，以水调〔2017〕306号文由水利部等5部（委、办）联合上报国务院。报告已经国务院主要领导圈阅。

（高媛媛）

前　期　工　作

南水北调水资源统一管理系统建设工作

南水北调水资源统一管理系统分三年建设，总投资350万元，2016年启动建设。

2017年的主要建设任务是：①应急管理子系统建设；②水量转让子系统建设；③数据库建设；④继续完善系统。

2017年，系统建设在2016年建设成果基础上继续有序推进。4月，与2016年系统建设承担单位中国水利水电科学研究院签订了2017年建设任务合同。12月，水量转让管理子系统、应急调度管理子系统建设按期完成，12月11日进行了系统建设2017年度合同验收。

（罗　琳）

南水北调东线二期工程规划

为更好地适应新时期经济社会发展和生态环境保护对水资源的需求，保障京津冀协同发展战略的顺利实施，水利部加快推进南水北调东线二期工程前期论证工作。2017年5月，水利部以水规计〔2017〕199号文批复《南水北调东线二期工程规划（2017年）项目任务书》，主要工作任务是在东线二期工程规划总体方案的基础上，进一步论证供水范围和目标，将北京市纳入供水范围，分析研究水量配置方案和调水工程规模，初步拟定各段输水线路规划方案及工程总体布置，开展水质保护规划、移民安置规划、环境影响评价报告书等的编制工作。

2017年6月9日，淮河水利委员会会同海河水利委员会组织召开南水北调东线二期工程规划编制工作会议，水利部规划计划司、南水北调规划设计管理局，北京、天津、河北、山东、江苏、安徽等6省（市）参加。会议对规划编制工作进行安排部署，明确主要工作内容、工作分工、技术要求和进度安排。会后，中水淮河规划设计研究有限公司会同中水北方勘测设计研究有限责任公司编制了工作大纲，提出具体工作要求和技术标准。

2017年7月28日，水利部召开部长专题会，听取淮河水利委员会、海河水利委员会关于东线二期工程规划编制情况的汇报。会后，淮河水利委员会、海河水利委员会组织技术承担单位开展了规划水平年、供水范围、调水规模论证、工程总体布置等方面的研究工作。

2017年11月，水利部向国家发展改革委报送了《南水北调东线二期工程规划项目任务书》，根据国家发展改革委意见，规划水平年调整为2035年。水利部组织相关技术承担单位重新开展了受水区6省（市）的水量调配、调水规模论证和工程总体布置等工作，并与相关省（市）进行了协调。

（王彤彤）

引江补汉工程规划

为保障汉江流域经济社会的可持续发展，进一步改善汉江中下游生态环境状况，促进长江经济带和汉江生态经济带协同发展，提高区域水资源配置能力，保障南水北调中线等调水工程的调水目标，水利部开展了引江补汉工程规划工作。2017年4月，水利部以水规计〔2017〕169号文批复《引江补汉工程规划任务书》，重点分析引江补汉工程建设的必要性和建设时机；研究水源区可引水量，分析规划水平年的调水规模；推荐调水水源和工程线路、工程布局及规模等调水方案；分析调水相关影响等。

（王彤彤）

南水北调西线工程前期论证

为进一步推动南水北调西线工程前期工作，根据国家发展改革委关于南水北调西线工程有关工作的安排，水利部继续深化西线工程规划方案比选论证工作。2017年5月，水利部以水规计〔2017〕198号文批复《南水北调西线工程规划方案比选论证（2017年）项目任务书》，明确2017年主要工作内容，即充分利用已有基础资料和研究成果，深化小江调水方案研究，深化西线工程规划调水断面和可调水量，开展西线调水断面下移方案研究，分析研究社会有关方面提出的西线调水代表性方案或设想。

2017年7月，水利部组织对《南水北调西线工程关键问题论证任务书》进行了技术审查，并将审查意见报国家发展改革委。

2017年8月，调水局组织赴西线工程调出区，调研现有南水北调西线工程规划方案和调水断面下移方案所涉及坝址的地理条件、调水河段自然生态和社会人文环境等内容。

（王彤彤）

投资计划管理

概　　述

2017年，投资计划管理部门深入落实南水北调工程建设工作会议精神，围绕国务院南水北调办党组提出的“稳中求好，创新发展”的总体思路，以“促后续工程有所突破，抓投资收口初见成效”为目标，开展各项工作。东线一期北延应急供水和东线后续工程前期工作取得重要突破；中线调蓄立项谋划工作取得实质性进展；西线工程研究论证工作不断深入；投资控制工作合理有序；工程收尾有力；中线工程跨区域水量转让运行管理有章可循；丹江口库区地质灾害防治管理的难题获得高效协调解决。

（王　熙）

投资计划管理

2017年，投资计划管理工作的基本思路是规范有序地保障工程尾工建设和应对新问题所需投资供给；主要措施是规范暂剩余投资使用，理顺投资计划使用渠道；主要成果是落实中线应急防洪防护等项目10多亿元投资计划。

（1）投资计划总体情况。截至2017年底，国务院南水北调办和水利部累计下达南水北调东、中线一期工程投资计划2639.5亿元。其中，中央预算内投资254.2亿元，中央预算内专项资金（国债）106.5亿元，南水北调工程基金200.4亿元，国家重大水利工程建设基金1602.5亿元，贷款475.9亿元。国务院南水北调办累计下达投资计划2632.6亿元，其中，工程建设投资计划2458.3亿元，初步设计工作投资计划14.2亿元，文物保护工作投资计划10.9亿元，待运行期管理维护费10.9亿元，特殊预备费计划0.5亿元，中线一期工程安全风险评估费0.8亿元，丹江口大坝加高施工期电量损失补偿1亿元，过渡性资金融资费用136亿元。水利部累计下达6.9亿元，全部为前期工作投资。

（2）年度投资计划管理。一是下达2017年投资计划，保障尾工建设投资需求。国务院南水北调办2017年共下达三批投资计划共计19.8亿元，包含南水北调工程基金3.9亿元，国家重大水利工程建设基金15.9亿元。其中：工程建设投资计划18.6亿元（用于中线干线河南段工程征迁新增投资5.5亿元、用于中线干线防洪防护应急项目4.9亿元、用于中线工程2014年度价差4.2亿元、用于丹江口库区库底清理项目1.9亿元、用于东线山东段安全防护系统项目1.3亿元、用于重大设计变更0.7亿元、用于南四湖水资源监测工程尾工建设0.02亿元），丹江口水库施工期电量损失费用1亿元，中线安全风险评估费0.2亿元。二是向国家发展改革委报送2018年投资建议计划。2018年建议安排投资计划13.9亿元，全部为续建项目。其中：中线一期京石段应急供水工程0.2亿元、中线一期丹江口水利枢纽大坝加高工程0.1亿元、中线一期中线水源调度运行管理系统工程0.6亿元、东中线一期工程年度价差投资13亿元。三是向国家发展改革委申请调整南水北调东中线一期工程投资计划。在国家发展改革委下达国务院南水北调办的2017年投资计划已全部下达项目法人的情况下，国务院南水北调办组织项目法人进一步梳理尚未安排投资计划的项目，通过调整暂剩余投资计划，安排中线干线防洪防护应急项目和丹江口水库库底清理项目投资6亿元。

（3）三年滚动投资计划。组织指导各项目法人和直属单位对2017～2019年各年度投资需求进行分析，结合工程实际情况，编制了2017～2019年三年滚动投资建议计划，并于2017年3月报送发展改革委。一是东中线一期主体工程竣工验收前还需要开展的工作建议纳入政府投资项目储备，包括部分尾工建设、根据运行情况完善功能、应对洪水灾害等突发事件、应对新问题和新情况。二是根据《南水北调工程总体规划》，以及“一带一路”“京津冀协同发展”和“西部大开发”等国家重大战略和重大水利工程的部署要求，建议将东中线后续工程和西线工程纳入政府投资项目储备库。三是河南、湖北两省已分别编制了库区移民后续帮扶规划并报国务院，建议将丹江口库区移民后续帮扶项目纳入政府投资项目储备库。四是为提高南水北调供水保障能力，防止断水风险，需开展中线调蓄水库和东线一期向北延伸应急供水等项目，建议纳入政府投资项目储备库。建议发展改革委三年安排南水北调东、中线一期工程投资计划80亿元，其中2017年20亿元、2018年30亿元、2019年30亿元。

（4）规范使用暂剩余投资。暂剩余投资是指东中线一期工程竣工决算前，国务院确定的南水北调东中线一期工程投资总规模（不含特殊预备费和过渡性资金融资费用）中，国务院南水北调办尚未批复的投资。东中线一期工程的功能完善、突发事件的应对和工程运行中出现的新情况、新问题等需要及时安排投资。国务院南水北调办组织指导项目法人对所需投资逐项测算，提出合理可行的投资使用计划，加强与国家发展改革委和审计署的沟通协调，会同国家发展改革委考察工程建设现场，深入一线了解工程实际情况和投资需求，在此基础上制定暂剩余投资使用办法。2017年4月19日，印发了《南水北调中线一期工程暂剩余投资使用管理办法》（国调办投计〔2017〕54号），明确了暂剩余投资使用范围和程序。

（王　熙）

投资控制管理

针对南水北调工程收尾期间结算投资额度大、变更增加投资多的情况，采取措施管好用好投资存量、把好控好投资增量，严守投资控制红线，确保将工程投资控制在国务院批复的南水北调工程投资规模3082亿元以内。

（1）摸清投资底数。现场调研全线5个项目法人投资控制情况，与项目法人一起按设计单元工程逐项分析投资情况，对重点变更索赔处理前景进行分析判断，对可能还需要增加的新项目进行梳理。在调研掌握的情况基础上，进一步汇总分析东中线工程下一步需批复的项目和投资需求，并梳理可研内初设项目批复情况，基本摸清了国务院南水北调办投资控制底数。

（2）已批复投资使用情况监管。采取抓重点、抓难点的办法，分析筛选出超批复投资风险大的设计单元工程，对其结算工程量的准确性、变更单价的合理性以及投资使用的合规性和合理性进行抽查，共抽查合同清单和变更项目1271个，涉及投资48.6亿元，促进了已批投资合规合理使用。

（3）严审投资概算，严控新增项目。对照可研批复原则，严格审核丹江口施工期电量损失、中线水源供水调度运行管理专项工程、河南段压覆矿产补偿等项目投资。对价差计算采用的工程量逐一对比复核，严核价差投资，共批复中线干线44个设计单元工程2014年度价差4亿元；根据对运行安全的影响，分类处理中线干线视频监控扩容、兴隆蓄水影响处理、引江济汉膨胀土段加固等新增项目，并根据项目性质统筹考虑使用节余投资、水费等合理解决投资来源。

（王　熙）

工程投资完成情况

截至2017年底，南水北调工程建设项目（含丹江口库区移民安置工程）累计完成投资2590.7亿元，占在建设计单元工程总投资2641.3亿元的98%，其中东、中线一期工程分别累计完成投资329.4亿元和2154.3亿元，分别占东、中线在建设计单元工程总投资的98.4%和99.3%；过渡性资金融资费用105.8亿元，其他1.2亿元。

2017年南水北调工程建设完成投资17.8亿元，其中东线一期工程完成投资2.3亿元，中线一期主体工程完成投资14.8亿元，丹江口库区移民安置工程完成投资0.3亿元，设管中心工作投资完成0.4亿元。

（王　熙）

专 题 专 项

（1）2017 年审查批复专题专项 5 项，共批复投资 27 586 万元。分别是：中线干线北拒马河暗渠工程退水渠改造工程实施方案 587 万元，丹江口大坝加高工程施工期电量损失初步设计报告 11 306 万元，丹江口库区地质灾害防治工程紧急项目 9260 万元，中线水源调度运行管理系统工程管理用房专题报告 3625 万元，中线水源调度运行管理系统工程安全监测专题报告 2808 万元。其中，丹江口水库地质灾害防治问题一直是困扰南水北调工程建设和管理的一个难点，2012 年以来经多次协调始终未得到有效推动。2017 年借丹江口水库地质灾害暴露新问题，在国务院领导高度重视下，国务院南水北调办党组提出必须从根本上解决，这是重任所要、局势所定、民生所需。国务院南水北调办在 2 个月内力促与国土资源部部长级商研和联合发文，解决了 2017 年地灾应急处置项目的资金，同时明确了地质灾害防治专项规划编制的有关工作，从根本上解决丹江口库区地灾防治问题。

（2）2017 年组织审查和处理 9 项设计变更和专题专项事宜：东线一期济南—引黄济青段明渠输水工程滨州市博兴县新增分水口门，东线一期韩庄运河段水资源控制工程魏家沟橡胶坝工程迁建设计变更，东线一期鲁北段输水工程临清市分水口变更，东线一期潘庄引河闸工程迁移有关事宜，东线一期邓楼泵站工程登楼节制闸改建事宜，中线一期开封供水工程取水方案，中线西黑山电站建设事宜，中线一期引江济汉工程膨胀土高边坡渠段加固方案，中线一期兴隆水利枢纽蓄水影响整治工程方案。2017 年处理其他工程穿越、跨越或者邻接南水北调工程备案项目 22 个，均在 7 个工作日内出具了备案意见。

（王　熙）

后续工程拓展工作

（一）东线后续工程

国务院南水北调办按照“先通后畅”的总体思路，以东线一期工程总体可研明确的“在满足一期供水目标的前提下，利用工程供水能力，在需要时向天津、河北应急供水”为切入点，主动避开职责交叉的矛盾，结合向雄安新区供水，提出东线一期向北延伸应急调水工作意见建议，得到国务院领导的首肯和地方政府的支持，明确了“东线后续要加快、应急供水要先行”的工作路径，推动了东线后续前期工作。

（1）形成共识。国务院南水北调办结合东线北延应急线路供水能力、运行管理现状、水质状况以及引黄工程运行情况调研摸底，深入研究东线北延应急供水的技术可行性，并积极沟通协调调水相关省（直辖市），打消了其对供水能力和水价的顾虑，得到了各方积极响应和支持，达成了“东线后续要加快，应急供水要先行”的共识。北京市率先启动了东线一期工程北延进京供水线路论证及相关前期工作；天津市提出利用东线一期北延向天津北大港水库每年供水 2 亿 m^3 左右，并着手实施北大港水库工程有关工作；河北省提出利用东线一期北延向白洋淀每年供1 亿～2 亿 m^3 生态用水，并以省政府名义上报了国务院。

（2）顶层推进。国务院南水北调办主任鄂竟平带队赴山东、河北、天津实地调研，并以调研报告方式向国务院提交了建议。获得了国务院领导的认可，以及有关部委及地方的支持。国家发展改革委按照国务院领导批示要求部署有关工作，水利部着手编制深入研究东线北延应急供水实施工作的具体方案，并要求东线二期补充规划的完成时限从 2018 年 8 月底提前到 2018 年 4 月底。各省（直辖市）也明确了工作安排。

（二）中线调蓄工程

通过探索确立了促进中线调蓄工程立项的工作机制，明确了立项工作组织和投资主体。向雄安新区供水调蓄工程已纳入新区近三年需要重点建设的项目清单并进入绿色审批通道，河南观音寺调蓄工程和辉县洪洲湖调蓄工程已纳入当地“十三五”规划。

（1）结合雄安新区建设调蓄工程，国务院南水北调办组织中线建管局立足于南水北调中线保障雄安新区建设发展用水需求，主动对接中国雄安建设投资集团有限公司，统筹南水北调中线对调蓄工程的需求、雄安新区建筑骨料需求、雄安新区用电保障需求等，进行了抽水蓄能型调蓄工程同雄安新区料场利用结合建设项目研究，提出了包括大峪调蓄工程和象山调节池两个综合利用调蓄工程。向雄安新区供水项目已得到国务院领导的批示和各方积极响应。雄安新区管委会将大峪抽水蓄能工程纳入近三年需要重点建设的项目清单，并批示特事特办，建立绿色报批通道。

（2）国务院南水北调办深入梳理研究了中线调蓄工程立项前置条件、程序及与地方政府及社会投资意愿的结合点。针对观音寺调蓄工程，通过召开协调会，明确了组织协调机构、建立了联动机制、明确了省内立项的技术路线，主动联系推荐社会资本参与投资；与河南省有关部门联合发文请求国务院对项目用地问题给予支持。针对辉县洪洲湖调蓄工程，引入国电部门共同谋划选址等前期工作，明确了前期工作由国家电力投资集团河南电力有限公司牵头的工作机制，确立了投资方及牵头立项主体。观音寺调蓄工程和辉县洪洲湖调蓄工程已纳入河南省“十三五”规划。工程筹建上也有实质进展，专为方便观音寺项目建设的新郑市至观音寺联通公路扩建工程已提前开工建设并部分完工通车；辉县市政府结合洪洲湖调蓄工程下库开挖，对市政建设砂石料统一规划在峪河河滩地，集中开采砂石料超过3000万m^3，为下步工程建设创造有利条件。

（3）中线沿线现有水库众多，如运用得当可作为中线干线应急补充水源，提高供水保证率。国务院南水北调办组织中线建管局提出了《南水北调中线一期总干渠联通沿线已建水库应急调蓄工作方案》，完成了水质、联通方案、建设及运行管理、水价四项专题研究，增加了联通已建水库调蓄工程的技术储备。

（三）西线工程研究论证

围绕“一带一路”建设、西部大开发“十三五”规划等国家战略规划与西线工程的关系，多方位、多角度地组织开展座谈及调研，推动西线工程前期研究论证不断深化。组织开展课题研究，发掘西线工程效益。国务院南水北调办共组织开展了6个课题研究，组织调研4次，组织权威专家座谈研讨4次，专家涵盖南水北调工程建设专家委员会、国家发展改革委、中咨公司、中国水科院和黄河设计公司。2017年围绕西线工程出现了“红旗河”“新大西线”“藏水入疆”等西部调水设想，国务院南水北调办密切跟踪了解以上民间方案的动向。

（王　熙）

技术审查及概算评审

（1）南水北调中线辉县段峪河暗渠防洪防护设计复核分析报告审查。南水北调工程设计管理中心于2016年12月组织对《南水北调中线辉县段峪河暗渠防洪防护设计复核分析报告》进行初步审核后，请项目法人组织设计单位进一步补充峪河暗渠现状条件下10年、20年、50年洪水、洪水位及冲刷计算复核成果，项目法人于12月中旬提交了修改后的复核报告。南水北调工程设计管理中心于2016年12月28日组织对该项目进行了审查，并于2017年3月28日提交了正式审查意见。审查认为，复核后的“7·19”洪水洪峰流量及重现期分析成果是合适的，分析提出的峪河暗渠水毁原因基本合适，对“7·19”洪水位分析的结论是合适的。

（2）南水北调中线丹江口大坝加高工程施工期电量损失审查复核。南水北调工程设计管理中心于2017年1月组织对《丹江口水库大坝加高工程施工期电量损失初步设计报告》进行了审查复核，按照中线总体可研中计列原则，同意计列丹江口大坝加高工程施工期直接发电效益损失。

（3）南水北调东线一期鲁北段输水工程临清分水口变更报告审查。南水北调工程设计管理中心于2017年2月27日组织对《南水北调东线一期工程鲁北段输水工程临清市分水口变更报告》进行了审查，审查基本同意在南水北调东线一期鲁北段输水工程六分干渠段（桩号107+233.3）左岸新建临清市分水闸。

（4）南水北调中线水源调度运行管理系统初步设计报告剩余项目审查及概算评审。南水北调工程设计管理中心于2017年3月8日组织对南水北调中线水源调度运行管理系统初步设计报告剩余项目进行了初审，请项目法人组织设计单位按照上报方案进一步修改报告，项目法人于6月22日提交了《南水北调中线水源调度运行管理系统工程管理用房专题报告》和《南水北调中线水源调度运行管理系统工程安全监测专题报告》。南水北调工程设计管理中心组织对报告进行了复核，同期组织开展了该项目概算评审。审查基本同意中线水源调度运行管理系统管理用房建设地点为湖北省丹江口市，基本同意中线水源调度运行管理系统安全监测工程建设目标、设计原则和设计内容。

（5）南水北调中线一期工程汉江兴隆水利枢纽蓄水影响整治工程方案审查。南水北调工程设计管理中心于2017年6月9～13日组织对《南水北调中线一期工程汉江兴隆水利枢纽蓄水影响整治工程方案》进行了审查。审查认为，为保障库区人民生命财产安全、农业生产基础条件，对受水库蓄水影响的库区崩岸进行治理、改造排渍（渗）水系、改扩建部分沿岸闸站是必要的，原则同意整治方案提出的崩岸治理工程、排渍（渗）水系工程建设内容以及相应规模。

（6）南水北调中线一期工程引江济汉工程高边坡渠段加固方案审查。南水北调工程设计管理中心于2017年6月9～13日组织对《南水北调中线一期引江济汉工程膨胀土高边坡渠段加固方案》进行了审查。审查认为，为保障膨胀土渠段渠坡稳定和渠道运行安全，对部分膨胀土渠段边坡采取加固等处理措施以消除临近渠坡的地面积水影响是必要的；原则同意局部变形渠段采取的应急加固措施；基本同意对应急处理以外的膨胀土高边坡渠段采取的渠坡加固处理措施，以及对渠道两岸一定范围内的影响渠道边坡稳定及安全的水田、鱼塘等积水区域采取回填、改变种植结构等方式进行改造。

（7）丹江口库区地质灾害防治工程紧急项目有关报告审查。南水北调工程设计管理中心于2017年1月9日组织对丹江口库区地质灾害防治工程紧急项目有关材料进行了初步审核，请项目法人会同湖北、河南两省移民机构进一步完善项目设计报告，项目法人于2月13日提交了《湖北省紧急项目可研报告》和《河南省宋岗码头初设报告》，南水北调工程设计管理中心于2月25～26日组织进行了审查。审查认为，湖北省上报的17个项目及河南省上报的1个治理项目列为紧急治理项目是合适的，基本同意设计推荐的防治方案及相应单项工程设计。

（杨元月　关　炜）

变更索赔监督管理

2017年，南水北调工程设计管理中心先

后组织对中线干线焦作2段工程、穿黄段工程、潮河段工程、方城段工程的投资使用情况进行了核查，重点是主要结算工程量和单价的准确性、合理性，工程变更的合规性、合理性等核查，并在此基础上，分别对项目法人编制的中线干线焦作2段工程、穿黄段工程、潮河段工程、方城段工程建筑安装投资控制分析报告进行了复核。通过抽查，对工程结算中存在的主要问题及其原因进行了汇总分析，并对设计单元工程投资控制情况及投资变化原因进行了分析，提出了有关工作建议。

（孙庆宇　贾　楠）

投资控制考核

2017年，南水北调工程设计管理中心组织有关专家共完成9个设计单元工程投资控制考核工作，其中，东线一期工程7个设计单元工程，分别为穿黄河工程、二级坝泵站工程、韩庄泵站工程、蔺家坝泵站工程、台儿庄泵站工程、陈庄输水线路工程和潘庄引河闸工程；中线一期工程2个设计单元工程，分别为釜山隧洞工程和唐河倒虹吸工程。

（孙庆宇　贾　楠）

其他工作

针对中线工程沿线区域水量转让呈增多趋势的实际情况，为了确保工程安全，充分发挥用水效益，国务院南水北调办2017年3月6日印发了《南水北调中线工程跨区域水量转让运行管理规定（试行）》有效规范了水量转让行为。中线建管局按该规定办理了向河南省南阳市乡县调剂水量事宜。

（王　熙）

资金筹措与管理使用

概　述

2017年，南水北调东、中线一期工程进入建设扫尾与通水运行的新阶段，全系统经济财务部门按照“稳中求好，创新发展”的工作总思路，积极践行“负责、务实、求精、创新”的南水北调核心价值理念，紧紧围绕服务扫尾工程建设和工程运行，南水北调经济财务工作取得了显著成效。设计单元工程完工财务决算稳步推进，逐步夯实竣工决算及工程验收基础；资金监管持续强化，资金安全得到切实保障；东、中线水价政策落实顺利，工程安全平稳运行得到有力保障；企业财务管理逐步规范，管理水平稳健提高；国家重大水利工程建设基金和南水北调工程基金政策落实顺利，有力保障了南水北调工程过渡性融资和工程建设用款需要；部门预决算管理和会计基础工作切实加强，管理水平进一步提高；财会人员业务培训力度不断加大，队伍素质进一步增强；经济问题研究工作成效显著。

（邓文峰）

完工项目财务决算

2017年，国务院南水北调办加快推进完工财务决算工作，全年共计核准26个设计单元工程完工财务决算（含征地移民项目完工财务决算）。

（一）完工项目财务决算编报及核准

2017年，国务院南水北调办组织系统各单位编制2017年度完工财务决算编报计划，建立并实施按季度通报完工财务决算编报、审计和核准进度的机制，督促各单位加快完工财务决算编报进度。按照“先审计、后核准”的原则，国务院南水北调办组织对各项目法人报送的完工财务决算进行了审计。依据中介机构提交的审计结果，国务院南水北调办核准了26个设计单元工程完工财务决算（含征地移民项目完工财务决算），包括：中线干线唐河倒虹吸工程、滹沱河倒虹吸工程、釜山隧洞工程、古运河枢纽工程、调度中心土建项目、总干渠下穿铁路立交桥工程、穿越五棵松地铁车站工程、漕河段工程、永定河倒虹吸工程、北拒马河暗渠工程等10个设计单元工程完工财务决算，以及单独编报的天津1、2段工程征迁安置项目完工财务决算；东线江苏高水河整治工程、徐洪河影响处理工程、睢宁二站工程、邳州站工程、泗阳站改建工程等5个设计单元工程完工财务决算，以及单独编报的金湖站工程征迁安置项目完工财务决算；东线山东东湖水库工程、邓楼泵站工程、陈庄工程、南四湖下级湖抬高蓄水位影响处理工程、八里湾泵站工程、双王城水库工程、大屯水库工程、长沟泵站工程等8个设计单元工程完工财务决算；东线安徽省境内洪泽湖抬高蓄水位影响处理工程完工财务决算。

截至2017年底，国务院南水北调办累计核准了56个设计单元工程完工财务决算（含征地移民项目完工财务决算）。

（二）投资控制奖惩有关问题处理

为了规范南水北调工程投资控制奖惩政策调整前已提或预提投资控制节余奖励资金的账务处理，根据《基本建设财务规则》（财政部81号令）和《国有建设单位会计制度》等规章制度，国务院南水北调办于2017年6月8日印发了《关于南水北调工程投资控制节余奖励资金财务处理相关规定的通知》（国调办经财〔2017〕73号），明确要求：一是2016年1月29日起各项目法人及东线总公司应停止预提发放投资控制节余奖励资金，2016年1月29日后提取发放的投资控制节余奖励一律退回；二是已提取或预提发放的投资控制节余奖励资金，应全部计入相关设计单元工程成本，记“待摊投资——其他待摊投资”科目，2016年1月29日前仍未发放或支付的，应一律调账冲回。

该通知实现了投资控制节余奖励政策调整前后的会计核算制度执行的无缝衔接，为准确完整编制设计单元工程完工财务决算奠定基础。

（陈　蒙　邓文峰）

资　金　监　管

2017年，国务院南水北调办进一步强化资金监管，纠正和整改存在的问题，消除资金安全隐患。

（一）开展内部审计和复审

2017年4月，国务院南水北调办从“南水北调工程项目内部审计中介机构备选库”中选取14家中介机构，对江苏水源公司、山东干线公司、中线水源公司、中线建管局、湖北省南水北调管理局、东线总公司和河南省南水北调建管局、河北省南水北调建管局2016年度工程建设资金使用和管理情况，以及河北、河南、江苏、山东、湖北等5个省征地移民机构和组织2016年度征地移民资金使用情况进行了全面审计。7月，针对审计揭示的问题，国务院南水北调办陆续向有关项目法人和省级征地移民机构下达了整改意见书，督促抓紧审计整改。各项目法人和省级征地移民机构根据整改意见书的要求进行了整改，并向国务院南水北调办报告了整改情况。10月下旬，国务院南水北调办组成3个考核小组对各单位审计整改情况进行了复核考核，审计揭示问题均已整改到位。

2017年7月，按系统内部审计约束机制要求，国务院南水北调办从“国务院南水北调办经济财务专家库”中随机抽取5位专家组成专家组，对河北省南水北调建管局2016年度工程建设资金内部审计情况进行复审，专家组认为受托审计的中介机构较好履行了职责，未发现有重大审计遗漏和缺失。对复审揭示的不规范行为，河北省南水北调建管局已按复审建议作了整改。

（二）开展专项审计

2017年6月，国务院南水北调办组织对中线建管局和东线总公司2015~2016年企业运行经费使用管理情况进行了专项审计。11月，依据审计揭示的问题，国务院南水北调办向两个企业下达了审计整改意见书，要求2018年3月前整改到位。

（三）经济责任审计

2017年，根据《党政主要领导干部和国有企业领导人员经济责任审计规定》，国务院南水北调办组织完成对直属单位中线建管局、设管中心、政研中心、监管中心四位原主要负责同志的经济责任审计。

（四）配合审计署完成2016年预算执行情况审计

2017年，国务院南水北调办组织配合审计署建设审计局完成对国务院南水北调办2016年预算执行情况审计。依据审计署审计意见，国务院南水北调办组织并督促各单位抓好整改，7月向审计署报送了所有整改结果，9月向国务院报送了所有审计揭示问题全部整改到位的情况报告，并公告了审计整改结果。

（陈　蒙　邓文峰）

水价政策落实

2017年，国务院南水北调办进一步加强了与受水区相关省市政府的协调沟通，督促相关省市政府授权的部门或单位（以下简称受水单位）按照水价政策和供水合同约定交纳水费，水价政策落实取得了显著成效。

（一）中线水价政策落实

经过谈判，中线建管局于2017年一季度先后与北京、河南、河北、天津4省市受水单位签订了中线一期工程2016~2017年度供水合同。中线建管局还适时采取电话、发送账单、发函、上门等多种方式，对4省市受水单位全力催缴水费。

2017年2月，国务院南水北调办副主任张野赴河南省调研期间，与河南省有关负责领导同志沟通了水费交纳事宜。

2017年2月，国务院南水北调办总经济师先后赴河北、河南两省调研期间，与河北省南水北调办、河南省南水北调办负责同志沟通了水费收缴事宜。

2017年3月，国务院南水北调办经财司负责同志参加赴河北省检查工程防汛工作期间，与河北省南水北调办有关负责同志沟通了水费收缴事宜。

2017年4月，国务院南水北调办经财司负责同志赴武汉参加南水北调宣传工作会议期间，与相关省市南水北调办负责同志沟通了水费收缴事宜。

2017年4月，国务院南水北调办经财司负责同志巡查年度内部审计现场期间，与河南省南水北调办负责同志沟通了水费收缴事宜。

2017年5月，国务院南水北调办经财司负责同志带队赴天津水务集团公司调研中线水费收缴工作，与该公司有关负责同志就交纳水费问题进行了座谈。中线建管局有关负责同志参加。天津市南水北调办有关人员参加。

2017年6月，国务院南水北调办经财司负责同志带队赴河南省南水北调办、河北省南水北调办调研中线水费收缴工作，与两办负责同志就交纳水费问题进行了座谈。中线建管局有关负责同志参加。河南省南水北调办、河北省南水北调办及河北水务集团有关人员参加。

2017年8月，国务院南水北调办主任鄂竟平主持召开主任专题办公会研究水费督缴工作。

2017年8月，国务院南水北调办组织并研究制定了下半年水费督缴工作方案，按照“一省一策、务求实效”的策略，明确水费督缴措施和计划。

2017年11月2日，国务院南水北调工程建设委员会第八次全体会议在京召开，国务院南水北调办主任鄂竟平在汇报南水北调工作时提及相关省市欠交水费严重的问题。国务院副总理、国务院南水北调工程建设委员会主任张高丽，中共中央政治局常委、国务院副总理、国务院南水北调工程建设委员会副主任汪洋，分别就相关省市应及时、足额交纳水费事宜提出了要求。

2017年11月，国务院南水北调办主任鄂竟平赴河北省调研南水北调配套工程期间，与河北省省长许勤、河北省副省长沈小平就包括水费收缴在内的相关问题交换了意见。办总经济师、综合司、经财司、建管司、监督司、中线建管局负责同志参加。河北省相关部门负责同志参加。

2017年11月，国务院南水北调办经财司负责同志参加南水北调“三先三后”工作会议期间，向相关省市南水北调办负责同志强调要落实两部制水价政策，及时足额交纳水费。

2017年，中线建管局全年共收取水费58.56亿元，较2016年增长22.3%。除北京市受水单位依据合同足额交纳水费（包括基本水费和计量水费）外，天津、河北和河南3省市受水单位均不同程度欠交水费。

（二）东线水价政策落实

2017年4月，国务院南水北调办经财司负责同志赴武汉参加南水北调宣传工作会议期间，与苏鲁两省南水北调办（局）负责同志就水费收缴问题进行沟通，督促足额交纳水费。

2017年4月，国务院南水北调办经财司负责同志与江苏省南水北调办负责同志沟通了水费收缴事宜。国务院南水北调办以综合司名义致函江苏省政府办公厅，商请督促江苏省南水北调办尽快与东线总公司签订供水合同，及时足额交纳水费。

2017年5月下旬，国务院南水北调办经财司负责同志带队赴山东、江苏两省开展东线工程水费收缴问题调研，与苏鲁两省南水北调办（局）负责同志就水费收缴问题进行沟通，督促足额交纳水费。东线总公司负责同志参加。

2017年8月上旬，国务院南水北调办主任鄂竟平主持召开主任专题办公会，专题研究水费督缴工作。

2017年8月底，国务院南水北调办组织研究制定了下半年水费督缴工作方案，按照“一省一策、务求实效”的策略，明确水费督缴措施和计划。

2017年9月底，东线总公司与山东省南水北调建管局续签了供水合同，将原合同有效期延长至2017年10月1日至2020年9月30日，原合同涉及的其他内容均不发生变化。

2017年11月2日，国务院南水北调工程建设委员会第八次全体会议在京召开，国务院南水北调办主任鄂竟平在汇报南水北调工作时提及相关省市欠交水费严重的问题。国务院副总理、国务院南水北调工程建设委员会主任张高丽，中共中央政治局常委、国务院副总理、国务院南水北调工程建设委员会副主任汪洋，分别就相关省市应及时、足额交纳水费事宜提出了要求。

2017年11月，国务院南水北调办经财司负责同志参加南水北调“三先三后”工作会议期间，与苏鲁两省南水北调办（局）负责同志沟通了水费收缴事宜。

截至2017年底，东线总公司全年共收到水费15.87亿元（均为山东省交纳），较2016

年增长了9.8%。此外，由于东线工程管理模式尚未明确，东线总公司与江苏省受水单位的供水合同商谈工作仍在进行中，尚未签订，也未收缴水费。

（邓文峰）

资金筹措供应

资金筹措与供应是确保扫尾工程建设顺利进行的重要条件。各类工程建设资金来源的落实情况如下：

（一）南水北调工程基金政策落实情况

2017年起，财政部将南水北调工程基金转为一般公共预算管理，用于南水北调工程建设的一般公共预算（原南水北调工程基金）通过国务院南水北调办部门预算进行安排。

2017年，依据年度部门预算和南水北调工程建设用款需要，财政部共拨付一般公共预算（原南水北调工程基金）9.22亿元，均用于中线干线工程建设。

截至2017年底，南水北调东、中线一期主体工程建设累计到账的南水北调工程基金共202.55亿元（含苏鲁两省直接投入工程建设资金、东线截污导流工程建设资金，以及2017年转为一般公共预算资金），其中东线江苏水源工程12亿元、东线山东干线工程27.8亿元、中线干线工程162.75亿元。

（二）国家重大水利工程建设基金政策落实情况

2017年6月14日，为进一步减轻企业负担，促进实体经济发展，经国务院同意，财政部印发了《关于降低国家重大水利工程建设基金和大中型水库移民后期扶持基金征收标准的通知》（财税〔2017〕51号），明确从2017年7月1日将国家重大水利工程建设基金（以下简称重大水利基金）和大中型水库移民后期扶持基金的征收标准统一降低25%。征收标准降低后南水北调等中央支出缺口，财政部拟通过一般公共预算等方式予以安排。

2017年，北京、天津、河北、河南、山东、江苏、上海、浙江、安徽、江西、湖北、湖南、广东、重庆等14个南水北调和三峡工程直接受益省份（以下简称14个省份）征收的重大水利基金上缴中央国库，其中按75%的分配比例可安排用于南水北调工程建设的重大水利基金为202.34亿元（含增值税返还资金30亿元），同比减少约2.2%。截至2017年底，14个省份累计上缴中央国库，其中按75%的分配比例可安排用于南水北调工程建设的重大水利基金为1483.23亿元（尚未扣除分摊用于三峡公益性资产运行维护费的基金规模）。

2017年，财政部拨付用于南水北调工程的重大水利基金为214.47亿元，其中：直接用于南水北调主体工程建设10.12亿元（包括江苏水源工程0.40亿元、中线水源工程2.98亿元、中线干线工程6.25亿元、汉江中下游工程0.28亿元、工程安全风险评估0.20亿元）；用于偿付南水北调工程过渡性融资贷款利息、印花税及其他相关费用支出15.44亿元；用于偿还过渡性资金融资贷款本金182.97亿元，以及直接拨付河南、河北两省用于地方负责实施的中线干线防洪影响处理工程5.94亿元。

截至2017年底，财政部累计拨付用于南水北调工程的重大水利基金为1387.23亿元，其中：直接用于南水北调工程建设838.25亿元，用于偿付南水北调工程过渡性融资贷款利息、印花税及其他相关费用支出164.22亿元，用于偿还过渡性资金融资贷款本金373.47亿元，直接拨付河北、河南两省用于地方负责实施的中线干线防洪影响处理工程11.29亿元。

（三）南水北调工程过渡性资金融资工作情况

2017年国务院南水北调办没有新增提取南水北调工程过渡性资金。截至2017年底，国务院南水北调办累计提用并向相关项目法人拨付过渡性资金620.07亿元，其中：江苏水源公司25.8亿元、山东干线公司45.15亿元、安徽省南水北调项目办2.8亿元、东线总公司1.23亿元（含拨付淮委沂沭泗管理局0.80亿元）、中线水源公司203.71亿元、中线建管局302.8亿元、湖北省南水北调管理局35.50亿元、淮委建设局3.08亿元。

2017年，依据重大水利基金支出预算和已签订的融资借款合同，国务院南水北调办共偿还相关金融机构过渡性资金借款本金182.97亿元。截至2017年底，国务院南水北调办累计偿还过渡性资金借款本金373.47亿元，借款本金余额246.6亿元。

（邓文峰）

资金使用管理

（一）资金到位情况

2017年，根据投资计划和工程建设进度及用款需要，南水北调东、中线一期主体工程共到账资金193 403万元，其中一般公共预算（原南水北调工程基金）92 200万元，重大水利基金101 203万元。按项目法人划分：江苏水源公司4019万元、中线水源公司29 817万元、中线建管局154 743万元、湖北省南水北调管理局2824万元，此外，设管中心到账2000万元。

截至2017年底，南水北调东、中线一期主体工程累计到账资金24 927 862万元（含分摊水利部下达的东、中线一期工程前期工作经费，不含地方负责组织实施项目、南水北调工程过渡性融资费用和财政贴息资金，下同），其中：中央预算内资金（含国债专项）3 605 986万元、南水北调工程基金1 979 723万元、重大水利基金8 382 544万元、南水北调工程过渡性资金6 200 710万元、银团贷款4 758 899万元。各项目法人的累计到账资金情况分别为：江苏水源公司1 138 667万元、山东干线公司2 134 095万元、安徽省南水北调项目办37 493万元、东线总公司22 579万元（含以前年度拨付淮委沂沭泗管理局的8000万元）、中线水源公司5 344 906万元、中线建管局15 030 828万元、湖北省南水北调管理局1 143 447万元、淮委建设局58 847万元（陶岔渠首枢纽工程，不含电站）。此外，设管中心累计到账17 000万元。

（二）年度决算和预算工作

1. 2016年度决算工作

根据财政部编制2016年度部门决算报表、固定资产投资报表、住房改革支出决算报表、政府采购信息统计报表的要求，国务院南水北调办对2016年度预算执行情况进行了系统分析，提出了完善预算管理和资金管理的建议，在此基础上汇总编制了2016年部门决算报表、中央行政事业单位住房改革支出决算报表和固定资产投资报表、政府采购信息统计报表，并于2017年3～4月分别按时报送财政部。

根据财政部的要求，国务院南水北调办组织编制了2016年度国库集中支付年度结余资金申报核批表，于2017年3月报送财政部。

根据国管局的要求，国务院南水北调办组织办机关和直属事业单位对2016年12月31日前所占用的国有资产进行了全面清查，在此基础上填报了2016年度国有资产年度决算报表。

按照中央国家机关工会联合会的要求，国务院南水北调办组织编制并报送了办工会的2016年度预决算报表。

国务院南水北调办2016年决算工作在财政部组织的决算考核中被评为优秀，获得财政部通报表彰。

2. 2017年度预算工作

2017年4月，财政部正式下达了国务院南水北调办2017年部门预算。根据财政部下达的2017年部门预算，国务院南水北调办按照《预算法》的相关规定，将2017年预算分解下达到各单位，并要求各单位严格按照预算批复的范围和标准控制支出，同时要加快预算执行进度，落实财政部预算执行管理要求。

2017年7月，按照财政部全面推进部门预算改革的要求，国务院南水北调办组织开展2018年部门预算及2018～2020年滚动支出规划申报和审核工作。委托中介机构对机关各司、事业单位编制报送的100万元以上的项目进行预算评审，对其他项目严格审核，形成2018年的预算及2018～2020年三年支出规划，于8月初报送财政部。12月，按照财政部下达的2018年部门预算“一下”控制数进行了细化，将基本支出预算细化到基层预算单位，项目支出预算细化到具体执行单位，在此基础上汇总编制了2018年中央部门预算（二上）并报财政部。

根据财政部关于项目预算绩效考评的要求，国务院南水北调办组织对2016年度纳入绩效考评的“南水北调工程建设质量及运行监管经费”项目开展了绩效评价工作，并于2017年3月向财政部报送了项目绩效评价报告。

根据财政部关于部门预决算公开的要求，2017年4月国务院南水北调办对2017年部门预算进行了公开；2017年7月对2016年部门决算进行了公开。

（三）财会人员业务培训

2017年12月，国务院南水北调办在河南省郑州市举办了2017年度会计决算培训班，对决算报表编制以及软件操作进行了培训，各项目法人、项目建设管理单位、各省（直辖市）征地移民机构的60多名财会人员参加了培训。

此外，国务院南水北调办组织办机关及事业单位财会人员参加财政部、国管局、中央国家机关工会等有关方面组织的部门预算、部门决算、政府采购计划、国库集中支付、行政事业单位会计制度等业务培训。国务院南水北调办还组织了办机关、事业单位和中线建管局财会人员参加在京会计人员继续教育学习。

（四）资金管理制度建设

2017年1月4日，为了进一步规范和加强办机关固定资产管理，国务院南水北调办修订印发了《国务院南水北调办机关固定资产管理办法》（综经财〔2017〕2号），对机关各司固定资产管理的职责作了进一步明确，落实资产使用责任，加强管理监督，提出了处罚措施，明确实行资产信息化统一管理等。

2017年4月27日，为完善预算决策机制，提高预算编制和管理水平，规范项目预算评审行为，国务院南水北调办制定印发了《国务院南水北调办项目预算评审办法（试行）》（综经财〔2017〕21号），明确了预算评审的内容、程序、方式、结果使用、评审机构及专家管理等事项。

2017年4月27日，为加强和规范办机关政府采购活动的内部控制管理，国务院南水北调办制定印发了《国务院南水北调办机关政府采购活动内部控制管理规定》（综经财〔2017〕22号），明确了货物类、工程类和服务类采购归口管理司局，以及相应的控制重点采购风险、控制流程和防控措施。

2017年6月1日，为保障南水北调系统征地移民资金安全，国务院南水北调办在组织开展调研的基础上，针对县、乡、村等基层单位征地移民资金分散、监管难度大、容易引发违规使用甚至挪用等风险，研究印发了《关于强化基层单位或组织征地移民资金监管的通知》（国调办经财〔2017〕72号），要求各省（直辖市）征地移民主管部门进一步强化征地移民资金监管，依据本辖区基层单位实际情况，采取适度集中管理的方式，可将征地移民资金集中至县级或以上征地移民机构统一管理，并加强完工（竣工）财务决算后的征地移民资金结余的统筹管理，确保资金结余继续用于征地移民遗留问题处理及后续工作，严禁挪作他用。

2017年12月15日，为建立科学规范的国有资产年度报告制度，提高国有资产信息质量和应用水平，夯实资产管理和预算管理的数据基础，国务院南水北调办制定印发了《国务院南水北调办国有资产年度报告管理实施办法》（综经财〔2017〕80号），明确了办机关和直属事业单位国有资产年度报告的职责分工、报告内容、报告编制与审核、数据使用与管理等事项。

（邓　杰　邓文峰）

企业财务管理

2017年，国务院南水北调办进一步加强并规范企业财务管理，提高企业财务管理水平。

2017年10月27日，为规范企业财务管理，理顺投资者与企业的财务管理关系，国务院南水北调办印发了《关于印发企业财务管理的若干意见的通知》（国调办经财〔2017〕174号），明确国务院南水北调办是中线建管局和东线总公司的出资人，履行投资者的财务管理职责；建立了企业财务管理审批、备案管理制度，以及企业财务会计报告制度。

2017年11月28日，为规范企业经营财务管理行为，提高企业经营财务管理水平，防范资金使用安全风险，国务院南水北调办印发了《关于规范企业经营财务管理有关事项的通知》（国调办经财〔2017〕192号），就推进内部控制制度建设及完善、建立运行维护费定额标准体系、加强全面预算管理、规范工程及大宗物质或服务采购、严格经济合同审核、强化物质及资产管理、提升会计核算水平、严格公务经费使用、加大水费收取的力度等九个方面提出了明确要求。

（孙　卫　邓文峰）

南水北调工程经济问题研究

2017年，为进一步促进南水北调扫尾工程顺利建设和工程良性运行，国务院有关部门开展了南水北调工程经济相关问题研究，着力解决工程建设和运行管理中面临的实际问题。

（一）开展南水北调工程运行初期供水成本监审问题研究

成本监审是政府制定价格的重要环节之一。为了做好南水北调工程运行初期水价政策评估校核的基础工作，国务院南水北调办于2017年5月委托国家发展改革委市场与价格研究所和北京新途径咨询中心，对南水北调工程运行初期供水成本监审问题开展了专项研究。该项目梳理了中线、东线工程通水以来的实际成本费用支出情况，对照政府定价成本监审工作的相关要求，分析了现阶段开展供水成本监审的可行性及存在的主要问题，认为目前尚不具备实施成本监审的相关条件，并研究提出了下一步需做好的相关工作建议。该课题于12月中旬通过专家审查验收。

（二）开展南水北调工程运行初期水价政策执行情况分析

为了做好南水北调工程运行初期水价政策评估校核的基础工作，国务院南水北调办于2017年4月委托国务院发展研究中心资源与环境政策研究所对南水北调工程运行初期水价政策执行情况进行了分析。该项目梳理了南水北调工程运行初期水价政策的主要内容，从相关主体落实水价政策采取措施、水费收缴使用、工程运行还贷支出、政策执行中存在的问题及其原因等方面对水价政策执行情况进行了系统分析，并研究提出了落实和完善水价政策的对策建议。该课题于12月中旬通过专家审查验收。

（三）编制完成廉政风险防控手册（经济与财务管理分册）

根据国务院南水北调办机关党委《关于开展廉政风险防控手册编制试点工作的通知》（机党〔2016〕48号）要求，国务院南水北调办经济与财务司作为办机关编制试点单位，研究编制完成了廉政风险防控手册（经济与财务管理分册)，于2017年6月报送机关党委。该手册全面梳理了南水北调系统经济财务工作所涉及的预算、资金、资产、竣（完）工财务决算管理等八大方面的20项主要业务内容，排查出主要风险点96个，提出防控措施165条，将廉政风险防范管理落实到岗、责任到人，建立起预防腐败的廉政风险防控机制。

（邓文峰）

建 设 与 管 理

概 述

2017年，按照国务院南水北调办党组提出的“稳中求好，创新发展”的总体思路，紧紧围绕年度工作目标，立足“平稳通水、安全运行”，狠抓工程运行管理、水量调度、安全管理、招投标管理、科技管理、工程验收等各项工作落实和创新，强化运行管理规范化建设，实现工程安全平稳运行、完成供水计划的工作目标。落实安全责任，确保工程和运行安全；加强工程调度，确保足量供水；强化进度控制，推动工程扫尾；规范工作程序，明确验收计划；开展科研攻关，提供技术支撑。扎实做好工程建设和运行管理各项工作，实现了东、中线一期工程安全平稳运行和足量供水的目标。

（1）规范运行管理。组织工程管理单位研究规范运行管理思路和需求，制定现阶段规范运行管理工作实施方案，编制运行管理规范化建设总体规划，制定实施运行调度改进工作方案；召开运行管理工作会。经过一年的工作开展，运行管理制度体系逐步形成，一批标准化渠段、闸站、中控室初步建成，工程巡查实时监控系统投入试运行，规范化水平得到有效提升。

（2）水量调度。组织实施水量调度计划，组织编制了东、中线工程2016～2017年度水量调度实施方案；加强调度协调，继续实施提高用水量督导方案，督促执行好年度供水计划和提高用水量；积极协调，调增北京市年度水量1亿m^3，保障了北京市“一带一路”峰会期间用水需要；配合调增天津市水量1.05亿m^3，确保全运会胜利召开；协调河南省利用洪水资源3.0亿m^3；与国家发展改革委联合印发了南水北调配套工程建设督导工作方案，会同国家发展改革委、住建部联合督导配套工程建设，进一步推动南水北调工程综合效益提升。

（3）工程验收。组织开展设计单元工程完工验收，顺利完成年度验收计划。对中线通水验收遗留问题整改情况进行督办，推动解决影响验收的问题，协调陶岔水电站启动验收工作，做好桥梁验收移交工作。编制南水北调东中线一期工程总体竣工验收工作方案，经八次建委会审议并原则通过。

（4）体制机制建设。完善集团公司组建方案，邀请专家咨询，会同有关单位完善集团公司方案。

（5）安全生产管理。南水北调工程安全生产工作紧密围绕工程建设期运行管理特点，按照办党组提出的“稳中求好，创新发展”的总体思路，认真贯彻落实国务院和安委会有关工作部署，在领导小组各成员单位的大力支持下，立足“平稳通水、安全运行”，不断加强组织管理、工程防汛、运行安全管理标准化建设、应急管理、工程保护范围划定、左岸防洪影响处理工程、特殊时期安全管理、安防、反恐、桥梁安全管理、冰期输水等工作，加大安全生产监督管理和检查力度，保证了东中线年度水量调度工作的顺利进行，实现了工程安全平稳运行、完成供水计划的工作目标。

（6）技术管理。督促工程管理单位完善运行期技术管理体系，提出运行期重大关键技术、维修维护技术和应急抢险技术需求，做好工程建设重大关键技术总结工作，制定中长期运行管理技术管理工作方案，为规范开展技术管理工作奠定了基础。组织中线建管局开展重大工程项目运行风险技术检测，研究中线工程停水和不停水两种运行工况下的全线检修周期，编制停水和不停水两种运行工况下全线工程检修实施方案。

（7）科技工作。组织各有关单位认真开展重大关键技术总结和运行期技术需求研究总结工作。开展南水北调东中线二三期工程建设重大关键技术需求研究、东中线工程应急运行技术和设备研发需求研究工作，并组织专家对研究成果进行了咨询审查。加强国家科技支撑计划项目管理，组织开展了国家科技支撑计划“南水北调中东线工程运行管理关键技术及应用”项目检查工作，为项目验收做好准备。组织开展了国家重点研发计划“水资源高效开发利用”重点专项2018年度项目推荐有关工作。

（8）招标投标管理。做好分标方案批复、招标公告发布、评标结果公示、评标专家抽取等日常监管工作。明确依法必须招标的南水北调工程项目招标投标活动全部进入公共资源交易平台交易，提出规范开展电子招标投标活动的工作要求。开展监督平台建设调研，对建设功能需求、建设方式等进行研究，推进监督平台建设。对招标（采购）制度体系建设情况、招标（采购）项目计划和完成情况等进行专项检查，组织开展专项整顿，进一步做好招投标监督管理工作。

（白咸勇　罗　刚　杨禄禧）

工程进度管理

2017年，中线纳入督办的变更新增项目已全部完成。

制订了陶岔渠首水电站并网发电协调工作方案，督促加快办理发电手续和机组检修、试运行准备工作。

全面梳理了东线管理设施建设进展，按照主任办公会要求，2018年底前完成管理设施建设，2019年底前完成调度运行管理系统建设。

（罗　刚　詹　力　方　锐）

工程技术管理

2017年，国务院南水北调办根据南水北调东、中线一期工程已转入运行管理阶段，技术管理工作面临着新形势和新要求，组织研究提出南水北调工程建设期运行管理阶段技术管理重点工作，要求技术管理工作紧密围绕构建运行阶段技术管理体系，总结研究工程建设运行需求，研究提出运行期重大技术问题，组织开展国家科技项目研究，抓好技术管理日常工作。

加强运行期技术管理工作。督促工程管理单位完善运行期技术管理体系，提出运行期重大关键技术、维修维护技术和应急抢险技术需求，制定中长期运行管理技术管理工作方案，为规范开展技术管理工作奠定了基础。

组织开展工程建设重大关键技术总结工作。召开专题会，交流技术管理体系建设及重大关键技术需求研究工作经验，做好工程建设重大关键技术总结工作。

组织开展中线重大工程项目运行风险技术检测、中线工程检修实施方案编制工作。督促中线建管局对天津暗涵、穿黄、PCCP等重大工程项目进行运行风险技术检测，提出检测成果及工程运行风险评估报告。督促研究中线工程停水和不停水两种运行工况下的全线检修周期，编制停水和不停水两种运行工况下全线工程检修实施方案。

开展技术课题研究工作。组织开展南水北调东中线二三期工程建设重大关键技术需求研究、东中线工程应急运行技术和设备研发需求研究工作。

组织开展安全监测管理工作。督促落实安全主体责任，开展工程监测基准点校核，加强检测设备检验，深入开展监测数据分析研究，掌控工程运行性状，保证工程运行安全。

开展南水北调信息安全加固相关工作，印发了《南水北调工程闸（泵）站监控系统数据采集与调水控制业务密码应用技术要求》《南水北调工程闸（泵）站监控系统数据存储安全技术要求》两项信息安全加固项目技术要求。

（白咸勇　牛津剑　杜　宇）

运 行 管 理

围绕平稳通水、安全运行目标，以规范运行管理工作为重点，全面提升全线运行管理水平。指导工程管理单位编制运行管理规范化总体规划，开发巡查监督系统，开展试点。召开南水北调工程运行管理工作会，交流规范化管理经验。

组织编制运行调度改进工作方案并实施。经过一年的改进，全线闸控系统数据采集稳定、准确，预警功能增强，警情捕获及时，虚、假警情大幅降低。

与国家发展改革委联合印发了南水北调配套工程建设督导工作方案，会同国家发展改革委、住建部对配套工程建设进度及用水情况进行督导检查。

2017 年，东线一期工程向山东省供水 8.9 亿 m^3，连续 4 年圆满完成年度供水计划，累计跨省输水 19.9 亿 m^3；中线一期工程安全、平稳度过第三个调水年度，保证了足量供水，年度净供水 45.2 亿 m^3，较 2016 年度提高了 21%，自正式通水以来，至 2017 年底，累计供水 110.4 亿 m^3；湖北兴隆枢纽工程、引江济汉工程运行正常。

（罗　刚　沈子恒　方　锐）

安 全 生 产

2017 年，南水北调工程安全生产工作坚持“安全第一、预防为主、综合治理”的工作方针，全面贯彻落实国家安全生产法律法规和有关要求，紧紧围绕工程运行各项任务和工作要求，周密部署，强化责任，狠抓落实，认真做好安全生产各项工作。

（一）组织管理

组织召开安全生产领导小组第十六次全体会议、安全生产工作会议，传达党中央、国务院关于安全生产工作的重要精神及管理要求，总结交流工作经验，研究部署年度工作。根据工作需要调整了安全生产领导小组成员。

（二）工程防汛工作

对 2017 年防洪度汛工作高度重视，积极行动，动手早、力度大、主动出击、强化实战，对东、中线防汛项目和应急措施开展了多层次、多批次、多形式、全覆盖反复督促检查，各单位的防汛思想意识不断增强，工作开展更具主动性和目的性，应对风险能力得到很大提高，防汛组织体系和应急预案不断完善，防汛队伍、物资设备配置和防汛应急抢险技术措施准备更趋合理，防汛风险掌握能力不断增强，工程防汛基本规律把握更加深入，防汛工作能力不断提升，整个汛期工程运行安全平稳，未出现重大险情，夺取了 2017 年防汛工作全面胜利，保证了工程安全、度汛安全、供水安全和沿线人民群众生命安全。

（1）加强组织领导，调整防汛指挥部组成人员。召开防汛领导小组会议和工作会议，传达学习贯彻中央领导和国家防总的重要文件精神，总结交流工作经验，进行工作部署。

（2）梳理确定东、中线工程防汛重点部位和风险点475个，明确责任和责任人并公布。

（3）组织5轮51批次对七省市南水北调工程、移民新区、外部环境影响等防汛风险项目及应急抢险措施进行了汛前检查、汛期检查和安全大检查。会同监督、监管和稽察等单位对工程运行情况、防汛物资准备、防汛应急预案编制、水毁项目修复、保护范围划定等防汛风险项目进行了25批次的重点检查。

（4）加强讯息管理，建立汛情信息共享平台，实现了中线工程豫汛通、冀汛通等汛息APP全覆盖。沿线重点部位安设64个雨量观测站，掌握雨情、水情、汛情信息。对工程沿线10次强降雨过程、113座水库、428条交叉河流（沟）的雨情、水情、汛情进行分析，及时启动预警响应。

（5）编制防汛工作手册，组织研究防汛总体规划、防汛抢险技术方案，开展防汛应急预案推演，推动互联互通、联防联动。

（6）督促各单位优化防汛队伍，开展61场防汛实战演练，提高应对重大防汛风险的应急抢险和应急处置能力。

（7）督促各单位加强汛期巡视巡查，密切关注天气形势变化，及时发布预警信息，严格落实24小时值班和领导带班制度。

（三）运行安全管理标准化建设

在2016年运行安全管理标准化试点建设总结经验基础上，东线新增7家试点单位，中线新增14家试点单位，东、中线合计选取30家试点单位开展标准化建设。

从年初开始，组织工程管理单位以问题为导向，进一步完善运行安全管理体系，编制标准化建设试点工作方案和指导手册，指导试点单位学习标准化建设体系相关文件、制度和办法，按试点方案开展工程运行安全8大管理体系和4项安全管理行为清单建设。汇编南水北调标准化建设阶段成果，用于各单位交流经验，并指导下一阶段工作。通过安全大检查等活动，现场检查指导试点单位进一步落实责任，建立完善制度标准，细化八大体系内容，为推进工程管理规范化和信息化提供基础支撑。年底，组织各试点单位开展标准化总结，对取得的成果经验进行总结。

通过运行安全管理标准化建设，形成一批标准化闸站、标准化中控室、标准化渠段、标准化泵站等具有代表性建设成果，夯实了安全管理基础，提升了安全管理水平，促进了运行调度、工程巡查、维修养护、设备运行等方面工作不断规范化、信息化。

（四）应急管理

编制《南水北调东、中线一期工程建设期运行管理阶段应急管理和安全监管工作方案》，分析了主要风险，提出了工作目标和工作方案、实施步骤、保障措施，并经八次建委会审议通过。

督促指导工程管理单位建立健全组织机构，建立联络联防机制；分析研究确定重点工程部位和风险点，进一步完善工程、供水、防汛等各类应急预案，通过预案互备，工程防汛体系已全部纳入地方防汛体系；提出突出问题应对措施，落实应急预案内容，开展应急预案推演，检查应急队伍和物资筹备情况，组织开展有针对性的工程供水、防汛应急演练和专业培训；安排部署国家重大活动期间突发事件应对工作，制定安保方案，提出加固措施，组织督查落实。办领导多次带队以飞检等形式，对三级管理机构应急准备工作情况进行了突击检查。

（五）工程安全监测管理

督促工程管理单位加强安全监测管理工作，落实运行安全监测技术要求内容，建立健全安全监测管理体系，组织工程管理单位对监测基准网系统进行校核，提升安全监测数据质量。督促开展巡视检查、监测数据采集及资料整编分析工作，强化对巡视检查、数据异常等问题及时处理，保障工程运行安全。要求工程管理单位加强仪器设备运行维护等工作，保障仪器设备正常运行。根据安全监测资料对主要建筑物安全进行了初步评价，研究自动化监测软件，推动安全监测自动化系统建设。

督促各工程管理单位在前期安全监测的基础上，摸清底数，建立重点项目台账，认真进行运行工况评估，深入研究采用新技术、新工艺项目安全监测数据，仔细排查影响运行安全的风险和关键因素，尤其要加强对汛期、冰期等极端恶劣天气运行工况的监测评估，分析归纳，探索规律，积累成果，提出管理和技术措施，指导工程运行安全管理。

（六）工程保护范围划定和左岸防洪影响处理工程

多次派员参加水利部组织的协调会议，多次以会谈、现场检查等方式，协调督促工程管理单位做好保护范围划定工作。中线工程已基本完成保护范围划定和安全警示标志设置。东线总公司已形成苏鲁省际保护范围划定方案并报水利部，山东划定方案正在审核，江苏划定方案正在征求意见。

对河北、河南两省左岸防洪影响处理工程建设情况进行调研，协调督促两省加快工程建设。5月和11月，国务院南水北调办领导先后三次赴河北、河南两省左岸防洪影响处理工程施工现场进行专项检查，针对存在问题召开现场协调会，推进工程建设。与发展改革委沟通工程实施情况，协调推进工程实施。12月，组织检查组赴河北、河南省左岸防洪影响处理工程检查工程进展，督促相关单位按目标完成工程。通过现场检查、与相关部委及与相关省市领导协商等，加快推进防洪影响处理工作建设，有力保障了工程度汛安全、供水安全和沿线人民群众生命安全。

（七）特殊时期安全管理工作

加强特殊时期安全生产管理，先后多次印发文件，督促各单位切实做好“两会”及节假日期间和重要时期南水北调工程安全生产管理工作，并在年底组织工程管理单位开展防火专项检查，保证工程运行安全。

在十九大召开期间，制定多项加固措施，并组织检查组对东、中线工程进行治安反恐、安全隐患等工作进行检查，保证工程安全、供水安全和沿线人民群众生命安全，营造良好的社会氛围。

（八）安防和反恐工作

高度重视工程运行安全保卫工作，督导工程管理单位建立安保反恐工作机制体制，制定安全保护防范，推动《南水北调工程治安风险等级与安全防范要求》标准颁发。组织东、中线工程管理单位沿线建立警务室，成立保安公司，在工程沿线，设立监控系统、电子围栏、封闭围挡，同时不断完善应急预案，通过物理隔离和配置网路信息安全产品、安全防火墙等技术措施，严防恶意网络攻击，保证调度系统安全。

加强与公安部、国家反恐办的工作联系，积极争取工作指导，组织南水北调企事业单位根据相关法律法规要求，落实反恐主体责任，建立健全反恐组织体系和工作体系，健全内部管理制度，落实反恐人员、经费、设备、应急应对措施等，加强防范工作落实。督促企事业单位分不同层级主动作为，密切反恐防范工作协作，主动与省（直辖市）、市、县反恐部门建立工作联系，将南水北调反恐工作纳入当地反恐工作体系。

（九）桥梁安全管理工作

督促相关单位加强跨渠桥梁安全管理研究，及时沟通中线跨渠桥梁通行车辆超限、超载监测情况，并协调交通运输部、公安部、河北省人民政府、河南省人民政府，加强南水北调中线跨渠桥梁通行车辆超限超载治理。积极主动作为，协助起草有关文件，促进治理工作进一步开展。

（十）冰期输水工作

组织工程管理单位及早部署，落实责任，

制定工作方案，落实应急队伍、物资、应急预案，维护融冰、拦冰等设备设施，做好冰情预警预报、工程巡查和输水调度工作，确保冰期输水安全。组织检查中线河南、河北、天津、北京境内工程冰期输水工作，对拦冰索、曝气装置等扰冰系统运行情况进行现场检查，并检验融冰系统工作状态，要求工程管理单位不断探索冰期安全输水规律，积累经验教训，采取科学合理措施，确保冰期输水安全。

（白咸勇　管永宽　王志翔）

验收管理

进一步加强验收工作开展情况检查力度，协调督促省（直辖市）南水北调办（建管局）、项目法人，按年度验收计划规范有序开展设计单元工程完工验收，顺利完成年度验收任务。

对影响验收问题进行调研，梳理分析制约因素，提出工作建议和要求。督促项目法人落实丹江口水库蓄水试验实施方案，开展渠道衬砌板水下修复试验、分析研究惠南庄泵站启动验收问题等工作，一批验收突出问题得到了有效解决。

制订了《南水北调东、中线一期工程总体竣工验收工作方案》，提请第八次建委会审议并原则通过。

（李震东　赵　文　程林枫）

科技工作

国务院南水北调办积极做好国家科研项目组织及申报推荐工作。组织开展国家科技支撑计划项目研究工作。督促“南水北调中东线工程运行管理关键技术及应用”项目各课题承担单位继续开展好项目研究工作。组织专家开展了对项目10个课题的研究进展和经费到位及使用管理情况检查。组织编写课题及项目2017年度执行情况报告。召开了项目成果检查及验收准备会议，听取各课题承担单位2017年度课题序时计划执行情况汇报，年度财务执行情况汇报及课题验收工作计划汇报，安排部署相关工作。

组织开展国家重点研发计划“水资源高效开发利用”重点专项2017年度项目推荐有关工作。根据科技部要求，组织各项目法人报送了技术研究需求，并及时将有关需求报送科技部。

（白咸勇　张　晶　牛津剑）

其他工作

（一）安全生产工作会议

2017年2月14日，国务院南水北调办安全生产领导小组（以下简称领导小组）组织召开第十六次全体会议。会议宣布了调整后的领导小组成员名单，学习贯彻了中共中央国务院关于推进安全生产领域改革发展的意见，国务院副总理马凯、国务委员王勇在全国安全生产电视电话会议上的讲话，国家防总关于国家防汛抗旱总指挥部全体会议文件精神，听取了领导小组办公室关于2016年南水北调工程安全管理工作总结及2017年重点工作的汇报。

2017年3月21～22日，国务院南水北调办在山东枣庄召开2017年度南水北调工程安全管理暨防汛工作会。会议充分肯定了2016年度南水北调工程安全管理工作，指出2016年南水北调工程安全管理工作坚持“安全第一，预防为主，综合治理”的工作方针，全面贯彻落实国家安全生产法律法规和安全管理各项要求，紧紧围绕确保运行安全管理工作目标，周密部署，强化责任，狠抓落实，扎实开展安全管理各项工作，全年未发生重特大安全事故和断水事件，会议还总结交流了南水北调工程运行安全管理工作经验，研究部署了2017年运行安全管理工作和防洪度汛工作。

（二）南水北调工程基层管理者针对性防汛培训

2017 年 12 月 22 ~ 24 日，国务院南水北调办首次在郑州组织开展南水北调东、中线工程基层管理者针对性防汛培训。会议随机抽取部分基层管理者按照撰写的材料进行授课，向全体管理者介绍本辖区的防汛管理情况和经验教训，随机安排部分未授课单位代表对授课情况进行交叉点评，东、中线工程管理单位防汛负责人对整体授课和交叉点评情况进行总体评议，分享防汛经验教训成果，指出仍需改进的薄弱环节，提出建设性建议。安排部署全体参会人员撰写培训心得体会，从培训内容、方式、效果等写出自身体会。国务院南水北调办防办进行了重点点评，提出防汛工作要求。

（三）南水北调工程运行管理工作会

2017 年 11 月 24 日，国务院南水北调办在郑州市召开南水北调工程运行管理工作会，现场观摩中线工程标准化渠道、标准化闸站、标准化中控室及技术革新项目，交流规范化管理经验，共享规范化管理建设成果，形成了比学赶帮的生动局面，取得了良好效果。

（四）验收工作会

贯彻国务院南水北调工程建设委员会第八次全体会议精神，2017 年 12 月 8 日，在武汉市组织召开验收管理工作会，总结交流验收工作经验，分析面临形势和存在困难，提出加强验收工作措施和工作目标，部署后续工作。

（五）检查、调研

2017 年 1 月 25 日，国务院南水北调办检查南水北调天津干线工程春节期间安全生产工作。

2017 年 2 月 6 ~ 7 日，国务院南水北调办调研南水北调中线河北境内工程保护范围划定、防洪防护应急工程建设和配套工程建设情况。

2017 年 2 月 8 ~ 9 日，国务院南水北调办检查南水北调中线干线工程部分项目运行管理情况和部分水毁项目修复进展情况。

2017 年 2 月 14 ~ 16 日，国务院南水北调办调研南水北调中线河南段防洪防护应急工程和安防系统建设情况。

2017 年 2 月 22 ~ 23 日，国务院南水北调办检查南水北调中线干线河南段工程部分项目运行管理情况。

2017 年 3 月 29 ~ 31 日，国务院南水北调办检查南水北调北京、河北、河南、山东境内工程防汛工作。

2017 年 4 月 11 ~ 14 日，国务院南水北调办检查南水北调江苏、湖北境内工程防汛工作。

2017 年 4 月 18 ~ 21 日，国务院南水北调办检查南水北调安徽省境内工程防汛工作。

2017 年 4 月 25 ~ 26 日，国务院南水北调办检查南水北调中线天津干线工程防汛工作。

2017 年 5 月 10 ~ 11 日，国务院南水北调办检查南水北调中线干线河北境内左岸防洪影响处理工程实施情况。

2017 年 5 月 18 ~ 19 日，国务院南水北调办检查南水北调中线干线河南境内左岸防洪影响处理工程实施情况。

2017 年 6 月 8 日，国务院南水北调办检查南水北调中线河南境内部分防洪工程施工进展情况。

2017 年 6 月 14 日，国务院南水北调办飞检南水北调中线保定段工程防汛应急准备工作。

2017 年 6 月 14 ~ 17 日，国务院南水北调办检查南水北调中线黄河以南段工程防汛工作并观摩河南省南水北调工程防汛演练。

2017 年 6 月 22 日，国务院南水北调办检查南水北调中线北京段工程防汛工作。

2017 年 7 月 6 日，国务院南水北调办检查南水北调中线河北邯郸—邢台段防洪应急项目进展情况以及防汛准备情况。

2017 年 7 月 12～14 日，国务院南水北调办检查南水北调湖北境内南水北调工程防汛工作情况。

2017 年 7 月 12～14 日，国务院南水北调办检查南水北调中线干线黄河以南部分项目防汛工作。

2017 年 7 月 18 日，国务院南水北调办飞检南水北调中线干线高元段至邢台段工程防洪度汛工作情况。

2017 年 7 月 26～27 日，国务院南水北调办检查南水北调东线山东境内防洪度汛工作。

2017 年 8 月 3 日，国务院南水北调办检查南水北调中线鹤壁段至汤阴段工程防汛工作情况。

2017 年 8 月 10 日，国务院南水北调办检查南水北调中线工程北京段惠南庄、易县防汛及风险项目排查工作。

2017 年 8 月 21～23 日，国务院南水北调办检查南水北调中线河北段工程防汛工作。

2017 年 9 月 25 日，国务院南水北调办检查南水北调中线干线安阳段至邯郸段安全运行管理工作。

2017 年 9 月 26～27 日，国务院南水北调办检查中线丹江口大坝及渠首大坝至方城段工程运行管理情况。

2017 年 9 月 26～28 日，国务院南水北调办检查南水北调河北、河南、山东境内配套工程建设及用水情况。

2017 年 10 月 3～4 日，国务院南水北调办检查中线工程新郑段、航空港区段和郑州段运行安全稳定工作。

2017 年 10 月 12～14 日，国务院南水北调办开展丹江口大坝加高工程和汉江中下游治理工程运行管理督查。

2017 年 10 月 17～19 日，国务院南水北调办开展南水北调中线工程运行管理督查。

2017 年 11 月 9 日，国务院南水北调办检查调研河北省南水北调配套工程建设和运行管理情况。

2017 年 11 月 13～14 日，国务院南水北调办对丹江口大坝、丹江口库区、渠首大坝，以及中线陶岔渠首至邓州段渠道工程运行管理情况进行检查。

2017 年 11 月 24～25 日，国务院南水北调办检查陶岔渠首枢纽工程发电准备情况。

2017 年 11 月 28 日，国务院南水北调办赴河北保定检查中线工程闸控预警系统、融冰系统运行管理情况。

（杨禄禧　沈子恒　赵　文）

生　态　环　境

概　述

2017 年，按照绿色发展理念以及“稳中求好，创新发展”的要求，环境保护司指导、督促东、中线运行管理单位，进一步健全水质监测体系，增强水污染应急处置能力，强化水质风险防范，协调受水区六省（市）落实“三先三后”原则，强化水质保障，确保输水水质，充分发挥生态效益。南水北调水源及沿线水污染防治工作全面推进，“十三五”规划启动实施，京津两市和中线水源区豫鄂陕三省对口协作工作不断深化，水源及沿线生态环境保护水平进一步提高。调水期间东线干线水质稳定达到Ⅲ类水质，中线水质稳定达到Ⅰ～Ⅱ类，满足调水水质目标要求，并保持向好趋势，全年未发生重大水质安全事件，受水区节水水平处于全国领先地位，压采地下水总量约 5.44 亿 m^3。

水 质 安 全

（一）中线水污染事件联合应急演练

2017 年 5 月 26 日，国务院南水北调办联合河北省在河北省赞皇县开展重特大水污染事件联合应急演练。此次演练的原则是“创新、联动、规范、实效”。创新：基于“安防综合监控系统、水质应急仿真系统”等信息化平台，尝试运用专家全程指导研判的应急处置模式，探索解决应急演练中信息化程度不高、重动作演练轻风险研判等问题。联动：与所在地政府应急体系无缝对接，联防联控，实现共同应对，协同作战。规范：应急程序、处置动作、组织协调严格遵照应急预案和技术规范要求，演练过程规范。实效：场景设定紧密结合中线沿线水质风险特点，演练动作紧紧围绕中线工程管理实际，贴近实战，通过演练查找问题、完善工作，并同步安排经验总结、人员培训、成果应用等工作，提高应急能力建设。

国务院南水北调办环保司与中线建管局先后开展 7 次商谈，召开专家咨询会，编制演练方案，拟订事件发现、报告与现场救援，应急会商与决策，应急调度，水源切换，应急监测，应急处置，应急退水，应急结束等 8 个应急场景，包括 18 个模块、61 个演练科目，并督促指导中线建管局开展 2 次全过程预演，逐环节研究，整改预演中暴露的问题 40 余项。

2017 年 5 月 25 日，国务院南水北调办主持召开演练新闻通气会，环保司、综合司、中线建管局、河北省南水北调办负责同志介绍情况、解读方案、回答提问。

演练当日（2017 年 5 月 26 日），现场投入应急抢险人员约 110 人，应急抢险设备约 33 台套，下达调度指令 45 条，通过电子预警快速发现、决策系统准确研判，展开 I 级应急响应，协调地方联动，全线联调联控，快速处置，退水协调，直至恢复正常供水，顺利完成演练方案确定的场景、模块、科目。河北省政府组织石家庄市、赞皇县、元氏县政府，省政府应急办、新闻办，省南水北调办、省环保厅、省水利厅等有关部门和单位参与，对事故发生地现场及相关道路实施交通管制，维护现场治安秩序，119、120 等队伍参与实操演练，对槐河退水河道进行清理排查，确保退水安全。国务院应急办、环保部、中线四省市南水北调系统现场观摩。

国务院南水北调办主任鄂竟平全程指导并宣布“圆满成功”，河北省副省长王晓东认为“具有很强的实效性和示范性”。国务院应急办以“南水北调办与河北省政府联合开展突发水污染事件联合演练”为标题纳入值班报告（第 147 期）。

通过演练，实现设定的四个目标：一是使运行管理单位、沿线地方政府提高了对运行风险的认识，增强了应急处置和协调联动的意识；二是验证了现有预案的适应性、可行性，检验了应急能力建设成果和应急反应情况，查找问题和不足，掌握应急处置技能，提高应急能力；三是增进了各级运管单位和地方应急机构、人员之间的交流沟通、协调合作；四是中央和地方新闻媒体共发出 40 余篇报道，展示了南水北调中线运行、效益、水质保护等最新成果，塑造南水北调形象。

中线建管局从技术保障、物资管理、能力建设、媒体沟通等方面总结提出 10 类问题及相应改进措施；以演代练，在参加演练观摩约 70 人的基础上，完成 150 人次现地运管人员培训；对水质应急、监测、污染源管理 3 大类规范化制度开展修订；引入、研发、改进一批水污染应急处置物资、设备。

（二）起草印发《南水北调中线干线工程投放危险物质举报处置管理办法（试行）》

2017 年 6 月 22 日，国务院南水北调办环保司会同中线建管局、邢台市，以及河北省南水北调办、内丘县政府及相关部门妥善处置1起虚假投毒举报事件。遵照国务院南水北调办主任鄂竟平批示精神，为规范处置投放危险物质举报，有效预防、控制和消除危害，保障供水水质安全，国务院南水北调办环保司制定工作方案，收集相关法律法规、应急预案、举报处置等资料，研究编制大纲，编写《南水北调中线干线工程投放危险物质举报处置管理办法（试行）》初稿。7月17日，国务院南水北调办环保司会同中线建管局召开专家咨询会，征求对南水北调中线干线工程投放危险物质举报处置管理办法的意见。19～20日，再次书面征求了机关各司、各事业单位和中线建管局的意见，修改形成报送稿。11月3日，国务院南水北调办颁布实施《南水北调中线干线工程投放危险物质举报处置管理办法（试行）》（国调办环保〔2017〕180号）。《办法》包括总则、接报与登记、报告与报警、核实与监测、响应与终止、奖励与惩处、附则等共7章36条。《办法》主要有五个方面的内容：

（1）明确举报对象和工作体制。将毒害性、放射性、传染病病原体等3类严重危害水质物质列为举报对象。明确运管单位负责举报处置，国务院南水北调办、省（直辖市）南水北调办进行监督管理和协调管理的工作体制。

（2）强调快速准确的调查核实。明确接报后立即向县、市级公安机关报警，配合公安机关立案，建立协调机制，商请尽快破案。同时组织运行管理人员立即赴现场核实，调阅沿渠综合安防系统监控录像，判断是否异常。

（3）明确规范高效的监测要求。将危险物质监测分为定性监测和精确监测，定性监测要求开展快速生物毒性分析，3小时内定性判定水体水质；精确监测要求根据应急监测手册，尽快确定具体危险物质。同时联系和配合举报事件发生地县级以上人民政府环保、卫生等部门开展行业监测。

（4）强化协调联动的应急响应。核实、监测过程中，运管单位应当与相关地方联调联控，避免危险物质可能造成的次生灾害，严格控制风险。对核实后的举报事件，达到预案规定等级的，严格按照水污染事件应急处置预案处置；未达到预案等级的，专门处置。

（5）突出危险物质举报奖惩。鼓励举报人举报，对属实实名举报，给予50～50 000元人民币奖励；对避免重大水污染事件的，给予20万～30万元人民币奖励。对虚假举报人依法追究刑事责任和民事责任。

（三）中线干线水质保障专项稽察

2017年7月，国务院南水北调办环保司赴陶岔等典型自动站调研，掌握自动站运行现状，组织国务院南水北调办监管中心制定稽察方案，明确稽察范围覆盖中线干线工程所有12个已运行的水质监测自动站，稽察内容包括水质监测自动站组织管理制度、采配水及检测单元、仪器测试的准确性、运行维护、数据管理以及站点情况等方面，稽察采取听取汇报、现场检查、查阅资料、现场操作考核、交流询问等方式。

2017年9月13～20日，国务院南水北调办监管中心进行专项稽察。现场检查情况表明，中线干线工程水质监测自动站运行基本正常，组织机构及相关制度基本健全，管理较规范，基本能实时反映水质状况，实现水质预警预报，但运维工作与相关技术规程规范、规定要求还有一定差距。稽察共发现五类24个问题。

2017年10月11～13日，国务院南水北调办环保司赴中线干线现场查验自动监测站共性问题，检查督促稽察问题整改。

中线建管局全面梳理水质保障管理方面存在的问题，查漏补缺，提高水质保护工作水平。2017年10月13日，中线建管局召开水质监测自动站运行维护进场交接协调会，汇总分析了站点设备资产状况及存在的问题，商定解决时间表。中线建管局还开展中线工程水质自动监测系统第一期专业技术培训，从水质监测自动站运维管理、仪器性能、测试原理、后期维护等方面，培训沿线管理处水质专员20人；组织开发水质监测自动站运行维护APP，统一维护内容、标准、记录等。

（四）水质监测及能力建设

国务院南水北调办环保司指导、督促运行管理单位及时分析研判水质情况。

监测指标表明，中线总干渠水质状况平稳，总体为优。监测的25项指标中（24项基本项目，补充项目硫酸盐，总氮不参评），22个指标全年持续达到Ⅰ类，仅溶解氧、高锰酸盐指数个别时段出现过Ⅱ类情况。综合2015～2017年总干渠水质类别变化情况，Ⅰ类水质断面比例逐年增加（2015年21.6%增加至2017年84.5%），总体稳定在Ⅱ类以上，特别是2017年9～11月Ⅰ类水质断面比例达90%。东线一期工程输水干线17个国控断面水质稳定在Ⅲ类，部分敏感指标明显好转。

（五）中线干线饮用水水源保护区划定完善

2017年7月、8月和10月，国务院南水北调办环保司赴河北、河南两省，现场查看部分污染风险点，交流座谈，出主意想办法，督促加快饮用水水源保护区划定完善。就2017年全国人大代表建议、政协委员提案中反映的有关“保护区生态补偿和企业退出机制”等问题，国务院南水北调办环保司专门拜访环保部、财政部等有关部委，争取到农村环境综合整治“十三五”规划对河南中线水源地及输水沿线32个县（区）3102个建制村的支持，促成财政部2018年度补助3.2亿元用于河南保护区补偿。

2017年8月17日，经河北省政府同意，河北省南水北调办、环保厅颁布实施了划定和完善方案（冀调水设〔2017〕41号）。其中，一级保护区11.74km^2，二级保护区109.66km^2（完全封闭式输水渠道一级保护区50m，二级保护区52～150m；非完全封闭式输水渠道，一级保护区50～200m，二级保护区50～2000m），与原保护区范围比较，一级保护区减少18.4km^2，二级保护区减少254km^2。

截至2017年底，河南省完成保护区范围调整专题报告编制和技术评估，并征求省直部门意见。

（六）干渠两侧风险源排查整治

2017年4月14日，国务院南水北调办印发《关于协调配合做好南水北调水源及沿线农村环境综合整治的通知》（综环保函〔2017〕112号），要求结合农村环境综合整治工作，优先将总干渠两侧污染源纳入治理范围。

2017年8月初，河南省南水北调办印发《关于做好南水北调中线工程水源区及输水沿线农村环境综合整治工作的通知》（豫调办移〔2017〕13号），要求地方相关部门与中线建管局河南分局、渠首分局共同对辖区内污染源情况进行核查确认。中线建管局经现场核查确认135处农村污染源，报送河南省南水北调办。河南省南水北调办协调省环保厅，结合农村环境综合整治、执法检查等，2017年已解决37处，其余纳入省农村环境综合整治项目库逐步解决。

2017年7月18～26日，国务院南水北调办环保司组织中国科学院生态环境研究中心赴河北、河南两省调研中线工程生态保护情况。经实地调研和访谈，中科院生态环境研究中心将中线渠段分为城市渠段、乡镇渠段、农田渠段、丘陵渠段、工厂渠段、河滩渠段等6类，识别出对干渠的主要生态环境压力，并提出将保护区纳入生态保护红线、依据重要性分析明确各地保护重点、典型资金缺口和环境风险对策、优化管理机制等6条建议。

（七）中线干线藻类风险防控

国务院南水北调办环保司指导中线建管局在陶岔、沙河南、郑湾、漳河北、大安舍、西黑山、惠南庄、天津外环河等8个断面每周一次开展藻类监测，指导中线建管局研发适用于南水北调总干渠的自动化藻类拦捞装置，在河南郑州十八里河倒虹吸现场试运行，已初步实现水体藻类和漂浮物的自动拦捞、自动冲洗、快速脱水等功能。

2017年7月12～15日，国务院南水北调办环保司赴工程沿线现场查看藻类生长等情况，发现邓州段部分渠段底栖藻类生长较多，与渠首分局、有关管理处座谈，了解情况，指导中线建管局开展渠首段底栖物质成分调查、底栖藻类生长研究。

2017年10月19日，国务院南水北调办环保司组织中线建管局赴北京市大宁调节池、郭公庄水厂调研藻类生长有关情况，随后组织北京市南水北调办水质监测中心、北京市自来水集团、中线建管局水质保护中心三方联合采样、共同监测，对监测方法进行了统一。

2017年总干渠藻类密度介于24万～1348万个/L，全年未超出预警值（3000万个/L），未出现重大异常。监测数据表明，藻类种类丰富，随年际和渠段藻群结构有所变化，总体上以硅藻为主，绿藻数量逐年略有增加，共检出浮游藻类8门248种（属）。2017年硅藻门占42.3%，绿藻门占38.7%。与往年数据相比较，2017年藻类平均密度（355万个/L）显著低于2015年（745万个/L），与2016年持平（384万个/L），数量有所下降并渐趋稳定。随时段，藻类密度呈现冬季最低、春季其次、夏秋季较高的分布格局，6月初至9月初密度最高。随地段，从南往北呈增加态势，河北段均值较河南段高50%以上。

（杨　伟　任　静）

（八）中线干线汛期水质保障专项行动

2017年6月，国务院南水北调办环保司指导中线建管局在防汛风险项目基础上，结合周围污染源分布情况，对可能造成漫溢、边坡滑塌泥水入渠的，列为汛期水质风险点。中线建管局排查梳理登记164处水质风险点，其中Ⅰ类31处，Ⅱ类133处。将Ⅰ级汛期水质风险点分为4类，包括跨渠排水渡槽漫溢13处，暴雨冲刷边坡13处，地下水直接入渠3处，倒虹吸下游阻断2处。

2017年6月，环保司指导中线建管局研究制定汛期水质安全保障工作方案、动员布置工作，并组织三级运管机构共57人次培训。中线建管局组织对2016年外水入渠事件较多的左排渡槽，采取“通、看、抽、截（导）”等措施，确保水质污染风险最大的第一茬水不入渠。对危化品运输较多的重点跨渠桥梁，全线调查摸底，对159处桥梁采取封堵桥梁排水孔、更换耐久性好的排水管、紧贴桥台修建截污槽、修补伸缩缝、桥下备砂等措施，构筑多重立体防线，降低水质污染风险。与所在地政府部门建立联动机制，协调地方治理生活污水入截流沟风险，紧盯天气预报，提前安排物料进场，组织雨中巡查，专人盯防风险点。各管理处制定“汛期水质保障应知应会手册”，做到组织机构“我知道”，风险项目“我掌握”，工作要求“我行动”，应急信息“我清楚”，应急监测“我了解”。

2017年7月6日，中线建管局妥善应对了叶县段杨蛮庄公路桥左岸下游防洪堤冲毁外水入渠事件。

2017年7月12～15日，国务院南水北调办环保司赴工程沿线开展专项检查，现场查看Ⅰ类水质风险点、叶县外水入渠点、自动监测站、左排渡槽、分水口、跨渠桥梁和藻类生长等情况，并分别与渠首、河南、河北分局及有关管理处座谈。

2017年8月1日，国务院南水北调办领导听取汛期水质保障专项行动情况。

2017年8月24～25日、10月11～13日，国务院南水北调办环保司分别赴河北、河南对汛期水质保障工作和问题整改进行了复查。

汛期结束后，国务院南水北调办环保司指导中线建管局对专项行动开展总结，中线建管局查出8类问题并提出下一步工作计划。通过此次专项行动，进一步增强了汛期水质风险意识，汛前项目扎实有效，应急处置妥善及时，检验了应急预案，提高了应急能力，确保了汛期水质安全。

（赵世新　杨　伟　任　静）

水污染防治

（一）启动实施丹江口库区及上游水污染防治和水土保持“十三五”规划

2017年5月26日，经国务院同意，国家发展改革委、国务院南水北调办、水利部、环境保护部、住房和城乡建设部等5部委联合印发《丹江口库区及上游水污染防治和水土保持“十三五”规划》（发改地区〔2017〕1002号），标志着《“十三五”规划》正式启动实施。

规划印发后，为营造良好舆论氛围，通过《中国南水北调报》、办公室网站等平台，以图、表、漫画等多种形式对规划进行系列宣传和解读。于2017年10月13～14日，在湖北省十堰市组织规划实施培训班，分水污染防治、水土保持、农业面源污染防治、不达标河流治理等专题，宣讲规划内容，解读资金政策，明晰工作任务，各省、市、县南水北调系统骨干人员共50多人参加培训。

针对当前“放管服”改革背景下资金项目管理方式的转变，环境保护司积极研究协调落实规划实施部门分工和资金渠道，会同发展改革委联合征求意见，就各类资金渠道达成共识。按照水质“只能更好、不能变差”要求，制订了河南、湖北和陕西三省中线水源保护“十三五”目标责任书，并组织研究制定规划实施考核办法。

2017年12月26日，召开了丹江口库区及上游水污染防治和水土保持部际联席会议办公室会议，进一步安排部署“十三五”期间水污染防治和水土保持工作，明确目标，夯实责任，水源区3省、京津2市和25个国务院有关部门32个司、70多名同志参加了会议。会议审议通过了《“十三五”规划》实施分工意见和资金渠道。国务院南水北调办与河南、湖北、陕西三省政府签订了目标责任书，作为“十三五”期间开展考核工作的重要依据。

针对库区总氮偏高问题，环境保护司组织技术单位开展了总氮来源及防控对策研究，启动对库区及上游49个监控断面总氮进行逐月水质监测。

在生态补偿方面，环境保护司积极协调相关部门加大中央财政转移支付力度，2017年共安排中央财政转移支付资金约43亿元，增幅超过2016年。目前，“十三五”规划各项措施正逐步展开，一批重点治理项目陆续实施。

（二）启动实施东线“十三五”深化治污工作

2017年，国务院南水北调办配合环保部制定出台了《重点流域水污染防治规划（2016～2020年）》，协调将深化东线治污措施纳入国家治理体系，并组织技术单位依据规划制定东线水污染防治“十三五”专项方案，系统梳理“十三五”东线深化治污思路和举措，进一步明确工作重点和协调方向，协调督促苏鲁两省细化“十三五”深化治污实施方案，紧盯重点控制单元，协调推进深化治污措施的落实。

为进一步健全运行管理阶段治污环保协调机制，形成治污合力，2017年6月19～23日，国务院南水北调办联合环保部对东线深化治污工作开展了专项督导调研，针对调研发现的农业面源和农村污染问题日益突出、应急防控压力较大等问题，督促指导两省采取治污环保措施妥善处置应对。

针对东线输水干线与沿线众多河流、沟渠平交，水质风险隐患较大的特点，环境保护司坚持以问题为导向，以控制单元水环境质量改善为目标，在6月联合环保部督导调研发现问题的基础上，组织技术单位对2013

年通水以来输水干线、主要汇入支流水质及主要调蓄湖泊水质状况进行了评估分析、风险识别及对策研究。

（三）加强督导检查，持续保持治污环保高压态势

针对库区春夏之交藻类生长特点，2017年4～5月及时开展藻类监测和防控工作，保证库区水质平稳安全。围绕中线水源区饮用水水源保护区规范化建设，10月组织开展规范化建设情况专项监督检查。同时，针对存在的问题，发文要求河南、湖北两省协调督促库区市县进行核查整改，指导中线水源公司对照整改。针对2017年丹江口水库首次高位蓄水和秋汛特点，11月专程调研督导库区清漂和监测工作，并及时开展109项全指标加密监测。

（郭　鹏　鲁　璐　杨　冰）

节水和地下水压采

（一）落实"三先三后"原则

2017年3月，国务院南水北调办环保司督促各省市上报年度用水和地下水压采计划。8月14日，国务院南水北调办环保司印发《关于召开南水北调工程受水区落实"三先三后"原则工作会的预通知》，督促工程受水区各省（市）按照《关于商请报送南水北调工程"三先三后"原则落实情况的函》（国调办环保函〔2015〕58号）的要求，收集"三先三后"工作动态。

2017年11月17日，国务院南水北调办环保司组织受水区六省市南水北调办（建管局）、江苏、山东两省东线治污领导小组办公室，中线建管局、东线总公司，江苏水源公司、山东干线公司在北京召开了"南水北调'三先三后'工作会"。会议以贯彻"十九大"精神，传达"八次建委会"精神，促进"三先三后"有关工作为主题，总结交流受水区落实"三先三后"原则工作经验，分析存在问题，研究部署相关工作，增进了各省市间了解，加强了工作联系，明确了工作目标，取得了良好效果。

国务院南水北调办环保司委托中国水科院对受水区2016年度节水工作进行跟踪评估。受水区六省市通过制度节水、技术节水、结构节水，取得良好效果，各省市用水效率在逐步提升，各项指标持续保持全国领先水平。2016年度六省市计划用水总量为1313.47亿m^3，实际用水量为1142.23亿m^3，比用水总量控制目标减少171.24亿m^3。万元GDP用水量均低于全国平均值，北京市为9.9m^3/万元、河北省为13.3m^3/万元、山东省为9.1m^3/万元、河南省为23.7m^3/万元，天津市最低为7.6 m^3/万元，接近国际最先进水平6 m^3/万元。灌溉水有效利用系数均高于全国平均水平0.542，其中，北京市为0.723，接近国际先进水平0.8。

从2017年9月29日开始，南水北调中线工程向河南省沿线7个城市和河湖水库补水，使洪水资源化。截至10月31日，生态补水量达2.05亿m^3，置换出的当地水用以补充河湖，地下水位不同程度回升，发挥了显著的社会、经济、生态和减灾效益。

（任　静　杨　伟　赵世新）

（二）地下水压采

2017年3月，水利部联合国务院南水北调办等印发了《关于开展2016年度南水北调东中线一期工程受水区地下水压采考核工作的通知》（水调函〔2017〕1号）并及时安排部署2016年考核工作，随文印发《南水北调东中线一期工程受水区地下水压采工作考核办法》。

年度考核表明，2016年度受水区压减地下水量5.44亿m^3，已累计压采8.22亿m^3，完成总体方案的37.4%。2016年封填井4472眼，已累计封填井8672眼。据监测分析，受水区大部分地区地下水位呈稳定或上升状态，2015～2016年北京市平原区地下水位回升

0.5m。天津市地下水位平均累计回升0.17m；河北省试点区浅层、深层地下水位分别回升0.58m和0.57m；河南省地下水位回升幅度为0.32～3.03m，平均升幅1.14m；山东省地下水位回升幅度为0.06～0.68m。

2017年9月20日，水利部联合国务院南水北调办等向国务院上报《水利部等关于2016年度南水北调东中线一期工程受水区地下水压采情况的报告》（水调〔2017〕306号）。

（任　静　杨　伟）

对口协作

积极协调启动中线水源区和受水区“十三五”对口协作工作。督促京、津两市于1月、5月分别出台对口协作“十三五”规划，明确资金额度，指明协作方向，突出协助领域。“十三五”期间两市将安排协作资金40亿元，聚焦生态环境建设、脱贫攻坚、产业转型升级等重点领域，2017年共安排协作资金8亿元。研究出台信息报送办法，建立了对口协作信息通报制度，定期掌握对口协作工作相关信息。

12月5日，国家发展改革委地区司会同国务院南水北调办环境保护司共同组织召开了对口协作领导小组办公室全体会议，领导小组各成员单位（科技部等19部门、中科院、社科院、工程院及5省市）联络员参加会议。会议听取了各部门和5省市对口协作工作汇报，研究部署了“十三五”对口协作工作。

（鲁　璐　杨　冰）

其他工作

（一）研究绘制中线干线污染风险源总体分布图

2017年，为提高中线污染风险源的管控效率，解决中线干线工程污染源资料存在碎片化、陈旧化、不确定性等问题，监管中心研究绘制中线干线污染风险源总体分布图。通过深入调查和核实，收集整理中线工程沿线693个污染源信息，经逐一筛选识别，确定了各类风险源497个，保证了资料“全、新、真、准”，并就其对工程水质的影响程度进行了风险评估，确定高风险源7个、中风险源48个、低风险源243个、社会关注源199个。最后对高风险源按“一源一策”、其他按“一类一策”提出了防控建议。相关成果提交有关单位，为中线污染源防控提供了信息和技术支撑。

（二）中、东线工程水质抽检

2017年，为及时掌握中、东线输水水质第一手情况，监管中心对中东线的15个断面分月开展了11组次抽检，编写《水质简报》11份，报送环保司和中线建管局、东线总公司，还对部分重点断面的水质情况及变化原因进行了评价和分析，为国务院南水北调办水质保护工作提供了一定依据和参考。

（三）中线干线水质监测自动站专项稽察

2017年9月，监管中心对中线干线水质监测自动站进行了专项稽察，覆盖中线干线工程所有已运行的12个水质监测自动站，共发现各类问题24个，稽察成果提交有关单位进行了整改，效果良好。

（四）中线丹江口水库饮用水水源保护区规范化建设调研

2017年9月，受环保司委托，监管中心对中线丹江口水库饮用水水源保护区规范化建设进行了调研。调研发现湖北、河南两省在中线丹江口水库水源保护区规范化建设上存在一些不规范、不足和不到位等问题，并针对问题提出了意见和建议，相关成果提交各有关省市及单位。通过此次调研，促进了丹江口水源保护区规范化建设工作，进一步保障了丹江口水库水质安全。

（冯晓波　朱　锐）

征 地 移 民

概 述

2017年，在国务院南水北调办党组的坚强领导和分管主任的精心指导下，征地移民司按照“坚持稳中求好 推动创新发展”总基调，根据2017年南水北调工作会议确定的重点工作分工，通过“抓隐患排查、抓扫尾验收、抓帮扶发展，促移民安稳发展再上新台阶”（以下简称三抓一促），及时部署相关工作，加强督促检查协调，积极推进落实各项工作，保障征地移民安稳发展和工程平稳运行。

（盛 晴 王 琦）

工 作 进 度

（一）库区移民

（1）库区移民总体验收。2017年，完成库区移民总体验收河南、湖北两省省级行政验收，组织设计管理中心启动库区移民完工阶段终验工作。

（2）移民后续帮扶发展规划。2017年，协调国家发展改革委赴湖北库区现场调研，对后规划必要性和重要性形成共识并多次座谈研究规划批复办理工作，协调国家发展改革委、财政部、水利部研究筹资渠道问题，河南、湖北两省加强工作主动性，积极向国务院及有关部委汇报。结合国务院南水北调工程建设委员会第八次全体会议精神，组织河南省、湖北省、中线水源公司、设计院研究下一步推进措施。

（3）移民剩余投资批复。督促中线水源公司完成新增投资报告审查，发文明确移民新增投资5.9亿元及剩余价差3.52亿元批复事宜。

（二）干线征迁

（1）建设用地土地确权登记。南水北调东、中线一期工程用地组卷经国务院批准后，南水北调沿线部分省（市）迅速开展土地确权登记工作。山东省具备发证条件的7.92万亩永久征地土地确权证全部办理完成，共办理土地使用权证546本、土地地役权证10本。天津市境内工程的85.84亩永久征地办理土地使用权证16本，并全部移交给中线建设局。

（2）征迁安置完工验收。干线沿线各省依据干线征迁验收办法规定和完工验收计划，开展市县自验、征迁档案验收、编制征迁财务决算，具备条件的开展征迁安置完工验收。东线干线山东省长沟泵站、八里湾泵站、柳长河工程、大屯水库、七一·六五河、双王城水库、济南至引黄济青明渠段、小运河工程等8个设计单元工程、安徽省洪泽湖抬高蓄水位影响工程、中线干线河南省陶岔渠首枢纽工程、湖北省局部航道整治工程完成征迁安置完工验收工作。

（盛 晴 梁 祎）

政策研究及培训

（1）南水北调丹江口水库移民安稳发展研究（2017）——移民收支调查。为跟踪调查南水北调丹江口水库移民生产发展状况和面临的问题，研究促进移民安稳发展对策，2017年继续组织开展该专题研究，对移民定点样本户进行跟踪调查。统计测算表明，移民人均可支配收入已达9000元以上，与搬迁前和库区居民相比，收入水平和生产生活状况都有明显提高，但与迁入地当地居民相比，收入水平仍有较大差距。还存在生产资源不足、发展后劲不足、产业项目受水质保护制约影响、移民技能水平低及就业渠道窄等问题，后续帮扶投入仍需加大力度。该课题研究为开展南水北调丹江口水库移民遗留问题处理及后续帮扶规划工作提供了基础数据支撑。

（2）南水北调工程预防和处置群体性事件研究。移民稳定问题涉及面广，成因复杂，该课题研究结合移民稳定问题对移民安置前期工作进行回顾性审视，为当前和今后南水北调水库移民稳定问题和移民前期工作提供经验和借鉴，是对水库移民稳定问题研究工作的一个创新和尝试。通过梳理南水北调移民搬迁安置的一系列相关研究成果，分析归纳与移民前期工作有关的九个问题：库区留置人口生存发展问题、外迁移民线上资源处置问题、水利设施配套不够完善问题、外迁移民社会重构融合问题、移民新村集体经济发展问题、村组副业评估补偿兑现问题、库区地质灾害防治规划问题、水源保护制约产业发展问题、公共服务运行费用不足问题等，并相应提出了前期工作中相关政策和技术方面的对策和建议。

（3）南水北调东、中线一期工程干线征地拆迁实践经验总结研究。为充分总结南水北调工程干线征地拆迁工作实施管理经验，给后续工程及其他线形工程征地拆迁工作提供参考借鉴，组织编撰了《南水北调工程干线征地拆迁政策与实施管理》（以下简称《实施管理》）、《南水北调东、中线一期工程干线征地拆迁案例选编》（以下简称《案例选编》）。《实施管理》一书，通过全面回顾南水北调东、中线一期干线工程征地拆迁安置实施历程，系统梳理解析政策法规和管理体制制度的框架体系，归纳总结工程沿线各省（直辖市）机构设置、机制建立、规划设计、实施管理等方面的实践做法，形成了南水北调东、中线一期干线工程征地拆迁工作的史料。在此基础上总结提炼干线征迁先进经验，并对如何实现和谐征迁、高效征迁作出深刻思考。《案例选编》汇总典型案例 56 个，涉及北京、天津、河北、江苏、山东、河南、湖北、安徽 8 省（直辖市），内容包括实物调查、征地补偿、拆迁安置、专业项目处理、临时用地处理、施工影响处理、监理监测评估、信访维稳、经验总结等 9 个方面，方便读者更加形象和真实了解南水北调征迁实施工作亮点和典型。

（潘书峰　黄　茜　王　琦）

管理和协调工作

（一）库区移民

（1）移民工作定期商处。2017 年 8 月，国务院南水北调办征地移民司组织召开南水北调工程库区移民商促会，沟通协调库区移民验收、矛盾纠纷排查化解、灾后重建、生产发展、美丽移民村建设、库区移民总结、新增投资审批等工作进展。研究当前库区移民工作有关问题，重点研究信访稳定工作，部署下阶段工作任务。

（2）验收工作。协调国家档案局督促河南省做好库区移民档案验收整改工作，协调国家文物局调整库区文物验收工作，对遇真宫文物复建另行开展单项验收，保障库区移民总体验收计划按期实施。两省在完成县级自验基础上，均已开展了省级验收工作，河南省于 2017 年 8 月完成省级行政验收，湖北省于 2017 年 12 月完成省级行政验收。组织设计管理中心启动库区移民完工阶段终验工作，多次赴库区现场开展相关验收启动工作调研。

（3）受灾移民安置工作。一是督促湖北省加快实施 2016 年汛期洪涝灾害影响的外迁移民安置区灾后重建工作，修复移民水毁房屋、农田、道路等、加快防洪工程建设，帮扶受灾移民发展生产，移民生产生活已恢复正常；二是督促两省做好 2017 年汛期受库区地质灾害影响的移民点应急处置工作，及时转移受灾移民，做好思想稳定工作，确保移民群众生命财产安全和社会稳定。

（4）协调推动实施河南省淅川县九重镇

移民产业发展试点。2017 年规划项目涉及 5 个村 5 个项目，预算总投资 4020.03 万元，包括丹江源农业有限公司邹庄猕猴桃种植园项目、淅川县今禾生物科技有限公司张冲村食用菌种植项目、东王岗村蔬菜大棚项目、福森药业中药材种植基地项目、小张冲村温室大棚基础设施配套项目。蒋旭光副主任 11 月专门赴现场调研试点项目实施进展情况。征地移民司积极协调国家发展改革委、财政部有关司，做好试点项目批复、及时拨付中央财政资金，督促河南省加快实施进度，及时总结经验，探索移民发展新路子。

（二）干线征迁

（1）征迁遗留和影响问题处理。北京市协调解决了北京永久供电升级改造征地问题。天津市协助中线建设局完成工程保护区范围埋设警示标志工作。河北省解决了天津干线廊坊段输水箱涵顶部耕地受积水渍害减产损失、邢台市中兴大街穿越总干渠桥梁引道建设阻断原有出行路等突出问题。河南省协调解决了新增永久用地、临时用地退还问题、开展征地移民资金计划调整工作。湖北省针对兴隆水利枢纽建成运行后，兴隆水库库区范围内存在堤外岸坡崩塌、堤内低洼地渍水问题，编制完成《南水北调中线一期工程汉江兴隆水利枢纽蓄水影响整治工程实施方案》。江苏省启动资金结余项目实施，在结余资金范围内，合理编制解决遗留问题和改善当地被征迁群众生产生活条件的项目，并组织审查报批。山东省使用征地移民包干资金，实施了济宁市任城区、聊城市临清市（2 个）及阳谷县、德州市夏津县及武城县等 6 个影响工程。

（2）部署干线征迁重点工作。2017 年 7 月，国务院南水北调办在河南省郑州市召开干线工程征地移民工作商促会，分析当前面临形势，研究部署重点工作。以确保十九大胜利召开为重点，落实工作责任，督促做好信访稳定、遗留问题处理、征迁验收、征迁资金管理，维护沿线社会稳定，工程平稳运行。

（3）征迁验收工作。国务院南水北调办督导征迁验收工作任务繁重的河北省和河南省制定了征迁验收计划，明确了时间节点。批复东线干线山东省长沟泵站等 8 个设计单元工程、中线干线河南省陶岔渠道枢纽工程、湖北省局部航道整治工程征迁安置完工验收的申请，核准了验收工作大纲。参加山东省南水北调建设管理局、河南省人民政府移民办公室、湖北省南水北调工程领导小组办公室召开的征迁安置验收会，对山东省长沟泵站等 8 个设计单元工程、河南省陶岔渠首枢纽工程、湖北省局部航道整治工程的征迁安置完工验收进行行政监督。安徽省完成洪泽湖抬高蓄水位影响工程征迁安置完工验收并向国务院南水北调办公室报备。

（朱东恺　盛　晴）

建设用地管理

在建设用地获得批复后，山东省和天津市率先完成土地产权证办理工作。

山东省土地确权发证采用土地登记代理方式，省南水北调工程指挥部批复了《南水北调东线干线一期工程山东段永久征地确权发证实施方案》和《南水北调东线干线一期工程山东段永久征地确权发证立项报告》并经公开招标确定，山东省国土测绘院、山东省水利勘测设计院承担干线工程测绘和地籍调查任务，山东正衡国土咨询勘测有限公司承担工程占用土地确权登记和发证任务。在沿线 10 个市 30 个县南水北调办事机构、国土部门配合下，土地确权发证工作顺利完成，共办理土地产权证 546 本、土地他项权证 10 本，涉及永久征地面积 7.92 万亩。

受南水北调中线干线工程建设管理局委托，天津市南水北调办具体负责办理天津干线天津市境内工程土地确权证。共办理土地产权证 16 本，涉及永久征地面积 85.84 亩，涉及武清、北辰、西青3区5镇25个行政村和1个国有农场。2017年7月27日，南水北调中线天津干线工程（天津市境内）土地产权证移交仪式在天津举行，国务院南水北调办蒋旭光副主任、天津市李树起副市长出席仪式并讲话，天津市南水北调办向中线建管局移交了土地产权证。南水北调中线工程第一批土地产权证顺利移交，标志着南水北调工程项目法人进入了依法持有、管理和经营不动产的新阶段，为南水北调中线其他段工程的土地证办理和移交工作起到了重要的示范和促进作用。

（盛　晴　黄　茜）

移民帮扶工作

督促库区河南、湖北两省落实移民后扶政策，整合项目资金，推进移民帮扶发展。两省实施“强村富民”战略，推广“公司+基地+农户”的产业化经营模式，促进移民就业增收，帮扶移民发展，为移民“能发展、可致富”注入强大动力。抽样统计显示，移民人均年可支配收入从搬迁前的约3000元已提高到9000元以上，增长幅度超过200%。

河南省坚持“扶持资金项目化，项目资产集体化，集体收益全民化”思路，不断加快移民生产发展步伐。一是整合南水北调移民奖补资金、水库移民后期扶持资金和各种支农惠农资金，通过优惠政策、土地流转、引进企业、移民培训等方式，发展移民村特色产业，壮大集体经济，提高移民收入。二是继续实施扶持移民企业挂牌上市、大力发展乡村旅游、积极探索推进“移民贷”等三项改革举措，促进集体资产保值增值。三是打造南水北调“美丽移民村”品牌。为促进移民村经济社会协调发展，河南省借鉴广西、福建考察学习经验，按照“五美”标准（村貌协调美、环境整洁美、村强民富生活美、村风身心美、稳定和谐美），在6市10县14村先行试点，并协调交通、林业、农业、水利等部门向“美丽移民村”建设倾斜调整投资，致力打造“宜居、宜业、秀美”的美丽移民村。四是继续巩固和推广移民村社会治理创新体制机制，夯实“两委”主导、“三会”（民主议事会、民主监事会、民事调解委员会）协调、社会组织参与、法治保障的新型移民村社会治理格局，促进移民自我管理、自我发展、自我完善、自我提升，维护移民村和谐、稳定、发展。

湖北省坚持政府主导、企业带动、移民主体、产业支撑的发展思路，大力发展区域特色产业，增强村级集体经济，促进移民增收致富。一是全省接收安置移民的26个县（市、区）均出台了支持移民相关政策，支持力度逐年增大。二是引进龙头企业带动产业发展。采取“公司+基地+农户”的产业化经营模式，共引进龙头企业55家，流转移民土地10.59万亩（占总量的59.4%）。吸纳8531名移民进企业务工，带动周边移民就业致富。三是狠抓移民产业转型发展。继续在全省推广郧阳区柳陂镇产业转型发展示范经验，在天门市试点开展“五大发展理念”实践探索，逐步形成“一村一品、一村一业”的产业格局。四是专业合作抱团经营。全省共组建各类移民专业合作组织158家，吸纳9118户移民加盟经营，培育致富带头人556名，辐射带动周边1.73万户移民参与发展。五是在全省开展“移民创业之星”“和谐移民新村”创建活动，激发移民群众参与创建工作的主动性和创造性，营造移民村和谐稳定的良好氛围。

（梁　祎　潘书峰　朱东恺）

信访稳定工作

部署各地开展征地移民矛盾纠纷排查化解工作。2017年2月，印发《关于进一步做好南水北调工程征地移民稳定工作的通知》

（国调办征移〔2017〕15号），对做好全年征地移民稳定工作做出部署。自2月下旬至4月下旬开展为期两个月的矛盾纠纷排查化解专项活动，各地各单位集中精力、集中时间，排查问题、研究措施，及时化解矛盾，维护移民群众合法权益，保障工程平稳运行。2017年9月，在天津组织召开南水北调工程征地移民维护稳定工作会议，学习贯彻中央有关信访稳定工作决策部署和习近平总书记对信访工作做出的重要指示精神，总结各地开展征地移民矛盾纠纷排查化解工作成果，排查化解重大风险隐患，在十九大召开前夕，对征地移民稳定工作进行再研究、再部署。

按照国务院南水北调办党组安排，在重点时段对征地移民稳定工作实施加固措施。组织制定征地移民稳定风险防控表，建立省到村维稳信息员工作机制，采取“抓责任落实、抓信息沟通、抓研判和预案、抓重点人和重点事、抓督促巡查、抓日常稳控”等“六抓”加固措施，实现了“确保不发生进京群访、不发生群体性事件、不发生个别极端事件、不发生重大舆论负面事件”的四个目标，确保了征地移民大局稳定，为全国两会和十九大期间的社会稳定提供保障。

（黄　茜　潘书峰）

监　督　稽　察

概　述

按照国务院南水北调办“稳中求好，创新发展”的工作总思路，以监督司和监管中心、稽察大队为主体的运行监管队伍，突出高压严管，以问题为导向，以保工程安全和提升运行管理水平为目标，通过各类监督检查、重点监管、规范化试点、举报受理、会商研判、责任追究等措施，合力开展运行监管工作，有力保障了南水北调工程安全平稳运行和效益持续发挥。

通过飞检、专项稽察、专项巡查、举报调查等措施严查问题，紧盯整改，严肃追责，消除隐患，全年开展常规飞检120组次、专项飞检16组次、专项稽察17组次，办领导特定飞检45次，受理举报事项70项；紧盯工程重点项目、关键时期和关键部位，强化重点监管，对膨胀土、穿跨越工程、检修渡槽、重点建筑物和典型渠段等重点项目开展专项巡查和检查，在汛期、冰期、大流量调水期和各大重要节日，尤其是党的十九大召开期间，制订运行监管加固措施，编制加固方案。对中线干线工程4家现场管理单位开展规范化监管试点，推动建立工程运行管理规范化任务清单，规范运行管理行为，防范重大问题发生。拓宽举报受理渠道，实现南水北调工程举报公告牌全覆盖，优化举报工作流程，加强举报调查复核力度，有效发挥举报监督的震慑、推动作用。搭建会商研判平台，组织典型问题专项研判，督促问题精准整改；严格责任追究，进一步优化责任追究机制，充分发挥责任追究利剑作用，强化警示督促。

各省（直辖市）南水北调办（局）积极配合工程运行监管工作，及时反馈举报事项调查、跟踪整改情况，为工程安全运行营造良好环境。各工程管理单位积极开展运行管理问题自查自纠，落实运行监管意见和要求，建立问题查改机制，切实做好问题整改，努力推动工程运行管理规范化，实现了工程安全平稳供水，提升了工程形象和管理水平。

（魏　伟　赵　镝）

运 行 监 管

（一）运行监管工作布署和规划

进一步完善《南水北调工程监管工作规划大纲（2016～2020年）》，细化工作内容，增强可操作性和目标控制。结合工程运行监管实际，统筹谋划全年运行监管工作的大事要事，研究制定了2017年工程运行监管工作方案，形成以问题为导向、坚持高压严管、推进督办事项、丰富监管维度、突出监管重点、创新监管措施，推动各项工作取得新进展的运行监管工作思路，明确了年度工作目标、重点内容、组织分工和措施要求，并制定了各单项工作方案。

（二）工程监督检查

2017年，国务院南水北调办持续发力工程监管，实现对东、中线一线工程全覆盖。国务院南水北调办领导亲自带队实施特定飞检，在重要监管节点坚持挺在一线。监督司加强重点监管和问题研判，紧盯重要时期、重点时段和问题整改；监管中心开展专项稽察、专项巡查，组织专家研判，对问题整改进行复查；稽察大队实施常规飞检和专项飞检，突出整改，强化监管力度。全年，国务院南水北调办领导带队实施特定飞检45组次，发现问题265项。稽察大队实施常规飞检120组次，专项飞检16组次，发现问题2882项。监管中心紧盯重要建筑物、自动化系统、金属结构机电、汛期冰期、应急管理等重点专业开展专项稽察17组次，其中稽察9次（包括5次全面性稽察，4次专题性稽察），稽察复查5次，共发现问题561项。通过典型问题专项研判，精准整改和责任追究，集中消灭一批通水运行以来监督检查发现的各类问题，坚持以问题为导向促进工程运行管理规范化建设，不断提高工程运行管理水平和能力，保障工程安全平稳运行。

（三）重点项目专项监管

总结2016年中线工程膨胀土重点渠段建设和管理“回头看”工作，对中线膨胀土、穿越工程、渡槽等重点项目组织开展专项巡查、专项检查、现场检测等运行监管工作，尤其在汛期、十九大加固期、大流量调水期等重要时期开展重点建筑物和典型渠段专项巡查，深入全面查找系统性问题，分析问题发生规律，预判安全隐患，紧盯整改落实，并进行整改专项复查，消除安全隐患。

（四）重要时期专项监管

强化重要节假日、重点时期专项监管，在春节、劳动节、汛期、中秋、国庆、冰期等“两期四节”的重要节点前印发专项通知，要求沿线各运行管理单位加大自查密度和范围，详细摸排各类风险隐患和关键部位，盯紧工程运行风险点，做好突发事件应急处置各项工作，并对强化重要时期输水调度措施、提高应急方案的针对性和对影响输水安全的运行管理问题从严责任追究等方面提出严格要求；同时加强运行监管力度、加大检查频次，开展专项稽察、飞检和巡查等。汛期重点检查应急组织体系建设、应急预案制定与演练、汛期风险隐患排查、应急物资和人员队伍准备等情况；冰期重点检查融冰、扰冰、拦冰、排冰等防冰冻设备设施的改造、运行、维护情况及冰冻灾害应急管理准备工作等情况。为迎接和确保党的十九大顺利召开，印发《关于进一步加强十九大前后南水北调工程运行监管工作的通知》，要求各单位充分认识十九大前后工程安全平稳运行的极端重要性和敏感性，认真履行运行管理和运行监管职责，严格执行工程巡查、值班值守和领导带班制度，加强监督检查和自查自纠，高度重视突发事件应急处置工作，全力确保工程运行安全；十九大前后按照“三位办领导一线监督、一位办领导在办值班”的原则，办领导亲赴一线督查11组次。

（五）典型问题专项研判

2017 年 4 ~7 月，国务院南水北调办先后组织中线建管局及相关职能部门和全部二、三级运行管理单位召开 3 次典型问题专项研判会，针对 2014 年中线全线通水运行以来，运行监管发现但仍未完成整改的 1309 个问题逐项研判分析，查找问题原因、明确整改措施及计划，将问题整改责任落实到单位到人，限定整改完成日期。截至 2017 年底，1309 个典型问题已完成整改 1000 个，另有 53 个明确了整改时间，其余问题也在紧密观察并择机处理，具备整改条件的问题整改率高达 95%，一批长期未得到有效处理的系统性问题整改工作得到实质性推进，为最终实现“消除存量、减少增量”的运行监管目标开创良好局面。

（六）运行管理规范化监管

2017 年，继续遵循办公室规范化建设工作总思路，以建立现地管理处“运行管理规范化任务责任清单”为抓手，在中线选取定州、禹州、叶县、邓州四个管理处作为试点单位，定向开展运行管理规范化监管试点工作，自下而上地深化规范化建设和监管工作。试点监管过程中，多次召开运行管理规范化监管试点座谈会，对规范化试点监管工作思路、规范化任务清单制定进行宣贯和过程监督；多阶段了解各试点处“任务清单”进展，检查“任务清单”编制情况，明确阶段任务，跟踪落实情况；开展工程巡查、闸门启闭系统等重点项目规范化管理实施情况专项督查，实际指导和检验规范化任务清单的可行性；督促运管单位建立运管问题整改和成效联动机制，促进问题及时发现和反应，划清问题整改责任，提高问题整改效率，强化问题整改，推动规范化进程；组织召开工程运行管理规范化监管工作会，总结运行管理规范化监管试点工作，为全线推广奠定基础，探索建立规范化监管工作依据，促进工程运行管理规范化。

（七）运行管理问题责任追究

落实《南水北调工程运行管理问题责任追究办法》和运行监管月度会商机制，监督司会同监管中心、稽察大队每月对“三查一举”发现的东、中线运行管理问题进行全面会商和分析研判，提出责任追究意见，进行处罚警示。先后召开月度运行监管会商会 12 次，印发运行监管会商快报 12 批次。组织实施责任追究 10 批次，其中追究一级运行管理单位 2 家次、一级运行管理单位职能部门 6 家次、二级运行管理单位 1 家次、二级运行管理单位职能部门 2 家次、三级运行管理单位 23 家次，共计 34 家次；追究运行管理人员 15 人次。国务院南水北调办直接警示约谈 7 家次，通报批评 12 家次，责成工程管理单位责任追究 15 家次，其中责成通报批评 2 家次。责成工程管理单位对外部协作单位实施责任追究 5 家次。同时，积极贯彻落实《南水北调工程运行管理特定飞检工作规定》，根据国务院南水北调办领导带队特定飞检发现问题情况，责成工程管理单位警示约谈 2 家次。

（八）监管宣传

借助中国南水北调报和南水北调手机报的宣传平台，对东线工程、湖北境内工程、丹江口大坝加高工程设立 297 块举报公告牌进行专项宣传，公布举报受理电话、电子邮箱和奖励措施，拓宽了沿线群众监督南水北调工程的范围，实现了南水北调东、中线一期工程举报公告全覆盖，激发了沿线群众关注工程、保护工程的积极性。

通过中国南水北调网站，对国务院南水北调办直接责任追究信息在警示专栏中进行公示，对被责任追究单位追究情况进行通报，警示其他工程管理单位严格运行管理，规范运行管理行为，督促工程运行管理问题及时有效整改。

（熊雁晖　韩小虎　黄　莹）

质 量 监 督

（一）质量监督检查

2017年，南水北调工程建设监管中心（以下简称监管中心）组织3个现场工作组每周开展质量监督检查，实行问题零报告制度。现场工作组对26座重要建筑物和17处典型渠段等重点项目共开展日常巡查60组次。

（二）工程验收相关工作

监管中心组织现场工作组对所监督的设计单元工程试运行3年来的质量监督情况进行全面梳理，在通水验收质量监督报告的基础上对各设计单元工程质量监督报告进一步补充和完善相关内容，积极做好设计单元工程竣工（完工）验收的准备工作。

（宋海波　常　跃　梁　祎）

重 点 监 管

（一）膨胀土渠段重点部位运行监控

①对中线15个标段的18处重点膨胀土渠段开展了5组次专项地质巡查；②选取南阳3标作为典型区域开展了专项监控；③对刁河渡槽进出口、叶县4标等5处高填方膨胀土渠段堤顶裂缝或渗水部位开展了无损检测；④现场工作组每月开展不间断的经常性检查，实行每周零报告制度。

全年共向中线建管局提出了淅川和南阳段4处深挖方渠段存在早期滑坡迹象预警，促进了中线建管局及时采取加固措施。

（二）建立“南水北调中线干线工程膨胀土渠段安全监控数据库”

以淅川2标为典型区域，全面收集了与膨胀土渠段安全监控相关的数据，实现了不同来源数据的完整齐全、标准统一、有效易用。并将基础数据通过集成，以二维制图形式直观表现，便于快速查询。还实现了及时更新和动态管理功能，为安全监控工作提供动态及时准确的数据支撑，也为“大数据”在南水北调工程运行监管工作中的应用进行了初步的有益尝试和探索。

（三）膨胀土渠段外的重点监控项目运行监管

继续对国调办监督〔2015〕131号文件确定的重要建筑物和典型渠段进行重点监控。组织现场工作组每周开展巡视检查，实行问题零报告制度。在现场工作组每周开展巡视检查的基础上，组织开展了10组次专项巡查、3次防汛专项巡查和3次运行管理行为专项督查，全年共发现各类问题195项。

（四）无损检测

分别对邯石段9座、京石段8座建筑物开展了无损检测，并出具了有CMA认证效力的检测报告。针对检测结果，综合分析了隐患性状、产生的原因及其危害性，提出了可行的整改建议。

（五）PCCP管道质量检测技术方案研究

赴新疆、宁夏、山西、北京、河北、河南等地进行调研，深入了解PCCP管道工程质量管理情况，收集国内外相关资料，编制了《PCCP管道质量检查检测方案专题调研报告》；并在PCCP生产厂家组织开展了PCCP管道断丝检测比对试验，经技术研究，编制完成了《南水北调工程PCCP管道质量检查检测技术方案研究报告》。

（宋海波　常　跃　梁　祎）

举报受理和办理

2017年，监督司认真贯彻落实“稳中求好，创新发展”的工作总思路，不断总结举报工作经验，加大制度办法宣贯，规范举报受理行为，拓宽问题线索来源，强化举报调查复核，紧盯问题整改落实，基本做到了“事事有回音，件件有着落”，为加强工程运行监管、推动解决热点问题、探索规范化建设、维护运行环境发挥了积极作用。

2017 年共接收举报信息 280 件，受理举报事项 70 项，涉及运行管理 37 项、工程质量 8 项、水质环境 17 项、其他 8 项，分别转由各省市南水北调办、移民机构、工程管理单位调查处理并反馈结果。全年给予实名举报奖励 11 项，编制南水北调工程运行管理举报情况工作简报 4 期，东中线工程累计设立举报公告牌 1535 块。9 月，及时组织更换新设置的举报电子信箱，进一步督促加强举报公告牌的管养维护，确保举报受理渠道畅通有效。

（李笑一　张　彬）

稽察专家管理

监管中心根据稽察工作的需要，对金属结构、机电、安全监测、自动化系统、应急管理等专业专家及时进行补充和优化，确保专家年龄层次、专业技能、知识结构的合理搭配。现在库稽察专家 142 名。2017 年共派出稽察专家 71 人次开展稽察工作。

（高立军　李晓璐　谢智龙）

制度建设

2017 年，监督司结合工程运行特点，丰富和完善运行监管制度，研究编制《南水北调工程运行管理特定飞检工作规定（试行）》（国调办监督〔2017〕181 号）、《南水北调工程运行管理举报受理工作手册》等运行监管制度，为工程运行监管提供制度保障。

制定印发了《南水北调工程运行管理特定飞检工作规定》（以下简称《规定》），《规定》分 4 章 16 条，规范了特定飞检工作机制、问题查找认定、责任追究标准、从严追究、精准整改、举一反三等关键工作，明确特定飞检发现问题均为典型问题，责任主体包括承担直接责任和领导责任的单位及人员，责任追究最严可至解除劳动合同，对通报批评及以上的责任追究予以上网公示、采取清单式管理督促问题精准整改等措施，以制度为依托强化特定飞检警示导向力度，提高问题整改精细化水平。

根据运行期举报受理工作特点，按照《南水北调工程运行管理举报受理管理办法（试行）》及相关工作制度，监督司组织编写了《南水北调工程运行管理举报受理工作手册》。手册在总结近年来举报受理工作经验和难点问题的基础上，对举报受理工作的目标原则、职责分工、工作程序、标准要求等进一步完善和规范，具体分为工作体系、受理范围、工作环节、流程框架、附录等五个部分，具有一定的操作性和实用性，为优化工作流程、提高工作效率、增强责任意识、推动运行监管规范化制度体系建设发挥积极作用。

（李笑一　黄　莹　杨耀翔）

其他工作

（一）运行监管会议

（1）运行监管工作会。2017 年 2 月 23 日，国务院南水北调办在郑州召开 2017 年南水北调工程运行监管工作会议。蒋旭光出席会议并讲话。会议总结了 2016 年运行监管工作，分析面临的形势和风险挑战，部署安排 2017 年运行监管任务，强调了要遵循“创新驱动、高压从严、问题导向、系统监管”原则，切实加强工程运行监管工作。会议听取了沿线省（直辖市）南水北调办（局）、项目法人关于运行监管工作的意见建议，达到了统一思想、提高认识、明确任务、落实措施的目的。

（2）运行监管专项工作会。2017 年 9 月 28 日，国务院南水北调办在江苏扬州召开南水北调工程运行监管专项工作会议。蒋旭光出席会议并讲话。会议研究分析了工程运行监管形势，安排部署迎接十九大确保工程运行安全加固措施，强调党的十九大是党和国家政治生活中的一件大事，各部门、各单位要全面落实好加固措施，确保工程运行安全。会议传达了加强南水北调工程运行监管通知精神，通报了工程举报受理典型案例，宣贯了《南水北调工程运行管理举报受理管理办法》和《运行管理举报受理工作手册》，安排部署第四季度运行监管重点工作。

（3）运行管理规范化监管工作会。2017年12月8日，国务院南水北调办在郑州召开南水北调工程运行管理规范化监管工作会。蒋旭光出席会议并讲话。会议总结研究了2017年中线工程运行管理规范化监管试点工作，分析飞检、稽察、巡查所发现的问题，听取了各工程管理单位关于运行管理规范化方面的工作进展和想法，研究部署下一步运行管理规范化监管相关工作。

（二）《中国南水北调工程·质量监督卷》编纂

在《中国南水北调工程》丛书编委会办公室的指导下，按计划进度编写《中国南水北调工程·质量监督卷》，坚持科学合理、精益求精的原则，严把质量关，保持编纂进度，确保丛书编纂出版工作有序推进。在前期工作的基础上，开展咨询审改，报送编委会审核，按照编委会审阅提出的意见修改完善交出版社，并对出版社三审书稿清样组织专家再次审改，召开书稿修改会，切实把好出版前的最后一关。

（三）国家财政项目

2017年，根据年度预算批复和中期规划，国务院南水北调办申报了“南水北调工程监督与稽察”财政项目，具体包括“南水北调工程运行监管方式及成效研究”“南水北调工程运行管理评价研究”“南水北调工程稽察措施研究”“重要建筑物和典型渠段监管重点研究”“南水北调工程实体问题认证处理导则”“南水北调工程运行监管专项档案”等六个专项课题。

通过统计分析工程建设和运行期举报受理信息，总结建设期、运行期举报受理工作特点和变化规律，专题研究南水北调工程举报受理工作机制，分析不同时期举报制度建立的必要性，科学评价举报工作在不同时期发挥的作用，为进一步完善举报受理各环节工作、拓展运行监管工作视野提供理论指导。

结合南水北调工程特点和运行管理实际提出了渠道工程、调蓄水库评价指标体系和赋分标准，完善运行管理评价体系并针对有代表性的运行管理机构进行试评价，对提升现场运行管理水平，总结运行监管经验，探索风险监管和信用评价体系具有指导和借鉴作用。

汇总梳理近年来运行管理专业稽察工作方案、工作报告、整改意见等工作成果，分类统计研究稽察发现问题，建立问题清单，分析研究问题分布情况和整改效果，论证专项稽察典型案例和隐患风险，提出不同类型工程重点稽察项目和稽察工作关注点建议，提出《南水北调工程运行专项稽察管理办法》和《南水北调工程稽察工作年度评价方法》建议稿，并对2016年专项稽察工作成效开展初步评价。

开展东、中线一期工程建筑物工程运行情况调研，选定东中线工程沙河渡槽、澧河渡槽、江都水利枢纽等11项重要建筑物，从运行管理目标任务，组织、制度和方法等方面分析，研究提出每项重要建筑物的工程监管模式、项目清单、重点监管内容以及运行监管制度措施，开展运行监管评价指标研究，对2017年度监管效果进行评价并提出建议。

对中线干线工程370km膨胀土渠段运行管理情况进行调研，收集有关勘测资料和典型案例，开展膨胀土渠段常见边坡坡体破坏、坡面防护结构破坏、坡顶防护结构破坏等常见严重实体问题成因梳理研究；提出了上述3

类膨胀土渠段实体问题研判标准，明确膨胀土渠段实体问题处理主体和责任，针对不同类型问题，提出具体处理措施、方法、技术方案，开展典型问题处理流程及其成效评价，据此提出膨胀土渠段质量问题处理导则。

全面、系统搜集整理和归类分析2017年南水北调运行监管工作信息资料，及时总结形成运行管理典型问题警示片并宣贯，有效发挥运行监管震慑作用；完成2017年度南水北调运行监管专项档案，实现档案专业化、规范化管理。

（庆　瑜　张　彬　贾俊璞）

技　术　咨　询

专家委员会工作

国务院南水北调工程建设委员会专家委员会（以下简称专家委员会）2017年共完成咨询及调研工作25项，其中专题调研检查4项，技术咨询11项，专题汇报3项，专题研究3项，以及2016年度专家委咨询意见技术汇编、年鉴资料整编和咨询问题征集等4项综合工作。

（胡　玮　冯晓波　陈　清）

技　术　咨　询

2017年，专家委员会针对工程安全、运行管理和水质保护等方面工作，对重点工程技术问题、重大关键技术研究成果及实施方案、运行管理方案等开展了专项技术咨询，先后开展了咨询活动11次。

（1）中线建管局北京分局管辖段安全监测有关问题技术咨询。

（2）南水北调东线二级坝泵站采煤沉陷问题处理分析报告技术咨询。

（3）东线一期工程总调度运行管理设施（生产部分）土建项目专题报告技术咨询。

（4）中线干线工程运行调度改进工作方案技术咨询。

（5）中线建管局机电金属结构专业运行维护标准技术咨询。

（6）丹江口大坝加高工程初期大坝混凝土缺陷处理效果评价报告技术咨询。

（7）中线工程闸门特性辨识及调度运行方式综合评价技术咨询。

（8）穿黄隧洞工程补强措施抗震安全影响评价研究技术咨询。

（9）南水北调中线沿线聚脲防渗体系的调查与分析研究报告项目验收。

（10）南水北调可持续性发展的水价研究项目验收。

（11）大数据技术应用于南水北调的技术方案问题研究验收。

（胡　玮　冯晓波　陈　清）

工程检查评价与专题调研

2017年，受国务院南水北调办委托，专家委员会重点开展了东线一期工程通水4年来工程运行管理情况的检查评价工作；此外还开展了中线干线工程冰期输水调研、广东东深供水工程调研和新疆北疆供水工程调研，促进了南水北调工程运行管理水平的提升。

（胡　玮　冯晓波　陈　清）

专　项　课　题

（1）“穿黄隧洞工程补强措施抗震安全影响评价”项目研究。通过对典型洞段处理后实际复杂隧洞结构的抗震安全性进行评价，对穿黄隧洞在遭遇地震情况下的安全运行具有重要意义。评价结果表明该洞段工程安全可靠。

（2）“中线工程运行调度水力学问题及闸门特性辨识研究”项目。旨在摸清闸门小开度运行对测流、水头损失和工程安全的不利影响，进而为优化闸门调度提供参考，结合调查和分析，提出了闸门调度运行方式综合评价方法。

（3）“大数据技术应用于南水北调的领域及技术方案研究”项目。探索了互联网＋技术在南水北调工程中的应用，调查了南水北调工程数据资源现状，论述了大数据技术在南水北调工程的可应用领域，并对大数据技术应用在南水北调工程运行维护、调度决策、运行效益分析、后续工程规划等领域中的应用提出了方案性的建议。

（胡　玮　冯晓波　陈　清）

关键技术研究与应用

重大专题及关键技术研究

国家科技支撑计划“南水北调中东线工程运行管理关键技术及应用”项目下设“南水北调东线工程泵站（群）优化调度关键技术集成与示范”“南水北调河渠湖库联合调控关键技术研究与示范”“南水北调中线干线工程应急运行集散控制技术研究与示范”“南水北调工程混凝土病害防治关键技术研究与示范”“南水北调平原水库运行期健康诊断及防护技术研究与示范”“南水北调河道疏浚泥堆场综合处置关键技术研究与应用”“南水北调大型跨（穿）河建筑物运行风险识别和预警关键技术研究与示范”“南水北调煤矿采空区渠道运行安全标准与应急处理关键技术研究”“南水北调中线水质差异应对关键技术研究与应用”“南水北调工程地震灾害监测与预警关键技术研究与示范”共10个课题。项目立足于当前工程运行中面临的亟需解决的技术难题，为工程顺利运行提供技术支撑。重点是结合南水北调中东线工程特点、运行情况，开展有针对性的技术攻关，提出解决问题的具体技术措施和方案，为工程安全、平稳、高效运行提供强有力的技术支撑。

2017年，国务院南水北调办继续督促开展好国家科技支撑计划“南水北调中东线工程运行管理关键技术及应用”项目研究工作，加强项目研究组织管理。组织有关专家对各课题的研究进展和经费到位及使用管理情况进行了检查，并对检查发现的相关事项下发整改通知要求限时整改到位。组织编写课题及项目2017年度执行情况报告，并报送科技部。组织召开国家科技支撑计划项目成果检查及验收准备会议，听取各课题承担单位2017年度课题序时计划执行情况汇报、年度财务执行情况汇报、验收工作计划等。2017年度项目研究进展顺利，较好地完成了课题任务书规定的年度序时工作任务计划，取得了部分科研成果。

（白咸勇　牛津剑　单晨晨）

国际合作与交流

概　述

2017年，国务院南水北调办深入贯彻落实中央外事规定和中央外事工作会议精神，加强制度建设，严格外事纪律，完善工作体制，进一步规范外事管理工作。紧密结合工程建设管理及运行管理需求，开拓思路，领会政策，积极开展国际交流与合作，为办公室中心工作提供支撑。国务院南水北调办领导高级访问团有序开展，接待了美国驻华大使馆工作人员和哈萨克斯坦农业部考察团。

（刘德莉　赵海冰　高　源）

外事工作管理

2017年，国务院南水北调办采取有效措施，进一步提升因公出国（境）工作管理水平。严格执行部级人员因公临时出国指标限量管理规定，对司局级（含）以下团组因公临时出国（境）实行计划管理；严格遵守中央和国务院南水北调办外事管理规定，坚持事前规划、事中管理、因事定人、人事相符的原则，从严审核、报批、安排出国（境）团组，不安排照顾性和无实质内容的一般性出访，不安排考察性出访，不安排无实际需要的国外培训；坚持按照“活动实、日程满、安排细”的原则组织安排出访团组，确保团组出访质量。

（刘德莉　赵海冰　高　源）

重要外事活动

（一）来访

2017年4月，美国驻华大使馆工作人员来国务院南水北调办会谈，国务院南水北调办向其介绍了南水北调工程总体情况，与大使馆工作人员就有关问题进行交流讨论，并陪同参观中线干线惠南庄泵站。

2017年11月14日，国务院南水北调办协助水利部陪同哈萨克斯坦农业部考察团参观中线干线惠南庄泵站及渠道等工程，并向其介绍了南水北调中线工程建设情况及初期运行情况。

（二）出访

2017年6月，应加拿大环境和气候变化部、墨西哥国家水利委员会的邀请，经国务院批准，国务院南水北调办副主任蒋旭光率团出访加拿大和墨西哥。期间，蒋旭光副主任一行同墨西哥国家水利委员会、加拿大环境和气候变化部等政府机构进行了深入交流，并实地调研了墨西哥城调水工程、加拿大韦兰运河工程及尼亚加拉水力发电工程，深入了解了两国水利工程建设管理体制和运行机制，吸收和借鉴两国水资源配置、水污染防治、水价机制等方面的政策法规、创新技术、经济措施和现代化管理经验，并向外方介绍了中国南水北调工程建设及初期运行情况。

（刘德莉　赵海冰　高　源）

新闻宣传

概述

2017年，按照国务院南水北调办党组工作部署和加强宣传信息工作的要求，紧紧围绕南水北调工作大局，深入宣传工程运行和效益发挥情况，展示工程建设取得的重大成就，为南水北调工程运行营造良好的舆论氛围和社会环境。

宣传工作

（一）工程节点新闻宣传

围绕东中线年度调水工作启动和完成、东中线调水量达100亿m^3、中线调水量达100亿m^3、东线一期工程2017～2018年调水年度启动、东中线一期工程全面通水三周年等重要节点，精心策划，撰写发布新闻通稿，做好专题宣传。就东中线一期工程全面通水三周年，制定宣传方案，组织筹备中央媒体记者赴中线水源区现场采访、召开新闻发布会、开展东中线开放日活动，实现了国务院南水北调办新闻发布会“零”的突破，东中线开放日活动得到了各方媒体的持续关注和参加人员的广泛好评，掀起了持续报道南水北调的声势。

（二）社会宣传

协调将南水北调工程成就纳入十九大“砥砺奋进的五年”整体宣传计划和十九大重点工程宣传计划，在“砥砺奋进的五年”大型成就展重要位置布置南水北调沙盘模型，制作播出宣传短片，吸引了数百万人现场参观；十九大期间播出的纪录片《辉煌中国》《超级工程》均将南水北调工程纳入并予以着重展现。组织中央新闻媒体参加首次与地方政府联合开展的中线工程水污染应急演练集中宣传，召开新闻通气会。组织中央媒体赴河南焦作进行实地采访，宣传焦作市在总干渠征迁、城区段绿化带征迁工作中以人为本、和谐征迁、为工程建设和保障水质做贡献等有关情况。组织开展“南水北调一生情”建设者代表回访考察活动，邀请中央和地方20家新闻媒体全程参与，并在北京、郑州、济南等地进行集中采访报道。

（三）新媒体宣传

为适应南水北调宣传工作需要，开展新媒体建设调研，加强新媒体平台建设，打造新媒体宣传矩阵，协调开通南水北调“两微一端”，研究印发《国务院南水北调办关于加强南水北调新媒体平台建设的指导意见》，制定《新媒体信息发布审核制度》。“两微一端”新媒体平台开通，微博发布信息15期，关注量1537人；微信发布60多期共72条信息，关注量7000余人，浏览量8万余次；客户端平均日更新量为5到6条；H5发布8期，浏览量7万余次。

（四）宣传项目

完成《南水北调工程建设新闻集（2016年卷）》、科普读物《图说南水北调》初稿和2016年南水北调大事记整理工作。协调南水北调宣传中心和东线总公司，策划制作南水北调公益广告系列第七篇、第八篇，于十九大前后在中央电视台多个频道播出。稳步推进宣传工程效益情况的专题纪录片拍摄工作。

（五）《中国南水北调工程》丛书编纂工作

《中国南水北调工程》丛书“文明创建卷”于2017年12月出版发行，成为丛书出版的首卷，为其他各卷编纂出版工作提供了借鉴，对总结南水北调工作经验进行了有益探索。从书后续各卷编纂工作亦在抓紧推进。

（六）文化宣传

协调沿线各地有关单位接受采访，做好委托创作的全景式报告文学《龙脉》、工程效益报告文学。协助全国政协汇编《口述南水北调史》征集材料。协助纪录片《中国大坝》摄制组、《话说南水北调》摄制组开展相关工程的拍摄和采访。

（孙水平　张　栋　潘新备　秦颢洋）

信息工作

（一）信息报送工作

向中央办公厅、国务院办公厅报送《信息专报》8期，及时反映南水北调运行动态及工程效益情况，发挥信息在汇报情况、凝聚共识、促进工作等方面的作用，被国务院办公厅《昨日要情》采用3次。

（二）舆情管理工作

通过舆情监控平台，做好南水北调舆情管理工作，全年共编制舆情日报257期，为工程运行及宣传应对工作提供有效依据。重点做好全国“两会”舆情监控、收集、编发等工作，并结合工作进展，及时进行分析研判，进一步增强舆情管理的针对性和实效性。组建网络舆情应对队伍，组织新闻发布与舆情管理培训班，研究并印发舆情应对工作预案。

（三）信息公开工作

做好政府信息公开工作，公布《2016年政府信息公开工作报告》和《2017年政务公开工作要点》。通过中国南水北调网站及时转发重大时政要闻，发布南水北调方面的政府信息，全年共发布政府信息2354条，其中公共信息类1881条，建设进展类473条，满足社会公众的信息需求。受理政府信息公开申请4起，行政复议2起，均已及时妥善答复。

（孙水平　张　栋　潘新备　秦颢洋）

普法工作

印发《2017年南水北调普法依法治理工作要点》，组织“谁执法谁普法”示范点单位报送，做好《宪法》《民法总则》等法律宣传工作。做好“放管服”改革涉及的行政法规专项清理以及规章、规范性文件清理等有关工作。

（孙水平　张　栋　潘新备　秦颢洋）

北京市新闻宣传

2017年是北京市南水北调事业发展进入新时代的关键时期，积极宣传南水北调工程的综合效益和重大意义，为工程运行提供强有力的舆论支持和良好的社会氛围。

北京市南水北调办的宣传工作，总体来说是从首都大势出发，在新时期进一步做好南水北调宣传工作意义重大，这不仅是服务首都发展大局的需要，还是贯彻落实市委市政府决策部署的需要，更是促进社会各界了解南水北调工程、维护南水北调民生工程形象的需要，形式上以媒体宣传和社会活动为抓手双轮驱动，有效开展了对工程效益、运行管理、感恩节水、后续规划等方面系列宣传活动。

（一）媒体宣传

（1）集中采访活动。先后组织配套工程第三阶段开工、市党代会砥砺奋进的五年、密云水库蓄水量达20亿m^3、江水进京总量突破30亿m^3集中采访活动。北京市南水北调办持续有节奏开展了一些宣传活动，媒体宣传张弛有度，全年共发稿171篇，媒体报道总转载2544篇。其中，12月19日新华社刊发《“南水”润京三年　北京平原地区地下水位“止降回升”》，21日《新闻联播》用时1分16秒播出《南水进京超30亿$m^3$1100万人受益》，详细介绍南水北调工程在京效益发挥情况。

（2）电视专题节目宣传南水北调风采。与中央电视台经济频道合作制作专题片《南水如何走好最后一公里》全方位解析近五年来北京市南水北调工作的方方面面；配合中央电视台纪录片频道拍摄《超级工程Ⅲ纵横中国》向百姓讲述大国工程与城市运行的关系；与北京电视台新闻频道《党建进行时》栏目合作拍摄短片《把脉南水进京的“女医生”》，介绍基层日常工作，展现南水北调人精神风采，于2017年12月29日在北京新闻频道播出。

（3）重要纸媒刊发版面宣传。在《人民日报》《北京日报》以主题海报形式利用半个版面进行宣传，呼吁千里调水不易、点滴均需珍惜；在《新京报》整版以图说效益的形式介绍南水进京三年来给城市带来的变化；联合北京市外宣办，在《中国日报》海外版（Chinadaily）刊登整版新闻，用三篇文章向国际社会宣传、推介南水北调工程及效益。

（4）南水北调水质人纪录片。制作介绍水质监测预警工作的微电影，于2017年12月29日在新京报、优酷、新浪、百度、网易等十八家媒体平台投放，全网总点击量近500万。记述了北京南水北调人“不忘初心、不辱使命、不负芳华”的奋斗情怀。

（5）新媒体宣传。北京市南水北调办官方微信公众号“南水润京城”在2017年12月共推送原创图文14期，平均较以往每月增加4期。在重要工作节点当天，推送围绕三年来效益的动态新闻原创内容、节日、节气原创图片、有奖知识问答，增加与微信网友互动，1000余名网友参与答题，收获留言上千条。

（二）作品征集

高质量的宣传源于内容的创造，各项宣传作品是宣传工作的第一驱动力。以内宣促外宣，以内宣工作为引擎，通过形势宣传、典型宣传、主题宣传等宣传教育，动员全体南水北调人凝心聚力，同时利用通讯员力量，抓住基层正面故事，抓住一线先进典型，宣传南水北调正能量故事。

（1）创办机关报北京南水北调报。带动北京市南水北调办系统作品征集平台，建立良好的征集制度，三周年宣传期间，向办系统各单位部署征集人物，首次刊发南水北调中线一期工程通水进京三周年特刊，数说、图说江水进京三周年来南水北调工程建设、运行、管理及效益的方方面面，讲述南水北调人的故事。

（2）南水北调相关艺术创作。举办喜迎进京三周年“我心中的南水北调”文艺作品有奖大赛的征集。面向关心关注、支持南水北调工程的社会大众，以南水北调工程对城市发展、百姓生活、环境改善等带来改变为主题，征集艺术作品，展现南水北调给首都和谐宜居之都建设带来的积极作用。

（三）社会宣传

（1）组织媒体市民开放日。提供网上参观预约，每周安排市民走进南水北调工程，团城湖明渠广场全年接待参观人员超过两万人次，成为南水北调工程形象展示的重要窗口；重要节点组织首都各界市民、水源区代表赴团城湖明渠及调节池进行参观，并开展座谈活动，从代表自身角度出发，介绍南水北调工程带来的改变；提升参观体验，改造展室，把南水北调工程建设与运行的最新内容传达给社会各界，增加电子设备增强观感。

（2）电影《天河》亮相全国人民。紧急协调中央电视台电影频道在12月27日晚8点黄金时段播出南水北调建设历程剧情片《天河》，展现工程开工15年、江水进京三年来，“调水大业”的点滴历史，引发收视热潮。

（3）社会广告投放。运用城市核心干道沿线公交候车亭媒体、公交车厢媒体；城区著名商业中心、办公区、居住区户外大屏媒体、楼宇LED媒体进行立体式、高频次集中宣传，投放数量总计超过6500个。

（4）全市政府机关电子阅刊栏公益广告投放。制作时长15s的北京南水北调工程效益短片及“南水润京城”公益海报，在全市党政机关、事业单位人民日报电子栏进行为期一个月的投放，充分营造饮水思源、节约用水的社会氛围。

（北京市南水北调办）

天津市新闻宣传

2017年，天津市南水北调办紧紧围绕南水北调工作中心任务，牢牢把握正确舆论导向，以南水北调配套工程建设新成就和确保城市供水安全为重点，不断整合资源，改进方式，积极谋划，主动进位，及时充分展示了天津南水北调工程建设成就和各项工作动态，扩大了南水北调工程在全市乃至全国的影响，为全社会了解南水北调、支持南水北调，更好地推进南水北调工程建设创造了有利的外部环境和舆论氛围。全年组织集中宣传报道活动8次，累计在13家中央、天津市和兄弟省市重要新闻媒体上刊发（播发）天津市南水北调新闻报道38篇。特别是精心组织江水进津三周年系列宣传活动，组织召开新闻通气会，邀请中央驻津媒体和天津市主要媒体走进南水北调工程现场，在《天津日报》刊发江水进津三周年纪念专版，在北方网开设“江水进津三周年”专题，在地铁1号线和友谊路核心路段发布南水北调公益广告，宣传南水北调工程重大意义和综合效益，倡导社会公众饮水思源。全年共编发《南水北调信息》49期，为领导决策起到了参考作用。

（天津市南水北调办）

河北省新闻宣传

2017年，河北省南水北调办坚持以正确舆论为先导，社会宣传为重点，围绕加快配套工程和水厂建设、江水切换，促进供用水工作，营造良好的舆论氛围和外部环境。组织省级以上新闻媒体及时报道工程建设、通水用水重大进展，回应社会关切。组织邀请省级以上媒体集中采访2次，发表文章30余篇。指导各市在工程重要节点及时进行宣传报道。按照国务院南水北调办关于加强中线工程通水宣传工作要求，组织省级多家媒体开展了工业、生活用水典型集中宣传活动。完成了电视公益广告制作，拟适时在省和受水区市县电视台，以及其他大众平面媒体大范围传播，促进受水区用足用好长江水。为促进《南水北调中线一期工程总干渠河北段饮用水水源保护区划定和完善方案》宣传贯彻，组织多家省级新闻媒体以及中央驻冀记者召开吹风会，向社会广泛宣传南水北调水源保护区的划定情况，以及如何加强对南水北调工程的保护。制作了南水北调特色书签，向市民、中小学生宣传南水北调知识，营造关心、支持、保护南水北调工程的浓厚社会氛围。在“9·26中国（廊坊）农产品交易会”上，通过展台以视频、图片等方式向社会展示南水北调工程对社会带来的巨大效益。并正在组织修编《河北省南水北调工程志》，留存工程建设史料，发挥文化传承激励作用。

（史光建）

河南省新闻宣传

2017年，在国务院南水北调办的精心指导和大力支持下，河南省南水北调办深入学习贯彻党的十九大精神和建委会第八次全体会议精神，坚持稳中求进，推进创新发展。信息宣传始终围绕中心工作，以国务院南水北调办制定的宣传要点为指引，坚持日常宣传与重点宣传相结合，精心组织媒体采访活动，弘扬主旋律，汇聚正能量。

2017年初，河南省南水北调办召开宣传工作会议对全年宣传工作进行安排部署。切实加强宣传队伍建设，各省辖市、省直管县

（市）南水北调办，机关各处室、各项目建管处均明确了1名宣传通讯员，通过完善宣传工作考核评价体系，定期通报各地宣传工作情况，增强全省南水北调系统宣传合力。

（一）日常宣传

针对重要工作和重要时间节点，分主题组织宣传，成效显著。在世界水日开展节水、爱水、护水宣传报道，在河南日报整版刊发《“砥砺奋进的五年”：新水脉托举新梦想》，全面回顾党的十八大以来河南省南水北调工程发挥的效益和贡献。组织省内主流媒体对工程防汛抢险应急演练、突发水污染事件应急演练开展集中报道；组织、配合中央媒体和省内媒体对焦作城区段生态带征迁工作进行集中采访。在《河南日报》刊发河南段生态带建设专版《千里绿带贯中原 守护丹水送京津》。

（二）集中宣传

2017年是南水北调通水运行三周年，河南省南水北调办及早研究制定宣传策划案，有序推进方案实施。在12月12日前后，召开通水三周年新闻通气会，印发《河南省南水北调配套工程管理办法漫画册》《河南省南水北调科普手册》和专属宣传品；举办摄影与征文比赛，发布公益宣传信息，开展南水北调文化展览；在《河南日报》连续刊发“通水三年看变化”“同饮一江水 共筑中国梦”和生态补水专题报道、署名文章等通水三周年系列专版，从供水效益、水质保护以及弘扬南水北调精神等方面多角度呈现南水北调通水三年来的成效。全省南水北调系统上下联动，各地积极响应，组织系列宣传活动，掀起了通水三周年宣传热潮。

（三）宣传平台

进一步加强网络新媒体的运用，完成了网站与微信公众号、官方微博接口运行调试工作，实现了网站信息与微信微博的同步推送。对河南省南水北调办官方网站进行优化调整，树立河南省南水北调信息宣传窗口的良好形象。

（四）文化建设

2017年，公开出版《河南省南水北调年鉴2016》，向《中国南水北调工程建设年鉴》《长江年鉴》《河南年鉴》《河南水利年鉴》供稿，向河南省政协提交南水北调文史资料，完成了《水利志·南水北调篇》，积极推进“河南南水北调大事记”和“南水北调中线工程口述史”项目进展，印制画册《南水北调惠泽中原》，出版《南水北调通水两周年宣传作品集》。河南省南水北调精神研究成效显著，得到国务院南水北调办领导的高度评价。

（薛雅琳）

湖北省新闻宣传

2017年，湖北省南水北调办（局）围绕“弘扬南水北调精神，讲好南水北调故事”主题，结合湖北南水北调工作实际情况，组织开展了一系列宣传活动。6月，在《湖北日报》开辟专版“实干兴湖北 五年铸辉煌”，对兴隆水利枢纽、引江济汉工程运行管理取得的成绩和经验，以及丹江口库区水质保护工作成果进行了深入宣传报道。8月，在《湖北发展论坛》杂志发表题为“福泽荆楚 水润京华”约5000字文稿，积极宣传湖北省南水北调工作成就。9月，在《楚天都市报》开辟专栏，大力宣传南水北调中线工程通水效益，以及兴隆水利枢纽、引江济汉工程生态效益和经济效益。10月，陪同中国南水北调报记者分别采访报道兴隆枢纽和引江济汉工程建成运行3周年发挥的各类效益，以及涌现的先进人物、先进事迹。11月，陪同国务院南水北调办组织的《中国日报》《经济日报》《中国水利报》《中国环境报》《中国南水北调报》等十几家新闻媒体，赴湖北省丹江口库区集中采访水源保护和生态建设情况。12月，组织荆楚网、湖北卫视、《湖北日报》、《楚天都市报》记者分别赴丹江口库区、兴隆水利枢纽、引江济汉工程开展采访报道。其中在荆楚网首页开辟“南水北调中线工程通水3周年”专题报道，共推出十几篇系列文章和若干图片，所有专题报道文章同时在新闻栏目同步刊登，专题报道至少保留一个月。在湖北卫视、《湖北日报》、《楚天都市报》至少各发一条新闻消息，宣传南水北调中线工程建设运行效益，展示湖北省在中线水源保护工作取得的重大成就。此外，在南水北调中线工程正式通水三周年纪念日前后，通过湖北省南水北调办（局）机关一楼大厅大型LED电子显示屏幕反复滚动播出“南水北调，利国利民，功在当代，利在千秋”“弘扬南水北调精神，讲好南水北调故事”“隆重纪念南水北调中线工程通水三周年”等宣传语；在湖北南水北调门户网站上发布各类新闻消息30余篇，从工程管理、工程效益、环境保护、经济发展等各方面宣传湖北省南水北调工作。

2017年，湖北南水北调网全年发布各类政务信息、新闻动态、文艺作品超过2600篇，多篇新闻、信息被中国南水北调网、《中国南水北调报》进行转载。湖北省南水北调办（局）向国务院南水北调办和湖北省委、省政府报送政务信息共计60多条，圆满完成报送任务。

（武耕民）

山东省新闻宣传

2017年，山东省南水北调局、山东干线公司新闻宣传工作围绕服务工程科学运行管理和全面发挥效益的中心任务，落实国务院南水北调办各类会议精神和年度宣传工作计划，组织筹备省政府新闻办新闻发布会、《山东省南水北调条例》颁布实施两周年宣传活动、建设者回访、讲解员培训班、“品味书香”读书征文、基层先进人物巡讲等活动，充分利用新媒体平台重点抓好节点、亮点工作的宣传报道。

（一）宣传亮点工作

（1）组织《山东省南水北调条例》颁布实施两周年专题活动。结合2017年5月1日条例颁布实施两周年时机，以“条例全力保障南水北调山东段工程运行发展”为主题策划推出了系列宣传活动。在内外部网站、简报、微博微信、公众号上推出系列通讯报道、相关媒体链接和评论文章，在“山东南水北调”官方网站建立专题窗口，系统宣传条例颁布实施后山东省南水北调配套工程建设、水费收缴制度、水政执法相关工作的进展情况。

（2）先进典型宣传。全面总结确权发证工作整体概况及经验做法，撰写《南水北调东线山东段工程永久用地确权发证工作全面完成》简报，在内外部网站、微博微信、公众号上推出系列通讯报道，截至2017年3月15日，大众日报、山东电视台、齐鲁晚报、齐鲁网等省级主流媒体先后播出刊发。专题人物报道《因为我对这土地爱的深沉——山东南水北调确权发证工作纪实》被2017年7月11日第306期中国南水北调报刊发。

（3）基层先进模范人物巡讲活动。弘扬基层先进模范人物先优事迹，用身边人身边事教育激励全体职工，通过基层推荐选拔、试听试讲、座谈交流、修改完善和正式巡回演讲，以及后期总结汇报，系统探索出一条先进模范人物面对面宣讲式宣传途径。第一期由工程一线岗位工作标兵、创新能手、技术尖子苏传政、孟繁义、王子春、李继勇、于涛5名同志组成巡讲团，从2017年11月22日起，赴局、公司机关和七个现场局进行巡回报告，并以此为契机进行专题宣传报道，在系统内外进行广泛宣传推广。同时组织了基层管理人员先进事迹采访报道活动，在系统内外进行推广。

（4）将宣传工作与党建活动、精神文明建设相结合。结合7月18～22日局党委组织的赴延安红色革命胜地进行教育培训，打造“红色七月”党建专题宣传教育活动，在内外网、微信公众号、每周要情上组建党建工作信息专题，通过编发《延安精神 永放光芒》作品选、刊发培训活动专题报告，链接党建教育专题信息等形式，将党建活动和宣传工作有机结合。同时，于8月组织举办了第一届“品味书香”主题读书征文活动，通过购买大家喜欢的经典书目，组织“我的家训、家风、家规”主题征文活动，出版发放了职工作品集。

（二）新闻发布会

按照惯例，2017年6月22日通过省政府新闻办召开新闻发布会，对2016～2017调水年度工程调度运行、工程管理、综合效益发挥及其他相关情况进行新闻发布。一是根据省局领导要求办公室牵头策划出台了《山东南水北调工程通水综合效益宣传工作方案》，从保障城市供水、生态旅游、航运、提高沿线群众生活，优化水资源配置机制、生态补偿、区域综合水价机制和健全水价征缴机制等各个层面详细列出了宣传要点和工作要求，并会同局相关处室、干线公司共同拟稿完成。二是完成了新闻发布会申报单、主持词、微博微信、媒体追踪及信息专报等材料的起草工作，参与修改发布辞、背景材料、宣传口径等工作。三是承担新闻发布会会前与省府新闻办、各媒体记者的沟通联络工作，以及会后宣传报道和服务保障工作。此次新闻发布会引起社会新闻媒体的高度关注，在重要版面和时段刊发了大量稿件，做了详细报道和深入解读。原创媒体发表稿件20余篇（条）、50余家媒体（网站）转载发布相关消息累计200余篇，为社会公众进一步认识了解山东南水北调工程打下坚实基础。

（三）宣传思路

（1）新媒体融合共享机制。2016年底创建的“江水润齐鲁”微信公众号和2017年5月创立的同名微博，以及“山东南水北调网”的影响力正逐步扩大。目前“两微”平台已拥有固定用户700余名，可实现工程调度、政务信息当天推送，照片、动图、视频、漫画（动漫）同步播放，配备后台留言互动等功能，与传统简报共同发挥宣传效用，逐步形成了一稿多用、信息共享的新媒体融合机制，为下一步充分利用新媒体手段宣传南水北调打下较好铺垫。

（2）舆情应对管理和突发事件应急工作体系。5月9～11日，国务院南水北调办新闻发布与舆情应对管理培训班结束后，制定了《山东南水北调工程突发舆情事件应对工作预案》，从制度层面完善了舆情处理流程和责任职权，为提前应对处理工程各类突发事件打下坚实基础。

（3）通水效益统计宣传工作。根据6月1日国务院南水北调办工程通水效益统计研究工作座谈会要求，积极参与通水效益统计研究工作联络机制，配合业务处室做好通水效益统计及面向社会的宣传工作，及时进行新闻发布和舆情应对，正确回应社会关切，积极引导媒体宣传，努力营造良好的社会氛围。

（四）全年宣传工作计划

（1）宣传报道年度调水节点信息。2016～2017年度调水自2016年10月1日起，至2017年6月21日止，2017～2018年度调水自2017年10月19日起至2017年底，宣传科全程跟踪报道调水各类节点信息。重点突出调水量历史最大、受水覆盖范围最多、历时最长，以及配套工程基本建成并陆续发挥效益、全力保胶东四个城市供水安全等内容。以“全省11市实现接纳长江水条件”“胶东干线首次达到设计流量”“山东南水北调全力保障胶东四市用水安全”“山东南水北调助力济南补泉保源”等重要事件为主题进行了全方位宣传报道。

（2）配合中央、省直各界媒体采访活动。2017年4月中旬，配合完成了山东省委宣传部组织的“迎接十九大重大工程巡礼媒体记者采访团”赴南水北调工程采访宣传活动，在中央、省直媒体发稿十余篇；11月接待东线总公司举办的“南水北调开放日”媒体和群众代表参观活动，并提供宣传通稿。多次配合国务院南水北调办宣传中心、作家采风团、兄弟单位交流调研活动，宣传推广山东省南水北调局的经验做法和亮点工作。

（3）策划出版系列宣传刊物。由山东干线公司宣传部门组织策划了本年度宣传出版物等亮点工作，完成了《山东南水北调工程新闻集》初稿编选工作，完成《山东南水北调工程百问百答》（初定）社会普及读物的文字起草工作；在暑期前完成设计、印制、发放《安全教育宣传本》和“致家长的一封信”各15万份的工作；制作完成《山东南水北调工程宣传片》工作等。

（4）日常宣传信息发布和投稿情况。积极向《中国南水北调报》、手机报、“中国南水北调”网站、南水北调APP投稿。“江水润齐鲁”公众号推送文章100余篇，“山东南水北调”网站更新信息近1000条，有效地推广宣传了工程。

（邓　妍　于颖莹）

江苏省新闻宣传

2017年，江苏省南水北调办紧紧抓住工程运行、重要会议、领导调研等重要契机，统筹做好宣传工作，借势宣传，为工程良性运行营造良好氛围。

一是制定宣传工作计划。年初研究制定江苏南水北调2017年度重点宣传工作方案，重点围绕工程建设成果和效益发挥开展相关宣传工作。二是抓好专项宣传。以年度调水为契机，在江苏卫视、新华日报、中国南水北调报、江苏水利网等主流媒体进行专题宣传，在江苏南水北调网开设调水专栏，动态展示调水运行情况、各地工作动态，借势宣传南水北调工程建设成果；以“安全生产月”活动为抓手，会同江苏水源公司共同开展“安全生产月”专题宣传，组织策划一线生产管理单位报道安全生产管理情况。三是做好网站运行管理。根据省政府电子政务办公室的要求，认真组织做好江苏南水北调网的迁移整合工作；同时，切实加强网站日常管理，积极挖掘南水北调信息源，丰富内容，并做到及时更新，全年累计编发各类信息1000余篇，展现了江苏南水北调工程建设管理与运行管理情况，展示了江苏南水北调工程良好形象。四是做好信息简报编发。认真做好建设与管理月报、信息专报、政务信息、会议纪要的编发和报送工作，2017年累计编发各类简报近30期，让各级领导及时了解江苏南水北调工程建设与管理情况。

（王晓森）

陕西省新闻宣传

①用基层力量共抓宣传工作。进一步落实陕西省印发的《关于加强南水北调中线工程宣传工作的通知》，完善覆盖水源区31县的通讯员网络和队伍。②采取多种措施加强宣传推广。省市县三级联动开展宣传、省级多部门联手组织、落实任务到人，取得良好效果。据国务院南水北调办2017年8月2日统计，陕西省关注国务院南水北调办新媒体平台微信公众号人数按省市（区）排名居全国第一。③与主流媒体的宣传合作。根据国务院南水北调办确定的宣传工作方案，发挥广大通讯员队伍作用，及时向《中国南水北调报》《陕西日报》、各级政府官方网站等主流媒体供稿，宣传陕西省南水北调的先进经验和先进人物，3名同志被国务院南水北调办评为优秀通讯员。④和有关部门合力开展宣传。配合陕西省政协宣传工作，提供稿件和素材，在《中国政协报》开设专版，宣传陕西省南水北调水质保护等方面的工作。

（陕西省南水北调办）

南水北调中线干线工程建设管理局新闻宣传

2017年，中线建管局按照“稳中求好、创新发展”总体要求，对外拓宽中央地方媒体宣传平台，对内开发新媒体，加强策划，开展一批大策划、大联动、大制作的主题宣传，创优融媒体，形成媒体联动，引导舆论，传播新闻，讲好南水北调故事，宣传工程发挥的效益，提升南水北调品牌形象。

（一）构建对外宣传平台，把重大主题与舆论导向有机结合。突出“十九大”主题宣传，讲好南水北调故事

（1）迎接“十九大”，做好中宣部在北京展览馆举办的组织的“砥砺奋进的五年”南水北调成就展布展宣传，社会各界群众超2000万人次参观展览。策划制作完成南水北调工程宣传片，以及参展现场南水北调沙盘展示。新颖独特的多媒体和声光电技术精彩纷呈，“晒亮点、展成就”，线上线下多媒体传播，将展览和工程宣传做好、做亮、做出影响力。

（2）与中央电视台联合策划第7部南水北调公益广告《效益篇》，9月在中央电视台经济、国际等多个频道播出。此片制作于党的“十九大”开幕之际，既是对党和国家英明决策，实施南水北调这项重大战略性工程的积极响应；也凸显出南水北调工程综合效益的生动总结。

（3）配合国务院南水北调办组织“南水北调一生情”建设者代表回访考察活动，40余家中央地方媒体宣传报道。9月，30名建设者代表回访考察工程活动。同时邀请20家中央及地方媒体采访采风中线工程。协调相关部门、分局筹备活动准备、启动仪式以及食宿行，通过活动，建设者们亲身感受到工程建设成果和通水效益，收到很好的舆论引导和凝心聚力的作用。

（4）主动与中央媒体搭建新平台，围绕新闻热点，策划宣传主题。突出“中线调水100亿”“中线2018调水年度启动”等主题做文章，积极做好“十九大”巡礼宣传，展示国家超级工程实力。人民日报、新华社、中央人民广播电台、中央电视台分别在头版、重要栏目刊发报道“砥砺奋进的五年”专栏、专版，宣传南水北调工程惠及人口超亿人，充分展示了社会主义集中力量办大事的优越性。

（5）创意推出“中线印象第二季”宣传片，航拍2017年度中线工程。采用强有力的空中航拍视觉冲击手段，全角度航拍展示千里水脉的水韵风采，从空中俯拍角度感知超级工程，颇具视觉震撼力，向社会展现民生工程形象，微信浏览量在短短3天时间内，超2000人次。

（6）策划出版首部南水北调儿童科普读物《南水北调奇游记》。以手绘卡通漫画和文字相结合的表达形式，生动讲解了南水北调工程科学技术、文物保护、生态环境、水资源等，宣传南水北调工程科学技术、生态环境、水资源保护，已发放各分局及工程沿线中小学校，开展科普宣传。

（7）组织中央及地方媒体宣传南水北调中线工程首次与地方政府联合开展水污染应急演练活动和南水北调工程防汛演练活动。新华社第一时间刊发新闻图片报道3篇，电视新闻1期，新华电视新闻浏览量已超50万人次；中国网中英文网站同时报道，推送脸书Facebook，浏览量已超4万人次；经济日报、国际广播电台、中央广播电台、工人日报等报道；参考消息网、凤凰网、新浪、网易、百度等主要门户网站转载。

（8）加强南水北调新媒体宣传，探索和构建南水北调品牌与战略传播的理论体系和实践模式。与中国人民大学新闻学院开展南水北调品牌建设的课题研究，编写课题报告，形成科研成果，提升南水北调新媒体宣传质量和水平，为南水北调新媒体建设、南水北

调品牌建设提供对照标杆和发展路径。

（9）宣传调水工程建设与运行管理交流会和宣传工作专家座谈会。运用多种宣传平台与手段围绕工程运行安全、改革创新、水质保障等集中宣传报道。同时制作中线建管局“做好安全大文章　保障中国水安全”PPT，从供水面临的风险，艰巨的供水任务，如何实现安全平稳供水等方面，与国内调水单位交流经验。

（10）与网络媒体合作拍摄推广“最美调水人”系列微纪录宣传片，在网媒推出专题。组织开展第三届“魅力中线”摄影微视频大赛，并在全线推广宣传。开展“我唱我歌”之南水北调中线原创歌曲大赛，并制作MV，在全线推广。

（二）创优融媒体，多元融合，开辟新境，传播南水北调正能量

（1）推出新媒体“两微一端”即“博言南水北调”“信语南水北调”“南水北调客户端”，6月30日正式上线运行。确定了南水北调“两微一端”的定位、功能、内容、审核流程及发布周期等。“两微一端”新媒体平台运行至今微信已发布60期，浏览量9万余次；微博发布16期，浏览量8万余次；客户端APP平均日更新量为5～6条；H5发布近8期，浏览量7万余次。且新媒体平台发布的内容绝大部分出自网络舆情处原创。新媒体坚持与公众真诚沟通，回应关切，澄清事实，以清新、活泼有创意的方式传播南水北调权威声音，讲述南水北调好故事，大大提高了南水北调朋友圈的格调，扩大南水北调在网络舆论圈的感染力。

（2）开发移动互联网端南水北调互动体验文化宣传品。开发制作了《中线行动》《南水北调—生情建设者证》《南水北调极速赛艇》等近10期移动互联网端互动体验文化宣传品，提高了南水北调宣传平台的吸引力和感染力，搭建了南水北调移动互联网端的互动通道。

（3）开展中线互联网站软件开发项目建设，打造南水北调网站群平台集合。对网站进行整体规划并实施新增功能的构建，以适应新时期以及未来的中线建管局工作发展需要。打造以南水北调中线干线工程建设管理局企业官网为主体，网站内容管理平台等网站平台集合。

（三）加强对内宣传平台建设，以正能量故事引领舆论场

（1）办好中国南水北调报和手机报。完成35期中国南水北调报和50期手机报的编辑出版发行。传递建委会和办党组的声音。及时报道国务院南水北调办党组各项工作部署，及时反映各地贯彻落实情况；重点报道五年来成就。推出砥砺奋进的五年专栏，重点报道十八大以来南水北调事业发展纪实。大力中线输水100亿m^3。提前部署，精心策划，展开全面的成就报道；反映深化水污染防治的进展；刊发移民安稳致富的经验；宣传东中线工程创新发展的进程；全面报道东中线工程全面通水三周年成就；弘扬南水北调的精神。

（2）“南水北调长渠微语”公众号讲述南水北调故事。推出“砥砺奋进的五年”“南水北调纵横谈”等10余个板块，策划公众号微信218期。目前，“长渠微语”已入驻“一点资讯”号，形成对内对外同步发生的新媒体联动网络宣传，讲述南水北调故事。

（3）加强局门户网站宣传。开设了第一现场、讲述、洞见、南水秀等品牌栏目，通过针对性地组织通信员投稿约稿，引导通讯员提升宣传意识，提高宣传水平。

（四）打造工程对外宣传品牌，做好督办项目中线工程高铁高等级公路沿线宣传牌设置工作

宣传牌选取的8处设置点，属于重要的工程节点，交通便利，车流、人流大且集中的部位。对于形成统一标示、导向鲜明的视觉宣传理念，打造“南水北调　利国利民”的响亮品牌，有着重要意义。

（五）加强通联队伍培训，提升通讯员宣传工作素质

（1）2017年3月在江苏扬州江都举办南水北调系统第六期通联业务培训班，来自南水北调系统的260名学员参加培训。

（2）按照国务院南水北调办领导的指示精神，提高宣传人员的思想素质和业务能力，开展新媒体工作室通讯员培训，新闻宣传、摄影写作、网络舆情应对等专项培训。

（六）组织“南水北调公民大讲堂”宣传项目活动，担负社会宣传职责

举办南水北调公民大讲堂。紧紧围绕中线工程安全运行这个主题，号召沿线各管理处加强宣传教育工作，进沿线的中小学、大专院校、老年大学、社区，宣传南水北调工程效益发挥和安全防护知识，预防溺亡现象发生，共举办50期，有6000多人次参加。

（七）加强舆情监测，为领导战略决策提供有力支持

开展南水北调舆情监测一体化解决方案研究；编制修订《南水北调中线建管局突发事件新闻发布应急预案》；监测移动互联网端南水北调舆情，编辑印发《南水北调舆情日报》。监测、预警、研判、处置、修复南水北调舆情，为领导战略决策提供有力支持，掌握信息时代话语权，巩固并提升整体形象。

（胡敏锐　王乃卉）

南水北调中线水源有限责任公司新闻宣传

中线水源公司制定了2017年宣传工作要点，明确了宣传重点和工作措施；加强了对门户网站内容的更新，及时登载或转载与调水业务相关的资讯，2017年门户网站累计刊登192篇稿件。2017年初在人民长江报上刊发了《水源永续写春秋》的通讯；在《长江年鉴》上刊发了专题报道；中线工程通水实现100亿m^3时，在人民长江报刊发专版，在长江水利网和长江信息网上刊发专题。在中线工程通水三周年之际，在公司网站刊发5期图片报道，系统介绍通水三年来公司在供水、尾工建设、运行管理、党群工作等方面取得的成绩。加强了舆情应对工作，制定了《南水北调中线水源工程舆情应对工作预案》，选派3人参加了国务院南水北调办举办的舆情应对培训班。加强了通讯员的培训，先后选派5名通讯员参加了上级报社组织的相关培训。

（班静东）

南水北调东线江苏水源有限责任公司新闻宣传

2017年是南水北调工程全面通水三周年，社会各界高度关注工程效益发挥。江苏水源公司按照相关要求部署，制定印发宣传计划，强化组织与引导，进一步加强宣传工作制度化建设，全年宣传工作有成效、有亮点。

（1）紧贴实践，着力抓好信息的编发与推送工作，为公司改革发展注入精神动力。通过制订目标抓信息报送，明确专人抓信息责编，落实责任抓平台建设，把握重点抓信息采写，保质保量抓信息报道，扩大影响抓信息宣传，一年来，向各类媒体发布公司各类信息978篇，其中，被中国南水北调报采用信息42篇、南水北调手机报发布8篇、江苏省国资委网站登载信息19篇，江苏南水北调网采录信息167篇，其中，《南水北调江苏段工程获得国家水土保持生态文明工程》被省国资委推送至省政府政务信息网录用。年内被国务院南水北调新闻中心授予“优秀通联站”荣誉称号。

（2）强化宣传工作的计划性，起草下发宣传图片和视频管理办法，加强对党的十九大的学习宣传，组织中国南水北调报对公司转型发展系列报道，组织公司干部职工谈系列报道感想，及时组织对公司生态农场、金

宝地、代建项目工地进行航拍，制作党建创新案例视频，调做好东线总公司采风活动保障工作。同时对接中国南水北调报、新华日报等媒体机构对公司转型发展进行系列报道，组织公司干部职工谈系列报道感想等工作，以良好的信息宣传服务并引导公司转型发展。

（陈思序）

调水交流平台建设

概　述

2017年，在各单位的大力支持下，调水工程交流平台由初步搭建到逐步深化，各项交流合作有序开展。一是联系机制更加成熟。定期或不定期举办学术交流、开展调查研究，同时积极促进调水工程建设和管理单位强化宣传工作，建立了调水工程宣传联络员队伍，建立了通联组织。二是交流和宣传成效显著。在《中国南水北调报》和南水北调手机APP上开设国内外调水工程专栏，报道了国内外调水工程建设与运行管理的经验和做法，以及专家学者的理论探讨。三是专题调研更加深入。先后组织开展赴千岛湖配水工程、大伙房供水工程等地调研，交流研讨调水工程建设和运行管理经验。四是与国外调水工程开展技术经验交流。邀请英国泰晤士水务集团高管来华研讨，与国内各调水单位共同探讨调水工程建设和运行管理经验。

（胡桂全）

成　员　单　位

截至2017年底，调水工程学术交流平台共有23家成员单位。分别是南水北调中线干线工程建设管理局、南水北调东线总公司、南水北调中线水源有限责任公司、南水北调东线江苏水源有限责任公司、南水北调东线山东干线有限责任公司、水利部海委引滦工程管理局、水利部太湖流域管理局、广东粤港供水有限公司、辽宁省水资源集团、新疆额尔齐斯河流域开发工程建设管理局、安徽省引江济淮工程有限责任公司、云南省滇中引水办公室、天津市水务集团有限公司、山西省黄河万家寨水务集团有限公司、杭州市千岛湖原水股份有限公司、甘肃省景泰川电力提灌管理局、甘肃省引大入秦工程管理局、陕西省引汉济渭工程建设有限公司、青海省引大济湟工程建设管理局、河北省引黄入冀补淀工程管理局、宁夏水利厅水资源局、桂中治旱乐滩水库引水灌区建设管理局、四川省都江堰管理局。

（胡桂全）

交　流　会　议

2017年5月24～25日，国务院南水北调办政策及技术研究中心和中线建管局、东线总公司在北京共同组织召开了2017年调水工程建设与运行管理交流会（第二届）。

国务院南水北调工程建设委员会专家委主任陈厚群院士，王浩院士出席会议。20家国内调水工程单位和4家科研设计单位负责同志和代表共120余人参加了会议。

调水工程在保障人民饮水安全，支撑国家重大战略实施，促进经济社会和生态环境可持续发展中发挥了重要作用。建好、管好、用好调水工程，意义重大。王浩院士、建委会专家委副主任汪易森、长江设计院副院长谢向荣分别作了专题报告。广东粤港供水有限公司等14家调水工程单位代表分别作了交流发言。

会议围绕发挥调水工程战略作用，保障国家用水安全，对规范化管理、水质保障、创新发展等议题开展了交流，取得多项成果。一是巩固了调水工程交流平台作为全国性调水工程单位交流载体的地位。在2016年成功举办第一届交流会的基础上，国内主要大型调水工程单位均参加了本次会议。二是交流了有益的经验和做法。如引大入秦形成的“水票制”水费收缴措施；东深供水和千岛湖引水工程建立的流域跨辖区生态补偿新机制；东深供水建立的“在线监测+两级人工监测”高标准水质监测体系；万家寨引黄工程通过优化工程运行和调度模式，实现降本增效。三是总结了教训和问题。如引滦工程的潘家口、大黑汀水库，因水质恶化不能再使用的惨痛教训，引起与会代表的警醒和深思。同时，国内大部分调水工程均面临工程运行风险多、水质保护难度大、运行管理体制不顺、水量水价不到位、水费收缴困难等共性问题。

（胡桂全）

专 题 调 研

根据有关调水工程的建设和运行情况，2017年7月和10月，国务院南水北调办政研中心先后组织调水工程单位开展了千岛湖配水工程和辽宁大伙房供水工程的专题调研活动。

（胡桂全）

CHINA SOUTH-TO-NORTH WATER DIVERSION PROJECT CONSTRUCTION YEARBOOK

捌 东线工程

THE EASTERN ROUTE PROJECT OF THE SNWDP

综　述

总 体 情 况

概　述

南水北调东线一期工程从江苏省扬州市附近的长江干流引水，利用京杭大运河及与其平行的河道，通过13个梯级泵站逐级提水北上，经洪泽湖、骆马湖、南四湖、东平湖调蓄后，以东平湖为交叉点，分为两条输水线路：一条输水线路是向北穿过黄河，经小运河连接七一河、六五河到大屯水库，同时具备向河北省和天津市应急供水条件；另一条输水线路是向东通过济平干渠、济南市区段、济东明渠段工程，输水到东湖水库和双王城水库，并与引黄济青工程输水渠相接，向胶东地区供水。东线一期工程主体干线全长1467km。

工 程 管 理

（1）项目建设管理。省际管理设施建设，苏鲁省际管理设施工程于2016年4月8日开工建设，2017年工程陆续投入使用。苏鲁省际调度系统工程通信线路于2017年全面贯通，完成应用软件开发，工程建设质量符合要求。制度建设，编制印发《南水北调东线总公司工程建设进度管理办法》等7项制度，为苏鲁省际管理设施专项工程和调度运行管理系统工程建设提供制度保障。参与南水北调东线徐洪河影响处理工程、沿运闸洞漏水处理等设计单元工程完工验收，编制东线工程管理范围和保护范围划定方案，开展运行管理标准化建设工作。

（2）标准化试点及规范化建设。编制试点泵站运行管理六项标准，开展试点泵站标准化后续建设，完成安全工程改造和标识标牌项目实施，实施南水北调东线企业视觉识别系统和工程永久标识系统项目。编制完成《南水北调东线工程2017年规范运行管理工作实施方案》，开始编制《南水北调东线工程运行管理规范化总体规划》。建立工程运行安全管理标准化八大体系、四项清单，并在沿线9个泵站进行试点。

（3）完成工程安全度汛工作。修订防汛制度，编报《南水北调东线一期工程2017年度汛方案及应急预案》和2017年防汛检查工作方案，并组织实施。防汛检查，督促现场运行管理单位落实防汛各项制度，排查防汛风险，开展应急演练。组织汛期值班工作，坚持24小时不间断值班，每天通过气象、水利等部门网站，及时掌握沿线相关预警信息，编制5期防汛专报和13期汛情简报，落实安全防汛信息管理。完成年度防汛工作总结，谋划2018年防汛工作。

（4）组织开展东线信息化建设。指导监督省际调度运行系统各项建设管理工作。完成信息安全加固项目方案及技术标准编制。完善办公自动化系统试运行工作和南水北调东线总公司（以下简称“东线总公司”）官方网站、企业邮箱等运行维护工作。此外，初步分析评估东线信息化系统建设及安全状况。

运 行 调 度

根据水利部下达的南水北调东线一期工

程2016～2017年度水量调度计划，东线总公司商苏鲁两省有关单位，制订了年度水量调度实施方案和每月水量调度方案，提前部署工程专项检查维护、监测工作等，协调水利、供电、航运等运行准备事宜，于2016年12月16日启动南水北调东线一期工程向山东省调水工作。2017年5月18日，南水北调东线一期工程完成调水入山东省8.89亿m^3的计划任务，7月11日所有泵站完成抽水任务停止运行，工程累计调水运行208天，供水计划完成率100%。

该调水年度东线一期工程共有13个梯级16座泵站参与调水运行。供水期间，工程运行安全平稳，经环保部监测，调水水质符合《地表水环境质量标准》（GB 3838—2002）Ⅲ类水的要求。

经济财务

（1）资金筹措及水费收缴。2017年9月27日东线总公司与山东省南水北调建管局签订了《南水北调东线一期工程（山东省境内）供水合同续善协议》。山东省向东线总公司足额缴纳2017～2018年度水费15.87亿元。

（2）预算管理。2017年初，编制年度经费预算，第三季度初调整了年度预算。完成了年度经费预算并制定印发了《南水北调东线总公司全面预算管理暂行办法》，东线总公司预算管理开始由经费预算迈向全面预算时期。

工程效益

截至2017年底，累计调入山东省水量19.8亿m^3，有效缓解了山东省缺水局面，尤其是保证了2017年胶东大旱供水需求，确保了青岛、烟台等城市的用水安全，山东省受益人口超过4000万人；东线工程完善了江苏省原有江水北调工程体系，增强了受水区的供水保障能力，提高了扬州、淮安、徐州等市50个区县共计4500多万亩农田的灌溉保证率。

创新发展

为了做好将来东线一期工程统一管理后的资产保值增值和综合经营工作，高起点谋划东线产业带发展宏观战略思路，进行了大量的调研工作，并编制了发展规划。

（1）开展了美国加州调水工程、东深供水工程、北控水务集团、辽宁省水利工程资产管理和经营方式的调研并编写调研报告。

（2）编制并上报了《南水北调东线总公司资产经营方案》（东线计发〔2017〕49号）和《南水北调东线总公司2017～2021年资产经营工作规划》（东线计发〔2017〕67号），深入研究了适合东线总公司发展的生产经营管理模式。

（3）拟定了南水北调东线智能管护公司组建方案，为实现东线一期工程维修养护专业化管理，提高维修养护专业化水平，缩减定员、降本增效提供了新思路。

（东线总公司）

江 苏 段

概 述

2017 年，江苏省南水北调工作在国务院南水北调办和江苏省委、省政府以及省南水北调领导小组的正确领导下，在江苏省南水北调领导小组成员单位协同配合下，精心组织，科学谋划，严格管理，完成年初制定的各项任务。

（1）2016～2017 年度调水量。根据 2016～2017 年度调水计划，按照新老工程统一调度、联合运行的原则，在保障江苏省内用水的同时，向江苏省外调水 8.89 亿 m^3。

（2）工程管理体制机制。江苏省水利厅、江苏省南水北调办根据新老工程联合运行、省外供水省内用水同时保障等实际情况，加强沟通、协调、会商，工程管理体制机制得到完善。

（3）输水干线水质。江苏省南水北调办切实抓好水质达标长效管理，强化输水干线水质监督监测，严格危险化学品船舶禁航监管，强化水质保障联合执法，2017 年度调水水质持续稳定达到地表水Ⅲ类标准，部分区段达到Ⅱ类标准。

（4）年度建设管理任务。推进南水北调调度运行系统、管理设施专项、南四湖水资源监测和宿迁尾水导流二期工程建设。2017 年，完成工程建设计划投资 2.13 亿元，其中调度运行管理系统完成 0.4 亿元，管理设施完成 0.18 亿元，南四湖水资源监测工程完成 0.05 亿元，宿迁尾水导流工程完成 1.5 亿元。截至 2017 年底，共完成投资 2.65 亿元，占 2017 年投资计划的 124.6%，其中调水工程累计完成投资 6330 万元，宿迁尾水导流工程累计完成投资 20 200 万元，超额完成年度投资任务。

（5）南水北调后续工程。一期配套工程中的郑集河输水扩大工程完成可研报告编制并报江苏省发展改革委待批；制定并印发《江苏省南水北调东线二期工程规划工作方案》《江苏省南水北调东线二期工程规划区域综合影响工程报告编写提纲》，召开二期专题会议，分解落实相关规划任务。

（郑福寿）

工 程 管 理

江苏水源公司 2017 年完成建设投资 6330 万元。截至 2017 年，南水北调宝应站、淮安四站、江都站改造、解台站、淮阴三站等 5 个设计单元工程先后荣获“中国水利优质工程大禹奖”，南水北调江苏境内工程获得全国水土保持生态文明工程，宝应站、淮安四站、解台站、刘老涧二站和金湖站等 5 个管理单位顺利通过江苏省级水管达标单位考核验收，2017 年江苏水源公司荣获“全国文明单位”。

2017 年，江苏省南水北调办根据南水北调新建工程和江水北调工程统一调度、联合运行、省外供水省内用水同时保障等实际，完善工程管理体制和机制，强化工程运行监管。

（1）管理体制机制。在管理体制方面，由江苏省政府统一领导、省水利厅和省南水北调办统筹组织与协调、省防汛防旱指挥部统一调度、江苏水源公司及厅属管理单位分别具体管理新老工程、省领导小组成员单位根据职责分工负责。其中，宿迁市政府批复成立南水北调工程建设管理中心，是继徐州后第二家成立的有编制的南水北调建设管理机构。在运行机制方面，调水出省的部省之间、成员单位之间、省市之间形成协调会商、巡查检查、水质保障、应急处置、信息共享等工作机制，全年各类工程平稳运行。在水价政策执行方面，2017 年 3 月，江苏省水利厅、省南水北调办会同省有关部门研究提出了南水北调水价执行建议方案并报省政府。4 月省政府召开专题会议研究协调南水北调水费缴纳相关事项。12 月省财政从省级水利资金盘子中调剂解决了江苏南水北调 2017 年度基本水费。

（2）工程运行监管。在制度建设方面，江苏省南水北调办制定并印发《江苏省南水北调工程运行管理监督办法（试行）》《江苏省南水北调尾水导流工程运行管理指导意见》。在日常监管方面，在调水前和调水期，组织专门工作组开展监督检查，梳理问题和缺陷隐患，督促问题整改，保证工程安全运行。在尾水导流工程方面，协调将工程维修养护经费纳入省级财政保障范围，同时，加强工程运行检查指导，组织开展应急演练与培训，确保工程充分发挥效益。在安全标准化建设方面，江苏省南水北调办会同江苏水源公司制定了八大体系和四项行为清单的标准格式，并在解台、泗洪、金湖和宝应等泵站开展试点。

（3）工程运行管理现代化。以管理创新和技术创新为抓手，推进“规范化、标准化、信息化、智能化”建设。2017 年度江苏水源公司推进标准化建设，完成了管理组织、管理制度、管理流程、管理表单、管理条件、管理标识六大标准化体系建设，正在逐步构建工程管理 10S 标准化管理体系。

（郑福寿）

建 设 管 理

江苏省南水北调一期工程包括调水工程和治污工程，总投资约 267 亿元，其中调水工程投资约 134 亿元，治污工程总投资约 133 亿元、分两阶段实施。工程自 2002 年起开工建设，2013 年 5 月建成试通水，8 月通过国务院南水北调办组织的全线通水验收，11 月正式投入运行，实现了江苏省委、省政府确定的“工程率先建成通水，水质率先稳定达标”的总体目标。截至 2017 年底，调水工程累计完成投资 131.5 亿元，占总投资的 98.1%；南水北调治污规划确定的第一阶段 102 个治污项目全面建成，实际完成总投资 70.2 亿元；江苏省政府批复的第二阶段新增治污项目已经基本完成，其中由江苏省南水北调办组织实施的 4 个尾水导流工程完成 3 项，1 项正在实施（宿迁市尾水导流工程），累计完成投资 11.7 亿元。

2017 年，江苏省南水北调工程建设主要包括调水工程的扫尾工程（调度运行管理系统、管理设施和南四湖水资源监测等 3 项专项工程）和第二阶段新增治污工程的宿迁市尾水导流工程等。全年共完成投资 26 530 万元，占年度投资计划（21 300 万元）的 124.6%，其中年度调水工程完成 6330 万元，宿迁市尾水导流工程完成 20 200 万元。截至 2017 年底，工程建设进展如下：

（1）调度运行管理系统工程。完成通水应急调度中心沙盘工程及机房工程、通水应急总集成、全线骨干环网光缆修复、水环境监测中心和水质自动监测站建设、水质移动实验室设备采购、通信设备系统总集成等，2017 年度完成投资 4000 万元，累计完成投资 35 193 万元。

（2）管理设施专项工程。完成徐州市、淮安市二级机构管理设施装饰工程和三级机构所有建设内容，南京管理设施、扬州二级机构管理设施装饰工程正在施工，2017 年度完成投资 1800 万元，累计完成投资 43 541 万元。

（3）南四湖水资源监测工程。完成监理标及土建施工标 2 个标段的招标和后方巡测基地选址，2017 年度完成投资 530 万元，累计完成投资 530 万元。

（4）宿迁市尾水导流工程。完成 18.7km 压力管道铺设和五洲城、四岔路口、江山大道等 6 处沉井施工，征迁清障工作同步进行中，2017 年度完成投资 20 200 万元，累计完成投资 20 200 万元。

（吴海军）

运 行 调 度

按照南水北调新建工程和江水北调工程统一调度、联合运行的原则，江苏省水利厅、省南水北调办在江苏省政府统一领导下，会同江苏水源公司等省领导小组成员单位，统筹调配长江水、淮河水等水资源，充分发挥洪泽湖、骆马湖调蓄功能，进行各类水资源的优化配置。2016～2017 调水年度调水任务，调水出江苏省 8.89 亿 m^3，江苏段工程累计运行 121 天、3.71 万台时，累计抽水 34.06 亿 m^3，其中抽长江水（以下简称“抽江”）2.29 亿 m^3。

（1）向省外调水。2016 年 12 月 16 日，启动第一阶段调水，开启洪泽湖以北徐洪河线的泗洪站、沙集站、睢宁二站、邳州站等工程向骆马湖调水，经骆北中运河、韩庄运河出江苏省，至 2017 年 1 月 14 日结束，历时 24 天，累计调水出江苏省 2.1 亿 m^3；2017 年 2 月 13 日，第二阶段调水启动，从洪泽湖以北徐洪河线的泗洪站、沙集站、睢宁二站、邳州站等工程向骆马湖调水，经骆北中运河、韩庄运河出江苏省；3 月 20 日，根据洪泽湖水情，同时启用洪泽湖以南运西线宝应站、金湖站、洪泽站等工程抽江补洪泽湖；4 月 6 日，同时启用洪泽湖以北运河线泗阳站、刘老涧二站、皂河二站等工程向骆马湖调水，实施“双线”调水出江苏省；4 月 7 日，根据洪泽湖水情，宝应站、金湖站、洪泽站全部停机，暂停抽江补洪泽湖；4 月 27 日，按照调度计划，暂停泗阳站、刘老涧二站、皂河二站，仅运用洪泽湖以北徐洪河线工程、经骆马湖、骆北中运河、韩庄运河调水出江苏省；5 月 6 日，根据洪泽湖水情，再次开启洪泽湖以南运西线宝应站、金湖站、洪泽站等工程抽江补洪泽湖；5 月 19 日，江苏省境内工程完成向骆马湖调水任务，各泵站全部停机。

（2）江苏省内抗旱调水。根据江苏省防汛抗旱指挥部调度指令，刘山站、解台站于 2017 年 6 月 13 日启动，参与徐州市抗旱调水运行；6 月 19 日，为保障骆马湖周边徐州市、宿迁市城乡生活、工农业、交通航运等用水，同时启动泗阳站、刘老涧二站补充中运河沿线宿迁段抗旱用水水源。2017 年，江苏南水北调新建泵站共投入省内抗旱调水运行历时 29 天，充分发挥了工程效益。

（吴海军）

运 行 管 理

（一）落实最优经济运行方案

研究 2016～2017 调水年度水量调度计划、总体可研和输水损失测验报告，针对调水时间长、调水量大的现实情况，把握调水效益关键点，优化抽江水量计算方法并实时加以调整。全年度抽江水量较江苏省防汛抗旱指挥部办公室（以下简称江苏省防办）最初方案减少约 1.48 亿 m^3，按照国家发展改革委水价标准测算，节省电费约 1500 万元；通过调水过程中实时优化方案，2016～2017 调水年度，抽江水量减少 7.23 亿 m^3，直接节约电费约 8300 万元。

（二）确保调水按时高效完成

协调山东省提前第二阶段开机时间，缩短调水周期。及时启用运河线参与运行。为避开江苏省内用水高峰并利用春汛淮水，确保 5 月中旬完成调水任务，于 4 月 6 日启用运河线采取双线调水，缩短调水时间，减少抽江水量。

（三）优化水文测报安排

一是探索报汛计量方式。通过研究江苏省防办关于报汛和结算的要求，对比报汛与泵站上位机历史水量数据后，决定不再委托江苏省水文局进行水量监测，而采用报汛计量方式。组织江苏水源公司水文水质监测中心对各站进行流量巡测，确保报汛数据准确。二是协调江苏省防办，充分利用宝应、龙河口两个水质自动监测站参与水质监测，节约了水质监测成本。三是通过协商江苏省水文局，在金湖站、邳州站试点使用手机报汛管理系统，为后续解决工程报汛问题作了积极探索。

（四）争取落实优惠用电价格

一是充分利用直购电政策。以电价为切入口，与江苏省物价局、省经济和信息化委员会、电力公司等单位协商，成功申请2017年调水直接交易电量2188万kW·h，每千瓦时电可节省0.021元，节省电费支出46万元。二是编排调度计划，确保直购电量足量使用，避免产生高额违约金。三是协调江苏省经济和信息化委员会，针对工程重要性和用电的特殊性建立了新型快捷的交易机制，兼顾了用电的经济性和可靠性。

（五）保证值班工作运转顺畅

为克服人员不足困难，采取两名主任轮流带班，三名员工轮流值班，坚持“机不停、人不休”每周七天每天24小时响应的值班制度。同时修订上墙了调度值班、调度室管理等相关制度，修订完善了调度值班工作手册，确保值班工作运转顺畅。

（六）争取省内抗旱运行

通过与江苏省防办沟通协调，在以往仅限于刘山、解台站参与省内抗旱的基础上，2017年泗阳站和刘老涧二站也参与了省内抗旱运行。6月13日~7月12日，各泵站累计抗旱抽水4.06亿m^3，增加抗旱效益约406万元。

（七）推进2017~2018年度调水工作

根据水利部2017~2018调水年度水量调度计划，东线出江苏省调水水量为10.88亿m^3，入骆马湖水量11.30亿m^3，为2013年通水以来调水量之最。为做好2017~2018年度调水工作，一是提前完成调度方案、水文监测方案编制工作。及时与江苏省防办商定第一阶段（春节前）向骆马湖调水4.2亿m^3，第二阶段为6.1亿m^3，制订各泵站抽水量和水文监测方案。二是实时关注山东境内省际泵站运行和调蓄湖泊情况。台儿庄泵站于2017年11月15日开机调水，过程中关注全线水情，判断决策江苏省开机调水最佳时机。三是调水过程中及时调整调度方案，实现最大化降本增效。为充分利用淮河水，减少抽江水量，通过协调江苏省防办等相关部门，及时于2017年11月30日开机调水。过程中视洪泽湖、骆马湖水情逐步加大入湖流量。截至2017年12月31日已完成入骆马湖水量2.62亿m^3，预计第一阶段调水量达到6.1亿m^3，节省了抽江电费，减小了第二阶段调水压力。四是根据水质监测方案扎实做好调水出省水质监测工作。五是有序开展调水水量监测和泵站流量率定工作。

（八）切实做好防汛度汛工作

（1）周密部署，保证防汛工作有序开展。提前谋划、组织各阶段防汛检查。梳理完善防汛组织体系。建立健全防汛工作项制度。通过工程措施和非工程措施两个方面推进防汛工作的开展。

（2）全力提高防汛业务水平。印发《江苏水源公司防汛工作方案》，决策指导防汛工作。落实防汛物资储备。要求各现场单位按照防汛物资相关规程配备铁锹、编织袋、土工布等防汛物资，并与相关防汛物资储备单位签订了大宗防汛物资调配协议，建立了调用机制。同地方防汛部门建立防汛联动机制，并纳入地方防汛统一管理。强化防汛值班，印发《防汛值班工作手册》，严格值班纪律，规范值班行为。开展防汛培训演练。于2017年7月，在江苏省防汛防旱抢险中心，首次组织三级机构工作人员开展防汛知识培训暨防汛抢险联合演练。

（郑福寿）

工程效益

2017年，江苏省南水北调工程完成2016~2017年度调水出江苏省、省内抗旱、金湖站排涝和向骆马湖调水等4次调水任务，累计抽水41.26亿m^3，其中抽江7.67亿m^3，调水出省6.02亿m^3。

2017年，江苏省南水北调工程完成调水、抗旱任务，调水出省和省内抗旱运行水量累计抽水12.95亿m^3，其中调水出江苏省8.89亿m^3，参与江苏省内局部地区抗旱抽水4.06亿m^3。根据水利部下达的南水北调2016~2017年度调水计划，江苏省南水北调工程自2016年12月16日~2017年5月18日，分两阶段组织南水北调新建工程和江水北调工程向江苏省外调水。水量方面，两阶段累计调水出江苏省8.89亿m^3，调水量是2015~2016年度的1.5倍。其中，2016年12月16日~2017年1月13日调水出江苏省2.1亿m^3，2月12日~5月18日调水出江苏省6.79亿m^3。水质方面，经江苏省环保部门监测，调水水质持续稳定达到地表水Ⅲ类标准，部分区段达到Ⅱ类标准。

2017年以来，沂沭泗流域上中游地区降雨偏少达30%~40%，淮北地区降雨量比常年同期偏少2成以上，入汛后沂沭泗各条河道基本无来水，骆马湖、微山湖、石梁河水库基本无来水补充，加之气候原因，2016年水稻生长用水延迟约10天，加剧了淮北地区湖库水源消耗。2017年11月初，江苏省淮北地区湖库蓄水明显不足，骆马湖水位比常年同期低0.75m，为保障冬春季节用水，提前与江苏省防汛防旱指挥部办公室沟通，开展工程运行能力调研，编制多种开机方案及运行成本估算供江苏省防办比选。2017年11月10日，根据《江苏省防汛防旱指挥部关于加大向骆马湖补水力度的通知》，迅速组织淮安四站、淮阴三站投入汛后骆马湖补水运行。11月10日~12月7日参与汛后骆马湖补水期间，淮安四站、淮阴三站累计运行3802台时，抽水4.50亿m^3，运行期间骆马湖水位由21.87m上升至23.10m，完成调水任务。2017年6月13日~7月12日淮北地区抗旱期间，泗阳站、刘老涧二站、刘山站、解台站等泵站根据江苏省防汛防旱指挥部的调度指令开机运行，累计运行29天，抽水4.06亿m^3，有效缓解了淮北地区旱情。

（郑福寿）

科学技术

2017年，江苏省南水北调办推进多项科研课题。《江苏省南水北调截污导流工程对输水干线水质改善及区域水环境影响的损益研究》通过验收，并荣获江苏省水利科技进步二等奖。《南水北调东线一期工程调蓄湖泊优化调度研究》基本完成研究工作报告。《南水北调江苏省后续工程水量配置及工程布局研究》《南水北调尾水导流工程生态湿地净化尾水效果及不同季节最大水环境承载能力研究》等课题研究工作正在进行。

江苏水源公司开展科技创新，围绕江苏省南水北调工程建设、运行管理和安全生产需要，开展了一系列卓有成效的工作。截至2017年，江苏水源公司主持重大技术攻关和专题研究90余项，获得国家专利7项，省部级奖项7项。

（1）搭建科技创新平台。一是研究生工作站建设运营工作。2017年江苏水源公司获批研究生工作站，上半年编制研究生工作站的实施方案，4月形成《江苏水源公司研究生工作站办理办法》。第三季度研究生入驻工作站。二是博士后创新实践基地建设工作。江苏水源公司获批博士后创新实践基地，编制根据相关要求结合研究生工作站成功运营经验，明确体制机制及管理办法。

（2）编制科研工作方案。一是制定科技创新工作方案。明确科技创新工作重点研究方向和课题，落实组织机构和责任部门，形成《江苏水源公司科技创新工作方案（初稿）》。二是编制完成了实验室组建方案初稿，初步提出来实验室研究方向、人员架构、组织运行方式等。

（3）科技项目组织工作。2017 年，江苏水源公司开展水利科技项目申报工作，批复立项 2 项。同时，国家“十二五”科技支撑项目 2 项，江苏省重点研发项目 1 项均按计划进行。完成江苏省科技厅对江苏省重点研发项目《南水北调大型泵站群运行安全监测及远程协作诊断系统》的中期考核，受到科技厅的一致好评。同时，积极配合“十二五”科技支撑项目的收尾工作。

（4）重大技术攻关和成果推广应用。一是优化调度与自动化方面。结合“十二五”国家科技支撑计划“南水北调东线工程泵站（群）优化调度关键技术集成与示范化”课题，以南水北调洪泽站为例，开展远程故障诊断试点研究，项目于 2016 年 12 月开工建设，2017 年 3 月完成所有设备到工验收及设备安装调试工作，5 月完成系统各项调测，8 月进入试运行。二是开发完成智慧泵站 APP。为进一步提升泵站管理效率，拓展泵站信息化管理业务，打造江苏省南水北调泵站管理品牌，江苏水源公司进行了“智慧泵站”移动端 APP 开发。通过前期的需求调研，结合泵站管理人员建议，提出工程概况、数据监测、视频监视、移动巡检、智慧感知、智能提醒、智能导航、移动办公八大模块内容，先期在宝应站试点。工程于 2016 年 9 月开工建设，2017 年 6 月完成系统开发，11 月开始进入试运行阶段。

（5）科技创新取得新成绩。组织研究的“南水北调工程大型高性能低扬程泵关键技术研究及推广应用”科技项目，获得 2017 年度江苏省科学技术一等奖；“南水北调工程用低扬程泵关键技术研究与产业化”，获得 2017 年中国产学研合作创新一等奖；“大型调水工程泵装置理论及关键技术研究与应用”，获得 2017 年中国大禹水利科学技术二等奖。

（薛刘宇）

征 地 移 民

2017 年初，江苏省南水北调办专门制定并下发年度征迁安置验收时间节点计划，要求各地做好验收的各项准备。全年共完成了南四湖下级湖抬高蓄水位影响处理、里下河水源调整盐城市、洪泽站等 3 项征迁安置完工验收，以及里下河水源调整盐城市、金宝航道金湖县、洪泽站等 3 项工程征迁安置档案验收。截至 2017 年底，累计 23 项南水北调调水设计单元工程完成征迁安置完工验收，验收率达 85. 2% 。

为改善征迁安置群众的生产生活条件，2017 年，江苏省南水北调办组织地方征迁机构利用征迁包干结余资金，实施了宝应县金宝航道中心排河生产道路、金湖县金宝航道宝红桥南接线等项目，获得当地群众的一致好评。

2017 年，江苏省按照“谁主管、谁负责”的要求，在南水北调沿线建立健全矛盾纠纷排查化解机制，细致排查工程建设、运行管理、水质保护等可能出现的信访风险点，超前提出防范化解的各类措施，及时将矛盾化解在基层单位、解决在萌芽状态。同时，多渠道跟踪解决信访中的诉求问题，督促、督查信访件所在地政府和部门，力求将信访问题处理快，解决好，不流于口头应付，要有实际成效。全年江苏省南水北调办共接到电话投诉 1 次、来信 1 封、江苏省电台《政风热线》栏目转来群众咨询投诉1件，均得到妥善处理解决。

（刘再国）

环境保护

在截污（尾水）导流工作建设方面，2017年，江苏省南水北调截污（尾水）导流工程建设进展有序，扫尾工程完成并开展验收，在建工程进展顺利。在扫尾工程方面，完成了徐州截污导流工程技术性初步验收和竣工验收，丰（丰县）沛（沛县）尾水导流工程技术性初步验收，新沂河尾水导流工程技术性初步验收。协调完成了淮安市截污导流工程、丰沛尾水导流工程和睢宁县尾水导流工程的环保专项验收。在工程建设方面，新开工建设宿迁市尾水导流工程，完成18.7km压力管道铺设和6处沉井施工。

在水质保障方面，江苏省环保厅每月组织对15个国控断面水质进行监测与评价，并在调水期间加密监测频次。监测数据表明，2017年度江苏省南水北调输水干线水质全部达标。江苏省环保厅、省南水北调办强化干线水质监管，对个别水质波动断面联合开展现场督查，发现问题及时通报地方政府并跟踪督促落实整改。江苏省交通运输厅严格执行危险化学品船舶禁运要求，强化巡航检查、应急值班、联防联控等工作，累计出动巡航艇力3500余艘次，巡航里程超过5.2万km，确保航运安全和水质安全。江苏省南水北调办会同省地方海事局提前发布年度调水预通告，尽可能减轻禁运对经济社会的影响。江苏省住建厅督促指导南水北调沿线各地加大投入，加快推进城镇污水处理厂配套管网建设，从源头控制干线污染源。同时，强化对污水处理设施的运行监管，开展城镇污水处理厂运行管理考核，充分发挥设施污染物减排效益。江苏省海洋与渔业局及时组织做好渔业养殖隐患排查，严格渔业行政执法监管，开展增殖放流，规范围网养殖，优化调整养殖结构，推广渔业生态养殖，保障湖泊水生态环境。

（倪效欣）

工程验收

2017年，江苏省南水北调办会同江苏水源公司、南水北调江苏质量监督站，根据各设计单元工程准备工作开展情况，编制了详细的年度完工验收计划。验收过程中，一方面严格验收程序、严把工程质量关，另一方面帮助项目法人和现场建设单位协调解决具体困难。全年共组织完成徐洪河影响处理设计单元、沿运闸洞漏水处理设计单元、高水河整治设计单元、邳州站设计单元等4项调水工程完工验收；淮安截污导流、丰沛尾水导流、新沂尾水导流等3项治污工程竣工验收前技术预验收和环保专项验收。

（吴海军）

工程审计与稽查

2017年4月10日~5月25日，国务院南水北调办委托中审众环会计事务所，对江苏南水北调工程2016年度征迁移民资金使用进行专项审计，江苏省、市、县各级征迁机构配合提供财务和征迁安置资料，解答审计提出的有关问题。对审计提出的问题，江苏省南水北调办及时召集相关单位，分清责任，落实整改。2017年10月，国务院南水北调办组织对2016年度征迁安置审计整改情况进行复查，复查时所有问题已全部整改到位。江苏省南水北调办对完成自验的单位进行财务决算审计，组织南京益诚会计师事务所对泰州市卤汀河、金宝航道宝应湖农场、泗洪站征迁安置进行财务决算审计。对前期审计发现的洪泽站、盐城市阜宁县里下河水源调整、金湖县金宝航道工程等征迁安置建设投资分摊等进行督办整改，确保资金使用管理规范有序。

2017年，江苏省南水北调办对江苏水源公司以及市县项目法人组织的招标投标评标全过程开展行政监督管理工作，依照法律法规和既往监督管理办法的程序规定，开展监督工作，推进符合条件的标段进入江苏省水利招投标有形市场开展电子招标，确保江苏南水北调工程招投标工作保持“公平、公正、公开”、零投诉，为南水北调江苏境内工程建设收尾提供了保障。

（刘再国）

创新发展

2017年，江苏省南水北调办和江苏水源公司加强新建工程管理，在管理能力、管理方式、管理内容、管理标准上创新，提高工程管理水平。一是管理标准化“10S”（即管理组织、管理制度、管理表单、管理流程、管理条件、管理标识、管理行为、管理要求、管理信息及管理安全等十大标准化体系）建设。编制标准化建设方案，组织完成了管理组织、管理制度、管理流程、管理条件、管理表单和管理标识六大成果，相关成果已在泗洪站试点，标准化建设初见成效。二是完善管理方式。2017年，江苏水源公司徐州分公司接管解台站，淮安分公司接管大汕子枢纽工程，至此，江苏水源公司已实现直接管理泵站3座、枢纽工程1座。同时，委托管理以清单式管理为框架，以量化考核为手段，以过程考核为合同金额兑现依据，对工程委托管理合同条款和考核细则进行全面修订，工程管理效果进一步提升。三是达标创建和风景区建设。金湖站管理所通过省级水管单位考核验收，宝应站通过省级水利风景区复核，解台站风景区创建正在推进。

（王晓森）

其他

根据水利部关于启动开展南水北调东线二期工程规划工作的部署要求，江苏省水利厅、省南水北调办及时向省政府汇报有关情况，梳理了东线后续工程规划阶段有关专项研究成果，制定并印发了《江苏省南水北调东线二期工程规划工作方案》《江苏省南水北调东线二期工程规划区域综合影响工程报告编写提纲》，召开江苏省南水北调东线二期工程规划工作会议，向有关单位和沿线市县布置相关规划工作任务和要求。

（薛刘宇）

山东段

概述

2017年，山东省南水北调建管局贯彻落实南水北调办确定的“稳中求好、创新发展”总体思路，围绕充分发挥工程效益这个中心，工作重点由工程建设向运行管理转变。

（1）完成调水计划。按照国家批复2016～2017年度调水计划，山东省南水北调工程自2016年12月16日至2017年6月30日，累计调长江水量8.89亿m^3。山东境内7级梯级泵站均达到设计流量，实现联合调度运行，东平湖以东段工程持续以设计流量50 m^3/s运行，东平湖以北达到最大流量30m^3/s，水库、穿黄河隧洞等重要建筑物运行安全。2017年5月，国务院南水北调工程建设委员会专家组现场检查后认为，山东段工程基本实现了由建设管理向运行管理的平稳过渡，实现了规划供水范围目标，工程运行状况良好，较好地发挥了综合效益。山东境内泵站、水库、穿黄河隧洞等重要建筑物运行状况良好，管理规范化和标准化满足运行需求。

（2）配套工程。山东省规划实施的38个配套工程供水单元，除引黄济青（引黄河济青岛）改扩建工程因保胶东地区城市供水安全延期实施外，其余37个供水单元累计完成投资209.97亿元，占总投资计划的98.6%，基本完成建设任务，初步具备了消纳江水能力。截至2017年底，已有11个受水城市的29个配套工程单元实现了供水，占总数的78%；有聊城、滨州、烟台3市的13个单元工程以及8座新建中型平原水库，实现第一次通水蓄水。

（3）探索政策机制建设。为实现南水北调东线一期工程2020年达到设计调水能力，探索建立政策机制，调动各地消纳使用长江水。一是初步建立基本水费计缴机制。2017年5月，各市将基本水费纳入预算落实到位。10月，开始实行基本水费由山东省财政体制结算。水费计缴工作开始实现由被动向主动转变，实际收缴数额明显突破。二是开展用水结构调整试点，引导各市加大使用长江水。山东省财政安排专项资金，选取承诺消纳长江水量多、压采地下水任务重、配套工程投资大及地方财政困难的德州、聊城、滨州3个受水市开展试点，按照消纳使用长江水量大、压采地下水力度大和当年建成的三个先决条件，确定试点项目，给予资金补助，以点带面，调动各市积极消纳长江水。三是调研制定外调水综合水费政策，促进山东省水资源优化配置。按照统筹国家分配山东省黄河水、长江水指标，以及“近水近用，方便使用”的思路，深入调查研究，制定了统一配置外调水资源、统一工程调度、统一核定水费、统一计缴管理水费的办法，用政策调节促进山东省水资源优化配置，从根本上解决长江水使用难的问题。

（4）运行管理。围绕实现2020年达到设计调水能力的目标，加强工程运行管理。一是全面完成干线工程永久占地确权发证工作。累计办理国有土地使用权证546本、地役权证10本，总计发证面积7.92万亩，为推进工程管理范围和保护范围划定奠定了坚实基础。二是以“六化”（即工程管理安全化、体制机制科学化、队伍管理军事化、管理质量标准化、调度运行信息化、全面管理智慧化）为目标，推进工程运行管理体制机制改革，建立工程管理质量标准体系，强化工程安全防护措施，推行队伍准军事化管理，适应运行管理新要求。三是实施信息化改造工程，开展工程运行管理咨询和信息化、智慧化顶层设计，计划用2~3年时间全面完成信息化建设，实现工程运行管理现代化。

（牛晓东）

工　程　管　理

（一）维修养护

2017年2月，召开2017年度工程维修养护计划费用评审会议和加快2016年度工程维修养护计量支付和验收工作会议。通过竞争性磋商方式，确定南水北调东线山东段2013~2016年维修养护合同结算审计单位；批复大屯水库运行管理专项稽查所提问题处理的设计方案。3月，批复济平干渠工程5座桥梁专项维修实施方案。4月，批复2017年度日常维修养护计划；完成2017年度上半年日常维修养护合同签订；修订完成工程维修养护信息月报、成本测算模板。5月，召开2017年度日常维修养护招标采购工作座谈会；批复德州局渠道工程泥结碎石路面硬化专项维修实施方案。6月，完成2016年度工程维修养护年度验收工作；批复聊城局渠道工程泥结碎石路面硬化专项维修实施方案。7月，完成南水北调东线一期工程山东段2017年下半年巡查看护项目招标、合同签订。8月，完成2017年下半年日常维修养护项目聊城德州段、枣庄济宁段、胶东济南泰安段3个标段招标、合同签订；办理了山东省工程建设标准造价信息网会员；委托山东省水利勘察设计院编制南水北调山东段干线工程维修养护年度预算标准；组成7人调研组赴南水北调中线干线工程建设管理局，对维修养护管理工作进行调研。9月，召开南水北调山东干线工程2017年下半年日常维修养护工作会议。10月，完成2017年上半年日常维修养护合同验收。11月，组织完成2013～2016年度126个工程维修养护合同结算审计；完成南水北调东线山东干线工程运行期工程造价咨询机构备选库前期准备工作。12月，安排2017年度工程维修养护合同项目完工结算审计工作；台儿庄泵站5号机组，万年闸泵站1号机组，八里湾泵站1号机组，东湖水库4台机组大修完成验收。

（二）安全监测

2017年3月，制定安全监测整体工作方案。一是采购高精度观测仪器设备，解决仪器数量及精度不足问题；二是建设重点节点工程变形观测网，解决变形观测统一基准问题；三是修复完善内部观测设施，解决内部观测设施完好率低问题；四是采用购买服务方式开展外部变形观测工作，解决专业人员不足问题；组织专家评审泵站、穿黄河及重点渠道建筑物变形观测网设计报告。5～6月，为进一步查清渠道底部淤积情况，检验校核并消除水位矛盾，进行了济平干渠水位及水下断面测量。8月，通过公开招标，采购高精度全站仪5台，电子水准仪9台，全站仪按现场局配置，水准仪按管理处配置。9月，发布对外购买服务开展外部变形观测项目招标公告。10月，发布泵站、穿黄河及重点渠道建筑物变形观测网建设项目招标公告。11月，通过公开招标，完成泵站、穿黄河及重点渠道建筑物变形观测网建设项目及对外购买服务开展外部变形观测招标工作；联合仪器厂家举办了变形观测技术培训会。12月，完成11台电子水准仪，2台全站仪共13台仪器的年度检查工作。

（三）工程管理范围及保护范围划定

2017年1月，水利部办公厅下发了《关于印发〈南水北调工程管理范围和保护范围划定工作会议纪要〉的函》（办建管函〔2017〕27号）。4月，召开《南水北调东线一期工程山东干线管理范围和保护范围划定方案》专家评审会，邀请水利水电规划设计总院及山东省水利、国土、城乡规划等方面的专家对方案进行评审，专家组提出评审意见。6月，山东省水利厅印发了《关于开展河湖管理范围和保护范围划定工作的意见》（鲁水管字〔2017〕15号）。7月，根据专家评审意见，山东干线公司组织进一步修改完善《南水北调东线一期工程山东干线管理范围和保护范围划定及实施方案》。9月，山东省南水北调工程建设指挥部向有关市人民政府下发了《关于征求〈南水北调东线一期工程山东干线管理范围和保护范围划定及实施方案〉意见的通知》；召开了《南水北调东线一期工程山东干线管理范围和保护范围划定及实施方案》征求意见说明会，山东省水利工程管理局、山东干线公司，有关市水利局、南水北调局（办事机构）参加了会议。10月，水利部在北京召开了南水北调干线工程管理范围和保护范围划定工作推进会，国务院南水北调办、各有关省（直辖市）人民政府办公厅、各有关流域机构、各有关省水利厅、南水北调办事机构、中线沿线部分地级市人民政府、中线建管局、东线总公司等单位参加了会议，山东省由罗辉副局长带队，山东省水利厅工程管理局、山东省南水北调建管局建设管理处、山东干线公司有关同志参加了会议；山东省水利厅编制《山东省河湖管理范围和水利工程管理与保护范围划界确权工作技术指南（试行）》。11月，山东省南水北调建管局印发了《关于加快我省南水北调干线工程管理范围和保护范围划定工作的通知》（鲁调水局建字〔2017〕36号）《关于下达

〈山东南水北调干线工程管理范围和保护范围划定有关要求〉的通知》（鲁调水局建字〔2017〕38号）；山东省南水北调工程建设指挥部向有关市人民政府下发了《关于对南水北调东线一期工程山东干线管理范围和保护范围进行公告的通知》。济南等10个市人民政府完成关于对南水北调东线一期工程山东干线管理范围和保护范围的公（通）告。12月，山东省南水北调建管局组织召开了《南水北调东线一期工程山东干线管理范围和保护范围划定方案》审查会，并形成了专家评审意见；山东干线公司组织召开南水北调管理范围和保护范围划定工作推进会。

（四）安全管理

（1）安全生产目标管理。2017年1月6日，下达了《关于印发2017年安全生产总体目标和年度目标的通知》（鲁调水企安字〔2017〕1号），明确了2017年南水北调干线工程安全生产总体目标和年度目标，逐级签订了安全生产目标责任书，明确了各级各部门各岗位安全生产目标和责任。

（2）组织机构与职责。2017年5月和9月根据山东省南水北调建管局和山东干线公司领导调整情况，调整了安全生产领导小组、突发事件应急处置领导小组和消防安全领导小组及其办公室，重新明确领导小组等组织机构及其工作职责和人员；每季度召开安全生产会议，传达学习安全生产会议和文件精神，总结安全生产工作情况，研究安全生产重大问题，部署安全生产工作任务。

（3）安全生产投入。组织编制并落实2017年安全生产专项费用使用计划，专款专用，保障了安全生产投入。

（4）法律法规和安全管理制度。安全生产标准化管理制度、安全规程以及应急预案的贯彻落实。2017年底，组织试点单位进行自评和总结，形成运行安全管理的八大体系（工程运行安全管理体系、工程防洪度汛安全管理体系、工程安防管理体系、工程突发事件应急管理体系、责任监督检查体系、运行安全目标管理体系、运行安全问题治理体系和运行安全文化管理体系）。制定质量管理体系工作方案和2018～2020年三年规划。建立工作小组办公室并明确了工作职责和人员，进行考察调研，举办质量管理体系标准培训及内审员培训，开展管理制度的梳理工作和“质量方针”的征集活动，在试点单位召开作业层面体系文件策划研讨会，研究质量体系与运行管理标准化及安全生产标准化等体系的有机结合，策划编制质量管理体系。

（5）教育培训与宣传工作。2017年6～7月，组织安全生产有关人员参加东线总公司组织的央企负责人安全生产培训班。10月，组织安全生产管理人员19名参加东线总公司在泗洪泵站举办的安全生产培训班。2017年共举办了三期安全生产培训班，1月，邀请济南市历下区消防大队专家进行消防安全知识培训。3月，对新版《山东省安全生产条例》进行宣贯。11月，针对冬季易发生火灾的情况，邀请消防专家举办消防知识培训。6月，制定6类16项具体的安全生产宣传教育活动工作方案。一是购买了《安全生产法》《水利生产安全事故案例集》《山东省安全生产条例》《职业病防治法》《致命的有限空间》等系列学习材料以及安全生产警示片学习。二是举办“安全生产知识竞赛”活动，参加了山东省水利安全生产知识竞赛活动，获得了二等奖，参加水利部2017年全国水利网络安全生产知识竞赛，厅直单位第一名的好成绩。三是在泰安工程现场举办了“6·16”企业安全生产主体责任宣传咨询日活动。四是年6月29日，举办了主要领导谈安全生产的专题报告会。12月，制订《安全生产法》宣传周活动方案，集中开展宣传活动。

（6）设备安全管理。建立《主要或关键设备设施法定检测情况统计表》，对主要电气设备和特种设备进行台账管理，补充完善设备台账、合格证、检验验收、维修保养记录等资料。

（7）隐患排查和治理。制订《深入开展安全生产“大、快、严”集中行动方案》《安全生产百日攻坚治理行动方案》《深入开展安全生产大检查方案》《电气火灾综合治理活动》《开展生产安全重大事故隐患检查》《做好山东南水北调工程运行安全管理重要部位和风险点管理》等工作方案。2017 年共自查自纠一般安全隐患 243 个，无重大安全隐患。组织安全检查共开出《安全生产检查告知书》（含防汛度汛）27 份，提出问题 87 个。做到问题整改“五落实”（责任人、措施、资金、期限和应急预案）。

（8）职业健康。一是委托山东省职业卫生与职业病防治研究院，对十个泵站进行了环境噪声检测，对职工工作环境进行了职业危害评价，保障员工得到相应的安全防护。二是统一配备了现场劳动防护服，提高现场人员劳动防护安全性。

（9）应急救援。一是组织开展“两节”与“十九大”期间安全运行与维稳反恐工作。2017 年 9 月，印发了“两节”及“十九大”期间工程安全运行与维稳工作方案的通知，“十九大”闭幕后，按上级要求，将工程安全运行与维稳工作方案延期执行至 11 月中旬。二是组织开展应急演练。2017 年共开展了消防逃生应急疏散、消防灭火、溺水救援、水政执法演练、移动发电车应急接电演练、应急安全、地震逃生应急演练等演练 29 场次，参演人员达 461 人次。

（五）防汛工作

（1）编制度汛方案及防汛预案。2017 年 5 月 25 日，根据人员变动情况和工作需要，及时调整完善了南水北调防汛工作领导小组。组织工程沿线七个二级管理局，根据工程的不同类型和特点，编制了工程防汛度汛工作预案，并邀请专家审查。2017 年 5 月 14 日，印发《山东省南水北调工程 2017 年度汛方案及防汛预案》。

（2）防汛演练。2017 年 5 月 26 日，在长沟泵站举行防汛演练，东线总公司、济宁市防汛指挥部、济宁市南水北调局、梁济运河管理处、各管理局、管理处等单位参加了演练。5～6 月，各级管理单位先后开展防汛应急演练，参演人员近 400 人次。

（3）掌握各级防汛装备、物资储备情况，及时补充防汛物资。根据实际情况，对大宗通用物资进行了集中采购，及时分发到各现场仓库；对砂石料、木桩、工程机械等物资设备根据各现场实际情况，采取了现场购置、社会号料等方式进行补充完善。

（4）督导检查防汛隐患。2017 年 5 月 23～26 日，山东省南水北调建管局和山东干线公司组成三个防汛工作督导组，对工程沿线各级管理机构防汛工作的组织体系及责任体系建设情况、度汛方案及防汛预案准备落实情况、防汛演练情况、防汛物资储备情况、隐患排查治理情况等进行检查，通过检查，共发现 21 个问题。对发现的问题，即刻督促各级管理单位落实整改措施、明确具体责任人员，限期予以解决。汛期，结合国务院南水北调办、东线总公司、山东省水利厅各级开展的防汛检查，对山东省南水北调干线工程重点部位防汛情况开展了各类不同层次的专项巡查，及时发现防汛工作存在的问题，及时进行整改，确保工程安全、度汛安全、人员安全。

（5）防汛培训工作。2017 年 12 月 21～23 日，组织各管理处负责人、基层防汛管理人员共计 43 人参加了国务院南水北调办在郑州举办的防汛培训，提高了基层防汛管理人员的专业水平。

（6）应急处置工作。2017 年 7 月 6～7 日，山东全省普降大到暴雨。山东省南水北调建管局、山东干线公司、工程沿线各级管理单位先后通过电话、传真、短信、邮件等多种形式，发出雨情预警预报，各级防汛负责同志和具体责任人全部到岗到位，加密巡视、巡查频次，确保通信值班畅通无阻。由于应对及时，准备充分，工程成功经受了这次特大暴雨的考验，未出现汛情险情。

（六）清理规范工程建设领域保证金

2017年1月，国务院南水北调办对山东干线工程进行清理规范建设领域保证金工作检查。2月，山东干线公司组织召开落实清理规范南水北调山东干线工程建设领域保证金工作会议。自开展清理规范保证金工作以来，根据国务院南水北调办文件要求，督促落实补充协议签订、返还超额收取的保证金、解决同时收取保证金与履约保函问题，督促超额及未按时返还的53个标段及时完成清退工作。每月按时上报《南水北调山东干线工程未按时返还和超额收取的保证金清理规范情况表》及清理规范保证金月进度总结报告。

（于锋学　林　云　房玉龙　阮同华　田光辉　冯国红　常　青　田光辉　张东霞）

建设管理

2017年，南水北调山东干线工程建设主要有管理设施专项、调度运行管理系统和南四湖水资源控制工程三项。

（一）管理设施专项

（1）一级机构管理设施。主体工程于2017年1月23日封顶，2017年底前完成内外装修工作。批复建筑面积14 592m²，实施14 592m²；批复投资19 186万元，实施投资13 995万元，与济南管理局、济南应急抢险中心共同实施，总面积18 584m²。

（2）二级机构管理设施。泰安调度分中心建设方式为征地自建，规划地上总建筑面积16 101m²，分两期实施。其中，一期2450m²为南水北调泰安调度分中心；二期备总调度中心业务用房13 651m²。2017年共征地16亩，批复建筑面积2450m²，建设2450m²。围墙工程于2017年3月开工，7月完工。调度分中心业务用房工程于2017年12月27日开工建设。截至2017年底，共完成投资2722万元。

（二）调度运行系统

（1）硬件方面。工程沿线具备条件的硬件设备安装调试工作已全部完成，基本建成信息采集系统（水位、流量、视频监控）、通信系统、计算机网络系统、语音调度系统、视频监控系统等，备调中心与各管理处调度室（新增）已经建成并部分投入使用。

（2）软件方面。完成大部分的软件开发工作，并实现了在备调中心的集中展示；工程管理系统的移动巡检部分已在淄博管理处开展试点工作，信息监测与管理系统、工程管理系统、视频系统、闸（泵）站监控系统等在各新建设的渠道监控室逐步开展试运行，对调度运行APP进行了整改，并开展了试运行；外网网站、内网门户、通用办公系统上线试运行，运行状态良好。

截至2017年底，调度运行管理系统已完成投资58 152万元，其中建筑安装部分46 096万元（含三大段通信管道工程）。完成了具备条件的大部分建设任务，建成了安全可靠的计算机网络系统、开通了全线语音调度系统、实现了OA综合办公系统、外网门户等办公应用软件和信息监测与管理系统、视频监控系统、三维调度仿真系统等调度相关业务软件的上线使用；建成了备调中心（设在穿黄管理处），实现了泵站、水库、渠道运行信息的集中展示、远程监视、控制等各种业务的功能承载及应急会商支持。

2017年5月15～21日，专家委员会到山东省检查，给出如下结论："山东系统具备建设条件的硬件设备安装工作已基本完成，系统整体功能已初步实现。穿黄备调中心、计算机网络和通信以及信息采集等部分系统工程已经在调水期间应用"。

（于锋学　于　云）

运　行　调　度

一、运行调度概况

水利部批复山东省2016～2017调水年度水量调度计划为：台儿庄泵站从苏鲁省界调水8.89亿m^3，向山东省净供水量为5.3亿m^3（其中13个地市4.88亿m^3，南水北调东湖水库、大屯水库、双王城水库3座水库4200万m^3）。自2016年12月16日启动2016～2017调水年度调水计划以来，至2017年5月18日，台儿庄泵站完成调长江水8.89亿m^3入境的计划任务。至6月30日，先后通过南水北调工程实现向济南、青岛、烟台、威海、潍坊、滨州、淄博、聊城、德州、济宁、枣庄等11个受水市净供长江水共计5.7亿m^3，向上述3座水库累计入库水量7965万m^3，完成年度供水计划。2017年9月29日，根据山东省水利厅、山东省南水北调建管局安排，提前启动了2017～2018调水年度调水工作。截至2017年底，已完成苏鲁省界调水2.59亿m^3。

（1）协调落实山东各地市做好水量消纳及配套工程调水衔接。2016～2017调水年度实现向11个受水地市的29个配套工程供水单元供水，占全部配套工程供水单元的78%。其中首次实现向聊城的东阿、阳谷、莘县、临清、茌平、高唐，滨州的邹平、博兴，烟台市区及招远、蓬莱、莱州、龙口等13个供水单元输送长江水。聊城的大秦水库、陈集水库、莘州水库、张官屯水库、东邢水库、太平水库，滨州的辛集洼水库、博兴水库等8座新建平原水库首次投入使用。

（2）实施2017年汛期为胶东地区应急抗旱调水工作。根据山东省委政府的工作部署和山东省水利厅确定2017年7月11日～9月10日为保障胶东地区应急调水期，利用南水北调工程，从东平湖及田山、胡楼、刘春家、道旭、打渔张5个引黄灌区口门调水向胶东地区供水。山东省南水北调建管局调度运行处具体负责田山引黄口门，并牵头总协调应急调水工作。制订印发保障胶东地区应急调水工作方案，协调山东省水利厅水资源处、建设处落实黄河水用水指标，协调工程建设相关事宜，并提前实现田山引黄口门供水。保障胶东半岛持续供水，累计为胶东四市净供水1.79亿m^3。

（3）实施多目标水源联合调度。针对汛期应急调水工作中，供水水源多，引水口门流量不稳定，工程运行需要与胶东调水局联合运行的特点和难点，科学制订调度方案，及时对各口门工程运行状况及流量情况、黄河来水情况、东平湖水量情况进行监控和预判，科学调度，保证了渠道流量、水位的稳定，实现了多水源的联合调度，安全运行，有力保障了胶东地区供水安全。

（4）开展汛期从南四湖应急调水。在保障胶东地区应急供水中，针对黄河流量小引水能力不足，东平湖水量不够的情况，协调山东省水利厅有关部门，提出汛期从南四湖应急调水保障胶东地区供水安全的建议。2017年7月21日，山东省人民政府防汛抗旱总指挥部下达《关于启用南水北调工程从南四湖应急调水入东平湖的紧急通知》，山东省南水北调建管局组织山东干线公司立即启动应急调水工作，7月22日长沟泵站开机，至7月24日，累计向东平湖调水1500万m^3，完成应急调水任务。

二、运行调度实施

（一）2016～2017调水年度水量计划

2016年9月29日，水利部批复下达了《关于南水北调东线一期工程2016～2017年度水量调度计划》（水资源〔2016〕382号），2016～2017调水年度山东省计划用水5.30亿m^3，其中向枣庄、济宁、菏泽、聊城、德州、济南、滨州、淄博、东营、潍坊、青岛、烟台、威海13城市供水48 430万m^3，向大屯、东湖、双王城3座水库水质保障生态供水4200万m^3。考虑调水损耗水量3.59亿m^3后，台儿庄泵站调入山东省境内水量8.89亿m^3。调水时段为2016年10月~2017年6月。

按照东线总公司调水方案，考虑沿线水量损耗，各关键节点计划调水量：台儿庄泵站计划从江苏调水8.89亿m^3，入南四湖下级湖8.54亿m^3。二级坝泵站调水入南四湖上级湖8.20亿m^3，长沟泵站调水出上级湖7.43亿m^3，八里湾泵站调水入东平湖7.08亿m^3。穿黄河工程从东平湖引水0.93亿m^3。胶东干线从东平湖引水5.95亿m^3，入引黄济青工程4.65亿m^3。山东段工程调水开始时间为2016年12月16日，2017年6月底完成水量调度计划及供水计划。

（二）年度调水实施情况

1. 工程运行情况

山东段工程年度调水自2016年12月16日启动，至2017年7月1日年度调水结束。鲁南段工程运行分两个阶段，分别为2016年12月~2017年1月、3~5月；胶东段运行时间：2016年10月~2017年6月；鲁北段运行时间：2017年3~6月。2016~2017调水年度全线累计调水运行197天，工程运行平稳，工况良好。各段工程的运行情况如下：

（1）韩庄运河段工程。韩庄运河段运行时段为2016年12月16日~2017年5月18日。第一阶段自2016年12月16日连续运行至2017年1月13日。第二阶段采用间歇运行方式，运行时段分别为2月12日~25日、3月11日~4月27日、5月3日~18日。期间一般安排2~4台机组运行，投入运行时逐台增加机组，停止运行时逐台减少机组。

1）第一阶段运行。2016年12月16日10:00，韩庄泵站开启1台机组运行，15:00万年闸泵站开启1台机组运行，19:58台儿庄泵站开启1台机组运行，至此韩庄运河段工程第一阶段调水投入运行。韩庄运河段于2016年12月17日调增到3台机组运行，2017年1月8日调增到4台机组运行，1月12日调减到2台机组运行，1月13日台儿庄泵站、万年闸泵站、韩庄泵站逐台关闭机组，分别于18:32、18:35、18:30关闭最后1台运行机组，韩庄运河段工程第一阶段调水结束，完成第一阶段水量调度计划。

2）第二阶段运行。2017年2月12日9:00，韩庄泵站开启1台机组运行，10:00万年闸泵站开启1台机组运行，16:00台儿庄泵站开启1台机组运行，至此韩庄运河段工程第二阶段调水投入运行。韩庄运河段于2017年2月14日调增到4台机组运行，2月24日调减到1台机组运行，2月25日台儿庄泵站、万年闸泵站、韩庄泵站于07:00同时关闭最后1台运行机组；3月11日再次开机运行并逐步调增到2台机组运行，3月15日逐步调增到3台机组运行，3月29日逐步调增到4台机组运行，4月26日逐步调减到2台机组运行，4月27日台儿庄泵站、万年闸泵站、韩庄泵站逐台关闭机组，分别于14:32、14:30、14:30关闭最后1台运行机组；5月3日再次开机运行并逐步调增到4台机组运行，5月17日逐步调减到1台机组运行，5月18日台儿庄泵站、万年闸泵站、韩庄泵站逐台关闭机组，并于6:00同时关闭最后1台运行机组，韩庄运河段工程第二阶段调水结束，完成年度水量调度计划。

韩庄运河段运行平稳，期间最大调水流量约130 m^3/s（韩庄泵站），台儿庄、万年闸和韩庄泵站分别运行了8226台时、8369台时和8372台时，调水88 939万m^3、93 926万m^3和90 869万m^3。

（2）南四湖段工程。南四湖段运行时段为2016年12月17日~2017年6月3日。第一阶段自2016年12月16日连续运行至2017年1月5日。第二阶段采用间歇运行方式，运行时段分别为2017年3月13日~4月17日、4月22日~6月3日。期间一般安排2~4台机组运行，投入运行时逐台增加机组，停止运行时逐台减少机组。

1）第一阶段运行。2016 年 12 月 17 日 9:00，二级坝泵站开启 1 台机组运行，至此南四湖段工程第一阶段调水投入运行，12 月 18 日调增到 3 台机组运行，2017 年 1 月 4 日调减到 1 台机组运行，1 月 5 日二级坝泵站关闭最后 1 台运行机组，南四湖段工程第一阶段调水结束，完成第一阶段水量调度计划。

2）第二阶段运行。2017 年 3 月 13 日 10:00，二级坝泵站开启 1 台机组运行并逐步增加至 3 台机组运行，至此韩庄运河段工程第二阶段调水投入运行，3 月 22 日 ~4 月 15 日根据水情变化保持 3 ~ 4 台机组运行，4 月 16 日逐步调减到 2 台机组运行，4 月 17 日停止机组运行；4 月 22 日再次开机运行，4 月 23 日调增到 2 台机组运行，4 月 26 日逐步调增到 4 台机组运行，5 月 24 日逐步调减到 2 台机组运行，6 月 3 日 8:35 停止机组运行，南四湖段工程第二阶段调水结束，完成年度水量调度计划。

南四湖段运行平稳，期间二级坝泵站最大调水流量约 $133m^3/s$，运行了 7774 台时，调水 87 460 万 m^3。

（3）南四湖—东平湖段工程。南四湖—东平湖段运行时段为 2016 年 12 月 16 日 ~ 2017 年 7 月 1 日。第一阶段自 2016 年 12 月 16 日连续运行至 2017 年 1 月 13 日。第二阶段采用间歇运行方式，运行时段分别为 2 月 13 日 ~4 月 1 日、4 月 8 日 ~6 月 30 日。期间一般安排 2 ~ 3 台机组运行，投入运行时逐台增加机组，停止运行时逐台减少机组。

1）第一阶段运行。2016 年 12 月 16 日 13:00，长沟泵站开启 1 台机组运行，12 月 17 日 00:30 邓楼泵站开启 1 台机组运行，12 月 17 日 00:43 八里湾泵站开启 1 台机组运行，至此南四湖—东平湖段工程第一阶段调水投入运行。南四湖—东平湖段于 2016 年 12 月 18 日调增到 2 台机组运行，因邓楼泵站前池水位较高满足运行要求，无需开启长沟泵站，12 月 18 日长沟泵站停止运行，邓楼、八里湾泵站调减到 1 台机组运行，2017 年 1 月 10 日邓楼、八里湾泵站调增到 2 台机组运行，运行至 1 月 13 日邓楼泵站、八里湾泵站逐台关闭机组，分别于 13:43、13:50 关闭最后 1 台运行机组，南四湖—东平湖段工程第一阶段调水结束，完成第一阶段水量调度计划。

2）第二阶段运行：2017 年 2 月 13 日 14:00，邓楼泵站开启 1 台机组运行，15:59 八里湾泵站开启 1 台机组运行，至此南四湖—东平湖段工程第二阶段调水投入运行。3 月 18 日长沟泵站开启 1 台机组运行，并逐步调增至 2 台机组运行，3 月 19 日邓楼、八里湾泵站调增到 2 台机组运行，3 月 22 日，长沟、邓楼、八里湾泵站调增到 3 台机组运行，3 月 28 日，长沟、邓楼、八里湾泵站调减到 2 台机组运行，4 月 1 日，南四湖—东平湖段停止机组运行；4 月 8 日，邓楼、八里湾泵站开启 1 台机组运行，4 月 10 日 ~6 月 8 日，南四湖—东平湖段视水情保持 2 ~ 3 台机组运行，6 月 8 ~ 30 日，南四湖—东平湖段保持 1 台机组运行。至 7 月 1 日 8 时，南四湖—东平湖段工程第二阶段调水结束（南四湖—东平湖段自此开始向胶东地区应急调水）。

南四湖—东平湖段运行平稳，期间最大调水流量约 $107m^3/s$（八里湾泵站），长沟泵站、邓楼泵站和八里湾泵站分别运行了 4916 台时、6511 台时和 6531 台时，调水 75 616 万 m^3、76 584 万 m^3 和 76 674 万 m^3（长沟泵站过水量为长沟泵站与长沟节制闸过水量之和）。根据山东省政府工作安排，自 2017 年 7 月 1 日起转入向胶东地区汛期应急调水阶段。长沟、邓楼、八里湾泵站分别于 7 月 10 日 17:00、7 月 11 日 5:15、7 月 11 日 8:00 停止运行，自 7 月 1 日起累计过水量分别为 2781.73 万 m^3、3213.96 万 m^3、3293.49 万 m^3。上级湖留存长江水量 2362.77 万 m^3。

（4）胶东干线工程。胶东输水干线工程

运行时段为2016年12月16日~2017年6月30日（7月1日年度调水结束后转入向胶东地区应急调水）。

1）济南段2016年12月16日20时转入2016~2017调水年度调水，运行至2017年6月30日，济平干渠渠首闸年度累计调水量65 273万m^3，7月1日转入向胶东地区应急供水，运行至2017年9月29日16时，济平干渠渠首闸共计运行288天，累计调水量84 978万m^3（应急供水水量19 705万m^3，含黄河水）。

2）胶东段2016年12月16日20时转入2016~2017调水年度调水，与胶东调水工程联合调度向胶东供水，运行至2017年6月30日，博兴城南节制闸累计过水量约58 754万m^3，7月1日转入向胶东地区应急供水，运行至2017年9月29日16时，博兴城南节制闸共计运行288天，累计调水量83 913万m^3（应急供水水量25 159万m^3）。

3）东湖水库2017年1月4日~4月14日提水入库，累计入库水量1201万m^3。双王城水库自2017年3月16日提水入库，至9月30日间歇提水入库，累计入库水量2858.98万m^3（含应急供水期间入双王城水库黄河水）。

（5）鲁北干线工程。鲁北输水干线工程运行时段为2017年3月21日~6月24日。鲁北干线3月21日开启穿黄河出湖闸，开始充渠弃水工作。至3月30日完成鲁北干线弃水工作。鲁北段完成冲渠弃水工作后，大屯水库自2017年3月30日提水入库，至5月23日18:02，达到设计水位，停止充库，累计调入大屯水库水量5099.32万m^3（其中2600万m^3用于完成年度向德州市供水计划）。聊城段2017年4月6日启动向莘县分水，6月2日8:30停止分水，累计向莘县分水700万m^3；4月13日启动向东阿县分水，5月26日8:55停止分水，累计向东阿县分水754万m^3；4月22日启动向阳谷县分水，5月15日18:30停止分水，累计向阳谷县分水301万m^3；5月8日启动向临清县分水，5月24日13:56停止分水，累计向临清县分水500万m^3；5月10日启动向茌平县分水，运行至6月24日8:00停止分水，累计向茌平县分水651万m^3；5月16日启动向高唐县分水，至6月11日9:05停止分水，累计向高唐县分水501万m^3。向聊城市累计分水3407万m^3。

2. 水量调度

（1）工程关键节点实际调水量。2016~2017调水年度调水实际完成水量：台儿庄泵站从江苏调水8.89亿m^3，入南四湖下级湖9.09亿m^3，入南四湖上级湖8.75亿m^3，调入东平湖7.67亿m^3，向鲁北干线调水1.04亿m^3，向胶东干线调水6.53亿m^3。

（2）各受水市实际供水情况。2016~2017调水年度累计向各受水市供水75 027万m^3（含7月1日后向胶东4市应急调水供水水量，2016~2017调水年度合计向各地市供水水量5.68亿m^3）。截至2017年9月30日，各受水市供水量分别为：枣庄，3500万m^3；济宁，1000万m^3；德州，2515万m^3；聊城，3407万m^3；济南，2215万m^3；淄博，262万m^3；滨州，1023万m^3；潍坊，17 718万m^3；青岛，31 054万m^3；烟台，7537万m^3；威海，4796万m^3。

（3）水量调配情况。因菏泽市、东营市没有受水，淄博市未完成受水计划，相应水量调配至胶东地区供水，共计4068万m^3。

2016~2017调水年度调水期间，山东省调度中心编制并报送东线总公司《山东境内工程供水运行调度日报》197期；编制并报送局、公司相关领导及部门《内部情况》197期；编制并报送淮河水利委员会、黄河水利委员会《东平湖出湖、入湖流量表》394期；编制并发送山东省胶东调水局《引黄济青水情联系表》197期；整理并发送《工程现场2016~2017年度水情统计表》394期；编制并发送《南水北调工程周讯》29期。

根据调水计划及输水沿线输水情况，编制并下达调度指令205个，及时下传到二级调度中心执行，并跟踪反馈工程现场水情工情变化情况，做到调度指挥准确无误。

三、区域调水

（一）汛期应急调水

根据山东省政府要求，自2017年7月1日起转入向胶东地区汛期应急调水阶段。长沟、邓楼、八里湾泵站分别于7月10日17:00、7月11日5:15、7月11日8:00停止运行，自7月1日起累计过水量分别为2781.73万m^3、3213.96万m^3、3293.49万m^3。上级湖留存长江水量2362.77万m^3。根据山东省防汛抗旱指挥部指令，7月22～25日两湖段工程启动应急调水，长沟泵站调出上级湖水量为1419.35万m^3，八里湾泵站调入东平湖水量为1519.12万m^3。汛期应急调水期间济南田山引黄口自7月10日启用，至8月12日停止运行，累计引黄水量为1639.73万m^3。淄博引黄济淄引黄口自7月18日启用至8月9日停止运行，累计引黄水量为899.5552万m^3。滨州道旭引黄口自7月20日启用至9月11日停止运行，累计引黄水量为1844.848万m^3。滨州胡楼引黄口自7月19日启用，至9月13日停止运行，累计引黄水量为3415.609万m^3。

胶东干线2017年7月1日8时～9月29日16时，济平干渠渠首闸累计向胶东地区应急调水19 705万m^3（含东平湖湖水11 123万m^3），博兴城南节制闸累计向胶东地区应急供水25 159万m^3（含调引黄河水水量）。

（二）向德州市供水

为满足德州市用水需要，大屯水库全年运行向德州、武城方向分水。2016年10月1日～2017年9月30日，大屯水库通过德州供水洞向德州城区供水2033万m^3，通过武城供水洞向武城县供水482万m^3，向德州市合计供水量2515万m^3。

（三）向济南市供水

应济南市要求，2016年12月1日～2017年1月22日通过京福高速节制闸向济南市分水，供水水量1724万m^3；1月22日～2月1日通过玉清湖分水闸向玉清湖水库供水，供水276万m^3。合计完成向济南市区分水2000万m^3。2016年12月5日东湖水库恢复向章丘县供水，至2017年10月1日8:00，累计供水215万m^3。

（四）向滨州市供水

应滨州市要求，2017年4月25日～5月8日通过辛集洼水库分水闸向邹平县供水，累计向邹平县供水水量601万m^3；5月8日开启博兴分水闸向博兴县供水，至5月23日关闭博兴分水闸，累计向博兴县供水602万m^3。合计完成向滨州市供水1203万m^3。

（五）向寿光市供水

为满足寿光市用水需要，双王城水库全年运行通过寿光供水洞向寿光、羊口方向分水。2016年10月1日～2017年9月30日，双王城寿光供水洞合计向寿光市供水1024万m^3。

（张立同　邵军晓）

工程效益

（一）供水效益

南水北调东线一期山东段工程于2002年12月27日开工建设，2013年11月基本完成一期工程建设任务，顺利实现干线工程全线通水目标。南水北调山东段已成功实施了工程试通水、试运行、正式运行，并实施了2013～2017年4个年度调水任务，调水量分别为1.7亿m^3、3.28亿m^3、6.02亿m^3、8.89亿m^3，调水水量逐年增加，累计调入山东水量19.9亿m^3，泵站累计运行10.7万台时。根据水利部批复的2017～2018调水年度水量调度计划，苏鲁省界调水10.88亿m^3，向山东净供水7.04亿m^3。至2017年11月15日9:00台儿庄泵站启动苏鲁省界调水，至2017年12月31日，完成省界调水2.59亿m^3。

南水北调工程构建了山东省骨干水网，水资源保障能力明显增强。南水北调工程每年可为山东省增加净供水量13.53亿m^3，不仅从水资源总量上增加了山东的供给保障能力，而且利用南水北调工程构建的水网体系，实现了长江水、黄河水、当地水的联合调度、优化配置。特别是在遇特殊干旱年份时，可成功缓解城市的水资源危机和水生态安全，为山东省经济社会可持续发展提供了有力保障。

（二）生态环境效益

（1）南四湖、东平湖可以通过南水北调工程及时调引长江水，避免湖泊再度出现水质恶化、鱼虾死亡等生态灾害。

（2）为小清河补源，改善了济南市区段小清河水质和生态环境。自南水北调运行以来，先后为小清河补源达2.4亿m^3。

（3）为济南市保泉补源。南水北调济平干渠工程自2005年运行后，先后通过调引长江水、黄河水累计为小清河补源2.4亿m^3，明显改善了小清河济南市区段水质和生态环境，并为小清河岸线环境提升创造了良好条件。利用南水北调干线工程调引长江水和黄河水，通过向玉清湖、卧虎山、兴隆等水库和有关河道渗漏带补水，有力保障了济南市泉水四季喷涌。

（4）地下水生态环境不断改善，根据水资源公报统计，山东省地下水的开发利用量，由2010年的91.3亿m^3下降到2016年的82.3亿m^3。2017年1月1日，山东省平原区地下水平均埋深为6.34m，地下水位较2016年同期上升0.18m，南水北调受水区9市地下水埋深较2016年同期全部上升，最大回升0.68m。山东省平原区地下水主要漏斗面积较2016年同期减少270km^2。

（三）社会效益

在工程规划设计建设过程中，山东省强化大型水利工程对地方的带动作用。

（1）中水截蓄导用工程与防洪除涝、灌溉、生态保护等结合实施，每年可消化中水2亿t，增加灌溉面积200万亩。

（2）南四湖—东平湖段工程调水与航运结合实施，增加通航里程62km，打通了东平湖与南四湖水上交通。

（3）南水北调工程建设与沿线防洪除涝结合实施，提高了城市和农村防洪排涝标准。

（4）干线工程与灌区改造相结合，维护了沿线人民群众的切身利益，促进了当地经济发展。

（四）抗旱效益

山东省水利厅、山东省南水北调局按照山东省委、省政府千方百计保障胶东地区供水安全的要求，通过调整用水指标、调整用水结构、调整调度方式等各种措施，保障了胶东地区供水安全。胶东输水干线工程2016～2017年度调水运行时段为2016年12月16日～2017年6月30日，共向胶东地区供水约58 754万m^3，长江水已成为胶东地区应急抗旱保障供水安全的重要支撑。

2017年，在完成国家下达的2016～2017年度调水计划后，胶东地区严重缺水状况依然存在，根据山东省委、省政府的工作部署和省水利厅安排，确定2017年7月11日～9月10日为保障胶东地区应急调水期，利用南水北调工程，从东平湖及田山、胡楼、刘春家、道旭、打渔张五个引黄灌区口门调水向胶东地区供水，累计为胶东4座城市净供水1.79亿m^3，有效缓解了胶东缺水局面。在保障胶东地区应急供水中，针对黄河流量小引水能力不足，东平湖水量不够的情况，7月21日，山东省人民政府防汛抗旱总指挥部下达了《关于启用南水北调工程从南四湖应急调水入东平湖的紧急通知》，山东省南水北调局组织南水北调东线山东干线公司立即启动应急调水工作，7月22日长沟泵站开机，至7月24日，累计调水1500万 m^3 入东平湖，完成了此次应急调水任务，确保了胶东地区用水安全。

（张立同　邵军晓）

科 学 技 术

“十二五”国家科技支撑计划项目课题“南水北调河渠湖库联合调控关键技术研究与示范”“南水北调平原水库运行期健康诊断及防护技术研究与示范”“南水北调工程地震灾害监测与预警关键技术研究与示范”已根据项目要求完成了全部研究任务，并通过课题内部验收。

申报了2017年山东省省级水利科研与技术推广项目“调水工程建设运行管理关键技术研究”，该项目于2017年4月完成立项，课题组根据项目要求已完成2017年度的研究任务，5月，课题组根据项目要求完成了2015年山东省省级水利科研与技术推广项目“河-湖-泵站复杂系统调度关键技术研究”全部研究任务，6月提交验收申请；12月，课题组根据项目要求完成了2016年山东省省级水利科研与技术推广项目“渠道自动化巡查系统研究”全部研究任务。

组织申报了2018年山东省省级水利科研与技术推广项目“南水北调平交河流中水阻隔消纳工程体系构建与运行管理技术研究”，该项目已经于2017年9月完成申报书提交。

（焦璀玲　宋　翔）

征 地 移 民

（一）设计单元工程征地移民省级验收工作

根据国务院南水北调办关于南水北调工程验收计划安排，山东省南水北调建管局组织开展了山东省南水北调工程征地移民省级技术性验收和省级完工验收工作。2017年，完成了长沟泵站、八里湾泵站、柳长河、大屯水库、七一·六五河、小运河、双王城水库、明渠段等8个设计单元工程征地移民省级完工验收，完成了东平湖蓄水影响处理工程征地移民省级技术验收。截至2017年底，29个设计单元工程已全部通过省级技术性验收，26个设计单元工程完成了省级完工验收。

（二）东平湖蓄水影响处理工程建设实施

截至2017年底，山东省南水北调建管局督导地方完成了山东省指挥部批复的东平湖蓄水影响处理工程5批84个项目的全部建设任务，协调组织完成了东平湖征迁合同验收、档案验收和省级技术性验收。

（三）遗留问题处理

为维护南水北调工程沿线群众切身利益，保障工程通水安全，2017年山东省南水北调建管局认真组织了临清市、阳谷县、夏津县、武城县、任城区等5项干线工程遗留问题处理的实施工作。截至2017年底，已全部完成建设任务，其中任城区项目已完成验收工作。

（四）信访舆情处理

2017年，山东省南水北调建管局共接待处理信访上访案件7起，其中4起属于重信重访案件，3起属于首访。对于这些信访案件，山东省南水北调建管局通过查阅资料、现场调研、走访群众、召开座谈会等形式进行了调查处理，均给予了明确答复意见。

（周广科）

工 程 验 收

（一）设计单元工程验收情况

2017年2月23日，完成韩庄泵站设计单元工程完工验收；6月27日，完成韩庄运河段水资源控制设计单元工程完工验收；6月28日，完成南四湖湖内疏浚设计单元工程完工验收；8月8日，完成南四湖—东平湖段引黄河灌区影响处理设计单元工程完工验收；8月9日，完成陈庄输水线路设计单元工程完工验收；10月31日，完成长沟泵站、邓楼泵站、八里湾泵站设计单元工程完工验收；11月2日，完成鲁北灌区影响、大屯水库设计单元工程完工验收工作。2017，年南水北调山东段工程共计完成10个设计单元工程完工验收工作。

（二）项目法人验收（验收自查）情况

2017年3月3日，完成南四湖湖内疏浚设计单元工程项目法人验收；3月5日，完成鲁北灌区影响设计单元工程项目法人验收；3月16日，完成陈庄输水线路设计单元工程项目法人验收自查；4月13日，完成南四湖—东平湖段引黄河灌区影响处理设计单元工程项目法人验收；7月28日，完成邓楼泵站设计单元工程项目法人验收自查；9月27日，完成长沟泵站设计单元工程项目法人验收自查；9月29日，完成大屯水库设计单元工程项目法人验收自查；10月18日，完成八里湾泵站设计单元工程项目法人验收自查。2017年，南水北调山东段工程共计完成8个设计单元工程项目法人验收（验收自查）工作。

（三）完工验收制约因素和竣工验收方案框架调研工作

2017年2月28日~3月1日，国务院南水北调办对制约山东干线工程完工验收进度问题进行调研。调研深入讨论，明确了完工验收工作中制约因素的实施依据。调研工作不但推进了南水北调山东干线工程完工验收工作进程，并为山东干线工程后续完工验收工作明确了工作思路。2017年6月15~16日，国务院南水北调办开展竣工验收方案框架研究调研工作。调研组对竣工验收方案框架进行了讨论，为工程竣工验收奠定了基础。

（四）补充安全评估工作

根据各设计单元工程验收计划及《南水北调设计单元工程完工验收导则》（国调办建管〔2015〕189号）文件要求，山东省分期、分批开展水库、泵站、穿黄河工程10个设计单元工程验收补充安全评估工作。

2017年5月3~4日，组织水利水电规划设计总院及中水北方勘测设计研究有限责任公司召开补充安全评估座谈会。对补充安全评估工作大纲、报告格式提出要求。5月，完成邓楼泵站补充安全评估的合同审核及签订；6月，编制了《补充安全评估技术服务合同范本》；7月，完成了长沟泵站补充安全评估的合同审核及签订；8月，完成八里湾泵站、韩庄泵站补充安全评估的合同审核及签订；9月，完成大屯水库补充安全评估的合同审核及签订；12月，完成双王城水库补充安全评估的合同审核及签订。2017年共组织完成6个设计单元工程补充安全评估的合同审核及签订，并全部完成《补充安全评估报告》编制工作。12月，完成长沟泵站、邓楼泵站、大屯水库、八里湾泵站、韩庄泵站5个设计单元工程《补充安全评估技术服务合同》合同验收工作。

（于锋学　张东霞）

工程审计与稽察

一、工程审计

2017年4月7日~5月25日，根据国务院南水北调办经财司《关于开展南水北调工程资金审计的通知》（经财函〔2017〕5号）要求，北京中永信会计师事务所有限公司和中审亚太会计师事务所（特殊普通合伙）分别对山东境内南水北调工程建设资金和征地移民资金进行了审计。2017年9月29日，山东干线公司向国务院南水北调办上报了《关于2016年度山东南水北调工程建设资金审计整改意见落实情况的报告》（鲁调水企财字〔2017〕17号）。2017年9月30日，山东省南水北调建管局向国务院南水北调办上报了《关于2016年度山东南水北调工程征地移民资金审计整改意见落实情况的报告》（鲁调水局计财字〔2017〕30号）。

2017年5月10日~8月15日，根据国务院南水北调办经财司《关于开展南水北调东线一期南四湖下级湖抬高蓄水位影响处理设计单元工程完工财务决算审计的通知》（经财函〔2017〕12号）要求，河南江河会计师事务所有限责任公司对南四湖下级湖抬高蓄水位影响处理设计单元工程完工财务决算进行了审计。

2017年7月29日~9月7日，根据国务院南水北调办经财司《关于开展南水北调东线一期双王城水库等4个设计单元工程完工财务决算审计的函》（经财函〔2017〕21号）要求，中审国际会计师事务所有限公司、江苏天宏华信会计师事务所有限公司、中天正旭会计师事务所有限公司、中审华会计师事务所（特殊普通合伙）分别对双王城水库工程、长沟泵站工程、八里湾泵站工程和大屯水库工程完工财务决算进行了审计。

2017年9月4~15日，根据国务院南水北调办经财司《关于开展中线建管局和东线公司2015~2016年企业运行费使用管理情况专项审计的通知》（经财函〔2017〕19号）要求，瑞华会计师事务所对山东干线公司2015~2016年企业运行费使用管理情况进行审计。

2017年10月25~27日，根据国务院南水北调办经财司《关于开展2017年南水北调系统内部审计整改落实情况复核的通知》（经财函〔2017〕33号）要求，国务院南水北调办复核小组对2016年山东境内南水北调工程建设资金和征地移民资金审计揭示的问题整改落实情况进行全面复核。

二、工程稽察

（一）水政监察工作

（1）开展水政监察巡查检查活动。一是2017年7月，对枣庄局、济宁局开展水政监察执法巡查活动。二是9月对济宁市梁济运河、柳长河输水渠道工程开展水政监察执法巡查活动。针对巡查中发现的问题与现场运行管理单位交换意见并形成巡查报告。

（2）开展专项调研活动。2017年8月27~30日，参与南水北调中线工程运行管理情况调研活动，学习借鉴外单位水政执法先进经验和做法。

（3）水行政执法统计信息报送。每季度调度1次山东干线公司各现场运行管理单位日常巡查情况，完成4次水行政执法统计信息系统填报工作。

（二）涉法涉诉工作

（1）办理涉法涉诉事务。一是做好相关配套制度规范性审核工作，配合有关处室完善相关制度办法；二是处理行政诉讼案件1起，民事案件2起，出庭3次，坚决维护山东南水北调合法权益。

（2）开展法律知识培训和考试。5月11日，在济南市市中区人民法院组织开展旁听法院庭审活动，并整理有关行政诉讼庭审流程资料进行学习；6月9日，组织局党委中心组法律知识培训；12月25日，组织“以案释法”法律知识培训；12月27日，组织宪法和公共法律知识考试。

（三）干线工程运行质量监管工作

（1）建立干线工程运行管理稽察专家库。3月14日印发《关于诚邀山东省南水北调工程运行监管专家的函》（鲁调水局稽函字〔2017〕1号），发送山东省胶东调水局、山东省水利勘测设计院、山东省水科院等单位以及有关高等院校，各单位上报后于5月9日建立山东南水北调运行管理稽察专家库。

（2）开展干线工程运行管理质量监督检查。5月25日，对7个运行管理局、20个现场管理处组织开展值班情况突击检查；7~9月，分三批次组织南水北调山东段泵站、水库及渠道的自动化专项检查工作，对泵站、水库及穿黄河工程检查梳理的各类问题，落实整改措施及时限。

（3）举报受理处理工作。印发《山东省南水北调工程运行管理举报受理管理办法（试行）》（鲁调水稽字〔2017〕3号），完成国务院南水北调办交办的8个举报事项的调查核实工作。

（4）根据山东省南水北调建管局党委关于“加快转变我怎么办”的工作部署，结合审计要求，开展质量监督管理体制和工作机制的转变和创新。

（四）质量监督工作

（1）综合方面。完成办公用房租赁和专职质量监督员聘用工作；编制2018～2020年质量监督经费的申报工作；开展山东质量监督站档案资料的整理归档工作；完成《关于调整南水北调工程山东质量监督站站长的请示》；完成2018年质量监督经费预算编制。

（2）日常质量监督方面。组织开展南四湖水质监测工程的监督检查工作，主要检查南四湖水质检测中心大楼和6个水文站工程质量保证体系、实体工程质量；组织对泰安二级管理设施工程建设进行现场监督检查；开展梁济运河、柳长河24个大跨度桥梁竣工验收有关的质量监督工作；完成韩庄运河大泛口节制闸管理设施、聊城管理局综合机房管理设施和办公楼装饰的工程项目划分确认工作；核备调度运行管理系统工程现地机房环境工程、通信传输及光缆监测系统工程等31个分部工程质量验收及评定资料。

（3）工程验收方面。编制完成韩庄泵站工程、韩庄运河段水资源控制工程、南四湖湖内疏浚工程、引黄灌区灌溉影响处理工程、长沟泵站工程、邓楼泵站工程、八里湾泵站工程、大屯水库工程、鲁北灌区影响工程、陈庄输水线路工程等10个设计单元工程完工验收质量监督报告，并参加验收会议；参加调度运行管理系统工程鲁南段传输系统和语音调度系统等4个单位工程以及大屯水库公安派出所办公用房和生产辅助管理用房等工程验收会，对验收方案、验收程序和验收过程进行监督检查；印发《关于进一步做好南水北调工程建设质量管理有关工作的通知》（鲁调水质字〔2017〕2号），明确了工程完工验收、剩余工程和新增工程质量监督、工程质量评定信息统计等工作。

（4）工程运行质量监督管理有关工作。完成干线工程部分闸站检测评估项目招标，与中标单位签订了合同。

（五）配套工程监督检查工作

为确保南水北调配套工程供水单元剩余工程和尾工建设质量，2017年5月19日，印发《关于进一步加强南水北调配套工程建设质量管理工作的通知》（鲁调水稽字〔2017〕5号）。6月6～7日，抽查了聊城市南水北调配套工程东阿县和东昌府区两个供水单元工程质量监督管理工作开展情况，印发了《聊城市南水北调配套工程质量监管工作抽查报告》。每月调度枣庄市和济南市南水北调配套剩余工程建设进展情况并报山东省南水北调建管局建管处，其中4月现场督导了济南市和枣庄市配套工程建设进度。12月15日，印发《关于报送南水北调配套工程质量管理信息的通知》（鲁调水局稽字〔2017〕14号），按照供水单元统计项目划分与工程质量评定信息，梳理工程质量有关问题及处理情况。

（六）配合国务院南水北调办的有关工作

（1）2017年3月10～16日，配合南水北调工程建设监管中心对山东段东湖水库、穿黄河工程、长沟泵站、邓楼泵站、八里湾泵站、台儿庄泵站和韩庄泵站等7个工程进行专项稽察；10月13～20日，配合南水北调工程建设监管中心对山东段东湖水库、八里湾泵站、邓楼泵站、长沟泵站、二级坝泵站、台儿庄泵站、万年闸泵站和韩庄泵站等8个工程进行专项稽察复查；12月5日，配合国务院南水北调办对邓楼泵站、长沟泵站进行“特定飞检”。

（2）做好各类专项稽察、“飞检”、“特定飞检”等发现问题的整改落实工作。

（3）按照国务院南水北调办总体要求，统一设立举报公告牌202个，完成举报电子信箱更换。

（4）2017年2月和9月，按照要求参加国务院南水北调办工程运行监管工作会议，并完成有关资料的准备工作。

（崔　梅　孙玉民　刘晓娜）

创新发展

2017年7月，山东省南水北调建管局印发《“工作创新奖”评定管理办法（试行）》，山东干线公司印发《工会会员岗位创新管理暂行办法》，规范并促进了工作创新和岗位创新工作。2017年度，山东省南水北调建管局及山东干线公司各部门、各单位共申报“工作创新奖”项目20项，共申报岗位创新项目207项。

（张金平　许雅静）

工程运行

长江—洪泽湖段工程

概　述

长江—洪泽湖段新建工程主要包括宝应站、金湖站、淮安四站、淮阴三站等泵站工程，以及淮四输水河道等河道工程。设计抽江流量500m^3/s，设计最大入洪泽湖流量450m^3/s。2017调水年度，金湖站、报应站、洪泽站三个站共调水6.74m^3。淮阴三站和淮安四站及淮四输水河道2017年未投入调水运行，但参加了地方水稻栽插期间保水抗旱、秋季大雨排涝等工作。

（罗　敏）

宝应站工程

一、工程概况

南水北调宝应站工程位于扬州市宝应县氾水镇境内，作为南水北调东线一期工程的源头工程，其主要作用是与江都站共同组成第一级抽水站，以满足抽江水北送500m^3/s的要求，并可结合里下河地区排涝。

工程由泵站、下游清污机桥、扬淮公路桥、灌溉涵洞以及泵站专用变电所和相应的管理设施等组成。泵站设计流量100m^3/s，安装4台立式导叶液压全调节混流泵，配4台立式同步电动机。水泵设计扬程7.6m，单机设计流量33.4m^3/s，配套电动机功率3400kW，总装机容量13 600kW。

2017年度，宝应站调水运行33天，累计调水运行2034.47台时，累计抽水量2.3亿m^3，充分发挥了工程效益。

二、工程管理

（一）管理机构

宝应站工程采用委托管理模式，自2005年9月开始，江苏水源公司同江苏省江都水利工程管理处签订了委托协议书，并成立了南水北调宝应站工程管理项目部，管理范围包括泵站、泵站上下游交通桥、上下游引河、站下清污机桥、管理用房及附属设施等。

（二）设备管理

（1）定期检查，做好设备保养。完善上位机自动控制程序；加强电缆夹层电缆防护，采用镀锌隔网、防火包等封堵电缆夹层内未封闭部分；统一电缆桥架跨线规格；规范移动式配线箱接地线。

（2）定期调试，确保随时投运。一是设备清洁。保证各钢丝、齿条、阀门、油孔等处无油污，各部位不漏油、不漏气，设备周围无杂物、脏物，无潮湿水渍。二是工具整齐。工具、附件、工件（备品件）放置整齐，管道、线路有条理。三是润滑良好。按时加油或换油，不断油，无干摩现象，油压正常，油标明亮，油路畅通，油质符合要求。

（三）建筑物管理

（1）建筑物维修养护。对厂房、管理用房、仓库、引河等处开展检查，维修拦河设施，改造防汛仓库，修复围墙，维修局部道路，增设文体设施；更新举报公告牌和部分标志标牌。

（2）定期开展工程观测。2017 年，开展 4 次垂直位移观测，工程沉降正常；每 10 天开展一次测压管水位观测，通过人工比测，测压管水位浸润线变化基本正常，渗流规律基本稳定；每月开展 2 次伸缩缝观测，整体稳定。

（四）安全生产管理

（1）安全网络体系。成立安全生产领导小组，签订安全生产责任书，配置安全专员，修订防汛预案、反事故预案、应急预案。

（2）安全检查。每月组织开展 1 次安全检查，对查出的问题及时进行整改。

（3）工程安全防护与维持稳定。宝应站被确立为扬州市治安保卫重点单位，同当地派出所签订了扬州市反恐重点目标单位安全防范警民联动协议书，完善视频摄像头、报警器、CK 联网报警系统等监控体系，确保宝应站人员和工程安全。

（4）消防设施设备。按要求配备灭火器、消防泵等消防器材，每周例行检查，每月消防泵试水，确保设备状态良好。

（5）安全生产活动。集中学习安全法并观看安全警示片；组织“全面落实企业安全生产主题责任”演讲比赛；开展“两票三制培训”；对义务消防队成员进行培训，加强消防演练工作。

三、运行调度

2017 年 3 月 20 日 ~4 月 7 日，宝应站投入 2016 ~ 2017 调水年度向山东第二阶段调水运行，累计开机运行 19 天，共运行 1076.5 台时，抽水 1.26 亿 m^3。2017 年 5 月 6 ~ 19 日，宝应站投入 2016 ~ 2017 调水年度向山东第二阶段调水运行，累计开机运行 14 天，共运行 957.97 台时，抽水 1.03 亿 m^3。在调度运行期间，宝应站严格执行 24 小时值班制度，按时报送水情表、工情表和能源单耗表，及时关注上下游水位和天气情况。加强对自动化和视频监控系统的检查维护，确保工程运行安全。运行中开启清污机打捞水草和杂物，共打捞水草量约 2500t，确保机组高效运行。

四、工程效益

宝应站工程自 2005 年建成投入运行以来，共安全运行 222 天，累计运行 13 315.27 台时，累计抽排水量 15.9 亿 m^3，起到了调水、排涝、提高灌溉保证率等重要作用。

五、环境保护与水土保持

宝应站土地资源丰富，经过十余年建设发展，种植了黄山栾树、无患子、重阳木、白蜡树、金丝垂柳、银杏、广玉兰、榉树、海棠等兼具观赏性和经济性植物。定期对上下游护坡进行清理和维护，避免护坡水土流失。

六、验收工作

2017 年下半年，江苏水源公司扬州分公司对宝应站2017年岁修项目分批进行了验收，验收组听取汇报、勘察现场、查阅资料，同意验收。

2017年3月，宝应站开展江苏省省级水利风景区复核工作。11月22日，通过江苏省省级水利风景区复核验收。

七、其他

2017年，宝应站确立为东线安全标准化建设试点单位，完成“八大体系、四项清单”建设，并运用成果指导日常管理工作。获得江苏水源公司2017年度运行管理先进单位。

金湖站工程

一、工程概况

南水北调东线一期工程金湖站工程为南水北调东线工程第二个梯级站之一，位于江苏省金湖县银集镇境内，三河拦河坝下的金宝航道输水线上，距金湖县城约10km。其主要任务是通过与下级洪泽站联合运行，由金宝航道、入江水道三河段向洪泽湖调水$150m^3/s$，为洪泽湖周边及以北地区供水，并结合宝应湖地区排涝。工程包括泵站、110kV变电所、站上跨河公路桥、站下清污机桥、上下游引河以及配套管理设施。泵站安装液压全调节卧式灯泡贯流泵5台套（含备机1台），单机设计流量$37.5m^3/s$，设计扬程2.45m，配套电动机功率2200kW，总装机容量11 000kW。

二、工程管理

（一）管理机构

金湖站工程采用委托管理模式，自2012年12月开始，江苏水源公司同江苏省洪泽湖水利工程管理处签订了委托协议书，并成立南水北调金湖站工程管理项目部，管理内容主要有工程建（构）筑物、设备及附属设施的管理，工程用地范围土地、水域及环境等水政管理，工程运行管理，工程档案管理，以及参与泵站机组试运行等。

（二）设备管理

（1）基础性工作。完善更新泵房各设备间的工程平面剖面图、电气接线图、维修揭示图、操作规程、巡视检查内容等标牌；定期对设备标识，更新设备管理卡，完善设备台账，及时记录设备维修和现状情况，明确责任人。

（2）日常保养。每周对设备开展1次动态巡检和清洁保养，每月对设备进行1次经常性检查，检查后对主辅机组进行1次试运转，每台机每次运行30分钟，每周对液压启闭机事故闸门进行1次开闭操作。通过机组定期试运转，及时掌握设备状况，确保设备随时可以投入运行。

（3）仓库物资管理。一是对备品备件、工器具、耗材、货架等进行重新购置，并分门别类，将设备摆放整齐；二是配备了先进的仓库管理软件和条形码打印机，建立了数字化仓库；三是储备了充足油料，确保突发停电时柴油发电机能及时投运；四是储备了充足的劳保用品和维修工具，保证职工安全防护，方便日常维修保养。

（三）建筑物管理

（1）重点开展汛前、汛后检查保养。重点对主厂房、变电所、控制楼、办公楼、食堂、仓库、餐厅、招待所等处进行检查保养，修复屋顶渗漏与墙壁裂缝等缺陷；对厂房电缆沟、泵房上游侧雨水排放系统的排水沟及下游右岸护坡排水系统等部位进行改造，消除了雨天积水问题；对泵房水泵层局部渗水进行防渗处理，并对水泵层墙壁吸音涂料进行重新涂刷。

（2）依据规范，定期开展工程观测。2017年，开展垂直位移测量4次，工程沉降已趋于稳定；泵站底板扬压力每月观测5次，测压管水位浸润线变化基本正常；每年汛前和汛后各开展河道断面观测一次，上、下引河底部混凝土浇筑平坦，推移质较少，引河河床淤积量基本正常，河床稳定；每两年开展一次水下检查，经检查，上下游翼墙、护坦、护坡及进出水池等部位均正常，泵站机组水下部分无异常。

（3）日常检查与维护。汛期每月2次，非汛期每月1次，组织技术人员对水工建筑物进行全面检查，并做好巡查记录。夏、秋季节及时组织人员清除堤防上杂草，及时修复雨淋沟，清除河道内漂浮物、水草和混凝土上附着物，保证建筑物整洁美观。

（四）安全生产管理

金湖站2017年未发生任何安全生产事故。

（1）定期开展安全检查。每月集中开展1次安全检查，对查出的问题及时进行整改，并安排专人及时填报安全信息和安全月报。

（2）安全培训、持证上岗。组织职工学习安全生产规章制度、电力安全操作规程、消防知识，进行安全教育培训。安排特种作业人员参加专门培训，项目部大多数人员具有电力系统发放的电工作业证书，有5人持有电力调度系统运行值班证，2人持有劳动部门颁发的起吊作业证书，做到持证上岗。

（3）建立危险源识别标识。对站区危险源进行识别、统计和分类，在危险行为易出现场合醒目公示危险防控措施牌，落实应急救援和处置措施，明确责任人，确保隐患消除在萌芽状态。

（4）安全工作的软、硬件配置。安全工具配备齐全，并按规程要求每年对其进行两次试验。完善安全规程、反事故预案等，设备的操作规程上墙。消防器材配备齐全，定期对消防器材进行检查维护，重点对泵站辅机层、液压室、职工餐厅等处灭火器数量进行了增补，在消防设备箱上张贴了使用规程。防雷、接地设施可靠、完好。按照规范要求及时对行车进行校验和检查。

（5）安全值班保卫。加强站区的安全保卫和值班，防火、防盗，值班人员严格遵守相关制度和规定，不擅离岗位，厂房、门卫实行24小时保卫值班，禁止周边闲杂人员进入管理范围，禁止外来人员进入站区游泳、划船和垂钓。

三、运行调度

2017年度，金湖站调度运行两次，分别是3月20日~4月7日、5月6~19日，累计运行32天，累计开机1473台时，累计调水量为2.29亿m^3，完成了年度调水任务。

金湖站通过机组试运行，主机组各部位温度、振动、噪声及电气参数均处于正常范围；辅机设备运转良好，冷却水压、水量、水温正常，叶片调节机构运转正常；各项电气测量、监视、自动化控制等设备动作正常，机组装置效率满足设计要求。

四、工程效益

自运行以来，金湖站工程累计运行2924台时，累计抽水3.95亿m^3，充分发挥了南水北调工程效益，保证了宝应湖地区工农业和群众生命、财产安全。

五、环境保护与水土保持

（1）环境保护措施。金湖站在生活区设置了垃圾池和垃圾箱，划分了卫生责任区，专人负责各责任区的卫生保洁工作，经常性对垃圾池进行清理，集中指定地点堆放，并统一由城市垃圾收集车收集处理。

（2）水土保持措施。定期对护坡、排水沟和裸露土地进行检查整治。管理区植物措施按照乔灌结合原则，长青树与落叶树结合、花草结合的原则，优化林木种类，增加林木品种，达到了“四季有花、常年有绿，水土保持与园林景观相结合”的效果。

六、其他

2017年，金湖站通过了江苏省水利厅组

织的江苏省二级水利工程管理考核；荣获江苏省档案管理三星级验收；获得金湖县文明单位荣誉称号；获得江苏水源公司2017年度运行管理先进单位。

洪泽站工程

一、工程概况

洪泽站是南水北调东线第三梯级泵站之一，位于淮安市洪泽县境内的三河输水线上，距蒋坝镇约1km处，介于洪金洞和三河船闸之间，紧邻洪泽湖。主要由泵站、挡洪闸、进水闸、洪金地涵、引河等工程设施组成。主要任务是通过与下级金湖站联合运行，由金宝航道、入江水道三河段向洪泽湖调水150m^3/s，并结合宝应湖、白马地区排涝。

泵站共安装立式全调节混流泵5台套（含备机1台套），设计扬程6m，单机设计流量37.5m^3/s，配套电动机功率3550kW，总装机容量17 750kW。采用正向进、出水方式，堤后式布置，水泵采用竖井筒体式结构，配肘形进水、虹吸式出水流道，真空破坏阀断流。

泵房进、出水侧翼墙采用钢筋混凝土扶壁和悬壁式结构，平面上呈圆角八字形布置。控制室布置在主泵房南侧，检修间布置在主泵房北侧。另外为提高泵站的综合利用效益，在北侧岸墙安装了2台功率500kW的轴流定桨式水轮发电机组。室内变电所电源从洪泽县朱坝变电所引接，由一条110kV架空线接入，线路总长约25km，主变压器容量25MVA，10kV备用电源从蒋坝线接入，所用变压器容量800kVA。

二、工程管理

（一）管理机构

2013年洪泽站工程建成后，由江苏水源公司扬州分公司直接管理，并成立了洪泽站管理所，设所长1名，副所长1名，下设综合财务组、技术管理组、泵站运行组、泵站维护组。日常行政工作由所长负责，并接受扬州分公司领导及相关职能部门的指导，党务工作由支部书记负责。

（二）工程设施管理

2017年度，洪泽站工程运行时间显著增长，发电运行时间不确定性也明显增强，设备设施保持100%完好率。

2017年汛前汛后，管理所对所有工程设备设施开展了两次全面定期检查，每月上、下旬各开展一次经常检查，非运行期辅机设备每月进行一次调试，高低压设备每月测量一次绝缘电阻（吸收比），仓库物资每月进行一次整理、盘点。根据评级要求，对设备、建筑物定期等级评定，评定结果上报扬州分公司。开展电气预防性试验、安全用具试验、行车检测、消防系统及工程观测仪器年度检测等工作。实施了5号机组水下检查、泵站检修闸门电动葫芦维修、4号机组下导瓦异响应急维修、5号机组树根进入后检查检修、工控机损坏后维修更换等，及时更换逆变器、开度仪、温控仪、风机、电流表、换向阀等损坏器件，及时消除各类设备故障和隐患，确保设备运行可靠性。

洪泽站建筑物设施管理。每季度垂直位移测量均已采用一等往返观测；扬压力部分自动监测数据不准确，已采用现场人工比测；汛前汛后，利用停机间隙，适时进行河床断面观测。每季度观测外业完成后，洪泽站管理所观测人员及时形成季度观测成果初步分析报告，报所长会审，确保水工建筑物的安全处于可控状态。非汛期建筑物常规检查频次与设备保持一致，汛期及高水位期间，增加水闸堤防检查频次，及时开展护坡塌陷修复、检修层、水泵层渗漏处理、外墙真石漆修复、控制保护室墙内暗管渗水处理、站上引河河底异物清除、围墙修补、窨井盖增补等工作，保持工程设施完好。

三、安全生产

洪泽站按照国家《生产经营单位生产安全事故应急预案编制导则》的要求，对洪泽站各类预案进行了整合修订和补充，编制了洪泽站综合应急预案，新增了5项专门应急预案，包括消防及疏散应急预案、防台风应急预案、人员伤亡事故应急预案、突发事件应急预案和反恐预案，修订了防汛预案和泵站、水电站反事故预案。

洪泽县公安局在洪泽站管理区主要出入口设置了南水北调洪泽站警务室，与蒋坝、三河两镇的公安派出所建立了24小时治安联动机制。同时实行门卫24小时值班制度和管理核心区夜间巡查制度。

四、运行调度

2017年，洪泽站作为运西线长江—洪泽湖区间调水工程，分别于3月20日、5月6日投入运行，累计执行调水指令10条，调水运行33天，开停机25次，开机运行1876台时，调水量2.15亿m^3。

五、工程效益

2017年洪泽湖来水较多，洪泽站管理所执行发电调度指令34条，主机组累计开停机105次，水电站累计开停机44次，主机组发电运行78天，发电量590万kW·h，水电站发电运行117天，发电量248万kW·h，累计年发电量838万kW·h，实现收入327.8万元。

六、环境保护与水土保持

洪泽站生活区设置了垃圾箱，划分了卫生责任区，专人负责各责任区的卫生保洁工作，运行管理人员的生活垃圾统一由专人收集处理。洪泽站绿化由江苏水源公司的绿化公司具体负责，定期对管理范围内的花草树木进行修剪、施肥。洪泽站定期对上下游护坡进行清理维护，避免护坡水土流失。

淮阴三站工程

一、工程概况

淮阴三站工程于2005年10月开工，2009年12月通过泵站机组试运行验收，2010年11月通过单位工程验收，2011年7月通过合同项目验收，2012年10月通过南水北调东线淮阴三站工程设计单元工程完工验收。

淮阴三站工程是南水北调东线工程第三级泵站的组成部分，与现有淮阴一站并列布置，和淮阴一、二站及洪泽站共同组成南水北调东线第三梯级，具有向北调水、提高灌溉保证率、改善水环境、提高航运保证率等功能。设计调水流量100m^3/s，安装四台直径3.2m的灯泡贯流泵机组，单机流量33.4m^3/s，配套功率2200kW，总装机容量8800kW。

淮阴三站工程2017年度未参与调水运行。截至2016年底，累计开机运行15 682台时，抽水19.49亿m^3。

二、工程管理

淮阴三站工程作为南水北调江苏东线段建设比较早的工程，南水北调江苏水源有限责任公司作为工程的项目法人，对淮阴三站的运行管理采用委托管理的模式，受托单位江苏省灌溉总渠管理处（以下简称总渠管理处）成立淮阴三站工程管理项目部（以下简称淮阴三站项目部）具体负责淮阴三站的日常管理、维护、运行等事宜。

按照管理合同的要求，淮阴三站工程管理项目部管理淮阴三站的范围为淮阴三站上游至挡洪闸，下游至清污机桥，包括淮阴三站上、下游部分河道、淮阴三站内泵站主体工程（含所有主辅设备、水工建筑物等）、清污机桥和其他场地等。

淮阴三站实行动态、全过程维护管理模式，按照合同、行业规范，每年及时安排汛前、汛后检查、开机运行检查、季度考核、年终考核等项目；做好主辅机、电气设备的检查维护工作。对主机及清污机、风机、液压启闭机、变频器、励磁系统等辅机设备每周进行一次常规巡视检查，发现缺陷及时处理。每月对辅机进行一次检查性试运行，做好巡视检查及检查性试运行的记录；对所有设备建档挂卡，并明示责任人。江苏水源公司维修检测中心按时对电气设备进行试验，对损坏的仪表、继电器等及时更换。对于存在的问题及时编报岁修方案、抢修方案、应急方案等，在上报江苏水源公司批准后及时组织实施。淮阴三站运行管理费用由委托人江苏水源公司负责，省总渠管理处对淮阴三站工程运行管理费用进行单独建账、独立核算，指导淮阴三站项目部做好现场出纳。

（杨二洋）

淮安四站工程

一、工程概况

淮安四站泵站、变电所主要电气设备采用微机型继电保护装置。泵站采用肘形流道进水、平直管出水，快速闸门断流，相应防洪标准为100年一遇，300年一遇校核。站下清污机桥共分16孔，每孔净宽4.1m，下游侧布置清污机，中间12孔安装回转式清污机，其余孔口安装固定式拦污栅。新河东闸主要建筑物为2级，次要建筑物为3级，共分3孔，闸孔净宽8.0m，闸室底板顺水流方向12m，垂直水流方向28.8m，设计流量150 m^3/s。采用平面钢闸门，卷扬式启闭机。

工程建设过程中，参建单位注重科技创新，完成了“大型肘形进水流道泵站泵送混凝土温控防裂方法和应用研究”课题，获得江苏省水利科技优秀成果一等奖、水利部大禹水利科学技术三等奖；改进了淮安四站技术供水方式，选择了经济可靠的循环供水方式；改进了肘形模板施工工艺，保证了流道曲面的精度；运用预应力锚杆技术进行连地墙施工；采用INTOUCH软件平台，开发了微机监控、视频监视系统，泵站运行实现了自动化。以上工程技术有效地保障了工程进度，提高了工程质量，降低了工程运行成本。

二、工程管理

（一）管理机构

南水北调东线江苏水源有限责任公司为工程的项目法人，负责资金筹措、现场机构组建、工程招标、合同签署以及工程质量、安全和进度的监督和检查。项目法人组建的现场机构江苏省南水北调淮安四站工程建设处，具体负责工程的建设管理工作。南水北调淮安四站工程采用委托管理模式。2008年，江苏省总渠管理处受江苏水源公司委托成立南水北调淮安四站工程管理项目部（以下简称淮四项目部），负责淮安四站工程的管理工作。

（二）管理范围

淮安四站工程管理范围主要包括淮安四站、新河东闸、补水闸工程及相应工程用地范围及相关配套设施，管理内容主要有工程建（构）筑物、设备及附属设施的管理，工程用地范围土地、水域及环境等水政管理，工程运行管理及工程档案管理等。

（三）设备维修养护

淮安四站注重日常巡视检查，根据工程需要和设备情况，损坏工程设施及时进行维修，2017年，完成了屋面漏雨处理项目、闸门振动处理项目、直流屏整体更新改造等维修项目，以及液压启闭机维护，油、水管道维护，清污机养护，行车养护，建筑物室内外修补，上墙资料修订，上下游护坡修补，设备、环境保洁，工具及备品件购置等养护项目。

1. 维修项目

（1）1号主机组大修。淮安四站1号主机

组大修项目由江苏水源公司维修检测中心组织实施。维修检测中心检修组于7月5日进场进行各项准备工作，7月17日开始拆解主机组，10月25日完成组装，由于下游水位过低，直到2018年3月13日通过了由江苏水源公司工程管理部、泵站技术公司及淮安四站工程管理项目部相关人员参加的1号主机组大修试运行验收。

（2）屋面漏雨处理项目。淮安四站屋顶防水重做及吊顶维修项目于2017年6月19日获江苏水源公司淮安分公司文件（淮水源管〔2017〕31号）批复实施，将原有防水层全部拆除，并基层表面进行清理及渗漏处理后再铺设4mm厚SBS防水材料，对四楼走廊、会议室吊顶、厂房吊顶、损坏墙面等进行维修。

（3）闸门振动处理项目。2017年6月30日，江苏水源公司淮安分公司文件（淮水源管〔2017〕32号）正式下达“关于同意实施闸门振动处理项目的批复”。在门槽两侧加工安装薄钢板，减小门槽与闸门间的缝隙，减少闸门在运行中的晃动频率。

（4）直流系统整体更新改造。淮安四站直流系统整体改造项目于2017年5月24日，江苏水源公司淮安分公司文件（淮水源管〔2017〕22号）批复，直流系统整体更新改造项目实施内容主要有：更换原来的模块，更换蓄电池；更换监控（7英寸大屏幕触摸式彩屏）及其配套部件；更换部分面板；增加馈出支路绝缘监控（如原来有此功能则保留）；加强电池充放电维护功能。项目于2017年7月15日开始施工，拆除原设备及蓄电池，新设备安装及调试，7月17日安装及调试完成。淮安四站项目部于7月18日完成了直流系统整体改造项目验收。

（5）清污机皮带更换。清污机皮带更换项目由江苏水源公司淮安分公司组织实施，项目由江苏省水利机械制造厂组织实施，该公司于2017年9月5日进入现场开始施工，10月15日完工。

（6）视频系统改造。视频系统改造项目由江苏水源公司淮安分公司组织实施，项目由海康威视公司组织实施，该公司于2017年9月15日进入现场开始施工，10月10日完工。

2. 养护项目

2017年，按季度共报送养护项目四期44个项目，主要实施项目有液压启闭机维护油漆，油水管道维护油漆，清污机、行车维护，建筑物室内外修补，上墙资料更换，厂房保洁，绿化年度维护，厂房LED灯具购置更换，厂房零星维修以及备品件采购等。

3. 设备维护

淮四项目部每周完成一次辅机系统常规检查，每月完成一次专项检查、测量主电机定、转子绝缘电阻。每月完成一次设备检查性试运行，检查辅机系统在远程控制和手动操作下的运行状况，同时，按正常开机流程进行模拟开机演练，将辅机投入远程控制状态，由上位机执行开机程序，检查主机组断路器、闸门和励磁系统的联动状态，确保机组随时可以投入运行。

主辅机系统定期进行全面检查维护。包括：辅机设备日常巡视检查，设备小修，检查油、水管道、闸阀的密封情况，杜绝“跑、冒、滴、漏”现象；主水泵、主电机的维护保养，检查碳刷磨损情况及压力，电缆接头进行清理并涂抹黄油；清理所有管道灰尘，局部锈蚀处理；开关柜、箱，启闭机、油箱、盖板等表面清理后油漆；油压装置、冷却水系统、风机等检查维护，清理电机、管道、控制柜内灰尘。

对电气设备的保养，清理高压开关柜、低压开关柜、LCU柜、保护柜、励磁柜内灰尘，检查接线桩头有无松动、过热迹象，对保护柜和LCU柜内的二次线路进行整理，检查有无松动的线头，检查柜面仪表、指示灯是否正常；更换失效的变压器桩头、母线等连接处的试温片；对全部主机、开关柜高压电缆桩头进行紧固，对主机碳刷进行磨损检查；对LCU柜的UPS进行维护，打开机箱清理内部灰尘。

全面检查自动化设备，打开工控机的机箱清理内部灰尘，清洗滤网，检查维护软件系统、视频系统，维修损坏的球机，调整部分视频探头。

（四）工程设施管理

淮四项目部在非运行期每月完成一次工程例行检查，每月完成两次水政巡查。2017年，淮安四站工程观测工作由项目部组织实施，根据江苏水源公司淮安分公司下达的任务书的要求，淮四项目部完成了全年垂直位移、河床断面、扬压力和伸缩缝观测。

淮安四站站身有水准标点40个，清污机桥有标点24个。2017年，共完成了4次垂直位移观测工作。垂直位移采用徕卡DNA03数字水准仪一等单线路往返观测。泵站大部分测点间隔位移沉降量都在2mm左右变化，泵站建成后总体沉降稳定。

淮安四站工程引河过水断面观测每年两次，汛前和汛后各一次。上游引河布置6个测量断面（里程桩号0+016~0+125），下游引河布置8个测量断面（里程桩号0+016~0+220），观测采用过河索法，中海达测深仪测深。项目部分别于2017年5月24日、10月19日完成了河床断面观测，从观测成果分析，上下游河床有淤积现象，上游引河最大累计淤积量1885m^3，下游引河最大累计淤积量7066m^3，需清淤处理。

2017年11月10日，管理处潜水组对淮安四站进出水池等建筑物水下部分进行了专项检查。

建筑物伸缩缝观测。共设有两组伸缩缝观测金属标点，采用游标卡尺测量，每月观测一次，从观测成果分析，情况稳定。

测压管观测。采用麦克液位压力式传感器测量测压管水位，由上位机自动记录，由于数据失真，改采用人工观测，其中测压管031淤塞较严重，其他测压管均有不同程度淤塞，已上报计划待江苏水源公司统一部署处理。

（五）安全生产

淮四项目部建立了以项目经理为组长的安全生产责任网络，配备兼职安全员。2017年初，项目部与每位职工签订了《安全生产责任状》，落实安全责任和强化职工安全意识。

（1）相关预案修订完善。淮四项目部制订有《运行管理规章制度》《工程技术管理办法》《安全管理规程》《防汛预案》《反事故预案》等一系列规章制度和规程规范，其中主要规章制度已上墙公示，日常管理中严格执行各项规章制度。项目部还印发了江苏水源公司组织编制的《南水北调泵站工程管理规程》，并组织职工学习，根据具体要求对淮安四站的《工程技术管理办法》《防汛预案》《反事故预案》等进行修订，以保证安全生产制度切实可行。

（2）安全生产制度。完善了中控室的上墙制度，修订了设备维修揭示图和设备管理卡等。对灭火器材进行压力检查，更换压力不足的灭火器。做好绝缘手套、绝缘靴等绝缘用具和接地线的保管工作。做好安全帽、登高工具、安全带等用具的配置。对管理范围内的生产、办公设施进行安全管理、巡查，并做检查记录，按时向管理处和江苏水源公司上报安全月报，汛期及时报送工程安全巡查记录。

（3）开展安全生产月活动。2017年6月，淮四项目部筹划部署“安全生产月”活动，成立了以项目经理为组长的安全生产月活动领导小组，并结合工程的具体情况，制定了淮安四站“安全生产月”活动实施方案，并按照实施方案开展各项工作。

在项目部办公区显著位置（交通桥栏杆处）悬挂安全宣传布标；组织职工学习观看

《安全生产事故典型案例盘点（2016版）》、《致命的有限空间》等警示教育片；特邀安居消防教员来淮安四站开展消防知识讲座，宣传消防知识；在上游右侧堤防处开展灭火器操作使用的消防演练；组织职工参加水利部举办的“全国水利安全生产网络知识竞赛”；2017年6月15日，组织闸门应急操作的反事故应急演练。

三、运行调度

淮安四站工程的运行严格按照南水北调东线江苏水源有限责任公司扬州分公司指示，进行合理科学的调度运行，应急管理和现场处置则由江苏省南水北调淮安四站泵站工程管理项目部负责。淮安四站建立了信息报送制度，高度关注掌握水位、流量、水质变化带来的对周边防汛安全、工程安全、供水安全及航运安全等方面的影响。对于开机运行中的水情、工情、捞草情况等，由专人负责，按照江苏水源公司的要求在指定时间内发送。

淮安四站输水河道工程

一、工程概况

南水北调东线淮安四站输水河道（淮安段）工程位于淮河下游白马湖地区，全长29.8km，由运西河、穿白马湖段、新河三段组成，其中运西河东连京杭运河，西至白马湖，河长7.47km；穿白马湖段长2.3km；新河南连白马湖，北至淮安四站进水前池，长20.03km。沿线配套及影响（泵站、闸、涵）工程23座，桥梁12座。

2017年，淮安区淮四河道管理所在江苏水源公司及淮安分公司的领导下，开展淮四河道工程管理维护及运行工作，完成全年调水运行和度汛任务，安全运行无事故，河道工程工况良好。

二、工程管理

（一）工程管理机构

淮安区运西水利管理所成立了南水北调淮安区淮安四站河道管理所，专职负责淮安四站输水河道的管理和维护工作。主要职能为：负责本段河道工程日常运行维护，安全及应急事件处理，负责河道巡查、水质观测、安全保护、安全度汛等日常管理工作，负责执行来自上级的调水指令等工作。管理机构配备了项目经理和技术负责人，明确了相关人员职责。

（二）日常管理维护

管理所健全规章制度，明确岗位责任。每段堤防都有专职护堤人员，每天巡查，管理所针对每段堆堤安排专人负责，定期巡查，发现问题及时整改汇报，并设立管理台账；管理所每周组织不低于2次集中巡查，全年共组织巡查210余次，出动车辆210余次，巡查人次合计3700余人次。组织人力及时清除堆堤杂草，全年清除杂草220余亩。积极开展宣传工作，利用“中国水周”和“世界水日”契机，开展广场宣传，通过展板、悬挂横幅及印发宣传小册等形式进行宣传活动，全年向沿线群众散发宣传通告，张贴宣传告示300余张；在不同媒体上发表宣传报道7篇。全年共组织水政执法人员和南水北调治安办民警联合执法14次，出动车辆28辆次，人员95人次，拆除800m^{2}左右的违章搭建粮库1处；拆除遗留违章搭建的猪圈2间、羊圈1间；清除违章种植550m^2；查处违章伐树5起；拆除临时搭建一处，有力打击了违章侵占河道管理范围行为。

（三）工程维修养护

2017年上半年，组织机械和人员对运西河北堤林南泵站至周庄桥桥段堆堤迎水坡进行整治，并栽植贞、红叶石楠等绿化树木4400多棵；在管理所院墙至新河大桥段购置安装了围栏。下半年，组织实施了管理房门前道路拆建等2017年度岁修工程的实施，编制上报2018年度岁修计划；组织人员清理堆堤；组织人员和机械对淮四河道西堤林集段不通畅防汛、巡查通道进行整理，对部分淤积严重的截水沟进行清理。

（四）安全生产

开展安全生产预防管理工作，2017年，召开安全生产会议12次，安全教育培训12次，安全检查12次，节前安全检查6次，对所管河道堤防、涵闸进行检查，4月，组织人员对新河闸启闭设备进行维修保养，确保工程安全运行并按要求填报安全月报。

开展安全月活动，通过制作、悬挂宣传横幅，张贴宣传通告等方式进行宣传活动。组织职工进行安全生产知识培训、学习、进行安全知识考试。开展安全排查活动，对排查出有安全隐患的新河闸交通桥防撞墩进行拆建，冬季为了防止堆堤上林木火灾，组织10多个工人、花费50多个工日对新栽林木地里的杂草进行清除，消除火灾隐患。

开展汛前检查，成立汛前检查和防汛组织，编制防汛预案，并组织职工进行预案学习、演练。同时根据公司要求，购置了铁锹、编织袋、土工布、雨衣、雨鞋以及应急照明灯等防汛物资，储存在管理所防汛物资仓库中，随时备用。进入汛期后，每天组织人员进行河道巡查，组织人员实行24小时防汛值班，及时上报水情，确保工程安全度汛。

三、运行调度

2017年，南水北调淮安四站输水河道没有投入向北调水运行，在秋季投入地方排涝运行。为保证淮安四站输水河道排涝运行期间的安全运行，所成立了防汛工作领导小组，负责淮四河道工程运行管理，按河道巡查管理等规程进行河道巡查并做工程巡查记录，打捞影响河道输水的水草及漂浮物，确保河道输水畅通。

四、工程效益

南水北调淮安四站输水河道在2017年未投入调水运行，参加了地方水稻栽插期间保水抗旱、秋季大雨排涝。

五、其他

完成新河入湖口南闸镇境内的餐饮船外移工作。通过悦跑圈软件建立河道管理员监督考核机制。完成河道划界工作。

洪泽湖—骆马湖段工程

概　述

洪泽湖—骆马湖段新建工程主要包括泗洪站、睢宁二站、邳州站、泗阳站、刘老涧二站、皂河二站等泵站工程。设计最大抽洪泽湖流量350m^3/s，设计入骆马湖流量275m^3/s。2017年度该区段泵站工程均参与了2016～2017年度调水任务，调水量约14.79亿m^3，工程效益显著。

（罗　敏）

泗洪站工程

一、工程概况

泗洪站枢纽工程位于江苏省泗洪县朱湖镇东南的徐洪河上，距洪泽湖口约16km，是南水北调东线一期工程的第四梯级泵站之一，主要功能是与睢宁、邳州泵站一起，通过徐洪河向骆马湖输水。南水北调泗洪站枢纽工程主要建设内容包括大型提水泵站、徐洪河节制闸、南水北调泗洪船闸、利民河排涝闸、泵站排涝调节闸等。

泗洪站设计流量为 $120m^3/s$；其配套建筑物排涝调节闸设计流量 $120m^3/s$；徐洪河节制闸规模按 5 年一遇排涝设计，设计流量 $1120m^3/s$，20 年一遇防洪校核，流量为 $1851m^3/s$；利民河排涝闸排涝标准为 5 年一遇，设计排涝流量为 $72m^3/s$；泗洪船闸为Ⅴ级船闸，建设规模为 160m×16m×3.5m。泵站设计流量 120 m^3/s。

二、工程管理

泗洪站枢纽管理所是江苏水源公司直管的南水北调枢纽工程，2013 年 4 月 15 日成立"江苏省南水北调泗洪站枢纽管理所"，隶属宿迁分公司，负责包括泗洪泵站、泗洪船闸、徐洪河节制闸以及利民河排涝闸等工程的正常调水运行和维修保养等工作。

（一）设备管理

泗洪站枢纽管理所对照相关管理制度、规范及技术要求，针对枢纽工程特点，对照南水北调泵站运行管理考核办法，按照设备日常巡视检查制度，将所有设备划分到人、责任到人，并针对通水运行期间设备疏于维养的状况，将各设备间分配到运行班组，运行班长带领班组人员开展设备维护，并由所办负责督查，保障运行期间设备维护工作。

（1）精细化管理。一是在泵站上下游安装水位组合标识牌，让员工在日常巡查中熟悉掌握工程重要参数。二是对节制闸启闭机开度仪线路进行整理并更换保护管，提醒员工注重细节管理。三是维修改造清污机和皮带输送机，对一、二季度运行过程中清污设备暴露出的问题，联系厂家现场勘查，提出整改意见，调试清污机并改造倾斜部分输送机，提高捞草效率。

（2）日常工作。开展 2、4、5 号机组水下检查，对机组进出水流道、叶轮、叶轮外壳、导叶体、泵体内壁、电机外壳等进行检查，测量叶片间隙。检查结果表明机组水下建筑和水泵水下部位状况良好，满足运行需要。通过水下检查掌握了水下建筑物及水泵内部情况，同时锻炼运行管理人员的业务技能。为掌握船闸设施设备状况，泗洪站枢纽管理所邀请了江苏省船闸保障中心对船闸进行安全检测，通过土工建筑外观检查、设备设施检测、水下声纳检测等方式，评价船闸总体安全状况和技术性能，为船闸后续预防性养护提供依据，根据检测结果显示，运行已 5 年多的船闸总体状况良好。

（二）建筑物管理

（1）枢纽工程观测。按照《南水北调泵站工程管理规程》《南水北调东中线一期工程安全监测技术管理办法（试行）》及观测任务书的要求，组织人员定期观测伸缩缝和测压管水位，并做好观测资料的整理工作。

（2）巡视检查。结合安全维稳工作，加大管理区内治安防范工作力度，增加站区内巡视频次，每周对工程建筑物巡查 1 次，对堤防、护坡等巡查 1 次，要求水警值班人员每天对站区范围内巡视 3 次，夜间不少于 1 次。通过巡查，及时清理违章种植 5 次、劝阻捕鱼钓鱼 40 余次，泗洪县公安局水警大队依法对管理范围内捕鱼、钓鱼人员进行了现场教育。

（3）防汛度汛。开展汛前汛后检查工作，健全完善防汛度汛组织领导，明确分工，落实责任，执行 24 小时防汛值班制度。加强工程设施设备的维护消缺和防汛物资管理，确保枢纽工程安全度汛。

（三）安全管理

一是节假日前安全生产检查。在元旦、春节、国庆假期前以及"十九大"会议前，开展安全生产检查，注重隐患排查、整改，执行所长带班制度，保证通信畅通，做好应对各种突发事件的准备工作。二是安全台账管理。更新完善安全台账，从安全生产组织状况、监督检查活动、安全检查及隐患整改、安全培训与教育等方面记录安全生产工作的过程及结果。三是预案演练。开展消防安全、消防疏散、应急电源启用等演练活动，提高了员工在应急情况下的协同作战能力和安全生产意识。四是开展安全生产月活动。在安全生产活动月中，开展了安全生产标语征集、“进一言、献一策”安全建议、观看安全宣传片等活动，在东线总公司安全作品征集中，在标语、图画视频类作品中有 8 人次获得奖励。

三、运行调度

泗洪泵站完成年度调水任务。2017 年上半年调水 62 天，机组运行 4298 台时，调水 3.98 亿 m^3。2017～2018 调水年度，调水工作自 2017 年 11 月 30 日开始，截至 12 月 31 日调水 32 天，运行 3206 台时，调水 2.75 亿 m^3，全年累计运行 94 天，调水 6.73 亿 m^3。在泵站工程运行期间，泗洪站枢纽管理所严格执行公司调度指令、遵守各项规章制度和安全操作规程，做好各项运行记录，及时、准确排除设备故障。保证了调水工作的顺利进行。

船闸全年安全运行。在泵站工程调水运行期间，由于上下游水位差较大，为了安全调度，泗洪站枢纽管理所采取分段开启船闸闸门，减少大水流对船舶的冲击。

徐洪河节制闸严格执行宿迁分公司调度指令，做好节制闸运行管理工作，并将指令执行情况及时反馈，2017 年累计开关闸操作 27 次。

泗洪站枢纽管理所自动化系统由南京东禾自动化有限公司定期进行维护，确保自动化系统稳定运行。

四、工程效益

泗洪站枢纽工程于 2009 年 11 月开工建设，2011 年 6 月，船闸、节制闸通过水下工程验收，2012 年 12 月通过单位工程验收。泵站工程自 2013 年 4 月通过机组试运行验收以来，圆满完成了试通水、试运行、通水运行、生态补水等运行任务，充分发挥了工程效益，累计运行 21 302 台时，调水 20.04 亿 m^3。2017～2018 调水年度，阶段调水工作自 2017 年 11 月 30 日开始，截至 2018 年 2 月 6 日调水 70 天，运行 6770.95 台时，调水 6.01 亿 m^3。2017 年，实现船舶过闸 270.89 万 t，收费 183.2 万元。徐洪河节制闸 2017 年累计开关闸操作 27 次。

2017 年，泗洪站枢纽管理所按照江苏水源公司经营发展部署，在保障运行管理工作的基础上，完成相关技术服务工作。一是派员参加北京溪翁庄泵站代管工作。截至 2017 年 12 月 5 日上午 11:40，根据北京市团城湖管理处调度指令，溪翁庄泵站准时停运了 1、2 号两台主机组，标志着 2017 年度向密云水库调蓄通水任务结束。2017 年 4 月 20 日通水运行 201 天，共计向密云水库调水 1.78 亿 m^3，使密云水库蓄水量突破 20 亿 m^3，这是继 2000 年以来 17 年中的历史最高值。二是完成芜湖广福泵站机电安装工作。三是完成崔贺庄水库机电设备维护工作、完成无锡 3 台机组大修技术服务、吉林白城机组大修技术服务工作。

五、环境保护与水土保持

泗洪站枢纽管理所为了加强枢纽工程环境卫生工作，聘用了专业保洁人员 5 名对生产区、站区道路、食堂、生活区域等环境进行保洁。泗洪站枢纽工程的绿化由江苏水源绿化工程有限责任公司具体负责，管理所定期督促绿化公司对管理范围内的花草树木进行修剪、施肥、除虫。同时管理所加强对上、下游护坡的清理维护，及时组织违章种植清理，避免水土流失。

泗阳站工程

一、工程概况

南水北调泗阳站工程位于泗阳县城东南约3km处的中运河输水线上，是南水北调东线第四梯级、江苏省淮水北调第一梯级抽水泵站，距原泗阳一站下游约340m。泗阳泵站设计调水流量198m³/s，设计扬程6.3m，安装6台套立式全调节轴流泵（含备机1台），配立式同步电动机。水泵叶轮直径3100mm，单机设计流量33m³/s，单机功率3000kW，总装机容量18 000kW。

泗阳站采用堤身式块基型结构，站身共分两块地板，三孔一联，肘形进水流道，虹吸式出水流道，电动式真空破坏阀断流。站上部布置主厂房，南端布置检修间，中控室、办公室，北端布置室内变电所及变频发电机组。泗阳站室内变电所主变容量为31 500kVA三圈油浸式变压器，同时承担着向泗阳二站35kV户内变电所提供主供电源的任务。

泗阳站工程于2009年12月30日正式开工，2012年5月6日完成机组试运行，5月8日正式投入抽水运行，5月12日通过机组试运行验收。设计洪水标准为100年一遇，校核洪水标准为300年一遇。建筑物抗震烈度按7度设计。

二、工程管理

泗阳站严格按照《泗阳站工程运行管理合同》要求，组建南水北调泗阳站工程管理项目部。

（一）设备管理

项目部按照《南水北调泵站工程管理规程》对设备进行规范标识，确保设备的名称、编号、旋转方向准确无误，并按照江苏省《泵站运行规程》对设备进行规范涂色，按照设备类别、等级建档挂卡；在站内显目位置悬挂泵站平、立、剖面图，高低压电气主接线图，油、气、水系统图，主要技术指标表，主要设备规格、检修情况表等图表。

定期对主机泵、高低压电器设备、辅机系统、直流系统进行养护，维修更换油系统易损件，保持设备无灰尘、无渗油、无锈蚀、无破损现象；定期检查维护微机监控及视频系统；同时对防雷、接地装置定期进行检查、除锈、油漆并按照规定做接地电阻检测；定期对设备进行联动测试。

按照《电气设备预防性试验标准》委托骆运管理处检修维护中心，开展电气设备预防性试验、仪表校验工作，并按照周期定时完成特种设备检测和校验、安全设施检验。

对照江苏水源公司专家组查出的问题，组织技术力量加以整改，对问题处理的措施及结果做好记录工作，并组织验收。对暂时不能解决的问题完善相关预案。

泗阳站2017年，主要对3号机组进行了大修，泗阳站3号机组自2012年5月建成投入运行，至大修前已累计运行17 062小时。从运行情况统计来看，主要存在以下问题：机组运行时噪声较大（98dB）；机组叶片角度需要调整；叶片调整机构上操作油管需重新改造等问题。为保证机组安全运行，对泗阳站3号机组进行大修，此次大修属周期性大修。

（二）建筑物管理

（1）组织人员对管理范围内建筑物各部位、设施和管理范围内的河道、堤防等进行周期检查并记录，在建筑物遭受暴雨、台风、地震和洪水时及时进行检查和观测，记录观测损失情况，发现缺陷及时组织修复；需要经专项经费解决的问题，编报工程维修方案计划。

（2）按照2017年初制定的“工程观测计划”，组织专人进行了垂直位移、水平位移、测压管水位、引河河床变形、混凝土建筑物伸缩缝等观测工作，每月上报水情统计，并对观测资料进行及时整理和分析，做好资料整编工作。

（三）安全管理

各种设备安全操作规程齐全，主要设备的操作规程上墙公示。在管理范围内的主要部位悬挂安全警示和警告标志标识牌，消防器材配备齐全、完好，防雷、接地设施可靠、完好。汛前及时修订完善防汛预案，及时将防汛预案上报宿迁分公司，组建防汛组织机构、完善相关制度，成立机动抢险队，对防汛人员进行培训；配备必要的抢险工具、器材。加强夏季防雷、防溺水、冬季防火、防冰凌、节假日防盗、防范治安事件发生，保证单位和谐稳定。

三、运行调度

泗阳站执行南水北调 2016～2017 调水年度第二阶段调水任务，4 月 6 日～5 月 2 日共运行 24 天，机组运行 1665 台时，抽水 1.701 5亿 m^3。6 月 19 日～7 月 9 日共运行 20 天，机组运行 1440 台时，抽水 1.020 9 亿 m^3。

经过执行调水任务，发现自动化系统存在如下若干问题：主机振动检测单元故障；公用 PLC 从站 CPU 模块显示屏出现乱码；安全监测单元中水位计测缝故障；温度巡检仪温度数值漂移；主机温度 RRTD 模块部分测点损坏；测流单元存在若干故障；报表单元运行时有异常，运行中偶有出错；硬盘录像机偶有不间断重启现象。

四、工程效益

泗阳站 2016～2017 调水年度抽水运行 98 天，抽水 8.9 亿 m^3，抽水运行 8246 台时。其中执行南水北调任务抽水运行 44 天，抽水 2.91 亿 m^3，抽水运行 3105 台时；发电运行 66 天，泄水 71 447.31 万 m^3，发电运行 6620 台时，上网电量 335.752 万 kW · h。

五、环境保护与水土保持

推进泗阳站总体环境规划建设，保证全所范围内的工程环境干净整洁。同时，完善水资源水环境建设，加大管理区的环境整治力度，增加植被面积，保持水体水质健康。在江苏省级水利风景区建设这一平台上，响应国家“五位一体”的总体布局，做好环境保护与水土保持规划工作，响应“落实绿色发展理念，全面推行河长制”的“世界水日”和“中国水周”活动的宣传主题，将治水与治理环境有机结合，从涵养水源、改善生态环境入手，统筹上下游、左右岸、地表地下、工程区域内外、工程措施非工程措施等方面，协调解决水资源、水环境、水生态等问题，建设稳定、健康、魅力的水利生态环境。

项目部开展了“世界水日”“中国水周”宣传工作；加强巡视，确保了管理范围内未出现新的违章建筑；争取工程管理区域部分土地早日确权划界，努力维护单位的合法权益。

刘老涧二站工程

一、工程概况

刘老涧二站位于江苏省宿迁市东南约 18km 的大运河输水线上，与刘老涧一站以及睢宁一站、二站等工程共同组成南水北调东线第一期工程的第五个梯级，通过联合调度运行，共同实现刘老涧枢纽的防洪、排涝、调水、航运等综合效益。刘老涧二站工程主要包括泵站、节制闸、站内交通桥、输变电设施、清污设施及管理设施等。

刘老涧二站工程采用闸站结合的布置型式，设计调水流量 $80m^3/s$，设计扬程 3.7m，安装4 台套（其中 1 台备机）立式全调节轴流泵，配套电动机功率 2000kW，总装机流量 $117.5m^3/s$，总装机容量 8000kW。站身采用堤身式块基型结构，肘形进水流道，整体虹吸式出水流道，真空破坏阀断流。节制闸为钢筋混凝土胸墙式结构，工程规模同刘老涧老闸，共三孔，单孔净宽10.0m，设计排涝流量500 m^3/s。

泵站工程于2011年9月主机组试运行成功。按江苏水源公司宿迁分公司的调度，2017年项目部分别于4月、5月、6月和7月进行向山东供水运行任务。2017年，刘老涧二站抽水累计运行2263.5台时，抽水约2.263亿m^3，发电累计运行2935台时，发电约89.29万kW·h，安全生产无事故。

二、工程管理

项目部严格按照委托管理文件、管理合同的要求和受托管理的承诺，遵循“安全第一、求真务实，争创一流”的管理理念和江苏南水北调现代化管理要求，开展各项管理工作。

（1）队伍建设。根据合同要求，项目部共有管理人员28名（非运行期13名），现场项目部设项目经理、副经理、技术负责人各1人，下设工程部、综合部、财务部，配备了具有丰富泵站管理经验的工程技术人员和技术工人，进行现场管理工作。

（2）制度建设。根据公司统一部署修订了《刘老涧二站防汛预案》《刘老涧二站反事故预案》《刘老涧二站综合应急预案》，补充制作了《防汛仓库物资储备管理制度》等制度并悬挂上墙。

（3）业务培训。邀请骆运管理处党委书记为大家讲授专题党课深入学习十九大会议精神。召开安全专题会议，强调了安全的重要意义。开展了第二十五届“世界水日”第三十届“中国水周”宣传活动，广泛宣传水法和节水知识，使水资源管理的观念深入人心。组织了“关爱留守儿童”等志愿活动。参加宿迁分公司及管理处组织的安全生产知识网络竞赛。参加江苏水源公司开展的安全知识培训活动和安全救助活动以及“安全为了谁”有奖征文比赛，并荣获一等奖。参加安全生产主题小品相声大赛。参加江苏水源公司组织的2017年度防汛知识培训暨抢险联合演练活动。

（4）汛期值班巡查。在阴雨天等恶劣天气增加巡查次数，严密监视上下游水位，值班人员24小时保持通信畅通，保证能够随时接到上级的调度指令，随时发现问题随时上报。

（5）工程检查、信息报送。项目部按照工程管理的要求定期对工程设施、设备检查。按时上报防汛、安全检查报告；及时编报工程月报、安全月报；按时报送安全生产基础信息；配合分公司人员上报需要的各类报表。同时向宿迁分公司网报送有关信息。

（6）档案管理。创建三星级档案室，并设置了专门的工程管理档案室，配备有工程档案管理人员，及时按照工程档案管理的要求，对资料整理归档、装订、编号等。管理员定期对档案进行检查，防止档案遗失，做好档案借阅登记工作。

三、运行调度

刘老涧二站的控制运用由南水北调东线江苏水源有限责任公司宿迁分公司运行管理部直接调度。自动化系统由东禾自动化工程有限公司定期巡检，在机组运行期间，自动化系统工作正常。

四、工程效益

刘老涧二站泵站工程于2011年9月主机组试运行成功，至2017年底，已累计运行11 679.5台时，抽水11.02亿m^3，有效地缓解了山东地区及宿迁地区旱情，充分发挥了工程抗旱供水效益。

五、验收工作

2017年6月12日，宿迁分公司委托南京审计公司对刘老涧二站2016年岁修工程进行审计，经审计合格。11月29号，宿迁分公司对刘老涧二站2017年上报下游清污机维修改造和柴油发电机移位两个维修项目进行验收，经验收合格。

睢宁二站工程

一、工程概况

睢宁二站工程是南水北调东线工程的第五级泵站，位于江苏省徐州市睢宁县沙集镇境内的徐洪河输水线上。睢宁站的设计流量 $110m^3/s$，鉴于睢宁一站（沙集站）现状规模为设计流量 $50m^3/s$，新建睢宁二站设计流量 $60m^3/s$，考虑睢宁一站、二站共用备用流量 $20m^3/s$，因此,睢宁二站装机流量采用 $80m^3/s$。睢宁二站工程主要由上、下游引河、清污机桥、进水池、主泵房、控制室、检修间、出水池、进场交通桥、临时施工桥和管理区等部分组成。

泵站安装立式混流泵 4 台套，单机流量 $20.0m^3/s$，配同步电机，总装机容量 12 000kW。叶轮中心高程 9.8m。采用堤身式块基型结构，进水采用肘型流道，出水采用虹吸管出水，真空破坏阀断流，采用液压调节机构调节流量。泵站下游距站中心 165m 处布置 6 孔清污机桥，单孔净宽 4.20m，上游设有拦污栅。站上设计水位 21.6m，站下 13.3m，设计净扬程 8.3m。

二、工程管理

项目部自成立以来一直严格按照委托合同要求开展工作，足员配备相应的泵站管理、技术、运行、保洁、保安人员。

（1）汛前维修保养。所有设备都已建档、记录设备台账、划分了责任人；安排人员抽取了机组上、下油缸的透平油样，并送徐州检测；充放电蓄电池；调试计算机监控系统，修复历史数据库报表；维修主厂房行车行程开关；油漆保养主变压器；运行前打捞和外运处理进水前池垃圾；对 3 号和 4 号机组小轴渗油进行拆解处理，更换密封垫；安全检测安全用具；更换下游锈蚀的视频控制箱，更换为不锈钢控制箱；对表面锈蚀的主变压器控制箱和主变压器进行喷漆处理；由于主变压器室电缆桥架盖板上部的厂房顶存在渗漏点，主变压器室电缆桥架盖板内有锈蚀的水淌出，对厂房顶部进行了防渗处理，对电缆桥架盖板进行了油漆保养；更换下游清污机处 3 只视频摄像头；对机组真空破坏阀漏气进行处理；对 GIS 室下方楼梯处地面塌陷进行浇筑处理；对南侧屋檐破损进行修补处理。更换维修水泵层除湿机压缩机；邀请专业防雷接地检测公司对泵站及设备进行防雷接地检测；邀请专业公司对主厂房的行车按照相关规定进行检测；邀请专业公司对厂房内的消防设施及设备进行检测；更换厂房内损坏的日光灯，更换为寿命更长的 LED 灯泡；购置更换下游水位计，并邀请南瑞公司厂家技术人员进行数据设置及维护；对厂房西侧 110kV 铁塔处电缆井进行重新修砌；在下游主厂房挡墙处落水点增设落水管，在副厂房排水管处增设地面水平排水管；对中控室控制台内凌乱的电线进行系统整理；对副厂房电子数显真空表进行归零设置；配合江苏水源公司进行倒转发电试运转；进行每季度机组抽水试运行；和江苏省抗排队签订防汛物资调配使用协议；对 110kV 和 10kV 高压线路巡视人员及公司进行巡视监管监督；每季度进行设施的观测工作；配合宿迁分公司对专项工程进行施工及管理，参与主厂房右岸二级护坡排水沟增设的招投标及施工质量监督管理；由于主机滑环室电缆线路在机组安装时的接法存在安全隐患，对电缆进行改接整改。联系真空破坏阀厂家技术人员对 2 号真空破坏阀手柄进行维修及保养；对进水前池处的垃圾以及下游拦河浮筒处垃圾及大树根、树枝等进行打捞和外运处理；在电缆层向电缆盖板处的踏步进行不锈钢栏杆增设等工作。

（2）日常保养。每天上班都会要求设备责任人对自己分管的设备进行检查保养，确保了设备无灰尘、无渗油、无锈蚀现象；对机电设备开展经常性与定期检查，及时更换维修易损件。

对水工建筑物定期开展检查养护。能够按年度观测任务书进行建筑物的垂直位移观测、河床断面观测，及时整理和存档各扬压力点监测数据，并对观测资料进行及时整理和分析，做好资料整编工作。2017 年 2 月 19 日，进行了建筑物水下检查，未发现异常情况。泵站工程水工建筑物完好，但主厂房等处仍存在部分工程建设期间遗留问题，如主厂房水泵层上部空箱层渗水现象，下游局部黏土护坡存在雨淋沟现象，需整修。

（3）开机运行准备。项目部保证在运行期能够严格遵守各项规章制度和安全操作规程，运行期间能做好各项运行记录，运行过程中能及时准确排除设备故障，能够通过调整设备运行参数在满足调度指令的情况下优化运行工况，使工程高效运行。运行中能够按照调度指令，及时调整叶片角度，及时启动清污机打捞水草、杂物，保障机组高效运行。在运行中加强对微机自动化和视频监视系统的检查维护，确保工程运行安全可靠。项目部高度重视安全生产管理，按照江苏水源公司统一部署，开展了元旦、春节安全生产大检查、定期安全生产自查等工作，安全生产规章制度健全，安全生产网络健全，分工明确，责任制得到落实。安全操作规程齐全并已上墙公示。能够定期召开安全会议，经常开展安全生产活动，做到定期对职工进行安全教育活动。项目部进行了消防、防汛等演练，并在主厂房内增加了安全宣传标示牌，时刻提醒注意安全。项目部与地方派出所签订了合同，实行站区 24 小时保卫，同时厂房内保证了每天都有项目经理带班值班。站区内、厂房内做到了主要部位进行了安全警示和警告标语悬挂放置。消防器具、自动报警装置完好，做到了定期检查检验。项目部制定了切实可行的防汛预案，防汛组织健全，配备了足量抢险设备设施。加强了食堂安全管理，未发生过职工食物中毒事件。

（4）应急演练。2017 年，在原有的规程、规章基础上完善了防汛预案、反事故预案、冬季运行应急预案等。根据实际情况组织全体人员进行防洪度汛应急预案培训和演练。参与江苏水源公司在南京六合举行的防洪抢险演练，参加江苏省骆运管理处组织的防汛抢险演练，提高了应急处置抢险能力，锻炼了防汛抢险能力，积累了防汛实战经验。

（5）开展安全生产活动，2017 年 6 月，参加宿迁分公司开展的安全生产月活动，组织职工参加 2017 年全国水利安全生产知识网络竞赛。做到定期对职工进行安全教育活动，目前安全生产形势平稳。

三、运行调度

2016 年 10 月 31 日，睢宁二站接调令开机运行，2017 年 5 月 19 日，全部机组停止运行，2017 年 11 月 30 日，再次开机运行到 12 月 31 日，其中 1 号机组运行 2486 台时，2 号机组运行 2487 台时，3 号机组运行 2488 台时，4 号机组运行 2489 台时，自动化系统运行正常。

四、工程效益

2017 年，睢宁二站完成南水北调调水任务，累计运行 11 476 台时，调水 7.991 9 亿 m^3，保证了南水北调水质、水量要求，充分发挥了工程调水、抗旱、保生态等社会效益。

皂 河 二 站 工 程

一、工程概况

皂河二站工程是南水北调东线第一期工程的第六梯级泵站之一，位于江苏省宿迁市皂河镇北 6km 处，上游为骆马湖，下游为邳洪河，在皂河一站北侧，与皂河一站并列布置，作为皂河一站的备机泵站，设计抽水流量 $75m^3/s$。设计扬程 4.7m，安装立式轴流泵配同步电机 3 台套。水泵叶轮直径 2.7m，叶轮中心高程 15.0m。单台流量 $25m^3/s$，配套电动机功率 2000kW，总装机容量 6000kW。工程建成后，主要任务是与皂河一站联合运行向骆马湖输水 $175m^3/s$，与运西线共同实现向骆马湖调水 $275m^3/s$ 的目标，并结合邳洪河和黄墩湖地区排涝，为骆马湖以上中运河补水，改善航运条件。

工程包括专用变电所（主供 110kV，备用 35kV），皂河二站、站下清污机桥、公路桥（桥面净宽 7.0m，荷载标准为公路—Ⅱ级），以及配套建筑物邳洪河北闸（设计排涝流量 $345m^3/s$）。

2017 年皂河二站机组全年累计运行 6739 台时，其中调水运行 1665 台时，抽水 14 414 万 m^3，圆满完成了江苏水源公司下达的调水任务；发电运行 5074 台时，上网约 200 万 kW·h，充分发挥了工程效益；邳洪河北闸累计开关闸 32 次，开闸运行 310 天，全年安全生产无事故。

二、工程管理

（1）组织管理。项目部严格按照受托文件和合同要求，足额配备管理人员，并严格执行考核管理办法，加强人员考勤，做到人员相对稳定，岗位职责明确，责任落实到位。

（2）制度建设。项目部各项规章制度、管理办法完备，并根据工程实际情况不断加以补充、修订、完善。编制《皂河二站运行期应急预案》《皂河二站调度应急预案》《皂河二站重大活动及节假日期间应急预案》《危险品管理制度》，修订《皂河二站防汛预案》，完善《防汛信息报送制度》《防汛检查制度》等。通过规章制度的逐渐健全，使得各项管理工作有章可循。

（3）职教培训。制订培训计划、奖励制度，促使职工“愿学、肯学”；加大职教投入，开展“师徒结对”的学习模式，使职工“能学、会学”，开展了管理规程、巡视规程、操作规程、消防知识等培训。

（4）档案管理。日常档案管理做到责任到人，加强工程资料常态化管理，实行“日日清，周周检”；开展档案室达标创建工作，不断改进档案管理的设备、设施，2017 年 8 月，皂河二站档案室顺利通过“江苏省三星级”档案室达标现场验收。

（5）信息宣传。培养宣传队伍，成立信息宣传小组，设有信息宣传员，加强对工程管理的宣传工作，2017 年在宿迁分公司、江苏水源公司网站发表报道 30 篇。

（6）日常维护。对主机泵、高低压开关柜、PLC 柜、直流屏、励磁屏、供排水系统、照明系统等设备进行维护保养；开展防雷检测、消防设备检测、安全用具检测、特种设备检测、蓄电池组校核实验、电气预防性试验、机组水下检查、建筑物水下检查等；处理了运行中出现的问题：2 号主机下油缸渗油、主机叶调机构冷却水量减少、1 号主泵填料函渗水严重、3 号主机风机异响、1 号主变压器储油柜油量不足、1 号真空泵运行异响、3 号主机现场柜测速仪数据跳变等问题；每月进行一次柴油发电机组试运行，每月测试一次主机定转子绝缘，非运行月份开展一次辅机带电调试工作。

（7）岁修项目实施。2017 年，江苏水源公司共计批复项目部“上下游栏杆更换”和“视频系统改造”2 项岁修工程，“上游防护墙维修”“上游拦河浮筒钢丝绳更换”2 项防汛急办项目，均已完成并通过宿迁分公司验收；“自动化系统维修”应急维修项目 1 项，“维修完善项目”1 项均已按时完工。在项目批复后，项目部严格执行采购制度，确定施工单位。在项目实施过程中，项目部加强安全、质量及施工进度管理，保障了岁修项目按时保质保量的完成。

（8）建筑物养护。项目部执行宿迁分公

司下达的“工程观测任务书”，组织专人开展垂直位移、水平位移、测压管水位、引河河床变形、混凝土建筑物伸缩缝等观测工作，并对观测资料进行及时整理、分析、归档。定期对建筑物进行维护保养，开展经常性检查，在极端天气状况下增加特别检查。

（9）安全管理。2017 年，项目部开展了防汛、反事故预案的学习及演练，消防演练等工作，提高职工的应急处置能力；在安全生产月，制定安全月活动计划并开展相关活动；加强安全文化建设，在站区内和主要场所悬挂张贴安全警告、警示标语；开展警示教育，组织观看了《坚守安全红线》《安全生产行动纲领》等安全主题宣教片，强化安全生产思想；参加“2017 年全国水利安全生产知识网络竞赛”和宿迁分公司“安全为了谁”主题征文活动，其中网络竞赛全员参与；节假日前开展安全生产大检查，此外，为迎接“十九大”召开，还对站内消防设施、危险源、设施设备开展了特别检查。通过各项措施的有效实施，保障工程安全管理工作正常有序开展，为工程安全运行保驾护航。

三、运行调度

2017 年度运行工作中，项目部严格执行调度指令，按时做好开停机工作，并及时打捞水草，确保工程安全稳定运行；同时合理配备人员，值班制度执行有力；运行值班人员能做到按时巡视，认真记录，并及时上报处理巡视中发现的问题；各项报表报送及时准确。

泵站于 2017 年 4 月 6 日 ~5 月 2 日，参与 2016 ~2017 调水年度调水任务，累计运行 25 天、1665 台时，抽水 14 414 万 m^3。2017 年 1 月 16 ~26 日，7 月 16 日 ~10 月 19 日，累计发电 78 天，运行 5074 台时，上网约 200 万 kW · h。

邳洪河北闸运行管理中，能及时准确执行调度指令，遵守操作规程进行闸门启闭，保障工程安全度汛工作。2017 年，累计开关闸 32 次，开闸运行 310 天。

四、工程效益

2017 年在南水北调东线江苏水源有限责任公司和江苏省骆运水利工程管理处的正确领导下，做到了安全运行无事故。2017 年二站机组全年累计运行 6739 台时，其中调水运行 1665 台时，抽水 14 414 万 m^3，完成调水任务；发电运行 5074 台时，上网约 200 万 kW · h 电，充分发挥了工程效益。

五、验收工作

2017 年 8 月，皂河二站顺利通过三星级档案室验收；完成了工程合同项目验收，下一步将组织工程完工验收。

邳州站工程

一、工程概况

邳州站工程是南水北调东线第一期工程第六梯级泵站，位于江苏省邳州市八路镇刘集村徐洪河与房亭河交汇处东南角，其作用是通过徐洪河抽引睢宁站来水，沿房亭河送入骆马湖或沿中运河北送，同时通过刘集地涵调度，利用邳州站抽排房北地区涝水。

邳州站工程批复概算总投资 31 644 万元，主要建设内容有泵站 1 座，设计流量 100m^3/s；刘集南闸 1 座，设计流量 400m^3/s；公路桥 1 座；清污机桥 1 座；管理区附属建筑物。该站采用竖井贯流泵，装机 4 台套，其中 1 台备机，单机流量 33.4m^3/s。水泵配套 4 台 1950kW 同步电机，总装机容量为 7800kW，主变压器容量 10 000kVA，采用 110kV 专线供电，站变压器容量 630kVA，采用 10kV 专线供电。

二、工程管理

邳州站运行管理项目部依托《南水北调

泵站工程管理规范》，对设备、建筑物、运行、安全、环境等多方面进行管理，2016 年 10 月向骆马湖补水，2017 年 3 月向山东供水，2017～2018 调水年度向山东供水，运行过程中邳州站保质保量完成各项运行任务。

三、运行调度

2017 年 3 月 21 日～5 月 19 日，邳州站执行 2016～2017 调水年度第二阶段向山东调水运行任务，累计运行台时 4253h，累计抽水总量 4.2 亿 m^3。

2017 年 11 月 30 日邳州站执行 2017～2018 调水年度向山东调水运行任务，截至 2017 年 12 月 31 日 24 时，累计运行台时 2099h，抽水量 2.6 亿 m^3。2017 年全年邳州站累计运行台时 6352h，累计抽水总量 6.8 亿 m^3。

在运行期间，邳州站金属结构以及机电设备运行状况总体良好，但也存在以下问题：由于下游水草大量汇集导致清污机链条拉断，项目部立即组织检修人员进行抢修清污机确保机组运行安全；发现 1 号机组齿轮箱渗油严重，在停机后由江苏水源公司泵站技术公司进行维修。自动化系统总体运行良好，但有时会发生死机、宕机的现象。对自动化系统的工控机、触摸屏、时钟同步进行更换。

四、工程效益

自 2013 年 2 月试运行以来，邳州站共执行过 6 次运行任务，截至 2017 年底，历次调水累计运行台时 12886h，抽水量 14 亿 m^3，充分发挥了工程效益和社会效益。

五、验收工作

邳州站工程建设处于 2013 年 2 月 22～23 日组织了邳州站试运行，并进行了试运行验收。3 月邳州站通过了工程安全鉴定。

邳州站工程建设处于 2017 年 12 月 20～24 日组织进行邳州站设计单元工程验收并通过验收。

洪泽湖抬高蓄水位影响处理工程安徽省境内工程

一、工程概况

洪泽湖抬高蓄水位影响处理安徽省境内工程，涉及蚌埠市五河县、滁州市的凤阳县和明光市、宿州市的泗县共 3 市 4 县。建设内容主要包括新建、拆除重建及技改 52 座排涝（灌）站，总装机容量 29 963kW，疏浚开挖张家沟等 16 条河道大沟，安徽省南水北调东线一期洪泽湖抬高蓄水位影响处理工程建设管理办公室为项目法人，安徽省水利水电基本建设管理局、蚌埠市治淮重点工程建设管理局、滁州市治淮重点工程建设管理局、宿州市南水北调工程建设管理处等四家建设管理单位具体实施五河泵站及各市境内的泵站及河沟疏浚工程。

二、工程管理

安徽省南水北调工程已建工程总体质量合格，未出现质量事故和重大质量隐患。全年工程建设安全生产总体平稳，未发生安全生产事故，实现了安全度汛。

安徽省南水北调洪泽湖抬高蓄水位影响处理工程涉及 52 座排涝泵站及 16 条排涝河沟。重建和改造的泵站多为 20 世纪 70 年代中期以前和 1985 年前后兴建，规模较大的泵站一般由县级以上水行政主管部门管理，配备有固定的管理人员；其他小型泵站一般由乡、镇、村自行管理，管理人员不固定；城市排涝站由城建部门建设，并由市政管理单位负责管理。

三、工程验收

工程批复的建设任务已于 2016 年底全部完成，2017 年处于全面验收阶段。安徽省南水北调项目办于 2017 年 3 月被中华全国总工会授予全国工人先锋号先进集体荣誉。

安徽省南水北调工程五河站、蚌埠市境内、宿州市境内、滁州市境内批复建设合同工程验收已全部完成。各专项验收已在2016年底前完成。2017年9月，工程完工财务决算通过国务院南水北调工程建设委员会办公室核准。同月，安徽省南水北调项目办主持召开了安徽省南水北调设计单元工程完工验收项目法人验收会，经自查，完工验收前应提交和备查的资料已准备就绪，安徽省南水北调工程已具备完工验收条件。

（章　佳）

骆马湖—南四湖段工程

概　述

骆马湖—南四湖段采用不牢河和韩庄运河双线输水，通过不牢河和顺梯河输水，实现从骆马湖（中运河）抽引125m³/s供不牢河沿线用水并调水入南四湖下级湖75m³/s的规划目标。台儿庄站与刘山站组成东线一期工程第七梯级泵站，万年闸站与解台站组成第八梯级泵站，韩庄站与蔺家坝站组成第九梯级泵站。

骆马湖—南四湖江苏境内新建工程主要包括刘山站、解台站、蔺家坝站3座泵站工程。设计抽骆马湖能力125m³/s，设计入南四湖能力75m³/s。

骆马湖—南四湖山东境内新建工程主要是韩庄运河段工程，包括台儿庄、万年闸、韩庄3座泵站，设计流量均为125m³/s。同时包括魏家沟橡胶坝、三支沟橡胶坝、峄城大沙河大泛口节制闸、潘庄引河闸工程等水资源控制工程。

2017调水年度，该区段工程参与了供水、排涝、生态补水等任务，工程效益显著。

（罗　敏）

刘山站工程

一、工程概况

刘山站是南水北调东线第一期工程的第七梯级泵站，位于江苏省邳州市宿羊山镇境内。刘山站设计流量125m³/s。主体工程包括泵站（机组5台套，含备机1台）、节制闸（5孔，设计流量828m³/s）、相关变配电设施和管理设施等工程。工程于2005年3月开工建设，2008年10月基本建成，与解台站、蔺家坝站联合运行，其主要任务是扩大江苏境内骆马湖至南四湖的输水规模，共同实现出骆马湖125m³/s，向南四湖供水75m³/s的调水目标。

泵站工程采用堤身式块基型结构，站身共分设二块底板（3台一联、2台一联），设计流量125m³/s，采用肘形进水流道，平直管出水流道，快速门加小拍门断流。站上设工作门、事故门各5台套，均采用液压启闭机启闭；站下游布置拦污栅桥和拦污栅，配回转式清污机10台套，皮带输送机输送污物。泵站安装立式轴流泵5台，叶轮直径2.9m，单机流量31.5m³/s。配套同步电动机5台套，总装机容量14 000kW。

节制闸工程采用带胸墙的开敞式结构，单孔净宽10m，共5孔，总净宽50m，设计流量828m³/s，校核流量1370m³/s，设平面钢闸门，配绳鼓式250kN启闭机控制。

南水北调刘山站按照标书、合同及相关行业规范，完成了2017年合同约定工程管理任务和岁修工程任务，完成了向徐州市补水任务，抽水1044台时，调水1.2亿m³；汛期开闸调整100次，泄洪排涝2.67亿m³，工程设备均安全运行。

二、工程管理

南水北调刘山工程采用委托管理模式，2017 年，江苏水源公司委托徐州市水利局解台站管理所管理南水北调东线一期刘山站工程。刘山项目部除接受江苏水源公司的检查、指导、考核和调度外，徐州市水利局也将刘山站纳入正常的管理范围，正常开展汛前、汛后检查，加强业务指导，开展职工教育培训，组织年度目标管理考核。

刘山站工程管理范围主要包括刘山泵站、刘山节制闸及相应工程用地范围及相关配套设施，管理内容主要有工程建（构）筑物、设备及附属设施的管理，工程用地范围土地、水域及环境等水政管理，工程运行管理及工程档案管理等。

（1）设备维修养护。2017 年，进行了刘山站上游快速门工作桥围栏更换、电机防水圈材质更换、厂房裂缝维修、消防系统改造；委托泵站技术服务公司做了 2017 年度电气预防性试验；对节制闸启闭机轴瓦拆除清洗、抱闸间隙调整等维护保养；维修了污水系统；更换了综合楼和厂房顶投光灯电缆；油漆出新了 5 号机组，并对其他机组轻微锈蚀部分进行了除锈、油漆出新；保养了柴油发电机，更换了柴油发电机损坏的电流表；对清污机和皮带输送机进行除锈、油漆出新；更换 GIS 室损坏的氯氟化硫传感器，并增设了人体红外线语音报警功能；高开室智能工具柜通电；维修了液压闸门油缸渗漏油缺陷；对自动化系统进行了维护；更新了低压开关柜出线 5 标识牌，更换了出线 6 柜损坏电流表；保养了节制闸钢丝绳；购置了主变压器备用气体继电器一台；所有机电设备定期除尘、端子紧固、补贴示温纸；对行车进行保养、除尘，维修了行车减速器渗油缺陷；进行了防雷接地检测；更换了损坏的技术供水泵机械密封；清理了液压闸门恒力装置钢丝绳上的杨絮；对电机定转子、主变压器、站用变压器进行开机前绝缘电阻测试，对主机组进行空气间隙检查、顶车等操作；对备用技术供水进行了试运转；对主变压器室放油阀渗油进行了处理并加装了球形阀；对主变压器室损坏的风机进行了维修；更换了 GIS 室风机控制箱损坏的保险；对主变压器室被损坏的窗户及框架进行更换；更换 3 号节制闸控制柜按钮；对 3 号受油器漏油故障进行维修；进行了 2 号机组大修，完成泵轴返厂修复、水导轴承更换、水泵叶片叶角差调整、水泵组装、受油器改造等工作，并进行了机组大修后试运行；更换了部分失效的干燥剂；对节制闸启闭机进行常规保养；补充了部分防汛物资及易坏易损件；更换 1 号排水泵机械密封及底阀；UPS 电源主机更换；4 号液压油缸行程开关钢丝绳维修；液压油缸出新；液压油缸线管更换，使刘山站设备始终处于良好工作状态。

（2）水工建筑物检查养护。按照观测任务书及时对建筑物伸缩缝进行观测，对测压管进行观测；对测压管高程进行考证，对测压管进行注水试验，对建筑物进行垂直位移观测和河床断面观测，并对观测资料进行整理和分析，做好资料的整编工作。2017 年，项目部铺设了水泵层进人口地面瓷砖；对节制闸下游北翼墙地面起鼓进行了维修；对部分护坡进行了维修；开展了水下检查；泵站工程和节制闸工程水工建筑物完好。

（3）安全生产。每天进行安全巡视，每周进行安全检查；汛前、汛后开展了定期检查，节假日和重要活动前开展安全大检查等工作；安全生产规章制度健全，安全生产网络健全，分工明确，责任制层层落实；经常开展安全生产活动，定期对职工进行安全教育。

三、运行调度

项目部在运行期间遵守各项规章制度和安全操作规程，做好各项运行记录，及时准确排除设备故障，通过调整设备运行参数优化运行工况，使工程高效运行。按照调度指令，及时调整叶片角度，开启清污机打捞水草、杂物，保证了机组高效运行。在运行中加强对自动化和视频监控系统的检查维护，确保了工程运行安全可靠。

工程度汛期间，项目部严格执行24小时值班制度、领导带班制度，认真做好防汛值班，保持通信正常、保证防汛调度指令畅通。项目部接江苏水源公司和徐州市防办调度指令后，半小时以内要按照防汛值班制度和闸门运行操作规程及时启闭闸门，并每小时观测上下游水位。按徐州市防办要求控制好闸上游水位，遇超标准洪涝灾害情况，项目部按照徐州市防办要求调度工程运行，确保工程安全度汛。

2017年6月13日，开机向徐州地区补水运行，7月7日停机，完成了各项调水任务，开机运行1044台时，翻水1.2亿m^3。2017年汛期，刘山节制闸开闸调整100次，泄洪2.67亿m^3。发挥了排泄徐州市北部、市区及南四湖湖西片涝水和利用骆马湖蓄水补充灌溉、航运用水的工程效益。

四、环境保护和水土保持

项目部在2017年向徐州地区运行补水期间加强了水质监测；对上下游护坡进行了清理、修补；上下游的杂草杂树进行了砍伐、清理；对站区内部分绿化树木进行了调整，补植花草树木约500棵；加强管理区闲置用地的管理。

（翟中雷　孙　粟）

解台站工程

一、工程概况

解台站是南水北调东线工程的第八级抽水泵站。工程位于徐州市贾汪区境内。解台站设计流量125m^3/s。主体工程包括泵站（机组5台套，含备机1台）、节制闸（设计流量500m^3/s）、拆除解台老闸建公路桥等工程，闸站合建布置形式。导流工程包括导流河、导流闸（设计流量250m^3/s）和灌溉闸拆除建公路桥工程。

二、运行管理

管理机构。2017年10月23日，解台站泵站工程管理项目部与解台泵站管理所完成交接。

管理范围。主要为解台泵站、解台节制闸、相应水利工程用地（院内）、相关的变配电设施及其他配套管理设施。

三、运行调度

抽水站主机的开停由南水北调东线江苏水源有限责任公司运行管理部直接调度。节制闸开关闸经过江苏水源公司批准，由徐州市防汛防旱指挥部将指令下到徐州市解台闸管理处，再由其下发给解台泵站管理所。值班人员在收到开关闸指令后，填写操作票，按照开关闸操作程序进行操作。按照要求，汛期节制闸上下游水位、开关闸时间、泄水流量等实行日报制度，报江苏水源公司运行管理部。

2017年，工程安全运行无事故。2017年解台站相对于往年运行时间较长。2017年自6月13日晚22:36开机抽水运行，至7月24日上午1:55停机，解台站连续运行25天，共开机运行902.8台时，抽水10 238万m^3。节制闸自7月15日中午12:00开闸排涝，10月20日下午13:20关闸，前后共泄洪13 783.47万m^3。泵站工程2008年8月通过试运行验收，完成了试通水、试运行、通水运行、生态补水等运行任务，累计运行9182台时，抽水10.42亿m^3。节制闸工程，累计开关闸414次，泄水14.8亿m^3。

四、环境保护及水土保持

解台站现有管理区范围18.9 hm^2，除水面外，绿化面积 14.5 hm^2，已栽种各类树木 6000 余棵，绿篱色块地被植物 2100 余平方米，各类草皮面积达 54 000m^2。2017 年批复绿化提升项目 17 万元，为了保证绿化成果，管理所领导督促绿化管理人员，按照绿化管养要求，进行站区内绿化改造等工作。

蔺家坝站工程

一、工程概况

南水北调东线第一期工程蔺家坝泵站工程为南水北调东线工程的第九级泵站，位于江苏省徐州市铜山县境内。主要任务是抽调前一级解台泵站来水向南四湖下级湖送水，满足南水北调工程调水要求，同时可以结合郑集河以北、下级湖沿湖西大堤以外的洼地排涝。

蔺家坝站设计流量 75m^3/s，安装灯泡式贯流泵 4 台套（其中 1 台套备用），单机流量 25m^3/s，转速为 120r/min，设计扬程 2.4m，平均扬程 2.08m，最高扬程 3.1m；配套同步电动机，电机容量 1250kW，转速为 750r/min，总装机容量为 5000kW；电动机与水泵间采用行星齿轮箱传动方式，转动比为 1∶6.25。

2017 年全年未接到调水指令，每月按照要求进行机组试运行。

二、工程效益

2012 年 12 月机组试运行后验收后，蔺家坝泵站先后 4 次开机运行，分别是 2013 年 5 月南水北调江苏段试通水、2013 年 10～11 月南水北调东线全线试通水运行、2014 年 8 月向南四湖生态调水、2016 年 5～6 月南四湖下级湖抗旱翻水，截至 2017 年底，累计开机 2900.07 台时，抽水 2.63 亿 m^3，见表 1。

表 1　　蔺家坝泵站机组历年抽水情况表（截至 2017 年底）

年份	运行台时（h）					备注
	1 号机组	2 号机组	3 号机组	4 号机组	小计	
2010	7	0	22	10	39	试运行
2011	5	0	0	0	5	试运行
2012	0	4	5.67	0	9.67	试运行
2013	1	124.9	665	76.8	867.7	试通水、东线全线试运行
2014	0	451.5	437.2	0	888.7	南四湖下级湖生态补水
2015	0	0	0	0	0	
2016	151	308	631	0	1090	微山湖补水
合计	164	888.4	1760.87	86.8	2900.07	
年份	累计抽水量（万 m^3）					
	1 号机组	2 号机组	3 号机组	4 号机组	小计	
2010	63	0	189	90	342	试运行
2011	45	0	0	0	45	试运行
2012	0	36	51.03	0	87.03	试运行
2013	9	1125.42	5623.55	632.05	7390.02	试通水、东线全线试运行
2014	0	4248.5	4252.62	0	8501.12	南四湖下级湖生态补水
2015	0	0	0	0	0	
2016	1376	2806	5812	0		微山湖补水
合计	1493	8215.92	15 928.2	722.05	26 359.17	

台儿庄泵站工程

一、工程概况

台儿庄泵站是南水北调东线一期工程的第七级泵站，也是进入山东省境内的第一级泵站，位于山东省枣庄市台儿庄区境内，由项目法人南水北调东线山东干线有限责任公司委托淮委治淮工程建设管理局（以下简称淮委建管局）负责工程招标、建设、验收全过程，山东干线公司负责迁占协调、资金拨付等工作。

台儿庄泵站工程一期设计调水流量 $125m^3/s$，设计水位站上 25.09m（1985 国家高程基准，下同），站下 20.56m，设计扬程 4.53m，平均扬程 3.73m，主泵房内安装立式轴流泵 5 台（其中 1 台备用），单泵设计流量 $31.25m^3/s$，叶轮直径 2950mm，配额定功率为 2400kW 的同步电动机 5 台，总装机容量 12 000kW。主要任务是抽引骆马湖来水通过韩庄运河向北输送，以满足南水北调东线工程向北调水的任务，实现梯级调水目标。此外，兼有台儿庄城区排涝和改善韩庄运河航运条件的作用。

台儿庄泵站工程于 2005 年 12 月 12 日开工建设，2009 年 11 月 24 日通过机组试运行验收，2010 年 7 月 27 日由淮委建管局移交山东干线公司进入运行管理阶段。

二、工程管理

（一）管理机构及范围

台儿庄泵站管理机构为南水北调东线山东干线枣庄管理局台儿庄泵站管理处（以下简称台儿庄管理处）。管理范围包括站区和管理区两部分。站区东起进水渠进口，西至出水渠出口，南至建筑物南侧外边线以南 10m，北至韩庄运河北堤顶。东西方向总长约 1800m，南北方向总宽 160m。管理区设在泵站东、韩庄运河北堤外侧的弃渣场处，距站区约 2.5km，与站区之间通过韩庄运河北堤连接。管理范围包括办公楼、仓库、油库、机修车间、职工宿舍、围墙等管理设施以及弃土区水土保持项目等。

（二）工程维护检修

2017 年，台儿庄管理处对维修养护项目进行了详细分解，合理安排时间节点，保质、保量地完成维修养护任务。主要完成了建筑物维修养护、站区及管理区给排水系统维修维护、站区及管理区门窗和玻璃维护、搭建主厂房联轴层南侧通液压站楼梯间隔断、落水管和落水斗维修更换、启闭机屋面防水处理等土建类日常维修养护项目，站区及管理区用电系统维修维护、技术供排水系统增设水流指示器、清污机和清污机闸钢丝绳更换、更换闸门开度荷重测控仪、管理区路灯更换、多功能电力仪表更换、供水泵机械密封更换、3 号和 5 号机组外壳防腐等金属结构、机械电气设施类日常维修养护项目。完成 3 号和 5 号机组叶调机构改造、消防设施维保、主厂房屋顶西侧天沟渗水处理工程等 5 项专项维修养护计划项目。通过岁修，提高了工程设施设备的完好率和泵站整体的安全运行率。

（三）工程设施管理

台儿庄管理处坚持每周对机电设备进行维护保养，同时，在不执行调水任务和不进行机组大修的情况下，按照每月一次和每季度一次进行模拟开机和开机维护。对运行期与非运行期的工程运行、设备维护等档案，根据具体情况，明确分工、责任到人，坚持“随形成、随归档”的原则。2017 年，共完成归档工程运行类档案 25 项，安全生产类档案 13 项。

（四）安全生产

2017 年初，台儿庄管理处编制了《2017 年安全生产工作计划》，根据计划，台儿庄管理处完成了安全生产相关的任务。对安全检查中提出的需要落实整改的问题进行了整改；

安全生产实行网格化管理，细化落实安全生产责任，进一步完善安全生产责任体系；每月进行安全检查，并根据计划和实际情况进行专项安全检查，对检查过程中发现的问题，及时记录、汇总、分析、处理；每月召开安全例会；按计划组织安全教育培训工作，进行《消防安全知识》《干线公司安全管理制度》《山东省安全生产条例》《防汛预案及度汛方案》《山东省生产经营单位安全生产主体责任规定》《现场处置专题培训》和《泵站运行管理细则》的培训；进行了防汛应急演练、溺水救援演练等；开展安全隐患排查治理和整改工作；抓好消防和交通安全管理工作；严格按照安全生产制度、规程做好通水运行、维修养护、防汛度汛、工程测量、机组大修等工作。2017年，台儿庄管理处安全生产零事故，圆满完成了年度安全生产任务目标。

根据安全标准化建设工作方案要求及东线总公司安全标准化推进会的会议精神，台儿庄管理处配合开展安全标准化的相关工作。结合运行管理标准化相关成果、安全管理标准化相关成果和实际情况，将目标任务层层分解，明确目标，落实责任，指定专人负责，确保了安全标准化相关工作按照时间节点有序推进。

三、环境保护及水土保持

2017年，台儿庄管理处贯彻落实水质巡查制度和环境保护工作。通过巡查，杜绝了工程管理范围内的污水排放、垃圾堆放现象。同时，台儿庄管理处与专业养护单位签订了水土保持专项整治施工合同，委托专业人员对站区、管理区栽植的苗木浇水、施肥、修剪及病虫害防治等养护管理，确保了苗木的成活率和良好率，在弃土区进行了白蜡、苦楝、五角枫等树木的栽植，对管理区办公楼前草皮进行了浇水、维护，确保了站区及管理区水土保持效果。

四、运行调度

根据东线总公司的调水计划安排，及山东省南水北调调度中心指令，台儿庄管理处于2016年12月16日19:58开启第一台机组，开始2016～2017调水年度调水工作，截至2017年5月18日16:00停掉最后一台机组，累计运行8226.47台时，累计调水量88 938万m^3，安全平稳地完成了2016～2017调水年度调水任务。

五、运行管理标准化建设试点工作

2017年，根据东线总公司工作要求，台儿庄管理处按照运行管理标准化现场建设工作方案完成以下工作：

（1）完成发放工作服装92套（4套/人）、安全帽38个、绝缘劳保鞋46双、胸牌23个。

（2）完成制度上墙，安装制度牌54块、安全标语字48个。

（3）完成1000余块设备标识标牌的梳理、设计、施工、安装及验收工作（消防标识牌230块，提示标识牌247块，宣传牌25块，科室门牌82块，设备标牌424块）。

（4）完成了主副厂房外墙面维修、主副厂房内墙面粉刷项目、副厂房门厅维修改造、站外引导牌、主建筑标志牌、主建筑北面墙宣传牌等的制作、安装、验收工作。

六、运行安全管理标准化工作

2016年，台儿庄泵站开展了运行安全管理标准化建设试点工作，明确了工作目标，编制完成了运行安全管理体系、防洪度汛管理体系、安防管理体系、应急管理体系、责任监督检查体系（以下简称“五大体系”）的组织、责任和制度树状图、安全生产岗位责任清单、设备设施运行缺陷清单、运行和水量调度安全问题清单、应急管理行为清单（以下简称“四项清单”）的标准格式。2016

年9月运行安全管理标准化试行实施。根据“五大体系”相关要求，结合台儿庄泵站工程实际，截至2017年5月底，完成梳理、参照、汇总、修订、整编制度5大类36条、标准18个、规程规范23个、办法4个、现场处置预案13个等。2017年6月，根据《关于继续深入开展南水北调东线工程运行安全管理标准化建设工作的通知》，台儿庄泵站编制完成新增“三大体系”（运行安全目标管理、运行安全问题治理、运行安全文化建设管理体系）编制完成运行安全管理标准化工作指导手册（初稿）。完善四项行为清单，八大体系领导组织机构，并明确了相关责任。按照《关于切实推进南水北调东线工程运行安全管理标准化建设工作的函》要求，2017年9月，编制完成台儿庄泵站层面八大体系前期工作8个方案（即年度、近期、长期运行安全责任管理目标方案、运行安全管理工作方案、度汛方案及防汛预案、安全保护工作方案、工程应急预案、运行安全问题治理方案、运行安全管理责任检查方案、安全文化管理方案）。2017年10月，完善了台儿庄泵站层面四项清单检查、考核和评价、问题改进措施的相关内容。

七、机组大修及叶片调节机构改造工作

2017年6月14日，山东干线公司批复了《关于报批枣庄局2017年泵站机组大修实施方案的报告》（枣庄〔2017〕呈签26号）。8月15日，山东干线公司与江苏宿迁水利综合开发实业公司签订了《南水北调东线一期工程山东段台儿庄泵站机组大修合同》。台儿庄管理处于2017年8月28日开始拆卸机组，11月8日完成2台机组的安装工作，11月16日顺利通过了机组大修后试运行验收。

结合3号、5号机组大修工作，台儿庄管理处引用新技术、新设备，将3号、5号机组原下置外供油式的叶片调节器改造成上置内供油式的调节器。2017年9月8日，山东干线公司批复了《关于台儿庄泵站叶调机构及技术供水系统改造实施方案技术评审及实施的请示》，9月14日山东干线公司邀请相关专家，对新型叶调机构设备进行了技术评审。11月9日完成了3号、5号机组新型叶调机构的安装及预试运行工作。改造后的新型叶调机构运行更加稳定、可靠，故障率低、能耗低，检修更加方便。

八、岗位创新工作

2017年共上报创新项目17个，其中通过枣庄局评审项目13个，包含一级4个、二级2个、三级7个，如上置式叶调机构改造、滤水器增加导流管、门机滑触线改造及主厂房增加手机信号放大器等项目。同时以“创建学习型团队、争做知识型职工”为目标，加强职工专业知识培训学习，管理处制订每月学习计划，组织基础培训6场次共22学时，专题培训3场次共6学时，提升了职工的理论知识水平。

九、工程验收

台儿庄管理处截至2017年，除设计单元验收没有完成外，其余均已通过了相关验收。

（苏　阳　吕晓理　张新雨）

万年闸泵站工程

一、工程概况

万年闸泵站枢纽位于韩庄运河中段，是南水北调东线工程的第八级抽水梯级泵站，山东境内的第二级泵站。泵站枢纽位于山东省枣庄市峄城区境内，东距台儿庄泵站枢纽14km，西距韩庄泵站枢纽16km，设计输水流量125m^3/s，设计扬程5.49m。站上及站下分别开挖引水渠和出水渠接韩庄运河主槽，输水条件良好。其主要任务是从韩庄运河万年闸节制闸闸后提水至闸前，通过韩庄运河向

北输送，以实现南水北调东线工程向北调水的目的，结合排涝并改善运河的航运条件。

万年闸泵站工程设计水位站上29.74m，站下24.25m，设计扬程5.49m。主厂房内安装立式全调节轴流泵，叶轮直径3150mm，转速125r/min，扬程（含装置）5.5m，单机流量31.50m³/s。配套电动机为立式同步电动机，额定电压10kV，额定功率为2800kW。泵站共设5套水泵机组，4用1备，总装机容量14 000kW。

二、工程管理

（一）管理机构

万年闸工程管理处为南水北调东线山东干线有限责任公司三级管理机构，主管单位为二级机构南水北调东线山东干线枣庄管理局。万年闸泵站管理处主要管理5台（套）设备、2200m进出水渠道、4座涵闸、4座桥梁、1500m²办公用房、80亩厂区绿化、弃土区300亩土地水土保持、约9000m护栏、14km架空电力线路（110kV 4km，10kV 10km）、一座变电站的维护及三支沟水资源控制工程。

（二）维护检修

万年闸泵站管理处通过采用"管养分离"模式，由泵站运行管理人员负责泵站日常管理和机电设备运行维护检修工作，大型及专业维修项目委托有资质的单位实施。治安管理委托地方公安机关负责。进出水渠、管理区、弃土区等水保工作委托有资质的养护公司负责。110kV、10kV线路与电力维修保养单位签订了代为维修保养协议。

为确保维护检修质量，针对合同委托项目，万年闸泵站管理处严格按照《山东省南水北调工程维修养护管理暂行办法》《山东省南水北调工程维修养护管理工作暂行规定》，每月下达维修养护任通知书，加强现场监督、检查和验收考核，实施单位每个项目实施前上报实施方案、计划，严格按照国家法规、规范和公司制定的规章制度组织施工，严格过程质量控制。同时管理处派专人跟踪检查控制工程质量，对日常巡查、检查过程中发现的质量问题，当场要求返工或整改，对一时难以整改到位的问题，下达整改通知单，限期完成整改。

（三）设备维护及工程设施管理

万年闸泵站管理处严格按照《泵站检修与维护细则》规定，坚持每日一巡查，每周一清扫、每月一检查、每季一保养制度，工程和设备管理责任制进一步强化，各工程和设备均有管理责任人并挂牌公示，与管理工作相关的规程、制度和技术参数做到了上墙张贴，日常巡视检查、检修和维护保养工等工作扎实有效，维护保养档案资料齐全，处于受控和完好状态，确保工程及设备的完好率。

（四）安全生产

万年闸泵站管理处根据山东干线公司和山东干线枣庄管理局制定的2017年度安全生产工作方案，结合本泵站实际情况，制订了安全生产工作方案，细化工作内容，从培训、例会、消防和安全监测等方面抓起，完成2017年安全生产目标。万年闸泵站管理处在与枣庄局签订了安全生产责任书的同时，在站内又层层签订安全生产责任书，建立了"横向到边，纵向到底"的安全生产责任网络，使每位职工都能明确自己的安全生产责任和目标，根据安全生产预算批复，保质保量完成了安全生产投入，确保专款专用。按照公司安全生产计划，完成了安全培训4次，进行了防溺水演练、防汛演练和消防演练。组织开展了"安全生产月"等系列活动，组织完成了大修期间的安全生产管理，组织召开例会12次，进行了14次安全检查，发现隐患已全部整改，2017年度没有发生任何安全事故。

三、运行调度

按照调度方案的要求，运行期间实行统

一调度、分级负责制度。万年闸泵站服从山东干线公司枣庄局调度分中心及穿黄河备调中心的统一调度、统一指挥。

2017年1月~5月,累计运行7299台时，共计调水81 264.70万m^3，2017年11月15日~12月31日共运行2559台时，调水28 706.56万m^3。通水运行期间，主机组、辅机、清污机、电气设备与电力设备、闸门均运行正常，计算机监控系统正常，主要技术参数满足设计和规范要求，调水任务完成停运后经检查各设备无异常现象。

四、工程效益

2017年，万年闸泵站累计运行9858台时，共计调水109 971.26万m^3。自2013年11月进入运行期至2017年底，已累计调水22.68亿m^3，发挥了良好的经济效益、社会效益和生态效益。

五、机组大修工作

根据2017年6月14日山东干线公司批复的《关于报批枣庄局2017年泵站机组大修实施方案的报告》，万年闸泵站于2017年8月29开始大修4号机组，11月4日完工，11月16日通过了机组试运行验收。

通过大修，一方面锻炼了职工队伍，提高了维修技能，解决了机组运行过程中振动、摆度较大，设备密封件老化，存在渗漏现象等问题，另一方面对一些问题进行了优化和改进，如将电机转子阻尼连接片连接螺栓更换为带止退功能螺母并加锁片进行固定、电机轴瓦更换测温元件等。

（肖　楠　韩业庆　康　晴）

韩庄运河段水资源控制工程

一、工程概况

韩庄运河段水资源控制工程由魏家沟橡胶坝、三支沟橡胶坝、峄城大沙河大泛口节制闸、潘庄引河闸等建筑物组成。

大泛口节制闸位于峄城大沙河0+500处，拦蓄水量为86.4万m^3；设计流量为500m^3/s，相应闸下水位28.61m，闸上水位28.76m。正常挡水情况，闸前挡水位28.2m，闸下水位25.7m。大泛口节制闸主要由闸室段、上下游连接段、管理房等组成。

三支沟橡胶坝位于万年闸上游运河左岸支流三支沟上，魏家沟橡胶坝位于运河左岸支流魏家沟上。为防止调水期间水流向支流倒漾，造成水资源流失而修建三支沟、魏家沟橡胶坝2处水资源控制工程。

三支沟橡胶坝，坝袋长28m，设计挡水位29.45m，最高挡水位29.6m；5年一遇除涝流量57m^3/s，相应支流水位32.68m；20年一遇排洪流量470m^3/s，相应支流水位30.34m。

魏家沟橡胶坝，坝袋长20m，设计挡水位29.45m，最高挡水位29.6m；5年一遇除涝流量29.8m^3/s，相应支流水位32.95m；20年一遇排洪流量204m^3/s，相应支流水位30.94m。

潘庄引河闸是南水北调工程东线第一期工程南四湖水资源控制工程之一，位于南四湖湖东大堤与潘庄引河的交汇处附近，闸轴线距湖东大堤约1000m。挡洪标准同湖东大堤，按防御50年一遇洪水标准设计，挡洪水位36.3m；20年一遇设计泄洪流量130m^3/s；10年一遇设计排涝流量51.6m^3/s；设计引水流量17.1m^3/s。

二、工程管理

魏家沟、三支沟水资源控制工程管理机构为万年闸泵站管理处，受南水北调东线干线枣庄管理局（以下简称枣庄局）领导。魏家沟、三支沟水资源控制工程设施维护、设备维护、工程设施管理、安全生产等工作由万年闸泵站管理处统一管理。

大泛口节制闸管理机构为南水北调东线山

东干线枣庄管理局台儿庄泵站管理处（以下简称台儿庄管理处），受枣庄局领导。大泛口节制闸工程设施维护、设备维护、工程设施管理、安全生产等工作由台儿庄管理处统一管理。

潘庄引河闸管理机构为韩庄泵站管理处，受枣庄局领导。潘庄引河闸工程设施维护、设备维护、工程设施管理、安全生产等工作由韩庄泵站管理处统一管理。

三、运行调度

2017年，魏家沟橡胶坝、三支沟橡胶坝、大泛口节制闸、潘庄引河闸的运行操作严格执行枣庄局下达的指令，遵守安全操作规程，运行过程中，加强机电设备的监视，保证设备运转良好。日常工作中，加强设备维护保养，每周对机电设备进行一次日常保养，每月定期检查维护，时刻保证机电设备处于完好状态。在汛期，接受山东省防汛抗旱指挥部的监督和统一调度。

四、工程效益

2017年，大泛口节制闸通过闭闸拦污，拦截了峄城大沙河上游污水，确保了调水期间韩庄运河水质。同时，大泛口节制闸通过启闭调度运行，为峄城大沙河防汛度汛、调蓄截污发挥了关键作用。

三支沟、魏家沟水资源控制工程为防止调水期间水流向支流倒漾，造成水资源流失，发挥了重要作用。同时，三支沟、魏家沟水资源控制工程通过启闭调度运行，对于当地防汛度汛、调蓄截污发挥出关键作用。

潘庄引河闸通过闭闸拦水，有效控制微山湖水量，使其不出现减少。同时，潘庄引河闸通过启闭调度运行，对于薛城区防汛度汛、调蓄截污发挥出关键作用。

五、工程验收

2017年6月26～27日，受国务院南水北调办委托，山东省南水北调工程建设管理局在枣庄市主持召开南水北调东线一期工程韩庄运河段水资源控制工程设计单元工程完工验收会议。

2017年1月10日，国务院南水北调办针对魏家沟橡胶坝下发了《关于南水北调东线一期工程韩庄运河段水资源控制工程魏家沟橡胶坝工程迁建设计变更报告的批复》意见，同意利用已有的魏家沟泄洪闸与魏家沟橡胶坝置换，置换后挡水位置上移2.178km，魏家沟橡胶坝移交地方人民政府管理。2017年6月28日，南水北调东线一期工程韩庄运河段水资源控制工程通过设计单元工程完工验收。

韩庄泵站工程

一、工程概况

韩庄泵站工程是南水北调东线一期工程中第九级抽水梯级泵站，山东省境内的第三级泵站，位于山东省枣庄市峄城区古邵镇八里沟村西，管理范围包括站区和管理区两部分。

韩庄泵站工程主要建筑物有主泵房、副厂房、引水闸、进出水池、进出水渠、交通桥等。工程设计流量125m^3/s，设计扬程4.15m，泵站主要任务是抽引韩庄运河万年闸泵站站上来水至韩庄老运河入南四湖下级湖，实现梯级泵站调水目标，兼顾运河段防洪、排涝和度汛专用交通需要，辅以改善水上航运条件。泵站安装5台灯泡式贯流泵（4用1备），单机设计流量31.25m^3/s，配套电动机功率1800kW，总装机容量9000kW。

2017年2月23日，韩庄泵站通过设计单元完工验收。

二、工程管理

韩庄泵站管理机构为南水北调东线山东干线枣庄管理局韩庄泵站管理处，受南水北调调东线山东干线枣庄管理局（以下简称枣庄局）领导。

韩庄泵站管理处负责工程的日常管理和机电设备运行维护和维修管理工作，大型维修和专业维修委托有资质的专业维修企业完成。治安管理委托地方公安机关负责管理。进出水渠、弃土区等委托专业队伍负责管理。110kV、10kV线路与电力单位签订了协议，对线路进行代维护检修。

三、运行调度

根据山东省南水北调局下达的调度方案要求和枣庄调度分中心调度指令，韩庄泵站于2016年12月16日10:00开启第一台机组，2017年5月18日16:00关停最后一台机组，累计运行8372台时，累计过水量90 869.13万m^3，完成2016~2017调水年度调水任务。

调水运行期间，泵站机电设备运行状态良好，所有机组均为一次启动成功，启动过程平稳，运行期间设备稳定、正常，各仪表指示基本正确，主机组各部位运行稳定，辅机运转状况良好；泵站自动化控制系统可靠；主要设备技术性能指标及主要技术参数符合要求；输配电线路运行可靠，相关参数稳定。

（李继勇　宋　强）

南四湖—东平湖段工程

概　述

南四湖—东平湖段输水与航运结合工程是沟通黄河、淮河、海河和连接胶东输水干线、鲁北输水工程的咽喉，处于山东境内“T”字形输水大动脉的心脏地带。所辖工程主要包括梁济运河段工程、柳长河段工程、南四湖湖内疏浚工程和二级坝泵站工程、长沟泵站工程、邓楼泵站工程、八里湾泵站工程及灌区灌溉影响处理工程等8个设计单元工程。

南四湖—东平湖段输水与航运结合工程是实现南四湖和东平湖之间合理调度的骨干工程，工程设计输水流量100m^3/s，输水线路全长约198km（含南四湖输水干线长度）。该工程位于山东省南部，沿线分布在山东省济宁市（微山县、鱼台县、金乡县、任城区、太白湖新区、嘉祥县、汶上县、梁山县）、泰安市（东平县）2个地市的9个县、区，涉及淮河、黄河两大流域水系。工程的基本任务是将调入南四湖下级湖的江水经辖区四个泵站，逐级提水北输至东平湖，经东平湖调蓄后，北向德州市、聊城市等鲁北地区供水，并进而可以向冀东、天津供水；东向经济平干渠向济南市供水，并进而经胶东输水线向淄博、潍坊、烟台、威海、青岛等城市供水。有效解决以上地区水资源的紧缺问题，并满足运河经济带经济发展对水资源的需求。短期内即可实现南四湖和东平湖之间水资源的联合调度，初步改善山东水资源空间分布不均的状况，并对下一步沂沭泗洪水利用，实现洪水资源化具有重大的现实意义。

南四湖—东平湖段一期工程设计输水流量100m^3/s，年调水13亿~14亿m^3。工程建成后上述8个设计单元统一划归南水北调东线山东干线济宁管理局（以下简称济宁局）管辖范围。济宁局下设五个管理处，济宁市微山县境内二级坝泵站管理处、济宁市任城区境内长沟泵站管理处、济宁市梁山县境内邓楼泵站管理处和济宁渠道管理处、泰安市东平县境内八里湾泵站管理处。

（李明慧）

二级坝泵站枢纽工程

一、工程概况

二级坝泵站是南水北调东线一期工程的第十级抽水梯级泵站，位于南四湖中部，山东省济宁市微山县欢城镇境内。一期设计输水流量 125m³/s，设计站上水位（黄海高程，下同）34.10m，设计站下水位 30.89m，设计净扬程 3.21m，平均扬程 1.99m，装机 5 台套后置式灯泡贯流泵（4 用 1 备），单机流量 31.25m³/s，单机功率 1650kW，总装机功率 8250kW，多年平均设计装机年利用小时数 4364h。工程主要任务是将水从南四湖下级湖提至上级湖，实现南水北调东线工程梯级调水目标。

二、工程管理

二级坝泵站工程的运行管理工作归属南水北调东线山东干线济宁管理局二级坝泵站管理处负责。工程维修养护采用管养分离的原则，实行合同制管理。为确保设备设施完好，确保机组处于良好的备用状态，二级坝泵站管理处根据机组运行情况，每季度开机维护一次。2017 年，日常维修养护工作中门机液压油缸维修等 25 个维护项目、墙面零星涂白等 5 个委托预计项目已利用汛期时间完成。工程巡视看护及苗木养护 2 个项目于 2017 年 12 月完成。截至 2017 年底，工程日常维修养护项目已全部完成。

2017 年 6 月，开展“安全生产月活动”，组织进行网络安全知识竞赛、消防应急演练、安全文件大学习等活动。

2017 年 6 月 22～23 日，国务院南水北调工程建设委员会专家委员会在山东召开南水北调东线二级坝泵站采煤沉陷问题处理分析报告技术咨询会。会议认为泵站主体工程安全，采煤沉陷问题对工程运行基本没有影响。为保障工程安全平稳运行，管理处加强渠道巡视并督促安全监测单位及时做好现场监测、资料整编、分析研究等工作。

三、运行调度

2016 年 12 月 17 日～2017 年 6 月 3 日，二级坝泵站管理处完成 2016～2017 调水年度通水运行任务。供水运行期间，值班人员加班加点解决了 3 号高压变频器开机报“link”故障、密封水压力在线监测问题等，保证了机组安全运行和泵站效益发挥。

2017～2018 调水年度调水工作于 2017 年 10 月 19 日正式开启，截至 2017 年底，调水约 2.94 亿 m³。通水期间，运行人员严格按照各项规章制度和规程操作，认真做好 24 小时值班工作，每 2 小时进行一次巡回检查，时刻关注设备运行状况，发现问题及时处理。

四、工程效益

按照山东省调度中心调度运行指令，二级坝泵站于 2016 年 12 月 17 日开机，2017 年 6 月 3 日停机，5 台机组参与 2016～2017 调水年度调水运行，本次供水机组累计运行 7774.98 台时，累计调水 87 460.12 万 m³。2017～2018 调水年度调水工作于 2017 年 10 月 19 日正式开启，至 2017 年底，第二阶段调水约 2.94 亿 m³。截至 2017 年底，二级坝泵站各机组已安全无故障运行 15 259 台时，总调水量 21.538 9 亿 m³。

（张俏俏）

长沟泵站枢纽工程

一、工程概况

长沟泵站是南水北调东线工程的第十一级抽水梯级泵站，位于济宁市长沟镇新陈庄村北，泵站选用肘形进水流道，直管出水流道液压全调节立式轴流泵，一期设计输水流量100m^3/s，多年平均调水量14.3亿m^3，设计选用4台液压全调节式立式轴流泵，装机4台，其中备用1台，泵站总装机容量8960kW。工程总投资30 091万元。

二、工程管理

长沟泵站枢纽工程的运行管理工作归属济宁局长沟泵站管理处负责。管理处主要职责是按照上级调度指令完成调水任务，定期开展设备维修和日常养护工作，探索高效的泵站运行机制和资产保值增值途径，逐步使工程达到规范化、标准化。

管理处研究制定并下发了《长沟泵站管理处2017年度"规范管理年"活动实施方案》，规范了文件的签批制度、例会制度、月报制度、检查制度、督办制度、台账制度、仓库管理制度等，建立了文件资料台账、设备台账、自查自纠问题台账及整改销号台账，管理处利用周例会、月例会、专题会议以及日常维修保养、运行管理等各种形式与场合落实"规范管理年"活动实施方案，各项工作的开展逐步规范化。

管理处落实年度维修养护计划，按时间节点完成相关维修养护任务，每月按要求上报维修养护信息月报。

长沟泵站管理处开展泵站工程安全监测工作，编制了《长沟泵站工程安全监测细则》，成立了长沟泵站安全监测工作小组，定期召开安全监测工作会议。

管理处把安全生产标准化建设基础工作和日常工作结合在一起，并形成泵站的一种制度。开展了危险化学品安全综合治理、防汛度汛安全、电气火灾治理工作、消防安全等安全专项检查；开展"安全生产月"活动、"百日攻坚治理行动"活动、"十九大"期间工程安全运行与维稳工作等重大活动，并重点抓好通水运行、汛期、冬季、节假日等重要时段和重大活动期间的安全检查工作。2017年5月26日，长沟泵站管理处与济宁局联合在梁济运河节制闸开展了供电线路故障、闸门无法开启的防汛应急演练。山东省南水北调建管局、东线总公司、山东干线公司、济宁市防汛指挥部参加。

三、运行调度

按照山东省调度中心调度运行指令，2017年，调水共分三个阶段。第一阶段，2017年1月1日开机，7月25日停机。第二阶段，9月29日开机，10月23日停机。第三阶段12月5日开机，12月6日停机。泵站的4台机组均参与2017年度调水运行，本年度供水机组累计运行5185.12台时，累计调水6.132 96亿m^3。截至2017年底，长沟泵站各机组已安全无故障运行13 744.24台时，累计抽调水量15.88亿m^3。机组运行一直安全平稳，没有出现任何调水安全事故和影响水质安全的事件。

四、工程验收

长沟泵站枢纽工程概算批复总投资27 818万元，工程于2009年12月5日正式破土动工。2013年3月31日工程已经全部完工。截至2017年，已经完成单位工程验收、合同验收、技术性初步验收、消防工程验收、安全评估验收、国家档案验收、水土保持设施竣工验收。2017年10月31日，通过南水北调东线一期南四湖—东平湖段输水与航运结合工程长沟泵站工程设计单元工程完工验收。

（齐士国）

邓楼泵站枢纽工程

一、工程概况

邓楼泵站工程是南水北调东线第十二级抽水梯级泵站，山东境内的第六级抽水泵站，位于山东省梁山县司垓村以西。一期设计调水流量为100m^3/s，设计净扬程3.57m，多年平均调水量13.60亿m^3。设计选用4台机械全调节液压全调节式立式轴流泵，配套4台同步电动机，3用1备，泵站总装机容量8960kW。设计年运行小时数3770h。采用肘形流道进水，虹吸式流道出水，真空破坏阀断流。主要建筑物包括主副厂房、引水闸、出水涵闸、梁济运河节制闸、引水渠、出水渠、变电所、办公楼等。工程占地为351亩。

二、工程管理

邓楼泵站枢纽工程的运行管理工作归属南水北调济宁局邓楼泵站管理处（以下简称邓楼泵站管理处）负责。管理处主要职责是按照上级调度指令完成调水任务，定期开展设备维修和日常养护工作，不断提高运行管理水平，探索高效的泵站运行机制和资产保值增值途径，逐步使工程达到规范化、标准化。

邓楼泵站管理处按照《南水北调泵站工程管理规程》《山东南水北调工程现场管理千分制考核办法》和《山东省南水北调工程维修养护管理暂行办法》等开展工程检查、巡查，对工程设施、工程设备进行维修和养护。工程维修养护采用管养分离的原则，分为专项维修养护和日常维修养护，实行合同制管理。泵站职工结合泵站实际积极创新，提出泵站厂房防止柳絮、灰尘措施方案，实施立式电动机转速感应条制作，提出水泵性能曲线的绘制及应用于组态软件实现动态显示运行工况的方法，实施液压抓斗式清污机行走电机断轴快速维修方法，提出泵站数显仪表维修及研发探索，实施邓楼泵站视频监控系统的优化技术方案等创新项目，确保工程安全平稳高效运行。

三、工程效益

（1）调水效益。根据历年来调度指令，邓楼泵站共执行了5个调水年度调水计划，历年调水量及运行台时见表1。

表1 历年调水量及运行台时

项目名称	全线试运行	2013～2014年度	2014～2015年度	2015～2016年度	2016～2017年度	2017～2018年度	合计
调水量（亿m^3）	0.417 89	1.542 852	2.321 766	3.894 26	8.694 843	3.755 207	20.626 818
运行台时（h）	389.97	1367.64	1993.52	3598.42	7356.96	3179	17 885.51

截至2017年底，邓楼泵站累计调水20.63亿m^3，为缓解山东连年干旱发挥了关键性作用，初步发挥了南水北调工程作为国家战略性基础工程的重大作用。

（2）航运效益。由山东省交通厅建设的船闸工程已基本建成，南水北调工程历年调水中达到航运水位，为下一步航运创造了条件。

（3）生态效益。通过水土保持工程的开展和实施，四季常青、三季有花的邓楼泵站已形成渠水清澈、鱼水欢腾、飞鸟翔集、岸绿林荫的生态景观，有效恢复并改善了泵站辖区的生态环境。

（4）其他效益。梁济运河邓楼节制闸提高了当地防洪、排涝、灌溉标准，水质稳定达到地表水Ⅲ类标准，沿线地下水位有所抬高，泵站进场道路为当地群众的交通出行提供了便利，工程水土保持等为当地提供了就业机会，工程总体上发挥了较好的社会经济效益和生态效益，赢得了广大群众对南水北调工程的理解和支持。

四、工程验收

邓楼泵站枢纽工程概算批复总投资25 723万元，泵站工程于2010年1月开工建设，截至2017年，已经完成单位工程验收、合同验收、技术性初步验收、消防工程验收、安全评估验收、国家档案验收、水土保持设施竣工验收。2017年10月31日，通过南水北调东线一期南四湖—东平湖段输水与航运结合工程邓楼泵站工程设计单元工程完工验收。

（黄雪梅）

八里湾泵站枢纽工程

一、工程概况

八里湾泵站枢纽工程位于东平湖滞洪区东平县八里湾村附近，是南水北调东线工程的第十三级泵站。一期设计调水流量为100m³/s，设计水位站上40.90m（1985国家高程基准，下同），站下36.12m，设计净扬程4.78m，平均净扬程4.15m。泵站采用堤身式、正向进、出水布置，主要建筑物由泵房（包括副厂房、安装间）、清污机桥、进出水池、进出水渠、公路桥、堤防与站区平台等组成。泵站安装立式轴流泵4台，其中备机1台，每台同步电机额定功率为2800kW，总装机功率11 200kW。

二、工程管理

八里湾泵站枢纽工程的运行管理工作归属济宁局八里湾泵站管理处负责。工程维修养护采用管理分离的原则，分为专项维修养护和日常维修养护，实行合同制管理。

2017年6月，八里湾泵站被山东干线公司确定为试点泵站一年来，通过开展运行安全管理标准化建设试点工作，建立健全了八里湾泵站管理处工程运行安全管理、防洪度汛安全管理、安防管理、突发事件应急管理、安全责任监督管理、运行安全目标管理、运行安全问题治理、运行安全文化管理八大组织体系和岗位责任、应急管理行为、运行缺陷、运行、水量调度问题四大行为清单，梳理完善了各项制度、标准，并及时修订完善管理体系和管理清单，细化制度、岗位责任清单，开展制度培训和宣贯，明确了各级人员安全管理职责，推动了工程运行安全管理理念的转变，完成运行管理措施落实和安全责任落实。

2017年10月，八里湾泵站管理处根据公司要求组织相关人员参加了东线总公司在江苏泗洪站组织的安全生产管理培训班。

2017年12月，八里湾泵站管理处参加了国务院南水北调办在河南郑州市组织的2017年度南水北调工程基层管理者针对性防汛工作培训会议。

八里湾泵站机组大修项目于2017年8月23日开始，至2017年10月12日安装完成，大修过程严格执行相关规范，检修质量优良。2017年10月21日，根据《八里湾泵站机组大修试运行方案》，由南水北调东线山东干线济宁管理局组织开展机组大修试运行。至22日11时，1号机组运行21h 17min。机组试运行验收由南水北调东线山东干线济宁管理局、南水北调八里湾管理处、淮安市淮阴区水利队相关人员组成试运行领导小组（以下简称领导小组）组织进行。南水北调八里湾管理处、淮安市淮阴区水利队具体负责机组试运行的操作、运行数据记录、设备故障处理等，运行期间机组状态良好，各项参数符合要求。

三、运行调度

八里湾泵站管理处按照调度方案要求，合理安排机组投入运行，确保机组累计运行时间均衡；根据供水计划、上下游水位、流量等条件，合理安排泵组机组的开机台数，尽量减少泵站开停机次数。

泵站值班人员严格执行两票三制和交接

班制度，严格执行巡视检查。运行前彻底检查水泵部分、电动机、辅助设备、油、气、水、管道以及阀门。运行期间按照泵站的巡视路线每2小时巡视检查一次，并做好巡视检查记录。

通水运行期间，八里湾泵站主机运行平稳，工况良好、振动摆度均在标准要求范围内，输变电设施、机电设备、闸门启闭机均运行正常，计算机监控系统正常，主要技术参数满足设计和规范要求站内各种设备工作协调，停机后检查机组各部位无异常现象。运行期间，对八里湾泵站主厂房、上下游翼墙、交通桥、清污机桥等垂直位移进行了一次观测，并通过对2017年4月20日《南水北调东线一期工程八里湾泵站工程沉降观测表》与2017年1月11日《南水北调东线一期工程八里湾泵站工程沉降观测表》的数据进行对比分析，上游翼墙交通桥间隔沉降量为 -3.24 ~ 1.65mm；主泵房底板间隔沉降量为 -2.5 ~ -1.7mm；下游翼墙清污机桥间隔沉降量为 -2.38 ~ 1.36mm；工程沉降较为均匀，建筑物沉降量均在设计及规范允许范围内，未发现明显构筑物异常变形；同时对八里湾泵站主厂房进行了一次水平位移观测，并通过对2017年4月28日主厂房位移观测表和2017年1月13日主厂房位移观测表数据对比分析：主泵房间隔位移量 -0.015 ~ 0.008mm，主厂房位移较为平稳，位移量在设计及规范允许范围内，通过对八里湾泵站测压管观测分析，并对比测压管水位统计表及水位过程线，得出结论：测压管水位随上下游水位平稳变化，测压管管内水位相互之间和上下游水位无交叉现象，观测成果合格。八里湾泵站工程运行安全稳定。

按照山东省调度中心调度运行指令，2016 ~ 2017调水年度输水运行原定方案分为两个阶段，实际运行中，济宁局增加年度水量调度前的两个应急输水阶段后运行共分为4个阶段完成：

第一阶段为缓解胶东旱情应急调水。2016年12月9日15:51 ~ 12月16日20:00调水运行，累计运行443.28h，八里湾泵站抽水5681.67万 m^3。

第二阶段为春节前。2016年12月16日20:00 ~ 2017年1月13日13:50调水运行，累计运行803.9h，八里湾泵站抽水3944.20万 m^3。

第三阶段为2017年2月13日15:59 ~ 4月2日1:42调水运行，累计运行2397.22h，八里湾泵站抽水23 961.72万 m^3。

第四阶段为2017年4月8日9:05 ~ 6月19日16:26分调水运行，累计运行1592.71h，八里湾泵站抽水16 969.01万 m^3。

八里湾泵站于2016年12月9日15:51开机，2017年7月25日6:35停机。泵站的4台机组均参与2017年度调水运行，累计运行7364.43台时，累计调水8.716 868亿 m^3。

截至2017年底，八里湾泵站累计调水20.43亿 m^3，为缓解山东连年干旱发挥了关键性作用，初步发挥了南水北调工程作为国家战略性基础工程的重大作用。历年调水量及运行台时见表1。

表1　历年调水量及运行台时

项目名称	全线试运行	2013 ~ 2014年度	2014 ~ 2015年度	2015 ~ 2016年度	2016 ~ 2017年度	2017 ~ 2018年度（截至2017年12月31日）	合计
调水量（亿 m^3）	0.339 376	1.547 589	2.251 763	3.851 87	8.716 868	3.720 925	20.428 391
运行台时（h）	342.95	1368.8	1995.14	3570.14	7364.43	3186.34	17 827.8

四、环境保护与水土保持

八里湾泵站管理处建立环境保护管理体系机制，并加强环境保护工作，委托具有专业资质的单位对工程现场日常环境进行清洁、打扫，确保机组设备、内外环境的整洁卫生，杜绝管理区内的排污、粉尘、垃圾乱堆放现象。

八里湾泵站枢纽工程按照批复的初步设计和水土保持方案完成了各项水土保持措施。防治措施布置上，做到工程措施、植物措施和临时措施相结合，保证了水土保持效果。同时，安排专职人员对管理区栽种的苗木进行浇水、施肥、修建及病虫害防治等养护工作，确保苗木成活率。

五、工程验收

截至2017年底，八里湾泵站枢纽工程总投资28 683万元。工程于2010年9月16日正式破土动工，截至2015年12月31日，工程已全部完工，已经完成单位工程验收、合同验收、技术性初步验收、消防工程验收、安全评估验收、水土保持设施竣工验收。

2017年10月31日，通过国家档案验收，2017年10月13日，通过了山东省南水北调工程建设管理局组织的省级征迁安置竣工验收。2017年10月，水利部水利水电规划设计总院提供了补充安全评估报告。补充认为：工程具备完工验收的技术条件。2017年10月31日，完成了南水北调东线一期南四湖—东平湖段输水与航运结合工程八里湾泵站工程设计单元工程完工验收。

（翟一鸣）

梁济运河段输水航道工程

一、工程概况

梁济运河输水线路从南四湖湖口至邓楼泵站站下，长58.252km，采用平底设计，设计流量100m³/s。其中湖口—长沟泵站段，长25.719km，设计最小水深3.3m，设计河底高程28.7m，底宽66m，边坡1∶3～1∶4；长沟泵站—邓楼泵站段，长32.533km，设计最小水深3.4m，设计河底高程30.8m，底宽45m，边坡1∶2.5～1∶4。

为防止船行波对河岸的冲刷，该输水河段用混凝土对渠道边坡加以保护，确保施工过程不中断航运，森达美港（南跃进沟）以上部分约18.75km采用水下膜袋混凝土形式；其余部分为机械化衬砌护坡。为防止东平湖司垓退水闸泄洪时水流对梁济运河工程冲刷破坏，对司垓闸下0.8km险工段采用浆砌石护底。

沿线共新建、重建主要交叉建筑物25座（处），包括新建支流口连接段7处、拆除重建生产桥13座、新建管理道路交通桥1座、加固公路桥2座。

二、工程管理

南水北调东线一期工程梁济运河段输水航道工程的运行管理工作由济宁渠道管理处负责。

2017年，主要对渠道工程进行了日常维修养护。做到了管理范围内的环境卫生清洁，管护范围内的苗木日常养护工作；完成安全防护网、安装渠道瓷砖警示标语和各种警示标识牌建设工作；及时对渠道的衬砌边坡、信息机房等工程进行维修，水情水质巡查巡视工作，调水安全保卫工作，为通水运行创造良好的运行管理环境。

建立健全安全生产责任制度，成立了安全生产领导小组，落实安全生产网格化体系，逐级签订安全责任书，实行24小时值班制度，确保工程运行安全。

根据国务院南水北调办和公安部联合下发的《关于做好南水北调安全保卫和建设环境工作的通知》要求，成立“南水北调梁山县治安办公室”，办公室设在济宁渠道管理处，配备干警2名、辅警6名，主要承担南水北调干线工程梁山境内梁济运河、邓楼泵站工程管理范围及周边环境的治安维护工作，依法打击违反《南水北调供用水管理条例》（中华人民共和国国务院令第647号）和《山东省南水北调条例》等不法行为，创建“平安调水工程”，保障调水环境安全，计划于2018年1月1日，治安办公室正式进驻。

三、运行调度

梁济运河输水航道工程为利用原有河道通过疏浚拓宽后运行调水。设计水位低于沿岸地表，为地下输水河道，加上两岸地下水位较低，梁济运河工程调水运行安全隐患相对较少。为了确保通水运行期间工程安全，渠道管理处成立了专门的巡查宣传队，确定了巡查方案。由济宁渠道管理处主任总负责，设队长2名，队员6名，调水期间增加6名队员以保护南水北调工程，加强宣传贯彻《南水北调工程供用水管理条例》《山东省南水北调条例》，在梁济运河输水沿线以走进村庄、社区等通过多方位、多角度的开展宣传巡查活动，有效保障了工程安全、水质安全、沿线群众的生命财产安全，顺利实现调水目标，保证了南四湖上级湖水顺利调入柳长河河道内。

四、工程验收

2017年10月26日，梁济运河输水航道工程对2017年度上半年日常维修养护合同项目进行了验收。完成了2017年度下半年济宁段、枣庄段日常维修养护协议（济宁段）合同中的全部工程项目。

（杨青文）

柳长河段输水航道工程

一、工程概况

柳长河输水线路从邓楼泵站站上至八里湾泵站站下，输水航道长20.984km，其中新开挖河段6.587km，利用柳长河老河道疏浚拓挖14.397km。设计最小水深3.2m，采用平底设计，设计河底高程33.2m，边坡1:3，采用现浇混凝土板衬砌方案，设计河底宽45m，护坡不护底，渠底换填水泥土。共有新建、重建交叉建筑物27座，包括公路桥4座、生产桥7座、涵闸11处、倒虹2座、渡槽1座、节制闸1座、连接段1处。

二、工程管理

南水北调东线一期工程柳长河段输水航道工程的运行管理工作由济宁渠道管理处负责。

2017年主要对渠道工程进行了日常维修养护，做到了柳长河堤顶道路的环境卫生清洁，完成了管护范围内的苗木日常养护工作；完成王庄节制闸闸门、启闭机除锈刷漆工作；完成王庄节制闸的金属结构和电气设备的维修保养工作；王庄节制闸内外墙的粉刷工作，闸室内部更换了阻燃窗帘、双层窗户及盘柜整理工作。完成安全防护网、安装渠道瓷砖警示标语和各种警示标识牌建设工作；及时对渠道的衬砌边坡、信息机房等工程进行维修，水情水质巡查巡视工作，调水安全保卫工作，为通水运行创造良好的运行管理环境。

建立健全安全生产责任制度，成立了安全生产领导小组，落实安全生产网格化体系，逐级签订安全责任书，实行24小时值班制度，确保工程运行安全。

根据国务院南水北调办和公安部联合下发的《关于做好南水北调安全保卫和建设环境工作的通知》要求，经上级有关单位批准成立“南水北调梁山县治安办公室”，办公室设在济宁渠道管理处，配备干警2名、辅警6名，主要承担南水北调干线工程梁山境内柳长河、邓楼泵站工程管理范围及周边环境的治安维护工作，依法打击违反《南水北调供用水管理条例》（中华人民共和国国务院令第647号）和《山东省南水北调条例》等不法行为，创建“平安调水工程”，保障调水环境安全，计划于2018年1月1日，治安办公室正式进驻。

三、运行调度

柳长河输水航道工程为利用原有河道通过疏浚拓宽后运行调水。设计水位低于沿岸地表，两岸地下水位较低，安全隐患相对较少。为了确保通水运行期间工程安全，渠道管理处成立了巡查宣传队，确定了巡查方案。由济宁渠道管理处主任总负责，设队长2名，队员5名，调水期间增加队员5名，结合以保护南水北调工程，加强宣传贯彻《南水北调工程供用水管理条例》《山东省南水北调条例》，在柳长河输水沿线以走进村庄、社区等通过多方位、多角度的开展宣传巡查活动，有效保障了工程安全、水质安全、沿线群众的生命财产安全，顺利实现调水目标，保证了梁济运河的水顺利调入东平湖内。

四、工程验收

2017年10月26日，柳长河段输水航道工程对2017年度上半年日常维修养护合同项目进行了验收。完成了2017年度下半年济宁段、枣庄段日常维修养护协议（济宁段）合同中的全部工程项目。

（杨青文）

南四湖下级湖抬高蓄水位影响处理工程

2016年12月，南四湖下级湖抬高蓄水位影响处理工程已通过征迁安置完工验收。

东平湖蓄水影响处理工程

截至2017年底，东平湖蓄水影响处理工程征地移民部分已基本完成5批12期76个移民安置规划项目建设任务。该工程于2017年6月通过县级征地移民档案专项验收，8月通过征地移民县级验收，9月通过征迁安置省级档案专项验收和省级征迁安置技术验收。

胶 东 段 工 程

概　　述

胶东段工程是南水北调东线一期工程的重要组成部分，是沟通连接南水北调山东段南北输水干线与胶东输水干线中、东段工程的关键性工程。该工程上起东平湖渠首引水闸，下至小清河分洪道子槽引黄济青上节制闸，输水线路全长约240km，途经泰安、济南、滨州、淄博、潍坊、东营等市。由济平干渠、济南市区段、明渠段、陈庄输水线路、东湖水库和双王城水库工程6个设计单元组成。工程实施后，设计输水流量50m^3/s，加大流量60m^3/s，年调水量8.83亿～10.26亿m^3。

该工程为胶东地区的重点城市调引长江水奠定了基础，实现南水北调工程总体规划的供水目标，有效缓解该地区水资源紧缺问题。

（孟春娜）

济 平 干 渠 工 程

一、工程概况

济平干渠工程是南水北调东线一期工程的重要组成部分，也是向胶东输水的首段工程。其输水线路自东平湖渠首引水闸引水后，途经泰安市东平县、济南市平阴县、长清区和槐荫区至济南市西郊的小清河睦里庄跌水，输水线路全长 90.055km。主要建设包括输水渠道工程、输水渠提防工程、输水渠两岸排水工程、河道复垦工程、输水渠上建筑物工程、水土保持工程等，全线设计输水流量 $50m^3/s$，加大流量 $60m^3/s$。

济平干渠工程是国家确定的南水北调首批开工项目之一，工程总投资 150 241 万元。2002 年 12 月 27 日开工，2005 年 12 月底主体工程建成并一次试通水成功，2010 年 10 月通过国家竣工验收，是全国南水北调第一个建成并发挥效益，第一个通过国家验收的南水北调单项工程。

二、工程管理

山东干线公司于 2014 年 2 月正式成立南水北调东线山东干线济南管理局，对济平干渠工程行使管理职能；济平干渠工程分别设立平阴渠道管理处和长清渠道管理处，作为三级管理机构正式运行。

山东润鲁水利工程养护有限公司济南分公司为济平干渠工程维修养护单位，济平干渠工程共设 8 个管理站、2 个维修队伍；对辖区内输水渠道及水土保持进行日常巡查养护，对辖区内的渠道及其他建（构）筑物按照日常维修养护计划进行维修养护等。

三级管理机构即管理处与管理局签订安全生产责任书，管理处与辖区内的管理站、维修公司签订安全生产责任书，落实安全生产责任；管理处每年制定安全生产网格，完善安全生产体系。

2017 年，济平干渠段渠道工程运行安全平稳，未发生安全事故，主要从以下几点保障了通水的顺利运行：

（1）前期准备。通水前各管理处组织对现场各渠段、各闸室进行全面的工程隐患排查及整改。排查内容包括机电设备、工程运行情况、调度管理系统、视频监控系统等，对显示故障的闸室启闭机进行了显示器更新。

（2）运行制度建设。通水前现场采集流量计信息、校核电子水尺等，保障通水数据的正确性。组织各闸站负责人进行《济南局 2016 ~ 2017 年度通水工程实施方案》《济南局 2016 ~ 2017 年度通水应急预案》等学习，并向各闸站管护员发放《机电设备安全操作手册》等规程，由站长组织学习。

（3）巡查工作。组织各管理站长、管护员全线巡查，要求巡查人员佩戴红袖章，携带救生圈（衣）、救生绳、电动车捆绑巡查小红旗，特别加强早中晚三个时间段的巡查。对巡查中发现的问题，当场整改，现场完成不了的，限期整改。

（4）安全宣传。制作的横幅悬挂于重要节点或者交通桥；山东干线公司和管理处印发的安全公告和南水北调条例也沿渠道周边村庄张贴；巡逻车不定期在渠道进行播放南水北调条例的配音；密切与渠道沿线各中小学校联系，将安全手册发放到位，做好安全宣传。

三、运行调度

济平干渠设平阴渠道管理处和长清渠道管理处，作为三级管理机构对济平干渠工程进行运行管理。济平干渠工程的调度运行权限属于济南管理局，平阴渠道管理处和长清渠道管理处具体实施。

济平干渠工程 2016 ~ 2017 调水年度调水时间及水量分别为：

（1）2016 年 10 月 1 日 ~ 2017 年 6 月 30 日，南水北调东线 2016 ~ 2017 年度调水，累计供水 273 天，累计供水量 7.4 亿 m^3（2017 年 1 月 1 日 ~ 6 月 30 日调水 6.1 亿 m^3）。

（2）2017 年 7 月 1 日 ~ 9 月 30 日，2017 年度汛期向胶东地区应急调水，累计供水时间 92 天，供水量 2.15 亿 m^3（其中引黄河水量 1639.73 万 m^3）。

（3）2017 年 10 月 1 日转入南水北调东线 2017 ~ 2018 调水年度调水，至 12 月 31 日完成调水量 2.8 亿 m^3；2017 年全年共计调水

365天，水量11.05亿m^3；在圆满完成全年调水计划的同时，配合完成保泉补源及向济南市生态补水的工作。

四、环境保护及水土保持

济平干渠工程沿线90.055km，共植树56万余株（树种包括柳树、白蜡、国槐、五角枫、杨树、法桐等），绿化草皮超过300万m^2，形成了近90km长、100m宽的景观绿化带，打造了一条绿色长廊和生态长廊，为改善地方生态环境发挥了一定的积极作用。

2017年，平阴和长清2个渠道管理处的辖区内各管理站对各自的管理区进行了整体规划，并对渠道沿线林木进行轮伐，营造了较好的工作生活环境，院内绿化效果良好。

（朱春生　李　品）

济东渠道段工程

一、工程概况

济东渠道段工程是济南局济东渠道管理处所辖工程，西起睦里庄节制闸，东至济东明渠段济南与滨州交界处，全长66.877km，主要包括济南市区段输水工程和济东明渠段济南段输水工程。

济南市区段输水工程是胶东输水干线西段工程的关键性工程，位于山东省省会城市济南，西起济平干渠末端睦里庄跌水，东至济南市东郊小清河洪家园桥下，横穿济南市区，全长27.914km，含睦里庄节制闸、京福高速节制闸和出小清河涵闸等控制性建筑物。其中利用小清河段自睦里庄节制闸闸下起，至小清河枢纽（京福高速节制闸和出小清河涵闸）止，长4.324km，输水暗涵段自出小清河涵闸起，沿小清河左岸布置至小清河洪家园桥下，长23.59km，全线自流输水。工程设计输水流量50m^3/s，加大流量为60m^3/s。

济东明渠段济南段工程上接济南市区段输水工程洪家园桥暗涵出口，下至济东明渠段济南与滨州交界处，输水线路长38.963km，工程设计输水流量为50m^3/s，加大流量为60m^3/s。

二、工程管理

南水北调东线山东干线有限责任公司于2014年2月成立济南管理局（简称济南局），济东渠道管理处作为三级管理机构，行使济东渠道段工程运行管理职能。济东渠道管理处负责按照调度指令对济东渠道段工程进行调度运行，并具体负责济东渠道段工程维修养护和安全生产管理。

（一）建设管理

跨（穿）越南水北调济东渠道段工程的项目包括：石家庄至济南铁路客运专线齐济（黄河后）特大桥上跨南水北调渠道工程、石家庄至济南铁路客运专线济南西联络线特大桥跨越南水北调济南市区段输水暗涵工程、新建邯济铁路至胶济铁路联络线跨越胶东输水干线西段济南至引黄济青段输水渠道工程，临邑至济南原油管道复线工程输油管道穿越南水北调济南至引黄济青明渠段工程，济南港华遥墙至旅游路次高压管线工程穿越南水北调济南至引黄济青明渠段工程等。济东渠道管理处按照工程管理规定和基本建设程序，对上述工程项目进行监管，确保工程安全运行。

济东渠道管理处进行现场配合建设管理部门的项目还有济东渠道段自动化调度运行管理系统建设工程、济东渠道段安全防护体系视频安防监控系统工程等。

（二）工程维护检修、设备维护

2017年，济东渠道管理处根据工程实际编制了2017年工程维修养护计划。山东干线公司与山东润鲁水利工程养护有限公司签订了《南水北调东线山东干线济南管理局工程维修养护协议（2017年上半年）》《南水北调东线山东干线济南管理局工程维修养护协议（2017年下半年）》，其中济东渠道管理段工程上半年日常养护费用68.77万元，工程看护费用57.75万元。下半年日常养护费用98.34万元，工程看护费用57.75万元。

（三）工程设施管理

济东渠道段工程沿线布置睦里庄节制闸、京福高速节制闸、出小清河涵闸、赵王河倒虹涵闸、赵王河泄洪闸、遥墙节制闸、南寺节制闸、傅家节制闸、大沙溜倒虹涵闸、大沙溜泄洪闸，共10座水闸，7处闸站管理区；遥墙管理所、南寺管理所、傅家管理所、大沙溜管理所，共4处管理所。工程设施的日常维护和看护委托山东润鲁水利工程养护有限公司实施。

（四）安全生产管理

2017年，济东渠道管理处落实安全生产责任制度，建立健全了安全生产网格体系及安全生产网格台账。明确了安全生产责任，加强对重点部位、重点环节的监控，针对重大危险源制订事故应急预案，开展“安全生产月”“安全生产百日攻坚”“安全生产隐患大排查快整治严执法集中行动”等活动。落实了重大危险源安全管理和监控责任，明确重大危险源现场专职管理人员，确保安全生产处于受控状态。

根据山东干线公司《安全生产标准化体系试运行实施方案》安排，组织全体职工参与安全生产标准化建设，按照《水利工程管理单位安全生产标准化评审标准（试行）》要求，从安全生产目标、组织机构和职责、安全生产投入、法律法规与安全管理制度、教育培训、生产设施设备、作业安全、隐患排查和治理、重大危险源监控、职业健康、应急救援、事故报告、调查和处理和绩效评定和持续改进13个方面落实工作，实行“全员参与、全过程控制、全方位展开”。

三、运行调度

（一）2016～2017调水年度供水运行工作

济东渠道段工程于2016年10月1日8时开始供水运行，至2017年7月1日8时完成年度供水任务。截至2017年7月1日8:00，大沙溜倒虹涵闸累计过水量69 061.91万m^3，累计过水时间为304天，向小清河补水181.53万m^3。

（二）2017年汛期应急供水运行工作

济东渠道段工程于2017年7月1日8时开始供水运行，截至2017年10月1日8:00完成年度供水任务。该阶段供水延续2016～2017年度供水任务水量计量，至2017年10月1日8:00，大沙溜倒虹涵闸累计过水量12 384.64万m^3，累计过水时间为92天。

（三）2017～2018调水年度供水运行工作

济东渠道段工程供水运行时间为2017年10月1日～2018年6月30日，计划供水273天，实际供水时间以山东省调度中心调度指令为准，计划引东平湖水7.62亿m^3。

四、工程效益

济东渠道段工程于2017年1月1日8时开始计量测算2017年度水量，至2018年1月1日8时完成年度水量计量。2017年，大沙溜倒虹涵闸累计过水量103 712.98万m^3，累计过水时间为8760h；其中7月1日8时起～10月1日8时止为防汛抗旱应急通水，济东渠道段工程通过大沙溜倒虹涵闸累计向胶东供水21 313.28万m^3，保障了胶东地区生产生活用水，有效缓解了胶东地区旱情。

2017年的向胶东地区、东湖水库等地区调水工作，实现了南水北调工程总体规划的供水目标，从而有效缓解工程沿线地区水资源紧缺问题，在调水、地方防洪、抗旱、排涝、生态环境改善以及小清河补源方面发挥了重要作用，经济社会效益显著。

济东渠道段工程采取了较完善水土保持生态修复措施，采取适当的水土保持措施有效控制水土流失量，工程防护和管理不断加强，沿线地区土壤侵蚀有效控制。人工林草植被良好，生态环境明显改善，为当地群众开展水土保护综合治理起到了示范作用，在一定程度上带动了当地经济、交通、文化进一步发展，提高了环境的承载力，促进了社会发展。

五、工程验收

石家庄至济南铁路客运专线济南西联络线特大桥跨越南水北调济南市区段输水暗涵工程，2015 年 12 月 26 日施工，2016 年 4 月 12 日竣工，2017 年 12 月 20 日验收。

石济客专济南西联络线新增立折线特大桥上跨南水北调济南市区段输水暗涵工程，2016 年 10 月 15 日施工，2016 年 11 月 26 日竣工。2017 年 12 月 20 验收。

新建铁路济南至青岛高速铁路济南东段石济胶济上、下行联络线特大桥上跨南水北调渠道工程，2016 年 9 月 20 日施工，2017 年 9 月 25 日竣工。2017 年 12 月 20 日验收。

石家庄至济南铁路客运专线齐济特大桥上跨南水北调渠道工程，2016 年 6 月 22 日施工，2017 年 4 月 20 日竣工，2017 年 12 月 20 日验收。

济南局春季树木补植栽植及土地整理工程，2017 年 3 月 1 日施工，2017 年 4 月 30 日竣工，2017 年 5 月验收。

六、环境保护及水土保持

根据国家批复，济南市区段工程与济南市小清河综合治理工程结合实施。济南市区段输水暗涵主体工程完成后，将工作面及时交与济南市小清河综合治理工程，由其进行输水暗涵顶部绿化；上游利用小清河输水段水土保持工程委托济南市小清河开发建设投资有限公司建设，与济南市小清河综合治理工程结合实施。

济东明渠段济南段工程全长 38.963km，共植树 87 103 株，绿化草皮面积超 108 万 m^2，打造了一条绿色长廊和生态长廊，完成苗木补植 3000 余棵，成活率 90% 以上。完成林木修剪、打药除害、树木扩穴保墒、水土保持管理等生态、林木管理工作，水土保持效果良好，没有发生大的雨淋沟、塌方及失火现象。同时，济东渠道管理处对所辖济东明渠段沿线 5 个闸站管理范围及 4 处闸站管理所进行了整体规划，营造了较好的工作生活环境。

（于 丽 赵天宇 李 冬）

明 渠 段 工 程

一、工程概况

明渠段工程上起济南市区段输水暗涵出口，下至小清河分洪道引黄济青上节制闸，中间与陈庄输水线路工程衔接，输水线路全长 111.26km；分为两段，第一段自济南市区段输水暗涵出口至高青县前石村公路桥上游（陈庄输水段工程起点），长 76.685km，沿小清河左岸新辟明渠，全断面现浇混凝土衬砌，渠底宽 9.1～13.5m；渠道内坡 1∶2.25，外坡 1∶2.0。第二段自入小清河分洪道涵闸末端（陈庄输水段工程终点）至引黄济青上节制闸，利用小清河分洪道子槽输水，长 34.575km，其中新开挖土渠 29.175km，渠底宽 14m，边坡 1∶3，利用小清河分洪道子槽输水长 5.40km，渠底宽 38m，内外边坡均为 1∶2。工程设计流量为 $50m^3/s$，加大流量为 $60m^3/s$。共建设各类交叉建筑物 407 座，其中节制闸、分水闸、泄水闸等 24 座，倒虹 177 座，桥梁 163 座，其他建筑物 43 座。

二、工程管理

南水北调东线山东干线胶东管理局作为二级机构负责明渠段工程［明渠段桩号（38+868）～(76+590)，明渠段桩号（87+895）～(122+470)］现场管理工作，下设三级管理机构淄博渠道管理处、滨州渠道管理处，负责工程的日常管理、维修养护、调度运行等事宜。淄博管理处管辖明渠段桩号（38+868）～(76+590）段长 37.722km 的渠道，滨州渠道管理处管辖明渠段桩号（87 +895）~（122 +470）段长34.575km的渠道。

截至2017年底，累计下达投资计划271 463万元，到位总投资267 363万元。累计完成总投资271 463万元，其中，施工合同投资91 322万元，其他投资180 141万元。

（一）工程维修养护

2017年上半年度累计完成日常维修养护金额254.82万元，占合同额的81.58%，其中完成合同内投资234.37万元，新增项目投资20.45万元。截至2017年底，电力线路维护工程专项维修养护项目，已累计完成工程投资50.55万元。

完成胶东管理局管理范围内的日常巡查看护与建筑物、渠道、设备、闸门、树木绿化以及安全防护设施、重要设备等日常维护保养，同时加强工程巡视检查，并完成大理石路沿石更换，淄博渠道管理处高青段桥头防护网更换，大圣寺、前石公路桥右侧桥头高标准防护网更换，围坝内坡衬砌板塌陷处拆除、整平维修。

（二）安全生产

组织调整胶东管理局安全生产领导小组构成，与责任人签订安全生产责任书，组织更新安全生产责任网格化管理。组织开展安全隐患排查，及时签报安全生产周报及安全生产信息系统月报。制定防汛预案，组织汛前检查。2017年4月，完成防汛预案及度汛方案评审工作，落实六项防汛重点任务及防护措施，完善防汛重点部位的应急预案并学习演练内容；5月17~19日，开展汛前检查，共计查出排水倒虹淤堵、倒虹进口浆砌石损坏、排水槽破损等问题19项，完成整改19项。2017年6~9月，对渠道及建筑物、金属结构、机电设备的汛中检查及防汛排涝工程进行了检查。

组织工程安全监测，收集整理安全监测设施设备运行及维护保养情况，建立安全监测设施设备台账。做好工程安全监测，开展安全监测12次，上报安全监测月报12份，召开安全监测专题会议2次。2017年，胶东段工程安全生产工作平稳有序，无事故。

三、运行调度

2017年，完成2016~2017年度调水工作任务，全年累计输水11.7亿m^3，其中在2017年5月3~21日，明渠段工程输水流量达到$50m^3/s$的设计流量。2017年7月，配合山东省南水北调工程建设管理局完成胡楼灌区引黄应急泵站、引黄济淄应急供水泵站、道旭引黄口门调水工程建设和运行管理，累计完成调引黄河水入南水北调渠道水量7801万m^3，确保了向胶东地区汛期调水不停水。

2016~2017年利用胶东干线工程，计划向胶东地区调水5.95亿m^3，实际完成调水量9.2亿m^3。向地方配套水库调水2204万m^3，其中向辛集洼水库调水1007万m^3，向博兴水库调水601万m^3，向淄博分水262万m^3。涵养了工程沿线的地下水源，解决了部分地区水资源紧缺问题。

四、环境保护及水土保持

胶东管理局所辖明渠段工程沿线约72km共植树18万余株，绿化草皮215hm^2，形成宽近70m、长72km的景观绿化带，逐步打造一条绿色长廊和生态长廊，为改善地方生态环境发挥了一定的积极作用。

2017年，淄博渠道管理处和滨州渠道管理处完成树木修剪、打药除害、草皮修剪、对不合格的树木进行补植替换等管理工作，淄博渠道管理处对台莱路下游左岸临近民房处边界内建筑垃圾进行了清理和绿化整治，各管理处对管理区进行了整体规划，营造了较好的工作生活环境。

五、验收工作

2017年，组织完成胶东段工程日常维修养护2016年合同验收、2016年度验收、2017

年上半年合同验收、电力线路维护工程专项维修养护项目合同验收等工作。

（时庆洁）

陈庄输水线路工程

一、工程概况

陈庄输水线路工程上接南水北调东线第一期工程济南至引黄济青明渠段输水工程上段（即沿小清河左岸新辟明渠输水段）末端，下接济南至引黄济青明渠段输水工程下段（利用小清河分洪道子槽输水段）起点，全线位于高青县境内，输水线路全长13.225km，采用梯形明渠断面，全断面现浇混凝土防渗衬砌，渠底宽9.1～14.4m，渠道内坡1∶2.25，外坡1∶2.0；设计流量50m^3/s，加大流量60m^3/s。共建设各类交叉建筑物47座，其中水闸3座，桥梁19座，穿渠倒虹吸21座，田间灌排影响渡槽4座。

陈庄段输水线路设计单元工程原为济南—引黄济青明渠段输水工程中的一段，2008年10月～2009年12月，山东省考古研究所在山东省南水北调东线工程第二批文物发掘中，于济南—引黄济青明渠段输水工程范围内位于高青县城西南13km处的陈庄村东发现了西周古城遗址。为了既满足文物部门提出的原址保护要求，又能确保明渠段工程初步设计尽快批复、及早开工建设，经山东省南水北调工程建设管理局及时主动汇报请示，国务院南水北调办有关领导在专程到现场调研、召开座谈会后，同意将陈庄遗址段从济南以东明渠段设计单元中分离出来，增设为单独的设计单元，工程总投资33 011万元。济南以东明渠输水工程陈庄段发现的西周古城遗址，文物部门初步判定为西周初期齐国城址。文物专家认为陈庄遗址的发现，填补了早期齐文化历史空白，对研究齐国早期历史具有重大意义，被评为“2009年全国十大考古新发现”。

二、工程管理

南水北调东线山东干线胶东管理局作为二级机构对陈庄输水线路工程［陈庄输水段（0+000）～（13+225）］进行工程现场管理，下设三级机构胶东管理局淄博渠道管理处，负责陈庄输水线路工程的日常管理、维修养护、调度运行等事宜。

2017年，陈庄输水段工程除做好管理范围内的日常巡查看护与建筑物、渠道、设备、闸门、树木绿化以及安全防护设施、重要设备等日常维护保养外，完成泥结石路面、路缘石维修更换，防护网修复，混凝土路面修复，桥梁维修养护等工作。

2017年，重抓汛前检查、度汛方案与防汛预案编制、防汛度汛物资购置、防汛值班、汛期巡视检查和工程安全隐患排查等工作。成立防汛工作领导小组和抢险队伍，开展防汛演练，每月开展隐患排查，并组织工程安全监测工作。截至2017年底，未发生任何安全生产责任事故。

三、运行调度

2017年，完成2016～2017调水年度调水任务，实行调水工作常态化，不间断调水，全年累计输水11.7亿m^3，其中在2017年5月3～21日，陈庄段输水工程流量达到设计流量50m^3/s。2016～2017调水年，计划利用胶东干线工程向胶东地区调水5.95亿m^3，实际完成调水量9.2亿m^3。向地方配套水库调水2204万m^3，其中向辛集洼水库调水1007万m^3，向博兴水库调水601万m^3，向淄博分水262万m^3。涵养了工程沿线的地下水源，解决了部分地区水资源紧缺问题。

输水期间信息传递畅通，指令传达和执行及时、准确，渠道、建筑物、机电设备及闸门等运行正常，状况良好。在输水期间，各个部门均较好地完成了通水运行的管理工作，做到了信息传递畅通，指令传达和执行及时、准确，渠道、建筑物、机电设备及闸门等运行正常，状况良好。

四、验收工作

2017年3月15日，完成陈庄段设计单元完工验收项目法人验收自查工作，并对验收提出的问题进行整改。2017年8月9日，通过陈庄输水线路设计单元工程完工验收。

（贾永圣）

东湖水库工程

一、工程概况

东湖水库位于济南市历城区东北部与章丘区交界处，距济南市区约30km。工程永久占地8075.08亩，水库围坝轴线全长8.125km，最大坝高13.7m，最高蓄水位30.00m，相应总库容为5377万m^3。每年向章丘供水1700万m^3，向济南市区供水4050万m^3，向滨州、淄博两市供水2347万m^3。泵站总装机容量2700kW，主厂房内安装1400HLB-9.5型立式混流泵2台，扬程范围12.7~8.78m，流量范围5.2~6.8m^3/s，配套电机型号为TL900-16/900kW；900HLB-9.5型立式混流泵2台，扬程范围13.1~9.25m，流量范围2.35~3.07m^3/s，配套电机型号YL560-10/450kW。工程主要建设内容为水库围坝，干线分水闸、小清河倒虹吸工程、入库泵站、穿围坝涵洞、出（入）库水闸、放水洞、排渗泵站及截渗沟等。

二、工程管理

南水北调东线山东干线济南管理局（以下简称济南局）承担东湖水库工程运行管理职能，下设三级管理机构东湖水库管理处，具体负责东湖水库及其泵站蓄水附属工程的运行、生产、维护及水土资源开发经营等现场管理工作。东湖水库管理处按照南水北调山东段调度中心及济南局调度分中心指令对东湖水库工程进行调度运行。

东湖水库管理处检查督促养护单位，对各闸室启闭机进行专项检查，对泵站外闸门、启闭机、配电柜、控制柜、金属结构、清污机及泵站外环境卫生进行巡视检查。2017年，完成启闭机滑轮罩的整改工作，更换闸室电动葫芦遥控手柄，在出入库闸外沿增设铝塑板沿子。

对东湖水库重要建筑物、景观、设施、苗木绿化进行管理看护，定期对东湖水库安全监测设施、设备进行自检自查，确保监测设备的正常运行。2017年汛期前后，养护小组对安全监测设施进行检查，对坝顶、上游坝坡、下游坝坡、坝脚、穿坝建筑物等进行全面巡视，检查发现坝坡部分雨淋沟及坝脚排水沟局部坍塌问题，部分观测设施无盖板、被掩埋，全防护网缺失或损坏，安排山东润鲁工程养护公司进行修补。2017年，在大坝西坝段下游增设横向排水沟，完成泵站前池排水清淤，完成管理区下水道修复及食堂下水道改造。

三、运行调度

（一）补充库水

2017年，东湖水库管理处按照调度指令做好充库工作，于2017年1月4~13日，3月23日~4月14日两个调水阶段向水库补充水量，累计过水时间为647.9h，共调水1200.74万m^3。

（二）向章丘配套工程供水

2017年，东湖水库管理处按照调度指令做好放水工作，2017年1月1日~2018年1月1日，东湖水库向章丘配套工程累计供水448.9966万m^3。

四、工程效益

东湖水库工程作为南水北调胶东干线的重要调蓄水库，调蓄南水北调东线分配给济南市区、章丘、滨州和淄博等城市的用水量，确保供水工程安全运行。

五、环境保护及水土保持

2017年3月，完成东湖水库春季补植种植项目，项目种植苗木4059株，移栽1730株。2017年下半年，对东湖水库管理区及围坝区苗木进行浇水、施肥、打药等养护工作。2017年11～12月，完成东湖水库冬季补植种植项目，项目种植苗木520株，移栽1100株。同时水土保持苗木养护等工作已列入2018年维修养护计划。

六、工程验收

2017年4月7日，完成了南水北调济南—引黄济青段输水工程济南市区、东湖水库管理处食堂扩建工程的合同验收。

2017年12月26日，通过东湖水库公安派出所办公设施及生产辅助用房合同工程完工验收。

2017年，完成济南局春季树木补植栽植及土地整理工程协议。完成南水北调东线一期工程山东干线济南段电力设施维保项目合同。完成南水北调东线山东干线济南局2017年冬季树木栽植及土地整理项目协议。完成南水北调东线山东干线济南局2017年上半年日常维修养护协议和南水北调东线山东干线济南局2017年度下半年日常维修养护协议所约定的工程养护工作。

（杨建伟　陈　鹏　李建辉）

双王城水库工程

一、工程概况

双王城水库位于山东省寿光市北部的寇家坞村北，距寿光市区约31km。利用原双王城水库扩建而成，双王城水库为中型平原水库，设计最高蓄水位12.50m，相应最大库容6150万m^3，设计死水位3.90m，死库容830万m^3，调节库容5320万m^3。年入库水量为7486万m^3，出库水量6357万m^3，蒸发渗漏损失水量1128万m^3。出库水量中包括向胶东地区年出库水量4357万m^3，向寿光市城区年供水量1000万m^3，水库周边地区高效农业年灌溉用水量1000万m^3，设计灌溉面积2万亩。设计最大入库流量8.61m^3/s，设计出库流量28m^3/s。

二、工程管理

南水北调东线山东干线胶东管理局作为二级机构负责双王城水库工程的现场管理工作，下设三级管理机构双王城水库管理处，负责工程的日常管理、维修养护、调度运行等事宜。

（一）工程维修养护

2017年，双王城水库工程维修养护工作主要是对水库围坝9.636km的巡视及安全检查，库内、坝坡垃圾及水草的清除，雨淋沟土方回填压实，排水沟清淤和维修，草皮修剪，坝顶路面维修等工作；2.2km引水渠道的看护及巡查工作，渠道内外坡垃圾清除，防护网修复，桥梁维护等；金属结构设备维修养护等，泵站电缆沟清理，三防地板更换等；水土保持中树木、草皮养护，树木补植等。

为确保南水北调双王城水库供电线路运行质量，提高供电可靠性，山东干线公司就有关南水北调双王城水库35kV王水线、盐水线、10kV引水渠、寿光供水洞、泄水洞等委托山东丰润电力工程有限公司进行管理维护，并签订了《南水北调胶东段双王城水库配电线路委托管理维护协议》。

（二）安全生产

（1）按照山东省水利厅下发的《全省水利系统安全隐患大排查快整治严执法集中行动方案》的要求，双王城水库管理处落实方案要求，每月集中开展安全隐患排查工作，对查出的问题记录台账，明确责任人及整改时限，汇编材料报于胶东局。

（2）按照南水北调胶东局下发的《关于印发“安全生产月”活动方案的通知》（鲁调水局建字〔2017〕16 号）及《山东干线公司 2017 年“安全生产月”活动方案》要求，双王城水库管理处于 2017 年 6 月 1 ~ 30 日，开展了“安全生产月”活动。主要内容如下：

1）根据山东干线公司及胶东局“安全生产月”活动要求，双王城水库制定了《双王城水库管理处 2017 年“安全生产月”活动方案》并予以印发落实。

2）对双王城水库工程所辖范围内发生的汛期险情，胶东局于 2017 年 6 月 2 日，在双王城水库开展了“南水北调胶东局 2017 年双王城水库防汛应急演练”。演练主要模拟双王城水库在汛期可能发生的外坡塌陷、坝脚滑坡、应急泄水等状况，针对设计的四个场景：大型雨淋沟、坝脚滑坡、伤员快速救治、水库应急泄水，开展了对应的应急处置演练。同时，邀请了地方水利局、防汛办公室参与。

3）根据南水北调胶东局及山东干线公司活动方案要求，于 2017 年 6 月 14 日，在双王城水库工程管辖范围内张挂宣传条幅进行安全教育宣传，共悬挂条幅 10 幅。提高全体职员的安全生产法治意识，推动落实安全生产主体责任。

4）根据山东干线公司下发的《关于发放南水北调安全教育宣传本和“致家长一封信”的通知要求》，双王城水库管理处于 2017 年 6 月 26 日上午，开展宣传教育活动，宣传教育水库周边的中小学生及家长保证中小学生人身安全等。该处管理人员以“南水北调安全宣传员”的身份，走进中小学校，为每一位学生发放了安全教育宣传本和“致家长一封信”。其中双王城卧铺小学共发放 650 册，双王城寇家坞小学共发放 600 册，双王城牛头初中共发放 1200 册，双王城中心小学共发放 620 册，共计发 3070 册。另外，在学校老师的配合下，宣传员还通过“南水北调安全生产大讲堂”的形式，为学生讲解了南水北调工程、宣传了防溺水安全常识等。

5）开展安全生产专题教育活动，提高员工安全意识。

6）组织全体人员集中观看《致命的有限空间》《问安齐鲁》等安全警示教育片，学习《水利生产安全事故案例集》等。

（3）分别在汛前、汛中、讯后组织安全检查，对发现的雨淋沟、塌陷、建筑物漏水等涉及防汛安全的问题记录台账并限期整改，保证度汛安全。

（4）根据山东干线公司下发的《关于印发山东干线公司安全成产百日攻坚治理行动方案的通知》要求持续开展“安全生产月”教育培训活动，2017 年 7 月 5 日下午，双王城水库邀请了寿光市消防大队对双王城水库管理处在岗员工及治安办工作人员进行消防安全教育培训。

（5）双王城水库管理处定期对测压管、水位、蒸发、渗漏、表面变形等进行观测，对观测数据进行安全分析，形成安全监测报告。报告分析结果双王城水库工程安全监测指标均满足要求。

（6）加强高水位工程安全检查，确保工程安全稳定运行。

1）制定巡查方案。加强工程巡查力度和频次，制定《双王城水库管理处高水位工程专项检查方案》。

2）增加巡查和安全监测频次。工程巡查小组每天开展工程巡查。在水库内外坝坡、排水沟、截渗沟、入库进口闸、泄水洞、供水洞检查有无塌陷、管涌、渗漏现象。自高水位期以来，经过现场巡视、检查，双王城水库未发现有管涌、渗漏等异常现象。双王城水库自进入高水位期以来，每周进行人工测压管测量。根据人工测压管测得数据来看，测压管内的水位随着库水位变化而均匀变化。

围坝和截渗沟均未发现渗水出溢点。

3）编制调度运行方案。为保证双王城水库高水位下工程运行安全，山东干线公司领导及安全监测专家于12月5日对双王城水库工程运行情况进行检查和现场指导，对双王城水库安全管理工作提出要求。编制了《南水北调东线山东干线胶东管理局双王城水库管理处2017年度调水运行方案》，方案包含工程基本情况、安全监测方案、调水应急预案等多方面内容，为双王城水库工程安全运行提供了理论保障。

三、运行调度

双王城水库2017年3月16日13:00开启1号机组开始充库，截至12月29日16:00，累计充库6075.12万m^3，库水位达11.51m，圆满完成了充库任务。1号机组运行2357.02h，2号机组运行439.5h，3号机组运行671h，4号机组运行2767.5h。

双王城水库工程的主要任务是调蓄干线引江水量，解决干线输水与各引水口在时空分配矛盾，向受水区青岛市、潍坊市、寿光市等胶东地区供水。2017年，双王城水库向寿光市供水累计达1130.931 5万m^3。

四、验收情况

2017年12月1～5日，中水北方勘测设计研究院有限责任公司组织专家组对南水北调东线一期工程双王城水库工程进行验收补充安全评估工作。

（王子春　田昆鹏）

鲁 北 段 工 程

概　述

鲁北段工程是南水北调东线山东干线的关键性输水线路之一。起于黄河南岸的东平湖，止于德州市武城县大屯水库，包括穿黄河工程7.9km、聊城段渠道工程110.0km、德州段渠道工程64.8km、大屯水库工程及临清市、夏津县、武城县灌区影响处理工程。主要任务是通过穿黄河工程打通东线穿黄河隧洞，连接东平湖和聊城段、德州段输水干线，实现调引长江水通过沿线渠道上的分水口门和大屯水库供水洞，向聊城市的东阿县、阳谷县、莘县、江北水城旅游度假区、冠县、高唐县、茌平县、临清市及德州市的德城区、陵城区、夏津县、乐陵市、平原县、庆云县、宁津县、武城县供水，满足调水沿线城区生活、工业、生态环境用水，同时具备向河北省东部、天津市应急供水的条件。

（张　健　董卫军　马　涛）

穿 黄 河 工 程

一、工程概况

穿黄河工程是南水北调东线自黄河南岸的东平湖至黄河北岸的输水干渠之间的一段输水工程，全长7.87km，是南水北调东线的关键控制性项目。项目建设的主要目标是打通东线穿黄河隧洞，并连接东平湖和鲁北输水干线，实现调引长江水至鲁北地区，同时具备向河北省东部、天津市应急供水的条件。工程建设规模按照一、二期结合实施，过黄河设计流量为100m^3/s。工程主要由闸前疏浚段、出湖闸、南干渠、埋管进口检修闸、滩地埋管、穿黄河隧洞、隧洞出口闸、穿引黄渠埋涵以及埋涵出口闸等建筑物组成，主体工程全长 7.87km。工程总投资 6.132 1 亿元。

二、工程管理

南水北调东线山东干线泰安管理局（以下简称泰安局）为穿黄河工程现场管理机构，下设综合科、工程技术科、调度运行科、闸门（隧洞）管理科、财务经营科，具体负责穿黄河工程的管理。

2017 年，完成穿黄河工程维修养护计划的报批工作及签订工作，签订《南水北调东线山东干线泰安管理局 2017 年度日常维修养护协议》，按照批复的维修养护计划及维修养护标准，加强对润鲁公司穿黄工程管理站的考核管理，做好工程维修养护工作验收及支付准备工作，按照要求每月完成维修养护情况月报，落实穿黄河工程维修养护工作。根据国务院南水北调办对工程运行管理进行的专项稽察和飞检提出的问题，制定整改措施，完成了问题整改落实工作。

三、运行调度

根据东线总公司供水运行工程调度方案和山东省南水北调水量调度计划，穿黄河工程 2016～2017 调水年度调水时间为 2017 年 3 月 21 日～6 月 4 日，整个调水周期累计向鲁北地区供水 10 862.49 万 m^3，完成 2016～2017 调水年度调水任务。2017～2018 调水年度，于 11 月 4 日～12 月 4 日完成向东阿县调水 522 万 m^3 的调水任务。调水期间工程运行正常，未发生安全事故。

四、环境保护及水土保持

穿黄河工程水土保持绿化苗木共种植杨树、柳树、国槐、白蜡等 9000 余株，植草护坡 36 000 余 m^2，苗木日常管理维护到位，长势旺盛，形成了绿色清水走廊景观，改善和美化当地生态环境。

五、岗位创新管理

泰安局根据山东南水北调“岗位创新活动”实施方案要求，结合工程管理实际，制定了《泰安局岗位创新实施方案》，积极组织全体职工开展岗位创新活动，收集整理总结岗位创新实施项目并完成初评和申报工作。2017 年，共审核职工上报岗位创新项目 16 项，审核上报参加公司内部评定 6 项，公司内部评定确认创新项目 2 项。

六、二级机构建设

泰安二级机构暨山东省南水北调泰安调度分中心（以下简称泰安调度分中心）工程征地 16 亩，为购买土地自建模式。项目地处泰安东岳大街以南，山东省煤田地质第五勘查大队以西，京沪铁路以北。距离泰安高铁站及高速出入口均为 8 分钟车程，距离泰山桃花峪风景区 5 分钟车程，交通便利，环境优美。

泰安调度分中心分两期实施。一期 2450m^2 为南水北调泰安调度分中心；二期备总调度中心业务用房 13 651m^2。2017 年，实施一期 2450m^2 的调度分中心工程。

2017 年 2～5 月，组织施工单位基本完成泰安二级机构围墙工程建设；6 月 28 日，完成泰安二级机构建设分标方案批复手续办理工作。9 月 16 日～10 月 17 日，开展了泰安二级机构主体工程招标，明确中标施工单位。至 2017 年底，施工单位已完成了施工区办公、生活临时板房的搭建和有关配套设施的安装、场地硬化布置及物料储备场地平整等工作。2017 年，协调泰安市规划局、拆迁办以及园林局等 20 几个部门，完成了建设许可、消防、环保、安检、绿化开口、涉水、涉电、防空易地建设、质量监督以及施工许可证等二十几项开工前手续办理工作并开工。截至 2017 年底，泰安二级机构建设累计完成投资约 2582 万元。

七、验收工作

截至2017年底，穿黄河工程专项验收、技术性初步验收工作已全部完成。

（张　山　赵　超　马　涛）

德州段渠道工程

一、工程概况

德州段渠道工程在建设期间被称为“七一·六五河段工程”。德州段渠道工程包括南水北调东线山东干线德州市夏津段渠道工程和武城段渠道工程，由德州局夏津渠道管理处负责现场管理工作，起自聊城市、德州市界闸下游师堤西生产桥至草屯生产桥，全长65.2km。工程沿线有管理站所8处，建筑物126座，其中公路桥2座、生产桥33座、人行桥3座、节制闸8座、涵闸76座、穿输水渠倒虹3座及橡胶坝1座，交通管理道路65.2km。

二、工程管理

南水北调东线山东干线德州管理局（以下简称德州局）负责德州段的干线工程运行管理工作。德州局下设夏津渠道管理处，编制12人，2017年底到岗10人，具体负责德州段渠道工程运行管理工作。

夏津渠道管理处编制完成了夏津渠道管理处所辖工程的日常维修养护计划，并根据山东干线公司审查意见修改完善，2017年4月6日，山东干线公司批复了日常维修养护计划，夏津渠道管理处根据批复情况编制了日常维修养护实施方案，并起草了日常维修养护合同，经与养护单位多次协调沟通，于2017年5月18日，由山东干线公司与山东润鲁水利工程养护有限公司签订了2017年度（上半年）日常维修养护协议，于2017年7月18日，由干线公司与山东润鲁水利工程养护有限公司签订了2017年下半年日常巡查看护协议，采用公开招标方式确定了2017年度下半年维修养护单位。2017年9月18日，由山东干线公司与山东省引黄济青建筑安装总公司签订了2017年下半年德州段、聊城段日常维修养护协议。

合同签订后，夏津渠道管理处会同养护单位进行了细致研究和协商，养护单位提交了年度维修养护实施计划，编制了专项维护技术方案，按照合同约定的项目和要求积极开展维修养护工作，夏津渠道管理处检查考核，确保维修养护工作质量满足合同要求。

为做好2017年度夏津渠道管理处防汛度汛工作，管理处编制了防汛度汛方案，根据人员调整和现场工程实际，管理处及时调整了安全生产组织机构，2017年8月3日管理处在六分干师堤北生产桥处进行了防汛演练，使演练使人员掌握应急救援程序和方法，提高了管理处防汛应急抢险作战能力。

三、运行调度

按照调度方案的要求，运行期间实行统一调度、分级负责制度。德州段渠道工程服从德州调度分中心及山东省备调中心的统一调度、统一指挥。

2017年3月31日~5月23日，历时58.5天，共计调水5099.32万m^3，整个调水期间工程运行状态良好，渠道沿线无安全事故发生，实现了人员、水质、工程安全目标，完成了德州段渠道工程年度调水任务。

四、验收工作

截至2017年底，夏津渠道管理处梳理了设计单元工程完工验收任务清单，明确了责任人和完成时限，有序开展七一·六五河段工程设计单元工程完工验收准备工作，确保设计单元工程完工验收实施。

（孟繁义　田汉功　谢　峰）

大屯水库工程

一、工程概况

大屯水库工程位于山东省德州市武城县恩县洼东侧，距德州市德城区25km，距武城县城区13km。水库围坝大致呈四边形，南临郑郝公路，东与六五河毗邻，北接德武公路，西侧为利民河东支。大屯水库工程总占地面积9732.9亩，围坝坝轴线总长8914m，设计最高蓄水位29.8m，最大库容5209万m^3，设计死水位21.0m，死库容745万m^3，水库调节库容4464万m^3。主要工程包括围坝、入库泵站、六五河节制闸、引水闸、德州供水洞和武城供水洞、10kV及35kV专用电力线路工程等。入库泵站设计入库流量为12.65m^3/s，向德城区供水设计流量为4m^3/s，向武城县城区供水设计流量为0.6m^3/s。工程建成运行后，可分别向德州市德城区、武城县城区年供水10 919万m^3和1583万m^3。

大屯水库工程于2010年11月25日开工建设；2012年12月底，主体工程完工；2014年4月30日完成全部尾工建设。批复工程投资130 829万元，截至2017年底，累计完成工程投资126 254.76万元。

二、工程管理

大屯水库管理处是南水北调东线山东干线德州管理局（以下简称德州局）的现场派驻机构，负责德州段的干线工程运行管理工作。2017年，大屯水库管理处编制《大屯水库管理处管理制度汇编》，制度汇编共分四册，其中：管理制度汇编（一）为59项运行管理制度，管理制度汇编（二）为37项安全生产管理制度，管理制度汇编（三）为12项现场处置方案，管理制度汇编（四）为综合性应急预案和7项专项应急预案，并组织该制度的宣贯学习，通过建章立制、汇编宣贯，使得工作人员能够及时准确掌握内部管理制度，明确工作内容、范围、要求、程序和方法，保证了各项工作开展有依有据。

（1）维修养护。编制上报了《工程日常维修养护计划》。按照检查制度和维护计划开展日常设备检查维护工作。督促施工单位完成防浪墙挂板更换、坝后雨淋沟修复、排水系统维护，观测设施维修养护，截渗沟清淤土方平整，坝坡9个安全监测断面增设石板路及防浪墙内侧增设踏步，3个出水池顶沿内侧增设5mm厚平台并加装不锈钢护栏，德州供水洞路面硬化，桩号（8+867）处内坡沉陷修复和坝坡草皮修剪等工作。检查督促维修养护单位做好日常和专项维修养护工作。

（2）安全监测。定期对水库测压管井、水尺、基准点、标点等进行维护，对测压管管口高程进行校核，对水位观测井进行灵敏度实验；每天对水库围坝、坝后截渗沟、入库泵站穿坝涵洞、德州供水洞、武城供水洞等重点部位进行巡视检查；每天对管理区范围内观测点的垂直位移测量4次，9个断面的水平位移测量4次；每天统计气温、水库库内、外水位等数据及环境量观测；整理分析观测资料，定期核对处理渗压力、土压力、泵站测压管、星形磁铁内部变形、水位观测井等监测数据，按月编制安全监测报告归档并上报德州局。

2017年，大屯水库完成多项专项检查工作，检查整改情况整体较好。重要节假日开展节前安全检查，在敏感季节开展安全生产专项检查，具体包括夏季消防、冬季安全生产检查。冬季消防安全检查。根据干线公司要求完成危化品专项检查与整改，按时完成大排查、快整治、严执法集中行动，并及时上报整改报告。按要求完成汛前、讯后大检查与整改、完成电气设备、接地装置和消防设施专项检查整改。

三、运行调度

2017年3月31日16时，根据现场实际情况依次开启大屯水库入库3台泵站机组，机组平均流量为12.65m^3/s，进入正常调水期。2017年5月23日18时，达到设计水位29.80m，泵站机组依次关闭，调水工作顺利完成。该次调水累计入库量5099.32万m^3，水库蓄水量达到5209万m^3。

2017年全年，向武城县供水541.81万m^3；2017年5月22日开始向德州市供水，截至2017年底，供水量为2873.81万m^3。

四、水土保持

大屯水库工程范围内共种植白蜡、柳树、杨树等乔木5.7万株，榆叶梅、金银花等灌木及铺地类植物21万株，冬枣、柿子树等果树1万株，护坡草皮10余万m^2。

五、验收工作

2017年5月26日，南水北调东线一期工程大屯水库公安派出所办公设施及生产辅助用房工程建筑装饰与装修和建筑给排水及电气两个分部工程验收合格。

2017年7月11日，南水北调东线一期工程大屯水库公安派出所办公设施及生产辅助用房工程单位工程验收合格。

2017年7月25日，南水北调东线一期工程大屯水库公安派出所办公设施及生产辅助用房工程合同项目验收合格。

2017年9月28日，项目法人完成设计单元工程完工验收项目法人自查工作。

2017年10月30日，南水北调东线山东干线德州管理局2017年度（上半年）日常维修养护协议项目完成验收。

2017年11月2日，完成南水北调东线一期鲁北段工程大屯水库工程设计单元工程完工验收。

（崔彦平　董卫军　贾宏宇）

聊城段工程

一、工程概况

聊城段工程是南水北调东线一期工程的重要组成部分。途经聊城市的东阿县、阳谷县、江北水城旅游度假区、东昌府区、经济技术开发区、茌平县、临清市7个县（市、区）。由小运河工程、七一·六五河段六分干工程组成。工程范围上起穿黄河隧洞出口，下至师堤西生产桥，接七一·六五河段工程。聊城段工程渠道全长110.0km，其中小运河段长98.3km，设计流量50m^3/s，利用现状老河道58.2km，新开挖河道40.1km；临清六分干段长11.7km，设计流量25.5～21.3m^3/s。新建交通管理道路111.1km。输电线路全长40.9km。工程沿线交叉建筑物464座，其中节制闸13座，分水闸8座；涵闸188座；倒虹吸44座；穿堤涵闸23座；桥梁153座（公路桥31座，生产桥110座，人行桥12座）；渡槽11座；暗涵4座；穿路涵10座；涵管2座；穿铁路工程7处；水质监测站1处。

二、工程管理

南水北调东线山东干线聊城管理局（以下简称聊城局），负责聊城段工程的运行管理工作。东昌府渠道管理处和临清渠道管理处为现场派驻机构。聊城段工程按管辖范围划分为上游段工程和下游段工程，上游段工程由东昌府渠道管理处管辖，下游段工程由临清渠道管理处管辖。

东昌府渠道管理处所辖工程，上起穿黄河隧洞出口，下至马颊河倒虹吸中段，起止桩号为（0+000）～（66+243）。跨越东阿县、阳谷县、东昌府区、江北水城旅游度假区、经济技术开发区、茌平县6个县（市、区）。渠道全长66.2km，输电线路长34.3km。各类建筑物324座，其中桥梁104座，倒虹吸

39座，节制闸7座，分水闸6座，涵闸127座，渡槽11座，穿路涵10座，涵管2处，暗涵2座，七级分干枢纽1处，管理用房15处。交通管理道路67.4km，其中泥结石路面43.9km，混凝土路面23.5km，七级镇段为双侧交通道路。

临清渠道管理处所辖工程，上起马颊河倒虹吸中段，下至师堤西生产桥，起止桩号为（66+243）~（110+006）。跨越东昌府区、临清市2个县（市、区）。渠道全长43.8km。输电线路长6.6km。各类建筑物112座，其中桥梁46座，倒虹吸5座，节制闸6座，分水闸2座，涵闸44座，暗涵2座，管理房6处，水质监测站1处。交通管理道路43.7km，其中泥结石路面17.0km，混凝土路面26.7km。

依据山东干线公司制定的《渠（河）道工程现场管理考核标准（2017修订版）》（以下简称"千分制考核"）开展工程管理工作。"千分制考核"涉及工程现场的综合管理、工程管理、运行管理、安全管理、发展运营管理共5大类42个项目，考核满分为1000分。东昌府渠道管理处和临清渠道管理处于每个月底开展现场工程管理情况"千分制考核"自查，聊城局于每个季度末对东昌府渠道管理处和临清渠道管理处开展季度现场工程管理"千分制考核"。针对管理处月度"千分制考核"自查和聊城局季度"千分制考核"发现的问题，及时整改落实、归档。

同时，两个渠道管理处实行工程管理包站制，加强巡视巡查，加强工程维修养护，定期开展工程安全监测，规范穿越工程项目施工管理，确保了工程安全。

按照"管养分离"原则，经过招投标程序，山东润鲁水利工程养护公司承担了聊城段工程2017年上半年日常维修养护项目和2017年下半年日常巡查看护项目，2017年11月7日，在聊城组织完成2017年上半年日常维修养护合同项目验收工作；山东省引黄济青建筑安装总公司承担了聊城段工程2017年下半年日常维修养护项目。

聊城局及东昌府、临清渠道管理处联合成立工程维修养护考核小组，督促养护单位进行日常工程维修维护，开展维修养护质量控制，按月考核日常维修项目合同执行情况，进行月度计量支付及年度合同验收。同时，东昌府、临清两个渠道管理处安排人员督导养护站站长搞好工程日常维修养护、监督养护人员上岗及工作开展，督促问题整改。

聊城局2017年度完成各类运行管理费用约1159.2万元。其中，日常维修养护费用916.7万元，专项及提高标准、升级改造费用242.5万元。

三、运行调度

（1）调水计划。按照《水利部关于印发南水北调东线一期工程2016~2017年度水量调度计划的通知》（水资源〔2016〕382号，以下简称水利部水量调度计划）及南水北调东线山东干线有限责任公司《关于做好2016~2017年度水量调度准备工作的通知》（鲁调水企运字〔2016〕10号），鲁北段工程运行时间为2017年3~6月，东平湖入鲁北干渠水量为0.9亿m^3。

（2）输水运行。2017年3月21日10时，开启东平湖出湖闸，2017年3月26日4时，开启市界节制闸，江水顺利进入德州市辖区。2017年6月4日9时，关闭东平湖出湖闸，停止从东平湖引水。市界节制闸累计过水量6090.0万m^3。

（3）分水运行。2017年4月5日10时，开始向聊城市6个县（市）分水，2017年6月24日8时，停止分水。分水历时81天，累计向莘县分水700.1万m^3，向东阿县分水754.0万m^3，向阳谷县分水300.9万m^3，向临清市分水500.0万m^3，向茌平县分水651.0万m^3，向高唐县分水500.8万m^3。2016~2017调水年度，累计向聊城市6个县（市）

分水3406.8万m^3。2017年11月4日，启动2017~2018年度第一阶段向东阿县分水，至2017年12月4日14时，停止分水。2017~2018调水年度第一阶段累计向东阿县分水501.1万m^3。

（4）经验总结。一是运行调度实行水情日报制，做好水情、工情统计整理及上报，加强调度，保证水位平稳运行。二是根据上游来水情况，通过调节闸门开度，来控制流速和河槽水位，保持河道高水位、低流速运行。即输水前期当上游大流量充渠时，通过降低闸门开度，节制过水流量，逐步抬高河槽内水位，实现河道高水位、低流速运行；正常输水期，根据上游来水情况，适时调节闸门开度保持渠道来水和分水平衡，保障河道高水位、低流速运行。同时，聊城局及东昌府、临清两个渠道管理处开展“安全生产月”活动，开展秋、冬季安全检查，防汛抢险及消防逃生应急演练。2017年度无各类突发事件发生，保障了工程安全平稳运行。

四、环境保护及水土保持

聊城段工程环境保护及水土保持设施，主要包括工程措施和植物措施两部分。分输水渠、交叉建筑物、管理机构三个防治区。输水渠防治区，主要是对渠道衬砌高程以上内外坡、戗台、堤顶土路肩及护堤地进行植物措施防护。建筑物工程防治区，主要是对沿线控制性建筑物的绿化区域，进行植物措施防护，采取撒播草籽为主，适当点缀乔、灌木防护。管理机构防治区，主要是对沿线管理机构场区采取乔、灌、草相结合的绿化措施。主要植物措施工程量包括栽植乔木119 346株，灌木362 131株，播撒草籽325.5hm^2。

2017年，实施了春季树木补植栽植及土地整理项目，完成投资40.5万元；实施了冬季树木补植栽植及土地整理项目，完成投资1万元。

通过综合治理，基本无弃土弃渣乱堆乱弃现象，管护良好基本无损坏现象，改善了河道水质，减缓了河床淤积，减轻了洪涝灾害，减少了水土流失发生，保护和改善了当地生态环境。

五、工程验收

2017年3月17日，受山东干线公司委托，聊城局主持通过了聊城局综合机房管理设施工程合同项目完成验收。2017年4月28日，受南水北调东线山东干线有限责任公司委托，聊城局主持通过了2016年度日常维修养护合同项目完成验收。2017年11月7日，受南水北调东线山东干线有限责任公司委托，聊城局主持通过了2017年度上半年日常维修养护合同项目完成验收。2017年12月6日，受南水北调东线山东干线有限责任公司委托，聊城局主持通过了南水北调东线一期工程鲁北段梁水镇土闸村右岸排水项目合同工程完工验收。

（马存兵　张凌东　张　健）

聊城段灌区影响处理工程

南水北调东线一期鲁北段输水工程，利用了流经夏津县、武城县及临清市境内的七一·六五河输水，从而使七一·六五河失去原有的灌溉排涝功能，打破了原来的灌排体系。灌区影响处理工程兴建的目的，就是消除南水北调东线一期工程利用地方原有河道输水对灌区带来的不利影响。

聊城段灌区影响处理工程，即临清市灌区影响处理工程，是鲁北段输水工程的一个重要组成部分。其主要任务是通过调整水源、扩挖（新挖）渠道、改建（新建）建筑物等措施，满足因南水北调东线一期鲁北段输水工程利用临清市境内的七一·六五河段输水而受其影响的58.8万亩灌区的灌溉供水需求。工程主要建设内容包括：开挖河道8条长度30.5km，公路桥9座、生产桥29座，新建水闸11座，新建泵站1座。

临清灌区影响处理工程的运行管理机构是临清市灌区排灌工程管理处。临清市灌区排灌工程管理处隶属于临清市水务局，负责临清市引黄河及其他工程的运行管理和工程管护，该机构组织健全，管理体系完整。临清灌区影响处理工程只对灌区进行渠系调整，并不扩大灌区规模，没有加重灌区管理任务，为此临清灌区影响处理工程仍由临清市灌区排灌工程管理处管理。

2012年2月，该工程建设完成并投入运行，2017年，工程运行正常。

（马存兵　张凌东　张　健）

专　项　工　程

山　东　段

一、调度运行管理系统工程

（一）工程概况

山东省境内调度运行管理系统主要包括通信系统、计算机网络系统、闸（泵）站监控系统、信息采集系统、应用系统等，运用了先进的信息采集技术、自动监控技术、通信和计算机网络技术、数据管理技术、信息应用与管理技术，是一个以采集输水沿线调水信息为基础（包括水位、流量、水量等水文信息、水质信息、工程安全信息及工程运行信息等），以通信、计算机网络系统为平台，以闸（泵）站监控系统和调度运行管理应用系统为核心的调度运行管理系统，保证了南水北调东线山东干线工程安全、可靠、长期、稳定的经济运行，实现了安全调水、精细配水、准确量水。

（二）建设管理

截至2017年底，调度运行管理系统已完成投资58 152万元，其中建安部分46 096万元（含三大段通信管道工程）。完成了具备条件的大部分建设任务，建成了安全可靠的计算机网络系统，开通了全线语音调度系统，实现了OA综合办公系统、外网门户等办公应用软件和信息监测与管理系统、视频监控系统、三维调度仿真系统等调度相关业务软件的上线使用；建成了备调中心（设在穿黄河管理处），实现了泵站、水库、渠道运行信息的集中展示、远程监视、控制等各种业务的功能承载及应急会商支持。

2017年5月15～21日，国务院南水北调工程建设委员会专家委员会到山东段检查，给出如下结论："山东系统具备建设条件的硬件设备安装工作已基本完成，系统整体功能已初步实现。穿黄备调中心、计算机网络和通信以及信息采集等部分系统工程已经在调水期间应用"。

（三）运行维护管理

2017年通水运行期间，信息运行管理中心结合工程建设实际，统筹安排，制定相应的通信保障措施，进一步严肃运行期间的巡视检查制度和值班纪律，安排专人24小时值班，每天定时巡检，保证系统运行正常；调度运行管理系统整体运行良好，调度管理行为规范，调度指令严格执行，圆满完成通水运行工作，保证了整个系统能够平稳安全运行无事故。

2017年，在做好调度运行管理系统建设工作的同时，逐步规范自动化调度系统的运行维护管理工作，完善现场巡查表，规范现场巡查工作。为提高现场管理人员自动化技术水平，开展了调度运行管理系统应用系统使用及信息安全、现地通信光电缆及设备保护培训，推进自动化调度系统代替维护工作。

南水北调东线一期工程山东段调度运行管理系统实现了具备条件的现地流量、水位等水情信息的远程采集、上传、存储和处理，实现了信息监测与管理系统、工程管理系统、视频监控系统、闸（泵）站监控系统等应用系统在备调中心及各管理处的集中展示，实现了输水渠道闸站远程精准控制，实现了远程联动调度指令下达反馈、调度运行数据实时监测等功能，实现了语音调度功能和网络通信，实现了调度中心（备调中心）对各闸（泵）站的远程监控与视频监视。

（黄　茹　张亮方　田　莹）

二、管理设施专项工程

（一）工程概况

2011年8月，国务院南水北调办对山东境内工程管理设专项工程初步设计报告进行了批复。共批复一、二、三级机构征地141亩。管理设施专项批复管理用房面积38 409m^2（其中一级14 592m^2，二级23 817m^2）。山东段管理设施总投资30 101万元，静态投资29 641万元，管理征地11 900万元。2013年12月31日，国务院南水北调办对《南水北调东线一期工程山东境内工程管理设施专项工程征地投资方案》进行了批复（国务院南水北调办投计〔2013〕308号），在初步设计概算基础上增加管理设施征地投资27 420万元。

（二）工程进展

一级机构管理设施在济南唐冶新区与水发集团公司联合建设，2015年底前，完成了前期工作手续和施工图审查各项工作，2016年5月，总承包单位进场施工，主体工程于2017年1月23日封顶，2017年底前，完成了内外装修工作。批复建筑面积14 592m^2，实施14 592m^2；批复投资19 186万元，实施投资13 995万元，与济南管理局、济南应急抢险中心实施总面积18 584m^2。

（三）二级机构建设

（1）济南局二级机构管理设施。济南管理局批复面积2404m^2、济南应急抢险中心批复面积2492m^2，其中机修车间904m^2，共批复投资9378万元。在济东渠道管理处实施维修车间610m^2，投资300万元，其余办公部分在一级机构管理设施建设地点建设。

（2）枣庄局二级机构管理设施。枣庄管理局管理设施建设方式为征地自建，在枣庄市薛城区征地22.9亩。2017年底，建设完成入驻，批复管理用房建筑面积2154m^2，实际完成建筑面积2152.65m^2；批复投资1962万元，完成投资4010万元。

（3）泰安局二级机构管理设施。泰安调度分中心建设方式为征地自建，规划地上总建筑面积16 101m^2，分两期实施。其中，一期2450m^2为南水北调泰安调度分中心；二期备总调度中心业务用房13 651m^2。2017年共征地16亩，批复建筑面积2450m^2，建设2450m^2。围墙工程于2017年3月开工，7月完成。调度分中心业务用房工程于2017年12月27日开工建设。截至2017年底，共完成投资2722万元，未完成投资1500万元。

（4）德州局二级机构管理设施。德州管理局管理设施建设方式为在德州市区购置，选址定于德州市经济技术开发区三八东路与康博大道交汇处西250m路北东汇大厦。2016年8月4日完成入驻，初步设计批复管理用房建筑面积2300m^2，实际完成建筑面积2292m^2；批复投资3266万元，完成投资1677万元。

（5）胶东局二级机构管理设施。胶东管理局管理设施建设方式为现地购置，将山东省调水工程技术研究中心开发建设的邹平农林办公大楼（和润大厦）14、15层作为胶东局二级机构管理设施，该办公大楼位于山东省邹平县鹤伴二路与醴泉七路交叉西南。2015年3月完成入驻，批复建筑面积为

$2350m^2$，实际建筑面积为 $3533.36m^2$。批复投资 3500 万元，完成投资 2818 万元。

（6）济宁局二级机构管理设施。济宁管理局批复管理用房面积 $2400m^2$，济宁应急抢险分中心批复管理用房及车间面积 $3009m^2$，济宁管理局与济宁应急抢险分中心在济宁市区合并购置。选址定于济宁盛基国际有限公司盛基国际广场写字楼（14～18 层），合同总建筑面积 $3896.5m^2$，完成投资 2300 万元。2017 年 12 月完成入驻。

济宁应急抢险分中心机修车间在长沟泵站厂区内实施建筑面积 $902.67m^2$，投资 451 万元；实施办公用房 $348.72m^2$，投资 260 万元。批复管理房屋面积合计 $5409m^2$，完成建筑面积总计 $5148m^2$，批复投资 4278 万元，完成投资 3011 万元。

（7）聊城局二级机构管理设施。聊城管理局管理设施建设方式为管理局和应急抢险分中心在聊城市区合并购置，选址定在聊城市东昌府区。批复管理用房建筑面积 $4258m^2$，批复投资 4966 万元。聊城管理局在聊城市东昌府区实施建筑面积 $2026m^2$，完成投资 1770 万元；调度及会商室建筑面积 $596m^2$，投资 196 万元。聊城应急抢险分中心机修车间在八东节制闸工程用地内实施，建筑面积 $610m^2$，工程投资 316 万元。共完成建筑面积 $3232m^2$，完成投资 2282 万元。

（张金平　许雅静）

治污与水质

江　苏　段

概　　况

水质问题关系到南水北调东线工程成败，水质管理是江苏南水北调的重要工作内容。2017 年，江苏始终把南水北调东线江苏段水环境保护作为江苏省环境保护工作的重中之重，加强沿线断面水质监控、区域环境执法监管，指导督促沿线地方政府深入推进环境综合整治，确保南水北调沿线水质稳定达标，实现“清水北送”目标。

（郑福寿）

环　境　保　护

江苏省南水北调输水沿线处于工业化、城镇化快速发展期，同时又处于淮河、沂沭泗流域下游，承受着自身发展和上游过境客水污染的双重压力，水环境保护压力巨大。江苏省政府高度重视南水北调输水沿线环境保护，将水质保护工作放在突出位置，着眼建立长效机制，确保输水水质稳定达标。

（1）落实保护责任。江苏省政府建立水污染防治联席会议制度，将南水北调断面水质达标纳入地方政府治污目标责任书，明确沿线地方政府主要领导为第一责任人，把治污工作纳入综合考核指标体系，严格责任追究。以水质目标倒逼治污，实施“断面长制”，市、县两级政府负责同志担任“断面长”，对断面水质和工程项目实行包干负责。为贯彻落实《水污染物防治行动计划》和《重点流域水污染防治规划（2016～2020 年）》，江苏省在南水北调沿线划定了 35 个控制单元，拟订减排目标，编制实施控制单元水质达标方案，提炼筛选治污项目171个，总投资191亿元。洪泽湖、骆马湖、高邮湖等编制完成生态环境保护规划并开始实施；印发《关于构建苏北苏中生态保护网实施方案》《关于建设生态保护引领区和生态特区的指导意见》，梳理集成南水北调沿线（江淮生态大走廊）地区矿山环境治理、生物多样性保护、流域水环境保护重点工程，形成试点实施方案，持续推进湿地修复、林地建设、重点水体治理。

（2）强化水源保障。一是江苏省环保厅每月在沿线开展水质监测与评价，据此编制沿线水质月度通报，敦促各地切实履行职责，确保水质稳定达标。结合监测数据和实地核查情况，系统梳理沿线水环境问题和风险隐患，发文督促地方进行核查、整改。二是编制实施《南水北调东线水源地国家级生态保护区功能规划》《江淮生态大走廊规划》《生态河湖行动计划》，以南水北调输水干线为核心，全面覆盖调水源头三江营、潼河、三阳河、高邮湖、宝应湖、洪泽湖、骆马湖等江、河、湖，把环境治理、生态建设、生态修复、水环境质量改善、生态安全列为首要目标。三是将南水北调水源区域、引江河长江入河口及沿线重要清水通道、湿地、林地等划为生态红线管控区，实施分级分类管理，一级管控区严禁一切形式的开发和建设活动，二级管控区严禁有损主导生态功能的开发建设活动。四是持续推进洪泽湖、骆马湖禁采，坚决打击各类非法采砂活动；采取水源涵养、生态清淤等综合措施，切实保护水生态系统完整性；实施退圩还湖，拆除圈圩、围网养殖，保护湖泊水生态环境。

（3）推进综合整治。抓住中央环保督察反馈意见整改的契机，着力解决影响区域水生态环境安全的突出问题。在工业污染防治方面，将南水北调沿线地区作为产业结构调整的重点区域，提高环保准入门槛，专项整治重污染行业，淘汰一批产业层次低、资源消耗高、环境污染重、安全风险大的劣质企业。如徐州市先后淘汰了造纸、印染、酒精等7大行业共计40家企业的落后产能，关闭搬迁了市区140多家重污染企业；淮安市推进城市建成区化工、印染、钢铁等污染企业搬迁，对4家化工园区开展专项整治等。在生活污染防治方面，持续推进环境基础设施建设。2017年，安排各级环保专项资金99 239万元，支持沿线污染防治和生态建设。南水北调沿线共建成投运城镇污水处理厂80余座，污水处理能力达200多万m^3/日，累计建成污水收集主干管道总长超过6700km，县以上城市污水处理率达83%以上。2017年，南水北调沿线有431个村参与覆盖拉网式农村环境综合整治试点工作，投入省以上奖补资金3.326亿元。在农业污染防治方面，全面完成畜禽养殖禁养区划定，对禁养区内4378个畜禽养殖场全部关闭，完成率100%。

（4）加强监管执法。根据江苏省环保厅《南水北调东线江苏段水质安全保障专项计划》，组织对沿线水污染防治项目运行情况、工业企业和污水处理厂排放口及市政排污口、规模化畜禽养殖场、沿线船闸垃圾收集处置等情况开展专项检查，发现问题立即督促地方整改。据统计，沿线地区共立案处罚环境违法行为3782件。2017年，南水北调输水沿线各地连续开展了中央环境保护督查组交办问题“回头看”专项行动、砖瓦行业环保专项行动、饮用水源地专项整治行动、工业污染源全面达标排放行动等。出台《江苏省环境保护督察方案》，陆续对徐州、扬州市开展督察，排查梳理环境问题和风险隐患，累计交办1206件环境信访问题，其中，责令立即整改310件，限期整改202件、停产整改127件，关闭取缔68家，立案查处环境违法行为173件，约谈98人、问责15人，有力推进了沿线重点区域、行业污染治理。

（5）完善协同机制。一是实施水环境区

域补偿。按照“谁达标、谁受益，谁超标、谁补偿”的原则和“合理、公平、可行”的总体要求，制定实施《江苏省水环境区域补偿实施办法》，实施上下游区域双向补偿，补偿断面涵盖南水北调重点断面。2017年起，大幅提升补偿标准，有力调动了各地治水保水积极性，推进了沿线水环境质量的改善。二是建立区域联防联控机制。建立淮海经济区核心区8个城市环境保护联席会议制度，形成了流域性环境整治定期会商和形势研判机制、区域环境信息共享与发布机制、区域环境监管与相互监督机制、跨界突发环境事件联合应急处置机制等，强化水污染区域联防联控。部分地方还结合实际，不断创新管理方式，如徐州市实行重点断面保护区制度、达标风险抵押金制度。

（倪效欣）

治污工程进展

（1）截污（尾水）导流工程建设情况。南水北调治污规划确定的第一阶段102个治污项目中包含4项截污导流工程项目，分别为徐州、江都、淮安、宿迁市截污导流工程，已全部完成并投入使用。江苏省政府为确保干线水质稳定达标批复的第二阶段203个治污项目中包括4项尾水导流工程项目，分别为丰县沛县、新沂市、睢宁县和宿迁市尾水导流工程。截至2017年底，丰县沛县、新沂市、睢宁县尾水导流工程已全部建设完成并投入运行，正在开展各项验收；宿迁市尾水导流工程完成18.7 km压力管道铺设和6处沉井施工等，并同步开展征迁清障工作，完成投资20 200万元。

（2）截污（尾水）导流工程运行管理情况。2017年，已建成的截污（尾水）导流工程均落实了运行管理单位，其中徐州截污导流工程由徐州市截污导流工程运行养护处负责运行管理工作，江都截污导流工程由江都区截污导流工程运行管理处负责运行管理工作，宿迁截污导流工程由宿迁市区水务工程管理所负责运行管理工作，淮安市境内截污导流工程由各区县水利局或水利局直属机构负责工程运行管理。丰沛尾水导流工程中县区交界的闸站由徐州市截污导流工程运行养护处运行管理，其余工程由属地管理；睢宁尾水导流工程由睢宁县尾水导流工程管理服务中心负责运行管理；新沂市尾水导流工程由新沂市尾水导流管理所负责运行管理。2017年，在各地已经落实工程运行管理单位的基础上，江苏省南水北调办督促各地政府进一步充实管理机构和管理人员，同时协调将截污（尾水）导流工程的维修养护纳入省级财政保障范围。为提高工程管理单位的运行水平和应对突发事件的处置能力，11月，江苏省南水北调办举办了尾水导流工程管理培训班和开展了尾水导流压力输送管道爆管应急处置演练，锻炼了队伍，检验了相关预案。

（3）城镇污水处理设施建设情况。2017年，江苏省住房城乡建设厅继续加快推进污水处理设施建设，制定并下发年度实施计划，明确年度建设任务，着力推进包括南水北调沿线的苏中、苏北地区建制镇污水处理设施建设。截至2017年底，南水北调东线江苏段城镇污水处理能力达286.1万m^3/日，累计建成污水收集管网约10 750km，其中，2017年新增城镇污水处理能力26.5万t/日，新建污水收集管网约480km。同时，江苏省住房城乡建设厅强化对南水北调沿线污水处理设施的运行监管，开展城镇污水处理厂运行管理考核，充分发挥污水处理设施对污染物的减排效益。

（倪效欣）

水质情况

对照南水北调东线江苏段15个国控断面

的目标要求，例行性监测数据显示，2017 年，15 个控制断面年均水质全部达标。同时，根据环保部有关调水水质监测工作要求，2017 年调水期间，江苏省环境监测中心对调水沿线 15 个国控断面实施加密监测，共计 33 天，其中 7 次监测 15 个断面，8 次监测 12 个断面，7 次监测 7 个断面，另有 11 次监测 2 个断面，共出具 1827 个监测数据。结果显示，调水期间南水北调东线工程江苏段各断面历次监测水质均达到Ⅲ类，达到规定要求。

（倪效欣）

山 东 段

截 蓄 导 用 工 程

南水北调中水截蓄导用工程是南水北调东线第一期工程的重要组成部分，是贯彻“三先三后”（先节水后调水，先治污后通水，先环保后用水）原则的重要措施。山东省共 21 个中水截蓄导用项目，分布在主体工程干线沿线济宁、枣庄等 7 个地级市、30 个县（市、区）。工程建设的主要目的是将达标排放的中水进行截、蓄、导、用，使其在调水期间不进入或少进入调水干线，以确保调水水质。2012 年工程全部通过竣工验收并投入运行。

一、临沂市邳苍分洪道中水截蓄导用工程

（一）工程概况

临沂市南水北调中水截蓄导用工程主要包括邳苍分洪道截蓄导用工程和引祊入涑工程两部分，是南水北调东线一期工程的附属工程，于 2008 年 10 月开工，2012 年 10 月竣工，工程总投资 3.94 亿元，其中邳苍分洪道截蓄导用工程投资 1.2 亿元，引祊入涑工程投资 2.74 亿元。该工程位于临沂市兰山区、罗庄区、郯城县、兰陵县（原苍山县）等四区县境内，共有 14 座主要水工建筑物，主要工程类型为橡胶坝、拦河闸、节制闸、泵站等，设计年拦蓄中水量 3535 万 m^3，为沿线 51.34 万亩农田提供灌溉用水，同时向武河湿地、城内河道等提供生态补水。2013 年 3 月，临沂市南水北调中水截蓄导用工程管理移交至工程管理处，工程正式进入日常运行管理阶段。

（二）工程调度运行及管理情况

（1）工程运行维护和养护。一是完善各项日常管理制度。管理处结合管理实际，对值班、养护、巡查等各项管理制度进行完善补充，重点对绿化养护情况进行验收和收方计量。二是强化机电设备、管理环境等硬件设施配套。对机电设备进行维护保养，共检修养护设备 50 余台套，对电力操作柜、视频监控系统等进行了维修养护。三是做好工程管理区饮水安全工作。蒋史汪橡胶坝管理区接通了城市自来水管网，解决了郯城所干部职工饮水安全问题。四是按照山东省南水北调工程管理局的要求，管理处完成 2017 年每月中水截蓄导用工程水量调度运行统计表（试行）上报工作。同时每年按时提报半年、全年调度运行情况。

（2）安全检查。2017 年，安全生产形势良好，未发生安全事故。开展安全生产大检查，汛前、汛后专项检查和季度安全检查，查摆安全隐患，建立问题台账，记录在案，实行销号制度，整改一项销号一项，确保不留死角和隐患。各所办每天都组织人员到工程沿线巡查至少一次，并做好巡查记录。特别是党的十九大会议召开期间，强化安全排

查和巡查，确保工程正常运行。对机电设备进行安全维护和检测。2017 年，管理处联系和协调电力部门，对所辖工程的变压器进行了安全维护和清扫，共投入资金 11.88 万元，检测检修变压器 12 台，保障了工程运行安全。

（3）规范工程招投标。一是严格按照政府采购程序和要求，规范 2017 年度工程维修养护招标。管理处委托专业招标中介机构具体负责工程招标，全程公开、公正、透明。二是武沂导流沟和多福庄闸维修工程有序推进中。工程招标工作已完成，签订了施工合同并组织进场，工程迁占已基本完成。三是引祊入涑 40 万省级奖补资金项目已基本完成全部建设内容，主要包括泄洪闸液压启闭设备维护、河道堤顶行道树木养护、分洪道路下水井井盖更换等工作内容。

（4）水土保持。补植樱花树、红枫等 70 余株，种植草皮 200 余m^2；修剪草坪 6000 余m^2，移植花卉苗木 80 余棵；补植小龙柏 4000 余棵、月季 800 余株，种植草皮 600 余m^2。

（三）工程效益

临沂市南水北调工程管理处与临沂市环保部门沟通协调，关注出境断面水质情况，按照调度运行方案运行，发挥了中水截蓄导用工程效用，利用工程调度措施保障了出境断面水质安全。2017 年，管理处共调蓄水量 2 亿余m^3，其中导流中水 5700 余万m^3，提供生态用水 1.2500 余亿m^3、农业灌溉用水 2000 余万m^3。其中苍山所、罗庄所、郯城所所辖工程共调配总水量 9388 万m^3（灌溉用水 1072 万m^3，提供生态用水 2523 万m^3，导流中水 5793 万m^3），通过科学调配中水，减少了中水下泄量。

二、宁阳县洸河中水截蓄导用工程

（一）工程概况

宁阳县洸河中水截蓄导用工程位于南四湖主要入湖河流洸府河上游，涉及宁阳县境内洸河、宁阳沟两条河流。工程新建橡胶坝 4 座，提水泵站 2 座，铺设输水管道 16km，扩挖河道 15km，改建交通桥 1 座、生产桥 6 座。工程于 2011 年 10 月竣工，总投资 5956 万元。

（二）工程运行情况

2017 年，为确保洸河和宁阳沟两条河流下泄水量不超过 122.1 万m^3及水质指标安全达标，全面发挥工程“截、蓄、导、用”效益，全年截蓄水量 1030 万m^3，灌溉用水量 950 万m^3。2017 年，对泵站和橡胶坝机电设备进行了全面维修保养，对汛期因风灾损坏的泗店泵站管理房屋顶进行了整体修缮，设置工程设施周边和河道沿岸警示标志，并在古城泵站和橡胶坝安装了监控设备，加强安全管理措施。

（三）工程效益

2017 年，灌溉面积 4.3 万亩，5 万多群众受益，惠及 2 个乡镇 48 个村庄。

三、枣庄市薛城小沙河控制单元中水截蓄导用工程

（一）工程概况

枣庄市薛城小沙河控制单元中水截蓄导用工程位于滕州市新薛河、薛城区小沙河和薛城大沙河流域。工程主要包含：①薛城小沙河：新建朱桥橡胶坝 1 座，扩挖薛城小沙河回水段和小沙河故道回水段，开挖堤外截渗沟长 2000m；②薛城大沙河：新建挪庄橡胶坝 1 座，建华众纸厂中水导流管；③新薛河：小渭河新建渊子涯橡胶坝 1 座，小渭河河道回水段局部扩挖。工程于 2008 年 11 月开工建设，2012 年 10 月完成竣工验收。

（二）调度运行情况

枣庄市薛城小沙河控制单元中水截蓄导用工程由枣庄市南水北调工程建设管理局负责，委托枣庄市智信瑞安水利工程管理有限公司实施运行管理工作。对所辖橡胶坝等进行运行管理及日常维护、保养等工作。

（三）工程效益

2017年，枣庄市薛城小沙河控制单元中水截蓄导用工程拦截水量476万 m^3，其中拦截中水302万 m^3，天然径流174万 m^3，增加水面面积1.8 km^2，改善灌溉面积8.0万亩。

四、枣庄市峄城大沙河中水截蓄导用工程

（一）工程概况

枣庄市峄城大沙河中水截蓄导用工程位于峄城大沙河上。主要包括新建大泛口、裴桥2座拦河闸；在峄城大沙河分洪道处新建良庄橡胶坝1座；对已建红旗闸和贾庄闸进行维修改造；铺设3000m管道将台儿庄区中水排放改道入峄城大沙河。工程概算总投资4465.88万元。于2009年3月开工建设，2012年10月完成竣工验收。

（二）运行管理情况

枣庄市峄城大沙河中水截蓄导用工程由枣庄市南水北调工程建设管理局负责，委托枣庄市智信瑞安水利工程管理有限公司实施运行管理工作，对所辖节制闸、橡胶坝及泵站等进行运行管理及日常维护、保养等工作。2017年，投资69万元，对裴桥节制闸实施了维修养护工程。

（三）工程效益

2017年，枣庄市峄城大沙河中水截蓄导用工程拦截水量2545万 m^3，其中拦截中水1312万 m^3，天然径流1233万 m^3；增加水面面积2.2 km^2，改善灌溉面积15.5万亩。

五、滕州市北沙河中水截蓄导用工程

（一）工程概况

滕州市北沙河中水截蓄导用工程主要包括在北沙河干流新建邢庄、刘楼、赵坡、西王晁4座橡胶坝，河道扩挖治理8.3km；在4座橡胶坝上游各新建灌溉泵站1座及中水回用配套渠系。工程于2008年11月开工建设，2011年11月7日完成竣工验收。

（二）运行管理情况

滕州市北沙河中水截蓄导用工程由滕州市河道管理处进行运行管理，滕州市河道管理处是隶属于滕州市水利和渔业局的纯公益性事业单位，管理处下设界河、北沙河、城河、郭河、十字河管理所和北郊排水站共5所1站。

（三）工程效益

2017年，滕州市北沙河中水截蓄导用工程共拦蓄下泄中水325万 m^3，其中干线输水期间拦截下泄中水146.25万 m^3，总回用量1608.3万 m^3，其中灌溉回用1608.3万 m^3。2017年，灌溉面积12万亩，通过中水灌溉回用，减少COD入河量334t，减少氨氮入河量31t。

六、滕州市城漷河中水截蓄导用工程

（一）工程概况

滕州市城漷河中水截蓄导用工程位于城漷河流域滕州市境内。工程主要包括新建6座橡胶坝，其中城河干流新建东滕城、杨岗橡胶坝2座，漷河干流新建吕坡、于仓、曹庄橡胶坝3座，城漷河交汇口下游新建北满庄橡胶坝1座；维修城河干流洪村、荆河、城南橡胶坝3座，漷河干流南池橡胶坝1座；在东滕城、杨岗、北满庄、吕坡、于仓、曹庄6座橡胶坝上游新建灌溉提水泵站各1座；在曹庄橡胶坝上游漷河左岸和杨岗橡胶坝上游城河左岸设人工湿地引水口门各1处；河道扩容开挖工程10.7km。工程于2008年11月开工建设，2011年11月7日完成竣工验收。

（二）运行管理情况

滕州市城漷河中水截蓄导用工程由滕州市河道管理处进行运行管理。

（三）工程效益

2017年，滕州市城漷河中水截蓄导用工程共拦蓄下泄中水1832.85万 m^3，其中干线输水期间拦截下泄中水916.43万 m^3，总回用

量4003.36万m^3，其中灌溉回用3693.36万m^3，工企业回用310万m^3。2017年全年累计灌溉面积46万亩，通过中水灌溉回用，减少COD入河量1133.1t，减少氨氮入河量98.7t。

七、枣庄市小季河中水截蓄导用工程

（一）工程概况

枣庄市小季河中水截蓄导用工程位于小季河流域台儿庄区境内。工程主要包括小季河、北环城河、台兰干渠河道疏浚、清淤、扩宽，新建小季河季庄西拦河闸，维修赵村拦河闸，在东环城河、小季河、台兰引渠新建4座中水回用灌溉泵站，拆除重建6座生产桥。工程于2009年3月开工建设，2011年11月6日完成竣工验收。

（二）运行管理情况

枣庄市小季河中水截蓄导用工程由台儿庄区南水北调工程建设管理局实施运行管理工作。

（三）工程效益

2017年，枣庄市小季河中水截蓄导用工程拦截水量397万m^3，其中拦截中水225万m^3，天然径流172万m^3；增加水面面积1.5 km^2，改善灌溉面积2.0万亩。

八、菏泽市东鱼河中水截蓄导用工程

（一）工程概况

工程位于菏泽市开发区、定陶、成武和曹县境内的东鱼河、东鱼河北支及团结河。工程包括新建雷泽湖水库、入库泵站、中水输水管道，扩挖东鱼河北支，在东鱼河北支新建张衙门、侯楼、王双楼拦河闸，利用袁旗营、刘士宽、杨店、马庄、邵堂、裴河、楚楼、肖楼拦河闸，在团结河新建后王楼、鹿楼拦河闸，利用东鱼河干流徐寨、张庄、新城拦河闸，拦蓄总库容3216.6万m^3。灌溉回用工程包括在雷泽湖水库新建李楼、贵子韩提水站，在东鱼河北支新建雷楼、侯楼、邵家庄、周店提水站，在团结河新建宋李庄、前朱庄、欧楼、鹿楼提水站，并开挖疏通站后输水渠道，维修涵洞1座。实际控制总灌溉面积132.4万亩，改善农田灌溉面积62.4万亩。工程于2008年9月开工建设，2011年10月完成竣工验收。

（二）运行管理情况

工程由菏泽市南水北调工程建设管理局进行运行管理。

（三）工程效益

2017年，为菏泽市开发区的工业企业日均供水达4万m^3，春、秋季节保障工程沿线56万亩农田灌溉需要。

九、金乡县中水截蓄导用工程

（一）工程概况

工程位于金乡县境内的大沙河、金济河、金鱼河。工程主要包括新建金济河郭楼橡胶坝、大沙河王杰节制闸、金马河金鱼河交汇口连庄涵闸、大沙河孔楼生产桥、大沙河马集涵闸、金济河右岸周桥排灌站、大沙河左岸石岗排灌站、维修加固大沙河右岸高庄排灌站、大沙河五级沟涵闸共计9处建筑物。工程于2008年6月开工建设，2011年11月11日完成竣工验收。

（二）运行管理情况

金乡县政府于2009年8月设立金乡县南水北调工程建设管理局，全面负责金乡县中水截蓄导用工程的运行管理工作。在调水期间，入输水干线河渠末级闸门关闭，全封闭挡水。农业灌溉用水原则优先使用地表径流、中水，不足补客水，控制使用地下水，采取全河网调蓄，自上而下，逐级调算，优化调度的方式；在下游灌溉高峰期间，上游节制闸加大泄量，尽量满足下游灌溉用水。

（三）工程效益

金乡县县城区的工业和生活污水，经过管道网络直接输入金乡县污水处理厂，处理后的中水再经过输水管道和提水泵站排入中水水库。一是发展农业灌溉，为农业生产提供了充足的水源。二是满足城区景观用水，利用南水北调中水截蓄导用工程引水入城，实现金乡县城区水系贯通，水活流清，改善城区环境。

十、曲阜市中水截蓄导用工程

（一）工程概况

工程位于曲阜市境内泗河支流沂河下游，分别在曲阜市沂河郭家庄、杨庄新建橡胶坝各1座，在橡胶坝上游分别新建提水泵站各1座，总库容达到253.1万m^3，灌溉农田7.7万亩，满足《控制单元治污方案》的要求。工程静态总投资2714.21万元。工程于2008年6月开工建设，2009年5月完成竣工验收。

（二）调度运行情况

曲阜市政府成立了截蓄导用工程管理所，并将截蓄导用工程运行管理费30万元纳入市财政预算，按时拨付运行管理单位。

（三）工程效益

曲阜市截蓄导用工程上游有2处污水处理厂，处理后的中水引入到沂河公园、蓼河公园、人工湿地作为公园景观用水。满足公园用水后的下泄水进入截蓄导用工程郭庄橡胶坝栏截，启动提水泵站进行灌溉，在不灌溉时下泄水进入截蓄导用工程杨庄橡胶坝拦截，打开橡胶坝上游涵闸自流入平原水库，上游来水全部截蓄导用。截蓄工程没有下泄水排入输水干线。

十一、嘉祥县中水截蓄导用工程

（一）工程概况

嘉祥县中水截蓄导用工程位于嘉祥县中部前进河、洪山河。工程涉及嘉祥县马村镇、万张镇、卧龙山镇、马集镇、嘉祥街道办事处五镇（街）。工程主要包括疏通治理前进河、洪山河21.1km，洪山河局部扩挖0.645km，新建前进河拦河闸，改建曾店涵闸、洪山涵闸。工程于2008年9月开工建设，2012年10月完成竣工验收。

（二）运行管理情况

工程由嘉祥县水务局管理。2017年3月，水务局利用PPP工程项目投资资金12万元，对曾店涵闸进行了维修。县政府对前进河、洪山河进行了综合治理。

（三）工程效益

一是农业灌溉用水。利用该工程建设的前进河拦河闸、曾店涵闸、洪山涵闸，拦截郓城新河、红旗河、赵王河来水，充分发挥各沿河提水站作用，合理调配全县境内水源，鼓励群众利用中水进行农业灌溉，2017年，中水回灌面积2.5万亩，用水约375万m^3。二是生态及景观用水。建设前进河、洪山河、龙祥河景观工程，最低水深不低于1.5m，促进了生物的多样性，保证了沿线景观效果。2017年，利用嘉祥县第一污水处理厂处理中水向洪山河补水90万m^3。三是绿化浇灌用水。2017年，利用63万m^3中水浇灌沿河绿化带。

2017年南水北调中水截蓄导用工程总拦蓄水量1176万m^3，其中中水回用农业灌溉375万m^3，绿化浇灌63万m^3，景观用水90万m^3，侧渗补给地下水、城市道路洒水及水面蒸发损失约200万m^3，非调水期导入南四湖448万m^3。

十二、济宁市中水截蓄导用工程

（一）工程概况

济宁市中水截蓄导用工程对济宁市和高新区污水处理厂共计19m^3/天的达标排放中水进行联合调度。在南水北调调水期间（每年10月至翌年5月），最大限度地利用老运河湿地、洸府河湿地接纳中水，其余中水用做农田灌溉和进入蓄水区调蓄。工程建成后，每年调水期间可通过2万余亩农田灌溉回用和蓄水区拦蓄中水1144万m^3，是保障南水北调东线输水干线水质的一项重要工程措施。工程于2008年12月开工建设，2012年11月竣工验收。

（二）运行管理情况

2017 年，中水截蓄导用工程保持安全正常运行，水质、水量符合设计要求。在运行管理方面，根据济宁市人民政府会议纪要（济政纪〔2012〕27 号）精神，采用“花钱买服务，养事不养人”的市场化运作模式。经公开招标，确定了济宁市水利工程施工公司为第二期运行管理单位，负责工程日常运行和维护管理，保障工程发挥“截、蓄、导、用”功能和综合效益。合同期限自 2016 年 2 月 1 日起至 2019 年 1 月 31 日止。

（三）工程效益

2017 年，济宁市中水截蓄导用工程全年通过加压泵站输送济宁市污水处理厂中水 2400 万 m^3，蓼沟河节制闸拦蓄高新区污水处理厂中水 2550 万 m^3，沿途利用中水灌溉农田 3 万亩次，消耗中水 380 万 m^3。

十三、微山县中水截蓄导用工程

（一）工程概况

微山县南水北调中水截蓄导用工程是南水北调东线第一期工程治污的重要组成部分。为实现老运河微山段的水质控制目标和总量控制目标，通过新建拦蓄工程，在干线输水期间拦截微山县污水处理厂排放中水入老运河后，利用老运河渡口橡胶坝至新薛河段及其支流小新河、五公尺河等河槽拦蓄中水及小新河非汛期天然径流，并用于蓄水河道两岸现状 2.8 万亩农田灌溉，达到截污目标。调水期老薛王河天然径流由三河口闸拦截后，通过倒虹入下游老薛王河，最终排入南四湖。老运河总拦截能力 167.5 万 m^3，批复概算总投资 6505 万元。工程于 2009 年 2 月开工建设，2012 年 11 月完成竣工验收。

（二）运行管理情况

微山县南水北调工程建设管理局定期完成导流控制性建筑物的管控，并进行运行管理中的检测、巡查、检修工作。确保南水北调中水截蓄导用工程安全运行管理。

（三）工程效益

2017 年，工程共拦蓄中水 540 万 m^3，中水回用 520 万 m^3，回用中水主要用于灌溉农业、园林和生态用水，累计产生经济效益 4000 多万元。

十四、梁山县中水截蓄导用工程

（一）工程概况

南水北调东线工程在梁山县自梁济运河经邓楼泵站提水入湖里柳长河，县境内全长 36.5km，涉及梁济运河输水工程、柳长河输水工程、邓楼提水泵站和灌区灌溉影响处理工程四个单元工程。其中梁济运河输水工程长 17.24km、柳长河输水工程长 19.26km。

梁山县截蓄导用工程是南水北调东线工程水污染综合防治体系的重要组成部分。借南水北调东线工程梁济运河邓楼节制闸截水，扩挖闸上梁济运河 28.5km 河道作为调蓄水库，建设了南水北调中水截蓄导用工程。该工程的主要任务是在干线输水期间拦截梁山县污水处理厂下泄的 730 万 t 中水，通过中水回用后，按日承接 3 万 t 中水设计，设计中水水库库容 330 万 m^3。该工程是实现梁济运河梁山县城段的水质控制目标和总量控制目标的重要工程。工程总体布局和主要建设内容包括借用南水北调东线一期工程在梁济运河［桩号（58+328）］修建的邓楼节制闸拦截中水，扩挖该节制闸以上 28.5km 河道，作为中水水库，实现截、蓄中水 330 万 m^3。为实现中水灌溉目的，新建龟山河提水站 1 座，设计提水流量为 3.0m^3/s，通过龟山河、南三、四干沟等灌排工程体系灌溉农田面积 4.5 万亩。另外，因蓄水影响还新建了任庄、郑那里、东张博 3 座交通桥。同时新建流畅河泵站、周提口泵站、张博泵站。工程于 2009 年 3 月 5 日开工，2012 年 1 月 12 日完成竣工验收。

（二）调度运行情况

2017 年，受南水北调干线汛期（汛期调水到2017年7月25日）调水的影响，中水截蓄导用运用时间较长，全年共拦蓄中水657万m^3，实际回用中水406万m^3。工程的运行满足设计要求，运行状态良好。逐月详细记录工程拦蓄水位、水量、水泵开机时间、灌溉水量、闸门开启关闭时间、开启高度等运行数据，并每月及时上报。

（三）工程效益

为扩大中水回用途径，充分发挥工程截蓄等方面的灌溉、景观、生态功能，最大限度发挥其综合效益。采取的措施有：一是在农田灌溉季节，利用本工程建设的龟山河、周堤口、东孙庄、西张博、流畅河等中型提水泵站，扩大中水提灌，每年中水回灌面积4万余亩，用水约330万m^3。二是建设了天佑河湿地工程和聚义湖景观工程，水面面积780亩，利用中水量50万m^3。三是中水用于城市洒水、绿化灌溉等，利用中水量26万m^3。

十五、鱼台县中水截蓄导用工程

（一）工程概况

工程建设内容包括中水输水管道、唐马拦河闸及回用水工程。新建输水管道，从鱼台县污水处理厂至唐马拦河闸，全长6.5km，设计流量0.35m^3/s。在唐马拦河闸上游，维修加固涵洞2处、排灌站6座。唐马拦河闸就是鱼台县截蓄导用工程的核心，该闸位于东鱼河干流（11+100）处，共16孔，每孔净宽10m，设计蓄水位34.62m，过闸流量1090m^3/s，拦蓄库容1095万m^3。2016年1月，续建工程开工建设，工程建设内容包括：新建管理所及管理区监控系统工程，唐马拦河闸机电设备、金属机构设施维护保养及附属设施的修缮防护工程，输水管道安全防护工程，回用排灌站工程修缮与维护，唐马拦河闸管理与保护范围内的水土保持和环境绿化工程等。

（二）调度运行情况

每年6月1日~9月30日可以开闸放水，其他时间关闭闸门拦蓄中水。每年消减COD、氨氮分别为505.3t和110.0t。

（三）工程效益

鱼台县污水处理厂和企业达标排放的中水通过中水管道全部蓄存于唐马拦河闸上游，利用河道的自净能力对中水进行再处理；通过现有排灌设施溉灌农田7.6万亩。

十六、武城县中水截蓄导用工程

（一）工程概况

工程位于德州市武城县、平原县境内。武城县中水截蓄导用工程主要建设内容包括六六河河道清淤疏浚5.2km，重建利民河东支郑郝节制闸，新建六六河东大屯闸，新建北支沟、棘围沟、青龙河、改碱沟、甜水铺支流节制闸，新建小董王庄沟、姜庄沟涵闸，新建后程倒虹吸1座，维修六六河与利民河东支、洪庙沟、头屯南干沟、改碱沟、棘围沟、北支沟交汇处以及头屯南干沟、洪庙沟、赵庄沟末端共9处涵闸。形成河道拦蓄库容186.94万m^3，改善农田灌溉面积2.25万亩。工程于2009年3月开工建设，2012年1月17日完成竣工验收。

（二）调度运行情况

2017年，武城县中水截蓄导用工程共拦蓄水量245.3万m^3，其中回用中水量202.58万m^3，用于农业灌溉85.5万m^3，景观8.86万m^3，生态68.99万m^3，其他39.23万m^3。

（三）工程效益

武城县中水截蓄导用工程既能保证六五河水质长期稳定达到Ⅲ类地表水水质标准，又能解决武城县水资源短缺与水环境严重污染的尖锐矛盾，做到节水、治污、生态保护与调水相统一，形成"治、截、用"一体化的工程体系。

十七、夏津县中水截蓄导用工程

（一）工程概况

夏津县中水截蓄导用工程主要建设内容

包括重建青年河范楼闸、李楼闸、北马庄闸、维修城北改碱沟齐庄闸；重建青年河及城北改碱沟上许小庄、孔庄、郑庄、齐庄桥等生产桥16座；重建青年河郑庄、孔庄2座提水泵站；治理三支沟6.2km，河道清淤疏浚土方4.44万m^3，重建12座涵管；续建横河齐庄闸、治理郑庄扬水站、孔庄扬水站后疏水干渠10.9km河道清淤疏浚土方18.99万m^3。工程总蓄水能力为171.8万m^3。工程于2009年3月开工建设，2011年12月29日完成竣工验收。

夏津县中水截蓄导用工程完善项目于2016年5月开工建设，于2016年12月完工，对胜利渠及支渠进行渠道清淤并修建阎庙南泵站，减少中水对青年河的蓄水压力，同时解决附近两个乡镇的农田灌溉问题。本工程是在闫庙村南侧胜利渠上新建泵站一座，并对胜利渠及其支渠清淤，清淤长度12.207km。

（二）调度运行情况

2017年，工程拦蓄中水量412万m^3，灌溉用水201.1万m^3，灌溉面积1.53万亩。2017年灌溉用水较2016年增加，但灌溉面积相对减少，这是由于2016年8月秋灌以前卫运河经历了20年以来最大的一次行洪过程，行洪后期调引卫运河行洪尾水储蓄，使原本使用青年河中水进行灌溉的部分村庄秋冬灌溉受益，未回用中水；2017年，由于持续干旱，地表水源匮乏，土地失墒严重，灌溉时节多处存在抢水情况，使单位面积灌溉用水量增加，所以青年河中水回用也相对增加，但面积却相对减少。

（三）工程效益

通过新建拦蓄工程，水平年干线输水期间可拦蓄城区下泄尾水546.8万m^3，通过中水灌溉回用，减少COD入河量546.8t，减少氨氮入河量82.1t。工程实施后，通过河道多级拦蓄，增加蓄水量707.85万m^3，增加水面面积近0.7km^2。

十八、临清市汇通河中水截蓄导用工程

（一）工程概况

南水北调东线第一期工程临清市汇通河中水截蓄导用工程位于临清市城区。其主要任务是将污水处理厂处理后的中水改排，不再排入临清六分干，以保证南水北调输水干线水质，中水排放规模6万t/d。另外，临清市区原排入六分干的城市非汛期雨涝水不再排入六分干。工程主要建设内容包括新建红旗渠入卫穿堤涵闸1座。北大洼水库至大众路口铺设管线长度417m（单排ϕ2000mm管）；顶管管线长度85.15m（双排ϕ1500mm管）。大众路口至石河铺设管线长度2159.25m（双排ϕ2000mm管）。红旗渠4.03km河道清淤疏浚及红旗渠纸厂东公路涵洞、红旗渠纸厂1号公路涵洞、红旗渠纸厂2号公路涵洞、红旗渠纸厂3号公路涵洞4座过路涵改建。工程于2008年12月开工建设，2011年12月30日完成竣工验收。

南水北调东线第一期工程临清市汇通河中水截蓄导用工程完善项目经山东省南水北调工程建设管理局以鲁调水局保字〔2016〕1号文批准建设，主要建设内容包括渠道清淤工程：①十八里干沟清淤长度5.22km，清淤土方7.26万m^3；②西支渠清淤长度1.5km，清淤土方4.12万m^3；③中支1渠清淤长度1.3km，清淤土方2.76万m^3；④中支2渠清淤长度1.6km，清淤土方3.56万m^3；⑤东支渠清淤长度1.73km，清淤土方5.67万m^3。建筑物包括十八里干沟入口闸、西支渠北朱庄闸、中支1渠小屯西闸、中支2渠小屯闸、东支渠柴庄闸。该项目于2016年6月5日正式开工建设，于2017年12月13日通过完工验收。

（二）运行管理情况

临清市汇通河中水截蓄导用工程项目由山东省南水北调工程建设管理局委托临清市

南水北调工程建设管理局为项目法人，具体负责项目的建设与运行管理工作。临清市南水北调工程建设管理局设立临清市汇通河中水截蓄导用工程管理所，具体负责本工程的管理和运行。

临清市污水处理厂处理后的中水进入红旗渠后，在红旗渠末端利用两孔 1.5m×2.5m 涵洞向南输水入北大洼，在北大洼南通过铺设完成的管道穿过北环路后，向西至大众路口，再沿大众路已铺设完成的两排管道向南输水入汇通河。从汇通河输水入新河段，通过胡家湾涵洞输水入胡家湾水库，用于灌溉周边农田。另外，在红旗渠西首建卫运河穿堤涵闸，临清市城区中北部的非汛期涝水通过新铺设的管道和红旗渠汇流后排入卫运河。

（三）工程效益

临清市汇通河中水截蓄导用工程的建成，使污水处理厂处理后的中水，通过红旗渠、北大洼水库、北环路埋管、大众路埋管、汇通河（小运河）、胡家湾水库连成一体，形成了城区大水系，既改善了城区水环境，富余水量又可灌溉周围农田，具备了中水截蓄导用工程的“截、蓄、导、用”功能，削减污染物，使其在调水期间不进入调水干线，确保了调水水质。

2017 年，拦蓄中水 2190 万 m^3，回用中水 2190 万 m^3，其中灌溉用水 1290 万 m^3，景观用水 120 万 m^3，生态用水 730 万 m^3，其他用水 50 万 m^3。

十九、聊城市金堤河中水截蓄导用工程

（一）工程概况

工程位于聊城市阳谷县、东阿县、东昌府区境内。工程主要包括新开小运河至郎营沟渠道，疏通治理 3.7km；扩挖郎营沟，疏通治理 22.3km；扩挖郎营沟至四新河渠道，扩挖 2.3km。新建马湾节制闸、马湾排水涵闸工程，改建油坊穿涵工程，新建、重建桥梁、涵闸、渡槽等小型建筑物。工程于 2008 年 12 月开工建设，2012 年 11 月竣工验收。

为加强工程管理和中水回用力度，利用工程招标结余资金和基本预备费，实施了金堤河中水截蓄导用工程后续治理项目，于 2015 年完工。

（二）调度运行情况

聊城市金堤河中水截蓄导用工程全长 65km，跨聊城市 5 县（区），运行管理工作按照属地管理的原则，由市、县南水北调办事机构分级管理，即由聊城市南水北调局负责总体协调调度管理，导流渠道沿线县（区）南水北调办事机构（包括阳谷县、东阿县、江北水城旅游度假区、经济技术开发区和高新技术产业开发区 5 县区）进行日常管理，具体负责对导流渠道输水水质、水位、流量等项目的检测，并对堤防和建筑物的管护和维修等；在南水北调调水期服从山东省南水北调项目法人调度，汛期依照聊城市防汛抗旱指挥部统一调度。

（三）工程效益

2017 年，按照运行调度原则，利用聊城市金堤河中水截蓄导用工程及其续建项目，将金堤河、小运河上游来水拦截、导流排入徒骇河，保障了南水北调工程输水干线水质。2017 年，金堤河中水截蓄导用工程导用中水 1900 万 m^3，南水北调干线输水期间导用中水 160 万 m^3。

通过对河道的新挖、扩挖及提防的加固和生产桥的建设，扩大了河道的过水能力，提高了当地的防洪标准，也给沿岸群众的交通运输带来了方便。

（张立同　朱明星）

玖 中线工程

THE MIDDLE ROUTE PROJECT OF THE SNWDP

综 述

干 线 工 程

工 程 投 资

（一）投资批复

中线干线工程9个单项76个设计单元工程，其中土建设计单元工程67个，自动化调度系统、工程管理等专题或专项设计单元工程9个，已于2011年全部批复。

截至2017年底，中线干线9个单项工程批复总投资1510.47亿元。按投资类型和时间划分详情如下：

（1）按投资类型划分。批复总投资1510.47亿元，其中静态投资1256.69亿元，动态投资253.78亿元［贷款利息86.54亿元、价差95.19亿元、重大设计变更51.70亿元、征迁新增投资8.80亿元、待运行期管理维护费6.09亿元、防护应急工程4.93亿元、京石段漕河渡槽和邢石段槐河（一）渠道倒虹吸防护动用特殊预备费0.53亿元］。

（2）按时间划分。2003年批复投资8.26亿元，2004年批复166.15亿元，2005年批复35.73亿元，2006年批复25.59亿元，2007年批复8.29亿元，2008年批复195.71亿元，2009年批复381.85亿元，2010年批复452.30亿元，2011年批复48.18亿元，2012年批复51.77亿元，2013年批复74.92亿元，2014年批复28.85亿元，2015年批复15.99亿元，2016年批复6.66亿元，2017年批复10.22亿元。分别占批复概算总投资的比例为0.55%、11.07%、2.38%、1.71%、0.55%、13.06%、25.45%、30.15%、3.21%、3.45%、4.99%、1.92%、1.07%、0.44%、0.68%。

（3）按项目划分。京石段应急供水工程批复投资229.96亿元，漳河北—古运河段工程批复投资251.78亿元，穿漳河工程批复投资4.44亿元，黄河北—漳河南工程批复投资245.62亿元，穿黄工程批复投资35.95亿元，沙河南—黄河南工程批复投资306.67亿元，陶岔渠首—沙河南工程批复投资309.13亿元，天津干线工程批复投资106.14亿元，中线干线专项工程批复投资20.25亿元，利用特殊预备费工程批复投资0.53亿元。分别占批复总投资的比例为15.22%、16.67%、0.29%、16.26%、2.38%、20.30%、20.47%、7.03%、1.34%、0.03%。

（二）投资计划下达

截至2017年底，国家累计下达中线干线工程投资计划1510.47亿元。其中，2017年下达计划15.14亿元，主要包括价差3.96亿元，康庄岳村桥梁设计变更0.74亿元，河南段新增征迁投资5.51亿元，防护加固项目4.93亿元，资金来源为南水北调工程基金和国家重大水利工程建设基金。

（1）按资金来源划分。下达中央预算内投资114.27亿元，中央预算内专项资金（国债）80.85亿元，南水北调基金165.21亿元，银行贷款329.71亿元，重大水利工程建设基金820.43亿元。占累计下达投资计划的比例分别为7.57%、5.35%、10.94%、21.83%、54.32%。

（2）按时间划分。2003年下达投资2.30亿元，2004年下达投资35.69亿元，2005年下达投资48.51亿元，2006年下达71.52亿元，2007年下达72.10亿元，2008年下达100.75亿元，2009 年下达 114.02 亿元，2010 年下达 181.34 亿元，2011 年下达 227.21 亿元，2012 年下达 344.12 亿元，2013 年下达 234.80 亿元，2014 年下达 45.81 亿元（含水利部下达的前期工作经费 3.15 亿元），2015 年下达 16.62 亿元，2016 年下达 0.53 亿元，2017 年下达 15.14 亿元，占累计下达投资计划的比例分别为 0.15%、2.36%、3.21%、4.74%、4.77%、6.67%、7.55%、12.01%、15.04%、22.78%、15.54%、3.03%、1.10%、0.03%、1.00%。

（3）按项目划分。京石段应急供水工程下达投资 229.96 亿元，占批复投资的 100%；漳河北—古运河段工程下达投资计划 251.78 亿元，占批复投资的 100%；穿漳工程下达投资计划 4.44 亿元，占批复投资的 100%；黄河北—漳河南段工程下达投资计划 245.62 亿元，占批复投资的 100%；穿黄工程下达投资计划 35.95 亿元，占批复投资的 100%；沙河南—黄河南段工程下达投资计划 306.67 亿元，占批复投资的 100%；陶岔渠首—沙河南工程下达投资计划 309.13 亿元，占批复投资的 100%；天津干线工程下达投资计划 106.14 亿元，占批复投资的 100%；中线干线专项工程下达投资计划 20.25 亿元，占批复投资的 100%（施工控制网测量仅下达投资计划未批复投资）；利用特殊预备费工程下达投资计划 0.53 亿元，占批复投资的 100%。

（三）投资完成

截至 2017 年底，中线干线工程累计完成投资 1498.49 亿元，占批复总投资的 99.21%，占累计下达投资计划的 99.21%。其中，2017 完成投资 13.89 亿元，占 2017 年下达投资计划 15.14 亿元的 92%。

（1）按时间划分。2004 年完成投资 1.91 亿元，2005 年完成 3.60 亿元，2006 年完成 73.69 亿元，2007 年完成 62.23 亿元，2008 年完成 33.00 亿元，2009 年完成 111.10 亿元，2010 年完成 208.10 亿元，2011 年完成 231.03 亿元，2012 年完成 387.14 亿元，2013 年完成 312.22 亿元，2014 年完成投资 48.41 亿元，2015 年完成投资 10.29 亿元，2016 年完成投资 1.88 亿元，2017 年完成投资 13.89 亿元。各年度完成投资占累计完成投资的比例分别为 0.13%、0.24%、4.92%、4.15%、2.20%、7.41%、13.89%、15.42%、25.84%、20.84%、3.23%、0.69%、0.13%、0.93%；各年度完成投资占年度下达投资计划的比例分别为 5.35%、7.43%、103.04%、86.31%、32.75%、97.43%、114.76%、101.68%、112.50%、132.97%、105.69%、61.94%、356.67%、91.74%。

（2）按项目划分。京石段应急供水工程完成 225.58 亿元，占下达计划的 98.09%；漳河北—古运河段工程完成投资 251.72 亿元，占下达计划的 99.98%；穿漳工程完成 4.25 亿元，占下达计划的 95.60%；黄河北—漳河南段工程完成 250.39 亿元，占下达计划的 101.94%；中线穿黄工程完成 36.56 亿元，占下达计划的 101.69%；沙河南—黄河南段工程完成 297.45 亿元，占下达计划的 96.99%；陶岔渠首—沙河南工程完成 304.79 亿元，占下达计划的 98.60%；天津干线工程完成 103.55 亿元，占下达计划的 97.56%；中线干线专项工程完成 23.86 亿元，占下达计划的 117.86%；利用特殊预备费工程完成 0.35 亿元，占下达计划的 66.67%。

（宋广泽　张慎强　陈海云）

工　程　验　收

2017 年是中线干线工程平稳安全运行的第三年，今后工程验收将作为中线建管局工作重点积极推进。按照国务院南水北调办工作部署，中线建管局已启动设计单元工程完工验收工作，推进施工合同完成验收，水土保持、环境保护、消防专项、征地补偿和移民安置、工程档案等专项验收及完工财务决算进程，统筹编制设计单元工程完工验收工作计划，提前准备验收所需备查资料和验收报告。为保障工程验收稳步推进，任务目标顺利完成，中线建管局采取了相关措施，一是完善验收组织机构，加强组织领导，二是详排验收计划，严格落实责任，三是建立信息报送制度，加大验收督导工作，四是全力攻克制约验收突出问题。

南水北调中线干线工程共计408个施工合同，76个设计单元工程，9个单项工程。至2017年底中线干线工程施工合同验收已基本完成，水保验收已完成4个项目（共9个），环保验收已完成3个项目（共7个），消防验收已完成48个设计单元工程（共66个），征迁验收已完成北京市、天津市境内工程，档案验收已完成39个设计单元工程（共70个），完工财务决算已完成16个设计单元工程（共76个），设计单元工程完工验收项目法人验收已完成6个。

（石红伟　张吉康）

工程审计与稽察

2017年，中线建管局配合审计署延伸审计2次，配合国务院南水北调办专项审计17次，组织开展内部审计3次，完成招标项目现场监督25次，参与非招标项目评审23次。

（1）配合审计署、国务院南水北调办各类专项审计工作方面。组织有关部门和单位，先后配合审计署开展了国务院南水北调办2016年度预算执行情况审计和2017年度预算执行情况审计的延伸审计各1次；配合国务院南水北调办开展了中线局原局长经济责任审计、2016年度建设资金专项审计、完工项目财务决算审计、中线建管局2015～2016年度企业运行费专项审计、审计质量复核等17次。截至2017年底，审计署延伸审计正在进行之中，其他各项审计工作均已完成，审计整改意见全部落实到位，审计监督成果得到充分利用。

（2）组织开展内部审计工作方面。组织开展了分局原负责人离任经济责任审计、分局2015年全面整治活动实施情况专项审计、分局管理费专项审计等内部审计项目，审计范围涵盖各分局各管理处，审计内容涉及运行阶段经济财务活动的各个方面，共查出问题上百个，发现隐患几十起，提出整改意见和管理建议一百多条。各项内部审计发现的问题，除个别事项受整改周期影响正在整改外，其他问题均已整改到位，有效发挥了内部审计促进日常管理的积极作用。

（3）履行局内事务监督职责方面。一是对局本级组织开展的采购项目进行过程监督，全年共完成招标项目现场监督25次、非招标项目评审监督23次。二是对涉及经济财务方面的举报事项组织了调查核实，及时查清了事项原因并妥善处理。三是参与了变更索赔处理审签、合同签订会签，以及采购管理办法、合同管理办法等重要规章制度的制定或修订工作。

（白星乔）

运　行　管　理

（一）土建和绿化工程维修养护

一是组织完成2017年度土建工程和绿化工程维修养护预算编制和审核，并结合工程实际及时完成专项项目的立项审批和年度预算调整等工作。二是检查督促2017年维护项目实施，盯紧汛期水毁修复等重点维护项目，定期与各分局就预算执行情况进行会商，推动维修养护工作按计划实施。三是对照已制定的土建和绿化工程维修养护标准对现场维护工作进行检查、指导，平均每月1～2次对维修养护工作进度、质量和安全进行现场检查，参与重要项目方案确定；根据工作需要进一步优化完善了除草剪草标准，划定除草试验段；及时对各分局安全生产管理工作提出要求，排除、纠正工程维修养护安全隐患和安全管理行为；督促各分局对土建工程和绿化工程维修养护相关问题进行整改。四是及时组织研究并专项处理输水渡槽结构缝渗漏水问题，组织相关分局对全线输水渡槽渗漏情况进行排查，及时组织处理方案审查，协调解决施工过程中输水调度等有关问题，按期完成排查梳理出的，按期湍河渡槽、严陵河渡槽、潦河渡槽、草墩河渡槽、澎河渡槽、沙河渡槽、双洎河支渡槽、双洎河渡槽、青兰渡槽、放水河渡槽、漕河渡槽、水北沟渡槽等12座输水渡槽结构缝渗漏水处理。五是组织对全线检修工作进行调研，研究检修实施方案，形成全线停水检修和不停水检修实施方案专题报告。六是完善维护设施，组织各分局完成河渠交叉建筑物所在河道水尺布设；组织河北分局完成漕河渡槽栏杆更换方案。七是根据中线建管局规范化工作部署安排，对相关标准等进行了修订；积极配合开展工程巡查实时监管系统（APP）开发工作，与APP研发单位就工程巡查系统APP内录入的土建和绿化工程维修养护项目进行深入交流，编制样本表格指导基础信息录入相关内容。

（二）新增项目及尾工建设

一是及时加强对国务院南水北调办批复的漕河渡槽防洪防护、槐（一）倒虹吸防洪防护工程、塔坡桥下游段洼地排水工程、西于家庄西桥段右侧截流沟调整工程、东车亭沟段渠堤防护工程、沧河倒虹吸防洪防护工程、峪河暗渠防护工程、郑州水泉沟排水渡槽出口排水通道治理工程、邓上沟排水倒虹吸防洪防护应急工程、林村北沟排水倒虹吸防洪防护应急工程、西小屯沟排水倒虹吸防洪防护应急工程等11项防洪防护应急工程项目建设任务的管理，明确前期工作、度汛等各项节点目标，通过建立周报制度跟踪项目建设情况、安排专人加强现场检查、及时发现并协调现场存在的问题等措施，保障了主汛前各项目具备防洪防护和过流能力，并于2017年11月15日全部完成工程建设，提前一个半月完成国务院南水北调办督办任务。二是加强监督检查荥阳段枯河河道与枯河倒虹吸交叉部位连接工程建设，按期完成国务院南水北调办督办目标。三是积极协调推进工程维护及抢险设施仓库建设，全线41座仓库均已开工建设，年底前基本完成主体结构施工。

（郭晓娜　肖文素）

规范化管理

2017年，按照国务院南水北调办督办要求和工作部署，在2016年规范化建设工作基础上，按照“稳中求好、创新发展”的总体工作思路，以问题为导向、以生产为重点，紧紧围绕“供水安全”的核心要求，致力实现“干什么、谁来干、怎么干、干不好怎么办”的规范化目标，中线建管局开展了规范化建设系列活动。

（1）规范化建设2017年度工作方案。根据国务院南水北调办督办要求，中线建管局成立了规范化建设工作领导小组，并专设规范化建设办公室。按要求编制了《中线干线工程运行管理规范化建设2017年度工作方案》，并配合国务院南水北调办完成了专家咨询，修改完善后于6月正式印发。

（2）运行管理制度体系建设。自通水运行以来，中线建管局机关陆续出台了140余项运行管理规章制度，为工程平稳运行提供了有力保障。结合运行实践需求，2017年7月起按照标准化理论对局印规章制度进行了梳理重建。一是对原有140余项制度开展运行评估，完成专家咨询审查；二是按照“物、事、岗”全覆盖的原则开展技术、管理和工作标准的编制和修订工作，搭建工程运行管理制度体系框架；三是统一规章制度修订要求，同时以梳理设施设备清单、事项清单为抓手，结合现场调研，进一步确定生产一线的设备设施类别、管理事项及岗位序列。初步确定需完善的标准、办法等约200项。

（3）规范化建设专题试点。为做好2017年规范化建设工作，进一步完善相关规章制度和工作流程，中线建管局组织开展了流程规范化、闸站标准化建设、“清单管理”规范化、安全管理标准化、调度业务规范化5项专题试点工作，为规范化建设汲取了宝贵经验。

（4）《南水北调中线干线工程巡查实时监管系统》（试验版）。在上述工作基础上，围绕企业生产活动，同步研发《南水北调中线干线工程巡查实时监管系统》（APP），能够实时掌控“人员、问题、过程”等信息。试用表明，系统能够在巡查过程中对工作人员提供实时指导，全面提高了问题查改工作质量与工作效率，同时大大提高了问题数据统计的准确性，为领导科学决策提供有力支撑。2017年底实现了信息机电、水质安全、安全监测、土建绿化4大专业全部上线试运行。

（5）中线建管局运行管理规范化建设总体规划（2017～2020年）编制。为进一步做好规范化建设顶层设计，组织编制了中线建管局2017～2020年运行管理规范化建设总体规划。以南水北调系统“负责、务实、求精、创新”的核心价值观和“稳中求好、创新发展”的工作思路为指导，围绕打造“安全之渠、现代之渠、和谐之渠、发展之渠、绿色走廊、清水走廊”的发展目标，开展分阶段分层次的顶层设计，明确了中线建管局近期规范化建设目标及实施路径。总体规划于2017年12月完成专家咨询。

（6）开展闸站标准化建设工作。闸站标准化是规范化建设工作的重要组成部分，也是提升运行管理水平的有效途径。以信息机电54项标准及其他管理制度为基础，以工程巡查维护系统为平台，以闸站实体环境为载体，以规范巡查维护行为与提高运维效果为落脚点，以闸站管理标准化、工作流程标准化、设备设施标准化、工作环境标准化为抓手，开展闸站标准化建设工作。以渠首分局为试点单位，分三个阶段开展工作。第一阶段，开展机电专业为主的标准化闸站试点工作；第二阶段，全面开展机电、电力、信息自动化专业闸站标准化试点工作；第三阶段，组织全线开展闸站标准化建设工作。

（王　峰）

信息机电管理

（一）规范运行维护工作

2017年在维护管理方面，信息机电中心主要采取两项措施：一是规范维护单位的维护行为，提高维护质量，确保设备运行安全；二是规范分局和管理处对维护单位的管理行为。

信息机电中心分别在2017年2、8、11月组织三次信息机电外委维护合同管理专题协调会议，对合同管理中存在的问题进行了梳理和研究，对合同外项目操作方法、备品备件管理办法、合同支付制度等事项进行了进一步的明确和优化，便于运行维护工作的开展和管理。

工程运行初期制订的信息机电管理制度和办法，在实践中存在相互矛盾、不便操作等问题。2017年，结合日常运行维护工作内容和要求，全面梳理信息机电方面的规章制度并进行修订。按技术标准、管理标准、工作标准三大体系进行完善和修订，包括通信、网络、自动化、机电、电力、消防6大专业，编制完成信息自动化类技术标准18个、管理标准1个、工作标准2个，机电类技术标准15个、管理标准2个、工作标准3个，电气消防类技术标准3个、管理标准1个、工作标准9个。

（二）问题整改工作

信息机电中心坚持以问题为导向，调整工作思路，变被动为主动，深入研究问题产生的原因，有针对性地制订整改工作方案并加以实施。一方面做到对“三位一体”查出的缺陷问题不打折扣，坚决彻底整改；截至2017年11月底，各级机构检查发现的信息机电类问题共8632项，已整改8403项，整改完成率97.3%。另一方面真正做到举一反三，不仅仅停留在消缺层面，更要全面地、系统地思考问题，力争从根本上消除设备设施安全隐患和不稳定因素。

（1）组织全面排查弧型闸门液压启闭机设计、施工和运行维护方面的问题，召开多次研讨会，对液压启闭机存在问题逐项研究，提出整改方案，计划2018年逐步实施。针对指令丢失导致闸门远程控制失败的问题，组织原系统集成商、运维单位、设备厂商召开了多次研讨会和现场联调测试，并开展了相关功能完善工作，彻底解决了指令丢失问题，全线远程控闸成功率稳定在98%以上，穿黄节制闸连续四个月成功率100%。

（2）2017年3、4月，各级管理机构查出消防问题较多，信息机电中心牵头组织对消防类问题进行整改。整改工作已见成效，三批次专项研判问题中的消防问题，已基本整改完成，从5月信息机电中心着手对消防问题整改以来，发现问题的数量得到遏制，并且逐步减少。

（3）2017年制定了一系列系统性整改措施，例如机房温湿度标准、蓄电池检测标准、气体灭火系统维护标准、时间同步要求等，并组织实施。

（三）专项稽察及整改工作

2017年6~9月，国务院南水北调办组织监管中心实施了南水北调中线干线工程自动化系统专项稽察。信息机电中心高度重视本次自动化系统专项稽察工作，对专项稽察提出的意见和建议进行认真研究，要求各有关部门和各分局立即组织问题整改工作，切实举一反三，不能立即整改的明确整改计划，确保按时保质完成问题整改。专项稽察共发现问题108个，截至2017年11月底累计完成问题整改68个。

（四）督办工作

2017年，信息机电中心共承担13项督办任务，其中督办9项，中线建管局督办4项。已完成8项，除“尽快完成总调中心大屏幕系统光源升级、全线通信传输系统扩容改造、供电系统无功补偿等专项项目”（2017年009号）部分内容需要延期外，其余项目均按时完成。

（五）自动化系统收尾工作

（1）硬件系统调试。完成渠首分局自动化系统调试及系统割接；完成全填方渠段视频监控系统与安防系统联合调试；完成将工程防洪系统卫星应急通信系统信号引到总调大厅；完成工程防洪系统卫星应急通信系统信道租用、开通；完成三维仿真系统涉密数据单机运行调整。

（2）软件系统功能。完成工程防洪信息管理系统V2.0版本开发部署；完成综合会商系统功能完善，重点开展日常运行调度系统开发、部署、试运行；完成闸站监控系统预警功能完善。

（3）安防系统建设。完成安防视频监控系统安装调试；完成除陶岔渠首园区、北京团城湖园区外电子围栏系统安装调试；完成安防综合监控与信息服务系统软件开发调试；完成微管、微缆施工。

（六）专项项目

中线建管局办公自动化系统于2017年11月1日正式上线试运行。工程巡查维护实时监管系统APP开发基本完成，正在进行测试，在11月召开的系统运行管理工作会上得到各兄弟运行管理单位的好评。完成原亿邮电子邮件服务系统更新，升级为网易企业电子邮件产品，界面更友好，功能更完善。完成总调大厅大屏升级改造项目，对大屏幕光源及配套处理器进行了升级改造，整体提升了大屏显示效果。完成局机关中心机房标准化整治工作，对机房线缆进行了梳理更换，消除安全隐患，增加机房展示效果，提升局机关数据中心机房整体形象。完成网络安全加固一期项目建设，更新综合网关、IPS、IDS、WAF、网闸、数据库审计、安全堡垒机、终端管理软件等设备，着重从边界防护、终端防护等方面加强网络安全技术措施，为构建全面主动的网络安全防御体系打下坚实基础。完成中线建管局运行期企业信息化规划工作，结合中线建管局信息化实际开展情况及运行期业务需求，提出了中线建管局未来3~5年内信息化发展规划，为中线建管局信息化工作稳步推进指明方向。完成中线信息安全加固项目方案编制工作，提出闸站监控系统信息安全加固措施。完成中线建管局所有员工手持终端配备，为员工移动办公、在线工作提供了必备工具。

（孙维亚）

档案创新管理

根据中线干线工程全线正式通水运行以来档案管理工作实际情况，通过分析、研究、调查制定了运行档案技术标准。该标准是构建中线建管局档案管理工作标准体系的核心，实现了中线建管局运行档案管理技术标准从无到有的突破，推动中线建管局档案事业迈上新台阶。编制完成了《南水北调中线建管局档案信息化建设项目总体规划》。

（庞　敏　冯　钊　陈　杰）

防汛应急管理

2017年，提早安排部署了防汛工作，传达落实各级防汛指示精神，汛前组织开展了全线防汛专项检查、中线建管局领导分片防汛督查，参与了国务院南水北调办防汛工作检查。修订中线工程防汛风险项目分级标准，组织全面系统排查防汛风险项目，编制2017年工程度汛方案和防汛应急预案。完善了突发事件应急预案体系，组织修编了16个突发事件应急预案，并于年底发布执行。组织落实了2017年应急抢险队伍组建及抢险物资、设备的配备工作，实施主汛期现场驻汛，在进入“七下八上”关键时期，及时调整防守重点，聚焦关键部位，针对排查出的10处重点安全隐患重新布局了抢险队伍和设备，组织开展防汛应急演练培训，不断提高各级人员应急抢险处置能力，保证在发生险情时能够快速进行处置。

中线建管局做好局机关突发事件应急管理值班制度和突发事件信息报告制度建设，保障信息的及时汇总和上传下达，各类突发事件应急的处置及事后调查处理。汛期应急值班和防汛值班合二为一，建立防汛值班抽查制度，密切关注天气预报及水文汛情信息，保障汛期汛情、工情、险情信息汇总传递，及时发布预警、启动应急响应会商。加强汛期巡查排险，及时发现险情，及早处置险情。充分依靠地方政府做好防汛工作，组织各分局继续加强与沿线省市防汛部门联动协调机制建设，包括汛前联合检查、联合召开防汛会议、共享水文气象信息、抢险物资保障、汛情险情信息通报、抢险救援机制等。

（槐先锋　任秉枢）

工程抢险

2017年9月1日，卫辉管理处在金灯寺左排下游渠段右岸围网外约100m的金灯寺沟内发现涌水点，疑似渠水外漏。河南分局会商后启动应急响应，并立即赶赴现场组织开展应急处置工作。中线建管局局长、分管副局长，以及河南省南水北调办、地方政府各级领导和工程勘测设计等单位领导迅速抵达现场，经紧急会商，成立应急项目指挥部，并设5个职能工作组，分别为抢险组、技术组、调度组、对外协调组和后勤保障组。9月1~9日，指挥部根据现场情况果断决策、及时处置，应急抢险取得胜利，在对后续工作进行安排后，指挥部主要人员离场，河南分局成立专项工作组开展后续处置工作。

（任秉枢）

运 行 调 度

按照年度水量调度计划编制了年度输水调度实施方案；每月根据月水量调度方案编制了月输水调度实施方案，指导日常的输水调度工作。确保冰期输水平稳安全。

输水调度实施规范化工作。一是推动总调大厅形象面貌规范化，统一增配鞋套机、收纳箱等配套设施，统一更新总调大厅值班座椅，统一总调大厅解说词，并指定专人讲解；二是设专人负责飞检问题整改，建立输水调度问题台账，督促整改销号；三是根据安全生产标准化有关要求，修订完成五大体系、四大清单中输水调度部分；四是配合参与标准化建设工作指导手册，以及新增的运行安全目标管理、运行安全问题治理、运行安全文化管理三个体系建设；五是选取渠首分局为试点，推动输水调度规范化建设工作；六是会同信息机电中心、质量安全监督中心，对各管理处中控室视频监控电视墙屏幕的投放画面进行统一投放、规范布置；七是编制印发《南水北调中线建管局备调中心暂行管理办法》，明确了备调中心职责、日常工作和启用机制，从制度上保障备调中心的日常管理和关键时刻及时启用。

2017年9月1日～12月9日，在中线干线全线各级调度机构全体值班人员中间开展保供水“百日安全”专项行动。通过此次专项行动的开展，全线输水调度业务规范化水平进一步提升，初步建立起问题查找、自查自纠和信息共享共改机制，有效抑制各类问题增量，保障了中秋、国庆及党的十九大期间的输水调度安全。

（周　梦）

工 程 效 益

（一）北京市

南水北调水已经成为北京城市用水的主力水源，通水以来，北京市每年人均水资源量由100m^3增加到150m^3，城市用水安全系数由原来的1.0提高到1.2，直接受益人口超过1100万，供水范围基本覆盖中心城区及大兴、门头沟、昌平、通州等部分区域。

（二）天津市

中线工程通水三年来，向天津供水区域覆盖中心城区、环城四区、滨海新区、宝坻、静海城区及武清部分地区等14个行政区，基本上实现了全市范围全覆盖，910万市民从中受益，天津的水资源保障能力实现了战略性突破。2016～2017调水年度向天津市实际供水量超过10亿m^3，不仅大大超出了《南水北调工程总体规划》分配的年调水量8.6亿m^3，同时占天津外调水量的82%，有力地支撑了天津市经济社会发展。

（三）河北省

7市92个县的124座地表水厂实现稳定供水，2017年消纳江水近10亿m^3，是2016年的2.7倍，受益总人口约1510万。

（四）河南省

2017年南水北调中线工程供水区涵盖南阳、漯河、周口、平顶山、许昌、郑州、焦作、新乡、鹤壁、濮阳、安阳11个省辖市及邓州、滑县2个省直管县（市），1800万城镇居民用上了优质的丹江水。

（陈　宁）

水 质 保 护

（一）水质监测工作

根据国务院南水北调办批复的《南水北调中线一期工程水质监测方案》和《南水北调中线干线工程藻类监测方案》等，积极做好全线水质常规监测、藻类日常监测等工作，及时掌握水质指标及藻类变化趋势，确保水质安全。2017 年总干渠Ⅰ类水质断面占78%，水质稳定达到或优于地表水Ⅱ类标准，持续向好。2017 年总干渠共检出浮游植物 8 门 172 种（属），种类组成以硅藻、绿藻为主，藻密度维持在较低水平，水生态系统藻类生长趋于稳定。

南水北调中线干线共设置了 13 个水质自动监测站，监测频次为每天 4 次，在突发事件情况下适当增加频次。2017 年水质自动站均已正式进入运行维护阶段，实现实时监控水质变化功能。

（二）应急体系建设

为健全南水北调中线工程水污染事件应急机制，全面提高处置各种突发水污染事件的能力，按照南水北调中线建管局规范化建设的总体要求，2017 年对《南水北调中线干线工程水污染事件应急预案》《南水北调中线干线水体藻类防控预案》进行修订完善。2017 年 5 月 26 日联合地方部门组织开展了河北赞皇县西高公路桥水污染事件演练，得到了地方有关部门和社会各界的充分肯定。

（三）外部输水环境整治工作

针对南水北调中线干线两侧水源保护区污染源进行了全面调查统计，建立更新 2017 年污染源台账，及时向地方有关部门书面报告，并协调地方政府解决。完成农村污染源的排查上报工作，配合国务院南水北调办公室环保司协调环保部对总干渠两侧农村污染源进行综合整治。

（张爱静）

科 学 技 术

南水北调中线工程 2017 年科技创新管理工作牢固树立创新引领发展理念，以问题为导向，以需求为牵引，突出关键技术，抓实科技项目管理，深度参与，做好服务，有针对性地开展调研、研究和储备应急抢险、维护维修关键技术以及其他关键技术，为中线工程安全平稳运行提供可靠技术支撑。

在科技项目立项方面，征集到 40 多项科技项目建议，按照服务生产、提质增效、科技引领的总体要求，经过多次研究和充分讨论，最终确定南水北调中线工程运行安全监控指标研究、基于 BIM 技术的惠南庄泵站运维管理系统等 5 个项目作为 2017 年立项科技项目。此外，认真梳理中线科技需求，与相关单位相互协调配合共同开展了“水资源高效开发利用”重点专项“南水北调工程应急抢险和快速修复关键技术与装备研究”项目申报，取得了国家批复立项。

重点科技项目研究方面，抓实科技项目管理，提升科技项目管理质量和水平。组织开展了渡槽结构缝渗漏水下处理试验研究，现场试验取得的渡槽结构缝水下渗漏处理施工技术和施工工艺，已在工程中推广应用。建设完成了淅川段膨胀土渠段北斗羲和自动化实时监测系统，实现了膨胀土高风险渠段边坡稳定状态的实时、全天候监控。为解决通水运行后部分渠道衬砌板出现的缺陷问题，同时保证输水安全，延长停水检修周期，组织开展了水下不分散混凝土、模袋混凝土、新型围堰、荥阳二代围堰等 4 种不同形式的渠道衬砌水下修复试验研究，为今后大面积衬砌板水下修复做好技术储备。完成了中线工程年度冰期输水冰情原型观测，并对观测资料进行了整理分析，积累了冰情观测数据，为中线冰期预测预报、冰期输水调度、冰期输水能力评估和冰情应急处置提供支撑。

关键技术总结方面，对膨胀土（岩）渠道工程、高填方渠道工程、超大口径 PCCP 管道、总干渠穿越煤矿采空区、穿黄隧洞工程、超大型输水渡槽、总干渠供水调度方案、输水能力与冰害防治等中线工程建设重大关键技术进行了认真梳理和系统总结，编制完成

《南水北调中线干线工程建设重大关键技术总结报告》，便于今后交流工程建设经验，并为后续工程及其他水利工程建设提供借鉴。

（姚　雄）

水　源　工　程

概　述

中线水源工程由丹江口大坝加高、丹江口库区征地移民、陶岔渠首枢纽和中线水源工程运行管理专项组成。其中丹江口大坝加高工程已于2013年8月29日通过蓄水验收。除左、右主标合同及新增合同未完成合同验收外，其他合同均已完成合同验收，所有单位工程均已完成验收。丹江口库区征地移民工作、城集镇及专项设施复建、库区文物保护项目2013年6月已全部完成，2013年8月22日库区征地移民工程通过南水北调办组织的库底清理验收和水库蓄水前验收。中线水源工程供水运行管理专项中的右岸管理码头、武警营房、视频监控系统等基本完成。水源工程管理用房、安全监测专题于2017年10月28日批复。

（黄朝君）

工　程　投　资

截至2017年底，国务院南水北调办已批复中线水源工程概算总投资547.478 3亿元。其中，丹江口大坝加高工程30.342 4亿元，库区移民安置工程516.000 3亿元（含文物保护），供水调度管理专项工程1.135 6亿元。截至2017年底，国务院南水北调办已累计下达投资计划536.363 2亿元，其中，丹江口大坝加高工程30.211 8亿元，库区移民安置工程505.659 1亿元，供水调度管理专项工程0.492 3亿元。

截至2017年底，中线水源工程累计完成投资535.578 5亿元。其中，大坝加高工程30.061亿元，库区征地移民安置工程505.195 4亿元，调度运行管理专项工程0.322 1亿元。

（赵　伽）

建　设　管　理

2017年，中线水源公司进行了坝区安全防护围栏底部地面硬化处理及25坝段拦污栅库隔墩的优化调整。对土石坝下游草皮护坡、上游新浇面板、土石坝下游排水系统及混凝土坝坝顶公路排水系统、混凝土坝廊道内裂缝、排水管线等进行了处理。对溢流坝段边墩（13 /14坝段、24/25坝段）横缝漏水进行了应急处置。

（黄朝君）

工　程　验　收

2017年，中线水源公司完成了大坝安全监测工程（12）单位工程验收，至此丹江口大坝加高工程单位工程验收全部完成。完成安全防护设施建设合同、大坝坝顶管理房漏水处理施工合同验收。

丹江口库区征地移民安置工程河南省及中线水源公司直管项目2017年已向国务院南水北调办申请终验。消防专项验收、档案专项验收完成了资料准备。

（黄朝君　于　杰）

运　行　管　理

（1）枢纽运行管理。中线水源公司认真

落实丹江口大坝加高运管主体责任，制定了运行管理、维护养护、安全监测等运行管理办法，督促相关单位做好工程巡视检查、管养维护、安全监测等工作，随时掌握工程运行状况，发现和处理工程运行中存在的工程养护缺陷、安全隐患等问题。加强安全监测工作，尤其对于水情测报、水库诱发地震监测和大坝强震监测等影响加高工程安全运行的项目。加大监测数据分析力度，做好日常巡检和维护，每年汛前均安排年度例行维护，针对各个机构、部位进行检查和维修保养，并根据设备状况安排大小修和技术改造，确保设备完好率。

（2）供水运行管理。中线水源公司积极配合水利部、国务院南水北调办、长江水利委员会、中线建管局做好调水计划执行总结与统计上报、水文水情预测研判分析及供调水量的平衡会商，做好调水计划的审查与制定，严格执行调水计划。完成向长江水利委员会汉江水文水资源勘测局，长江水利委员会水文局、水资源局，水利部国家水资源监控信息平台推送陶岔渠首枢纽入干渠水量监测实时数据。完成了向中线建管局南阳渠首分局接入与推送陶岔渠首枢纽入干渠水量监测实时数据，实现了调水信息的共享和利用。加强了对水量监测设备设施与数据远程实时传输系统的巡检维护，全年进行设备维护及故障处理共计70余次。在2017年秋汛期间，中线水源公司主动与中线建管局协商配合，于10月4日起陆续将供水流量调增，10月15日12时达到正式通水以来的量大流量，即设计流量350m^3/s，10月16日1时调减至300m^3/s，至11月10日连续29日调水流量均在300m^3/s及以上，对工程质量、运行管理、应急处置能力进行了初步检验。2016～2017供水年度供水48.46亿m^3，完成年度计划（46.73亿m^3）的103.7%，是上一个供水年度的1.2倍，年均增长20%。

（3）库区运行管理。按照库区定期巡查制度，中线水源公司组织人员深入库区查看消落区、征地界桩和标志牌、库汊水域水质、网箱养殖等情况，编写巡查报告及时上报。丹江口水库蓄水试验期间，制定了《丹江口水库蓄水库区巡查监测责任制》，组织了7个巡查组对库区进行巡查，编制巡查日报，共巡查126次，发现68处地质灾害点，积极配合地方政府对受影响群众采取临时转移安置等措施，蓄水过程中无人员伤亡事件发生，未出现重大财产损失，未发生较大库岸塌滑或崩塌事件。

（黄朝君　张乐群）

征地移民与环境保护工作

（1）征地移民工作。2017年，配合国务院南水北调办和湖北、河南两省，做好库区移民发展和帮扶规划的项目立项工作；配合完成了蓄水地质灾害规划审批工作；开展了库区土地证办理工作；做好库区征地移民资金计划上报，根据资金下达情况和湖北、河南两省资金需求，及时拨付征地移民资金；完成了库区征地界桩损坏核查和恢复工作。

（2）环境保护与水土保持工作。通过公开招标，与长江科学院签订了丹江口库区水质监测站网委托运行管理维护合同，2017年1月开始正式运行，运行正常；完成了鱼类增殖放流站建设，已转入试运行，同时着手制定鱼类增殖放流站的运行管理方案；根据编制的水土保持实施方案及绿化方案，完成剩余水土保持实施工作，着手启动水土保持专项验收的准备工作；督促主体工程施工单位完成坝区环境保护实施的相关资料的收集整理，着手启动环境保护专项验收的准备工作。

（张乐群）

丹江口水库来水情况

2017年，年初水位154.54m，年末水位

165.43m，运行期水位最高一度达到167m（10月29日），最低为3月11日的152.29m。自8月28日开始，汉江流域发生“华西秋雨”过程，受持续降雨影响，汉江发生2011年以来最大洪水，此次洪水来水时间长，从8月底一直持续至10月底；洪水频次多，连续出现了8次洪峰过程；洪峰流量大，其中4次入库洪峰量级超过10 000m³/s，9月以来累计来水量高达242亿m³，是常年同期的1.8倍，最大30天洪量175亿m³，最大入库流量为18 600m³/s。9月13日，水位超过历史最高运行水位（2014年11月1日，160.72m）；9月23日，水库水位突破162m原坝顶高程，大坝加高部分开始挡水；10月29日，水库水位达到167m。

在2017年9月以前，水库来水偏枯，调度以保障中下游及中线供水安全为目标，中下游下泄维持在490～520m³/s，中线则是全面满足受水区用水需求。9月后水库来水偏多，库水位不断上涨且创历史新高，水库调度由保供水安全转入保防洪安全为目标。

（黄朝君）

汉江中下游治理工程

概　　述

丹江口水库多年平均入库径流量为388亿m³，南水北调中线工程首期年调水95亿m³，丹江口水库每年将减少近四分之一的下泄流量，为缓解中线调水对汉江中下游的影响，国家决定兴建汉江中下游四项治理工程。兴隆水利枢纽筑坝，形成汉江回水76.4km，缓解调水对汉江中下游的影响；引江济汉工程年引31亿m³长江水为汉江下游补水；改造汉江部分闸站，保障农田灌溉；整治汉江局部航道，通畅汉江区间航运。

（黄英杰）

工　程　投　资

投资控制及合同管理上，汉江中下游治理工程严格遵守国家法律法规及政策规定，认真执行国务院南水北调办有关合同管理办法，严格工程变更程序和价款支付审核，强化合同履约和资金使用监管，建立合同结算台账，开展第三方审计咨询，有效地控制了工程投资。

国家批复汉江中下游治理工程静态总投资107.02亿元，批复价差投资6.85亿元，批复总投资113.87亿元。其中，兴隆水利枢纽34.28亿元，引江济汉工程69.16亿元，部分闸站改造工程5.46亿元，局部航道整治4.61亿元，文物保护0.36亿元。

截至2017年底，汉江中下游治理工程累计下达投资计划113.87亿元，其中，兴隆水利枢纽34.28亿元，引江济汉工程69.16亿元，部分闸站改造工程5.46亿元，局部航道整治4.61亿元，文物保护0.36亿元。

截至2017年底，汉江中下游治理工程累计完成投资115.05亿元，占批复总投资101.03%，占累计下达投资计划的101.03%。

（黄英杰）

工　程　管　理

湖北省南水北调工程的“规范化、科学化、精细化”工作在各级工程运行管理人员的共同努力下，紧紧围绕“三化”这一目标，加强保护办法的宣贯，积极落实保护办法的各项规定，向先进单位学习，修订运行管理制度，完善运行管理设施，规范运行管理行为，加强运行管理检查，督促运管问题整改，加强应急体系建设，抓实工程防汛和安全生产，确保了工程安全平稳运行，社会及经济效益良好发挥。2017年，湖北省南水北调办（局）重点完成了以下几项运行管理工作：

（1）宣贯《湖北省南水北调工程保护办法》，并严格落实保护办法。《湖北省南水北调工程保护办法》（以下简称保护办法）由湖北省政府于2016年11月15日颁布，并于2017年1月1日起正式实施。为做好保护办法的宣贯工作，湖北省南水北调办（局）印制了保护办法的文本和宣传画，发给两个直属单位和相关县市加强宣贯。为帮助管理单位深入理解、准确执行该保护办法，湖北省南水北调办（局）组织了保护办法辅导讲座。两个直属单位各自开展了保护办法知识竞赛活动，通过这些活动，运管人员加深了保护办法的认识理解。由于兴隆枢纽、引江济汉工程沿线乡镇较多，为在最短的时间内最大范围地对保护办法进行宣贯，两个直属单位组织工程沿线乡镇、村组的主要负责人召开了保护办法宣贯会议，并与参会代表签订了承诺书。同时，各直属单位大量发放了保护办法的宣传海报、宣传画，在管理区域和工程沿线以及枢纽建筑物悬挂横幅、安装宣传栏、张贴宣传画，与工程沿线的电视台、广播电台、平面媒体等通力合作，通过这种全方位多媒体立体式的宣传普及，极大地提高了《湖北南水北调工程保护办法》的社会知晓率。根据保护办法的有关规定，为更好维护管理秩序，保护工程和水体安全，湖北省南水北调办（局）配合湖北省公安厅在兴隆枢纽和引江济汉工程现场设置4处警务室（分别位于兴隆枢纽工程、引江济汉西荆河、拾桥河、进口段），各警务室均配备正式民警、辅警等专职人员。保护办法正式实施以来，各运管单位依法依规开展执法活动，对跨渠工程项目的施工方案依规进行审批，对影响工程安全的违规行为依规予以制止。

（2）设置举报公告牌，并认真处理举报案件。2017年6月，按国务院南水北调办的部署，湖北省南水北调办（局）在兴隆水利枢纽、引江济汉工程的合适位置共设立了43块工程运行期举报公告牌。兴隆水利枢纽管理局的泄水闸管理所、船闸管理所以及引江济汉工程管理局的荆州分局、沙洋分局、潜江分局等单位均确定了专人负责公告牌的维护管理工作。举报公告牌设立后，湖北省南水北调办（局）收到了国务院南水北调办转来的1起举报案件，即引江济汉工程沙洋段独枣冲沟排放污水进入引江济汉渠道。收到该举报后，湖北省南水北调办（局）非常重视，引江济汉工程管理局立即将该情况反馈给后港镇政府、沙洋县环保局，随后引江济汉工程管理局与后港镇政府、沙洋县环保局的代表一起查看现场，沿独枣冲沟步行查找污染源。调查发现独枣冲沟沿线未发现污染物排放口，沟内水质恶化并非化学污染导致。经分析，沟内水草茂盛，但淤塞严重、水流缓慢，水草腐烂后遇到高温天气，引起沟内水质迅速恶化并引发水华现象。后港镇政府财力薄弱，无法完成独枣冲沟5km渠道的疏挖整治，湖北省南水北调办（局）将继续积极协调地方政府，力争找到可行的解决办法。

（3）"三化"运管工作向系统内先进单位看齐。湖北省南水北调工程的日常管理工作主要模式为：技术要求较高的兴隆水电站、引江济汉进口段泵站采取聘请部分技术人员牵头，以"传帮带"的形式，指导管理人员进行运行维护管理；引江济汉渠道通过政府采购方式，采用委托管理；兴隆截渗沟准备委托地方水行政部门进行管理；其他工程由各级管理人员自行管理。湖北省南水北调办（局）始终要求运管单位要立足自己动手，各岗位人员要明确自身的职责，要掌握所管设备的性能并能熟练操作，并不定期开展技术比武活动。为推进湖北省南水北调工程"规范化、科学化、精细化"运行管理迈上新台阶，湖北省南水北调办（局）积极向南水北调系统内工程管理先进单位取经，2017 年 8 月，湖北省南水北调办（局）委托江苏水源公司开展工程管理标准化创建与考核办法编制工作，下一步将结合湖北省南水北调工程实际制订规章制度，最终实现工程管理责任具体化、工程防汛和安全运行管理目标化、工程管理单位人员定岗化、工程运行管理经费预算化、工程管理设施设备完整化、工程日常监测检查规范化、工程维修养护常态化、运行管理人员岗位培训制度化、工程管理范围界定化、工程生态环境绿化美化、工程管理信息化。为湖北省南水北调工程“三化”建设提速夯实基础，促进工程运行管理水平加速。

（4）加强运行监管，落实问责机制。湖北省南水北调办（局）2017 年组织运行管理检查共 11 次，检查内容包括各直属单位运行管理工作开展情况、规章制度执行情况、对国务院南水北调办飞检及专项稽察发现问题的整改情况。2017 年已印发检查通报 3 份、运管质量监督检查报告 5 份、整改通知 4 份；运管检查共发现各类运管问题 99 项，截至 2017 年底已整改 73 项，整改率为 73.7%。兴隆水利枢纽管理局、引江济汉工程管理局按照《湖北省南水北调工程运行管理问题责任追究办法实施细则》开展了追责问责，先后对 14 人次进行了责任追究，已形成了有责必问、问责必严的监管机制。

（5）积极做好防洪度汛工作。2017 年 9 月下旬至 10 月中旬，兴隆水利枢纽遭遇了工程建成以来的最大洪水，3 轮洪峰分别于 10 月 2 日、7 日、15 日通过兴隆水利枢纽，洪峰最大流量达 13 500m^3/s。此次汉江秋汛的特点是流量大、水位高、历时长，多轮洪峰之间间隔时间短，防汛压力较大。面对严峻的防汛形势，在国务院南水北调办的正确领导下，在湖北省防汛抗旱总指挥部的支持下，湖北省南水北调办（局）党组高度重视，积极应对、科学调度，主要领导长期驻守在工程现场，靠前指挥防洪度汛工作，严格执行兴隆水利枢纽度汛预案、引江济汉工程度汛预案以及湖北省防汛抗旱总指挥部办公室批复的兴隆枢纽水库汛期调度运用计划（方案），科学调度，加强安全监测和巡堤查险工作，确保防汛工作实现“工程安全、设备安全、人员安全”。

（6）完善工程设施。根据工程管理需要，湖北省南水北调办（局）组织实施了引江济汉工程拾桥河拦污栅桥、西荆河拦污栅桥的建设，两座拦污栅桥已建成；为了解决现场职工的生活需要，湖北省南水北调办（局）组织新建了现场管理用房；通过对工程的全面梳理，实施了引江济汉工程水毁修复项目；对兴隆水利枢纽和引江济汉的绿化环境进行了进一步整治完善。引江济汉工程管理局部膨胀土高边坡渠段出现的脱坡险情也进行应急处理。

（7）不断完善工程运管制度及应急预案。兴隆水利枢纽管理局、引江济汉工程管理局在 2016 年已制订了综合应急预案、各类专项应急预案、现场处置方案以及工程运行调度规程和各项操作规程，制度体系已建成。2017 年，兴隆水利枢纽管理局、引江济汉工程管理局结合 2016 年的实施情况，对各类预案、规程进行了进一步的细化和优化，增强了预案和规程的操作性、针对性。3 月，湖北省南水北调办（局）组织兴隆水利枢纽管理局、引江济汉工程管理局按照有关预案和规程，上报本年度工程维修养护计划和应急演练计划。6 月底，湖北省南水北调办（局）组织对计划执行情况进行了专项检查督办。

（8）加强工程安全监测工作。按照国务院南水北调办《关于加强南水北调工程安全监测管理工作的通知》的有关要求，湖北省南水北调办（局）对兴隆枢纽、引江济汉工程的安全监测设施进行了系统检查，并对各安全监测单位的监测管理制度、监测数据采集、监测成果分析等工作情况进行了认真检查。截至2017年底，兴隆水利枢纽的船闸、电站、泄水闸等主要建筑物的变形、位移、应力应变、渗流等参数的变化值均处于安全监测预警值范围内，且趋于稳定，监测显示兴隆枢纽处于安全状态；引江济汉工程各监测设备过程曲线相对平缓、数据变化情况符合科学变化规律，监测资料所反映的建筑物状态与施工期特性相吻合，监测成果表明引江济汉工程各建筑物及干渠运行平稳，基本处于安全状态。

汉江中下游治理工程效益的发挥，不仅缓解了中线调水对汉江中下游的影响，还优化了相关区域的水资源配置，受到地方政府和沿线群众的好评，被称为“民心工程”。

（黄英杰）

工程验收

针对验收任务艰巨，又面临着参建单位不好协调、原有标段联系人分散至分局精力有限、某些项目验收规范发生变化难以推进等现实困难，引江济汉工程管理局多次组织推进会，请示湖北省南水北调办（局）、协调各参建单位、发挥员工积极性，通过成立了土建、金属结构、结算等工作专班，层层分解任务，明确责任人和时间节点，定期跟踪督办等手段，逐步推进工程验收工作。2017年共签发督办函及通知22个，多次与施工单位项目负责人进行沟通座谈，截至2017年底，完成单位工程验收4个，合同项目验收4个。

（黄英杰）

工程运行

京石段应急供水工程

概　　述

一、工程概况

京石段工程为自流供水工程，主要包含输水明渠、渡槽、倒虹吸、隧洞，以及35kV供电系统、机电设备及金属结构、自动化调度系统、安全监测设施等。明渠长度201.05km，其中全挖方渠段长86km、半挖半填渠段长102km、全填方渠段长13km；建筑物长度26.34km，建筑物共计448座，其中控制性建筑物37座、河渠交叉建筑物24座、隧洞7座、左岸排水建筑物105座、渠渠交叉建筑物31座、公路交叉建筑物243座、铁路交叉建筑物1座。渠段始端古运河枢纽设计流量为170m³/s，加大流量200m³/s；渠道末端北拒马河中支设计流量为60m³/s，加大流量为70m³/s。渠道采用全断面现浇混凝土衬砌。对于中等—强渗漏、全填方及特殊渠段，在混凝土衬砌板下铺设二布一膜复合土工膜加强防渗。

京石段35kV供电系统主要由供电线路和变配电设备组成。其中供电线路全长约267.7km，电源引接线一主一备，一是从易州220kV变电站接引两回线路至中易水中心站，二是从唐县拔茄110kV变电站接引一回线路至唐河中心站。供电线路以架空线路为主，大型建筑物（如隧洞、渡槽）或部分穿跨部位采用电缆线路。京石段工程沿线共布置13

座节制闸、7 座控制闸、13 座分水闸、11 座退水闸、37 座检修闸。通水运行管理期间，通过闸站联合调度，实现渠道输水水位和流量控制、突发事件应急处置退水及建筑物检修隔离等功能。此外，工程沿线还布置了 29 座排水泵站，定时抽排渠道高地下水位段集水，保护渠道衬砌板不受扬压力破坏。京石段工程沿线共布置安全监测 1 万多个观测基点，其中 3000 个工程表面外观测点，4200 多个工程埋设内观测点。

二、工程管理

南水北调中线建管局河北分局负责京石段工程运行管理工作，沿线设置石家庄、新乐、定州、唐县、顺平和保定 6 个现地管理处。

2017 年，为切实做好工程运行安全重要部位和风险点管理工作，河北分局聘请金属结构、机电专业专家深入工程沿线，调研、梳理影响工程运行的安全隐患和存在风险的重点项目、重要部位和关键区域。河北分局以“关爱生命、预防溺水”为主题，开展了防溺水隐患排查、规范进出场管理、加强安保工作力度、组织专题培训、加强对外宣传等一系列安全生产月活动。组织安装完成安全警示标识牌和刺丝滚笼，并委托两家有检测资质的检测机构对镀锌量进行检测。修订、完善了《突发事件综合应急预案》《防汛应急预案》《水污染事件应急预案》，并报地方政府相关部门备案。自 2017 年 3 月 20 日起，河北分局机关实行全年 24 小时不间断值班应急值班，加快了突发事件信息传递效率。为加强分局防汛应急抢险能力，在工程沿线选择信誉良好、技术资源充足、施工抢险经验丰富的企业作为河北分局 2017 年应急抢险队伍，河北省水利工程局应急抢险保障队伍，汛期在磁河倒虹吸、蒲阳河倒虹吸进行驻守。现地管理处层面，以现场土建维护施工单位作为管理处层面先期处置队伍，同时与地方乡镇建立联防联动机制，为各级机构和部门迅速了解情况、科学决策、指导工作提供了有力保障。

三、运行调度

运行调度系统、机电金属结构设备和自动化信息系统之间衔接日益顺畅，2017 年度内未发生设备系统运行安全事故。河北分局水质监测中心负责京石段工程监测断面的水质监测工作，全线水质长期稳定达到或优于地表水Ⅱ类水质标准，满足供水要求。2017 年，完成了节制闸锁定装置设计和安装、全线通信传输系统扩容改造、供电系统无功补偿专项项目、节制闸热油融冰设施改造、闸门开度及流量实时预警监控系统、等重点项目，为工程安全平稳运行提供了坚强保障。

四、工程效益

2016～2017 年供水年度，京石段共开启分水口和退水闸 13 座，年度分水 4.74 亿 m^3，为沿线生产生活和经济发展提供有力保障，居民用水水质明显改善，地下水水位下降趋势得到遏制，部分城市地下水水位开始回升，城市河湖生态显著优化，发挥了显著的社会效益、经济效益和生态效益。

五、验收工作

2017 年，完成漕河渡槽段设计单元工程档案移交，移交给中线建管局档案馆 3434 卷；接收河北建管局管辖范围鹿泉市段设计单元工程水保、环保、水保监测、环保监测、绿化项目档案 2 套共 169 卷。

（郭亚津）

北京段永久供电工程

一、工程概况

北京段永久供电工程为京石段应急供水

工程的一项设计单元工程，供电范围涵盖南水北调中线干线工程北京段全部工程。南起北拒马河暗渠，北至中线干线工程终点团城湖，跨河北省保定市涿州市，穿北京市房山区、丰台区、海淀区。其主要建设任务为惠南庄泵站 110kV 送电线路工程（以下简称惠南庄线路工程）、韩房 220kV 线路升高改造工程（以下简称韩房升改工程）、韩涿 220kV 线路迁移改造工程、北京段 10kV 线路引接工程等四部分。

二、工程管理

惠南庄线路工程于 2013 年 11 月开工，2014 年 9 月 29 日建成并正式送电投运。由于在送电前，韩房升改工程尚未完工，为满足泵站永久供电建设进度要求，采取了在惠南庄线路工程组立四基低铁塔架设线路的临时措施穿越韩房线路，待韩房升改工程完成后，再拆除临时塔，恢复原设计。

韩房升改工程由中线建管局委托北京市电力公司组织施工，工程征迁前期工作由中线局水质保护中心（原移民局）负责。韩房升高改造工程于 2014 年 8 月开工，中间受电力公司施工组织、停电计划控制等因素影响，工程未能当年完工；2015 年，因停电计划未批准，施工未实质进行；2016 年，因征迁工作受阻，施工未实质进行，2016 年 12 月，北京市电力公司向中线局发文提出受北京市煤改电项目影响，要求韩房升改工程于 2017 年 6 月完工。

2017 年，中线建管局加大了前期征迁工作力度，协调北京市南水北调拆迁办、北京市房山区南水北调办、韩村河镇开展了密切沟通协调，于 4 月 1 日进场施工，5 月 30 日完成韩房 220kV 线路迁改工程，6 月 30 日完成惠南庄 110kV 线路恢复工程。

北京段 10kV 长辛店分水口供电线路，受征迁条件限制未实施。

三、运行调度

10kV 永久供电线路建成后产权已移交北京市电力公司，其运行、维护及调度依据属地原则，分别归北京市电力公司下属海淀、丰台、房山供电公司负责。

惠南庄 110kV 永久供电线路产权归南水北调中线建管局所有，其运行、维护由中线建管局委托专业维护队伍中原豫安建设工程有限公司承担，线路调度权于 2016 年 8 月由房山区电力调度转移到北京市电力公司调度中心负责。

（耿兴宁　田文雄）

漳河北—古运河南段工程

概　述

南水北调中线工程总干渠河北省漳河北—古运河南段工程，起自冀豫交界处的漳河北，沿京广铁路西侧的太行山麓自西南向北，经河北省邯郸、邢台两市，穿石家庄市高邑、赞皇、元氏三县，至古运河南岸，线路全长 238.546km，共分为 12 个设计单元。其中，直管项目包括磁县段、南沙河倒虹吸、邢台市段、高邑县—元氏县段共计 4 个设计单元，委托河北省建设管理的项目包括邯郸市—邯郸县段、永年县段、洺河渡槽段、沙河市段、邢台县和内丘县段、临城县段、鹿泉市段、石家庄市区段共计 8 个设计单元。该渠段设计流量为 235 ~ 220m^3/s，加大流量 265 ~ 240m^3/s。工程总投资 211.4059 亿元，总工期 30 ~ 36 个月。

漳河北—古运河南段工程共布设各类建筑物457座。其中，大型河渠交叉建筑物29座、跨路渠渡槽1座、输水暗渠3座、左岸排水建筑物91座、渠渠交叉建筑物19座、控制性建筑物53座、公路交叉建筑物253座、铁路交叉建筑物8座。

2014年12月12日全线正式通水，进入运行期。根据中线建管局《南水北调中线干线工程建设管理局组织机构设置及人员编制方案》（南水北调中线建管局编〔2015〕2号），在原河北直管项目建设管理部基础上成立河北分局。河北分局内设10个职能处室，分别为综合管理处、计划经营处、人力资源处、财务资产处、党建工作处、分调中心、工程管理处（防汛与应急办）、信息机电处、水质监测中心（水质实验室）和监督一队（驻石家庄）。下设磁县、邯郸、永年、沙河、邢台、临城、高邑元氏、石家庄、新乐、定州、唐县、顺平、保定等13个现地管理处，分别负责漳河北—古运河南段和京石段辖区内运行管理工作，负责或参与辖区内尾工建设、征迁退地、工程验收工作。

2017年，认真贯彻落实南水北调中线建管局工作部署，河北分局坚持以问题为导向，以督办为抓手，以标准化、规范化为契机，保障通水安全、优化管理机制、促进创新引领、落实全面从严治党责任，圆满完成了年度输水任务，实现了安全平稳供水的工作目标。辖区范围内渠道工程、输水建筑物及各类设备设施运行稳定，自动化系统、传输系统功能持续优化，水质持续稳定在国家地表水Ⅰ~Ⅱ类质量标准，符合供水水质要求。

2016~2017年供水年度，辖区用水量需求快速增长，2017年供水量提升了1倍。河北分局漳河北—古运河段共开启分水口和退水闸17座，年度分水1.87亿m^3；京石段共开启分水口和退水闸13座，年度分水4.74亿m^3，辖区水量调度运行正常，年度安全运行无事故。

2017年，河北分局全面落实安全加固措施，圆满完成“迎十九大召开，保工程平稳供水”任务。班子成员全部深入一线，带头落实安全生产责任，各职能部门组成先锋突击队进驻现场，加强了现场工作力量，保证了中共十九大会议期间工程安全平稳运行。6~9月，协调省教育厅联合开展中小学生防溺水专项行动，实现了暑假期间中小学生零伤亡。11月，完成刺丝滚笼加固措施后，未出现人员伤亡。年内，加强对土建及绿化日常维护队伍的监管和考核，未发生安全生产事故。按照“建重于防　防重于抢”的原则，扎实推进防洪防护应急工程建设和冰期运行设备设施改造，实现了2017年汛期、冰期工程平稳运行。

2017年3月，河北水质监测中心实验室顺利通过国家计量认定复查换证评审，成为中线首个通过复审的实验室。5月，配合开展赞皇西高桥水污染事件应急联合演练，对新技术、新设备的使用进行了验证，演练取得了良好效果，获得了上级领导好评。8月，河北省出台了《总干渠河北段饮用水水源保护区划定和完善方案》，河北分局及时跟进、积极落实，2017年消除外部污染源84处。

信息自动化、金属结构机电及永久供电系统整体运行平稳。2017年全年累计执行远程操作校核指令6100余条，成功率达到98%以上，较上年同期提高2%。全年累计下达电力调度操作任务830余项，批复检修停电申请50余项，完成相邻中心开关站互供电6次，保证了故障处理和检修维护工作及时落实，为运行调度提供了技术保障。

2017年新增邯郸、邢台、临城、新乐、顺平5个运行安全标准化试点管理处，河北分局以试点工作实施方案为指引，建立“八大体系、四大清单”，着力在体系培训、制度完善、应急能力等方面重点提高。以定州管理处任务清单编制、新乐管理处规范化建设综合业务试点为核心，全力促进规范化建设见实效。

2017年，组织完成磁县段设计单元工程档案专项验收，档案数量4653卷；完成邢台市段设计单元工程档案检查评定及专项验收，档案数量2490卷；根据《关于对运行管理文件材料进行收集整编的通知》（中线局冀综〔2017〕5号），完成对现地管理处运行管理文件材料整编情况检查。

（郭亚津）

磁县段工程

一、工程概况

南水北调中线干线磁县管理处所辖渠段起自河北省与河南省交界处的漳河北岸，止于邯山区河北村村西，全长40.056km，其中渠道长38.986km，建筑物长1.07km。本段设计流量为235m^3/s，加大流量为265m^3/s。

沿线共布置各类建筑物78座，其中大型交叉建筑物4座，左排倒虹吸18座，渠渠交叉建筑物4座，铁路交叉建筑物2座，公路交叉桥梁42座，节制闸1座，退水闸2座，排冰闸2座，分水口门工程3座。

二、工程管理

磁县管理处现有人员25人，其中处长1名、副处长1名、员工23人；下设综合科、运行调度科、工程科、合同财务科4个科室。

（1）合同管理方面。严格执行有关规章制度，积极配合分局完成了2017年土建绿化日常维护项目的招标工作，签订合同3个，签订合同额760万元。2017年土建绿化日常维护项目采购过程规范、工程量清单准确翔实、招标限价编制合理。非招标项目采购严格按照规定开展，过程合法、合规，共完成非招标采购6项，签订合同额44万元。

（2）日常维护方面。磁县管理处2017年绿化及土建日常维护合同三个标段，合同工期2017年4月1日~2018年3月31日。2017年管理处共进行排水沟、截流沟清理3次，渠道除草3遍，警示柱刷漆1遍，完成浆砌石修复、路缘石修复、隔离网修复、警示柱更换、实心砖铺设、裂缝处理、雨淋沟修复等维护项目共461项；对每一项维修养护项目进行验收，确保施工质量满足要求；每月组织各维护单位召开月例会，对上月维护情况进行考核。

（3）专项维护方面。完成磁县段2016年连接路坡道水毁处理工程，完成桩号（13+150）~（13+340）段水毁处理工程，安装工程保护范围警示标志140余个，完成桥梁左岸泥结碎石路引道硬化25座，完成磁县穿漳倒虹吸出口段绿化项目，完成乔木土方、地被土方乔木种植等项目，其中乔木种植3883株。

（4）防汛与应急方面。针对防汛风险项目及重点部位制定了度汛方案和应急预案，并向地方备案；对防汛物资分类摆放，建立物资台账，设置标识牌，及时盘点、保养；在南城西沟排水倒虹吸模拟开展了防汛演练；汛期未发现较重险情，一般水毁问题立即安排维护单位进行了修复，2016年水毁项目按照设计完成了修复；贯彻落实上级防汛值班制度，梳理细化制定了管理处防汛值班制度，并多次进行培训学习。修订了《突发事件现场处置方案》，组织开展了防汛、水质、自动化故障、应急供电、冰期输水机电设备、火灾事故等7次应急演练。特别是在水质演练中积极创新，利用管道在渠道横起一道喷洒装置，对如何快速中和进行了尝试。

（5）水质保护方面。按照规定每天进行浮游生物捕集观测，并将监测结果报送至河北分局。2017年11月起利用酸碱测试笔、电导率测试笔每月至少两次对渠道中水样进行检测，并填写记录表。加强日常巡视管理，要求巡查人员、安保等进行日常巡查，发现新增污染源及时上报，管理处及时制止或协调地方政府处理；每季度末对辖区保护区内污染源进行全面排查，中共十九大前后进行了加密排查。对排查结果进行汇总分析上报的同时，对有影响的潜在污染源积极协调地方政府予以处理，2017 年潜在污染源由第一季度的 57 项消减到年末的 42 项。

（6）安全管理方面。编制了安全生产月、季、年计划，制定了实施细则，健全了管理体系，处长负总责，明确专职人员以及主要职责。2017 年全年共召开安全生产会议 62 次，开展检查 76 次，签订协议 42 份，安全交底 80 人次，培训 30 次，专项投入 16 万元。对安保单位定期进行考核；每周开展不少于 2 次的现场检查，并做好记录。全年共检查 123 次，对检查中发现的问题跟踪整改，确保了安全。全年未发生安全生产事故。

三、运行调度

（1）运行调度方面。2017 年磁县处调度运行人员和闸站值守人员，均通过了南水北调中线建管局持证上岗考试，值班人员职责明确，设备巡视到位；调度运行期间积极开展“三熟三能”“百日安全”“预警知识学习月”等活动，值班间隙认真做好学习笔记，全年共培训设备原理和操作技术 12 次；培训设备原理和操作技术 28 次，提高了调度人员综合素质；调度数据采集、监控、记录、报送和突发事件处理等工作严格按照《南水北调中线干线输水调度管理工作标准（修订）》和《南水北调中线干线工程突发事件应急调度预案（修订）》的要求进行，发现异常问题及时处置并上报分调中心，执行远程调度指令 337 条准确无误；调度台账填写规范，指令执行到位，遵守时限；闸控系统报警接警、现场核实、警情分析及消警工作有序、规范，全年未发生运行调度违规行为。

（2）金属结构机电运行方面，金属结构设备管理严格按照规定频次和要求进行巡视，定期开展联合巡视，并在中共十九大期间加密巡视频次，2017 年全年开展金属结构机电静态巡视 312 站次、动态巡视 42 站次，对维护过程中发现的问题建立台账，随时更新，采取“缺陷倒查”方式，分清责任；从运维合同、制度、规范等方面严格维护单位管理，组织召开运维单位安全生产例会和考核会 12 次，并将考核结果书面反馈运维单位下达故障处理任务书，按合同要求监督维护和故障处理工作，确保了设备设施的安全运行。编制了《机电金结设备常见故障处理流程》《机电金结设备典型故障案例分析与处理》等作业指导书 4 本，组织冰期设备故障应急演练等培训 3 次，共计 45 人次，提高了调度人员现场应急处置问题的能力。全年未发生设备安全事故，金属结构机电运行安全平稳。

（3）永久供电系统运行方面。永久供电系统管理严格执行电力调度规程、安全生产规程及两票制度等，严格按合同要求对设备和线路进行巡查检修，并对各站发电机组进行维护保养；严格按合同管理运维队伍，2017 年全年下达故障处理任务书 93 份，按时限整改问题；进行停送电程序、倒闸操作、设备操作流程等专业培训 1 次，培训人员 18 人次，提高了管理人员的业务知识能力。全年未发生三级以上故障，永久供电系统整体运行可靠。

（4）自动化系统运行方面。自动化管理严格按规定细则和频次进行设备巡视。按合同要求对各维护单位的巡视工作进行监督检查，采取月报计划、两票、考勤、工程量审查、维护资料检查等多手段进行规范化管理。2017 年全年组织 5 次理论和设备操作培训，共计 63 人次。进行了闸站电缆沟整治、自动化机房整治等一系列专项活动，全面提升了闸站形象，自动化系统运行平稳。

四、工程效益

自 2014 年 12 月 12 日通水运行以来，截至 2017 年底磁县段工程累计安全运行 1116

天。2017 年 4～7 月，磁县管理处主动联系邯郸市调水办，共同完成了对管辖段白村分水口和于家店分水口分水量每日比对、分水闸淤泥探测及率先完成于家店分水口流量计率定工作，在全线较早的确定了分水口水量确认原则，为后期双方的水量及时确认提供依据。累计向下游输水 70.26 亿 m^3，向邯郸地区供水 10 062.1 万 m^3，其中于家店分水口分水 699.78 万 m^3、白村分水口分水 4506.96 万 m^3、滏阳河退水闸生态补水 4211.46 万 m^3、民有南干渠分水口生态补水 643.9 万 m^3，有效地缓解了当地水资源不足问题，为邯郸市生态城市建设提供有力保障。

五、验收工作

2017 年 4 月 18～19 日，完成南水北调中线建管局组织的磁县段设计单元工程档案项目法人验收复查。

2017 年 6 月 12～15 日，完成国务院南水北调办组织的磁县段设计单元工程档案检查评定。

2017 年 10 月 17～19 日，完成国务院南水北调办组织的磁县段设计单元工程档案专项验收。

2017 年 4 月 26 日，完成南水北调中线河北分局磁县管理处土建绿化日常维护项目第一标段合同验收。

2017 年 4 月 27 日，完成南水北调中线河北分局磁县管理处土建、绿化日常维护项目第三标段合同验收。

2017 年 4 月 28 日，完成南水北调中线干线工程河北分局磁县管理处土建、绿化日常维护项目第二标段合同验收。

2017 年 8 月 20 日，完成南水北调中线总干渠 2016 年邯郸市段水毁工程处理项目施工磁县段桩号（13＋150）～（13＋340）段水毁处理分部工程验收。

2017 年 8 月 22 日，完成南水北调中线总干渠 2016 年渠道连接路水毁工程处理项目磁县段水毁工程处理项目分部工程验收。

2017 年 12 月 14 日，完成南水北调中线干线磁县管理处闸站标准化整治及电缆沟综合治理工程保修期满验收。

2017 年 12 月 14 日，完成南水北调中线干线工程磁县管理处巡视台阶、错车平台及警示柱等项目合同项目保修期满验收。

（焦小彦　谢兵波　李振华　连丽沙）

邯郸市—邯郸县段工程

一、工程概况

南水北调中线干线总干渠邯郸管理处段起自邯郸市邯山区郑家岗村西南（桩号 40＋056），止于丛台区与永年区交界的南两岗村西（桩号 61＋168），总干渠全长 21.112km；主要建筑物 44 座，其中大型河（路）渠交叉工程 3 座，铁路交叉工程 1 座，控制工程 6 座，左岸排水工程 9 座，跨渠桥梁 25 座 。

总干渠设计流量分为两段，沁河上游设计流量 235m^3/s，加大流量 265m^3/s，沁河下游设计流量 230m^3/s，加大流量 250m^3/s；辖区内设有下庄、郭河、三陵 3 座分水口门，设计分水流量分别为 5.0m^3/s、8.0m^3/s、0.5m^3/s。

二、工程管理

邯郸管理处共有正式在岗职工 27 人，设处长 1 人，主任工程师 1 人，下设工程、运行、综合、合同财务 4 个科。

2017 年，邯郸管理处工程管理严格按照中线建管局“稳中求好，创新发展”的总体工作思路，进一步加强“规范化、标准化”建设，落实上级各项工作制度，切实做好中共十九大期间稳定加固工作；探索试行渠道“段、站长”制，有效消减问题存量，控制问题增量，全年工程运行安全平稳。

2017 年，邯郸管理处建立健全安全生产管理体系，按时制定度汛方案、应急预案和现场处置方案，严格落实值班制度，组织开展了2次防汛演练、2次水污染应急演练，锻炼了队伍，提高了应急抢险能力。全年进行各类安全生产检查58次，并及时进行了整改。充分调动安保队伍的积极性，及时处理多起“民扰”事件，全年无非法穿越，无被盗、被破坏，及溺亡事件发生，并成功阻止两起自杀事件，3人获救。

管理处编制了《2017年度土建绿化日常维护实施方案及工作计划》，并安排2名专职负责人，对维护过程进行监控和验收，保证了工程设施运行良好，在河北分局2017年上半年土建绿化工程日常维护管理考核中邯郸管理处被评为优秀。

三、运行调度

邯郸市—邯郸县段工程运行调度平稳有序，自动化、金属结构机电设备运转正常，2017年全年接远程指令396条，成功率为96%。2016年度沁河节制闸累计过水量28.5亿m^3。沁河节制闸由现场值班过度为现场值守。

四、工程效益

2017年度通过下庄分水口门向邯郸市区分水5103.5万m^3，形成了“南水”解“北渴”的水资源配置新格局，在保障城镇居民用水安全、促进经济绿色发展、修复改善生态环境、防灾减灾等方面，发挥了不可替代的作用，工程效益已愈加突显。

五、环境保护与水土保持

加强水质保护工作，管理处设置水质专员，每季度汇总更新《邯郸管理处潜在污染源台账》，并就有关问题向地方调水办、环保局等部门发函协调，2017年全年处置污染源4处，有效保障了水质安全。同时加强了对总干渠水源地保护范围的巡查管理，水质稳定达标。

六、验收工作

2017年，组织完成了林村北沟、西小屯沟排水倒虹吸防洪防护应急工程、陆港桥上游右岸滑坡应急抢险项目验收。

七、尾工建设

2017年，完成了陆港桥上游膨胀土渠段滑坡处理，林村北沟、西小屯沟排水倒虹吸防洪防护应急工程，霍北桥左岸截流沟贯通处理，霍北桥左右岸桥梁连接坡道滑坡处理、工程保护范围警示标志制作安装等专项工程，解决了遗留的问题，消除了安全隐患，保障了工程平稳运行，功能完善效果显著。

八、其他

2017年邯郸管理处以问题为导向，不等不靠，主动出击，借鉴“河长制”管理方法，管理处试行了段长、站长负责制。扎根一线，深入现场，解决实际问题，锻炼队伍，为南水北调培养了复合型人才。经过近一年来的实践效果显著，2017年问题整改率为99.2%。

2017年，邯郸管理处积极展开宣传外联工作，全年组织协助完成各项活动20余场，联系教育局组织开展了邯郸地区防溺亡入校宣传启动仪式及相关入校宣传活动、联合相关单位开展多科目实战应急演练、邯郸管理处微信公众号“南水北调有奖知识竞赛活动”、南水北调通水三周年邯郸管理处开放日活动等。全年，管理处共慰问沿线22个村庄近200名特殊人员，并同其监护人签订了《安全监护责任书》；共走进沿线30余所中小学，争取做到无死角、全覆盖；共发放宣传页30 000余份，防溺亡作业本20 000余本，在地方各大媒体发布通讯20余次。

（何腾飞）

永年县段工程

一、工程概况

永年县段工程位于邯郸市永年县，京广铁路的西侧。起自邯郸县与永年县交界的北两岗村西（桩号 61 + 168），止于邯郸市与邢台市交界的邓上村村北（桩号 79 + 360）。全长 18.192km，其中洺河渡槽长 0.829km，渠道长 18.083km。渠道工程按不同地形条件，分全挖、全填和半挖半填三种情况。其中全挖方渠段长 6.37km，占 37%，一般挖深 7.6 ~ 19.2m，最大挖深 33.46m；全填方渠段长 0.855km，占 5%，填方高为 7.6m 以上，最高达 13.9m；半挖半填渠段长度 10.037km，占 58%。渠道设计底宽为 16 ~ 25m，内边坡系数分别为 1:1、1:1.5、1:1.75、1:2、1:2.75，渠底纵坡在 1/17 000 ~ 1/28 000 之间，工程设计输水流量 $230m^3/s$，加大输水流量 $250m^3/s$。

沿线有大型河渠交叉建筑物渡槽 1 座，退水闸、排冰闸各 1 座，左岸排水建筑物 10 座，分水建筑物 1 座，跨渠桥梁 19 座。

二、工程管理

永年管理处人员到岗 21 人，设置 4 个职能科（组）室，顺利完成 2017 年度运行调度工作。工程维护检修方面，除需要停水后择机处理外的 7 项问题外，其他问题全部处理完成。

永年管理处成立了应急组织机构，明确应急组织和人员的管理职责。2017 年，组织应急队伍进行了防汛演练和水质演练各一次，邓上沟排水倒虹吸防洪防护应急工程已完工且已通过验收，消除了外水入渠的风险。

2017 年，安全监测渡槽内观监测 62 次，左排建筑物及渠道监测断面 61 次、内部沉降观测 29 次、内部测斜观测 29 次、外观检测 12 次，未发现安全监测数据异常现象。

三、运行调度

永年段工程的运行管理工作由永年管理处全面负责，输水调度工作按照“统一调度、集中控制、分级管理”的原则，推进各项输水调度管理工作。中控室为永年段工程现场调度、监控、信息的综合管理中心，采用中控室值班、闸站值守的方式，中控室值班采取五班两倒的方式。中控室值班人员负责调度指令执行反馈、调度数据监控、应急处理等日常输水调度值班工作。2017 年永年管理处调度指令执行准确，无擅自操作闸门或不按指令操作行为。设备设施实时监控到位，按时上报水情，未发生瞒报、漏报等重大事故。永年段工程参与输水调度的节制闸有 1 座，既洺河节制闸。2017 年，洺河节制闸累计接收远程指令操作闸门 767 门次，成功 734 门次，远程成功率 95.70%。

2017 年，永年段工程辖区金属结构机械电气设备运行情况良好，无影响通水和调度的事件发生。永年段工程辖区金属结构机械电气设备维护工作由南水北调中线建管局统一招标的河北省水利工程局、邵阳维克液压股份有限公司承担，设备维护工作正常开展。

永年段工程辖区永久供电系统维护工作由南水北调中线建管局统一招标的中原豫安建设工程有限公司承担，设备维护工作正常开展，设备运行情况良好，无影响通水和调度的事件发生。

永年段信息自动化系统维护工作由南水北调中线建管局统一招标的武汉贝斯特通讯集团股份有限公司、亿阳信通股份有限公司承担和北京林克森自动化系统工程有限公司，设备维护工作正常开展，设备运行情况良好，有力保障了调度运行管理工作。

四、工程效益

2017 年，永年县段工程累计过水 29.08

万 m^3，辖区内吴庄分水口向邯郸市永年区、鸡泽县、曲周县和邱县四个区县供水，2017年累计分水1989.07万 m^3，分水口供水运行调度平稳，设备正常，水质达标，工程为当地的经济建设、环境建设发挥了重要的作用。

五、环境保护和水土保持

2017年，永年管理处制止管理范围内的非法施工十余次，消除影响水质安全的污染源3处，确保了工程安全和水质安全。

六、竣工验收

2017年，完成了全面整治期间8个标段的合同保质期满验收工作、2个2016年日常维护合同的验收及邓上沟排水倒虹吸防洪防护应急工程的合同验收工作。

（杜金山　马贺权　赵军亮）

洺河渡槽工程

一、工程概况

洺河渡槽工程位于邯郸市永年区城西邓底村与台口村之间的洺河上，起始桩号76+607，终止桩号77+537，全长930m。共布置大型渠道渡槽1座，洺河渡槽总长829m，进出口连接渠道长101m。工程设计输水流量230m^3/s，加大输水流量250m^3/s。

洺河渡槽由渡槽、节制闸、退水闸、检修闸、排冰闸组成综合枢纽。渡槽槽身纵向16跨简支梁结构，单跨长40m。槽身为三槽一联矩形预应力钢筋混凝土结构。

二、工程管理

洺河渡槽工程由永年管理处负责管理。安排工程巡查人员每天对渡槽进行排查，对发现的缺陷及时处理和修复，确保工程安全。成立了应急组织机构，明确应急组织和人员的管理职责。2017年在洺河渡槽降压站进行了防止洪水进入园区的度汛演练，在临洺河侧码放了编织袋，并用土工布包裹压实，构筑成临时性防洪堤坝，保障了洺河渡槽的安全度汛。

完成了洺河渡槽中墙翼缘板端部改造，解决了应急车辆在洺河渡槽的通行问题，完善了渡槽进出口之间的应急通行功能。2017年度安全监测渡槽内观监测62次，外观检测12次，未发现安全监测数据异常现象。

三、运行调度

输水调度工作按照“统一调度、集中控制、分级管理”的原则。采用闸站值守的方式，值守人员2人一班负责洺河渡槽闸站内设备巡视及调度问题处理。2017年永年管理处洺河渡槽无擅自操作闸门或不按指令操作行为。设备设施巡视到位，未发生瞒报、漏报等重大事故。

2017年，洺河节制闸累计接收远程指令操作闸门767门次，成功734门次，远程成功率95.70%。

2017年，洺河渡槽金属结构机械电气设备运行情况良好，无影响通水和调度的事件发生。金属结构机械电气设备维护工作由南水北调中线建管局统一招标的河北省水利工程局、邵阳维克液压股份有限公司承担，设备维护工作正常开展。

洺河渡槽永久供电系统维护工作由南水北调中线建管局统一招标的中原豫安建设工程有限公司承担，设备维护工作正常开展，设备运行情况良好，无影响通水和调度的事件发生。

洺河渡槽自动化系统维护工作由南水北调中线建管局统一招标的武汉贝斯特通讯集团股份有限公司、亿阳信通股份有限公司承担和北京林克森自动化系统工程有限公司，设备维护工作正常开展，设备运行情况良好，有力保障了调度运行管理工作。

四、竣工验收

2017 年完成了全面整治期间闸站标准化项目保质期满验收工作。

（杜金山　马贺权　赵军亮）

沙河市段工程

一、工程概况

沙河市段工程起自邯郸市与邢台市交界处的邓上村村北，止于南沙河南岸。沙河市段设计单元工程总干渠全长 14.261km，桩号位置（79 +360）~（93 +621），土建施工分为 SG5、SG6 两个标段，SG5 标总干渠全长 7.384km，桩号位置（79 + 360）~（86 + 744）（该桩号位置包含沙午铁路工程 230m），SG6 标总干渠全长 6.877km，桩号位置（86 + 744）~（93 +621），该设计单元工程主要建筑物共 10 座，包括大型排洪渡槽 1 座、左岸排水建筑物 7 座（排水渡槽 5 座，排水倒虹吸 2 座）、渠渠交叉渡槽 1 座、分水闸 1 座、桥梁 16 座。

二、工程管理

沙河管理处设置综合科、工程科调度科和财务合同科四个科室，共 21 人。管理处成立了安全生产领导小组，设置了专职安全员，并明确职责分工；2017 年全年无安全事故发生，工程运行平稳。全年共计完成安全生产检查 53 次；组织安全教育培训 14 次，参加培训 177 人次。明确安全监测分管负责人和责任人，完成内观数据采集 53 次，测斜 24 次，外观 12 次。安保工作平稳、有序开展，对安保单位进行日常管理包括日常上渠检查、重点时间段检查、夜间突击检查、视频系统检查、消防和用电检查等。

管理处成立了安全度汛领导小组，已纳入地方政府防汛单位成员；制定和执行了汛期值班制度，开展了侯庄北沟排水渡槽防汛应急演练。管理处成立了工程巡查管理机构，2017 年全年形成工程巡查记录 72 册，工程巡查日志 12 册，考试 70 人次，培训 7 次。对工程巡查人员进行专项水质保护知识培训，工程巡查同时进行日常水质巡查，对污染源和污染现象进行巡查，污染源管理报告 4 份，水质保护专项培训 2 次。对周边垃圾场养殖场进行登记造册和动态监控，多次跟地方环保部门进行联动检查和整治。开展水质危化品入渠应急演练 1 次。

沙河管理处土建绿化维护分为两个标段，2017 年全年共完成预算 320 万元，除草面积约 225 万 m^2，灌溉 13.5 万 m^2，沥青路面修复 3000m^2，警示柱刷漆 6000 根，更换密封胶 1875m，新建台阶 600m，渡槽、排水沟清淤 1 万 m^3，排水沟修复 900m、路缘石修复 2250m；完成的专项项目有渡槽下防护工程、工程保护范围警示牌安装工程、防汛物资仓库建设等工程项目管理。按照要求完成工程建设任务，工程质量、进度和投资控制到位。开展了桥梁超载专项排查，与河北省交通厅等有关单位开展桥梁治超检查 1 次。中共十九大期间，制定了加固措施，安排人员对重要桥梁、重要部位 24 小时值守。

三、运行调度

2017 年，沙河管理处调度运行平稳，全年输水 28 亿 m^3，执行调度指令 359 条，完成闸门操作 835 次，均按要求准时完成。沙河管理处所辖的赞善分水口全年累计分水 5232.92 万 m^3，有力的支撑了受水地区城市建设，为地方居民饮水提供了保障。

管理处自 2017 年 3 月以河北分局开展的调度运行人员综合业务能力提升为契机，成立了“三熟三能”活动小组，制定了“三熟三能”活动方案，坚持每班人员互问互答，全年累计组织培训 11 次，通过开展该活动有效地提高了管理处调度人员的综合素质。管理处坚持以问题为导向，成立了问题查改小组。金属结构机电设备运行正常，全年累计完成静态巡视 61 次，动态巡视 5 次，中共十九大期间加密巡视 6 次；监督管理运维队伍巡视维护 61 次。自动化系统运行正常，全年累计完成静态巡视 31 次，中共十九大期间加密巡视 4 次；监督管理运维队伍巡视维护 31 次。

四、工程效益

2017 年，沙河管理处共计完成输水 28 亿 m^3，辖区赞善分水口分水 5232.92 万 m^3。

五、验收工作

2017 年，完成了土建及绿化工程日常维护项目两个标段的验收，沙河南环桥桥头处理项目的验收，安全保卫项目的验收，警务室建设项目的验收。

（王　澜　郭晓东　张旭波）

南沙河倒虹吸工程

一、工程概况

南沙河倒虹吸工程位于邢台市与沙河市之间、高店村东北 2km 处，起止桩号（93 + 621）～（98 + 016），总长 4395m。南沙河倒虹吸工程是南水北调中线一期工程大型河渠交叉建筑物之一，担负着总干渠穿越南沙河的输水任务。南沙河倒虹吸工程工程设计输水流量 230m^3/s，加大输水流量 250m^3/s。

南沙河倒虹吸工程布置为进口渠道、南段倒虹吸、中间明渠、北段倒虹吸、出口渠道五大部分。其中南、北段倒虹吸分别由进口渐变段、进口检修闸、管身、出口检修闸（北段出口为节制闸）、出口渐变段组成。

二、工程管理

2017 年，开展了南沙河倒虹吸防汛应急演练 1 次。按照国务院南水北调办防汛检查要求，为保障工程防汛抢险需要，拆除了南沙河南段和北段进出口导流堤裹头部位隔离栏网。

2016 年“7・19”暴雨造成南沙河北段倒虹吸进口及出口导流堤和南段出口导流堤发生不同程度水毁破坏，2017 年对此进行了灌浆修复处理。灌浆材料：导流堤 92.28m 高程以上为黏土浆；靠近堤顶上下游的封闭灌浆孔 84.0～92.28m 高程为水泥黏土浆，84.00m 高程以下为水泥浆；两排封闭灌浆孔之间的充填灌浆孔为水泥黏土浆。修复工程主要工程量为：卵石地层充填灌浆造孔 3439m，砂土地层充填灌浆造孔 3729m，卵石地层用水泥浆液充填灌浆 1660m，卵石地层用水泥黏土浆液充填灌浆 1779m，砂土地层用水泥黏土浆液充填灌浆 3729m，土方开挖 84.38m^3，土方回填 1894m^3。

2017 年，按照设计图纸对南沙河北汊水毁连接路进行了恢复。在南沙河南汊新建浆砌石基础泥结碎石路面连接路 1 条，为运行管理和应急抢险提供了有力保障。

三、运行调度

2017 年，沙河管理处调度运行平稳，全年输水 28 亿 m^3，执行调度指令 359 条，完成闸门操作 835 次，均按要求准时完成。

南沙河节制闸采取值守运行方式，管理处全年对闸站值守人员技能培训 4 次，派遣值守人员参加河北分局组织的信息机电人员专业技能班脱产学习 1 人次，通过培训闸站值守人员的业务技能得到了提高。2017 年，值守人员及时处理应急事件 3 次，有效地保障了通水调度的安全。

四、环境保护与水土保持

2017 年，南沙河段除草 75 万 m^2，灌溉

4.5万 m^2，沥青路面修复 1000m^2，警示柱刷漆 2000 根，更换密封胶 625m，排水沟修复 300m、路缘石修复 750m。完成的专项项目有南沙河倒虹吸导流堤灌浆项目和防汛物资四面体采购等工程项目管理。按照要求完成工程建设任务，工程质量、进度和投资控制到位。

党支部按照“一岗一区”建设要求，对闸站园区形象进行了提升，在园区设置了励志碑，在闸站出口左岸渠坡设置了巨型党徽和“党魂铸忠诚”五个大字。

（王　澜　郭晓东　张旭波）

邢台市段工程

一、工程概况

邢台管理处所辖渠段长度 47.564km。起自邢台市桥西区东前留村，桩号 98+016，止于内丘县和临城县交界的西邵明村，桩号 145+580。沿线包括节制闸 3 座，分别是七里河倒虹吸节制闸（设计流量为 230m^3/s，加大流量为 250m^3/s）、白马河倒虹吸节制闸和李阳河倒虹吸节制闸（设计流量为 220m^3/s，加大流量为 240m^3/s）。控制闸 1 座为小马河倒虹吸控制闸；检修闸 8 座，分别为七里河倒虹吸进口、出口检修闸，白马河倒虹吸进口、出口检修闸，小马河倒虹吸进口、出口检修闸，李阳河倒虹吸进口、出口检修闸；退水闸三座，分别为七里河退水闸（设计退水流量为 115m^3/s）、白马河退水闸和李阳河退水闸（设计退水流量为 110m^3/s）；排冰闸 4 座，分别为七里河排冰闸，白马河排冰闸，小马河排冰闸和李阳河排冰闸；分水口 3 座，分别为邓家庄分水口、南大郭分水口和刘家庄分水口。供电系统包括南大郭中心开关站 1 座、降压变电站 10 座及管理处箱式变电站 1 座，另有独立安全监测房 31 座。

二、工程管理

邢台市段工程现场工程管理机构为邢台管理处，管理处分为综合科、工程科、调度科、合同财务科。邢台管理处坚持问题导向，以“现场随机抽查提问、集中答题、现场考试”为主，以考促改，切实提升岗位业务能力。邢台管理处有三个闸站参与调度，各闸站设备型号不一致，外聘人员多，管理难度大，通过开展闸站之间的互查互改活动，变被动为主动，同时结合河北分局开展的“三熟三能”活动，创新开展了“岗前互问答”和“导师”授课等一系列活动。活动开展以来，共开展导师授课 5 次，填写《南水北调中线干线输水调度值班岗前互问答记录表》4 本，形成了常态化机制，切实增强了调度人员的工作能力和业务水平。

同时，邢台管理处制定了“动态考核”管理制度，对每名外聘人员建立动态档案，坚持“月抽查、季考核”制度，共形成“动态考核表”148 份，下发整改通报 2 份，通过形成这种长效化的机制，调度科外聘人员的综合素质有了较显著的提升。

（1）安全及应急管理方面。“隐患就是事故”，邢台管理处从高认识，积极落实安全生产责任制，明确主要安全管理人员职责，实行一岗双责。建立以处室负责人为组长的安全生产工作领导小组，共计开展日常检查 48 次，召开安全例会 12 次，消除了安全隐患，确保工程安全。加强日常穿跨越、邻接工程监管，2017 年全年维护项目备案 12 项，完成批复 2 项，未发生一起违法跨越事件。邢台管理处警务站各种违规行为频率呈下降趋势，有效地保障了渠道的安全秩序。被南水北调中线建管局评为“2017 年南水北调中线建管局优秀警务站”。

（2）土建绿化工程维护方面。按照土建和绿化工程养护标准，2017 年辖段的草体、乔灌木、绿篱维护到位，草体时刻保持整齐美观，草体、乔灌木、绿篱成活率达到95%以上。总干渠及闸站，截留沟、构造沟、绿化带干净无杂物，完成渠道沿线边坡、绿化带、排水沟、截流沟、隔离网除草任务，绿化补植 12 000m^2，种植乔灌木 3424 株，草坪4000m^2。

（3）水质保护工作。邢台管理处利用水质自动监测站优势，2017 年开展“日监控、周巡检、月对比”的工作模式，强化水质监测，邢台段未发生一起水污染事件，水质稳达标。同时联合邢台市调水办、环保局、农业局等部门进行联合排查 3 次，消除污染源 4 处，成绩斐然。

三、运行调度

邢台管理处严格落实“5 班 2 倒”值班制度，2017 年，共规范填写台账 59 本，及时处理报警信息 735 条，完成调度指令 428 条，调度 2410 门次，无一次人为失误。全年共签订水量确认单 12 份，向地方分水 1653.81 万 m^3。

四、工程效益

2017 年，邢台管理处累计向七里河分水 4771.19 万 m^3，白马河 848.53 万 m^3，李阳河 518.43 万 m^3，刘家庄 449.23 万 m^3，南大郭分水口自 2017 年 3 月开始向邢台召马地表水厂供水，累计 741.93 万 m^3。有效缓和了邢台市生态环境的持续恶化，缓解了水资源紧缺的状况，已成为邢台地区非常重要的优质水源，在当地经济建设、环境优化过程中发挥了越来越重要的作用。

五、验收工作

2017 年 8 月南水北调中线邢台市段设计单元工程通过国务院南水北调办组织的专项验收前检查评定工作。

2017 年 10 月南水北调中线邢台市段设计单元工程通过国务院南水北调办组织的档案专项验收。

（赵渊飞）

邢台县和内丘县段工程

一、工程概述

邢台县和内丘县段设计单元工程是南水北调中线一期工程总干渠（漳河北—古运河南）邯邢段的组成部分，工程位于河北省邢台市邢台县及内丘县境内，起自邢台市与邢台县交界的会宁村西南，桩号 113 +914，止于内丘县与临城县交界的西邵明村西，桩号 145 +580。

该段渠道设计流量 220m^3/s，加大流量 240m^3/s，起点设计水位 84.479m，终点设计水位 82.177m。其中该段设置刘家庄分水口门 1 处，设计流量 1.0m^3/s。

邢台县和内丘县段工程总干渠全长 31.666km，该设计单元工程包括大型河渠交叉建筑物 5 座、左岸排水建筑物 12 座（排水渡槽 3 座，排水倒虹吸 9 座）、退水闸 2 座、排冰闸 3 座、分水闸 1 座、节制闸 2 座。

二、工程管理

工程巡查方面，邢台管理处按规定配备巡查人员 19 名，严格执行巡查频次，重点渠段和重点建筑物的巡查均能满足每天 1 遍的巡查频次，其余部位或每天 1 次或 2 天 1 次，巡查路线设置满足要求。在维护队伍管理上采用“末位淘汰”，激活维护人员“比学赶超”的良好工作氛围，对工程巡查人员实行末位淘汰制度，以最新的巡查工作管理办法为考题，每月组织巡查人员答卷、现场问答，奖优罚劣，对连续两次考试末位的人员，进行辞退处理，保证了工程巡查队伍的专业性，很好地完成了工程巡查任务。

安全监测方面，邢台管理处安全监测工

作配备自有人员2名；中水四局外聘人员4名，业务能力满足岗位需要。2017年全年常规采集内观仪器39 216支，另外增加汛期膨胀土段加密观测内观仪器1122支，中共十九大期间加固措施采集内观仪器8170支；测斜管与沉降管常规观测1680根，汛期膨胀土段测斜管加密观测120根；中共十九大期间测斜管、沉降管加密观测328根。常规外观监测12次，汛期膨胀土段加密观测12次。目前所有数据均已录入安全监测自动化系统并完成了比较分析工作。

三、运行调度

在稳步提升硬件水平的同时，重视员工的培训工作，2017年共计组织机电、自动化、供配电、消防等各类专项培训15次，培训人员达230人次，组织应急演练6次，在培训和演练的过程中，邀请设备厂家及运维单位专业人员对设备原理和操作进行讲解，进一步明确操作规范，使调度运行人员具备一定的故障辨识能力。

（赵渊飞）

临城县段工程

一、工程概况

临城县段工程起自内丘县与临城县交界的西邵明村西，桩号145+580，止于邢台市与石家庄市交界的梁村村北，桩号172+751，途经1县4乡（镇）25村，总长度27.171km。其中渠道长26.379km，型渠道建筑物长0.792km（包括泜河渠道渡槽458m、午河渠道渡槽334m）。共布置各类建筑物60座。其中控制性工程7座（节制闸1座、退水闸2座、排冰闸2座、分水口门2座），河渠交叉建筑物3座，左排建筑物17座，渠渠交叉建筑3座，跨渠桥梁30座（公路桥15座、生产桥15座）。总干渠设计流量220m^3/s，加大流量240m^3/s。

二、工程管理

临城管理处作为临城段工程的现地管理处，全面负责辖区内运行管理工作，保证工程安全、运行安全、水质安全和人身安全。负责或参与辖区内代建项目尾工建设、征迁退地、工程验收工作，临城管理处内设综合科、合同财务科、工程科、调度科四个科室。

（1）制度建设方面。编写了《消防、应急供电综合演练》《运行应急演练》方案及总结，对《南水北调中线干线临城管理处金结机电设备制度汇编》进行了更新，编写了《临城处调度科迎十九大方案》《临城管理处以“三熟三能”为要求，全面提升调度运行人员综合素质活动实施方案》《午河闸站照明改造方案》等文件，参与编写了《临城管理处“迎十九大”加固安全管理措施实施细则》《临城管理处运行安全管理标准化建设试点工作总结报告》。

（2）安全管理方面。临城管理处成立了安全生产领导小组，2017年修订《南水北调中线干线临城管理处安全生产管理实施细则》《南水北调中线干线临城管理处安全生产检查与考核实施细则》等规范，编制了年度、季度和月安全生产工作计划，组织开展安全生产检查，每周开展一次安全检查，召开一次安全生产会，召开安全例会30余次，安全生产检查40余次，对检查发现的问题，登记在册，及时监督整改。临城管理处全年无安全生产事故。10月，配合南水北调中线建管局安保公司顺利接管工程安保工作。

（3）工程应急管理方面。2017年，组织修订完善防汛组织机构，明确了防汛度汛和工程突发事件现场应急处置小组组织机构及其职责，各项防汛应急工作进行分解细化，全员参与，落实责任到人；组织开展了对渠道及建筑物风险排查，编制了《临城管理处2017年度汛方案》及《临城管理处汛应急预案》，并报送临城县防汛抗旱指挥部办公室备案；汛前对防汛物资进行梳理登记，对防汛物资进行了检查。在6月15日在薛家庄沟排水倒虹吸出口处开展了防汛抢险演练，加高渠堤，彻底消除薛家庄沟排水倒虹吸出口排水不畅的Ⅲ级风险点。

（4）水质管理方面。在总干渠跨渠重点桥梁安装禁止倾倒垃圾警示牌及水质风险联络牌；通过进学校、入沿线村庄、在电视的播放视频宣传片、悬挂条幅等方式，进行了水质保护宣传工作，提高临城段沿线村庄、学校、企事业单位的水污染防控意识。

（5）金属结构机电方面。临城管理处强化学习金属结构机电、供配电等专业知识及相关规程，努力提高自身的岗位技能，并积极参加单位组织的各种培训，调度科9人次参加水利部机电研究所的信息机电人员技能培训班，短短的时间内，能比较熟练地进行较复杂的机电设备日常维护及管理工作。

（6）运维队伍管理方面。金属结构机电、供配电、液压设备运行稳定，无重大缺陷。对运维单位管理规范，圆满完成了第二、三、四批强推项目实施。对运维单位严谨考核、惩罚分明，严格按照有关规定执行，保证了金属结构机电、供配电、液压设备的安全、正常运行。

（7）土建绿化工程维修方面。通过竞争性谈判的采购方式开展日常项目维护，对上级检查发现的缺陷问题和自查的土建问题进行了集中处理，具备处理条件的已全部处理完成。通过公开招标的采购方式开展总干渠2016年临城段水毁工程处理项目施工、总干渠临城县段张家台桥处左岸截流沟贯通处理项目、临城管理处泜河渡槽进口检修闸室楼梯间处理工程、总干渠左岸连接路硬化工程施工、总干渠2016年渠道连接道路水毁工程处理项目、南水北调邯石段淀粉厂桥、沟里韩桥引道水毁项目施工的实施。专项项目均在重安全、保质量的前提下，主汛前主体全部完工，确保南水北调中线干线临城段工程运行安全。

三、工程效益

2017年，泜河退水闸累计分水1169.89万m^3，午河退水闸累计分水1000.13万m^3，北盘石分水口累计分水48.15万m^3，黑沙村分水口累计分水1035.38万m^3，两个分水口供水直接受益人口约31.4万人。

四、验收工作

完成南水北调中线干线工程总干渠2016年临城段水毁工程处理项目施工和总干渠临城县段张家台桥处左岸截流沟贯通处理项目合同验收；完成临城管理处泜河渡槽进口检修闸室楼梯间处理工程、总干渠左岸连接路硬化工程施工、总干渠2016年渠道连接道路水毁工程处理项目、南水北调邯石段淀粉厂桥、沟里韩桥引道水毁项目施工分部工程验收。

（孔连增　吕德全　尹　喜）

高邑县—元氏县段工程

一、工程概况

高邑县—元氏县段位于石家庄市高邑县、赞皇县、元氏县境内，起点位于邢台市和石家庄市交界，终点位于石家庄市元氏县与鹿泉市交界。起点总干渠桩号172+000，终点总干渠桩号为212+180。高邑县至元氏县段全长40.743km，其中渠道长38.284km、建筑物（占用水头）长2.459km。

该渠段渠道采用明渠自流输水方案，渠道横断面分为全挖、全填和半挖半填等三种断面型式，过水部分采用梯形断面。渠道长38.284km，全挖方断面渠道15.434km、全填方断面渠道2.41km、半挖半填断面渠道20.44km。渠道最大挖深33m，最大填高15.4m。沿线岩性以黄土状壤土、砂壤土、泥砾、中细砂等为主，局部有岩石出露，其中土质渠道37.734km，石质渠道长0.55km。

主要建设内容包括大型河渠交叉建筑物6座，左岸排水建筑物13座，渠渠交叉建筑物7座，控制性建筑物7座（分水口门4座，节制闸、退水闸和排冰工程各1座），外排泵站1座，降压变电站8座，中心开关站1座，水土保持、环境保护、35kV输电线路等。公路交叉建筑物40座。

总干渠设计流量为220m^3/s，加大流量为240m^3/s。起点设计水位为80.649m，终点设计水位为78.174m，总水头差为2.475m。

二、工程管理

高邑元氏管理处作为高邑县—元氏县段的现场管理处，全面负责辖区内的管理工作，保证工程安全、通水安全、水质安全和人身安全。负责辖区内维修养护及其他专项项目的管理和验收工作。管理处内设综合科、工程科、运行科、合同财务科四个科室。

（1）安全管理方面。管理处成立安全生产工作小组，明确安全生产负责人和兼职安全员，编制年、季、月安全生产工作计划，修订安全生产管理实施细则，完善外部单位进场安全生产文明施工实施细则，总结安全生产工作。加强日常维护项目和专项项目管理，与运维单位和穿跨越单位进行安全交底并签订安全生产协议书、责任书和承诺书，保证施工人员保险到位。定期组织安全生产检查、开展安全宣传培训、召开安全生产例会。2017年全年零伤亡。10月，配合保安公司顺利接管工程安保工作。中共十九大期间严格落实上级文件要求，结合管理处实际特点进行安全加固措施，并出色完成了任务。

（2）土建绿化工程维护方面。管理处采取公开招标、询价等多种采购形式进行日常维修养护工作。2017年，管理处在土建方面主要完成对水毁项目的修复、功能的完善及对工程缺陷进行处理。绿化方面作为河北分局试点单独成立绿化标，由专业队伍进行绿化维护，主要完成了草坪种植、草坪养护、树木种植、树木养护、杂草清除等工作。同时还完成了水质演练对该部位的形象提升改造项目。

（3）土建专项项目方面。2017年，管理处完成了尾工项目建设、3座水毁桥梁修复项目、槐河（一）渠道倒虹吸防洪防护工程项目，物资设备仓库建设正在实施。

（4）工程应急管理方面。2017年管理处根据中线建管局、河北分局文件要求成立突发事件现场管理处置机构，高元管理处成立突发事件现场处置小组；根据中线建管局相关突发事件应急预案，编制了高元管理处《2017年防洪度汛应急预案》《水污染事件应急预案》《2017年度度汛方案》《突发事件现场处置方案》等；汛期建立防汛值班制度，进行全年24小时应急值班，收集和上报汛情、险情信息，处置各类突发事件，减少或避免突发事件造成的损害；制定了应急管理培训和突发事件应急演练工作计划，并按计划开展了相应应急演练及培训工作。

（5）安全监测管理方面。按照要求，每月进行一次外观监测，每周进行一次内观监测，编制月报。

三、运行调度

2017年，高邑元氏管理处调度运行平稳，调度指令执行准确，调度运行管理逐步规范化、标准化，调度运行环境不断提升，未发生任何调度运行安全事故。

调度运行过程中，值班人员严格按照《输水调度业务工作手册》等相关要求进行值班，执行五班两倒值班方式，调度操作符合要求，各项记录规范、整齐，水情上报及时、准确，值班人员坚守岗位，2017年全年未发生一次错报、漏报、脱岗、漏岗情况，保障了输水安全。

四、工程效益

经过三年多的输水调度运行，工程运行稳定，主干渠输水调度累计输水量630 727万m^3，2017年度输水量268 326万m^3，惠及北方多个城市。管理处管辖4座分水闸：泲河分水闸、北马分水闸、赵同分水闸和万年分水闸，分别向高邑县、赞皇县、元氏县、赵县、栾城县和窦妪工业区供水，惠及约170万人民。截至2017年底，累计分水量：泲河分水闸分水174.15万m^3，北马分水闸分水318.94万m^3，赵同分水闸分水933.49万m^3，万年分水闸分水2070.52万m^3，槐河一退水闸分水量1208.16万m^3。2017年度分水量：泲河分水闸分水167.91万m^3，北马分水闸分水273.96万m^3，赵同分水闸分水930.82万m^3，万年分水闸分水1451.85万m^3，槐河一退水闸分水1208.16万m^3。

五、验收工作

2017年，日常维护项目完成了2015年全面整治土建一标左、右岸巡渠道路维护项目土建二标巡视台阶项目、错车平台及警示柱等项目、土建及绿化日常维护工程合同验收。专项项目完成遗留尾工项目、水毁桥梁修复项目、槐河（一）倒虹吸河道防护加固工程的合同验收。

（贾军利　雷冬梅　邢晓明）

鹿泉区段工程

一、工程概况

2014年9月，鹿泉市撤市设区，设立石家庄市鹿泉区。为规范用语，将原鹿泉市段工程修改为鹿泉区段工程。鹿泉区段工程起点桩号212+180，终点桩号224+966，全长12.786km，渠段起点设计水位78.174m，终点设计水位77.218m。设计流量220m^3/s，加大流量240m^3/s。鹿泉区段工程渠道长11.459km、建筑物长1.327km，沿线共布置各类建筑物29座，其中河渠交叉建筑物3座、左岸排水建筑物4座、渠渠交叉建筑物4座、分水口门2座、节制闸1座（洨河渠道倒虹吸出口闸作为节制闸使用）、退水闸1座、排冰闸1座、跨渠桥梁14座。

二、工程管理

石家庄管理处全面负责鹿泉区段工程运行管理工作，以工程巡查、安全保卫、安全监测为依托，及时发现问题、报告问题；土建及绿化日常维护专业及时整改问题，完善工程功能并维护工程形象；水质保护专业通过对水体进行日常取样、监测、定时打捞，及时将相关信息上报有关部门，全面加强对所辖区段水质安全管理；强化安全生产为管理第一理念，通过安全检查、安全教育等手段不断强化安全管理水平和安全管理意识，加强对外委维护队伍及人员主要包括工程巡查人员、土建与绿化维护队伍、安全监测人员、安全保卫队伍的有效管理，强化安全教育和培训，切实保障工程运行安全。

三、运行调度

石家庄管理处鹿泉区段工程调度运行平稳，金属结构机电、自动化设备设施运行正常。石家庄管理处中控室以实施调度、全程监控、应急调度三大核心职能，并通过闸站监控系统、视频监控系统、安防系统、会商系统、安全监测系统等全程对辖区金属结构机电、自动化设备进行监控，确保设备运行安全。

2017年，石家庄管理处金属结构机电、自动化设备管理工作坚持以规范化建设为目标的管理模式，运维单位按照金属结构机电、供配电、液压、闸控、视频监控、自动化设备、通信光缆等专业进行设备维护。石家庄管理处巡检人员通过定期静态监控和动态巡视，保证设备的良好运行。

四、工程效益

鹿泉区工程含分水口2座（上庄分水口、新增上庄分水口）、退水闸1座（洨河退水闸）、排冰闸1座（洨河排冰闸）。上庄分水口，孔口尺寸2.2m×2.2m（宽×高），设计分水流量5m^3/s，设计水头5.633m；新增上庄分水口，孔口尺寸1.5m×1.8m（宽×高），设计分水流量1.3m^3/s，设计水头5.233m；洨河退水闸，设置1扇检修闸门，1扇工作闸门，闸门采用平面滚轮闸门，孔口尺寸为5.5m×6.75m（宽×高），上游设计水头6.394m，下游设计水头8.83m。设计退水流量110m^3/s，与上游退水闸距离29.546km，与下游退水闸距离28.549km；洨河排冰闸，布置在耙冰机的下游侧，采用底轴驱动钢坝闸门型式，孔口尺寸5m×3.15m（宽×高），设计水头2.5m。

洨河退水闸于2017年11月6日开始投入运行并进行分水，2017年累计分水量2295.4万m^3，上庄分水口于2017年5月26日开始投入运行并进行分水，2017年累计分水量101.16万m^3，新增上庄分水口于2016年5月11日开始投入运行并进行分水，2017年累计分水量1027.77万m^3。

（王冠伟）

石家庄市区段工程

一、工程概况

石家庄市区段工程起点桩号224+966，终点桩号237+040，工程位于石家庄桥西区和新华区，起点位于石家庄市和鹿泉区交界处台头村，终点位于新华区大安舍村，工程全长12.266km，渠道总长10.439km，总干渠设计流量为220m^3/s，加大流量为240m^3/s。该工程包括大型交叉建筑物3座，左岸排水建筑物1座，控制工程（分水口门）1座，公路交叉桥梁共15座，铁路交叉工程2座。

二、工程管理

石家庄管理处全面负责石家庄市区段工程运行管理工作，以工程巡查、安全保卫、安全监测为依托，及时发现问题、报告问题；土建及绿化日常维护专业及时整改问题，完善工程功能并维护工程形象；水质保护专业通过对水体进行日常取样、监测、定时打捞，及时将相关信息上报有关部门，全面加强对所辖区段水质安全管理；强化安全生产为管理第一理念，通过安全检查、安全教育等手段不断强化安全管理水平和安全管理意识，加强对外委维护队伍及人员主要包括工程巡查人员、土建与绿化维护队伍、安全监测人员、安全保卫队伍的有效管理，强化安全教育和培训，切实保障工程运行安全。

三、运行调度

石家庄管理处石家庄市区段工程调度运行平稳，金属结构机电、自动化设备设施运行正常。石家庄管理处中控室以实施调度、全程监控、应急调度三大核心职能，并通过闸站监控系统、视频监控系统、安防系统、会商系统、安全监测系统等全程对辖区金属结构机电、自动化设备进行监控，确保设备运行安全。

2017年，石家庄管理处金属结构机电、自动化设备管理工作坚持以规范化建设为目标的管理模式，运维单位按照金属结构机电、供配电、液压、闸控、视频监控、自动化设备、通信光缆等专业进行设备维护。石家庄管理处巡检人员通过定期静态监控和动态巡视，保证设备的良好运行。

四、工程效益

南新城分水口于2016年8月30日开始投

入运行并进行分水，2017 年累计分水量 862.82 万 m^3。

五、验收工作

2017 年 12 月，完成南水北调中线石太（一）暗渠进口水毁工程、康庄暗渠出口水毁工程、南水北调中线石家庄段水毁工程的合同验收。

（王冠伟）

穿漳河工程

一、工程概况

南水北调中线一期总干渠穿漳河交叉建筑物工程包括南北两岸渠道连接段和倒虹吸段，总长共计 1081.81m，由南向北分别由南岸连接渠道、退水排冰闸、进口渐变段、进口检修闸段、倒虹吸管身段、出口节制闸段、出口渐变段、北岸连接渠道 7 段组成。漳河南岸总干渠设计水位 92.19m，加大水位 92.56m，北岸总干渠设计水位 91.87m，加大水位 92.25m，设计流量 235m^3/s，加大流量 265m^3/s。

穿漳河工程有闸站建筑物 3 座，各类启闭机设备 9 套，闸门 11 扇（套）。穿漳段工程有 35kV 降压站 2 座，高低压电气设备 2 套，柴油发电机 2 套。穿漳河工程有视频监控摄像头 33 套，闸控系统水位计 7 个、流量计 1 个，通信站点 2 处，包含通信传输设备、程控交换设备、计算机网络设备、实体环境控制设备等。

二、工程管理

穿漳管理处作为穿漳河工程的现地管理处，全面负责辖区内运行管理工作，保证工程安全、运行安全、水质安全和人身安全。负责或参与辖区内直管和代建项目尾工建设、征迁退地、工程验收工作。

（1）安全管理。辖区管理处成立安全生产工作小组，明确安全生产负责人和兼职安全员，编制年季月安全生产工作计划，修订安全生产管理实施细则，开展安全生产工作总结。加强日常维护项目管理，与运维队伍、后穿越单位等进行安全交底并签订了安全生产协议书。定期组织安全生产检查、开展安全宣传培训、召开安全会议。2017 年 9 月，完成警务室建设工作并投入运行，完成中共十九大期间重要部位定点值守工作，安保工作有序开展，全年零伤亡。

（2）土建绿化工程维护。现场管理机构为安阳管理处，负责现场土建和绿化工程日常维修养护项目的管理。为确保土建和绿化工程维修养护项目顺利实施，采取公开招标、竞争谈判、询价、直接采购等多种采购形式开展日常项目维护。按照南水北调中线工程防护林及绿化一期工程养护及绿化工程养护要求，完成了南水北调中线工程防护林及绿化一期工程穿漳绿化节点的乔木、灌木和地被植物的养护工作。2017 年主要完成的土建和绿化工程日常维护项目有渠道工程修复、建筑物及闸站问题处理、渠道边坡草体修剪和除杂草、闸站和渠道保洁等内容。

（3）工程应急管理。2017 年现地管理处突发事件应急管理组织机构进行了调整，明确了组织机构职能分工和工作职责，突发事件应急管理体系进一步完善；修订了防汛应急预案和突发事件现场处置方案，并报送河南分局和地方政府进行备案；辖段范围内有 1 支应急抢险队伍作为突发事件应急处置力量。汛前补充了块石、砂砾料、格宾石笼等应急抢险物资；现地管理处储备有应急电源车、新购水泵、移动式发电机、移动照明灯塔车等应急抢险设备；组织参建单位进行应急演练，不断提高突发事件应急处置能力。

三、运行调度

2017 年，穿漳管理处调度令行禁止，信息反馈顺畅，工巡重点突出，水质全面监控，安全监测到位，安保措施得力，设备运转正常，土建工程维护基本到位，安全生产隐患逐步减少，工程运行管理工作取得了明显成效。

（1）金属结构机电设备运行。穿漳河工程有退水排冰闸 1 座，进口检修闸 1 座，出口节制闸 1 座，各类液压启闭机、台车、电动葫芦等金属结构机电设备 9 套，闸门 11 扇（套）。按照中线建管局的有关要求，定期对金属结构机电设备进行巡视、维护、检修等工作，及时发现问题，解决问题，做到举一反三，排除设备故障及缺陷，保障设备稳定运行。通水后金属结构机电设备为过渡期维护模式，由河南分局组织有关单位开展维护工作。中线建管局招标的金属结构机电设备维护项目金属结构设备维护队伍黄河水利委员黄河机械厂于 2016 年 10 月 1 日进场，按照分局下发的维护计划对辖区内金属结构机电设备进行维护保养工作；液压启闭机设备维护队伍邵阳维克液压股份有限公司于 2017 年 3 月 8 日进场。自 2016 年 10 月专业维护队伍进场后，金属结构机电设备运行情况良好，无影响通水和调度的事件发生，设备维护保养到位，运行可靠性高。

（2）永久供配电系统运行。穿漳河工程有 35kV 降压站 2 座，高低压电气设备 2 套，柴油发电机 2 套。按照中线建管局的有关要求，永久供配电系统为合同维护模式，中线建管局招标的永久供配电维护单位众信电力工程有限公司于 2016 年 10 月 1 日进场，由河南分局组织有关单位开展维护工作，永久供电系统运行情况稳定。

（3）信息自动化系统运行。按照中线建管局的有关要求，从 2017 年 5 月 10 起，自动调度系统运行维护队伍正式进场，河南分局积极组织相关运行维护单位开展维护工作。

四、工程效益

自 2014 年 12 月 12 日，南水北调中线干线工程正式通水以来，穿漳河工程已安全运行 1116 天，累计输水 69.34 亿 m^3。2017 年全年输水 30.13 亿 m^3，共接收、执行输水调度指令 304 次，水质持续达到Ⅱ类或优于Ⅱ类标准，工程通水运行安全平稳。

五、验收工作

2017 年，完成土建日常维护项目、绿化日常养护项目，闸站环境保洁维护项目合同验收工作，完成日常零星用工项目验收工作。

（朱清帅　樊少彪　赵军锋）

黄河北—漳河南段工程

概　述

总干渠黄河北—漳河南段工程起点为穿黄工程出口 S 点，终点为安阳县施家河村东豫、冀两省交界的穿漳河工程交叉建筑物进口。线路全长 237.074km。该区段设计流量为 265～235m^3/s，加大流量为 320～265m^3/s。

该渠段工程由全挖、全填、半挖半填土质渠道、岩质及土岩结合渠道和河渠交叉工程、左岸排水工程、渠渠交叉工程、公路和铁路交叉工程、控制工程等建筑物组成。

该段渠道总长 220.471km、建筑物总长 16.603km；各类交叉建筑物 339 座，其中河渠交叉建筑物37座、左岸排水建筑物73座、渠渠交叉建筑物23座、控制建筑物34座、公路交叉建筑物154座、铁路交叉建筑物18座。

黄河北—漳河南段包括温博段、沁河倒虹吸、焦作1段、焦作2段、辉县段、石门河倒虹吸、潞王坟膨胀岩试验段、新乡和卫辉段、汤阴段、鹤壁段、安阳段等11个设计单元，其中温博段、沁河倒虹吸、焦作1段为直管项目，汤阴段、鹤壁段为代建项目，其他为委托建管项目。

2014年9月29日，黄河北—漳河南段工程11个设计单元均通过了通水验收，2014年12月12日正式通水，进入运行期。设计单元内各合同项目也已完成合同项目完成验收。

2015年6月30日，成立了河南分局和渠首分局。河南分局负责叶县至冀豫界（全长546.13km）工程运行管理工作。

河南分局内设10个处（中心），分别为综合管理处、计划经营处、人力资源处、财务资产处、分调中心、工程管理处（防汛与应急办）、信息机电处、水质监测中心（水质实验室）、监督二队和党建工作处（纪检监察处），按职能分别负责综合、生产经营、人力资源、财务、调度、工程、机电金属结构、自动化信息、水质、党建和纪检等方面管理工作。河南分局下设19个现地管理处，其中黄河北—漳河南段设8个管理处，分别为温博管理处、焦作管理处、辉县管理处、卫辉管理处、鹤壁管理处、汤阴管理处、安阳管理处、穿漳管理处，负责辖区内运行管理工作，保证工程安全、运行安全、水质安全和人身安全，负责或参与辖区内直管和代建项目尾工建设、征迁退地、工程验收工作。

2017年，现地管理处突发事件应急管理组织机构进行了调整，明确了组织机构职能分工和工作职责，突发事件应急管理体系进一步完善；修订了防汛应急预案和突发事件现场处置方案，并报送河南分局和地方政府进行备案；辖段范围内有1支应急抢险队伍作为突发事件应急处置力量。汛前补充了块石、砂砾料、格宾石笼等应急抢险物资；现地管理处储备有应急电源车、新购水泵、移动式发电机、移动照明灯塔车等应急抢险设备；组织参建单位进行应急演练，不断提高突发事件应急处置能力。

2017年9月1日上午9:55，卫辉管理处在金灯寺左排下游渠段右岸围网外约100m的金灯寺沟内发现涌水点，疑似渠水外漏，最终确定渠道底板塌陷与下部通道连通，渠水自连通通道泄漏致右岸出露点。险情发生后河南分局会商后启动应急响应，组织管理处及时上报险情信息，分局领导立即赶赴现场组织开展应急处置工作。应急处置措施：

（1）出水点下游沟内填筑临时围堰，做好控制渠道内外水位差准备。

（2）渠道内排查处置渗漏点，找出渗漏点位置，进行水下抛填封堵。

（3）在1号出水点上游进行钢板桩封堵，截断漏水通道。

（4）在渠道右岸绿化带区域进行第二道封堵，确保封堵安全。

经各单位积极奋战，2017年9月5日12时钢板桩前混凝土浇筑完成，出水点不再出水，抢险第一阶段取得胜利，9月9日右岸绿化带下部漏水通道封堵完成，应急抢险转为常规处置阶段。

2016～2017供水年度，该渠段12座分水口、4座退水闸开闸分水，向焦作市、新乡市、鹤壁市、安阳市供水33 200.55万m^3。

（朱清帅　张国锋　魏红义　赵军峰）

温博段工程

一、工程概况

温博管理处管辖起点位于焦作市温县北张羌村西总干渠穿黄工程出口S点，终点为焦作新区鹿村大沙河倒虹吸出口下游700m处，包含温博段和沁河倒虹吸工程两个设计单元。管理范围总长28.5km，其中明渠长26.024km，建筑物长2.476km。设计流量$265m^3/s$，加大流量$320m^3/s$。起点设计水位为108.0m，终点设计水位为105.916m，设计水头为2.084m，渠道纵比降均为1/29 000。共有建筑物47座，其中河渠交叉建筑物7座（含节制闸1座），左岸排水建筑物4座，渠渠交叉建筑物2座，跨渠桥梁29座，分水口2处，排水泵站3座。

二、工程管理

温博管理处作为温博段工程的现地管理处，全面负责辖区内运行管理工作，保证工程安全、运行安全、水质安全和人身安全。负责或参与辖区内直管和代建项目尾工建设、征迁退地、工程验收工作。温博管理处内设综合科、运行调度科、工程科和合同财务科四个科室。

（1）安全管理。辖区内管理处成立安全生产工作小组，明确安全生产负责人和兼职安全员，编制年、季、月安全生产工作计划，按期开展安全生产检查及安全生产例会，修订安全生产管理实施细则。加强日常维护项目管理，与运维单位进行安全交底，并签订安全生产协议书，定期开展安全生产培训及宣传。全年零伤亡。2017年6月安全生产月期间，根据中线建管局关于开展“关爱生命、预防溺水”安全生产月主题活动的通知要求，管理处针对渠道沿线特点，推行安全生产月各项活动，例如到学校进行“预防溺水安全宣传专题活动”在学校及村庄粘贴宣传展板、联合县教育局到学校及村庄发放宣传彩页及“预防溺水，关爱生命”扇子等活动，强化了管理处安全管理水平。10月11日，南水北调中线保安公司进驻温博段渠道，温博分队沁河驻点和大沙河驻点，管理处积极配合完成相关工作，并在原安保单位退场期间，做好交接工作。安保单位进场后至12月31日，共修复围网79处；制止钓鱼12次；发现渠道内工作人员未穿反光衣教育并上报管理处44次；换渠道大门锁8把；没收施工人员私配钥匙2把；处理火情2次；发现外来车辆没通行证劝离渠道2次。南水北调温博段警务室自挂牌以来，接警出警93次，控制教育钓鱼等非法人员102人次，发现和制止水源保护区内违法施工28起，为温博段工程的安全运行起到较好的保障。2017年，管理处共组织召开安全生产例会53次，各类安全生产检查72次，及时发现、整改各类安全隐患175项，整改完成175处，安全隐患整改率100%。

（2）土建绿化及工程维护管理。2017年度温博段土建绿化及工程维护项目分为年度维修养护项目、专项工程维护项目，年度日常维护项目涉及输水明渠养护维护、边坡防护维护、截流沟和构造沟维护、沥青混凝土路面维护、输水建筑物维护、左排维护、渠道除草、节点绿化维护等；专项项目涉及截流沟硬化等。现阶段全年日常维护项目基本已完成，剩余的日常维护项目为按月进行计量的固定总价合同。截至2017年底，日常维护项目基本已完成，剩余的日常维护项目为按月进行计量的固定总价合同。温博管理处维修养护项目开展全面，措施得当，预算执行合理有效，工程形象得到进一步提升，工程安全得到了进一步保证，圆满完成了2017年度土建绿化维护工作。

（3）应急抢险管理。2017年管理处根据中线建管局及河南分局文件要求，成立了突发事件现场处置小组，根据中线局相关突发事件应急预案，编制了温博管理处《2017年防洪度汛应急预案》《2017年工程度汛方案》《水污染事件应急预案》《工程突发事件现场应急处置方案》等；汛期建立24小时防汛值班制度，进行全年应急值班，及时收集和上报汛情、险情信息，储备和管理应急抢险物资，修筑应急抢险道路，高效、迅捷处置各类突发性事件，减少或避免突发事件造成的损害；制定了应急管理培训及突发事件应急演练计划，并按计划开展了相应应急演练及培训工作。

三、运行调度

2017年，温博管理处坚持“稳中求好，创新发展”的工作思路，推进规范化建设进程，温博段工程全面安全运行、水质稳定达标。

管理处中控室调度值班人员10人，采取“5班2倒”方式实施24小时值班，济河节制闸配备4名值班人员，每班2人，每班24小时值班，分时段以1人为主，另1人为辅。2017年，所辖节制闸、分水口平稳运行。2017年度中控室共计接收调度指令616条，成功582条，成功率94.48%。

四、工程效益

自正式通水以来，温博段工程安全平稳运行1116天，截至2017年底，累计输水77.11亿m^3。2017年11月8日起，温博管理处通过马庄分水口正式向温县供水。2017年，马庄分水口累计向温县供水19.29万m^3，10余万人受益；北石涧分水口累计向武陟供水725.15万m^3，8万人受益，为地方居民饮水和农业生态灌溉提供了有力保障。

（吴海洲　盖　沛　侯鹏飞）

沁河渠道倒虹吸工程

一、工程概况

沁河渠道倒虹吸工程位于河南温县徐堡镇北、博温公路沁河大桥下游约300m处。是南水北调总干渠与沁河的交叉建筑物，工程由进、出口渠道段和穿沁河渠道倒虹吸管身段组成，该段设计流量265m^3/s，加大流量320m^3/s，加大水位108.256～107.587m。渠倒虹轴线与沁河基本呈正交，建筑物长1197m，其中进口渐变段长60m，其中闸室段长15m，倒虹吸管身段水平投影长1015m，出口闸室段长22m，出口渐变段长85m。设计管身横断面为一联3孔箱形钢筋混凝土结构，孔径6.9m×6.9m（宽×高）的C30钢筋混凝土结构。

二、工程管理

沁河倒虹吸工程的现地管理处与温博段工程一致，也为温博管理处。管理处全面负责辖区内运行管理工作，保证工程安全、运行安全、水质安全和人身安全。负责或参与辖区内直管和代建项目尾工建设、征迁退地、工程验收工作。

（刘　涛　牛　涛　耿建华）

焦作1段工程

一、工程概况

焦作1段工程起点位于河南省博爱县聂村东北大沙河渠道倒虹吸出口，终点为焦作市蔺西李河渠倒虹吸出口，渠段总长13.513km，其中明渠长11.598km，建筑物长1.915km，沿渠共布置各类交叉建筑物18座，其中河渠交叉建筑物5座、控制建筑物3座（节制闸、退水闸、分水口门各一座）、跨渠公路桥9座、铁路桥1座。渠段起点设计水位104.686m，总设计水头差1.23m渠段，该段设计流量为265m^3/s，加大流量为320m^3/s。渠道工程为全挖方、半挖半填、全填方三种形式。总干渠与沿途河流、灌渠、铁路、公路的交叉工程全部采用立交布置。

二、工程管理

作为三级现场机构，焦作管理处负责焦作1段、2段运行管理工作，承担着通水运行期间的工程安全、运行安全、水质安全和人身安全的职责，在郑焦片区尾工办的领导下负责焦作1段、2段尾工建设、征迁退地和工程验收的现场工作。

（1）安全生产管理。2017年6月21日，焦作管理处警务室正式揭牌成立，共有3名干警，4名协警，警务用车1量。按照《警务室工作制度》要求，焦作管理处警务室进行24小时值班，并利用安防视频系统，对沿线渠道进行视频巡视，着重关注危化品桥梁及超载桥梁，对安防系统报警及时进行复核和出警。每周对焦作段工程巡查2遍，对发现问题及时处置，中共十九大期间增加巡逻频次，每天夜间对节制闸进行巡视，确保不发生安全事件。2017年度，警务室制止非法施工2起，处置非法钓鱼人员60余人次，解决围网内非法占地3处。10月31日，中线建管局保安公司正式接管焦作段安全保卫工作，在此之前焦作管理处组织新、旧安保单位完成了现场设施和安保资料的交接，组织召开了安保工作交接工作会，对安全隐患点、工作难点进行了沟通交流。焦作段共有安保人员20名，分成3个巡逻小组，巡逻车3辆，分别驻扎在普济河倒虹吸出口和聩城寨退水闸，共划分3个巡逻区，每天对各巡逻区巡查3遍。每月组织召开安保例会，对安全保卫行为进行抽查，对巡查记录进行检查，安保人员巡逻过程中多次发现围网隐患和火灾风险，同时对围网外非法施工进行了教育和制止，有效保障了工程安全。分别于7月20日、26日成功解救两名外来入渠人员，2017年焦作段安保保卫工作有序高效开展，未发生溺亡事故和失窃事件。

（2）土建维修维护及标准化渠道建设。2017年焦作管理处主要工程维护项目为混凝土维修、砌石维修、渠道一级马道边坡及渠道外坡维修、运行道路维修、闸站建筑维修、渠道其他设施维修。土建项目共分6个大项、53个小项，先后完成混凝土坡肩修复2600m^2，新增巡视台阶307m，沥青路面修复1400m^2，路缘石更换3600m，警示柱刷漆9300个，增设滚笼刺丝12 000m，增设防护刺丝13 000m，栏杆除锈刷漆2000m^2，新增钢大门8扇，修复排水沟641m，增设渠道水尺300m^2，散水修复40m^2，增设园区道路730m^2，除草、保洁、清淤、标牌维护、钢大门修复等各项工作都有序开展。

河南分局2017年部署推进的三批71个项目，焦作管理处针对线性工程的特点，将管理内容进行分解，实体分成管理处园区、渠道工程、闸站站点共44个基本单元，运行管理分为17个专业，分类分段渐次推进规范化建设。2016年和2017年，完成单侧22.07km的标准化渠段创建工作，占渠道单边总长76.92km的28.69%。

（3）防汛应急管理。2017年，共接到中线建管局预警5次，全体人员进行待命状态，持续跟踪天气情况和河流水情，加强现场巡查和排查，对险情可能发生部位进行监控，做好物资和设备准备，通知应急抢险队伍驻汛人员做好抢险准备工作，保证险情及时发现并处置。9月1日，卫辉市金灯寺段发生险情，管理处按照上级要求，第一时间向卫辉管理处调运应急电源车、土工膜、土工布等设备和物资，两次调拨均在接到指令后3h内完成出库、装车、运输等作业，有效保障了现场抢险需要，同时派出自有人员5人次、车辆3台积极支援，谢明远同志主动担当，在后续处置中数月坚守，有力地支援了兄弟管理处。汛前，根据实际情况，管理处上报2017年物资采购申请补充采购部分物资，先后采购块石600m^3，反滤料800m^3，彩条布1000m^2，救生圈50个，污泥排水泵1台，翻斗车2台，清洗机2台，缝包机2台，切割机1台等9类物资及设备，物资和设备按要求组织验收入库和调试运行，满足抢险需要。焦作管理处现场共设置13个防汛抢险备料点，5个物资临时存放仓库，各备料点物资按要求码放整齐，存放规整，物料堆体旁安放标识牌，标识物资种类、数量、联系人及联系方式，建立应急物资台账，按月进行物资盘点和汇总。

三、运行调度

2017年全年共收到728条调度指令，1899次，全部实现了顺利执行和反馈。全年通过闫河节制闸断面向北方供水78.54亿m^3，在2017年度首次开展向焦作市生态补水工作，通过闫河退水闸向焦作市城区共补水180万m^3。

2017年9月，焦作管理处按照中线建管局、河南分局的部署，开展"迎十九大召开，保工程平稳运行"加固措施实施工作，采取上人员、上设备、强化管理，落实中线建管局"10方面44项"工作，具体分解为55个小项，确定责任人与完成时限，认真做到"275"，即"两加大、七加密、五加强"，调度工作经受了考验。焦作管理处中控室被国务院南水北调办作为样板在南水北调系统内推广。

（一）规范环境面貌

按照文件要求以及结合焦作管理处中控室实际情况，将中控室工作台及电脑系统按功能进行重新划分归整。将中控室调度核心业务系统电脑（闸控系统、会商系统、OA系统统、调度台、外线电话、门禁系统）统一摆放至第二排左侧，即使得中控室布局整齐有序，又方便中控室值班人员开展调度工作。

中控室进一步优化鞋套使用，将一次性鞋套更换成可重复利用布鞋套，在中控室门口左右侧摆放鞋套框，右侧为未使用鞋套左侧为已使用鞋套，并定期进行清洗。中控室新增换鞋凳，放置门口处，方便来访人员更换鞋套。

（二）强化人员管理

焦作管理处中控室在值班人员配置上，严格管理，择优选拔，为确保输水调度岗位人员队伍优秀、稳定，定期组织中控室值班人员进行考试考核，考核结果作为岗位分配依据，对于屡次不合格者进行岗位调整，通过此办法大大提高了员工学习专业知识的积极性。

（三）调度规范学习宣贯

焦作管理处注重结合实际、鼓励竞争的开展业务培训，组织了输水调度知识竞赛、输水调度知识考试等活动，对调度人员进行了多角度、全覆盖、高强度的调度业务培训及考试，坚持每班抄写输水调度制度规范内容，确保熟练掌握调度制度规范。2017年共进行27次调度培训，共计409人次，提交学习心得730份。通过一系列措施确保每名值班人员对调度制度规范熟记于心。

（四）输水调度工作行为规范

中控室制作收发文登记台账及时将各类收发文件分类归档，同时在OA系统内进行登记，并将上级下发文件制度进行打印传阅，定期进行汇编装订成册，2017年中控室共处理文件161份，其中收文130份，发文31份。共填写故障登记单33份，已处理完毕31份。

针对2017年8月9日新增综合信息服务与会商决策支持系统，中控室进行专题培训，确保每位值班人员能够熟练使用会商系统开展输水调度业务。

为进一步加强现场工程设施设备运行监控，有效保证中线工程运行安全，中控室电视墙投放内容按照中线局文件《关于规范中控室电视墙投放相关视频监控画面的通知》要求，一切以渠道水位监控为重中之重，围绕中控室调度业务重要性重新设定电视墙轮巡画面。画面每15s自动切换一次，充分做到分类分级监控。

（五）保供水"百日安全"专项行动

为贯彻落实中线建管局第二次安委会精神，南水北调中线局在全线各级调度机构开展保供水"百日安全"专项行动，焦作管理处中控室积极响应会议精神，落实文件要求。

在中控室门口登记处设置"百日安全"

专项行动时间展示牌，每日早八时更新展示时间，早晚交接班时在时间牌前合影并留存，共合影拍照200次。

每班交接班时，交班人员和接班人员互问对方四个问题。一问精神状态是否饱满；二问环境面貌是否整洁；三问值班纪律是否严格；四问业务流程是否精细，互相监督、兑现承诺、鼓舞士气。专项行动期间共进行互问200次，每次提问均形成纸质记录。

设置学习角。每班在当值期间，利用工作间隙，当班值班长组织值班人员进行半小时以上统一学习，专项行动期间共进行200次每日学习，学习人次400人次；各管理处调度专职负责人每月组织值班人员对重点业务流程、制度办法和文件进行一次集中学习，专项行动期间共进行3次集中学习，学习人次48人次。

分调中心创建“河南分局输水调度值班报告”微信群，调度专职负责人每天对中控室抽查两次，对值班人员进行提问，抽查情况在工作日志内进行记录，下午四点半准时在群内汇报当天输水调度情况。

2017年6月20日，焦作管理处开展了“比业务、强本领”输水调度知识竞赛，管理处处领导，及全体调度科人员参加了竞赛。本次竞赛活动以提高员工岗位业务水平为根本，以推动员工学习调度知识为重点。竞赛活动的开展，切实鼓励和激发了员工学习进步的积极性和主动性，有效提高了管理处员工的调度业务水平。

通过中控室一系列活动的开展，明确了中控室的职责和权限。建立了一套必要的规章制度使标准化活动过程和程序更加的规范化、科学化、系统化。通过标准的制订、修订、实施、考核，全面提升了员工理论业务技能水平，逐步建设高素质员工队伍。中控室标准化建设是“三标准”组成部分，是南水北调中线标准体系（技术标准体系、工作标准体系及管理标准体系）有机整体的重要一环。

四、工程效益

自2014年12月12日南水北调中线干线工程正式通水以来，焦作工程平稳运行，累计输水78.54亿m^3，2017年焦作管理处辖区内苏蔺分水口累计向焦作市修武地区供水752.86万m^3，受惠人口6万人。通过闫河退水闸向闫河生态补水180万m^3。

（李华茂　刘　洋　贾金朋）

焦作2段工程

一、工程概况

焦作2段工程位于焦作市境内，是南水北调中线一期工程总干渠第Ⅳ渠段（黄河北—羑河北段）的组成部分，全长25.560km，其中明渠长23.794km，占水头建筑物长1.766km。焦作2段工程渠道设计流量265～260m^3/s，加大流量320～310m^3/s。有各类建筑物46座，其中河渠交叉3座，左岸排水3座，分水闸2座，节制闸1座，退水闸1座，交通桥18座，生产桥8座，铁路桥10座（不含铁路桥）。

二、运行调度

2017年，全年共收到728条调度指令，1899次，全部实现了顺利执行和反馈。全年通过聩城寨节制闸断面向北方供水33.82亿m^3，在2017年首次开展向焦作市生态补水工作，通过闫河退水闸向焦作市城区共补水180万m^3。

（李华茂　周贵涛　李效宾）

辉县段工程

一、工程概况

辉县段工程起点位于修武县与辉县市交

界的纸坊河渠倒虹工程出口（设计桩号Ⅳ66+856.5），终点位于辉县市与新乡凤泉区交界的孟坟河渠倒虹出口（设计桩号Ⅳ115+807.1），全长47.39km（不含石门河渠道倒虹吸工程）。其中渠道长度43.40km，建筑物长度3.991km。渠道以全挖方断面为主，约占总长度63%，其中挖深超过15m的深挖方段约长1.5km，最大挖深约32m，半挖半填段约占该段渠道总长的37%。共有各类建筑物81座，其中，河渠交叉7座，渠渠交叉2座，左岸排水18座，分水闸2座，节制闸3座，退水闸3座，公路桥34座（包括峪河退水渠上4座），生产桥12座。辉县段设计流量$260m^3/s$，加大流量$310m^3/s$。设计水位102.961～98.938m。

二、工程管理

辉县管理处作为辉县段设计单元和石门河倒虹吸设计单元的现地管理处，全面负责辖区内工程管理工作，保证工程安全、运行安全、水质安全和人员安全，参与或配合辖区内委托项目工程验收等工作。辉县管理处内设综合科、合同财务科、工程科、调度科四个科室。2017年，辉县管理处全面落实“稳中求好，创新发展”总思路，按照规范化建设要求，以标准化试点处为平台，积极开展安全生产、标准化渠道建设、应急抢险等工作。

（1）安全生产。管理处成立了以处长为组长、副处长为分管副组长、全体员工及外协单位负责人为成员的安全生产工作小组，明确了有关人员职责。并制定、印发了我处安全生产管理实施细则，完善了安全生产责任制、安全生产会议制度、安全生产检查实施细则、安全生产考核实施细则、隐患排查与治理制度、安全教育培训制度、应急管理等制度。组织了日常安全生产检查、月度安全生产综合检查；整改了各类安全隐患，召开了安全生产例会、安全生产专题会；开展了安全教育培训。

（2）土建绿化与工程维护管理。管理处土建绿化与工程维护管理工作坚持以问题为导向，持续开展“举一反三”自查发现的问题等为基础，以消除问题、确保工程安全运行为目的，开展土建绿化与工程维护工作。2017年，土建绿化实施完成了闸站节点绿化养护工作，植草面积6.5万m^2；工程维护管理分为总价项目和单价项目，总价项目主要为除草、截流沟及排水沟清淤、坡面雨淋沟整治等，单价项目以问题整改和功能完善为主，采用任务单形式通知到工程维护单位，主要完成了警示柱刷漆、路缘石缺陷处理、沥青路面修复、闸站园区缺陷处理、警示牌更新及修复、增设闸站屋顶标识、闸站和渠道保洁等项目。

（3）应急抢险。2017年，管理处成立突发事件现场处置小组，编制了《南水北调中线干线辉县管理处2017年度汛方案》《辉县管理处防洪度汛应急预案》《水污染事件应急预案》在地方相关部门备案；汛期建立防汛值班制度，进行汛期24小时应急值班，收集、传达和上报水情、汛情、工情、险情信息，对各类突发事件进行处置或先期处置；不定期对应急保障队伍驻汛情况进行抽查；摸排块石、钢筋、复合土工膜、水泵、编织袋、钢管、投光灯等；按照河南分局物资管理办法，对管理处物资进行盘点、维护；按计划开展了防洪度汛和水污染应急演练。

三、运行调度

辉县段工程参与调度的节制闸3座，分别是峪河节制闸、黄水河支节制闸、孟坟河节制闸。2017年，执行调度指令3266门次，全年累计输水32.32亿m^3。另外配合韭山段水下修复工程施工、金灯寺除险加固工程施工、峪河暗渠永久加固工程暗渠穿线缆施工开展调度工作。

（1）金属结构、机械电气设备运行。辉

县段工程有闸站建筑物17座，液压启闭机设备45台套，液压启闭机现地操作柜90台，电动葫芦设备34台，闸门98扇，固定卷扬式启闭机8台套。金属结构设备采取外委运维单位维护，其中金属结构设备由水利部黄河机械厂运维，液压启闭机由邵阳维克液压股份有限公司运维。2017年，金属结构机电各类设备设施共开展巡视工作14 556台次，其中静态巡视14 074台次、动态巡视482台次，金属结构机电设备设施运行稳定、设备工况良好，无影响通水和调度的事件发生。

（2）永久供电系统运行。辉县段工程有35kV降压站15座，箱式变电站1座，高低压电气设备134套，柴油发电机13套。永久供配电设备设施采取外委运维单位维护，由郑州众信电力有限公司运维。2017年，永久供配电各类设备设施巡视共计6429台次，停电总次数46次，其中计划正常内停电39次，非正常计划内停电7次。

（3）信息自动化、安防运行。辉县段工程有视频监控摄像头189套，安防摄像头110套，闸控系统水位计31个，流量计5个，通信站点16处，包含通信传输设备、程控交换设备、计算机网络设备、实体环境控制等。信息自动化、安防设备设施采取外委运维单位维护，其中通信传输、机房实体环境、视频系统由武汉贝斯特通信股份有限公司运维，网络传输由联通系统集成有限公司运维，闸控系统由中水三立有限公司运维，安防系统由中信国安有限公司过渡期运维。

四、工程效益

自2014年12月12日南水北调中线干线工程正式通水以来，辉县段工程累计向下游输水74.15亿m^3。辖区内郭屯分水口自2015年5月供水以来，截至2017年底已累计向新乡市获嘉县供水1871.89万m^3，受益人口17万人。

（李付举　郭志才　王志刚）

石门河倒虹吸工程

一、工程概况

石门河倒虹吸工程全长1550m，设计流量260m^3/s，加大流量310m^3/s。本标段包括倒虹吸两端渠道总长374m，其中进口段渠道长99.4m，出口段渠道长274.6m；进口渐变段、闸室段长68m，出口闸室段及渐变段长93m；倒虹吸管身段水平投影长1015m。

二、工程管理

石门河倒虹吸工程的现地管理单位是辉县管理处。相关设备采取外委运维单位维护，其中金属结构设备由水利部黄河机械厂运维，液压启闭机由邵阳维克液压股份有限公司运维。永久供配电设备设施，由郑州众信电力有限公司运维。通信传输、机房实体环境、视频系统由武汉贝斯特通信股份有限公司运维，网络传输由联通系统集成有限公司运维，闸控系统由中水三立有限公司运维。2017年，工程运行情况良好，无影响通水和调度的事件发生，运行可靠性高。

（郭志才　李志海　杨莉莉）

新乡和卫辉段及膨胀岩（潞王坟）试验段工程

一、工程概况

卫辉管理处所辖工程范围为黄河北—羑河北段第八设计单元新乡和卫辉段及膨胀岩（潞王坟）试验段，是南水北调总干渠第Ⅳ渠段（黄河北—漳河南段）的组成部分。地域上属于河南省新乡市的新乡市凤泉区和卫辉市。起点位于河南省新乡市凤泉区孟坟河渠倒虹吸工程出口（桩号Ⅳ115+900），终点位于鹤壁市淇县沧河渠倒虹吸出口导流堤末端（桩号Ⅳ144+600）。所辖段总长28.78km，其中明渠长26.992km，建筑物长1.788km，渠段起点设计水位98.935m，终点设计水位97.061m，总设计水头差1.874m，该段设计流量250~260m^3/s，加大流量300~310m^3/s。段内共有各类建筑物51座，其中河渠交叉建筑物4座，左岸排水建筑物9座，渠渠交叉建筑物2座、公路桥21座、生产桥11座、节制闸1座、退水闸1座、分水口门2座。

二、工程管理

卫辉管理处作为新乡和卫辉段及膨胀岩（潞王坟）试验的现地管理处，全面负责辖区内运行管理工作，保证工程安全、运行安全、水质安全和人身安全。卫辉管理处内设综合科、合同财务科、工程科、调度科4个科室。

（1）安全管理。以“上人员、上设备、上技术”为核心，实施分局“迎十九大召开，保工程平稳运行”十大加固措施，确保工程平稳运行。加强工程巡查、安全监测、调度值班、闸站值守管理，做到问题发现处理及时。以中小学生为重点，开展暑期防淹溺专项活动；警务室建设全面完成，积极发挥巡视震慑作用；实现保安公司与原安保单位工作移交、无缝对接。建立雨中雨后巡查制度，在日常巡查的基础上，以现地管理处自有人员为主，实施雨中雨后巡查；明确工程巡查人员奖惩办法，提高巡查人员积极性与工作态度；采取措施将工程巡查与日常维护紧密结合，提高问题整改效率；开展桥梁超载排查。积极配合上级各项检查工作，做好上传下达，协调检查发现问题及时整改与验收，年度内上级检查发现问题全部整改完成。

（2）土建绿化工程维护。梳理维修养护项目和内容和工作量，有序开展土建、绿化、信息机电维修养护工作。2017年汛前率先完成2016年水毁项目修复；完成渠道、输水建筑物、左岸排水建筑物及土建附属设施的土建项目维修养护；完成输水建筑物、左岸排水建筑物的清淤、水面垃圾打捞、渠道环境保洁等其他日常维修养护项目；开展绿化试点一期苗木种植顺利。紧抓信息机电维护，加强日常维护队伍管理；完成中线建管局四批、河南分局三批规范化建设任务；设备巡视维护到位，问题消缺及时；修复管理处电力电池室的交流电源主供电缆故障；完成山庄河中心站电力监控后台调试和无功补偿设备安装调试；组织开展闸站专项消防问题整改。

（3）工程应急。认真总结2016年防汛抢险工作经验，汛前完成防汛专项、度汛临时应急工程建设和2016年水毁项目的维修；全面排查防汛风险，调整防汛风险项目，修改完善防汛两案；调整、补充应急抢险物资，所有风险部位全部备齐防汛抢险物资；开展山庄河下游致富路涵洞淤堵、深挖方强膨胀渠段暴雨情况下边坡出现裂缝且伴随滑坡迹象应急演练；及时处置2017年9月1日卫辉管理处金灯寺左排下游围网外出水险情。

三、运行调度

2017年卫辉管理处在中线建管局和河南分局的正确领导下，全年辖区工程运行平稳、水质稳定达标。管理处中控室配备10名调度值班人员，调度值班每班2人，其中值班长1人，值班员1人，实行“5班2倒”24小时值班制度。

卫辉管理处通过加强中控室值班管理，通过规范化交接班，使调度人员的“懂规矩、守规范”成为自觉行为；按时开展水量计量签证工作；配合完成了温寺门分水口流量率定的现场工作；规范中控室电视墙投放视频监控画面管理；开展输水调度“百日安全”活动，实行每日四问、每班进行调度知识学习、每月至少集中学习一次、列队交接班等；狠抓调度值班人员素质、业务能力和工作行为规范，努力提高调度管理水平。

（1）金属结构机电设备。2017年金属结构机电设备运行情况良好，无影响通水和调度的事件发生，运行可靠性高。认真按时完成中共十九大加固期间各项巡视维护任务、河南分局三批规范化建设工作。在金灯寺应急项目中反应迅速，积极投入人力物力，高效完成了跨渠浮桥搭建。

（2）永久供电系统。2017年度，卫辉管理处紧紧围绕河南分局三个批次问题整改及规范化建设项目，狠抓落实，电力运维单位消缺率达100%，卫辉山庄河中心站辖区永久供电系统运行平稳。另外，在卫辉金灯寺渠道出现险情期间，卫辉管理处带领电力运维单位积极参加抢险工作，有力保障了抢险机械用电及夜间照明用电，为尽快处理险情做出了卓越贡献。

（3）信息自动化系统。2017年，信息自动化专业完成了自动化机房线缆整治、人手孔环境整治等规范化项目。通过规范化，自动化运行环境面貌一新。5月，自动化由过渡期运维进入正式运维，闸控、网络、通信三个专业进场维护。对管理处34台电脑完成端口封闭、版本升级、升级病毒库等安全措施，有效防范了wanacry病毒。为迎接中共十九大，采取加固措施，每日两次通过安防摄像头对现场施工进行监控。2017年，卫辉自动化运行平稳，为调度运行提供有力保障，无安全事故，实现了“稳中求进”年度目标。

四、工程效益

自2014年12月12日，南水北调中线工程正式通水运行以来，卫辉段工程安全运行1115天，累计往下游输水716 095.96万m^3。

五、验收工作

2017年11月22日，完成新乡和卫辉段设计单元工程档案项目法人验收。

（卫辉管理处）

鹤壁段工程

一、工程概况

鹤壁段设计单元工程是南水北调中线一期工程总干渠Ⅳ渠段（黄河北—羑河北）的组成部分，属于第九个设计单元，地域上属于河南省鹤壁市和河南省安阳市境内，渠段起点为鹤壁市淇县沧河渠倒虹吸出口导流堤末端，终点为汤阴县行政区划边界处，全长30.833km，从南向北依次穿越鹤壁市淇县、淇滨区、安阳市汤阴县。沿线共有建筑物63座，其中河渠交叉建筑物4座，左岸排水建筑物14座，渠渠交叉建筑物4座，控制建筑物5座（节制闸1座，退水闸1座，分水口3座）跨渠公路桥21座，生产桥14座，铁路桥1座。主要承担着向总干渠下游输水及向鹤壁市、淇县、浚县、濮阳市、滑县供水的重要任务。

二、工程管理

鹤壁管理处作为鹤壁段工程的现地管理处，全面负责辖区内运行管理工作，保证工程安全、运行安全、水质安全和人身安全。负责或参与辖区内直管和代建项目尾工建设、征迁退地、工程验收工作。鹤壁管理处内设综合科、合同财务科、工程科、调度科四个科室。

（1）安全管理。鹤壁管理处成立安全生产工作小组，明确安全生产负责人，编制年季月安全生产工作计划，不断落实安全生产责任制，完善安全生产管理制度。加强日常维护项目管理，与运维队伍、后穿越单位等进行安全交底并签订了安全生产协议书。开展安全生产月、安全生产检查、集中查改和中共十九大期间重要部位及桥梁值守工作。进行出入工程范围规范化管理及安全管理标准化建设。定期开展安全生产检查、开展安全宣传培训、召开安全会议。2017年全年零伤亡。管理处对自有职工及外聘人员开展各种形式的安全教育、培训13余次，培训人员约350人次，重点是进行防淹溺培训、安全法规宣讲，多次在局网站和地方媒体进行安全宣传。

（2）土建绿化工程维护。管理处采取竞争谈判、询价等多种采购形式进行日常项目维护，开展土建和绿化工程的日常维护养护工作，同时对水毁项目进行了修复。鹤壁管理处2017年维修养护内容主要包括渠道（包括衬砌面板、渠坡防护、运行维护道路、渠外防护带等）、各类建筑物（河渠交叉建筑物、左岸排水建筑物、渠渠交叉建筑物、控制性工程等）及土建附属设施（管理用房、安全监测站房、设备用房等）的土建项目维修养护；渠道及渠道排水系统、输水建筑物、左岸排水建筑物等的清淤；水面垃圾清理；渠坡草体修剪（除草）及闸站保洁，桥梁日常维护等。

（3）工程应急管理。2017年，管理处根据中线建管局、河南分局文件要求成立突发事件现场管理处置机构，鹤壁管理处成立突发事件现场处置小组；根据中线建管局相关突发事件应急预案，编制鹤壁管理处《2017年防汛度汛应急预案》《水污染事件应急预案》《2017年度度汛方案》《突发事件现场处置方案》等；汛期建立防汛值班制度，进行全年24小时应急值班，收集和上报汛情、险情信息，处置各类突发事件，减少或避免突发事件造成的损害；制定了应急管理培训和突发事件应急演练工作计划，并按计划开展了相应应急演练及培训工作。2017年进行防汛演练1次，应急处置1次，开展汛期日常巡查20余次，专项巡查3次；预警增加值班人员20余人次，预警人员设备驻守1次；增加备料点3处，修筑应急抢险道路3条。

三、运行调度

鹤壁管理处运行调度工作按照“统一调度、集中控制、分级管理”的原则实施，管理处中控室配置10名输水调度值班人员，实行“5班2倒”24小时值班方式，负责指令执行反馈、调度数据监控、应急处置等日常输水调度工作；2017年度调度指令执行准确无误，设备设施实时监控到位，水情数据上报准确及时，未发生瞒报、漏报等重大事故。

2017年，淇河节制闸累计接收远程调度指令353条，操作闸门854门次，其中成功834门次，成功率达到97.66%，其他远程指令操作闸门未达到目标开度门次均由现场值守人员按照指令现地操作成功。

2017年度鹤壁段累计输水共计29.36亿m^3，袁庄分水闸、三里屯分水闸、刘庄分水闸3座分水口门分别向鹤壁市淇县、浚县、安阳市滑县、濮阳市华龙区、鹤壁市淇滨区5个县区2017年累计分水共计1.32亿m^3；淇河退水闸先后7次向鹤壁淇河补充生态水1500.124万m^3，其中2017年补充生态水446.148万m^3。

（1）信息自动化运行。计算机网络系统、数据存储与管理系统、应用支撑平台及视频会议系统维护队伍联通系统集成有限公司，通信系统、管道光缆、实体环境及视频监控系统维护队伍武汉贝斯特通信集团股份有限公司、闸站监控系统维护队伍中水三立数据技术股份有限公司，于2017年5月10日从过渡期运维转为正式运维，安全监测系统维护管理工作移交工程科。5月31日完成人手孔环境整治及线缆综合整治规范化项目。11月30日完成自动化机房线缆整治规范化项目。

（2）金属结构机械电气设备运行。液压设备运行维护由湖南邵阳维克液压公司机电四队负责于2017年4月从过渡期运维转为正式运维，金属结构设备运行维护由黄河水利委员会黄河机械厂机电三队负责。1～5月完成中线局4批23项信息机电专项整改活动中金属结构机械电气设备8项问题。2～12月完成河南分局3批68项规范化项目中金属结构机械电气设备38个项目。9～10月完成中共十九大期间金属结构机械电气设备运行、人员值班等加固措施。12月完成淇河退水闸工作闸门定轮锈蚀、底水槛渗水专项整改项目。2017年度金属结构机械电气设备运行平稳。

（3）永久供电系统运行。鹤壁段工程永久供电系统由众信电力工程有限公司运行维护。配合完成了中线建管局4批23项信息机电专项整改项目及河南分局3批68项规范化项目，并完成全年日常运行维护工作。2017年永久供电系统运行情况稳定。

（4）消防设备设施运行。鹤壁段工程消防设备设施由河南省海浪消防设备有有限公司鹤壁分公司运行维护，于2017年6月1日进场。全年完成了月度检测、年度检测、第三方检测等工作。2017年消防设备设施运行情况稳定。

四、工程效益

2017年全年累计输水29.36亿m^3，辖区内袁庄分水闸、三里屯分水闸、刘庄分水闸3座分水口门分别向鹤壁市淇县、浚县、安阳市滑县、濮阳市华龙区、鹤壁市淇滨区5个县区供水，2017年累计分水1.32亿m^3；淇河退水闸先后7次向鹤壁淇河补充生态水1500.124万m^3，其中2017年补充生态水446.148万m^3。南水北调中线干线工程成为鹤壁段周边县区非常重要的生活、生态水源，南水北调中线工程为当地的经济建设、环境建设发挥越来越重要的作用。

五、验收工作

2017年，完成“2016年下半年工程日常维护养护土建项目”“2017年第一批问题整改及规范化建设其他类项目”“鹤壁管理处2017年应急抢险物资及防汛连接道路项目”的日常维修项目合同完工验收工作；完成“鹤壁管理处2017年应急抢险物资及防汛连接道路项目”专项项目合同完工验收工作；9月完成电缆沟全面整治验收；10月完成闸站园区路灯改造专项项目验收；12月完成淇河退水闸定轮锈蚀底水槛专项维修项目验收。

六、尾工建设

2017年，协调设计部门对鲍屯下曹取土场水土保持项目设计方案进行了变更；完成部分弃渣场水保项目施工及整改。

（程伊文　刘菁阳　陈　丹）

汤阴段工程

一、工程概况

汤阴段工程是南水北调中线一期工程总干渠Ⅳ渠段（黄河北—羑河北段）的组成部分，位于河南省汤阴县境内，起点桩号为K669+017.58，终点桩号为K690+333.99，全长21.316km。汤阴段渠道长19.996km（含高填方渠段2.749km和深挖方段4.67km），采用全断面现浇混凝土衬砌形式，在混凝土衬砌板下铺设二布一膜复合土工膜加强防渗。渠道设计流量为245m^3/s，加大流量280m^3/s，起止点设计水位分别为95.362m和94.045m，渠道设计水深均为7m，边坡系数1:2～1:3.25、底宽10.5～18.5m，渠道渠底纵比降分别为1/23 000、1/28 000。汤阴段渠道横断面为梯形断面。按不同地形条件，分全挖、全填、半挖半填三种构筑方式，其长度分别为5.867km、1.926km和12.203km，渠道最大挖深19m，最大填高11.5m。挖深大于15m深挖方段长度4.67km，填高大于6m的高填方段2.749km。汤阴段各类输水建筑物长1.32km。各类交叉建筑物共39座，其中，河渠交叉4座，左岸排水8座，渠渠交叉4座，铁路交叉1座，公路交叉19座，节制闸1座，退水闸1座，分水口门1座。

二、工程管理

汤阴管理处作为汤阴段工程的现地管理处，全面负责辖区内运行管理工作，保障工程安全、运行安全、水质安全和人身安全。负责和参与辖区内直管和代建项目尾工建设、征迁退地、工程验收工作。

（1）安全管理。2017 年，汤阴管理处不断规范安全生产工作，完成了“八大安全管理体系”和“四大安全管理清单”的建设工作，建立完善了工程运行安全管理体系。同时，大力开展安全检查和宣传工作，共组织月度的安全生产检查 11 次，日常安全生产检查 35 次，累计发现问题 125 个，现已全部整改完毕。深入工程沿线开展防溺水专题和《南水北调工程供用水管理条例》普及宣传教育活动，覆盖了沿线 12 座学校，15 座村镇，发放传单约计 5000 份。深入加强安保和警务室管理工作，与地方密切联系，联合开展“走进南水北调，共话暑期安全”等专项安全教育活动，实现了“内保安全、外树形象”的工作目标。全年零伤亡。

（2）土建绿化工程维护。2017 年针对工程维修养护经常性、多发性和随机性等特点，汤阴管理处坚持“经常养护、科学维护、养重于修、修重于抢”的工作原则，首先引入竞争机制，有序开展采购工作，询价 6 项、直接采购 2 项，确保了土建和绿化工程日常维修养护规范有序开展。为确保土建和绿化工程养护到位，汤阴管理处严格执行上级各项规章制度，及时编制上报维修养护计划，编制维修养护实施方案，全面开展全渠段内维修养护工作，对工程巡查及上级部门检查发现的各类问题积极进行整改。先后完成了桥梁及闸站标识标牌安装、重点风险桥梁储备沙池建设、防汛道路修建、9 月问题集中排查整改、渠道桥梁超载情况排查、加固措施涉及的人员密集桥梁滚轮刺丝安装等工作，边坡植草经多次试验种植成功，2017 年土建维护工作每月及时验收、签证，保证了预算的及时执行。

（3）工程应急管理。2017 年，汤阴管理处根据中线建管局相关突发事件应急预案，结合汤阴段实际，编制印发了《2017 年防洪度汛应急预案》《水污染事件应急预案》《2017 年度度汛方案》《突发事件现场处置方案》等；同时，汤阴管理处对汤阴段工程防洪度汛和可能发生的各类突发事件进行分析预判，增设大型河渠交叉建筑物特征水位布设、完成防护堤缺口填筑及防汛应急预案补充修订等工作；规范物资和设备管理，新增反滤料、块石采购到位，完成场内防汛应急道路铺设、修筑，保证主汛期的防汛应急工作做到有备无患；加强对日常维护队伍管理，定期检查备防应急人员及机械，发生应急情况保证能够快速反应，第一时间进行先期处置；汛期严格执行防汛值班制度，进行全年 24 小时应急值班，收集和上报汛情、险情信息，处置各类突发事件，减少或避免突发事件造成的损害；制定应急管理培训和突发事件应急演练工作计划，并按计划开展了相应应急演练及培训工作。

（4）水质保护。2017 年，汤阴管理处完成日常浮游生物取样观测 700 余次；完成汤河退水闸前静水区域水体清洁 9 次，并累计向安阳市汤阴县生态补水约 1670m^3，明显改善了当地水环境；在污染源管理方面取得了显著成效，辖区内两处家禽畜养殖场均已拆除；全年保质保量完成水体漂浮物清洁工作，累计打捞 1000kg 以上漂浮物，保障水体清洁；开展水质应急桌面推演，明确各岗位职责，确保水质应急工作顺利开展。

（5）规范化建设和问题查改工作。2017 年，在中线建管局和河南分局的带领下，继续对土建绿化、工程巡查、安全监测、水质保护、金属结构机电、35kV 电力系统、自动化系统等关键岗位开展规范化建设工作，通过建立 APP 工程巡查系统、规范人员行为、完善规章制度等手段，进一步解决了日常工作中存在的不规范问题。同时，按时完成中线建管局四批 23 项和河南分局的四批 71 项规范化问题整改任务，成效显著。汤阴管理处主动开展自查自纠，2017年度共发现问题393项，已整改392项、未整改1项（水面以下，暂不具备整改条件）。

三、运行调度

2017年，汤阴管理处高度重视输水调度工作，立足岗位职责和作业手册，不断加强对员工的业务培训工作，提高调度人员业务水平，增强调度人员工作责任心。中控室配备10名调度值班人员，按照“5班2倒”的值班方式科学安排调度值班工作。值班期间严格遵守“五个零容忍”制度，规范填写值班记录，严格遵守交接班制度，按时上报水情信息，发现异常及时上报。汤阴管理处调度令行禁止，信息反馈顺畅，全年共接收、执行输水调度指令346门次，工程通水运行安全平稳。

四、工程效益

自2014年6月充水试验以来，截至2017年底汤阴段工程累计有水运行1298天，累计输水量83.89亿m^3。2014年12月12日正式通水以来，截至2017年底汤阴段工程累计向下游输水82.58亿m^3，其中2017年全年累计输水量32.97亿m^3。辖区内董庄分水口门2017年全年向汤阴地区分水1020.12万m^3，累计分水2046.75万m^3。汤河退水闸累计向汤阴县生态补水2048.17万m^3。

五、验收工作

2017年，完成了防汛连接道路项目合同验收。

（段　义　杨国军　何　琦）

安阳段工程

一、工程概况

南水北调中线干线总干渠安阳段自羑河渠道倒虹吸出口始至穿漳河工程止，安阳段累计起止桩号为（690+334）~（730+596）。途经驸马营、南田村，丁家村、二十里铺、经魏家营向西北过许张村跨洪河、王潘流、张北河暗渠、郭里东，通过南流寺向东北方向折向北流寺到达安阳河，通过安阳河倒虹吸，过南士旺、北士旺、赵庄、杜小屯和洪河屯后向北至施家河后继续北上，至穿漳河工程到达本段终点。

渠线总长40.262km，其中建筑物长0.963km，渠道长39.299km。采用明渠输水，与沿途河流、灌渠、公路的交叉工程采用平交、立交布置。渠段始末端设计流量分别为245m^3/s和235m^3/s，起止点设计水位分别为94.045m和92.192m，渠道渠底纵比降采用单一的1/28 000。

渠道横断面全部为梯形断面。按不同地形条件，分全挖、全填、半挖半填三种构筑方式，其长度分别为12.484km、1.496km和25.319km，分别占渠段总长的31.77%、3.81%和64.42%。渠道最大挖深27m，最大填高12.9m。挖深大于20m深挖方段长度1.3km，填高大于6m的高填方段3.131km。设计水深均为7m，边坡系数土渠段1:2~1:3、底宽12~18.5m。渠道采用全断面现浇混凝土衬砌形式。在混凝土衬砌板下铺设二布一膜复合土工膜加强防渗。渠道在有冻胀渠段采用保温板或置换砂砾料两种防冻胀措施。

沿线布置各类建筑物77座，其中节制闸1座、退水闸1座、分水口2座、河渠交叉倒虹吸2座，暗渠1座，左岸排水建筑物16座，渠渠交叉建筑物9座，桥梁44座（交通桥26座、生产桥18座）。

二、工程管理

安阳管理处为安阳段工程的现地管理处，负责辖区内工程的运行管理工作。

（一）安全生产管理

规范化建设。建立健全安全管理体系及各项管理制度，规范开展安全生产管理工作，完善了安全检查台账、安全教育台账、安全会议台账、安全事故台账等各类台账，并将其作为安全生产工作的“目录”，对照开展工作，使安全管理工作有条不紊、日渐规范。

工程准入及人员身份识别。管理处通过事前培训、过程监督、事后检查等方式，落实了工程准入和人员身份识别制度，加强了对入渠人员、车辆的管理，确保了运行安全。

警务室挂牌成立。按照上级部门的统一安排，警务室于2017年9月1日正式开展工作，为渠道沿线安全保卫工作提供了有力保障，确保渠道运行安全。

重点部位值守。为中共十九大营造安全稳定的社会环境，严格按照加固措施要求，加强重点桥梁及闸站值守，确保工程平稳运行。

（二）工程巡查

问题集中查改专项活动。通过落实自有人员问题查改主体责任，营造主动发现问题、积极整改问题的良好局面。以中线局四批23项问题、各类上级检查问题和分局三批71项问题为重点，举一反三，通过认真查、反复查、相互查，共发现各类问题200个，均已整改完毕。

问题查改管理办法。在河南分局问题查改管理办法基础上，结合辖区内工程实际，制定了《南水北调中线干线安阳管理处问题查改管理办法（试行）》，责任到人，促进行为规范，切实加强了现场人员的监督管理，确保了问题查改工作落实到位。该办法实施后现场人员的组织纪律性、业务熟练度及责任感都得到了显著提高。

落实工程巡查加固措施。中共十九大期间，严格落实加固措施，增加巡查人员及巡查频次，及时发现、有效处理问题，确保工程零事故。

工程巡查实时监管系统试用。按照上级安排部署，开展工程巡查实时监管系统试用工作，现场人员已熟练掌握系统操作，为系统正式运行做好了充分准备。

（三）土建及绿化工程维护管理

标准化渠道建设。辖区内已有4段标准化渠道（单侧累计6.45km）通过了标准化渠道验收。辖区内渠坡草体高度全年维持同一水平，既保证了渠道的美观形象，又方便了工程巡查的顺利实施。

验收组织。成立了以处领导为验收组长，主任工程师为副组长，各科室负责人及专业负责人为成员的“安阳管理处工程维修养护项目验收工作组”，进一步完善了管理处工程维修养护验收管理体系及办法。日常项目验收、专项项目验收均严格按照既定要求和程序实施。

验收资料归档。各项维护工程的验收申请、验收鉴定表、零星用工验收签证单、验收报告等相关验收资料由专职人员负责，在保证验收资料真实、完整的基础上，对验收资料及时整理、归档。

工程保护范围标识安装。积极与地方部门沟通协调，提前完成了工程保护范围标识安装。其中安阳穿漳段辖区内共安装工程保护范围标识128处。

（四）工程安全监测

数据采集。继续贯彻落实规范化活动的要求，进一步规范安全监测仪器的操作，大大减少了人为因素造成的数据误差，提高了数据的准确性，确保数据能够真实反映工程运行状况，为工程评价提供可靠依据。

数据记录。进一步规范数据记录填写，严格执行数据杠改法，并加盖更改人的名章，详细记录了更改原因及人员信息，使原始数据具有更强的可追溯性，提高了人员的责任心。

（五）水质保护

督促污染源解决。针对辖区复杂的运行环境导致污染源多发的现状，管理处主动与沿线的村民、村委会、企业进行沟通，讲解水质保护的重要性，使其在提高认识的同时主动减少、杜绝污染行为。对于小型污染源管理处主动采取措施进行了处置；对于“老大难”的问题，管理处发函市县区环保部门、调水办，积极协调处理。

开展水污染应急演练。2017年10月组织全体员工在文明大道桥有针对性地开展水污染应急演练，使员工进一步熟悉了职责、流程和物资设备的使用。

强化后跨越施工水质保护管理。通过开工前进行水质安全教育、过程中日常巡视等方式，确保后跨越施工期间水质安全。目前辖区内共有在建后穿越项目三项，2017年未发生影响水质安全的情况。

（六）应急抢险

安全度汛。早谋划、早安排，汛前全面排查辖区内防汛风险，制定确实可行的应急预案，并按时完成工程度汛方案和应急预案的审批备案工作。加强雨中、雨后巡视检查，及时发现隐患，采取有效措施，确保工程安全度汛。

应急培训及演练。根据安阳段工程特点，管理处认真筹划组织开展多项应急培训及岗嘴沟左排倒虹吸防汛应急演练，提高管理处员工应急知识储备及反应能力，对薄弱环节改进完善，提升应对突发事件的应急处置能力。

防汛物资储备。仓库主体完工，为实现预定目标打下坚实基础。

三、运行调度

2017年是南水北调中线工程保安全、谋发展任务艰巨的一年。一年来，安阳管理处在河南分局的正确领导下，全处干部职工上下一心，继往开来，按照“继续稳中求好，推动创新发展”的工作思路，坚持以问题为导向、以安全为根基、以创新为手段，补齐短板、巩固安全、完善机制、创新发展；完成中线局四批23项和河南分局三批71项问题整改及规范化建设项目，整改自查问题200项，加固措施，上人力、上设备、上技术，全面保障了中共十九大胜利召开；推动各项工作再上新台阶，圆满完成年度输水任务，实现了安全平稳供水目标。

开展调度百日活动。按照上级文件要求，精心安排，加强人员管理，通过设置“输水调度保供水百日安全专项活动”时间展示牌、规范应急调度处置流程、强化进出管理等措施，进一步提升人员履职能力，成效显著。

规范调度值班。当值人员严格落实规章制度，按时采集、填写、上报各类工作报表，围绕实施调度、全程监控、应急调度三个核心功能开展工作。严格执行调度指令与反馈流程，熟练操作闸控、视频监控、调度会商系统，实时对设备设施的运行工况和水位运行状态进行监控，切实掌握运行调度实施情况。

加强人员管理。中控室配备了10名专职调度值班人员，其中5名值班长为自有员工，5名值班员为外聘人员，人员固定，均达到大专学历以上文凭，中共十九大加固措施期间严禁人员变动。输水调度值班人员岗前培训、持证上岗，目前取得值班长上岗证8人次，值班员上岗证5人次，履职能力大幅提升。

规范进出管理。管理处制定并印发了《中控室进出管理办法》，明确了中控室的进出流程，营造了“严肃、安静、整洁、有序”的输水调度工作氛围。

健全应急管理。管理处多次开展工程突发事件应急调度培训，明确职责，熟悉流程，确保了输水调度安全平稳。

四、工程效益

2017年，全年累计输水水量29.25亿m^3，分水口门累计分水2425.05万m^3；共接收、执行输水调度指令339次，水质持续达到Ⅱ类或优于Ⅱ类标准，工程通水运行安全平稳。一年来，安阳调度令行禁止，信息反馈顺畅，工巡重点突出，水质全面监控，安全监测到位，安保措施得力，设备运转正常，土建工程维护基本到位，安全生产隐患逐步减少，工程运行管理工作取得了明显成效。

五、验收工作

2017年，完成安阳段委托项目工程档案专项验收和移交，土建日常维护项目、绿化日常养护项目验收。

（安阳管理处）

穿　黄　工　程

一、工程概述

穿黄工程是南水北调中线总干渠穿越黄河的关键性 、控制性工程，于郑州市荥阳市孤柏山弯由南向北穿越黄河，横跨郑州市、荥阳市及焦作市温县，是南水北调总干渠穿越黄河的大型输水工程，其任务是将中线调水从黄河南岸输送到黄河北岸，工程位于河南省郑州市黄河京广铁路桥上游约30km处，于孤柏山弯横穿黄河，南岸起点为荥阳市王村化肥厂南的A点，于中线荥阳段相接，终点为北岸温县南北张羌马庄东的S点，与温博段工程连接，总长19.305km，设计流量$265m^3/s$，加大流量$320m^3/s$。

穿黄工程由南岸明渠、进口建筑物、穿黄隧洞、出口建筑物、北岸河滩明渠、北岸明渠、新蟒河渠道倒虹吸等组成，另有退水洞工程、孤柏嘴控导工程和北岸防护堤工程。其中渠道长13.950km，建筑物长5.355km，沿途穿越黄河、新蟒河、老蟒河等3条河流，与14条等级公路交叉。

二、工程管理

穿黄管理处作为穿黄工程的现地管理处，全面负责辖区内运行管理工作，保证工程安全、运行安全、水质安全和人员安全。负责或参与辖区内运行管理及专项工程维护建设、征迁、建设期尾工验收配合、档案管理等工作。穿黄管理处内设综合科、合同财务科、工程科及调度科四个科室。

（1）安全管理。辖区管理处设有安全生产工作小组、安全生产负责人和兼职安全员。编制了年季月安全生产工作计划，修订制度、制定标准、明确规程，开展安全生产工作总结。加强日常维护项目管理，与运维单位等进行安全交底并签订了安全生产协议书。定期开展安全生产会议、组织安全生产检查、开展安全宣传培训。2017年全年零伤亡。

（2）安全保卫。原两支安保队伍与南水北调中线工程保安服务有限公司分别于2017年8月和10月完成接管。在2017年工作中，安保人员均能按要求进行巡逻、值守，对巡查发现的问题及时处理。2017年度南北岸累计发现并修复围网破坏30处。警务室在一次工作期间帮当地群众找到其走失女儿，其后送来锦旗，对安保工作给予高度评价。

（3）土建绿化维修积极专项。2017年，渠道工程、输水建筑物土建维修养护项目等5类64项，分南岸维护标与北岸维护标实施。绿化养护项目主要为防护林养护、闸站园区绿化工程养护、渠坡草体补植等，另穿黄北岸竖井综合整治、穿黄南岸水毁项目专项实施及防护围栏基础混凝土等项目的开展，有力保障了运行安全。按照统一建设要求，2017年顺利完成相关合同工作。

（4）安全监测管理。2017年，管理处完成了数据采集、录入和对比工作，1～11月共完成内观采集229 119点/次，完成外观采集

6844 点/次。在中共十九大召开前后，穿黄工程内观安全监测频次加密至 2 次/周，外观观测频次加密至 2 次/月，圆满完成加固措施任务。

2017 年，穿黄管理处发生后穿越天然气管道泄漏突发应急事件，管理处巡查人员及时发现，管理处按流程及时上报并进行先期处置，避免了严重后果，保障了工程安全、供水安全、水质安全，得到了中线建管局、河南分局通报表扬。

三、运行调度

穿黄管理处运行调度工作地点为中控室和穿黄隧洞出口节制闸站。节制闸在隧洞出口，穿黄中控室按照“5 班 2 倒”方式排班，早班 8：00 至 17：00，晚班 17：00 至次日 8：00。每班调度值班人员 2 名，其中值班长 1 名，调度值班员 1 名。调度值班人员共计 10 名。考虑到穿黄隧洞出口的特殊性，实行 24 小时现地值守。每班 2 人，每班 24 小时，分时段以 1 人为主，另 1 人为辅，发生事件时 2 人共同处理。主要工作内容为进行闸站巡视检查、竖井渗漏水泵启停、竖井渗漏量观测、应急闸门操作、应急供电等。截至 2017 年底，穿黄节制闸共收到调度指令 1907 次，其中 2017 年累计操作闸门 792 门次；节制闸单孔闸门开度最大 1.82m，过闸流量最大 164.57m^3/s。

2017 年，利用过流量较小的有利时机，穿黄管理处完成了包括穿黄隧洞出口节制闸 1 号弧门支铰更换、2 号隧洞开度尺更换等重大问题整改事项。穿黄隧洞出口节制闸新增一路 35kV 永久线路（新黄线）的顺利供电。

四、工程效益

通水至 2017 年底，穿黄工程累计输水量 77.7 亿 m^3，2017 年全年共输水 33.7 亿 m^3。

五、验收工作

工程档案管理。2017 年完成穿黄管理专题档案的项目法人验收及国务院南水北调办专项验收工作。

（胡靖宇　舒仁轩　翟会见）

沙河南—黄河南段工程

概　　述

沙河南—黄河南段工程起点位于河南省鲁山县薛寨村北，终点在荥阳市西北王村与总干渠第Ⅲ渠段（即穿黄工程）的起点 A 点相接。线路全长 234.934km，本渠段设计流量为 320 ~ 265m^3/s，加大流量 380 ~ 320m^3/s。该渠段工程由全挖、全填、半挖半填土质渠道、岩质及土岩结合渠道和河渠交叉工程、左岸排水工程、渠渠交叉工程、公路和铁路交叉工程、控制工程等建筑物组成。该渠段总长 234.9344km，其中渠道长 215.949km、建筑物长 19.385km。沿线共布置各类建筑物 351 座，其中河渠交叉建筑物 32 座、左岸排水建筑物 96 座、渠渠交叉建筑物 14 座、分水口门 13 座、节制闸 9 座、退水闸 10 座、公路桥 160 座、铁路交叉 10 座。

沙河南—黄河南段包括沙河渡槽段、鲁山北段、宝丰至郏县段、北汝河渠道倒虹吸、禹州和长葛段、新郑南段、双洎河渡槽、潮河段、郑州 2 段、郑州 1 段、荥阳段 11 个设计单元工程，其中沙河渡槽段、鲁山北段、北汝河渠道倒虹工程为直管项目，双洎河渡槽工程为代建项目，其他为委托建管项目。

2017 年，在中线建管局、河南分局及沿线各级调水部门的努力下，沙河南—黄河南段工程运行总体平稳、安全。2016 ~ 2017 供水年度，该渠段14座分水口、7个退水闸开闸分水，累计向平顶山市、许昌市、郑州市供水75 584.02万m^3。

（朱清帅　段瑞瑞　杨莉莉）

沙河渡槽工程

一、工程概况

沙河渡槽工程是南水北调一期工程总干渠沙河南—黄河南的组成部分，位于河南省鲁山县城东约5km处，总干渠全长11.938km，其中明渠长2.888km，建筑物长9.05km。总设计水头差1.881m，其中渠道占用水头0.111m，建筑物占用水头1.77m。设计流量320m^3/s，加大流量380m^3/s。该工程跨沙河、将相河、大郎河三条河流，各类交叉建筑物共13座，其中渡槽1座（统称沙河渡槽），包括沙河梁式渡槽、沙河—大郎河箱基渡槽、大郎河梁式渡槽、大郎河—鲁山坡箱基渡槽和鲁山坡落地槽；左岸排水建筑物5座，节制闸1座，退水闸1座，桥梁工程5座。

二、工程管理

鲁山管理处作为沙河渡槽工程的现地管理处，全面负责辖区内运行管理工作，保证工程安全、运行安全、水质安全和人身安全。负责或参与辖区内直管和代建项目尾工建设、征迁退地、工程验收工作。内设综合科、合同财务科、工程科、调度科四个科室。

（1）安全管理。坚持“安全第一、预防为主、综合治理”的方针，建立健全安全生产管理体系和规章制度，成立安全生产工作小组，明确安全生产负责人和兼职安全员。编制年季月安全生产工作计划，扎实开展与维护单位安全生产培训交并签订安全生产责任协议书，定期组织安全生产检查、开展安全宣传培训，召开安全会议。联合县政府在超载严重桥梁增设限宽墩，取缔非法砂场，有效遏制桥梁超载对总干渠运行安全威胁。桥梁及沙河渡槽等重要建筑物开展安全保卫工作，确保中共十九大期间工程运行安全。采用多种形式深入鲁山辖区6个乡镇23所中小学校进行了安全宣传。精心组织沙河渡槽媒体开放日等通水三周年庆祝活动。组织新老安保单位平稳顺利交接。通水至今“零溺亡、零事故”。

（2）土建绿化工程维护。建立段长、站长负责制，制定《土建日常维护养护项目考核管理办法》，下发各类维护管理类文件20余份，实施土建维护项目8个及专项维护项目3个，有效实施渡槽结构缝渗水处理、截流沟、排水沟清淤修复、除草、防汛道路、防汛仓库、澎河渡槽裹头沉降处理土建维护项目。沙河渡槽2017年全年接待各种参观、考察、学习200余批次，广受赞誉，已成为展示南水北调工程面貌的重要窗口。

（3）工程应急管理。2017年，管理处根据中线建管局、河南分局文件要求成立突发事件现场处置小组，编写防汛、水质等5类突发事件应急预案及5类应急处置方案，制定并落实应急管理培训和突发事件应急演练工作计划，与地方政府相关机构建立了联动机制。开展防汛工作，汛期建立防汛值班制度，组建了通讯、供电、防汛抢险等应急抢险队伍。配置了防汛块石1.3万m^3等应急物资，布设了挖掘机等应急抢险设备6台套。组织防汛抢险队伍应急拉练和演练各2次，辖区9处Ⅲ级防汛风险点实现平安度汛。

三、运行调度

鲁山管理处调度运行科共有自有员工9人，作为值班长全部参与中控室输水调度值班，5名外聘人员任值班员执行“5班2倒”方式，与值班长进行搭配值班，负责指令执行反馈、调度数据监控、应急处置等日常输水调度值班工作。2017年度调度指令执行准确无误，无擅自操作闸门或不按指令操作行为。认真做好设备设施实时监控，按时上报水情、未发生瞒报、漏报等重大事故。特别是在防洪度汛、金灯寺抢险、渡槽停水检修、白龟湖生态补水及中共十九大加固期间，强化管理，科学应对，克服大流量、高水位、高流速、恶劣天气等不利因素，实现了精准调度安全供水目标。

2017年，沙河渡槽进口节制闸共接收调度指令249条，远程指令失败5次，远程指令成功率98.0%。

通过不断学习提高河南分局组织培训，积极开展输水调度“百日安全”活动和调度会商系统使用，组织学习、培训200余次，撰写学习笔记200余次，规范交接班和调度值班行为，提倡值班长与值班员互问互答的方式，进一步提升输水调度规范化和信息化管理水平。

四、工程效益

自2014年12月12日，南水北调中线干线工程正式通水以来，沙河渡槽安全平稳运行，累计调水量93.06亿m^3，其中2017年全年累计输水40.69亿m^3，利用丹江口水库秋汛时机，通过沙河退水闸向白龟湖生态补水0.67亿m^3，有效改善了白龟湖水环境，生态效益、经济效益、社会效益显著。

五、验收工作

2017年8月15~19日，通过了沙河渡槽设计单元工程法人档案验收。

（郑晓阳　宁志超　李　志）

鲁山北段工程

一、工程概况

鲁山北段工程渠道全长7.744km，渠线穿越10条较小排水沟河。总干渠与沿线灌渠、公路的交叉工程全部采用立交布置型式，沿线建筑物工程共有左岸排水倒虹吸、渠渠交叉、控制工程和路渠交叉工程4种类型。共有各类建筑物24座，其中初设批复左岸排水建筑物10座，渠渠交叉建筑物3座，跨渠公路桥5座，生产桥5座，另有设计变更增加分水口门1座。

渠道设计流量320m^3/s，加大流量380m^3/s。渠道设计水深为7m，加大水深为7.643~7.656m，设计底宽22.5~25.0m。起点设计水位130.489m，终点设计水位130.191m。张村分水口门设计流量1m^3/s。

二、工程管理

鲁山北段工程的现地管理处与沙河渡槽工程一致，也为鲁山管理处。管理处全面负责辖区内运行管理工作，保证工程安全、运行安全、水质安全和人身安全。负责或参与辖区内直管和代建项目尾工建设、征迁退地、工程验收工作。

三、工程效益

鲁山北段设置分水口闸一座，也为安保公司驻点。分水口向鲁山县供水，地方配套工程尚未完工，未向鲁山进行供水。自2014年12月12日，南水北调中线干线工程正式通水以来，沙河渡槽安全平稳运行，截至2017年底累计调水量93.06亿m^3，其中2017年全年累计输水40.69亿m^3。

四、验收工作

2017年，完成了2016年下半年土建及绿化维护项目、2016年下半年草皮护坡补植项目等日常维护项目。正在进行2017年土建日常维护养护、2017年绿化养护日常维护项目。2017年2月21~23日，通过了鲁山北段设计单元工程档案专项验收。

（郑晓阳　宁志超　李　志）

宝丰—郏县段工程

一、工程概况

宝丰—郏县段工程目前由南水北调中线干线宝丰管理处和郏县管理处共同承担运行管理工作。

宝丰管理处所辖工程位于宝丰郏县境内，全长21.953km，沿线布置各类建筑物共计63座，其中主要建筑物有1座节制闸、3座控制闸、2座分水口、1座检修闸、8座渗漏泵站、1座中心开关站、11座降压站。

郏县管理处所辖工程自北汝河倒虹吸出口渐变段开始至兰河涵洞式渡槽出口渐变段止，渠线总长20.297km。沿线布置各类建筑物39座，其中河渠交叉输水建筑物3座、左排建筑物10座、桥梁24座、分水口1个、退水闸1座。

二、工程管理

（1）安全生产。编制2017年度安全生产工作计划，按计划开展安全生产检查、安全宣传教育、安全生产会议和安全生产工作总结等管理工作，确保实现了安全生产目标。完成安保工作移交，严格日常管理与季度考核，不断提高安保服务质量。严格警务室管理，完善与地方政府、公安机关联络机制，严肃处理违规、违法行为。开展“防淹溺”“安全生产月”“南水北调大讲堂”等多种安全宣传。

（2）工程巡查。在规范工程巡查要求的基础上，完善工巡行为、继续优化工巡路线，配备工器具、每月不定时组织工巡人员集中学习上级要求和规定，提高工巡人员发现和辨识问题的能力。进行月度考核并实行奖惩，有效地提高了工程巡查人员的工作效率。

（3）水质保护。开展浮游生物网捕集观测工作，2017年全年完成浮游生物取样730次，编制浮游生物取样报告365份，完成污染源专项巡查11次，修订水污染事件应急预案并备案，完成重点危化品运输桥梁桥面排水改造和桥下集污池建设以及储备应急沙土工作，联合地方相关部门全面排查3次，发现并处置围网外污染源1处，拆除保护区内养殖场3处。

（4）应急抢险。加强预案动态管理，《度汛两案》经市县防办、调水办评审通过，已报分局及地方备案，编制《北汝河倒虹吸出口专项防洪度汛应急预案》并报市防办、郏县防办备案，制订《汛期雨中、雨后巡查工作实施细则》。2017年参与或组织北汝河夜间防汛应急拉练、北汝河倒虹吸工程防汛应急抢险演练、消防演练和水质桌面推演等应急演练4次，确保人员素质满足应急抢险需要。

三、工程效益

通水至2017年底，向下游累计输水93.99亿m^3，辖区内高庄分水口累计分水4083.76万m^3，其中2017年分水1647.29万m^3；马庄分水口2017年开启，截至2017年底累计分水1.30万m^3，赵庄分水口累计分水2080.25万m^3，其中2017年全年累计分水万1065.02万m^3，惠及当地20余万人，为当地的经济、环境建设起着举足轻重的作用。

（麻会欣　卢晓东　任德辉）

北汝河渠道倒虹吸工程

一、工程概况

北汝河渠道倒虹吸工程位于河南省宝丰县东北大边庄与郏县渣园乡朱庄村之间北汝河上，段总长1482m。自起点至终点依次为进口渠道段、进口渐变段、进口检修闸室段、倒虹吸管身段、出口节制闸室段、出口渐变段、出口渠道段。在进口部位布置有退水闸段。

退水闸段位于进口连接渠段右岸渠堤上，退水闸中心线与总干渠轴线交角50°，交点相应总干渠桩号为SH（3）39+919.3。主要担负事故、检修时退水。退水闸工程主要由进口段、闸室段、陡坡段、消力池段、海漫段及尾水渠段等几部分组成。

二、工程管理

宝丰管理处全面负责北汝河倒虹吸工程相关运行管理工作，保证工程安全、运行安全、水质安全和人身安全。2017年6月，按照国务院南水北调办要求，南水北调中线建管局最终选定在宝丰管理处所辖北汝河渠道倒虹吸工程进口组织防汛应急抢险演练，此次防汛应急抢险演练由河南省水利厅、河南省南水北调办、平顶山市政府、南水北调中线建管局和武警平顶山支队联合举办，参加抢险人员260余名、医护人员6名、民警（含交警）30名、挖掘机3台、装载机4台、自卸车2台、吊车2台，打桩机4台（套），应急电源车1辆、移动灯塔车2台、移动发电机若干等。

三、运行调度

北汝河渠道倒虹吸进口为检修闸，出口为节制闸，为有效保证调度指令认真执行和水情数据的及时正确上报，节制闸设置值班人员4名，实行24小时闸站值守模式。运行期间，严格按照总调及分调的工作要求及时上报水位变化情况，为上级单位制定调度计划提供了依据，保证了调度工作的顺利开展。制定金属结构机电设备巡查制度，工作人员按照巡查制度对设备进行巡查，详细记录巡查内容和故障发生情况，建立台账，并跟踪故障处理情况，做到问题“早发现、早解决、可追溯、记录详”，全力为安全、平稳调度保驾护航。

2017年北汝河倒虹吸节制闸累计接收远程指令操作闸门783门次，成功765门次，远程成功率97.7%，辖区内北汝河退水闸，迄今为止暂未进行退水操作。

（麻会欣　姜　乾　刘亚柯）

禹州和长葛段工程

一、工程概况

禹州和长葛段工程是南水北调中线总干渠第Ⅱ渠段（沙河南—黄河南段）的组成部分，位于河南省禹州市及长葛市境内。禹长段工程起点位于兰河涵洞渡槽出口100m处，终点位于长葛和新郑市交界，全长53.7km。其中，明渠长52.32km，建筑物长1.38km，总干渠以明渠为主，明渠和河流交叉全部采用立交。禹长段设计流量315～305m³/s，设计水深7m。

二、工程管理

禹州和长葛段工程位于禹州市和长葛市境内，由禹州管理处和长葛管理处负责工程的日常运行管理工作。

2017年度，禹州管理处作为规范化建设试点单位和安全生产标准化试点单位，继续开展工程运行安全管理标准化建设。建立了工程安全管理8大体系，重新梳理了4大工程运行安全管理清单。通过标准化建设，有效提高了管理处安全管理水平，增强了职工安全意识，初步形成了企业安全文化，为安全目标实现提供了制度保障。

三、调度管理

2017年，禹州管理处高度重视输水调度工作，牢牢把握“以规范化管理保安全运行”的工作目标，不断完善调度生产场所设备设施，不断规范调度人员行为，加强人员培训，强化值班管理，确保运行安全。相继开展了保供水“百日安全”专项行动、“迎十九大召开，保工程平稳”调度专项活动，对工程平稳运行提供了有力保障。

2017 年工程辖区内颍河节制闸和小洪河节制闸累计接收远程指令操作闸门 1508 门次，成功 1474 门次，远程成功率 97.7%。

四、设备管理

禹州管理处共有闸站建筑物 9 座，长葛管理处共有建筑物 8 座。建筑物设备主要分为金属结构机电设备、永久供电系统设备、信息自动化设备等。其中金属结构机电设备有启闭机设备 42 套，闸门 47 扇（套）；永久供电系统设备含高低压电气设备 72 套，柴油发电机 11 套；信息自动化设备主要包含视频监控摄像头 121 套，安防摄像头 133 套，闸控系统水位计 23 个，流量计 10 个。信息自动化系统在硬件基础上构建了视频监控系统、闸站监控系统、消防联网系统、程控电话系统、视频会议系统、防洪系统、安全监测系统、动环监控等 8 大应用系统，前端设备信号采集后经过由通信机房传输设备和渠道两岸的光缆组成的通信传输系统将信号传输至远方服务器，从而实现信息远程监控、自动控制。

2017 年，管理处始终坚持以问题为导向，强化问题查改，不断规范设备管理工作。在中线局、分局统一安排下，先后开展了“四批 23 项”“三批 71 项”问题集中整改及规范化建设活动。通过集中查改，集中消除了设备安全隐患，完善了设备功能，规范了人员行为，提高了管理水平，保障了运行安全。

五、工程效益

自 2014 年 12 月 12 日南水北调中线干线工程正式通水以来，截至 2017 年底，禹长段工程已安全运行 1116 天，水质稳定达标，辖区内宴窑、任坡、孟坡及洼李分水口已累计向当地供水 3.21 亿 m^3，其中 2017 年度向当地供水 1.25 亿 m^3，惠及当地 30 余万人，经济效益和社会效益显著。

（张国帅　刘帅鹏）

潮河段工程

一、工程概况

南水北调中线工程总干渠潮河段工程起点位于河南省新郑市梨园村，与双洎河渡槽设计单元工程末端相连接，终点位于郑州航空港区和郑州市交界处，郑州 2 段设计单元工程起点相接。工程全长 45.847km，其中明渠长 45.244km，建筑物长 0.603km。沿渠共布置各类建筑物 81 座，其中河渠交叉建筑物 5 座，左岸排水建筑物 17 座，控制建筑物 4 座（节制闸 2 座，分水口门 2 座）、跨渠公路桥 37 座、生产桥 16 座、铁路交叉建筑物 2 座。渠道设计流量 305m^3/s，加大流量 365m^3/s，设计水深 7.0m，加大水深 7.668～7.624m。

二、工程管理

潮河段工程位于新郑市和郑州航空港区辖区内，由新郑管理处和港区管理处共同进行工程的日常运行管理及维护。2017 年，围绕“稳中求好创新发展”的工作目标，以安全生产为主线、以问题查改和规范化建设为抓手、以试点创新驱动为引领，统一思想认识，全力以赴搞落实，开展电缆沟整治、广告塔建设、绿化合作造林、职工值班用房建设等试点项目，积极推进四批规范化建设项目，全面落实迎中共十九大各项加固措施，各项工作井然有序。

三、运行调度

潮河段工程有节制闸（含进出口）2 座、分水闸 2 座、强排泵站 11 座，各类启闭设备 22 台（套），闸门 18 扇（套）。各闸站金属结构机电设备均由 35kV 专网供电，有降压站 15 座，其中节制闸和强排泵站为一类负荷，配备了柴油发电机组。有视频监控摄像头 54 套，闸控系统水位计流量计 18 套，通信站点

6处，包含通信光缆、传输设备、程控交换设备、计算机网络设备、实体环境控制设备等。

（1）调度方面。辖区内有梅河节制闸、丈八沟节制闸两座，参与日常调度，按照有人值守的模式，每个闸站配置值守人员4名，每班设值守长1人、值守员1人，24小时驻守闸站，负责设备巡视、故障处理、应急处置、指令操作及闸站维护等工作。2017年，梅河节制闸共执行调度指令319条，闸门操作988门次，丈八沟节制闸共执行调度指令326条，闸门操作1023门次均能及时完成指令的复核和操作，全年运行稳定，调度正常。

（2）信息机电方面。按照中线建管局"四批23项"工作部署，逐类解决问题，围绕河南分局"三批71项"规范化建设项目，推进运行管理问题整改和规范化建设工作，如电缆沟人手井线缆整治、弧门开度尺增设闸门编号、启闭机UPS主机及电池组摆放、梅河检修门库临边防护整改、钢丝绳清洁、液压启闭机油管整治等。实施了一批闸站功能完善项目，如李垌分水口绳孔封闭和闸孔封堵、降压站消防设备设施增设、闸控自动化系统的升级等，进一步保障了设备运行安全。同时信息机电各家维护单位逐步正式进场，维护能力得到进一步的提升。此外，在2017年11月，手机APP巡查系统推行以来，现场设备设施的运行管理进一步便捷、智能。

2017年，金属结构机电设备运行良好，永久供电系统运行稳定，自动化调度系统运行平稳，无影响通水和调度的事件发生，运行可靠性高。

四、工程效益

自2014年12月12日，南水北调中线干线工程正式通水运行以来，截至2017年底，潮河段工程已安全运行1116天，累计完成输水89.44亿m^3。所辖李垌分水口承担着向新郑市供水任务，一年来分水3935.23万m^3；小河刘分水口承担着郑州市航空港区供水任务，一年来分水6192.1万m^3，发挥了良好的社会效益和经济效益。

（张权召　崔　娇　崔金良）

新郑南段工程

一、工程概况

南水北调中线工程总干渠新郑南段工程起点位于长葛市与新郑市交界处，终点位于双洎河渡槽进口前150m。渠段线路全长16.183km，其中明渠长15.190km、建筑物长0.993km。共布设建筑物28座，其中河渠交叉建筑物2座、左岸排水建筑物7座、渠渠交叉建筑物1座、控制性建筑物（退水闸）1座、公路桥7座、生产桥9座、铁路交叉建筑物1座。新郑南段设计流量为305m^3/s，加大流量为365m^3/s，设计水位为124.528～123.524m。

二、工程管理

新郑管理处作为新郑南段工程的现地管理处，全面负责辖区内运行管理工作，保证工程安全、运行安全、水质安全和人员安全。负责或参与辖区内代建和委托项目的尾工建设、工程验收工作。

（1）安全管理。辖区管理处成立安全生产领导小组，明确安全生产责任人和兼职安全员，编制年季月安全生产工作计划，修订安全生产管理实施细则，开展运行安全管理标准化建设及安全生产工作总结。加强日常维护项目管理，与运维队伍进行安全交底并签订安全生产协议书，定期组织安全生产检查、开展安全宣传培训、召开安全会议。2017年第三季度，配合安保公司顺利接管工程安保工作。

（2）土建绿化维护。采用公开招标、竞争性谈判、询价等多种采购方式开展日常维修养护。为确保土建和绿化工程养护质量，将土建和绿化工程日常维修养护项目分成两个项目标来组织实施，完成土建和绿化工程的日常维修养护工作，并完成了一期绿化的移交接管工作。作为合作造林试点管理处，以“依托现有防护林及绿化日常养护，合作开发干渠两侧空地、完成剩余造林目标”的设想开展试点工作，管理处对防护林、闸站周边、桥头绿化等种植方案与合作单位密切沟通、深度融合，共建生态文明，保护好工程设备设施，全力打造美丽渠道。主要完成的土建绿化日常维修养护项目有警示柱刷漆、路缘石缺陷处理、排水系统清淤及修复、左排排洪通道疏浚、雨淋沟修复、闸站及场区缺陷处理、渠道边坡草体修剪及除杂草、闸站及渠道环境保洁等。合作造林主要种植苗木有雪松、丁香、海棠、红玉兰、油松、红叶石楠球、樱花、红玉兰等。

（3）工程应急管理。2017 年管理处根据中线建管局、河南分局文件要求成立突发事件现场管理处置机构，新郑管理处成立突发事件现场处置小组；根据中线建管局相关突发事件应急预案，编制了新郑管理处《2017 年防洪度汛应急预案》《水污染事件应急预案》《2017 年度汛方案》《工程突发事件现场应急处置方案》等；汛期建立防汛值班制度，进行全年 24 小时应急值班，收集和上报汛情、险情信息，处置各类突发事件，减少或避免突发事件造成的损害；制定应急管理培训和突发事件应急应急演练工作计划，并按计划开展了相应应急培训及演练工作。

三、运行调度

新郑南段工程沿线分布各类闸控建筑物 4 座，其中控制闸（包含进出口）2 座、事故检修闸（含进出口）1 座、退水闸 1 座，各类启闭设备 19 台（套），闸门 24 扇（套）。各闸站金属结构电设备均由 35kV 专网供电，有降压站 3 座，其中控制闸、退水闸为一类负荷，配备了柴油发电机组。有视频监控摄像头 32 套，闸控系统水位流量计 9 个，通信站点 3 处，包含通信传输设备、程控交换设备、计算机网络设备、实体环境控制设备等。

2017 年，按照中线建管局“四批 23 项”工作部署和河南分局“三批 71 项”规范化建设项目，逐类解决问题，推进运行管理问题整改和规范化建设工作，如电缆沟整治、线缆挂牌、各类机柜门接地、电力安全工具柜配置、启闭机 UPS 主机及电池组摆放、液压启闭机油管整治、机房专用空调防水保温整改等。实施了一批闸站功能完善项目，如沂水河倒虹吸进口闸室、双洎河支渡槽出口闸室和新商铁路倒虹吸进口闸室自动防鸟网安装、降压站消防设备设施增设、闸控自动化系统的升级等，进一步保障了设备运行安全。同时信息机电各家维护单位逐步正式进场，维护能力得到进一步的提升。此外，在 2017 年 11 月，手机 APP 巡查系统推行以来，现场设备设施的运行管理进一步便捷、智能。

2017 年，金属结构机电设备运行良好，永久供电系统运行稳定，自动化调度系统运行平稳，无影响通水和调度的事件发生，运行可靠性高。

四、工程效益

自 2014 年 12 月 12 日，南水北调中线干线工程正式通水运行以来，截至 2017 年底新郑南段工程已安全运行 1116 天。2017 年度，累计完成输水 89.18 亿 m^3，通过沂水河退水闸进行生态补水 2 次，补水 154.63 万 m^3，发挥了良好的社会效益和生态效益。

（卢桂海　李伟强　刘韶武）

双洎河渡槽工程

一、工程概况

双洎河渡槽工程起点为双洎河渡槽前 150m，终点为新密铁路倒虹吸出口 296.4m，即潮河段工程的起点。渠段线路全长 1.849 4

km，其中明渠段长 772.4m，建筑物长 1077m。共布设建筑物 6 座，其中河渠交叉建筑物 1 座、左岸排水建筑物 1 座、铁路交叉建筑物 1 座、公路交叉建筑物 1 座、节制闸和退水闸各 1 座。该渠段起点设计水位 123.524m，终点设计水位 123.154m。工程设计输水流量为 305m^3/s，加大输水流量为 365m^3/s，总设计水头差 0.370m。

二、工程管理

双洎河渡槽工程的现地管理处与新郑南段工程一致，也为新郑管理处。管理处全面负责辖区内运行管理工作，保证工程安全、运行安全、水质安全和人员安全。负责或参与辖区内代建项目的尾工建设、工程验收工作。

三、运行调度

双洎河渡槽工程沿线分布各类闸控建筑 3 座，其中节制闸（含进出口）1 座、控制闸（包含进出口）1 座、退水闸 1 座，各类启闭设备 14 台（套），弧形闸门 8 扇（套）、平板闸门 6 扇（套）、叠梁门 6 扇（套）。各闸站金属结构机电设备均由 35kV 专网供电，其中节制闸、控制闸、退水闸和强排泵站为一类负荷，配备了柴油发电机组，此外在双洎河中心站还配备了移动式柴油发电机组。有视频监控摄像头 21 套，闸控系统水位计 7 个、流量计 1 个，通信站点 1 处，包含通信传输设备、程控交换设备、计算机网络设备、实体环境控制设备等。

辖区内有双洎河节制闸一座，参与日常调度，按照有人值守的模式，配置值守人员 4 名，每班设值守长 1 人、值守员 1 人，24 小时驻守闸站，负责设备巡视、故障处理、应急处置、指令操作及闸站维护等工作。2017 年度，共执行调度指令 314 条，闸门操作 921 门次，均能及时完成指令的复核和操作，全年运行稳定，调度正常。

按照中线建管局“四批 23 项”工作部署，逐类解决问题，围绕河南分局“三批 71 项”规范化建设项目，推进运行管理问题整改和规范化建设工作。实施了一批闸站功能完善项目，如双洎河出口闸室和新密进口闸室自动防鸟网安装、双洎河中心站移动电源车改造、降压站消防设备设施增设、闸控自动化系统的升级等，进一步保障了设备运行安全。同时信息机电各家维护单位逐步正式进场，维护能力得到进一步的提升。此外，在 2017 年 11 月，手机 APP 巡查系统推行以来，现场设备设施的运行管理进一步便捷、智能。

四、工程效益

自 2014 年 12 月 12 日，南水北调中线干线工程正式通水运行以来，截至 2017 年底双洎河渡槽工程已安全运行 1116 天。2017 年完成输水 42.54 亿 m^3，通过双洎河退水闸进行生态补水 4 次，补水 2488.34 万 m^3。

（张文博　李晓斌　韩彦超）

郑州 2 段工程

一、工程概况

南水北调中线工程总干渠郑州 2 段起点位于郑州市中牟县与管城区交界处潮河倒虹吸进口，终点位于郑州市西南金水河与贾鲁河之间郑湾村附近，全长 21.961km，其中渠道长 20.515km，建筑物长 1.446km。明渠全挖方段长 18.500km，半挖半填段长 2.015km；最大挖深约 33m，最大填高 1.2m 左右。渠线穿越大小河流 11 条，与 19 条等级公路交叉。共布置有各类建筑物 43 座，其中河渠交叉建筑物 4 座、左岸排水建筑物 6 座、控制建筑物 5 座（节制闸 2 座、退水闸 1 座、分水口门 2 座）、公路桥 22 座、生产桥 6 座。郑州 2 段渠道设计流量 295～285m^3/s、加大流量 355～345m^3/s；设计水深 7.0m，加大水深 7.644～7.699m。

二、工程管理

郑州2段工程位于郑州市境内，由郑州管理处负责工程的日常运行管理及维护。按照中线建管局《保供水“百日安全”专项活动方案》，提高了调度管理及调度业务水平，确保安全平稳供水。充分发挥中控室值班、闸站值守、工程巡查、安全保卫和日常维护人员的作用，构筑多重立体防线，安全生产管理水平显著提高。同时，本着“建重于防，防重于抢，抢重于修”的原则，立足于完善工程措施消除危及工程安全和水质安全的防汛风险。完成了水泉沟防洪处理工程，彻底解决了水泉沟度汛风险问题，在渠道防护围栏及大门上方增加环形刀片刺丝，对违规进入渠道增加了安全屏障。

管理处中控室调度值班工作实行24小时值班制，按照“5班2倒”方式，共配备调度人员10人，每班2人，其中值班长1人，值班员1人。调度人员及时准确执行和反馈调度指令，定时采集和上报水情等信息。辖区内潮河节制闸和金水河节制闸参与正常输水调度，2017年，共接受调度指令751条，其中远程指令749条，2257门次，成功740条，远程成功率98.5%。

三、运行管理

郑州2段有闸站建筑物7座，各类启闭机设备19套，闸门38扇（套）。金属结构机械电气设备维护项目金属结构设备维护队伍于2016年10月1日进场，液压启闭机设备维护队伍2017年3月10日进场。郑州2段有35kV降压站10座，高低压电气设备74套，柴油发电机8套。永久供电系统运行维护项目维护队伍2016年10月1日进场。郑州2段有视频监控摄像头81套，闸控系统水位计17个，流量计2个，通信站点7处，包含通信传输设备、程控交换设备、计算机网络设备、实体环境控制设备等。按照中线建管局的有关要求，2017年上半年自动化调度系统运维采取过渡期维护模式，河南分局组织有关单位开展维护工作。自动化调度系统正式运维队伍（信息一队、信息二队、信息三队和信息四队）2017年5月10日进场。2017年郑州2段工程运行平稳，有力保障了输水调度工作。

四、工程效益

自2014年12月12日，南水北调中线干线工程正式通水运行以来，截至2017年底，郑州2段工程已安全运行1116天，累计向下游输水83.33亿m^3，所辖密洞分水口暂未启用，刘湾分水口正常分水，累计分水2.36亿m^3，其中2017年累计分水1.04亿m^3，惠及郑州及周边100余万人，极大地改善了当地饮水条件水质。

（赵鑫海　王永刚　徐　超）

郑州1段工程

一、工程概况

南水北调中线工程总干渠郑州1段工程位于河南省郑州市中原区贾鲁河南岸郑湾附近，终点接荥阳段起点，位于郑州市董岗村西北，该渠段全长9772.97m，其中渠道长9431.97m，须水河渠倒虹吸长371m，设计水深7m。共有各类建筑物23座，其中，河渠交叉3座、左岸排水3座、交通桥14座（其中委托地方自建桥梁4座）、控制建筑物3座（分水口门3座、节制闸3座、退水闸3座）。

二、工程管理

郑州1段工程位于郑州市境内，由郑州管理处负责工程的日常运行管理及维护。2017年度，共接受调度指令415条，其中远程指令415条，1340门次，成功398条，远程成功率96%。

三、运行管理

郑州1段有闸站建筑物3座，各类启闭机设备7套，闸门14扇（套）。金属结构机械电气设备维护项目金属结构设备维护队伍于2016年10月1日进场，液压启闭机设备维护队伍2017年3月10日进场。郑州1段有35kV降压站2座，高低压电气设备22套，柴油发电机2套。永久供电系统运行维护项目维护队伍2016年10月1日进场。2017年永久供电系统运行情况稳定。须水河中心开关站作为郑州段35kV运维单位的驻点，24小时有人值守，35kV运维单位员工工作、生活都在其中。郑州1段有视频监控摄像头27套，闸控系统水位计10个，流量计1个，通信站点2处，包含通信传输设备、程控交换设备、计算机网络设备、实体环境控制设备等。2017年上半年自动化调度系统运维采取过渡期维护模式，河南分局组织有关单位开展维护工作。自动化调度系统正式运维队伍（信息一队、信息二队、信息三队和信息四队）2017年5月10日进场。2017年郑州1段工程运行平稳，保障了输水调度工作。

四、工程效益

自2014年12月12日，南水北调中线干线工程正式通水运行以来，截至2017年底郑州1段工程已安全运行1116天，累计向下游输水82.52亿m^3，所辖中原西路分水口2015年1月开始分水，累计分水5.32亿m^3，其中2017年累计分水2.00亿m^3。惠及郑州及周边200余万人，极大地改善了当地饮水水质。

（赵鑫海　王永刚　徐　超）

荥阳段工程

一、工程概况

荥阳段工程位于河南省荥阳市境内，起点在郑州市须水镇董岗村西北，终点在荥阳市王村乡王村变电站南（即穿黄工程进口A点），以明渠为主，自流输水，沿途与河流、渠道、公路、铁路交叉时采用立交方式穿越。荥阳段工程总干渠沿线共有各类建筑物76座，其中包含2座河渠交叉输水建筑物（含1座节制闸）、5座左岸排水渡槽、1座渠渠交叉、2座分水口门、1座退水闸、26眼集水井泵站、9座降压站、1座铁路桥、15座公路桥、11座生产桥、3座后穿越桥梁。

二、工程管理

荥阳管理处作为荥阳段工程的现地管理处，全面负责辖区内的运行管理工作，保证工程安全、运行安全、水质安全。负责或参与辖区内直管和代建项目的工程验收等工作。荥阳管理处内设置综合科、调度科、工程科、合同财务科4个科室。

（1）水质保护。荥阳管理处协调荥阳市调水办及地方有关政府部门成功取缔邢家门养猪场、白寨养鸡场、前袁垌村养猪场等3处养殖污染源，为水质安全提供保障。东陈庄生活污水处理设施即将完工投入使用。

（2）工程巡查。2017年，管理处每月组织“工程巡查人员工作开展情况专项检查”4次，年度累计44次，填写记录表264份；每月组织“工程巡查人员进行日常检查”应4次，年度累计45次，填写记录表270份；巡查管理员每月对巡查数据分析4次，年度累计45次，填写记录表66份。

（3）防汛应急管理。荥阳管理处高度重视防汛应急工作，成立2017年安全度汛工作小组，层层落实责任；汛前全面排查，梳理确定防汛风险项目9个；科学编制“两案”及专项方案，提高应对能力；与地方政府建立安全度汛联动机制；开展防汛风险项目专项巡查；加强应急队伍及应急驻守管理；组织各类应急培训6次，培训人员近160人次；多部门联合开展了“前蒋寨沟左排渡槽超警戒水位联合防汛应急演练”和“关帝庙南跨渠大桥人为投毒水污染突发事件联合演练”两次大型演练；汛期累计参与防汛值班278班次，累计人员849人次，防汛值班记录278次，上报河南分局防汛值班室防汛日报278次。

（4）第二代水下围堰项目。“第一代水下沉箱”设备项目已研制成功并投入使用，成功实现了在水面线以下1m范围内的衬砌面板修复干地施工作业。“第二代水下围堰项目”的设计方案、设计图纸均已完成，零件加工工作已全面铺开，待铸造及精加工完成后，运至现场进行试验。研制成功后将实现水面线以下3.5m范围内的衬砌面板修复干地施工作业。

（5）“以鱼净水”试验。试验共分两个阶段进行，2017年6月顺利完成第一期试验，12月顺利完成第二期试验，初步形成南水北调中线干线工程以鱼净水技术体系，为下一步全面开展生态防控藻类工作，维护总干渠水生态系统健康提供技术保障。

（6）创新管理。索河渡槽进口水面，由于弧形钢闸门的拦截，导致水面漂浮物在此聚集，为保持水体清洁、减少清理工作的难度、消除人工清理工作的安全隐患，在弧形闸门前安全金属自动拦污栅，并通过升降设施使拦污栅拦截的漂浮物升至地面，收集至垃圾箱内。

（7）技术革新。抓梁改造工作主要从闸门吊耳及受力板、气动传销系统、动力系统等方面进行，经上百次反复试验、优化设计和改造施工，圆满完成，抓脱销成功率100%，为全线抓梁改造工作的推广提供了宝贵经验。

（8）自主创新。ABB高压柜96WS/R温湿度测控仪表因一直处于工作状态，容易出现温度湿度不显示等故障。创新小组成员通过实践经验总结发现，类似故障多是因与温湿度仪表相连接的传感器探头损坏导致，只需更换温湿度传感器探头即可。做到了精准发现故障，高效处理，节省运行成本。

三、工程效益

2017年，荥阳段工程平稳运行，累计通水82.43亿m^3，水质稳定达标。

荥阳段工程辖区内设置两处分水口。前蒋寨分水口自2015年6月12日分水以来，至2017年底，累计分水5308.04万m^3；上街分水口自2015年3月31日分水以来，至2017年底，累计分水1998.13万m^3；索河退水闸累计退水571.67万m^3。满足了荥阳市和郑州市上街区的居民用水需求，居民用水质量显著提高，缺水态势得到有效遏制，生态环境得到有效改善。

南水北调也为荥阳市政府创建“国家城市目标”提供了坚实后盾。2017年3月，以荥阳市委、市政府牵头建设下的滨河公园（也称南水北调运河公园）依南水北调而建，总占地面积约518.76亩，定位为健身、娱乐、休闲为主的综合性现代化公园，大手笔、高规格的规划，使之在立项之初就备受关注，开园之际也是郑西新区最靓丽的一道风景线。南水北调总干渠（荥阳市区段）两侧绿化项目的规划也被定为滨水但不亲水的大型生态景观廊道。

四、工程验收

2017年6月28日~7月1日，南水北调工程设计管理中心主持进行了荥阳段工程档案专项验收前的检查评定工作。9月25~28日，国务院南水北调办工程档案专项验收组通过了对南水北调中线一期工程总干渠荥阳段设计单元工程档案专项验收。

（楚鹏程　樊梦洒）

陶岔渠首—沙河南段工程

概　述

陶岔渠首—沙河南段为南水北调中线一期工程的起始段，该段起点位于陶岔渠首枢纽闸下，桩号 0+300；终点位于平顶山市鲁山县杨蛮庄桩号 215+811 处。沿线经过河南省南阳市的淅川、邓州、镇平、方城四县市及卧龙、宛城两个城郊区和平顶山市的叶县。陶岔至沙河南段线路长 215.511km，其中渠道长 205.474km，输水建筑物 22 座，累计长约 10.037km。

陶岔渠首—沙河南段工程共划分为 9 个设计单元，分别为淅川段、镇平段、南阳段、方城段、叶县段以及湍河渡槽、白河倒虹吸、澧河渡槽、膨胀土（南阳）试验段，其中淅川段、湍河渡槽为直管项目，镇平段和叶县段为代建项目，南阳段、方城段、白河倒虹吸、膨胀土（南阳）试验段为委托项目。

陶岔渠首—沙河南段总干渠渠道累计长度 205.474km，其中全挖方渠段累计长 70.877km、全填方渠段累计长 20.556km、半挖半填渠段累计长 114.041km。该段渠道挖深大于 15m 的渠段累计长 22.846km，最大挖深约 48m；填高大于 6m 的渠段累计长 42.162km，最大填高约 17.2m。

陶岔渠首—沙河南段共布置穿跨渠建筑物 372 座，其中河渠交叉建筑物 9 座、左岸排水建筑物 90 座、渠渠交叉建筑物 27 座、控制建筑物 29 座、路渠交叉建筑物 217 座（公路桥 134 座、生产桥 81 座、铁路桥 2 座）。陶岔渠首—鲁山段各类建筑物总数为 394 座。

2014 年 5 月 23 日，陶岔渠首—沙河南段工程淅川段、湍河渡槽、镇平段、澧河渡槽、叶县段和鲁山段 6 个设计单元均通过了通水验收，2014 年 12 月 12 日正式通水，进入运行期。设计单元内各合同项目也已完成合同项目完成验收。

2015 年 6 月 30 日，成立了河南分局和渠首分局。渠首分局负责陶岔至方城（全长 185.545km）工程运行管理工作，保证工程安全、运行安全、水质安全和人身安全。

渠首分局内设 7 个处（中心），分别为综合管理处、计划经营处、财务资产处、分调中心、工程管理处（防汛与应急办）、信息机电处、水质监测中心（水质实验室），按职能分别负责综合、生产经营、财务、调度、工程、机电金属结构、自动化信息、水质等方面管理工作。

陶岔渠首—沙河南段设 7 个管理处，其中渠首分局下设 5 个现地管理处，分别为陶岔管理处、邓州管理处、镇平管理处、南阳管理处、方城管理处，河南分局 2 个管理处，为叶县管理处、鲁山管理处，负责辖区内运行管理工作，保证工程安全、运行安全、水质安全和人身安全，负责或参与辖区内直管和代建项目尾工建设、征迁退地、工程验收工作。

2016 年，在中线建管局、渠首分局及沿线各级调水部门的努力下，陶岔渠首—沙河南段工程运行总体平稳、安全，供水效益逐步显现。陶岔渠首—沙河南段 12 座分水口，截至 2017 年底，渠首分局范围内分水口累计分水 152 710.82 万 m^3，其中肖楼134 261.00 万 m^3，望城岗 4760.62 万 m^3，谭寨 2249.32 万 m^3，田洼 5.44 万 m^3，大寨 2304.43 万 m^3，半坡店 4856.08 万 m^3，十里庙 2.70 万 m^3，白河退水闸 3813.79 万 m^3，清河退水闸 457.44 万 m^3。

（温端湖　雷彬彬）

淅川段工程

一、工程概况

淅川县段为陶岔渠首—沙河南段单项工程中的第一单元，线路位于河南省南阳市淅川县和邓州市境内。渠段起点位于淅川县陶岔闸下游消力池末端公路桥下游，桩号0+300，终点位于邓州市和镇平县交界处，桩号52+100，淅川县段线路长50.77km，其中，占水头的建筑物累计长1.2km，渠道累计长49.57km。

二、工程管理

淅川县段工程由南水北调中线渠首分局邓州管理处负责管理，管理处内设综合科、调度科、合同财务科和工程科。

（1）工程维护。2017年度邓州管理处土建工程日常维修养护队伍共3家，于4月16日开工进场。主要维护内容为闸站及管理用房、输水渡槽及左排建筑物、运行维护道路、衬砌面板、渠道边坡及防护体、排水沟、截流沟、路缘石、防浪墙、安全防护网、钢大门等合同项目的日常维护，以及水面和场区垃圾清理等。渠道、建筑物等土建工程维修养护整体形象良好，满足渠道、输水建筑物、排水建筑物等土建工程相关维修养护标准；渠道、防护林带、闸站办公区等管理场所绿化养护总体形象良好，满足绿化工程维修养护标准。完成王家西南桥右岸、格子河进出口、湍河进口左岸等四处应急道路修建；新增格子河左岸备料点，新增反滤料600m^3、块石1400m^3；完成湍河渡槽槽墩防护；完成王家西沟排水渡槽出口扩大改造；完成桩号（8+740）～（8+860）左岸和桩号（8+216）～（8+377）右岸两处应急处置。

（2）安全生产。2017年，管理处成立安全生产领导小组，将安保单位、外协单位、警务室人员纳入安全生产领导小组成员之中。邓州管理处按上级安全生产工作要求，积极开展安全生产规范化建设，管理处编制安全生产年计划1份、季计划4份、月计划12份；明确了安全生产主管负责人和兼职管理人员；开展安全生产检查54次，检查发现问题273项，检查问题均督促整改，并按要求填写安全检查记录表和建立安全生产问题台账；与11家运维单位签订安全生产管理协议书；组织安全生产教育培训43次，参与人次达622人次，其中内部培训5次，参与人次126人次，外部培训38次，参与人次496人次，并积极参加中线局、分局组织的安全生产教育；筹备召开安全生产会议63次，其中安全生产专题会12次、安全周例会51次，参与人数达718人次；实现了安全生产事故为零、无较重人员伤残和财产损失的生产目标。邓州管理处组织安保单位在沿线村庄、学校进行了防溺水安全宣传7次，发放安全告知书和致学生家长的一封信，在小学课堂讲解南水北调的重要性和进入渠道的危险性，提高了小学生的防溺水安全意识。并组织安保单位和警务室在沿线村庄、学校进行了8次《南水北调工程供用水管理条例》宣传，提高了沿线群众的安全意识和法制意识。全年实现了安全生产事故为零、无较重人员伤残和财产损失的生产目标。

（3）工程巡查。2017年，邓州管理处有工程巡查人员30名，巡查管理人员3名，辖区划分为14个责任区。辖区内设置34km巡查小道，69处巡查台阶；辖区设置76个巡检点，其中高填方坡脚设置40个，渡槽进出口裹头坡脚位置设置6个，其余全部设置在深挖方渠段，确保巡检系统全面覆盖各个巡查责任区，辖区渠道每天巡查1遍。邓州管理处每月组织相关培训和考试共计11次，并将考试成绩作为考核依据。管理处制定了《邓州管理处工程巡查人员管理办法》，于每月25

日对巡查人员工作情况进行通报，规范巡查行为，严格巡查纪律，坚决遏制违规行为的频繁发生。工程巡查累计发现较重问题7项，严重问题3项，一般问题146项，均已按程序及时报送。对于有明确时限的各类问题（主要指国调办飞检检查、中线建管局监督一队检查），管理处第一时间整改，并报送整改报告，凡具备整改条件的所有问题均已全部整改。对于自查发现的问题，影响通水的或者其他安全类问题，第一时间解决，其他问题以计划单的形式下发维护施工单位予以处理。

（4）安全监测。2017年，邓州管理处安全监测各项工作正常开展，其中按要求完成内观数据采集68期，数据初步分析编制月报12期；现场外观测量检查48次，外观单位考核12次；4月，完成淅川段疑似滑坡渠段160个监测设施施工埋设，6月，完成膨胀土深挖方渠段438个监测设施施工埋设，另外，6月还完成了淅川段深挖方北斗自动化变形监测系统应用试点项目实施，土建工程、通信系统、供电系统、软件调试等工作均安计划完成，数据采集及系统平台显示正常。受连续强降雨影响，通过监测仪器及时发现渠道左岸桩号（8+740）~（8+860）边坡和右岸桩号（8+217）~（8+377）边坡变形，并为变形体应急处理提供了重要技术参数，成果消除了安全隐患。

（5）水质保护。2017年，按要求进行了水质日常巡查、日常监控、渠道漂浮物垃圾打捞及浮桥维护等日常工作。按规定开展了污染源的专项巡查和跟踪处理，通过与地方调水办、环保等政府部门沟通协调使得污染源得到了较有效的控制。修订了《南水北调中线干线邓州管理处水污染事件应急预案》并在邓州环保局、淅川环保局取得了备案号。邀请地方调水办、环保局、消防大队等政府部门一起开展了水质应急演练，并取得较好成效。对水质应急物资仓进行了相关的清理盘点和盘存的相关管理工作。对运维队伍、工程巡查人员进行了水质相关的专项培训工作。

（6）防汛与应急。按照《关于做好2017年南水北调中线干线工程安全度汛工作的通知》（中线局工〔2017〕22号），邓州管理处于2017年4月完成了2017年防洪度汛应急预案和度汛方案的编制，邓州市和淅川县防办均已批复，管理处就防汛预案宣贯组织专门培训。3月14日成立2017年邓州管理处安全度汛工作小组（洪涝灾害现场应急处置小组）（中线局渠首邓州〔2017〕54号），明确了人员组成，细化了人员职责分工，并就分工情况进行了宣贯，要求所有组成人员牢记职责，切实做到“防洪抢险、人人有责”。同日，结合人员变化，调整了邓州管理处工程突发事件应急处置小组成员（中线局渠首邓州〔2017〕55号）。另外，成立了邓州管理处应急抢险预备队，队员由管理处员工25名、警务人员4名及保安公司邓州分队保安人员24名组成，作为邓州管理处应急抢险的先遣队，实行平战结合方式，平时各自例行自己工作岗位职责，险情发生时作为第一救援力量投入救援。按照中线建管局2017年防汛风险项目划分标准，邓州管理处辖区内重点防汛风险项目共有24处。I级风险项目2处，为桩号（4+200）~（12+500）全挖方渠道左右岸；II级风险项目5处，含王家西南排水渡槽、湍河渡槽、张楼南沟排水渡槽、麦子河排水渡槽、仙河排水渡槽；III级风险项目17处，含甘庄西沟排水涵洞和桩号（15+125）~（50+087）之间的6处全填方渠道左右岸、鹿寨桥上下游和彭家分水口上下游的2段深挖方左右岸。在渠首分局的指导下，完成左岸桩号（8+740）~（8+860）段渠道变形体的应急加固、右岸桩号（8+216）~（8+377）段渠道疑似变形体的应急挖除等2次应急处置，确保通水运行安全。管理处采取措施，确保及时发现问题。白天由巡查人员和管理处人员对工程进行巡查，小雨、中雨雨中巡查，大到暴雨雨后2小时之内立即组织对全线进行巡查。夜间24点前由安保巡逻队伍巡查2遍，零点后由应急保障队伍（或土建绿化维护队伍）巡查2遍。

三、运行调度

（1）金属结构、机械电气设备运行情况。2017年，调度科按照管理处确定的目标任务，以安全运行为中心，以规范化建设为指导，以人员培训、设备维护、形象提升、强化管理为重点，坚持以问题为导向，以“四批21项”问题整改为重点，以电缆沟整治、金属结构机电系统性问题处置、项目建设为契机，做实问题整改及各类设备设施的巡查、维护，梳理安全平稳运行负面清单，及时消除各类实体缺陷，对于风险部位持续重点关注，必要时通过更换元器件等措施及时消除隐患。2017年共完成通讯机房除湿改造项目、高低压室除湿和接地改造项目、退水闸电动葫芦自动抓梁改造项目、门库自动抽水项目、静磁栅条形码开度尺项目、移动拖车式发电机改造等重人项目，SVG无功补偿项目、电力系统监控调试项目、增设闸前后水尺项目、流量计比对和校核项目、人手孔排水等项目基本完成。通过大量系统性问题的集中整改，奠定了设备设施良好运行的基础，丰富了监控的手段，确保了形象面貌的提升和工程更好的运行。

（2）自动化系统运行情况。淅川段主要自动化调度系统包括：闸站监控子系统和视频监控子系统各6套，布置在中控室和淅川段5座（肖楼、刁河、望城岗北、彭家、严陵河）现地站内；安全监测自动化系统、语音调度系统、门禁系统、视频会议系统、安防系统、消防联网系统、工程防洪系统各1套，均布置在中控室；综合网管系统、电源集中监控系统、光缆监测系统各1套，均布置在管理处网管室。2017年度淅川段自动化调度系统总体运行情况良好，系统比较稳定，自动化调度系统远程成功率达到98%以上。尤其是语音调度系统、闸站监控系统、视频监控系统在三级管理处运行调度工作中发挥了极大的作用，在节省了人力资源成本的同时也提高了调度运行工作效率。中控室及闸站调度值班人员利用语音调度系统能够快速完成调度指令的上传下达；利用闸站监控系统可以坐在值班室就能监视各现地站闸门的运行工况和渠道水位、流量、流速等信息；利用视频监控系统可以坐在监控室就能监视各现地站闸前、闸后、自动化室、启闭机室和高低压配电室等重要区域有无外来人员进入并且可根据需要调取相关监控录像；工程安全监测人员可利用安全监测自动化系统方便快捷地监视和采集工程建筑物的沉降、渗压等工程建筑物安全信息，为工程安全监视提供决策信息。在汛期防汛值班人员通过工程防洪系统实施监视沿渠左排及重要建筑物的水位、雨量等汛情信息，一旦发生汛情报警和险情，立即通知相关部门和人员立组织防汛应急抢险。

（3）调度指令执行情况。管理处配备调度值班10人，其中值班长5人，值班员5名。严格值班制度，严格执行进出中控室管理规定。2017年度共收到调度指令696条，其中远程指令652条，现地指令44条，中控室值班员接收到分调中心传达的调度指令后，均能准确记录并及时反馈，各类调度指令记录规范、全年调度指令执行准确无误。加强调度人员业务培训，2017年度组织学习宣贯42次，累计469人次；考试18次，累计232人次；并完成了2017年中控室功能整合试点试点建设工作，本年度调度运行情况良好，各类调度指令执行准确无误，各类台账记录规范有序。

四、工程效益

截至2017年底，工程安全平稳运行1116天，累计入渠水量110亿m^3，其中，向河南供水37.82亿m^3，向河北供水11.68亿m^3，向天津供水22.84亿m^3，向北京供水28.44亿m^3，2017年度肖楼分水口向南阳引丹灌区分水4.59亿m^3，累计分水13.42亿m^3；望城岗分水口累计向邓州、新野水厂分水0.23亿m^3，累计分水0.47亿m^3。

五、环境保护与水土保持

2017年开展了水质日常巡查、日常监控、渠道漂浮物垃圾打捞及浮桥维护等日常工作。开展了污染源的专项巡查和跟踪处理，通过与地方调水办、环保等政府部门沟通协调使得污染源得到了较有效的控制。修订了《南水北调中线干线邓州管理处水污染事件应急预案》并在邓州环保局取得了备案号。邀请地方调水办、环保局、消防大队等政府部门一起开展了水质应急演练，并取得较好成效。中共十九大期间对重点桥梁安排专人24小时值守，对危化品桥梁增加集淤池，在钢大门前增加挡水坎，对沿线藻类旺盛的区域进行藻类清理，对水质应急物资仓进行了相关的清理盘点和盘存的相关管理工作。全年岸坡保洁面积约375.8万m^2，绿化带保洁面积约115.4万m^2，路面保洁约103.6km，渠道水面清理打捞长度约51.8km。

（邓州管理处）

湍河渡槽工程

一、工程概况

湍河渡槽工程位于河南省邓州市冀寨村北，距离邓州市26km。起点桩号K36+289，终点桩号K37+319，总长1030m，主要由进口渠道连接段113.3m、进口渐变段41m、进口闸室段26m、进口连接段20m、槽身段720m、出口连接段20m、出口闸室段15m，出口渐变段55m、出口渠道连接段19.7m组成。工程设计流量350m^3/s，加大流量420m^3/s，槽身为相互独立的三槽预应力现浇混凝土U型结构，共18跨，单跨40m，单跨槽身重量达1600t，采用造桥机现浇施工。湍河渡槽是目前国内同类工程中跨度最大，单跨过水断面最大、单跨重量最大的输水工程，也是世界上目前最大的U型渡槽工程。2017年，实现了安全平稳运行，累计输水48.48亿m^3。

二、工程管理

湍河渡槽工程由南水北调中线渠首分局邓州管理处负责管理，管理处内设综合科、调度科、合同财务科和工程科。2017年，对湍河渡槽进行了各跨轮流进行了停水检修，渡槽工程维修养护整体形象良好，输水建筑物土建工程相关维修养护标准；闸站办公区等管理场所绿化养护总体形象良好，满足绿化工程维修养护标准。完成了湍河渡槽槽墩防护；全年实现了安全生产事故为零、无较重人员伤残和财产损失的生产目标。

三、运行调度

湍河段主要自动化调度系统包括闸站监控子系统和视频监控子系统各1套，布置在退水闸监控室内。湍河段主要自动化系统相关设施设备包括：通信机房及监控室各1个；超声波流量计1套（安装在节制闸前）；压力式水位计3套（退水闸前1套，节制闸前左右岸各1套）；超声波水位计3套（闸后3孔渡槽各安装1套）；闸控PLC设备柜、安全监测设备柜、传输机柜、综合配线柜、视频监控及门禁设备机柜和安防设备机柜各1套，布置在通信机房；闸控UPS设备3套，分别布置在2号启闭机室、通信机房和退水闸室；机房空调系统1套；雨量计站1套。2017年，湍河段自动化调度系统及相关设备设施运行情况良好，系统比较稳定，湍河闸站自动化调度系统远程成功率达到99%以上。

随着闸控系统、消防报警系统、安防系

统等逐步完善和金属结构机电设备管理和维护的逐步加强，目前设备的完好率和可靠性正逐步提高，调度值班人员均能熟练使用闸站监控系统、视频监控等自动化系统，实时监控辖区内参与调度闸站及断面的水位、流量、流速、闸门开度等调度数据；调度人员能够遵照输水调度作业流程认真履行岗位职责，较好地开展各项工作，人员素质满足输水调度工作要求。

（邓州管理处）

镇平县段工程

一、工程概况

镇平县段工程位于河南省南阳市镇平县境内，起点在邓州尚寨以北约1km的邓州市与镇平县交界处（马庄村南），桩号52+100；终点在官鲁岗镇潦河右岸的镇平县与南阳市卧龙区交界处，桩号87+925，全长35.825km，占河南段的4.9%。渠道总体呈西东向，穿越南阳盆地北部边缘区，起点设计水位144.375m，终点设计水位142.540m，总水头1.835m，其中建筑物分配水头0.43m，渠道分配水头1.405m。全渠段设计流量$340m^3/s$，加大流量$410m^3/s$。

镇平县段工程共布置各类建筑物63座，其中河渠交叉建筑物5座、左岸排水建筑物18座、渠渠交叉建筑物1座、分水口门1座、跨渠桥梁筑38座。另外还有管理用房1座。

2017年，镇平县段工程首次经历了$350m^3/s$的大流量输水考验。

二、工程管理

镇平县段工程的管理机构为镇平管理处，设置了4个科室，分别为综合科、合同财务科、工程科和调度科。

（1）工程维护。2017年，完成渠道内外边坡、三角区及绿化带维护127.35万m^2，闸站及办公区绿化维护面积2.16万m^2。完成左排倒虹吸清淤1座，截流沟清淤73.6km，排水沟清淤72.3km。沥青路面修补$9902m^2$，混凝土路面新建$2140m^2$，泥结石路面翻修17 $044m^2$。完成辖区21座左排倒虹吸、2座输水倒虹吸、1座分水口门、1座渠渠交叉渡槽、38座跨渠桥梁、2座闸站园区及管理处园区的日常维护工作。完成辖区152座钢大门及14.75万m^2防护网的日常维护，增设巡视踏步20处。安装刺丝滚笼1.9万m。完成镇平段2017年汛期水毁截流沟修复1600m，完成水毁排水沟及围网修复。

（2）安全生产。通过深入开展以“八大体系”“四大清单”为核心的安全生产标准化建设，夯实各岗位安全生产管理责任；对自有职工、外聘人员、新进场人员及维护单位进行安全教育培训共计20余次，强化安全生产检查与问题整改，进一步提升了全员安全意识；组织开展“渠道开放日”活动，安全宣传进校园、进村庄、到集市、上电视，安全宣传氛围更加浓厚，实现了全年无安全事故，保证了职工人身安全。2017年全年累计安全生产检查12次，召开安全生产专题会议12次，印发会议纪要12份；每季度组织开展1次全员安全生产教育培训，累计开展安全培训4次；遇重要节日、寒、暑假等节日通过散发安全宣传页、海报、挂条幅、进校园宣传等方式进行安全宣传，共计7次；与维护、施工（穿越）单位签订了安全生产管理协议3份，明确了双方安全管理人员职责；对维护、施工（穿越）单位安全培训及技术交底累计8次；对所有进场作业人员、车辆、设备等实行严格的登记制度，车辆均配备《车辆通行证》，人员均配备《人员通行证》。根据辖区特点强化反恐维稳工作，管理处申请评选南阳市反恐办关于反恐怖袭击重点目标示范单位，凝心聚力护干渠，情系反恐保水源，录制反恐宣传片《一渠清水写忠诚反恐工作纪实》。同时协调镇平段警务室、保安分队开展治安巡逻，联系市县公安部门，打击沿线各类破坏工程设施、危害水质安全等违法、违规行为，起到了严厉的震慑、警示作用。

三、运行调度

2017年，共收到调度指令233条，操作闸门706门次，其中远程指令231条，操作闸门701门次；现地指令2条，操作闸门5门次。均已按照指令内容要求完成指令复核、反馈及闸门操作，全年调度指令执行无差错。根据镇平管理处淇河节制闸调度运行观测记录，共计上报各项水情数据5935条。其中发现闸前水位超过设计水位0.05m以上共计274次，低于谭寨分水口最低保证水位以上0.05m共计308次；发现闸控系统报警均按要求进行相关接警、警情分析、恢复正常、消警；发现调度数据采集、监控相关设备设施无法正常使用共计1次；发现的问题均及时上报分调、总调中心，联系相关专业负责人进行处理，完善应急检修调度申请单手续，并在日志中记录；严格按照上级要求开展规范化建设工作并提出合理建议，规范化建设成果显著。

金属结构机电设备主要包括弧形钢闸门8扇，平板钢闸门6扇，叠梁钢闸门4扇，液压启闭机9台，电动葫芦5台，台车式启闭机2台等。高压电气设备4面，低压配电柜6面，电容补偿柜4面，直流电源系统3面，柴油发电机2台，35kV供电线路总长35.5km（含2.91km电缆线路）。

2017年，完成“四批23项”问题的排查整改；完成高低压室接地改造并加装除湿机；完成移动柴油发电机拖车改造；完成辖区内两座闸站进口自动防鸟网的安装工作；完成了辖区内闸站液压启闭机控制柜线缆整理工作；根据镇平管理处设备具体情况编制设备运行手册；全年共发现问题168项，其中国调办飞检检查问题35项，中线局检查问题22项，管理处自检问题111项，于2017年年底前完成全部整改工作。

自动化调度系统包括：闸站监控子系统和视频监控子系统各4套，布置在中控室和镇平段3座（西赵河工作闸、谭寨分水口、淇河节制闸）现地站内；语音调度系统、门禁系统、安防系统、消防联网系统、工程防洪系统各1套，均布置在中控室；综合网管系统、动环监控系统、光缆监测系统、电话录音系统、程控监测系统、内网监测系统、外网监测系统、专网监测系统各1套，均布置在管理处网管中心；视频会议系统1套，布置在镇平管理处二楼会议室。各系统均已投入使用。2017年，完成了信息自动化规范化建设工作，信息自动化日常外委维护队伍（过渡期）的管理工作，信息自动化正式外委维护队伍进场后的管理工作，管理处辖区范围内被上级检查及自查发现问题的整改工作，信息自动化自管维护项目的管理工作，积极组织管理内部的专业培训工作，按照要求参加上级部门组织的信息自动化相关业务培训、技术讨论会议等各项工作。

四、工程效益

谭寨分水口安全平稳运行无间断，2017年全年累计向镇平县城供水957.42万m^3，全部用于城镇居民用水。自通水以来累计分水2249.32万m^3，为地方经济社会发展提供有力的水资源保障。

五、环境保护与水土保持

2017年，镇平管理处积极与镇平县南水北调办进行沟通协调，并通过与沿线村镇对接，在工程沿线周边非法占压工程用地、违法向截流沟排污等问题处理上，得到地方政府的有力支持，协调解决了彭营弃土场污染源、毛庄桥至何寨桥间污染源问题；编制了对水污染事件应急预案在地方环保部门备案，组织水质应急演练1次，积极储备水污染应急物资，并完成了西赵河倒虹吸闸站出口下游水质综合工作平台项目建设；强化日常水质监测取样，编制修订镇平管理处闸站定点打捞工作管理办法，对闸站漂浮物垃圾打捞工作进行逐日检查；对辖区内可能存在水质污染风险的污染源和风险源进行排查，建立污染源、风险源台账，及时跟踪，动态更新，为工程运行创造了一个和谐、稳定的环境。

六、验收工作

2017 年，镇平管理处共计采购工程维护类项目 5 个，签订补充协议 3 个。严格贯彻南水北调工程验收管理的有关规定，从严要求，认真组织工程维护项目实施，积极组织 2016 年下半年日常维修养护项目验收，并加强 2017 年项目过程验收，检查工程实体质量，仔细查阅工程档案资料，客观对待存在的问题，对遗留问题处理严格把关，把好工程验收关，确保工程验收质量。

（镇平管理处）

南阳市段工程

一、工程概况

南阳市段工程位于南阳市境内，涉及卧龙、宛城、高新、城乡一体化示范区等 4 行政区 7 个乡镇（街道办）23 行政村，全长 36.826km，总体走向由西南向东北绕城而过。工程起点位于潦河西岸南阳市卧龙区和镇平县分界处，桩号 87 + 925，终点位于小清河支流东岸宛城区和方城县的分界处，桩号 124 + 751。南阳段工程 88% 的渠段为膨胀土渠段，深挖方和高填方渠段各占约三分之一，渠道最大挖深 26.8m，最大填高 14.0m。工程设计输水流量 330 ~ 340m^3/s，设计水位 142.54 ~ 139.44m。

辖区内共有各类建筑物 71 座，其中，输水建筑物 8 座、穿跨渠建筑物 61 座、退水闸 2 座。辖区共有各类闸门 48 扇，启闭设备 45 套，降压站 11 座，自动化室 11 座，35kV 永久供电线路全长 38.74km。

二、工程管理

南阳市段工程的管理机构为南阳管理处，设置综合、合同财务、工程和调度四个科室。

（1）工程巡查。加强制度建设，修订完善了《工程巡查工作手册》，制定了《工程巡查人员岗位职责》和《工程巡查人员考核办法》，编制完成了《工程巡查实施细则》，为工巡人员统一配备了服装和巡查设备，并结合现场实际进一步完善细化优化了工巡路线及巡查时间，使工程巡查工作进一步规范化、标准化。分别组织在寒暑假对全线安全防护网等进行 2 次专项排查；在汛期前组织对左排建筑物进出口进行 1 次专项排查；汛前及汛后对高填方段深挖方段进行 2 次专项排查；2017 年 3 月及 9 月组织对沿线高填方渠段鼠洞蚁穴进行 3 次专项排查；汛期强降雨后对全线进行全面排查。对渠道沥青路面裂缝、穿跨越干渠电线电缆、渠道沿线防洪堤缺口排查等专项排查。全年上报土建及绿化问题整改情况周报 48 期，问题整改月报和问题台账 12 期。读取和打印巡更棒数据 120 本，审查巡查人员填写记录表 120 本。全年工程巡查发现问题 347 个，除了 7 个水面以下问题、白蚁问题等暂时不具备整改条件的问题外，已全部整改，整改率 100%，中线建管局发现问题 17 个，整改 16 个，除 1 个外部因素暂不具备整改条件外，已全部整改。国务院南水北调办发现问题 21 个，除 6 个围网外挖水塘、水池，污水排入截流沟等问题不具备整改条件外，已全部整改到位。南阳管理处作为土建工程巡查维护监管系统 APP 试点，9 月底完成渠道、桥梁、左排建筑物等设施的基础信息和人员信息录入，10 月开始试用，在人员管理、巡查路线、考勤等方面取得良好效果。

（2）安全生产。2017 年度安全生产零事故，渠道沿线安全秩序良好，实现了年初既定安全目标。全年组织召开安全生产会议 12

次；开展安全类培训教育31次；日常和专项安全检查60次，排查安全隐患99条，整改率97%；各类安全宣传活动17次：其中电视栏目头条播报1次，累计5分钟，投放宣传广告3次累计17天，“南水北调公民大讲堂”5次，“渠道开放日”3次，日常安全宣传6次，更换沿线安全宣传栏20个，发放各类宣传材料30000余份；开展“防溺亡”应急演练1次；打击违法行为4起，破案2起；制止影响渠道安全平稳运行行为16起；在这个过程中，与属地公安部门建立了良好的联络机制，沟通汇报工作2次；与属地政府相关部门发函3份，以商情解决相关事宜；制定并下发安全类制度文件7份；对各运维单位下达安全类通报文件4份，口头通报2次。完成安装工程保护范围警示桩36根；在渠道沿线桥梁、围网安装安全警示标识标牌808块；全线防护围网安装刺丝滚笼7万余米。2017年认真推行运行管理安全标准化建设工作，成立标准化建设工作小组，召开相关培训会议，逐步完善并印发了《南阳管理处运行安全管理体系和管理清单》。2017年6月开展了以“珍爱生命、预防溺水”为主题的，多形式、多途径相结合的安全生产月活动，动员、组织各单位积极开展“防溺水、防中暑”专项安全检查、电视传媒安全宣传、“南水北调共公民大讲堂”“渠道开放日”“防溺水安全演练”等活动，并组织警务室、保安公司，联合属地公安部门在渠道沿线开展破坏围网、违规入渠、从事危害渠道工程安全运行的各类违规、违法行为严厉整治行动。活动氛围整体良好，收效显著，为南阳段安全生产工作的顺利开展打下坚实基础。中共十九大召开前后，开展涉恐隐患排查治理5次，认真落实安保各项加固措施：分批次组织闸站、桥梁值守人员开展安全交底和值守要求交底8次；组织警务室、保安公司每晚开展夜巡和夜查。认真开展信访摸排工作，确保了中共十九大召开期间，南阳段渠道工程安全平稳运行。保安公司南阳分队荣获“南水北调中线干线工程优秀保安分队”荣誉称号；南阳管理处荣获中线建管局“安全生产先进集体”荣誉称号。

（3）应急管理。成立了工程突发事件现场应急处置小组以及安全度汛工作小组，明确小组成员工作分工。编制了《突发事件应急处置方案》《南阳管理处2017年度汛方案》《南阳管理处2017年防汛应急预案》，对工程突发事件危险源和各类隐患及时进行排查，建立台账并及时更新。加强防汛应急业务培训，累计组织防汛应急培训、水质污染应急处置演练、溺水安全演练、消防演练培训等各类演练培训8次。成功处置了程沟左排涵洞进口水位超警戒水位以及白河倒虹吸退水闸末端水毁应急处置工作。

三、运行调度

中控室配备调度值班10人，其中值班长5人，值班员5名。严格值班制度，严格执行进出中控室管理规定。加强调度人员业务培训，累计组织学习宣贯48次，累计616人次；考试10次，累计105人次。

加强金属结构机电专业技能培训学习，累计参加渠首分局组织的培训5次共40人次，管理处组织培训12次96人次。严格执行节制闸管理办法，执行闸站准入制度，每座节制闸站共4人值守。

四、工程效益

按照南水北调中线建管局总调中心有关调度指令，2017年7月5日12时27分至2017年10月6日22时23分，累计向白河生态补水3238.762万m^3。

南水北调中线工程建成通水以来，累计向南阳城区供水2659.76万m^3，实现了辖区内工程安全、运行安全和供水安全。

（南阳管理处）

南阳膨胀土试验段工程

一、工程概况

膨胀土试验段工程起点位于南阳市卧龙区靳岗乡孙庄东，桩号 100 + 500；终点位于南阳市卧龙区靳岗乡武庄西南，桩号 102 + 550，全长 2.05km。试验段渠道设计流量为 $340m^3/s$，加大流量为 $410m^3/s$。渠道设计水深 7.5m，加大水位深 8.23m，设计渠底板高程 134.040 ~ 133.958m，设计渠水位 141.540 ~ 141.458m，渠底宽 22m。最大挖深约 19.2m，最大填高 5.5m。试验段布置有跨区公路桥及生产桥各 1 座，其中丁洼东南跨渠公路桥位于总干渠桩号 101 + 394，长 100.98m，荷载等级为城-A 级；桥面宽 30.7m。武庄东生产桥位于总干渠桩号 102.362，长 102.08m，荷载等级为公路-Ⅱ级；桥面总宽 4.7m。

二、工程管理

南阳膨胀土试验段工程的管理机构为南阳管理处，设置综合、合同财务、工程和调度四个科室。

（1）工程巡查。修订完善了《南阳管理处工程巡查工作手册》，明确了工程巡查责任区划分及责任人、巡查路线、巡查重点及关键部位；制定了《南阳管理处工程巡查人员岗位职责》进一步明确了巡查工作岗位职责和工作要求。制定了《南阳管理处工程巡查人员考核办法》，按月对巡查人员日常表现进行考核赋分，并将考核结果通知相关单位。编制完成了《南阳管理处汛期工程巡查实施细则》，明确了汛期巡查频次、巡查方式、巡查项目等。为工巡人员统一配备了服装和巡查设备，并结合现场实际进一步完善细化优化了工巡路线及巡查时间，使工程巡查工作进一步规范化、标准化。分别组织在寒暑假对全线安全防护网等进行 2 次专项排查；在汛期前组织对左排建筑物进出口进行 1 次专项排查；汛前及汛后对高填方段深挖方段进行 2 次专项排查；2017 年 3 月及 9 月组织对沿线高填方渠段鼠洞蚁穴进行 3 次专项排查；汛期强降雨后对全线进行全面排查。对渠道沥青路面裂缝、穿跨越干渠电线电缆、渠道沿线防洪堤缺口排查等专项排查。全年上报土建及绿化问题整改情况周报 48 期，问题整改月报和问题台账 12 期。读取和打印巡更棒数据 120 本，审查巡查人员填写记录表 120 本。全年工程巡查发现问题 347 个，除了 7 个水面以下问题、白蚁问题等暂时不具备整改条件的问题外，已全部整改，整改率 100%，中线局发现问题 17 个，整改 16 个，除 1 个外部因素暂不具备整改条件外，已全部整改。国务院南水北调办发现问题 21 个，除 6 个围网外挖水塘、水池，污水排入截流沟等问题不具备整改条件外，已全部整改到位。南阳管理处作为土建工程巡查维护监管系统 APP 试点，2017 年 9 月底完成渠道、桥梁、左排建筑物等设施的基础信息和人员信息录入，10 月开始试用，在人员管理、巡查路线、考勤等方面取得良好效果。

（2）安全监测。成立了安全监测工作组，建立了安全监测管理责任制，完善了各项规章制度。共配置监测人员 7 人，统一配备的反光背心和工具包，车辆 2 台，专用办公室 1 间，资源配置满足监测工作需要。制定了数据采集操作流程，监测数据及时进行整理、整编，定期进行初步分析，编写并上报月报。建立了异常问题台账，制定了异常情况处置程序，对异常问题进行更新并在实践中不断完善。加强了对外观监测单位的管理，及时掌握工程运行情况，每月收集观测月报并审核，并对观测量进行复核确认。

（3）安全生产。2017 年度安全生产零事故，渠道沿线安全秩序良好，实现了年初既定安全目标。全年组织召开安全生产会议 12 次；开展安全类培训教育 31 次；日常和专项安全检查60次，排查安全隐患99条，整改率97%；各类安全宣传活动17次：其中电视栏目头条播报1次，累计5分钟，投放宣传广告3次累计17天，“南水北调公民大讲堂”5次，“渠道开放日”3次，日常安全宣传6次，更换沿线安全宣传栏20个，发放各类宣传材料30 000余份；开展“防溺亡”应急演练1次；打击违法行为4起，破案2起；制止影响渠道安全平稳运行行为16起。在这个过程中，与属地公安部门建立了良好的联络机制，沟通汇报工作2次；与属地政府相关部门发函3份，以商情解决相关事宜；制定并下发安全类制度文件7份；对各运维单位下达安全类通报文件4份，口头通报2次。完成安装工程保护范围警示桩36根；在渠道沿线桥梁、围网安装安全警示标识标牌808块；全线防护围网安装刺丝滚笼7万余米。

（4）应急管理。成立了工程突发事件现场应急处置小组以及安全度汛工作小组，明确小组成员工作分工。编制了《突发事件应急处置方案》《南阳管理处2017年度汛方案》《南阳管理处2017年防汛应急预案》，对工程突发事件危险源和各类隐患及时进行排查，建立台账并及时更新。加强防汛应急业务培训，累计组织防汛应急培训、水质污染应急处置演练、溺水安全演练、消防演练培训等各类演练培训8次。成功处置了程沟左排涵洞进口水位超警戒水位以及白河倒虹吸退水闸末端水毁应急处置工作。2017年认真推行运行管理安全标准化建设工作，成立标准化建设工作小组，召开相关培训会议，逐步完善并印发了《南阳管理处运行安全管理体系和管理清单》。2017年6月开展了以“珍爱生命、预防溺水”为主题的，多形式、多途径相结合的安全生产月活动，动员、组织各单位积极开展“防溺水、防中暑”专项安全检查、电视传媒安全宣传、“南水北调共公民大讲堂”“渠道开放日”“防溺水安全演练”等活动，并组织警务室、保安公司，联合属地公安部门在渠道沿线开展破坏围网、违规入渠、从事危害渠道工程安全运行的各类违规、违法行为严厉整治行动。活动氛围整体良好，收效显著，为南阳段安全生产工作的顺利开展打下坚实基础。中共十九大召开前后，开展涉恐隐患排查治理5次，认真落实安保各项加固措施：分批次组织闸站、桥梁值守人员开展安全交底和值守要求交底8次；组织警务室、保安公司每晚开展夜巡和夜查。认真开展信访摸排工作，确保了中共十九大召开期间，南阳段渠道工程安全平稳运行。保安公司南阳分队荣获“南水北调中线干线工程优秀保安分队”荣誉称号；南阳管理处荣获中线局“安全生产先进集体”荣誉称号。

三、运行调度

中控室配备调度值班10人，其中值班长5人，值班员5名。严格值班制度，严格执行进出中控室管理规定。加强调度人员业务培训，累计组织学习宣贯48次，累计616人次；考试10次，累计105人次。

加强金属结构机电专业技能培训学习，累计参加渠首分局组织的培训5次共40人次，管理处组织培训12次96人次。严格执行节制闸管理办法，执行闸站准入制度，每座节制闸站共4人值守。

（南阳管理处）

白河倒虹吸工程

一、工程概况

白河倒虹吸工程位于南阳市蒲山镇蔡寨村东北，起点桩号为TS115＋190，终点桩号TS116＋527，总长度为1337m。白河倒虹吸工程设计流量为330m^3/s，加大流量为400m^3/s，退水闸设计退水流量165m^3/s。起点断面设计水位为 140.624m，终点断面设计水位为 139.924m。工程主要建筑物由进口至出口依次为进口渐变段、退水闸及过渡段、进口检修闸、倒虹吸管身、出口节制闸（检修闸）、出口渐变段。白河倒虹吸埋管段水平投影长 1140m，共分 77 节，为两孔一联共 4 孔的混凝土管道，单孔管净尺寸 6.7m×6.7m。

白河倒虹吸进口事故检修闸门采用平面定轮闸门共 2 扇，出口工作闸门采用弧形闸门共 4 扇，出口检修闸门采用叠梁闸门共 2 扇，分别采用台车式启闭机、液压启闭机及电动葫芦启闭。退水闸工作闸门采用平面定轮闸门共 1 扇、检修闸门采用叠梁闸门共 1 扇，分别采用固定卷扬式启闭机和移动式电动葫芦操作。

白河倒虹吸设置退水闸 35kV 降压变电站和节制闸 35kV 降压变电站，分别为倒虹吸进口退水闸、倒虹吸出口节制闸等供电。其进、出口降压变电站电源均取自 35kV 供电专网，线路总长 1.33km，其主要用电设备分布于南岸倒虹吸进口和北岸倒虹吸出口区域。

二、工程管理

白河倒虹吸工程的管理机构为南阳管理处，设置综合、合同财务、工程和调度四个科室。

（1）工程巡查。修订完善了《南阳管理处工程巡查工作手册》，明确了工程巡查责任区划分及责任人、巡查路线、巡查重点及关键部位；制定了《南阳管理处工程巡查人员岗位职责》进一步明确了巡查工作岗位职责和工作要求。制定了《南阳管理处工程巡查人员考核办法》，按月对巡查人员日常表现进行考核赋分，并将考核结果通知相关单位。编制完成了《南阳管理处汛期工程巡查实施细则》，明确了汛期巡查频次、巡查方式、巡查项目等。为工巡人员统一配备了服装和巡查设备，并结合现场实际进一步完善细化优化了工巡路线及巡查时间，使工程巡查工作进一步规范化、标准化。分别组织在寒暑假对全线安全防护网等进行 2 次专项排查；在汛期前组织对左排建筑物进出口进行 1 次专项排查；汛前及汛后对高填方段深挖方段进行 2 次专项排查；2017 年 3 月及 9 月组织对沿线高填方渠段鼠洞蚁穴进行 3 次专项排查；汛期强降雨后对全线进行全面排查。对渠道沥青路面裂缝、穿跨越干渠电线电缆、渠道沿线防洪堤缺口排查等专项排查。全年上报土建及绿化问题整改情况周报 48 期，问题整改月报和问题台账 12 期。读取和打印巡更棒数据 120 本，审查巡查人员填写记录表 120 本。全年工程巡查发现问题 347 个，除了 7 个水面以下问题、白蚁问题等暂时不具备整改条件的问题外，已全部整改，整改率 100%，中线建管局发现问题 17 个，整改 16 个，除 1 个外部因素暂不具备整改条件外，已全部整改。国务院南水北调办发现问题 21 个，除 6 个围网外挖水塘、水池，污水排入截流沟等问题不具备整改条件外，已全部整改到位。南阳管理处作为土建工程巡查维护监管系统 APP 试点，2017 年 9 月底完成渠道、桥梁、左排建筑物等设施的基础信息和人员信息录入，10 月开始试用，在人员管理、巡查路线、考勤等方面取得良好效果。

（2）安全监测。成立了安全监测工作组，建立了安全监测管理责任制，完善了各项规章制度。共配置监测人员 7 人，统一配备的反光背心和工具包，车辆 2 台，专用办公室 1 间，资源配置满足监测工作需要。制定了数据采集操作流程，监测数据及时进行整理、整编，定期进行初步分析，编写并上报月报。建立了异常问题台账，制定了异常情况处置程序，对异常问题进行更新并在实践中不断完善。加强了对外观监测单位的管理，及时掌握工程运行情况，每月收集观测月报并审核，并对观测量进行复核确认。

（3）安全生产。2017 年度安全生产零事故，渠道沿线安全秩序良好，实现了年初既定安全目标。全年组织召开安全生产会议12次；开展安全类培训教育31次；日常和专项安全检查60次，排查安全隐患99条，整改率97%；各类安全宣传活动17次：其中电视栏目头条播报1次，累计5分钟，投放宣传广告3次累计17天，“南水北调公民大讲堂”5次，“渠道开放日”3次，日常安全宣传6次，更换沿线安全宣传栏20个，发放各类宣传材料30 000余份；开展“防溺亡”应急演练1次；打击违法行为4起，破案2起；制止影响渠道安全平稳运行行为16起。在这个过程中，与属地公安部门建立了良好的联络机制，沟通汇报工作2次；与属地政府相关部门发函3份，以商情解决相关事宜；制定并下发安全类制度文件7份；对各运维单位下达安全类通报文件4份，口头通报2次。完成安装工程保护范围警示桩36根；在渠道沿线桥梁、围网安装安全警示标识标牌808块；全线防护围网安装刺丝滚笼7万余米。2017年认真推行运行管理安全标准化建设工作，成立标准化建设工作小组，召开相关培训会议，逐步完善并印发了《南阳管理处运行安全管理体系和管理清单》。2017年6月开展了以“珍爱生命、预防溺水”为主题的，多形式、多途径相结合的安全生产月活动，动员、组织各单位积极开展“防溺水、防中暑”专项安全检查、电视传媒安全宣传、“南水北调共公民大讲堂”“渠道开放日”“防溺水安全演练”等活动，并组织警务室、保安公司，联合属地公安部门在渠道沿线开展破坏围网、违规入渠、从事危害渠道工程安全运行的各类违规、违法行为严厉整治行动。活动氛围整体良好，收效显著，为南阳段安全生产工作的顺利开展打下坚实基础。中共十九大召开前后，开展涉恐隐患排查治理5次，认真落实安保各项加固措施：分批次组织闸站、桥梁值守人员开展安全交底和值守要求交底8次；组织警务室、保安公司每晚开展夜巡和夜查。认真开展信访摸排工作，确保了中共十九大召开期间，南阳段渠道工程安全平稳运行。保安公司南阳分队荣获“南水北调中线干线工程优秀保安分队”荣誉称号；南阳管理处荣获中线局“安全生产先进集体”荣誉称号。

（4）应急管理。成立了工程突发事件现场应急处置小组以及安全度汛工作小组，明确小组成员工作分工。编制了《突发事件应急处置方案》《南阳管理处2017年度汛方案》《南阳管理处2017年防汛应急预案》，对工程突发事件危险源和各类隐患及时进行排查，建立台账并及时更新。加强防汛应急业务培训，累计组织防汛应急培训、水质污染应急处置演练、溺水安全演练、消防演练培训等各类演练培训8次。成功处置了程沟左排涵洞进口水位超警戒水位以及白河倒虹吸退水闸末端水毁应急处置工作。

三、运行调度

配备调度值班10人，其中值班长5人，值班员5名。严格值班制度，严格执行进出中控室管理规定。加强调度人员业务培训，累计组织学习宣贯48次，累计616人次；考试10次，累计105人次。

加强金属结构机电专业技能培训学习，累计参加渠首分局组织的培训5次共40人次，管理处组织培训12次96人次。严格执行节制闸管理办法，执行闸站准入制度，每座节制闸站共4人值守。

四、工程效益

按照南水北调中线建管局总调中心有关调度指令，2017年7月5日12时27分至2017年10月6日22时23分，累计向白河生态补水3238.762万m^3。

（南阳管理处）

方 城 段 工 程

一、工程概况

方城段工程位于河南省方城县境内，涉及方城县、宛城两个县区，起点位于小清河支流东岸宛城区和方城县的分界处，桩号 124+751，终点位于三里河北岸方城县和叶县交界处，桩号 185+545，包括建筑物长度在内全长 60.794km，其中输水建筑物 7 座，累计长度 2.458km，渠道长 58.336km。渠段线路总体走向由西南向东北，上接南阳市段始于南阳盆地的东北部边缘地区的小清河支流，沿伏牛山脉南麓山前岗丘地带及山前倾斜平原，总体北东向顺许南公路西北侧在马岗过许南公路，顺许南公路东南侧过汉淮分水岭的方城垭口，止于方城与叶县交界三里河，下连叶县渠段，穿越伏牛山东部山前古坡洪积裙及淮河水系冲积平原后缘地带。

方城段工程 76% 的渠段为膨胀土渠段，累计长 45.978km，其中强膨胀岩渠段 2.584km，中膨胀土岩渠段 19.774km，弱膨胀土岩渠段 23.62km。方城段全挖方渠段 19.096km，最大挖深 18.6m，全填方渠段 2.736km，最大填高 15m；设计输水流量 $330m^3/s$，加大流量 $400m^3/s$，设计水位 139.435～135.728m。渠道沿线共布置各类建筑物 107 座，其中，河渠交叉建筑物 8 座、左岸排水建筑物 22 座、渠渠交叉建筑物 11 座、跨渠桥梁 58 座、分水口门 3 座、节制闸 3 座、退水闸 2 座。辖区共有各类闸门 56 扇，启闭设备 52 套，降压站 11 座，自动化室 11 座，35kV 永久供电线路全长 60.8km。渠道采用梯形断面，纵坡为 1/25 000。

二、工程管理

方城管理处是方城段工程运行管理单位，设有综合、调度、工程、合同财务四个科室，负责南水北调方城段运行管理工作。

（1）工程设施管理维护。2017 年方城管理处土建与绿化工程维护批复经费 833.83 万元，完成投资 807.49 万元。完成项目采购 13 个，其中日常项目 12 个，专项项目 1 个。月度考核 11 次、合同项目验收 8 个，完成了 2016 年工程维护项目的验收、档案归档工作。配合渠首分局做好齐庄南沟、渠道警示柱、保护区界桩、防汛仓库建设、渡槽检修项目的现场监管工作。完成中线建管局“四批 23 项”专项问题中土建与绿化部分的整改工作，配合完成国务院南水北调办、中线建管局组织的运行管理审计工作，配合渠首分局完成刺丝安装扶贫项目。

（2）工程巡查。完成了不规范问题的巡查、上报与整改工作，全年共发现不规范问题 733 个，完成整改 733 个。完成了工程巡查 APP 实时监管系统数据录入及上线运行。

（3）安全监测。2017 年方城管理处安全监测工作按照南水北调工程“稳中求好、创新发展”的总体要求，抓规范、保安全，谋创新、促发展，顺利完成了膨胀土渠段新增安全监测设施工作，完成了汛期加密观测工作，完成了中共十九大期间安全监测加密观测工作，启用了安全监测自动化采集系统。2017 年安全监测专业共采集振弦式仪器数据 72 380个、测压管水位数据 1768 个、沉降管数据 3204 个、测斜管数据 2024 个，完成了所有数据资料整编，编写安全监测内观工作月报 12 期。对外观单位外业作业检查了 21 次，内业作业检查了 12 次。完成了 33 个测站的维护工作，更换无线通信模块 21 个、太阳能蓄电池 3 块、太阳能电池板 1 块；完成监测设施标牌安装、1594 个外观水准测点刷漆维护、162 个外观水准基点保护池的加高及防水维护、26 个观测墩标识维护、124 支测管刷漆维护。完成了 41 台（套）安全监测二次仪器仪表定期清洁、检查、通风防霉、通电驱潮、充电试运行等日常保养 2 次，对其中 10 台

（套）安全监测二次仪器仪表检定1次，开展以技能培训、安全教育为主的安全监测专业内部业务培训14次、103人次。

（4）安全生产。2017年管理处不断健全安全管理体系，扎实推进运行安全管理标准化建设。与各维护单位签订安全生产协议11份，修订各项安全管理制度4项。组织各项安全教育培训34期，797人次；督促各单位开展安全交底71次，871人次。认真落实《安全生产检查制度》，2017年开展各项安全检查44次，发现各类安全问题64项，均按时整改完成，整改率100%。不断加强维护队伍管理，落实人员、车辆准入登记制度。召开安全管理会议43次，对安全工作及时进行总结分析和部署，推动各项工作有序开展。不断加强安全保卫管理，保安人员24人分成三组每天3次进行渠道沿线巡逻检查；方城段警务室共9人，每周至少沿渠道左右岸巡逻2次，完善了安防视频监控系统，24小时专人值班。2017年在渠道沿线村庄、学校日常安全宣传基础上，联合市调水办、县调水办、镇政府等单位进校安全宣传12次，在方城县电视台播放安全宣传知识60天，开展渠道开放日安全宣传活动2次，开展防溺亡应急演练1次，开展防恐怖袭击应急演练1次，开展消防安全演练1次。

（5）水质保障。开展南水北调公民大讲堂活动，2017年在方城县沿线学校开展水质保护宣传工作。对静水区域渠底淤积的淤积物进行抽排。每月在清河退水闸、大营分水口、十里庙分水口、贾河退水闸开展静水区域扰动。配合渠首分局、清华大学、河南师范大学等单位开展水质取样监测工作。利用草墩河渡槽检修开展渡槽内生物物种分析工作。根据《南水北调中线干线工程水质保护日常监控规程》要求通过视觉、味觉、触觉等感官方法对水体状况进行评价，形成观测报告，每月汇总监测数据，装订成册并存档备查。全年共计进行藻类观测787次，装订12册。为加强地下水水质监测工作，在八里窑桥左岸下游处打机井一眼。完成了方城管理处水质综合工作平台的采购、安装工作，增加了渠道水质保护的手段，提高了渠道水污染应急处置能力。2017年7月20日作为水污染应急处置演练第二处置点，配合渠首分局和南阳管理处开展水污染应急联动处置演练。2017年11月17日组织管理处员工、应急保障单位、安保单位、郑万高铁施工单位在郑万高铁施工现场开展穿跨越暨突发水污染事件应急演练，渠首分局工程管理处派人现场指导。根据渠首分局安排，接收渠首分局采购的100kg吸油毡、100m围油栏、1000m尼龙绳、2台污泥泵、1000m吸油锁、10套防护服、3套防化服及其他水质应急劳保用品。更新了了水污染应急物资台账，定期对应急物资进行盘点、检查。根据中线建管局、渠首分局要求，方城管理处组织员工、维护单位、安保单位、警务室开展中共十九大召开维稳加固工作，对存在危化品风险的跨渠桥梁增加加固措施，安排值守人员24小时现场值守，在跨渠桥梁桥头配备应急物资配备应急沙池、铁锹、编织袋、物资存放箱等物资，并在省道桥处设置了集污池。

（6）防汛与应急管理。汛前完成了防汛风险点的排查和隐患整改、防汛“两案”的编制与备案、规范化值班室建设、防汛值班工作、防汛应急和工程事故安全应急演练、防汛工作总结工作。根据渠首分局的要求，支援邓州管理处开展工程安全应急处置工作。开展汛期应急巡查加密工作，划分五个加密巡查小组，确保雨后巡查工作落到实处，大雨或暴雨前重点防汛部位人员、设备提前驻防。完成了中共十九大期间应急加固措施。开展郑万高铁现场监管工作，并完成了现场防溺亡、反恐怖袭击、穿跨越暨水污染等各类应急处置演练。

三、运行调度

2017年，方城段工程金属结构机电设备、自动化系统整体运行情况良好。

管理处要求调度值班人员严格遵守上级单位制定的各项输水调度相关制度，能够熟练掌握调度工作基本知识及操作技能，充分利用自动化调度系统开展输水调度业务。严格遵守各项管理规定，认真落实相关文件要求。按时收集上报水情信息、运行日报及有关材料，各项记录、台账及时归档。2017 年，中控室共执行远程指令 1674 条（门次），现地指令 53 条。

四、工程效益

2017 年 12 月 31 日，方城段工程全年运行 365 天，自正式通水以来，累积运行 1116 天，向下游输水达 98.9 亿 m^3。

方城段工程共有半坡店、大营、十里庙 3 座分水口门，设计分水流量分别为 $4.0m^3/s$、$1.0m^3/s$、$1.5m^3/s$，半坡店分水口于 2015 年 1 月 9 日 15:10 开始向社旗县水厂供水，2015 年 12 月 30 日 9:14 向唐河水厂进行分水，截至 2017 年底累计分水 4856.08 万 m^3，利用清河退水闸为地方生态补水 457.44 万 m^3。

（方城管理处）

叶县段工程

一、工程概况

叶县段工程起自于方城县与叶县交界处（桩号 185 + 545），止于平顶山市叶县常村乡新安营村东北、叶县与鲁山县交界处（桩号 215 + 811），线路全长 30.266km。其中全挖方渠段累计长 12.466km，最大挖深约 33m；全填方渠段累计长 4.93km，最大填高约 16m；半挖半填断面累计长 11.659km。高填方渠段（填高 ≥6m）累计长 8.473km，低填方渠段（填高 <6m）累计长 8.116km。叶县段沿线布置各类建筑物 61 座，其中大型河渠交叉建筑物 2 座（府君庙河渠道倒虹吸、澧河渡槽）、左岸排水建筑物 17 座、渠渠交叉建筑物 8 座、退水闸 1 座、分水口门 1 座、桥梁 32 座（跨渠公路桥 17 座、跨渠生产桥 15 座）、35kV 线路总长 30.125km（含 3.472km 电缆线路）。叶县段工程渠段起点设计水位 135.727m，终点设计水位 133.89m。起始断面设计流量 $330m^3/s$、加大流量 $400m^3/s$，终止断面设计流量 $320m^3/s$、加大流量 $380m^3/s$。辛庄分水口设计流量 $9m^3/s$。

二、工程管理

叶县管理处作为河南分局的现地管理处，全面负责辖区内运行管理工作，保证工程安全、运行安全、水质安全和人身安全。负责或参与辖区内征迁退地、工程验收工作。叶县管理处内设综合科、合同财务科、工程科、调度科四个科室。

（1）安全管理。叶县管理处成立了安全生产工作小组，明确安全生产负责人和兼职安全员，编制年季月安全生产工作计划，修订安全生产管理实施细则，开展安全生产工作总结。加强日常维护项目管理，与运维队伍等进行安全交底并签订了安全生产协议书。定期组织安全生产检查、开展安全宣传培训、召开安全会议。2017 年全年零伤亡。

（2）土建绿化工程维护。2017 年土建日常维修养护各个项目均按照年度计划及细化的月度计划有序开展。包括截流沟、排水沟及时进行清理，雨淋够及时修复；渠道附属设施维护；渠坡草体、防护林带及场区绿化部位维等。2017 年叶县管理处有一项专项项目，《南水北调中线干线叶县管理处平顶山市应急调水设施占压段增设绕行道路项目》，合同金额 25.3 万元。该项目的主要施工内容包括新建一条沥青混凝土绕行路及附属设施改造恢复两部分，现已实施完成。

（3）工程应急管理。按要求编制了防洪度汛应急预案和度汛方案，并已审批备案；

根据按照中线局范本编制处置方案需要编制完成了各类突发事件应急处置方案 9 份，Ⅱ级风险项目度汛方案 3 份。2017 年 5 月 17 日，在府君庙河倒虹吸进行了防汛应急演练。7 月 6 日，发生了杨蛮庄公路桥左岸下游 10m 处洪水入侵事件，积极进行应急响应和处置。汛期建立防汛值班制度，进行全年 24 小时应急值班，及时收集和上报汛情、险情信息，高效、迅捷处置各类突发事件，减少或避免突发事件造成的损害。

三、运行调度

2017 年，叶县段工程运行调度平稳、正常运行，调度值班人员严格遵守值班纪律，履行值班职责。按照《南水北调中线干线输水调度管理工作标准（修订）》规定，依据“统一调度、集中控制、分级管理”的调度要求，叶县管理处中控室执行“大轮班”的值班方式，人员固定，业务能力扎实，并在澧河节制闸安排专人进行现场值守，提高了输水调度的应急处置能力，健全了中控室输水调度制度，实现了五项制度上墙、统一了台签桌签，调度生产场所的环境面貌得到大幅度的提升。严格按照河南分局下发《关于印发〈河南分局 2017 年第三批问题整改及规范化建设项目实施方案〉的通知》（中线局豫信机〔2017〕81 号）中的方案要求，对叶县段闸站及管理处园区需要进行整改的项目进行整改，整改率为 100%。叶县管理处降压站 35kV 供配电设备由管理处专人管理，设备维护工作由专业维护单位进行维护，高压室进出通道处于常闭状态，入室有语音提示报警装置，高低压配电设备周围铺设高压绝缘胶垫，设备安全闭锁完好。叶县管理处机电金属结构及 35kV 供配电设备完整，缺损零部件都能及时发现并通知维护单位进行更换，如有设备仪器仪表显示故障，在现场巡视时能及时发现并处理。2017 年，自动化调度系统运维采取过渡期维护模式，河南分局组织有关单位开展维护工作。

四、工程效益

截至 2017 年底，安全运行 1116 天，累计输水 95.74 亿 m^3。叶县段工程运行调度平稳，通水正常。

五、验收工作

2017 年 11 月 21 ~ 24 日，由南水北调办综合司、南水北调工程设计管理中心、长江档案馆、黄委档案馆、山西省档案馆等组成的工程档案专项验收专家到叶县对叶县段、澧河段工程档案管理工作进行验收。

（牛 岭 赵发 赵 云）

澧河渡槽工程

一、工程概况

澧河渡槽工程位于河南省平顶山市叶县常村乡坡里与店刘之间的澧河上，起点桩号 209 + 270，终点桩号 210 + 130。工程轴线总长 860m。进口节制闸室、进口连接段、槽身段、出口连接段、出口检修闸室均为双线布置。槽身为双线双槽矩形预应力钢筋混凝土简支型梁式渡槽，共 14 跨，两个边跨为 30m 跨径，其余 12 跨为 40m 跨径。单槽净宽 10.0m，双线渡槽全宽顶宽 26.6m，底宽 26.7m。澧河渡槽设计总长 860m，包括进口明渠段长 114m，进口渐变段长 45m，进口节制闸室长 26m，槽身段 540m，出口连接段长 20m，出口检修闸室长 15m，出口渐变段长 70m，出口明渠段 10m。设计流量 $320m^3/s$，加大流量 $380m^3/s$，退水闸设计流量 $160m^3/s$。

二、工程管理

叶县管理处作为河南分局的现地管理处，全面负责辖区内运行管理工作，保证工程安全、运行安全、水质安全和人身安全。负责或参与辖区内征迁退地、工程验收工作。

鲁山南1段工程

一、工程概况

鲁山南1段工程渠线全长13.451km，其中灰河倒虹吸建筑物长356m。穿越大型河流1条、小河6条。总干渠与沿线河流、灌渠、公路的交叉工程全部采用立交布置型式，沿线建筑物工程有河渠交叉、左岸排水、渠渠交叉和路渠交叉工程4种类型。共有各类建筑物29座，其中，河渠交叉建筑物1座、左岸排水建筑物6座、渠渠交叉建筑物10座、跨渠公路桥7座及生产桥5座。渠道设计流量320m^3/s，加大流量380m^3/s。起点设计水位133.89m，终点设计水位133.168m。

二、工程管理

鲁山南1段工程的现地管理处与沙河渡槽工程一致，也为鲁山管理处。管理处全面负责辖区内运行管理工作，保证工程安全、运行安全、水质安全和人身安全。负责或参与辖区内直管和代建项目尾工建设、征迁退地、工程验收工作。

三、工程效益

自2014年12月12日，南水北调中线干线工程正式通水以来，沙河渡槽安全平稳运行，截至2017年底累计调水量115亿m^3，其中2017年全年累计输水43.2亿m^3。

四、验收工作

2017年8月22～24日，通过了鲁山南1段设计单元工程档案专项验收。

（郑晓阳　宁志超　李　志）

鲁山南2段工程

一、工程概况

鲁山南2段工程渠线全长9.78km，其中渠道长9.066km、建筑物长0.714km（澎河涵洞式渡槽建筑物长310m，沙河倒虹吸建筑物长404m）。渠线穿越大型河流2条、小型河流3条。总干渠与沿线河流、灌渠、公路的交叉工程全部采用立交布置型式，沿线建筑物工程有河渠交叉、左岸排水、渠渠交叉和路渠交叉、控制工程等类型。共有各类建筑物25座，其中大型河渠交叉建筑物2座、左岸排水建筑物3座、渠渠交叉建筑物7座、控制建筑物3座、公路桥5座、生产桥5座。另外，还有35kV降压站2座以及鲁山管理用房1处。渠道设计流量320m^3/s，加大流量380m^3/s。起点（桩号229+262）设计水位133.168m，终点（桩号239+042）设计水位132.370m，分配水头0.798m。

二、工程管理

鲁山南2段工程的现地管理处与沙河渡槽工程一致，也为鲁山管理处。管理处全面负责辖区内运行管理工作，保证工程安全、运行安全、水质安全和人身安全。负责或参与辖区内直管和代建项目尾工建设、征迁退地、工程验收工作。

三、工程效益

自2014年12月12日，南水北调中线干线工程正式通水以来，鲁山南2段工程安全平稳运行，截至2017年底累计调水量97.73亿m^3，其中2017年全年累计输水43.3亿m^3，利用丹江口水库秋汛时机，通过澎河退水闸向白龟湖生态补水1.37亿m^3，有效改善了白龟湖水环境，生态效益、经济效益、社会效益显著。

四、验收工作

2017年11月7~10日，通过了鲁山南2段设计单元工程档案专项验收。

（郑晓阳　宁志超　李　志）

天津干线工程

概　述

一、工程概况

天津干线工程西起河北省保定市徐水县西黑山村附近的南水北调中线一期工程总干渠西黑山节制闸，东至天津市外环河西。起点桩号XW0+000，终点桩号XW155+305，全长155.305km。途径河北省保定市的徐水、容城、雄县、高碑店，廊坊市的固安、霸州、永清、安次和天津市的武清、北辰、西青，共11个区县。天津干线工程以现浇钢筋混凝土箱涵为主，主要建筑物共268座，其中控制建筑物17座、河渠交叉建筑物49座、灌渠交叉建筑物13座、铁路交叉建筑物4座、公路交叉建筑物107座。工程设计流量50~18m^3/s，加大流量60~28m^3/s。工程建成后，多年平均向天津供水10.15亿m^3（陶岔水量），向天津市供水8.63亿m^3（口门水量），向河北省供水1.2亿m^3（口门水量）。

2016~2017供水年度输水调度安全平稳，圆满完成年度供水任务。现阶段天津分局辖区河北境内郎五庄、北城南、白沟、口头、三号渠东、信安分水口向河北省供水，供水量较小；天津市境内子牙河北分流井、外环河出口闸向天津市供水，主要给天津市供水。截至2017年底，天津干线已向天津市累计供水23.8亿m^3，向河北省累计供水849万m^3；其中2016~2017供水年度向天津市供水量达到10.41亿m^3，占年度供水计划10.09亿m^3的103%，向河北省累计供水591万m^3。

二、运行管理

在中线建管局指导下，天津分局认真贯彻各项运行管理规章制度，开展了一系列运行管理相关工作，保障了工程安全平稳运行，并超额完成了年度调水任务。天津分局运行管理工作紧紧围绕工程安全、调度安全、水质安全和人员安全展开。

（一）工程安全

工程安全涵盖了箱涵和建筑物结构安全。主要管理手段为工程巡查和安全监测。工程巡查和安全监测发现的问题，建立台账，完善整改程序，及时整改。

2017年调整了突发事件应急领导小组，开展汛前检查，及时整改兰沟河、牤牛河防冲刷问题。组建了应急保障队伍，组织实施了汛期、冰期驻守。采购了防汛应急设备，组织到宿迁市专业抢险对进行培训。组织落实中共十九大加固措施。组织开展了3次防汛演练、分别组织了1次冰期演练、后穿越工程演练、工程安全事故演练、地震演练、反恐怖演练等。着重加强现地管理处、分局职工参与应急抢险的角色意识，在信息报告、应急响应、先期处置、应急处置、应急结束等方面明确职责。

（二）调度安全

按照南水北调中线干线工程输水调度集中控制、分级管理、统一调度的要求开展输水调度工作。一是建立健全输水调度规章制度体系，并在调度过程中严格执行；二是建立输水调度应急管理体系，编制相应应急调度预案，确保在突发情况下能及时处置；三是加强日常调度值班管理工作，严格执行调度值班纪律；四是做好输水调度的监督与检查工作。

（三）水质安全

天津干线4个监测断面在2017年每月的36项参数检测中，除霸州监测断面在1、4、6、8月检测中呈现Ⅱ类地表水状态，其余3个监测断面的全年水质呈现Ⅰ类地表水状态。西黑山及外环河两个自动监测站每天开展针对12参数的4次监测，总体运行状态平稳。全年来看辖区内水质状态优良。

2017年8～10月，实验室参加国家认监委组织的B类能力验证检测项目（共4项）考核，并取得能力验证结果通知书和能力验证结果满意证书，这是继实验室通过计量认证后其过硬的检测水平再次经受国家职能部门的检验。

2017年，天津分局增设西黑山拦油拦污设施、文村北水质综合平台、3号堰水质综合平台，各管理处适量增添吸油索、收油机等水质应急物资，强化现场处置能力，为特定条件下的污染物打捞处置提供便利。11月底，天津分局组织开展覆盖全线管理处水质人员、设备、应急物资的水污染应急演练，充分检验应急条件下各处人员的联动反应能力和物资设备的可操作性。2017年，天津分局两次接到上游有污染物进入渠道的警情信息，水质人员迅速出动，查找污染源、开展现场检测和启动应急监测，尽快摸清事故流域水质状态，为事故有效处理提高决策依据。

2017年汛期及中共十九大期间，现场管理处加大水体巡查频次，重点位置安排人员驻守盯防，自动监测站安排运维单位值守、实验室做好应急监测器具准备和应急监测值班，水质安全得到有效保障。

（四）人员安全

人员安全主要涉及安保服务、维修养护及天津分局工作人员的安全。主要管理手段是建立健全相关安全生产的规章制度、加强安全教育培训和安全生产检查等。天津分局编制了相关安全生产应急处置方案，当突发事件涉及人员安全时，立即启动处置方案，避免事故的发生或减轻损失。

三、工程效益

截至2017年底，向天津市累计安全供水已达到23.8亿m^3。其中2014～2015供水年度供水3.31亿m^3，2015～2016供水年度供水9.10亿m^3，2016～2017供水年度供水10.41亿m^3，向河北省累计供水849万m^3。

南水北调基本实现了天津市全覆盖，已成为天津市民用水的“生命线”，直接受益人口约900万，有效缓解了天津市水资源短缺局面，使天津市水资源保障能力实现了战略性的突破。

2016年4月开始，通过子牙河北分流井退水闸向天津市子牙河生态补水，截至2017年底，向天津市境内子牙河累计生态补水4.41亿m^3，增强了天津市境内自然水体的稀释自净能力，改善了水系环境质量，为建设“美丽天津”提供了有力支撑。

（许先水　开小三　屈　亮　程德鑫）

西黑山进口闸—有压箱涵段工程

一、工程概况

西黑山进口闸—有压箱涵段为天津干线第一设计单元，工程西起河北省保定市徐水县西黑山村西，东至徐水县丁家庄南，主要建筑物有西黑山进口闸、陡坡进口闸和出口闸、东黑山村东检修闸、文村北调节池和屯庄南保水堰，沿线共有通气孔12座，工程起止桩号（XW0+000）～（XW15+200），全长15.2km。西黑山进口闸—有压箱涵段工程连接南水北调中线干线工程，承担向天津市和河北保定及廊坊地区部分县乡供水的输水任务。西黑山进口闸—有压箱涵段工程设计输水流量 50m^3/s，加大输水流量 60m^3/s。

2017 年，箱涵安全输水 365 天，根据文村北调节池流量统计，全年共过水 12.62 亿m^3。工程管理方面，该段未发生任何质量安全问题，工程总体运行平稳，经济效益、社会效益、生态效益显著。

二、工程管理

西黑山进口闸—有压箱涵段由两个管理处管辖，其中桩号（XW0+000）~（XW0+557.5）由西黑山管理处负责管理，桩号（XW0+557.5）~（XW15+200）由徐水管理处负责管理。徐水管理处和西黑山管理处均下设工程科、调度科、综合科、合同财务科四个专业科室。

（1）工程维护检修。在工程日常维护检修方面，徐水管理处安排专人负责具体质量安全工作。要求所有进场作业人员实行严格的登记制度和持证上岗制度。进场作业前负责同志要与施工人员进行安全作业交底和安全教育。进一步提高施工作业人员的安全意识，从根源上做好安全工作。定期检查施工作业队伍和安全技术措施的制定及完善情况，安全防护措施及劳动保护用品配备情况，现场安全警示标识、标牌情况，应急预案制定、修订及演练情况，安全技术交底情况，是否存在违规操作和违章作业情况等。针对存在的问题和薄弱环节，制定整改计划，落实整改措施，消除事故隐患，严防事故发生。

（2）设备维护。主要建筑物西黑山进口闸及文村北调节池各项金属结构机电设备定期进行巡检及维修保养工作，启闭机室及各设备间整洁有序，设备干净明亮；时刻处于待命状态，各重要闸站 24 小时有人值守，定时对供配电系统进行巡视，备用发电机时刻处于待命状态，保证供配电系统正常运行，保证为天津市及沿线各省市按调度计划供水。将沿线 38 个墙上水准标志固定并加设不锈钢保护罩，以预防观测过程中产生粗差，保证观测结果的精确性。

（3）应急管理。为了做好辖段内洪涝灾害预警及现场应急处置工作，徐水管理处成立了安全度汛现场应急处置小组，全面负责洪涝灾害现场预警及应急先期处置工作。对所辖范围内的箱涵、主要输水建筑物、公路穿越工程、倒虹吸工程、河渠交叉工程、现地站生活区、道路排水设施、电器设施等逐一排查，检查过程中未发现问题。编制完成了 2017 年防汛度汛方案及防汛度汛应急预案，并到保定市及徐水区防汛办备案。并按照《关于落实南水北调中线干线工程防汛应急管理专项稽查复查报告相关要求的通知》，修改完善了防汛应急预案。在文村北调节池防汛仓库储备有编织袋 2500 条、块石 204 方、复合土工布 720m^2、铅丝笼 98 个、水泵 13 台等，防汛应急保障能力得到增强。

（4）工程设施管理与保护。成立了工程巡查、安全保卫组织机构，明确了责任人员。编制了《徐水管理处工程巡查手册》用于指导工程安全巡查工作。对责任区段进行了详细划分，对重点巡查部位进行了明确，对主要巡查项目列入巡查记录表中，对巡查路线要求确保沿箱涵徒步巡查。2017 年底，中线建管局保安服务有限公司派员正式进驻徐水，执行安保巡查、违法违章行为制止、工程设施设备看护等安保任务。

（5）安全生产。为加强对安全生产工作的领导，提高安全生产管理水平，确保安全生产工作落到实处，徐水管理处调整了安全生产领导小组，并配备兼职安全管理人员负责日常管理工作，实现了规章制度上墙明示管理。修订编制《2017 年安全生产工作计划》《安全生产管理实施细则》等应急预案及实施细则，对安全生产进行规范化管理。其中《防汛度汛方案》《防洪预案》《应急事故预案》完成了到地方政府的备案工作，做到了与地方政府联动管理，确保安全生产工作无死角。为贯彻“管生产必须管安全”和

“谁主管、谁负责”的原则，落实各项安全生产规章制度，徐水管理处主要负责人与每位员工分别签订了安全生产责任书，安全生产工作实行一票否决制。将安全生产责任层层落实到每个员工，实现安全生产全员、全过程、全方位、全天候管理。2017 年全年召开各类安全生产会议 50 次，其中安全生产例会 41 次，安全生产小组会议 3 次，节前安全生产会议 5 次，“迎十九大召开，保工程平稳运行”专题会 1 次。共组织各类安全生产检查 43 次，其中日常安全生产检查次，节前安全生产检查 5 次，汛前安全生产检查 1 次，冬季安全生产检查 1 次。安全生产培训：共组织对管理人员工、安保人员、巡查人员、维护队伍人员的安全生产培训 10 次。2017 年度徐水管理处辖区范围内共进行了 5 处穿越工程施工，各工程均已完工，并签订运管协议。施工过程中未发生对箱涵造成影响的安全事故。

三、运行调度

（1）运行调度情况。2017 年，采取以考促学的方式，进行调度知识考试，使新入职员工尽快掌握《输水调度业务工作手册》，熟悉工作内容。按照《工作标准》的要求，对生产调度值班场所、交接班休息室的环境面貌进行了集中整治。保证文件资料摆放整齐有序，环境整洁卫生无死角，完成调度制度上墙。继续贯彻执行中控室外来人员出入登记制度；每班值班人员上岗前对卫生进行检查，并填写卫生检查表；来人一律穿戴一次性鞋套方可进入中控室。2017 年 9 月 1 日 ~ 12 月 9 日开展了输水调度保供水“百日安全”专项行动，通过此次行动的开展，全体值班人员精神状态焕然一新，展现了良好的面貌，消除安全隐患，规范调度生产，确保调度安全。全年调度工作没有出现瑕疵、纰漏。全面完成了各项调度任务，实现 365 天安全输水。

（2）金属结构机电运行情况。2017 年，完成文村北调节池、东黑山村东检修闸、陡坡进口及出口检修闸等四处闸站的热管融冰系统改造工作。新的设备解决了加热棒漏电、导热介质不稳定、维护复杂等问题，降低了后期维护成本。在陡坡进口检修闸闸墩上部加装工作平台，解决动态巡视、应急维护及日常维护过程中闸门无检修平台造成锁定梁无法拆除，闸门无法启闭的问题，提高陡坡进口闸安全操作性能。将陡坡进口检修闸、陡坡出口检修闸、东黑山村东检修闸三处闸室增设变压器架设、高压导线引入、低压导线架设安装等项目接入永久电源供电，提高闸站可控性能，解决动态巡视、应急维护及日常维护过程中只能使用拖车发电机发电等问题。

（3）自动化系统运行情况。2017 年，闸控系统采集水位和流量数据按频次报送上级。天津分局沿线各检修闸站均退出远程控制，实现现地控制，避免了远程控制误操作的情况出现，提高了工程调度运行安全系数。对中线建管局下达的“四批 23 项”问题的对照查改，举一反三。在文村北调节池辖区实施了机房实体环境升级项目、线缆整治及光缆井自动抽排水项目，做到了环境的美观升级和设备功能的完善，实现各现地站智能化管理及调度工作，大大提高了工作效率及管理水平。

四、验收工作

2017 年 12 月，完成西黑山进口闸—有压箱涵段工程土建施工合同项目保修期满验收。

（马金全　耿宝江）

保定市境内 1、2 段工程

一、工程概况

保定市境内 1 段工程为天津干线工程第

二个设计单元。工程位河北省保定市徐水区、容城县、白沟白洋淀温泉城开发区和雄县境内，起止桩号（XW15+200）～（XW60+842），全长45.68km，承担向天津市和河北省徐水、容城、安新供水的输水任务。设计输水流量50m^3/s，加大输水流量60m^3/s。工程主要以3孔4.4m×4.4m现浇钢筋混凝土输水箱涵为主，共包含穿越铁路建筑物1座（京广铁路涵）、穿越公路交叉建筑物35座、河渠交叉建筑物16座、保水堰3座、分水口门3座以及检修闸、通气孔等共81座建筑物。

保定市境内2段工程是天津干线工程的重要组成部分。工程途径河北省保定市高碑店市、雄县，起止桩号（XW60+842）～（XW75+927），全长15.085km，承担向天津市和河北省高碑店、雄县供水的输水任务。设计输水流量50m^3/s，加大输水流量60m^3/s。工程主要以3孔4.4m×4.4m有压钢筋混凝土输水箱涵为主，包含各种建筑物共24座，其中1座分水口、4个独立监测站房、7个通气孔、3座倒虹吸、9座公路涵；永久管理道路单侧1.2km。

2017年度保定市境内1、2段工程圆满完成了向天津输水调度任务，并积极准备、主动作为，在北城南分水口与地方配套工程联调联试过程中积累丰富经验，民生效益与经济效益明显。

二、工程管理

保定市境内1段工程属于中线建管局天津分局徐水管理处和容雄管理处管辖（2-1标、2-2标徐水管理处管辖，2-3标、2-4标、2-5标容雄管理处管辖），保定市境内2段工程属于容雄管理处管辖。

徐水管理处负责范围为桩号（XW15+200）～（XW32+858），办公地址在保定市徐水区。下设工程科、调度科、综合科、合同财务科四个专业科室。

容雄管理处负责范围为桩号（XW32+858）～（XW75+927）。办公地址为保定市高碑店市白沟镇。容雄管理处下设工程科、调度科、综合科、合同财务科四个专业科室。

（一）工程维护抢修

根据天津分局印发的《天津分局自管维护项目管理实施办法》，容雄管理处对项目安全、进度、质量、计量、验收和档案负责。每周上报进度计划。天津分局采用巡查、重点布查等方式对项目质量安全监控。天津分局还与河北省水利工程局签署了应急保障协议，当工程发生突发事件时，能够第一时间到达现场开展应急处置工作。

（1）设备维护。为加强金属结构机电及自动化设备工程维护管理，由天津分局与原设备供应商协商，签订了相关维护协议。协议中明确了维护方案和维护考核目标，维护单位参照各自合同内的项目和频次执行维护工作。容雄管理处严格按照中线建管局下发的《南水北调中线干线工程信息机电维护队伍管理办法（试行）》办法执行，对维护队伍的设备巡查工作通过现场跟踪、视频跟踪或抽查三种方式进行监督、考核。

（2）应急管理。为加强容雄管理处突发事件应急管理工作，管理处发文成立了突发事件应急管理工作小组，明确了小组各成员工作职责，确保管理处应急工作顺利开展，管理处与地方防汛应急、环保和公安等机构建立了有效联系机制。建立了应急物资和抢险设备管理台账，积极组织人员进行应急演练和专业培训，并及时进行总结。容雄管理处于2017年5月10日开展了兰沟河倒虹吸护砌被雨水冲刷造成箱涵外露应急演练；于11月30日在沙河东（3号）保水堰开展水污染应急演练。处理了3起应急事件。

（3）设施管理与保护。保定市1段工程土建和绿化工程均通过招标、竞争性谈判等方式选择维修养护队伍。2017年，土建维护队伍为河北省水利工程局，绿化维护队伍为涿州市怡美园林绿化有限公司。金属结构机电、自动化系统及安全监测均由中线建管局委托相应单位进行维护管理。其中金属结构机电维护单位为河北省水利工程局；自动化系统运行维护单位为武汉贝斯特通信集团股份有限公司及北京林克森自动化系统工程有限公司；安全监测维护管理为中水北方勘测设计研究有限责任公司。

（二）安全生产

在安全生产制度建设方面，管理处进一步完善、细化了安全生产体系和安全生产规章制定，使安全生产工作有章可循，处理问题有据可依，从制度上保证了安全生产。

在安全生产管理人员方面，严格责任、落实到人，首先成立了以管理处负责人为组长的安全生产领导小组，设置了专职安全员；其次，在安全设施器材管理、场内交通安全管理、消防安全管理、食品安全管理等方面，管理处分别指定专人具体负责。

在安全生产工作开展方面，安全生产紧紧围绕工程安全、运行安全、水质安全和人员安全展开。管理处每周组织一次安全生产检查，在周例会中将通报检查结果，督促整改。在安全生产管理人员的努力下，2017 年安全生产处于可控状态。

三、运行调度

2017 年，容雄管理处组织多种形式的学习培训，提高了运行调度人员的专业水平。调度管理更加规范高效，调度业务更加细化熟练，圆满完成了年度输水调度任务。特别是为贯彻落实中线建管局第二次安委会精神，确保中秋节、国庆节和中共十九大期间调度安全，总调中心带领全线各级调度机构开展了保供水“百日安全”专项行动。容雄管理处三级运行调度人员牢固树立“四个意识”认真执行上级各项确保工程运行安全的加固措施，加强调度值班的工程巡视工作，及时向分调上报水量统计及辖区内工程状态，遇到问题第一时间作出响应并责任落实到人，确保了辖区内工程的安全平稳运行，完成了上级交办的各项任务指令，守护了一渠清水润泽京津。

2017 年 4 月 1 日，中共中央、国务院联合印发通知，决定设立河北雄安新区。南水北调保定市境内 2 段工程恰好自东向西横穿整个新区并在沿线设有 3 个分水口，2017 年初已经全部启动并持续向新区供水。相信随着建设的全面展开，南水北调将积极规划建设新区配套供水工程向雄安新区提供越来越多的优质水源。

2017 年，保定市境内工程在完成日常巡视巡查工作及问题整改工作的基础上，管理处专业人员为提高设备设施的运行状态，延长设备工作寿命，群策群力改善了螺杆启闭机、电动蝶阀等设备的运行环境，改善了工程设备面貌。

四、工程效益

2017 年度共完成向天津平稳供水 10.4 亿 m^3。2017 年度辖区内 3 个分水口全部开启供水，截至 2017 年 12 月 12 日共向雄安新区供水 586.3 万 m^3。

（李　斌　高文国　高玉芬）

廊坊市境内段工程

一、工程概况

廊坊市境内段工程起点位于河北省廊坊市固安县马庄镇李洪庄村西约 900m 处，终点位于河北省廊坊霸州市与天津市武清区分界处，工程起止桩号（XW75 + 927）~（XW131 + 360），全长 55.4km。廊坊市境内段工程设计输水流量 $50m^3/s$，加大输水流量 $60m^3/s$。工程主要以 3 孔 4.4m × 4.4m 现浇钢筋混凝土输水箱涵为主，有检修闸 1 座，保水堰 4 座，检修孔 5 座，分水口门 5 座，通气孔24座，河渠交叉倒虹吸21座，灌渠交叉倒虹吸3座，公路交叉建筑物33座，铁路交叉建筑物2座。

二、工程管理

廊坊市境内段工程属于中线建管局天津分局霸州管理处管辖，霸州管理处下设工程科、调度科、综合科、合同财务科。

（一）工程维护抢修

在土建日常维护、绿化管理方面，霸州管理处安排专人负责具体质量安全工作。要求所有进场作业人员实行严格的登记制度和持证上岗制度。进场作业前负责同志要与施工人员进行安全作业交底和安全教育。

在穿跨越方面，霸州管理处根据相关规定与穿跨越工程单位（固安县“气代煤”工程、霸州市“气代煤”工程、固安—霸州π入500kV工程）签订监管、运管协议。施工期间按照协议相关内容派专人负责不定期检查现场施工过程，同时安排工程巡查人员三天巡查一次，做到现场监督到位，落实安全监管到位，保障箱涵安全平稳运行。

在日常巡查方面，霸州管理处成立了工程巡查、安全保卫组织机构，明确了责任人员。编制了《霸州管理处工程巡查手册》用于指导工程安全巡查工作。对责任区段进行了详细划分，对重点巡查部位进行了明确，对主要巡查项目列入巡查记录表中，对巡查路线要求确保沿箱涵徒步巡查。同时在2017年底启用了巡查系统APP，配置了移动终端。

天津分局与河北省水利工程局签署了应急保障协议，当工程发生突发事件时，能够第一时间到达现场开展应急处置工作。

（二）设备维护

（1）机电金属结构管理。完成了对各个闸站设备的维修养护工作及定期巡检工作，充分利用巡查APP系统，对维护单位及闸站内设备设施进行管理。积极宣贯中线局下发的各种规章制度及工作岗位要求，并严格按照下发的规章制度执行。同时解决了郑村排干西（5号）保水堰厂区供电问题，新增一台30kVA变压器，并完成供电；完成了霸州辖区内蝶阀井项目的装修改造项目，方便了巡视工作，提升了工程形象，更好地为平安输水提供了环境；对各保水堰厂区钢爬梯进行了改造，提供了安全系数；增设电动葫芦检修平台，机电管理人员及维护人员可以对电动葫芦更详细的进行巡检工作，提升了设备可靠性。

（2）信息自动化。强化制度执行与落实，细化人员配置，在做好日常维护管理工作的同时完成管理处机房环境提升和线缆整治、流量计井房视频监控等专项项目的实施；完成现地站自动化机房线缆整治、光缆井防水试点、机房湿度调节功能完善、自动化机房电缆沟更换玻璃钢盖板等专项项目的实施及验收工作。进行巡查系统的试运行工作，并积极反馈系统运作中存在的问题，帮助开发单位完成系统功能，同时要求维护单位的巡查人员积极上线、落实好各项巡查工作。

（三）应急管理

为加强突发事件应急管理工作，霸州管理处成立了突发事件应急管理工作小组，明确了小组各成员工作职责，确保应急工作顺利开展。霸州管理处与地方防汛应急、环保和公安等机构建立了有效联系机制。建立了应急物资和抢险设备管理台账，积极组织人员进行应急演练和专业培训，并及时进行总结。

霸州管理处于2017年5月10日在牤牛河倒虹吸组织了防汛应急演练，11月13日在霸州管理处及6号保水堰展地震灾害应急演练，11月14日在霸州管理处织开展防恐怖袭击应急演练，11月24日在管理处和6号保水堰开展消防应急演练，11月30日在6号保水堰开展了水污染应急演练。

（四）设施管理与保护

廊坊市段工程通过工程巡查、安全监测

等手段多次制止违规压占、穿越施工，消除了安全隐患，保障了工程运行安全。

霸州管理处开展了工程保护范围警示标识牌的埋设及公告发布的工作，并与固安县、霸州市、永清县和安次区相关部门进行了对接，经过多次现场勘察、协调占地、确定位置等工作，于2017年底已全部完成警示标志的埋设工作。

2017年，完成了安全监测的年度观测，并在中共十九大加固期间完成了加密观测，在第三季度和中国水利科学研究院完成了自动化系统的检验报告，对安全监测数据进行了复查和核查，从而保障数据的可靠性。从而逐步实现自动化观测。全年安全监测数据未见明显异常，建筑物运行可靠。

三、运行调度

2017年，霸州管理处根据标准化建设要求，进一步完善和细化运行调度规章制度，补充调度人员，固定值班长、值班员，并持证上岗，中控室调度人员24小时值班，调度值班日志、日报及交接班记录准确、清楚，各管理园区实时监控，调度信息传递畅通，调度指令执行及时、准确。

落实2017年度调水计划，保障年度调水计划的完成。霸州市三号渠东分水口和信安分水口按地方要求开始了小流量供水，配合地方市内配套的调试运行，2017年度共计向霸州市供，74.12万m^3，其中三号渠东分水口分水46.26万m^3，信安分水口分水27.86万m^3。

从2014年12月12日正式通水以来，截至2017年底已安全平稳运行1116天，过境水量19.45亿m^3。2017年度还完成了大流量供水任务，年累计供水10.1亿m^3。

四、环境保护及水土保持

2017年霸州管理处进一步加强环境保护、水土保持管理工作，对辖区内污染源、可能引发水土流失的薄弱部位进行了排查和处理。3月，组织了全体员工参与辖区内的义务植树活动；组织原绿化施工单位对枯死树苗进行了更换全面提升和改造工程形象。同时做好水质巡查和水环境的日常监控，定期巡查，重点排查，严格管控保证水质。

五、验收工作

2017年3月14～17日，通过了对南水北调中线一期工程天津干线廊坊市段设计单元工程档案专项验收。

2017年7月31日，通过了霸州市公安消防大队主持的南水北调天津干线霸州管理处的工程消防验收备案。该项目的通过，标志着霸州管理处四个县区所有现地站消防验收备案的完成。

六、其他

（一）开展标准化建设

为贯彻落实南水北调中线建管局运行安全管理标准化建设要求，提高运行安全管理水平和突发事件处置能力，霸州管理处2017年全面开展了运行安全管理标准化建设工作，结合管理处实际，完善了八大运行安全管理体系中规章制度、标准和操作规程的梳理工作，细化了四个安全问题责任清单。通过安全管理标准化建设，使安全管理体系进一步健全，员工安全职责更加明确，安全问题清单更加清晰，对管理处风险隐患部位掌握更加详细，风险意识进一步加强，应急处置能力得到提高，安全管理逐步走向标准化，实现了安全生产和安全度汛；2017年霸州管理处未出现重大安全隐患，未发生任何安全事故。

（二）档案管理

霸州管理处紧紧围绕上级档案工作的安排部署按照国家有关档案工作的法律、法规和中线档案工作规章制度，不断加大霸州管理处档案工作力度，努力提高档案工作管理水平。2017年完成了廊坊市段5个施工标段、共9家单位、约6千多卷工程档案资料的检查和移交工作。管理处有兼职档案管理人员1人，专用档案库房面积45m^2，内部配置了完善的档案管理设备。

（三）地方宣传

霸州管理处秉承着“负责、务实、求精、创新”的南水北调精神，不断加强地方宣传。

2017年3月6日霸州管理处成立了南水北调志愿者服务队，开展了环境美化、文明交通、文化设施、植树造林等志愿服务活动，在驻足校园，走进博物馆中，不断加强了与地方的互动。

2017年7月12日走进霸州西站广场开展了“关爱生命、预防溺水”主题宣传活动。使工程沿线村民、特别是中小学生进一步了解南水北调工程和预防溺水安全知识。

2017年11月28日在沿线建筑物绘制了宣传壁画，沿线百姓了解南水北调工程，了解保护区范围，懂得珍惜和保护水资源。

2017年12月14日和12月18日霸州管理处分别走进了霸州市田各庄中心小学、固安县马家庄小学开展了“南水北调中线工程”进校园——“节约用水，保护水源”主题宣传活动。

（四）职工之家创建

2017年，霸州管理处把企业文化建设与工会的职工之家活动相结合。为员工购置了报刊、杂志、图书，为了激发员工的业余兴趣爱好，先后成立了足球队、篮球队和使员活动呈现出经常化、多样化、群众化。内部小报刊水韵，及时刊登身边的人和事，管理和技术上的创新事迹，为激发员工热情、展示员工风采提供了一方阵地。

（王玲玲　王　帅　芦海亮）

天津市境内1、2段工程

一、工程概况

天津市境内工程分为1段和2段两个设计单元，由天津管理处负责运行管理工作，所辖工程经过武清（5.52km）、北辰（7.24km）、西青（11.1km）三区，全长23.86km，起点桩号为XW131+360，终点桩号为XW155+206.667，以地下混凝土箱涵为主，共有15座地面建筑物，主要包括王庆坨连接井、子牙河北分流井、外环河出口闸、子牙河南检修闸、子牙河防洪闸，以及60～69号共10座通气孔。另外，沿线还包含13座公（铁）路涵洞及8座倒虹吸。

子牙河北分流井以上为3孔4.4m×4.4m箱涵，设计流量45m^3/s，加大流量55m^3/s；子牙河北分流井以下分成两部分，一部分直接接配套工程到西河泵站（供主城区用水），由2孔3.8m×3.8m箱涵组成，设计流量27m^3/s；另一部分至外环河出口闸（供滨海新区用水），由2孔3.6m×3.6m箱涵组成，设计流量18m^3/s，加大流量28m^3/s。

天津市境内1、2段工程是天津干线工程的重要组成部分，承担向天津市市区及滨海新区供水的输水任务。

二、工程管理

天津市1、2段工程直接隶属于中线建管局天津分局天津管理处管辖，天津管理处下设工程科、调度科、综合科、合同财务科。

（一）工程维护检修

在土建日常维护、绿化管理方面，天津管理处安排专人负责具体质量安全工作。要求所有进场作业人员实行严格的登记制度和持证上岗制度。进场作业前负责同志要与施工人员进行安全作业交底和安全教育。在保证工程安全的基础上，2017年度对子牙河分流井园区进行了闸站改造和绿化提升，重点是门窗更换、外墙处理、道路整治、绿化升级，提升工程形象。2017年5月14日，发现京沪高速公路涵上游箱涵渗水点，5月21日完成了处理施工。

在穿跨越方面，天津管理处根据相关规

定与穿跨越工程（天津LNG项目天然气输气干线工程、杨柳青电厂供热管网玉门路支线建设工程）管理单位签订监管、运管协议。施工期间按照协议相关内容派专人负责不定期检查现场施工过程，同时安排工程巡查人员三天巡查一次，做到现场监督到位，落实安全监管到位，保障箱涵安全平稳运行。

天津管理处开展了工程保护范围警示标识牌的埋设及公告发布的工作，并与武清区、北辰区、西青区相关部门进行了对接，经过多次现场勘察、协调占地、确定位置等工作，于2017年底已基本完成警示标志的埋设工作。

在日常巡查方面，天津管理处成立了工程巡查、安全保卫组织机构，明确了责任人员。更新了《天津管理处工程巡查手册》用于指导工程安全巡查工作。对责任区段进行了详细划分，对重点巡查部位进行了明确，对主要巡查项目列入巡查记录表中，对巡查路线要求确保沿箱涵徒步巡查。同时在2017年底启用了巡查系统APP，为全体巡视人员配置了移动终端。

在安全监测方面，完成了安全监测的年度观测，并在中共十九大加固期间完成了加密观测。安全监测自动化系统2017年5月完成过渡期试用后，正式开展监测工作。按照要求，管理处完成了对子牙河北防洪闸12只测缝计接入自动化系统工作，在子牙河防洪闸机房内新增有线站点一个，接入安全监测自动化系统。配合系统维护单位完成了对系统基础数据进行校核工作。组织对测压管接入自动化系统改造进行试点工作，已将69号通气孔两支测压管接入自动化系统，人工每天上午8:40采集测压管数据，与自动化系统采集数据进行校核，调整参数，目前仍在对比阶段。2017年度安全监测数据未见明显异常，建筑物运行可靠。

（二）设备维护

在机电金属结构管理方面，完成了对各个闸站设备的维修养护工作及定期巡检工作，充分利用巡查APP系统，对维护单位及闸站内设备设施进行管理。积极宣贯中线局下发的各种规章制度及工作岗位要求，并严格按照下发的规章制度执行。进行了线缆整治试点，完成了外环河出口闸、子牙河北分流井、王庆坨连接井线缆整治。完成了电动葫芦新增检修平台及退水闸新增检修门项目施工，退水闸新增检修门项目。

信息自动化方面，强化制度执行与落实，细化人员配置，在做好日常维护管理工作的同时完成管理处机房环境提升和线缆整治；完成现地站自动化机房线缆整治、光缆井防水试点、机房湿度调节功能完善等日常项目的实施及验收工作。进行巡查系统的试运行工作，并积极反馈系统运作中存在的问题，帮助开发单位完成系统功能，同时要求维护单位的巡查人员积极上线、落实好各项巡查工作。

（三）应急管理

及时修订了2017年防洪度汛方案及应急预案，并报天津市武清、西青、北辰三个区县水务局备案；在子牙河南岸设立了水尺并标注警戒水位，便于观察子牙河水位变化，如有险情能及时判断。组织开展了一次防汛演练，并积极参加各管理处的防汛演练。参加了分局组织防汛培训，认真开展防汛值班工作，2017年平安度汛。

（四）工程设施管理与保护

工程安保单位为霸州市嘉安保安服务有限公司，2017年6月以前，每三天一遍正常开展日常巡视工作，每月定期开展一次巡视、值守人员培训、组织例会、考核工作；9~11月，按照中线建管局和天津分局迎中共十九大加密要求，增加6名巡查人员，加密工程巡查频次，由每三天一遍变为每天一遍，确保工程安全。王庆坨连接井、子牙河北分流井、外环河出口闸厂区24小时定点值守和工程沿线机动巡逻，机动巡逻队伍每天对工程沿线巡逻一遍；中共十九大加固期间，子牙河南检修闸增加了24小时值守人员。

2017年，工程设施保护工作正常开展，一系列影响工程安全的问题得到了解决。如协调解决双口镇上河头村安全监测高标占地纠纷，协调所有输水建筑物出入，及时发现61号通气孔上游渗水，制止66号通气孔下游龙源马场养鱼池施工等。

土建和绿化工程均通过招标、竞争性谈判等方式选择维修养护队伍。2017年，土建维护队伍及绿化维护队伍为中国水利水电第十三工程局有限公司，子牙河北分流井绿化维护队伍为天津市欣雅园林装饰有限公司。

金属结构机电、自动化系统、安全监测及水质自动监测均由中线建管局委托相应单位进行维护管理。其中金属结构机电维护单位为河北省水利工程局；自动化系统运行维护单位为武汉贝斯特通信集团股份有限公司及北京林克森自动化系统工程有限公司；安全监测维护管理为中水北方勘测设计研究有限责任公司。水质自动监测站维护单位为江河瑞通科技集团有限公司。

三、运行调度

按照规范化建设要求，在总结2016年调度值班工作经验的基础上，克服了人员不足、调度运行值班工作量大等困难，保证了24小时值班无差错，每天上午8点、下午4点向分调中心报告外环河出口闸及子牙河分流井流量、水量信息，每月1日与曹庄泵站管理人员一起确认水量，每月的值班日志、日报、交接班记录按时整理归档。在“迎十九大 保输水安全”加固期间，按照中线建管局及天津分局的要求，加密水情信息报送频次至1小时一次，未出现任何差错，确保了中共十九大召开期间的输水安全。

天津管理处对主要建筑物（连接井、分流井、出口闸）各项金属结构机电设备定期进行巡检及维修保养工作，启闭机室及各设备间整洁有序，设备干净明亮；各重要闸站24小时有人值守；定时对供配电系统进行巡检，备用发电机时刻处于待命状态，保证供配电系统正常运行，积极协调检修闸接电，保证为天津市及沿线各省市按调度计划供水。

安防系统已基本建设完成，可实现火灾告警功能、视频图像监控功能，防盗告警功能，防水功能，防雷功能，环境温度与湿度监测功能，语音告警功能，门禁功能，查询各类高警信息及原因功能，远程控制及操作功能，打印各种高警信息及原因功能，多种传输功能。具有高度集成化、智能化的特点，对于闸站的消防安全与自动化进行实时监控、统一管理，为实现闸站的管理提供了有效的监控管理手段和工具。

四、工程效益

从2014年12月12日正式通水以来，截至2017年底日已安全平稳运行1116天，过境水量19.45亿m^3，2017年度完成大流量供水任务，向天津市生态补水2.32亿m^3，累计供水10.1亿m^3。

五、环境保护及水土保持

2017年是运行管理第三年，天津管理处修订、完善了工程建设期间的环境保护、水土保持相关规章制度，进一步加强环境保护、水土保持管理工作，对辖区内污染源、可能引发水土流失的薄弱部位进行了排查和处理。3月组织了全体员工参与辖区内的义务植树活动；组织原绿化施工单位对枯死树苗进行了更换；在保证工程安全的基础上，对子牙河分流井园区进行了闸站改造和绿化提升，提升工程形象。

（李永鑫　赵　宇　赵　浩）

中线工程专项工程

陶岔渠首枢纽工程

一、工程概况

2017年，陶岔渠首枢纽工程建设收尾工作主要为工程验收、防汛和水电站机组检修等。因工程运行管理单位暂未明确，淮河水利委员会治淮工程建设管理局（建设单位）继续临时负责工程运行管理维护工作，工作重点为保工程运行安全，保供水。

二、建设管理

（一）工程验收

河南省人民政府移民工作领导小组办公室于2017年6月30日组织对工程移民征迁专项进行了省级验收。建设单位于12月24日组织召开了工程水土保持设施验收。

（二）启动试运行

2017年3月6日，国务院南水北调办《关于进一步做好陶岔渠首水电站并网发电手续办理和机组启动验收准备工作的通知》（综建管函〔2017〕53号）明确暂由建设单位办理水电站并网发电手续。建设单位按照国务院南水北调办的要求编制了《南水北调中线一期陶岔渠首枢纽工程水电站机组启动试运行工作方案》和《南水北调中线一期陶岔渠首枢纽工程水电站机组启动验收工作方案》，并就水电站并网手续有关事宜与中线建管局、河南省电力公司进行了沟通，因水电站建设立项依据不充分，河南省电力公司未予受理。

2017年9月14日，国务院南水北调办《关于抓紧做好陶岔渠首枢纽电站并网发电手续和机组启动试运行验收有关工作的函》（综建管函〔2017〕273号），随函转发了《国家发展改革委办公厅关于抓紧做好南水北调中线一期工程有关工作的函》（发改办农经〔2017〕1445号），国家发展改革委函中明确了陶岔渠首电站协调处置意见。建设单位与河南省电力公司经多次沟通于11月28日双方签订了并网协议。

（三）机组检修

陶岔渠首枢纽电站发电机组2013年安装后已搁置了四年，启动试运行前须对该机组进行全面检测检修。2017年7月27日，在工程管理体制未明确的情况下，建设单位即布置开展电站设备检查、检测为电站机组试运行做工作准备。8月24日，国家发展改革委发改办农经〔2017〕1445号文明确“鉴于国务院已明确中线工程现阶段暂时维持现行建管体制，南水北调办、水利部应对照陶岔渠首枢纽工程的建设管理委托协议，要求建设期建设单位抓紧启动电站调试，协商办理电站并网发电手续，使电站尽早启动运行，发挥效益”。9月15日，建设单位即组织召开由工程设计、监理、施工安装、各设备厂家代表参加的电站机组启动试运行工作协调会，确定重新调整电站设备检查检测计划，加快工作进度，先对2号水轮发电机组及其附属设备进行检查检测。10月下旬，通过对2号水轮发电机组的检查检测情况决定按A级检修标准对两台机组进行全面拆解检查检修，12月31日2号水轮发电机组转子、定子、桨叶、灯泡头等主要部件已检测、检修，并回装到位。

（四）工程度汛

陶岔渠首枢纽工程为南水北调中线干渠渠首，也是丹江口水库的副坝，工程防汛责任重大。根据工程实际，建设单位汛前开展了检查，确定了防汛重点部位，对水毁工程进行了修复和相关设施进行了完善，制定了防汛度汛方案，并开展了防汛演练。汛期，严格防汛值班，加强沟通联系，及时掌握雨情、汛情，加强巡查检查，做好应急处置准备。2017 年 9 ~ 10 月，汉江流域出现超强秋汛，水库水位迅速上涨并不断刷新高水位记录，9 月 30 日长江防总启动Ⅲ级应急响应，水库水位达到建库以来的最高值 167m。建设单位督促运行维护管理单位加强工程巡查与检查，加密大坝监测频次，做好抢险处置准备，防汛值班延迟至 11 月 8 日停止。工程各项监测数据正常，未发现异常状况，安全度汛。

（五）安全生产

建设单位以“突出重点、加强管理、落实责任”为主题，狠抓制度建设、措施的落实，建立长效机制。签订安全生产责任状，层层落实责任。制定了《陶岔渠首枢纽工程主体工程安全保卫制度》，开展工程区域内的安全巡查。工程区域各出入口设置值班岗，24 小时值班值守。对工程区域内重点设备、设施安全开展巡视。运行维护管理单位与当地公安机关开展“警企共建”，警企联动。完善工程管理区域围栏的建设，设置宣传、警示牌，并加强巡视。加强重要日期、重大节假日期间的安全预防，开展安全检查。加强安全生产教育，提高安全生产意识等。通过以上措施保障了工程安全，2017 年内未发生安全生产事故。

（六）其他

2017 年，完成了水土保持工程和上游围挡工程验收档案整理归档；完成了陶岔渠首枢纽工程完工结算复核工作；新签订补充协议 3 份，合同履行情况良好，未发生合同纠纷；编报了工程独立费用价差报告。

三、管理维护

因陶岔渠首枢纽工程管理体制没有明确，淮委陶岔建管局仍临时承担工程运行管理职责，工程运行维护管理委托主体工程施工单位中国水利水电第十一工程局有限公司（以下称运行维护管理单位）负责。建设单位与运行维护管理单位通过委托合同，对现场运行维护管理职责进行了明确，并对其进行考核。

运行维护管理单位根据工程管理维护实际，编制了《南水北调中线一期陶岔渠首枢纽工程运行维护管理方案》《南水北调中线一期陶岔渠首枢纽工程运行维护管理规章制度汇编》《南水北调中线一期陶岔渠首枢纽工程运行维护管理资料规范化模板》《南水北调中线一期陶岔渠首枢纽工程运行维护管理标识标牌样式》等，按照运行维护管理方案开展了日常运行管理维护和规范化建设相关工作。根据工程管理区域实际设置了宣传、提醒、指示、警示等标牌，图画了安全警示标识、标线，统一制作设备标牌等。

按照长江水利委员会的统一部署，2017 年 9 月 13 日起建设单位成立了丹江口水库蓄水试验工作机构，组织开展了蓄水试验各项相关工作，12 月 11 日蓄水试验工作结束。经过 164m、167m 两个水位阶段的蓄水试验巡查检查，陶岔渠首枢纽工程未发现滑坡、坡面变形、塌方、明显渗漏水等异常现象。安全监测数据表明，坝体水平与垂直位移、缝面开度、应力应变及温度等均无明显变化，坝基帷幕前测压管水位随库水位变化，帷幕后测压管水位蓄水试验前后无明显变化，坝基廊道量水堰实测渗漏量均在正常范围内，工程处于安全稳定运行状态。

2017 年，通过陶岔渠首枢纽工程向中线干渠供水 52.676 亿 m^3。10 月 15 日 12 时陶岔渠首入中线干渠引水流量首次达到设计流量 $350m^3/s$。自 2014 年 7 月 3 日向中线干渠充水以来至 2017 年底陶岔渠首枢纽向中线总干渠累计引水量达 118.16 亿 m^3。

（赵　彬）

丹江口大坝加高工程

一、工程概况

丹江口大坝加高工程是在原丹江口水利枢纽基础上培厚加高。加高后的坝顶高程176.6m（原枢纽为162m），丹江口大坝加高工程自2013年8月29日通过蓄水验收后，正常蓄水位由157m的调增为170m，死水位由145m调增至150m，相应增加库容116亿m^3，总库容达到339.1亿m^3。电站装机容量仍为15×6万kW，升船机由150t扩增为300t。工程的主要任务以防洪、供水为主，结合发电，航运等综合利用。近期实现调水95亿m^3，后期实现调水120亿～130亿m^3，汉江中下游防洪能力自20年一遇提高到100年一遇。

二、工程管理

由于工程运管体制尚未完全明确，丹江口大坝加高工程整体的运行管理仍由工程的建设管理单位中线水源公司承担，原枢纽运行管理单位汉江集团承担电厂、坝顶金属结构机电设备、升船机系统的运行及维护维修工作，大坝运行管理与维护及其安全监测由中线水源公司委托葛洲坝集团、长江空间信息技术工程有限公司和长江三峡勘测研究院有限公司等负责。

中线水源公司扎实推进工程运行管理“规范化、标准化、精细化、信息化”建设。与汉江集团整合现有工程技术力量，共同组建丹江口水利枢纽管理中心，共同向上级报送水库运行管理状况、大坝安全监测等报告。修订完善运行管理工作方案、安全监测技术标准、运行管理与维修养护实施办法、水质监测方案等一系列制度。健全突发事件应急管理体系，强化内部监管和人员培训，严查问题，严督整改，严追责纪。成立了中线水源工程集控系统设计项目组，围绕工程和供水调度各项业务需求，开展工程管理综合信息系统需求分析研究。

三、运行调度

按照水调服从电调的原则，水调服从水利部、长江委防总及水资源局的调度，按照水利部下发的供水计划执行。电调服从湖北省电网的调度。

2017年实现供水48.46亿m^3，汛期与大坝加高以前正常蓄水位157m相比，拦蓄洪水资源化利用86亿m^3，错峰滞洪弃水97.31亿m^3，削峰率达到60%。

南水北调中线水源工程自正式通水以来（2014年12月12日14：32）已累计调水118.38亿m^3（截至2017年底），水质稳定在地表水环境质量标准Ⅱ类以上。

四、验收工作

2017年，中线水源公司完成了大坝安全监测工程（12）单位工程验收，至此丹江口大坝加高工程单位工程验收全部完成。组织完成了主标合同左岸土建及机电安装部分的工程量计算复核，启动开展了右岸土建及机电安装部分工程量计算复核。完成安全防护设施建设合同、大坝坝顶管理房漏水处理施工合同验收。31个主要施工合同累计验收完成28个。积极配合湖北、河南两省完成丹江口库区征地移民省级自验和初验，完成公司负责的全部非地方复建项目的验收，已报请国家终验。

（*黄朝君　于　杰*）

五、蓄水工作

按照水利部、国务院南水北调办、长江

水利委员会的要求，中线水源公司和汉江集团公司于2017年9月启动了丹江口水库164m、167m蓄水阶段加密监测和大坝安全评估工作。制定了《丹江口水库蓄水工作方案》《丹江口水库蓄水应急预案》《丹江口大坝蓄水期间巡查工作责任制》《丹江口水利枢纽安全监测管理办法》《丹江口水利枢纽巡视检查管理办法》等制度。明确了蓄水职责与分工，成立了蓄水工作协调小组，下设技术协调组、调度组、工程检测组等8个工作组。严格执行24小时值班和领导带班制度，加强工程巡查，每天巡查不少于1次；加密安全监测设施检查，加强数据分析力度，全面研判枢纽运行风险，成功完成大坝溢流坝段边墩横缝漏水等隐患处置工作，完成了164m、167m两个蓄水位的试验性蓄水工作。长江设计公司、水利部大坝安全管理中心在两个水位阶段分别提交了大坝安全评估报告。均认为：丹江口大坝及陶岔枢纽有关大坝稳定、应力、变形、渗流、渗压等重要安全监测数据均在设计允许范围之内，大坝工作状态平稳，蓄水过程中发现的隐患点处置效果良好，大坝总体工作性态正常，库岸基本稳定，具备抬升蓄水条件。

（黄朝君）

六、水质保护工作

2017年，由31个水质检测断面、7个自动监测站、陶岔渠首每日人工监测、应急检测车船、中心实验室组成的水质监测站网系统运行正常，完成陶岔取水口和库区水质监测分析。配合长江水利委员会规计局编制的《丹江口水流产权试点实施方案》已获水利部、国土资源部联合批复，会同汉江集团与长江设计公司签订了相关技术支撑方案合同。配合长江水利委员会水政与安监局开展《长江保护法》立法调研和专题研究，上报了丹江口水库消落地管理现状和存在的问题。委托专业清漂公司，对坝前警戒线以南、混凝土坝以北水域及滩头水面漂浮物及垃圾进行清理。共清理出水面漂浮物及垃圾450余吨。

监测数据表明，丹江口水库水质稳定保持在Ⅱ类及以上，其中Ⅰ类水占比九成多，陶岔渠首水质2017年全年保持Ⅰ类。

（张乐群）

汉江中下游治理工程

概　述

丹江口水库多年平均入库径流量为388亿m^3，南水北调中线工程首期年调水95亿m^3，丹江口水库每年将减少近四分之一的下泄流量，为缓解中线调水对汉江中下游的影响，国家决定兴建汉江中下游四项治理工程。兴隆枢纽筑坝，形成汉江回水76.4km，缓解调水对汉江中下游的影响；引江济汉年引31亿m^3长江水为汉江下游补水；改造汉江部分闸站，保障农田灌溉；整治汉江局部航道，通畅汉江区间航运。

汉江兴隆水利枢纽工程

一、工程概况

兴隆水利枢纽位于汉江下游湖北省潜江市、天门市境内，上距丹江口水利枢纽378.3km，下距河口273.7km。为南水北调汉江中下游四项治理工程之一，其开发任务是以灌溉和航运为主，兼顾发电。该工程主要由泄水闸、船闸、电站、鱼道、两岸滩地过流段及交通桥等组成。水库库容约4.85亿m^3，最大下泄流量19 400m^3/s，灌溉面积327.6万亩，规划航道等级为Ⅲ级，电站装机容量为40MW。

二、工程建设

（1）尾工建设。兴隆水利枢纽2017年尾工建设项目为新建值班用房。到2017年底，新建值班用房完成了粉喷桩施工，产值30万元。2017年度共完成投资30万元。

（2）工程验收。兴隆水利枢纽工程围绕年初拟订的工作计划，细化工作节点，实行责任分工，加强组织协调，加快推进工程验收和合同结算工作开展。验收工作方面，除环境整治标外，已完成全部建设工程的分部工程验收工作。2017年度内已完成合同项目验收3个（分别为水保绿化合同、环保措施施工合同，现场值班用房维修改造合同），阶段验收2个（3号、末台机组启动验收），专项验收1个（消防验收）。2017年度内完成环境整治与绿化标全部分部工程验收及单位工程验收工作。完成安全监测标、泄水闸下游防冲备用抛石标、船闸剩余标合同项目预验收工作，并按预验收要求完成相应整改工作。为推动验收工作的开展，完成电站安装场楼板载荷试验的方案设计以及泄水闸底板裂缝处理后遗留问题验收的准备工作。截至2017年底，安全监测标、泄水闸下游防冲备用抛石标、船闸剩余标、环境整治与绿化标已基本具备验收条件。2017年度兴隆水利枢纽管理局成立了验收工作领导小组，由局长挂帅，将验收工作细分到个人，明确工作责任。在验收督办过程中，对验收遗留问题进行了梳理，制定工作计划和落实方案，逐条解决问题。部分工作骨干参加了湖北省南水北调办（局）组织的学习交流活动，对工作思路的展开起到了良好的效果。但是在实际工作中，依然存在部分施工单位消极对待验收工作、遗留问题处理资料收集进展缓慢等问题，延误了验收工作进度。在后续工作中需要以钉钉子的精神将问题逐一解决，尽早完成验收工作目标。

（3）完工结算。合同结算工作。配合湖北省南水北调办（局）及咨询单位做好未完成标段工程完工结算书的审核工作，审定完成了金属结构3－1标、金属结构6标、110kV GIS及敞开式电气设备标等10个标段的完工结算书；报送了环境整治与绿化工程施工标、水情自动测报系统建设及施工期水情测报标、泄水闸标完工结算书的审核；完成监理单位延期费用的审核，落实后期考核工作；审核所有运管项目的价款结算，完善结算所需资料；完成安全监测标、环境整治与绿化工程施工标设计变更报告的上报并配合湖北省南水北调办（局）完成审定工作；配合湖北省南水北调办（局）完成了金属结构1标、金属结构2标、消防标的设计变更报告的审查，待长委设计院修改完成。

三、工程管理

2014年7月1日，湖北省汉江兴隆水利枢纽管理局正式批复成立。其作为湖北省南水北调办（局）的直属机构，具体负责兴隆水利枢纽运行管理工作。湖北省汉江兴隆水利枢纽管理局下设综合科、党群科、管理与计划科、财务科、信息化科及安全生产与经济发展科等职能部门和电站管理处、泄水闸管理所及船闸管理所等生产运行单位。计划人员编制总数117人，截至2017年底配备人数78人，基本满足运行管理工作需要。

（1）管理制度建设。兴隆水利枢纽管理局2017年开展了工作管理制度的重新修编工作。各科、直属单位对自2014年以来的各项工作制度进行了全面梳理，重新调整了制度构架，修订完善了部分制度，积极做好制度的废、改、立工作。全局共修编制度132项。船闸所制定了《兴隆船闸通航规范化管理实施方案》《兴隆船闸通航规范化管理实施方案》。湖北省南水北调办（局）还组织设备维护人员有针对性制定了相关设备保养规范台账，包括《设备保养记录表》《兴隆船闸管理所集控 PLC 程序维护记录表》《兴隆船闸检修泵检查记录本》《船闸缺陷记录表》《船闸设备维修记录表》等。

（2）加强技能培训。2017 年初，湖北省南水北调办（局）制定了培训计划，安排了 5 名干部职工赴三峡通航管理局参加了由中国航海学会举办的船闸行业特有工种培训，并顺利通过了船闸行业特有工种职业技能鉴定站的考试鉴定。2017 年 10 月，在兴隆水利枢纽管理局的组织下，电站管理处举办了兴隆水利枢纽管理局第二届职工能力大比武——拆装法兰技能比武和倒闸操作技能比武，涌现出 1 个技能比武先进集体、3 名技能比武先进个人，影响和带动湖北省南水北调办（局）职工学习新知识、钻研新技术、掌握新技能、增强新本领的热潮。

（3）问题整改。兴隆水利枢纽的主要任务是抬高水位，改善库区及周边灌溉和航运条件，并利用既有水头发电以发挥水资源综合利用效益。在实际生产运行中，湖北省南水北调办（局）做好水雨工情、安全监测信息搜集，开展工程调度运行，落实工程现场管理工作，抓好设备设施维护工作。

1）运管问题检查。组织生产单位对国务院南水北调办专项稽察组、国务院南水北调办“飞检”组和湖北省南水北调办（局）在巡视中发现的运行管理违规行为、养护缺陷等问题进行认真落实整改。其中，2017 年国务院南水北调办专项稽察共发现工程运行管理问题及防洪度汛问题共 38 个，已完成整改 36 个，正在整改 2 个。国务院南水北调办“飞检”共发现工程运行管理问题 49 个，截至 2017 年底已整改完成 39 个，正在观察期 4 个，正在整改中 6 个。湖北省南水北调办（局）共发现运行管理问题 39 个，截至 2017 年底已全部整改完成。兴隆水利枢纽管理局对以上未整改完成的问题均已制定整改方案，正在加紧推进中。

2）设施设备维护。2017 年电站管理所共完成设备定期工作 2114 项（次）；共发现设备缺陷 150 条。完成了 2 号机组恢复轴脱落问题的分析机处理工作，3 号机组滑环烧蚀处理。利用机组 B 级、C 级检修实施延伸检修，除日常设备维护外，还对机组各设备进行了针对性检查和改良，如对 4 台机组的低位油箱进行了扩容，跑油问题得到根本性解决；将 13.7m 廊道层配电箱全部更换为室外不锈钢结构，避免建筑物渗漏水导致的配电箱锈蚀及短路问题。船闸管理所完成了设备管理体系的建立，如变压器管理标准、开关柜管理标准、电缆管理标准、照明设备管理标准等。为方便查询设备相关信息，规范运行管理，船闸维护人员还将船闸主要设备进行了分类，针对启闭机室内重要设备与相关区域制定了二维码信息，通过扫码，能够快速了解设备性能、参数、操作规程、检修维护记录等信息。另外泄水闸管理所根据运管实际需求，借鉴国内外先进管理方法，开展了以整理、整顿、清扫、清洁和素养为内容 5S 管理创建活动，完成了四楼泄水闸办公室隔断改造、生产区环境卫生整治等工作。

（4）安全标准化体系建设。湖北省南水北调办（局）始终坚持以安全运行管理为中心，以控制一般事故，杜绝重大事故为主线，不断改进和加强安全生产管理工作。一是组织各科、直属单位和参建单位签订了《2017 年安全生产和防火安全责任书》，进一步落实了安全生产责任；二是定期不定期开展安全生产检查，2017 年全年共组织了安全检查 17 次，发现各类安全隐患问题 35 项，整改完成 35 项；三是落实安全培训取证工作。2017 年内组织了 8 人次的电工、消防、起重机操作等取证上岗培训；四是强化安全生产教育。开展了“安全生产月”和“消防安全宣传月”活动，开展了消防应急演练、消防技能比武活动；五是根据国务院南水北调办相关要求，对运行安全管理工作进行了全面的梳理，初步完成了“八大体系，四项清单”的安全生产标准化体系建设。2017 年未出现重大安全责任事故，实现了零伤亡、零事故的目标。

（5）配套设施建设。为促进工程平稳运行，构建良好的生产、生活环境，2017 年兴隆水利枢纽管理局组建专班扎实推进新值班用房建设工作，完成新建管理用房设计方案调整、概算的编制，参与湖北省南水北调办（局）组织的设计文件、招标文件审查等工作。新建管理用房监理单位和施工单位人员、设备 11 月份进场，完成了开工前的各项准备工作。截至 2017 年底基础工程完成。

（6）信息化系统建设。2017 年度内，湖北省南水北调办（局）结合日常工作运行情况，对《兴隆水利枢纽管理局信息化系统运行管理制度汇编（试行）》进行了修订，并对日常运行记录表格进行了修改完善；对电站中控室液晶显示大屏及安装间 LED 大屏进行了缺陷整改；对综合调度机房及办公楼网络接线进行了整改完善；完成了会议室条屏及办公楼一楼大厅 LED 显示屏安装调试；指导船闸完成了上下游 LED 显示屏的安装调试；完成了营区门房出入口和左、右岸桥头出入口车牌识别系统建设等内容，极大地促进了湖北省南水北调办（局）“四化”目标的实现。

四、运行调度

在保证工程安全的条件下，合理地综合利用水资源，充分发挥工程效益。当兴利与防洪矛盾时，兴利应服从防洪。在运行调度中遇有工程安全与通航发电矛盾时，应首先保证工程安全。为确保枢纽安全和满足水库灌溉、航运要求，枯水期库水位应控制在正常蓄水位 36.20m 附近。水库无调节库容，当来水量小于 4108m^3/s（下游最高发电水位 34.1m 对应的流量）且库水位为水库正常蓄水位 36.20m 时，通过电站运行和水闸控泄，使下泄水量等于来水量。当来水量大于 4108m^3/s 时，电站停止运行。当来水量大于 4108m^3/s、小于 7080m^3/s（水库水位 36.2m 对应的下泄流量）时，来水通过水闸控泄调节。当洪水来量大于 7080m^3/s 时，泄水闸全部开启敞泄。

航运调度应服从工程安全及防洪要求，保障过闸船舶安全、顺利、有序过闸，提高通过能力。船闸最大通航流量为 10 000m^3/s，最小通航流量为 420m^3/s，当流量不满足设计条件或气象条件不满足通航条件时，船闸停航。

电站水头受下游水位影响较大，为尽可能提高电站运行水头和发电量，水库水位应尽量维持在正常蓄水位。电站投入运行的机组台数按水库来水流量确定，当来水流量小于电站额定流量 1156m^3/s 时，均由电站过水；当来水流量超过 1156m^3/s 时，电站引水富余部分由泄水闸下泄，不能为提高电站发电效益而抬高水库运行水位。

五、工程效益

兴隆水利枢纽工程的全面建成和投入运行，对促进汉江中下游乃至湖北省经济社会可持续发展都具有十分重要的意义。

（1）工程防洪。2017 年，兴隆水利枢纽经受住了 20 年一遇的汉江秋汛的考验，有效应对了丹江口水库双峰涨水过程，抵御了三次较大洪峰。兴隆枢纽位于汉江上游控制性水库丹江口水利兴隆枢纽的下游，其径流由丹江口水库调节下泄及丹江口至兴隆区间径流组成，兴隆枢纽设计洪峰流量为 19 400m^3/s。10 月 2 日下泄流量 8640m^3/s 和 10 月 6 日下泄流量 13 700m^3/s 两轮洪峰是工程投入运行以来记录的最大下泄流量。

（2）保障灌溉。兴隆水利枢纽所处的汉江中下游平原地区，是湖北省重要的经济走廊，也是我国重要的粮棉基地之一。库区两岸有天门罗汉寺灌区、潜江兴隆灌区、沙洋县和沙洋监狱管理局电灌站，在正常年份年均需供农田用水20亿m^3左右。自库区蓄水之后，农田灌溉面积从过去的170万亩增加到约327.6万亩，灌区供水保证率可达到95%以上，极大地提升了库区两岸用水保障能力，促进了区域农业经济发展。泄水闸2017年度总入库水量为439.36亿m^3，总弃水量为278.62亿m^3，最大来水量为10月的181.94亿m^3，上游最高水位39.40m，最低水位35.5m，下游最高水位39.30m，最低水位28.60m，最大水位差7.14m。有计划、有目的的蓄水、放水，充分利用水资源，调节干旱季节的需水量，保证周边工农业及生活用水。

（3）改善航运。兴隆水利枢纽水库蓄水通航后，通航标准每年都在不断提升，在兴隆水利枢纽建成前，该航道段年通航能力不足3000艘，而2017年通行已达一万多艘，库区航运能力增加到原来的三倍以上。2017年平均每日开闸次数达到10闸次，比2016年增加了4~6闸次；平均每日过船28.6艘，最高日达51艘。兴隆船闸年累计过船数10 491艘，过船数和2016年相比增加了53%，开闸次数增加了59.5%，实际载货量增加了103.4%。同时，库区沿线一批现代化的船舶码头正开工建设，将进一步提升区域货物运输吞吐能力，推动地方经济的发展。

（4）水能利用。兴隆水利枢纽电站总装机容量4万kW，利用库区水资源发电，多年平均发电量2.25亿kW·h，满足了该地区不断增长的用电需要。其中，电站2017年全年完成发电量2.023 4亿kW·h，完成年度计划发电量1.85亿kW·h的109.37%。

（5）旅游观光。兴隆枢纽工程56孔泄水闸如巨龙横卧汉江甚是壮观雄伟，库区水面宽阔、生态和谐、环境秀美。区域生态环境改善，不仅吸引湖北省内外游客前来观光旅游，还催生区域旅游文化产业开发，2017年兴隆水利枢纽管理局还与潜江市国际马拉松自行车赛相关工作积极接洽，努力推进“水利文化示范区”规划设计工作，积极营造人与自然和谐发展的良好氛围。

六、环境保护

兴隆水利枢纽管理局高度重视环境保护和水土保持工作，2017年实施了一系列措施，绿化环境进一步改善，植被覆盖率和质量进一步提高，水生态环境不断优化。

一是大力倡导生态发展理念，高举生态文明建设旗帜，开展了《湖北省南水北调工程保护办法》、义务植树和绿化环保、禁渔期管理和水生资源保护等宣传工作，“绿水青山就是金山银山”的生态发展理念进一步深入人心。二是强化绿化管理，积极植绿、护绿，开展水土保持。2017年春季，组织全体干部职工开展了义务植树活动，全年新种植及补栽各种乔木1500余株，新建灌木面积约500m^2，种植草皮、草本花卉等约3000m^2，对原有绿化区域进行精心养护，常年成活率达到90%以上，管辖范围内可绿化区域基本做到绿化全覆盖，对水土保持起到了良好作用。三是积极参与生态环境保护工作。积极参与了潜江市关于兴隆水利枢纽建设水利文化示范区建设的概念设计，提出了相关建议和意见，为兴隆水利枢纽绿化环境的整体规划积极出谋划策。四是组织开展了人工增殖放流活动，一次性向汉江投放大、中型青草鲢鳙鲤鲫各类鱼苗2万余尾，对汉江水生资源进行了有效补充。五是配合地方执法部门多次开展执法活动，对兴隆水利枢纽周边水域的非法捕捞、采砂等行为进行了有力打击，形成了强大威慑力，取得了较为明显的治理效果。六是积极开展生态湿地建设，由于生态环境优良，在湖北境内绝迹30余年、全球仅存2000只的“水上大熊猫”——中华秋沙鸭有20多只栖居在兴隆枢纽下游水域。

（黄英杰）

引江济汉工程

一、工程概况

引江济汉工程主要是为了满足汉江兴隆以下生态环境用水、河道外灌溉、供水及航运需水要求，还可补充东荆河水量。引江济汉工程供水范围包括汉江兴隆河段以下的潜江市、仙桃市、汉川市、孝感市、东西湖区、蔡甸区、武汉市等7个市（区），及谢湾、泽口、东荆河区、江尾引提水区、沉湖区、汉川二站区等6个灌区，现有耕地面积645万亩，总人口889万人。工程建成后，可基本解决调水95亿 m^3 对汉江下游"水华"的影响，解决东荆河的灌溉水源问题，从一定程度上恢复汉江下游河道水位和航运保证率。

工程从长江荆州附近引水到汉江潜江附近河段，工程沿线经过荆州、荆门、潜江等市，需穿越一些大型交通设施及重要水系，部分线路还将穿越江汉油田区，工程连接长江和汉江。

引江济汉工程进水口位于荆州市李埠镇龙洲垸，出水口为潜江高石碑。在龙洲垸先建泵站，干渠沿东北向穿荆江大堤、太湖港总渠，从荆州城北穿过汉宜高速公路，在郢城镇南向东偏北穿过庙湖、海子湖，走蛟尾镇北，穿长湖后港湖汊和西荆河后，在潜江市高石碑镇北穿过汉江干堤入汉江。渠道全长67.23km，设计流量350 m^3/s，最大引水流量500 m^3/s，其中补东荆河设计流量100 m^3/s，补东荆河加大流量110 m^3/s，多年平均补汉江水量21.9亿 m^3，补东荆河水量6.1亿 m^3。进口渠底高程26.5m，出口渠底高程25m，设计水深5.72~5.85m，设计底宽60m。各种交叉建筑物共计78座，其中涵闸16座、船闸5座、倒虹吸15座、橡胶坝3座、泵站1座、跨渠公路桥37座、跨渠铁路桥1座，另有与西气东输忠武线工程交叉1处。穿湖长度3.89km，穿砂基长度13.9km。渠首泵站装机容量6×2100kW，设计提水流量200 m^3/s。

二、工程投资

投资控制及合同管理上，引江济汉工程严格遵守国家法律法规及政策规定，认真执行湖北省南水北调办（局）有关合同管理办法，实行主管部门、专业管理部门和履约责任部门分层次的合同管理模式，严格工程变更程序和价款支付审核，强化合同履约和资金使用监管，建立合同结算台账，开展第三方审计咨询，有效地控制了工程投资。该工程总投资68.19亿元。截至2017年底，累计下达计划68.19亿元，实际完成投资约69.36亿元。

三、运行管理

2017年是全面提升引江济汉工程运行管理"规范化、科学化、精细化、信息化"之年，在湖北省南水北调办（局）的正确领导下，引江济汉工程管理局全体干部职工充分发扬负责、务实、求精、创新的南水北调精神，身担重任，牢记使命，确保了工程安全平稳运行。主要抓了以下方面工作：

（1）抓制度建设，促进工程管理规范。一是修订完善各类规章制度。年初引江济汉工程管理局就结合2016年运管的情况，对包括《引江济汉工程调度规程》等各类管理制度、操作规程、专项应急预案进行了修订完善，组织汇编了各类应急预案，内容涵盖突发事件、综合、专项、现场处置等四大类30多个。并将防洪度汛预案纳入地方防汛体系，建立防汛联席会议制度，与工程沿线防汛部门建立了信息共享、责任共担的防汛工作格局。委托江苏水源有限责任公司编制的引江济汉工程管理局工程标准化创建标准与考核办法，也有望于2018年在落地生根；与此同时，积极探索推行新的渠道管理模式，使得渠道断面整体形象明显改善，管理经费利用率有效提高。

（2）抓科学调度，确保工程运行高效。一是组织了进口泵站机组试运行及性能试验，对所有机组进行不间断24小时或48小时试运行，对所有金属结构机电设备进行调试，期间工程运行平稳，极大地提升了实施科学调度的信心。二是严格规程，科学调度。严格按照新修订的《引江济汉工程调度规程》，根据长江、汉江和工程沿线的水雨工情，精心组织，科学决策，强化值守和应急反应。

（3）抓整险除险，提高运行管理质量。针对渠道7标、9标高边坡膨胀土段脱坡险情，引江济汉工程管理局第一时间赶赴查看，及时上报湖北省南水北调办（局）并联系设计人员赴现场研究整险方案，组织抢险。截至2017年底整险工作已基本完成。此外，针对国务院南水北调办“飞检”和各类专项稽察问题，引江济汉工程管理局多次组织召开专题会，研制方案，成立专班，明确责任人、督办人、责任期限和措施，定期复核问题整改进展情况。截至2017年底，国务院南水北调办飞检及专项稽察发现的578个问题，已整改499项，整改率86.3%，针对因客观原因未及时有效整改的问题进行全面了梳理，分类制定了整改措施。

（4）抓安全生产，提高运行安全系数。一是强化组织领导，管理局成立了治安防范、反恐怖工作领导小组。二是开展标准化建设，汇编综合应急预案等规章制度，建立工程运行安全、应急处置等管理体系，初步完成体系构建。三是狠抓隐患排查治理。坚持日常巡查及定期检查相结合，实行隐患排查、登记、报告、监控、治理、销账全过程记录和闭环管理。四是提高应急处置能力。建立了应急抢险队伍，储备了抢险物资，并开展经常性的应急演练。做到不打无准备之仗。五是加大《湖北省南水北调工程保护办法》宣传力度。紧紧依靠当地党委、政府和公安机关，组织工程沿线镇村负责人集中学习《湖北省南水北调工程保护办法》等法规及文件精神，发放各类宣传资料10 000余份。2017年引江济汉工程管理局续写了安全生产“零伤亡、零事故”的记录。

（5）抓信息化建设，提高智能管理水平。2017年湖北省南水北调办（局）加强了对信息化工作的领导，明确管理范围、运行维护管理职责，实施分级负责，启动设备清单梳理，制定制度完善计划，切实提高了工程智能化管理水平。一是积极推进安全监测工作。完成了安全监测任务招标，确定了新的安全监测实施单位，组织召开安全监测工作会，督促施工单位按照合同对安全监测人员进行现场实际操作培训，对预埋内观设备和外观沉降点采用相应的设备进行测量、采集数据。二是切实提高管理水平。要求各分局信息化专职人员在现场实测时跟班作业，及时消除操作技术瓶颈。同时组织信息化专职人员学习安全监测相关规范和制定的规章制度，通过一系列的培训实操，丰富了大家的知识面，提高了动手能力，为保障信息化设备的正常运行提供了必要的技术储备。三是加强巡查整改。督促信息化专职人员每天查看机房各种设备运行情况，对人员进出、设备异常等内容进行记录，每月组织各分局对工程渠道、穿堤建筑物、涵闸、倒虹吸、机电设备、金属结构等进行全方位排查治理，并对上个月检查发现问题复查确认，分类治理，落实责任单位和督办人，及时处置互联网中断、精密空调故障等突发情况。四是强化配合协调。协助湖北省南水北调办（局）信息办完成了互联网+软件、综合信息服务系统等建立，督促施工单位完成了视频监控系统的安装调试、各分局会议室的改造以及安全监测观测设施恢复项目施工，完成荆州电信互联网接入业务合同结算工作。

四、建设管理

为规范在建工程管理工作，安排专人负

责在建工程管理，协调和督办各参建单位的工作进度，进一步明确了3个分局的工程技术人员辖区段质量管理责任。要求现场管理人员和监理人员严格把控施工质量，确保在建工程质量目标实现。截至2017年底，新增拾桥河、西荆河拦污栅桥标主体施工全部完成，泥结石硬化标除桥梁占压段外全部完成，绿化标除部分部位死树需更换外全部完成，水毁项目除东荆河护坡因水位高无法施工外全部完成。

为进一步提升渠道工程整体面貌，湖北省南水北调办（局）于2017年8月开展渠道试验段除杂工作，选取渠道左岸防洪闸下游1km范围，采取渠道一线运管人员直管除杂人员方式，并进行除杂费用测算，改变了以往通过物业招标进行除杂的模式，经过近一个月时间，完成渠道试验段除杂工作，效果良好。截至2017年底，全线按照此方式开展，整体面貌有了明显改善，且费用利用率也得到了有效提高。

2017年全年共签订79个合同，签订的合同中按合同约定已结算完毕的项目71个，其余未结算的项目均为18年存在履约责任的项目。开展在建工程及运管项目的违法分包、转包合同管理检查，成立工作专班，并将检查情况上报。做好农民工工资情况调查，跟踪农民工工资发放情况，确保农民工工资按时发放。

五、工程验收

针对验收任务艰巨，又面临着参建单位不好协调、原有标段联系人分散至分局、某些项目验收规范发生变化等现实困难，引江济汉工程管理局多次组织推进会，请示湖北省南水北调办（局）、协调各参建单位、发挥员工积极性，通过成立了土建、金属结构、结算等工作专班，层层分解任务，明确责任人和时间节点，定期跟踪督办等手段，逐步推进工程验收工作。2017年全年湖北省南水北调办（局）共签发督办函及通知22个，多次与施工单位项目负责人进行沟通座谈，截至2017年底，完成单位工程验收4个，合同项目验收4个。

六、工程结算

2017年，结算资金8532.88万元，其中建设资金结算表56份，涉及金额7188.93万元。运管资金结算表76份，涉及金额1343.95万元。具体工作情况如下：

（1）计划内项目，根据湖北省南水北调办（局）2017年合同完工结算工作计划，引江济汉工程管理局2017年需完成12个标段完工结算，截至2017年底已完成10个标段完工结算，剩余2个标完工结算正在办理中。

（2）计划外项目，完成启闭机采购1标、闸门采购1标、清污机标、浮筒码头项目、110kV接入系统项目等12个项目完工结算定稿签订，进口段机电设备采购3标、进口段机电设备采购4标、进口段泵站泵组及其附属设备等5个项目完工结算已达成一致，正在完善变更程序及审签流程。

（3）完工结算协调工作，2017年为全力促进完工结算工作的开展，全年共下发22个督办函及通知至各监理单位和施工单位，就完工结算存在争议问题与施工单位项目负责人积极沟通，推动完工结算工作开展。

七、工程度汛

进入2017年7月以后，湖北省持续晴热，至7月底，全湖北省平均降雨较多年平均值偏少近6成。湖北全省615.7余万亩农作物受旱，7.3万人、2.1万头牲畜面临饮水困难，东荆河几近断流。面对特大旱情，引江济汉工程管理局快速反应、加大引水流量，最高达400m³/s，全力保障抗旱需求。荆州区纪南镇高台村村委向引江济汉工程管理局赠送锦旗以示谢意。《中国南水北调报》头版头条刊出引江济汉抗旱报道，湖北卫视、楚天都市报等媒体记者现场采访。9月30日8时至10月4日8时，受汉江上游持续强降雨和新坝储水试验影响，丹江口水库水位逐步上涨，高石碑出水闸上下游落差超过6.5m，迎来工程建成通水以来最大洪水考验。为应对洪水威胁，引江济汉工程管理局干部职工主动放弃假期，驻守现场，加强排查，建立“渠堤联巡、防汛物料共享、出险共抢”汛期工作机制，确保工程安全万无一失。10月中旬随着险情逐步解除，取得了汉江秋汛防御的全面胜利。

八、工程效益

在湖北省南水北调办（局）的指导下，引江济汉工程管理局科学调度，应急谋远，2017年全年调水42.5亿m^3，其中向汉江补水36.75亿m^3，汉江兴隆以下河段生态、航运、灌溉、供水条件得以改善；向长湖、东荆河补水4.99亿m^3，及时满足了荆州市江陵县、监利县等160万亩农田灌溉和渔业用水需求；向荆州古城护城河补水0.35亿m^3，极大改善了城区水环境，且通过工程调度基本解决了拾桥河防汛难题。综合效益显著发挥，取得了良好社会反响。工程建成通水以来，已累计调水99.34亿m^3，其中向汉江补水85.09亿m^3，向长湖、东荆河补水10.79亿m^3，向荆州古城护城河补水16 115万m^3，有效缓解了汉江中下游生产生活用水矛盾，改善了长湖等流域和荆州古城生态环境。通航方面，截至2017年底已累计通航船舶21 267艘次，船舶总吨1486.03万t，货物795.29万t。其中，2017年通过船舶10 993艘，船舶总吨806.15万t，货物总吨458.09万t，同比分别增长35.6%、39.9%、67.1%。

九、科学技术

2017年3月10日至14日，湖北省南水北调办（局）组织了进口泵站机组试运行及性能试验，对所有机组进行不间断24小时或48小时试运行，同时对所有金属结构机电设备进行了调试，试验期间，引江济汉工程经受住了持续高水位的考验，全线运行正常，各建筑物及设备完好，为下步运行管理调度工作提供了可靠依据。

（黄英杰）

部分闸站改造工程

一、工程概况

部分闸站改造工程由谷城至汉川汉江两岸31个涵闸、泵站改造项目组成。工程对因南水北调中线一期工程调水影响的闸站进行改造，恢复和改善汉江中下游地区的供水条件，满足下游工农业生产的需水要求。

二、工程效益

部分闸站改造工程已交由原产权单位进行管理，工程发挥了巨大的效益，为助推地方经济社会发展发挥了重要作用。汉江中下游部分闸站改造工程为我省农业灌溉和农民生产生活发挥了重要作用。东荆河倒虹吸工程将谢湾灌区30万亩农田灌溉调整为自流灌溉，使潜江市自流灌溉达90%以上。徐鸳泵站承担着仙桃、潜江两市共180万亩农田灌溉任务，多次在抗旱排涝的关键时刻，发挥过重要作用。

（黄英杰）

局部航道整治工程

一、工程概况

局部航道整治工程作为汉江中下游四项治理工程之一，是南水北调中线一期工程重要组成部分，是为解决丹江口水库调水后汉江中下游航运水量减少、通航等级降低，恢复现有500t级通航标准的一项补偿工程，全长574km。其中丹江口至兴隆河段384km按

Ⅳ航道标准建设，兴隆至汉川长190km河段结合兴隆至汉川1000t级航道整治工程按Ⅲ航道标准建设。根据各河段特点，其主要工程内容是采用加长原有丁坝和加建丁坝及护岸工程、疏浚、清障和平堆等工程措施，以维持500t级航道的设计尺度，达到整治的目的。

二、工程建设

局部航道整治工程兴隆至汉川段（与汉江兴隆至汉川段1000t级航道整治工程同步建设）于2010年5月开工建设，2014年9月施工图设计的工程项目全部完工，并通过交工验收，工程进入试运行，基本达到1000t级通航标准。

局部航道整治工程丹江口至兴隆段于2012年11月开工建设，2014年7月施工图设计的工程项目分7个标段全部按照设计要求建设完成，并通过交工验收，工程进入试运行。交工验收后，委托设计单位对全河段进行了多次观测，根据观测资料及沿江航道管理部门运行维护情况分析，库区部分河段仍存在出浅碍航、航路不畅或航道水流条件较差状况，根据航道整治“动态设计、动态管理”的原则，湖北省南水北调办（局）又对不达标河段进行了2次完善设计，已于2017年3月底完工。

三、工程投资

该工程概算总投资4.61亿元，根据湖北省港航管理局与省南调局签订代建协议，应拨付4.35亿元，截至2017年底，已到位资金4.31亿元，已完成投资4.28亿元，预计需要建设资金4.35亿元，资金基本能满足工程建设和工程完工至竣工前枯水期应急维护的需求。

四、工程效益

汉江中下游局部航道整治工程包括丹江口至兴隆河段384km按Ⅳ航道标准建设，兴隆至汉川长190km河段结合兴隆至汉川1000t级航道整治工程按Ⅲ航道标准建设。汉江丹江口至兴隆河段稳定在500t级标准，兴隆至汉川河段稳定在1000t级标准，水运物流迅猛发展，船舶载重吨位由几百吨发展到上千吨。

（黄英杰）

南水北调中线后续工作

（一）碾盘山水利水电枢纽

碾盘山水利水电枢纽位于汉江干流湖北省荆门市钟祥市境内，是国务院批复的《长江流域综合规划》中推荐的汉江梯级开发方案中的重要组成部分，已纳入国务院确定的172项节水供水重大水利工程。工程开发任务以发电、航运为主，兼顾灌溉、供水，为引江济汉工程良性运行创造条件。枢纽建成后，可有效开发汉江流域水能资源，改善汉江航道通航条件，提高通航标准，还可为钟祥市城镇供水、库周农田灌溉创造自流条件；与此同时，利用电站发电收益补偿引江济汉工程的部分年运行费用，为引江济汉工程良性运行创造条件。

碾盘山水利水电枢纽正常蓄水位为50.72m，死水位为50.32m，设计洪水位为50.72m，校核洪水位为50.84m；水库调节库容为0.83亿m^3，总库容为9.02亿m^3。电站装机容量为180MW，多年平均发电量为6.16亿kW·h。

“十三五”时期，推进完善碾盘山水利水电枢纽可行性研究报告和专项报告，推进可行性研究报告和专项报告批复及建设资金落实，争取工程尽早开工；组建项目法人并负责建设管理，加强投资控制，并推动工程建设进度，抓好安全生产，确保工程建设质量。

（二）引江补汉神农溪引水工程

引江补汉神农溪引水工程任务和目标是对丹江口水库进行补水，提高南水北调中线一期工程向北供水保证率，同时兼顾发电。

工程项目涉及湖北省恩施州巴东县、神农架林区和十堰市房县等县市区；输水线路为在巴东县沿渡河镇新建一级泵站，从三峡水库提水到上游新建的茶园桥水库及抽水蓄能电站；再在茶园桥水库末端白磷岩新建二级泵站，提水到上游新建的张家沟调蓄池，然后开凿隧洞连通到堵河上游，与龙背湾水库衔接；工程设计调水流量为200m^3/s，年调水总量为30亿m^3，工程总投资估算为200亿元。

"十三五"时期，积极配合有关部门开展南水北调中线后续工程前期准备，争取国家尽早开展引江补汉神农溪引水工程前期工作。

（武　希）

征地移民工作

（1）督办汉江中下游治理工程征迁安置自验收工作。湖北省南水北调办（局）多次组织征迁设计单位赴相关地区和单位实地督办此项工作，检查自验收完成情况及相关资料整理归档情况，截至2017年底，局部航道整治工程建设征地移民补偿项目已通过省级验收，引江济汉和31个闸站改造工程征迁市、县（区）自验收基本结束，验收资料收集到位。

（2）汉江中下游四项治理工程征地移民稳定工作。湖北省南水北调办（局）于2017年2～4月安排部署为期两个月的矛盾纠纷排查化解专项活动，并提交专项活动情况报告，摸排矛盾纠纷及遗留问题处理情况，各地普遍反映随着抓好矛盾排查化解活动，工程影响群众生活生产问题不断解决，征迁维稳态势持续良好。扎实做好"两节"和中共十九大前信访维稳工作，未发生恶性缠访和越级上访事件。

（徐中品）

生　态　环　境

河北省生态环境工作

（一）总干渠饮用水水源保护区划定与完善工作

2017年，按照国务院南水北调办要求和河北省政府的批示，依据有关法律法规和修订后的《饮用水水源保护区划分技术规范》（HJ/T 338—2007），河北省南水北调办会同河北省环保、水利、国土厅，组织开展了河北省南水北调中线总干渠饮用水水源保护区划定和完善工作。为确保划定工作依据充分、成果准确、科学合理，兼顾地方发展，在对重点区段开展外业勘察的基础上，采用实测水文地质参数，结合中线总干渠工程设计资料、调度运用规程，对河北省南水北调中线总干渠饮用水水源保护区进行了划定和完善，形成了初步成果，经过技术咨询、专家审查、征求意见和沟通协调。报经河北省政府同意，于8月17日正式颁布实施。

（二）总干渠工程保护范围划定工作

按照水利部批复的《南水北调中线干线工程管理范围和保护范围划定方案》和工作会议精神，河北省南水北调办公室和河北省水利厅联合对此项工作进行了认真研究，提出了工作原则和方案，报经省政府同意，联合下发了《关于组织开展南水北调中线干线工程保护范围划定工作的通知》（冀水建管〔2017〕54号），并在沿线各市分别召开工作会议，安排部署河北省工程保护范围划定和警示标志埋设工作。随后对存有争议的工程保护范围区段进行了协商与确定，对相关工作进行了现场督导和多次催办。沿线各县（市、区）已完成政府公告；各渠段已完成警示标志的设立。

（三）中线干线生态带建设规划编制工作

按照国务院南水北调办印发的《南水北调中线一期工程干线生态带建设规划》和河北省政府的要求，河北省南水北调办积极协调有关部门，依据国家有关法律法规，紧密联系河北省实际情况，在充分考虑省内农业、林业、住建等行业规程规范和发展规划的基础上，经多次协商和反复研究，组织编制完成了《河北省南水北调中线干线生态带建设规划》（初步成果）。经先后两次征求省直有关部门意见并修改完善后，又进一步与沿线各市政府进行了沟通与协调。后因《南水北调中线一期工程总干渠河北段饮用水水源保护区划定和完善方案》的颁布实施，生态带建设范围需进行相应调整，又组织设计单位完成了相应的报告修改，形成了报审稿。待河北省政府批复后实施。

（四）总干渠水质安全监管工作

河北省南水北调办联合省环保厅、省住房建设厅、省交通厅致函受水区各市人民政府，商请加强南水北调工程特别是中线总干渠等明渠段污染源防治力度，开展专项整治行动，共同做好南水北调水污染防治和跨渠桥梁治理超载工作。

河北省南水北调办联合省公安厅、省环保厅、省交通厅发布了《河北省南水北调工程供水安全管理公告》，明确了总干渠沿线的禁止活动和行为，设立了举报电话，加强了群众监督和水质保护。

经征求河北省环保厅、省公安厅、省交通运输厅和省水利厅等省直有关部门意见，并报经省政府同意，以河北省南水北调工程建设委员会名义向南水北调受水区各市（含定州、辛集市）人民政府和省直有关部门，印发了《关于进一步加强南水北调水质保障和工程设施保护工作的通知》，要求各市全面排查、集中整治，建立长效机制，切实保障南水北调供水安全。

（卢亚卓）

河南省生态环境工作

2017年，河南省南水北调水质保护工作综合施策，多措并举，河南省丹江口水库库区和总干渠河南段水质监测断面达标率均为100%，水质保护工作成效显著，满足调水水质要求。

（一）南水北调水污染防治

2017年初，组织召开南水北调水污染防治攻坚战动员会，对攻坚战工作进行布置安排，8月10日召开工作推进会，对攻坚战进展情况进行检查，以目标为导向，强力推进，确保水污染防治攻坚战各项任务落到实处。

（二）饮用水水源保护区调整

总干渠两侧水源保护区调整工作是完成水污染防治攻坚战任务的关键环节，2017年8月15日，河南省南水北调办通过河南省公共资源交易平台对保护区调整工作进行招标，确定中标单位。9月26日召开专家咨询会，对初步成果征求意见。11月19日召开评审会，对设计成果进行了评审。之后，发函河南省环保厅、国土资源厅、水利厅等相关厅及总干渠沿线省直辖市、直管县市政府《南水北调中线工程（河南段）总干渠两侧水源保护区调整方案》征求意见。

（三）修订配套工程水污染事件应急预案

2016年底，河南省政府重新修订并发布了《河南省突发环境事件应急预案》，对水污染应急预警提出了新要求。为了适应新形势、新要求，2017年河南省南水北调办组织有关单位重新修订了《河南省南水北调受水区供水配套工程水污染事件应急预案（试行）》，并报环保厅备案。

（四）组织开展突发水污染事件应急演练

为确保南水北调中线工程总干渠水质安全，有效应对水污染事件，提高应急处置能力，2017年11月11日，河南省南水北调办联合中线建管局河南分局开展了突发水污染事件应急演练。这是南水北调中线工程通水以来首次中线干线工程管理单位与配套工程管理单位开展的联防联控演练，也是首次举行针对投毒水污染事件开展的应急演练。

通过演练对做好应急管理各项工作，强化责任意识，完善应急体系建设，提高应急保障能力，做好应急队伍建设、物资储备、运行调度、应急处置等工作积累了实战经验。

（五）水污染风险点整治

为贯彻落实《河南省水污染防治攻坚战（1+2+9）总体方案》精神，河南省南水北调办公室印发了《关于做好南水北调中线工程水源区及输水沿线农村环境综合整治工作的通知》《关于商请将南水北调中线工程总干渠水污染风险点涉及村庄纳入农村环境综合整治的函》。与中线建管局河南分局、渠首分局逐项研究风险源，对风险源建立台账目录，并印发了《关于开展南水北调中线工程总干渠（河南段）水源保护区内农村污染源检查的通知》，请中线建管局河南分局、渠首分局、各省辖市和直管县南水北调办积极主动配合环境保护部门对总干渠保护区内水污染风险源进行排查，根据轻重缓急制定年度计划，协调河南省环保厅将水污染风险源纳入《全国农村环境综合整治“十三五”规划》，要从根本上消除南水北调总干渠河南段水污染风险。

（六）新改扩项目环境影响审查

对总干渠保护区内新改扩项目，积极配合环保部门的环评工作，严格把关，严格审核，杜绝水源保护区新上、改建和扩建污染项目，保证总干渠水质安全。2017年共对总干渠保护区内27个新改扩建项目进行了环境影响审查，其中1个存在污染风险被否决。

（七）丹江口水库水源地水质保护

推进《丹江口库区及上游水污染防治和水土保持“十三五”规划实施方案》编制工作。《丹江口库区及上游水污染防治和水土保持“十三五”规划》印发后，积极配合河南省发展改革委召开规划实施方案编制工作会议，全力推进规划实施方案及优先控制单元治理方案编制工作。2017年12月29日，河南省出台了《河南省丹江口库区及上游水污染防治和水土保持“十三五”规划实施方案》。

（八）干渠沿线生态带建设

协调河南省林业厅、有关省辖市和直管县政府加快总干渠生态带建设，督促各市县高度重视、超前谋划、强化责任、落实措施，生态带建设工作取得了显著成效，2017年上半年，总干渠焦作市城区段生态带征迁难题得到有效破解，至此，河南省总干渠两侧生态带建设征迁工作已全部完成，取得了突破性进展。落实河南省省长陈润儿对南水北调生态带建设工作的批示，督促加快剩余生态带建设进度，河南省南水北调办与省林业厅组成联合督导检查组，10月下旬对黄河北沿线各市生态带建设情况开展全面督导检查。

2017年，河南省累计完成总干渠两侧生态带建设19.14万亩，近645km，占河南省规划任务的88.6%。

（九）库区高水位水质保护

2017年秋汛，丹江口水库水位最高达166.97m，库区漂浮物大量出现，为了保护好水质，督促南阳市、淅川县做好高水位时段的水质保护工作，及时开展清漂工作。淅川县积极组织，成立了2000余人库区清漂队伍，配置清漂船18艘，累计清除水面漂浮物2000余吨，保证了水库水质安全。

为确保《丹江口库区及上游水污染防治和水土保持“十二五”规划》实施项目的平稳运行，水质持续稳定达标，河南省南水北调办多次赴水源区督导规划项目建设及运行情况，重点对已建成污水、垃圾处理厂等运行管理情况进行督导检查，并对项目运行情况提出明确要求。

（十）地下水压采

2017年，河南省受水区的地下水压采，计划封井2099眼，压采1.13亿m^3，实际完成封井 3609 眼，压采 2.06 亿 m^3。

（十一）南阳市生态环境保护工作

2017 年，组建专业管护队伍。坚持造管并重，县乡村成立三级护林小组，分包路段、地块，明确管护责任，定期巡查看护，做到树有人造、林有人管、责有人担。开展专项整治活动。市政府每年组织森林公安、林业稽查等执法部门，开展林业严打专项整治，坚决快查严办毁坏林木等案事件，保持对违法犯罪行为震慑打击态势。加强病虫害防治。坚持人工防治与机械防治相结合，重点对新造幼林进行病虫害防治，连续多年开展飞机防治杨树食叶害虫工作，有效保护了森林资源。

严格总干渠两侧保护区内新上项目专项审核，将项目审核工作作为企业环评的前置条件，严把总干渠两侧保护区项目审核关，严禁新上污染企业，2017 年共审核项目 6 个，其中否决了 1 个污染项目入驻总干渠保护区。

（十二）邓州市生态环境保护工作

2017 年，邓州市开展了环境污染专项整治。自河南全省环境攻坚战打响以来，邓州市南水北调办站在保障国家重大工程安全运行和渠首重要形象的高度，开展南水北调环境整治专项行动，会同环保、畜牧、邓州管理处和沿线 4 个乡镇组成工作组对总干渠两侧拉网式检查，共排查出涉污企业（项目）11 家，建立整改工作台账，逐乡镇、逐项目提出整改措施和整改时间节点，明确责任单位和责任人，加强工作推进，抓好措施落实，截至 11 月底，11 家潜在污染企业已全部整治到位。

认真落实养殖企业准入审核，严格按照《关于划定南水北调中线一期工程总干渠两侧水源保护区工作的通知》文件要求，划分干渠两侧一级保护禁养区、二级保护限养区面积共 12 868 亩，同时配合工商局、畜牧局对 15 家养殖企业的新建扩建进行检查，取缔了其中 4 家养殖企业的改、扩建申请，做到防患于未然。

协调林业部门，加强沿渠生态林带建设指导，补植完善、提高标准，总干渠两侧各 100m，由内向外依次修建生态林带，道路和生态经济林带共 4229 亩。同时加大宣传力度，力争使水源区和沿线区人民群众理解、支持和配合做好水源区及沿线的水质及生态环境保护，自觉加强沿线及水源区工业点源和农业面源污染治理，严禁新增污染源，保障总干渠的碧水蓝天。

（十三）卢氏县污水收集支管网工程

南水北调中线工程丹江口库区水污染防治涉及卢氏县六乡镇六个污水处理厂，总建设规模 7000t/日，工艺采用 AO 工艺。项目于 2014 年 5 月开工建设，2014 年 10 全面竣工，由于当时时间紧、任务重，与之相配套的污水收集支管网未完善，导致后来污水处理厂运行困难。

通过现场多次查看，并委托设计单位现场规划，拿出可行的六乡镇污水收集支管网初步方案。在卢氏县五里川镇、汤河乡、双槐树乡、瓦窑沟乡、狮子坪乡、朱阳关镇六个乡镇铺设污水收集支管网 39.974km，可行性研究阶段批复总投资 3894.49 万元。

卢氏县六乡镇污水收集支管网工程从 2016 年 10 开始，严格按照项目建设的基本程序，规划地形测量、项目建议书、环评、可行性研究报告、能评、初步设计、施工图审查、工程量情况编制、财政评审报告。工程的招标工作截至 2017 年底全部完成，并通过有关部门的审批审查，工程已具备开工条件，各个乡镇污水收集支管网工程已陆续开工建设。项目责任人、施工方、监理方各参建人员责任分工明确。项目建成后污水收集能力将提高 30% 左右，为已建成的污水处理厂正常运行提供有力保障，同时也确保丹江口库区水质的安全。

（李首伦　马玉凤　王　磊　司占录
石帅帅　胡代楼　崔杨馨）

湖北省生态环境保护工作

（一）中线工程水源地保护工作

截至2017年底，丹江口库区水质保持地表水Ⅱ类标准（不计总氮），“五河”水质持续改善。

（1）推动《丹江口库区及上游水污染防治和水土保持“十三五”规划》项目落地实施。通过争取，国家五部委2017年5月联合印发了《丹江口库区及上游水污染防治和水土保持“十三五”规划》，安排湖北省估算投资59.22亿元，较“十二五”规划增长63.8%。积极配合国家相关部门完成规划编制，按要求上报了规划实施意见建议。配合国家有关部门实地调研，推动规划项目实施；协助国务院南水北调办在十堰市举办《丹江口库区及上游水污染防治和水土保持“十三五”规划》实施工作培训班，系统讲解编制实施方案的基本要求。

（2）协调督促十堰市继续开展“五河”综合治理工作。争取国家将十堰市神定河、泗河、犟河、剑河、官山河综合治理项目全盘纳入库区“十三五”规划，继续督促十堰市按照《丹江口库区及上游十堰控制单元不达标入库河流综合治理方案》开展综合治理，“五河”水质持续好转，治理经验得到国家层面肯定，在2017年《丹江口库区及上游水污染防治和水土保持“十三五”规划》实施工作培训班上，作为唯一的经验交流发言，并组织代表进行了现场观摩。截至2017年底，“五河”综合治理项目已完成5大类37个，总投资17.86亿元，水质继续逐步好转，大部分断面已经基本达标。湖北省南水北调办（局）受湖北省委组织部委托对十堰市2017年度特色工作“推进城市纳污河流综合治理”项目指标完成情况进行了考核。

（3）组织调查办理涉南水北调环境保护群众举报件。积极组织十堰市相关部门核查湖北省涉南水北调网络舆情以及群众举报件，先后处理郧阳区库区生活污水排放舆情、丹江口库区网箱清理舆情举报共2件。

（二）汉江中下游生态保护工作

（1）争取国家对汉江中下游进行项目和资金支持。一是配合湖北省发展改革委完成《南水北调中线一期工程汉江中下游影响区水污染防治和生态修复规划》送审稿，争取国家将其项目纳入项目库，在重点流域水污染防治中央预算资金中予以支持，部分项目已经开始实施。二是通过湖北省人大、政协、民主党派争取国家重视汉江中下游生态环保，给予资金和项目补偿。三是配合国务院南水北调办开展“中线工程对汉江中下游影响问题研究”课题调研。四是配合湖北省政协召开提案办理协商座谈会，通过全国政协常委争取国家对汉江中下游实施长效补偿措施，同时给予项目支持。

（2）开展汉江中下游生态环保科研工作。督促南水北调中线调水后汉江中下游水文特征与趋势变化水文分析、汉江中下游水生态环境基础数据调查与研究、汉江中下游鱼类资源与产卵场跟踪调查研究等3个环保科研项目的实施进展，积极启动汉江中下游水生生物及水华现状趋势调查研究项目。

（3）开展中央环保督察反馈问题整改工作。为推进并全面完成《湖北省贯彻落实中央第三环境保护督察组反馈意见整改方案》和《整改任务清单》中明确的涉湖北省南水北调工程相关问题整改工作，湖北省南水北调办（局）先后成立整改工作领导小组和攻坚指挥部，制定了整改方案，细化整改措施，按要求上报整改工作月报、周报及工作信息。

（武　希）

陕西省生态环境保护工作

（一）概述

陕西省南水北调中线工程水源地保护范

围是汉江、丹江全流域，总面积6.52万km^2，涉及汉中、安康、商洛、宝鸡和西安5市31个县（区）。多年来年均径流量289亿m^3，其中汉江273亿m^3，丹江16亿m^3，占南水北调中线工程调水总量的70%以上。2017年，陕西省按照国务院南水北调办工作部署，落实国务院南水北调工程建设委员会第八次全体会议精神，陕西省政府专门召开会议安排部署，多措并举抓好水污染防治和水土保持工作，大力推进水源区生态环境建设，取得了积极成效，汉、丹江出省境水质常年保持在Ⅱ类，主要入库河流水质符合水功能区要求。

（二）《丹江口库区及上游水污染防治和水土保持"十三五"规划》编制工作

陕西省南水北调办按照省委、省政府要求，多次和国家确定的《丹江口库区及上游水污染防治和水土保持"十三五"规划》编制单位共同赴水源区开展调研，研究和谋划水污染防治和水土保持重点项目，提出了系统的"十三五"期间汉丹江流域水污染防治和水土保持工作方案。陕西省提出的建设方案基本纳入了国家发展改革委、国务院南水北调办等五部委研究制定的《丹江口库区及上游水污染防治和水土保持"十三五"规划》，根据规划，"十三五"期间，陕西省将整合中央预算内投资和地方配套资金，重点建设污染防治、水源涵养生态建设、风险管控三大类重点项目，总投入104.22亿元，占国家《丹江口库区及上游水污染防治和水土保持"十三五"规划》总投资196亿元的53%。同时，规划还扩大了陕西省水源保护范围，首次将陕西省西安市周至县，宝鸡市凤县、太白县列入规划，陕西省纳入规划的县（区）数量从"十二五"期间的28个增加到31个。陕西省南水北调办同步研究陕西省的规划实施意见，并委托专业规划编制单位参与研究制定陕西省《丹江口库区及上游水污染防治和水土保持"十三五"规划实施意见》。

（三）开展《丹江口库区及上游地区经济社会发展规划》实施情况后评估

陕西省南水北调办组织水源区各市和各有关厅局就国家发展改革委《丹江口库区及上游地区经济社会发展规划》实施五年来的情况进行总结，并组织赴水源区调研，听取规划实施情况的意见和建议，完成了陕西省《丹江口库区及上游地区经济社会发展规划评估报告》，并将评估结果报国务院南水北调办。

（四）承办全国南水北调系统重要会议

2017年，国务院南水北调办两个全国性的系统会议在陕西召开，即"全国南水北调系统综合管理工作座谈会""全国南水北调系统年鉴编纂工作会议"。克服人员不足等困难，积极与国务院南水北调办沟通，协调省政府办公厅等有关单位，做好会务工作，撰写领导欢迎致辞、会议经验发言材料等会议材料，圆满完成工作任务。

（五）水质污染舆情和信访工作

近年来，水源区各级政府在汉江水质保护上建机制、出重拳、下硬茬，依法严厉惩治环境违法行为，汉江、丹江流域环境保护能力不断加强，但是水源区一直面临着水质保护和经济发展难题，加上现在的媒体比较发达，群众保水护水意识不断增强，汉江、丹江流域水质污染舆情出现较快增长。2017年，国务院南水北调办转陕西省调查核实的水质污染舆情共16件，涉及水源区三市多县区。水源区各级政府和南水北调机构积极配合调查核实、及时办结并上报调查结果。2017年7月10日，陕西省汉中市城固县惠利化工厂等15家企业，因水质保护关停企业赔偿等问题到国务院南水北调办上访，引起国务院南水北调办领导高度重视，国务院南水北调办主任鄂竟平专门做了批示。按照国务院南水北调办要求，派城固县一名副县级领导赴国务院南水北调办挂职，专门负责协调解决此信访问题。

高度重视党的十九大期间等重要事件节点的稳定工作。要求水源区市县政府在重要事件节点密切关注区域内涉及南水北调工作的不稳定因素，发现苗头，及时向当地党委、政府和上级部门汇报，未雨绸缪，把问题解决在萌芽状态。

（陕西省南水北调办）

征 地 移 民

北京市征地移民工作

中线干线工程北京段征地工作此前因防洪费减免问题一直未能完成，2017 年在相关区政府的协调配合下积极推进，分别取得了海淀、丰台、房山三区的防洪费减免许可，破解了这一多年困扰工程征地结案的难题。稳定工作方面，按照国务院南水北调办文件要求，结合北京市工作实际，积极开展隐患排查治理专项行动，充分依靠属地政府，基本解决了房山区瓦井村村民关于中线干线工程北京段深挖槽处理的信访问题，同时对此前已解决的丰台区卢沟桥村集体信访问题持续跟踪，群众情绪比较平稳。

（孟德鑫）

河北省征地移民工作

2017 年，南水北调中线干线工程河北段征迁安置工作紧紧围绕保障通水运行、维护沿线稳定的大局，积极排查问题，稳妥处理矛盾隐患，扎实做好征迁收尾工作，按计划开展验收工作，维护了沿线社会和谐稳定，保障了正常通水运行。

（一）总体进展

截至 2017 年底，河北省境内南水北调中线干线工程征迁安置任务全部完成，累计完成永久征地 10.6 万亩，临时占地征用 11.9 万亩，完成电力、通信、管道等专项设施迁建 1800 处，生产生活安置人口 6.2 万人。征迁安置验收准备工作有序开展，大部分专业迁建项目完成验收，部分市县完成征迁安置档案市级验收。

（二）主要工作

河北省南水北调中线干线工程征迁安置工作，始终围绕妥善解决影响工程运行和社会稳定的突出问题来开展，正确处理各种利益关系，依法有序推进征迁安置扫尾和验收工作。

（1）征迁维稳工作。2017 年初，河北省南水北调工程建设委员会办公室印发了《关于进一步做好我省南水北调征迁安置信访稳定工作的通知》，以维护沿线社会稳定，迎接党的十九大为工作重点，开展矛盾排查，梳理征迁问题，以解决实际问题作为化解矛盾的根本途径，耐心细致做好群众工作。同时，畅通信访渠道，建立信访维稳工作联系机制，强化工作措施，出现问题及时应对、正确处置，把不稳定问题消除在萌芽状态，解决在基层。2017 年 9 月 25 日，为做好党的十九大期间维稳工作，按照国务院南水北调办维稳工作会议和河北省委、省政府有关信访稳定工作要求，河北省南水北调办公室召开全省南水北调工程征迁安置维护稳定工作会议，认真分析当前南水北调征迁工作维稳形势，对征迁问题进行再排查、再梳理、再研究，对党的十九大期间维护稳定工作进行再安排、再布置，确保万无一失。会后，建立了问题台账。对排查梳理的 16 个问题，按照解决问题的时间长短和难易程度划分成三类：对短期内能够解决的，立即采取有效措施，限时解决；对于汛期淹地、渣场水保等短时间内难以解决的，依法依规按程序解决；对于现行政策范围内不能解决的，向群众做好解释说明工作，并向当地政府报告，在当地政府领导下，做好维稳工作。

（2）征迁遗留问题。2017年2月，针对征迁安置工作面临的新形势、新任务，河北省南水北调办组织市县南水北调办，对中线干线征迁遗留问题和工程建设影响群众生产生活的问题再次进行了排查梳理，并会同南水北调中线干线工程建设管理局深入现场进行调研，研究解决措施，明确责任主体和解决时限。在地方党委政府的大力支持下，经过市、县南水北调办的共同努力，多方协调建管、施工、设计、监理等单位，重点解决了个别临时用地复垦退还、天津干线廊坊段箱涵顶部耕地受积水渍害减产损失、邢台中兴大街穿越总干渠桥梁引道建设阻断原有出行路、石家庄市杜北大街污水管道穿越南水北调中线（京石段）应急恢复工程建成初期运行管理等一批突出的征迁遗留问题，保障了群众利益，维护了沿线社会稳定。

（3）征迁验收准备工作。按照国务院南水北调办征迁工作部署和总体验收计划安排，结合河北工作实际，河北省南水北调办制定了河北省南水北调干线工程征迁安置验收计划，并组织干线工程沿线市县，有计划地推进干线工程征迁验收工作。为加快征迁安置档案验收工作，培育树立典型样板，组织现场观摩培训，实施典型带动，推进工作进程。

（贾志忠）

河南省征地移民工作

（一）概况

河南段南水北调中线工程总干渠南起淅川县陶岔渠首，北至安阳县漳河，总长731km，征迁安置涉及南阳、平顶山、许昌、郑州、焦作、新乡、鹤壁、安阳8个省辖市所辖44个县（市、区）和1个省直管邓州市。初设批复总干渠建设用地39.72万亩，其中永久用地16.52万亩，临时用地23.20万亩；需搬迁居民5.5万人；拆迁房屋面积262.01万m^2；占压企事业单位329家，占压电力线路、通信（广电）线路、各类管道4806条（处）。国家批复征迁安置总投资233.96亿元。2017年，全面启动了干线征迁验收工作，全年移交新增用地72.25亩，返还临时用地1295亩，并完成复垦退还群众耕种，保障了工程尾工建设和通水安全。

（1）临时用地返还及新增用地移交。南水北调中线干线工程河南段共使用临时用地20.5万亩。通过各级征迁机构积极协调，共同努力，2017年返还临时用地1295亩，还有690.8亩未返还，主要原因是工程正在使用或施工单位整理不到位。截至2017年底，河南省累计返还临时用地20.43万亩，其中98%已复垦退还群众耕种，维护了沿线群众的合法权益，保障了工程顺利运行。为保障工程建设有序推进，全年共移交新增用地72.25亩，满足了建设需要。

（2）征迁安置验收。为推动总干渠征迁验收工作规范开展，河南省移民办组织修订了《河南省南水北调中线干线工程征迁安置验收实施细则》，举办了河南省南水北调中线工程完工阶段征迁安置验收培训会，对全省南水北调征迁系统260余名干部进行培训。为解决基层技术力量不足的难题，通过公开招标，河南省委托中介单位协助市、县开展验收工作，并于2017年11月15日进场开展技术验收，河南南水北调中线干线工程征迁安置验收工作全面启动。

陶岔渠首工程征地501亩（含渠首闸和董营副坝），其中永久用地148亩，临时用地353亩，搬迁359人，占压企事业单位12家，迁建专项24处，征迁投资2.3亿元，项目法人为淮委陶岔渠首建管局和中线水源公司。2017年6月30日，陶岔渠首征迁安置顺利通过省级验收。

（3）资金计划调整。完成河南省与中线建管局签订中线工程征迁资金包干协议，征迁资金共计240.73亿元，包干资金已全部拨付河南省。河南省根据征迁资金使用情况，对初步设计批复的征迁资金进行了调整，编制完成了《南水北调中线一期工程总干渠河南省征迁安置投资调整报告》，并经河南省移民工作领导小组批复执行。调整结果是：河南省南水北调中线工程征迁投资共计240.73亿元，其中河南省使用229.68亿元，中线建管局使用11.05亿元。

（4）资金管理。根据国务院南水北调办要求和省级验收时间节点，制订了《河南省南水北调中线干线工程完工财务决算实施细则》（豫移办〔2017〕139号），全面启动南水北调总干渠完工财务决算工作。完成了陶岔渠首完工财务决算及财务决算说明书，对完工财务决算进行了审计，并开展了资金验收专业组的验收工作。

（二）河南省库区移民安置工程

河南省南水北调丹江口库区淹没涉及移民16.5万人，安置在郑州、新乡、许昌、平顶山、漯河和南阳6个省辖市27个县（市、区）及1个省直管市邓州市，2012年3月全部搬迁结束，全面进入后期发展阶段。2017年，丹江口库区移民稳步发展，库区移民安置通过了省级验收，持续实施移民村社会治理和“强村富民”战略，扶持发展移民乡村旅游，移民人均可支配收入达11 528元，移民社会大局稳定。2017年，河南省南水北调移民工作得到了国家有关部门的充分肯定，国务院南水北调办主任鄂竟平、副主任蒋旭光先后4次对河南南水北调移民工作作出批示肯定，河南省南水北调丹江口库区移民安置指挥部办公室被中华全国总工会评为“工人先锋号”。

（1）移民安置总体验收。针对丹江口库区移民安置省级技术验收中提出的有关问题，河南省移民办印发了问题整改通知，对有关市县开展了复核检查，并于2017年6月和12月，对各有关市、县验收问题整改扫尾又进行了综合督导，督促问题整改。省级初验技术验收发现的问题大部分已整改到位，仍然存在的如淅川县还有个别码头未完成行业验收、部分单位档案没有严格按照要求整理等在限期整改的情况下不影响省级初验行政验收。8月15日，河南省召开了河南省南水北调丹江口库区移民安置总体验收初验委员会会议，南水北调丹江口库区移民安置通过了省级初验。9月22日，河南省移民办在郑州召开全省南水北调丹江口库区移民安置总体验收问题整改推进会，进一步落实责任，确保遗留问题限期整改。

（2）“强村富民”战略实施。2017年，河南省各级各有关部门按照“强村富民”战略有关精神，制订发展规划，培育主导产业，发展壮大集体经济，促进移民增收致富。一是促进移民生产发展。坚持“扶持资金项目化、项目资产集体化、集体收益全民化”，着力加快第三批生产发展奖补、重点村等奖补项目建设，强化已建成项目的运营管理，确保了集体资产保值增值。8月22日，在平顶山市召开了河南省南水北调丹江口库区移民“强村富民”暨社会治理创新观摩会，组织与会代表观摩了郏县马湾村、宝丰县仝岭村移民产业发展和乡村旅游情况，相互学习，交流经验，收到了良好效果。二是积极推动移民企业挂牌上市。为规范河南省丹江口库区移民企业挂牌奖补措施，发挥奖补资金效果，鼓励移民企业挂牌上市，河南省移民办会同河南省金融办印发了《河南省移民企业挂牌奖补细则（试行）》。截至2017年底，河南省共有7家移民企业成功在“四板”挂牌，另有10余家正在改制和培育，逐步实现挂牌上市。三是大力发展移民乡村旅游。截至2017年底，南水北调丹江口库区移民23个旅游试点村中，19个村项目已经批复，下达省级扶持资金4640万元，涉及生态、餐饮、垂钓、采摘观光、移民创业园等。南阳、平顶山、郑州等市进展较快，其中淅川县上集镇以农游为特色的张营村、以蒙古风情为特色的贾沟村、以孔雀产业为特色的竹园村，连片打造旅游区，形成规模优势；以休闲观光、采摘、餐饮为特色的郏县马湾和新郑新蛮子营，以垂钓、餐饮为主的中牟县金源社区、荥阳市李山等村旅游产业已初具规模。截至2017年底，河南省累计投入移民发展资金27亿元，208个移民村共建成和在建生产发展项目971个，移民经济发展势头强劲，全省208个移民村村村都有集体收入，个别达到200万元，移民人均可支配收入达到11 528元。

（3）移民村社会治理创新。2017年，河南省移民村社会治理创新工作在探索中前进，在总结中提升，在移民稳定发展中发挥了重要作用。让移民群众真正参与到村级事务的决策、管理中，改变了移民的“等、靠、要”思想，移民群众走上了自我管理、自我发展、自我提升的良性发展路子，实现了移民村发展的科学决策、民主决策。创新移民村精神文明创建活动，营造了积极、和谐、健康、文明的人文环境，调动了移民群众建设美好家园和发展致富的积极性、主动性。通过民主议事会、民主监事会的正常运转，移民村事务决策和执行更加公开、透明和民主，改变了过去群众对干部不信任的状况，党群干群关系更加融洽。中国社科院将河南省移民村社会治理创新作为课题进行了研究，并形成了研究报告《河南省南水北调丹江口库区移民村社会治理创新研究》，建议该创新模式广泛推广。

（4）丹江口水库库周地质灾害防治。自2017年9月6日起，河南省淅川县先后遭受40天连续强降雨和丹江口水库高水位蓄水试验的双重影响，库周先后发生多处地质灾害和山体滑坡垮塌险情，涉及11个库区乡镇41个村移民965户453人。河南省移民办第一时间启动应急预案，先后4次到现场督促指导工作，下发了3个通知，实行日报告制度，并紧急下拨200万元的专项资金，妥善安置了受灾移民，未发生人员伤亡和重大财产损失。11月底、12月初，国土资源部和国务院南水北调办领导两次赴淅川县调研，充分肯定了河南省地灾防治工作，对地质灾害防治规划编报和灾后重建工作提出了要求。国务院南水北调办主任鄂竟平、副主任蒋旭光对河南省有关报告作了批示，充分肯定河南省的地质灾害防治工作。

（5）九重镇产业发展试点。按照国家发展改革委、财政部、国务院南水北调办等部门有关批复要求，河南省高度重视试点项目建设，省市县三级各有关部门多次召开会议安排部署相关工作，指导项目落实。根据《淅川县九重镇南水北调移民村产业发展试点2017年项目实施方案》，2017年共有5个项目，涉及淅川县九重镇7个南水北调移民村，投资总计4020万元，其中中央投资3020万元，河南省财政配套1000万元。截至2017年底，2017年度项目有序推进，已完成总工程量的70%。

（6）移民后续帮扶规划。《南水北调中线工程河南省丹江口水库移民遗留问题处理及后续帮扶规划》于2016年11月经省政府上报国务院后，为促成国家尽快审批，河南省通过各种渠道积极争取。在2017年全国“两会”上，河南省邓州籍全国人大代表、国医大师唐祖宣提出了相关议案；2017年6月23日，河南省向国家发展改革委作了专题汇报；在11月6日召开的南水北调工程建设委员会第八次全体会议上，河南省省长陈润儿就此专门提出了建议。

（7）资金管理。根据国务院南水北调办要求，河南省各级有关部门全力做好审计配合工作，并坚持“边审边改原则”，抓好问题整改，所有审计问题在审计期间全部整改到位，并通过了国务院南水北调办问题整改复核确认。举办了全省征地移民财务管理工作培训班，就南水北调移民资金管理工作、廉政教育、会计基础知识、政府采购法与招标法、南水北调完工财务决算编制等专题进行了系统培训，对南水北调完工财务决算编制提出工作要求并进行问题答疑。组织6市1直管市、27个县208亿元的南水北调丹江口库区移民项目开展完工财务决算编制工作，有序推进丹江口库区完工财务决算编报。

（8）信访稳定。2017年，河南省认真贯彻中央和省委、省政府有关信访稳定工作指示精神，突出抓好信访责任制落实，千方百计维护移民大局稳定。河南省移民办在执行“七项机制、一个办法”基础上，制订了《省移民办机关信访工作规程》，编制了《河南省征地移民信访稳控加固台账》，定期整理汇总信访事项办理情况和动态，按时上报国务院南水北调办和省信访联席办，信访工作逐步实现制度化、规范化管理。在党的十九大期间，多次召开会议研究部署并举办培训班，压实各级信访工作责任，印发了《特定利益群体稳控化解专项治理工作实施方案》《河南省移民办办机关信访稳控再加固工作方案》《关于做好依法分类处理信访诉求工作的通知》等文件，暂停干部职工休假，实行全省征地移民系统信访突发事件信息“零报告”制度，有力保障了党的十九大期间和谐稳定。

据统计，2017年到省赴京上访共39起99人次。其中，到省26起66人次，赴京上（网）访13起，无重大信访事项发生。截至2017年底，到省访已全部按时办结，赴京访办结10起，转办3起。2017年，河南省丹江口库区移民到省赴京上访件明显减少，其中平顶山、新乡、漯河，社旗、卧龙、原阳、获嘉等10个市、县（区）没有发生到省赴京上访，信访形势总体平稳，社会大局和谐稳定。

（王秋彬　王跃宇）

湖北省征地移民工作

2017年，在国务院南水北调办的正确指导下，在湖北省委、省政府的坚强领导下，湖北省移民局紧紧围绕实现移民安稳发展和工程安全通水的目标，以全省移民系统2017年度履职尽责点题督查和南水北调移民总体验收省级初验问题整改工作为抓手，迎难而上，克难而进，“稳”的基础做得扎实，“进”的目标全面实现，“求”的措施更加有力，“创新”的成效逐步显现，圆满完成移民安稳发展的目标任务。

（一）移民生产发展工作

（1）帮扶移民发展增收。鼓励引导市民下乡租赁土地、房屋，增加移民财产性收入；鼓励引导能人回乡创办实业，增加移民经营性收入；鼓励引导企业家到移民点投资兴业，增加移民工资收入。据统计，湖北全省移民共引进龙头企业66个，成立合作社384个，培育致富带头人2378人，经营工商副业536家、农家乐354家、房屋出租350套，土地流转12.5万亩。2017年累计培训593批次，18 179人；移民人均可支配收入为9960元，较2016年上涨6%。

（2）开展美丽家园建设。对重点移民村采取以奖代补的方式，在省级征收的库区基金中，每村安排200万元，撬动政府部门、社会、企业等投入1000万元，按照“三生”（生产、生活、生态）并举，“五个文明”（物质、精神、政治、社会、生态）同步的要求全面启动，并在武汉市汉南区召开全省美丽家园建设现场会。

（3）聚焦贫困移民精准帮扶。湖北全省从中央下拨的移民专项资金中按30%比例帮助贫困移民脱贫，据统计，全省南水北调贫困移民脱贫1350户、5400人。

（二）库区地灾防治工作

2017年秋汛，丹江口库区降雨超历史，

试验性蓄水超历史，地质灾害发生超历史，极大威胁库区移民生命财产安全。据统计，丹江口库区共5778户、20 514人受灾，倒损房屋484户、1217间，多处出现滑坡垮塌，库区基础设施损坏严重。面对突如其来的自然灾害，湖北省移民局在省委、省政府的坚强领导下，第一时间会同有关部门现场勘察灾情，第一时间上报国务院南水北调办和省政府。加强灾情监测，24小时值守，第一时间处理灾情。加强应急处置，指导库区地方政府制定了抢险救灾和移民安置方案，紧急转移移民122户436人，妥善安排受灾群众生活。加强灾害治理，紧急安排资金3200万元，先期启动地灾治理。国调办安排资金8332万元，启动5个项目紧急治理。通过上下的共同努力，库区群众无伤亡，取得了地灾防治工作的阶段性胜利。

（三）省级初验问题整改工作

（1）点题督查促整改。结合湖北省政府在移民系统开展的履职尽责点题督查，坚持问题导向，在全省开展初验“回头看”，全面排查政策落实、搬迁扫尾、生产质量、房屋维修等重点问题，列出清单，借重要职能部门的强大威慑力推进整改。

（2）检查督办促整改。围绕省级初验发现的问题，下发整改督办通知，组织督办专班7次检查督办，召开整改推进会，有力促进整改落实。

（3）定期通报促整改。对排查梳理的243个问题，每月通报整改进度，目前已销号234个，销号率为96%。

（4）追责问责促整改。针对丹江口市习家店镇庄子沟村移民土地整理质量差问题，湖北省移民局联合省纠风办进行内部曝光，责成丹江口市进行整改，并问责干部12名。2017年12月29日，湖北省移民总体验收委员会召开第二次会议，审议湖北省南水北调中线工程丹江口水库移民安置总体验收初验结论为合格。

（四）移民灾后重建工作

认真抓好省政府专题会议纪要（2016第38号）精神的落实，主动加强重灾区灾后重建的协调督办，共落实重点项目投资近2亿元。

（1）水毁设施全面修复。整合各类资金开展移民房屋维修、安排受灾移民生活补助，疏通排水管道，修复移民点内饮水、道路、绿化、路灯、环卫等设施，改善移民生活环境。

（2）防洪保安工程全面启动。团风县黄湖泵站已开工建设，天门市防洪安保工程已经竣工；天门市拖市镇运粮河堤加高加固工程、屈家岭管理区天门河、司马河等河流水患治理纳入了省市重点水利工程和民生工程，正抓紧建设。

（3）移民生产全面恢复。移民安置区的农田水利设施全面修复，移民恢复生产免费给种子和补贴，对贷款进行贴息。

（五）移民后续规划立项工作

湖北省移民局主动向国家发展改革委农经司、国务院南水北调办和湖北省委、省政府主要领导汇报，争取对后续规划支持；借助全国“两会”召开，将移民后续规划作为重点建议和提案提交大会，积极在国家层面呼吁和继续推动；通过湖北省委办公厅向中办报告后续规划立项；国务院南水北调工程建设委员会第八次全体会议上，黄楚平副省长汇报了后续规划立项请求，得到了国务院副总理张高丽和汪洋的认同，两位副总理对移民后续帮扶工作提出了明确要求，为今后移民后续规划工作指明了方向。

（六）移民信访维稳工作

（1）提升认识抓稳定。湖北省移民局始终将移民稳定作为工作重中之重，先后6次召开局党组（扩大）会、局长办公会专题研究移民稳定工作，在党的十九大、全国“两会”等重大活动、敏感节点都全力以赴做好移民稳定工作。

（2）完善机制保稳定。建立了移民信访台账和通报、矛盾纠纷排查化解、信息员报告、维稳值班和问责追责等多项制度，强力推进“阳光信访”信息系统建设，构建了省、市、县、乡、村共627人的信访维稳信息员网络，及时掌握移民信访稳定动态，争取维稳主动权。

（3）化解积案促稳定。对重点人、重点事主动加强政策宣传和法制教育；对移民实际困难，切实开展帮扶；对极少数钉子户、缠访户，开展责任包保，力争做到稳控在当地。2017年全省县（市、区）共接待、办理信访446批（件），其中来访246批、1984人次，信件98件，网络件102件，较上年略有下降。全省移民总体稳定可控，稳定形势好于2016年。

（七）全面从严治党工作

（1）抓责任压实。高度重视党风廉政建设和反腐败工作，牢牢抓住党风廉政建设主体责任这个“牛鼻子”，推动“两个责任”落地生根。

（2）抓理论武装。始终以“两学一做”学习教育作为提升党员干部政治素养的重要抓手，不断强化“四个意识”，打牢思想基础，不断构筑不想腐的堤坝。

（3）抓制度建设。坚持“三重一大”集体决策和招投标等制度，修订、出台了《湖北省南水北调中线工程丹江口库区移民资金管理办法》《湖北省南水北调中线工程丹江口库区移民资金内部审计办法》等，不断扎牢不能腐的笼子。

（4）抓审计稽查。推动全员稽察、全程稽察、全面稽察，实现稽察全覆盖。充分发挥稽察、审计的职能作用，坚持源头治腐，确保移民项目、资金和干部安全。

（5）抓追责问责。支持纪检部门执纪监督，积极协助驻民政厅纪检组调查问题线索13个，协助湖北省纪委函询6人次，配合纪检组开展移民资金和项目实施管理监督检查5次，2017年共问责处级干部11人，科级干部10人。

（八）资金和投资计划下达工作

（1）移民包干投资情况。中线水源公司与湖北省移民局经协商达成了协议，大坝加高工程包干协议总额为15 731.39万元，2007年追加1163.19万元，2011年追加了1314.8万元。因此，大坝加高工程包干总额为18 209.38万元。截至2017年底，南水北调中线水源有限责任公司和湖北省签订了移民投资包干协议的有控制性文物发掘保护资金35 933.18万元、库区移民安置初步设计规划配合及试点工作经费3000万元、移民安置试点资金155 057万元、环保水保费14 797.2万元、课题费750万元、信息采集费300万元、名木保护费331.32万元、地质灾害监测与防治费3678.79万元、应急地灾资金5911万元。

（2）移民投资计划下达情况。截至2017年底，湖北省移民局共下达南水北调移民投资计划2 574 212.26万元。下达丹江口大坝加高工程移民投资计划18 209.38万元，其中按项目分包括农村移民安置计划4105.61万元、城集镇迁建计划7050.36万元、工业企业迁建计划2503.15万元、专业项目复建计划326万元、有关税费计划1206.44万元、其他费用计划3017.82万元，按行政区划分包括十堰市1360.85万元、丹江口市14 427.9万元、河南省淅川县170.91万元、老河口市120.8万元、长江水利委员会设计院315.4万元、湖北省移民局1813.52万元（含有关税费1206.44万元）；下达湖北省南水北调中线工程丹江口水库库区和外迁安置区征地移民资金计划2 556 002.88万元，其中包括库区文物发掘资金计划35 933.18万元、前期规划配合费和前期试点工作经费计划2990万元、移民安置试点经费计划145 970.39万元、环保水保资金计划14 797.2万元、课题费750万元、信息采集费300万元、名木保护费331.32万元、地质灾害监测与防治费9500.6万元、高切坡治理项目49 653. 39万元、大规模搬迁资金计划2 295 776. 8万元，2017 年度安排 4459. 47 万元。

（3）征地移民资金拨入情况。截至 2017 年底，湖北省移民局累计收到南水北调中线工程征地移民资金 2 622 780. 49 万元（其中 2017 年拨付资金 40 000 万元）、丹江口大坝加高工程移民资金 18 209. 38 万元；累计收到南水北调中线工程丹江口水库征地移民资金 2 604 571. 11万元，包括试点阶段征地移民资金 149 848 万元、文物发掘资金 35 933. 18 万元、库区移民安置初步设计规划配合及试点工作经费 3000 万元、环保水保资金 14 797. 2 万元、课题费 750 万元、信息采集费 300 万元、名木保护费 331. 32 万元、地质灾害监测与防治费 9500. 6 万元、高切坡防护治理 49 653. 39万元、大规模搬迁资金 2 340 457. 42 万元。

（4）征地移民资金拨出情况。截至 2017 年底，湖北省移民局累计拨出南水北调征地中线工程征地移民资金2 445 079. 59万元，包括十堰市移民局南水北调中线工程大坝加高工程征地移民资金 15 788. 75 万元、库区（含库区和外迁安置区）征地移民资金 2 429 290. 84万元。

（5）征地移民资金支出情况。截至 2017 年底，湖北省各级移民管理机构累计支出南水北调征地移民资金 2 396 086. 37 万元，占累计下达移民投资计划 2 574 212. 26 万元的 93. 08%。其中，湖北省大坝加高工程累计支出征地移民资金 16 159. 55 万元，占大坝加高工程移民资金累计计划的18 209. 38万元的 88. 74%；湖北省南水北调中线工程丹江口水库库区和外迁安置区累计支出征地移民资金 2 379 926. 82万元，占累计征地移民资金计划 2 556 002. 88万元的 93. 11%。

（郝　毅）

文　物　保　护

河南省文物保护

（一）田野考古发掘

自 2005 年以来，河南省南水北调中线工程文物保护项目的田野考古发掘取得了丰硕成果。但是，由于受到南水北调工程施工范围和施工进度的影响，一些文化遗存丰富、学术价值很高的文物保护项目未能深入地开展考古发掘工作。为深入了解这些项目的学术价值，经报请国家文物局审批同意，河南省组织文博单位对铁岭墓地、王营墓地、小店遗址等文物点继续开展了田野考古发掘工作。

1. 南水北调总干渠

（1）铁岭墓地，位于郑州市新郑市新村镇铁岭村。2017 年，发掘春秋晚期至战国晚期墓葬 89 座，墓葬多数为土坑竖穴墓，仅发掘 1 座空心砖墓。墓葬基本为南北向分布，极个别为东西向分布。墓葬结构大致分为无棺椁、一棺、一棺一椁三类。出土陶器、玉器、骨器、青铜器各种质地遗物 60 余件。

（2）王营墓地，位于郑州市张村镇堰子王营村。2017 年，发掘东周时期至汉代墓葬 130 多座，均为竖穴土坑墓，出土铁器、铜器、陶器等文物 600 余件，其中一件有铭青铜戈尤其珍贵。这批墓葬的发掘为研究该地区历史文化、宗教信仰、埋葬习俗等提供了实物资料。

（3）小李店遗址，位于平顶山市宝丰县杨庄镇小李庄村。2017 年，发掘各类遗迹 472 个，其中灰坑有 412 个、沟 5 条、房基 5 个、墓葬7个、井43个。遗迹时代以仰韶时期为主，商代次之。经初步整理，小李店遗址规模较大，出土器物丰富，可修复器物近百件，标本近千件。

（4）五里岗战国墓地，位于安阳市汤阴县韩庄镇董庄村西五里岗东坡。2017年，发现战国时期至宋代墓葬75座，以战国墓葬为多。战国葬均为土坑竖穴，多为单椁单棺葬，墓底部有二层台。另发现大型灰沟1条。出土陶器、铜器、玉器等各类器物130件（套）。

2. 南水北调丹江口库区文物抢救性清理

为配合河南省南水北调中线工程丹江口库区消落区文物保护项目，对淅川县简营南遗址、李营遗址、门伙遗址进行了抢救性清理。

（1）简营南遗址，位于河南省南阳市淅川县上集镇简营村西南。2017年6月，郑州大学考古系对该遗址进行抢救性清理。2017年9月中旬，由于库区蓄水增加，水位上涨，该遗址发掘区被淹没，暂停发掘。从发掘情况来看，该遗址至少包含有汉代、宋元、明清三个时期文化遗存，延续时间较长。其中以汉代遗存最为丰富，出土有铜钱、板瓦、筒瓦、陶罐、陶瓮、陶盆、陶鼎等遗物，还发现有宋元时期瓷碗、瓷罐等。

（2）李营遗址，位于淅川县上集镇李营老村西约350m，属于水库消落区。河南省文物考古研究院对该遗址进行抢救性清理。共清理灰坑42个、墓葬14个、灶8个等遗迹。遗物器型有陶鬲、豆、罐等。

（3）门伙遗址，位于河南省淅川县滔河乡门伙村西侧高台地上。2017年度清理了灰坑、墓葬、房址、陶窑等遗迹141个。经过发掘可知，门伙遗址以屈家岭文化和二里头文化遗存为主体，也发现有商代、两周和唐宋时期遗存。其中较为重要地遗存有屈家岭文化的房址、窑址、墓葬，商代晚期带族徽图案的陶铃，西周时期的卜骨等，这为研究豫西南地区考古学文化的演进提供了新材料。

3. 南水北调供水配套工程的文物保护工作

（1）鲁堡遗址，位于新乡市凤泉区鲁堡社区。河南省文物考古研究院对西鲁堡村北的农田内进行了调查与勘探，勘探面积约18万m^2。结果表明，遗址面积在100万m^2以上，文化内涵丰富，以新石器时代堆积为主体遗存。

（2）吉庄龙山文化遗址，位于安阳市安丰乡吉庄村。2017年，发掘龙山至商晚期灰坑366处、窖穴46处、房基1处、窑2处、战国至唐宋时期墓葬15座。共收集出土遗物500余袋，主要有陶器残件和骨石器。根据吉庄遗址出土的折腹罐、单耳杯、陶鬶等器物特征推断此处为龙山文化后冈类型。

（3）获嘉县南水北调配套工程管理所的考古发掘，发掘区位于获嘉县县城西部、健康路西段南侧。2017年11月，获嘉县商周文物勘探服务中心进行了文物钻探，发现了古墓葬7座。之后，新乡市文物考古研究所开始进行考古发掘，共发掘古代墓葬11座，是一处古代的家族墓葬区，墓葬方向主要为南北向，整齐排列，规划有序。随葬品多为陶器，典型器物有陶案、仓、耳杯、井、灶、瓮及陶楼等，为中原地区东汉中期墓葬的典型陶器组合。

（二）地面文物保护与利用

淅川县安排丹江口库区文物稽查队进驻搬迁复建后的石桥民俗村内办公，加强对复建后古建筑的日常看护，确保民俗村内外安全，完成了复建工程一期的建设内容。二期工程的贾家大院、王家大院等三处古建筑搬迁复建后院内的绿化、道路硬化及白亭商业街复建等工程已基本完成。此外，淅川县在民俗村内架设电线，打深水井，征集民俗文物，为尽快展示民俗文物与移民文化奠定了基础。

焦作市文物考古研究所继续对南水北调河道内焦作市地面明清时期临街房、东西厢房、客位房、东西配楼、主楼房等7处古民居进行搬迁复建工作。截至2017年底，4处古建筑搬迁复建至北朱村，为古民居院落；另外的3处古建筑搬迁复建至灵泉陂村西北后，又增建1座“山门”，成为“集贤书院”。2017年，“集贤书院”已对外开放。

（三）丹江口库区消落区的文物巡护工作

2017年5～10月，淅川县出现了持续降雨天气，导致丹江口库区水位急剧上涨，使库区消落区的文物安全面临极大地危险。为了避免库区消落区的文物遭到破坏，淅川县文化广电新闻出版局加大人员及经费投入力度，充分利用丹江口库区的稽查船、无人机等巡护工具，采取日常巡护和不定期巡护相结合的方法对库区消落区所有文物点进行安全巡护。2017年，累计共出动巡护船只、车辆40余次，无人机30余次，参加巡护人员100余人次，有效地保护了丹江口库区内古墓葬、古遗址的文物安全。

（四）文物保护项目资料移交与报告出版

2017年，完成淅川泉眼沟墓地文物保护项目的考古发掘资料移交工作。

2017年，出版了考古发掘报告《阳翟古城遗址》，出版了研究专著《叶县文集出土陶瓷器》。

（五）文物保护成果展

2017年10月，在安阳博物馆举办的《流过往事——河南省南水北调出土文物成果展》展览时间到期。为了继续展示河南省南水北调文物保护的成果，河南省文物局联合郑州市文物局在郑州博物馆继续举办《长渠缀珍——南水北调中线工程河南段文物保护成果展》。该次展览布展面积4000m^2，展出文物3800余件，展览时长3年。

（王双双）

对　口　协　作

天津市对口协作工作

2017年6月，国务院印发《丹江口库区及上游水污染防治和水土保持“十三五”规划》，天津市对口协作陕西省水源区范围在原有陕西省汉中市、安康市、商洛市28个县（区）的基础上，又增加了宝鸡市的太白县、凤县和西安市的周至县，达到31个县（区）。

天津市认真贯彻落实《丹江口库区及上游地区对口协作工作方案》和《天津市对口协作丹江口库区上游地区工作实施方案》，按照因地制宜、实事求是、突出重点、示范带动的原则，2017年5月，印发《天津市对口协作陕西省水源区“十三五”规划》，明确了“十三五”期间天津市对口协作陕西省水源区工作的指导思想、基本原则、协作目标、重点任务和保障措施等，确定“十三五”期间共安排对口协作资金15亿元。与陕西省发展改革委多次沟通协商，着手研究制定《津陕对口协作项目资金管理办法》，力求进一步规范津陕对口协作项目资金管理工作。2017年投入对口协作资金3亿元，共实施生态环境、产业转型、经贸交流、科技创新、社会事业、脱贫攻坚六大类45个项目。继续加大生态环保产业与工程支持力度，实施汉中兴元新区城市水系综合治理及生态环境提升项目，通过水环境综合治理，五座小型水库的联通，水堰、排洪水口、泄洪涵洞等工程建设，形成水域面积160万m^2，总库容约488万m^{3}的城市水系，有效提高水体质量，提升区域环境；实施商洛市丹凤县金山城市生态修复项目，通过整体治理，进一步减少丹凤县东河流域的水土流失问题，保护丹江水源地，提高南水北调水质质量；实施安康硒谷动力创新创业示范基地项目，通过打造现代化众创孵化园，为创业型中小企业融资提供便利，形成良好的“双创”生态环境，进一步促进安康国家高新区并带动陕南经济发展，实现城市经济、环境、人口的协调发展。协调天津市百米马集团与陕西文投安康文化旅游产业投资公司签订战略合作协议，双方将在环保治理工程、生态农业旅游园区、创新金融投资等方面开展全方位合作。在天津市成功举办南水北调津陕对口协作第二期业务培训班，对汉中、安康、商洛、宝鸡市县两级的发改及南水北调系统业务骨干进行了水污染防治和产业转型升级方面的培训，取得了良好效果。

（天津市南水北调办）

河南省对口协作工作

（一）京豫对口协作

2017年，河南省南水北调办多次主动与北京市南水北调办就对口协作事宜进行洽谈对接，积极督促对口协作项目的实施，加快项目建设进度，发挥投资效益。配合相关部门到水源区开展对口协作调研，研究京豫对口协作的具体工作方案，对生态环保类项目进行重点关注，切实发挥对口协作项目资金在水质保护方面的引导作用。

落实南水北调京豫战略合作协议，联合举办水质保护培训班，2017年10月，组织总干渠沿线各省辖市、直管县及水源区六县南水北调办水质环保方面的管理人员30人，赴北京参加河南省南水北调水污染防治培训班。通过理论教学和现场考察，学员们系统学习了水污染防治知识，开阔了视野，熟悉了水污染防治的新技能，培训效果良好。

（二）精准扶贫

河南省南水北调办坚持把精准扶贫工作作为一项重要的政治任务，常抓不懈。围绕群众关切和需求，输血、造血双管齐下，主动作为，真抓实干。集合机关各处室、各项目建管处的力量，集中力量办实事。集合各种社会力量，围绕编制的精准扶贫规划和实业项目，确保输送的造血功能正常发挥功能。省南水北调办派驻扶贫工作队常驻现场，安排班子成员每月入村调研。组织各党支部结对帮扶14户贫困户，一对一资助8名困难家庭学生，倡议干部职工爱心捐款10万元救助贫困户子女，捐赠500册书籍组建农家书屋等，截至2017年底，累计投资3140万元，定点扶贫村肖庄村的学校、道路、饮水等基础设施基本建成，乡村旅游开发、扶贫产业、集体经济发展势头良好。

一是抓牢党建提供坚强组织保证。通过三会一课、党员活动日积极开展各种活动。结合“两学一做”学习教育，积极调整村两委干部结构。劝退一名长期在外打工的村干部，研究吸纳一名大专毕业且致富带富能力强的党员进入村“两委”班子，组织村干部到信阳、南阳等地学习、考察。发展2名新党员、4名入党积极分子，开展无职党员设岗定责活动。机关党委多次派党员深入到派驻村开展心连心、保卫美丽家园等志愿服务活动，提升了帮扶村党支部的凝聚力、影响力、战斗力。

二是完善乡村道路及公共服务设施。帮扶建设村主干道路16条，总长度26.27km，投资约900余万元，实现了组组通。协调县财政部门25万元、省派第一书记专项资金43万元，整村推进资金8万元，用于实施前后城、乔庄等5个村民组的户户通道路3.1km和70盏太阳能灯的安装，户户通道路铺设面积8600m^2，投资17.5万元对环村道路进行了绿化。出资5万元购买1000m^3石渣对组内户户通道路基础进行垫铺，栽种1500余棵红叶石楠和大叶女贞行道树。协调资金22万元，修建4个文化广场、2个文化大舞台，安装健身体育器材36台套。

三是夯实学校基础教育。投资10万元更新肖庄小学桌椅和美化装修教学楼。协调两家企业分别投资36万元和15万元援建教师宿舍楼和多媒体教室。委托当地水利部门投资10万元为学校打了一眼3m口径的水井，投资6万元重建学校公厕，添置了4万余元的学前教育器材和160套秋季校服。协调25万元建设900m^2的高标准环形跑道塑胶运动场，改善了肖庄小学体育设施。

四是保障安全饮水，升级改造电网。协调水利部门在肖庄村18个村民组建设15处集中供水点，彻底解决肖庄村用水困难。整改电路25km，安装变压器6台，提高乡村村农网供电能力和供电可靠性。

五是推动乡村旅游。协调水利部门投资210万元，对村内700m河道进行浆砌石护坡，投资300万元建设回龙湾拦河坝。与河南艾森地产集团有限公司合作开发乡村旅游，投资500万元铺设9.8km盘山旅游道路，投资300万元建设长廊亭楼、游客服务中心、下石门至上石门的木栈道、下石门至大洼段水泥路等。协助帮扶村注册成立确山县彩云谷旅游开发有限公司，负责运营村内旅游开发等，保障农村资产增值和农民特别是贫困户增收。

六是发展集体经济。发挥帮扶村天然种植优势，引进爱必励健康产业有限公司对艾草种植进行深加工，年加工艾草3000t。修建900m^2扶贫车间厂房和450kW光伏发电项目壮大村集体经济。利用省派第一书记2017年专项扶贫资金55万元，规划建设一处扶贫体验餐厅，作为村集体经济产业，助力扶贫。

（三）栾川县对口协作成果

栾川是洛阳市唯一的南水北调中线工程水源区，水源区位于丹江口库区上游栾川县淯河流域，包括三川、冷水、叫河3个乡镇，流域面积320.3km^2，区域辖33个行政村，370个居民组，总人口10.8万人，耕地3.2万亩，森林覆盖率达82.4%。

2017年，栾川县南水北调办申请南水北调相关资金。其中生态转移支付资金6314万元，对口协作项目资金3202.45万元，昌平区对口帮扶资金279.35万元。4月6日，北京途友旅游集团与栾川县人民政府旅游产业项目框架协议签约仪式暨“奇境栾川·自然不同”2017旅游产品发布会在北京举办。5月18日，北京大学第三医院薄世宁等六位危重医院科、神经外科、中医科、心脑血管科、超声科、感染科专家到栾川开展医疗扶贫工作。6月13日，北京市昌平区副区长苏贵光一行莅栾开展对口协作暨对口帮扶工作。6月17日，北京信息科技大学来栾考察，开展对口协作交流工作。6月29日，河南省南水北调对口协作现场会及座谈会在栾川召开，北京市委组织、北京市志愿合作办、北京市发展改革委、河南省发展改革委、南阳市政府、洛阳市政府、三门峡市政府、水源地6县（市）相关领导及负责同志约40人参加，一行领导先后实地调研了栾川县农业产业化龙头企业建设（奥达特食用菌技术开发有限公司）、水源区教育基础设施建设、水源区生态移民社区及配套设施建设、水源区农业种植结构调、陶湾镇西沟村昌平小镇建设项目、农村安全饮水、大红村扶贫示范点、“栾川印象”农特产品品牌建设等8个京豫对口协作项目，并在伊水湾大酒店召开座谈会，北京市、河南省等各级领导对栾川县对口协作项目建设及工作开展情况表示高度肯定。7月17日，北京农学院文法学院、北京公益服务发展促进会、人民邮电出版社、北京昌平温心社工师事务所、北京昌平区前锋小学及爱心人士们共同向水源区三乡镇捐赠140箱电子教具、图书、文具等学习用品，价值20余万元。11月15～17日，北京市支援合作办莅栾开展对口协作暨对口帮扶工作，先后调研三川镇大红村扶贫项目、三川镇生态旅游抱龙湾项目、陶湾镇昌平小镇项目、栾川印象项目、伊源玉加工项目、深山生物科技项目、佰圣旅游纪念品项目（县旅游产业集聚区）。12月12～17日，参加2017年北京市支援合作地区特色产品展销会，栾川县组织“栾川印象”、君山红果酒、深山生物科技、老君山实业等7家企业40余种产品参加北京市支援合作地区特色产品展销会。其中，川宇农业开发有限公司与北京新发地百舸湾农副产品物流有限公司签订5000万元协议，主要是“栾川印象”系列产品，包括高山杂粮、食用菌、特色林果等，可直接带动12家种植合作社和1000余户农户发展农特产品，将有效推动400余户贫困户增收脱贫。

2017年对接下达对口协作项目8个，协作资金3202.45万元，其中，精准扶贫类项目4个，协作资金2762.45万元；交流合作类项目3个，协作资金250万元。2017年栾川县居民生活饮水工程、水源地北京电视台形象宣传、对口支援地区特色产品展销已全部实施完成，其他项目正在有序实施。整合全县名优产品以“栾川印象”品牌对外销售。

（李首伦　马玉凤　杜军民　周天贵　范毅君）

湖北省对口协作工作

配合编制完成2017年度湖北省对口协作项目计划，共下达项目99个，资金2.5亿元，其中8月中旬完成2017年第一批南水北调对口协作项目计划（十堰市1.325亿元、神农架林区0.25亿元）。9月底编制完成2017年第二批南水北调对口协作项目计划，下达协作资金0.925亿元，用于支持精准扶贫类、生态环保类、公共服务类、交流合作类项目建设。

（徐中品）

陕西省对口协作工作

津陕对口协作是国家区域协作政策的重要组成部分，是国家为补偿南水北调水源区而作出的重要制度设计。2013年，以国务院批复《丹江口库区及上游地区对口协作工作方案》（国函〔2013〕42号）为标志，陕西省与天津市对口协作工作正式启动。编制了《天津市对口协作陕西省水源区“十三五”规划（2016～2020年）》。依托专业规划编制单位，和天津市对外合作交流办赴水源区进行了多次深入调研，认真听取各方意见，通过专家论证和评审，已经国家发展改革委同意并印发实施。

2017年，加大了津陕协作项目资金争取和实施力度，按照程序对协作项目进行申报、考察，安排资金3亿元，支持项目45个，总投资147.5亿元。

（陕西省南水北调办）

拾 西线工程

THE WESTERN ROUTE PROJECT
OF THE SNWDP

综　　述

概　　述

2017 年，南水北调西线工程主要开展了有关前期论证工作。根据发改农经〔2016〕2030 号《国家发展改革委关于南水北调西线工程有关问题的报告》（以下简称《报告》）对西线工程下一步工作的安排，水利部要求黄河水利委员会（以下简称黄委）编报南水北调西线工程下一步工作意见。黄委安排黄河勘测规划设计公司（以下简称黄河设计公司）编制了《南水北调西线工程重要专题研究成果及下一步工作方案》（以下简称《工作方案》）。黄委向水利部进行了多次的汇报，并与有关方面沟通，确定编制《南水北调西线工程规划方案比选论证（2017 年）项目任务书》（以下简称《任务书 2017 年》）及《南水北调西线工程规划方案比选论证项目任务书》（以下简称《任务书》）两个任务书，根据《任务书 2017 年》的工作要求，开展了相应的调研及专题论证工作。

国务院南水北调办结合新的形势，为把握南水北调后续工程的关键技术问题，委托了有关单位开展了《南水北调西线工程供需分析及相关影响研究》《西北生态发展及黄河水安全年度研究》《南水北调西线工程调水方案综述》等专题研究，组织有关专家进行实地考察及成果咨询。

黄河勘测规划设计有限公司（以下简称黄河设计公司）进行了西线专用水文站合同的续签及延续水文观测与资料整编工作。

（崔　荃）

重点研究项目

南水北调西线工程重要专题研究成果及下一步工作方案

根据国家发展改革委《报告》对西线工程下一步工作的安排，水利部策划“十三五”期间西线项目论证的顶层设计，黄委安排黄河设计公司编制了《南水北调西线工程重要专题研究成果及下一步工作方案》。2017 年 3 月黄委向水利部呈报了《工作方案》，包括三个部分，即“一、南水北调西线工程工作历程”“二、重要专题研究成果”“三、进一步开展南水北调西线工程关键问题论证工作方案”。《工作方案》全面总结了西线工程前期工作情况，梳理了 2012～2016 年完成的重要专题研究成果及结论，提出了下一步工作的顶层设计方案，拟定在四个方面进一步开展专题研究，在“十三五”期间重点开展西线工程规划方案比选论证研究。经多十多次向水利部汇报，反复讨论及修改《工作方案》，确定了西线工程下一步工作的方案，即编制《南水北调西线工程规划方案比选论证（2017）项目任务书》及《南水北调西线工程规划方案比选论证项目任务书》，两个任务书兼顾工作的轻重缓急、内容上各有侧重相互协调，成果报告纳入统一的成果体系。

（崔　荃　李福生）

南水北调西线工程规划方案比选论证（2017）项目任务书

依据《工作方案》，黄委组织黄河设计公司编制了《南水北调西线工程规划方案比选论证（2017年）项目任务书》，2017年4月18日，黄委以黄规计〔2017〕119号文报送水利部。《任务书2017年》提出，项目的工作重点是考虑2017年的研究任务，主要任务有四项，即小江调水方案深化研究（2017年阶段成果）、西线工程规划断面可调水量深化研究、调水断面下移方案研究（2017年阶段成果）、社会各界“大西线”调水设想（方案）初步分析与评价。项目研究工作由国家发展改革委和水利部统筹协调，黄委牵头组织，联合相关单位等共同开展工作。在任务书批复后12个月内完成研究工作，初步估算需工作经费1400万元。5月，根据水利部的安排，水利部水利水电规划设计总院对《任务书2017年》进行了审查，并以水总计〔2017〕485号文向水利部报送了对《任务书2017年》的审查意见，5月24日，水利部以水规计〔2017〕198号文批复了《任务书2017年》，批复基本同意《任务书2017年》提出的主要任务及工作内容，即“充分利用已有基础资料和研究成果，开展必要的水文计算机现场调研及查勘工作，深化小江调水方案研究，深化西线工程规划各调水河流调水断面的可调水量研究，开展西线调水断面下移方案研究，分析评价社会各界提出的西线调水主要代表性设想”。基本同意《任务书2017年》提出的组织形式和进度安排，项目的工作经费控制在1400万元以内。8月，黄委对“南水北调西线工程规划方案比选论证（2017年）项目”进行了公开招标，9月7日黄河设计公司中标，9月26日签订合同。8月20日~9月4日黄河设计公司组织开展了项目外业综合查勘及资料收集工作，12月底四项专题分别完成了阶段成果。

（崔　荃　李福生）

南水北调西线工程规划方案比选论证项目任务书

按照《工作方案》，黄委组织黄河设计公司编制了《南水北调西线工程规划方案比选论证项目任务书》，2017年7月，根据水利部的安排，水利部水利水电规划设计总院组织专家对《任务书》进行了专题讨论，编制单位根据专家讨论意见对《任务书》进行了补充和修改。8月24日，黄委以黄规计〔2017〕263号文将《任务书》报送水利部。8月，水利部水利水电规划设计总院组织专家对《任务书》进行了审查。12月12日，国家发改委组织专家对《任务书》进行了评估，编制单位根据评估意见对《任务书》进行了补充和修改。《任务书》提出，项目的工作重点考虑2020年前的研究任务，并与2017年已经批复开展工作的研究任务相协调，工作深度为方案研究阶段。主要研究任务包括“西线工程规划方案比选论证”和“社会上提出的大西线代表性设想或方案初步分析”两个方面，提交《南水北调西线工程规划方案比选论证》总报告和九个专题报告成果，即深化研究黄河流域上中游地区及下游引黄灌区节水潜力、深化研究新形势下黄河流域水资源供需形势、黄河河流功能需水研究及调水生态效应分析、小江调水方案深化研究、小江调水方案环境影响研究、南水北调西线工程规划已有调水方案深化研究、南水北调西线工程调水断面下移方案研究、南水北调西线工程调水区重大环境影响分析研究、社会各界“大西线”调水设想（方案）的初步分析评价。项目于2020年完成，初步估算需工作经费7629万元。截至2017年底，该项目任务书仍待批复。

（崔　荃　李福生）

西北生态发展及黄河水安全研究

2017年5月，国务院南水北调办向社会公开招标南水北调前期工作协调专项研究，黄河勘测规划设计有限公司中标《西北生态发展与黄河水安全年度研究》，于6月签订合同。合同要求研究的任务为：黄河水安全与西北生态发展状况分析；西线工程调水断面下移方案的分析研究；对社会各界提出的代表性调水设想进行梳理，宏观分析调水设想的可能性，重点对王博永调水设想进行技术可行性、经济合理性及风险等方面的分析评价；对南水北调西线下一步工作提出意见及建议。6月30日黄河设计公司完成了项目工作大纲，8月21日~9月4日初赴西线调水断面下移项目区及雅鲁藏布江干流尼洋河口—派镇河段进行现场查勘，11月7日，国务院南水北调办组织专家对“西北生态发展与黄河水安全年度研究”的初步成果进行咨询，黄河设计公司根据咨询会专家意见，对成果进行修改、完善，12月完成《西北生态发展与黄河水安全年度研究》报告，报告分为六章，第一章黄河水安全与西北生态发展状况分析，第二章南水北调西线工程方案研究历程指导思想，第三章编制依据及水平年，第四章西线工程调水断面下移方案研究，第五章社会各界西线调水设想初步分析与评价，第六章主要结论及建议，共9.8万字。报告结论如下，西北生态发展及黄河水安全受水资源短缺制约，南水北调西线调水是必要的；西线工程调水断面下移方案课降低调水比例，但存在工程规模增大等不利因素；王博永“新大西线”设想思路宏大，但缺乏工程技术基础。12月8日，国务院南水北调办组织专家对报告进行了验收。

（崔　荃　张　权）

南水北调西线工程供需分析及相关影响研究

2017年3月，国务院南水北调办政策及技术研究中心委托黄河设计公司开展“南水北调西线工程供需分析及相关影响研究”，要求跟踪西线前期研究跟踪的最新进展，在“一带一路”新战略下分析西线工程水源保障及后备水源拓展，研究西线调水对有关枢纽发电的影响和补偿。2017年11月完成研究报告，分七章，第一章绪论，第二章黄河流域水资源和能源开发利用，第三章西线工程水源保障及后备水源拓展分析，第四章新形势下黄河流域水资源供需分析，第五章考虑后备水源和新战略下西线工程水资源配置方案，第六章西线调水对有关枢纽发电影响和补偿研究，第七章结论与建议，共9.8万字。研究报告结论如下，从西线调水多年的研究看，澜沧江、怒江调水条件较差，宜先研究和实施距黄河较近、调水量适宜、工程规模小、技术难度低的通天河、雅砻江、大渡河调水方案。南水北调西线工程是解决黄河流域水资源不足的根本措施，对支撑“一带一路”战略与东西部协调发展具有重要意义。西线工程的后续水源可考虑从金沙江、澜沧江、怒江调水至黄河流域、河西走廊等西北地区。西线调水对引水枢纽坝下临近河段的水电梯级影响较大，但对长江干流的水电梯级影响较小，且可采取相应的补偿措施。为了解新形势下西线受水区社会经济的现状，课题组还组织专家到甘肃省景泰、白银等地进行了调研。11月14~15日，国务院南水北调办政策及技术研究中心组织专家对成果进行了验收。

（崔　荃　方宏斌）

南水北调西线工程调水方案综述

2017年4月，南水北调工程设计管理中心委托黄河设计公司开展“南水北调西线工程调水方案综述”专题研究。要求对西线工作六十多年研究方案的总结和概况，较全面、系统地反映了调水方案研究的思路、布局及工程特点。不仅为下阶段工程方案深入研究提供可靠的依据，而且为关心西线调水的领导、专家和有关人士了解西线调水方案提供一份较全面的参考资料。11月完成综述研究报告《南水北调西线工程调水方案综述》，分三章，第一章南水北调西线工程研究历程，第二章各研究阶段主要调水方案汇总，第三章方案综述及建议，共15.3万字，56张附图。共录入48个调水方案，涵盖西线调水工程的各个阶段，是在数百个方案中简编出的。在引水河流、工程规模、调水方式、工程措施方面有一定的代表性，系统、扼要地概括西线调水方案的全貌。《南水北调西线工程调水方案综述》时间上以年代划分，按引水河流、自流和抽水方式等依次分门别类，方案以工程指标表和线路示意图的形式反映，并对方案的布置和特点在表格中简要叙述。另外，根据合同要求，8~9月，为全面了解南水北调西线工程调水线路、规划坝址等规划方案的情况，还成立了调研组赴青海、四川和甘肃3省，对南水北调西线工程调水线路、规划坝址、受水区和专用水文站等进行了现场调研。12月22日南水北调工程设计管理中心组织专家对成果进行了验收。

（崔　荃　唐梅英）

其　他

水利部南水北调规划设计管理局朱程清局长考察南水北调西线工程

2017年8月18~27日，水利部南水北调规划时间管理局朱程清局长带领8人调研组，赴青藏高原对南水北调西线工程进行实地考察。沿甘肃省兰州市—合作市—玛曲县—青海省久治县—班玛县—四川省壤塘县—甘孜县—白玉县—青海省玉树市—共和市—西宁市的考察路线，历时10天，先后翻越10多座海拔超过4000m的高山，行程近5000km。重点对西线工程项目建议书推荐方案和调水断面下移比较方案涉及的自然地理条件、调水河段生态环境和社会人文环境等进行现场考察。依次考察了西线工程贾曲入黄口，大渡河支流玛柯河霍那坝址、杜柯河珠安达坝址，雅砻江支流色曲、泥曲、达曲的调水条件；西线调水断面下移比较方案的绰斯甲河雄拉坝址、泥曲真都坝址、金沙江白玉坝址；西线工程规划三期的通天河侧坊坝址；考察了解通天河、金沙江、雅砻江、鲜水河等的水资源条件、自然环境状况以及社会人文状况。此外，调研组还考察了黄河源扎陵湖、鄂陵湖的生态环境，黄河干流的龙羊峡、拉西瓦水电站的运行状况。

（崔　荃）

南水北调西线工程调水断面下移比较方案现场查勘

2017年8月21日~9月4日，根据《南水北调西线工程规划方案比选论证（2017

年）项目任务书》的要求，黄河设计公司精选8位业务骨干组建查勘队，对西线工程调水断面下移方案涉及的调水河流、坝址等现场，进行了为期15天的查勘。查勘前进行了充分的技术准备工作，购买区域地形图、布置引水线路、拟定调水水库主要指标、下移方案的初步比选，在初步确定了具有代表性的调水坝址及线路走向的基础上，拟定了详尽的查勘计划。查勘由东北向西南，依次查勘了大渡河干流及其支流上的斜尔尕、雄拉、双江口、克柯等坝址，雅砻江干流及其支流上的热巴、阿达、英达、两河口、真都等坝址，金沙江上的白玉坝址及引水口所在的支流赠曲。主要包括了解坝址的地形地貌、地质条件，调水河流水系分布，交通状况，气候条件，调水河流和断面上下游河段的水电开发情况等，并收集了当地社会经济资料。完成西线调水断面下移方案的现场查勘后，针对有关“大西线”的调水方案，部分队员赴西藏林芝地区对雅鲁藏布江干流尼洋河口—派镇河段进行了查勘，并了解了奴下水文站有关情况。查勘的工作区最高海拔超过4700m，最低海拔3500m左右，查勘队员克服了高寒缺氧带来的身体不适，克服了各种困难，完成查勘任务。

（崔　荃　张　权）

玛柯河班玛西线专用水文站迁建

青海省班玛县依据《班玛县修建计划（2015～2030年）》修建滨河路，影响到位于滨河路K3＋602处的班玛水文站测验断面。2017年5月19日，班玛县人民政府向班玛专用水文站的代管部门黄河设计公司行文“班政〔2017〕61号”，请示班玛县水文站拆除重建事宜。黄河设计公司与班玛专用水文站的委托观测单位青海省水文水资源勘测局沟通协商后，委托河南黄河水文勘测设计院依据有关规范编制了《班玛水文站受滨河路建设影响迁建工程实施方案》（以下简称《实施方案》），12月15日，以黄设生产技术〔2017〕3号文上报黄委。12月6日，黄委组织对《实施方案》进行了审查，审查意见认为，实施班玛水文站迁建工程项目是十分必要和迫切的；基本同意《实施方案》提出的建设目标、建设任务、建设内容、建设标准；基本同意班玛水文站的迁建地点、基础设施建设、设备配置、附属设施建设、施工组织及工程管理方案；明确黄委为工程建设项目的主管单位，青海省水利厅为行业主管单位，黄河设计公司为项目法人；班玛水文站的基本水尺断面（包括缆道操作房）迁建到原断面上游130m处，新建缆道操作房建筑面积5346m^2，施工总工期4个月，工程总投资186.87万元。

（崔　荃　李福生）

水文观测工作

2017年，四川省水文水资源勘测局继续在达曲东谷、阿柯河安斗，青海省水文水资源勘测局继续在玛柯河班玛等专用水文站进行水文测验、资料整编工作。黄委上游水文水资源勘测局继续在雅砻江温波专用水文站、泥曲泥柯、杜柯河壤塘专用水文站进行水文观测、资料整编工作。黄河设计公司对观测承担单位提交的2016年水文整编资料进行了验收、归档。与四川省水文水资源勘测局续签了达曲东谷、阿柯河安斗专用水文站为期三年的观测合同，与青海省水文水资源勘测局续签了班玛专用水文站为期三年的观测合同。

（崔　荃　李福生）

拾壹 配套工程

THE MATCHING PROJECTS

北 京 市

概 述

（1）南干渠工程。2017年主要进行38号井范围隧洞加固修补施工。8月18日~9月4日顺利完成盾构段静水压试验。

（2）大宁调蓄水库工程。永久外电源工程完成电力管道施工2553m，管井79座，完成总工程量的50%。大宁管理设施已完成施工、监理的合同签订工作，因拆迁原因尚不具备进场施工条件。

（3）东干渠工程。东干渠输水隧洞主体工程，全部排气阀井，2号、4号、6号排空井，八厂分水口已移交运行管理单位。49座独立排气阀井围栏（墙）和户外设备间安装已完成施工，电气二次施工完成，视频传输功能已投入使用。部分现地管理设施由于征地拆迁等问题，暂停施工。

（4）团城湖调节池工程。团城湖调节池工程调度中心工程目前施工单位已进场，地面清表及临建搭设工作已完成。因建筑设计方案尚未最终确定，工程尚未进入主体工程施工。

（5）密云水库调蓄工程。硬隔离防护网工程2月底完工；屯佃泵站、前柳林泵站、埝头泵站和郭家坞泵站4座舌瓣闸、兴寿倒虹吸进口安装回转式清污机工程2017年2月开工，4月完工并投入运行；密云管理设施5月底开工建设，年底前已完成主体结构施工。

（6）河西支线工程。2017年度主要进行主体工程建设。中堤泵站围堰工程已完成，主泵房完成基础混凝土灌注桩施工；园博泵站完成主泵房西侧底板混凝土浇筑，前池西侧底板及挡墙施工；明挖段钢管敷设完成1434m，占合同工程量的67%；园博园段浅埋暗挖工程5号施工竖井已完成，浅埋暗挖进尺20m；盾构段6号始发井地连墙导墙施工已完成。

（7）团九二期工程。2017年度主要进行主体工程建设。1号盾构始发井地连墙、旋喷桩、冠梁施工完成，正在进行基坑开挖及钢支撑安装施工；2号盾构始发兼接收井地连墙施工完成，正在进行冠梁及新增混凝土防渗墙施工。

（8）亦庄调节池扩建工程。杂填土清运工程2017年6月30日完工；主体工程6月18日实现开工，年底前池区土方开挖完成72.06m^3，占合同量的25%；池体挡墙混凝土浇筑完成1.4km，占合同量的45%；浅埋暗挖进水管线安装417m，占合同量的50%。

（9）大兴支线工程。按照“一会三函”新型审批机制，2017年施工一标1km先行施工建设，8月16日管道主体分部工程通过验收。8月底完成大兴支线主体工程招标工作。截至年底，工程明挖段管道安装完成1257.7m，顶管施工完成34m，排气阀井完成3座，渠道恢复完成1000m。

（北京市南水北调工程建设管理中心）

前 期 工 作

（一）后续规划

面对水资源缺口、水源安全保障、水生态环境改善等问题，按照习总书记两次视察北京的指示精神和“节水优先、空间均衡、系统治理、两手发力”的新时期治水思路，为进一步解决河水断流、地下水超采、地面沉降等生态环境问题和提高首都供水安全保障，推动城乡供水基础设施一体化，编制完成了《北京市南水北调配套工程后续规划》，并分别于2017年4月13日、5月31日通过了北京市市政府专题会和市委常委会议的审议。同时，《北京市南水北调配套工程后续规划》中“用足中线、开辟东线、打通西部应急通道、加强北部水源保护”外调水工作思路，构建“四条外部水源通道、两道输水水源环线、七处战略保障水源地、分级调蓄联动共保、水系湖库互联互通”的城乡供水格局等重点内容，《北京城市总体规划（2016～2035年）》全面采纳，为北京市南水北调后续配套工程推进提供了重要依据和支撑。

（二）大兴支线工程

大兴支线工程起点位于北京市大兴区，往南延伸至河北固安县，将连通北京南干渠与河北廊涿干渠，主要为首都新机场区域及南部地区供水，进一步支撑北京东南部重点区域的发展建设。按照“一会三函”审批要求，大兴支线工程于2016年年底前实现开工建设。2017年6月取得了北京市大兴区环境保护局《关于南水北调配套工程大兴支线工程环境影响报告表的批复》（京兴环审〔2017〕61号）。

（三）配套水厂工程

2017年，北京市南水北调配套水厂项目包括通州水厂、良乡水厂、第十水厂、黄村水厂、门城水厂、亦庄水厂、石景山水厂。其中，各项配套水厂工程前期工作及工程建设均取得实质进展，通州水厂已于2017年7月通水运行；良乡水厂已完成各单体建筑主体结构、设备安装及厂内工艺管线铺设工作，具备通水条件；第十水厂项目主体工程全部完工，已经具备通水及联合调试的建设条件。黄村水厂、门城水厂、亦庄水厂、石景山水厂正在稳步建设中。

（北京市南水北调办投资计划处）

投 资 计 划

根据北京市政府确定的工作任务，结合北京市南水北调配套工程实际进展，2017年，北京市南水北调配套工程重点推进建设东干渠（含亦庄调节池扩建）、河西支线、团城湖至第九水厂输水（二期）、大兴支线4项工程以及第十水厂、良乡水厂、门城水厂、黄村水厂、亦庄水厂、石景山水厂6项配套水厂工程。经各方努力，截至2017年底，北京市南水北调配套工程当年完成投资40.44亿元，累计完成投资352.17亿元。

（北京市南水北调办投资计划处）

资金筹措与使用管理

2017年，落实北京市内输水、调蓄等配套工程项目资本金0.9亿元，累计到位资本金116.95亿元。积极探索地方政府债券融资模式，2017年度到位地方政府债券13.49亿元，充分保障工程建设资金需求。严格按照《中华人民共和国预算法》等文件要求，规范配套工程投融资机制。积极开展北京市南水北调配套工程政府性债务检查，研究提出存量债务化解方案，并明确北京市南水北调后续配套工程建设资金全部由政府投资安排。开展征地拆迁跟踪审计、配套工程管理及工程结算专项审计工作，加强对建设资金到位及拨付、进度款支付、合同执行等情况的监管，确保工程建设资金安全、合理使用，将资金使用风险降到最低。

（北京市南水北调办投资计划处）

建 设 管 理

（1）协助项目开工工作。积极落实“一会三函”审批机制，出台了《北京市南水北调配套工程施工备案登记暂行办法》，进一步简化办理流程，在确保满足开工条件的情况下，缩短开工审批周期。大兴支线工程正按照《北京市南水北调配套工程施工备案登记暂行办法》开工建设。

（2）招投标制度建设。根据国务院南水北调办和北京市有关要求，认真梳理招投标法律法规及北京市南水北调办招投标流程，通过与相关单位反复研讨、修改，组织专家会审，及时制定了《北京市南水北调配套工程招标投标行政监督管理办法（试行）》，规范北京市南水北调办招投标行政监督管理程序，明确行政监督管理办法。

（3）招标工作。督促项目法人提前开展招标准备，满足招标条件后，立即组织开展招标工作，为项目尽早开工创造条件。积极协调解决招投标过程中关于专家抽取、招投标信息发布媒介等问题，依法及时处理招投标投诉举报，保障了招投标活动的顺利开展。2017年全年主要对团九二期工程、东干渠亦庄调节池扩建工程、河西支线工程、大兴支线工程的第三方监测工程、密云调度中心、团城湖调度中心、大兴支线工程及张坊水源工程进行了招标。2017年共启动招标9批次、25个标段，签订合同23份，签定合同金额约116 625万元。

（4）市场信用信息应用。通过梳理有关条例、办法等文件要求，同时与中国水利协会、北京市水务局、天津市水务局、中线建管局等单位积极沟通交流，提出北京市南水北调办市场信用体系建设及招投标活动采用市场信用信息的工作思路，加强北京市南水北调办对市南水北调配套工程市场主体的诚信管理。

（5）工程监督工作。加强监督管理，督促建设单位每周报送工程周报，及时掌握工程建设进展情况；按时组织召开工程建设周例会，协调解决工程前期及建设过程中的难点问题，对各单位的工作限时督办，保障了工程建设的顺利进行。同时，积极向北京市政府督查室汇报河西支线、团九二期、亦庄调节池扩建、大兴支线工程的进展情况及存在的问题，加强与各相关单位的沟通协调，努力推动新开工程建设进展。2017年共组织召开工程建设例会30余次、工程建设专题会议20余次，发布建设周报48期。

（6）工程后续工作。对于东水西调改造、通州支线、南干渠、东干渠、密云水库调蓄等处于收尾阶段的工程，针对其各自存在的问题，紧抓关键节点、强化监督，采取定期会商、关键事项重点督办、多部门联合协调的工作方式予以推进，对南干渠隧洞加固修补工程、密云水库调蓄工程渠道视频监控系统、南干渠阀井连接路工程、大宁调蓄水库外电源工程等及时跟进，予以协调，大力保障项目尾工顺利有序开展。

（7）工程验收工作。针对主体结构已完工工程，制定验收台账和计划，定期梳理验收进展。特别是积极组织开展南干渠工程（下段）通水验收工作，争取尽早为通州水厂等提供双向供水保障；认真梳理干线（北京段）工程验收遗留问题，倒查影响验收的因素，积极协调消防等部门推进相关工作。

（成钰龙　马翔宇）

运　行　管　理

（一）调水计划完成情况

2016～2017供水年度水利部下达北京市计划调水入京水量9.11亿m^3，为了保障“一带一路”国际合作高峰论坛等重大活动的用水需求，水利部调增了北京市调水指标1亿m^3，实际实施计划为10.11亿m^3。

截至2017年10月31日，2016～2017供水年度北京市南水北调工程调水入京10.32亿m^3，超增加之后的调水计划0.21亿m^3。年度来水中，向第九水厂、郭公庄水厂、通州水厂等8座自来水厂供水7.03亿m^3，占调水总量的68%；向密云水库、怀柔水库、大宁调蓄水库等调蓄设施存水1.72亿m^3，占调水总量的17%；向潮白河等地下水源地试验补水1.16亿m^3，占调水总量的11%；替代密云水库向中南海等重点城市河湖补充清水

0.41 亿 m^3，占调水总量的4%。

按照自然年度统计，2017 年 1 月 1 日 ~ 12 月 31 日，水利部下达北京市计划调水入京水量 10.57 亿 m^3，实际入京水量 10.77 亿 m^3，超计划调水 0.20 亿 m^3。年度来水中，向第九水厂、郭公庄水厂、通州水厂等 8 座自来水厂供水 7.20 亿 m^3，占调水总量的 67%；向密云水库、怀柔水库、大宁调蓄水库等调蓄设施存水 2.06 亿 m^3，占调水总量的 19%；向潮白河等地下水源地试验补水 1.08 亿 m^3，占调水总量的 10%；替代密云水库向中南海等重点城市河湖补充清水 0.43 亿 m^3，占调水总量的 4%。

由于南水北调中线惠南庄泵站冬季检修、外电源改造等原因，极大影响了南水北调进京水量，为北京市完成年度调水任务带来了困难。其中，2017 年 1 ~ 3 月，惠南庄泵站冬季检修，减少进京水量 1455 万 m^3；6 月，惠南庄泵站外电源改造施工，减少进京水量 735 万 m^3。累计减少进京水量约 2200 万 m^3，占原年度调水计划指标的 2.4%。北京市南水北调办积极协调并积极配合中线建管局，缩短泵站检修时间，并结合中线建管局检修安排，对北京段工程进行了检修加固，于 6 月成功将进京流量由 $40m^3/s$ 增加至 $43m^3/s$，达到南水北调最大进京流量，为超额完成年度调水任务创造了条件。

（二）工程运行管理情况

（1）签订委托合同。经前期与中线建管局多次沟通协调、筹备准备，2017 年 10 月 17 日上午，南水北调中线干线北京境内部分项目运行管理委托合同正式签订。该次合同的签署标志着国家正式委托北京市管理南水北调中线干线末端北京市境内的 80km 工程，有利于进一步做好干线北京段工程保护和水源保护，有利于南水北调来水与北京本地水源统筹调度，有利于提高全市水资源利用效率，保障首都供水安全。

（2）安排工程检修。结合惠南庄泵站冬季检修工作安排，协调干线管理处调整 PCCP 工程检修时间，为加大进京流量创造工程条件。2017 年 5 月 16 日，成功将进京流量由 $40m^3/s$ 增加至 $43m^3/s$，这是北京市南水北调通水以来所达到的最大流量，西四环暗涵过流量达到 $37m^3/s$，突破了设计加大流量 $35m^3/s$。同时，利用密云水库调蓄工程冬季不运行的时机，对部分泵站增设清污机、合页闸，改善泵站运行条件；对南干渠部分管段进行除险加固，确保工程运行安全，满足向通州水厂供水条件；完成郭公庄分水口、黄村分水口流量计进行率定工作，确保水量计量精细准确。

（3）保护范围划定。一方面，积极协调北京市规划国土部门、各相关区政府，形成南水北调配套工程南干渠、东干渠工程保护范围划定的一致意见，并经市政府批准同意，于 2017 年 2 月 15 日发布。另一方面，积极落实水利部关于干线工程管理范围、保护范围工作的要求，协调相关地方政府、水务、交通部门，配合中线局开展工程保护范围标识标牌设立工作。

（4）运行管理标准化建设。为确保工程运行管理科学、规范、精细、高效，启动北京市南水北调工程运行管理标准化建设。通过制定北京市南水北调工程运行管理标准化建设标准和工程运行管理标准化考核标准，为北京市南水北调工程运行管理搭建标准化框架，构建标准化、规范化指标体系，并为工程运行管理检查考核提供依据，不断推动工程管理和调度运行的规范化、精细化。

（5）穿跨越项目审批。进一步完善其他工程穿越、跨越南水北调工程的项目审查和审批程序，规范其他工程穿越、跨域或邻近北京市南水北调工程的设计和安全影响评价工作。严格按照专项方案（即规划方案）、专项设计（即初步设计）和施工方案（施工图设计、施工方案）三阶段评审，形成专项方案有沟通、专项设计重细节、施工方案重实施的工作要求。2017 年完成 10 项其他工程穿越、跨越南水北调工程的项目审查和审批。

（6）做好工程巡查检查。南水北调临时执法大队每日开展南水北调干线北京段工程巡查，对工程保护范围内的违法行为及时制止，必要时进行行政处罚；各工程管理单位每日对所辖工程进行全面巡视和检查，工程运行管理问题、安全隐患、工程占压等早发现早解决；北京市南水北调办定期、不定期的开展运行管理大检查和安全生产大检查，检查对象覆盖全部北京市南水北调工程，所发现问题列出问题清单反馈给各工程管理单位并限期整改。

（7）确保水质安全。按照输水沿线全过程监控，24 小时全天候监测的工作思路，运用实验室监测、自动监测、现地监测、应急移动监测四种方式，跟踪监测水质变化规律，全面掌握水质状况，保证水质始终受控。增加水质相关监测设备，持续提升应急监测能力。加强与科研单位合作，建立中国科学院饮用水科学与技术重点实验室南水北调研究基地，不断提升水质工作技术水平。

（三）工程效益发挥情况

（1）提升城市供水保障。人均水资源量由 100m^3左右增加到 150m^3，向自来水厂日均供水约 210 万 m^3，约占城区总供水量近 70%，中心城供水安全系数由 1.0 提高到 1.2。为中心城及城市副中心、大兴、门头沟等打通新的水源通道，促进非首都功能疏解。

（2）改善居民用水条件。一方面，南水进京后居民饮水水质有了明显改善，特别是以南水北调来水为单一水源的水厂供水范围内效果尤为突出，居民普遍反映自来水硬度明显下降、水碱减少、口感变甜；另一方面，很多市民的用水条件也得到了改善，有充足的南水保障后，北京市大规模开展了自备井置换工程，2017 年度 200 个单位和小区自备井置换任务已全面完成，已累计完成城区 465 个单位和小区自备井置换。

（3）增加水资源战略储备。密云水库蓄水量达到 20 亿 m^3，不断刷新 2000 年以来的蓄水记录。主力水厂使用南水置换密云水库水，极大减少出库水量。2014 年密云水库供水 6.62 亿 m^3，2015、2016 年供水量分别降至 1.42 亿 m^3、1.22 亿 m^3，2017 年上半年仅供水 0.6 亿 m^3，年均减少出库量 5 亿 m^3 以上。2015 年 7 月南水北调来水调入密云水库调蓄工程开始发挥效益，累计向密云水库供水 3.5 亿 m^3。2017 年共向密云水库供水 1.78 亿 m^3。

（4）遏制地下水位下降趋势。近年来平原区地下水位年均下降约 1.0m，到 2014 年底，平原区地下水超采区面积达 6494km^2。南水北调的通水为北京市提供了宝贵的水源涵养期，地下水位年降幅由 2014 年的 1.14m 减缓到 2015 年的 0.09m，尤其是 2016 年起开始逐步止降缓升，2016 年地下水位同比回升 0.52m，2017 年同比回升 0.26m。

（5）改善城市水生态环境。城市河湖水生态环境改善初显成效。替代密云水库向中南海等重点城市河湖适当补充清水 0.43 亿 m^3，与现有再生水联合调度，极大地改善了河湖水质。建成调蓄工程 4 项，增加水面面积 550hm^2。内城重点城市河湖水质有所提升，接近地表水Ⅲ类。

（张　松　贾　斌　贾天云　徐晓熠）

质量管理

严格政府监督，提前谋划、强化考核，多措并举，确保配套工程质量持续向好。一是制定质量标准规定，科学高效促质量。修订、印发《输水管道工程施工质量检验与评定标准》，编制、印发《北京市南水北调配套工程关键材料及设备采购与验收要求（试行）》及《北京市南水北调配套工程质量缺陷处理管理规定》。二是严格监督，抽查为主，质量巡查、重点检查、专项检查、质量大检查和质量监督检测多管齐下。全年共组织质量巡回抽查 135 次，专项检查 12

次，质量大检查1次，开展原材料及工程实体检测260组/次。三是强化考核，对48家参建单位2017年度质量工作进行考核，考核结果优良单位46家，合格单位2家，未出现考核等级不合格单位。

（北京市南水北调工程质量监督站）

文明施工监督

（1）明确责任。明确工程建设质量目标，落实工程建设质量责任制。2017年，共督导项目法人与新成立现场项目管理部、新项目参建单位签订质量管理责任书22份。

（2）制度规范。针对市南水北调配套工程已经进入第三阶段建设，制定并印发了《北京市南水北调配套工程输水管道工程施工质量检验与评定标准》《北京市南水北调配套工程质量缺陷处理管理规定》，进一步规范了市内配套输水管道工程施工质量检验评定与工程质量缺陷处理工作，为保证工程施工质量奠定了基础。

（3）质量监督。通过日常巡查、重点检查、专项抽查及质量集中大检查等多种手段，综合施策。2017年共组织质量巡回抽查135次，专项检查12次，质量大检查1次，形成《工程质量核查（抽查）记录表》255份，形成质量监督工作月报11期，有力保障了在建工程的建设质量。

（4）落实监督责任。对工程各参建单位质量体系建立及运行情况、质量行为、冬季和雨期施工情况及工程实体质量进行重点监督检查。2017年共发现主要质量管理人员不到岗履约等严重质量违规行为14条；质量制度内容不完善，缺少针对性等较重质量违规行为41条；施工记录填写不规范等一般质量违规行为24条，印发《质量监督检查结果通知书》10份。通过发送整改报告，并及时组织复查，确保了问题及时整改，有效落实了质量监督工作。

（5）文明施工。严格遵守《北京市建设工程施工现场管理办法》等文明施工标准规范，通过制定《文明施工工厂化标准》，严格要求在建工地落实“六个百分百”，工地出口两侧100m路面实行“三包”等标准。收到北京市住建委发布的2017～2018停工令后，主动与有关部门沟通，办理市南水北调配套工程免停工手续，严格要求建设单位高度重视“免停”工程文明施工管理，积极配合有关部门安装扬尘在线监测视频监控设备。同时，采取集中检查、随机抽查、下发整改单等方式，加大文明施工检查力度，有效促进文明施工水平大幅提升。

（成钰龙　马翔宇）

安全生产及防汛

2017年，北京市南水北调办紧紧围绕南水北调工程“稳中求好，创新发展”的总体要求和北京市安全生产“四化三体系双基”的总任务，始终坚持“安全第一、预防为主、综合治理”的方针，紧密结合工程建设和运行管理新特点、新形势，以“党政同责、一岗双责”为主线，以“四防四查”和“五个一”工作为核心，进一步健全监管体系，落实主体责任，创新监管手段，扎实开展了安全生产各项工作，确保北京市南水北调工程安全生产形势持续稳定好转，实现安全生产零责任事故。全年，共完成安全生产督察周报52期，安全督查月报12期，各类检查40余次，发现隐患300余处，下发整改通知10余份，做到责任、措施、资金、时限和预案“五落实”，实现隐患排查治理的闭环管理。

2017年，北京市南水北调办提前部署，积极应对，认真落实防汛责任制、预案、物资、队伍、隐患排查、宣传教育、培训演练、应急值守等工作。6～9月，全系统累计值守人员28 000余人次，工程巡查13 000余人次，抢险队伍备勤12 000余人次，成功面对“6·22”

"7·6""7·20""8·12""8·22"5次强降雨天气，保障了工程安全运行、调水平稳。

（北京市南水北调办应急与安全监管处）

征地拆迁

亦庄调节池扩建工程占地共960亩，已累计移交895亩，占总移交数量的93%；团城湖至第九水厂输水工程（二期）施工占地共12处，已移交8处，占总移交数量的67%，确保了全部两个盾构井顺利进场施工，剩余4处占地已完成临时占地协议签订；河西支线工程施工占地共49处，已累计移交39处，占总移交数量的80%；大兴支线工程按照"一会三函"新模式加速推进拆迁工作，涉林手续办理过程中，协调相关部门，以镇、村为单位分批申报，有效加快了手续办理及施工场地移交速度，施工占地共33.4km，已累计移交19.75km，占总移交数量的59%。东干渠工程大兴段权属审查工作完成，东干渠调度中心用地完成移交；南干渠工程丰台区权属审查指界工作基本完成；南水北调来水调入密云水库调蓄工程海淀段征地协议签订完成；大宁水库调蓄工程小哑叭河段住宅拆迁工作启动，现场实物量清登工作完成；团城湖调节池工程完成征地组卷工作并完成手续申报。2017年完成征地拆迁投资共计6.61亿元。其中，南干渠工程完成投资124.25万元，亦庄调节池扩建工程完成投资15 584.26万元，团城湖至第九水厂输水工程（二期）完成投资6120.07万元，河西支线工程完成投资4094.71万元，大兴支线工程完成投资40 157.92万元。

（雷 泽）

科技创新

（1）充分发挥专家委咨询作用。重新梳理了北京市南水北调专家顾问委员会名单，从工作任务、组织管理、权利义务、经费等方面，规范专家顾问委员会的各项工作。全力打造多专业，高水平的南水北调专家团队，充分发挥专家的个人专长，以期在研究制订我市南水北调发展战略、研讨重大技术难题、检查指导各项工作等方面发挥咨询作用，提高决策水平。2017年开展专家咨询活动共80次。

（2）跟踪研究工程发挥效益情况。引导推进"密云水库调蓄南水北调来水后库区水质及水生态演变"项目研究，跟踪并掌握南水北调来水入库后其水质水生态变化趋势，及时梳理研究成果；针对南水"喝、存、补、替"利用原则，梳理统计来水利用情况，分析评估南水北调效益；进行《潮白河、北运河"清水长流"调度方案》研究，探索密云水库补偿调节库容为城市主要河道生态补水的可行性、途径及补水范围，为潮白河、北运河"清水长流"提供水资源支撑，助力城市副中心水生态文明建设。

（3）科技项目。2017年5月，北京市南水北调水质监测中心牵头承担的"南水北调水质健康效应评估体系标准化研究及应用"项目，纳入北京市科委"市委市政府重点工作及区级政府应急项目"，取得北京市级科技资金300万元；11月，"南水北调来水藻类水华风险及应对关键技术研究"顺利结题。

（4）推广配套工程科技成果。梳理配套工程开工以来的各项科技项目，完善台账，整理出一套覆盖规划理念、设计思路、施工技术、管理运行等多方面的成果资料，从中找出重点、深入挖掘、推广应用。编制《北京市南水北调工程科技成果集》收录各类科技创新成果19项。全系统技术人员在各类出版期刊发表论文34篇。完成2017年中国水利学会调水专委会的论文征集工作，共征集稿件21篇，组织北京市南水北调办系统论文作者及相关业务骨干8人参加了中国水利学会学术研讨会。

（成钰龙 马翔宇）

天 津 市

概 述

按照《天津市南水北调中线市内配套输配水工程修订规划》，天津市南水北调配套工程主要包括城市输配水工程、自来水供水配套工程两部分。其中，城市输配水工程主要包括中心城区供水工程、滨海新区供水工程、王庆坨水库工程、北塘水库完善工程、引滦供水管线扩建工程、工程管理设施及自动化调度系统等，自来水供水配套工程主要包括西河原水枢纽泵站和西河原水枢纽泵站至宜兴埠泵站原水管线联通工程。规划匡算总投资134亿元，共包括20个单项工程。

2006年6月，结合城市路网建设，天津市启动了配套工程建设，按照配套工程与干线工程同期建成、同步发挥效益的原则，积极有序地推进配套工程建设，实现了配套工程建设质量、安全、进度协调发展。截至2017年底，累计完成投资105.62亿元，中心城区供水工程，滨海新区供水一、二期工程，曹庄泵站工程、尔王庄水库至津滨水厂供水工程、西河原水枢纽泵站工程、西河原水枢纽泵站至宜兴埠泵站原水管线联通工程、引江向尔王庄水库供水联通工程、北塘水库完善工程和北塘水库维修加固工程等10项配套工程建成生效，顺利实现了与中线干线工程同步发挥效益的目标。工程质量全部达到设计要求，单元工程质量合格率达到100%，优良率保持在90%以上，安全生产稳定受控。

2017年，天津市南水北调配套工程计划投资7.224亿元。截至2017年底，实际完成配套工程投资7.46亿元，占中期调整后计划投资的103%。引江供水系统整体运行平稳、水质良好，圆满完成2016～2017供水年度10.29亿 m^3 调水任务，创南水北调中线工程通水以来最高纪录。全年水质常规监测24项指标始终保持在地表水Ⅱ类标准及以上，引江供水发挥出了更大的综合效益，供水范围覆盖全市14个行政区，910万城乡居民从中受益。

（天津市南水北调办）

前 期 工 作

2017年6月21日，天津市发展改革委批复《天津市南水北调中线市内配套输配水工程修订规划》，合理调整市内配套工程项目布局，为配套工程更加适应区域经济发展和环境变化需求奠定了规划基础。4月17日，天津市发展改革委批复了北塘水库维修加固工程可行性研究和初步设计合并的实施方案。5月24日，天津市发展改革委批复了宁汉供水工程泵站工程可行性研究报告，7月4日，依据天津市发展改革委核定的工程概算，天津市南水北调办批复了宁汉供水工程泵站工程初步设计报告。7月26日，依据天津市发展改革委核定的工程概算，天津市南水北调办批复了宁汉供水工程管线工程宁河及汉沽支线新建工程部分初步设计报告。9月14日，依据天津市发展改革委核定的工程概算，天津市南水北调办批复了征用14.4km宁河北水源管线的资产评估报告，并将该部分投资纳入项目工程概算。4月19日，天津市发展改革委批复了武清供水工程泵站工程可行性研究报告；6月29日，依据天津市发展改革委核定的工程概算，天津市南水北调办批复了武清供水工程泵站工程初步设计报告。5月9日，依据天津市发展改革委核定的工程概算，天津市南水北调办批复了武清供水工程管线工程（A0+000～A32+880段）初步设计报告；结合工程路径规划办理情况，项目法人开展了A32+880至武清供水工程管线工程末端（武清区引滦第二水厂）段管线工程初步设计工作。10月26日，天津市发展改革委批复了西河泵站至凌庄水厂红旗路线DN2200原水管道重建工程项目建议书。同时，做好在建工程设计变更审批工作，为工程建设顺利进行节省了时间。

（天津市南水北调办）

在 建 项 目

引江向尔王庄水库供水联通工程建成通水，先后7次向北部除蓟州区外的原引滦覆盖地区输水2.82亿m^3，实现了南水北调中线工程、引滦工程双水源互通。北塘水库维修加固工程投入使用，共存蓄水3383万m^3，为滨海新区做好水源储备。王庆坨水库工程已基本完成围坝回填及泵站主体工程。宁汉供水工程管线工程累计完成管道安装25km；泵站工程正在进行土方开挖、支护打桩等施工；宁河及汉沽支线工程正在进行征迁和规划路线调整等前期工作。武清供水工程管线工程已完成管道安装1km；泵站工程已完成基坑开挖、外电切改等工作，正在进行大口井降水。2017年，所有在建配套工程各在建工程项目已验单元工程一次验收合格率100%，优良率达到90%以上，安全生产始终稳定受控，未发生有影响的扬尘问题。

（天津市南水北调办）

投 资 计 划

2017年初，天津市南水北调配套工程年度投资计划安排12.1244亿元。2017年中期，因清理政府性债务资金渠道调整变化和工程建设征迁困难等实际情况，2017年度投资计划调整为7.224亿元，较原计划减少了4.900 4亿元。

加强投资计划执行的管理和监督，按季、月、周分解年度投资计划，细化计划管理、影响因素和落实措施，以周保月、以月保季、以季保年，保证投资计划完成。2017年实际完成投资7.46亿元，为年度计划投资的103%。其中：王庆坨水库工程完成投资1.89亿元，为年度投资的114%；宁汉供水工程完成投资2.37亿元，为年度投资的100.3%；引江向尔王庄水库供水联通工程完成投资1.98亿元，为年度投资的100%；武清供水工程完成投资0.78亿元，为年度投资的100%；市内配套工程管理设施一期工程完成投资0.22亿元，为年度投资任务的100%；北塘水库维修加固工程完成投资0.22亿元，为年度投资的100%。

（天津市南水北调办）

资金筹措与使用管理

积极筹措建设资金。2017年9月，面对因清理政府性债务资金渠道调整变化造成的严重资金困难，经市政府同意，市财政局及时落实了市财政补助资金5.09亿元，暂时缓解了工程建设资金压力。不断加强投资计划执行管理和监督。狠抓投资计划分解落实，完善投资完成情况月报制度；强化分解目标落实情况的监督检查，定期现场核实检查，建立工程建设季报告制度；并及时协调市发改委下达投资计划。加强建设资金监管，委托中介机构对配套在建工程投资计划、资金和合同管理情况开展专项检查，涉及建设资金29.3亿元，及时发现并整改相关问题；完成了尔王庄水库至津滨水厂供水管线工程财政结算；配合国调办完成了干线征迁完工财务决算报表审计工作。

（天津市南水北调办）

建 设 管 理

全面落实质量安全管理责任制，强化质量、安全、扬尘监管，积极推进施工形象进度，如期实现监管目标。各在建工程项目已验单元工程一次验收合格率100%，优良率达到90%以上，安全生产始终稳定受控，未发生有影响的扬尘问题。质量安全监督检查持续高压，形成了质量、安全、施工形象进度日常巡查、每月核查、专项稽查、专家检查、不定期飞检和管理考核多种手段相结合的监督检查机制。日常巡查责任到人，全年共开展日常监督检查80余次，发现一般问题210余项次，及时监督问题整改；按照工程建设月进度指标，现场逐一详细核查，对未完成指标的，调查分析原因，督促项目法人制定改进措施；联合局安监处对引江向尔王庄水库供水联通工程进行专项稽查，发现工程前期设计、建设管理等方面的问题10项，并督促有关单位完成整改；两次邀请专家对王庆坨水库工程施工现场实体质量和安全进行专项检查，提出整改建议5项，提升了检查实效和水平；开展14次管线工程焊接质量监督飞检，发现问题5项，均监督整改到位；对6家管材供应单位开展现场检查，发现问题3项并监督整改到位，确保管材质量满足施工需要；同时，扎实做好在建工程防汛工作，共开展5次防汛专项检查、10次不定期监督检查，发现问题20余项次，并及时进行了督促整改，确保了工程度汛安全；制定了配套工程建设管理考核办法及考核标准，加强对项目法人质量、安全、进度等责任制落实情况的考核，起到了有效督促和推动作用。不断强化责任追究，深入分析南干线管道漏水原因，区分责任，对相关责任单位和责任人进行了通报批评、约谈等责任追究，为避免今后出现类似问题树立了规矩。加大技术指导力度。规范施工质量标准，编制了钢管焊接质量控制方案，并率先在引江向尔王庄水库供水连通工程中实行，该工程自2017年5月通水至今，未出现管线焊接质量问题。统一钢管焊接质量评定标准，委托市焊接协会制定了钢管焊接工艺评定、工艺规程和作业指导书，确保钢管焊接施工质量。针对水库可能出现的漏库问题，认真组织调研论证，为科学决策提供了有力支撑。加大招投标监管和工程验收推动力度。加强招投标过程监督管理，全年配套工程招投标工作中未出现违法违纪问题。加大工程验收推动力度，市调水办成立工程资料管理工作小组，印发《关于加强南水北调配套工程资料管理的通知》，规范工程验收资料，对在建工程资料进行全面检查，为下一步工程验收奠定了基础。扬尘治理成效显著。严格落实各项扬尘防控措施，加大扬尘防控检查频次，共对在建工程施工现场突击检查15次，发现问题9项，下达整改通知两次，确保了环保督查期间不出问题。

（天津市南水北调办）

运 行 管 理

2016～2017供水年度，水利部批复天津市南水北调中线各分水口门调水计划总量为10.09亿m^3（城市供水7.59亿m^3、环境供水2.5亿m^3）。其中：2016年10月31日，水利部下达《水利部关于印发南水北调中线一期工程2016～2017年度水量调度计划的通知》（水资源函〔2016〕410号），批复天津市调水量为9.04亿m^3；2017年5月27日，水利部下达《水利部办公厅关于调整南水北调中线一期工程天津市2016～2017年度供水计划的函》（办资源函〔2017〕576号），新增天津市调水量0.55亿m^3；8月24日，水利部下达《水利部办公厅关于调整天津市2016～2017年度南水北调中线一期工程供水计划的函》（办资源函〔2017〕1005号），再次增加天津市调水量0.5亿m^3。

2016年11月1日~2017年10月31日，中线建管局向天津市调水量为10.4亿m^3（中线建管局王庆坨连接井流量计表读数），完成调水计划的103.1%。天津市调水量为10.29亿m^3（各水厂进口流量计表读数），完成调水计划的102%，其中，向新开河、芥园、凌庄子、津滨、塘沽、开发区水厂和北塘水库供水6.387亿m^3；经引江向尔王庄水库供水联通工程向北部地区供水1.526亿m^3；向海河补水2.3776亿m^3。

截至2017年底，天津市南水北调配套工程投入运行的主要包括“4线5站1库”，分别为：中心城区供水工程的西干线、西河原水枢纽泵站，负责向中心城区供水；滨海新区供水工程的曹庄泵站、南干线，负责向滨海新区供水；尔王庄水库至津滨水厂供水工程的引滦入津滨管线，负责向环城区域供水；北塘水库完善工程的北塘水库、塘沽水厂供水泵站、开发区水厂供水泵站，负责向滨海新区供水；引江向尔王庄水库供水联通工程的永清渠管线、永清渠泵站，负责向北部地区供水。

2017年，按照“初期安全、中期规范、远期精细”的管理思路，天津市南水北调工程运行管理单位紧紧围绕引江安全供水中心任务，以工程管理考核为抓手，完善制度，强化监管，保证了引江供水系统整体运行平稳、水质良好。完善调度运行管理标准化体系。市南水北调办与水务集团建立了运行管理联动机制，及时了解、掌握各运行管理单位工程、供水、检修、抢修及巡查巡视情况，做到心中有数；督促各运行管理单位认真落实安全生产责任，积极开展安全生产自查自纠活动，做到及时发现整改安全隐患和问题；组织开展安全生产督查活动，重点开展春季消防、夏季防汛、冬季安全以及全运会、十九大期间等重点时段、重要节假日运行工程安全检查，以输水管线、泵站、闸门、变电站、水库等工程设施为重点，进行隐患排查和治理，建立台账，完善措施。全年共开展日常巡查8次、专项检查8次，确保了配套工程运行安全、供水安全。

（天津市南水北调办）

科技工作

2017年12月，天津市南水北调办组织对《天津市南水北调中线配套工程王庆坨水库液化防治技术研究》（第二阶段）进行项目验收。地震液化防治是事关王庆坨水库安全的关键技术问题，该技术研究项目是在施工过程中选取典型坝基段进行液化加固处理试验，通过开展野外试验、室内试验、有限元数值计算，检验液化加固处理效果，验证液化处治措施的可行性，优化了液化加固措施，指导了工程施工。该项目研究成果已应用于王庆坨水库施工中。

（天津市南水北调办）

河北省

概述

河北省南水北调受水区包括石家庄、廊坊、保定、沧州、衡水、邢台、邯郸7个设区市和辛集、定州等92个县（市、区）。南水北调配套工程分为水厂以上输水工程和水厂及配水管网工程两部分，水厂以上输水配套工程由省级主导负责，水厂及配水工程由各市、县负责。水厂以上输水配套工程自2013年全面开工建设。至2017年6月底，河北省水厂以上输水配套工程全部建成，线路总长2056km，概算投资283亿元，年输水能力30.4亿m^3。

（郭世娟）

前期工作

先后完成了邢台市管理处、辛集泵站供电、西南－东南管线穿铁路群、西南－东南管线增设旋转滤网、白村首部清污设施、西南－东南管线科技大学段沟槽挖填、增设永洋特钢分水口等6项重大设计变更的审查和批复；完成了石津干渠框格绿化1项设计变更的技术审查，正在抓紧督促设计单位进行修改。完成了成安县城新区改迁段、石津干渠增设拦污设施专题设计的审查和审批；完成了石津干渠视频加密专题设计的审查工作，正在组织设计单位修改完善。

组织完成了河北省南水北调配套工程固安支线可行性研究报阶段的各项前期工作，包括工程测量、地质勘察、征迁设计及可研报告（代项目建议书），完成了规划选址意见书、土地预审、地质灾害评估和压覆矿产资源评估前期要件的批复，完成了省水利厅行业审查意见。编制完成了环境影响评价报告、防洪影响评价报告、水保方案。经过多次与北京市的协调，主任办公会专题研究，明确了工程建设管理体制和投资体制。目前，可行性研究报告已经省发改委批复。

继续组织开展河北省南水北调配套工程廊坊市北三县供水工作各项前期工作。经过实地勘察、设计方案比选、技术论证，并与北京市反复沟通协调，确定了工程线路方案、工程建设方案、建设管理体制、筹资方案和水价核定原则。经征求廊坊市和三河市政府意见，并报经河北省政府同意，河北省南水北调办已与廊坊市进行了沟通协商和工作部署。

认真研究并积极配合国家开展东线一期工程北延应急供水和东线二期规划工作。按照水利部有关要求，组织设计单位有序推进规划编制的各项工作。

河北省南水北调办组织设计单位对南水北调中线工程向雄安新区生产生活供水及生态补水工程的口门设置、线路布设、输水方式等工程方案进行了现场查勘、技术交流和分析研究，编制形成了《南水北调中线保障雄安新区供水方案》初步成果，并报送省政府。

（卢亚卓）

运行管理

按照水利部下达的南水北调中线一期工程2016～2017年度水量调度计划，河北省南水北调办会同河北水务集团研究制定了《河北省南水北调工程2016～2017年度水量调度计划编制与执行办法》，明确了程序和责任，规范了计划管理。河北水务集团编制并印发了《河北省南水北调配套工程运行初期水量调度办法》，进一步规范了南水北调水量调度工作。

按照第六次建委会会议精神和省政府《关于建立健全水价调整补偿机制的意见》《推进南水北调配套工程建设和江水利用实施方案》要求，河北省南水北调办公室全力推进南水北调水源切换工作，督促受水区市、县政府认真履行三年过渡期供水协议；会同省住房城乡建设厅开展江水切换攻坚行动，128座地表水厂中124座实现了稳定供水。按2016～2017供水年度（2016年11月1日～2017年10月31日）计，实际利用江水7.32亿m^3，超额完成了水利部下达的6.48亿m^3用水计划（配置当地地表水1.3亿m^3）。按自然年度计，2017年河北省消纳江水10亿m^3，完成了河北省政府确定的全年引用江水9

亿 m^3 以上的目标任务。

（卢亚卓）

验收工作

2017年，河北省南水北调配套工程陆续建成通水，征迁安置任务基本完成。所做主要工作：一是解决征迁遗留问题。深入征迁一线，现场研究解决方案，落实责任，加强督办，限时解决。二是督促临时用地退还。协调解决临时用地复垦退还遇到的有关问题，研究解决意见，确保了工程建设临时用地及时退还群众耕种。三是开展配套工程征地组卷。河北省南水北调办公室通过召开配套工程征地组卷调度会议，致函有关市政府，加大政府力度，督促市县加快征地组卷工作。四是组织开展征迁安置验收工作。制定征迁安置验收工作计划，指导市县开展征迁档案和专业项目迁建等专项验收，培育先进典型，协调推进验收工作开展。

（贾志忠）

河南省

概述

2017年，贯彻落实2017年度河南省南水北调工作会议精神，按照稳中求好、创新发展的工作总基调，强力推进自动化调度系统建设，加强投资控制，严格变更索赔审批，扎实开展干线调蓄工程前期工作，加强其他工程穿越配套工程审批，积极协助地方政府加快新增供水目标前期工作。

（一）《河南省南水北调“十三五”专项规划》进展

（1）中线干线调蓄工程前期工作。新郑观音寺调蓄工程，国务院南水北调办投计司组织召开观音寺调蓄工程立项工作协调会，研究建立了观音寺调蓄工程立项机制。新乡洪州湖调蓄工程，明确了由国电投河南分公司牵头，中线建管局配合，各级南水北调办协调，积极推进项目前期工作。

（2）新增供水目标前期工作。2017年1月5日，河南省南水北调办在登封组织召开登封供水工程建设协调会，河南省南水北调办副主任杨继成、河南省南水北调办投资计划处、建设管理处，郑州、许昌市南水北调办，登封市政府，登封市水务局，禹州市南水北调办，河南省水利设计、河南省水利勘测公司参加了会议；7月13日，河南省南水北调办在郑州组织召开了登封供水工程方案协调会，河南省南水北调办主任刘正才、副主任杨继成，河南省南水北调办投资计划处、建设管理处，郑州、许昌市政府及南水北调部门，禹州市、登封市分管领导及有关部门，河南省水利设计、河南省水利勘测公司参加了会议；12月22日，河南省南水北调办在禹州组织召开南水北调登封供水工程建设协调会，河南省南水北调办副主任杨继成、河南省水利厅副厅长杨大勇、郑州市政府副秘书长冯卫平、许昌市政府副秘书长杨春香以及有关部门负责同志，登封市、禹州市人民政府及有关部门负责同志，河南省水利设计公司和河南省水利勘测公司等单位负责同志参加了会议。6月22日，南水北调中线建管局在北京召开了内乡供水工程穿越邻接总干渠淅川段专题设计及安全影响评价报告审查会。7月25日，中线建管局在北京召开了南水北调开封供水工程利用十八里河退水闸分水专题设计及安全影响评价报告审查会。中线建管局组织河南省水利勘测设计研究有限公司进行了河南省境内现有水库与总干渠连通工程的课题研究，11 月中线建管局召开会议，设计单位就课题研究情况进行了汇报，鸭河口水库、孤石滩水库、燕山水库、昭平台水库、白龟山水库、盘石头水库具备与总干渠连通的可能性。

（二）中线工程变更处理

截至 2017 年底，累计处理干线工程变更索赔 7082 项，占总数量的 99.35%，批复资金 89 亿元。严格变更索赔审查，对 169 项缺乏基础资料支撑的变更索赔予以销号处理。针对施工降排水、土石方平衡等情况复杂、定性定价难度大的变更索赔项目，积极与中线局沟通协商，明确了处理原则和思路方法。

（三）自动化调度与运行管理决策支持系统建设

配套工程规划通信线路总长 803.76km（其中设计线路总长 751.52km，包含配套线路总长度 600.38km、总干渠线路总长 151.14km；新增项目线路总长 52.24km）。2017 年累计完成设计线路施工 717.38km，同比完成率 95.5%；完成 2017 年新增项目线路施工 25.4km，同比完成率 53%。流量计总计 167 套，整套安装完成 130 套，部分安装完成 25 套，未安装 12 套。2017 年全部完成了具备安装条件的省调度中心及濮阳、许昌、南阳三市的设备安装。

（四）配套工程设计变更

2017 年，共审查批复配套工程设计变更 5 项，与相关地市配套工程建管局联合审查了 17 个管理处所的施工图及预算。截至 2017 年底，配套工程变更索赔台账 2056 项，预计增加投资 11.88 亿元。已批复 1596 项，占总数的 77.63%，增加投资 4.27 亿元；尚有 460 项待批复，预计增加投资 7.61 亿元，其中 100 万元以上变更 167 项（含监理延期服务费 53 项），预计增加投资 6.93 亿元，100 万元以下变更 293 项，预计增加投资 6741 万元。2017 年共审查批复了 21 项其他工程穿越配套工程专题设计。2017 年批复了南阳供水配套工程管理设施完善项目设计方案。

（五）配套工程投资控制

截至 2017 年 9 月底，配套工程已累计结算资金 1 186 317 万元，剩余资金 314 553 万元，预计仍需支出 248 571 万元，概算投资预计结余 52 190 万元。其中工程部分结余 17 262万元，征迁部分结余 80 369 万元，建设期融资利息结余 -45 441 万元。若加上中央预算内资金支持新乡的 8162 万元和支持南阳的 4300 万元，配套工程投资预计结余 64 652万元。

（王海峰）

运 行 管 理

在国家和河南省南水北调工程运行管理体制机制尚未明确的情况下，河南省南水北调办按照河南省委、省政府统一部署，工作重点由建设管理向运行管理转变，成立河南省南水北调配套工程运行管理领导小组，组建运行管理办公室，安排专人负责运行管理工作。2017 年，河南省南水北调配套工程运行平稳、安全，全省共有 35 个口门及 14 个退水闸开闸分水。

河南省南水北调办（建管局）负责全省配套工程管理工作。负责全省工程运行调度，下达运行调度指令；负责工程维修养护管理；负责供水水质监测；负责水量计量管理及水费收缴；负责拨付运行管理经费；负责工程安全生产、防汛及应急突发事件处置管理；负责工程宣传及教育培训；完成上级交办的其他事项。

各省辖市、省直管县（市）南水北调办（配套工程建管局）负责辖区内配套工程具体管理工作。负责明确管理岗位职责，落实人员、设备等资源配置；负责建立运行管理、水量调度、维修养护、现地操作等规章制度，并组织实施；负责辖区内水费征缴，报送月水量调度方案并组织落实；负责对省南水北调办（建管局）下达的调度运行指令进行联动响应、同步操作；负责辖区内工程安全巡查；负责水质监测和水量等运行数据采集、汇总、分析和上报；负责辖区内配套工程维修养护；负责突发事件应急预案编制、演练和组织实施；完成省南水北调办（建管局）交办的其他任务。

在《河南省南水北调配套工程供用水和设施保护管理办法》（河南省人民政府令第176号）出台后，河南省南水北调办2017年先后制定印发《河南省南水北调配套工程日常维修养护技术标准（试行）》（豫调办建〔2017〕12号）、《河南省南水北调配套工程运行管理物资采购管理办法》（豫调办财〔2017〕49号）、《河南省南水北调中线工程建设领导小组办公室配套工程运行管理资产管理办法》（豫调办财〔2017〕50号）、《河南省南水北调工程水费收缴及使用管理办法（试行）》（豫调办〔2017〕54号）、《河南省南水北调受水区供水配套工程运行管理稽察办法（试行）》（豫调办监〔2017〕18号）等制度，工程运行管理逐步走向制度化。

在委托有关单位协助做好泵站运行管理的基础上，逐步充实运行管理专业技术人员，尤其是运行管理一线生产人员；2017年10月和12月，河南省南水北调办委托河南水利与环境职业学院举办两期运行管理培训班，全省共有160名运行管理人员参加培训。

2017年3月，河南省南水北调办制定印发《河南省南水北调配套工程运行管理规范年活动实施方案》（豫调办建〔2017〕11号），明确完善制度、健全队伍、加强培训、创新管理、规范巡检、强化飞检、落实整改、严肃追责等8个方面的任务和要求，开展运行管理规范年活动，并在2017年7~9月组织开展配套工程运行管理“互学互督”活动，查找问题，整改提高，总结交流工程管理经验和好的做法，规范运行管理行为，保障工程安全平稳运行。河南省南水北调办每月组织召开一次全省南水北调工程运行管理例会，通报上月例会纪要事项及工作安排落实等情况，研究解决工程运行管理中存在的问题，形成会议纪要，督办落实。截至2017年底，累计召开31次运行管理例会。

（庄春意）

水 量 调 度

河南省南水北调配套工程设2级3层调度管理机构：省级管理机构、市级管理机构和现地管理机构。省级管理机构负责全省配套工程的水量调度工作；在省级管理机构的统一领导下，市级管理机构具体负责本区域内的供水调度管理工作；在市级管理机构的统一领导下，现地管理机构执行上级调度指令，具体实施所管理的配套工程供水调度操作，确保工程安全平稳运行。

河南省南水北调办配合河南省水利厅提出全省年度用水计划建议，依据下达的年度水量调度计划，每月按时编制月用水计划，函告南水北调中线建管局作为每月水量调度依据；督促各省辖市、省直管县（市）南水北调办规范制定月水量调度方案，每月底及时向受水区各市、县下达下月水量调度计划，计划执行过程严格管理，月供水量较计划变化超出10%或供水流量变化超出20%的，应通过调度函申请调整，2017年根据需要共发出调度函157份。2017年国庆节期间，根据生态补水调度需要进行调度值班。

2016年10月31日，水利部印发《南水北调中线一期工程2016~2017年度水量调度计划》（水资源函〔2016〕410号），明确河南省2016~2017年度供水计划量为14.62亿m^3。截至2017年10月31日，河南全省累计有32个分水口门及14个退水闸开闸分水，向引丹灌区、57个水厂供水、3个调蓄水库充库及9个地市生态补水，供水目标涵盖南阳、漯河、周口、平顶山、许昌、郑州、焦作、新乡、鹤壁、濮阳、安阳11个省辖市及邓州、滑县2个省直管县（市），供水累计37.94亿m^3，占中线工程供水总量的38%。2016~2017供水年度全省累计供水17.11亿m^3（其中，丹江口水库秋汛期向河南省生态补水2.05亿m^3），完成年度计划的117%。

2017年汉江流域发生秋汛，丹江口水库持续高水位运行，为缓解丹江口水库度汛压力，实现洪水资源化，更好地发挥南水北调中线工程供水效益，自2017年9月29日起至11月13日止，通过总干渠白河、澎河、沙河、颍河、沂水河、双洎河、十八里河、贾峪河、索河、闫河、淇河、汤河、安阳河等13个退水闸，向南阳、平顶山、许昌、郑州、焦作、鹤壁、安阳等7个省辖市下游河道及水库进行生态补水，累计补水2.96亿m^3（其中向白龟山水库补水2.05亿m^3）。

（庄春意）

收尾工程

虽然在2016年底河南省南水北调工程实现了规划受水区通水全覆盖，但新增清丰、博爱、鄢陵供水支线以及个别省辖市少数变更段局部工程未完工，管理设施未全部建成，工程建设管理任务依然繁重。根据工程通水后的新情况、新特点，突出重点，狠抓关键，落实责任，强化措施，全面加强剩余工程建设管理。

（1）配套尾工和新增项目建设。2017年2月，对配套剩余工程进行全面排查梳理，对存在问题登记造册，建立了“剩余尾工台账”，制定节点计划，明确工作目标，委派专人盯防，跟踪建设进展；经常性组织现场检查并召开专题会议，研究并协调解决制约工程建设的征迁、环境、变更等各类问题，为工程建设营造宽松环境、创造有利条件。截至2017年底，新增清丰支线已通水，博爱、鄢陵支线管道铺设全部完成；剩余尾工主要有：周口10号口门西区水厂支线向二水厂供水线路、新乡32号口门凤泉支线末端变更段、安阳38号口门线路末端变更段，因城市受水水厂位置调整开工较晚，未能全部完工；焦作27号分水口门府城输水线路因水厂位置调整，正在开展设计变更工作，与水厂位置变化相关的输水管线尚未施工；郑州尖岗水库入库和出库、穿越南四环隧洞项目位于尖岗水库向21号分水口门受水水厂备用供水线路上，因受大气污染治理“封土行动”影响，尚未完工，不影响21号分水口门受水水厂供水；11-1号口门鲁山线路穿越鲁平大道及标尾工程因地质原因进行了穿越工程设计变更，后又受大气污染防治“封土行动”影响，暂未实施；漯河市10号分水口门穿越沙河工程因受城市规划和沙河通航工程结合要求制约穿越方案尚未确定，暂未实施。

（2）配套工程管理处（所）建设。根据2016年管理处（所）建设实际进展情况及存在的问题，于2017年1月重新调整并印发了《河南省南水北调受水区供水配套工程部分管理设施建设节点目标任务》(豫调办建〔2017〕3号)。河南省南水北调办建设管理处联合其他相关处室多次对管理处（所）建设进度进行督促检查，向进度滞后较多的漯河、郑州、新乡、安阳等市南水北调办下发《关于进一步加快配套工程尾工和管理处所建设进度的通知》，督促其加大工作力度，加快管理处（所）前期工作进度，尽快开工建设。适时印发《我省南水北调受水区供水配套工程管理处所建设进展情况通报》，表扬先进，鞭策落后，着力推进管理处（所）建设进度。因受建设用地规划许可、建设工程规划许可等手续办理制约，以及大气污染防治攻坚战等因素影响，全省配套工程61座管理处（所），截至2017年底建成18座、在建20座、处于前期阶段（未开工）23座。

（刘晓英）

安全管理

南水北调中线工程担负向京津河北和河南省主要城市的供水任务，通水三年多来，已成为沿线城市的主水源，由“替补”跃升为“主力”，工程运行安全责任重大。工程还存在防汛及突发事件等方面的安全隐患，为此，河南省南水北调办加强防汛度汛和应急管理，强化运行监管，确保了工程平稳安全运行。

（1）防汛度汛。立足于“防大汛，抗大洪，抢大险”，及早部署，扎实备汛。2017年3月，河南省南水北调办与河南省防汛抗旱指挥部办公室组成联合检查组，对南水北调工程防汛准备工作进行全面检查，对防洪影响处理工程建设进度进行督导，发现问题，督促整改，跟踪落实；督促各地积极做好防汛准备，组织工程沿线市、县南水北调办和中线建管局认真排查防汛风险点235个，制定度汛方案和应急预案，组建防汛队伍，配齐防汛设备物资，采取工程措施，消除防汛风险；5月，组织召开全省南水北调2017年防汛工作会议，压实省市县各级防办、各级工程管理单位防汛主体责任，进一步明确重点，细化安排，要求各地组建南水北调抗洪抢险突击队，落实汛期雨情通报机制，强化值班值守检查，实现思想到位、队伍到位、物料到位、措施到位、值守到位，确保在关键时刻拉得出、顶得上、打得赢；6月中旬，国务院南水北调办、河南省水利厅、河南省南水北调办、平顶山市人民政府、中线建管局和武警平顶山支队参加，在平顶山宝丰县北汝河倒虹吸工程现场举办防汛抢险应急演练，进一步提高了防汛抢险队伍的实战能力、应急抢险能力，检验了各相关单位与部门的应急保障能力，为确保全省南水北调工程安全度汛，积累了宝贵实战经验；主汛期末，汉江流域出现大的秋汛，河南省南水北调办迅速部署，延长汛期值班，加强巡查调度，确保工程运行安全，同时充分发挥协调职能，组织实施生态补水，最大程度发挥供水效益，夺取2017年度工程安全度汛全面胜利。在11月召开的“河南省防办主任座谈会”上，河南省南水北调办2017年度防汛工作受到了河南省防办领导的表扬，并作为先进代表发言。

（2）应急管理。进一步完善应急预案体系，加强应急队伍建设和应急物资设备储备，完善应急工作机制，适时组织演练。干线工程方面与中线建管局建立联动协调机制，对干线工程出现的问题及时处置，2017年9月成功处理了新乡金灯寺渠道漏水事件，10月成功处置淅川段总干渠深挖方段边坡失稳问题；配套工程方面明确了工程应急抢险队伍和工作机制，加强工程巡查，及时处理了许昌、邓州、中牟供水管道漏水问题，印发《关于进一步加强工程安全巡查、防范破坏工程设施的紧急通知》，组织汲取教训，杜绝类似事故发生。

（3）运行监管。为加大监督检查力度，制定了《河南省南水北调配套工程运行管理监督检查工作方案》，形成了河南省南水北调办领导带队飞检，巡查队伍日常巡查和专家稽察三位一体的配套工程运行管理监督检查格局。一是河南省南水北调办领导带队进行运行管理飞检。自2017年起，由河南省南水北调办领导率队，对配套工程运行管理情况开展飞检，不发通知、不打招呼，直奔工程现场对工程实体、运管行为、运管资料进行突击检查，及时印发飞检报告，督促问题整改。2017年全年河南省南水北调办领导率队对7个省辖市进行了飞检，对发现的严重问题及时进行通报、约谈或责任追究，影响力大、震慑力强，及时消除了隐患。二是组织专业队伍进行运行管理监督巡查。结合河南省南水北调配套工程实际，制定了配套工程

《运行监管实施办法》和《运行管理监督检查工作方案》，对监督检查的依据、形式、检查内容、频次等做出详细规定，并对监督检查工作提出明确要求。根据配套工程运行监管需要，通过公开招标择优选择两支巡查队伍，承担日常巡查工作。在完善巡查制度、巡查工作方案及技术培训后，2017 年下半年正式开始运行管理巡查工作。截至 2017 年底，巡查队伍共对 11 个省辖市、直管县（市）进行了运管巡查，基本实现了运行监管全覆盖。对发现的问题，通过印发通报、约谈、复查等方式督促整改，消除了安全隐患，规范了运管行为。河南省南水北调办建设管理处每季度组织飞检大队、巡查大队梳理分析巡查情况，找出共性问题，完善监管措施，基本实现了问题早发现、早整改、管理早完善的目标。三是组织问题整改复查。坚持问题导向，注重问题整改效果，及时组织飞检大队、巡查队伍对 2017 年以来飞检、巡查发现问题的整改情况进行现场复查。采用查看工程实体、查阅整改资料等方式对问题整改情况进行复查核实，详细判定每个问题的整改情况，印发复查报告，通报整改率，对整改遗留问题提出明确要求，有力促进了问题整改。2017 年共组织飞检大队对 4 次办领导飞检，巡查队伍对 9 个省辖市、直管县（市）巡查发现问题的整改情况进行了复查，从复查情况看，问题整改情况总体较好。

（4）安全生产。2016 年 12 月，河南省南水北调受水区配套工程实现了规划受水区通水全覆盖。2017 年，河南省配套工程新增的清丰、博爱、鄢陵支线及个别变更段尚未完工，管理处所正在建设。为确保生产安全，河南省南水北调办公室（建管局）坚持实行多年来行之有效的安全管理办法和措施，定期组织安全生产大检查，对穿越工程、管理房等在建项目进行专项巡查，并督促施工单位限期整改，消除安全隐患。及时印发《关于做好国庆、中秋期间安全管理工作的通知》《关于进一步做好我省南水北调工程冬季安全生产工作的通知》《关于做好元旦、春节期间安全管理工作的通知》等，特别强化节假日、党的十九大召开期间、冬季等特殊时段的安全生产管理，落实安全责任，采取有效措施，确保在建工程生产安全。河南省南水北调工程安全始终受控，在建项目全年未发生安全事故。

（刘晓英）

工 程 验 收

河南省南水北调中线工程建设管理局 2017 年度工程验收任务，主要有中线干线工程的消防验收备案、跨渠桥梁竣工验收和外委项目合同验收，配套工程的分部工程、单位工程和合同项目完工验收等。

（1）中线干线工程消防验收备案。按照国务院南水北调办中线干线工程消防专项验收计划，针对各设计单元工程在消防设计备案和消防验收备案过程中遇到的困难和问题，积极研究对策，协调五个项目建管处发挥各自优势，努力推进消防备案工作取得突破性进展，满足消防专项验收要求。截至 2017 年底，南水北调中线干线委托河南省建设管理的 16 个设计单元工程中，安阳段、潞王坟膨胀岩试验段、禹州长葛段、方城段、南阳膨胀土试验段 5 个设计单元工程以及新乡卫辉段凤泉区范围内、宝丰郏县段郏县范围内消防设计备案和竣工验收备案工作全部完成；南阳市段、白河倒虹吸段、新郑南段、潮河段 4 个设计单元工程以及郑州 2 段的金水河倒虹吸工程、焦作 2 段市区范围的消防设计备案工作已完成；其他消防备案工作正在协调、推进中。

（2）跨总干渠桥梁竣工验收。通过协调，河南省交通运输厅公路管理局于 2017 年 6 月 22 日召开了南水北调跨国、省干道桥梁竣工验收专题会，安排部署跨渠桥梁竣工验收移交工作。6 月 26 日，省南水北调办会同省交通运输厅、中线建管局召开桥梁移交验收推进会，分析存在问题，形成《南水北调跨渠公路桥梁移交验收协调工作推进会会议纪要》，明确责任分工、工作步骤和阶段性目标，进一步推进跨渠桥梁管养移交和竣工验收工作。根据6 月 26 日会议要求，河南省南水北调中线工程建设管理局一方面组织收集相关基础资料，全面摸清委托河南建管项目所有跨渠桥梁的移交与竣工验收工作进展情况，建立"跨渠桥梁移交验收月报"制度；另一方面与中线建管局河南分局建立"日常联络机制"，互相协助，紧密配合，协调五个项目建管处和委托桥梁建设单位，加快推进剩余跨渠桥梁缺陷排查确认与移交，做好竣工验收准备工作。南水北调中线干线委托河南省建设管理渠段需移交跨渠桥梁共461 座，截至 2017 年底，累计完成缺陷排查确认 281 座，占总数的 61.0%；全面完成竣工验收工作的 70 座，占 15.2%；已基本完成竣工验收工作但需完善签章手续的 99 座，占 21.5%。

（3）干线工程外委项目验收。外委项目主要包括委托行业部门组织实施的南水北调中线干线铁路交叉工程和 35kV 永久供电线路。为加快推进外委项目验收移交进度，河南省南水北调中线工程建设管理局与郑州铁路局工管所、洛阳指挥部、省电力公司等单位多次对接、洽谈，协商研究铁路、电力线路等外委项目委托建管合同验收程序等事宜。2017 年 4 月上旬，组织召开了外委项目验收工作专题会，听取各外委项目建管单位关于工程档案整编移交、变更索赔处理、完工决算编制、委托建管合同验收准备等进展情况，梳理问题，提出要求，形成《委托建设管理项目验收工作专题会纪要》。截至 2017 年底，外委项目的档案整理、完工决算、行业验收工作正在进行中。根据会议要求，待外委项目变更索赔、完工决算、档案整编、行业验收移交工作完成后，开展外委项目合同验收工作。

（4）配套工程验收。自 2017 年 2 月起，河南省南水北调中线工程建设管理局建立了配套工程验收月报制度，并注重验收管理基础资料的收集，为提高《配套工程验收月报》的准确性、全面性和及时性奠定基础。不定期督导配套工程验收工作，及时发现并协调解决验收工作中存在的问题，限期整改历次分部、单位工程验收遗留问题以及历次飞检、巡查发现的质量缺陷，督促各省辖市南水北调建管局加快配套工程验收进度，确保验收工作质量，全力推进配套工程验收工作。截至 2017 年底，河南省南水北调供水配套工程共完成单元工程质量评定 110 244 个，占总数的 97.3%；完成分部工程验收 1207 个，占总数的 86.0%；完成单位工程验收 88 个，占总数的 56.1%；完成合同项目完工验收 70 个，占总数的 47.3%。

（刘晓英）

工程管理范围及保护范围划定

国务院于 2014 年 2 月 16 日以第 647 号令颁布实施的《南水北调工程供用水管理条例》中第三十八条规定"南水北调工程应当依法划定管理范围和保护范围"，河南省人民政府于 2016 年 10 月 11 日以第 176 号令颁布实施的《河南省南水北调配套工程供用水和设施保护管理办法》中第二十五条规定"对南水北调配套工程应当依法划定管理范围和保护范围"。为保护南水北调工程安全，依据国务院第 647 号令和河南省人民政府第 176 号令，省南水北调办开展工程管理范围和保护范围划定工作。

（1）总干渠保护范围划定工作。2016 年 12 月，水利部批复了《南水北调中线干线工程管理范围和保护范围划定方案》，并主持召开了南水北调工程管理范围和保护范围划定工作会议，对南水北调中线工程保护范围划定工作进行了部署。根据水利部办公厅印发的《南水北调工程管理范围和保护范围划定工作会议纪要》，为推进南水北调中线河南段总干渠管理范围和保护范围划定工作，河南省南水北调办以《关于商请建立南水北调中线工程保护范围划定工作协调机制的函》（豫调办〔2017〕11 号）请受水区南阳、平顶山、许昌、郑州、焦作、新乡、鹤壁、安阳共 8 个省辖市人民政府和邓州市人民政府明确了分管领导、责任部门负责人和具体划定工作联系人，协调推进保护范围划定工作，并与中线建管局协商印制了省辖市（直管县市）南水北调中线干线工程管理范围和保护范围图册。2017 年 6 月 9 日，河南省南水北调办组织召开了河南省南水北调中线工程保护范围划定工作会议，河南省南水北调办主任刘正才主持会议，河南省政府副秘书长胡向阳出席会议并作重要讲话。会议对全省南水北调中线工程保护范围划定工作进行安排部署，进一步明确各部门职责、目标任务、工作分工和工作要求，推进总干渠保护范围划定工作进程。根据会议安排，河南省南水北调办组织总干渠沿线各省辖市于 7 月底前发布了《干线工程保护范围划定公告》；依据《南水北调工程供用水管理条例》，积极协调项目法人和设计单位结合当地实际，调整宝丰县境内的保护范围，满足地方经济发展要求，并组织协调沿线省辖市积极配合运管单位埋设保护范围界桩、界牌和安全警示标志。2017 年 12 月 14 日，南水北调中线干线工程河南境内界桩、界牌及警示标识的安装工作全部完成。

（2）配套工程管理和保护范围划定及标志牌设计工作。为满足配套工程安全运行管理需要，根据《河南省南水北调配套工程供用水和设施保护管理办法》，以郑州市配套工程为试点，按程序组织设计单位基本完成了郑州市配套工程《管理范围及保护范围划定》和《地面标志牌实施方案》的编制工作，并拟逐步全面展开各省辖市保护范围划定及实施工作。

（刘晓英）

档 案 验 收

开展档案验收，规范要求抓进度。2017 年档案验收工作有序推进。先后印发了《关于 2017 年南水北调中线河南委托项目档案法人验收计划的函》《配套工程征迁档案验收工作方案》《关于进一步加强档案安全管理的通知》等文件，建立完善规章制度，规范各项验收程序，指导各项验收工作的开展。在干线工程档案法人验收、干线工程档案专项验收、配套征迁安置档案验收、加强配套工程档案管理、加强机关档案管理、协调电力和铁路档案移交、加强档案室建设等方面做了大量工作，确保各项验收工作顺利推进。2017 年，16 个设计单元全部通过中线建管局组织的项目法人验收，5 个设计单元通过国务院南水北调办组织的工程档案检查评定；安阳段和新郑南段 2 个设计单元通过国务院南水北调办专项验收；安阳段工程档案已顺利移交中线建管局。

（张　涛）

山 东 省

概 述

南水北调东线一期工程山东省续建配套工程消纳调江水量 14.67 亿 m^3，其中鲁南片 2.10 亿 m^3、胶东片 8.77 亿 m^3、鲁北片 3.80 亿 m^3。续建配套工程建设涉及枣庄、济宁、菏泽、德州、聊城、济南、滨州、淄博、东营、潍坊、青岛、烟台、威海等 13 个市的 68 个县（市、区）。供水范围总面积为 6.42 万 km^2，占山东省国土面积的 40.85%。工程建设内容主要包括输水工程、调蓄工程、泵站工程和供水工程等。原规划 41 个供水单元工程，规划输水渠道 747km，调蓄水库 62 座，其中 18 座为扩建或利用原有（主体工程）水库，新（改）建泵站 88 座，调蓄水库出库至净水厂供水管道总长 806km，规划总投资 253.2 亿元。

经优化调整为 38 个，年承诺调江水量 14.67 亿 m^3 不变。工程永久占地由 13.67 万亩调减为 6.90 万亩，减少 7.23 万亩，占规划永久占地面积的 52.9%。输水渠道长 314.06km（其中利用原河道 23.29km，扩挖疏浚河道 24.85km，新挖渠道 13.42km；引黄济青改建工程渠道长 252.50km），新建输水管道长 336.65km；需调蓄水库 52 座，其中利用已建水库 18 座，新建 24 座，扩建 6 座，加固水库 4 座；泵站 94 座，总装机容量 10.43 万 kW；供水工程线路总长 1079.04km。

工程总投资由 253.2 亿元调减为 224.33 亿元，较规划减少 28.9 亿元。截至 2017 年底，累计完成投资 213.58 亿元。

（段志强　李　娟）

前 期 工 作

2017 年 1 月 4 日，山东省南水北调局以《关于对南水北调济南市区续建配套工程东湖水库输水工程井家倒虹吸建设方案的有关意见》（鲁调局水计财字〔2017〕1 号）对济南市区续建配套工程东湖水库输水工程井家倒虹吸工程予以回复。

2017 年 2 月 22 日，山东省南水北调局以《关于转发南水北调东线一期济南—引黄济青段明渠输水工程滨州市博兴县新增分水口门工程专项设计报告批复的通知》（鲁调水局计财字〔2017〕5 号），同意在南水北调东线一期济南—引黄济青段明渠输水工程滨州市博兴县新增一处分水口门。

2017 年 6 月 6 日，山东省南水北调局以《关于转发南水北调东线一期鲁北段输水工程临清市分水口变更报告批复意见的通知》（鲁调局水计财字〔2017〕11 号），基本同意在南水北调鲁北段输水工程六分干渠段左岸新建临清市分水闸，并提出了有关要求。

2017 年 7 月 25 日，山东省南水北调局印发《关于开展南水北调配套工程省财政专项资金绩效自评价工作的通知》，要求各市按照项目绩效评价指标体系对 2015 ~ 2016 年度涉及省财政专项资金的各供水单元工程绩效进行自评。

（段志强　李　娟）

在 建 项 目

截至 2017 年底，济南市区、章丘，青岛市区、平度，淄博市，枣庄市区，东营市广饶、中心城区，烟台市区、龙口、莱州、蓬莱、栖霞，潍坊市滨海开发区、昌邑，济宁市（3个供水单元），威海市区，德州市区、武城、夏津、旧城河，滨州邹平、博兴，聊城冠县、莘县、东阿，菏泽市巨野等29个供水单元工程已全部完成概算投资。

枣庄市滕州、潍坊市寿光、聊城市阳谷、茌平、临清、高唐6个供水单元工程基本建成；聊城市东昌府、烟台市招远和引黄济青改扩建工程等3个供水单元工程在建。

（马 原）

建设管理

截至2017年底，山东省南水北调配套工程已基本建成，列入山东省南水北调配套工程建设考核的37个供水单元（不包括引黄济青改扩建工程）总投资213亿元，完成209.97亿元，完成比例为98.6%。有36个供水单元已经基本建成，分别为：济南市区、章丘，青岛市区、平度，淄博市区，枣庄市区、滕州，东营广饶、中心城区，烟台市区、招远、龙口、蓬莱、莱州、栖霞，潍坊寿光、昌邑、滨海开发区，济宁邹城、高新区、兖州曲阜，威海市区，德州市区、武城、夏津、旧城河，聊城冠县、莘县、临清、高唐、阳谷、东阿、茌平，滨州邹平、博兴，菏泽巨野。有6个供水单元已经完成竣工验收，分别为：济南章丘，青岛市区、平度，威海市区，烟台栖霞、莱州。有28个供水单元已经完成通水（蓄水）验收，分别为：济南市区，淄博市区，枣庄市区，东营广饶，烟台市区、招远、龙口、蓬莱，潍坊寿光、昌邑、滨海开发区，济宁邹城、高新区、兖州曲阜，德州市区、武城、夏津、旧城河，聊城冠县、莘县、临清、高唐、阳谷、东阿、茌平，滨州邹平、博兴，菏泽巨野。枣庄滕州、东营中心城区、聊城东昌府区3个供水单元，正准备相关验收工作。

2017年11月，山东省南水北调局专题主持召开了山东省南水北调配套工程建设与运行工作会议，系统总结工程建设与运行管理经验，学习交流各地先进的管理经验，全面加快工程综合效益的发挥。

在山东省财政厅的大力支持下，2017年4月7日，山东省南水北调局、山东省水利厅、山东省财政厅联合印发《关于开展用水结构调整实行生态补偿试点工作的通知》（鲁调水局办字〔2017〕15号），确定在2017年起，开展用水结构调整生态补偿试点工作，首批试点项目安排在德州、滨州、聊城等市开展。2018年将扩大试点范围，增加补助资金，引导用水结构调整、鼓励消纳长江水、探索建立生态补偿长效机制。

（马 原）

运行管理

（一）年度水量调度计划

2016年9月，水利部批复下达了《水利部关于印发南水北调东线一期工程2016～2017年度水量调度计划的通知》（水资源函〔2016〕382号），明确2016～2017调水年度山东省计划用水5.3亿m^3，其中枣庄、济宁、菏泽、聊城、德州、济南、滨州、淄博、东营、潍坊、青岛、烟台、威海13个受水城市计划用水4.88亿m^3，南水北调三座调蓄水库生态补水0.42亿m^3；考虑调水损耗水量后，台儿庄泵站调入山东省境内水量8.89亿m^3。

（二）水量调度计划执行情况

本年度累计向各受水市供水5.73亿m^3。各受水市供水量分别为：枣庄3500万m^3、济宁1000万m^3、聊城3407万m^3、德州2515万m^3、济南2215万m^3、滨州1203万m^3、淄博262万m^3、潍坊10 790万m^3、青岛22 302万m^3、烟台6047万m^3、威海4074万m^3。

本调水年度已向枣庄、济宁、聊城、德州、济南、淄博、滨州、潍坊、青岛、烟台、威海11个受水地市的29个供水单元供水，占全部配套工程供水单元的78%。本年度还首次实现向聊城的东阿、阳谷、莘县、临清、茌平、高唐，滨州的邹平、博兴，烟台市区及招远、蓬莱、莱州、龙口等13个供水单元输送长江水。聊城的大秦水库、陈集水库、莘州水库、张官屯水库、东邢水库、太平水库，滨州的辛集洼水库、博兴水库等8座新建平原水库首次投入使用。

（三）配套工程运行管理模式逐步建立

随着山东南水北调配套工程陆续完工验收，配套工程逐步进入运行管理为主的时期。为充分发挥工程效益，做好配套工程运行管理工作，创新思路，各市在配套工程管理方面创新有为、积极探索，逐步建立了职能清晰、管理科学、运转高效、经营规范的工程运行管理模式。济南市采取政府购买服务的方式，公开招标择优选取专业运行管理单位；烟台市区供水单元由专业化公司组建管理团队精细化管理；潍坊市推行专业化、企业化管理运营；青岛、淄博、枣庄、潍坊、济宁、威海、德州、聊城、滨州等市配套工程均组建了专门的运行管理队伍。

（四）配套工程水费征缴政策机制初步建立

青岛、东营、烟台、潍坊、威海、聊城6市将基本水费纳入财政预算，济南、枣庄、济宁、德州、滨州5市部分纳入了预算。另外，青岛市制定了客水综合水价制度，潍坊市建立了“基本水费全市统筹、计量水费受益区承担、探索实施综合水价”的水费征收模式，济宁市出台了南水北调非居民供水价格，德州市正在推进水费征缴办法制定工作。

（五）配套工程受益效益发挥情况

配套工程有效补给了工程沿线各水厂、水库水量，保障了城市居民生活用水、工业用水，同时向工程沿线受水区补源，置换当地地下水水源，逐步彰显了工程的社会、生态和经济效益。截止到2017年底，山东省南水北调总受益人口达3185.8万人。

（徐瑞华）

江　苏　省

概　　述

江苏省南水北调一期配套工程主要目标是统筹江水北调工程和南水北调东线一期新建工程，完善江苏境内输配水体系，充分发挥南水北调东线工程整体效益。

2010年底，江苏省南水北调配套工程规划编制完成；2011年1月，通过江苏省发展改革委组织的专家审查。2011年，为保障南水北调东线的水质安全，江苏省政府决定新一轮治污工程，配套工程规划中的4个水质保护补充工程项目先期实施，其中新沂市、丰县沛县、睢宁县等3个尾水资源化利用和导流工程项目于2015年全部建设完成，宿迁市尾水导流工程项目于2017年6月开工建设。

2014年9月，江苏省水利厅、江苏省南水北调办启动南水北调一期配套工程实施方案编制工作；2016年7月，江苏省政府以“苏政复〔2016〕84号”文批复一期配套工程实施方案，并明确一期配套工程的主要任务和目标是围绕提高消化利用输水干线新增供水保证率、提高水资源配置水平、发挥东线南水北调工程整体效益的目标，完善江苏供水配套工程体系，提高输配水系统的节水、管水和水质保护能力，实现对南水北调供水区的科学调度和科学管理，更好地满足经济和社会发展对水资源的保障需求。主要工程建设内容包括输水线路完善工程、输水干线水质保护完善工程、输水干线节水计量与监测监视工程3大类工程约20个单项工程，估算总投资约40.55亿元。工程建设按照“突出重点、远近结合、先急后缓、分步实施”的要求，合理确定实施计划，先行安排地方迫切需要、初步具备实施条件、直接影响主体工程效益发挥的单项工程，其余项目根据情况适时推进。

（薛刘宇）

前期工作

2017年，江苏各地根据2016年江苏省政府批复一期配套工程实施方案，陆续开展了配套工程实施方案中有关单项工程的可行性研究工作。其中：郑集河输水扩大工程完成可行性研究报告编制，经江苏省水利厅组织的咨询审查并修改完善后，报江苏省发展改革委待批；徐州尾水导流贾汪段完善、淮安市境内输水干线口门加固改造及完善、输水干线节水计量与监测监视等3项单项工程也完成可行性研究报告初稿编制。

（薛刘宇）

资金筹措和使用管理

江苏南水北调一期配套工程规划中的4项尾水导流工程，建设资金主要由省级财政投资和地方配套组成，其中省级投资约67%，地方配套约33%。目前已实施完成的新沂市尾水导流工程、丰县沛县尾水资源化利用及导流工程、睢宁县尾水资源化利用及导流工程，投资计划已完成，省级资金全部到位、地方配套资金基本到位；宿迁市尾水导流工程已下达省级投资计划36 065万元。

江苏南水北调一期配套工程实施方案中的其他工程，因可行性研究报告尚未批复，资金筹措方案正在研究。

（薛刘宇）

在建项目

江苏南水北调一期配套工程规划中的4项治污工程，其中新沂市尾水导流工程、丰县沛县尾水资源化利用及导流工程、睢宁县尾水资源化利用及导流工程等3项，均全部建成并移交管理运行，正在进行竣工验收准备，总计完成投资9.63亿元；宿迁市尾水导流工程于2017年6月开工建设，至2017年底，完成18.7km压力管道铺设和6处沉井施工，完成投资20 200万元。

（薛刘宇）

运行管理

截至2017年底，江苏南水北调一期配套工程规划中的4项治污工程，其中已完成的3项工程均已落实了运行管理单位，管理人员基本到位，管理责任体系和规章制度逐步健全完善；丰沛尾水导流工程中县区交界的闸站由徐州市截污导流工程运行养护处运行管理，其余工程由丰县、沛县水利部门成立管理所进行管理；睢宁尾水导流工程由睢宁县尾水导流工程管理服务中心负责运行管理；新沂市尾水导流工程由新沂市尾水导流管理所负责运行管理。2017年，这3项尾水导流工程与东线一期江苏境内主体工程中的其他4项截污导流工程一道，参与了2016～2017调水年度江苏南水北调工程向省外调水运行，为江苏境内输水干线的水质保障起到了重要作用。

（薛刘宇）

科技工作

2017年，江苏省南水北调办持续做好科研创新工作，多项科研课题进展顺利，其中

“江苏省南水北调截污导流工程对输水干线水质改善及区域水环境影响的损益研究”通过验收并荣获江苏省水利科技进步二等奖，“南水北调尾水导流工程生态湿地净化尾水效果及不同季节最大水环境承载能力研究”课题研究加速推进。

（薛刘宇）

拾贰 队伍建设

TEAM BUILDING

国务院南水北调工程建设委员会办公室

概　述

国务院南水北调办2017年干部人事工作，深入贯彻党的十八届六中全会精神和十九大精神，深入贯彻习近平总书记系列重要讲话精神，按照全国组织部长会议、人力资源和社会保障工作会议、行政机关公务员管理工作会议、干部监督工作座谈会等有关工作要求，坚持围绕中心、服务大局，以规范干部选拔任用工作为重点，在选干部、配班子、严管理上下工夫，着力提高干部人事工作水平，为确保南水北调东、中一期工程高效平稳运行提供了坚强的组织保证和有力的队伍支撑。

（何韵华　刘德莉　赵海冰）

人事管理

（一）干部队伍建设

严格工作纪律，配合做好十九大“两委人员”考察工作，收到良好成效。坚持事业为上、公道正派的选人用人导向，严格按《干部任用条例》规定的原则、标准、条件、资格、程序和纪律选人用人。严格执行“凡提四必”要求，坚决防止“带病提拔”。按照党组要求和干部队伍建设实际，分批调整办管干部和机关处级干部，突出抓好各级领导班子建设。根据工作需要，推进干部交流轮岗，促进机关、企事业单位人员合理流动，增强干部队伍活力。完成第八批援疆干部期满考核和第九批援疆干部选派工作，做好定点扶贫、驻村第一书记、赴西老革地区等挂职干部管理与服务工作。完成2017年度新录用公务员考录工作，试行面试管理信息系统，成效明显。

（二）干部教育培训

积极向中组部争取调训名额计划和司局级干部专题研修名额，为干部创造培训机会，同时保持与有关施教院校的沟通，做好干部参训的后续服务工作。组织申报和批复年度办机关业务培训班计划，进一步强化培训费管理。分别组织机关各司、各直属单位人事（综合）部门干部就“干部档案管理”和“干部选拔使用”进行了专题交流培训，组织了国有企业改革专题培训班，反响良好。突出抓好习近平新时代中国特色社会主义思想和党的十九大精神学习培训工作，举办处级以上领导干部学习贯彻党的十九大精神专题培训班。

（三）干部考核评价

积极稳妥、统筹协调做好年度考核相关工作，配合中组部完成办领导年度考核民主测评，组织完成2016年度办管干部考核和2017年度办管干部考核指标任务书编制工作，组织完成2016年度办管企业经营业绩考核和2017年度考核指标编制工作。研究修订《办管干部年度考核办法》《办管企业领导班子和领导人员综合考核办法》《办管企业负责人经营业绩考核办法》，改进结果评价方式，严格评优资格条件，强化督办考核结果运用，提高考核的针对性和实效性。

（四）干部监督管理

开展个人事项“两项法规”专题培训，组织98名机关各司、事业单位副处级及以上领导干部和企业领导班子按首次填报完成个人有关事项报告集中填报，按时完成信息审核录入和数据综合汇总。2017年7月，按不低于10%的比例分级分类开展领导干部个人有关事项随机抽查核实工作。针对拟提拔为副处级以上领导岗位、转任重要岗位等情况，开展个人事项报告重点核查工作。根据中组部反馈查询结果进行对比，发现问题进行深入细致地调查核实，本着从严、精准的原则，对漏报、瞒报情况进行严肃认定和处理。年底认真总结年度个人事项报告工作情况并报中组部。配合中组部做好办党组干部选拔任用工作“一报告两评议”。运用好考核、审计、信访、个人事项核查等成果，及时予以提醒函询诫勉，督促干部健康成长。

（五）干部人事日常管理

根据工作需要，完成东线公司和设管中心“三定方案”调整批复工作。组织指导三个事业单位全面清理工资收入，研究制定事业单位绩效工资实施方案，按时报送人社部、财政部。完成养老保险参保登记、首次征缴确认等工作。组织申报办管企业2017年工资总额计划。做好办管企业负责人2016年度薪酬审核、清算、信息披露和备案工作。组织完成机关事业单位吃空饷自查工作。组建新一届职称评审委员会，规范有序组织开展2016年度工程系列职称评审工作和其他系列职称代评工作。做好高校毕业生接收、京外调干、解决夫妻分居等人员调配工作，加强沟通联系，解决企业单位京外调干问题。建立涉密人员分类动态管理机制，落实责任。

（六）规范化建设

绘制24项人事重点工作流程图，强化程序、关键点管理，进一步规范工作、提高效率。以干部人事业务专题培训为契机，对干部档案管理、干部选拔任用等工作进行规范。转发人社部《关于事业单位公开招聘岗位条件设置有关问题的通知》《建立中央和国家机关所属事业单位公开招聘服务平台的通知》和《事业单位公开招聘违纪违规行为处理规定》等文件，提出具体要求，进一步规范事业单位公开招聘工作。印发了《国务院南水北调办因私出国（境）管理暂行规定》，严格按照规定实行因私出国（境）备案制度，履行因私出国审批手续。

（何韵华　刘德莉　赵海冰）

人事任免

2017年1月3日，国务院南水北调办以办任〔2017〕1号文件，任命井书光为国务院南水北调工程建设委员会办公室综合司副司长，免去其建设管理司副司长职务。

2017年1月16日，国务院南水北调办以办任〔2017〕2号文件，因到龄，免去李新军的国务院南水北调工程建设委员会办公室总工程师职务，批准李新军、杜鸿礼退休。

2017年1月16日，国务院南水北调办以办任〔2017〕3号文件，免去卢胜芳的国务院南水北调工程建设委员会办公室综合司巡视员职务。

2017年2月10日，国务院南水北调办以办任〔2017〕4号文件，任命马黔为国务院南水北调工程建设委员会办公室建设管理司副司长（试用期一年）。

2017年3月6日，国务院南水北调办以办任〔2017〕5号文件，确定陈曦川行政级别为正司级，免去其国务院南水北调工程建设委员会办公室征地移民司副司长职务。

2017年3月28日，国务院南水北调办以办任〔2017〕6号文件，任命张忠义为国务院南水北调工程建设委员会办公室总工程师（试用期一年）；任命王松春为国务院南水北调工程建设委员会办公室监督司司长（试用期一年），免去其南水北调工程建设监管中心主任职务；任命由国文为南水北调工程建设监管中心主任（试用期一年），免去其南水北调东线总公司副总经理职务；任命蔡建平为南水北调工程设计管理中心副主任（试用期一年）；免去刘春生的国务院南水北调工程建设委员会办公室监督司司长职务；免去李长春的南水北调中线干线工程建设管理局副局长职务。

2017年3月28日，中共国务院南水北调办党组以办党任〔2017〕5号文件，任命刘春生同志为中共南水北调中线干线工程建设管理局党组书记；任命于合群同志为中共南水北调中线干线工程建设管理局党组成员，免去其中共南水北调中线干线工程建设管理局党组书记职务；任命李长春同志为中共南水北调东线总公司党委书记，免去其中共南水北调中线干线工程建设管理局党组成员职务；免去赵登峰同志的中共南水北调东线总公司党委书记职务。

2017年5月4日，国务院南水北调办以办任〔2017〕7号文件，免去张景芳的国务院南水北调工程建设委员会办公室征地移民司巡视员职务，批准退休。

2017年5月23日，国务院南水北调办以办任〔2017〕8号文件，任命苏克敬为国务院南水北调工程建设委员会办公室环境保护司司长（试用期一年），免去其国务院南水北调工程建设委员会办公室政策及技术研究中心主任职务；任命刘岩为国务院南水北调工程建设委员会办公室综合司巡视员，免去其国务院南水北调工程建设委员会办公室综合司副司长职务；任命姜成山为国务院南水北调工程建设委员会办公室综合司副巡视员；任命孙卫为国务院南水北调工程建设委员会办公室经济与财务司副巡视员；免去张忠义的国务院南水北调工程建设委员会办公室环境保护司司长职务。

2017年6月1日，国务院南水北调办以办任〔2017〕9号文件，任命曹为民为国务院南水北调工程建设委员会办公室政策及技术研究中心主任（试用期一年）。

2017年6月14日，国务院南水北调办以办任〔2017〕10号文件，任命杜丙照为国务院南水北调工程建设委员会办公室综合司副司长（试用期一年），免去其国务院南水北调工程建设委员会办公室综合司副巡视员职务；任命曹纪文为国务院南水北调工程建设委员会办公室征地移民司副司长（试用期一年）。

2017年6月29日，国务院南水北调办以办任〔2017〕11号文件，任命戴占强为南水北调中线干线工程建设管理局副局长。

2017年7月4日，国务院南水北调办以办任〔2017〕12号文件，任命曹洪波为南水北调中线干线工程建设管理局副局长（试用期一年）。

2017年7月4日，中共国务院南水北调办党组以办党任〔2017〕8号文件，任命曹洪波同志为中共南水北调中线干线工程建设管理局党组成员。

2017年9月5日，国务院南水北调办以办任〔2017〕13号文件，经任职试用期满考核合格，任命李开杰为南水北调中线干线工程建设管理局副局长。

2017年9月5日，国务院南水北调办以办任〔2017〕14号文件，任命张玉山自2017年8月起为国务院南水北调工程建设委员会办公室政策及技术研究中心副主任。

2017年11月7日，国务院南水北调办以办任〔2017〕15号文件，因到龄，免去袁松龄的国务院南水北调工程建设委员会办公室征地移民司司长职务，批准退休。

2017年11月7日，国务院南水北调办以办任〔2017〕16号文件，任命王宝恩为国务院南水北调工程建设委员会办公室征地移民司司长（试用期一年）。

2017年11月29日，国务院南水北调办以办任〔2017〕17号文件，任命程德虎为南水北调中线干线工程建设管理局总工程师（试用期一年）；任命陈新忠为南水北调中线干线工程建设管理局总会计师（试用期一年）。

2017年11月29日，中共国务院南水北调办党组以办党任〔2017〕11号文件，任命程德虎、陈新忠同志为中共南水北调中线干线工程建设管理局党组成员。

2017 年 12 月 25 日，国务院南水北调办以办任〔2017〕18 号文件，经试用期满考核合格，任命程殿龙为国务院南水北调工程建设委员会办公室总经济师。

2017 年 12 月 26 日，国务院南水北调办以办任〔2017〕19 号文件，经试用期满考核合格，任命耿六成为国务院南水北调工程建设委员会办公室综合司司长。

（何韵华　刘德莉　赵海冰）

党建与精神文明建设

2017 年，国务院南水北调办直属机关党委全面落实中央国家机关工委工作要求和国务院南水北调办党组工作部署，围绕“服务中心、建设队伍”两大核心任务，认真抓好全面从严治党责任的落实，全面贯彻中央关于学习宣传贯彻党的十九大精神决定要求，推进“两学一做”学习教育常态化制度化，大力加强党建制度建设，深化党的建设工作，严格遵守中央八项规定精神，推进“四风”问题整治，深入开展反腐败斗争，全面完成年初确定的各项工作任务。

（一）落实全面从严治党要求

用好制度，用好机制，充分发挥督促检查作用，把国务院南水北调办直属党组织全面从严治党责任落到实处。一是修订全面从严治党实施意见。机关党委上半年协助党组完成了对《南水北调办贯彻落实全面从严治党要求实施意见》的修订发布（国调办党〔2017〕9 号）。修订后的实施意见增加了解决机关党建“灯下黑”问题、严格党内政治生活和加强党内监督、建立“一账一册一法”等内容，成为国务院南水北调办各级党组织落实全面从严治党要求的根本遵循。二是用好党建、纪检工作联席会两个平台。传导压力、落实责任，汇集各方力量，形成齐抓共管的合力，确保党建工作和纪检工作各项要求落地。共筹备召开党建工作联席会议 5 次，纪检工作联席会议 3 次，部署工作，研究重大活动方案，督促重要专题活动开展，检查有关问题整改方案和整改进展，审议有关制度，传达学习中央重要文件精神，落实中央有关部署。两个平台作用的发挥，成为党组落实从严治党要求的主要抓手。三是抓好主体责任落实情况的检查。党组同志带头，到基层检查指导工作，一并听取党建工作情况汇报，一并检查相关要求、措施落实情况。机关党委到直属单位了解情况，多次召开全委会研究相关任务和专题，分别对“两学一做”学习教育和十九大精神学习情况进行了督导。

（二）学习贯彻党的十九大精神

机关党委把学习宣传贯彻党的十九大精神作为首要政治任务，精心安排，抓出成效。贯彻落实中央决定精神，落实办党组要求，及时对党组中心组、直属单位党组织十九大精神学习做出安排，并抓好计划落实、学习成效的督促检查。坚持读原著、学原文、悟原理，牢牢把握“十个深刻领会”“六个聚焦”，做到学深悟透。一是制订学习计划，统一学习要求，集中六周时间，组织广大党员研读十九大报告、党章，分专题进行研讨。二是党组中心组带头学，办领导带头谈体会，讲领悟。安排三次集中学习交流。邀请中央宣讲团成员为中心组及全体党员干部做学习辅导。三是分两期举办处以上党员干部十九大精神学习培训班，做到处以上干部学习培训全覆盖。鄂竟平主任、蒋旭光副主任分别在培训班开始和结束时，为大家讲课，分享学习心得。张野副主任在参加支部学习时讲了党课。四是对各单位学习党的十九大精神开展督促检查，通过实地检查学习记录、现场出题进行知识点测试，检查学习计划落实情况和学习效果，促进十九大精神学习扎实深入开展。

（三）推进“两学一做”学习教育常态化制度化

2017年5月初，制定印发《国务院南水北调办推进“两学一做”常态化制度化实施方案》，积极抓好方案的落实。一是领导带头讲党课，推动了全系统思想政治建设和理论武装的深入开展。把讲好党课作为促进学习的重要手段，党组同志带头讲，5月10日，鄂竟平主任在全办学习教育推进会上带头讲党课，带动司局级干部和普通党员讲党课，以讲促学，以学促做，提高学习实践效果。7月开展了集中“党课月”活动，党支部书记都讲了党课。推荐综合司党支部书记耿六成同志参加工委“支部书记讲党课”展示活动，其党课被评为示范党课。二是发挥典型引路作用。年初，举办了南水北调中线抗洪抢险事迹报告会；6月中旬，布置开展了向廖俊波、黄大年同志学习活动；12月中旬，举办了援疆干部事迹报告会，用身边事教育身边人。三是开展“灯下黑”问题专项整治活动。按照工委要求，建好用好《清单》《台账》，定期统计，按时上报，有力督促了整治机关“灯下黑”问题的深入开展。四是开展“突出‘四个意识’，落实担当精神”专题学习研讨回头看，查找“四个意识”不强、担当精神不够问题，打牢全体党员干部牢固树立“四个意识”的思想根基，自觉维护以习近平同志为核心的党中央权威和集中统一领导，增强责任担当精神。五是加强过程督导。结合中央督导组督导内容，6月印发《关于进一步扎实做好“两学一做”学习教育常态化制度化有关工作的通知》，督促各级党组织围绕重点工作和督导内容进行梳理，查找不足，补齐短板。11月结合十九大精神学习，进行了现场督导，并对学习效果进行了测试。

（四）思想政治建设

一是发挥党组理论学习中心组学习带头示范作用。协助做好党组理论学习中心组学习安排，组织开展8次集中学习讨论，6次辅导报告，完成了中心组全年学习计划。紧跟形势任务的需要，协助党组及时调整中心组学习内容，安排了“一带一路”高峰论坛精神，实现中国梦的文化自信与新发展理念的实践逻辑等学习。二是落实好“三会一课”制度，加强党员日常学习教育。年初把各党支部“坚持‘三会一课’制度，党员大会和党课每季度不少于1次、支委会和党小组会每月不少于1次的要求”“组织主题党日活动不少于1次”列入办公室督办事项，得到各党支部大力支持。三是抓好党员教育培训，落实好各项培训计划。注重机关党委自身建设，加强专兼职党务干部培训。全年组织直属机关党员领导干部参加党校、干部学院培训班65人次。落实工委要求，推动中线建管局、东线公司开展自主培训，党支部书记培训全覆盖。其中，支持纪检干部参加派驻纪检组组织的培训班3期32人次。为中心组成员、全体党员日常学习做好服务，及时购买学习资料；机关党委还组织编制了《党建知识速查手册》，方便党员快速学习掌握相关知识。四是落实《关于新形势下党内政治生活的若干准则》，制定国务院南水北调办谈心制度，组织在“七一”期间和春节前夕，开展“集中谈心周”活动。党组同志带头，全系统积极行动，实现谈心活动全员覆盖，取得积极效果。五是掌握职工思想动态，开展职工思想状况调查。为提高调查工作的专业性和准确性，机关党委与中国社会科学院社会学所合作开展调查，并于9月完成了调查工作。有关结果提交国务院南水北调办党组，为国务院南水北调办党组准确掌握干部职工思想动态，做好思想工作提供参考。

（五）基层党建工作

一是积极适应南水北调工程运行管理形势需要，加强基层党组织建设，管理机构设立到哪儿、队伍建立到哪儿，党的组织就成立到哪儿，党的建设就跟进到哪儿。协助中线建管局落实巡视组整改要求，建立健全各分局党的组织，成立分局党委，配齐配强党务工作人员，完善机关党群工作机构。二是加强基层党建工作调研，机关党委、纪委单独或随办领导深入基层进行调研8次，力度前所未有。召开国务院南水北调办基层党建现场会，交流基层党建工作经验。协助国务院南水北调办党组出台了《关于进一步加强基层党建工作的意见》。三是做好党员发展工作，根据基层入党积极分子培养情况，积极向工委争取发展党员名额，在年初7名的基础上增加10名，全部拨中线建管局机关党委使用。四是督促基层党组织加强借入借出党员的管理，将其纳入组织参加学习、组织生活和民主评议。五是加强党费管理。对补缴党费的使用管理进行规范，与经财司一起制定了相关办法，并为专项扶贫留出6万元专款。对党费收缴进行规范，统一党费核定标准。

（六）党风廉政建设

一是年初召开国务院南水北调办廉政工作会议，会议贯彻落实中央、中纪委全会精神，分析国务院南水北调办党风廉政建设和反腐败工作形势，对全年工作进行部署。逐级签订党风廉政建设责任书，层层传导压力，层层压实责任。二是按照抓常、抓细、抓长的要求，经常性开展党风廉政教育。6月，在机关各党支部（党委）中集中开展了“以案释纪明纪，严守纪律规矩”主题警示月活动，党组同志带头，观看中央国家机关警示教育片《警钟》，参观司法部燕城监狱集体接受警示教育。三是开展日常警示提醒，重要节假日编发廉政短信，提醒党员干部廉洁过节。及时转发纪工委和派驻纪检组通报的典型案例，警示警醒党员干部，全年向直属党组织转发典型案例62起。开展家风家训家规故事征集、家庭助廉等活动，筑牢拒腐防变的思想道德防线。四是加强日常监督，采取专题调研、专项检查等形式，对各级党组织和党员干部贯彻落实中央有关部署、执行党的路线方针政策、维护党章党规情况进行监督。严格执行个人有关事项报告制度、领导干部述职述廉制度、干部任前谈话和诫勉谈话制度，不违规干预招投标活动和人事安排。严把干部选拔任用“党风廉洁意见回复”关。五是落实中央八项规定精神，认真落实习近平总书记关于力戒形式主义、官僚主义的重要指示精神，持之以恒整治“四风”，发挥好“四风”问题监督举报告示牌作用，发挥好网上举报平台的作用，对中线局落实中央八项规定精神情况开展专项调研。六是坚持把纪律、规矩挺在前头，依法依规处理来访来信，严格监督执纪问责，践行好“四种形态”，对违法违纪问题严肃查处，绝不纵容姑息。开展了违规购买消费高档白酒集中排查工作，未发现违规情况。七是推动廉政风险防控机制建设，在3家试点单位编制廉政风险防控手册的基础上，全面铺开手册编制工作，做到重点业务、重要领域、管理范围全覆盖。八是及时召开纪委全委会研究重点工作，建立直属党组织纪委书记（纪检委员）双月座谈制度，指导直属党组织做好问题线索处置工作，党支部设立纪检委员，加强纪检干部培训以提高业务能力。

（七）制度建设

落实党组要求，狠抓制度建设，通过制度建设使中央的要求在国务院南水北调办落地，补齐国务院南水北调办党建工作的短板。一是年初修订出台《国务院南水北调办贯彻落实全面从严治党要求实施意见》。结合中央全面从严治党新要求和南水北调办新的实践，增加了新的内容。二是树立一切工作到支部的导向，狠抓基层组织建设。国务院南水北调办党组出台了《国务院南水北调办党组关于进一步加强基层党建工作的意见》，为下步加强基层党建工作提供指导和遵循。三是贯彻落实中共中央《关于新形势下党内政治生活的若干准则》，国务院南水北调办党组制定出台了《国务院南水北调办谈心制度实施办法（试行）》《国务院南水北调办提醒谈话办法（试行）》。党组同志带头谈，各级党员干部、党员之间进行广泛谈心，起到了沟通思想、交流感情、排解情绪、凝聚共识、鼓舞干劲的作用。四是贯彻落实《中国共产党问责条例》《中国共产党党内监督条例》精神，办党组制定出台了《中共国务院南水北调办党组贯彻落实〈中国共产党问责条例〉实施办法（试行）》《国务院南水北调办基层党组织监督办法（试行）》，让中央规定在国务院南水北调办落地，强化了问责和监督工作。五是严格贯彻落实中央八项规定精神，深入开展“四风”整治工作，国务院南水北调办党组责成机关纪委和综合管理部门制定了“赴南水北调东、中线工程直属单位前方出差搭伙用餐纪律”，对易发问题提出明确具体规定，要求机关同志下基层一线单位，必须在机关食堂按职工当日食谱就餐，并严格按要求交纳伙食费。这些制度的制定和执行，极大促进了国务院南水北调办党建各项工作规范化。

（八）群团工作

抓好群团工作，调整工作思路，整合工青妇力量，共同办好群众性活动，积极推进国务院南水北调办精神文明创建工作再上台阶。一是坚持党建带群建，指导和支持工青妇组织依据各自章程开展工作。根据办机关工青妇工作实际，充分发挥群团组织的协同作用，机关党委加强了对他们工作的协调，尝试工青妇活动“三合一”，一个活动，一个主办单位，两个协办单位，加强了活动的协调性和干部职工的参与性，也避免了活动的相互冲突。如：3 月由妇工委组织的玉渊潭健走活动，妇工委主办，工会、团委协办；10 月职工喜迎十九大文化艺术展，工会主办，团委、妇工委协办；12 月“通水杯”职工拔河比赛，团委主办，工会、妇工委协办。二是认真做好党外人士团结工作，团结大家朝着共同理想前进。认真听取党外人士意见建议。3 月 15 日，蒋旭光主持召开党外人士座谈会议，10 人参加。会上大家提出的一些意见建议，会后整理送有关司局研究意见。支持党外人士参与工委开展的智库论坛、专题研究等活动。推荐相关研究专题，参加工委资助课题的遴选。三是深入开展精神文明创建活动。制定印发 2017 年南水北调办精神文明建设要点，调整完善精神文明建设委员会，围绕节能减排、计划生育、环境绿化、交通安全、卫生健康、光盘行动等开展精神文明创建工作，根据首都文明单位创建申报要求，推荐中线局惠南庄管理处为首都文明单位候选单位；继续开展棋牌、球类活动等群众性文体活动，锻造健康体魄；开展“文明职工、文明家庭、文明处室”评选表彰活动，引导岗位建功；继续与慈善总会联合开展“一张纸献爱心”活动，倡导热心公益，推动机关文明创建活动迈上新台阶。

（九）荣誉

（1）综合司党支部书记、司长耿六成的党课《深刻领悟习近平总书记科学的思想方法和工作方法　全面提升南水北调综合管理工作水平》被评为中央国家机关“党课月”活动示范党课（工委 2017 年 9 月 18 日印发通报）。

（2）中线建管局周芳朗诵作品《致橡树》在中央国家机关工委举办的“中华魂”经典朗诵作品征集活动中获三等奖（国工办发〔2017〕7 号）。

（3）在中央国家机关喜迎十九大干部职工文艺展演中，国务院南水北调办器乐演唱《我心随水到天涯》获声乐组二等奖，小品《长渠趣事》、歌曲演唱《向北吧，青春》、演唱《一渠清水长又长》获优秀奖（国工办发〔2017〕73 号）。

（4）设管中心王宁新主持的《南水北调工程建设档案资源体系建设研究》一文荣获

中央国家机关党外干部和归侨侨眷第二届“智库论坛”征文活动优秀奖（国工办发〔2017〕82号）。

（5）中线建管局机关党委刘杰、陈志荣、刘世一承担的党建研究课题《把握运用监督执纪“四种形态”的实践与思考》在中央国家机关党建研究会2016年党建课题研究成果评选中获得二等奖（国党建研字〔2017〕6号）。

（6）中线建管局员飞《浅析“互联网+”对党员教育管理工作的挑战和机遇》和东线公司鹿星《南水北调东线总公司党建信息化信息安全风险初探》在中央国家机关工委举办的“机关党建信息化理论征文和案例征集”活动评选中获优秀奖。

（7）机关工会在2016年度中央国家机关工会财务工作考核评比中获优秀奖（国机工办发〔2017〕140号）。

（8）直属机关妇工委在中央国家机关工委组织的“家风建设在行动·家庭助廉”活动中获“主题家庭日优秀案例”，中线建管局刘杰作品获“好家风故事”，中线建管局陈相拴、刘卫和东线公司李庆中、滕海波、罗宇淏的作品获“好家规家训”（国妇工发〔2017〕14号）。

（9）直属机关妇工委在中央国家机关工委组织的“图说家史”征集活动中获优秀组织奖，中线建管局董志秀《成长印记》、董婧怡《光荣的守候》、杨参参《一个老兵的半个世纪》和东线总公司戴菲《勤廉和美，家风传承》被评为优秀作品（国妇工发〔2017〕27号）。

（严丽娟）

“两学一做”学习教育

2017年，国务院南水北调办结合工作实际，积极推进“两学一做”学习教育常态化制度化。办党组高度重视并带头作表率，机关党委认真贯彻落实有关工作，各基层党组织扎实抓好各项任务落地，确保学习教育层层落实，取得实实在在效果。

（一）专项部署

国务院南水北调办党组认真贯彻落实中央精神，结合业务工作和党的建设实际，制定了《南水北调办推进“两学一做”学习教育常态化制度化实施方案》。4月25日，办党组书记、主任鄂竟平主持召开党建工作联席会议，专题学习习近平总书记关于推进“两学一做”学习教育常态化制度化的重要指示精神，传达刘云山同志在中央推进“两学一做”学习教育常态化制度化工作座谈会上重要讲话精神，对扎实推进学习教育常态化制度化提出明确要求。5月10日，国务院南水北调办党组召开“两学一做”学习教育常态化制度化工作推进会，传达中央有关精神，对国务院南水北调办学习教育常态化、制度化作出进一步安排和部署；鄂竟平主任以《坚持以问题为导向　深入推进“两学一做”学习教育常态化制度化》为题，从坚持以问题为导向的含义、坚持以问题为导向的重要意义、如何坚持以问题为导向三个方面，为党员干部上了一堂生动的专题党课，增强了党员干部坚持以问题为导向推进工作的思想自觉和行动自觉。办党组带头学习，党组中心组全年开展8次集中学习讨论，6次辅导报告，29人次重点发言；党组成员全部讲了党课。

（二）统筹安排

一是组织好理论学习，先后部署各党支部组织开展《实践论》《矛盾论》、党的十九大报告、中纪委工作报告、新党章、“六个聚焦”等专题学习，将各党支部落实“三会一课”制度和全年集中学习不少于10次纳入督办事项抓落实。二是发挥典型引路作用。年初举办了南水北调中线抗洪抢险事迹报告会；6月布置开展了向廖俊波、黄大年同志学习活动；12月举办了援疆干部事迹报告会，用身边事教育身边人。三是开展“以案释纪明纪，严守纪律规矩”警示教育月活动，组织党员干部观看警示教育片《警钟》，参观司法部燕城监狱集体接受警示教育，通过学习有关案例通报、重要节假日廉政提醒、家风家训家规故事征集等多种形式，筑牢拒腐防变的思想道德防线。四是开展“灯下黑”问题专项整治活动，按照工委要求，建好用好《清单》《台账》，定期统计，按时上报。五是开展“突出‘四个意识’，落实担当精神”专题学习研讨回头看，查找“四个意识”不强、担当精神不够的问题，抓好问题整改，打牢党员干部牢固树立“四个意识”的思想根基，自觉维护以习近平同志为核心的党中央权威和集中统一领导，增强责任担当精神。六是组织编印《党建知识速查手册》，方便党员干部查阅，提升学习效果。七是加强过程督导。结合中央督导组督导内容，6月印发《关于进一步扎实做好“两学一做”学习教育常态化制度化有关工作的通知》，督促各级党组织围绕重点工作和督导内容进行梳理，查找不足，补齐短板。11月结合十九大精神学习进行了现场督导，并对学习效果进行了测试。

（三）贯彻落实

机关各司各直属单位党组织认真贯彻落实国务院南水北调办党组要求，结合本单位实际，制定贯彻落实的具体措施。一是认真抓好日常学习教育，将个人自学、党小组学习、党支部学习结合起来，采取讲党课、重点发言、领学领读领讲、联学联做等方式，开展了形式多样的学习活动。二是落实好讲党课制度，7月开展了集中“党课月”活动，以讲促学，以学促做。党支部书记全部讲了党课，有人讲了2次或3次；其他司局级党员领导干部、处级干部和普通党员也积极参与讲党课，39名司局长针对学习十九大的心得讲了党课。综合司党支部书记耿六成同志的党课在工委“支部书记讲党课”展示活动中被评为示范党课。三是严格党内政治生活，各级党组织按照国务院南水北调办谈心办法规定，“七一”期间和春节前夕开展“集中谈心周”活动，全系统90多个党支部实现谈心全员覆盖。各级党组织认真执行民主生活会、组织生活会、民主评议党员等基本制度，坚持问题导向，认真开展批评与自我批评，深入查摆问题，深刻剖析原因，实事求是地提出整改措施；坚持领导干部参加双重组织生活会，以普通党员身份参加活动。四是进一步强化支部党建工作，抓基础抓规范，以“一账一册一法”为抓手，各党支部通过建立学习台账、党支部工作手册，创新和总结支部工作法，促进支部工作规范化、科学化、常态化、长效化，确保全面从严治党要求落地。五是各党支部结合自身实际，开展爱国主义教育、革命传统教育、警示警醒教育等丰富多彩的党日活动，对丰富党内生活，增强党员意识，促进基层党建起到了积极作用。

（四）学习教育成效

一是广大党员干部牢固树立了“四个意识”，坚定了“四个自信”，切实把思想和行动统一到中央要求和部署上来，做到思想上政治上行动上与党中央保持高度一致。二是以学习教育为契机，完善了基层党组织机构，完善了从严治党制度体系，党内政治生活进一步规范化制度化，党建工作得到全面加强。三是工作作风进一步改进，广大党员干部学思践悟、学做结合，用干好岗位工作的实际行动践行着“负责、务实、求精、创新”的南水北调核心价值理念。四是广大党员干部时刻以“四讲四有”合格党员标准要求自己，立足岗位作奉献，奋力拼搏勇担当，以干事创业精神投入到南水北调工程建设和运行管理的生动实践中，有力促进了南水北调各项工作。

（严丽娟）

直属机关党建述职评议考核工作

根据中央组织部的统一部署和《中央国家机关工委关于开展2017年度机关党建述职评议考核的通知》（国工发〔2017〕13号）要求，国务院南水北调办结合实际，认真开展了2017年度直属机关党建述职评议考核工作。

（一）基本情况

2017年，在中央国家机关工委和办党组领导下，国务院南水北调办机关党建围绕“服务中心、建设队伍”两大核心任务，深入学习贯彻习近平新时代中国特色社会主义思想和党的十九大精神，推进“两学一做”学习教育常态化制度化，推进全面从严治党向纵深发展，为南水北调工作提供了坚强的思想政治保证。办党组高度重视机关党建述职考评工作，要求直属机关党委把党建述职评议考核作为全面从严治党的重要举措，认真研究布置和落实。

（1）制定实施方案。2017年12月，机关党委在认真学习工委文件的基础上，研究制定了《南水北调办直属机关2017年度党建述职评议考核实施方案》，经国务院南水北调办党组同意并报送工委审核后印发实施。实施方案对党建述职评议考核范围、形式、内容、工作步骤、整改落实、工作要求作出了具体的部署，明确了机关党委书记向工委书面述职，机关党委常务副书记和各司各直属单位党组织书记集中统一述职。

（2）准备述职报告。各党组织书记围绕贯彻中央精神、落实办党组加强党建工作要求、完成基层党建重点任务、贯彻执行《中国共产党党和国家机关基层组织工作条例》《南水北调办贯彻落实全面从严治党要求实施意见》，全面梳理党建工作，总结经验和不足，明确整改方向和措施。国务院南水北调办党组成员、副主任、党建工作领导小组副组长、直属机关党委书记蒋旭光同志向工委提交了党建工作书面述职报告。各位书记自己动手，认真撰写述职报告，并充分征求党员意见；机关党委对述职报告严格要求，认真审核把关。

（3）党组织书记内部述职。各党组织书记在所在单位内部进行述职，全体党员或党员代表进行测评，按照“好、较好、一般、差”4个等次对书记履职情况作出评价。

（4）召开述职评议考核大会。1月30日，办党组书记、主任、党建工作领导小组组长鄂竟平同志主持召开直属机关党建述职评议考核大会，机关党委常务副书记和11名党组织书记就2017年履行党建工作职责和全面从严治党责任等情况、存在的问题及原因、下一步工作思路举措进行了现场集中统一述职，机关党委委员和党员代表对各位书记履职情况进行了严肃认真的现场评议，并按“好、较好、一般、差”4个等次进行考核打分。经统计，12名书记考核分数均在90分以上，考核等次为“好”。

（5）制定整改措施。各党组织书记在党建述职中都查找了薄弱环节和不足之处，把问题摆在当面、晒在现场，深入剖析问题产生的原因，认真制定切实可行的整改措施，将整改措施融入到2018年党建工作计划中抓落实，进一步明确了党建工作思路和努力方向。

（二）主要特点

2017年的党建述职评议考核，各环节工作有序推进，领导干部带头参加，党员干部积极参与，述职报告全面真实，点评评价实事求是。

（1）国务院南水北调办领导高度重视。党建述职评议工作由办党建工作领导小组主持，鄂竟平同志亲自审定实施方案，主持述职评议考核大会，要求各党组织书记深入学习贯彻党的十九大对党建工作的新要求，坚持以问题为导向，看到党建工作中的不足和薄弱环节，着力整改，提升做好党务工作的能力和素质，强化基层党组织的功能和作用。蒋旭光同志两次主持召开机关党委会，研究述职评议考核实施方案和考评办法，对各党组织书记述职情况一一作了综合点评。

（2）述职述廉同步进行。按照国务院南水北调办党组和机关党委要求，各党组织书记在党建述职中检查了履行党风廉政建设责任制、落实中央八项规定精神和廉洁自律等情况，通过党建述职加强对机关各司各直属单位廉政工作的监督检查。

（3）充分发扬民主。各党组织书记的述职报告充分征求了支部委员和党员的意见，根据大家的意见进行了认真修改。述职考评会上，党委委员和党员代表在发言点评中畅所欲言，既充分肯定各党组织书记的工作，又坦诚地指出存在的问题和不足，真诚地提出意见建议，民主氛围浓厚。

（4）注重考核结果运用。考核结束后，机关党委及时将党建述职评议考核结果报党建工作领导小组，召开党委会进行通报，并移交人事部门供干部考核参考。

（三）工作成效

（1）增强了党组织书记做好党建工作的责任意识。强化了“抓党建是最大的政绩”理念和“党的一切工作到支部”的鲜明导向，强化了党组织书记履行“一岗双责”并发挥好先锋模范作用的带头意识。

（2）促进了机关党建工作。在述职考评大会上，党组织书记系统梳理一年的党建工作，总结经验，发现问题和不足，提出努力方向，既相互交流，又学习借鉴；党委委员和党员代表敞开心扉进行点评，对书记真提意见，提真意见，积极为党建工作献计献策，既增进沟通了解，又提出了好的思路措施。

（3）发挥了考核的导向作用。将述职评议考核作为落实党建工作责任制的重要抓手和直属机关评优评先的重要依据，并移交人事部门供干部考核参考，形成了落实党建责任的约束力。

（严丽娟）

有关省（直辖市）南水北调工程建设管理机构

北　京　市

组　织　机　构

2017年2月，北京市机构编制委员会办公室以《关于同意为北京市南水北调调水运行管理中心（北京市南水北调水费收缴事务中心）核增副处级领导职数的函》（京编办事〔2017〕12号）批复北京市南水北调办，同意为北京市南水北调调水运行管理中心（北京市南水北调水费收缴事务中心）核增副处级领导职数1名。12月，北京市机构编制委员会办公室以《关于同意设立北京市南水北调工程执法大队的函》（京编办行〔2017〕302号）批复北京市南水北调办，同意设立北京市南水北调工程执法大队，为北京市南水北调办下设正处级行政执法机构，主要职责是：受北京市南水北调办委托，承担北京市南水北调工程保护方面的行政执法工作；核定北京市南水北调工程执法大队行政执法专项编制32名、处级领导职数1正3副。调整后，北京市南水北调办下设行政执法机构1个，所属事业单位11个。

（北京市南水北调办人事处）

人事管理

2017年，北京市南水北调办严格落实"信念坚定、为民服务、勤政务实、敢于担当、清正廉洁"好干部标准，在干部选拔任用、教育培养、监督管理等方面，立足实际，积极努力，队伍建设不断完善，干部凝聚力、战斗力进一步增强。

坚持正确选人用人导向，使选出来的干部让组织放心、群众满意、干部服气。全年共提拔正处级干部3人、副处级干部6人，处级干部平级交流任职4人，对8个办属单位的领导班子进行了优化调整。招录、遴选机关公务员4名，招聘事业单位工作人员31名，接收军转干部9名，为南水北调人才队伍增添了新的活力。

突出补齐短板，注重分层分类、因人施教，持续提升干部综合素质。充分利用优质教育平台，积极对接清华大学、中国人民大学，举办党员干部专题培训班两期、优秀年轻干部专题培训班1期、新入职人员培训班两期，受训人员520余人次，有力促进了干部素质能力双提升。

落实全面从严治党要求，加强对干部的日常管理监督。认真开展了事业单位领导班子和领导干部年度考核工作，严格执行领导干部个人有关事项报告制度，从严做好干部兼职清理规范等工作，做到干部随管理成长，管理伴干部一生。

（北京市南水北调办人事处）

党建与精神文明建设

（一）政治理论学习方面

组织党员深入学习习近平总书记两次视察北京工作及在省部级主要领导干部专题研讨班开班式上重要讲话精神、关于全面从严治党、加强基层党建工作、保障水资源水环境水安全的重要指示精神，召开全系统视频会议及时传达北京市十二次党代会和市委十二届二次全会精神。年中开展"党支部工作如何与业务工作有机结合"大讨论活动，让基层党组织理清了党建工作与业务工作的关系，将抓好支部工作与促进南水北调事业发展结合起来，充分发挥支部战斗堡垒作用和党员先锋模范作用。认真学习贯彻十九大精神，提前部署，精心组织观看大会召开盛况，掀起办系统学习党的十九大精神热潮，邀请市委党校教授深入解读党的十九大报告，向党员发放《党的十九大报告学习辅导百问》和《习近平谈治国理政》第二卷等相关学习书籍，组织党员干部深入学习习近平新时代中国特色社会主义思想，用新思想武装头脑、推动工作。

（二）党组织建设

注重日常管理，强化组织功能，严格落实《关于新形势下党内政治生活的若干准则》，推动"两学一做"学习教育常态化制度化，"三会一课"、民主生活会、组织生活会、民主评议、谈心谈话制度得到有效落实。以庆祝建党96周年为契机，积极组织"两优一先"表彰、重温入党誓词、共产党员献爱心等"七个一"系列活动，大力弘扬优秀党员先进事迹，充分发挥典型带动、示范引领作用。各支部积极开展"一支部一品牌一亮点"活动，南水北调特色党建效应发挥明显。认真组织党支部规范化建设试点工作，充分发挥先导作用，摸索总结支部建设和中心工作互促共进经验做法，为进一步办系统党支部规范化建设奠定了坚实基础。

（三）制度建设

北京市南水北调办党组把制度治党、依规治党作为全面从严治党的重要内容统筹谋划，制订《关于深入贯彻〈中共北京市委常委会带头落实全面从严治党主体责任的规定〉的实施意见》《中共北京市南水北调办党组关于落实〈中共北京市委实施《中国共产党问责条例》办法〉问责工作程序的暂行规定》《关于向驻市水务局纪检监察组移送有关问题线索的暂行办法》《北京市南水北调办关于开展巡察工作的意见》，强化领导带头作用，对落实两个责任、开展巡查工作进一步规范。制订《北京市南水北调办机关党委关于党组织工作和活动经费的管理规定（试行）》，规范基层党组织党费的使用和管理。

（四）工青妇工作

北京市南水北调办系统各级工会、共青团、妇工委组织，广泛开展了岗办直属机关工会注重保持工会组织政治性、先进性、群众性，围绕大局"公转"，围绕效率创新，围绕需求服务。年内，完善组织设置，指导6个基层工会完成换届工作，组织各级工会开展岗位建功、环湖接力赛、篮球联赛、一平米健身等品牌活动，通过职工互助保障对办系统2名困难职工进行救助，主动邀请市直机关第七片组成员座谈学习。建管中心计划合同部荣获"全国工人先锋号"、《拆迁办的故事》荣获北京市第十一届文化艺术节曲艺小品三等奖，北京市南水北调办直属机关工会先进经验被全国总工会《共和国的脊梁》杂志收录。

机关团委针对全系统人员结构年轻化的特点，以活动为载体，加强对青年团员的组织、教育和引导，结合学雷锋日、五四青年节等特定节日，开展了"向雷锋致敬"主题周活动、"弘扬红旗渠精神，梦圆南水北调工程"主题实践活动。组建北京市南水北调办志愿者服务队，先后组织老年服务、中小学服务、工程沿线社区服务等志愿活动10余次，参加人数100余人次。联合妇工委、中央国家机关鹊桥服务中心组织了"团城湖畔相约，九九鹊桥牵手"青年交友联谊活动。组织办系统青年团员参加市直机关第三届青年技能大赛，获微信H5比赛二等奖、最具创意奖，机关团委活动全市优秀组织奖。

机关妇工委以开展最美家庭活动为抓手，挂牌母婴关爱室，树廉洁家风，创最美家庭。建管中心职工曹悦家庭入选首都最美家庭。

（五）精神文明建设

以学习宣传贯彻党的十九大精神为主线，按照北京市直机关工委要求，结合北京市南水北调办实际开展多种形式的精神内容丰富、形式多样的精神文明活动，突出宣传重点，营造良好氛围。积极组织办系统党员代表参加市直机关"贯彻五大发展理念，绘就城市副中心宏伟蓝图"系列报告会，引导党员干部树立建设副中心，服务副中心的理念。参加北京市党员教育电视片观摩交流活动，深入挖掘北京市南水北调办系统广大党员在推进"两学一做"学习教育常态化制度化中积累的新鲜经验、典型事迹和生动实践，制作教育片，其中大宁管理处《大宁护水人》荣获全市二等奖。积极组织北京市南水北调办系统全体干部职工分批参观"砥砺奋进的五年"大型成就展，进一步坚定了"四个自信"。八一前夕，组织北京市南水北调办系统和纪检监察组30余名复转军人，参观"天安门上太阳升"主题展览并召开座谈会，表达对复转军人的关怀和问候，鼓励复转军人继续弘扬部队的优良传统作风，勇挑重担、再接再厉发挥模范作用。

北京市南水北调工程建设委员会办公室（机关）、北京市南水北调工程拆迁办公室、北京市南水北调东干渠管理处、北京市南水北调工程建设管理中心、北京市南水北调团城湖管理处5家单位在2015～2017年度首都精神文明创建工作中被评为"首都精神文明先进单位"。

"两学一做"学习教育

（1）突出教育引领，把学深、学透、做细、做强贯彻始终。一是进一步加强对习近平中国特色社会主义思想、党的十九大精神、北京市第十二次党代会精神及党内重要法规等内容的学习，领导干部先学一遍、深学一层，在此基础上积极谋划办系统党员的学习教育。二是针对南水北调干部队伍年轻，工程点多线长，管理设施分散，办公条件艰苦的实际特点，采取教育前置，深化继续教育等手段，通过岗前教育、入职培训，加强日常教育管理，强化理想信念，筑牢党员群众自觉肩负起为南水北调事业无私奉献的使命感。三是继续推广视觉教育，营造浓厚学习工作氛围。十九大召开后与宣教中心及时布置环境，并现场指导部分单位环境布置情况。强化“内网专栏、微信群、视频会议系统、电子期刊”平台作用的发挥，并利用微信群实现扁平化交流，及时分享学习资料，引导党员主动学习、主动分享、主动交流，提升学习效果。四是统筹谋划，召开专题会议研究部署两学一做学习教育常态化制度化工作，结合实际制定实施方案、指导清单等文件，对“三会一课”等制度做出详细的说明和界定，便于各基层支部操作执行，进一步严肃、规范各级党组织的党内政治生活。

(2) 突出典型示范，发挥头雁作用，把向上向善创先争优贯穿始终。一是大力表彰宣传先进典型。以庆祝建党 96 周年为契机，在北京市南水北调办系统开展“两优一先”评选，并隆重召开表彰大会，对 8 个先进基层党组织、17 名优秀共产党员、13 名优秀党务工作者实施奖励。全系统广泛开展“迎接十九大、做合格党员”活动，大力弘扬身边的优秀党员、劳动模范的先进事迹，通过大张旗鼓树立标杆，营造氛围，激发广大党员勇于争先不断进取的意识。二是强化支部书记能力培养。邀请中央党校、北京市委党校教授授课，机关党委书记亲自走上讲台以专题党课的形式向支部书记传授工作经验，提升支部书记党建工作能力。组织两批党性教育现场培训班，深入学习党史，进一步坚定了理想信念，有力提升了支部书记的党性修养和履职能力。机关党委采取专门培训、述职评议、以会代训、交流座谈、个别指导等形式，实现了支部书记培训全覆盖，全年共计培训 10 次、30 余小时，有效提升支部书记开展党建工作的能力，发挥支部书记头雁作用，抓好班子，带好队伍。

(3) 突出创新创优，把创建品牌发挥作用贯穿始终。坚持把“一支部一品牌一亮点”作为加强党的建设的一项长期任务，加强分类指导，根据不同层级不同类型党组织和党员实际状况，鼓励探索、鼓励创造，实实在在把思想政治工作落到支部，把从严教育管理党员落到支部，把群众工作落到支部。如大宁管理处机关党支部开展“周记一言、月讲一课”活动，每周发布一期习总书记讲话开展学习，每月由一位党员分享党课、读书心得、热点评论、工作感悟。南干渠管理处党总支通过设立党员桌牌、承诺上墙，建党建长廊、视觉冲击等手段，强化“两个作用”发挥。东干渠管理处党支部开展“党旗飘扬在一线，党群共建保通水”系列活动，切实保障城市副中心供水安全。团城湖管理处基层党支部设立党员接待日，主动肩负起南水北调爱国主义教育基地的志愿讲解工作，宣传节水爱水理念。建管中心党总支在工地现场组建临时支部，发挥支部的战斗堡垒作用和党员的先锋模范作用，做到“临时支部不临时，工程在哪组织在哪”。信息中心党支部利用自身优势开展服务支撑，开展“送服务到机关、送服务到一线”主题活动，组织技术应用推广，及时解决基层网络问题。团城湖管理处党总支被评为“北京市思想政治工作优秀单位”，团城湖管理处化全利同志当选 2017 年“首都学习之星”。

党风廉政建设

注重把落实全面从严治党主体责任与完

成中心工作要求有机结合起来，认真落实党风廉政建设责任制。坚持党风廉政建设与业务工作同谋划、同部署、同落实、同检查、同考核，推行“电子日志”，全程记实留痕，做到统筹有文件、年初有部署、年中有推进、年底有考核。坚持反腐败工作高压态势，挺纪在前，突出问题导向；坚持抓早抓小、关口前移，用好监督执纪“四种形态”，督促各级领导干部履职尽责；签订个性化责任书，明确权力清单，层层传导压力；坚持开展经常性的谈心谈话、约谈提醒、警示教育，防微杜渐，筑牢思想防线。严格贯彻中央八项规定精神和市委实施意见，深入开展“为官不为、为官乱为”问题专项治理，纠治“群众身边不正之风”；着力抓好节日提醒教育和明察暗访，严防“四风”问题反弹；加大追责问责力度，对解决管党治党“三大问题”不力、责任落实不到位的，对维护党的政治纪律和政治规矩失责、贯彻中央八项规定精神不力、不作为乱作为的，坚决从严问责，推动党风廉政建设向纵深发展。

（北京市南水北调办）

天　津　市

概　述

2017年，天津市南水北调办深入学习贯彻党的十九大精神，坚决贯彻落实中央和天津市委决策部署，切实把思想认识和行动统一到中央、市委和局党委决策部署上来。坚定不移推进全面从严治党向纵深发展，狠抓全面从严治党主体责任落实，为做好南水北调各项工作提供了坚强保证。深入推进“两学一做”学习教育常态化、制度化，增强了党员干部的“四个意识”，提高了党性修养，改进了工作作风。严格落实“一岗双责”，坚持党建工作和业务工作同部署、同检查、同落实，认真落实党风廉政建设责任制，加强工程建设资金监管，对关键岗位、关键环节加强监督，全年未发现干部违规违纪问题。

（天津市南水北调办）

人　事　管　理

开展处级干部年度考核测评推优、领导干部谈话、个人有关事项报告和人事档案专项审核认定工作，组织处级干部参加处级干部轮训班。靳文泽同志任天津市南水北调工程建设委员会办公室总工程师转正；许光禄同志任天津市南水北调工程建设委员会办公室计划财务处副处长（试用期一年）；陈菁同志任天津市南水北调工程建设委员会办公室计划财务处处长转正。建管处（环移处）处长高洪芬在市水务局2017年度处级干部考核中被评为优秀等次。

（天津市南水北调办）

党建与精神文明建设

结合南水北调工程建设实际，在天津市水务局党委的领导下，依托天津市南水北调办机关党支部和各参建单位党组织，不断加强党的建设和精神文明建设。深入开展不作为不担当问题专项治理和作风纪律专项整治，全办党员干部担当作为、攻坚克难的意识进一步提高，党支部的战斗堡垒作用和党员的先锋模范作用得到较好发挥。严格压实党建责任，坚持党建和业务工作同部署同谋划同落实，统筹推进全面从严治党和南水北调事业。举办处级干部学习贯彻党的十九大精神专题培训班，对处级干部进行培训，深入学习贯彻党的十九大精神，切实增强“四个意识”，提高党性修养，改进工作作风。深入净化政治生态，深化中央巡视“回头看”反馈意见整改落实，整治圈子文化和好人主义，坚决肃清黄兴国恶劣影响。深入落实中央八项规定精神，对暴露出的违反规定精神、隐形变异“四风”问题，持续用力坚决整改。精神文明建设活动广泛开展，组织学习贯彻习近平总书记系列重要讲话、十九大精神等活动，以党的最新理论成果武装干部职工；进一步加强民主管理，推进职工素质工程建设，开展职工文体活动。

（天津市南水北调办）

“两学一做”学习教育活动

深入推进“两学一做”学习教育常态化制度化，天津市南水北调办领导带头参加双重组织生活，常态化指导学习讨论。把“两学一做”学习教育贯穿于南水北调工作全过程，坚持全面从严治党和推动南水北调业务工作齐抓共管，带动全办工作呈现出新面貌。大局意识明显增强，全办干部职工认真贯彻局党委各项决策部署，心往一处想，劲往一处使，确保全年任务圆满完成；工作作风明显转变，各级干部以身作则，以上率下，机关工作节奏明显加快，办公环境得到很大改善，干部职工的精神状态明显提振，干事创业的意识明显增强。

（天津市南水北调办）

党风廉政建设

坚持廉政先行，结合工程建设全面加强党风廉政建设，认真落实党风廉政建设责任制，签订党风廉政建设责任书，层层压实党风廉政建设主体责任，坚持打造廉洁工程。严格落实“一岗双责”，坚持廉政工作和业务工作同部署、同检查、同落实，认真落实党风廉政建设责任制，加强工程建设资金监管，规范领导干部权力运行，对关键岗位、关键环节加强监督，全市南水北调系统全年未发现干部违规违纪问题。认真落实中央八项规定精神，有效防范了“四风”问题回潮反弹。

（天津市南水北调办）

河　北　省

人 事 管 理

河北省人民政府冀政人字〔2017〕108 号文件通知，免去张铁龙河北省南水北调工程建设委员会办公室主任职务。

（宋丽霞）

党建与精神文明建设

2017 年，河北省南水北调办深入学习贯彻党的十八届六中全会、党的十九大精神和习近平总书记系列重要讲话精神，深入学习省第九次党代会精神。突出全面从严治党，坚持思想建党、制度治党，坚持弘扬改革精神、树立法治思维，扎实开展“四个意识”专题教育、“一问责八清理”专项行动，不断推进“两学一做”学习教育常态化制度化。切实推进机关党的思想、组织、作风、反腐倡廉和制度建设，机关作风明显改进，服务意识进一步增强，工作效能显著提高，为贯彻落实河北省省委、省政府决策部署，推动完成河北省南水北调中心工作提供了坚强的思想政治保证。

（宋丽霞）

"两学一做"学习教育活动

河北省南水北调办机关深入开展"两学一做"专题教育活动，坚持学习党章党规和习近平总书记系列重要讲话常抓不懈，不断提高党员干部的廉洁从政意识。一是汇编了《学党章党规、做合格党员》学习资料，组织了"两学一做"学习考试。近期将把六中全会修订的《中国共产党监督条例》《新形势党内政治生活若干准则》，以及今年出台的《中国共产党问责条例》等党内法规再汇编成册，供党员干部学习使用。二是坚持每月第一个星期五集中学习制度。每月初，明确当月学习重点内容，并提出具体要求。组织系统学习了《习近平总书记系列重要讲话读本》《习近平谈治国理政》重点篇目，及其他规定内容。三是认真开展党风廉政建设主题教育。为增强党员干部反腐倡廉意识，强化艰苦奋斗理念。在"3·23"赶考日，组织党员干部到邢台市沙河王硇村进行了革命传统教育。"七一"前夕，组织党员干部到邱县廉政教育基地，参观廉政漫画展览，取得了良好教育效果。"十一"期间，组织党员到阜平县城南庄、骆驼湾村参观学习，进行革命传统、优良作风现场教育。四是开展正反面典型教育。组织党员干部及时学习李保国先进事迹，以及反腐败典型案例通报等，学习先进、弘扬正气，以案说法、警钟长鸣，引导党员干部树立正确的世界观、人生观、价值观。五是认真落实"三会一课"制度。按要求组织开好支部民主生活会，认真查摆党员干部在"四风"、廉洁自律方面存在的问题，认真开展批评和自我批评。

（宋丽霞）

党风廉政建设

为切实加强党的作风建设，深入推进反腐倡廉工作，筑牢廉政防线，河北省南水北调办多措并举，成效显著。主要工作有：一是按"一岗双责"要求，将2017年度党风廉政建设责任进行任务分解，将各项工作任务分解到每一个工作岗位和每一个人；二是坚持把党员干部的党风廉政建设作为党风廉政教育工作的关键来抓，把反腐倡廉理论作为学习的重要内容，定期安排专题学习；三是认真贯彻落实中央八项规定精神和《廉洁自律准则》《纪律处分条例》，坚持加强教育、制度约束、监督管理并重的方针、把反腐倡廉贯穿于各个方面；四是认真落实民主集中制，加强对权力运行的制约和监督，确保权力正确行使，凡属重大决策均召开会议讨论作出决定；五是进行警示教育，时刻警钟长鸣，组织学习典型案例警示教育，不断增强党员干部的廉政意识。六是按照党风廉政建设廉政风险防范管理要求，组织全体党员干部深入查找个人作风，岗位职责风险点，力争将隐患消灭在萌芽状态。

（宋丽霞）

河　南　省

概　述

2017年是河南省南水北调工程运行安全平稳、水质稳定达标、综合效益持续提升的一年。一年来，河南省南水北调办积极推进"两学一做"学习教育常态化制度化，层层压实全面从严治党责任，综合实施强管理、建机制、重执法、保安全、抓创新、带队伍六项举措，以“三个一”（即“开展一次运行管理规范年活动、紧盯一套问题台账狠抓落实、打响一场水污染防治攻坚战”）为载体，有序完成年度各项工作任务，并圆满实现了河南省南水北调工程经济、生态和社会效益逐步扩大的工作目标。

（1）家风建设。河南省南水北调办领导班子带头注重家风建设，继承和弘扬中华优秀传统文化，继承和弘扬革命前辈的红色家风，向焦裕禄、谷文昌、杨善洲等同志学习，做家风建设的表率，把修身、齐家落到实处。带头保持高尚道德情操和健康生活情趣，严格要求亲属子女，过好亲情关，教育他们树立遵纪守法、艰苦朴素、自食其力的良好观念，明白见利忘义、贪赃枉法都是不道德的事情，为全社会做表率。

（2）教育培训。2017 年 4 月 17～21 日，4 月 24～28 日，分两批次组织全体干部职工到南水北调精神教育基地开展职业道德培训，继承和发扬南水北调优良传统，进一步弘扬南水北调精神，加强广大党员干部职工的政治思想和作风建设，强化党性锻炼，在实践中管好、护好南水北调工程，为确保一渠清水永续北送再添新力。2017 年 5 月 13～19 日、10 月 23～28 日，组织河南省南水北调办副处级以上领导干部赴延安、遵义干部学院开展党性教育培训，重温党的辉煌历史，感受革命胜利血与火的考验，进一步坚定共产主义理想信念。有计划地联合高校等专业组织开展河南省南水北调配套工程运行管理专业技能培训，稳步提高南水北调系统广大干部职工管好用好维护好南水北调工程的业务技能。邀请省内权威司法组织进行南水北调水政监察支队专业执法业务训练，努力建设一支高素质的南水北调执法队伍。有计划地组织各基层党支部成员到河南省南水北调办定点扶贫村肖庄村进行实地扶贫帮扶和锻炼，进一步提高党员干部队伍勤政务实为民的情怀。

（3）监督检查。高度重视教育引导广大党员干部职工深入学习贯彻党的十九大精神，用习近平新时代中国特色社会主义思想武装头脑、指导实践、推动工作，坚持把党的政治建设放在首位，全面推进政治建设、思想建设、组织建设、作风建设、纪律建设，在政治立场、政治方向、政治原则、政治道路上，坚决同以习近平同志为核心的党中央保持高度一致。教育引导广大党员干部职工认真落实党中央八项规定精神，运用好监督执纪“四种形态”，抓早抓小，加强警示教育，筑牢拒腐防变的思想防线，使广大干部知敬畏、存戒惧、守底线，真正做到讲规矩、守纪律、保廉洁，干成事、不出事。2017 年先后 7 次组织开展对机关各处室、各项目建管处人员在岗情况、工作纪律情况、廉洁自律情况、服务意识情况、工作作风情况随机抽查和暗访，进一步严明纪律规矩。

（4）内部审计。坚持贯彻依法审计，履职尽责，强化内部审计监督，实现决策权、执行权、监督权相互制约又相互协调的权力结构。突出南水北调工作特点，坚持按季度进行内部审计，及时发现问题解决问题，强化自身建设、强化内部控制、完善长效监督制约机制。坚持大额资金（一万元以上）票前审核把关，对不符合规定的票据退回拒审，严把关口，确保会计核算的真实性，为充分发挥南水北调工程建设资金的使用效率而保驾护航。2017 年基本完成河南省 11 个省辖市及 2 个直管县市的配套工程内部审计工作。

（5）作风建设。认真学习贯彻《关于新形势下党内政治生活的若干准则》《中国共产党党内监督条例》《中国共产党纪律检查机关监督执纪工作规则（试行）》。严肃党内政治生活，主要负责同志带头上党课，其他成员有计划地到联系点讲党课。以普通党员身份参加所在支部的组织生活，开展批评和自我批评。严格遵守政治纪律，坚决做到与中央保持一致决不能含糊；严格遵守组织纪律，清醒认识不请示报告不是小事；严格遵守廉洁纪律，坚决对歪风邪气亮起红灯；严格遵守群众纪律，对罔顾民意的政绩工程说“不”；严格遵守工作纪律，不担当就要被问责；严格遵守生活纪律，刚性约束八小时以外行为。持续改进广大党员干部职工的工作作风。“打铁必须自身硬”，管党治党、从严治党，关键在党，关键在人。河南省南水北调办在大力推进“两学一做”常态化制度化的基础上，重点加强党员干部队伍的培训与监督工作，党性培训与业务培训相结合，日常监督与结果考核相配套，切实培养锻炼出一支忠诚干净担当的全面从严治党的干部队伍。

（杜军民）

组 织 机 构

南水北调工程经国务院批准于2002年12月27日正式开工。河南省依据国务院南水北调工程建设委员会有关文件精神，于2003年11月成立河南省南水北调中线工程建设领导小组办公室（豫编〔2003〕31号），作为河南省南水北调中线工程建设领导小组的日常办事机构，设主任1名，副主任3名，副巡视员1名，与河南省水利厅一个党组，主任任河南省水利厅党组副书记，副主任任河南省水利厅党组成员。2004年10月，成立河南省南水北调中线工程建设管理局（豫编〔2004〕86号），是和河南省南水北调配套工程建设的项目法人同时明确，办公室与建管局为一个机构、两块牌子。

2017年，河南省南水北调办（河南省南水北调建管局）下设综合处、投资计划处、经济与财务处、环境与移民处、建设管理处、监督处、审计监察室7个处室和南阳、平顶山、郑州、新乡、安阳5个南水北调工程建设管理处（豫编〔2008〕13号）。根据工作需要，内设机关党委、机关纪委、机关工会。受国务院南水北调办委托、代管南水北调工程河南质量监督站。批复人员编制156名，其中行政编制40名，工勤编制12名，财政全供事业编制104名。

（杜军民）

人 事 任 免

2017年9月，豫调办〔2017〕90号文：

安琦同志任河南省南水北调中线工程建设领导小组办公室监督处调研员，免去其河南省南水北调中线工程建设领导小组办公室监督处副处长职务。

李首伦同志任河南省南水北调中线工程建设领导小组办公室环境与移民处副处长，免去其河南省南水北调中线工程建设管理局安阳建设管理处副处长职务。

李申亭同志任河南省南水北调中线工程建设领导小组办公室建设管理处副处长，免去其河南省南水北调中线工程建设管理局平顶山建设管理处副处长职务。

李华光同志任河南省南水北调中线工程建设领导小组办公室建设管理处副处长，免去其河南省南水北调中线工程建设管理局平顶山建设管理处副处长职务。

赵南同志任河南省南水北调中线工程建设管理局新乡建设管理处副处长（试用期一年）。

秦水朝同志任河南省南水北调中线工程建设管理局平顶山建设管理处副处长（试用期一年）。

殷保军同志任河南省南水北调中线工程建设领导小组办公室环境与移民处副调研员；

张攀同志任河南省南水北调中线工程建设管理局平顶山建设管理处副处长（试用期一年）。

樊桦楠同志任河南省南水北调中线工程

建设管理局安阳建设管理处副处长（试用期一年）。

（王笑寒）

纪检监察

河南省南水北调办始终紧抓党风廉政建设，稳步筑牢拒腐防变的思想防线。聚焦中心任务，突出主业主责，形成了风清气正的政治生态。一是严把廉洁关口。开展“一准则、一条例、一规范”学习，及时通报典型违纪违法案例，组织全体干部职工观看警示教育片，做到警钟长鸣；密切配合省纪委驻厅纪检组开展“述职能、明责任、防风险”调研活动，认真落实驻厅纪检组有关工作要求。开展纪检监察业务培训，进一步完善监督体系，夯实正风肃纪的坚强堡垒。坚持明察暗访活动，既做到及时提醒，又做到严格监督；及时开展谈话谈心活动，重点进行纠正和预防。二是持之以恒“反四风”。深入学习贯彻党的十九大精神，把党的政治建设放在首位，全面推进政治建设、思想建设、组织建设、作风建设、纪律建设，在政治立场、政治方向、政治原则、政治道路上，坚决同以习近平同志为核心的党中央保持高度一致。坚持领导干部率先垂范，落实“两个责任”，为广大党员干部作出政治、思想和行动的表率；及时传达学习习近平总书记批示精神，警惕“新四风”反弹，杜绝调研走过场，门好进、脸好看、事难办。积极开展八项规定精神制度建设“回头看”活动。认真组织违规公款消费高档白酒专项排查。三是扎紧制度笼子。紧密结合新机遇、新挑战，针对重点人、重点事、重点问题等廉政风险点，集中研究制定了基础性、长期性的县级以上“4+2”党建制度体系。印发了24项党建制度汇编及党组两个责任清单，构建较为系统的党建制度。四是畅通信访渠道。设立举报信箱和举报电话，畅通信访举报通道，认真对待群众来信来访，澄清事实，依法办理。五是强化内部监督。坚持明察暗访，运用好监督执纪“四种形态”，抓早抓小抓常，加强警示教育，筑牢拒腐防变的思想防线，使广大干部知敬畏、存畏惧、守底线，真正做到讲规矩、守纪律、保廉洁，干成事、不出事，切实做好干部职工修身正德、干事创业的底线。坚持开展谈话谈心活动，重点进行纠正和预防工作。六是严格执纪问责。坚持“纪挺法前”的原则，强化监督检查，严肃执纪问责，强力推进“两个责任”落实。坚持贯彻执行党风廉政建设目标责任制，用严格的过程考核及事后考核规范广大干部职工的职责行为。

（杜军民）

党建工作

2017年，河南省南水北调办机关党委紧跟河南省南水北调事业改革发展步伐，深入贯彻中央全面从严治党决策部署，深入学习宣传贯彻党的十九大精神，深入推进“两学一做”学习教育常态化制度化，加强理想信念教育，强化基层党组织建设，狠抓党的纪律建设，紧紧围绕南水北调中心任务，服务南水北调运行管理大局，党建工作科学化、规范化水平进一步提升。

（一）思想政治工作

加强党员干部思想政治建设，是保持党的先进性、纯洁性的必然要求，河南省南水北调办一直把思想政治工作作为党建工作的一大法宝，不断加强深化，通过开展政治理论学习，提升党员党性修养，增强党组织的创造力、凝聚力和战斗力。

（1）学习贯彻党的十九大精神。2017年是党的十九大召开之年，河南省南水北调办机关党委高度重视，精心组织全办干部职工收看收听党的十九大开幕会直播盛况，印发了《河南省南水北调办公室学习宣传贯彻党的十九大精神实施方案》，要求各支部把学习贯彻党的十九大精神作为首要政治任务，在学懂上下功夫、在弄通上下功夫、在做实上下功夫，确保在思想上政治上行动上同以习近平同志为核心的党中央保持高度一致，真正把学习贯彻十九大精神与做好河南省南水北调各项工作结合起来。

（2）“两学一做”学习教育。为积极推进“两学一做”学习教育常态化制度化，机关党委制定印发了《河南省南水北调办公室关于推进“两学一做”学习教育常态化制度化的意见》和《河南省南水北调办公室关于推进“两学一做”学习教育常态化制度化的实施方案》；编发“两学一做”学习教育工作简报22期；组织开展了以“决胜全面小康让中原更加出彩”为主题的微型党课比赛活动，并选派一名同志参加了省水利厅举办的微型党课比赛；注重加强对各支部协调指导，督促各支部开展专题学习、专题研讨，对各支部学习教育工作进行督导检查，确保学习教育抓在经常融入日常。

（3）各类学习活动。河南省南水北调办机关党委以落实“三会一课”制度为抓手，积极组织开展各类学习活动，组织学习《中国共产党章程》《中国共产党廉洁自律准则》《中国共产党纪律处分条例》《中国共产党问责条例》《关于新形势下党内政治生活的若干准则》和《中国共产党党内监督条例》等党规党纪，学习《习近平总书记系列重要讲话读本》《习近平治国理政》《习近平总书记系列重要讲话文章选篇》等；在十九大召开前夕还组织观看《辉煌中国》《强军》《大国崛起》等多部十九大献映政论片，为十九大的召开营造了热烈的舆论氛围；十九大一中全会召开后，办机关党委迅速编印了《中共十九大精神学习资料汇编》，组织集中观看中央宣讲团解读中共十九大精神视频等，帮助干部职工进一步加深对党的十九大的精神实质、精髓要义、政策措施的认识。

（二）日常工作

（1）党建工作责任制。按照中央和河南省省委的要求，树立“抓好党建是本职，不抓党建是失职，抓不好党建是不称职”的思想理念，明确党建工作责任制，强化工作措施，整合各方力量，切实加强对各支部的分类指导和工作责任落实情况的督促检查。2017年结合工作实际，新成立了审计监察室党支部、退休干部党支部，指导办纪委、精神文明办、工会、共青团、妇联做好各方面工作，配合水利厅党组督导组做好对省南水北调办全面从严治党主体责任落实情况的检查，完成了“标本兼治 以案促改”、中央八项规定精神制度建设“回头看”、违规公款消费高档白酒集中排查整治等3项党风廉政重要工作。

（2）党费管理。河南省南水北调办机关党委按照《中国共产党党费收缴、使用和管理的规定》做好党费收缴工作，每季度下发《党费收缴的通知》，要求各支部按时完成党费收缴工作。按照河南省省委省直工委《关于党费收缴工作专项检查中清理收缴的党费使用有关问题的通知》精神，在“七一”前夕，慰问困难党员和省南水北调办帮扶村困难党员6000元，并向每个支部拨付活动经费1400元，用于支部开展主题党日、创先争优等活动。向每位党员发放300元的购书卡，鼓励党员干部多读书、读好书，受到了广泛热议与好评。

（3）党员管理工作。一是做好党员发展工作的计划和规划。严格按照“坚持标准、保证质量、改善结构、慎重发展”的方针，严格规范党员发展工作程序，规范党员发展工作，确保党员发展的质量。2017年，河南省南水北调办有1名预备党员转为正式党员，有1名同志被发展为预备党员。二是加强党员队伍的日常管理。及时了解掌握各支部的党员动态，建立健全党员管理台账，规范和理顺党员组织隶属关系，根据人员调整变化情况，对各支部的党员人数进行重新划分，确保河南省南水北调办106名党员都能纳入党组织的管理之中。三是建立党员关爱激励机制。积极开展交心谈话、批评与自我批评活动，切实做好经常性的思想政治工作，关爱慰问困难党员、看望生病党员，注重政治激励、物质激励、精神激励、思想疏导、精神抚慰、生活帮助、亲情关爱，形成了关爱党员的良好氛围。

（4）意识形态领域工作。牢牢掌握意识形态工作的领导权主动权，巩固马克思主义在意识形态领域的指导地位，突出习近平总书记系列重要讲话精神的学习教育，真正用讲话精神统一思想和行动，牢牢把握正确舆论导向，不断增强宣传思想工作的吸引力和感染力，坚持最广泛最充分地调动一切积极因素，不断加强和改进对意识形态领域的有效管理。2017年10月30日印发了《河南省南水北调办公室意识形态工作职责》。

（三）精神文明建设

河南省南水北调办机关党委把理论武装、培育和践行社会主义核心价值观、“两学一做”学习教育、文明风尚传播、学雷锋志愿服务活动、诚信建设、文明交通、文明家庭等作为文明创建重要内容，细化考评指标，提升党建权重，将“抓党建作为最大政绩”贯穿于文明创建全过程，又使文明创建成为加强机关党建的有力抓手。

（1）思想道德建设。以加强干部职工社会公德、职业道德、个人品德为主要内容，认真开展思想道德教育活动。组织观看了《感动中国2016年度人物颁奖盛典》，社会主义核心价值观系列讲坛、消防安全、健康知识等系列讲堂活动；组织干部职工分批赴确山竹沟革命纪念馆、中原烈士陵园等地接受红色革命传统教育；开展2017年度“评先选树活动”系列活动。

（2）学雷锋志愿服务活动。大力弘扬奉献友爱互助进步的志愿精神，引导干部职工把参与雷锋志愿服务活动作为一种生活方式和生活习惯。积极组织开展“保卫美丽家园”、帮扶慰问贫困户、组建“农家书屋”，送温暖献爱心等公益活动。

（3）文明社会风尚行动。深化“践行价值观、文明我先行”主题教育实践活动，开展低碳环保宣传实践活动，开展文明餐桌活动，倡导“文明行车 拒绝酒驾”的文明交通活动，在办机关开展创先争优流动红旗评比活动。

（4）群众文体活动。深入推进“我们的节日”主题活动；河南省南水北调办机关工会、机关团委联合举办“承五四精神，展青春风采”首次职工健身活动；持续开展工间操活动。

（四）纪检工作

在驻河南省水利厅纪检组的指导下，河南省南水北调办机关纪委切实担负起执行和维护党的纪律的责任，把党的纪律、规矩挺在前面，努力营造风清气正的政治生态。

（1）党纪党规宣传教育。对全面从严治党战略布局和党中央、中纪委作出的一系列反腐败新精神、新要求、新规定进行及时传达学习。组织党员干部职工认真学习《廉洁自律准则》《纪律处分条例》《问责条例》等相关内容，组织纪委委员学习了驻河南省水利厅纪检组《关于转发豫纪办发〔2017〕6号的通知》（豫驻水纪〔2017〕5号）和《全省纪检监察机关“一准则一条例一规则”集中学习教育活动方案》，着力强化作风建设，提升党员干部纪律意识，凝聚工作合力，加强自我约束，以廉洁奉公、无私奉献的精神面貌做好各项工作。

（2）纪委日常工作。协助综合处、审监室，按照河南省政府督查室印发的《关于认真落实〈关于贯彻落实谢伏瞻同志在十届省纪委二次全会上的讲话精神的任务清单〉的通知》要求，报送了省南水北调办抓“四风”问题工作进展情况；组织各支部参加《全省纪检监察机关“一准则一条例一规则”知识测试》；组织5名负责纪检工作的同志参加驻厅纪检组在新郑教育基地的培训；参与河南省南水北调办（局）招投标工作。配合审监室核查失联、出走、外逃人员和清理整改违规持有身份证、出国境证件工作。按照上级有关要求，完成了“坚持标本兼治推进以案促改”、中央八项规定精神制度建设“回头看”、集中排查整治违规公款购买消费高档白酒等重点工作，制定工作方案，周密安排工作任务，划出工作重点，明确责任处室，分阶段按要求开展工作，出色地完成了各项工作任务。

（3）警示教育。一是组织河南省南水北调办处以上干部参加水利厅组织党员领导干部集中警示教育活动。通过亲眼目睹高墙内外的天壤之别，感受囹圄之中的悲痛和忏悔，体会服刑人员家属的痛苦与不幸，使党员干部经受了一次心灵震撼和思想洗礼。二是组织全办职工观看警示教育片《诱发公职人员职务犯罪的20个认识误区》，教育引导广大党员从思想上提高认识，从行动上做到守纪律、讲规矩。三是认真开展坚持标本兼治推进以案促改工作，以王建武典型案件为重点，组织党员干部结合岗位职责认真开展剖析和自我剖析，进一步增强拒腐防变能力，以案促改工作取得扎实成效，推动河南省南水北调办公室全面从严治党向纵深发展。

（崔　堃）

精神文明建设

2017年，在河南省文明委和省直文明办的精心指导下，河南省南水北调办精神文明建设工作全面贯彻落实党的十八大和十八届三中、四中、五中、六中全会精神，深入学习贯彻党的十九大精神，学习习近平总书记新时代中国特色社会主义思想，增强“四个意识、坚定“四个自信”，按照统筹推进“五位一体”总体布局和协调推进“四个全面”战略布局，紧紧围绕中心工作，以培育和践行社会主义核心价值观为根本，以争创省级文明单位标兵称号和河南省南水北调工程平稳运行、综合效益持续发挥为目标，以群众性精神文明创建活动为抓手，着力加强广大干部职工思想道德建设、法制文明建设、服务型机关建设、文明礼仪建设，切实提升广大干部职工的文明素质和文明程度，推动形成“做文明人、办文明事”的良好风尚，为推动南水北调事业发展和中原崛起、河南振兴、让中原更加出彩提供强大的精神力量和丰厚的道德滋养。

（一）宣传教育

（1）理论学习。全面贯彻落实党的十八大和十八届三中、四中、五中、六中全会精神，学习贯彻党的十九大和十九届一中全会精神，把学习好贯彻好党的十九大精神作为当前和今后一个时期的首要政治任务，深入贯彻落实习近平总书记关于精神文明建设的重要论述，印发学习中央文明委《关于深化群众精神文明创建活动的指导意见》，用讲话精神和指导意见统一思想、凝聚共识。以“两学一做”学习教育常态化制度化为载体，领导带头到所在党支部上党课，带头制定学习计划、撰写学习心得。充分利用每周二、周五下午学习日时间，采取中心组学习、集中学习、各支部学习、个人自学等形式；邀请河南省委宣讲团成员罗士喜教授就党的十九大精神进行宣讲，组织开展党的十九大轮训、主题党日、优秀征文、微型党课比赛、读书月，观看专题教育片，参观纪念馆，赴延安、遵义、井冈山红色革命教育基地学习等丰富多彩的交流学习活动，不断增强政治定力，进一步坚定中国特色社会主义道路自信、理论自信、制度自信、文化自信，自觉在思想上政治上行动上同党中央保持高度一致。

（2）思想道德建设。以加强干部职工社会公德、职业道德、家庭美德、个人品德为主要内容，大力开展思想道德教育活动。一是认真开展道德讲堂活动。按照道德讲堂活动要求，严格活动流程，举办了以加强自身职业道德和敬业奉献为主题的道德讲堂活动；组织干部职工观看了《感动中国 2016 年度人物颁奖盛典》宣传片、社会主义核心价值观、保密安全教育、健康知识、消防安全等系列讲堂活动，不断提升自身思想觉悟，提升思想道德建设水平。二是开展爱国主义教育实践活动。组织干部职工分批赴南水北调精神教育基地、确山竹沟革命纪念馆、豫西革命纪念馆、烈士陵园等地接受红色革命传统教育，加强党性锻炼，坚定理想信念，提升道德修养。三是开展评先选树活动。开展 2017 年度“我评议、我推荐身边好人”系列活动，参加第五届省直“十大道德模范”评选表彰活动，通过表彰先进，树立典型，充分发挥先进模范的示范带头作用，在全办形成树典型、学先进、做贡献的浓厚氛围。

（3）法治建设。一是开展普法宣传教育。深入学习宣传习近平总书记关于全面依法治国的重要论述，充分发挥法治在南水北调工作中的引领和规范作用；加强宪法宣传教育，参加专家主讲宪法权威讲座，深入宣传依宪治国、依宪执政理念。二是加强廉政建设。召开 2017 年党风廉政工作会议，各处室签订廉政责任目标书；组织党员干部学习《中国共产党廉洁自律准则》等党内法规；集中参观警示教育基地，现场聆听落马官员的忏悔；多次组织全体干部职工观看廉政警示教育片，时刻敲响警钟，提升拒腐防变的意识，增强廉洁从政的自觉性。三是加强《办法》宣传贯彻。做好《河南省南水北调配套工程供用水和设施保护管理办法》颁布一周年宣传工作，组织省内主流媒体集中采访宣传，刊发解读文章；利用通水三周年宣传，制作并发放办法宣传手册 1.3 万册，利用省办微信公众号集中推送宣传信息；印发《办法》宣传彩页，拟定宣传标语，播放《办法》录音，为河南省南水北调工程安全、高效运行，提供坚强有力的法律保障。四是加强政策法律研究。充分发挥南水北调政策法律研究会作用，结合南水北调发展实际，制定研究计划，确定重点研究课题，组织专家学者开展政策法律研究调研活动，举办南水北调生态安全法治论坛，促进南水北调生态安全法理体系的建立，推动南水北调工程运行管理逐步向法制化、规范化迈进。

（二）活动形式

（1）学雷锋志愿服务。弘扬奉献友爱互助进步的志愿精神，引导干部职工把参与雷锋志愿服务活动作为一种生活方式和生活习惯。一是开展环境保护和生态文明活动。参加省直义务植树、城市大清扫行动，到帮扶村开展“清除白色垃圾 保卫美丽家园”活动。二是开展“送温暖、献爱心”活动。组织干部职工积极参加义务献血活动；为深受巨额医药费困扰的水投物业员工爱心捐款；寒冷冬日，为环卫工人送去爱心粥和防霾口罩，炎炎夏日送去西瓜等消暑食品；大力支持“慈善呵护，关爱童行”慈善项目，用实际行动传递温暖，传播爱心。三是开展全国志愿者注册工作。按照省直文明办的要求，党员领导干部充分发挥示范带头作用，积极开展网上注册工作，完成志愿者注册 99 人，在职党员注册人数达到在职党员总人数的 97%，顺利完成省级文明单位党员志愿者注册工作。

（2）优质服务建设。一是加强队伍建设。结合河南省南水北调运行管理工作实际，制定干部职工培训计划，开展职业道德、综合宣传、工程财务决算、工程运行管理、水污染防治等技术培训；持续开展以改进工作作风、严明工作纪律、提升工作水平、美化工作环境为内容的创先争优流动红旗评比活动，进一步提高工作质量和效率，提升工作服务水平。二是做好信访稳定工作。在网站公开信访举报电话及邮箱，确保举报信息渠道畅通；建立群众信访接访事项受理办法及工程建设项目举报受理办法，明确专人负责信访举报工作；加强信访协调和举报案件办理，切实维护人民群众的切身利益和正当诉求，保持社会大局稳定。三是开展评选表彰活动。对2016年河南省南水北调总体工作、宣传工作、配套工程管理设施和自动化系统建设工作表现突出、成绩优异的先进单位及个人进行了表彰；对2016年推进河南省南水北调办精神文明创建工作的处室、个人及家庭进行了表彰。

（3）结对帮扶、助力脱贫。一是加强组织领导。河南省南水北调办多次召开抓党建促扶贫工作会议，成立了单位一把手任组长的扶贫工作领导小组，制定扶贫工作方案，明确帮扶工作重点，建立帮扶工作台账及月报制度，派驻驻村第一书记及工作人员常住帮扶村，切实帮助解决困难和问题。二是完善工作机制。坚决落实好“单位做后盾、领导负总责”的工作机制。办领导每季度到派驻村搞一次实地调研、慰问，班子成员轮流每月在村连续工作两天以上，与第一书记和村干部一起，发现问题、研究对策、及时解决。三是开展科技帮扶。邀请农业科技专家进行实用专业技术、技能培训，引导村民提高劳动技能，增强就业能力；添置一批电脑、科技等实用书籍，建成农家书屋，规范农家书屋运行管理，引导村民拓宽眼界、更新观念，不断提升自身的“造血”功能。四是开展贫困户家庭帮扶。组织11个党支部与帮扶村的贫困户结成对子，定期深入贫困户家中了解情况，制定有针对性的脱贫措施，定期走访慰问并送去棉被等物资。在“七一”前期，河南省南水北调办主要领导深入贫困户，慰问看望贫困老党员。积极资助贫困儿童学生，发放助学金，捐赠学前教育器材、学生书包、秋季校服等物品，开展“与爱同行”夏令营等活动，不断从物质上和精神上给予帮助。五是开展产业帮扶。先后累计争取2891.5万元的投资用于肖庄村学校教育、农村道路、供水、供电等基础设施条件的修建，为产业发展提供坚强有力的后盾；帮助肖庄村注册成立确山县彩云谷旅游开发有限公司，协调各方投资近1310万元用于发展乡村旅游资源建设；结合肖庄村种植优势，引进爱必励健康有限公司在肖庄村投资3000万元建设艾草加工企业，引领村民大力种植艾草，目前已取得了明显的经济收益；由确山县财政为肖庄村投资修建的作为村集体经济产业的光伏发电项目正在筹备，项目建成后村民就可足不出村实现就业。54户贫困户中，2016年已有13户贫困户（43人）脱贫，2017年计划脱贫19户（66人）；肖庄村的村容村貌及村民的生产生活条件都得到了显著改善，贫困人口稳步减少，脱贫致富任务取得显著成效。

（4）推进文明社会风尚行动。围绕讲文明、守礼仪、有公德、树新风，广泛开展文明社会风尚行动，引导干部职工自觉遵守公共秩序和规则，建立和谐清新人际关系。一是开展文明主题活动。制定2017年“五文明”教育实践活动方案，重点开展加强专业知识培训的文明服务活动；建立执法队伍，制定执法制度，严格执法程序的文明执法活动；倡导文明用餐、反对铺张浪费的文明餐桌活动；倡导“文明行车 拒绝酒驾”的文明交通活动。二是开展低碳环保宣传实践活动。通过制作展板、标语、倡议签名、发放节能倡议书、健步走等宣传实践活动，提升干部职工生态文明、绿色低碳的环保发展理念。三是开展“讲文明、知礼仪、树形象”主题教育活动。通过填写知识答卷、聘请专家开展知识培训，进一步普及机关干部职工文明礼仪知识，提升整体文明素质。

（5）群众文体活动。一是深入推进“我们的节日”主题活动。在春节、元宵节、清明节、端午节、七夕等传统节日里，组织开展“金鸡报春”新春联谊会、猜灯谜、悼念革命烈士、包粽子、“晒家训、亮家风、讲家风好故事”等形式多样的特色活动。二是举办“承五四精神，展青春风采”首次全民健身活动。机关各处室、各项目建管处共13支代表队90多人参加了此次健身活动，充分展现广大干部职工团结和谐、奋发进取的精神风貌；持续做好干部职工工间操活动。三是积极参加形式多样的文体活动。举办并参加2017年“南水北调杯”水利系统乒乓球比赛，河南省南水北调办代表队在44支参赛队伍中获得女子单打冠军，男子单打第五名、男子团体第五名的好成绩；组队参加2017年“碧源·羽毛球精英邀请赛”，充分展现了我办干部职工团结一致、顽强拼搏、勇于进取的精神面貌。

（龚莉丽）

湖 北 省

组 织 机 构

2017年，湖北省南水北调办（局）全面贯彻落实党的十八大、十九大和十八届三中、四中、五中、六中全会精神，深入学习贯彻习近平总书记系列重要讲话精神，牢固树立“四个意识”，围绕全局的中心工作，转变思维方式和工作方式，稳妥推进事业单位改革，持续从严加强自身建设，着眼于长远做好组织机构编制工作。

（1）树立机构编制刚性约束意识。认真贯彻落实湖北省编委和湖北省编办有关机构编制管理的规定要求，不断加强机构编制管理，以刚性约束规范人员编制管理。申请增加参照公务员法管理单位军转干部编制数和副处级职数，2017年5月《湖北省编办关于下达省直有关单位2015年军转干部事业单位编制的通知》（鄂编办文〔2017〕53号），为湖北省南水北调办（局）下达2015年军转干部事业编制5名；2017年8月《湖北省编办关于省南水北调管理局增加副处级领导职数的批复》（鄂编办文〔2017〕82号），同意湖北省南水北调办（局）增加一名副处级领导职数。审核建立了所属4个直属事业单位机构编制管理簿。

（2）落实机构编制管理规定。以严实态度，落实湖北省编办核准的机构职责和人员编制，实行人员编制实名制管理，确保做到不自行设置机构，不超编制增加人员，不超规格配备和使用干部。截至2017年底，湖北省南水北调办（局）参照公务员法管理全额拨款事业编制为47名，其中：局长1名，副局长3名，总工程师1名；正处级领导职数7名，副处级领导职数9名。实有工作人员49名（超编2人为2017年度按政策接受安置的军转干部），实际配备1名局长，2名副局长，总工程师1名，正处级领导干部6名，副处级领导干部8名。所属有3个公益一类事业单位，分别为引江济汉工程管理局、湖北省汉江兴隆水利枢纽管理局、湖北省南水北调监控中心；公益二类事业单位1个，为碾盘山水利水电枢纽工程建设管理局（筹）。其中引江济汉工程管理局人员控制数205名，实有工作人员90人；湖北省汉江兴隆水利枢纽管理局人员控制数117名，实有工作人员78人；湖北省南水北调监控中心全额事业编制5名，人员控制数15名，实有工作人员7人；碾盘山水利水电枢纽工程建设管理局（筹）暂定人员控制数40名，实有工作人员25人。

（3）规范人员编制使用管理。认真落实人员编制管理的有关规定，切实做到人员进入有空编，使用编制先申报，办理上编手续符合规定。2017 年直属事业单位专项招聘申请用编省碾盘山水利水电枢纽工程建设管理局（筹）13 名、省汉江兴隆水利枢纽管理局 15 名、省引江济汉工程管理局 17 名；公开招聘申请用编省碾盘山水利水电枢纽工程建设管理局（筹）6 名、省引江济汉工程管理局 5 名；人员调动省碾盘山水利水电枢纽工程建设管理局（筹）申请用编 4 名，接受随军家属调配安置省引江济汉工程管理局申请用编 1 名。

（马　云　王　姝）

人事管理

（1）湖北省委鄂发干〔2017〕257 号文、省政府鄂政任〔2017〕104 号文通知，湖北省委、省政府决定：冯仲凯任湖北省南水北调办（局）党组书记、局长（主任）；免去郭志高湖北省南水北调办（局）党组书记、局长（主任）职务。职务任免时间从 2017 年 4 月 21 日起计算。

（2）湖北省委鄂发干〔2017〕432 号文、省政府鄂政任〔2017〕168 号文通知，湖北省委批准，省政府决定：虞志坚任湖北省南水北调办（局）巡视员，免去其湖北省南水北调办（局）党组成员、副局长（副主任）职务。任职时间从 2017 年 7 月 21 日起计算。

（3）根据《湖北省公务员职务与职级并行制度试点实施方案》，完成了 29 名非领导职务工作人员的职级套改工作，38 人次的职级晋升工作。

（4）根据《党政领导干部选拔任用条例》，2017 年，结合机关交流轮岗需要实际和干部职数空缺情况，按照配齐配强机关部门和直属单位班子要求，机关和直属事业单位调整和配备主要负责人 1 人，调整直属单位副处级干部岗位 2 人，选拔副处级干部 2 人。

（5）根据湖北省省委、省政府 2017 年军队转业干部安置政策，2017 年 12 月，湖北省南水北调办（局）（湖北省南水北调工程领导小组办公室）接收安排 1 名副团职和 1 名技术 9 级军队转业干部。

（6）根据事业发展需求，结合单位岗位空缺，通过多种途径，积极充实基层力量，组织直属事业单位面向社会专项公开招聘工作人员 38 名，公开招聘工作人员 10 名，从地方其他事业单位调入工作人员 3 名。

（7）组织完成了 2017 年湖北省南水北调办（局）水利电力工程专业技术中级职务评审工作，评审通过水利电力工程师 6 名、助理工程师 11 名。

（8）贯彻落实《干部教育培训工作条例》，加强干部教育培训计划统筹，突出业务知识、党性党风教育等重点内容，着力提升干部综合素质和履职能力。加大干部调训力度，认真落实湖北省委组织部、省直机关工委主题班培训计划，全年调训干部 23 人；组织南水北调系统各类专业培训 17 个班次，培训 800 余人次。

（马　云　王　姝）

党的建设及精神文明建设

（1）基层党组织建设。坚持把政治建设摆在首位，一至三季度，协助党组重点抓好党的十八届六中全会精神学习贯彻，第四季度，集中开展党的十九大精神学习宣传贯彻。协助开展党组理论学习中心组集体学习 9 次，协助主要领导和分管领导开展党的十九大精神专题辅导报告 2 次，掀起了学习贯彻党的十九大精神热潮。高度重视意识形态工作，协调召开了一次意识形态工作专题会议，协助落实党组织书记“上讲台制度”，加强意识形态思想教育。从严落实党办上网信息审核把关制度，牢牢掌握了意识形态工作主动权。认真做好换届选举工作，严格遵守政治纪律和政治规矩，认真落实中央和湖北省委部署要求，组织选举出席党的十九大代表和出席湖北省第十一次党代会代表，确保了湖北省南水北调办（局）换届工作顺利进行。加强了基层组织建设，及时召开会议，改选了机关纪委书记。建立党建工作联系点，同所联系的监控中心党支部两次开展了联合上党课活动，促进了监控中心党支部“三会一课”规范化落实。机关党的建设制度不断完善，研究制定《湖北省南水北调办（局）党组巡察工作办法》《对党员干部进行约谈函询和诫勉暂行办法》，强化了制度建党和依规治党。

（2）“两学一做”学习教育。认真研究谋划，依据中央和湖北省委部署要求，及时研究制定了《湖北省南水北调办（局）关于推进“两学一做”学习教育常态化制度化实施意见的方案》，为学习教育提供了指导和遵循。狠抓“三会一课”规范化落实，五六月份集中两次“支部主题党日”示范观摩，进一步规范了支部主题党日活动的程序、内容、形式和要求，对不能按照规定时间开展主题党日活动的支部，严格落实了提前报备制度，加强了党内政治生活的严肃性。周密组织党风廉政建设宣传教育，将廉政教育纳入“两学一做”学习教育内容，认真筹划开展第十八个党风廉政建设宣传教育月活动，共计划安排了九项内容，教育的形式效果受到肯定。定期开展督促检查，坚持每季度开展一次以“两学一做”学习教育为重点内容的党建工作督查，分批下发“问题清单”，加强对基层党支部开展“两学一做”学习教育指导，帮助解决具体问题，提高学习教育质量。积极探索调研式学习，采取确定调研课题、明确课题小组、开展调查研究、层层推荐评选的办法，对23篇调研报告进行了公开评审，对6篇调研报告进行了表彰，促进了“两学一做”学习教育常态化制度化落实。

（3）巡察监督。稳步推进巡察实施，切实发挥巡察工作领导小组办公室工作谋划协调职能，制定了《巡察工作实施方案》，协调两个巡察组于6~9月对2个直属单位党委和2个机关党支部开展了巡察，向湖北省纪委派驻水利厅纪检组移交问题线索4条。加强对巡察发现问题整改监督，12月中旬组织了巡察问题整改“回头看”，督促问题整改，被巡察单位党组织管党治党“两个责任”明显增强。认真履行监督执纪问责，全年查核各类问题线索7件，其中湖北省纪委移交问题线索3件，已完成2件；巡察组移交问题线索4件，已完成3件。对存在问题的单位和个人提交党组研究作出相应处理。通过开展巡察，基层党组织落实从严治党的责任意识不断增强，党员干部的纪律规矩意识不断树牢。

（4）作风专项治理。驰而不息抓好中央八项规定精神贯彻落实，将年初计划召开的各类党建工作会议进行整合后，集中召开的会议由5次减至2次。下基层单位检查，坚持问题导向，减少检查频次，突出指导帮带，不搞“走马灯式”的检查。坚持每季度开展1次明察暗访，维护机关正常办公秩序。通过抓细抓小，步步为营，推动作风不断改进。协调开展“五个专项”整治，着眼解决形式主义和官僚主义方面存在的新情况新问题，分解工作任务、明确措施要求、统筹搞好协调，着力纠正不作为、慢作为、乱作为问题。积极开展公款购买消费高档白酒和扶贫领域问题专项治理，对机关和直属单位2016年7月以来公款购买消费白酒情况进行全面清理，督促其及时修订完善公款接待相关规定。对2016年以来扶贫项目资金管理使用情况进行检查，使扶贫工作队增强了扶贫资金管理使用责任意识。

（5）精准扶贫。坚持把精准扶贫纳入支部工作重要议事日程，做到精准对结、精准施策、热心帮扶。党支部结对帮扶贫困户2户，全年开展走访慰问6次，在贫困户家里开展“支部主题党日”活动1次，对重点帮扶对象捐助1500余元帮助其发展养殖业。继续掀起“扶贫一日款”活动，组织干部职工为困难群众捐款18 578余元。关心留守儿童和未成年人教育，协助组织了贫困村留守儿童和机关部分干部职工未成年子女“夏令营”活动，为洪湖市特殊教育学校智障儿童捐赠“爱心书包”50套，深入开展“爱心妈妈”为精准扶贫做贡献活动，重大节日期间，4次组织妇委会专程慰问留守儿童，为他们送去学费、学习和生活用品。

（6）文明创建。加强精神文明创建工作谋划和组织，及时建议调整了精神文明建设领导小组。把文明创建与基层党建实现深度融合，积极核心价值观培育的方法路径。积极配合法治教育和法治宣传。按照体育每季有比赛、道德培育有讲堂、重大节日有晚会“三有”目标要求，发挥群团组织优势，开展学习型党组织创建、“文明细胞”创建、无烟机关创建、“南水北调杯”运动会等多种形式文明创建活动。在2015～2016年文明创建活动中，分别被武汉市文明办和湖北省文明办提前两年评为“武汉市文明单位”和“湖北省级文明单位”。

（马　云　王　姝）

山　东　省

概　述

2017年，山东省南水北调局不断加强人才队伍建设，组织修订了规章制度，健全完善了组织体系，严格干部选拔任免、强化干部教育培训、完善干部考核评价，取得了显著的成效，人才队伍能结构大大改善，职工队伍整体素质明显增强，为全省南水北调事业又好又快发展奠定了坚实的基础。

（安琳琳）

组　织　机　构

（一）山东省南水北调工程建设管理局

2017年，山东省南水北调局实有编制47名，共有在职人员42名，其中省管干部4名，处级干部24名，主任科员及以下人员14名。

（二）地方办事机构

随着续建配套工程的全面建设，各有关地市、县级办事机构也逐渐完善，工程沿线济南、青岛、淄博、枣庄、东营、烟台、潍坊、济宁、泰安、威海、临沂、德州、聊城、滨州、菏泽等市相继成立了领导机构，其中，济南、淄博、枣庄、济宁、泰安、德州、聊城、潍坊、东营、滨州、临沂等市成立了市南水北调工程建设管理局；淄博市高青县，枣庄市台儿庄区、滕州市，济宁市市中区、任城区、微山县、鱼台县、梁山县、嘉祥县、金乡县，泰安市东平县、宁阳县，德州市夏津县、武城县，聊城市东阿县、临清市、冠县、阳谷、高唐、茌平等多个县（市、区）成立了相应的县一级办事机构，具体负责辖区内的续建配套工程建设。各级办事机构的建立，为山东省南水北调工程建设提供了强有力的组织保证。

（安琳琳）

人　事　管　理

紧紧围绕抓山东省委巡视反馈问题整改落实各项人事工作，健全完善人事管理工作制度，圆满完成干部调整、轮岗交流等工作，高效完成日常人事事务，指导山东干线公司狠抓职工队伍管理，有序推进完成年初确定的人事重点工作任务目标。

（1）制度建设。结合落实山东省委巡视整改要求，制定了《山东省南水北调工程建设管理局科级干部选拔任用工作纪实办法》《山东省南水北调工程建设管理局机关科级干部轮岗交流暂行办法》等工作制度，进一步规范强化干部管理工作。指导山东干线公司修订完成《南水北调东线山东干线有限责任公司章程》《南水北调东线山东干线有限责任公司党委议事规则》《南水北调东线山东干线有限责任工作规则》《南水北调东线山东干线有限责任公司人员招聘管理办法》《南水北调东线山东干线有限责任公司中层管理人员轮岗交流实施办法》等十余项管理规定，严把“入口”关，防止“近亲繁殖”，加强人员交流，调动职工工作积极性。印发《2017 年度全系统目标管理考核实施方案》，坚持问题导向，发挥考核指挥棒作用，加快推进工程建设向运行管理转变。

（2）人事调配。配合山东省水利厅人事处完成了 12 名同志的职务晋升民主测评、组织考察谈话和 1 名正处级领导干部试用期满考核工作。按要求完成了公务员职务职级并行改革和职级套改和晋升等工作。做好 4 个业务处室主要负责人轮岗及 1 名科级干部交流至山东省水利厅任职的谈话、办公室调整等工作，协调接收 1 名挂职锻炼人员。认真完成新招录用人员资格审查、政审等工作。指导山东干线公司完成公司党委、纪委的组建工作，完成山东干线公司董事长、党委和纪委班子成员任命，以及山东干线公司 8 名中层副职选拔、3 名中层副职轮岗交流、3 名中层副职离职审查、1 名中层副职到国调办挂职等工作。

（3）日常事务。一是按时发放工资，及时缴纳社保基金、住房公积金、企业年金，对职称晋升、职务变化及考核进档等人员的工资及时进行调整，完成 1 名处级干部退休业务办理并落实退休人员统筹外待遇，完成了在职人员职务职级并行改革各类信息数据报送以及社保申报、公务交通补贴发放等工作，做到了零误差。二是完成了法人及组织机构代码年检、残疾人就业保障金缴纳、党费缴纳基数核算、各类年报统计等工作。三是对副处以上干部个人有关事项报告工作进行专题培训，确保填报符合要求。四是跟踪统计和督促落实年休假，按规定认真管理机关事业单位年休假台账系统，没有出现遗漏和发生任何问题。严格外事管理，加强因私护照管理，积极协调公安部门将干线公司列为单独审批单位，完善了有关人员的备案手续。

（4）服务“第一书记”。帮助“第一书记”核准贫困人口相关信息，建立底数清单、对策清单和责任清单，压实工作责任，协调完成局领导到帮包村调研、慰问贫困群众和老党员及到帮包村讲党课等任务。积极配合第二轮“第一书记”顺利通过省委组织部的考核，扶贫脱贫工作取得优异成绩，圆满完成了山东省委、省政府和山东省水利厅党组赋予的工作任务。压茬组织选拔第三轮“第一书记”，协助“第一书记”尽快进入角色开展扶贫工作，按月调度工作推进情况并书面报山东省水利厅，及时解决“第一书记”工作经费和生活保障方面的困难，全力做好后勤服务工作，解除后顾之忧，使其全身心投入到扶贫帮包工作之中。

（5）综合考核。按时完成山东省水利厅科学发展综合考核任务。圆满完成全系统目标管理考核、个人考核任务，及时调整和修订出台 2017 年度综合考核工作方案，切实发挥考核指挥棒和正导向作用，有力促进了年度党建和各项业务重点工作任务的落实。

（安琳琳）

党 建 工 作

中共山东省南水北调工程建设管理局委员会（以下简称局党委）共管理基层党组织 21 个，包括中共南水北调东线山东干线有限责任公司委员会（以下简称公司党委）和 20

个党支部（现有在册正式党员213名、预备党员5名，其中省局机关党支部7个，党员38名；公司党委所属基层党支部13个，党员180名（含5名预备党员），所属20个工程一线管理处，凡2名党员以上的全部按要求成立了党小组。局党委认真贯彻执行《中国共产党章程》和《中国共产党发展党员工作细则》，严格遵循发展党员“坚持标准、保证质量、改善结构、慎重发展”十六字方针，扎实做好发展党员工作，至2017年底，新发展党员3名，纳入党员管理系统的党员发展对象15名，入党积极分子50人。

局党委大力加强基层党组织建设工作，扎实开展“两学一做”学习教育，不断增强全体党员的政治意识、大局意识、核心意识、看齐意识，巩固加强基层党组织的凝聚力、战斗力，努力提升基层党建工作科学化、制度化、规范化水平。

（1）“四个意识”教育。局党委从严落实管党治党政治责任，严格执行理论学习中心组集体学习制度，持续开展习近平总书记系列重要讲话精神和治国理政新理念新思想新战略学习研究，坚定“四个自信”、增强“四个意识”，坚持用习近平新时代中国特色社会主义思想武装头脑、贯穿到南水北调事业发展的全过程。严格落实民主集中制原则，制定《议事规则》，规范党内政治生活。建立党委书记负总责、分管同志靠上抓、班子成员“一岗双责”的党建工作责任制，构建起全方位抓党建的工作格局。

（2）思想政治建设。学习教育教育扎实深入，将学习宣传贯彻习近平新时代中国特色社会主义思想和党的十九大精神作为首要政治任务，始终在政治立场、政治方向、政治原则、政治道路上同党中央保持高度一致。推动“两学一做”学习教育常态化制度化，坚持以会代训、局党委委员为党务骨干授课、联合延安党校等专业机构举办党性教育培训班等方式，提升党务骨干本领。组织全体职工收听收看十九大盛况，征订《党的十九大报告》单行本和新修订的《党章》，将习近平新时代中国特色社会主义思想和党的十九大精神列入局党委理论学习中心组和各支部学习计划，通过读原著、拓展阅读、交流座谈，以及实地调研、观看教育片、撰写笔记等形式不断巩固强化学习效果。为各支部配发党建工作指导用书200余册，对70余名支部委员和党务骨干进行党务基础知识培训授课，安排16名支部书记到济宁市进行集中培训，7月中旬联合延安党校开设党性教育培训班，对各支部委员和优秀党员代表进行专题培训，均取得了较好效果。

（3）组织建设。按照上级批复，选举成立了公司党委、纪委，配备了专职党务人员；结合工程实际，在三级管理处健全了党小组，加强对基层党员的日常教育管理工作，有效解决了工程点多、线长、办公地点分散和调水期间值班人员集中困难的问题。坚持党管人才原则，严格落实干部选拔标准条件和“三必核”要求，营造风清气正、干事创业的良好氛围，选任工作从未发生信访举报和群众反映等问题。重视加强基层支部党务公开工作，开设了支部党务公开栏、党建QQ群、微信群，在网站设立党建专栏、职工信箱，畅通意见表达渠道。严格党员管理，将党员党组织关系与行政关系、人事档案同转纳入党建工作制度体系，严肃处理了公司5名党员组织关系未按时转入、长期不参加组织生活、不交纳党费问题。

（4）制度建设。制定出台党委重大事项决策议事工作规则、规范加强基层党建工作实施意见、规范党内生活工作记实、党委委员“一对一”联系专业人才等10余项制度规定。着力强化局党委政治引领作用，明确“五位一体”的党建目标任务，纳入全系统目标管理考评体系，建立起党的建设与工程建设管理联合督办、同步考核工作机制，逐级传导压力、逐个落实责任，努力推进党建工作全面进步。每个党员支部均建立党务公开栏，开设支部党建QQ群、微信群，对组织活动、党费收缴、党员学习体会等定期上墙公开，在山东南水北调网站设立了党建专栏，开设职工信箱，畅通广大党员意见表达渠道。

（5）管党治党主体责任。高标准抓好省委第九巡视组巡视反馈问题整改工作，将巡视反馈的3个方面12类32个问题分解细化为48项具体整改任务，局机关各处室、干线公司主动认领并细化分解，逐项制定整改工作方案，按节点目标要求抓落实，及时向省委巡视领导小组办公室报送整改情况报告。同时，以抓省委巡视整改意见落实为契机，局党委确定5个方面23项年度党建重点工作任务，严密组织，狠抓落实，逐步实现党的建设从“宽松软”向“严实硬”转变。陆续出台了《规范加强基层党建工作的实施意见》《“建过硬支部、做合格党员”活动方案》《推进“两学一做”学习教育常态化制度化工作实施方案》等工作方案，狠抓基层支部党建工作落实，纪检部门定期督导检查，确保管党治党主体责任监督责任落到位、党建各项工作任务落到实处。

（6）党内政治生活。局党委定期召开党建工作专题座谈会，调度基层党建工作情况，并通过局党委书记讲党课、安排部署“两学一做”学习教育常态化制度化工作等形式，扎实推进党建工作的开展；通过规范“三会一课”制度，严格执行周五集中学习日制度，保证支部集体学习每年累计不少于12次（其中法律专题、业务专业学习分别不少于2次），做好《党内生活记录》全程纪实，做到人员、时间、内容、质量“四到位”；通过开展经常性的谈心谈话、双向约谈，有针对性地做好思想政治工作，早发现早解决党员队伍中的不稳定思想苗头；通过督导各支部开好组织生活会、民主评议党员等，以严肃认真的党内政治生活，促进党建各项工作全面发展。

（7）思想引导和文化提升教育。积极开展“基层先进典型事迹巡讲报告”活动，组织5名先进典型到机关和基层单位巡讲报告，“以身边人讲身边事、以身边事教育感染身边人”，激励带动全体职工对标进位、奋勇争先，努力形成比学赶超的浓厚氛围。谋划筹办山东南水北调第一届“品味书香”主题读书活动，采购发放224套1344本学习书籍，充分利用“互联网+”现代信息化技术，在QQ、微信、微博上开辟读书沙龙、分享论坛、学习小组、讨论交流群等，增强学习的趣味性、生动性和吸引力，着力培养调动干部职工爱读书、勤读书、读好书的兴趣习惯。

（8）“加快转变，我（处室单位、个人）怎么办”讨论活动。自7月份以来，组织全体职工联系实际查摆问题、剖析原因制定对策、突出重点抓住关键等环节，坚持问题导向、目标牵引，广泛开展讨论活动，着力解决由工程建设向运行管理加快转变过程中职责不清、职责交叉、工作不顺等现实问题，调动了全体职工干事创业的积极性和创造性。

（9）基层联系点建设。局机关7个支部和山东干线公司党委与工程一线支部建立“一帮一对子”，每年为基层解决或落实1～2件党建工作问题；局机关副处以上、干线公司中层正职以上党员领导干部每年到联系点和基层调研不少于20天，帮助基层办1～2件基层干部职工普遍关心和反映强烈的实事。

（周文奇　邓　妍）

“两学一做”学习教育

2017年，山东省南水北调局深入推进“两学一做”学习教育常态化制度化，重视加强党员的党性教育，党员干部主动做好示范，严守党的政治纪律、政治规矩，做到平时看得出来、关键时刻站得出来，真正成为群众的主心骨。重视加强业务培训，充分利用专题讲座、以会代训等形式，不断提高党员队伍的业务技能。

（1）“三会一课”制度。按照中国共产党山东省南水北调工程建设管理局委员会《关于规范加强基层党建工作的实施意见》和《推进“两学一做”学习教育常态化制度化实施方案》要求，各党组织严格规范落实“三会一课”制度，做到党支部党员大会每季度至少召开一次；支部委员会每月至少召开一次；设党小组的支部，党小组会每月至少召开一次；党课原则上每季度一次，支部书记每年至少上一次党课，局领导、局机关各处室党支部书记和山东干线公司党委委员分别到所在支部和联系点上了一次党课。建立党内生活记实制度，健全完善党内生活档案，编订统一制式的《党内生活记录本》，专人负责全程记录“三会一课”及专组织生活会情况，并认真做好会议通知、签到表、会议材料、会议照片等资料的留存保管。

（2）党员民主评议制度。结合支部组织生活会和支部换届改选等时机，认真开展民主评议党员活动。

（3）思想政治教育。认真落实政治理论学习制度，积极引导党员干部学习政治理论、坚定理想信念，自觉做合格党员。

（邓　妍）

党风廉政建设

（一）认真贯彻执行党章党规党纪

（1）政治理论学习。系统学习了党章党规党纪、党的十九大工作报告和习近平总书记系列重要讲话精神。坚决落实山东省南水北调局党委工作部署，严明政治纪律和政治规矩，增强政治警觉性和政治鉴别力，把强化“四个意识”落实到具体工作中。

（2）廉政警示教育。印发《关于进一步加强廉政教育的规定》，购买警示教育片各支部轮流组织观看。将党章党规党纪纳入支部学习计划，及时传达学习中央和山东省纪委通报，并对查处的违规违纪问题点名道姓通报曝光，以身边事教育身边人，确保警示教育无盲区、全覆盖。

（3）《中国共产党廉洁自律准则》和《中国共产党纪律处分条例》的贯彻执行。在抓好《中国共产党廉洁自律准则》《中国共产党纪律处分条例》贯彻实施的基础上，学思践悟，增强党员干部遵规守纪的思想自觉和行动自觉。

（二）全面从严治党主体责任落实

山东省南水北调局强化局纪委监督责任和支部书记第一责任人责任。落实党风廉政建设专项述职和日常廉政谈话制度，组织下属党组织书记向党委专项述职，先后组织山东省南水北调局机关7个党支部和山东干线公司党委书记进行日常廉政谈话。山东省南水北调局党委书记与分管局领导和山东干线公司党委书记、分管局领导与分管的局机关各支部书记层层签订党风廉政建设责任书，将责任压实压紧。

（三）山东省委专项巡视整改落实工作

根据山东省南水北调局党委巡视整改落实工作方案，局纪委会同山东干线公司纪检督查室将由局纪委牵头负责的14项和参与配合落实的9项巡视整改任务进行了逐项梳理研究，形成了支部巡视整改落实台账，明确了具体责任人和完成时限。加大对“三重一大”事项、公务用车、办公用房、“三公”经费使用管理及党建工作重点任务落实情况的监督检查，将党风廉政建设纳入目标管理考核体系，修订完善了考核标准。

（四）纠正“四风”

（1）落实监督执纪“四种形态”。坚持抓早抓小抓细抓常，严格落实问题清单、约谈提醒、专项述职制度及纪检委员述职、廉政谈话等规定，探索廉情分析制度，早发现、早提醒、早查处，及时咬耳扯袖、红脸出汗，切实把纪律挺在前面。

(2) 防止“四风反弹”。紧盯“四风”问题新形式、新动向，及时传达学习中央、省纪委下发的关于违反中央八项规定精神问题典型案例通报，深刻反思，汲取教训，引以为戒；抓住重大节日等关键节点，早发通知、早打招呼，专题部署、及时提醒，强化干部职工的“红线”意识。

(3) 落实中央八项规定精神和省委实施办法。针对巡视指出的执行公务接待管理不严格、公车私用、干线公司浪费现象比较严重以及未参照党政机关“三公”经费标准制定内部管控制度等问题，及时修订完善了《山东省南水北调工程建设管理局公务接待管理暂行规定》《关于山东省南水北调工程建设管理局公务用车管理规定（试行）的通知》和坐班车买票规定，督促山东干线公司制定了《干线公司资金管理办法》《干线公司公务接待工作管理办法》《干线公司车辆及驾驶员管理办法》，并严格贯彻落实。

(4) 督导检查。对2017年党风廉政建设工作统一安排部署，制定责任清单分解任务，签订责任书传导压力，定期召开会议研究推进，确保与业务工作目标同向、部署同步、落实同力。先后2次由局纪委牵头，机关相关处室和山东干线公司参加，对落实中央八项规定精神、巡视整改落实、党建重点工作任务完成情况进行了联合检查。

(5) 问责。2017年对山东干线公司14人因调水应急工程阻工处置不力、值班擅离职守、开会迟到等违规违纪问题分别进行了通报批评、谈话警告、诫勉谈话和扣发1~6个月不等的绩效工资处理，始终保持了对违规违纪问题的高压态势。

(五) 廉政风险防控管理工作

一是进一步扎紧织密制度的笼子。坚持从严治党、依规治党，围绕权力运行的重点部位和关键环节以及群众反映强烈的突出问题，分层次、分阶段推进制度完善和创新，督促各单位完成廉政风险防控台账，并制定针对性防控措施。二是对防控重点进行了“回头看”。结合岗位创新梳理的工作流程，坚持问题导向，对重点岗位、重点环节、重点对象方面查找的廉政风险点进行“回头看”，哪些找全了，哪些落下了，查漏补缺。对因工作岗位发生变化的重新制定防控措施，进一步完善了廉政风险防控体系。三是强化廉政风险防控管理工作落实。在强化廉政风险防控管理工作考核的基础上，通过抽查有关人员岗位风险点有哪些，具体防控措施是什么，督促各单位廉政风险防控管理工作落实到位。

（李秋香）

精神文明建设

山东省南水北调局、山东干线公司高度重视精神文明建设，依托山东南水北调工会（设20个工会小组，共有会员589人，工会专职人员4名）、共青团（设团支部8个，团员人数129名），全面加强精神文明建设，成效显著，得到上级充分肯定。

开展丰富多彩、独具特色的群众活动，营造活泼生动、团结向上浓厚氛围。一是开展慈心一日捐活动。2017年1月3~12日，300余人主动捐款，奉献爱心，共募得捐款1.87万元。二是开展帮扶救助困难职工活动，对22名困难职工、8名困难党员及1名重病职工，累计发放困难补助金、大病救助金3.6万元，分批次组织身体健康的职工向本单位职工孙元文同志义务献血奉献爱心。三是开展义务植树活动，3月11日，组织广大职工到工程现场义务植树300余株，为建设绿色生态调水工程增砖添瓦。四是组织开展“巾帼建功”活动，大力表彰工程一线优秀女职工，3月8日，组织全体女职工观看爱国主义电影，激发爱岗敬业、立足岗位做贡献的责任感、使命感和工作热情。五是开展春游、秋游、篮球友谊赛、冬季越野长跑比赛、春季秋季趣味运动会等一系列有益身心健康的文化体育活动，加强交流互动、健康体魄，培养健康向上的生活情趣。

狠抓岗位练兵，提高职工综合素质。7月19日，组织开展2017年度泵站运行工技能大赛，150名泵站运行工和32名管理人员通过初赛选拔有65人进入决赛，通过决赛选拔出19名成绩优秀的泵站运行工。参加8月16～18日全省第三届“技能兴鲁”职业技能大赛—全省水利行业职业技能竞赛（省级一类竞赛）泵站运行工种竞赛，荣获一等奖2名、二等奖6名、三等奖6名、优秀奖5名；泵站运行工于涛同志以省级竞赛第1名代表山东省参加第五届全国泵站运行工技能竞赛决赛，并取得第4名的山东选手参赛以来最好成绩。

（张金平　许雅静）

群　团　工　作

充分发挥共青团生力军作用，为南水北调事业增添强劲动力。根据《中国共产主义青年团基层组织选举规则》（2016年7月15日）（以下简称“团组织选举规则”）规定，4月，组织各团支部完成换届选举，9月8日，经局党委批准召开了共青团山东省南水北调委员会第三次团员代表大会，选举产生了第三届委员会（9名委员），并决定由山东干线公司党委直接管理山东南水北调团委，更名为“中国共产主义青年团南水北调东线山东干线有限责任公司委员会”。新的团委坚持以党建带团建的工作原则，主动工作，主动思考，在团组织全覆盖、建设学习型团组织、创新基层团建模式等方面做了大量富有成效的工作。一是建设学习型团组织。秉承“党有号召，团有行动”的工作方针，为团员青年们购买了学习资料；各现场管理局团支部依托工程现场实际，开展了一系列富有管理处特色的学习及实践活动，激发了广大团员青年的爱党思想，增强了使命意识和责任意识。二是打造品牌活动，展现青年风采。发挥青年突击队作用，积极开拓符合山东南水北调青年特色的活动平台，组织了“五四青年节”交流活动、“南水北调一线行”、“加快转变，我怎么办”为主题的演讲比赛、青年座谈会、青年文明号推选等系列活动，活动中展现出了青春活力和饱满热情，增强了职工青年的凝聚力，激发向上的斗志和活力，彰显出公司团员良好的精神风貌。

（田　莹）

江　苏　省

概　　述

2017年，江苏省南水北调办按照江苏省水利厅党组的要求，认真贯彻中央和省委推进全面从严治党的决策部署，紧紧围绕“两聚一高”目标和建设“强富美高”新江苏的总体要求，深入学习党的十八届六中、七中全会、十九大和习近平总书记系列重要讲话精神，认真落实省第十三次党代会精神，深入贯彻中央《基层组织工作条例》和江苏省委《实施办法》，进一步巩固和拓展“两学一做”学习教育成果，结合南水北调中心工作，持续推进学习型、服务型、创新型党组织建设，组织开展形式多样的学习教育、组织建设和作风创建活动。全年，教育成果显著，作风建设优良，群众口碑较好。2017年，江苏省南水北调拆迁办被中华全国总工会授予“全国五一劳动奖状”荣誉称号。

（郑福寿）

组 织 机 构

2017 年，江苏省南水北调办（江苏省南水北调工程管理局）下设综合处、建设管理处、拆迁办和治污处 4 个处室，共有编制 20 名，在编在岗 14 人。

（郑福寿）

人 事 管 理

2017 年，江苏省南水北调办认真落实全省水利系统人事工作会议精神，严格按照人事工作要求，紧密结合实际，着力加强能力建设，认真开展各项工作，圆满完成了年度任务。一是努力提升干部队伍素质。以每月的办工作例会为主要载体，全年组织集中理论学习十余次；及时组织干部职工参加各类培训教育活动，先后组织全体处级干部参加“876”培训，选派 2 名同志参加江苏省水利厅科级干部培训，1 名同志参加厅系统中青年干部培训；鼓励支持干部职工参加在职教育，2 名同志通过研究生课程学习，顺利毕业，进一步提升干部队伍综合素质。二是认真开展干部考核工作。对照《江苏省水利厅公务员平时考核实施办法（试行）》，认真落实日记录、月记实、季评鉴各个环节，将平时考核结果作为年度考核的主要依据；同时认真对待年度考核工作，严格落实处级干部述职述廉、民主测评、专题讨论研究考核等次等环节，增强考核结果的说服力。三是认真做好公务员遴选工作。根据《2017 年江苏省省级机关公开遴选公务员工作方案》，认真做好职位申报、资格初审、资格复审、考察、报送调动审批手续等各个环节的具体要求，2017 年面向基层遴选工作人员 1 名。四是按时完成信息统计变更工作。认真做好全国公务员管理信息系统、全国公务员统计系统、全省公务员信息采集、水利人事管理信息系统、省直单位工资年报系统录入上报；同时，及时做好养老保险、工伤保险和医疗保险申报等工作。

（郑福寿）

党建与精神文明建设

2017 年，江苏省南水北调系统认真学习贯彻习近平总书记系列重要讲话和党的十九大精神，扎实开展“两学一做”学习教育，取得了显著成效。一是落实全面从严治党责任。切实强化全面从严治党责任，以政治建设为统领，以充分发挥南水北调基层党组织战斗堡垒和党员先锋模范作用为目标，坚持思想建党、组织建党和制度建党相结合，推进南水北调党建工作再上新台阶，为业务工作提供坚实思想基础和政治保障。统筹党建与业务工作，将党建工作与业务工作同部署、同推进、同落实、同检查、同考核；通过细化主体责任清单，层层签订党风廉政建设责任状和承诺书，运用经常性督察、党建考核等多种手段，落实廉政目标管理、责任管理、监督管理责任。二是狠抓学习教育。深入学习宣传贯彻党的十九大精神，组织广大党员认真研读十九大报告，坚持学原文、悟原理，牢牢把握“十个深刻领会”“六个聚焦”，做大学深悟透，用习近平新时代中国特色社会主义思想武装头脑，指导实践。积极推进“两学一做”学习教育常态化制度化，组织开展党员“走出去”学习活动。通过学习，广大党员干部“四个意识”牢固树立，“四个自信”不断增强。三是抓实作风建设。认真执行中央八项规定和江苏省委十项规定精神，不断深化“四风”整治，深入开展“大走访大落实”调研活动，加强对作风建设执行情况的监督检查和效果评估，进一步提高作风建设各项制度、规定的执行力和遵守力，系统上下形成的用制度管权、按制度办事、靠制度管人的氛围日益浓厚。四是切实抓好精神文明创建，积极主动与徐州市截污导流工程运行养护处党支部结对共建，并利用各自条件，开展丰富多彩的支部共建活动。积极组织开展义务植树志愿者服务、“环湖行，健步走”、沿江徒步走等主题党日活动，在促进日常工作的同时，激发全体党员同志的凝聚力和创造力。

（郑福寿）

党风廉政建设

2017年，江苏南水北调系统切实强化全面从严治党政治责任，认真贯彻执行党章和党内政治生活、党内监督、廉洁自律、纪律处分等党内法规。以加强思想教育、完善制度体系、强化监督检查为抓手，切实加强党风廉政建设和作风建设教育，细化主体责任清单，层层签订党风廉政建设责任状和承诺书，强化廉政目标管理、责任管理、监督管理。严明党的纪律规矩，扎实开展精神文明创建，认真执行中央八项规定、江苏省委十项规定精神，不断深化“四风”整治，积极践行社会主义核心价值观，各级各单位行风作风进一步向好。

（郑福寿）

项目法人单位

南水北调中线干线工程建设管理局

人事管理

中共国务院南水北调工程建设委员会办公室党组2017年3月13日决定：于合群同志任中共南水北调中线干线工程建设管理局党组成员，免去其中共南水北调中线干线工程建设管理局党组书记职务；刘春生同志任中共南水北调中线干线工程建设管理局党组书记。

中共国务院南水北调工程建设委员会办公室党组2017年6月26日决定：戴占强同志任中共南水北调中线干线工程建设管理局副局长；曹洪波同志任中共南水北调中线干线工程建设管理局党组成员、副局长（试用期一年）。

中共国务院南水北调工程建设委员会办公室党组2017年11月27日决定：程德虎同志任中共南水北调中线干线工程建设管理局总工程师（试用期一年）；陈新忠同志任中共南水北调中线干线工程建设管理局总会计师（试用期一年）。

根据工作需要，结合工程实际，南水北调中线建管局对干部进行优化配置。经中线建管局党组会研究，对干部调整如下：

（1）局机关。孙永平任中线建管局副总工程师，免去其河北分局党委书记、局长职务；陈志荣任综合管理部部长，免去其党群工作部（监察部）部长职务；刘彬任计划发展部部长，免去其信息机电中心副主任职务；汪强任人力资源部副部长，免去其质量安全监督中心副主任职务；韦耀国任科技管理部部长，免去其水质保护中心副主任职务；李静任科技管理部副部长，免去其信息机电中心副主任职务；张德华任党群工作部（监察部）部长，免去其宣传中心主任职务；肖军任工会工作部部长；王志文任宣传中心主任；曹玉升任总调中心主任；傅又群任工程维护中心主任；孙维亚任信息机电中心副主任，免去其信息机电中心自动化处处长职务；孙建峰任质量安全监督中心主任。

（2）渠首分局。尹延飞任渠首分局党委书记、局长；万金波任渠首分局党委副书记、纪委书记（列郝继锋之后），免去其综合管理部副部长职务；梁宇任渠首分局副局长，免去其审计稽察部稽察处处长职务。

（3）河南分局。于澎涛任河南分局党委书记、局长；王江涛任河南分局党委副书记、纪委书记，免去其河南分局副局长职务。

（4）河北分局。田勇任河北分局党委书记、局长，免去其综合管理部部长职务；傅春光任河北分局党委副书记、纪委书记，免去其河北分局副局长职务。

（5）天津分局。胡金洲任天津分局党委书记、局长；孙建平任天津分局党委副书记、纪委书记，免去其天津分局副局长职务；季茂祥任天津分局副局长（列孙建平之后），免去其计划发展部副部长职务。

（6）北京分局。孙卫军任北京分局党委书记、局长，免去其科技管理部部长职务；黄磊任北京分局党委副书记、纪委书记，免去其北京分局副局长职务。

（7）保安公司。杜元强任保安公司总经理，免去其综合管理部副部长职务；免去冯士全天津分局计划经营处处长职务，调保安公司工作；免去崔浩朋河南分局辉县管理处处长职务，调保安公司工作。

（杨君伟　谢　静）

干部培训

（1）培训总量。2017年度按计划举办培训项目376项，其中由局机关职能部门面向全局举办专业性培训66项，各二级单位面向本单位员工举办内部培训310项；根据实际工作需要，计划外举办培训213项，其中局机关部门举办27项，各二级单位举办186项。

（2）培训内容。2017年度举办的各类培训内容丰富，涉及专业面广，主要包括：一是以提升一线人员实际操作能力为主的技能类培训，如安全监测岗位技能培训、输水调度业务培训、防汛培训等；二是以提升管理人员综合能力为主的管理类培训，如“两学一做”教育学习、党的十九大精神贯彻学习培训、企业战略发展规划培训、经营决策资源整合培训等；三是以保障主体业务顺利发展的综合类培训，如OA办公系统培训、保密教育培训、工伤保险培训、通讯员培训等；四是以平稳过渡新员工角色转换的入职类培训，如2017年度新员工入职培训和拓展训练等。

（3）培训形式。2017年度南水北调中线建管局培训形式总体上务实、有效。同时，还积极探索内部培训与外部培训相结合，技能培训与岗位提升培训相结合，常规性培训与适应性培训相结合的多种模式。培训项目主要通过邀请行业专家学者现场讲座，参加外部专业系统培训机构课程，以及岗位练兵、技能比武、案例教学、现场实操等方式进行，拓宽了参训干部员工的视野，提升了技能。

（4）培训人员。2017年度培训对象涉及面较全，主要包括管理层级人员、一线运行人员、新入职人员、外聘人员等。针对管理层级人员，主要以学习党的十九大、提升党性修养、加强管理技能等方面的培训为主；针对一线运行人员，主要以提升专业技能、开拓行业视野、学习新工艺新技术等内容为主；针对新入职员工，主要以了解全局发展历史，学习主要业务知识，建立团队意识等方面为主；针对外聘人员，主要以学习OA办公系统操作、工程安保、工程巡查等方面为主。

（张同颖）

党建与精神文明建设

（1）政治理论学习。一是制定并落实

《南水北调中线建管局党组中心组2017年度理论学习计划》，组织局党组中心组（扩大）学习会专题学习11次，切实把思想和行动统一到以习近平同志为核心的党中央决策部署上；二是把国务院南水北调建委会第八次全体会议精神、国务院南水北调办研究贯彻建委会第八次全体会议精神以及严格贯彻落实国家安全领导小组有关要求等纳入学习计划，促进学习十九大精神与做好运行管理工作相融合；三是运用多种形式使学习入脑入心。举办了两期“不忘初心，牢记使命”加强党性修养培训班；积极与国务院南水北调办有关司、各分局有关管理处支部联学联做；邀请十九大代表进行专题授课，利用移动课堂、园区播报、知识竞赛等方式组织开展学习。

（2）党组织建设。一是贯彻落实国务院南水北调办指示精神，组织成立分局党委、纪委，推动各分局成立了党建工作处（纪检监察处），督促党务工作人员到位。截至2017年底，我局共有党员917名，80个基层党组织；二是严格按照新“十六字”方针和有关程序，结合实际研究制定并上报工作方案，积极争取党员发展指标，2017年全局共发展党员17名；三是进一步规范党费收缴工作，制定下发了《中国共产党党费交纳手册》，在全局推广了党费证制度，积极研究党建活动经费管理办法。根据上级部署，研究制定了党费专项检查补缴党费使用方案，按要求合理安排使用补缴党费。

（3）制度建设。一是进一步建立健全党建工作制度体系，制定《中线建管局贯彻落实全面从严治党要求实施意见（试行）》、《中线建管局党建工作及党风廉政建设工作考核办法（试行）》等制度；二是推进各级党组织和党员干部更好地履行抓实党建责任，研究制定《中线建管局“党员示范岗”“党员责任区”考核细则（试行）》和《中线建管局党建工作责任清单实施办法（试行）》，在贯彻落实“一账一册一法”的基础上，推动“一岗一区”建设和责任清单管理；三是扎牢不能腐的制度笼子。年初，局党组书记与各分局领导之间，各分局与三级管理处之间层层签订《党风廉政建设责任书》，进一步推动党建和廉政责任落实。组织相关部门结合当前的工作实际编制完成了《南水北调中线建管局廉政风险防控手册（试行）》，切实推动我局廉政风险防控工作。

（4）工青妇工作。坚持“促进企业发展、维护职工权益”的企业工会工作原则，认真总结经验，积极探索新形势下开展职工活动的有效形式和途径，不断深化主题，创新活动形式和载体，丰富活动的内容，为职工建功立业搭建平台，努力为员工办实事、做好事、解难事，把组织的温暖送到员工心中：一是高度重视困难员工的帮扶工作，逐级建立困难员工档案，全年累计帮扶困难职工47名；二是组织开展了第一届“中线杯”足球比赛、第一届“中线杯”乒乓球比赛、第二届“中线杯”篮球比赛和第三届“中线杯”羽毛球比赛等大型赛事，在鼓励和引导广大员工强健体魄、放松身心的同时，着重对团队意识和意志品质的培养和锻炼，着力培育企业文化和职工文化，助推全局工作的开展；三是通过鼓励职工以“自愿参加，自主管理”的形式，组建职工文体协会，并以文体协会为抓手，开展日常的职工文体活动，进一步培养职工的自我管理和自我服务的意识和能力，增进职工之间的交流与协作。当年批复成立了户外运动、篮球和羽毛球3个职工文体协会，并指导完成组建工作；四是注重丰富广大职工的业余文化生活，积极组织职工参加中央国家机关工委组织的“中央国家机关喜迎十九大干部职工文艺展演”活动，共上报原创节目4个，经网络投票及初评，北京分局分工会报送的原创歌曲《我心随水到天涯》获得声乐组二等奖，其他3个节目获得优胜奖。

2017年，中线建管局总调中心调度处和

参建单位中水四局沙河Ⅰ标项目部被授予“全国工人先锋号”荣誉称号，河南分局刘国玉家庭获得全国妇联颁发的“全国最美家庭”称号；经局工会组织申报，国调办机关工会初审，河北分局作为“全国五一劳动奖状”候选单位，河南分局和北京分局工程管理处作为“全国工人先锋号”候选单位上报至中央国家机关工会联合会；另有3个基层工会组织获得国调办“优秀工会组织”荣誉称号，2名同志获得“优秀工会工作者”荣誉称号，4名同志获得“优秀工会积极分子”荣誉称号，10名女职工获得“三八红旗手”荣誉称号，1名女工工作者获得“优秀女工工作者”荣誉称号。

关爱半边天，全力做好女工工作。组织开展了“三八”妇女节纪念活动、女职工看中线和贯穿全年的女职工舞蹈、瑜伽培训，母婴室建设等活动，关爱女职工健康，维护女职工特殊权益。积极组织职工参加全国妇联等单位组织的“亲情一线牵”为新疆儿童织毛衣、“全国最美家庭”评选、“家庭助廉”和央务阳光助学等活动。按照国家政策和上级要求，严格做好计划生育的解释宣传工作。定时发放独生子女父母奖励和退休职工独生子女父母一次性奖励。按时发放结婚、生育贺金，“六一”儿童节礼物等。

（5）精神文明建设。制定《中线建管局2017年精神文明建设工作实施方案》，开展2017年度“文明部门（单位）”“文明员工”“文明家庭”评比，共16个集体、182名同志和86个家庭受到表彰。组织职工参加“中央国家机关喜迎十九大干部职工文艺展演”活动，报送的原创歌曲《我心随水到天涯》进入复赛。2017年共组织开展了“中线杯”足球赛、乒乓球赛、篮球赛、羽毛球赛等大型体育赛事。努力打造团建品牌，服务青年成长，开展了青年职工思想动态调研，结合“五四”主题日推出演讲比赛、朗诵比赛等活动品牌，丰富了职工的文化生活，增强了全局的凝聚力和向心力，构建了良好的企业文化氛围。

（路　菲　马艳军）

“两学一做”学习教育

（1）“两学一做”学习教育。制定学习教育方案，精心安排学习内容，认真组织全局党员重新通读党章、党规和习近平总书记系列重要讲话原文，理解把握精神要义。集中开展学习研讨，利用支部大会、支委会、党小组会等形式，交流学习心得，分享学习成果，形成浓厚的学习氛围。将学习党章党规和系列讲话同南水北调中线业务工作有机结合，创建“党员示范岗”“党员责任区”，做到以学促做、以做验学。全局共申报了400余个示范岗和100多个责任区，充分发挥了党员先锋模范带头作用。利用支部工作APP、权威“两微一端”等互联网平台，增强党员学习的灵活性，拓展学习的深度和广度，积极创建学习平台和品牌。

（2）“三会一课”制度。组织开展“党课月”“谈心周”“主题党日”等活动。党课坚持问题导向，既结合学习习近平总书记系列重要讲话精神，又结合业务工作实践，真正起到教育他人、成长自我、促进工作的有效作用。谈心进一步密切了党组织与党员、党员与党员、党员与群众之间的联系。主题党日各具特色，进一步丰富了学习教育内容和形式。全年局属各党组织共组织学习1000余次，开展主题党日260余次，“三会一课”开展2000余次，组织谈心活动1656人次。

（3）学习成果。策划征集、汇编印发了“两学一做”学习教育及思想政治工作成果集，收录了各类学习成果65篇，共计23万字，基本覆盖了基层组织各个层面。编制了4期学习简报等，有力推动了我局思想政治工作的理论创新和工作创新，提升了干部员工思想政治理论水平。

（4）“‘两学一做’创实效、抗洪抢险见担当”巡回宣讲。在沿线和国务院南水北调办集中宣讲了6场，展现中线建管局党员干部良好风貌。及时更新了党建工作大事记，编制了“突出四个意识，落实担当精神”专题学习研讨、“深入推进‘两学一做’学习教育常态化制度化”简报，及时向各级党组织传达中央及国务院南水北调办文件和指示精神，帮助局属各党组织间加强交流、互通有无。

（路　菲）

党风廉政建设

（1）建立健全党内监督机制。制定贯彻执行《中共国务院南水北调办党组贯彻落实中国共产党问责条例实施办法（试行）》实施细则。多次召开党建、纪检工作联席会议，研究相关事项，创新监督方式，运用监督执纪“四种形态”，逐步实现由事后监督向事前、事中、事后监督转变。及时总结河北分局开展的内部党风廉政建设督导巡查工作经验，把分局对下属管理处党支部的督导巡查全覆盖模式在全局开始推广。

（2）完善廉政风险防控制度。组织编制了《南水北调系统廉政风险防控手册》（中线建管局分册），按五大部分明晰脉络，明确风险，制定措施，为完善廉政风险防控体系，扎实开展廉政风险排查打下坚实基础。印发《关于全面铺开廉政风险防控手册编制工作的通知》，对局属各党支部、各分局党委组织开展手册编制工作作出部署。

（3）贯彻落实中央八项规定精神，坚决反对“四风”。一方面，集中对局班子成员办公室进行了改造，办公面积严格按照标准执行，发挥“头雁”作用。另一方面，按要求组织开展了违规公款购买消费高档白酒问题集中排查整治工作，及时传达学习落实国务院南水北调办直属机关纪委《关于明确赴南水北调东、中线工程直属单位前方出差搭伙用餐纪律的通知》，对各部门各单位落实通知精神提出了要求。

（4）注重廉政警示教育。组织党员干部观看警示教育片《警钟》、开展廉政主题教育培训、参观廉政教育文化馆和廉政教育基地等。组织各基层党组织结合实际，通过参观监狱、红色教育基地等多种形式，扎实开展警示教育，进一步强化党员干部管党治党责任意识。

（5）加强纪检监察队伍建设。组织局机关纪委委员集中学习《中央国家机关纪检组织谈话函询工作办法（试行）》。选派了11名纪检干部赴中国纪检监察干部学院、中央纪委北戴河培训中心等地参加了纪检监察业务培训。举办纪检监察工作培训班，90余人参训。制定了《中线建管局纪检委员及纪检监察联络员工作职责》，用以指导督促纪检监察干部正确开展监督执纪工作。

（6）做好问题线索的分类处置。2017年共收到上级转来或群众举报问题线索15件，均按照要求进行了规范处置。对个别违反党规党纪的党员进行了纪律处分。

（路　菲）

南水北调东线总公司

组　织　机　构

2017年8月7日，国务院南水北调办印发《关于南水北调东线总公司内设机构和人员编制调整的批复》（国调办综〔2017〕123号），调整后内设机构为10个职能部门，人员编制调整为104人。9月1日，东线总公司印发《关于内设机构和现有人员调整的通知》（东线人发〔2017〕110 号），落实公司总部机构和人员调整。

2017 年 10 月 25 日，东线总公司以东线人发〔2017〕136 号文件，成立了运行监管督察队，负责做好南水北调东线一期新增主体工程运行监管工作。

2017 年 12 月 20 日，东线总公司以东线人发〔2017〕157 号文件，对公司国家安全小组工作职责和成员进行了调整。

（东线总公司）

人 事 管 理

2017 年 4 月 10 日，工程运行部部长董永全参加中央党校中央国家机关分校处级干部进修班学习，为期 3 个月。

2017 年 4 月 11 日，经任职试用期满考核合格，东线总公司以东线人发〔2017〕47 号文件，聘任谢华为直属分公司副经理。

2017 年 4 月 24 日，东线总公司以东线人发〔2017〕51 号文件，聘任叶茂盛为政策及技术研究室主任（部门副职级），聘期 3 年。

2017 年 5 月 5 日，副总经理高必华参加延安干部学院第 106 期厅局级干部加强党性修养专题培训班，为期 21 天。

2017 年 5 月 22 日，经总经理办公会、党委会讨论决定，聘任宿耕源为综合管理部部长，程增宝为财务部部长，聘期三年（试用期一年）。

2017 年 8 月 28 日，根据内设机构调整需要，经总经理办公会、党委会研究通过，聘任董永全为副总工程师、宿耕源为综合管理部部长、李波为人力资源部部长、程增宝为财务审计部部长、魏军国为工程管理部部长、石泉为纪检监察部部长、滕海波为总调度中心副主任（主持工作）、李庆中为计划合同部副部长、叶茂盛为资产经营部副部长、马兆龙为工程管理部副部长、刘纲为总调度中心副主任。

2017 年 9 月 1 日，公司党委书记李长春参加井冈山干部学院第 7 期厅局级干部加强党性修养专题培训班，为期 21 天。

2017 年 12 月 21 日，经总经理办公会、党委会研究通过，聘任叶茂盛为水质管理中心副主任，聘期三年；免去资产经营部副部长职务。

（东线总公司）

党建与精神文明建设

2017 年，在国务院南水北调办党组的坚强领导下，在直属机关党委的正确指导下，东线总公司党委全面贯彻落实党的十九大精神和建委会八次全会决策部署，以习近平新时代中国特色社会主义思想为指导，以《南水北调办贯彻落实全面从严治党要求实施意见》为遵循，以“党建跟着业务走，依靠党建促业务”为工作主线，坚持问题导向，深入推动全面从严治党向纵深发展，党的领导、党的建设得到了根本加强，有效筑牢了东线安全调水的“根”和“魂”。

（1）政治理论学习。一是充分发挥党委理论学习中心组学习示范带动作用。东线总公司党委印发了《2017 年党委中心组专题学习安排》，全年围绕十九大精神、全国两会精神、全国国有企业党的建设工作会议精神、矛盾论实践论等内容开展中心组学习 6 次，发言 24 人次。党委理论学习中心组学习有效带动了面上党员干部的学习；二是深入学习宣传贯彻党的十九大精神。开展集中学习 133 次，总学时 204.5 小时，1012 人次参加，各支部上交学习体会 121 篇。党委班子成员深入到各党支部座谈交流学习、监督学、指导学，举办了“党课大讲堂暨真情讲述十九大”党课评比、十九大知识测试、培训讲座、开辟网上专栏等学习活动。

（2）思想政治工作。一是开展谈心谈话活动，掌握职工思想动态。认真落实《南水北调东线总公司干部职工谈心谈话制度》，领导干部做到“五必谈”，支部书记与班子成员及普通党员做到了“两必谈”；二是抓实党员日常教育管理监督。组织党员干部参加南水北调办专题辅导报告会，为党员购买《习近平讲故事》《中国共产党巡视工作条例》等26种书籍、设立党建学习资料专柜、组织干部职工观看《榜样》《建军大业》等爱国主义电影，参观“砥砺奋进的五年”大型成就展及“喜迎十九大、传承好家风”展览等。

（3）党组织建设。一是加强党委自身建设。认真落实东线总公司“三重一大”决策制度实施办法，制定公司2017年党建重点工作任务分解一览表，加强公司党委领导对支部建设亲历亲为的指导帮助，严格按照民主生活会程序要求，细化专题学习、征求意见、谈心交心、对照检查等，深入开展批评和自我批评；强党支部建设。成立了工程党支部和总调度中心党支部，并根据各支部实际，设立了5个党小组，实现组织建设全覆盖；对支部党建工作实行考评，发挥考核指挥棒导向作用，以考核促建设，以考核促落实；三是严肃党内政治生活。坚持公司领导参加双重组织生活会；勇于开展批评和自我批评，初步发挥了同级监督的作用；各党支部全年共召开党员大会52次，支委会81次，党小组会50次，讲党课38次；四是推进党建下一线活动，围绕“向习近平总书记看齐是东线讲政治的‘根’和‘魂’”主题，与山东省建管局、山东干线公司和江苏省南水北调办、江苏水源公司就党建工作开展座谈交流，提升政治站位，强化党建政治责任；五是加强党员干部培训，选派党员干部参加井冈山干部学院厅局级干部加强党性修养专题培训班和中央党校中央国家机关分校进修班学习，选派纪检监察干部赴水利部党校和中国纪检监察学院学习，举办两期党支部书记、委员业务技能提升培训班。

（4）制度建设。制定出台了东线总公司《贯彻落实全面从严治党要求实施意见》，认真贯彻落实《关于新形势下党内政治生活的若干准则》，出台了《“三重一大”决策制度实施办法》和《干部职工谈心谈话制度（暂行）》，贯彻落实《中国共产党党和国家机关基层组织工作条例》《中央企业党建工作责任制实施办法》，制定出台《党委党费管理办法》和《落实党建工作责任制考核评价实施办法（试行）》，保证各项工作科学化、规范化。

（5）工青妇建设。一是工会工作。制定并下发了《南水北调东线总公司工会2017年工作要点》，明确了2017年工会的重点工作；成立合唱队、羽毛球、健步走等兴趣小组，指导其按照相关规程自行开展活动，丰富职工业余文化生活；维护职工合法权益，向过生日员工发放生日蛋糕券，为员工办理2017年度公园年卡和电影卡；组织参加国务院南水北调办“喜迎十九大，永远跟党走”文化艺术作品展，8人获奖；举办“通水三周年，职工展风采”主题文艺演出活动，用音乐、舞蹈、小品等形式歌颂建设者，展现职工风采。二是共青团工作。召开青年工作座谈会，对“一学一做”学习教育作出部署；参加国务院南水北调办优秀共青团员、优秀共青团干部、优秀团支部的评选活动，向办直属机关团委推荐3名优秀共青团员和2名优秀共青团干部；选派优秀青年参与“传承、创新、担当、奉献”主题朗诵会，获得优异成绩；承办南水北调系统2015～2016年度青年文明号评选会，得到机关团委的肯定和好评；结合东线总公司实际，开展团课宣讲活动。三是妇女工作。通过民主选举的方式，增选了1名妇女小组副组长；组织公司职工参与“家风建设在行动、家庭助廉”活动和“为新疆少数民族少年儿童编制毛衣、毛裤等爱心织品奉献爱心”公益活动；关注女职工身体健康，定期组织女职工体检，聘请专家进行妇科病防治知识讲座，增强女职工健康意识；关怀特殊女职工，对怀孕、生育和生病的女职工及家属进行慰问，送上组织的温暖；关心职工子女健康成长，组织开展庆祝“六一”儿童节读书活动，为小朋友提供读书交流平台；开展庆祝“三八”妇女节主题健步走活动，增强女职工健康体魄；参加办机关妇工委先进个人评选活动，2 名妇女同志被评为国务院南水北调办 2014 ~ 2016 年度“三八红旗手”，1 名同志为“优秀妇女工作干部”。

（6）精神文明建设。一是开展“双文明”评选活动。按照公司党委《关于开展 2015 ~ 2016 年度文明职工、文明家庭评选活动的通知》要求，各党支部积极开展文明评比活动，评选出文明职工 10 名，文明家庭 7 个，推荐国务院南水北调办文明处室 2 个、文明职工 5 名、文明家庭 5 个；二是认真做好节能减排、计划生育、环境绿化、交通安全、卫生健康、光盘行动等文明创建工作，力求环境优美、文明有序。

（东线总公司）

“两学一做”学习教育

东线总公司党委起草印发了《推进“两学一做”学习教育常态化制度化实施方案》，召开了党建工作暨“两学一做”学习教育常态化制度化工作推进会。创新开展以“政治体检”和“业务体检”为主要内容的“双对标”活动，召开“双对标”活动总结会。开展“人人讲党课”特色活动。开展“唱响红色经典，增强四个意识”和“党课大讲堂暨真情讲述十九大精神”等主题党日活动 27 次。开展“支部工作” APP 学习竞赛活动。开设“两学一做”学习教育专栏。

（东线总公司）

党风廉政建设

（1）党风廉政建设工作会。2017 年 1 月 19 日，东线总公司召开党风廉政建设工作会，认真学习党的十八届六中全会和十八届中央纪委七次全会精神，总结公司 2016 年党风廉政建设工作，研究部署 2017 年工作任务，签订 2017 年党风廉政建设责任书。

（2）《廉政风险防控手册》。按照国务院南水北调办直属机关党委的工作部署，认真谋划、精心组织、扎实推进公司《廉政风险防控手册》编制工作。

（3）纪检监察制度体系。制定《纪委工作规则》，着力推动纪委工作科学化和规范化；出台《信访举报工作管理办法》，印发《招标采购工作监督暂行办法》，确保权力正确行使。

（4）党内监督。开展十九大学习宣传贯彻情况专项检查、党内政治生活相关制度执行情况监督检查。

（5）廉政教育。开展警示教育月活动。观看电视专题片《巡视利剑》、警示教育录《警钟》。及时转发中央纪委、派驻纪检组、办机关纪委通报的典型案件，切实引以为戒。

（6）作风建设。强化对“三公经费”、会议费、培训费等经费使用，加强对招标采购、工程运行管理等重点领域的日常监督，对公司落实中央八项规定精神，特别是公务接待情况，开展了专项监督检查。在元旦、春节、五一、端午、中秋、国庆等重要节日节点，要求干部职工坚决反对“四风”，严防“节日病”。

（东线总公司）

南水北调东线江苏水源有限责任公司

概　述

南水北调东线江苏水源有限责任公司（以下简称江苏水源公司）于2005年3月成立，是国家和江苏省政府共同出资设立的国有独资企业，是江苏省人民政府授权的国有资产投资主体，承担国有资产保值增值责任，对投资企业行使国有资产出资人职能。在工程建设期，主要承担工程建设项目法人职责，负责江苏省境内南水北调工程建设管理，负责组织编制单项工程初步设计，负责落实工程建设计划和资金，负责对工程质量、安全、进度和资金进行管理；工程建成后，负责江苏省境内南水北调工程的供水经营业务，从事相关水产品的开发经营。

（陈思序）

组　织　机　构

江苏水源公司设立董事会、监事会，实行董事会领导下的总经理负责制。公司董事会设董事长1名，董事会成员4名。设总经理1名，副总经理3名。设党委书记1名，党委副书记2名。内设机构设党群工作部、行政事务部、人力资源部、工程管理部、调度计划部、经营发展部、财务部、审计部、律师事务部、监察室等10个职能部门。

党群工作部（董事会办公室、工会、团委）主要负责公司党务、干部、群团、宣传、企业文化等工作；行政事务部主要负责公司行政事务和办公事务；人力资源部主要负责公司人力资源开发管理工作；工程管理部（安全生产办）主要负责南水北调工程运行管理、工程建设、安全生产等工作；调度计划部主要负责南水北调运行业务发展计划、调度、防汛等工作；经营发展部主要负责市场拓展、项目前期开发、经营管理等工作；财务部主要负责公司资金、财务管理和监督指导等工作；审计部主要负责公司内部审计和配合外部审计工作；律师事务部主要负责公司法律事务工作；监察室主要负责公司纪检监察和效能建设等工作。

（陈思序）

人　事　管　理

（1）人才工作。落实党管人才原则，聚焦转型创新发展，实施人才强企战略，修订《人才引进管理办法》，逐步增强人才发展优势。一是主动加强工作谋划。围绕公司转型发展对人才需求，形成《江苏水源公司人才结构分析与培养措施报告》和《江苏水源公司人才情况汇总表》，梳理公司急需紧缺人才类型，提出人才引进、培养、激励、考核措施，形成《江苏水源公司人才发展初步方案》和《江苏水源公司主要业务板块人才使用建议》，完成公司194名员工综合评价意见，提出职业发展方向，为党委研究决策人才引进、培养、使用提供重要依据。二是积极实施人才引进。根据岗位空缺，认真组织开展水环境团队核心人才引进，牵头组织6场笔试、14场面试，年内引进经营管理、基金投资、项目管理、水环境治理、机电工程、水利水电、党务、法律等急需专业人才21名，其中博士1名，硕士5名，具有中级以上职称3名，技师3名，人才总量较去年增长22.5%，适应转型发展急需各类专业人才进一步聚集，人才队伍结构明显改善。广泛开展校园招聘。提出公司2018届校园招聘计划，年度校园招聘安排21个岗位，计划招聘27名员工，报名398人，通过初审362人，参加笔试160人，到考率为44%。校园招聘覆盖专业广，参与高校多，报名学生整体素质较高，硕士研究生以上占82.9%。通过组织校园招聘，进一步加强与江苏省内外重点高校合作，联合培养和引进人才，为公司转型创新发展持续输送人才。三是扎实推进人才培养。组织赴行业主管部门、省属企业调研人才培养工作，研究制订公司人才培养管理办法及配套细则，积极探索人才培养新路径和新模式。重视培训在人力资源开发中的关键作用，制定印发员工培训计划，在公司安排51项培训任务（本部21项，子公司15项，分公司15项），开展30余次培训活动，近500人次参加了培训。组织外部培训2次。培养了一批具有较高专业精神和专业能力的人才队伍，推动公司转型创新发展。

（2）薪酬管理。落实薪改要求，强化绩效考核，调整分配方式，逐步建立员工收入能增能减的薪酬激励机制，营造干事创业的良好氛围。一是完善总额管理机制。组织编报年度本部工资总额预算，实现总额比上年总体增长，基本满足公司转型发展需要。落实分级管理新要求，制订所属企业工资总额等收入分配管理办法，组织分、子公司总额预算编制、审查、批复，坚持工资效益同向联动，合理调控总额增长比例，促进企业可持续发展。二是严格薪酬管理发放。落实《江苏省国资委监管企业负责人薪酬管理暂行办法》规定，做好公司领导人员基本年薪和绩效年薪测算和发放，对照江苏省国资委考核结果，结算发放领导人员绩效年薪，按规定发放任期激励。三是组织薪酬水平调查和人力成本测算。为确保公司不同岗位薪资水平总体合理，保持适度的市场竞争力和吸引力，更好地吸引和留住人才。组织对公司本部、分公司、管理所每个岗位薪资水平进行统计、分析，形成《2016年度江苏水源公司薪酬制度执行情况及薪资水平对比分析报告》。四是增强员工福利保障。梳理前十年年金管理收益情况，研究确定新的托管单位和投资方案，完成账户转移，督促开展投资管理，定期报告收益情况，确保员工收益最大化信息公开化。调整职工补充医疗保险，不增加保费，提高保额标准。加强与省市社保中心联系，做好员工“五险一金”基数调整。把公司关怀员工计划实施好，增强员工幸福感、归属感，努力建设和谐企业。

（3）用工管理。落实江苏省国资委要求，强化劳动用工管理，规范用工行为，降低用工风险，保障员工合法权益，构建和谐劳动关系。一是严格岗位管理。根据机构改革要求，落实党委决策部署，结合岗位需求和人员专业、任职经历等因素，反复协调研究，提出具体方案，经党委批准后，发出人员派遣单18份，完成236名员工岗位调配，人员按时到岗，各项工作平稳过渡。二是严格劳动合同管理。2017年内围绕员工劳动关系转移等问题，查阅法律法规，咨询省市社保中心和法律顾问，形成《关于江苏水源公司员工劳动关系转移过程中有关问题的咨询意见》《江苏水源公司转型发展中人员管理有关法律意见》和《关于江苏水源子公司人员管理等问题研究建议》，提出法律问题和处理建议，积极管控用工风险。三是严格劳动纪律管理。根据工作需要，认真制定《公司请休假管理办法》，进一步严格请假程序和处罚措施，并与薪酬管理紧密挂钩。及时修订印发《关于进一步严明劳动纪律的通知》，从严考勤管理，严格惩处制度，组织不定期检查，发现问题，严肃处理，进一步正风肃纪、提高效率。

（4）内部管理。围绕转型发展要求，落实党委“两抓两创”工作部署，紧扣部门重点工作，积极开展“五抓五促”活动，努力提高工作效率和工作成效。一是抓学习促素质提升。二是抓职责促责任压实。三是抓制度促管理规范。四是抓落实促效率提高。五是抓服务促作风转变。把制度建设贯彻部门工作全过程。年内修订印发《江苏水源公司人才引进管理办法》《江苏水源公司员工招聘管理办法》《江苏水源公司员工培训管理办法》《江苏水源公司请休假管理办法》《关于进一步严明劳动纪律的通知》《江苏水源公司值班午餐补贴管理办法》《企业年金方案》，制订完成《江苏水源公司所属企业收入分配暂行办法》《江苏水源公司员工资质证书管理办法》《江苏水源公司人才公寓管理办法》《江苏水源公司人才培养管理办法》及配套细则，强化制度执行，规范工作流程，促进了内部管理能力和水平的提升。

（陈思序）

党建与精神文明建设

推进和指导基层组织建设，推进“支部创新活动”和“红旗支部竞赛”活动，推进各党总支、支部完善制度，创新党建活动，汇总支部创新方案，年度3个创新案例入围江苏省组织的基层支部创新案例评选范围，印制新的“三会一课”笔记本，规范基层组织生活，组织公司基层党员赴沂蒙山红色基地开展党性教育活动。重视党员发展，完成党员的年报工作和党员信息系统录入工作，积极向江苏省国资委争取9名党员发展计划，注重加强业务指导，9名党员发展对象按期转为预备党员。做好党费收缴工作，起草公司党委《党费收缴管理使用实施办法》，加强对党费交纳标准的指导规范，提出了公司党委党费年度使用计划安排建议方案，向基层支部倾斜，推动提高党员自觉交纳党费意识。

（陈思序）

“两学一做”学习教育

以“两学一做”学习教育为党建年度工作龙头，推进公司学习教育常态化制度化，起草了《江苏水源公司党委关于推进“两学一做”学习教育常态化制度化2017年工作安排》，细化工作方案，分解月度任务，明确进度目标，从公司党委和基层组织两层面，按照节点步步推进，6月底江苏省委组织部和江苏省国资委进行了专项督查，给予较高评价。

（陈思序）

党风廉政建设

认真履行监察室职能，积极协助公司党委和纪委推进党风廉政建设。年初，组织层层签订责任状，推动“两个责任”落地生根。推进廉洁思想教育，组织开展“廉洁文化月”活动，为全体中层干部征订廉政书籍《学思践悟》，提高干部员工拒腐防变思想意识。弛而不息纠正“四风”，全年共组织开展节日作风督查3次，为全体党员编发节前廉洁提醒短信400余条，开展对公司违规吃喝问题专项整治“回头看”，组织对各单位高档白酒消费情况进行检查。做好信访举报工作，每月及时汇总报告公司信访举报线索。加大监督力度，及时对信访举报件进行初步核实，核查问题线索3件，起草调查报告，提出意见建议。起草印发公司《效能监察实施办法》，年内下发4个效能监察通知，针对党建、经营发展、工作纪律等开展专项监察，形成书面报告，强化执行效力。

（陈思序）

南水北调东线山东干线有限责任公司

组织机构

南水北调东线山东干线有限责任公司（以下简称山东干线公司）。设董事会、监事会和经理层，实行董事会领导下的经理层负责制。

山东干线公司一级机构内设综合部、工程管理部、安全生产办公室、调度运行部、发展运营部、财务部、法律事务部、纪检督查室、信息运行管理中心、工会10个部门。二级机构设立济南、枣庄、济宁、泰安、德州、聊城、胶东7个管理局和济宁应急抢险分中心、水质监测预警中心2个直属分中心。三级机构设立3个水库管理处、7个泵站管理处、9个渠道管理处、1个穿黄河工程管理处共20个管理处，按属地分别由7个管理管辖。

（杨 捷）

人事管理

（1）制度建设。制定实施了《南水北调东线山东干线有限责任公司招聘管理办法》《南水北调东线山东干线有限责任公司中层管理人员轮岗管理制度》《南水北调东线山东干线有限责任公司因公出国（境）管理办法（修订）》《南水北调东线山东干线有限责任公司专家库管理办法（试行）》《南水北调东线山东干线有限责任公司教育培训管理办法》《南水北调东线山东干线有限责任公司请休假管理制度（试行）》。

（2）日常工作。严格按照干部选拔程序组织实施，周密组织，细致落实，做好了人员调配工作；完成了公司2017年个人绩效考核工作；严审公司中层以上人员个人有关事项报告；将公司中层副职以上人员及财务人员因私护照进行统一管理；完成了年度职称评审工作；对职称晋升、职务变化及考核进档等人员的工资及时进行调整；认真做好公司员工基本养老关系转移、医疗保险关系转移、社保关系合户、社保费补缴、工伤保险申报、异地医院住院备案、生育保险报销、社会保险卡办理领取等服务工作；跟踪监督2017年度培训计划落实到位；严格审查人事档案，并做好日常的档案收缴、转移、材料整理审核入档工作；完成了法人及经营范围变更、残疾人就业保障金缴纳、党费缴纳基数核算、各类年报统计等工作；做好公司全体人员年休假督促落实、跟踪统计工作。

（3）形成了《岗位薪酬管理办法》《绩效考核管理办法》《岗位竞聘实施方案》等一系列制度规定和工作方案。为加强职工队伍管理，保障工程运行管理各项工作顺利开展，下半年组织开展了全员封闭式军训活动，先后组织8期军训，每期7天，受训人员总计470余人。此次军训以“强化作风、提高领导”为根本目的，“以正规军训、系统学习”为主要内容，以“严格管理、全程考评”为基本手段，强化员工“四个服从、四个意识”，着力培养干部职工队伍顽强过硬的作风、令行禁止的纪律观念、良好的工作作风和严整的仪容风纪，达到了预期效果。

（杨 捷）

党建与精神文明建设

（一）基层党组织结构

山东干线公司党委下属党支部13个，现有在册正式党员175名、预备党员5名。公司党委认真贯彻执行《中国共产党章程》和

《中国共产党发展党员工作细则》，严格遵循发展党员“坚持标准、保证质量、改善结构、慎重发展”十六字方针，扎实做好发展党员工作，

（二）基层党建工作

公司党委紧跟局党委工作部署，认真履行从严治党主体责任和书记抓党建第一责任人职责，以“建过硬支部”“加快转变”讨论为载体，建制度、强基础，抓落实、促规范，基层党建工作取得初步成效，为坚定完成调水任务提供了有力保障。

（1）党建工作责任制。按上级要求，成立公司党委、纪委，紧紧围绕调水主业，切实增强管党治党责任意识，发挥党委把方向、管大局作用。专题召开党建工作座谈会，明确党建工作部门和人员，制定党委议事规则和有关制度，指导督促各支部和全体党员认真学习宣传贯彻党的十九大精神，牢固树立“四个意识”，把公司党的建设工作融入工程运行管理全过程，同谋划、同部署、同落实、同考核，形成工作合力。

（2）党内政治生活。研究制订《“三会一课”、谈心谈话、集体学习统筹安排计划》，规范《党内生活记录》，建立每周开展学习讨论的党内政治生活制度和抽查机制。坚持“请进来”“走出去”相结合，组织开展红色教育、德政教育、警示教育、法律培训等系列学习教育活动，党委班子成员及各支部书记积极上党课，召开专题组织生活会开展批评与自我批评，选树党员模范典型开展先进事迹巡讲，推进了“两学一做”学习教育常态化、制度化。

（3）基层组织建设。针对公司三级管理办公地点分散的实际，成立了27个党小组，解决了因距离远、党内活动难组织的问题；按党章要求及时组织任期届满的党支部进行换届，指导督促公司团委的换届选举；发展党员坚持向工程一线倾斜，2017年共接收3名预备党员，确立15名党员发展对象、19名入党积极分子。

（4）群众工作。坚持公司党委领导带头，建立中层正职以上党员干部到基层联系点工作制度；开通“总经理邮箱”，倾听职工心声，畅通职工诉求；发挥桥梁纽带作用，教育、宣传、服务群团组织和公司干部职工，开展岗位创新、军事训练、演讲比赛、文体活动，增强了公司的向心力、凝聚力。

（5）作风建设。公司党委牢固树立红线意识、底线思维，强化风险防控管理，紧盯工程运行管理关键环节和重点岗位，落实防控措施，健全制度机制，注重日常监督。落实运用监督执纪“四种形态”，出台《问责实施细则（试行）》，按要求清理了4名不合格党员，通过诫勉谈话、通报批评、扣发绩效工资等形式，先后对因私出国未及时报告、公司半年工作会议迟到、邹平胡楼灌区调水应急工程阻工、国调办值班抽查脱岗、平阴“4·12”事件等14名相关责任人员进行严肃追责问责，以问责倒逼工作落实、促进纪律作风转变，收到了持续震慑、防微杜渐的效果。

（郭桂邹）

“两学一做”学习教育

2017年度，山东干线公司党委深入推进“两学一做”学习教育常态化制度化，切实抓好了这项管党治党的基础性工程。坚持用党章党规规范党员、干部言行，用党的创新理论武装全体党员，引导全体党员深入学习党章党规和习近平总书记系列重要讲话精神，增强“四个意识”，补足精神之钙、把稳思想之舵，引导全体党员努力做到政治合格、执行纪律合格、品德合格、发挥作用合格。重视加强业务培训，充分利用专题讲座、以会代训等形式，不断提高党员队伍的业务技能。

（1）“三会一课”制度。按照公司党委《关于规范加强基层党建工作的实施意见》的要求，把“两学一做”作为“三会一课”基本内容固定下来、坚持下去。各党支部严格规范落实，做到每季度至少召开一次支部党员大会；每月至少召开一次支部委员会；设党小组的支部，每月至少召开一次党小组会；原则上每季度召开党课一次，每年支部书记至少上一次党课，公司党委委员分别到所在支部和联系点上了一次党课。建立党内生活记实制度，健全完善党内生活档案，编订统一制式的《党内生活记录本》，专人负责全程记录“三会一课”及专组织生活会情况，并认真做好会议通知、签到表、会议材料、会议照片等资料的留存保管。

（2）党员民主评议制度。结合支部组织生活会，认真开展民主评议党员活动，并督促党员对照党章规定的党员标准、对照入党誓词、联系个人实际进行党性分析，使党性分析过程成为党员强化党员意识、增强党的观念、提高党性修养的过程。

（3）思想政治教育。认真落实政治理论学习制度，积极引导党员干部参加集中学习和自觉安排自学政治理论、坚定理想信念，立足本职，创先争优，做合格党员，充分发挥党员的先进模范作用。

（郭桂邹）

党风廉政建设

山东干线公司党委高度重视纪检监察工作，认真落实党风廉政建设主体责任和监督责任，全力支持公司纪委、纪检督查室监督、执纪、问责，公司纪委以完善制度、落实责任、严肃问责为主线，以廉政风险防控管理为抓手，用好监督执纪“四种形态”，细化规范问责方式，强化责任追究，为公司各项事业发展提供了有力的纪律作风保障。

（1）党风廉政建设工作责任制。坚持把党风廉政建设纳入公司发展总体布局，做到与业务工作同部署、同落实、同检查、同考核。按照公司党委对党风廉政建设负主体责任，党委书记承担第一责任人责任，班子成员对职责范围内的党风廉政建设工作承担主要领导责任，纪委对党委及班子成员履行党风廉政建设主体责任负监督责任的工作要求，组织层层签订党风廉政建设责任书，逐级传导工作压力。党委书记定期听取纪委工作汇报，做到重要工作亲自部署、重大问题亲自研究、重点环节亲自协调、重大事项亲自督办。建立党委委员联系二级管理机构党支部党风廉政工作制度，进一步加强公司对二级机构党风廉政建设工作的领导和检查督导。严格落实工作报告、述责述廉、督导检查、廉政谈话等制度，及时发现工作中存在的问题，明确下步工作任务和要求，促进“一岗双责”落到实处。

（2）日常管理监督。建立公司廉政风险防控长效机制，紧盯工程运行管理中的工程验收、调度运行、工程维修养护、发展运营、设备及物资采购、资金管理、干部人事管理等重点工作，材料采购、招投标、资金结算等重点环节，定期排查廉政风险，完善防控措施，不断深化廉政风险防控管理。一是严格落实民主集中制，确保民主科学决策。研究出台公司党委议事规则，规范党委议事原则、范围和程序，“三重一大”事项一律经集体研究决策；纪检督查室全程列席公司党委会，协助纪委对公司重大事项决策、执行环节进行全程监督。二是对材料物资采购、招投标等重点工作环节全程跟踪监督，确保程序规范、执行严格；严格落实工程合同与廉政合同双签制度，凡是参与南水北调工程建设或提供服务的合同单位，都要签订《廉政责任协议书》，落实相互监督的责任，把廉政监督的触角延伸到工程运行管理的各个角落。三是严把干部调整中的“党风廉洁意见回复”关，防止干部带病提拔。四是不断总结梳理工作过程中发现的苗头性、倾向性问题，排查风险隐患，建立健全运行管理制度机制，扎紧制度的笼子，把问题和隐患消灭在萌芽状态。五是拓宽监督渠道。认真落实党务公开制度，设立举报信箱、开通举报电话，形成“人人可监督”“人人可举报”的监督模式，把权力运行置于广大群众的监督之下，杜绝暗箱操作。

（3）党员干部廉洁从业管理。一是先后印发了山东干线公司《党风廉政建设工作制度》《党风廉政专项述职实施办法》《干部廉政谈话实施办法》《党风廉政教育制度》等一系列制度规定文件，为党风廉政建设责任制的有效落实提供了有力的制度保障。二是加强廉政教育培训，坚持把纪律和规矩挺在前面，把党风廉政法规、制度学习纳入党委中心组学习内容，研究制定了《2017年度山东干线公司廉政警示教育计划》，各支部每月组织一次集中学习，每季度组织观看一次警示教育片；相继组织开展了2期纪检委员专题培训、《中国共产党党内监督条例》《关于新形势下党内政治生活的若干准则》学习测试等；利用公司网站、微信公号、手机APP等新兴媒体对广大党员开展纪律规矩教育；设立党风廉政宣传专栏，及时传递纪检工作动态，使党员干部“知敬畏、存戒惧、守底线”，强化了纪律规矩意识，增强了守纪律、讲规矩的自觉性。三是深化党员干部《廉政档案》管理，每年开展述责述廉，加强干部廉洁从业的日常监督。四是定期开展纪检干部培训，发挥基层纪检委员作用。加强各党支部纪检委员理论和业务学习教育，明确职责，发挥纪检委员“近距离监督”的优势，对基层党员干部身上的苗头性、倾向性问题早发现、早提醒、早处置，打通全面从严治党的“最后一公里”。

（4）违规违纪调查处理。一是认真梳理公司相关制度，做到执纪依法依规。纪检督查室认真梳理了《纪律处分条例》《党内监督条例》《工程运行管理问题责任追究实施办法》《公司失职渎职行为责任追究办法》《绩效考核管理办法》《人力资源管理办法》等相关执纪依据，确保执纪工作有法可依，有据可循。二是注重执纪质量，规范执纪程序。认真遵守已出台的各项纪律审查规定，进一步明确纪检督查职责定位，形成了组织严密、分工明确、责任到位的工作机制。发现问题线索，纪检督查室及时向纪委报告并提出核查建议，根据批示开展调查初核，重要事项及时汇报请示，核查结果形成书面报告，经公司纪委研究后按照管理权限提出初步处理建议，党委研究确定处理意见。三是对核查形成的调查材料、笔录、处罚依据、处理意见、落实情况等认真归档并及时将处理结果上报相关部门备案。

（5）监督执纪“四种形态”和问责“利器”。公司纪委坚持抓早抓小，紧盯纪律红线，做到以问责促工作，以问责促落实，以问责促规范。一是根据山东省南水北调局《问责办法》制定了公司《问责实施细则》，细化规范了问责内容，以问责作为落实责任的保障。二是严肃追责问责，2017年公司纪委对违反工作纪律、履职不当、损坏公司利益等行为的人员及时进行追责问责，充分发挥了问责的威慑作用。三是做好问责后续工作，问责的过程始终贯彻惩戒为标，教育为本的理念，从问责程序的到位，问责程度的把握，对被问责人员的事后关心等环节上高度重视、认真对待，以达到问责一人（事），教育一片的效果，党员干部知责、履责、尽责的自觉性和主动性进一步提高。

（张慧清　郑　浩　庞　飞）

南水北调中线水源有限责任公司

组织机构

南水北调中线水源有限责任公司（以下简称中线水源公司）于2004年8月由水利部组建。公司作为南水北调中线水源工程建设的项目法人，在国务院南水北调办的领导和监督下，负责南水北调中线水源工程的建设运行管理工作。

公司内设综合部、工程部、计划部、财务部、环境与移民部5个部门和陶岔分公司。

（杨　硕）

人事管理

（一）人事任免

2017年1月，《长江水利委员会关于王新才、吴志广职务任免的通知》（长任〔2017〕77号），任命王新才同志为南水北调中线水源有限责任公司总经理（试用期一年）；免去吴志广同志南水北调中线水源有限责任公司总经理职务。

2017年2月，《长江水利委员会关于生晓高任职的通知》（长任〔2017〕80号），任命生晓高同志为南水北调中线水源有限责任公司副总经理（副局级，试用期一年）。《中共长江委党组关于生晓高同志任职的通知》（长党〔2017〕7号），任命生晓高同志为南水北调中线水源有限责任公司临时党委委员。

2017年4月，《中共长江委党组关于王新才、吴志广二位同志职务任免的通知》（长党〔2017〕34号），任命王新才同志为中共南水北调中线水源有限责任公司临时委员会副书记；免去吴志广同志的中共南水北调中线水源有限责任公司临时委员会副书记职务。

2017年4月，《中共长江委党组关于崔爱军等同志任职的通知》（长党〔2017〕28号），任命张安锦同志为中共南水北调中线水源有限责任公司纪律检查委员会副书记（正处级）。

2017年5月，《长江水利委员会关于调整中线水源公司董事会组成人员的批复》（长人劳〔2017〕236号），王新才任南水北调中线水源有限责任公司董事，免去吴志广的南水北调中线水源有限责任公司董事职务。

（二）人才队伍建设

2017年，中线水源公司适应转型发展需要，把干部培训工作纳入重要日程，拟定了年度培训计划，精心组织和实施好各类培训，鼓励和支持员工参加各类培训教育，全年参加上级举办的各类培训达86人次，集中举办了一期中层干部培训班，12名处级干部全部参加，各级各类人员培训学时均达标。选派1名优秀年轻干部参加了援藏工作。

（杨　硕）

党建与精神文明建设

（1）学习贯彻党的十九大精神和习近平系列重要讲话精神。中线水源公司党委坚持把学习贯彻习近平总书记系列重要讲话精神、党的十九大精神作为首要的政治任务，以中心组学习、专题党课、座谈会等多种形式，引导广大党员干部不断增强“四个意识”，坚定“四个自信”，在思想上政治上行动上同以习近平同志为核心的党中央保持高度一致。组织全体党员集中收看了党的十九大开幕式，精心策划了“学习十九大”主题宣传活动，开设了宣传橱窗、网站专栏，组织广大党员认真学习了习近平新时代中国特色社会主义思想，切实在学懂弄通做实上下工夫。

（2）党委理论中心组学习。坚持中心组学习制度，制订党委中心组学习计划，全年组织中心组学习8次，班子成员讲授专题党课8次，进一步提高了党员干部理论素养和党性修养。坚持理论联系实际，把学习十九大精神，同研究解决中线水源工程运行管理的突出问题、公司党建工作面临的紧迫问题相结合，围绕公司发展定位、工程运行、库区管理、巡察整改等内容深入学习研讨，不断凝聚发展共识，理清改革思路。

（3）“两学一做”学习教育活动。把推进“两学一做”学习教育常态化制度化作为重要任务，制定工作方案和工作安排，组织观看了“习近平新时代中国特色社会主义思想的精神实质和丰富内涵”等讲座视频。以“支部主题党日”作为学习教育主要载体，规范“六个规定动作”，领导班子成员率先示范，在所在党支部联系点讲党课，班子成员全年参加支部主题党日活动和专题组织生活会63人次。

（4）组织建设。召开领导干部民主生活会，班子成员深入对照检查，开展党性分析，统一思想、凝聚共识。以创建“红旗党支部”为抓手，配发《三会一课实用手册》《开好民主生活会搞好民主评议党员》《最新党支部书记及委员工作规程方法与案例》等书籍，督促党支部结合公司管理需要和实际情况，规范开展党内活动。

（5）党员教育管理。坚持“三会一课”制度，在党员干部中广泛开展理想信念、党的路线方针政策、形势任务等内容的教育，组织开展了庆祝建党96周年系列活动。把党员教育和组织管理结合起来，分批组织党员赴洪湖教育基地开展革命传统教育，参观考察了兴隆水利枢纽和南水北调引江济汉工程。关心退休党员生活，定期向退休党员寄送学习资料，通过微信群及时传达党支部学习动态。

（6）巡察问题整改。2017年8月21日～9月22日，长江委党组第一巡察组对公司临时党委进行巡察。巡察组反馈意见后，公司党委立即部署整改工作，对照巡察反馈意见逐条认真梳理，形成《巡察整改措施及责任清单》，提出了58条整改措施。建立巡察整改措施台账，实行销号制度，截至2017年底，整改到位32项，完成率55%，并上报了阶段性整改落实情况。

（7）工会工作。工会坚持以维护职工合法权益、维护企业和谐发展为主线，加强职代会建设和职工民主管理，开展了远足竞速、职工手机摄影比赛、读书有奖征文、职工观影、迎春趣味运动会等系列文体活动，开展高温期、汛期慰问一线职工活动。公司工程部被全国总工会授予“十二五”时期南水北调工程建设“全国工人先锋号”荣誉称号。

（班静东）

党风廉政建设

（1）主体责任。中线水源公司临时党委切实履行全面从严治党的政治责任，坚持把管党治党与南水北调中线水源工程建设和运行管理中心工作同研究、同部署、同检查、同考核。年初有计划，组织召开了2017年党风廉政建设工作会；工作有安排，制定下发了2017年党风廉政建设和反腐败工作要点；任务有分解，开展了党风廉政建设主体责任清单和监督责任清单管理工作，层层签订了党风廉政建设责任书和承诺书；年中有检查，召开了党风廉政建设座谈会、党风廉政建设推进会，检查、梳理2017年度党风廉政建设工作开展情况；年底有考核，通过中层干部党风廉政建设责任制考核、民主评议等形式，对党风廉政建设情况进行检查考核，以考督责，确保一岗双责的贯彻执行。

（2）监督责任。纪检监察部门聚焦主业主责，在监督执纪问责上下工夫。深入开展廉政风险防控工作，下发了《关于深化廉政风险防控有关工作的通知》，对廉政风险点和防控措施进行了完善，对《廉政风险防控手册》进行修订。坚持抓早抓小，深化应用监督执纪的四种形态，制定了《把握运用监督执纪四种形态、强化抓早抓小工作指导意见》，对福利、津补贴发放等易发多发问题，通过及早提醒和警示，将违纪消灭在萌芽状态。建立了容错纠错工作机制，出台了《管理人员容错纠错实施办法》，明确了容错纠错工作应遵循的原则和范围，容错认定的程序，健全纠错改正机制，完善澄清保护机制，调动了管理人员干事创业的积极性。开展了违规公款购买消费高档白酒问题集中排查整治、贯彻落实中央八项规定精神专项检查整改情况“回头看”等专项检查工作，防止“四风”问题反弹。开展了中层领导干部集体谈话。

（3）贯彻落实中央八项规定精神。坚持抓常抓细，狠抓关键环节、紧盯重要节点。通过《廉政风险防控手册》的梳理，对计划、财务、工程管理等重要岗位及招投标环节的风险，通过严密的制度予以控制。对中国传统节日，通过召开节前廉政教育会、下发专门文件等形式，对元旦、春节、清明、五一、端午、中秋、国庆等节日期间的廉政工作提出要求。建立了纪委节假日值班制度，公布了监督电话，加强了对公车使用等的监督检查，及时上报重要节假日监督检查情况报告表，没有发现违反八项规定精神的行为，也没有收到职工违纪的举报。

（4）廉政教育。坚持常规宣传教育和党风廉政建设宣传教育月活动专题教育相结合，加强党性党风党纪教育，夯实勤政廉政思想基础。组织开展形式多样的宣传教育活动，组织员工收看了《打铁还需自身硬》；开展了《中国共产党党内监督条例》《关于新形势下党内政治生活的若干准则》专题宣传活动；组织开展了以“贯彻六中全会精神　推进全面从严治党”为主题的党风廉政宣传教育月活动，收看了警示教育片、召开了专题党员干部组织生活会、发放了《追问》等廉政书籍，在公司内网刊发宣教材料 28 篇。

（5）纪检监察干部队伍建设。加强纪检监察人员的培训，组织纪检委员、纪检监察人员学习了《中国共产党纪律检查机关监督执纪工作规则》（试行），选派纪检监察人员参加了水利部纪检组和委纪检组组织的培训工作。组织支部书记、纪检委员、纪检监察人员学习了党的十九大精神，传达了流域机构纪检组长座谈会精神，开展了《正确把握和自觉践行四种形态》《学习贯彻〈中国共产党问责条例〉》专题培训。

（班静东）

CHINA SOUTH-TO-NORTH WATER DIVERSION PROJECT CONSTRUCTION YEARBOOK

拾叁 统计资料

THE STATISTICAL INFORMATION

基建投资统计

概　述

截至2017年底，国家累计安排南水北调办负责投资计划管理的南水北调主体工程建设项目投资计划2639.5亿元，按投资来源分：中央预算内投资254.2亿元，中央预算内专项资金（国债）106.5亿元，南水北调工程基金200.4亿元，国家重大水利工程建设基金1602.5亿元，银行贷款475.9亿元，见图1。

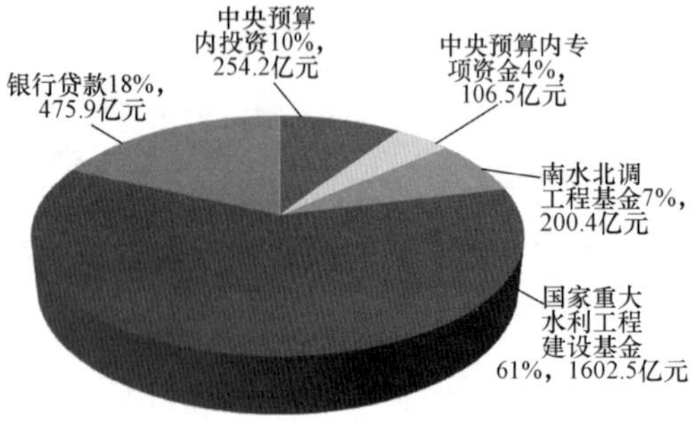

图1　累计安排投资计划

其中，国务院南水北调办累计下达投资计划2632.6亿元（工程建设投资计划2458.3亿元，初步设计工作投资计划14.2亿元，文物保护工作投资计划10.9亿元，待运行期管理维护费10.9亿元，特殊预备费计划0.5亿元，中线一期工程安全风险评估费0.8亿元，丹江口大坝加高施工期电量损失补偿1亿元，过渡性资金融资费用136亿元）。水利部累计下达6.9亿元，全部为前期工作投资。

截至2017年底，累计完成投资2590.7亿元，占在建设计单元工程总投资2641.3亿元的98%，其中东、中线一期工程分别累计完成投资329.4亿元和2154.3亿元，分别占东、中线在建设计单元工程总投资的98.4%和99.3%；过渡性资金融资费用105.8亿元，其他1.2亿元。

各年完成情况是：2003年完成投资7.7亿元，2004年完成投资12.6亿元，2005年完成投资18.3亿元，2006年完成投资80.5亿元，2007年完成投资71.3亿元，2008年完成投资51.1亿元，2009年完成投资147.9亿元，2010年完成投资408.3亿元，2011年完成投资578亿元，2012年完成投资652.9亿元，2013年完成404.9亿元，2014年完成109.2亿元，2015年完成43.5亿元，2016年完成4.7亿元，2017年完成17.8亿元，见图2。

2003～2017年各年度完成投资之和为2608.7亿元，较截至2017年底累计完成投资多18亿元。主要原因是各年度完成投资中包含里下河水源补偿工程地方分摊投资约4亿

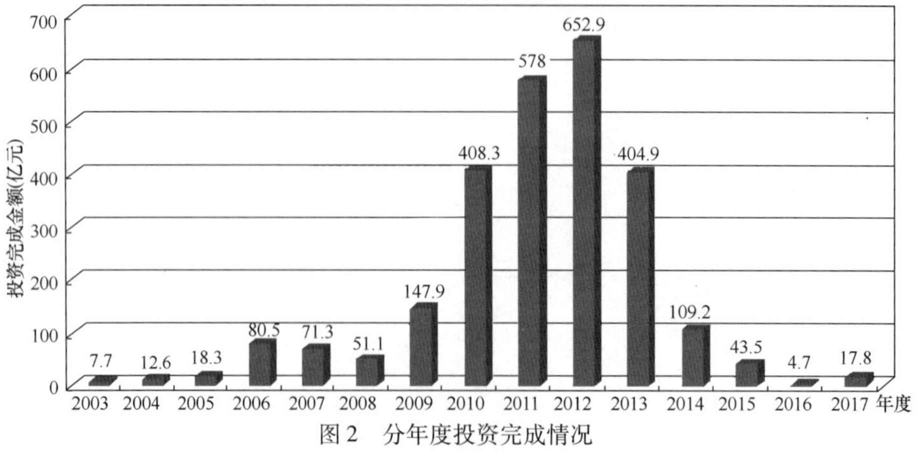

图2　分年度投资完成情况

元、陶岔渠首枢纽工程电站投资约3亿元、2015年5~9月过渡性资金融资费用约12亿元、不包含山东段安全防护体系投资约1亿元。截至2017年底，累计完成投资中不包含里下河水源补偿工程地方分摊投资、陶岔渠首枢纽工程电站投资、2015年5~9月过渡性资金融资费用共计19亿元（此三项投资不属于国务院南水北调办负责管理的投资规模2814亿元范围内），包含山东段安全防护体系投资约1亿元（此项目投资2015年以前已经完成，但未计入完成投资）。

2017年，国家安排南水北调主体工程建设项目投资计划19.8亿元，包含南水北调工程基金3.9亿元，国家重大水利工程建设基金15.9亿元。其中，安排工程建设投资计划18.6亿元（用于中线干线河南段工程征迁新增投资5.5亿元、用于中线干线防洪防护应急项目4.9亿元、用于中线工程2014年度价差4.2亿元、用于丹江口库区库底清理项目1.9亿元、用于东线山东段安全防护系统项目1.3亿元、用于重大设计变更0.7亿元、用于南四湖水资源监测工程尾工建设0.02亿元），安排丹江口水库施工期电量损失费用1亿元，安排中线安全风险评估费0.2亿元。

2017年完成投资17.8亿元。其中，东线一期工程完成2.3亿元，中线一期主体工程完成14.8亿元，库区移民安置工程完成0.3亿元，设管中心工作投资完成0.4亿元，见图3。

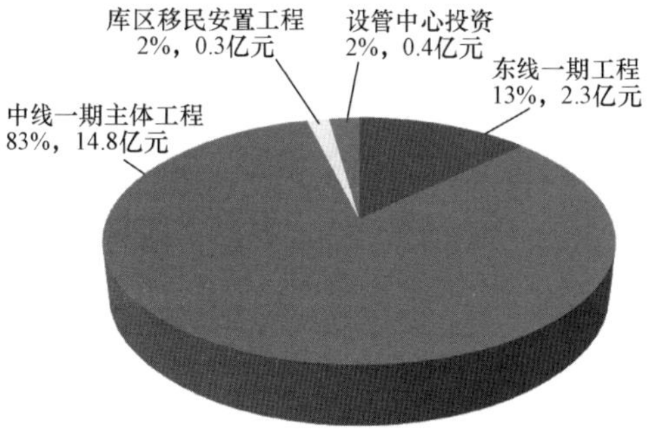

图3 2017年投资计划完成情况

（王 熙）

东线一期工程建设进展情况

根据各项目法人单位报送的2017年建设投资统计年报，截至2017年底，南水北调东线一期在建各设计单元工程建设进展情况如下：

（一）三阳河潼河宝应站工程

三阳河潼河宝应站工程于2002年12月开工建设，是南水北调首个开工工程。工程总投资97 922万元，累计完成投资97 922万元。完成土方挖填2713万 m^3，石方5.95万 m^3，混凝土浇筑13.4万 m^3，金属结构237t。已通过完工验收并移交运管单位。

（二）长江—骆马湖段2003年度工程

1. 江都站改造工程

工程总投资30 302万元，累计完成投资30 302万元。完成土方64.46万 m^3，石方1.76万 m^3，混凝土2.56万 m^3，金属结构1000t，机电设备17台（套）。已通过完工验收并移交运管单位。

2. 淮阴三站工程

工程总投资29 145万元，累计完成投资29 145万元。完成土方247万 m^3，石方4.51万 m^3，混凝土2.53万 m^3，金属结构307t，机电设备17台（套）。已通过完工验收并移交运管单位。

3. 淮安四站工程

工程总投资18 476万元，累计完成投资18 476万元。完成土方153.8万 m^3，石方2.35万 m^3，混凝土2.53万 m^3，金属结构460t，机电设备4台（套）。已通过完工验收并移交运管单位。

4. 淮安四站输水河道工程

工程总投资31 898万元，累计完成投资31 898万元。完成土方412.51万 m^3，石方1.31万 m^3，混凝土2.42万 m^3，金属结构339.2t，机电设备21台（套）。已通过完工验收。

（三）骆马湖—南四湖段工程

1. 刘山泵站工程

工程总投资为29 576万元，累计完成投资29 576万元。完成土方196万 m^3，石方3.65万 m^3，混凝土4.69万 m^3，金属结构660t，机电设备5台（套）。已通过完工验收并移交运管单位。

2. 解台泵站工程

工程总投资为23 242万元，累计完成投资23 242万元。完成土方110.9万 m^3，石方6.17万 m^3，混凝土3.88万 m^3，金属结构460t，机电设备5台（套）。已通过完工验收并移交运管单位。

3. 蔺家坝泵站工程

工程总投资为25 700万元，累计完成投资25 700万元。完成土方121.99万 m^3，石方0.4万 m^3，混凝土3.49万 m^3，金属结构457.04t，机电设备4台（套）。已移交运管单位。

（四）长江—骆马湖段其他工程

1. 高水河整治工程

工程总投资15 996万元，累计完成投资15 996万元。完成土方135万 m^3，石方40万 m^3，混凝土0.86万 m^3。

2. 淮安二站改造工程

工程总投资5464万元，累计完成投资5464万元。完成土方3.52万 m^3，石方0.52万 m^3，混凝土0.11万 m^3，金属结构67t，机电设备2台（套）。已通过完工验收并移交运管单位。

3. 泗阳站改建工程

工程总投资33 447万元，累计完成投资33 447万元。完成土方128.51万 m^3，石方3.88万 m^3，混凝土浇筑3.89万 m^3，金属结构292t，机电设备6台(套)。已移交运管单位。

4. 刘老涧二站工程

工程总投资22 923万元，累计完成投资22 923万元。完成土方80.27万 m^3，石方2.8万 m^3，混凝土浇筑3.04万 m^3，金属结构285t，机电设备4台（套）。已通过完工验收并移交运管单位。

5. 皂河二站工程

工程总投资29 268万元，累计完成投资29 268万元。完成土方172.71万 m^3，石方1.22万 m^3，混凝土4.38万 m^3，金属结构359.8t，机电设备3台（套）。已移交运管单位。

6. 皂河一站更新改造工程

工程总投资13 248万元，累计完成投资13 248万元。完成土方30.33万 m^3，石方0.46万 m^3，混凝土3.23万 m^3，金属结构130t，机电设备2台（套）。已通过完工验收并移交运管单位。

7. 泗洪站枢纽工程

工程总投资59 784万元，累计完成投资59 784万元。完成土方558.8万 m^3，石方7.31万 m^3，混凝土浇筑14.07万 m^3，金属结构1560t，机电设备5台（套）。已移交运管单位。

8. 金湖站工程

工程总投资39 954万元，累计完成投资39 954万元。完成土方176万 m^3，石方5.31万 m^3，混凝土4.5万 m^3，金属结构885t，机电设备5台（套）。已移交运管单位。

9. 洪泽站工程

工程总投资51 817万元，累计完成投资51 817万元。完成土方540.22万 m^3，石方0.64万 m^3，混凝土11万 m^3，机电设备5台（套）。已移交运管单位。

10. 邳州站工程

工程总投资33 138万元，累计完成投资33 138万元。完成土方103.72万 m^3，石方2.18万 m^3，混凝土5.15万 m^3，金属结构489.7t，机电设备4台（套）。已移交运管单位。

11. 睢宁二站工程

工程总投资25 518万元，累计完成投资25 518万元。完成土方115.5万 m^3，石方

1.51 万 m^3，混凝土 5.18 万 m^3，金属结构 118.9t，机电设备 4 台（套）。已移交运管单位。

12. 金宝航道工程

工程总投资 102 722 万元，累计完成投资 102 722 万元。完成土方 859.4 万 m^3，石方 0.53 万 m^3，混凝土 12.35 万 m^3，金属结构 378.4t，机电设备 30 台(套)。已移交运管单位。

13. 里下河水源调整工程

工程总投资 182 118 万元（不含地方分摊投资），累计完成投资 182 118 万元。完成土方 2958.98 万 m^3，石方 11.63 万 m^3，混凝土 17.34 万 m^3，金属结构 5421t，机电设备 123 台（套）。工程建设已全部完成。

14. 骆马湖以南中运河影响处理工程

工程总投资 12 527 万元，累计完成投资 12 527 万元。完成土方 38.75 万 m^3，石方 0.55 万 m^3，混凝土 1.45 万 m^3，金属结构 655.7t。已移交运管单位。

15. 沿运闸洞漏水处理工程

工程总投资 12 252 万元，累计完成投资 12 252 万元。完成土方 79.5 万 m^3，石方 4 万 m^3，混凝土 1.7 万 m^3，金属结构 433.67t，机电设备 225 台（套）。

16. 徐洪河影响处理工程

工程总投资 27 609 万元，累计完成投资 27 609 万元。完成土方 150.4 万 m^3，石方 4.88 万 m^3，混凝土 11.72 万 m^3，金属结构 20t，机电设备 5 台（套）。

17. 洪泽湖抬高蓄水位影响处理工程江苏省境内工程

工程总投资 26 003 万元，累计完成投资 26 003 万元。完成土方 163.44 万 m^3，石方 1.42 万 m^3，混凝土 12.87 万 m^3，金属结构 333.34t，机电设备 65 台（套）。已通过完工验收并移交运管单位。

18. 洪泽湖抬高蓄水位影响处理工程安徽省境内工程

工程总投资 37 493 万元，累计完成投资 37 089 万元，批复建设内容已完成。累计完成土石方 542.6 万 m^3，混凝土 6.37 万 m^3。

（五）江苏段专项工程

1. 江苏省文物保护工程

工程总投资 3362 万元，已完成全部投资并发挥作用。

2. 血吸虫北移防护工程

工程总投资 4643 万元，累计完成投资 4643 万元。累计完成土石方 1.36 万 m^3，混凝土 4.54 万 m^3。工程已全部建成。

3. 江苏段调度运行管理系统工程

工程总投资 58 221 万元，2017 年完成投资 4000 万元，累计完成投资 35 193 万元。

4. 江苏段管理设施专项工程

工程总投资 44 505 万元，2017 年完成投资 1800 万元，累计完成投资 43 541 万元。

5. 江苏段试通水费用和试运行费用

江苏段试通水费用 4010 万元，含苏鲁省际段试通水费用 40 万元；江苏段试运行费用 3872 万元，含苏鲁省际段试运行费用 42 万元。两个项目总投资 7882 万元。累计完成投资 7882 万元。

（六）南四湖水资源控制、水质监测和骆马湖水资源控制工程

1. 二级坝泵站工程

工程总投资 31 962 万元，累计完成投资 32 846 万元。累计完成土石方 234 万 m^3，混凝土浇筑 4.97 万 m^3。已全部建成并发挥效益。

2. 姚楼河闸工程

工程总投资 2412 万元，由江苏省和山东省共同完成。累计完成投资 2532 万元。累计完成土方 8.5 万 m^3，石方 0.1 万 m^3，混凝土 0.33 万 m^3，金属结构 34t，机电设备 6 台（套）。已全部完工并移交管理单位。

3. 杨官屯河闸工程

工程总投资 5814 万元，由江苏省和山东省共同完成。累计完成投资 6038 万元。累计完成土方 5.3 万 m^3，石方 0.2 万 m^3，混凝土

1.24 万 m^3，金属结构 111t，机电设备 4 台（套）。已全部完工并移交管理单位。

4. 大沙河闸工程

工程总投资 11 720 万元，由江苏省和山东省共同完成。累计完成投资 11 698 万元。累计完成土方 46 万 m^3，石方 1 万 m^3，混凝土 2.4 万 m^3，金属结构 396t，机电设备 11 台（套）。已全部完工并移交管理单位。

5. 潘庄引河闸工程

工程总投资 1497 万元，累计完成投资 1360 万元。潘庄引河闸工程已建设完成并发挥效益。

6. 南四湖水资源监测工程

工程总投资 6427 万元，由江苏省和山东省共同完成。2017 年完成投资 2130 万元，累计完成投资 4134 万元。

7. 骆马湖水资源控制工程

工程总投资 3081 万元，累计完成投资 3081 万元。累计完成土方 15.53 万 m^3，石方 0.88 万 m^3，金属结构 82.5t，机电设备 4 台（套）。已建成并移交管理单位。

（七）南四湖下级湖抬高蓄水位影响处理工程

工程总投资 63 749 万元，由江苏省和山东省共同完成。累计完成投资 63 749 万元。

（八）东线其他专项工程

1. 苏鲁省际工程管理设施专项工程

工程总投资 3793 万元，累计完成投资 3510 万元。2017 年完成投资 1373 万元。

2. 苏鲁省际工程调度运行管理系统工程

工程总投资 14 461 万元，累计完成投资 10 153 万元。2017 年完成投资 2016 万元。

3. 东线公司开办费

工程总投资 4325 万元，累计完成投资 3573 万元。2017 年完成投资 183 万元。

（九）东平湖蓄水影响处理工程

工程总投资 49 488 万元，累计完成投资 49 488 万元。累计完成土方 101.49 万 m^3，混凝土 0.23 万 m^3。围堤防渗加固工程完成全部 2670m 的湖堤截渗墙；济平干渠湖内引渠清淤工程完成清淤 76 万 m^3。

（十）济平干渠工程

工程总投资 150 241 万元，累计完成投资 150 241 万元，已通过完工验收。累计完成土石方开挖 1221.83 万 m^3，土方填筑 725.46 万 m^3，钢筋制作安装 19 094t；混凝土及钢筋混凝土浇筑 53.32 万 m^3，机电设备安装 581 台套，完成金属结构安装 605.43t。

（十一）韩庄运河段工程

1. 台儿庄泵站工程

工程总投资 26 611 万元，累计完成投资 26 874 万元，累计完成土方 128.6 万 m^3，石方 0.11 万 m^3，混凝土 5.37 万 m^3，金属结构 804t。

2. 韩庄运河段水资源控制工程

工程总投资 2268 万元，累计完成投资 2268 万元，累计完成土方 4.28 万 m^3，混凝土 0.21 万 m^3。

3. 万年闸泵站工程

工程总投资 26 259 万元，累计完成投资 27 190 万元，累计完成土方 168.5 万 m^3，石方 5.1 万 m^3，混凝土 5.06 万 m^3，金属结构 1228.14t。

4. 韩庄泵站工程

工程总投资 30 357 万元，累计完成投资 30 905 万元。累计完成土方 152 万 m^3，石方 4.66 万 m^3，混凝土 3.79 万 m^3。

（十二）南四湖—东平湖段工程

1. 长沟泵站工程

工程总投资 30 091 万元，累计完成投资 30 238 万元。累计完成土石方 156.68 万 m^3，混凝土 7.54 万 m^3。

2. 邓楼泵站工程

工程总投资 27 730 万元，累计完成投资 28 685 万元。累计完成土石方 131.31 万 m^3，混凝土 5.74 万 m^3。

3. 八里湾泵站工程

工程总投资 28 683 万元，累计完成投资28 683万元。累计完成土石方开挖35.73万m^3，土石方回填50.47万m^3，混凝土4.94万m^3。

4. 柳长河段工程

工程总投资52 499万元（不含地方分摊投资），累计完成投资52 449万元。累计完成土石方690.43万m^3，混凝土10.29万m^3。

5. 梁济运河段工程

工程总投资79 445万元（不含地方分摊投资），累计完成投资79 445万元。累计完成土方767.3万m^3，混凝土25.45万m^3。

6. 南四湖湖内疏浚工程

工程总投资23 348万元，累计完成投资24 132万元。累计完成土方281万m^3。

7. 两湖段引黄灌区影响处理工程

工程总投资18 696万元，累计完成投资19 974万元。累计完成土石方215.39万m^3，混凝土5.37万m^3。

（十三）济南—引黄济青段工程

1. 济南市区段工程

工程总投资305 319万元，累计完成投资312 192万元。累计完成土石方700.59万m^3，混凝土浇筑89.49万m^3。

2. 明渠段工程

工程总投资271 371万元，累计完成投资271 463万元。累计完成土石方1872.5万m^3，混凝土56.56万m^3。

3. 东湖水库工程

工程总投资102 099万元，累计完成投资102 099万元。累计完成土石方1574.11万m^3，混凝土15.16万m^3。

4. 双王城水库工程

工程总投资86 804万元，累计完成投资86 804万元。累计完成土石方989.8万m^3，混凝土19.43万m^3。

5. 陈庄输水线路工程

工程总投资33 103万元，累计完成投资33 011万元。累计完成土石方241.71万m^3，混凝土8.01万m^3。

（十四）东线穿黄河工程

工程总投资70 245万元，累计完成投资70 245万元。累计完成土石方709.02万m^3，混凝土22.07万m^3。

（十五）鲁北段工程

1. 小运河段工程

工程总投资262 601万元，累计完成投资262 601万元。累计完成土方开挖1366.62万m^3，土方回填536.18万m^3，混凝土52.3万m^3。

2. 七一·六五河工程

工程总投资66 672万元，累计完成投资66 672万元。累计完成土方582.82万m^3，混凝土7.18万m^3。

3. 鲁北灌区影响处理工程

工程总投资35 008万元，累计完成投资35 008万元。累计完成土石方573万m^3，混凝土2.89万m^3。

4. 大屯水库工程

工程总投资130 829万元，累计完成投资130 829万元。累计完成土方2436.03万m^3，混凝土8.72万m^3。

（十六）山东段专项工程

1. 山东段调度运行管理系统工程

工程总投资81 736万元，累计完成投资69 291万元。2017年完成投资3176万元。

2. 山东省文物专项工程

工程总投资6776万元，累计完成投资6776万元，建设任务全部完成。共保护地下文物62处，地面文物5处。

3. 山东段管理设施专项工程

工程总投资为57 521万元，2017年完成投资9000万元，累计完成投资36 200万元。

4. 山东段试通水费用和运行费用

山东段试通水费用2887万元，含苏鲁省际段试通水费用40万元。山东段试运行费用

2164 万元，含苏鲁省际段试运行费用 43 万元。两个项目共计 5051 万元。累计完成投资 5051 万元。

（王 熙）

中线一期工程建设进展情况

根据各项目法人单位报送的 2017 年建设投资统计年报，截至 2017 年底，南水北调中线一期在建各设计单元工程建设进展情况如下：

（一）京石段应急供水工程

京石段应急供水工程共 22 个设计单元工程，包括新增的滹沱河等 7 条河流防护影响处理工程、北拒马河暗渠穿河段防护加固工程及 PCCP 管道大石河段防护加固工程、中线干线工程调度中心土建项目。京石段应急供水工程总投资 2 301 180 万元，累计完成投资2 255 755万元，2017 年完成投资 75 400 万元。已全部完工。累计完成土方 17 000 万 m^3，石方 2535 万 m^3，混凝土 504.61 万 m^3，金属结构 7046t，机电设备612 台（套）。

（二）漳河北至古运河南段工程

1. 磁县段工程

工程总投资 383 435 万元，累计完成投资 381 106 万元。累计完成土方 2822 万 m^3，石方 104 万 m^3，混凝土 59.40 万 m^3，金属结构 387t，钢筋 19 595t，机电设备 152 台（套）。已全部完工。

2. 邯郸市—邯郸县段工程

工程总投资 228 358 万元，累计完成投资 231 076 万元。累计完成土方 1733 万 m^3，石方 15 万 m^3，混凝土 35.37 万 m^3，金属结构 260t，钢筋 15 644t，机电设备 152 台（套）。已全部完工。

3. 永年县段工程

工程总投资 151 888 万元，累计完成投资 149 127 万元。累计完成土方 1039 万 m^3，石方 325 万 m^3，混凝土 18.49 万 m^3，钢筋 4490t。已全部完工。

4. 洺河渡槽工程

工程总投资 38 003 万元，累计完成投资 36 038 万元。累计完成土方 98 万 m^3，石方 8 万 m^3，混凝土 9.8 万 m^3，金属结构 182t，钢筋 8283t，机电设备 30 台（套）。已全部完工。

5. 沙河市段工程

工程总投资 192 372 万元，累计完成投资 191 590 万元。累计完成土方 1863 万 m^3，石方 101 万 m^3，混凝土 30.74 万 m^3，钢筋 3769t。已全部完工。

6. 南沙河倒虹吸工程

工程总投资 100 735 万元，累计完成投资 101 995 万元。累计完成土方 763 万 m^3，石方 17 万 m^3，混凝土 31.67 万 m^3，金属结构 362t，钢筋 11 985t。已全部完工。

7. 邢台市段工程

工程总投资 192 903 万元，累计完成投资 193 328 万元。累计完成土方 1607 万 m^3，石方 128 万 m^3，混凝土 31.95 万 m^3，金属结构 273t，钢筋 9768t，机电设备 100 台（套）。已全部完工。

8. 邢台县和内邱县段工程

工程总投资 286 763 万元，累计完成投资 283 804 万元。累计完成土方 1873 万 m^3，石方 280 万 m^3，混凝土 56.65 万 m^3，金属结构 614t，钢筋 22 300t，机电设备 89 台（套）。已全部完工。

9. 临城县段工程

工程总投资 238 108 万元，累计完成投资 239 429 万元。累计完成土方 1646 万 m^3，石方 475 万 m^3，混凝土 43.22 万 m^3，金属结构 169t，钢筋 12 768t，机电设备 97 台（套）。已全部完工。

10. 高邑县—元氏县段工程

工程总投资 314 823 万元，累计完成投资 312 948 万元。累计完成土方 2115 万 m^3，石方 158 万 m^3，混凝土 67.76 万 m^3，金属结构

1231t，钢筋 27 493t，机电设备 135 台（套）。已全部完工。

11. 鹿泉市段工程

工程总投资 127 834 万元，累计完成投资 126 825 万元。累计完成土方 783 万 m^3，石方 3 万 m^3，混凝土 28.56 万 m^3，金属结构 903t，钢筋 11 399t，机电设备 35 台（套）。已全部完工。

12. 石家庄市区段工程

工程总投资 199 974 万元累计完成投资 207 367 万元。累计完成土方 1503 万 m^3，石方 1 万 m^3，混凝土 33.30 万 m^3，金属结构 319t，钢筋 15 237t。已全部完工。

13. 电力设施专项迁建工程

工程总投资 34 979 万元，累计完成投资 34 979 万元。已全部完工。

14. 邯邢段压矿及有形资产补偿

工程总投资 27 602 万元，累计完成投资 27 602 万元。已全部完工。

15. 漳河北—古运河南段征迁新增投资

工程总投资 32 920 万元，累计完成投资 0 万元。

（三）穿漳河工程

工程总投资 44 434 万元，累计完成投资 42 477 万元。累计完成土方 180 万 m^3，混凝土 10.56 万 m^3，金属机构 602t，钢筋 9628t，机电设备 32 台（套）。已全部完工。

（四）黄河北—漳河南段工程

1. 温博段工程

工程总投资 185 602 万元，累计完成投资 184 667 万元。累计完成土方 1482 万 m^3，石方 8 万 m^3，混凝土 47.15 万 m^3，金属结构 699t，钢筋 21 156t，机电设备 90 台（套）。已全部完成。

2. 沁河渠道倒虹吸工程

工程总投资 41 206 万元，累计完成投资 40 612 万元。累计完成土方 561 万 m^3，石方 3 万 m^3，混凝土 11.9 万 m^3，金属结构 289t，钢筋 9014t，机电设备 17 台（套）。

3. 焦作 1 段工程

工程总投资 265 981 万元，累计完成投资 312 794 万元。累计完成土方 1147 万 m^3，混凝土 75.7 万 m^3，金属结构 1376t，钢筋 52 499t，机电设备 132 台（套）。已全部完成。

4. 焦作 2 段工程

工程总投资 425 171 万元，累计完成投资 423 463万元。累计完成土方 3594 万 m^3，石方 1172 万 m^3，混凝土 67.66 万 m^3，钢筋 36 293t。已全部完成。

5. 辉县段工程

工程总投资 503 501 万元，累计完成投资 497 778 万元，2017 年完成投资 20 000 万元。累计完成土方 4531 万 m^3，石方 237 万 m^3，混凝土 108.44 万 m^3，金属结构 3166t，钢筋 52 848t，机电设备 141 台（套）。已全部完工。

6. 石门河倒虹吸工程

工程总投资 31 018 万元，累计完成投资 29 900 万元。累计完成土方 239 万 m^3，混凝土 12.49 万 m^3，金属结构 271t，钢筋 9392t，机电设备 18 台（套）。已全部完工。

7. 新乡和卫辉段

工程总投资 224 197 万元，累计完成投资 217 574 万元，2017 年完成投资 10 000 万元。累计完成土方 1818 万 m^3，石方 259 万 m^3，混凝土 53.93 万 m^3，金属结构 1209t，钢筋 24 302t，机电设备 61 台（套）。已全部完工。

8. 鹤壁段工程

工程总投资 271 146 万元，累计完成投资 283 033 万元。累计完成土方 2198 万 m^3，石方 721 万 m^3，混凝土 59.8 万 m^3，钢筋25 296t，机电设备 91 台（套）。已全部完工。

9. 汤阴段工程

工程总投资 208 238 万元，累计完成投资 203 917 万元。累计完成土方 819 万 m^3，石方 866 万 m^3，混凝土 40.6 万 m^3，金属结构

432t，钢筋 16 827t，机电设备 73 台（套）。已全部完工。

10. 膨胀岩（潞王坟）试验段工程

工程总投资 30 834 万元，累计完成投资 29 977 万元。累计完成土方 152 万 m^3，石方 332 万 m^3，混凝土 3.08 万 m^3，钢筋 644t。已全部完工。

11. 安阳段工程

工程总投资 247 982 万元，累计完成投资 280 223 万元。累计完成土方 2288 万 m^3，石方 865 万 m^3，混凝土 62.28 万 m^3，金属结构 929t，钢筋制安 23 157t。已全部完工。

12. 黄河北—漳河南段征迁新增投资

工程总投资 21 372 万元，累计完成投资 0 万元。

（五）穿黄河工程

工程总投资 359 509 万元（含工程管理专题和征迁新增投资），累计完成投资（含工程管理专题和征迁新增投资）365 568 万元。累计完成土方 2156 万 m^3，石方 22 万 m^3，混凝土 57.54 万 m^3，金属结构 466t，钢筋 50 254t，机电设备 36 台（套）。已全部完工。

（六）沙河南—黄河南段工程

1. 沙河渡槽工程

工程总投资 304 168 万元，累计完成投资 299 321 万元。累计完成土方 461 万 m^3，石方 144 万 m^3，混凝土 126.49 万 m^3，金属结构 68t，钢筋 116 840t，机电设备 29 台（套）。已全部完工。

2. 鲁山北段工程

工程总投资 71 425 万元，累计完成投资 70 577 万元。累计完成土方 320 万 m^3，石方 286 万 m^3，混凝土 14.3 万 m^3，钢筋 7949t，机电设备 9 台（套）。已全部完工。

3. 宝丰—郏县段工程

工程总投资 466 976 万元，累计完成投资 464 736 万元，2017 年完成投资 10 000 万元。累计完成土方 2297 万 m^3，石方 1061 万 m^3，混凝土 96.59 万 m^3，金属结构 2500t，钢筋 49 211t，机电设备 102 台（套）。已全部完工。

4. 北汝河倒虹吸工程

工程总投资 67 316 万元，累计完成投资 66 896 万元。累计完成土方 196 万 m^3，石方 86 万 m^3，混凝土 21.4 万 m^3，金属结构 373t，钢筋 18 661t，机电设备 27 台（套）。已全部完工。

5. 禹州和长葛段工程

工程总投资 563 017 万元，累计完成投资 547 886 万元。累计完成土方 4119 万 m^3，石方 804 万 m^3，混凝土 104.92 万 m^3，金属结构 1420t，钢筋 40 916t，机电设备 241 台（套）。已全部完工。

6. 潮河段工程

工程总投资 540 348 万元，累计完成投资 512 887 万元。累计完成土方 3970 万 m^3，混凝土 77.19 万 m^3，金属结构 639t，钢筋 29 809t，机电设备 19 台（套）。已全部完工。

7. 新郑南段工程

工程总投资 165 983 万元，累计完成投资 163 665 万元。累计完成土方 1184 万 m^3，混凝土 43.96 万 m^3，金属结构 663t，钢筋 22 517t，机电设备 26 台（套）。已全部完工。

8. 双洎河渡槽工程

工程总投资 79 714 万元，累计完成投资 77 331 万元。累计完成土方 350 万 m^3，石方 5 万 m^3，混凝土 30.74 万 m^3，金属结构 689t，钢筋 26 048t，机电设备 40 台（套）。已全部完工。

9. 郑州 2 段工程

工程总投资 383 726 万元，累计完成投资 367 887 万元。累计完成土方 3846 万 m^3，混凝土 63.38 万 m^3，金属结构 1479t，钢筋 32 702t，机电设备 30 台（套）。已全部完工。

10. 郑州 1 段工程

工程总投资 164 038 万元，累计完成投资 159 602 万元。累计完成土方 1171 万 m^3，混凝土 29.88 万 m^3，金属结构 373t，钢筋

17 667t，机电设备 12 台（套）。已全部完工。

11. 荥阳段工程

工程总投资 246 250 万元，累计完成投资 243 695 万元。累计完成土方 2199 万 m^3，混凝土 50.6 万 m^3，金属结构 308t，钢筋34 907 t，机电设备 88 台（套）。已全部完工。

12. 沙河南—黄河南段征迁新增投资

工程总投资 13 778 万元，累计完成投资 0 万元。

（七）陶岔渠首至沙河南段工程

1. 淅川段工程

工程总投资 853 225 万元，累计完成投资 835 805 万元，2017 年完成投资 10 000 万元。累计完成土方 8704 万 m^3，混凝土 137.3 万 m^3，金属结构 700t，钢筋 111 724t，机电设备 67 台（套）。已全部完工。

2. 湍河渡槽工程

工程总投资 48 358 万元，累计完成投资 48 221 万元。累计完成土方 48 万 m^3，混凝土 13.42 万 m^3，钢筋 13 229t，机电设备 18 台（套）。已全部完工。

3. 镇平段工程

工程总投资 382 717 万元，累计完成投资 378 816 万元。累计完成土方 2691 万 m^3，混凝土 68.09 万 m^3，金属结构 1128t，钢筋 38 329t。已全部完工。

4. 南阳市段工程

工程总投资 498 737 万元，累计完成投资 496 212 万元。累计完成土方 3249 万 m^3，混凝土 103.8 万 m^3，钢筋 69 994t。已全部完工。

5. 南阳膨胀土试验段工程

工程总投资 18 856 万元，累计完成投资 18 818 万元。累计完成土方 228 万 m^3，石方 1 万 m^3，混凝土 5.56 万 m^3，钢筋 2075t。已全部完工。

6. 白河倒虹吸工程

工程总投资 54 941 万元，累计完成投资 54 561 万元。累计完成土方 247 万 m^3，石方 4 万 m^3，混凝土 26.63 万 m^3，钢筋 19 858t。已全部完工。

7. 方城段工程

工程总投资 601 742 万元，累计完成投资 595 102 万元。累计完成土方 4855 万 m^3，混凝土 140.72 万 m^3，钢筋 75 052t。已全部完工。

8. 叶县段工程

工程总投资 356 000 万元，累计完成投资 352 832 万元。累计完成土方 3120 万 m^3，石方 3 万 m^3，混凝土 59.99 万 m^3，金属结构 481t，钢筋 34 307t。已全部完工。

9. 澧河渡槽工程

工程总投资 43 001 万元，累计完成投资 43 189 万元。累计完成土方 94 万 m^3，混凝土 12.22 万 m^3，金属结构 434t，钢筋 10 336t，机电设备 17 台（套）。已全部完工。

10. 鲁山南 1 段工程

工程总投资 133 347 万元，累计完成投资 130 867 万元。累计完成土方 824 万 m^3，石方 160 万 m^3，混凝土 24.7 万 m^3，金属结构 173t，钢筋 12 256t，机电设备 17 台（套）。已全部完工。

11. 鲁山南 2 段工程

工程总投资 95 431 万元，累计完成投资 93 449 万元。累计完成土方 553 万 m^3，石方 90 万 m^3，混凝土 21.42 万 m^3，钢筋12 424t，机电设备 30 台（套）。已全部完工。

12. 陶岔渠首—沙河南段征迁新增投资

工程总投资 4941 万元，累计完成投资 0 万元。

（八）天津干线工程

1. 西黑山进口闸—有压箱涵段工程

工程总投资 86 184 万元，累计完成投资 83 042 万元。累计完成土方 757 万 m^3，石方 3 万 m^3，混凝土 38.06 万 m^3，金属结构 295t，钢筋30 346t，机电设备93 台(套)。已全部完工。

2. 保定市 1 段工程

工程总投资 288 331 万元，累计完成投资

269 729 万元，2017 年完成投资 10 000 万元。累计完成土方 1998 万 m^3，混凝土 142.1 万 m^3，金属结构 335t，钢筋 126 426t，机电设备 66 台（套）。已全部完工。

3. 保定市 2 段工程

工程总投资 95 914 万元，累计完成投资 91 409 万元。累计完成土方 721 万 m^3，混凝土 45.78 万 m^3，钢筋 39 970t，机电设备 9 台（套）。已全部完工。

4. 廊坊市段工程

工程总投资 380 371 万元，累计完成投资 376 044 万元。累计完成土方 2878 万 m^3，混凝土 173.39 万 m^3，金属结构 210t，钢筋 148 163t，机电设备 72 台（套）。已全部完工。

5. 天津市 1 段工程

工程总投资 176 515 万元，累计完成投资 171 319 万元。累计完成土方 1196 万 m^3，混凝土 62.21 万 m^3，金属结构 319t，钢筋 54 532t，机电设备 333 台（套）。已全部完工。

6. 天津市 2 段工程

工程总投资 26 426 万元，累计完成投资 26 306 万元。累计完成土方 131 万 m^3，石方 1 万 m^3，混凝土 7.93 万 m^3，金属结构 23t，钢筋 5907t，机电设备 5 台（套）。已全部完工。

7. 天津干线河北段输变电工程迁建

工程总投资 7620 万元，累计完成投资 7620 万元。已全部完工。

（九）中线干线专项工程

1. 中线干线自动化调度与运行管理决策支持系统工程（京石段除外）

工程总投资 149 980 万元，累计完成投资 136 564 万元。

2. 中线干线文物保护专项工程

工程总投资 41 025 万元，累计完成投资 38 567 万元。已全部完成并发挥作用。

3. 中线干线测量控制网（京石段以外）

工程总投资 2400 万元，累计完成投资 3524 万元。

4. 京石段临时通水措施费

工程总投资 9062 万元，累计完成投资 10 315万元。累计完成土石方 51 万 m^3，混凝土 0.092 万 m^3。

5. 待运行期管理维护费

中线干线待运行期维护费累计完成49 663 万元，此项完成投资未分解至设计单元工程中。

（十）特殊预备费项目

1. 中线京石段漕河渡槽防洪防护工程

工程总投资 2723 万元，累计完成投资 1701 万元，累计完成土石方 20 万 m^3，混凝土 0.11 万 m^3。2017 年完成投资 1701 万元，完成土石方 20 万 m^3，混凝土 0.11 万 m^3。

2. 中线邢石段槐河（一）渠道倒虹吸防洪防护工程

工程总投资 2557 万元，累计完成投资 1819 万元，累计完成土石方 31 万 m^3，混凝土 0.08 万 m^3。2017 年完成投资 1819 万元，完成土石方 31 万 m^3，混凝土 0.08 万 m^3。

（十一）陶岔渠首枢纽工程

工程总投资 58 847 万元（不包含电站部分投资），累计完成投 58 847 万元（不包含电站部分投资），2017 年完成投资 849 万元。累计完成土方 63.79 万 m^3，石方 45.18 万 m^3，混凝土 26.37 万 m^3，金属结构 2069t，机电设备 2 台（套）。工程已全部建成并投入运行。

（十二）丹江口大坝加高工程

工程总投资 303 424 万元，2017 年完成投资 10 609 万元，累计完成投资 300 610 万元。累计完成土方 551.94 万 m^3，石方 57.98 万元，混 117.11 万 m^3，金属结构 10 500t，机电设备 8 台（套）。工程已基本完工。

（十三）丹江口库区移民安置工程

工程总投资 5 011 826 万元，2017 年完成投资 3412 万元，累计完成投资 4 997 930 万元。河南、湖北两省累计搬迁移民近 34.5 万人。城集镇迁建、专项设施恢复改建及工业企业淹没处理均已完成。

(十四) 中线水源专项工程

工程总投资 11 356 万元，累计完成投资 3221 万元，2017 年完成投资 3221 万元。

(十五) 中线水源文物保护工程

工程总投资 54 025 万元，累计完成投资 54 025 万元。河南、湖北两省文物保护工作已完成。

(十六) 兴隆水利枢纽工程

工程总投资 342 789 万元，累计完成投资 342 789 万元。累计完成土石方 2736.98 万 m^3，混凝土 70.49 万 m^3。已建成并投入运行。

(十七) 引江 (长江) 济汉 (汉江) 工程

工程总投资 694 460 万元（含引江济汉调度运行管理系统工程），累计完成投资694 460 万元。累计完成土石方 8030.91 万 m^3，混凝土 149.36 万 m^3。已建成并通水。

(十八) 部分闸站改造工程

工程总投资 56 423 万元，累计完成投资 56 423 万元。累计完成土石方 378.39 万 m^3，混凝土 14.48 万 m^3。已建成并投入运行。

(十九) 局部航道整治工程

工程总投资 46 142 万元，累计完成投资 46 142 万元。累计完成土石方 378.8 万 m^3，混凝土 2.39 万 m^3。已建成并投入运行。

(二十) 汉江中下游文物保护项目

工程总投资 3633 万元，累计完成投资 3633 万元。已完成并发挥作用。

(王 熙)

投资计划统计表

南水北调东、中线一期设计单元项目投资情况表

截至 2017 年底

序号	工程名称	在建设计单元工程总投资（万元）	累计下达投资计划（万元）	累计完成投资（万元）	投资完成比例（%）	2017 年完成投资[8]（万元）
	总计	**26 412 663**	**26 394 080**	**25 907 150**	**98**	**178 248**
	东线一期工程	**3 346 247**	**3 346 247**	**3 293 528**	**98**	**22 850**
	江苏水源公司	**1 138 667**	**1 138 667**	**1 113 447**	**98**	**7335**
一	**三阳河、潼河、宝应站工程**	**97 922**	**97 922**	**97 922**	**100**	
二	**长江—骆马湖段 2003 年度工程**	**109 821**	**109 821**	**109 821**	**100**	
1	江都站改造工程	30 302	30 302	30 302	100	
2	淮阴三站工程	29 145	29 145	29 145	100	
3	淮安四站工程	18 476	18 476	18 476	100	
4	淮安四站输水河道工程	31 898	31 898	31 898	100	

续表

序号	工程名称	在建设计单元工程总投资（万元）	累计下达投资计划（万元）	累计完成投资（万元）	投资完成比例（%）	2017年完成投资[8]（万元）
三	**骆马湖—南四湖段工程**	**78 518**	**78 518**	**78 518**	**100**	
1	刘山泵站工程	29 576	29 576	29 576	100	
2	解台泵站工程	23 242	23 242	23 242	100	
3	蔺家坝泵站工程	25 700	25 700	25 700	100	
四	**长江—骆马湖段其他工程**	**693 788**	**693 788**	**693 788**	**100**	**－2137**
1	高水河整治工程	15 996	15 996	15 996	100	
2	淮安二站改造工程	5464	5464	5464	100	
3	泗阳站改建工程	33 447	33 447	33 447	100	
4	刘老涧二站工程	22 923	22 923	22 923	100	
5	皂河二站工程	29 268	29 268	29 268	100	
6	皂河一站更新改造工程	13 248	13 248	13 248	100	
7	泗洪站枢纽工程	59 784	59 784	59 784	100	
8	金湖站工程	39 954	39 954	39 954	100	
9	洪泽站工程	51 817	51 817	51 817	100	
10	邳州站工程	33 138	33 138	33 138	100	
11	睢宁二站工程	25 518	25 518	25 518	100	
12	金宝航道工程	102 722	102 722	102 722	100	
13	里下河水源补偿工程[1]	182 118	182 118	182 118	100	－2137
14	骆马湖以南中运河影响处理工程	12 527	12 527	12 527	100	
15	沿运闸洞漏水处理工程	12 252	12 252	12 252	100	
16	徐洪河影响处理工程	27 609	27 609	27 609	100	
17	洪泽湖抬高蓄水位影响处理江苏省境内工程	26 003	26 003	26 003	100	
五	**江苏段专项工程**	**118 613**	**118 613**	**94 621**	**80**	**8942**
1	江苏省文物保护工程	3362	3362	3362	100	
2	血吸虫北移防护工程	4643	4643	4643	100	
3	江苏段调度运行管理系统工程	58 221	58 221	35 193	60	4000
4	江苏段管理设施专项工程	44 505	44 505	43 541	98	1800

续表

序号	工程名称	在建设计单元工程总投资（万元）	累计下达投资计划（万元）	累计完成投资（万元）	投资完成比例（%）	2017 年完成投资⑧（万元）
5	江苏段试通水费用②	4010	4010	4010	100	-730
6	江苏段试运行费用②	3872	3872	3872	100	3872
六	**南四湖水资源控制、水质监测工程和骆马湖水资源控制工程**	**17 240**	**17 240**	**16 012**	**93**	**530**
1	姚楼河闸工程③	1206	1206	1206	100	
2	杨官屯河闸工程③	4164	4164	4346	104	
3	大沙河闸工程③	6793	6793	6849	101	
4	南四湖水资源监测工程③	1996	1996	530	27	530
5	骆马湖水资源控制工程	3081	3081	3081	100	
七	**南四湖下级湖抬高蓄水位影响处理（江苏省）**	**22 765**	**22 765**	**22 765**	**100**	
	安徽省南水北调项目办	**37 493**	**37 493**	**37 089**	**99**	**-141**
一	**洪泽湖抬高蓄水影响处理工程安徽省境内工程**	**37 493**	**37 493**	**37 089**	**99**	**-141**
	东线公司④	**22 579**	**22 579**	**17 236**	**76**	**3572**
一	**东线其他专项**	**22 579**	**22 579**	**17 236**	**76**	**3572**
1	苏鲁省际工程管理设施专项工程	3793	3793	3510	93	1373
2	苏鲁省际工程调度运行管理系统工程	14 461	14 461	10 153	70	2016
3	东线公司开办费	4325	4325	3573	83	183
	山东干线公司	**2 147 508**	**2 147 508**	**2 125 756**	**99**	**12 084**
一	**南四湖水资源控制、水质监测工程和骆马湖水资源控制工程**	**45 673**	**45 673**	**45 908**	**101**	**-92**
1	二级坝泵站工程	31 962	31 962	32 846	103	
2	姚楼河闸工程③	1206	1206	1326	110	357
3	杨官屯河闸工程③	1650	1650	1692	103	-1234
4	大沙河闸工程③	4927	4927	4849	98	-1046
5	潘庄引河闸工程	1497	1497	1591	106	231
6	南四湖水资源监测工程③	4431	4431	3604	81	1600
二	**南四湖下级湖抬高蓄水位影响处理（山东省）**	**40 984**	**40 984**	**40 984**	**100**	
三	**东平湖蓄水影响处理工程**	**49 488**	**49 488**	**49 488**	**100**	

续表

序号	工程名称	在建设计单元工程总投资（万元）	累计下达投资计划（万元）	累计完成投资（万元）	投资完成比例（%）	2017年完成投资[8]（万元）
四	**济平干渠工程**	**150 241**	**150 241**	**150 241**	**100**	
五	**韩庄运河段工程**	**85 495**	**85 495**	**87 237**	**102**	
1	台儿庄泵站工程	26 611	26 611	26 874	101	
2	韩庄运河段水资源控制工程	2268	2268	2268	100	
3	万年闸泵站工程	26 259	26 259	27 190	104	
4	韩庄泵站工程	30 357	30 357	30 905	102	
六	**南四湖—东平湖段工程**	**260 492**	**260 492**	**263 656**	**101**	
1	长沟泵站工程	30 091	30 091	30 238	100. 49	
2	邓楼泵站工程	27 730	27 730	28 685	103	
3	八里湾泵站工程	28 683	28 683	28 683	100	
4	柳长河工程[1]	52 499	52 499	52 499	100	
5	梁济运河工程[1]	79 445	79 445	79 445	100	
6	南四湖湖内疏浚工程	23 348	23 348	24 132	103	
7	引黄灌区影响处理工程	18 696	18 696	19 974	107	
七	**胶东济南至引黄济青段工程**	**798 696**	**798 696**	**805 569**	**101**	
1	济南市区段工程	305 319	305 319	312 192	102	
2	明渠段工程	271 371	271 371	271 463	100. 03	
3	东湖水库工程	102 099	102 099	102 099	100	
4	双王城水库工程	86 804	86 804	86 804	100	
5	陈庄输水线路工程	33 103	33 103	33 011	99. 72	
八	**穿黄河工程**	**70 245**	**70 245**	**70 245**	**100**	
九	**鲁北段工程**	**495 110**	**495 110**	**495 110**	**100**	
1	小运河工程	262 601	262 601	262 601	100	
2	七一·六五河段工程	66 672	66 672	66 672	100	
3	鲁北灌区影响处理工程	35 008	35 008	35 008	100	
4	大屯水库工程	130 829	130 829	130 829	100	
十	**山东段专项工程**	**151 084**	**151 084**	**117 318**	**78**	**12 176**
1	山东段调度运行管理系统工程	81 736	81 736	69 291	85	3176
2	文物保护	6776	6776	6776	100	
3	山东段管理设施专项工程	57 521	57 521	36 200	63	9000

续表

序号	工程名称	在建设计单元工程总投资（万元）	累计下达投资计划（万元）	累计完成投资（万元）	投资完成比例（%）	2017年完成投资[⑧]（万元）
4	山东段试通水费用[②]	2887	2887	2887	100	
5	山东段试运行费用[②]	2164	2164	2164	100	
	中线一期工程	**21 689 216**	**21 670 633**	**21 543 009**	**99**	**151 545**
	中线建管局	**15 106 291**	**15 104 707**	**14 984 929**	**99**	**138 920**
一	**京石段应急供水工程**	**2 301 180**	**2 299 596**	**2 255 755**	**98**	**75 400**
1	永定河倒虹吸工程	37 045	37 045	38 240	103	
2	惠南庄泵站工程	86 278	86 278	85 066	99	
3	北拒马河暗渠工程	21 129	21 129	19 561	93	4000
4	北京西四环暗涵工程	117 119	117 119	116 591	99. 55	
5	北京市穿五棵松地铁工程	5824	5824	5823	99. 98	
6	北京段铁路交叉工程	19 545	19 545	20 000	102	
7	惠南庄—大宁段工程、卢沟桥暗涵工程、团城湖明渠工程	415 811	415 811	449 582	108	
8	滹沱河倒虹吸工程	66 918	66 884	63 956	96	
9	釜山隧洞工程	24 725	24 711	24 389	99	
10	唐河倒虹吸工程	33 126	33 122	32 117	97	4000
11	漕河渡槽段工程	102 431	102 397	96 387	94	
12	古运河枢纽工程	22 601	22 592	22 445	99	
13	河北境内总干渠及连接段工程	1 159 805	1 158 316	1 149 462	99	57 400
14	北京段永久供电工程	7586	7586	4124	54	
15	北京段工程管理专项	4673	4673	0	0	
16	河北段工程管理专项	9369	9369	5905	63	
17	河北段生产桥建设	36 675	36 675	36 675	100	
18	北京段专项设施迁建	26 926	26 926	0	0	
19	中线干线自动化调度与运行管理决策支持系统工程（京石应急段）	55 970	55 970	43 330	77	
20	滹沱河等七条河流防洪影响处理工程	6224	6224	3777	61	
21	南水北调中线干线工程调度中心土建项目	22 684	22 684	22 684	100	

续表

序号	工程名称	在建设计单元工程总投资（万元）	累计下达投资计划（万元）	累计完成投资（万元）	投资完成比例（%）	2017年完成投资[8]（万元）
22	北拒马河暗渠穿河段防护加固工程及PCCP管道大石河段防护加固工程	18 716	18 716	15 641	84	10 000
二	**漳河北—古运河南段工程**	**2 517 777**	**2 517 777**	**2 517 214**	**99.98**	
1	磁县段工程	383 435	383 435	381 106	99	
2	邯郸市—邯郸县段工程	228 358	228 358	231 076	101	
3	永年县段工程	151 888	151 888	149 127	98	
4	洺河渡槽工程	38 003	38 003	36 038	95	
5	沙河市段工程	192 372	192 372	191 590	99.59	
6	南沙河倒虹吸工程	100 735	100 735	101 995	101	
7	邢台市段工程	192 903	192 903	193 328	100.22	
8	邢台县和内邱县段工程	286 763	286 763	283 804	99	
9	临城县段工程	238 108	238 108	239 429	101	
10	高邑县—元氏县段工程	314 823	314 823	312 948	99	
11	鹿泉市段工程	127 834	127 834	126 825	99	
12	石家庄市区工程	199 974	199 974	207 367	104	
13	电力设施专项迁建	34 979	34 979	34 979	100	
14	邯邢段压矿及有形资产补偿	27 602	27 602	27 602	100	
15	征迁新增投资	32 920	32 920	0	0	
三	**穿漳河工程**	**44 434**	**44 434**	**42 477**	**96**	
四	**黄河北—漳河南段工程**	**2 456 248**	**2 456 248**	**2 503 938**	**102**	**30 000**
1	温博段工程	185 602	185 602	184 667	99	
2	沁河渠道倒虹吸工程	41 206	41 206	40 612	99	
3	焦作1段工程	265 981	265 981	312 794	118	
4	焦作2段工程	425 171	425 171	423 463	99.60	
5	辉县段工程	503 501	503 501	497 778	99	20 000
6	石门河倒虹吸工程	31 018	31 018	29 900	96	
7	新乡和卫辉段工程	224 197	224 197	217 574	97	10 000
8	鹤壁段工程	271 146	271 146	283 033	104	

续表

序号	工程名称	在建设计单元工程总投资（万元）	累计下达投资计划（万元）	累计完成投资（万元）	投资完成比例（%）	2017 年完成投资[⑧]（万元）
9	汤阴段工程	208 238	208 238	203 917	98	
10	膨胀岩（潞王坟）试验段工程	30 834	30 834	29 977	97	
11	安阳段工程	247 982	247 982	280 223	113	
12	征迁新增投资	21 372	21 372	0	0	
五	**穿黄河工程**	**359 509**	**359 509**	**365 568**	**102**	
1	穿黄河工程	343 142	343 142	364 046	106	
2	工程管理专项	1527	1527	1522	99. 67	
3	征迁新增投资	14 840	14 840	0	0	
六	**沙河南—黄河南段工程**	**3 066 739**	**3 066 739**	**2 974 483**	**97**	**10 000**
1	沙河渡槽工程	304 168	304 168	299 321	98	
2	鲁山北段工程	71 425	71 425	70 577	99	
3	宝丰—郏县段工程	466 976	466 976	464 736	99. 52	10 000
4	北汝河渠道倒虹吸工程	67 316	67 316	66 896	99	
5	禹州和长葛段工程	563 017	563 017	547 886	97	
6	潮河段工程	540 348	540 348	512 887	95	
7	新郑南段工程	165 983	165 983	163 665	99	
8	双洎河渡槽工程	79 714	79 714	77 331	97	
9	郑州 2 段工程	383 726	383 726	367 887	96	
10	郑州 1 段工程	164 038	164 038	159 602	97	
11	荥阳段工程	246 250	246 250	243 695	99	
12	征迁新增投资	13 778	13 778	0	0	
七	**陶岔渠首—沙河南段工程**	**3 091 296**	**3 091 296**	**3 047 872**	**99**	**10 000**
1	淅川县段工程	853 225	853 225	835 805	98	10 000
2	湍河渡槽工程	48 358	48 358	48 221	99. 72	
3	镇平县段工程	382 717	382 717	378 816	99	
4	南阳市段工程	498 737	498 737	496 212	99	
5	膨胀土（南阳）试验段工程	18 856	18 856	18 818	99. 80	

续表

序号	工程名称	在建设计单元工程总投资（万元）	累计下达投资计划（万元）	累计完成投资（万元）	投资完成比例（%）	2017年完成投资[8]（万元）
6	白河倒虹吸工程	54 941	54 941	54 561	99	
7	方城段工程	601 742	601 742	595 102	99	
8	叶县段工程	356 000	356 000	352 832	99	
9	澧河渡槽工程	43 001	43 001	43 189	100.44	
10	鲁山南1段工程	133 347	133 347	130 867	98	
11	鲁山南2段工程	95 431	95 431	93 449	98	
12	征迁新增投资	4941	4941	0	0	
八	**天津干线工程**	**1 061 361**	**1 061 361**	**1 035 469**	**98**	**10 000**
1	西黑山进口闸—有压箱涵段工程	86 184	86 184	83 042	96	
2	保定市1段工程	288 331	288 331	279 729	97	10 000
3	保定市2段工程	95 914	95 914	91 409	95	
4	廊坊市段工程	380 371	380 371	376 044	99	
5	天津市1段工程	176 515	176 515	171 319	97	
6	天津市2段工程	26 426	26 426	26 306	99.55	
7	天津干线河北段输变电工程迁建规划	7620	7620	7620	100	
九	**中线干线专项工程**	**202 467**	**202 467**	**188 970**	**93**	
1	中线干线自动化调度与运行决策支持系统工程	149 980	149 980	136 564	91	
2	中线干线文物专项	41 025	41 025	38 567	94	-2458
3	中线干线测量控制网建设（京石段除外）	2400	2400	3524	147	2458
4	北京2008年应急调水临时通水措施费	9062	9062	10 315	114	
十	**特殊预备费**	**5280**	**5280**	**3520**	**67**	**3520**
1	中线京石段漕河渡槽防洪防护工程	2723	2723	1701	62	1701
2	中线邢石段槐河（一）渠道倒虹吸防洪防护工程	2557	2557	1819	71	1819
十一	**待运行费[5]**			**49 663**		
	淮委建设局	**58 847**	**58 847**	**58 847**	**100**	**849**
一	**陶岔渠首枢纽工程[6]**	**58 847**	**58 847**	**58 847**	**100**	**849**
	中线水源公司	**5 380 631**	**5 363 632**	**5 355 786**	**99.54**	**17 242**
一	**丹江口大坝加高工程**	**303 424**	**302 118**	**300 610**	**99**	**10 609**
二	**库区移民安置工程**	**5 011 826**	**5 002 566**	**4 997 930**	**99.72**	**3412**

续表

序号	工程名称	在建设计单元工程总投资（万元）	累计下达投资计划（万元）	累计完成投资（万元）	投资完成比例（%）	2017年完成投资⑧（万元）
三	**中线水源管理专项工程**	**11 356**	**4923**	**3221**	**28**	**3221**
四	**中线水源文物保护项目**	**54 025**	**54 025**	**54 025**	**100**	
	湖北省南水北调管理局	**1 143 447**	**1 143 447**	**1 143 447**	**100**	**-5466**
一	**兴隆水利枢纽工程**	**342 789**	**342 789**	**342 789**	**100**	**-1835**
二	**引江济汉工程**	**694 460**	**694 460**	**694 460**	**100**	**-3345**
1	引江济汉工程	684 738	684 738	684 738	100	-3345
2	引江济汉调度运行管理系统工程	9722	9722	9722	100	
三	**部分闸站改造**	**56 423**	**56 423**	**56 423**	**100**	**-286**
四	**局部航道整治**	**46 142**	**46 142**	**46 142**	**100**	
五	**汉江中下游文物保护**	**3633**	**3633**	**3633**	**100**	
	设管中心	**17 000**	**17 000**	**12 353**	**73**	**3853**
1	前期工作投资	8500	8500	8170	96	-330
2	东、中线一期工程项目验收专项费用	500	500	0	0	
3	中线一期工程安全风险评估费	8000	8000	4183	52	4183
	过渡性资金融资费用⑦	**1 360 200**	**1 360 200**	**1 058 260**	**78**	

① 里下河水源补偿工程、梁济运河工程和柳长河工程总投资和累计完成投资为南水北调工程分摊投资，不含地方分摊投资。

② 江苏段试通水费用和山东段试通水费用各含苏鲁省际段试通水费用40万元；江苏段试运行费用含苏鲁省际试运行费用42万元，山东段试运行费用含苏鲁省际试运行费用43万元。

③ 姚楼河闸总投资2412万元，杨官屯河闸总投资5996万元，大沙河闸总投资11 776万元，南四湖水资源监测工程总投资5486万元，由江苏和山东两省各执行一部分投资。

④ 2015年12月，东线一期苏鲁省际工程管理设施专项和调度运行管理系统两个工程的投资计划执行单位由淮委沂沭泗局调整为东线公司。

⑤ 中线干线待运行费总投资已分解计入各设计单元工程总投资。

⑥ 陶岔渠首枢纽工程总投资和累计完成投资不含电站投资。

⑦ 经财司确认，2015年4月以后发生的过渡性资金融资费用应计入运营成本，不属于基建投资。因此不再进行此项投资的基建统计工作。累计完成投资按照截止到2015年4月份底应发生的费用计算（实际是每季度支付利息）。

⑧ 部分设计单元工程2017完成投资小于零的原因主要是随着合同结算和变更索赔项目的处理，实际完成投资较原先按照形象进度法测算的完成投资略小，根据项目法人报送的年报进行校核修改。

（王 熙）

南水北调东、中线一期工程设计单元项目完成工程量表

截至 2017 年底

序号	工程名称	设计总土石方（万 m^3）	累计完成土石方（万 m^3）	土石方完成比例（%）	设计总混凝土（万 m^3）	累计完成混凝土（万 m^3）	混凝土完成比例（%）
	总计	**154 977**	**160 102**	**103**	**3933**	**4281**	**109**
	东线一期	**29 471**	**27 846**	**94**	**604**	**593**	**98**
	江苏水源公司	**11 196**	**10 614**	**95**	**170**	**164**	**97**
一	**三阳河、潼河、宝应站工程**	**2718.95**	**2718.95**	**100**	**13.39**	**13.40**	**100.07**
二	**长江—骆马湖段 2003 年度工程**	**1064.24**	**887.70**	**83**	**13.25**	**10.05**	**76**
1	江都站改造工程	74.98	66.22	88	2.92	2.57	88
2	淮阴三站工程	251.51	251.51	100	2.53	2.53	99.96
3	淮安四站工程	100.54	156.15	155	3.54	2.53	71
4	淮安四站输水河道工程	637.21	413.82	65	4.26	2.42	57
三	**骆马湖—南四湖段工程**	**457.63**	**439.11**	**96**	**12.27**	**12.06**	**98**
1	刘山泵站工程	199.65	199.65	100	4.69	4.69	100
2	解台泵站工程	116.78	117.07	99.75	3.68	3.88	105
3	蔺家坝泵站工程	141.20	122.39	87	3.90	3.49	90
四	**长江—骆马湖段其他工程**	**6761.91**	**6383.89**	**94**	**114.06**	**112.83**	**99**
1	高水河整治工程	184.60	175.00	95	0.86	0.86	100
2	淮安二站改造工程	4.03	4.04	99.75	0.11	0.11	100
3	泗阳站改建工程	142.81	132.39	93	3.90	3.89	99.78
4	刘老涧二站工程	89.24	83.07	93	3.13	3.04	97
5	皂河二站工程	173.93	173.93	100	4.63	4.38	94
6	皂河一站更新改造工程	53.87	30.79	57	3.23	3.23	100
7	泗洪站枢纽工程	571.91	566.11	99	14.07	14.07	100
8	金湖站工程	195.98	181.31	93	4.50	4.50	100
9	洪泽站工程	621.00	540.86	87	11.00	11.00	100
10	邳州站工程	106.74	105.90	99	5.15	5.15	100
11	睢宁二站工程	117.01	117.01	100	5.18	5.18	100
12	金宝航道工程	889.47	859.93	97	13.06	12.35	95
13	里下河水源补偿工程	3020.46	2970.61	98	17.43	17.34	99
14	骆马湖以南中运河影响处理工程	51.40	39.30	76	2.43	1.45	60
15	沿运闸洞漏水处理工程	160.11	83.50	52	1.30	1.70	131
16	徐洪河影响处理工程	169.67	155.28	92	10.25	11.72	114
17	洪泽湖抬高蓄水位影响处理江苏省境内工程	209.68	164.86	79	13.83	12.87	93

续表

序号	工程名称	设计总土石方（万 m³）	累计完成土石方（万 m³）	土石方完成比例（%）	设计总混凝土（万 m³）	累计完成混凝土（万 m³）	混凝土完成比例（%）
五	**江苏段专项工程**	**7.73**	**1.36**	**18**	**5.71**	**4.54**	**80**
1	血吸虫北移防护工程	7.73	1.36	18	5.71	4.54	80
六	**南四湖水资源控制、水质监测工程和骆马湖水资源控制工程**	**78.59**	**76.63**	**98**	**4.90**	**4.85**	**99**
1	姚楼河闸工程	8.60	8.60	100	0.39	0.33	86
2	杨官屯河闸工程	7.46	5.50	74	1.24	1.24	100
3	大沙河闸工程	47.00	47.00	100	2.40	2.40	100
4	骆马湖水资源控制工程	15.53	15.53	100	0.88	0.88	100
七	**南四湖下级湖抬高蓄水位影响处理（江苏）**	**106.80**	**106.80**	**100**	**6.10**	**6.10**	**100**
	安徽省南水北调项目办	**543**	**503**	**93**	**6**	**7**	**105**
一	**洪泽湖抬高蓄水影响处理工程安徽省境内工程**	**542.69**	**502.52**	**93**	**6.37**	**6.72**	**105**
	东线公司	**0.20**	**0.20**	**100**	**0.28**	**0.28**	**100**
一	**东线其他专项**	**0.20**	**0.20**	**100**	**0.28**	**0.28**	**100**
1	苏鲁省际工程管理设施专项工程	0.20	0.20	100	0.28	0.28	100
	山东干线公司	**17 732**	**16 729**	**94**	**428**	**422**	**99**
一	**南四湖水资源控制、水质监测工程和骆马湖水资源控制工程**	**312.02**	**295.10**	**95**	**13.89**	**11.05**	**80**
1	二级坝泵站工程	248.96	234.00	94	5.77	4.97	86
2	姚楼河闸工程	8.60	8.60	100	0.39	0.17	43
3	杨官屯河闸工程	7.46	5.50	74	1.24	0.62	50
4	大沙河闸工程	47.00	47.00	100	2.40	1.20	50
5	潘庄引河闸工程				4.10	4.10	100
二	**东平湖蓄水影响处理工程**	**102.00**	**101.49**	**100.05**	**0.29**	**0.23**	**79**
三	**济平干渠工程**	**2313.19**	**1947.29**	**84**	**55.32**	**55.32**	**100**
四	**韩庄运河段工程**	**457.30**	**455.12**	**100.48**	**16.79**	**14.43**	**86**
1	台儿庄泵站工程	121.61	125.70	103	6.21	5.37	86
2	韩庄运河水资源控制工程	4.70	4.28	91	0.21	0.21	100
3	万年闸泵站工程	170.83	168.48	99	6.47	5.06	78
4	韩庄泵站工程	160.16	156.66	98	3.90	3.79	97
五	**南四湖—东平湖段工程**	**2421.42**	**2347.92**	**97**	**63.37**	**57.96**	**91**
1	长沟泵站工程	156.67	156.68	99.99	7.54	7.54	100
2	邓楼泵站工程	130.99	131.31	99.76	6.62	5.74	87

续表

序号	工程名称	设计总土石方（万 m^3）	累计完成土石方（万 m^3）	土石方完成比例（%）	设计总混凝土（万 m^3）	累计完成混凝土（万 m^3）	混凝土完成比例（%）
3	八里湾泵站工程	86.20	86.20	100	5.06	4.94	98
4	柳长河段工程	764.26	690.43	90	13.02	8.92	69
5	梁济运河段工程	767.30	767.30	100	25.76	25.45	99
6	南四湖湖内疏浚工程	292.00	292.00	100			
7	两湖段灌区影响处理工程	224.00	224.00	100	5.37	5.37	100
六	**济南至引黄济青段工程**	**5444.47**	**5378.71**	**99**	**195.09**	**188.65**	**97**
1	济南市区段工程	765.83	700.59	91	94.92	89.49	94
2	明渠段工程	1872.50	1872.50	100	57.11	56.56	99
3	东湖水库工程	1574.11	1574.11	100	15.53	15.16	98
4	双王城水库工程	989.80	989.80	100	19.52	19.43	99.55
5	陈庄输水线路工程	242.23	241.71	100.22	8.01	8.01	100
七	**穿黄河工程**	**687.63**	**709.02**	**103**	**23.76**	**22.07**	**93**
八	**鲁北段工程**	**5993.79**	**5494.65**	**92**	**59.18**	**72.41**	**122**
1	小运河段工程	2386.39	1902.80	80	40.01	53.62	134
2	七一、六五河段工程	589.00	582.82	99	7.18	7.18	100
3	鲁北段灌区影响处理工程	575.99	573.00	99	3.27	2.89	88
4	大屯水库工程	2442.41	2436.03	100.26	8.72	8.72	100
	中线一期	**125 507**	**132 256**	**105**	**3329**	**3689**	**111**
	中线建管局	**113 146**	**119 798**	**106**	**2937**	**3306**	**113**
一	**京石段应急供水工程**	**18 435.00**	**19 535.00**	**106**	**507.19**	**504.61**	**99**
1	永定河倒虹吸工程	270.00	267.00	99	14.13	13.90	98
2	惠南庄泵站工程	133.00	149.00	112	14.80	15.61	105
3	北拒马河暗渠工程	133.00	121.00	91	6.90	6.18	90
4	北京西四环暗涵工程	105.00	107.00	102	24.86	24.20	97
5	北京市穿五棵松地铁工程	1.00	1.00	100	0.46	0.41	90
6	北京段铁路交叉工程	11.00	11.00	100	2.84	2.82	99
7	惠南庄—大宁段工程、卢沟桥暗涵工程、团城湖明渠工程	3012.00	2944.00	98	45.58	48.95	107
8	滹沱河倒虹吸工程	623.00	583.00	94	23.40	24.10	103
9	釜山隧洞工程	74.00	73.00	99	6.10	7.20	118
10	唐河倒虹吸工程	250.00	278.00	111	10.90	11.00	101
11	漕河渡槽段工程	306.00	396.00	129	34.79	36.61	105
12	古运河枢纽工程	142.00	126.00	89	7.60	7.60	100
13	河北境内总干渠及连接段工程	13 185.00	14 299.00	108	304.80	293.70	96

续表

序号	工程名称	设计总土石方（万 m^3）	累计完成土石方（万 m^3）	土石方完成比例（%）	设计总混凝土（万 m^3）	累计完成混凝土（万 m^3）	混凝土完成比例（%）
14	河北段生产桥建设	163.00	161.00	99	7.04	8.38	119
15	北拒马河暗渠穿河段防护加固工程及PCCP管道大石河段防护加固工程	27.00	19.00	70	3.00	3.95	132
二	**漳河北—古运河南段工程**	**18 581.00**	**19 456.00**	**105**	**389.81**	**446.91**	**115**
1	磁县段工程	2774.00	2926.00	105	54.36	59.40	109
2	邯郸市—邯郸县段工程	1699.00	1748.00	103	29.95	35.37	118
3	永年县段工程	1087.00	1364.00	125	27.28	18.49	68
4	洺河渡槽工程	109.00	106.00	97	9.09	9.80	108
5	沙河市段工程	1902.00	1964.00	103	17.94	30.74	171
6	南沙河倒虹吸工程	752.00	780.00	104	22.21	31.67	143
7	邢台市段工程	1575.00	1735.00	110	23.47	31.95	136
8	邢台县和内邱县段工程	2153.00	2153.00	100	50.29	56.65	113
9	临城县段工程	2030.00	2121.00	104	37.63	43.22	115
10	高邑县—元氏县段工程	2272.00	2273.00	100	61.08	67.76	111
11	鹿泉市段工程	777.00	783.00	101	27.30	28.56	105
12	石家庄市区段工程	1451.00	1503.00	104	29.20	33.30	114
三	**穿漳河工程**	**149.00**	**180.00**	**121**	**9.87**	**10.56**	**107**
四	**黄河北—漳河南段工程**	**20 697.00**	**23 292.00**	**113**	**457.53**	**543.03**	**119**
1	温博段工程	1382.00	1490.00	108	42.81	47.15	110
2	沁河渠道倒虹吸工程	468.00	564.00	121	11.63	11.90	102
3	焦作1段工程	895.00	1147.00	128	42.65	75.70	177
4	焦作2段工程	4134.00	4766.00	115	56.30	67.66	120
5	辉县段工程	4283.00	4768.00	111	99.93	108.44	109
6	石门河倒虹吸工程	222.00	239.00	108	12.58	12.49	99
7	新乡和卫辉段工程	1714.00	2077.00	121	46.73	53.93	115
8	鹤壁段工程	3009.00	2919.00	97	52.92	59.80	113
9	汤阴段工程	1584.00	1685.00	106	35.72	40.60	114
10	膨胀岩（潞王坟）试验段工程	435.00	484.00	111	2.26	3.08	136
11	安阳段工程	2571.00	3153.00	123	54.00	62.28	115
五	**穿黄河工程**	**2133.00**	**2178.00**	**102**	**54.09**	**57.54**	**106**
1	穿黄河工程	2133.00	2178.00	102	53.95	57.40	106
2	工程管理专项				0.14	0.14	100
六	**沙河南—黄河南段工程**	**21 430.00**	**22 499.00**	**105**	**579.03**	**659.45**	**114**
1	沙河渡槽工程	603.00	605.00	100	126.49	126.49	100

续表

序号	工程名称	设计总土石方（万 m^3）	累计完成土石方（万 m^3）	土石方完成比例（%）	设计总混凝土（万 m^3）	累计完成混凝土（万 m^3）	混凝土完成比例（%）
2	鲁山北段工程	589.00	606.00	103	12.50	14.30	114
3	宝丰县—郏县段工程	3357.00	3358.00	99.97	85.20	96.59	113
4	北汝河倒虹吸工程	272.00	282.00	104	21.35	21.40	100.23
5	禹州和长葛段工程	4537.00	4923.00	109	81.00	104.92	130
6	潮河段工程	3927.00	3970.00	101	69.83	77.19	111
7	新郑南段工程	1173.00	1184.00	101	35.00	43.96	126
8	双洎河渡槽工程	261.00	355.00	136	27.80	30.74	111
9	郑州2段工程	3559.00	3846.00	108	57.49	63.38	110
10	郑州1段工程	1096.00	1171.00	107	24.40	29.88	122
11	荥阳段工程	2056.00	2199.00	107	37.97	50.60	133
七	**陶岔渠首—沙河南段工程**	**23 830.00**	**24 871.00**	**104**	**464.77**	**613.85**	**132**
1	淅川县段工程	8382.00	8704.00	104	93.26	137.30	147
2	湍河渡槽工程	39.00	48.00	123	13.33	13.42	101
3	镇平县段工程	2711.00	2691.00	99	57.38	68.09	119
4	南阳市段工程	2940.00	3249.00	111	67.90	103.80	153
5	膨胀土（南阳）试验段工程	194.00	229.00	118	2.70	5.56	206
6	白河倒虹吸工程	262.00	251.00	96	20.52	26.63	130
7	方城段工程	4464.00	4855.00	109	101.41	140.72	139
8	叶县段工程	3068.00	3123.00	102	49.00	59.99	122
9	澧河渡槽工程	89.00	94.00	106	11.00	12.22	111
10	鲁山南1段工程	998.00	984.00	99	24.07	24.70	103
11	鲁山南2段工程	683.00	643.00	94	24.20	21.42	89
八	**天津干线工程**	**7789.00**	**7685.00**	**99**	**474.08**	**469.47**	**99**
1	西黑山进口闸—有压箱涵段工程	764.00	760.00	99	38.20	38.06	100
2	保定市1段工程	2007.00	1998.00	100.45	143.30	142.10	99
3	保定市2段工程	743.00	721.00	97	47.43	45.78	97
4	廊坊市段工程	2974.00	2878.00	97	175.30	173.39	99
5	天津市境内1段工程	1156.00	1196.00	103	61.59	62.21	101
6	天津市境内2段工程	145.00	132.00	91	8.26	7.93	96
九	**中线干线专项工程**	**51.00**	**51.00**	**100**	**0.09**	**0.09**	**100**
1	北京2008年应急调水临时通水措施费	51.00	51.00	100	0.09	0.09	100
十	**特殊预备费**	**51.00**	**51.00**	**100**	**0.19**	**0.19**	**100**
1	中线京石段漕河渡槽防洪防护工程	20.00	20.00	100	0.11	0.11	100
2	中线邢石段槐河（一）渠道倒虹吸防洪防护工程	31.00	31.00	100	0.08	0.08	100

续表

序号	工程名称	设计总土石方（万 m^3）	累计完成土石方（万 m^3）	土石方完成比例（%）	设计总混凝土（万 m^3）	累计完成混凝土（万 m^3）	混凝土完成比例（%）
	淮委建设局	**109**	**109**	**100**	**26**	**26**	**100**
一	**陶岔渠首枢纽工程**	**108.97**	**108.97**	**100**	**26.37**	**26.37**	**100**
	中线水源公司	**620**	**610**	**98**	**125**	**117**	**93**
一	**丹江口大坝加高工程**	**619.70**	**609.92**	**98**	**125.45**	**117.11**	**93**
	湖北省南水北调管理局	**11 632**	**11 739**	**101**	**240**	**239**	**100**
一	**兴隆水利枢纽工程**	**2843.88**	**3088.00**	**109**	**70.49**	**69.00**	**98**
二	**引江济汉工程**	**8030.91**	**7842.00**	**98**	**149.57**	**149.36**	**99.86**
三	**汉江中下游部分闸站改造工程**	**378.39**	**414.00**	**109**	**14.48**	**21.00**	**145**
四	**汉江中下游局部航道整治工程**	**378.80**	**395.00**	**104**	**5.89**	**—**	**—**

注 本表格序号同投资情况表相对应。部分设计单元工程无土石方和混凝土工程量，略去不计。

（王　熙）

CHINA SOUTH-TO-NORTH WATER DIVERSION PROJECT CONSTRUCTION YEARBOOK

拾肆 大事记

MAJOR EVENTS

一　月

4日，国务院南水北调办召开直属机关党委会议，宣读中央国家机关工委干部任免通知，研究司局级党员领导干部民主生活会和民主评议党员有关工作。党组成员、副主任、直属机关党委书记蒋旭光主持会议。

6日，国务院南水北调办党组书记、主任鄂竟平参加十八届中央纪委七次全会第一次大会。

10~11日，国务院南水北调办党组成员、副主任蒋旭光赴天津、河北保定检查工程规范化运行监管情况和冰期输水准备工作。

11日，国务院南水北调办党组成员、副主任张野参加全国安全生产电视电话会议。

12~13日，2017年南水北调工作会议在北京市召开。会上表彰了东、中线一期工程建成通水先进集体、先进工作者和劳动模范，总结了东、中线一期工程全面通水运行以来各项工作，进行了交流发言和分组讨论，分析了新阶段工作面临的形势，并对2017年工作任务进行了安排部署。国务院南水北调办党组书记、主任鄂竟平作会议报告。中央纪委派驻纪检组组长田野，国务院南水北调办党组成员、副主任张野、蒋旭光，国家公务员局副局长张义全，国务院南水北调办总工程师出席。中央组织部有关同志参加会议。

13日，国务院南水北调办召开2016年度办党组民主生活会。党组书记、主任鄂竟平主持，党组成员、副主任张野、蒋旭光出席。

16日，国务院南水北调办举行首次新任干部宪法宣誓仪式，党组书记、主任鄂竟平监誓，党组成员、副主任蒋旭光主持，总经济师出席。

同日，国务院南水北调办党组书记、主任鄂竟平主持召开直属机关党建工作述职评议考核会，听取机关各司、各直属单位党支部（党委）书记集中述职，党组成员、副主任、直属机关党委书记蒋旭光，总经济师出席。

同日，国务院南水北调办党组书记、主任鄂竟平出席投计司2016年司局级党员领导干部民主生活会。

同日，国务院南水北调办党组成员、副主任蒋旭光出席监管中心2016年司局级党员领导干部民主生活会。

17日，国务院南水北调办党组书记、主任鄂竟平，办党组成员、副主任蒋旭光参加中央国家机关第三十一次党的工作会议暨第二十九次纪检工作会议。

同日，中线建管局召开2017年工作会议。国务院南水北调办党组成员、副主任张野出席。

18日，国务院南水北调办党组书记、主任鄂竟平参加国务院第6次全体会议。

同日，国务院南水北调办党组成员、副主任蒋旭光参加全国组织部长会议。

19日，“中线建管局抗洪抢险精神宣讲团”报告会在北京市召开。国务院南水北调办党组书记、主任鄂竟平，党组成员、副主任蒋旭光，总经济师出席。

同日，东线总公司召开2017年工作会议。国务院南水北调办党组成员、副主任张野出席。

同日，国务院南水北调工程建设委员会专家委员会召开主任工作会，专家委员会主任陈厚群院士主持会议。国务院南水北调办党组成员、副主任张野，专家委员会副主任高安泽、宁远、汪易森出席。

20日，南水北调系统2017年党风廉政会议召开，国务院南水北调办党组书记、主任鄂竟平主持会议并讲话。派驻纪检组组长田野出席并讲话，党组成员、副主任张野、蒋旭光，总经济师出席。

23日，国务院南水北调办举行2017年度迎新春职工文化活动。国务院南水北调办党组书记、主任鄂竟平，党组成员、副主任张野、蒋旭光参加。

25日，国务院南水北调办党组书记、主任鄂竟平赴天津市、廊坊市检查中线工程天津干线段安全生产和假日值班工作，看望慰问一线干部职工。

同日，国务院南水北调办党组成员、副主任蒋旭光到河北省保定市检查工程运行监管和冰期输水工作，并看望慰问一线干部职工。

26日，国务院南水北调办党组书记、主任鄂竟平参加中共中央、国务院举行的2017年春节团拜会。

二　月

3日，国务院南水北调办党组书记、主任鄂竟平参加国务院第163次常务会议。

6日，国务院南水北调办党组书记、主任鄂竟平会见山东省水利厅厅长刘中会、山东省南水北调建管局局长刘建良一行。党组成员、副主任蒋旭光出席。

7~8日，国务院南水北调办党组成员、副主任张野赴河北省邯郸市、石家庄市调研中线防洪应急工程建设、配套工程建设和保护范围划定工作进展情况。

8日，国务院南水北调办党组书记、主任鄂竟平参加国务院第164次常务会议。

8~9日，国务院南水北调办党组书记、主任鄂竟平赴河南省郑州市检查中线工程运行管理工作。

8~9日，国务院南水北调办党组成员、副主任蒋旭光赴河北省邢台市、石家庄市检查工程规范化运行监管和汛期水毁工程修复情况。

10日，国务院南水北调办党组书记、主任鄂竟平主持召开主任专题办公会，研究中线膨胀土渠段问题处理建议。党组成员、副主任张野、蒋旭光出席。

13~16日，国务院南水北调办党组书记、主任鄂竟平参加省部级主要领导干部学习贯彻十八届六中全会精神专题研讨班。

14日，国务院南水北调办安全生产领导小组召开第16次全体会议，会议由国务院南水北调办党组成员、副主任张野主持。

14~16日，国务院南水北调办党组成员、副主任张野赴河南省新乡市、郑州市调研中线防洪防护应急工程和安防系统建设情况。

14~16日，国务院南水北调办党组成员、副主任蒋旭光赴江苏省南京市、宿迁市、徐州市等地检查工程运行监管工作情况。

21日，国务院南水北调办党组书记、主任鄂竟平主持召开会议，与专家委员会有关专家座谈。党组成员、副主任张野出席。

同日，南水北调宣传工作专家座谈会在北京市召开，研究《2017~2022年南水北调宣传工作规划》，听取专家意见和建议。国务院南水北调办党组成员、副主任蒋旭光出席。

22日，国务院南水北调办党组书记、主任鄂竟平调研北京市南水北调配套工程建设情况。

22~23日，国务院南水北调办党组书记、主任鄂竟平检查河南省郑州段工程运行管理工作。

23日，南水北调工程运行监管工作会议在郑州市召开，会议由国务院南水北调办党组成员、副主任蒋旭光主持。

28日，国务院南水北调办党组成员、副主任蒋旭光主持召开会议，传达国务院办公厅有关文件精神，部署做好全国“两会”保障服务有关工作。

三　月

2月27日~3月1日，国务院南水北调办党组成员、副主任张野赴湖北省调研兴隆枢纽、引江济汉工程运行情况，并赴水利部长江水利委员会座谈。

2月28日~3月1日，国务院南水北调办党组成员、副主任蒋旭光赴天津市调研南水北调配套工程建设情况。

2日，国务院南水北调办党组中心组（扩大）专题学习十八届中央纪委七次全会精神并进行研讨。上午，邀请中央纪委法规室副局级纪律检查员、监察专员周鹏飞作七次全会精神专题辅导报告，会议由党组成员、副主任蒋旭光主持；下午，党组书记、主任鄂竟平主持学习并作重要讲话。党组书记、主任鄂竟平，党组成员、副主任张野、蒋旭光副主任出席，党组中心组（扩大）成员参加。

3日，国务院南水北调办召开党建工作联席会第三次会议，研究机关党建工作。党组书记、主任鄂竟平主持，党组成员、副主任蒋旭光出席。

5日，国务院南水北调办党组书记、主任鄂竟平列席十二届全国人大五次会议开幕式。

6日，国务院南水北调办党组书记、主任鄂竟平主持召开主任办公会，听取南水北调事业五年发展规划编制情况汇报。党组成员、副主任张野、蒋旭光，总经济师出席。

7日，国务院南水北调办党组成员、副主任蒋旭光到南水北调宣传中心调研宣传工作。

同日，国务院南水北调办党组成员、副主任蒋旭光列席全国政协十二届五次会议界别联组会议。

8日，国务院南水北调办党组书记、主任鄂竟平列席十二届全国人大五次会议第二次全体会议。

同日，国务院南水北调办2017年“三八”妇女节健步走活动在北京市举行。党组成员、副主任蒋旭光参加。

9日，国务院南水北调办党组书记、主任鄂竟平主持召开主任专题办公会，听取中线工程启闭机限位和闸门锁定使用专题调研情况汇报。党组成员、副主任张野、蒋旭光出席。

10日，国务院南水北调办召开纪检工作联席会第三次会议，党组书记、主任鄂竟平主持并讲话，党组成员、副主任蒋旭光出席。

同日，国务院南水北调办党组成员、副主任张野会见水利部副部长刘宁等一行，并就中线水量信息共享有关事宜进行会谈。

11日，国务院南水北调办党组成员、副主任张野列席全国政协十二届五次会议第四次全体会议。

12日，国务院南水北调办党组书记、主任鄂竟平列席十二届全国人大五次会议第三次全体会议。

13日，国务院南水北调办党组书记、主任鄂竟平列席全国政协十二届五次会议闭幕会。

14日，国务院南水北调办党组书记、主任鄂竟平主持召开主任专题办公会，研究开展“两微一端”新媒体宣传有关工作。党组成员、副主任蒋旭光出席。

15日，国务院南水北调办党组书记、主任鄂竟平列席十二届全国人大五次会议闭幕会。

同日，国务院南水北调办党组书记、主任鄂竟平会见北京市海淀区区委书记崔述强、区长于军一行。

同日，国务院南水北调办党组成员、副主任、直属机关党委书记蒋旭光主持召开党外人士座谈会，听取直属机关民主党派代表、无党派人士的意见建议。

15~17日，国务院南水北调办党组成员、副主任蒋旭光赴河南省南阳市检查工程运行监管情况，并调研基层党支部“两学一做”学习教育开展情况。

16日，国务院南水北调办党组书记、主任鄂竟平赴河北省保定市检查中线工程运行管理工作。

19日，国务院南水北调办党组成员、副主任张野陪同国家防汛抗旱总指挥部检查组检查中线北京段工程防汛工作。

20日，国务院南水北调办党组成员、副

主任蒋旭光主持召开主任专题办公会，研究政协提案办理有关工作。

20～22日，2017年南水北调工程安全管理暨防汛工作会议在山东省枣庄市召开，国务院南水北调办党组成员、副主任张野出席。

21日，国务院南水北调办党组书记、主任鄂竟平参加国务院第五次廉政工作会议。

同日，国务院南水北调办党组书记、主任鄂竟平主持召开主任专题办公会，研究定点扶贫有关工作。党组成员、副主任蒋旭光出席。

22～24日，国务院南水北调办党组书记、主任鄂竟平赴山东省、河北省、天津市对南水北调东线一期工程向北延伸应急供水线路进行考察。期间，在天津市会见天津市委书记李鸿忠、市长王东峰等市领导。

23日，国务院南水北调办党组成员、副主任张野参加国家防总2017年第一次全体会议。

23～24日，国务院南水北调办党组成员、副主任蒋旭光赴河北省保定市、北京市房山区检查工程规范化运行监管情况。

27日，国务院南水北调办党组中心组（扩大）专题学习“两会”精神并进行研讨。上午，邀请国务院研究室信息司司长刘应杰作“两会”精神专题辅导报告，党组成员、副主任蒋旭光主持会议。下午，党组书记、主任鄂竟平主持学习并作讲话。党组成员、副主任张野、蒋旭光，总经济师出席，党组中心组（扩大）成员参加。

28日，国务院南水北调办召开党组会议，学习贯彻中央有关加强企业党建工作的文件，听取直属机关党委“突出四个意识、落实担当精神”工作汇报，听取直属机关纪委有关事项办理情况汇报。党组书记、主任鄂竟平主持会议，派驻纪检组组长田野，党组成员、副主任张野、蒋旭光出席。

29～31日，国务院南水北调办党组书记、主任鄂竟平检查南水北调中线工程河南段防汛工作，并在郑州会见河南省省长陈润儿。

29～31日，国务院南水北调办党组成员、副主任蒋旭光检查南水北调东线工程山东段防汛工作。

30～31日，国务院南水北调办党组成员、副主任张野检查南水北调中线工程北京段防汛工作。

四　月

1日，国务院南水北调办党组成员、副主任张野在北京市惠南庄管理处参加机关植树活动。

5日，国务院南水北调办党组书记、主任鄂竟平参加国务院有关会议。

6日，2017年南水北调宣传工作座谈会在武汉市召开。国务院南水北调办党组成员、副主任蒋旭光出席。

11日，国务院南水北调办召开办公室预算改革领导小组第一次会议。

同日，国务院南水北调办召开直属机关党委全委会议，研究开展干部职工思想状况调查和召开基层党建工作现场会工作。党组成员、副主任、直属机关党委书记蒋旭光主持。

11～14日，国务院南水北调办党组成员、副主任张野检查东线江苏段工程防汛工作。国务院南水北调办总经济师、国家防汛抗旱总指挥部办公室负责同志参加。

12日，国务院南水北调办党组书记、主任鄂竟平主持召开主任专题办公会，听取中线防汛应急影响处理工程实施情况和工程保护范围划定工作调研情况汇报。

12～14日，国务院南水北调办党组成员、副主任蒋旭光赴河南省郑州市、新乡市检查工程运行监管及防汛准备工作。

13日，国务院南水北调办党组书记、主任鄂竟平主持召开主任专题办公会，听取中线调蓄水库调研情况汇报。

16日，国务院南水北调办召开推进“两学一做”学习教育常态化制度化工作座谈会。党组书记、主任鄂竟平参加。

17日，国务院南水北调办召开办党组扩大会议，宣布张忠义同志任总工程师。党组书记、主任鄂竟平主持会议，党组成员、副主任张野，总经济师出席。

同日，国务院南水北调办召开办党组扩大会议，传达学习习近平总书记重要讲话精神，传达国务院第五次廉政工作会议精神等。党组书记、主任鄂竟平主持会议，党组成员、副主任张野，总经济师、总工程师出席。

17～21日，国务院南水北调办党组成员、副主任蒋旭光赴上海市浦东区参加中央国家机关部门机关党委书记“推进‘两学一做’学习教育常态化制度化”专题研讨班学习。

18日，国务院南水北调办党组书记、主任鄂竟平主持召开会议，听取焦作市有关情况汇报。

19日，国务院南水北调办党组书记、主任鄂竟平主持召开主任办公会，审议定密管理办法和2017年政务公开工作实施方案等。办党组成员、副主任张野，总经济师、总工程师出席。

19～20日，国务院南水北调办党组书记、主任鄂竟平在南京市会见江苏省省长石泰峰，就南水北调东线江苏境内管理机构设置问题进行磋商，期间调研江苏水源公司。总经济师参加。

24日，国务院南水北调办党组书记、主任鄂竟平主持召开主任办公会，审议项目预算评审办法和机关政府采购活动内部控制管理规定。党组成员、副主任张野、蒋旭光，总经济师、总工程师出席。

25日，国务院南水北调办召开党建工作联席会第四次会议，研究机关党建工作。党组书记、主任鄂竟平主持会议，党组成员、副主任蒋旭光，总工程师出席。

25～26日，国务院南水北调办党组成员、副主任张野带队检查中线天津段工程防汛工作。总经济师参加。

26日，国务院南水北调办党组书记、主任鄂竟平调研南水北调中线保定市用水及调蓄工程前期工作有关情况。

26～27日，2017年南水北调系统综合管理工作座谈会在西安市召开。国务院南水北调办党组成员、副主任蒋旭光，总工程师出席。

27日，国务院南水北调办党组书记、主任鄂竟平主持召开主任专题办公会，听取稽察大队关于中线防汛工作检查情况汇报。党组成员、副主任张野出席。

五　月

2日，国务院南水北调办党组成员、副主任蒋旭光赴河南省调研丹江口库区移民工作。

3日，国务院南水北调办党组书记、主任鄂竟平主持召开主任办公会，审议突发舆情事件应对办法和2017年政务公开工作要点。派驻纪检组田野组长出席。党组成员、副主任张野、蒋旭光，总经济师、总工程师出席。

同日，国务院南水北调办召开办党组会议，传达学习中央有关文件精神，听取机关纪委2016年信访举报办理情况汇报等。党组书记、主任鄂竟平主持会议，派驻纪检组组长田野，办党组成员、副主任张野、蒋旭光出席。

4日，国务院南水北调办机关团委会同机关工会、妇工委举办纪念共青团建团95周年暨“传承·创新·担当·奉献”五四青年朗诵会，并对优秀团员、优秀团干部和优秀团支部进行了表彰。国务院南水北调办党组书记、主任鄂竟平出席并颁发荣誉证书，党组成员、副主任蒋旭光出席并讲话。

4～5日，国务院南水北调办党组成员、副主任张野赴河南郑州调研中线干线调蓄工程选点和干线工程自动化系统运行情况。

4～5日，国务院南水北调办党组成员、副主任蒋旭光赴安徽省合肥市、蚌埠市调研南水北调工程运行管理工作。

5日，国务院南水北调办党组书记、主任鄂竟平会见北京市东城区区委书记张家明一行。

8日，国务院南水北调办党组书记、主任鄂竟平主持召开主任办公会，审定已到期督办事项，审议人大建议和政协提案分办事宜。党组成员、副主任张野、蒋旭光，总工程师出席。

同日，国务院南水北调办党组成员、副主任蒋旭光出席南水北调系统新闻发布与舆情管理培训班。

10日，国务院南水北调办召开“两学一做”学习教育常态化制度化推进会，党组书记、主任鄂竟平出席并讲专题党课，党组成员、副主任张野、蒋旭光，总工程师出席。

10～11日，国务院南水北调办党组书记、主任鄂竟平调研中线京石段防洪影响处理工程实施情况。

11～24日，国务院南水北调办党组成员、副主任蒋旭光赴延安参加第十二期省部级干部党性教育专题培训班学习。

12日，国务院南水北调办党组书记、主任鄂竟平主持召开主任专题办公会，听取2017年防汛检查情况汇报。党组成员、副主任张野出席。

17日，国务院南水北调办党组书记、主任鄂竟平参加国务院常务会议。

同日，国务院南水北调办党组成员、副主任张野与水利部副部长叶建春商谈国务院南水北调工程建设委员会第八次全体会议议题有关事宜。

17～19日，国务院南水北调办党组书记、主任鄂竟平赴湖北省调研定点扶贫工作。国务院南水北调办总工程师，北控集团党委常委、副董事长李永成参加。

18～19日，国务院南水北调办党组成员、副主任张野赴河南省新乡市、郑州市检查中线左岸防洪影响处理工程和防洪防护应急工程实施情况。

22日，国务院南水北调办党组书记、主任鄂竟平主持召开主任办公会，听取国务院南水北调工程建设委员会第八次全体会议筹备及材料起草情况汇报。党组成员、副主任张野，总经济师、总工程师出席。

23日，国务院南水北调办党组成员、副主任张野赴国务院办公厅秘书二局商议国务院南水北调工程建设委员会第八次全体会议筹备工作有关情况。

24日，国务院南水北调办召开办党组中心组（扩大）专题学习会议，邀请国家发展改革委西部开发司欧晓理巡视员作“一带一路”专题辅导报告。国务院南水北调办党组成员、副主任张野主持会议，党组书记、主任鄂竟平，总经济师、总工程师出席。

24～25日，国务院南水北调办政研中心、中线建管局、东线总公司在北京联合举办调水工程建设与运行管理交流会。专家委员会主任陈厚群院士、副主任汪易森，中国工程院王浩院士参加。25日下午，与会代表赴通州调研北京市城市副中心行政办公区建设情况和通州水厂建设运行情况。

26日，国务院南水北调办党组书记、主任鄂竟平在河北省石家庄市赞皇县现场观摩中线干线工程水污染事件演练。河北省委常委、副省长王晓东，国务院南水北调办总工程师参加。国务院应急办、环保部派员参加。期间，党组书记、主任鄂竟平会见河北省省长许勤。

27日，国务院南水北调办召开直属机关党委全体委员会议，听取并审议中线建管局党组、东线总公司党委落实中纪委派驻纪检组就全面从严治党和党风廉政建设调研报告情况。党组成员、副主任、直属机关党委书记蒋旭光主持会议。

31日，国务院南水北调办召开党建工作

联席会第五次会议，研究机关党建工作。党组书记、主任鄂竟平主持会议，党组成员、副主任张野、蒋旭光，总工程师出席。

六　月

1 日，国务院南水北调办党组书记、主任鄂竟平主持召开主任专题办公会，研究定点扶贫工作。党组成员、副主任蒋旭光，总工程师出席。

5 日，国务院南水北调办党组书记、主任鄂竟平主持召开主任办公会，评议到期督办事项，审议南水北调工程运行管理特定飞检工作规定。办党组成员、副主任张野、蒋旭光出席。总经济师、总工程师出席。

6 日，国务院南水北调办召开纪检工作联席会第四次会议，研究机关纪检工作。党组书记、主任鄂竟平主持会议，党组成员、副主任张野、蒋旭光出席。

同日，国务院南水北调办党组成员、副主任蒋旭光赴派驻纪检组反馈党建工作调研报告意见建议办理情况。

6～9 日，国务院南水北调办党组成员、副主任蒋旭光赴湖北省十堰市、仙桃市、武汉市等地调研库区移民稳定及定点扶贫工作。

7 日，国务院南水北调办党组书记、主任鄂竟平参加国务院常务会议。

同日，国务院南水北调办党组成员、副主任张野会见全国人大常委、教科文卫委员会副主任、致公党中央副主席严以新一行。双方就东线工程用水现状、后续工程规划及黄河以北段恢复通航等事宜交换了意见。

8 日，国务院南水北调办党组书记、主任鄂竟平赴河南省新乡市检查中线工程防汛工作。

12 日，经国务院南水北调办协调促成，北控集团与郧阳区人民政府战略合作框架协议签约仪式在北京市举行，党组成员、副主任蒋旭光主持。国务院南水北调办党组书记、主任鄂竟平。北控集团董事长王东、总经理侯子波，郧阳区委书记孙道军、区长胡先平出席。

同日，国务院南水北调办党组成员、副主任张野主持召开会议，听取南水北调中线工程向开封市供水配套工程前期工作汇报。

13 日，国务院南水北调办党组书记、主任鄂竟平在国务院参加全国深化简政放权放管结合优化服务改革电视电话会议。党组成员、副主任张野、蒋旭光，总经济师、总工程师在办公室参加视频会议。

同日，国务院南水北调工程建设委员会专家委员会召开主任工作会。专家委员会主任陈厚群院士主持，国务院南水北调办党组成员、副主任张野参加，专家委员会副主任高安泽、汪易森参加。

14 日，国务院南水北调办党组书记、主任鄂竟平赴河北省保定市检查中线工程防汛预案落实情况。

同日，国务院南水北调办党组成员、副主任张野参加国家防汛抗旱总指挥部 2017 年第二次全体会议。

14～17 日，办党组成员、副主任张野赴河南郑州、平顶山、南阳检查南水北调中线黄河以南段工程防汛工作。

15～22 日，国务院南水北调办党组成员、副主任蒋旭光率团出访墨西哥、加拿大，了解、借鉴两国在水利工程建设、运行管理、水资源规划等方面的先进经验。

19 日，国务院南水北调办党组书记、主任鄂竟平主持观看廉政警示教育片《警钟》并讲话。党组成员、副主任张野出席。总经济师、总工程师出席。

20 日，国务院南水北调办党组书记、主任鄂竟平赴国家气象局调研。党组成员、副主任张野参加。

同日，国务院南水北调办党组书记、主任鄂竟平主持召开主任专题办公会，研究南水北调工程建设者代表回访考察活动有关事宜。

同日，国务院南水北调办召开办公室预算改革工作领导小组2017年第二次会议，传达财政部2018年预算编制工作动员会精神，部署部门预算编制工作。

21日，国务院南水北调办党组书记、主任鄂竟平参加国务院常务会议。

21～22日，国务院南水北调办党组书记、主任鄂竟平赴河南省郑州市就南水北调精神课题研究与河南省社科院有关专家座谈，并调研中线观音湖调蓄工程前期工作。

22日，国务院南水北调办党组成员、副主任张野检查中线北京段工程防汛工作。

23日，国务院南水北调办党组书记、主任鄂竟平主持召开主任专题办公会，听取推进南水北调工程建设项目招标活动进入公共资源交易平台暨建设招投标行政监督平台有关情况汇报。党组成员、副主任张野出席。

26日，国务院南水北调办党组成员、副主任张野主持召开会议，学习贯彻中央领导重要指示批示精神及国家防汛抗旱总指挥部2017年第二次全体会议文件精神。

27日，国务院南水北调办党组书记、主任鄂竟平主持召开主任专题办公会，听取机关信访工作情况汇报。党组成员、副主任蒋旭光出席。

28日，国务院南水北调办党组书记、主任鄂竟平主持召开主任专题办公会，研究中线北京境内部分项目委托管理有关事宜。党组成员、副主任张野出席。

同日，国务院南水北调办组织党员干部赴司法部燕城监狱开展廉政警示教育活动。党组书记、主任鄂竟平出席，党组成员、副主任张野、蒋旭光，总经济师、总工程师出席。

同日，国务院南水北调办党组成员、副主任蒋旭光赴河北省保定市检查工程运行监管及防汛准备情况，并调研基层党支部“两学一做”学习教育开展情况。

29～30日，国务院南水北调办党组成员、副主任蒋旭光参加中央国家机关党代表会议。

七　月

3日，国务院南水北调办党组书记、主任鄂竟平参加国务院任命的国家工作人员宪法宣誓仪式。

同日，国务院南水北调办召开办党组（扩大）会议，审议《南水北调办谈心制度实施办法（试行）》。党组书记、主任鄂竟平主持会议，党组成员、副主任张野、蒋旭光，总经济师、总工程师出席。

4日，国务院南水北调办党组成员、副主任蒋旭光参加中央国家机关驻村第一书记座谈会。

5日，国务院南水北调办党组书记、主任鄂竟平参加国务院常务会议。

6日，国务院南水北调办党组书记、主任鄂竟平赴河北省邯郸市、邢台市检查南水北调中线工程防汛工作。

同日，国务院南水北调办召开南水北调工程干线征迁商促会。党组成员、副主任蒋旭光出席。

7日，国务院南水北调办党组书记、主任鄂竟平主持召开主任专题办公会，研究东线北延应急供水有关事宜。党组成员、副主任张野出席。

同日，国务院南水北调办党组成员、副主任蒋旭光赴河南省许昌市、平顶山市检查工程防汛情况并调研中线基层党建工作。

11日，国务院南水北调办党组书记、主任鄂竟平主持召开主任专题办公会，听取扶贫工作任务分解落实情况汇报。党组成员、副主任蒋旭光出席。

11～14日，国务院南水北调办党组成员、副主任张野检查南水北调湖北省境内工程防汛工作。

12日，国务院南水北调办党组书记、主任鄂竟平主持召开主任专题办公会，听取中线干线工程巡查规范化管理专项检查情况汇报。党组成员、副主任蒋旭光出席。

12～14日，国务院南水北调办党组成员、副主任蒋旭光赴河南省南阳市、许昌市、郑州市等地检查工程防汛及运行监管工作情况。

14日，国务院南水北调办党组书记、主任鄂竟平参加全国金融工作会议。

17日，国务院南水北调召开办党组会议，学习贯彻中央关于巡视工作的文件精神。党组书记、主任鄂竟平主持会议，党组成员、副主任张野、蒋旭光出席。

同日，国务院南水北调办召开精神文明委全体会议，审议南水北调办2015～2016年度"三文明"拟表彰名单，研究近期精神文明创建工作。党组成员、副主任蒋旭光主持会议。

18日，国务院南水北调办党组书记、主任鄂竟平检查南水北调中线工程石家庄至邢台段防汛工作。

18～19日，国务院南水北调办党组成员、副主任蒋旭光参加第八次全国信访工作会议。

同日，国务院南水北调办召开《中国南水北调工程》丛书编委会会议。党组成员、副主任蒋旭光主持，总经济师、总工程师出席。

20～21日，国务院南水北调办党组成员、副主任蒋旭光赴江苏徐州调研东线公司基层党建工作。

21日，国务院南水北调办召开办公室预算改革工作领导小组2017年第三次会议。

同日，国务院南水北调办党组成员、副主任张野与水利部周学文副部长商议国务院南水北调工程建设委员会第八次全体会议有关材料事宜。

24日，国务院南水北调办召开党组扩大会议，传达学习信访工作会议精神，研究部署信访及维稳工作。党组书记、主任鄂竟平主持，党组成员、副主任张野、蒋旭光出席。

25日，国务院南水北调办党组书记、主任鄂竟平主持召开主任专题办公会，听取南水北调工程验收工作进展及制约问题有关情况汇报。党组成员、副主任张野出席。

25～27日，国务院南水北调办党组成员、副主任张野赴山东省检查东线山东段工程防汛工作。

26～27日，国务院南水北调办党组书记、主任鄂竟平参加省部级主要领导干部"学习习近平总书记重要讲话精神，迎接党的十九大"专题研讨班。

26～27日，国务院南水北调办党组成员、副主任蒋旭光赴河南省调研焦作市南水北调城区段绿化带征迁工作，检查南水北调中线干线工程防汛工作。

27日，南水北调中线天津干线工程（天津市境内）土地产权证移交仪式在天津市举行，国务院南水北调办党组成员、副主任蒋旭光，天津市副市长李树起出席。

28日，国务院南水北调办召开党组中心组（扩大）会议，专题学习中国梦与新发展理念，邀请中国人民大学哲学院副院长臧峰宇作专题辅导报告。国务院南水北调办党组书记、主任鄂竟平，党组成员、副主任张野出席，党组成员、副主任蒋旭光主持会议，总经济师、总工程师出席。

同日，国务院南水北调办党组书记、主任鄂竟平主持召开党组（扩大）会议，学习省部级主要领导干部"学习习近平总书记重要讲话精神，迎接党的十九大"专题研讨班有关精神。办党组成员、副主任张野、蒋旭光出席。总经济师、总工程师出席。

同日，国务院南水北调办党组成员、副主任蒋旭光参加庆祝中国人民解放军建军90周年文艺晚会。

31日，国务院南水北调办召开办党组会议，学习习近平总书记7月27日重要讲话，研究东线公司调整机构编制有关事宜。党组书记、主任鄂竟平主持会议，党组成员、副主任张野、蒋旭光出席。

同日，国务院南水北调办党组成员、副主任蒋旭光主持召开主任专题办公会，研究南水北调工程参加“砥砺奋进的五年”展览有关工作。

八　月

1日，国务院南水北调办党组书记、主任鄂竟平主持召开主任专题办公会，听取中线干线汛期水质保障专项检查等有关情况汇报。

同日，国务院南水北调办党组成员、副主任蒋旭光参加庆祝中国人民解放军建军90周年纪念大会。

2日，国务院南水北调办召开第五次纪检工作联席会，审议《南水北调办基层党组织监督办法》和《办党组贯彻落实〈问责条例〉实施办法》。党组书记、主任鄂竟平主持会议，派驻纪检组组长田野，党组成员、副主任张野、蒋旭光出席。

2～3日，国务院南水北调办党组书记、主任鄂竟平赴河南鹤壁、安阳检查南水北调中线工程防汛工作。

3日，国务院南水北调办召开南水北调系统2017年信访工作部署会。党组成员、副主任蒋旭光出席。

7日，国务院南水北调办召开办公室安全生产领导小组会议，学习贯彻国务院领导有关讲话精神。党组成员、副主任张野主持会议。

8～10日，国务院南水北调办党组成员、副主任张野调研中线河南段工程运行情况。

9～10日，国务院南水北调办召开中线工程丹江口库区移民商促会。党组成员、副主任蒋旭光出席。

10日，国务院南水北调办党组书记、主任鄂竟平赴中线工程惠南庄泵站、易县管理处检查防汛和应急管理工作。

16日，国务院南水北调办党组书记、主任鄂竟平主持召开主任专题办公会，听取东线一期工程管理设施建设情况汇报。党组成员、副主任张野出席。

17日，国务院南水北调办党组书记、主任鄂竟平检查中线穿黄工程运行管理情况。

21～23日，国务院南水北调办党组成员、副主任张野检查中线河北段工程防汛工作。

24～26日，国务院南水北调办党组成员、副主任蒋旭光赴河南省郑州市、许昌市、平顶山市等地检查工程防汛情况并调研基层党建工作。

29～30日，国务院南水北调办党组成员、副主任蒋旭光赴河北省石家庄市、邢台市检查工程运行监管及防汛工作。

30日，国务院南水北调办党组书记、主任鄂竟平主持召开主任专题办公会，听取东线治污联合督导调研及东线水生物有关问题研究情况汇报。

同日，国务院南水北调办党组书记、主任鄂竟平会见天津市副市长李树起一行。

31日，南水北调办召开党建工作联席会第六次会议，研究机关党建工作。国务院南水北调办党组书记、主任鄂竟平主持会议并讲话，党组成员、副主任蒋旭光出席。

九　月

2～8日，国务院南水北调办党组书记、主任鄂竟平参加国家行政学院举办的省部级领导干部生态文明建设与低碳发展专题研讨班学习。

5日，国务院南水北调办党组成员、副主任蒋旭光主持召开主任专题办公会，部署网络安全工作责任制及党的十九大保障措施相关准备工作。

6日，国务院南水北调办党组成员、副主任蒋旭光参加政协第十二届全国委员会优秀提案和先进承办单位表彰会。

7日，国务院南水北调办党组成员、副主

任蒋旭光赴河南南阳检查工程运行监管情况。

8日，国务院南水北调办党组成员、副主任蒋旭光赴河南省南阳市中线建管局渠首分局调研基层党建工作。

11日，北京市对口支援工作表彰大会在北京召开。

11～15日，国务院南水北调办组织“南水北调一生情”建设者回访考察活动，建设者代表、中央和地方媒体记者等50余人参加。15日，国务院南水北调办党组书记、主任鄂竟平出席考察座谈会并讲话。

12日，国务院南水北调办党组成员、副主任蒋旭光会见国务院办公厅督查调研组一行，并就人大建议和政协提案的办理工作进行座谈。国务院办公厅秘书三局有关负责同志，全国人大办公厅联络局、全国政协提案办、国务院办公厅督查室、国务院办公厅公开办有关同志参加。

13日，国务院南水北调办召开办务扩大会议，总结1～8月工作情况，研究部署下一步工作。国务院南水北调办党组书记、主任鄂竟平出席并讲话，党组成员、副主任张野、蒋旭光，总经济师、总工程师出席。

13～15日，国务院南水北调办党组成员、副主任蒋旭光赴湖北省调研南水北调中线湖北境内工程运行管理工作。

18日，国务院南水北调办党组书记、主任鄂竟平主持召开主任办公会，审议中线干线投放危险物质举报管理实施办法。党组成员、副主任张野、蒋旭光，总经济师、总工程师出席。

19日，国务院南水北调办党组书记、主任鄂竟平赴河北省石家庄市、保定市检查南水省调中线工程运行管理和安全生产有关工作。

同日，国务院南水北调办党组成员、副主任蒋旭光主持召开主任专题办公会，落实办务（扩大）会议精神，研究优化迎接党的十九大胜利召开加固措施。

同日，由综合司主办，政研中心、中线建管局、东线总公司共同承办的“国外调水工程运行管理学术报告会”在北京市召开。原英国环境食品及农村事务部副司长马丁·格里菲斯教授和苏格兰水行业委员会首席执行官艾伦·萨瑟兰德教授分别围绕“英国水务行业改革发展”“苏格兰水行业资本有效配置、水价制定及调控”“英国泰晤士集团管理体制”等方面作了专题报告。

20日，国务院南水北调办党组书记、主任鄂竟平主持召开主任专题办公会，听取关于对“南水北调中线工程对湖北的影响和建议”及“南水北调工程沿线群众对工程建设运行有疑虑”研究情况汇报。党组成员、副主任张野出席。

同日，国务院南水北调办党组成员、副主任蒋旭光出席南水北调办国企改革培训班开班仪式。总工程师出席。

21日，国务院南水北调办党组书记、主任鄂竟平主持召开主任专题办公会，研究中线工程运行管理应急处置协商机制和陶岔电站有关事宜；听取中线干线重大工程项目运行风险技术检测有关工作成果等汇报。办党组成员、副主任张野出席。

22日，上午，南水北调办党组中心组（扩大）举办学哲学用哲学专题学习，党组成员、副主任蒋旭光主持；下午，党组书记、主任鄂竟平主持讨论交流会。党组书记、主任鄂竟平，党组成员、副主任张野、蒋旭光，总经济师、总工程师出席，党组中心组（扩大）成员参加。

23日，国务院南水北调办党组成员、副主任蒋旭光赴中线建管局北京分局检查工程运行监管情况。

25～26日，国务院南水北调办党组书记、主任鄂竟平赴武汉市检查移民维稳工作。

同日，国务院南水北调办召开办公室国家安全小组全体会议。党组成员、副主任蒋旭光主持。

25～27日，国务院南水北调办党组成员、副主任张野赴湖北省丹江口市、河南省南阳市飞检丹江口大坝加高和中线渠首分局工程运行安全工作。

26日，国务院南水北调办党组成员、副主任蒋旭光赴河北省邢台市检查工程运行监管情况。

27日，国务院南水北调办党组书记、主任鄂竟平主持召开主任专题办公会，研究审计整改工作。

28日，国务院南水北调办党组书记、主任鄂竟平主持召开主任专题办公会，听取中线跨渠桥梁超载问题及治超措施情况汇报。党组成员、副主任张野出席。

同日，国务院南水北调办召开南水北调工程运行监管专项工作会。党组成员、副主任蒋旭光出席。

29日，国务院南水北调办党组书记、主任鄂竟平主持召开主任专题办公会，总结2017年防汛工作；听取东线一期工程总调度运行管理设施有关研究情况汇报。办党组成员、副主任张野出席。

29～30日，国务院南水北调办党组成员、副主任蒋旭光赴河南省郑州市检查移民稳定工作。

30日，国务院南水北调办党组书记、主任鄂竟平主持召开会议，传达中央有关文件精神。

十　月

1～2日，国务院南水北调办党组成员、副主任蒋旭光赴河南省郑州市、焦作市、新乡市等地检查中线工程节日安全生产和值班工作，并看望一线干部职工。

3～4日，国务院南水北调办党组书记、主任鄂竟平赴河南省郑州市检查中线工程节日安全生产和值班工作，并看望一线干部职工。

9日，国务院南水北调办党组书记、主任鄂竟平主持召开主任办公会，审议月度到期督办事项、突发事件新闻发布应急预案和网络安全管理办法。派驻纪检组组长田野，党组成员、副主任张野、蒋旭光，总经济师、总工程师出席。

10日，国务院南水北调办党组书记、主任鄂竟平检查中线北京段工程安全生产加固措施落实情况。

同日，国务院南水北调办党组成员、副主任蒋旭光参加中央国家机关定点扶贫工作成果展开幕式。

11～13日，国务院南水北调办党组成员、副主任张野带队飞检中线邯石段工程运行安全工作。

11～14日，国务院南水北调办党组书记、主任鄂竟平参加中国共产党第十八届中央委员会第七次全体会议。

12日，北京市国家安全局浦义富副局长带队到国务院南水北调办督导检查。国务院南水北调办党组成员、副主任蒋旭光出席。

13日，国务院南水北调办党组成员、副主任蒋旭光赴河北省保定市、天津市检查工程运行监管情况。

16日，国务院南水北调办党组书记、主任鄂竟平会见中国电建集团董事长晏志勇一行。党组成员、副主任张野出席。

17日，南水北调中线干线北京境内部分项目运行管理委托合同签约会议仪式在北京召开。国务院南水北调办党组成员、副主任张野，北京市政府党组成员夏占义出席。

18～19日，国务院南水北调办党组成员、副主任张野带队检查中线天津干线工程运行管理工作。

18～19日，国务院南水北调办党组成员、副主任蒋旭光赴河南省许昌市、郑州市、新乡市等地检查工程运行监管情况。

18～24日，国务院南水北调办党组书记、主任鄂竟平出席中国共产党第十九次全国代表大会，当选十九届中央委员会委员。

20 日，南水北调办基层党建工作现场会在中线建管局河南分局安阳管理处召开。国务院南水北调办党组成员、副主任蒋旭光出席。

24 日，国务院南水北调办党组成员、副主任张野主持召开主任专题办公会，研究中线干线视频监控系统及相应通信网络系统扩容事宜。

24～26 日，国务院南水北调办党组成员、副主任蒋旭光赴河北省石家庄市、保定市等地检查工程运行监管情况。

25 日，国务院南水北调办党组书记、主任鄂竟平出席党的十九届一中全会。

同日，国务院南水北调办党组成员、副主任张野主持召开主任专题办公会，听取东、中线一期工程竣工验收工作方案研究情况汇报。

27 日，国务院南水北调办召开传达学习党的十九大精神大会，党组书记、主任鄂竟平主持并讲话，党组成员、副主任张野、蒋旭光，总经济师出席。

同日，中央国家机关学习宣传贯彻党的十九大精神动员部署会暨“党组书记谈十九大”座谈会在北京市召开。国务院南水北调办党组书记、主任鄂竟平，党组成员、副主任蒋旭光参加。

30 日，国务院南水北调办召开办党组会议，研究部署学习贯彻落实党的十九大精神、听取职工思想状况调查结果汇报。党组书记、主任鄂竟平主持会议，派驻纪检组组长田野，党组成员、副主任张野、蒋旭光出席。

31 日，国务院南水北调办党组书记、主任鄂竟平主持召开主任专题办公会，听取工程运行安全管理大检查有关情况汇报。党组成员、副主任张野出席。

同日，国务院南水北调办党组成员、副主任蒋旭光主持召开主任专题办公会，研究东中线一期工程全面通水三周年宣传工作方案。

十 一 月

1 日，国务院南水北调办党组书记、主任鄂竟平主持召开主任专题办公会，听取通水效益统计研究工作进展情况汇报、听取中线干线自动化系统专项稽察情况汇报。党组成员、副主任张野、蒋旭光出席。

1～2 日，国务院南水北调办党组成员、副主任蒋旭光赴河南省安阳市检查工程运行监管情况。

2 日，国务院南水北调工程建设委员会第八次全体会议在北京市召开。国务院副总理、国务院南水北调工程建设委员会主任张高丽主持会议并讲话。中央政治局常委、国务院副总理、国务院南水北调工程建设委员会副主任汪洋出席并讲话。国务院南水北调工程建设委员会成员参加。国务院南水北调办党组书记、主任鄂竟平作工作汇报。党组成员、副主任张野、蒋旭光，总经济师、总工程师列席。

3 日，国务院南水北调办党组书记、主任鄂竟平主持召开主任办公会，研究落实国务院南水北调工程建设委员会第八次全体会议精神。党组成员、副主任张野、蒋旭光出席。

同日，国务院南水北调办党组书记、主任鄂竟平主持召开主任专题办公会，听取中线干线污染风险源总体分布图研究绘制情况汇报。党组成员、副主任蒋旭光出席。

6 日，国务院南水北调办党组书记、主任鄂竟平主持召开主任办公会，审议到期督办事项。党组成员、副主任张野、蒋旭光，总经济师、总工程师出席。

7 日，国务院南水北调办召开办党组中心组（扩大）会议，专题学习党的十九大精神。党组书记、主任鄂竟平主持会议，党组成员、副主任张野、蒋旭光，总经济师、总工程师出席。

8～9 日，国务院南水北调办党组成员、副主任张野赴湖北省十堰市调研丹江口水库蓄水情况。

8～9 日，国务院南水北调办党组成员、副主任蒋旭光赴河南省郑州市、平顶山市检查工程运行监管情况。

9 日，国务院南水北调办党组书记、主任鄂竟平赴河北省石家庄市、保定市调研南水北调中线工程河北供用水情况和防洪影响处理工程建设进展，并就相关问题在石家庄会商河北省省长许勤。总经济师参加。

10 日，国务院南水北调办召开南水北调系统务虚会。党组书记、主任鄂竟平主持并讲话。党组成员、副主任张野、蒋旭光，总经济师、总工程师出席。

同日，国务院南水北调办党组成员、副主任蒋旭光主持召开主任专题办公会，听取湖北省南水北调办汇报南水北调博物馆筹建工作情况。

13～14 日，国务院南水北调办党组书记、主任鄂竟平检查丹江口水库蓄水情况和丹江口大坝、陶岔渠首工程等运行管理情况。

15 日，国务院南水北调办召开党建工作第七次联席会议，传达中央有关文件精神，审议《国务院南水北调办党组关于进一步加强基层党建工作的意见》和《国务院南水北调办提醒谈话办法（试行）》。党组书记、主任鄂竟平主持并讲话，党组成员、副主任张野、蒋旭光，总经济师、总工程师出席。

15～17 日，国务院南水北调办党组成员、副主任蒋旭光赴湖北省调研南水北调丹江口库区移民及定点扶贫工作。期间，与湖北省委常委、常务副省长黄楚平会谈。

17 日，国务院南水北调办党组书记、主任鄂竟平主持召开主任专题办公会，听取南水北调自动化调度系统潜在风险问题调研和信息系统安全测评必要性研究有关情况汇报、听取南水北调东中线工程运行管理关键技术及应用项目课题检查情况汇报。党组成员、副主任张野出席。

同日，国务院南水北调办召开“三先三后”工作会议。

20～21 日，国务院南水北调办党组成员、副主任蒋旭光赴河北省保定市检查工程运行监管及冰期输水准备情况，并调研基层党支部党建工作。

21 日，国务院南水北调办党组书记、主任鄂竟平主持召开主任专题办公会，听取南水北调工程招投标管理专项检查情况汇报。党组成员、副主任张野出席。

22 日，国务院南水北调办党组书记、主任鄂竟平主持召开主任专题办公会，研究东线公司水质监测管理中心建设有关问题。

同日，国务院南水北调办党组成员、副主任蒋旭光参加中央会议。

22～24 日，南水北调工程运行管理工作会暨现场观摩交流会在河南省郑州市召开。国务院南水北调办党组成员、副主任张野出席。

23 日，国务院南水北调办党组书记、主任鄂竟平主持召开主任专题办公会，听取监管中心关于山东省境内工程运行管理专项稽察复查情况汇报。党组成员、副主任蒋旭光出席。

24 日，南水北调办党组中心组（扩大）举办学习贯彻党的十九大精神第二次专题学习。上午，国务院南水北调办党组书记、主任鄂竟平主持党组中心组（扩大）专题学习并讲话；下午，请国务院发展研究中心副主任王一鸣作《迎接新时代，开启新征程》专题辅导报告。国务院南水北调办党组书记、主任鄂竟平出席，党组成员、副主任蒋旭光主持会议，总经济师、总工程师出席。

27 日，国务院南水北调办党组成员、副主任蒋旭光主持召开主任专题办公会，研究南水北调精神等有关工作。

28 日，国务院南水北调办党组书记、主任鄂竟平赴河北省保定市检查中线工程冰期输水准备工作和闸站监控系统运行情况。

同日，国务院南水北调办党组成员、副主任张野会见国土资源部党组成员赵凤桐一行。

29日，国务院南水北调办党组书记、主任鄂竟平主持召开主任专题办公会，听取南水北调中线一期工程安全风险评估研究进展情况汇报。办党组成员、副主任张野出席。

29日~12月1日，国务院南水北调办党组成员、副主任蒋旭光赴河南省南阳市调研丹江口库区移民稳定及地质灾害情况。

同日，国务院南水北调办召开会议，听取河北省南水北调办工作汇报。

十 二 月

3~6日，国务院南水北调办党组成员、副主任蒋旭光与国土资源部党组成员赵凤桐赴湖北省十堰市、河南省南阳市调研丹江口库区地质灾害防治工作。

5日，国务院南水北调办党组书记、主任鄂竟平赴山东省济宁市、济南市检查南水北调东线工程运行工作。

6日，国务院南水北调办党组书记、主任鄂竟平参加国务院常务会议。

7日，国务院南水北调办党组理论学习中心组（扩大）第三次集中学习，党组书记、主任鄂竟平主持并讲话，党组成员、副主任蒋旭光，派驻纪检组负责同志，总经济师、总工程师出席。

同日，国务院南水北调办党组成员、副主任张野在江苏省南京市与江苏省副省长杨岳商谈东线江苏段工程管理模式事宜。

7~8日，南水北调工程运行管理规范化监管工作会在河南省郑州市召开。国务院南水北调办党组成员、副主任蒋旭光出席。

8~9日，南水北调工程验收管理工作会在湖北省武汉市召开。国务院南水北调办党组成员、副主任张野，总工程师出席。

11日，国务院南水北调办党组书记、主任鄂竟平主持召开主任办公会，审议到期督办事项和国有资产年度报告管理实施办法。派驻纪检组组长田野，党组成员、副主任张野、蒋旭光，总经济师、总工程师出席。

同日，国务院南水北调办召开办党组会议，研究《贯彻落实中央八项规定实施办法》修订和2018年南水北调工作会有关事宜。党组书记、主任鄂竟平主持会议，派驻纪检组组长田野，党组成员、副主任张野、蒋旭光出席。

12日，国务院南水北调办党组书记、主任鄂竟平主持召开主任专题办公会，听取中线冰期输水专项稽察情况汇报。党组成员、副主任张野、蒋旭光出席。

13日，“南水北调办援疆事迹报告会”在北京市举行，援疆干部张玉山、新疆额河局有关同志作报告。国务院南水北调办党组书记、主任鄂竟平，党组成员、副主任张野出席。党组成员、副主任蒋旭光出席并代表办党组讲话。总经济师、总工程师出席。会前，国务院南水北调办党组书记、主任鄂竟平，党组成员、副主任蒋旭光接见了新疆额河局有关负责同志、办公室援疆和扶贫挂职干部。

同日，国务院南水北调办开展办管干部国家安全教育培训。党组成员、副主任蒋旭光，总经济师出席。

13~14日，国务院南水北调办党组书记、主任鄂竟平赴河南省郑州市、焦作市、新乡市检查南水北调中线工程运行管理工作。

13~14日，国务院南水北调办党组成员、副主任蒋旭光赴河北省邯郸市检查工程运行监管及冰期输水工作，并调研基层党支部学习十九大精神开展情况。

15日，国务院南水北调办党组书记、主任鄂竟平主持召开主任办公会，听取2017年度资金监管工作总结汇报，安排部署审计工作。党组成员、副主任张野、蒋旭光出席。

同日，国务院南水北调机关党委主办，机关团委、机关工会和妇工委联合举办第四届“通水杯”拔河比赛。国务院南水北调办党组书记、主任鄂竟平，党组成员、副主任蒋旭光出席并为获奖队伍颁奖。

18～20日，国务院南水北调办党组书记、主任鄂竟平参加中央经济工作会议。

18～20日，国务院南水北调办党组成员、副主任张野赴中线河南省安阳市以北检查冰期输水工作。

18～20日，国务院南水北调办党组成员、副主任蒋旭光赴山东省济南市、潍坊市、德州市等地调研南水北调东线山东段工程运行监管及配套工程建设情况。

22日，国务院南水北调办党组书记、主任鄂竟平主持召开主任办公会，传达中央经济工作会议精神。党组成员、副主任张野，总经济师、总工程师出席。

同日，国务院南水北调办党组成员、副主任蒋旭光参加全国组织部长会议。

25日，国务院南水北调办召开2017年预算执行审计进点会。

同日，国务院南水北调办召开贯彻党的十九大精神专题培训班（第一期）开班动员会，党组成员、副主任蒋旭光出席并讲话。

25～29日，国务院南水北调办举办第一期处级以上领导干部学习贯彻党的十九大精神专题培训班。29日，国务院南水北调办党组书记、主任鄂竟平给学员讲党课，党组成员、副主任蒋旭光，总经济师、总工程师出席。

27日，国务院南水北调办党组书记、主任鄂竟平主持召开主任专题办公会，听取中线北京段PCCP有关问题处理情况汇报。党组成员、副主任张野出席。

28日，国务院南水北调办党组书记、主任鄂竟平参加中央农村工作会议。

28～29日，国务院南水北调办党组成员、副主任张野参加中央农村工作会议。

29日，国务院南水北调办召开第4季度国家安全小组全体会议，总结2017年度国家安全工作，安排部署2018年度重点工作。党组书记、主任鄂竟平主持会议，党组成员、副主任蒋旭光出席。

Contents

Chapter Two Important Speeches

Chapter Three Important Events

Chapter Four Important Files

Chapter Five Visit and Inspection

Chapter Six Article and Interview

Chapter Seven General Management

Chapter Eight The Eastern Route Project of the SNWDP

Chapter Nine The Middle Route Project of the SNWDP

Chapter Ten The Western Route Project of the SNWDP

Chapter Eleven The Matching Projects

Chapter Twelve Team Building

Chapter Thirteen The Statistical Information

Chapter Fourteen Major Events

南水北调系统有关单位规范名称

全　　称	简　称
国务院南水北调工程建设委员会	建委会
国务院南水北调工程建设委员会专家委员会	专家委员会
国务院南水北调工程建设委员会办公室	国务院南水北调办(南水北调办)
机关各司及直属事业单位	
国务院南水北调办综合司	综合司
国务院南水北调办投资计划司	投资计划司(投计司)
国务院南水北调办经济与财务司	经济与财务司(经财司)
国务院南水北调办建设管理司	建设管理司(建管司)
国务院南水北调办环境保护司	环境保护司(环保司)
国务院南水北调办征地移民司	征地移民司(征移司)
国务院南水北调办监督司	监督司
国务院南水北调办直属机关党委	机关党委
国务院南水北调工程建设委员会办公室政策及技术研究中心	政研中心
南水北调工程建设监管中心	监管中心
南水北调工程设计管理中心	设管中心
各省(直辖市)南水北调办(建管局)	
北京市南水北调工程建设委员会办公室	北京市南水北调办
天津市南水北调工程建设委员会办公室	天津市南水北调办
河北省南水北调工程建设委员会办公室	河北省南水北调办
江苏省南水北调工程建设领导小组办公室	江苏省南水北调办
山东省南水北调工程建设管理局	山东省南水北调建管局
河南省南水北调中线工程建设领导小组办公室	河南省南水北调办
湖北省南水北调工程领导小组办公室	湖北省南水北调办
项　目　法　人	
南水北调中线干线工程建设管理局	中线建管局
南水北调东线总公司	东线总公司
南水北调中线水源有限责任公司	中线水源公司
南水北调东线江苏水源有限责任公司	江苏水源公司
南水北调东线山东干线有限责任公司	山东干线公司
湖北省南水北调管理局	湖北省南水北调管理局
淮河水利委员会治淮工程建设管理局	淮委建设局
安徽省南水北调东线一期洪泽湖抬高蓄水位影响处理工程建设管理办公室	安徽省南水北调项目办
淮河水利委员会沂沭泗水利管理局	淮委沂沭泗管理局

续表

全　　称	简　称
其 他 常 用 单 位	
河北省南水北调工程建设管理局	河北省南水北调建管局
河南省南水北调中线工程建设管理局	河南省南水北调建管局
河南省人民政府移民工作领导小组办公室	河南省移民办
湖北省移民局	湖北省移民局
水利部水利水电规划设计总院	水规总院

注　淮委建设局、安徽省南水北调项目办、淮委沂沭泗管理局不具有项目法人身份，但承担相关工程建设任务，为方便行文统称为项目法人。

CHINA SOUTH-TO-NORTH WATER DIVERSION PROJECT CONSTRUCTION YEARBOOK

《中国南水北调工程建设年鉴 2018》编辑出版工作人员

终　　审　张运东

复　　审　杨伟国

责任编辑　姜　萍　安小丹　孙建英

美术设计　王红柳　张俊霞

版式设计　赵姗姗

责任校对　黄　蓓　闫秀英　朱丽芳

出版印制　吴　迪

CHINA SOUTH-TO-NORTH WATER DIVERSION PROJECT CONSTRUCTION YEARBOOK